贺高亮之文选出版

钟情科学

矢志为农

卢良恕
二〇〇五年十二月

高亮之先生简介

高亮之(1929.5～),福建长乐人。1946年上海沪江大学附中毕业,同年考入浙江大学农学院植物病虫害系,并投身于学生革命运动。1947年加入中共地下党,1948年赴皖西解放区,参加人民解放战争。1950年浙江大学农学院毕业。1956～1957年在北京大学物理系气象专业进修。历任南京农业学校教导副主任,华东农林干部学校三部副主任、团总支书记,华东农业科学研究所助理研究员,中国农业科学院江苏分院副研究员,南京市农业科学研究所副所长,江苏省农业科学院研究员、该院粮食作物研究所与农业现代化研究所副所长、院长、党委书记、院学术委员会主任、院专家委员会主任,中共江苏省第七届省委委员,中国农业气象研究会理事长,中国科协第三、四届全国委员,江苏省科学技术协会第三、四届副主席,江苏省农学会理事长,江苏省老科协副理事长,国际玉米小麦改良中心(CIMMYT)理事,并任中国农业大学、南京农业大学、南京气象学院兼职教授、博士生导师,美国俄勒冈州立大学客座教授。他被聘为国际性 Agricultural Systems 和 Plant Production Science 杂志编委。

高亮之教授是我国第一代农业气象学家,是我国现代农业气象学开创人之一。在我国最早提出农业气象生态的观点与方法。注重学术研究与农业生产紧密结合,20世纪50～70年代,研究论述了长江流域发展双季稻的可能性,并研究解决双季稻生产中的关键技术,对我国长江流域双季稻的大面积发展起了积极作用。研究解决我国水稻秋季冷害不实与水稻小穗问题,提出水稻安全齐穗期与适宜播栽期的求算方法,在全国各稻区普遍应用,为我国水稻稳产高产起到指导作用。他与助手一起研究揭示我国南方小麦湿害的机理,并提出防湿对策,后来得到大面积应用,推动了南方小麦产量的提高。20世纪80年代,主持完成中国水稻气候资源与气候生态区划研究,为发展我国水稻生产提供了科学依据,此成果在国际上受到广泛重视。

20世纪80年代后,他建立农业系统学的理论框架,提倡将农业作为整体进行研究。在我国最早从事并积极倡导农业模拟与模型研究。在国际上首次将作物模拟技术与栽培优化原理相结合。1984～1991年,他与助手一起研制成我国第一个大型的水稻栽培模拟优化决策系统。他提出的水稻"钟模型"被国内外广泛借鉴与引用;1993～2000年,研制成小麦栽培模拟优化决策系统。水稻与小麦两个作物模型在全国10多个省(市、自治区)得到大面积推广应用,为我国粮食增产增效与农业信息化发挥了积极作用。

他的学术专著有《江苏农业气候》、《水稻与气象》、《水稻气象生态》、《农业系统学基础》、《水稻栽培计算机模拟优化决策系统》、《农业模型学基础》等;参与写作《中国水稻栽培学》;作为副主编的著作有《中国气候与农业》、《中国农业气象学》;有多本译著。先后共发表研究论文80余篇,其中刊登在国际杂志上的有8篇。培养硕士生8名、博士生6名。几十年来,他为我国农业科技、农业气象、农业模型研究与应用培养了大批人才。曾获国家、省、部级科技进步一等奖各一项,省科技进步二等奖一项,省、部级科技进步三等奖三项和省科学大会奖一项。1991年起,获得国务院特殊津贴。

(金之庆 李秉柏)

高亮之近影

父亲 高峙青(1906～1954)

母亲 吴锦华(1904～1935)

父亲和继母邱信和(1920～1955)

孩提时期(1929～1934)

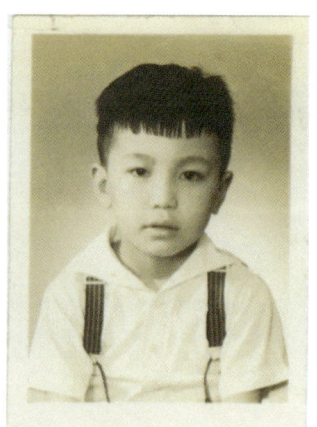
小学时期(1934～1940)

中学时期(1940～1946)
上海沪江大学附中,进步读书会聚会,右三为高亮之

大学时期
浙江大学(1946～1948,杭州)华家池校区学运骨干,前排右二为高亮之

大别山时期(1948~1949)战友1995年在成都聚会,后排右五为高亮之,前排右二为张立中

南京农业学校与华东农林干部学校时期(1949~1953,南京),前二排右五为高亮之,时任军事联络员与教导副主任

华东土壤调查训练班(1952~1953,南京)合影,前二排右五为高亮之,时任党支部书记。同排右七为班主任沈梓培,右九为华东农科所所长刘春安

全国首次农业气象训练班(1953~1954,江苏丹阳)
同学去北京参观(1954,北京),后排左二为高亮之

北京大学物理系气象专业进修(1956~1957,北京),后排右二为高亮之,中排右七为谢义炳教授

1954年春,与杨立炯、葛美芬,在江苏兴化里下河地区水稻田

1958年夏,与陈永康、崔继林,在华东农业科学研究所水稻试验田

1959年夏,与王延颐、郑凤祥,在江苏省农业科学院水稻田测定光照

1964年秋,在吴县望亭水稻高产样板田,后排中为陈永康,前排右二为高亮之

1969~1970年在江苏句容石山头五七干校,后排中为高亮之

1970~1972年下放到江苏省江宁县殷巷公社。1988年与妻立中、女儿晓莹重访殷巷,与社员合影

1972~1976年在南京农业科学研究所任副所长,离开前与知青们合影

1978年回江苏省农业科学院,重建农业气象研究室

1980年农业部外语培训班,前排右一为高亮之

1980年第一次出国,去菲律宾国际水稻所参加"国际作物生产力学术讨论会",右二为高亮之

1982~1983年去美国俄勒冈州立大学(OSU)任访问学者、客座教授

1983年,与OSU作物系主任D. Moss博士(右)、佐治亚州立大学教授Kanimasu博士(中)合影

1983年,与OSU主要合作者——牧草学教授D. Hannaway博士夫妇及H. Youngberg博士夫妇合影

1982年秋,与在美国的妹妹、弟弟及他们的孩子在洛杉矶家中合影,左三为高亮之

1982年11月访问康奈尔(Cornell)大学留影

1982年11月访问密西根大学,与著名农学家Wittwer博士(中)和徐鹤林(左)合影

1983~1990年任江苏省农业科学院院长,1985年与江苏省农业科学院(中农所时期来院的)老专家欢迎金善宝教授(前排右五)合影,前排右六为高亮之

1984年与江苏省农业科学院第二期中年科技人员英语培训班学员合影,前排左六为高亮之

1988年7月欢迎几内亚共和国总统孔戴将军来江苏省农业科学院参观

1985年在江苏省农业科学院举办中国首次农业系统模拟培训班

1989～1994年任国际玉米小麦改良中心（CIMMYT）理事。1989年与诺贝尔奖获得者 Dr. N. Borlog（中）及农经部主任合影

1992年在印度与CIMMYT全体理事合影,前排右二为高亮之

1985年在杭州与卢良恕、吴光南、熊振民合影

1985年在杭州与唐夕华、俞履圻、柯象寅合影

1988年在罗马参加"持续农业学术讨论会"时与英国著名农业气象学家J. L. Monteith博士合影

2002年在美国得克萨斯州与著名作物模型专家J. Ritchie博士合影

1989年在东京与李竞雄合影

1985年中国农学会农业气象研究会(济南)部分理事合影,左三为高亮之,时任理事长

1993年"国际气候变化、自然灾害与农业对策学术研讨会"(北京)合影,前排右七为高亮之

1997年主持全国作物模型工作会议（南京），前排左四为高亮之

1998年主持"国际作物-气候-土壤-病虫害系统的模拟学术研讨会"（南京）合影，前排左五为高亮之

2002年"数字农业与中国农业的发展高级研讨班"(南京)合影,前排右四为高亮之

1994年与研究生合影

1990年与大哥沛之、四弟翼之在上海合影

2001年与二哥望之、弟翼之、齐之、全之,妹澄之在美国波特兰合影

2001年与望之、翼之、鉴之、澄之各家在美国波特兰市鉴之家中合影

1966年一家合影

1976年一家合影

1999年与妻立中、女儿晓莹、女婿黄健、儿子晓东、儿媳家倩及孙儿女黄用、Raynell、Claire 在南京家中合影

1999年,70岁生日时与晓莹、晓东、翼之、立文、立明、立敏、立行各家大人、孩子合影

Selections from Prof. Gao Liangzhi
—Studies on Agrometeorology, Agricultural Systems and Agricultural Modeling

高亮之文选
——农业气象、农业系统与农业模型研究

《高亮之文选》编辑委员会　编

气象出版社

图书在版编目(CIP)数据

高亮之文选:农业气象、农业系统与农业模型研究/《高亮
之文选》编辑委员会编. —北京:气象出版社,2006.7(2019.7重印)
 ISBN 978-7-5029-3973-1

Ⅰ.高… Ⅱ.高… Ⅲ.农业科学-文集 Ⅳ.S-53

中国版本图书馆CIP数据核字(2005)第082512号

气象出版社 出版

(北京市海淀区中关村南大街46号 邮编:100081)
总编室:010-68407112 发行部:010-68408042
网址:http://www.qxcbs.com E-mail:qxcbs@cma.gov.cn
责任编辑:崔晓军 终 审:纪乃晋
封面设计:彭小秋 版式设计:刘祥玉 责任校对:周小蓉

*

北京建宏印刷有限公司印刷

气象出版社 发行

*

开本:889×1194 1/16 印张:32 插页:8 字数:1022千字
2006年7月第一版 2019年7月第二次印刷
定价:248.00元

本书如存在文字不清、漏印以及缺页、倒页、脱页等,请与本社
发行部联系调换

《高亮之文选》编辑委员会

主 任 委 员：严少华
副主任委员：于沪宁　金之庆　高翼之
委　　　员：卢良恕　孙　领　凌启鸿　石元春　刘大钧　龚子同　汪懋华
　　　　　　谢麒麟　王　荣　严少华　项淳一　吴振千　吴大信　沈清如
　　　　　　江爱良　王天铎　韩湘玲　李　偪　贺龄萱　信乃诠　于沪宁
　　　　　　崔读昌　徐师华　刘明孝　郑大玮　黄寿波　徐培文　周天颖
　　　　　　康国兴　吴光南　郭绍铮　黄东迈　袁从祎　徐鹤林　尹道川
　　　　　　孙英男　赵强基　王延颐　金焱鑫　李　林　叶　蓁　金之庆
　　　　　　高翼之　张立中

（以朋友、院领导、同学、同行、同事、亲人为序）

《高亮之文选》编辑工作组

组　　长：金之庆
副组长：李秉柏　黄　耀
成　　员：（按姓氏笔画排序）
　　　　　陈玉泉　董维春　冯利平　马新明　郑国清　曹宏鑫　郑有飞
　　　　　陈　华　石春林　葛道阔　曹燕东　高晓莹　高晓东

序 一

于沪宁　中国科学院地理科学与资源研究所研究员
黄寿波　浙江大学教授
金之庆　江苏省农业科学院研究员

　　高亮之教授是蜚声中外的著名学者,他致力于农业气象学、作物模型学与农业系统学的研究长达半个世纪,对中国农业和农业气象学的发展作出了杰出的贡献。最近,高先生将其辛勤耕耘50载所著的论文结集成书,必将激励新秀、垂范后昆。

　　高先生1929年5月出生于上海,祖籍福建长乐,为闽东望族。先生自幼受到家庭与学校的良好教育。祖父是清末民初的官员,受到"西学东渐"的影响;父亲毕业于圣约翰大学,后留学美国获哥伦比亚大学经济学硕士学位,曾任职于实业部门。他们的言传身教给童年和少年时代的高先生以丰富的学养熏陶。抗战烽火中,先生刻苦求学于上海沪江大学附中,忧国忧民的爱国情愫与不断积累的知识相互交织在一起,激发了他为中国广大农民服务和科学救国的理想,并成为他终生矢志不渝的目标。

　　1946年秋,先生以优异成绩考入浙江大学农学院。时值抗战胜利后不久,浙大迁杭后仍由竺可桢教授任校长,一时名师云集,人文环境和教学设备均属国内上乘,曾被李约瑟博士誉为"东方的剑桥"。浙大素有民主的传统,先生进校后出于爱国热忱,很快就投入了学生运动。1947年夏,先生18岁时在上海秘密宣誓加入中国共产党,不久即任农学院地下党小组长,翌年又被选为学生自治会副常务理事,在复杂艰危的环境中开展了英勇的斗争。1948年10月,因中共浙大地下党负责人被捕,组织上遂决定让一部分身份易暴露的党员紧急撤离。在党组织安排下,先生奔赴时已挺进中原大别山的刘邓大军,在皖西干部学校学习。不久,先生以机要员身份随二野三兵团11军参加了安庆战役和渡江战役。1949年4月,先生以军事联络员身份接管了南京农业学校。1953年初,先生主动要求调入华东农业科学研究所,开始了他热爱的农业科研生涯。同年入农业部*和中央气象局**举办的农业气象训练班,遂走上农业气象学研究之路。1956～1957年,先生在北京大学物理系气象专业进修,后在华东农业科学研究所、中国农业科学院江苏分院、江苏省农业科学院长期从事科研工作,历任研究室主任、副所长、院长兼党委书记、学术委员会主任等职务。

　　半个多世纪以来,先生潜心研究的水稻、小麦、稻麦连作、双季稻等农业气象学问题及其关键性技术,几乎涵盖了农业气象学的各个分支,如作物气象、农业气候、气象灾害、作物气候生态、作物计算机模拟等。他主持研制的"水稻/小麦栽培模拟优化决策系统(R/WCSODS)",更是率先步入国际学科前沿领域,执国内同类研究之牛耳。在此基础上,先生还广泛涉猎农业科学的其他领域,不断探究其精要,致力于各学科的交叉融合,有力地推动了农业系统学与农业模型学研究的发展,使之成为国内农业科学中的全新领域。

　　高先生是中国农业气象事业的开创者与奠基人之一,他积极参与并发起了中国农学会农业气象研究会(后改称农业气象分会),不断推动中国农业气象与国际接轨,培养了大批高级的专业人才。先生著作颇丰,先后发表学术论文80余篇,撰写专著6部,参与写作、编纂学术著作10余部。获得科研成果奖励8～9项,其中国家、省部级一等奖有三项。先生曾担任声望甚高的国际性杂志 *Agricultural Systems* 和 *Plant Production Science* 编委,国际玉米小麦改良中心理事。现将高先生的学术思想、方法论及对

---

* 即现在的"中华人民共和国农业部",下同。
** 即现在的"中国气象局",下同。

学术活动的贡献略作回顾与概述。

一、科研及学术工作的贡献

(一)率先突破双季稻种植与水稻高产栽培的关键性技术

高先生针对温度条件相对较差的亚热带中北缘地区,率先解决了双季稻种植的一系列关键性技术;提出此后被普遍采用的计算水稻安全齐穗期与安全播种期的方法;在陈永康劳模水稻高产经验总结、望亭水稻示范样板、江苏农业气候区划工作中,他的科研工作不断深化与发展,并于20世纪80~90年代系统归纳于作物模型的研制中。先生的一系列科研成果,为扩大复种指数、提高单产提出了有效措施,对我国解决温饱问题、实现粮食增产作出了历史性贡献。

(二)作物气候生态理论的应用与发展

20世纪20年代,意大利著名农业生态学家阿齐(C. Azzi,1885~1969)在《世界小麦气候》一文中提出了气候生态论。但此后在相当长的一段时间内,该理论并无实质性进展。高先生在水稻气候区划和稻作光温反应研究中,深入探讨了气候生态理论,并提出在中国农业气象研究中非常有必要引入农业气候生态理论,并与北京农业大学*韩湘玲教授联名著文,进一步阐述农业气候生态理论。此后农业气候生态理论被广泛应用,与生态适应性理论相互支持,成为作物生态、作物引种栽培、作物气候区划、农业气候资源考察与利用的指导性理论基础之一,为持续提高作物生产力与防灾减灾提供了理论指导。

(三)简约的农业气象灾害指标及防御技术

高先生在国内较早开展了农业气象灾害研究。早在20世纪50年代初,他深入淮北调查时,就发现小麦干旱风灾害要甚于霜冻灾害。经过悉心研究,他于1961年发表论文,提出了判断干旱风的"三个三"指标,即最高气温高于30℃,相对湿度小于30%,风力大于3级。这些指标后来在华北广泛应用,农民和技术员都耳熟能详。在此基础上,其他专业人员不断深入研究,发展成一系列防御小麦干热风的指标体系。

20世纪60年代,高先生在江苏吴县望亭示范样板工作中,针对小麦湿害又提出了简明的防御措施,即"开好三沟(田间沟、田边沟、田外沟),排出三水(浅层水、地下水、地表水)",受到广大农民欢迎。此后经小麦专家与水利专家共同努力,这些措施在南方麦区大面积推广,取得了显著成效,并成为苏南春季农田耕作的基本措施之一。

20世纪60年代,水稻寒露风危害频繁,导致后季稻籽粒不实或不饱满。高先生在实践中细致观察、认真思考,在总结群众经验的基础上,提出了"安全高产齐穗期"与"安全高产播栽期"等概念,后来被广泛用于指导我国各地的水稻生产。

这些源于实践、经过提炼的指标和技术措施,具有内容高度概括、科学内涵深刻、易被广大农民掌握等特点,后来都成为许多专业人员在较长时期内不断探讨的科学问题。

(四)作物计算机模型的研制

从作物计算机模拟入手到优化决策功能的系统模型,高先生的工作不仅在国内起步最早,在优化模型与优化决策方面与国际同类工作比较亦有重要创新进展。

高先生在长期从事农业气象学研究基础上,比较系统地分析了作物生长发育与气象条件之间的数量关系。传统的农业气象学囿于对比分析与统计分析描述,缺乏动态过程联系。1982~1983年先生接

---

* 即现在的"中国农业大学",下同。

受美国著名植物生理学家 Dale Moss 博士邀请,以访问学者的身份在俄勒冈州立大学从事苜蓿计算机模型的研究,1983 年完成了"苜蓿农业气象模拟模型(ALFAMOD)",有关论文先后在美国与中国发表,这是中国科学家在作物模拟系统研究方面发表的最早的一篇论文。高先生同时注意到国际上作物模拟研究尚难以直接指导生产的缺陷,并仔细剖析了国外数十种作物模拟模型,发现它们一般均未与最优化理论相结合,为此尝试将优化决策论引入 ALFAMOD 研究中,预感这一理论将有助于解决作物模拟难以应用于农业实践的难题。20 世纪 50~70 年代,先生曾长期与全国著名劳模陈永康共事,并系统地总结了水稻高产优化原理。先生将这些栽培优化原理与模拟技术相结合,并获得国家自然科学基金两次较高金额资助和农业部"七五"、"八五"重点科技项目资助,在进一步田间实验和广泛积累资料的基础上,历经八年,与金之庆、黄耀、陈华等同志一起完成了"水稻栽培计算机模拟优化决策系统(RCSODS)"的研究。该系统可以动态地模拟作物与环境之间的数量关系,并可以制定水稻高产增效的各种优化栽培决策,具有机理性、综合性、应用性和通用性四个特点,于 1991~1992 年在全国 10 多个省(市)示范推广,覆盖面积 200 万 hm^2,此后在全国得到更大规模应用。

接着他又与助手们坚持八年之久的努力,完成了"小麦模拟优化决策系统(WCSODS)",在我国广大小麦产区得到大面积推广应用。

20 世纪 80 年代初以来,高先生与国际上从事计算机模拟的著名学者切磋学术,如荷兰的 C. T. de Wit 和 F. W. Penning de Vries,美国的 R. S. Loomis,D. A. Holt,G. W. Fick,J. W. Norman 及日本的崛江武等,这些学者早在 20 世纪中叶以来就蜚声国际学坛。1988 年高先生邀请美国密西根大学教授 Pr. Joe Ritchie 来华访问,系统地讲授了著名的 CERES 模型系列,全国 20 所高校并科研单位派员参与培训,同时也讨论了高先生的水稻模型,表明中国同类型的工作步入国际先进行列并进行学术交流。这次学术活动对推动中国作物模型研究起了开创性的作用。

(五)农业系统学的引入与发展

近代农业科学的历程如果以光合作用的发现为起始,则已历 200 余年历史。农业科学的发展一直是以农业各个专业学科分支的充分发展为特征,缺乏整体性的综合,整体性问题没有得到足够的重视,尚无一本系统阐述的论著。高先生在长期的农业科学实践中,逐步加深了对整体性与农业系统的认知,在广泛阅读国外有关文献的基础上,与欧美一些农业专家多次讨论,于 1984 年撰写了《农业系统论及其方法》一文,随后举办了讲习班,1987 年在南京农业大学正式为研究生与留学生开设"农业系统学基础"课程。

由江苏省科技出版著作基金资助的高先生的学术力著《农业系统学基础》于 1993 年问世,本书全面分析了农业系统的结构功能、形成与发展。农业生物、农业环境、农业技术与农业经济四大要素之间,形成纵横交错的相互适应、相互作用关系,从而构成完整的农业系统,并提出农业系统分析、调控、预测等方法体系。正如卢良恕院士所指出的:"该书取材丰富,立论严谨,以农业问题为主体,将自然科学与社会科学两大科学领域密切结合在一起,并且充分运用了当代系统科学的成就……本书纵阅古今,横观世界,总结了自古至今世界范围内不同类型国家的农业发展经验,对当代中国农业发展问题特别予以重视……"

(六)教书育人成绩卓著

植木传薪,教泽在人,50 年来高先生多半时间科研与育人同步而行。高先生参与创建了华东农林干部学校,参与培养了 1000 多名农林科技干部,这些干部大都成为全国农林事业的开拓性科技骨干,并培养了 300 多名农业气象与农业信息技术骨干人员。1982 年先生被聘任为南京农业大学博士生导师以来,培养了 15 名博士和硕士研究生,现这些学生都已成为著名的专家教授,活跃于科研、教学等领域,各自作出了自己的贡献。

(七)学术组织工作

高先生积极参与了中国农学会农业气象研究会的创建。高先生与中国农业科学院、中央气象局、北京农业大学等许多单位的农业气象学者共同努力,于1980年成立了隶属于中国农学会的中国农业气象研究会,对国外联系称"中国农业气象学会",高先生历任常务理事、副理事长、理事长。高先生主持会务期间举行了多次活动,如1987和1993年的两次国际农业气象学术研讨会,高先生均主持会议并作报告。高先生许多很好的建议有助于学会活动的开展,如将专业委员会挂靠到有关单位,从而促进了专业委员会的活动。高先生在各种国际与国内学术会议上所作的许多报告均有助于农业气象研究的发展,1990年在杭州召开的全国农业小气候学术研讨会上他作了"信息时代的农业气象学"的报告,1998年在南戴河全国农业小气候与作物气象学术研讨会上他作了"农业气象与农业模型"的报告,引起代表们浓厚的兴趣。高先生倡导并支持农业气象青年学者的工作,曾在南京召开青年农业气象学者学术讨论会,会上与年轻人畅述农业气象的未来,是年轻人的良师益友。

20世纪50年代以来,国际生物气象学研究迅速发展,高先生极其关注并参加了在斯洛文尼亚召开的第14届会议,与韩湘玲教授、于沪宁教授等建议成立中国生物气象学会或国际生物气象学会中国分会,并成立了筹备委员会,组织了两次学术研讨会,得到了20多名院士和100多名专家教授的签名支持。当时国际上有50多个国家有生物气象学会的组织,高先生认为中国成立相应的组织是十分必要的,为此与郑大玮教授、于沪宁教授一起拜望了中国科协副主席刘恕教授,刘恕副主席建议成立"国际生物气象学会中国委员会",得到当时的中国科协国际学术活动组织处的支持。国际生物气象学会主席Andris Auliciems教授致函高先生表示支持并拟出席成立大会,同时致函中国科协主席周光召表示赞赏和支持。国际生物气象学会副主席Peter Hoppe也致函周光召主席同样表示竭诚支持。但随着学会工作的整顿而"冻结"及人事的更替,也就难以再进行了。正如中国古语所说,"尽志不至可无悔矣!"

(八)努力促进国际学术交流

1987年高先生应邀访问设于墨西哥的国际玉米小麦改良中心(CIMMYT),该中心是国际上最大的农业科研机构,与中国有密切的合作关系,其最高管理机构是由10余名国际知名科学家组成的理事会。由该中心提名和中国农业部同意,高先生连任两届(1989~1994)理事,并出席了每年一次的理事会。

1988年高先生参加了由联合国粮农组织邀请,在意大利罗马召开的著名的"国际持续农业研讨会"。会议期间高先生与作物模型创始人De Wit,英国气象学会主席著名学者J. L. Monteith进行了学术交流和讨论。

1992年高先生应美国环保局(EPA)之邀,参加在菲律宾召开的一项重大科研项目"全球气候变化对水稻生产影响"评估会,同时邀请的仅有3位著名学者,另两位即美国科学家D. A. Holt博士与R. L. Sass博士。

高先生对两次在中国召开的国际农业气象学术讨论会起了重要的作用。1987年,中国农学会农业气象研究会在北京中国农业科学院召开了第一次"国际农业气象学术研讨会",大会由卢良恕院长致开幕词(时任中国农业科学院院长、中国农学会会长),高亮之先生主持大会并致闭幕词。有英国、法国、澳大利亚、印度、日本等国代表参加,交流了各国在农业气象领域的研究进展。正如高先生在会上指出的,这次会议不是侧重于某一方面,而是几乎涉及了农业气象各个领域:农业气候学、作物气象学、农业气象灾害、天气与病虫害关系、畜牧气象、林业和渔业气象。这是国内外农业气象工作者在中国召开的第一次农业气象盛会,会议期间参观了中国科学院北京(大屯)农业生态系统试验站。

1993年5月26~29日,由中国农学会、北京农业大学、中国气象学会、中国农业科学院和中国自然资源学会共同发起,农业气象研究会具体筹办的主题为"气候变化、自然灾害与农业对策"的第二次国际农业气象学术研讨会在北京农业大学召开。有来自美国、英国、德国、俄罗斯、奥地利、匈牙利、以色列、巴基斯坦、菲律宾、澳大利亚、日本等国代表参加,会上交流论文70余篇。高先生主持了开幕式,韩湘玲教授、郑大玮教授与英国伦敦大学的M. Redclift教授、美国的R. L. Sass教授等一起主持了几天会议。会后出版了英文版文集 *Climate Change, Natural Disasters and Agricultural Strategies*。这次会议表明中国农业气象学者研究领域的拓展和与国际学术交流的广泛深入。

难能可贵的是,高先生能融科技工作者与农业官员于一身,以一颗平民学者之心献身于农业科学,在较长时段较多任职期间既孜孜不倦于学术,又做了大量行政工作。当仁不让,当言则言,当断则断;清廉守正,以身作则,力戒浮躁,不屑于炒作;善于团结周围的科学工作者,与广大群众打成一片,扶携后学,惜才情真意切。同样的作风见于学会工作中,深得江苏省农业科学院和有关学术界的好评。

二、严谨的学风与科学的方法论

早在20世纪50年代初,高先生已在农业气象和农学界才华初展。1959年参与编写由中国农业科学院丁颖院长主编的《中国水稻栽培学》一书,负责撰写第六章《中国稻作的气候条件》,被丁院长认为是写得最好的两章之一。这一章被译为英文,发表在日本出版的《亚洲水稻》专著中。

高先生的英语功底深厚。中学时代所学绝大多数课程用英语讲授,已为其打下坚实的英语基础。在浙江大学学习期间既学英语又兼学德语。1980年参加农业部英语口语培训班,1982年赴美时已能讲流利英语。此后又学习了俄文和日文。20世纪80年代初高先生与卢其尧先生共同翻译了J. L. Monteith所著的《植被与大气》一书,长期以来是农业气象工作者学习的必备书。

高先生以极大的努力投入数学、物理学与气象学的学习和钻研,力图融汇这些数理基础学科使之服务于专业研究。大学时代高先生对植物病虫害和昆虫学极感兴趣,当时法布尔和达尔文的著作已译为中文,给高先生以极大的启迪。此后高先生对道库恰耶的土壤地带性理论及土壤地理学又极感兴趣。由于长期在农村蹲点和任职院长的原因,高先生对农业科学各分科均产生了浓厚兴趣并均有不同程度的深入和了解,为开展农业模型的研制和农业系统学研究奠定了基础。

研读高先生的大量著述和论著,深感"博观而约取,厚积而薄发"([宋]苏轼)而有"大才槃槃"之慨,体现了高先生深厚的学识根基、严谨的学风与科学的方法论的结合。

(一)重视原创性工作基础上的创新

高先生于20世纪50年代初就深入实践,不辞劳苦,亲自动手,长期在田间实验观测,往往从播种到收获,下茬接上茬,参与连年的生产全过程,从而积累了大量的原始数据资料。这是原创性工作的重要基础。

高先生的实验研究不是简单的重复,而是不断有新的思路和方法。"学贵心悟,守旧无功",在学习全国著名劳模陈永康的宝贵实践经验时,高先生苦苦思索后恍然大悟,再进一步实验探索提高。高先生曾殚精竭虑思考中国农业气象如何走自己的路而不是因循守旧,决心摆脱苏联以农业气象指标为中心的方法论的局限;而日本的以农业小气候和近地层微气象为主的研究,对于当时中国粗放的农业则为时尚早。高先生力求走出符合中国国情的农业气象生态学研究道路,坚持从实践中找出解决中国农业生产中的突出问题为研究方向,因而不断取得创新性进展。

1987~1989年,高先生在70年代水稻温光模型的基础上创造性地研制出"水稻钟模型",可以同步反映高温、低温、日长与水稻生育期的非线性关系,为水稻的栽培管理提供了科学依据。这个模型在国际权威性刊物上发表后,得到10多个国家100多位科学家的来信索取、学习与引用。

1984~1990年,高先生连续7年进行实验基础上的模型研究,为立足于原创性基础上的创新奠定了基础。国际上的作物模型大部分都是所谓"专家系统"或单纯的模拟模型,高先生等研制的模型兼有"优化"与"决策"功能,由于拓入了运筹学方法而兼有机理性、应用性与通用性,在国际作物模型研制中取得了引人瞩目的创新性进展。

(二)数理分析基础上的理论升华

现代气象学较早地应用了数理方程表达式,农业气象学深受气象学的影响,较多地采用数学表述,特别是用以表明农业气象条件与作物生长发育的数学公式,以及近地层物质能量传输中引入的大量的数学方程式,已不是纯粹的经验描述,而具有一定的机理性和分析性,比经验描述对农业实践有更好的指导作用。而计算机模拟则要集中更多的数学方程,正如高先生(1992)所指出的:"计算机模拟可以将数十数百种或者更多的数学公式按照一定的层次和规则联结在一起,依靠计算机存储量大和运算速度快而准确等特点,表达作物生长发育过程中错综复杂的数量关系。"高先生所建的 RCSODS 模型是以机理性为基础,结合专家经验的模型,比单纯的专家系统有更强的机理性、应用性和通用性,能适用于不同气候、不同土壤、不同品种、不同季节的多样化的作物生产条件。

高先生在北京大学物理系气象专业进修时学习了多门数学、物理学课程,此后不断深入钻研,在计算机模拟研制中运用了微分方程、随机过程、判断分析、运筹学等,为从数学分析基础上进一步理论升华达到新的境界奠定了基础。

(三)信息技术与系统观相结合

多次聆听高先生关于信息技术与农业气象的报告,报告的实质在于力促信息技术与系统观相结合,并非是单纯的信息技术利用。现代科学技术以惊人的速度迅猛发展,以信息化、数字化、社会化、生态化、综合交叉和专业化为标志,从根本上革新了科研方法和科学内容,并且深刻影响着社会经济各个方面。高先生察看了国际学术潮流,深感这一历史性科学动向将变静态性科研为动态性科研,从封闭型研究转为开放型研究,将经验总结反思与超前性探索相结合,将单项的研究纳入系统的研究。显然,信息作为事物内在联系的表征,所谓信息方法就是运用信息的观点,将系统方法看做借助于信息的获取、传递、加工、处理而实现其有目的性运动的一种先进的研究方法。信息量的骤增也只有数字化与系统论才能纳入并舒展其科学的内涵,进行多学科的交叉融汇。这是高先生 20 世纪 80 年代以来科学方法论的思想精髓所在,对中国的农业气象甚至对农业科学的深入研究均有相当重要的引导作用。

(四)锲而不舍,精益求精

高先生决不满足于已有成就,而是殚精竭虑,精益求精,不断改进和发展,以达到经世致用,服务于广大农民的目的。高先生亲自编写程序,数百万字节不容丝毫差错,亲自调试不断改进。每天工作 12 小时以上,往往数月不稍懈。20 世纪 80 年代初,在美国的小镇上高先生编写程序直至万籁俱寂的深夜与黎明。这对于精力充沛的年轻计算机专业人员也是十分艰辛的工作,高先生引以为乐。

高先生由于有长期在农业第一线深入实践的功底,有坚实的数理基础,加上对计算机编程的娴熟和精湛的英语,因此,能与现代作物模型奠基人 De Wit,著名的 CERES 模型研制者 J. Ritchie,美国农艺学会主席 D. A. Holt,美国著名植物生理学家 R. S. Loomis 和 D. Moss,著名生物气象学家 J. L. Monteith 和 J. W. Norman 等国际一流的著名学者切磋学术,互相观摩成果,表明他有深厚的学术底蕴与科研实力。

1996 年 5 月高先生与王天铎先生共同主持"香山会议",讨论农业模型的研制及应用,这是全国这类研究的高级研讨会。21 世纪初高先生又将长期酝酿的《作物模型学基础》一书的写作提到日程上来,终于在 2004 年撰写完毕,付印出版。《作物模型学基础》与 1993 年出版的《农业系统学基础》这两本堪称姊妹篇的力著共达 120 余万字。这种锲而不舍、精益求精的精神,值得我们永远学习。

三、不懈求索,壮心不已

少年时代,正值国难当头,民不聊生,受拳拳爱国之心的驱使,高先生置身于请愿游行的学运队伍;迫于时势弃笔从戎,在戎马倥偬之中经历了风雨,得到了锻炼,"苦其心志"为日后的成功打下了基础。

中年时代,高先生重任在肩,又有许多兼职,人事纷繁从容调处,仍然刻苦治学笔耕不辍。历次政治运动的风浪使一代学人历尽坎坷,文革中高先生受到冲击,但追求经世致用的学术仍坚持不懈。

步入花甲之年,高先生更感到时间的珍贵,有许多老友需要看望,仍有许多事情要做,有许多问题有待认真思考。

高先生练习各种书法，思维似乎又回到童年时祖父指导他练习书法的情景；试写旧体词和回忆师友的文章兴致盎然。当被任命为江苏省老科技工作者协会副理事长后，积极组织科技下乡，组织开展文体活动等，办了许多实事。

每次来京开会办事之际，高先生均要抽出时间拜访老友，寻访故旧。去拜望老友卢良恕院长，黄秉维、程纯枢、石元春等院士，念及不幸逝世的浙江大学同窗、地下党战友、中国科学院原地理科学与资源研究所所长左大康教授，探望病中的丘宝剑教授、江爱良教授，及中国农业科学院、中国农业大学、中国气象局的许多老友，甚至他的学生，使人感受到怀念故旧的拳拳之情。

对于科研，高先生仍是非常投入地从事尚未完成的任务，惦念着将水稻、小麦两大作物模型推向全国；目的在于为推广稻麦作物新品种的应用服务，有利于帮助农民走向富裕；推动中国农业信息化的发展，使中国农业模型研究在国际上有较高的学术地位。他已年过七十高龄，仍致力于创建"中国农业环球网（CAM）"与《数字农业与农业模型通讯》，为全国的农业科技工作者与数字农业工作者提供科技与信息服务。他在晚年，仍与美国俄勒冈州立大学的教授们合作，从事长江流域种草养畜的研究，以推动我国种草养畜事业的发展。这些工作，无论哪一项都有相当大的工作量与较高的难度，显然需要投入大量的精力与体力。

高先生长期定居于江苏省农业科学院内，该院地处大江之滨紫金山南麓，青山迤逦，园林幽美，房舍精致，庭院深靓，利于治学怡人，袪病延年。高先生家庭美满，倍增生活意趣。在此境遇中觉天地日月之常新，念人生不可久留之短暂，悠然而动迟思乃人之常情。近年来高先生更多地陷入深沉的思索，对于宇宙、对于世界、对于人生以及对于中国全方位的思考。对于新中国成立以来特别是改革开放以来取得的伟大成就，由衷地感到高兴与鼓舞；对于极左政策推行的一系列运动，使许多人蒙受伤害而深感悲愤；对于日益滋长的各级官员的腐败深感忧虑。认为经济改革只能前进不能后退，对相对落后的政治改革仍寄予厚望，社会主义仍应是希望所在。国家兴亡、匹夫有责的情怀溢于言表。对于一些自屈原《天问》以来就被提出的博大的深奥的哲学难题，进行了深刻的思考！

对于与一生结了不解之缘的科学与农业科学，高先生深信将有更多惊人的秘密被发现，人类将有更多的智慧被展现。农业科学还有更艰巨的漫长道路。至于灾难深重的中国农民，虽然处境不断有所改善，但仍然处于相对贫困的地位，是公认的弱势群体，仍然需要竭诚地为他们服务。这也就是高先生力求再作一些科研贡献的动因吧。

对于大家对农业气象事业举步艰难的忧虑，高先生说："深信只要世界上还有农业，还有气象，就有农业气象，农业气象学就将永存而永葆青春。"（2002 年在江西南昌全国农业小气候与作物气象学术研讨会上的讲话）大家以热烈的掌声，认同高先生这一振聋发聩的论断。会后高先生和代表们一起登庐山，快步直下 3000 多台阶的三叠泉，仰望"飞流直下三千尺"的瀑布，在濛濛细雨中信步庐山峰谷。"莫听穿林打叶声，何妨吟啸且徐行"，中国农业气象工作者必须具有这样的从容与信念。

2003 年岁尾，在北国飞雪与冷冽朔风的季节，重读了先生的近作与回忆，深愧笔者学识之粗疏，行文之拙涩，难以表述先生品端学萃的风范，不足以壮全书之观瞻，仅勉强奉呈。

《高亮之文选》编辑委员会委托
于沪宁、黄寿波、金之庆执笔
2003 年 12 月 20 日于北京
2004 年 11 月 10 日修改

序　二

美国俄勒冈州立大学汉纳威教授

衡量科学事业中的成功有很多方式,但一种常用的方式是根据同行评议过的专业出版物的数量与种类。这本文选庆贺了高亮之教授在他的学术生涯中所取得的成功,50多篇专业论文集的出版是一个重大的成就。

高亮之教授在科学研究上长期致力于农业气象学、作物模拟与模型以及信息科学。他在20世纪80年代早期的工作,是应用个人计算机进行数据组织与计算的首创性的工作之一。他的模型研究包括水稻、小麦、苜蓿以及冷季与暖季牧草的生长与发育。

在传统性的刊物与书籍出版之外,高亮之教授在发展与他的研究对象有关的、以网络为基础的信息资源方面,是中国与全世界的先导者。这种学术上的领导地位,以及他与世界同行间的交流,产生了与许多国家科学家的很多合作计划。

高亮之教授与世界上科学家的合作关系,使我们联想到"国际人民交流组织"(People to People International)以及它的宗旨:"通过教育、文化、人道主义的活动,包括不同国家与文化的人民之间的意见与经验的直接交流,促进国际间的相互理解与友谊。"
(http://www.ptpi.org/about_us/,25 January 2004)

高亮之教授通过他不懈的科学探索与交流项目,进一步促进了全世界人与人之间、国家与国家之间的相互理解与友谊。

我代表他的许多全球性的合作者,对他在科学文献、网络信息系统以及应用新的创新性知识去解决农业以及自然资源管理中的实际问题等方面所作出的贡献表示祝贺!

David Hannaway
Oregon State University
Corvallis,Oregon,USA
25,January 2004

Preface

David Hannaway
Oregon State University, USA

Measuring the success of a career in science comes in many forms, but certainly one commonly used is the number and type of peer-reviewed professional publications. This book celebrates the success Professor GAO Liangzhi has achieved in this segment of his professional life. The publication of more than 50 professional papers is a great accomplishment.

Professor GAO's research has focused on agricultural meteorology, crop simulation modeling, and information science. His work in the early 1980's was some of the first to use personal computers for data organization and computations. Modeling studies have included models on rice, wheat, alfalfa, and both coolseason and warm-season grass growth and development.

In addition to traditional journal and book publications, Professor GAO has been a leader in China and around the world in developing web-based information resources related to his subjects of study. This leadership in scholarship and communication with his peers worldwide has resulted in many cooperative projects with scientists from many countries.

The relationships that Professor GAO shares with scientists around the world are reminiscent of the "People to People International" organization and their mission:
"... to enhance international understanding and friendship through educational, cultural and humanitarian activities involving the exchange of ideas and experiences directly among peoples of different countries and diverse cultures..."
(from http://www.ptpi.org/about_ us/, 25 January 2004)

Professor GAO Liangzhi has, through his tireless scientific inquiries and communication projects, furthered international understanding and friendship between individuals and nations around the world.

On behalf of his many global cooperators, I offer my congratulations to him for his many contributions to the scientific literature, web-based information systems, and the application of new, discovery-based knowledge to solve practical problems in agriculture and natural resource management.

David Hannaway
Oregon State University
Corvallis, Oregon, USA
25, January 2004

钟情科学　矢志为农
——我的科研经历
（代自序）

高亮之

一、编辑过程

这本文选的编辑已经有三年多时间，但集中的编辑时间是在 2002 年的下半年，在我完成《农业模型学基础》一书以后。

编辑本文选的工作量比原先估计的要大得多，因为许多老文章已经在自己的记忆中淡忘了，需要在查找过程中再回忆起来。查找也不是很容易，我的文章当时分别在多种杂志中发表，有些比较重要的文章只是在会讯中或会议纪要中发表（如《美国的农业气象——访美报告》等），这次也收录了进来。编辑中的另一个困难是需要将杂志中的文章全部输入计算机，等于要将 50 多年来的 50 多篇文章重新写一遍。部分文章是先用扫描仪扫描，再进行文字识别而进入电脑。但由于许多是 20 世纪五六十年代的老文章，纸张质量差，字迹已经模糊，识别率很低，还是需要从原文逐字辨认与输入。图与表格的扫描效果都不符合出版要求，也需要重新绘制、录入与排版。整个工作的大部分是我亲自动手，也只能是自己动手。但全书的最后编辑与文字校对工作有我的学生与同事金之庆、李秉柏及我的弟弟高翼之与我的妻子张立中等的精心协助。

我的体会是：人到晚年，编辑自己一生的文选，就像是将人生再过一遍。在编辑的过程中，一幕幕往事都会在脑海中再现出来。科学论文的"往事"并不是一些故事或画面，而是当时立题的背景、研究的思路、田间或实验室的艰苦的观测、资料的收集与整理、研究总结时的苦心思索、文笔的精心斟酌、文章发表后的影响等等。特别是回忆起当时的共同研究人员，有的已经离世，有的失去联系多年，不禁令人感慨叹息。

自 1953 年我正式参加科研到本书编辑时的 2003 年，共 50 年。这 50 年的科研工作，以 1982～1983 年我去美国作访问学者为界，可以分为两个阶段：第一阶段是 1953～1982 年，我主要从事农业气象研究；第二阶段是 1983～2003 年，我主要从事农业系统与农业模型研究。当然，这两个阶段是密切联系的，第一阶段的许多研究成果与研究思想应用于第二阶段，而在第二阶段的农业系统与农业模型研究中，仍然是针对着许多农业气象研究所遇到的问题。

因此，本文选的副标题是——农业气象、农业系统与农业模型研究。

二、志向的选择

回顾自己一生，虽然也有较长时间担任所长、院长等职务（约 20 年），但是自己的主要精力始终是用在科学研究方面，50 年来没有改变。为什么会选择科研作为自己的主业？为什么会以农业气象、农业系统与农业模型研究作为自己的研究方向？不能不从少年时的兴趣爱好、所受的教育与所立的志向谈起。

我的中学时代是 1940～1946 年，在上海沪江大学附属中学求学。这个中学当时是上海最好的三所中学之一，是在全国烽火连天的抗战期间，而上海是个孤岛，学校又是美国教会办的，因此读书的环境还算比较稳定。我对各门课程都学得很认真，成绩也很好，六年之中，门门课程都是 1 分（优等）。各门课程中，我对数学、生物学、化学等自然科学的兴趣特别浓。正因为生活在大城市，与自然界的接触太少，我对花卉、蝴蝶一类色彩鲜艳的生物特别有兴趣，还与几位同学组成一个学农小组，到郊区的一个小农场中去种菜。在课堂之外,我还经常到图书馆去翻阅各种课外读物。教科书与课外读物中介绍了各种以科学家名字命名的科学定律或科学理论,如牛顿力学定律、波义耳气体定律、门捷列夫的元素周期律、达尔文的进化论等。记得在初三时(14岁),我在图书馆中站着看书,脑子中就涌现出一种念头:近代科学史上为什么没有中国人的名字?我今后的一生应当在科学史上为中国人争一点光,为科学作一点贡献。这个思想支配了我的一生。

爱好自然与科学的同时,我对文学与艺术也很感兴趣,课余看了许多中外名著。鲁迅、茅盾、叶圣陶、丰子恺、高尔基、托尔斯泰、泰戈尔等的作品中都有许多描写农民的内容,特别是他们的人道主义精神给我的感受很深。1946年我参加了陶行知的追悼会。陶行知以一个美国留学回国的大知识分子的身份,一生为农民服务,至死不悔,这种精神给我的印象至深。我是一个城市中长大的青年学生,并没有接触过农村与农民,但是我从文学中知道中国受苦最深的就是农民。从人道主义出发,我在中学毕业前填写自己的志愿时,写上"农民的爱人"。从那时候起,我就决心以自己的一生为中国的农民服务。

"钟情科学,矢志为农",这就是我少年时代树立的人生目标,也是我一生追求的志向。即使在文革动乱时、在下放农村劳动时、在肩负繁忙的行政工作时、在离休年老时,我都一直坚持这个志向,没有动摇过。

由于树立了这个志向,1946年我考大学时就选择了农科。为了中国农民的翻身解放,我年轻时投身于进步学运与解放战争。由于在大学学的是农科,我随刘邓大军进入南京后,被分配去接管农业学校。1953年党号召向科学进军时,我坚决要求参加农业科研,组织上终于同意我回到科技队伍,从事农业科研。在农业科研岗位上,我坚持了50多年。

我在浙江大学学的是植物病虫害专业,1953年调到华东农业科学研究所(简称"华东农科所")后,正值国家初建农业气象事业,刘春安所长要求我在华东农科所创建农业气象专业,我从国家需要出发,不能不服从。这个抉择就决定了我一生的科研方向。

从20世纪50年代到80年代初,经过约30年的农业气象研究与对农业生产的全面了解,又接触到国际上农业科学研究的最新趋势,我深深感到要完善地解决农业问题,只从农业气象一个侧面进行研究是不够的,必须要建立农业系统的观点、理论与方法,必须要吸取当代信息科学的最新成就,在农业研究中应用计算机模拟与模型的方法。当然,我并没有放弃农业气象研究,而是将农业气象研究与农业系统与模型研究紧密地结合起来。

这就是我这一生从事科学研究的方向,也是这本文选的主要内容。

以下按20世纪的年代,结合本文选中的论文介绍我的科研历程。

三、50 年代

1953年秋季,我与从广西大学刚毕业的阳体冰同去参加农业部与中央气象局联合举办的全国农业气象训练班,地点在江苏省丹阳县一个旧庙宇中。在那里诞生了我国第一代农业气象学家。这个班是竺可桢先生(中国科学院副院长)与涂长望先生(中央气象局局长)共同建议创办的。中国农业气象学的成长,离不开他们二位前辈的功绩。

1954年春季,我回到华东农科所,在粮食作物系(简称"粮作系")建立农业气象研究组,正式开始农业气象研究工作。

1953年,华东农科所组织了淮北工作组,以小麦专家卢良恕为组长,有小麦专家蔡修邦、郭绍铮,植物病理专家萧庆璞等参加。该年淮北地区小麦遭遇到严重的春霜冻害,而春霜冻害就是农业气象问题。粮作系副主任梅藉芳先生要求我代表农业气象专业参加。我当然很乐意,因为这是我第一次参加专业考察与研究,同时也第一次感受到农业气象这门科学还是可有作为的。1954年春季,工作组再赴淮北,我的担子就重了:要求我在春霜来临前组织防霜。当时书本上介绍熏烟法可以防霜,我们与农民一起,在田头堆放了许多干麦草,由我负责在霜冻可能来临的夜间,在田头观测温度。到麦田温度降到1 ℃

时,决定开始熏烟。淮北早春的夜间相当寒冷,几个专家都在田头熬夜,半夜3点时点火。广阔的田野一片浓烟,蔚为奇观。当年冻害虽比1953年轻,但测定的结果还是证明了熏烟防霜提高麦田温度的效果。这次实验是我第一次农业气象的实践。

经过1953～1954年在淮北地区的调查研究,结合对该地区气象资料的分析,我写出了《淮北小麦生长期间的气象条件》一文。这是我农业气象研究的第一篇论文。后来听冯秀藻教授讲,这是他查阅文献中见到的最早的中国专家自己完成的农业气象研究论文。我想应当说是"我国早期的农业气象文献之一"较为合适。在本文选中,它就是第一篇。

1957年,江苏省气象局与华东农科所决定合作建立南京农业气象试验站,华东所的农业气象组扩大为农业气象研究室。两个单位实际上是一个单位,一切工作都在一起做,人员共有10多人,在人员、设备等方面都为开展科研工作提供了较好的条件。

50年代,我的主要科研工作是有关双季稻的农业气象研究。我国1949年建国以来,保证全国人民的粮食供应,是国民经济的首要任务,农业科学家必须为粮食增产作出贡献。1953年江苏省吴江县有两户农民种植双季稻获得成功,引起人们的极大兴趣。双季稻与气象条件关系密切,我决定将农业气象的科研重点放在双季稻上。这方面的研究持续到1959年,我们研究了双季稻的一系列农业气象问题,有:早稻播种期、早稻秧田的小气候调节、晚稻开花期低温危害指标、晚稻安全齐穗期、晚稻秋季灌水保温、江苏省与长江流域双季稻的气候适应性等。本文选中选登了5篇论文。

1947年时,我在浙江大学跟随桑树害虫专家祝汝佐教授做实习,采来虫卵,一粒粒地检查并识别雌与雄。我当时就体会到科研工作与文学创作大不相同。后者要靠灵感,要善于幻想,思想要活泼新鲜;而最基础的科研工作却只能是单调、枯燥、重复。我既然立志于科学,就必须习惯并喜爱这种艰苦与单调的工作。我们关于双季稻的研究都相当认真。小气候与秋季保温研究,都需要白昼与夜晚每小时地连续观测。晚稻开花低温研究连续了3年,每年7～9月,每天在稻田选择稻穗挂上纸牌,成熟时取样回来,一粒粒地检查结实情况。

双季稻研究得到了许多很重要的成果,特别是关于双季稻的气候适应性,我划出了长江流域双季稻、单季稻的气候分区,明确指出:长江以南与沿江地区,只要品种选择与栽培技术得当,可以大胆地发展双季稻。这个结论立即为当时主持双季稻研究的周承钥先生所采纳,并在他的发展双季稻的指导性文章中加以应用,在华东地区双季稻会议上得到更多专家的认同。因此,这个研究结果对全国性的双季稻向长江流域的大发展,发挥了积极作用,为20世纪50～70年代的粮食增产作出了贡献。其他如早稻播种期与晚稻安全齐穗期的指标,在以后几十年中,以至到今天,一直为全国的水稻科学家所采纳与应用。尽管20世纪80年代以后,由于市场经济的发展,双季稻面积有较大减缩,但双季稻的历史贡献是没有人能否认的。

我们在农业气象研究与服务中取得的成绩,被中央气象局所发现与重视。中央气象局张鲁山处长来我们的试验站考察后,决定1958年第一次全国农业气象工作会议在南京召开。我写了全面性的工作总结,并被邀请在大会上作了介绍。

50年代与我一起工作的同事中,阳体冰、朱永灼已经去世,蔡显圣、朱塘松、沈凤英、彭巧秀、俞桂珍、葛凤娟等当时的年轻人现在估计都已退休,但都失去联系。只有蒋敖齐来看过我一次,谢鸿恩、陈婉贞还在院内。我时常会想起当年与他们共同奋斗的日子。

四、60年代

60年代初期的两项工作是继续50年代工作的。

一项是徐淮地区干旱风的研究。在1953～1954年淮北地区的调查中就已经知悉干旱风对小麦的危害,其频率比春霜冻害还要高。1956年7月,我们与徐州农业科学研究所、徐州气象局等单位在徐州联合召开会议,总结干旱风的规律与防御经验。1960年又进行了调查研究与试验研究。本文选收录的是 1961 年发表的论文。我总结干旱风的发生指标,提出"三个三",即:最高温度大于 30℃,最低相对湿度小于 30%,风力大于 3 级。这个简明易记而基本符合实际的指标,在许多年内,为人们所通用(当然后来有更具体的发展)。

另一项工作是参加丁颖先生主编的《中国水稻栽培学》的写作。这是由中国农业科学院组织的建国以来第一部大型农业学术著作。1959 年春季,全国 30 多位第一流的水稻专家集中在北京香山饭店,进行集体写作,一人负责一章。作者中有著名的水稻专家杨守仁、梁光商、俞履圻、周泰初、杨立炯,植物生理学家崔继林、唐锡华,植物病理学家朱凤美等。我算是最年轻的一个,负责写《中国稻作的气候条件》一章。这一章的写作中,我充分利用了我们自己在 50 年代的研究成果,当然还要特地统计分析全国性的与水稻有关的气候数据,绘制一系列全国性的水稻气候图(我请谢鸿恩来京帮助绘图)。我写的这一章,可能是由于条理清楚、观点明确,被丁颖先生认为是写得最好的两章之一。没过几年,在日本出版的《亚洲水稻》一书(英文),将这一章的全文由中文翻译成英文发表出来。《中国水稻栽培学》第五章《中国稻作的气候条件》在本文选中收录。由于该书在 1961 年出版,因此列入 60 年代。

1958 年华东农科所归江苏省领导,改名为"中国农业科学院江苏分院"(简称"江苏分院"),院长是顾复生。顾老是 20 年代参加革命的前辈,是一个得到全院尊重的优秀领导人。尽管 50 年代末至 60 年代初,由于国家大政策的失误,我国经济进入较困难的时期,但江苏分院的科研工作却进入一个高峰时期。当时影响最大的科研工作是三项:陈永康水稻高产经验的总结,江苏省农业区划,苏南太湖地区望亭样板。这三项工作我都参加了。

陈永康是著名的全国水稻劳模。50 年代初期,他在松江县自己的稻田上,创造了亩*产 500 kg 以上的全国水稻最高单产。1958 年,经江苏省委与中国农业科学院的同意,顾复生院长决定将他邀请来江苏分院,任特邀研究员。陈永康有一整套极为丰富的水稻高产经验,如:"落谷稀"、"小株密植"、"三黄三黑"、"看天,看地,看苗"等。江苏分院成立了陈永康经验总结研究组,有本院的杨立炯、崔继林、朱凤美、王法明、万传斌、高亮之,上海植物生理研究所的王洪春、雷宏淑,南京土壤研究所的陈家坊、刘芷宇、程云生等 10 多位专家共同参加,从栽培、生理、植保、农业气象、土肥等多专业对他的经验进行全面总结。这项工作当时在全国影响很大,时间为 1961~1963 年。

作物高产的本质是光能利用问题,而光能利用既是植物生理又是农业气象问题。当时,我与其他几位专家,天天与陈永康一起下田,学习他看苗诊断的经验。陈永康的经验有很大的灵活性,不同土壤、不同天气、不同苗情,他的肥水措施都不一样。正因为其灵活性,别人就难以学习。我在与陈永康多次交谈中,体会到在他的灵活性之中,存在一种原则性,也就是他掌握着水稻高产的最佳群体动态。一切灵活性都是要使水稻实现这个动态。而合理群体动态的核心又是"适期封行"。封行过早,就表示水稻前、中、后期的群体都偏高;相反,封行过迟,表示水稻前、中、后期的群体都偏低。这两种情况,都不能得到高产。使我高兴的是:"适期封行"就是一个光能利用与农业气象问题。

因此,只要掌握"适期封行",就基本上能达到高产。这个灵活性与原则性的关系,是我在某一天的半夜 3 点钟想通的。想通的当时,我非常高兴,似乎有一种"豁然开朗"的感觉,当晚就立即睡了好觉。我意识到,我所领悟的问题在作物的栽培科学上有很重要的意义。它说明作物高产栽培也遵循着"优化控制"原理(与导弹相似)。这个问题,即使发达国家的栽培科学家,至今仍有很多人没有领悟。

后来,我就集中对水稻封行问题进行了深入研究。当时的论文,很快被《气象学报》所采用,并且被推荐到我国最高学术刊物《中国科学》上用英文发表(后来因文革的原因,被耽误了)。"适期封行"的经验,后来在全国的水稻高产栽培中被广泛采用。本文选收录了这方面的 3 篇论文。

参加该项研究的还有王延颐、郑凤祥等同志。

江苏省农业区划是一项全省性的研究工作,组织了不同学科的 100 多位专家参加。我与江苏省气

---

* 1 亩 = $\frac{1}{15}$ hm²,下同。

象局合作，负责江苏省的农业气候区划。我摆脱了当时通用的苏联农业区划指标(10℃以上积温、干燥度等)的框框，深入到全省各个县进行调查研究，认识到江苏省自北到南的作物布局都离不开小麦。因此，决定采用小麦生长的起点温度 3 ℃以上的积温为指标，以反映江苏省稻麦一年二熟制(淮南)与二年三熟制(淮北)自南向北演变的气候规律。这个区划发表后，农业专家都认为对江苏省种植制度的确定与改革很有帮助。江苏省农业气候区划的经验很快被中央气象局所发现与重视，中央气象局用专门文件的形式向全国介绍与推广江苏的经验。由于这是一项几个单位的共同成果，有一个较厚的文本，没有采用论文的形式，本文选中没有收录。

1963 年开始，江苏分院决定在苏南的吴县望亭公社*建立稻麦高产技术示范样板。基点放在望亭公社的几个大队(奚家、四旺、团结等)。分院派出 30 多位专家与科技人员参加，以杨立炯先生为技术总负责人。

我与农业气象室的朱永灼、叶蓁三人参加样板工作。我们的主要任务是双季稻的技术指导与小麦湿害与水稻风害的研究。在后来影响最大的小麦湿害研究中，我与叶蓁二人，拿了土钻，选择不同类型田块，打了几百个土洞，每个土洞以 10 cm 为间隔，取出 10 多个深度处的土样。根据对几千个数据的分析，我们发现：春季多雨季节，在小麦耕作层内，存在着一个水层，我们取名为"浅水层"。随着雨量的变化，这个水层的深浅厚薄也发生变化。小麦根系若浸在这个水层内，很快就窒息而死亡，这是形成小麦湿害的根本原因。当然，地表水与地下水对小麦产量也有影响。

在以上研究基础上，我们提出了"开好三沟(田间沟、田边沟、田外沟)，排出三水(浅层水、地下水、地表水)"的防治小麦湿害的基本方法。

小麦湿害的研究成果引起了省委领导的重视。在南京人民大会堂召开的全省农业科技会议，邀请我在大会上发言；《新华日报》还介绍了我的事迹。

小麦湿害问题后来又经许多小麦与农田水利工作者的努力，在湿害治理方面得到进一步的发展。此项成果在全国得到推广，对我国南方的小麦增产发挥了重要作用。80 年代，该成果得到农业部科技进步一等奖。

由于文革的影响，这项成果的论文没有来得及整理发表。文革一开始，事实上各种论文都不能发表了。因此在本文选中，没有收录这篇论文。

事实上，由于文革，60 年代的下半时期(1966～1970 年)科研都停顿下来了。

60 年代前期的科研，我的共同工作人有王延颐、郑凤祥、朱永灼、李林、叶蓁等。朱永灼已不幸早逝，其他人也都已退休。

五、70 年代

1969 年，江苏分院的绝大部分科技人员被送到句容县石山头的省五七干校。在那里半天劳动，半天搞"斗、批、改"，也就是政治学习或参加批判会。到 1970 年初，动员干部下放农村。我在 1965 年因科研工作成绩较突出，被破格(比一般人早)提升为副研究员。按政策，副研以上的科技人员可以不下放农村。由于我对机关中过多的政治运动感到厌恶，同时也为了与妻子与儿女团聚，自动要求下放农村。我们被下放在江宁县殷巷公社，这是一个半山半圩地区。我们在一个水网密布的生产队建起了三间平房。我与妻子、儿女们长期未能生活在一起，总算在农村中得到团聚。

那时对国家形势，谁也无法预计，并没有指望有朝一日能返回科研单位。由于我有为农村与农民服务的愿望，倒是有长期在农村生活的思想准备。我想不管怎样，农民总是需要有农业科技的帮助，因此，我对当地农业生产中一些技术问题，例如早稻死苗、小穗头、早稻被大水淹没后的补种等，都很感兴趣，并注意作些调查研究。这方面的经验后来在科研中都发挥了作用。

---
* 即现在的"乡"，下同。

1972年,由于林彪事件的发生,文革风暴式的形势有所缓和。我在朋友的推荐下被上调到南京市农业局,参加筹建南京市农业科学研究所(简称"市农科所")。开始是在长江边石佛寺劳改农场,后来决定迁到东郊仙鹤门原来的南京师范大学农场。

在市农科所我任副所长,负责科研工作。1974年,在我的积极要求下,将妻子张立中也调到市农科所工作。1972—1978年,我们在市农科所较稳定地做了几年科研工作。主要研究内容是:双季早稻的死苗、三熟制早稻的小穗头、后季稻的翘穗与安全播栽期以及三麦(小麦、大麦、元麦)的农业气象条件等。江苏省自20世纪50年代开始推广双季稻,到了70年代,已经从双季稻发展到三熟制(大元麦或油菜+双季稻)。在苏南与沿江地区,三熟制已经成为主要的种植制度。三熟制对气候资源的利用十分紧张。我当时对江苏农业气候的分析是:江苏是"三熟不足,两熟有余"。这个分析为人们普遍接受,但是由于粮食增产任务的压力,还不得不种三熟制。三熟制中最突出的问题就是早稻的小穗(穗过小)与后季稻的翘穗(不结实),二者都严重影响产量。我们在市农科所的研究就是针对这两个问题。1974年的一次全省农业会议,邀请我去介绍我们的研究成果,各县农业领导人与技术人员对我的报告反应很热烈,认为对解决这两个问题很有帮助。

在市农科所期间,在学术上影响较大的是水稻温光模式与晚稻播栽期的研究。50年代时,为反映水稻生育期同时受温度与日长两个因子的影响,我们曾经提出过水稻光温系数法。但此法需要有控制光照长度的试验,不易推广。水稻温光模式考虑了温度、纬度、播期三个因素,后二者就反映日长条件,此方法只需要田间试验数据。50年代,我们解决了晚稻安全齐穗期问题,现在又有了温光模式,就可以解决晚稻安全播栽期问题,这对于晚稻稳产高产有很大帮助。当时解决了这个问题,我自己十分高兴。科研工作虽然是枯燥而重复的,但是当解决了一个前人没有解决过的问题时是很愉快的。此项研究是我与我妻子张立中共同完成的,有关论文1977年在《植物学报》上发表,1982年在国际 *Agricultural and Forest Meteorology* 杂志上发表。其方法曾编入多本书籍,后来其他人应用得很多。

1975年邓小平出来工作,国家形势有进一步好转。全省召开农业科技会议,要求各地选送论文。我送交了一篇《掌握气候规律,争取双三熟水稻稳产高产》,将我们多年的研究总结了起来。这篇论文被会议优选出来,并请我在大会上作介绍。该篇文章1973年曾在《江苏农业科技》上发表,收入本文选。

该年中央气象局在文革动乱多年、农业气象工作停顿多年的情况下,召开了农业气象座谈会,特邀请我去参加。那次会议还邀请了韩湘玲等几位科技人员。我们在动乱多年之后相聚,都非常高兴,互相勉励一定要将农业气象工作恢复并发展起来。

本文选中选录了这个时期的4篇论文。当时的共同工作人员还有4位知青:黄河、毕鲁年、王永盛、许启胜。

在市农科所的最后一篇文章是《杂交水稻南繁制种、繁殖技术意见》。这是在1976年9~10月"四人帮"被粉碎的前夕,我参加南京市赴海南岛南繁制种工作组,到达陵水县后,收集了当地气候资料而写成的,也许对今天去海南制种的人员仍有一定帮助,因此也给予收录,并且表示市农科所工作的结束。

我与立中1978年一起调回江苏省农科院。在市农科所时立中是我科研工作的主要助手,除协助水稻科研外,还着重负责小麦农业气象条件的研究。70年代的最后一篇论文——《江苏省三麦气候条件的初步研究》,与80年代初发表的《三麦气象生态及最优播期的研究》,是立中与我多年来在三麦农业气象条件方面的研究成果,后一篇论文对江苏省小麦的稳产高产发挥了较大作用。这两篇文章都收进了本文选。

六、80年代

对于中国的科技人员来说,文革的结束是一个重要的转折点。文革前虽然也能看到一些西方的科学文献,但当时政府并不提倡。文革结束后,国家贯彻改革开放政策,科技人员能公开地、全面地了解与学习西方的科技成就。而在50~70年代这30年间,西方科学技术有突飞猛进的发展,出现了许多新理论、新技术。中国科技人员像是从闭塞的房子中走了出来，接受到了耀眼的阳光与新鲜的空气一样，感到非常兴奋。

对我来说也是一样，我虽然在文革前，也注意阅读一些西方、日本与前苏联的农业气象文献，但对于西方的科学发展，还没有作全面的了解。

1980年春季，在我自己的争取下，参加了农业部的英语培训班，在英语口语方面有所提高。

1980年，我被邀请去参加了菲律宾国际水稻研究所召开的国际作物生产力学术讨论会。这是我第一次出国接触西方科学界。

1982年我被农业部公费派往美国俄勒冈州立大学作访问学者（美方聘我为客座教授），主要从事苜蓿计算机模型的研究。研究之外，我用许多时间在图书馆中阅读大量文献，全面地了解西方有关的科学新进展。我学习得最多的是以下几方面：①生态学与农业生态学；②系统学与运筹学；③计算机模拟与农业模型；④西方经济学。这些知识对于我在80～90年代的学术思想的形成都有很大影响。

80年代，我一直担任着行政职务，1980～1983年任江苏省农业科学院粮食作物研究所与现代化研究所的副所长，1983～1990年任江苏省农业科学院院长兼党委书记。行政工作是非常繁忙的，要对一个研究所或一个农科院负责，我不能不尽心尽力。但我自己的主要兴趣还是在科研上。在做行政工作的空隙时间，我坚持指导我的助手与研究生。早上、晚间与周末，我坚持阅读文献，进行思考、计算、写作等。现在回顾，80年代是我一生中发表论文最多的时期。本文选选录了21篇，在全书56篇论文中，约占38%。现按其内容分别介绍如下：

（一）中国水稻气候生态与区划研究

这项研究是中央气象局与中国农业科学院组织进行的"中国农业气候区划研究"的一部分，是继我在60年代初写出《中国稻作的气候条件》一文之后，对中国水稻与气候关系的进一步深化与发展，是国内在这个领域唯一的研究。关于"水稻品种的温光模型"与"中国水稻气候分区研究"的英文论文在国际 *Agricultural and Forest Meteorology* 杂志中发表，后来又被国际水稻研究所召开的"水稻与气候"学术会议所选用，并为 *Rice and Climate* 一书所收录，其内容为国外许多科学家所引用。本文选中选录了该项研究的5篇中文论文，2篇英文论文。此项成果得到农业部科技进步三等奖。

参加此项研究的有：李林、金之庆、高庆芳、郭鹏、林武、陆景淮等。

（二）国外作物生产力与农业气象进展的介绍

有《国际作物生产力研究动态和展望》与《美国的农业气象学——访美报告》两篇文章。

（三）苜蓿农业气候模型（ALFAMOD）研究

这是我在美国俄勒冈州立大学与David Hannaway博士合作完成的研究成果。该方面的论文1985年在《江苏农业学报》上发表，是国内最早的一篇作物模型方面的研究论文。

（四）水稻"钟模型"研究

这是我与金之庆、黄耀共同完成的一项在水稻生育期问题上带突破性的研究，是在70年代水稻温光模型之后的一个重要进展。它不采用纬度与播期因子，而直接采用温度与日长两个因子，可以直接应用田间数据。其机理性也要强得多，并且具有各种作物的通用性。后来国内许多单位都学习水稻"钟模型"的原理，建立其他作物的生育期模型。其英文论文在国际上发表后，立即有10多个国家的100多位科学家来函索取论文。

（五）水稻栽培模拟优化决策系统（RCSODS）的基础性研究

1983年，我自美国回国以后，就向国家自然科学基金委员会与农业部申请到了研制水稻计算机模型的项目。1984年以后,我与我的助手金之庆、黄耀、陈华等以主要的力量进行这个项目的研究。到1988年,课题组完成了水稻模型的几项基础性研究,并以论文集的形式刊印出来,当时将水稻模型取名为RICEMOD。1989年在《中国农业气象》杂志上,连续发表了6篇论文。本文选收录了其中由我执笔的,也是最重要的2篇,即《水稻钟模型——水稻发育动态的计算机模型》与《水稻最适群体动态的决策模型》,本文选中这两篇论文来自《水稻栽培计算机模拟优化决策系统》(1992年中国农业科技出版社出版),与原论文略有改动。

(六)农业气象生态学的论述

阅读了西方国家大量的生态学与农业生态学的文献后,我写了《农业气象生态学的方向与任务》与《关于农业气候生态研究》两篇论文。后一篇论文与北京农业大学韩湘玲教授共同完成,因为我们关于农业气象学需要与农业生态学相结合的观点相同。这两篇论文对80年代以后我国农业气象科学的发展方向有较大影响。

(七)农业系统学理论与方法的论述

自20世纪50~80年代,经过30多年的农业科学研究以及对农业生产的了解,我深深体会到农业的整体性。根据西方关于系统科学的研究成就,我认识到必须将农业作为一种完整的系统来对待。我的基本观点是农业,大自世界农业,小至一块农田,都是由农业生物、农业环境、农业技术与农业经济4个要素所组成,任何农业问题的解决,都要求有农业系统的思想与方法。

本文选收录了我最早的几篇关于农业系统的文章:《农业生态经济系统与我省农业现代化》、《农业系统论及其方法》、《建立良好的农业生态经济系统》、《农业系统与系统农业》(该文章1993年发表)、《方兴未艾的农业系统研究》,这几篇文章当时都得到人们的重视。第一、二两篇在《江苏农业科学》上被全文刊登;第三篇被江苏省科技大会作为大会文件散发;第四篇为中国科协三届大会所选用,在《科技日报》上全文刊载;第五篇为《世界农业》杂志所刊登。通过这几篇文章,当然还有其他学者的文章,农业生态经济系统或农业系统的观点在我国得到了传播与发展。

大约用了5年时间,我写成《农业系统学基础》这本学术著作,以这本书为教材,我在南京农业大学向研究生连续多年开设了"农业系统学"课程。《农业系统学基础》一书在1993年正式出版。

我的研究生黄耀教授向我说过,由于受我的农业系统观点的影响,他写出的报告申请到了国家的5000万元的重大科研项目(关于中国的碳循环研究),我听了感到高兴。

(八)中国农业对策的论述

出于对中国农业与农民的关心,我在80年代还写了几篇论述中国宏观农业问题的文章。本文选中选录了一篇:《中国农业的综合对策》。这篇文章发表后,《光明日报》专门作了报道,对当时中国农业从计划经济向市场经济的过渡发挥了一定作用。到今天看来,文章中有些观点已经过时,而有些观点与建议可能还没有完全过时,对研究中国现代农业的演变,也会有一些启发。

(九)农业中加快应用计算机的建议

本文选中收录了一篇:《加快发展微型计算机在农业上的应用》。这是我任江苏省农业科学院院长后直接向顾秀莲省长提交的一份建议书。顾省长对这份建议很重视,立即批复采纳我的建议,并安排30万元经费支持在全省农业系统进行计算机应用的研究。后来的3年内,在省农科院、省农业厅、省水利厅、省气象局等单位开展了十几个项目的研究,对推进我省的农业信息化发挥了重要作用。

(十)国际交流

80年代我有多次机会参加国际会议。1987年开始,我被聘请为CIMMYT(国际玉米小麦改良研究中心,在墨西哥)理事会理事,每年去参加一次理事会。在会议期间与途经美国的时候,我都挤出时间到国外图书馆阅读文献,了解国外农业的最新进展。

本文选中也收录了几篇我在国际学术会议上交流过的论文。

七、20 世纪 90 年代至 21 世纪初

我于 1990 年辞去院长职务。由于担任南京农业大学的博士生导师,我一直到 1999 年 70 岁时才办理离休。因此 90 年代仍然继续承担一些科研任务,并指导博士与硕士研究生,即使到 21 世纪初,在我离休之后,也没有停止科研工作。

90 年代以来,我所承担的主要工作是以下几方面:

(一)水稻、小麦栽培模拟优化决策系统(WCSODS)的研制与推广

辞去院长职务后,我可以以绝大部分精力投入科研。我的主要精力是放在研制并完成"水稻模拟优化决策系统(RCSODS)"上,接着研制、建立"小麦模拟优化决策系统(WCSODS)"。我自己感到,这两个系统可能是我后半生(80 年代以后)最主要的科学贡献。因为我认为:农业模拟与模型这个方法必将在 21 世纪或更长的时间内成为农业科学的最重要的方法之一。我与我的课题组所完成的这两个系统,其目的不完全在其自身,而在于在中国倡导农业模拟与模型这种新的方法,以利于中国农业科学能走在世界先进行列。

RCSODS 系统是我国第一个依靠自己力量完成的大型的作物计算机模拟模型。1991 年该课题鉴定会有徐冠仁、陈子元两位院士以及闵绍楷、崔继林、顾冠群等水稻、计算机专家参加。专家评审意见中指出:"RCSODS 的完成使我国成为继美国与荷兰之后第三个有能力独立研制大型作物模型的国家。"这项成果获得 1992 年江苏省科技成果一等奖。

RCSODS 系统有中文的专著《水稻栽培计算机模拟优化决策系统》出版(1992 年,中国农业科技出版社)。本文选中选录了其序与绪论部分及较简要的英文论文。

RCSODS 系统的计算机程序最早是用 GWBASIC 语言写成。在后来几年中完全以我自己的力量将它转变到功能较强的 QUICK BASIC (QB)语言。为了能更好地与多媒体与数据库结合,接着我又将它转移到 VISUAL BASIC (VB)语言,后来在大面积推广中主要应用 VB 系统。

在 RCSODS 系统基本完成后,我申请到国家自然科学基金,着手研制小麦计算机模拟优化决策系统。其原因,一是我与立中自南京市农科所开始,积累了大量小麦的田间试验数据,为模型的研制提供了基础;二是我考虑到为了要使作物模型的影响达到全中国,只靠水稻模型是不够的,必须还要有小麦模型,因为我国北方各省的水稻面积远没有小麦多。

自 1994 年开始,我担任南京农业大学的博士生导师,其中冯利平、曹宏鑫、郑国清几位博士以及硕士研究生王桂玲等都参与了与小麦模型有关的研究。

小麦栽培模拟优化决策系统(WCSODS)在 2002 年全面完成。课题鉴定会有卢良恕、余松烈、汪懋华三位院士与凌启鸿、周天颖、曹卫星、陈良宽、马继发等专家参加。专家们指出:"此成果有明显的创新性,达到国内外先进水平。"美国前农艺学会主席 D. A. Holt 博士与作物模型权威学者 J. Ritchie 博士都有书面评语,认为 WCSODS 是一个非常有价值的、科学的、技术的与实际的贡献。该系统在 2003 年获得江苏省科技进步二等奖。本文选中收录的《小麦栽培模拟优化决策系统(WCSODS)》一文,详细地说明了该系统的研制原理、方法与应用。

90 年代以来,我与课题组一起,为 RCSODS 与 WCSODS 这两个系统的大面积推广应用进行了艰苦的努力,连续举办了总共 20 次以上全国或全省的培训班,培训了数百名学员,他们都将是我国各省农业信息化与数字农业的骨干力量。

(二)学术著作的完成

我在 20 世纪 50 年代写过两本篇幅不长的学术著作:①《江苏省农业气候》,当时同类著作很少,因此,阅读这本书的人很多;②《水稻与气象》,这本书是我与阳体冰合作完成的。60 年代参加写作的大型学术著作,就是前文提及的《中国水稻栽培学》。80 年代与卢其尧、江广恒共同主译《植被与大气》(J. L. Monteith 主编),此外,由我主编《作物气象生态》译丛。

我的几本主要的学术著作都是在 90 年代以后出版的(虽然有几本书的写作在 80 年代就开始),它们是:

(1)《中国的气候与农业》,我任副主编,1991,气象出版社;
(2)《水稻气象生态》,高亮之、李林编著,1992,农业出版社;
(3)《水稻栽培计算机模拟优化决策系统》,高亮之等著,1992,中国农业科技出版社;
(4)《农业系统学基础》,高亮之著,1993,江苏科学技术出版社;
(5)《中国农业气象学》,我任副主编,1999,农业出版社;
(6)《农业模型学基础》,高亮之著,2004,香港天马图书有限公司。

本文选收录了(2)、(3)、(4)、(6)四本书的序言(绪论)与目录。

(三)国家攀登计划的两项子专题

(1)水稻不同株型的受光量与光合量研究。
(2)水稻光合-蒸散耦合模型与不同株型的水分利用率。

由于国家攀登计划要求基础性、探索性的研究,而上述两项研究都是理论性较强的研究,我在这两项研究中采用了"假设株型"的方法。这种对事物进行理想化的假设方法,在物理学研究中常有应用,如伽利略与牛顿的力学研究都是以没有外界阻力的理想质点为假设对象。但是在农业研究中,几乎没有见过采用这种方法。而在株型研究中,不采用假设的株型,就不可能进行计算机模拟,也就不能揭示出株型差异的光学与植物生理学的内在规律。我预计,假设方法将在未来的农业科学中得到更广泛的应用。

本文选收录了这方面的 2 篇论文。

(四)农业信息化、农业模型研究与数字农业的论述

本文选还收录了我在 20 世纪 90 年代到 21 世纪初写的几篇论述农业信息化、农业模型研究与数字农业的文章,其目的是在中国推动农业的信息化,提倡农业模型的研究,促进我国数字农业的发展。

除了写文章提倡与促进外,我自 1995 年开始,还在因特网上建立了一个网站:"INAMIT"——农业模型与信息技术。自 2002 年开始向全国有志于农业模型研究的科技人员印发《农业模型与数字农业通讯》,并建立相应的网站:DAAM。

这些都是我在晚年想为国家的农业发展、农业科技人员的培养与农民致富所作的努力。

(五)中美合作科研项目——种草养殖

1982~1983 年我在俄勒冈州立大学搞苜蓿模型研究时,与该大学几位搞牧草研究的教授建立了较深的友谊。1997 年开始,美国俄勒冈州种子协会与江苏省农业科学院的我和白淑娟签订协定,开展了种草养鱼、种草养羊与种草养奶牛等一系列科研工作,有一定经费支持。这算是我一生中承担的最后一项科研项目。在此项目基础上,我在我所负责的江苏省老年科技协会农业分会中成立了种草养殖专家委员会,旨在推动全省发展牧草与畜牧业。

(六)人才培养

20 世纪 80 年代以后,我的大量精力是用于培养研究生。1985~1998 年共培养了李秉柏、黄耀、方娟、董维春、郑有飞、殷立新、张更生、王桂玲等8位硕士,金之庆、陈森、冯利平、马新明、曹宏鑫、郑国清等6位博士。

我的一生,对年轻人有特殊的感情。50年代早期我的全部精力用于创建华东农林干部学校。该校共培养出1000多位学生。他们后来被分配到全国各地,许多是在西北、东北、西南的偏远省区,生活与工作条件非常艰苦,他们为我国的农业与林业事业作出了卓越贡献。70年代在南京市农科所,来了60多位知青,我一直将他们当自己的学生看待,在高考恢复时,亲自为他们补习功课。1985年后我每年在南京农业大学讲授农业系统课程,并兼任北京农业大学与南京气象学院*的兼职教授,多次去讲课。此外,我通过许多次的培训班,培养了300多位农业模型的教学、科研与推广干部。

我的学生至今还常有来看望我与立中的,这许多学生的成长与成就是我一生很大的安慰。

(七)国际学术刊物的编审

我自1998年开始,被国际性杂志 *Agricultural Systems* 和 *Plant Production Science* 聘为编委。后一本杂志在国际上声望很高,是农业系统这个领域的权威性刊物。当我审阅世界各国(包括西方发达国家)专家的稿件并决定它们的取舍时,我感到一点快慰,因为中国人在国际科学界也占了一席之地。

八、一生科研的若干体会

在50年的科研生涯中,我有若干基本的心得与体会,现小结如下,希望对我的学生与本书的年轻读者有一点启发与参考。

(一)兴趣与责任是科研的动力

诺贝尔奖得主丁肇中说,对科学的兴趣是他与其他许多科学家在科研上获得成就的基本动力。从我自己的体会,我同意他的看法。

我在初中时很喜欢解几何题。当我循着一步步清晰的逻辑推理,使题目得到证明,这时有一种由衷的快乐。我从幼年开始,对自然界的花、鸟、虫、鱼有特别的爱好,常常会盯着一朵花或一只蝴蝶仔细地观察,研究它的构造。这种对自然的喜爱伴随着我的一生。

人生的道路并不都能由自己选择,但并不是完全没有允许自己选择的机会。在我一生中,有几次机会我都可以选择其他道路,如在华东农业干部学校工作结束时,我可以选择留校搞教育;调来华东农科所时,我也可以选择搞行政;在文革中,我可以等着挨批判或看看小说、消磨时间;后来担任所长与院长后,我完全可以一心一意搞党政;离休后,我也可以在家休息。但是我在这几个时机中,都没有放弃科研,那就是对科学的兴趣所致。

当然,一旦选择了科研工作,那么,对科学、对国家与人民的责任感也必然是科研工作的重要动力。科学研究并不要求都直接解决生产技术问题,自然科学的一些重大发现往往与生产实际无关。但是,科学家必然是有一种对科学、对揭示自然奥秘的责任感。爱因斯坦说过:"对真理与知识的追求并为之奋斗,是人的最高品质之一。"

我是从事农业科研的,农业科学是一门应用科学,因此农业科学是要求解决农业生产的关键性技术问题的。对中国农民的幸福的关怀,对中国农村的繁荣的渴望,一直是推动我从事科学研究的强大力量。我在自己的科研中总是努力结合当时农业迫切需要解决的技术问题。

科学研究绝不是像局外人想象中的轻松有趣。相反,在大部分时间中,它是一种十分单调、枯燥的重复性劳动。特别是农业科学,由于农业生产的周期性很长,农业科研的成果一般都要许多年才能取得。因此,没有浓厚的兴趣与强烈的责任感就很难在农业科学中得到大的成果。

---

* 即现在的"南京信息工程大学",下同。

(二)创新是科研的生命

教学与科研都是与科学密切有关的事业,但是二者有一点很不一样。教学可以在方法上有所创新,而在教学内容上却很难直接创新。教学内容上当然需要不断更新,但是更新的来源都在于科研。这也是大学要求同时是教学中心与科研中心的原因。

至于科研,我的看法是:任何科研(不论是大课题、小课题或应用科学、基础科学)都必须是创新的,因为科研的基本任务就是创新。因此,科学工作者都需要了解他所从事的科研领域的国内外进展,国内外已经解决了的问题,那就没有科研的必要。当然,农业生产由于地区环境条件的不同,有时需要研究同一种技术(或品种)的因地制宜问题。这类研究在该地区来说,也有一些创新性,但不是原创性的,只能说是一种低水平的科研。我认为,我国省级以上的农科院或农业大学都应当从事原创性的科研。

为了进行原创性的科研,必须要尽可能多地阅读所研究领域的国内外文献,因此懂得外语是绝对必要的,并且最好有机会直接接触国际同行。我自己在中学时,有一定的英语基础,50年代就学会日语与俄语,80年代又争取机会学习英语口语。在有机会出国时,我并不只在实验室做实验,而是抓紧一切时间在国外的图书馆中阅读大量的文献与书刊,以弥补中国与国际科学界隔绝许多年的无知,并掌握国际最新科学动向。我在国外非常注意与国际同行的接触,1983年,我用了一个月的时间自西向东、自北到南,在美国旅行了一次,去了十几个农业大学或农业研究中心,拜访了几十位农业气象、农业模拟、植物生理学、农艺学、土壤学以及其他学科的专家、教授,在与他们的交谈中了解这些领域的国际最新动向。我也与英国、荷兰与日本的多位农业气象、农业模型权威性科学家有直接的交往。

在了解国内外进展的基础之上,必须要有自己的创造性思路,这是我这一生在科研工作中坚持的原则。50年代关于双季稻问题的研究,60年代关于陈永康水稻高产经验的研究,70~80年代关于水稻生育期模型的研究,80~90年代关于水稻、小麦模拟优化决策系统的研究,以及关于农业系统的理论体系的研究,我都没有走其他人走过的路,而是要走出自己独创的路。

例如作物模型的研究,国外至今仍然只是模拟模型。我在美国认真学习了西方关于运筹学(operations research)的研究进展,感到有可能将作物模拟与优化原理相结合,我在美国建立苜蓿模型时就将苜蓿模拟与决策论结合起来,解决了俄勒冈各地区苜蓿最佳收割次数的问题。回国后,我想到可以将中国农业劳模如陈永康的高产经验中所蕴涵的作物栽培的优化原理与水稻模拟相结合。这条作物模型的新途径在RCSODS与WCSODS这两个系统中得到很大成功,解决了国际上没有完全解决的作物模型在大面积生产上的应用问题。对此,美国作物模型权威科学家给予很高的评价。

(三)坚持是科研成功的保证

解决一个重要的科学或技术问题,往往需要很长的时间,特别是在农业科学领域。但是我国目前的科研体制,一个课题一般就是3~5年时间,前后再扣去计划与总结的时间,真正用于科研的只有2~3年时间。这样短的时间内,要想得到有分量的较大的成果,可以说是不可能的。

知道一些科学史的人都知道,许多大科学家一生就是一项主要成果。例如达尔文创立的进化论,就是他一生的科研积累。孟德尔自1856~1865年经过8年的连续性的豌豆实验,才写出《植物杂交试验》的报告,总结出两条对遗传学有极大影响的遗传法则,这也就是他一生唯一的科研成就。

因此,科研工作贵在坚持。

我的水稻气象研究,事实上是从20世纪50年代一直延续到90年代。水稻计算机模拟优化决策系统容纳了我自己一辈子关于水稻研究的科学积累。陈永康水稻高产经验的总结中关于水稻合理群体动态与适宜封行期的研究,是我在60年代的成果。而在80~90年代,我将它融合进了水稻模拟优化决策系统(RCSODS)之中,得到成功。

小麦模型的课题,按自然科学基金会的要求,只是3年(1994~1996年)。而我在1996年后,并没有因为课题的结束而中断工作,仍然抓住这个项目不放,连续8年进行系统的改进、完善与大面积推广应用,在2002年鉴定会上得到国内外专家的高度评价。

在课题的持续性问题上,我认为国家的科研管理体制需要进行改革,应支持有希望的项目进行持续性的研究,以求获得大的成果。我在这里也奉劝年轻的科研人员,不要只跟着课题转,不要有了新课题,就丢了老课题;而要善于抓住自己有希望的成果不放,连续地进行工作,力求获得最终成果。

(四)重视科学观与科学方法

在科学的发展历史中,科学观(或称自然观)与科学方法一直有一种支配性的作用。哥白尼"日心论"的提出,改变了整个天文学。达尔文进化论的提出,改变了全部生物学。19世纪末英国生物统计方法的提出,改变了生物学与农学。20世纪以来,生态系统思想的提出,对生物学也产生了重大影响。控制论、信息论与系统论的提出为全部科学建立了崭新的观点与方法。

除科学外,我对哲学一直很感兴趣。哲学思想使我一直十分重视科学观与科学方法问题。20世纪50～70年代,由于国家的封闭,不可能接受较多的西方思想。那时,毛泽东的实践论对我的科研还是有一定帮助的。80年代以后,特别是1982～1983年,我在美国大量地阅读西方最新科学文献,生态学与系统论的思想对我后来的科研有很大影响。计算机技术的迅猛发展,作物计算机模拟方法的创立,使我意识到农业科学的全新时代已经到来。经过20多年的持续努力,我写出了《农业系统学基础》与《农业模型学基础》两部学术著作。这两部著作的内容主要不是讨论农业技术,而是讨论农业科学的科学观与方法论。

(五)科研工作的苦与乐

应当说,在各种工作中,科研工作是相当艰苦的一种。科研工作在研究思路上可能是有创意的,甚至是出于灵感或想象的;但是在科研工作的准备阶段、进行过程以及总结阶段,往往非常实在与艰苦。然而,艰苦之中又有乐趣,因此是:苦中有乐。

首先,从事科研工作,必须掌握本领域及其相邻领域的国内外进展,为此,科研工作者必须学会外文,必须大量地看书,阅读文献。当然,还需要对所研究的问题在客观世界中进行充分的调查研究。这些都是科研工作必不可少的准备工作,都需要付出艰苦的劳动。

我从青年时代开始,就养成"早起晚睡加午睡"的习惯。一般是清晨5时起床,中午午睡1小时,晚上11时左右睡觉。这样,每天早晨可以有2个多小时、晚上有3个多小时的学习时间。这个习惯几十年没有改变。90年代前,没有取暖器,冬季天未明时寒气彻骨,别人还在温暖的厚被中,我就要起床学习。夏日的晚间,高温闷热,蚊子不断地侵袭双腿,别人都在露天乘凉时,我是一面打蚊子,一面学习。苦是苦,但通过学习,我在世界范围内吸收了许多新知识,又感到很有乐趣。

在科研进行中,有时也相当艰苦。50年代,我与几个年轻助手在练湖农场测定稻田灌水保温的效应,连续几个晚上都是通宵不睡,在几个观测点上,听吹哨声,同时进行观测。秋季夜晚寒气逼人,拿温度表的手冻得发麻,但是大家情绪很高,取得可靠的数据后感到非常愉快。60年代,我与叶蓁二人在望亭公社的麦田中观测地下水,都是在下雨之后麦田污泥陷脚的条件下去观测。早春的麦田土温很低,但是我们往往不得不赤脚下田。我们测定到几千个数据,终于发现危害小麦的主要不是地下水,而是地面之下20～30 cm的浅层水。我们意识到,这个发现将对防御小麦湿害有重要的指导意义,心中感到莫大的喜悦。

科研工作中有时需要经历一种思索之苦。我在总结陈永康水稻高产经验时,在2～3年时间内对它所蕴藏的规律苦苦思索,然而始终困惑不解。在对他的经验逐步地有了更多的了解后,终于在一个晚上的半夜时,豁然地想通。也就是本文前面提到的:陈永康掌握了水稻栽培中原则性与灵活性的问题。那时候,我体会到科学家在有所发现时所得到的特别的快乐。

1982～1983年我在美国期间,着手首蓿计算机模型的研制,第一次体会到编写计算机程序的艰苦。在编程的几个月内,我几乎天天晚上要忙到深夜,才回宿舍睡觉。最后一个晚上,当将自己编写的程序进行测试而得到圆满的结果时,我才发现已经是第二天的黎明。那时街上没有一个人,没有一部车,真是万籁俱寂。所有的美国人都还在睡觉,只有我一个中国人骑着自行车回宿舍,我不由得有一种自豪感。我当时的想法是:"中国人是落后了,但是会赶上来的。"那时,美国的大学师生也是才开始学习与使用 PC 机,作物系新买了一台 IBM 的 PC 机,我是第一个使用人。

80 年代以来,我以 20 年时间建立水稻与小麦的两个大型的计算机模型。模型程序的绝大部分都是我亲自编写。计算机程序的编写与写文章是不一样的,文章中错几个字不会影响全文,程序中错一个标点符号都会使整个程序无法运行。为了使这两个系统有更好的功能,我将几百万字节的程序,从 GWBASIC 改写为 QUICK BASIC,过了 3 年,又将全部程序改写为 VISUAL BASIC。整个改写的工作相当艰巨,我往往是连续几十天忙到深夜才睡。很长时间内,我每天是上 4 个班:清早、上午、下午、晚间,每天工作 14~16 个小时。妻子与女儿往往在家等我回来吃饭。我对她们感到非常内疚。

系统的推广也很艰苦。我们连续办了 20 次以上的全国或全省性的培训班。为了到外省帮助学员使用系统,我在冬季去了吉林省通化市。当地气温是 −22℃,我第一次体会到我国东北冬季的严寒。我还去了广西与云南。到广西时,我患了严重的喉炎,以致无法说话。人们劝我不要去云南了,我想我去不去云南,关系到一个省能否接受我们的系统的问题,还是坚持去了云南。到那里,喉炎慢慢也好了。

当我得知全国许多省(15 个以上),包括吉林、广西、云南都对我们的系统反映很好,并且在当地生产上发挥了很好的作用,使农民受益时,我感到由衷的安慰与高兴。

总结我一生的科研工作,归纳起来,取得了以下一些主要的科研成果:
(1)双季稻的农业气象研究;
(2)中国水稻气候生态与区划研究;
(3)水稻高产光能利用与适期封行研究;
(4)小麦湿害发生规律与防御研究;
(5)水稻开花期低温冷害与防御研究;
(6)水稻生育期的温光反应与水稻"钟模型"研究;
(7)苜蓿计算机模型研究(ALFAMOD);
(8)水稻栽培模拟优化决策系统(RCSODS,有学术著作);
(9)小麦栽培模拟优化决策系统(WCSODS);
(10)水稻气象生态(学术著作);
(11)农业系统学基础(学术著作);
(12)农业模型学基础(学术著作)。

自 1953 年开始从事科研工作,到我今天执笔时的 2003 年,已经整整经过了 50 年。我已经从一个英姿风发的青年成为鬓发斑白的老人。

与坚守高原雪山的哨兵或抗洪前线的战士相比,我经历的科研的艰辛实在不能算什么,我可以自慰的只是:为了我心爱的科学事业,为了我始终关注的亿万农民,为了生我养我的祖国,我在科研的田野里默默地耕耘了 50 年,从没有放弃过,从没有动摇过,从没有后悔过。

2003 年 2 月 11 日

目 录

序一 I
序二 IX
Preface XI
钟情科学　矢志为农——我的科研经历（代自序） XIII

20 世纪 50 年代

淮北小麦生长期间的气象条件 1
双季稻的农业气象问题 6
早稻秧田各种保温措施的小气候研究 14
秋季稻田灌水保温效应研究 23
江苏省双季稻农业气象研究 30
影响晚稻结实率的低温条件研究 40

20 世纪 60 年代

陈永康水稻丰产栽培技术的农业气象研究 45
徐淮地区干旱风的发生规律和防御 53
中国稻作的气候条件 58
晚稻丰产栽培的光条件与光能利用 79
不同封行期的光强条件对晚稻生长发育的影响——陈永康丰产晚稻适期封行的经验研究 94

20 世纪 70 年代

掌握气候规律　争取双三制水稻稳产高产 101
气象条件与三麦增产因素的关系 105
杂交水稻南繁制种、繁殖技术意见 111
后季稻品种的温光反应及安全播栽期 117
早稻超秧龄的发生与防止 123
江苏省三麦气候条件的初步研究 129

20 世纪 80 年代

三麦气象生态及最优播期的研究 137
国际作物生产力研究动态和展望 144
关于农业气候生态研究 147
农业生态经济系统与我省农业现代化 153
建立良好的农业生态经济系统 157
农业气象生态学的方向与任务 166
中国不同类型水稻生育期的温光模式及其应用 172
美国的农业气象学——访美报告 180

中国水稻生长季与稻作制度的气候生态研究 ……………………………………………… 184
中国水稻的光温资源与生产力 ……………………………………………………………… 191
中国水稻生长季气象灾害的研究 …………………………………………………………… 198
中国水稻气候生态区划 ……………………………………………………………………… 204
加快发展微型计算机在农业上的应用 ……………………………………………………… 220
农业系统论及其方法 ………………………………………………………………………… 223
方兴未艾的农业系统研究 …………………………………………………………………… 239
苜蓿生产的农业气候计算机模拟模式——ALFAMOD ………………………………… 242
Photo-Thermal Models of Rice Growth Duration for Various Varietal Types in China ……… 252
中国农业的综合对策 ………………………………………………………………………… 259
Climatic Variation and Food Production in Jiangsu, China ………………………………… 269
水稻钟模型——水稻发育动态的计算机模型 …………………………………………… 274
水稻最适群体动态的决策模型 ……………………………………………………………… 283

20 世纪 90 年代

Rice Clock Model—A Computer Model to Simulate Rice Development ……………… 291
农业系统学基础(专著)(前言与目录) …………………………………………………… 303
水稻气象生态(专著)(前言与目录) ……………………………………………………… 311
水稻栽培计算机模拟优化决策系统(专著)(绪论与目录) ……………………………… 314
农业系统学与系统农业 ……………………………………………………………………… 318
作物模拟与栽培优化原理的结合——RCSODS ………………………………………… 320
作物气象研究走向 21 世纪 ………………………………………………………………… 325
全球气候变化和中国的农业 ………………………………………………………………… 329
农业发展的新趋势——农业信息化 ……………………………………………………… 339
农业与生物气象学的回顾与展望 …………………………………………………………… 341

21 世纪初

RCSODS—A System to Combine Rice Simulation with Cultivational Optimization ……… 346
WCSODS—A Wheat Cultivational Model to Combine Simulation with Optimization and Expert
　Knowledge ……………………………………………………………………………… 357
水稻最佳株型群体受光量与光合量的数值模拟 …………………………………………… 371
水稻光合-蒸散耦合模型与不同株型的水分利用效率 …………………………………… 381
数字农业与我国农业发展 …………………………………………………………………… 391
数字化农业气象学 …………………………………………………………………………… 399
小麦栽培模拟优化决策系统(WCSODS) ………………………………………………… 404
农业模型学基础(专著)(自序与目录) …………………………………………………… 414

人生追念

上下而求索——我的一生 …………………………………………………………………… 421
沪江情 ………………………………………………………………………………………… 470
大别山 ………………………………………………………………………………………… 472
忆农干校 ……………………………………………………………………………………… 473
院庆七十　缅怀先师 ………………………………………………………………………… 474

20 世纪 50 年代

淮北小麦生长期间的气象条件*

高亮之执笔

华东农业科学研究所　　安徽省人民政府农业厅淮北小麦工作组

（原载：《华东农业科学通报》，1954 年第 6 号，52～54 页）

一、淮北气候概述

淮北地区包括江苏、安徽的淮河以北与山东西南的整片平原，在中国气候区域中属于华北类——黄河南区。本地气候具有长江流域与黄河流域气候的过渡性质，而更接近于北方气候。一般特点是夏热多雨，冬寒晴燥。因为往北地势平坦，本地受极地冷气团控制时间很长（10 月～翌年 5 月），极地气团性质寒冷干燥，所以虽有不同属性的极地气团互相交绥构成 10 月至翌年 5 月间的雨雪，但为数很少，这就是本地小麦生长期内雨水不足，以及时有秋旱、春旱威胁的原因。本地又是极地气团南下通道，3、4 月间仍可遭受强寒潮，这是本地小麦春季易受冻害的天气气候原因。4、5 月内有渭河流域气旋自西袭来，在本地形成西南旱风，是小麦成熟期的一大威胁。夏秋 4 月（6～9 月）太平洋或南海的热带高湿度的气团势力增强，原在长江中下游的极锋带（暖冷气团交替带）北移，加上高空冷涡、热雷雨等原因，构成本地夏季大量降水。台风对本地影响很小。

从徐州、淮阴、蚌埠、阜阳、兖州、菏泽六地气象资料的对照来看，本地区

---

* 1. 本文资料来源于军委气象局：中国气象资料；中央气象局：中国降水资料；华东气象处代为统计的徐州 12 年逐候资料和近 3 年徐州等地月报表。淮北各地气象资料因以徐州年代最久，所以以徐州为代表。2. 本文附表征得华东气象处同意，可在华东农业科学通报上发表。3. 气象与作物的关系牵涉的因子很复杂（如土质、耕作制度、品种等等），不是本文所能包括，本文目的只在于提供与农业有关的基本气候资料与气候情况。

内各地点在下述几方面表现出气候上的一致性。

(1)温度:年平均气温都在14~16 ℃之间,1月平均气温都在0~-2 ℃之间(蚌埠略超出)。日平均气温6 ℃以下的日数(根据中国气候图,这一日数与小麦越冬日数接近)在90~115天之间。

(2)雨量:年降水量在500~750 mm之间(淮阴超出)。小麦生长期内雨量在100~300 mm之间。秋季10、11月雨量合计在50 mm以下。春季3、4月雨量合计在100 mm以下。

(3)遭受寒潮或旱风威胁的情况很类似,往往发生在同一时期。6月收麦条件亦较一致。

本地区内各地点在气候上亦存在一定的差异,大致说:年平均气温与1月平均气温自南向北递减,而越冬日数随之递增。雨量自东南向西北递减,因此春旱、秋旱威胁随之递增。同年同月内雨量可以很不一致,例如:1934年4月蚌埠雨量960 mm,菏泽仅21 mm。旱风的干燥程度与寒潮的低温强度亦以东南各地为弱。

二、淮北小麦各生长时期的气象条件

(一)整地播种期内的气候条件

1. 8、9两月气象条件(见表1)与"晒垡"

8月温度高,雨水足。9月温度低,雨水少。而8月由于阴雨日多,蒸发量倒与9月很接近,不显得高。因此8月的气象条件对晒垡比之9月有利得多。群众晒垡地或小晒垡地都在大豆收割前(9月初)即进行犁耙,结束晒垡。农谚有"二、八月不晒垡"(农谚中月份均为农历)之说。

表1 8和9月份气象条件

	气温(℃)	雨量(mm)	雨日(d)	候蒸发量(mm)
8月	26.8	155.3	12.9	26.4
9月	22.0	65.4	5.8	24.5

2. 8、9、10、11月雨量——秋旱特征

本地秋季雨量总的特征是8月雨水特别多,9月减少,10、11月常有连续干旱。历年秋季雨量状况大约可以分为3种类型:

A类:小麦播种适期之前有足够雨水的年份——12年中占3年:1932、1934和1952年。

B类:大豆收割前雨水充裕,大豆收割后雨水显著减少的年份——12年中占6年:1930、1931、1932、1936、1950和1951年。这些年份中雨量稀少的情况往往延续到播种适期以后10天以上。1931年延续到11月6日,1936年延续到12月6日。

C类:高粱收割后雨量一直比较稀少(以1953年为标准)的特殊秋旱年份——12年中占3年:1929、1935和1953年。

根据上述特征,本地区内与秋旱斗争的基本方法应该是争取利用大豆收割以前的雨水(即夏季及早秋雨水)。目前主要是大豆茬及早耕耙收墒,而根本措施是改变土壤结构,增强土壤蓄水力。本地区亦应在耕作措施上防备特殊秋旱年,例如:早秋茬的犁后粗耙。若已见旱象,则应积极抗旱播种,等雨是靠不住的。

(二)幼苗生长期的气象条件

1. 10、11月温度

(1)一般以3~5 ℃为春苗停止生长进入越冬的温度界线,本地候温5 ℃正当11月底。一般以13 ℃左右为小麦分蘖适宜的温度条件,本地候温13 ℃出现在10月底。

(2) 群众认为本地小麦播种适期为寒露前后(约 10 月 3～21 日),此时期内温度在 18 ℃左右,历年候温变幅较大,为 13.4～22.2 ℃。所以有经验的农民要根据播种当时温度(及雨水)条件灵活掌握播种期。此时期离越冬期约 45～50 天,这些天数正满足小麦扎根与分蘖的需要。群众认为立冬是本地小麦播种的最迟期("土裹窝"例外),该时温度约 10 ℃,离越冬期仅 20 天。

(3) 自小麦播种适期到立冬这一段时间内温度下降的趋向很明显,逐候平均下降 1.5 ℃,下降速度超出前后各月。以上苗期温度特征可以作为考虑本地小麦播种期的参考。

(4) 整个苗期平均温度状况:10 月 18 日～11 月 26 日,40 天内的平均气温,历年比较一致,变化幅度不大:9.6～11.6 ℃。连续高温的秋季少见,所以如不过早播种,高温徒长的状况不致严重。

2. 10、11 月雨量

本地大多数年份苗期雨水不多。12 年记载中,10 月 18 日～11 月 26 日 40 天内雨量在 20 mm 以下的占 4 年,50 mm 以下的占 5 年,80 mm 以上的仅 3 年。结合前述播种时雨水条件,播种时即旱而苗期雨水仍少的年份 12 年中占 3 年:1929、1935 和 1953 年,这些年份幼苗生长自然是不良的。

归结上述,可见本地小麦幼苗生长期,温度条件是适宜的,而雨量状况很不均匀,成为幼苗生长良好与否的决定因子。

(三) 幼苗越冬期的气象条件

1. 越冬温度

一般年份自 11 月底(11 月 28 日～12 月 1 日)候温降至 5 ℃以下,至翌年 3 月初(3 月 7～11 日)候温重新升至 5 ℃以上,所以越冬期约长 90～95 天。少数年份较短,如 1933 年 12 月 12 日后候温才降至 5 ℃以下;1950 年 2 月 10 日后候温即升至 5 ℃以上。12 年记录中最短的为 1933 年:80 天。越冬期最寒冷的时期在 1 月中下旬,12 年中有 9 年在这时期前后有连续 10 天以上候温−2～−9 ℃的严寒,亦有 1 年(1951～1952 年)越冬温度很高,候温没有低于−2 ℃以下的。本地最低气温,自 10 月 8 日后即有可能低至 0 ℃以下,11 月下半月内几乎每年都要遭受−2～−5 ℃的最低气温。12 月内几乎每年都要遭受−10 ℃左右的最低气温。1 月内,多数年份都要遭受−14 ℃左右的最低气温。历年绝对最低气温变幅为−10.0～−18.3 ℃,出现时间大多数在 1 月中旬,亦可能延至 2 月中旬。

2. 越冬锻炼条件

11 月下半月至 12 月,小麦进行越冬锻炼,本地锻炼的有利条件是温度一般是逐渐下降的,平均每候下降 1 ℃。但是这期间日照不算良好(表2),对植物体的养分累积可能有一定影响。

表 2 济南、徐州、南京三地 11、12 月日照百分率情况

	11 月日照百分率(%)	12 月日照百分率(%)	记录年数
济南	62	51	5
徐州	48	37	6
南京	51	37	8

3. 地面结、解冻

本区低洼潮湿地冬季常因地面夜间结冻、白昼解冻而引起麦苗根拔之害。根据近几年气象资料分析,结、解冻现象几乎年年都有,一般发生在 1 月(表3)。

表3 1950—1953年结冻天数

年代	结冻连续天数(d)	发生月份
1950	4	1
1951	12	1
1952	14	1
1953	4	2

4. 冬季降水、积雪

12月～翌年2月降水量共65.7 mm。历年变幅尚均匀,12年记录中最多99.8 mm(1929～1930年),最少31.8 mm(1952～1953年)。本地越冬降水量条件较济南优越得多(济南28.8 mm)。即使与本地3、4月降水量相比较,亦是超过的(3、4月共58.4 mm)。所以怎样利用越冬期降水以减轻春旱威胁是本地小麦栽培技术上很值得考虑的问题。越冬期降水中,降雪占很大比重。本地冬季积雪平均9.6天。初雪12月27日,终雪3月7日。

(四)返青拔节至抽穗期的气象条件

1. 3、4月温度

10 ℃左右小麦开始拔节,本地一般自4月1日后候平均气温升至10 ℃以上。但历年颇不一致,早自3月12日,晚至4月5日。15 ℃左右宜于小麦抽穗,本地4月21日～5月2日后候平均气温升至15 ℃以上。候平均气温自5 ℃升至10 ℃的间隔日数约为20～40天。自10 ℃升至15 ℃的间隔日数约为20～40天。这些日数大致接近返青至拔节、拔节至抽穗的间隔日数。清明后,小麦进入拔节盛期。农谚有:"过了清明没老鸦"。

2. 3、4月低温——春寒特征

除少数年份(12年中1年:1952年)3、4两月根本不遭受低温侵袭外,一般年份3月份内均要遭受1～3次低温侵袭,4月份内12年中有6年未遇低温,有6年遭遇到低温,其中上旬居多,中旬遭遇低温12年中只有3次,而以1952年4月10～12日为最猛,1954年4月19～20日为最晚。3月低温造成小麦叶片不同程度的冻害。4月低温使小麦节间或幼穗受冻,为害很大。由以上资料可知,春寒是本地小麦一大威胁。春季低温从气象上看几乎每次都是寒潮过后晴夜辐射的结果,这在掌握预防上可以参考。

3. 3、4月雨量——春旱特征

3、4月是小麦需水最多的时期,而本地3、4月雨量经常不足。历年平均3月19.9 mm,4月38.5 mm,合计58.4 mm,仅及南京同时雨量的37%。3、4月合计最少量仅30.3 mm(1935年)。3、4月内12年有6年连续干旱25～65天。这些情况都反映春旱在本地区是经常性问题。群众用早春锄麦等方法减少土壤蒸发,农场最近试用早春耙地保蓄水分。与这些措施有关的一个气象特征是开春以后,蒸发量上升很快(表4),所以这些措施均不宜迟。

表4 2～4月各旬蒸发量情况

旬期	2月上旬	2月中旬	2月下旬	3月上旬	3月中旬	3月下旬	4月上旬	4月中旬	4月下旬
蒸发量(mm)	16.8	18.1	21.6	32.5	47.8	37.5	61.0	71.2	77.5

(五)扬花灌浆至脱粒期的气象条件

1. 小麦在这一时期要求温暖天气

本地开花期约 5 月 1～10 日,日平均气温 17.7～19.1 ℃,正当开花适温;结实期约 5 月 10 日—6 月 4 日,日平均气温 19.7～24.0 ℃,也是很合适的温度,这些都是有利条件。本地 5 月雨量很少(27.2 mm),甚至比济南(34.6 mm)、北京(33.0 mm)都少。小麦在这一时期内要求 70%～80% 的相对湿度,而本地 5 月相对湿度仅 62%,虽比济南(47%)、北京(47%)略胜,但还嫌太干燥;小麦这时期内要求良好日照、无风暴。本地与济南、南京相比这两方面的条件都不算很好。5 月日照百分率:徐州 45%,济南 58%,南京 47%。5 月暴风日数:徐州 4.0 天,济南 1.4 天,南京 3.6 天。

2. 旱风(西南风)特征

每年春季,渭河流域地方有气旋,其外缘在本区方面常构成温度很高、湿度很低的旱风。根据徐州资料,旱风每年 4、5 月来,每月 1～2 次,持续的日数以 5～6 天为最多。旱风出现后温度逐渐上升,相对湿度很低,特别是每日中午前后最高气温可达 30 ℃ 以上,最小相对湿度可能达 20% 以下,蒸发量大增。4 月旱风影响土壤水分供应,对小麦为害还不很明显。5 月,特别是 5 月中下旬的旱风,正当小麦灌浆乳熟期间,剧烈地加强小麦植株的蒸腾作用,迫使小麦成熟,因而造成瘪粒而影响产量。愈是来得晚的旱风温度愈高,相对湿度愈低,因此群众反映晚麦更怕旱风。

3. 脱粒时的气象条件

脱粒时主要要求晴日多,雨日少。徐州 6 月雨日不多,为 7.5 天,济南 7.7 天,南京 12.4 天。而晴日亦不多:徐州 4.0 天,济南 11.0 天。所以本地区脱粒条件虽较南京有利得多,但仍难抓到晴天机会。(以上徐州、北京、济南、南京四地的比较值均采用中国气象资料中历年平均值)

总之,淮北地区是我国旱作区中纬度较低的近海地区,温度与雨量条件对于冬小麦生长都比其他旱作区适宜,这是本地区所以是国内主要冬麦区的气候原因。然而本地区亦存在不少对于小麦生长不利的气象条件,我们的任务是运用农业技术,充分利用气象上的有利条件,克服不利条件,争取提高产量。

(注:文中其他表略)

双季稻的农业气象问题

高亮之　阳体冰　蔡显圣等[*]

华东农业科学研究所　　南京农业气象试验站

(原载:《天气月刊》,1958 年 9 月号,7～12 页)

发展双季稻是当前我国农业的重大增产措施之一。解放以前长时期内,双季稻主要分布在华南。最近几年来急剧地向长江流域发展,1957 年已增加到 4670 万亩,逐渐成为该流域范围内主要耕作制度之一。

双季稻生产与气象条件的关系十分密切,本文从几个主要方面谈谈农业气象工作怎样为双季稻生产服务的问题。有的根据我们自己的工作经验,有的根据我国古代农业经验与老农的经验,有的根据国外的经验,这些经验都有一定的局限性。本文的主要目的是提出问题。至于问题的解决,还待我国农业气象工作者今后共同努力。

一、双季稻的农业气候[**]

在双季稻生产中,"季节问题"很突出。所谓"季节问题",根据我们的体会,就是农业气候问题,其中的关键是早稻播种期、晚稻开花期与双季稻生育期三个方面。

(一)早稻播种期

许多地方晚稻产量不高,很重要的原因是早稻收得迟,使晚稻不能早栽,所以早稻早播以争取早收是双季稻增产的重要措施。早稻可以提早到什么时候播种,这是很复杂的问题,与各地气象条件、品种、育秧方法、对早稻成熟期的要求、病虫情况等均有关。综合这些方面具体确定各地播种期,是栽培学家的任务。但是早稻播种期毕竟与气象条件有特别密切的关系,农业气象方面有可能亦有必要根据这种关系提出各地有关播种期的气象条件的逐年变化规律与地区规律,这对于农业部门是很有帮助的。下面介绍一下我们的初步经验。

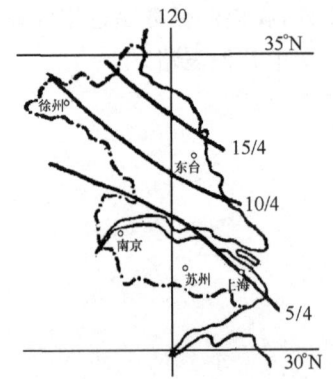

图 1　江苏省双季早稻播种气候期(日/月)分布图

生产上确定早稻播种期的原则主要是:(1)早播而能早熟;(2)烂秧率不过高。这两方面都与气象条件有关。过早播种,可能并不早熟,即使早熟若干天,但烂秧过于严重,也是不适当的。但为了完全避免烂秧而延迟播种,因而延迟成熟,亦是不适当的。我们根据这两个原则,收集了华东各地早稻播种期试验与烂秧的调查研究材料,并且考虑到气候的年际变化,提出早稻播种期的农业气候指标为"绝大多数年份候平均气温稳定通过 10 ℃的时期"。又从气候统计上提出与此相应的简化的农业气候指标为:"历年候平均气温升达 12～13 ℃的时期",这

---

[*] 南京农业气象试验站朱塘松、沈凤英、彭巧秀等同志均参加有关工作。

[**] 本文中有关播种期与开花期的农业气候评述,主要是应用江苏省的资料(徐州、南京、东台、苏州等地),气象资料的年代为 17～20 年。所得结果,特别是指标,主要用于此一地区,但方法可供其他地区参考。

时期我们称它为"早稻播种气候期"。根据简化的农业气候指标绘制的江苏省图例见图1。

根据文献,水稻出苗与生根的下限温度大约是12~14 ℃。早稻播种气候期以后,只要候平均气温稳定在10 ℃以上,这时就有相当时日的秧田温度在12~14 ℃以上,能满足出苗要求。烂秧的原因很多,如没水过久、过深,日晒风吹过烈,短时间的降温等等都是原因,基本上可以通过水层管理与设风障、盖草席等措施来防止。较难克服的是持续的低温阴雨天气与病害(绵腐病、立枯病等)相结合造成的烂秧。针对这种情况,我们采用播种后5天平均气温在10 ℃以下的阴雨天气作为烂秧天气的指标。早稻播种气候期以后,烂秧天气的几率是很少的,大约10年中有1~2年。当然,由于烂秧问题很复杂,这并不能完全反映各地在这时期以后播种发生烂秧的实际几率。

以上指标与所得结果适用于各地目前应用较多的"折衷秧田"育秧法,对品种来说,适用于早籼稻,而一般也适用于早粳稻。早粳稻(尤其是东北粳稻)比之籼稻,在苗期显著地耐寒一些。在以上所得早稻播种气候期之前5天(甚至10天)播种,仍可能早栽早熟,但烂秧较多。在增加播种量的条件下,可用一部分种子实行早播。

早稻播种期的气象条件除了播种后平均气温的上升之外,还可以考虑寒期与暖期的问题。程纯枢曾统计上海1953年寒流(《气象学报》26卷1~2期),这对有关地区是有帮助的。每年具体部署播种期时,在可能情况下,可以利用两个寒流间隙的温暖天气。

应当认为,早稻播种期是农业气候中比较复杂的问题,农业气象方面须与农业试验部门相结合,广泛进行播种期的鉴定与出苗温度的鉴定,特别要深入了解各地区关于早稻播种期的实际经验与实际问题,以研究出更完善的方法。至于应用各种保温育秧措施(例如油纸育秧、温床快速育秧等)能使早稻播种期提早多少天的问题,更是生产上迫切要求解答的。

(二)晚稻开花期

晚稻开花时如遇低温,不实率将显著增加。究竟在什么时期之前开花才安全,这是一个农业气候问题。华东农业科学研究所应用分期播种方法进行试验,连续将不同日期抽出的稻穗用纸牌标明,到成熟时考察其不实率,并与抽穗开花当时的温度记录相对照,初步得到以下认识:①籼稻开花时如遇最低气温<17 ℃,粳稻如遇最低气温<15 ℃,则不实率显著增加。②上述低温来临时,日平均及候平均气温往往下降到20 ℃以下。根据日本关于开花温度的研究结果,也是以(20±2)℃作为此种温度下限。所以初步提出晚稻(粳稻)安全开花期的农业气象指标是:"候平均气温>20 ℃的时期",至于籼稻,则应再提前5天。考虑到气候的年际变化,提出晚稻(粳稻)安全开花期的农业气候指标为:"几乎全部年份(可能有20年一遇的例外)候平均气温都在20 ℃以上的时期。"为了更安全起见,在有条件的地区(如南方),自然可以将安全年限加长,而将安全期更向前提早。

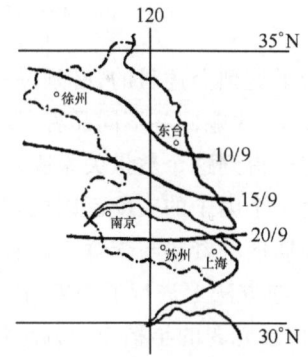

图2 江苏省双季晚稻安全开花期(日/月)分布图

水稻齐穗到开花完毕约需4~5天,所以安全开花期之前5天可作为安全齐穗期。根据以上指标,可以绘制各地的晚稻安全开花期的气候图,江苏的图例见图2。例如苏南太湖地区应在9月25日以前开花完毕,所以应在9月20日以前齐穗,这与当地农谚"秋分不出头,割了喂老牛"是一致的。

各地均可选择本地主要晚稻品种,参考上述方法或采用其他更好的方法进行鉴定,并从气候学与天气学相结合的观点探求更确切的安全开花期的指标。

(三)双季稻生育期

关于晚稻收获期方面,各地实践证明,主要是考虑开花期能否安全度过的问题。晚稻开花完毕到收获大致需要40天左右,所以初步提出"晚稻收获气候期"的指标为"晚稻安全开花期以后40天"。而早稻播种气候期到晚稻收获气候期之间的总日数,则作为"双季稻安全生育期"的日数。

我们根据双季稻安全生育期日数及4～10月内有效积温(10 ℃为起点温度),将华东苏、浙、皖三省划分成为7个双季稻气候区(图3*)。由此初步明确了双季稻向北扩展的气候条件。图3中区域Ⅳ的北界与1956～1957年双季稻大面积推广的北界很一致,所以区域Ⅳ内可以大胆发展并继续巩固双季稻。应用了优良品种与先进栽培技术后,双季稻无疑可以向区域Ⅴ发展。双季稻的气候分区工作,今后的任务是进一步明确各个气候区域对于品种与栽培技术的要求。

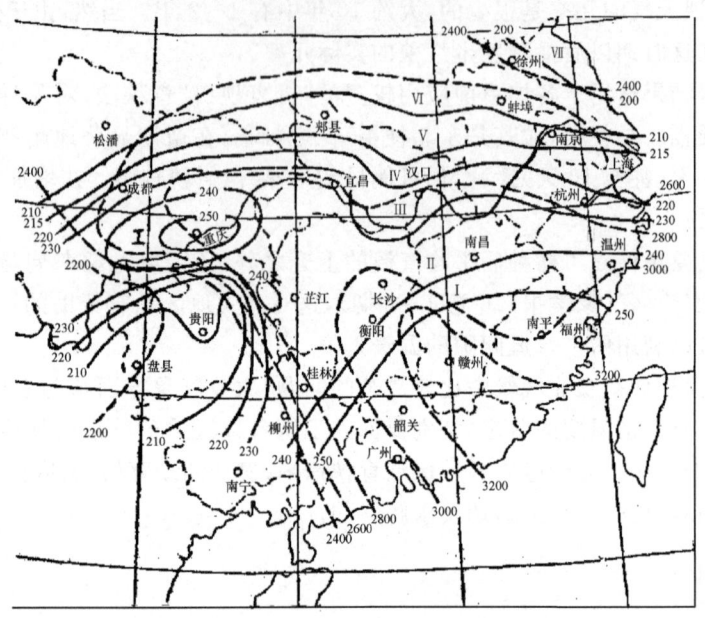

图3　长江流域双季稻安全生育期分布图

图中实线表示安全生育期的日数(d);虚线代表4～10月的有效积温(℃·d)

为了达到上述目的,必须进一步研究不同品种水稻的生育期长短与温度条件的数量关系,只有根据这个关系,才能回答不同品种(及栽培技术)的水稻在气候的年际变化下产量的稳定性的问题。

怎样得到这个数量关系呢?水稻生育期的长短同时受温度与日照时数两个因子的支配,而不是只受温度一个因子的支配。因此,就出现了一个基本方法上的问题,即水稻的温度鉴定能不能应用同一地点的分期播种资料与李森科的有效积温方法(这个方法只考虑温度一个因子)进行呢?我们于1956～1957年在方法上进行了探索,初步的结果是:

(1)感光弱的早稻与中籼品种,分期播种后应用有效积温法统计,误差不算大,相对误差为1.8%～3.3%(生育期100天,误差1.8～3.3天)。起点温度应用10 ℃是适宜的。

(2)感光强的中粳与晚粳品种,应用有效积温法统计,误差较大,如晚粳10509三叶到分化期的感光阶段内,相对误差为23%,出苗到抽穗期的相对误差为12%。有这样大的误差,所得数据是难以应用的。

我们探索了以下两种方法:

1. 光温系数法

在分期播种的情况下,各期水稻要经历两种日照时数不同的阶段:(1)春、秋的短日照阶段,以南京地区(可以代表相应的纬度范围)为例,这一阶段平均日长为13小时;(2)夏季的长日照阶段,以南京地区为例,其平均日长为14小时。假定水稻在一定日照时数之下有效积温量是一定的,则可分别计算长

---

* 由于原图中没画出有效积温线,故我们取用了华东农业科学研究所和南京农业气象试验站的"长江流域双季稻与气候"(初稿)中的长江流域双季稻安全生育期分布图,此图较原图范围更大些,并有有效积温等值线。

日与短日阶段的有效积温量。同时由于水稻是短日照作物,长日阶段内单位温度对于完成生长期的作用比短日阶段内为小,需要求得一个折算的系数——暂称"光温系数"。基本公式如下:

$$\begin{cases} \sum t = Bn + A' \\ A' = A_1 + A_2 K \end{cases}$$

式中 A_1 为短日阶段内有效积温;A_2 为长日阶段内有效积温;K 为光温系数;A' 为常数——有效总积温。其他符号的意义与李森科公式同,即 $\sum t$ 为日平均气温的总和;B 为有效温度下限(常数);n 为发育时期通过的日数。

以上方法,由于估计到光的影响,所以利用它得出的分期播种后的统计结果误差减小,例如"10509"出苗到抽穗期的计算结果,其相对误差仅为 8.4%。

2. 光温比量法

这是参照东北农业科学研究所在大豆上应用的方法稍加修改而得出的。注意到水稻生育期内所经历的黑夜总时数与温度总量具有比例关系,其比值当温度高时小,温度低时大,所以可以应用李森科公式的模型($\sum t = Bn + A$)而将此比值代替 $\sum t$。基本公式如下:

$$D = d \cdot n + R$$

式中 D 为各个播种期所计算得到的光温比量*(相当于 $\sum t$);d 为起点比量(相当于 B);R 为有效比量(相当于 A)。

应用光温比量法计算"10509"播种到抽穗的相对误差为 1.8%。但这个方法在发育时期划分较短时误差增大。

以上两种方法当然是不够完善的,但是,它启示了一个方向,即应用分期播种方法有可能进行水稻生育期的温度鉴定,主要是要在统计方法上设法将光的因子估计进去。但是同时估计温度与日照两个因子总是会使问题复杂化的,而且以上两种方法都还没有经过实践的考验,并且在移栽的条件下,分期播种后影响生育期的因子很多(秧龄、播种量、施肥水平等等),所以我们现在认为比较好的方法是在中央气象局或中国农业科学院统一领导下,在同一纬度内进行多点同期的地理播种(或者选择适宜地址,进行不同海拔高度的同期播种,当然这也是有困难的),这样既可排除日照的影响,又可以应用移栽方法而控制栽培条件。这样应当能在短时期内获得比较可靠的鉴定结果。

二、双季稻的农业小气候

双季早稻前期生长在低温条件下,双季晚稻前期生长在高温条件下,对于水稻本性的要求而言都不够适宜。因此,如何运用各种措施改变稻田小气候,是双季稻栽培技术的重要问题。这里综合地介绍一下群众经验与国内外科学经验。

(一)早稻育秧的保温方法

1. 盖灰与灌排

这是我国农民广泛应用的两项保温措施。晴朗白昼,秧田保持湿润状态比保持深水层有显著的增温效应,据本所(站)测定,约增温 2 ℃左右。而在有霜冻的夜间,事先灌深水是有效的防霜冻措施,据本所(站)测定,2 寸**水层秧田土温比无水层的增温 2~3 ℃。秧田盖灰,由于灰色深黑,灰中多空气,有吸

---

* 此公式各项与李森科的公式 $\sum t = Bn + A$ 中的各项相当,D=黑夜总时数/温度总量,相当于 $\sum t$,d 和 R 分别相当于李森科公式中的常数 B 和 A,其求法和求 B 和 A 的方法相同。

** 1 寸 = $\frac{1}{10}$ 尺 = $\frac{1}{30}$ m,下同。

热保暖作用。盖灰的材料最好是砻糠灰,要保持湿润。

2. 风障与盖草

这是东北延吉等地早播育苗的基本措施,北方菜农阳畦栽培中亦普遍应用此法,近年来在双季稻早稻育秧中亦已逐步推行。风障的作用主要是稳定近地层气流,减少乱流散热。根据本所(站)测定,2 m 高的北向风障,在 4~5 级北风时,可使 10 m(即风障高度的 5 倍)距离内的风速减弱 30%~40% 左右,温度升高 1~3 ℃;使 10~20 m 距离内风速减弱 15%~40%,温度升高 0.5~1.0 ℃。所以风障减低风速、升高温度的效应是肯定的,这两方面对于克服烂秧都有很大意义。夜间盖草席可减少地面热量向外散发,据测定,夜间盖草可以提高秧田土温约 3 ℃。但盖草必须勤加管理,如果白昼盖草遮蔽阳光,反而会降温 3~5 ℃,所以必须掌握昼启夜盖的原则。

3. 油纸或尼龙覆盖

这两项早期栽培的保温措施是日本近年来农业上的成就。油纸与尼龙保温的原理都是"温床效应",即短波辐射能透入而长波辐射不能散出。油纸覆盖的方式大致如图 4:用半旱秧播种覆土、盖灰以后,将油纸铺在灰层上,纸上用绳子交叉压扎,以防大风吹毁;待秧苗三叶初出时,取去油纸。油纸的保温效应大致比水秧田高 2~5 ℃(见图 5)。同日播种,用油纸覆盖者出苗可以提早 7~10 天,成熟提早 5~8 天。尼龙的保温效应比油纸夜间要高 2 ℃ 以上,晴天中午要高 5~8 ℃。目前我国工厂已在试制尼龙,秧田用的油纸上海已正式生产。我国农业部今年已布置各地进行试验,预计这两种方法,尤其是油纸法,在我国亦将得到广泛应用。

4. 温床育苗

四川农民最近创造了土温床育苗的方法。其要点是在向阳的旱秧板上盖半尺稻草,一尺青肥,半尺干牛粪,淋上粪水后播种,再覆细土、稻草。据报道,这样做,13 天就育成秧苗。

前述各种方法都是直接或间接利用日热的。而温床育苗则是利用酿热物发热,是很值得重视的,但在大面积推行时材料可能有困难。至于一般地利用有机肥料增热,则各地均有应用。

5. 晒水池

这亦是延吉的经验,其方法是紧邻秧田选择较秧田地势为高、面积较秧田稍大的地面,保持不深的水层,则此种水池中的水温在午后可较沟水高出 3 ℃,可用以作秧田灌溉用。

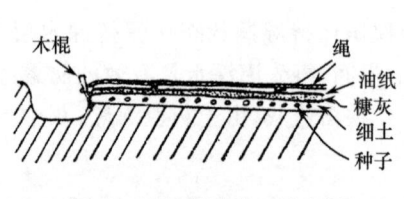

图 4 油纸保温秧田示意图

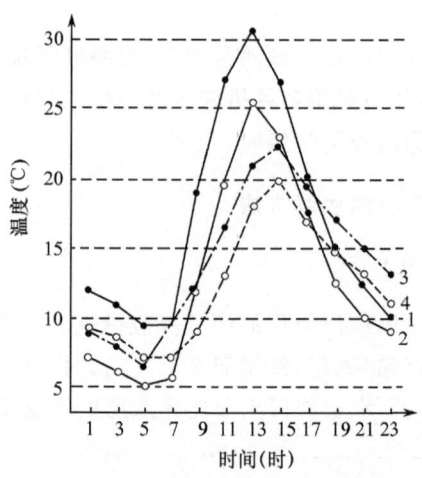

图 5 油纸保温秧田与水秧田的温度比较

1. 油纸秧田 2 cm 土温;2. 水秧田 2 cm 土温

3. 油纸秧田 7 cm 土温;4. 水秧田 7 cm 土温

(二)早稻及晚稻本田水温的调节方法

1. "水道相直"及"水道错"

这是公元前 32 年的《氾胜之书》中所记载的方法。水源冷的地区(特别是山区),在本田换水时,如要保持本田水温不致下降,可用水道相直法,避免冷水源与大田暖水混合;如要降低本田水温,可用水道错法(见图 6)。

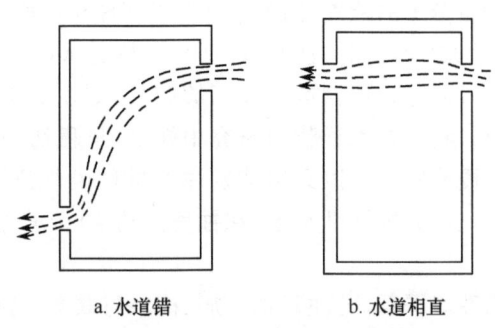

图 6 "水道相直"及"水道错"法示意图

2. 远距离灌溉或绕道灌溉

早春时水源往往较凉,采用这两种方法可使水在沟渠中流动的时间增加,吸收更多日热而变暖。

3. 底水或表水灌溉

深塘或大河,底部的水与表层水的温度是不同的,在温暖季节的白昼,一般底水较凉,表水较暖,可以根据需要分别应用底水或表水。

4. 分散灌溉

在本田进水口处置一特制木板,可让流入的水的速度减慢,增加吸收日热的时间。日本已应用长条多孔的尼龙板置在田边,让水分散地经板孔流入本田,大致可提高水温 1~5 ℃。

总之,改变水稻田小气候的潜力是颇大的,农业气象工作者有责任与栽培工作者结合,认真学习农民经验,研究各种措施的小气候效应,以便改进现有措施,创造新的措施。

三、双季稻生产对农业气象报道、农业气象预报与天气预报的要求

(一)双季稻的农业气象观测与报道

双季稻生产的技术性与季节性非常强,生产领导人必须经常正确地掌握水稻生长发育状况以及气象状况,以便及时贯彻各项技术措施。特别是在今日生产大跃进的情况下,措施稍不及时,对于产量就有很大影响。例如三叶期的报道对秧田管理的意义就很大。三叶期之前,是与烂秧作斗争的关键时期,秧田切忌积深水,以利扎根;三叶期以后,一般扎根已深,就可灌水稍深并施追肥,以促进生长。返青期与分蘖情况等的报道对于本田管理也都有很大意义。返青期之前,秧苗旧根逐渐死亡,新根尚未恢复,需要灌水稍深,以避免叶片蒸腾过甚而致枯萎。返青期的报道,说明新根已经恢复,秧苗将迅速生长,应及时排水,使水层落浅,以利分蘖。双季稻要想丰产,必须保证一定的分蘖数,又要减少后期无效分蘖,以免消耗养料,所以分蘖情况的报道(即密度报道),对于生产单位采取措施控制分蘖是有很大帮助的。

以上只举了几个例子,用来说明农业气象观测与报道在双季稻生产中的重要意义。

此外,根据我们的工作体会以及所了解的情况,向气象部门提出几条建议。

(1)随着双季稻生产的急剧发展,气象部门应迅速地增加观测双季稻的台站。但目前双季稻在品种与栽培技术上变动很大,观测地段采用何种品种与栽培技术才具有代表性,应与农业部门慎重地研究决定。

(2)秧田可以考虑增加若干观测项目。早稻要求早熟,必须争取早栽,而栽秧期与秧苗高度的关系很大,一般4寸左右就能栽秧,而2~3寸就能进行铲秧。如果气象局与农业气候站能在水稻育秧期间进行5天的报道,则为了帮助农业部门及时掌握各地秧苗高度情况,可以每5天进行一次高度观测。三叶期时可以考虑增加一次扎根情况及烂秧百分率的检查,因为这与秧田管理与补种等措施有很大关系。

(3)早稻、晚稻都可以考虑每10天观测一次密度,即分蘖情况,以便于在生产上有意识地控制分蘖。同时还须特别注意拔节期的观测,因为如果稻苗生长不够健壮,则在幼穗分化期间酌施速效追肥(即所谓"穗肥")将对增产有很大作用。我们在水稻物候研究中知道,早稻幼穗分化的开始几乎与拔节同时,甚至还早些(晚稻分化期稍迟于拔节期),所以必须特别注意早稻拔节开始期的观测与报道工作。拔节期用手摸法辨认比较困难,所以建议另选辅助小区,在抽穗前约40天开始(开始观测时期可与当地农业部门研究),隔日采株剖认。

(4)注意病虫害的观测。栽种双季稻,要注意稻热病、椿象与螟害,这些病虫害今天一般都可应用药剂防治。农业气候站如果及时报道病虫发生情况,对于生产单位决定施药时期将有很大帮助。

(二)双季稻所要求的天气预告及农业气象预报

1. 播种期与早稻秧苗阶段的天气预告

播种后如有连续晴天,对于早稻秧苗扎根十分有利,因此对于克服烂秧亦十分有利。建议气象局大力研究早稻播种期间(全国范围内大约是2月底到4月初)的中期预告,并且目前即应积极开展这方面的服务。预计各地今后每年早稻播种具体日期的决定,将以气象台中期预告为主要根据。播种以后各项秧田管理措施(灌水、排水、盖草、除草等)亦都需要根据温度及晴、雨的短期与中期预告来定。寒潮与霜冻预告的意义尤其重大,尤其因为各地早稻播种期都提前得很早,播种后的霜冻将是各地普遍存在的问题。早稻早插后,本田中仍可能遇到寒潮袭击,如果预报及时正确,不论秧田、本田都可用灌深水及其他保温方法进行预防。

2. 中长期温度预告及物候预告

早稻拔节期或者早、晚稻的幼穗分化期,如能事先预告出来,可以更及时地施追肥。如能预告早稻收获期,对于双季稻最紧张的双抢季节(早稻抢收、晚稻抢栽)的各种准备工作有很大益处。晚稻抽穗期的预告(特别是寄秧或"匀撒"的晚稻)对于预测螟害有很大关系。如能预告晚稻收获期,后作(一般是大麦、绿肥,今后还将有移栽小麦、移栽油菜等)的抢种抢栽工作的准备工作就能做得很及时,甚至于可以根据晚稻成熟的早迟改变品种或者冬作种类的比例。以上各项物候预告需要从两方面来努力:

(1)物候预告方法或公式的研究。我们初步的看法是早稻一般可用分期播种的结果与积温公式进行预告,起点温度可用10 ℃。而晚稻拔节期与抽穗期预告的问题则比较复杂,前述"光温系数方法"可以试用,或者用同纬度多点同期播种的方法取得资料后仍用积温公式预告。晚稻抽穗到成熟期是不感光的阶段,问题就较简单。

(2)解决中长期温度预告的问题,最好作以旬为时间单元的1个月或更长时间的长期预告。

3. 中长期降水预告及水、旱害预告

双季稻对水、旱害十分敏感,一般说来,我国双季稻地区,主要问题是早稻孕穗期(6月)以后的涝害以及晚稻孕穗期(9月初)以后的旱害。南方在早稻插秧期(4月)及晚稻插秧期(7月底到8月)亦可能

遇旱害。早稻孕穗期受淹，穗部即死亡，后生节上虽仍可分枝出穗，但结实率很差，成熟很不一致。淹后白叶枯病、稻飞虱等病虫害严重。晚稻孕穗期还是需水最多时期，遇有旱象，将会严重影响穗重，并且使成熟延迟，产量锐减。所以中长期降水预告会有效地帮助双季稻生产，使之能及早准备各种排涝、抗旱措施。如果预报期限更长，甚至还能改用耐涝耐旱品种。

双季稻的农业气象问题相当丰富，远不是本文所能概括的。现在已进一步明确，几乎每一项双季稻的增产措施（如早稻移栽期，早、晚稻密度问题，整地问题，施肥问题，品种问题等）都与气象条件有密切关系。如果各地农业气象工作者与气象工作者都在当地深入研究这些问题，一定能对双季稻生产做出更大的贡献。

参考文献（略）

早稻秧田各种保温措施的小气候研究

高亮之　庞燕琦　蔡显圣

(原载:《华东农业科学通报》,1959 年 2、3 月号,97~103 页)

一、研究目的

运用有效的秧田保温措施,可以避免早稻烂秧,加速秧苗生长,培养健壮秧苗;可以提早早稻播种期、移栽期,以达早稻早熟丰产的目的。近年来,各式各样的秧田保温措施已开始在生产上发挥作用,为了科学地鉴定这些措施的效应与性能,以利生产上推广应用,1958 年春季在南京孝陵卫华东农业科学研究所水稻试验田内,进行了各种秧田保温措施的小气候效应研究。

二、观测设计

(一)测点布置及观测项目

测点布置在 6 种设有不同保温措施的秧田及一个对照秧田内。

(1)灌深水秧田:用普通秧田,灌水 3 寸。面积 40 平方尺,观测其 2 cm 土温。

(2)盖草帘秧田:用普通秧田,田畦四边做好一二寸高的小土埂,上盖(不分昼夜)厚约 1.5 cm 的稻草帘。面积 40 平方尺,观测 2 cm 土温。

(3)盖油纸秧田:用普通秧田,播种后畦面撒铺一二分厚的砻糠灰,盖上油纸,四周糊土密封。面积为 60 平方尺,观测 2 cm 土温。

(4)盖尼龙苗床:在旱秧田畦面设立高约 6 寸的竹架,以尼龙披覆,严密不通风。面积为 40 平方尺(这个测点地势较高,东南、东北不远处各有矮小平房一座)。观测 2 cm 土温及 5 cm 气温。

(5)设立风障的秧田:风障用稻草帘与竹竿制成,高 2 m,长 50 m,直立于秧田正北边,面积约 2 亩。观测纵向与横向不同位置上的 5 cm 气温及风速。测点布置如图 1。

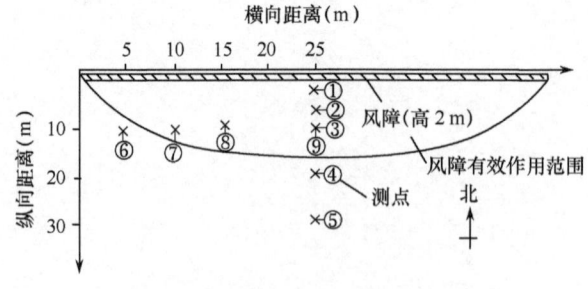

图 1　风障有效作用范围及测点位置
(风障有效作用范围是据观测结果分析而知)

(6)堆有酿热物的高畦苗床:用半腐熟马粪作为主要酿热物。3 月 25 日堆制好,面积 30 平方尺(4 月 5 日前,床面夜间盖草帘,5 日后揭去草帘,7 日酿热物被大雨淋湿)。观测 2 cm 土温及 18 cm 土温。

(7)对照(为露地普通秧田):沟内有浅水,畦面湿润。观测 2 cm 土温及 5 cm 气温。

(二)观测的仪器及其安置

(1)观测土温:用直管插入式地温表,通过覆盖层垂直插入土中,刻度露出,以便读数。

(2)观测尼龙秧田气温:在尼龙上剪一小孔,用普通温度表从小孔插入,刻度露在外边,用小气候测杆固定,上加挡罩。

(3)观测对照点气温:用普通温度表平放在一个预先安好的铁丝架上,上加挡罩。

(4)观测风障效应:气温用普通温度表观测,风速用手提风速表观测。

(三)观测时间、方法及天气情况说明

1. 观测日期及时间

(1)风障效应测定:在3月28日14时前后,观测3次,取其平均。

(2)酿热苗床温度观测:3月26~28日进行24小时连续观测;3月29日到4月18日,每天7时、13小时各观测一次。

(3)其他保温措施效应观测:3月26~29日进行三次连续24小时观测。

2. 观测程序

尼龙秧田→对照→盖油纸秧田→灌深水秧田→盖草帘秧田→酿热苗床→对照→盖尼龙秧田。观测气温的测点(盖尼龙及普通秧田两个测点),第一次先读气温后读土温,第二次只测气温。

(四)天气情况(见表1)

3月20~25日:温暖(平均气温13~18 ℃),26日起温度开始急剧下降,直至3月30日前,日平均气温只有6~7 ℃。3月26~27日阴云天,3月28~29日晴天。观测风障效应当时(3月28日14时)风向西北北,风速8 m/s。

表1 3月24~29日天气情况

月/日		1时	7时	13时	19时	最高	最低	平均	重要天气现象
3/24	气温	12.6	10.6	19.8	18.4	20.5	9.8	15.4	阴云天
3/25	气温	16.9	16.0	19.4	19.9	22.4	15.5	18.4	阴天,当晚有雷阵雨
3/26	气温	11.1	9.2	8.2	4.2	20.0	2.1	8.2	12~15时下小雨,偶夹小雪花,12~14时有大风
	云量	10/0	10/1	10/0	10/0			10/1	
3/27	气温	3.6	3.2	9.0	6.0	9.7	2.8	5.5	上半夜有间断小雨
	云量	10/0	7/0	10/0	10/0			9/0	
3/28	气温	4.1	2.1	10.0	8.6	11.4	1.4	6.2	12~16时有大风
	云量	10/0	0/0	1/1	0/0			3/0	
3/29	气温	3.1	−0.1	13.6	9.9	14.8	−2.5	6.6	好天气
	云量	0/0	0/0	0/0	0/0			0/0	

注:气温:℃;云量:总云量/低云量。

三、灌水的效应

由表2及图2可见,灌水后秧田2 cm土温与对照(秧田湿润,无水层)相比,夜间温度:晴天高2.8 ℃,阴天(阴云天,下同)高1.7 ℃;最低温度:晴天高2.9 ℃,阴天高1.7 ℃;昼间温度:晴天低1.1 ℃,阴天却高0.3 ℃;最高温度:晴天低0.9 ℃,阴天低0.7 ℃;日平均温度:晴天低0.9 ℃,阴天高1.0 ℃;温度日较差:晴天小3.8 ℃,阴天小2.4 ℃。

以上结果说明：①灌水可以比较显著地提高秧田 2 cm 土壤的夜间温度与最低温度；②灌水后，秧田日间温度与最高温度有所降低；③灌水后秧田日平均温度较高，日较差较小；④灌水对秧田温度的影响，晴天与阴天在趋势上是一致的，不过在晴天的表现要比阴天更显著一些，例如晴天夜间灌水的保温效应比阴天要大 1 ℃。

灌水能提高秧田夜间温度是因为夜间地面不断向大气支出热量。水因热容量大，支出热量后温度下降缓慢，因此，当与土壤进行热量交换时，就减缓了土温的下降。白昼地面热量收入大于支出，水层本身收入热量后增温缓慢，因此当与土壤进行热量交换时，就阻碍了土温的上升。因为观测期间正是寒潮天气，地面热量每日支出大于收入，亦即夜间散热作用大于昼间吸热作用，因此水层夜间保温的作用超过昼间降温的作用，整日有水层与整日无水层的秧田温度相比，前者日平均温度比后者高。如果在气温日渐回暖期间，估计会有相反的结果。

根据以上结果与分析，并结合考虑到水稻在生理上对水层的要求，可对秧田灌水保温措施提出以下意见：①当气温骤降，次晨可能发生霜冻之前，秧田在傍晚灌深水可以提高夜间温度及最低温度约 3 ℃，有肯定的防霜效应；但在次日天气转暖后，应即将水排浅。②一般天气下，白昼秧田如留深水，会降低秧田土温，晴天尤其显著。而白昼排浅水层或排尽积水，倒是很好的增温措施。群众"日排夜灌"的经验，完全符合早春秧田保温的要求。但灌排过勤，对于秧苗不很有利，如果夜间温度不过低，就不一定进行灌水。在气温日益回暖的情况下，整日无水层比整日有水层秧田日平均温度要高。③如果气温过高（中晚稻育秧时很可能出现这种情况），较深的水层可以降低秧田温度，减小蒸腾，对于"避免秧苗焦头"是有利的。

表 2　灌深水与裸露秧田 2 cm 土温比较　　　　　　　　　　　　　　　　　　　　　单位：℃

天气	项目 处理	正点温度				极端温度			平均温度		
		1时	7时	13时	19时	最高	最低	日较差	夜间	日间	昼夜
晴天	灌深水	7.7	6.3	12.9	12.8	15.8	6.1	9.7	7.6	12.3	10.0
	裸露	4.6	4.0	15.3	11.3	16.7	3.2	13.5	4.8	13.4	9.1
	差值	3.1	2.3	−2.4	1.5	−0.9	2.9	−3.8	2.8	−1.1	0.9
阴云天	灌深水	8.8	7.7	13.0	12.4	14.7	7.7	7.0	8.7	12.2	10.5
	裸露	7.5	6.2	14.2	10.0	15.4	6.0	9.4	7.0	11.9	9.5
	差值	1.3	1.5	−1.2	2.4	−0.7	1.7	−2.4	1.7	0.3	1.0

注：①夜间温度为 21～7 时各正点读数和之平均。②日间温度为 9～19 时读数平均（以下同）。③晴天记载：3 月 28～29 日测得，是典型的晴天。④阴天记录：3 月 26～27 日测得，是半阴天。⑤后面表格，备注与此相同。

四、草帘的效应

由表 3 及图 2 可知，在全日覆盖草帘下的秧田 2 cm 土温与对照（没盖草帘）相比，夜间温度：晴天高 3.5 ℃，阴天高 1.6 ℃；日间温度：晴天低 3.6 ℃，阴天低 1.3 ℃；平均温度：晴天或阴天均与对照不相上下；温度日较差：晴天比对照小 10.4 ℃，阴天小 7.0 ℃。

表 3　盖草帘与裸露秧田 2 cm 土温比较　　　　　　　　　　　　　　　　　　　　　单位：℃

天气	项目 处理	正点温度				极端温度			平均温度		
		1时	7时	13时	19时	最高	最低	日较差	夜间	日间	昼夜
晴天	盖草帘	8.5	7.7	10.0	9.8	10.4	7.3	3.1	8.3	9.8	9.1
	裸露	4.6	4.0	15.3	11.3	16.7	3.2	13.5	4.8	13.4	9.1
	差值	3.9	3.7	−5.3	−1.5	−6.3	4.1	−10.4	3.5	−3.6	0.0
阴天	盖草帘	10.4	9.9	10.9	10.2	11.2	8.8	2.4	8.6	10.6	9.6
	裸露	7.5	6.2	14.2	10.0	15.4	6.0	9.4	7.0	11.9	9.5
	差值	2.9	3.7	−3.3	0.2	−4.2	2.8	−7.0	1.6	−1.3	0.1

以上结果说明：由于草帘的导热性差，因此全日覆盖草帘下的秧田夜间地面热量散失作用减弱，使

2 cm 土壤夜间温度及最低温度显著地提高,而昼间草帘阻碍了阳光射入地面,严重地影响了秧田白昼温度的提高,对于秧苗的光合作用亦很不利。

盖草帘除在大风、暴雨等恶劣天气外,必须掌握"昼开夜盖"的原则:清晨日出气温回升以后,揭开草帘,使秧田充分接收阳光;傍晚盖上草帘,减少热量的散失。这样每天夜间温度能提高 2~4 ℃(当然比全日覆盖草帘的效果更好),不仅能有效地防御霜冻,并且还能促进秧苗生长。

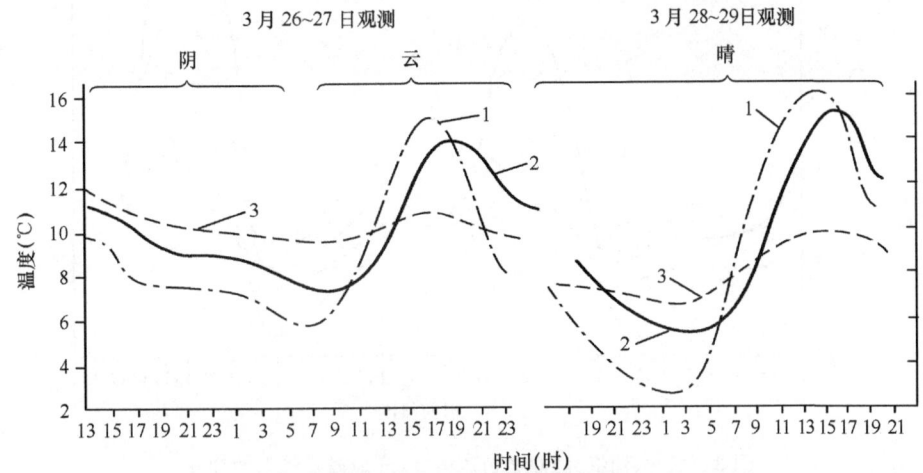

图 2　盖草帘与灌深水的 2 cm 地温变化情况(1958 年 3 月)

1—露地；2—深水；3—盖草帘

注:深水约 3 寸,草帘厚约 1.5 cm。

五、油纸覆盖的效应

由表 4 及图 3 可知,油纸覆盖下的 2 cm 土温与对照相比,夜间温度:晴天高 3.6 ℃,阴天高 1.9 ℃；白昼温度:晴天高 6.1 ℃,阴天高 5.0 ℃；最高温度:晴天高 7.6 ℃,阴天高 6.1 ℃；昼夜平均温度:晴天高 5.4 ℃,阴天高 3.4 ℃；温度日较差:晴天、阴天均大 4.1 ℃。

以上结果说明:油纸覆盖,白昼能显著增高秧田土温,夜间亦能增高土温,但比较少。油纸覆盖显著地加大秧田土温日较差。

油纸覆盖增高土温的原因是:油纸具有较好的透光性与密闭性。因而:①白天大量的辐射能透过油纸转换为热量被地面吸收,在不通风不透气的情况下,油纸内外的空气交换作用不存在了,土表吸收的热量散失出去很少,土表温度迅速增高。②油纸覆盖下土表的水分蒸发几乎停止了,土表所吸收的很大一部分热量不再像裸地那样因水分蒸发而损失掉。这就大大增加了用于提高土温的热量。③油纸本身昼夜温差很大,而油纸与地面的距离小,秧田土温受油纸本身温度的影响很大。因此,白昼油纸下秧田土温特别高,夜间则增高比较少,这亦是油纸下土温日较差大的原因。由于土表温度日较差一定大于土中温度日较差,所以油纸下土表温度日较差一定比上述 2 cm 土温日较差还要大。

综上所述,采用盖油纸措施,可使秧田在整个覆盖期间平均温度提高 3~5 ℃；可以加速水稻种子

表 4　盖油纸与裸露秧田 2 cm 土温比较　　　　　　　　　　　　　　单位:℃

天气	处理	正点温度				极端温度			平均温度		
		1 时	7 时	13 时	19 时	最高	最低	日较差	夜间	日间	昼夜
晴天	盖油纸	9.8	7.4	22.6	17.3	24.3	6.7	17.6	8.4	19.5	14.5
	裸露	4.6	4.0	15.3	11.3	16.7	3.2	13.5	4.8	13.4	9.1
	差值	5.2	3.4	7.3	6.0	7.6	3.5	4.1	3.6	6.1	5.4
阴天	盖油纸	9.2	8.1	20.6	14.0	21.5	8.0	13.5	8.9	16.9	12.9
	裸露	7.5	6.2	14.2	10.0	15.4	6.0	9.4	7.0	11.9	9.5
	差值	1.7	1.9	6.4	4.0	6.1	2.0	4.1	1.9	5.0	3.4

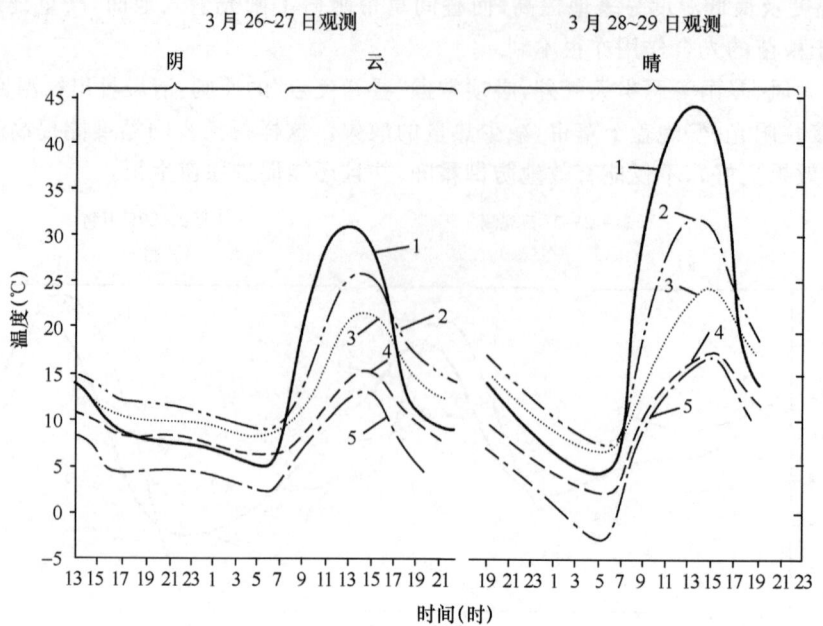

图 3 尼龙、油纸、酿热物苗床的 2 cm 地温及气温的变化
1—尼龙(气温);2—尼龙(地温);3—油纸(地温);4—露地温度;5—露地气温

扎根出苗及幼苗的生长。从当地早稻播种季节的历年平均温度来看,平均温度差 3～5 ℃相当于季节上差 2～3 周。顾及掀开油纸后低温的影响,采用盖油纸措施后大约可使早稻适宜播种期提前 1～2 周。盖油纸的秧田温度变化剧烈,育秧前期的寒冷夜晚应结合其他措施保温;育秧后期晴朗高温的中午,应注意用"换沟水"、"灌浅水"、"油纸局部掀开"等方法适当降低温度;油纸内外温度差异较大,掀除油纸前应用"日掀夜盖"、"局部掀开"、"戳破油纸"等方法锻炼秧苗,以后选择暖和阴润的日子,全面掀除油纸。

六、尼龙覆盖的效应

由表 5 及图 3 可知,尼龙覆盖苗床 2 cm 土温与对照相比,日间温度:晴天高 15.2 ℃,阴天高 8.5 ℃;夜间温度:晴天高 5.5 ℃,阴天高 3.2 ℃;日平均温度:晴天高 10.4 ℃,阴天高 5.8 ℃。尼龙内 5 cm 气温与对照相比,日间温度:晴天高 16.8 ℃,阴天高 11.9 ℃;最高温度:晴天高 26.6 ℃,阴天高 16.9 ℃;夜间温度:晴天高 5.8 ℃,阴天高 2.8 ℃;最低温度:晴天高 7.2 ℃,阴天高 3.8 ℃;日平均温度:晴天高 11.3 ℃,阴天高 7.4 ℃。3 月 28～29 日,尼龙覆盖苗床 5 cm 气温:最低为 4.4 ℃,最高达 44.1 ℃,日较差达 39.7 ℃。而同一天对照点的 5 cm 气温:最低达－2.8 ℃,最高仅 17.5 ℃,日较差只 20.3 ℃。

从结果可以看出以下几个问题:①覆盖尼龙可以十分显著地提高秧田温度,白昼比夜间更为显著;②尼龙苗床内具有大得惊人的温度日较差;③5 cm 气温与 2 cm 土温变化情况基本一致。

尼龙覆盖所以比油纸覆盖的保温效应大,是因为:①尼龙具有比油纸更加好的透光性,有利于地面获得更多的热量;②尼龙下部具有一层较厚的空气,夜间地面不致因尼龙的散热而迅速散失热量,有利于夜间保持较高温度。

覆盖尼龙可使育秧期间每日平均温度提高 6～12 ℃,大约可使早稻适宜播种期提前 2～3 周,对于水稻提早成熟有显著作用。在我国工业生产高度发展的年代里,尼龙苗床育秧并不是没有前途的。育秧期间温暖天气的中午,尼龙内部温度很可能高达 35 ℃,甚至 40 ℃以上,遇到这种情况,应及时掀开尼龙(局部或全部),适当降低温度;育秧后期,尼龙内部出现过高温度的机会更多,时间持续更长,可以改用"日掀夜盖"的方法管理苗床温度。

表 5　盖尼龙与裸露秧田 2 cm 土温及尼龙内 5 cm 气温比较　　　　单位：℃

天气		项目 处理	正点温度				极端温度			平均温度		
			1时	7时	13时	19时	最高	最低	日较值	夜间	日间	昼夜
2 cm 土温	晴天	盖尼龙	11.0	8.4	31.5	18.7	34.3	7.5	26.8	10.3	25.0	17.7
		裸　露	4.6	4.0	15.3	11.3	16.7	3.2	13.5	4.8	9.8	7.3
		差　值	6.4	4.4	16.2	7.4	17.6	4.3	13.3	5.5	15.2	10.4
	阴天	盖尼龙	10.5	9.2	25.2	17.0	25.7	9.0	16.7	10.2	20.4	15.3
		裸　露	7.5	6.2	14.2	10.0	15.4	6.0	9.4	7.0	11.9	9.5
		差　值	3.0	3.0	11.0	7.0	10.3	3.0	7.3	3.2	8.5	5.8
5 cm 气温	晴天	盖尼龙	7.2	7.1	43.8	14.0	44.1	4.4	39.7	7.1	31.3	19.2
		裸　露	1.2	1.4	16.0	9.3	17.5	−2.8	20.3	1.3	14.5	7.9
		差　值	6.0	5.7	27.8	4.7	26.6	7.2	19.4	5.8	16.8	11.3
	阴天	盖尼龙	6.4	6.5	30.8	11.4	30.8	5.2	25.6	6.5	21.6	14.1
		裸　露	3.5	3.6	12.2	5.4	13.9	1.4	14.0	3.7	9.7	6.7
		差　值	2.9	2.9	18.6	6.0	16.9	3.8	11.6	2.8	11.9	7.4

七、酿热物高畦苗床的效应

表 6 说明：①苗床 18 cm 的土温（即酿热物堆放层的土温），成床后（苗床做成以后）1 天达 40 ℃上下，比对照（大气候观测场中 15 和 20 cm 地温平均）高 25～30 ℃。以后温度渐渐下降，成床后 1 周温度为 30 ℃上下，比对照高约为 20 ℃；从成床后 2 周，温度迅速降至 20 ℃以内，比对照高 2～6 ℃；成床后 3 周比对照高 3～6 ℃；成床后 4 周，比对照高 6～8 ℃。②苗床 2 cm 土温：成床后 1 周之内比对照（裸露普通秧田 2 cm 土温）高 10 ℃上下；成床 2 周以后一直比对照高 3～5 ℃。

从结果看出：①酿热苗床的增温效应是非常显著的。②酿热苗床温度显著高于对照的天数不很长。成床 2 周以后，增温效果即显著减弱。③成床后 2～4 周，酿热苗床一直比较稳定地保持着程度较小的增温作用。

为什么酿热苗床表现出如上增温特点呢？因为做成苗床后的前一时期正是酿热物分解盛期，发热量大，使 18 cm 土壤的增温效应表现大而稳定。2 cm 土壤因受酿热层温度的影响而亦表现出良好的增温效果，但 2 cm 土壤很接近地表，温度受地表影响亦很大。早春地表温度显著低于酿热层温度，因此酿热苗床的增温效应，2 cm 土壤不如 18 cm 土壤，亦即酿热苗床的增温效应是表层土壤小于下层土壤。成床后 2 周，苗床的增温效应突然减弱，这是因为酿热物分解的高峰时期已经过去。此外，4 月 6 日（成床后 12 天）下的一场大雨亦使酿热物分解作用减弱（酿热物充分湿润，微生物活动的氧气、温度等条件恶劣），发热量大减。成床后 2～4 周内，苗床增温效应一直显得较低而稳定，是因为该时期中酿热物内较缓慢的发酵作用一直在进行着，不断释放出热量。另外，酿热物的导热性较差，在春季土壤逐渐增热的过程中，上层土壤吸入的热量不易下传，因此对酿热物层下的增温有一定的影响，但仍比裸地较暖。

综上所述，用酿热苗床育秧，可以显著改善地温情况，因此可以提早早稻播种期，如果结合"铲秧"方法，还可以提早早稻移栽期。但在操作中应注意：①酿热物质量要好，苗床堆制时，酿热物温度及紧密程度要适中；要用污水（或稀薄人粪尿或骡马尿）层层浇洒，这样会帮助酿热物发酵作用旺盛地进行。②平时管理中应保持苗床适中的土壤湿度，经常适度浇水，雨前遮盖，避免发生畦面开裂或酿热物过湿等情况。③要注意结合"盖草帘"方法防御霜冻。④育秧后期气温仍是较低的地区，可以考虑采用"活动苗床"；在气温仍低、原有酿热物发酵盛期已过的时候添加新鲜酿热物，保证育秧整个过程中都有较高的床温。

表 6 酿热苗床土温变化情况

(1958 年 3 月 26 日~4 月 23 日测)

项目	观测结果时间	堆后天数(d) 1		2		3		4		5	7	14		21	28	
		13时	19时	7时	13时	7时	13时	7时	13时	7时	7时	7时	13时	7时	7时	13时
2 cm 土温	苗床	22.4	22.9	26.6	26.3	24.9	23.2	17.6	25.4	16.2	24.0	9.9	23.7	10.4	25.3	28.6
	对照	13.4	8.0	6.2	14.2	6.3	13.6	3.4	15.3	7.7	11.5	8.3	20.2	8.7	23.3	25.3
	差值	9.0	14.9	20.4	12.1	18.6	9.6	14.2	10.1	8.5	12.5	1.6	3.5	1.7	2.0	3.3
18 cm 土温	苗床	40.1	41.3	39.4	39.4	36.4	36.6	35.5	36.2	23.1	29.6	15.1	18.7	14.5	27.3	28.3
	对照	13.8	13.0	11.5	11.2	11.0	10.9	10.4	10.2	12.1	11.2	13.3	13.0	11.7	20.2	20.5
	差值	26.3	28.3	27.9	28.2	25.4	25.7	25.1	26.0	21.0	18.4	1.8	5.7	2.8	7.1	7.8

注:①苗床是 3 月 25 日堆制好的。②2 cm 土温:以普通秧田 2 cm 土温为对照。③18 cm 土温:以大气候 20 和 15 cm 的地温平均作为对照。

八、风障的效应

(一)风障保温防风的有效距离

由表 7 及图 4 可知:在 2 m 高风障的防护下,以距离风障 30 m 的测点为对照,距离风障 2 m 处(测点①)与对照相比,5 cm 高度气温高 2.5 ℃,风速削弱到 0 m/s;距离风障 6 m 处(测点②)比对照:气温高出 1.0~1.5 ℃,风速削弱 60%~70%;距离风障 10 m 处(测点③)比对照:气温高出 0.5~1.0 ℃,风速削弱 30%~40%;距离风障 20 m 处(测点④)比对照:气温高 0.5 ℃左右,风速削弱 10%左右。

表 7 风障纵向各点的风速与温度分布

(1958 年 3 月 28 日 14 时于南京)

类别	项目	距离 m 项目	风速(3分钟平均)(m/s)					温度(5 cm 气温)(℃)				
			2	6	10	20	对照	2	6	10	20	对照
大风		测值	0.00	1.81	2.42	3.43	3.95	15.3	14.1	13.4	13.3	13.2
		差值	-3.95	-2.14	-1.53	-0.52	—	2.1	0.9	0.2	0.1	—
		差值%	-100.00	-54.18	-38.73	-13.16	—					
小风		测值	0.00	0.65	1.81	2.33	2.56	15.5	14.2	13.5	13.2	12.6
		差值	-2.56	-1.91	-0.75	-0.23	—	2.9	1.6	0.9	0.6	—
		差值%	-100.00	-74.61	-29.30	-9.00	—					
平均		测值	0.00	1.23	2.12	2.88	3.26	15.4	14.2	13.5	13.3	12.9
		差值	-3.26	-2.03	-1.14	-0.38	—	2.5	1.3	0.6	0.4	—
		差值%	-100.00	-62.27	-34.97	-11.66	—					

注:差值:指与对照之差;差值% = 差值/对照测值×100;距离:指垂直距风障壁;对照点:距风障 30 m。

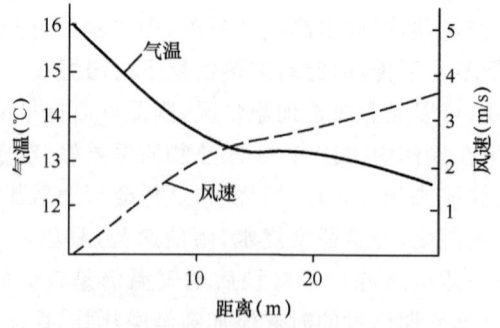

图 4 风障纵向的气温与风速分布

注:①气温、风速均是 5 cm 高度;②风障高 2 m;③距离指垂直风障

表 8 风障横向各点的风速与温度分布
（1958 年 3 月 28 日 14 时于南京）

类别	项目 距离 m	风速(m/s)				温度(℃)			
		4	10	15	对照	4	10	15	对照
大风	测 值	6.52	6.39	5.85	4.30	15.4	16.1	16.9	17.4
	差 值	2.22	2.09	1.55	—	−2.0	−1.3	−0.5	—
	差值%	51.6	48.6	36.0	—				
小风	测 值	1.94	1.56	1.39	1.04	15.3	16.3	16.7	17.5
	差 值	0.90	0.52	0.35	—	−2.2	−1.2	−0.8	—
	差值%	86.5	50.0	33.7	—				
平均	测 值	4.23	3.98	3.62	2.67	15.4	16.2	16.8	17.5
	差 值	1.56	1.31	0.95	—	−2.1	−1.3	−0.7	—
	差值%	58.4	49.1	35.6	—				

注：①温度：指贴地层气温；②距离：指离开风障边端米数（平行于风障）；③对照：指距离风障边端 25 m 处（即风障中间位置）；④差值%＝差值/对照测值×100。

从以上结果看出：①风障的保温防风效应是肯定的，其有效距离约为风障本身高度的 5～8 倍，超过 10 倍则效应很差；②风障的保温与防风作用是互相联系的，有显著防风效果的地方亦就有显著保温效果；③保温与防风效应，随着与风障距离的加大而相应地减弱。

(二) 风障宽度与保温防风效应

由表 8 及图 5 可知：如以风障中间位置为对照，距离风障西端 4 m 处（测点⑥）比对照：气温（贴地层）低约 2.0 ℃，风速增加 58.4%；距离风障西端 10 m 处测点⑦比对照：气温低 1.0～1.5 ℃，风速增加 49.1%；距离风障西端 15 m 处测点⑧比对照：气温低 0.5～1.0 ℃，风速增加 35.6%。

从以上结果看出：①风障保温防风效应的横向分布是愈近风障边端效应愈差；②风障横向的保温防风有效范围是：距离风障边端 5 m 以上的中间部分（见图 5）。

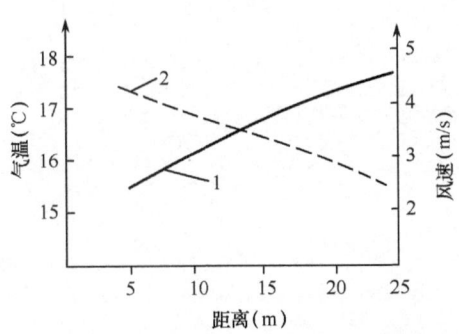

图 5 风障横向的气温与风速分布
1—气温；2—风速

注：①气温：指贴地层气温；②距离：指平行风障离障边端米数；③风障东西向，当时是偏西北风

总之，秧田迎风面设立风障可以减低空气流动速度，从而有以下作用：①秧田近地层空气扰动作用减弱；②冷平流的影响减弱；③地面蒸发与植物蒸腾作用减弱。所以风障的保温效应与防风效应是相联系的。风障"降低风速"的作用有一定的有效范围，并且距离风障愈近，作用愈大，这就使得风障的保温效应亦有同样的情况。总之，秧田设立风障是一项有效易行的措施，多风地区作用更大。设立风障时注意：①风障高度一般以 2 m 左右为宜；过高，障壁吃风力量太大，巩固性差，材料也较难找；高度过低，则有效的保温及防风距离太小。②一般以障身高度 5～8 倍有一道风障为宜。③风障长度愈长愈好，效率高。"秧田成片"，"风障成带密布"，保温防风效应可以大大提高。④风障应设在北面及当地该季节出现最多风向的方面。⑤设在东面或西面的风障，要与秧田保持 1～2 m 的距离；如几个风障平行排列，东

西向的风障障身可向南稍倾斜(70°～80°),以避免障身遮蔽阳光。

九、简结

(1) 寒冷的夜晚灌深水可以提高秧田夜间温度 2～3 ℃,所以灌深水是秧田防霜最方便而又很有效的方法。晴朗的白昼,排浅秧田水层是很好的增温措施,在春季气温日益回暖的日子里,整日无水层的秧田昼夜平均温度比整日有水层的要高。但阴而寒冷的日子,有相反的情况。

(2) 盖草帘保温必须掌握"日掀夜盖"的原则,白天掀开草帘让秧田充分受热,傍晚盖上草帘以减少热量散失。这样秧田夜间温度可以提高 3～4 ℃,而昼夜平均温度可以提高 1.5～2.0 ℃,所以盖草帘不仅能防御霜冻,还能促进秧苗生长,有利于早播早栽。

(3) 油纸覆盖可以使秧田昼夜平均温度提高 3～5 ℃,因此可以提早播种约 1～2 周。尼龙覆盖下可以使秧田昼夜平均温度提高 6～10 ℃,因此大约可以提早播种 2～3 周,但温暖的日子里,这种覆盖下秧田最高温度达 35 ℃,甚至 40 ℃以上,应加注意。

(4) 酿热苗床在苗床制成后 1～2 周内增温特别显著,以后稳定,保持较低的增温效应。所以,酿热苗床促进秧苗生长的作用是肯定的,但应根据酿热物分解特点注意管理。

(5) 风障是简而易行、效果肯定的保温措施,值得推广应用,它的有效距离是障身高度的 5～8 倍。在这个范围内,大风期间可以减低风速 40%～60%,提高秧田温度 1～3 ℃。它的横向有效范围是在距离风障两端 5 m 以上的中间部分,所以风障越长越好。

秋季稻田灌水保温效应研究

高亮之　朱塘松　朱永灼

(写于 1959 年,未发表)

江苏省部分地区的晚稻,在灌浆结实时期往往会遭到南下冷空气的侵袭,气温下降,使稻根的机能及植物体内营养物质的运输和转化作用受到阻碍,谷粒不能充分灌浆成熟,秕粒增多,千粒重减小,产量下降。双季晚稻生育更迟,抽穗开花期间极易遇到低温,受精过程受到阻碍,灌浆结实更难以正常进行。如果能在开花结实期间提高稻田土温、气温,对于晚稻顺利开花授粉,充分灌浆、结实应当是很有好处的。但是,提高土温与水温的方法不多,较长时期内提高稻田气温的方法更是缺乏。低温期间在稻田灌水保温,可能是一种有效的方法。为了弄清灌水的具体效果及合理做法以供生产实践应用,我们于 1957 年 9 月 23~27 日与望亭气候站结合,在望亭农业试验站内作了专门的小气候观测。

一、观测设计及经过

本次观测共分三个部分:
(1)测定不同水源的温度,了解其温度变化规律,以供生产实践中"选择水源"及"确定灌水时间"作参考。
(2)测定不同水深的稻田土温,了解其不同的保温效果,以帮助生产上合理地确定灌溉深度。
(3)测定稻田气温,了解灌水对气温的影响,明确灌水在提高稻田气温上的作用。

(一)测点布置

1. 水源温度测定

共有 4 个测点:①大河水;②小河水;③小塘水;④对照(稻田水)。

2. 稻田土温测定

共有 3 个测点:①稻田灌水 3 寸;②稻田灌水 5 寸;③对照(不灌水)。

3. 稻田气温测定

共有 2 个测点:①稻田灌水 5 寸;②对照(不灌水)。

(二)观测仪器及安置

1. 观测水温

用普通温度表,球部插入离水面 20 cm 水中,手持 3 分钟后提起,立即读数。

2. 观测土温

(1)地表(即田面)温度:用地面温度表,以铁丝架固定,表身倾斜约 45°,球部一半入土一半露出水面。(2)观测地中温度:共分 5、10 和 15 cm 三个深度。用铝壳直管插入式地温表,略微倾斜插入。

3. 观测气温

用阿斯曼通风干湿表,在测点位置上插一装有 4 个固定高度挂钩的小气候测杆,依次移动观测 20

cm、50 cm、植株表层(约 80 cm)及 150 cm 四个高度的气温。

(三)观测方法

1. 观测时间

(1)稻田土温:基本上是连续 12 次观测(为便于与大气候观测相对照,观测时间选 1,3,5,7,…,23 时)。在土温转折时刻(日出、日没及正午前后)适当增加观测次数,夜间(21 时至次晨 5 时)适当减少观测次数。

(2)稻田气温与水源温度:在接近最高及最低温度出现时间观测。

2. 观测程序

(1)土温:从浅到深。
(2)气温:从下到上,再从上到下,共读两遍取其平均。各测点同时读数,以吹哨为号。
(3)水温:读数一次。

(四)情况说明

1. 水源温度测点情况

(1)大河:望亭试验站前面的运河宽 20 多 m,可通轮船,水面低于河岸约 1.5 m,河的两岸全是稻田。
(2)小河:宽 3~4 m,深 1~1.5 m。
(3)小塘:面积 20~30 m²。

2. 稻田温度测点情况

对照点①:东北方 10~20 m 有零星楼房与杨树,稻田不灌水,但田面有浅水 0.3 寸。

测点②(要求水深 3 寸):离树木与楼房 30~40 m,实际水深为 2~3 寸。

测点③(要求水深 5 寸):地势较低,实际水深为 4~5 寸。

三个测点的水稻栽植情况相同:水稻穴距 5 寸×7 寸,每穴 15 茎,株高(即叶面高度)80 cm。测点②、③均在 25 日 18 时 20~50 分用大河水灌入。

3. 观测期间的天气情况

9 月 25 日 19 时~26 日 19 时是我们取得基本结果的时间。当时天气情况如表 1,天气特点是:①晴天,云量少,25 日夜间碧空无云,26 日少云。②气温低,较差大,平均气温 17.0 ℃,最低气温 13.4 ℃,最高气温 23.2 ℃。③地温高于气温,下层地温高于上层地温。观测前几天气温变化趋势如表 2。9 月 23~26 日气温一直下降,平均气温从 23 日的 20.5 ℃降低到 26 日的 17.0 ℃,平均每天下降 0.9 ℃,25~26 日下降 0.5 ℃。

表 1　9 月 25~26 日气温、地温情况

(望亭气候站记录)　　　　　　　　　　　单位:℃

项目	时间	19 时	1 时	7 时	13 时	19 时	日平均
百叶箱气温		16.3	13.8	14.3	22.9	17.1	17.0
地温	0 cm	16.8	13.7	15.6	30.3	17.5	19.4
	5 cm	19.8	16.6	15.9	26.1	20.9	19.9
	10 cm	21.5	18.7	17.4	23.0	22.6	20.4
	15 cm	22.0	19.8	18.5	21.4	22.7	20.6
天气状况		少云	无云	无云	少云	少云	—

表2　9月23～26日温度变化趋势

(望亭气候站记录)　　　　　　　　　　　　　　　　　单位：℃

日期 项目	气温			地表温度	
	平均	最高	最低	最高	最低
23	20.5	22.3	20.0	24.4	20.7
24	18.7	20.5	17.2	22.0	18.1
25	17.5	21.7	15.7	30.4	16.3
26	17.0	23.2	13.4	33.4	12.8

二、观测结果及分析

以下各种温度数据均是在上述具体地点、具体时间下测得。对于类似情况具有代表性,但不可能完全一致。

(一)不同灌溉水源的水温及其与稻田水温的差别

1. 观测结果

由图1与表3可知:

(1)稻田水:温度日变化小,日较差只有4.2 ℃,平均温度只有18.7 ℃,最高温度也只有21.0 ℃,最低温度低达16.5 ℃。

(2)小塘水:温度日变化剧烈,日较差达6.7 ℃,比稻田水温增大2.5 ℃。最高温度达25.9 ℃,比稻田水温高4.9 ℃。小塘水温度比稻田水温度高出的度数,一天中各个时间不同,7时高2.1 ℃,15时高4.5 ℃,19时高3.8 ℃。

(3)大河水:温度日变化最小,日较差只1.7 ℃,平均水温为21.7 ℃,比稻田水温高3.0 ℃。7时比稻田水温高4.4 ℃,15时高1.9 ℃,19时高3.2 ℃。

(4)小河水:温度情况介于大河水与小塘水之间而略接近于大河水。其平均温度为21.6 ℃,日较差为3.5 ℃。

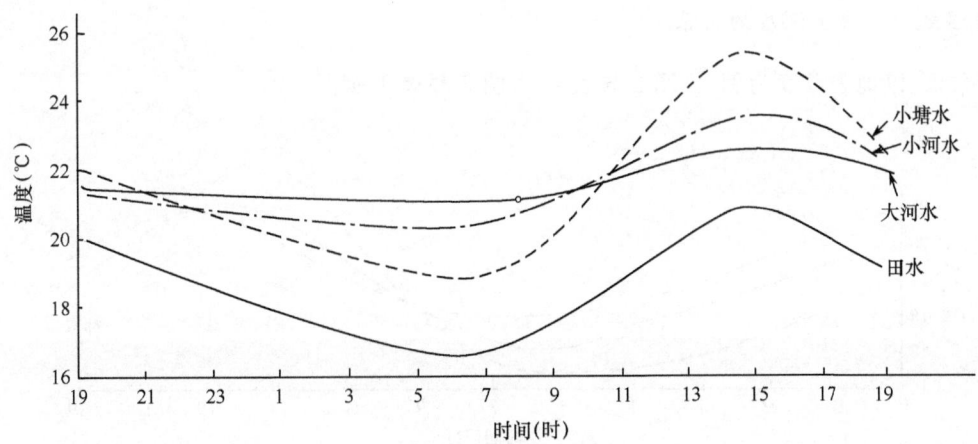

图1　不同水源水温与稻田水温日变化

(9月25～26日测得)

表 3　几种水源水温及稻田水温比较

(1957 年 9 月 25～26 日测得)　　　　　　　　　　　　　　　　　单位:℃

时间 水流	19时	21时	23时	1时	3时	5时	7时	9时	11时	13时	15时	17时	19时	平均	最高	最低	日较差
大河水	21.6	21.5	21.3	21.2	21.1	21.1	21.3	21.5	22.0	22.6	22.8	22.4	22.0	21.7	22.8	21.1	1.7
小河水	21.8	21.2	21.0	20.7	20.5	20.3	20.5	21.2	22.3	23.2	23.5	23.1	22.3	21.6	23.8	20.3	3.5
小塘水	22.1	21.4	20.7	20.2	19.7	19.2	19.1	20.2	22.1	24.1	25.4	24.4	22.6	21.6	25.9	19.2	6.7
稻田水	20.0	19.2	18.6	17.9	17.3	16.9	16.9	17.7	18.8	20.1	20.9	20.1	18.8	18.7	21.0	16.5	4.2

2. 结果分析

(1)水温日较差:小塘水最大,稻田水次之,小河水又次之,大河水最小。其原因是:大河的水层深厚,而水的比热大,吸收或释放热量后温度改变不大,能缓和温度变化;并且大河水流动性大,扰动导热作用大,上层河水冷却时下层热量可以迅速传递上来。因此,大河水温度在夜间及清晨不会下降太多,而昼间及中午也上升较慢。小塘水情况恰恰与大河水相反。小河水情况介于二者中间。稻田水虽水层浅薄且是静水,但有浓密的植被遮盖,白天热量进入少,夜间热量散失亦较少,所以日较差仍是不大。

(2)平均温度:稻田水最低,大河水最高,小塘水接近于大河水。在大气温度迅速下降的秋季,夜间温度的冷却对于一日平均温度的影响颇大,所以一般日较差较大的水体,其平均温度一定较低。

(3)可以根据温度变化特点将水源分为两大类型:

①大水源——包括大河水、大塘水、井水、深潭水等,这些水源体大量多,层次深厚,温度变化小。

②小水源——包括小塘水、沟水等,这些水源体小量少,层次浅薄,温度变化较大。

利用灌溉调节稻田温度时必须区别这两种水源类型。

(4)秋季一日中任何时刻温度或其平均温度,皆是水源水温高于稻田水温,所以秋季灌水对于提高稻田土温是肯定有利的。不同水源,水温日变化不同,不同时刻的温度差异情况亦就不同:夜间及早晨大河水温高于小河水温;日间及傍晚,小河水温高于大河水温。水源水温比稻田水温高出最显著的时刻是:大河水在清晨,小塘水在午后。

(二)灌水提高稻田土温的效应

1. 保温效应与灌水深度的关系

观测结果(以地表温度为例)见图 2 与表 4,由图 2 和表 4 知:

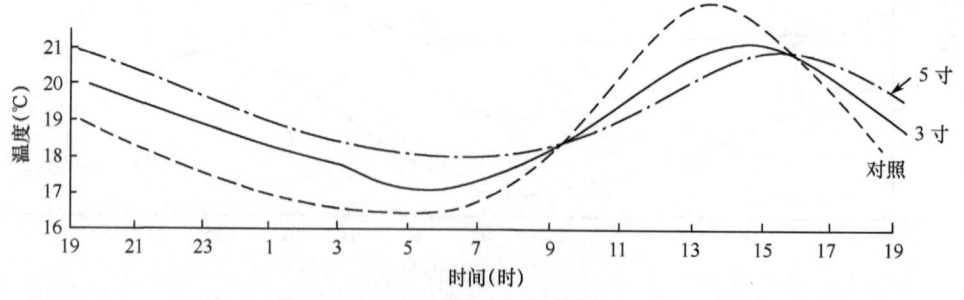

图 2　不同灌水深度稻田表面温度日变化

(1957 年 9 月 25～26 日测得)

表 4　灌水深度对稻田表面温度的影响

(1957年9月25～26日测得)　　　　　　　　　　　　　　　　　　　　　单位：℃

时间 水深	19时	21时	23时	1时	3时	5时	7时	9时	11时	13时	15时	17时	19时	平均	最高	最低	日较差
3寸	20.0	19.2	18.6	17.9	17.3	16.8	16.9	17.7	18.8	20.1	20.9	20.1	18.8	18.7	20.9	16.8	4.1
5寸	20.8	20.3	19.5	18.8	18.2	17.6	17.7	18.0	18.6	19.5	20.6	20.3	19.4	19.2	20.7	17.5	3.2
对照	18.7	18.0	17.2	16.4	16.1	16.0	16.3	17.6	19.5	21.7	21.8	20.1	18.0	18.2	22.0	16.0	6.0

(1)稻田灌水3寸与对照(稻田不灌水)相比：夜间温度要高1～1.5℃，最低温度高0.8℃，白天略微低一些，日平均温度要高0.5℃，日较差小1.9℃。

(2)灌水5寸与对照相比较：夜间高约2.0℃，最低温度高1.5℃，白天稍低，日平均温度高1.0℃，日较差小2.8℃。

(3)灌水5寸与灌水3寸的地表温度相比：日平均温度高0.5℃，日较差小0.9℃，最低温度高0.7℃。

灌水所以有保温的效应，是因为大气温度及裸地土温往往在南下冷空气的作用下急剧下降，而覆有水层的地面，因水的比热大，使原来较高的温度维持较长的时间，所以晚稻灌浆结实期间，每次冷气流到来前，稻田灌水具有显著的保温效果。灌水保温效果与灌水深度关系亦很大：灌水5寸比灌水3寸保温效果高出将近一倍。所以，加深灌水深度对防御不利低温和改善晚稻开花结实时期的温度条件是很有意义的。

2. 灌水保温效应在不同深度土层内的作用

观测结果见表5，由表5知：

(1)平均温度：灌水3寸与对照相比，各深度均高0.4～0.5℃。

(2)最低温度：灌水比对照，0 cm高0.8℃，5 cm高0.7℃，10 cm高0.6℃，15 cm高0.4℃。

(3)日较差：灌水比对照，0 cm小1.9℃，5 cm小1.2℃，10 cm小0.4℃，15 cm小0.1℃。

表 5　灌水与不灌水稻田各深度土温差异

(1957年9月25～26日于望亭)　　　　　　　　　　　　　　　　　　　　　单位：℃

土深 类别 土温(℃)	0 cm			5 cm			10 cm			15 cm		
	灌水	不灌水	差值	灌水	不灌水	差值	灌水	不灌水	差值	灌水	不灌水	差值
日平均	18.7	18.2	0.5	19.6	19.2	0.4	19.6	19.1	0.5	19.8	19.4	0.4
日最高	20.9	22.0	−1.1	20.2	20.7	−0.5	20.2	20.0	0.2	20.3	20.0	0.3
日最低	16.8	16.0	0.8	18.6	17.9	0.7	18.6	18.0	0.6	19.0	18.6	0.4
日较差	4.1	6.0	−1.9	1.6	2.8	−1.2	1.6	2.0	−0.4	1.3	1.4	−0.1

注："灌水"的保持3寸水层，"不灌水"的无水层。

灌水后减小土温日较差及提高土壤最低温度的效应，随土层的加深而显著减弱。因为下层土壤温度日较差本来就是显著小于上层土壤。灌水在提高土壤平均温度方面，从地表直到15 cm深度，各层土壤均能收到相似大小的保温效果。所以灌水能有效地提高稻根主要分布层(耕作层的上层)的土壤温度。

3. 灌水的增温效应

因为秋季水源温度往往高于稻田温度，所以，排去旧水(原有田水)，换入新水(水源水)，可以带入一定多的热量，直接提高稻田温度，这就是所谓"灌水的增温效应"。我们此次关于灌水增温效应的观测，是以当天傍晚(9月25日18时20～50分)换水(掌握水深2～3寸)的稻田与前一天灌入同样水量的稻田相对照。换水当时,水源温度是 21.8 ℃,原来稻田水温是 19.4 ℃(因为测点的代表性较差,所得结果可能与实际情况有些出入)。

观测结果如图 3,由图 3 可知:换水以后 0.5~1 小时即会使稻田表面温度提高 1 ℃ 左右,以后差别慢慢减小,至 1 天后几乎看不出差别。增温 0.5~1.0 ℃ 的时间大约可以维持一个晚上。

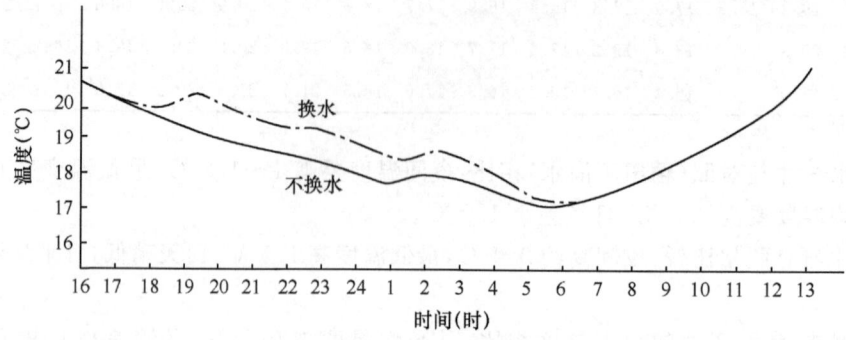

图 3　换水与不换水的地表温度变化比较(9 月 25~26 日测得)

灌水增温的效果与灌水深度及水源种类、灌水时间等有关:加大灌水深度,合理选择水源与灌水时间,均会使灌水增温效果提高。如果在清晨用大河水灌溉,午后用小塘水或沟水灌溉,那时水源温度比稻田水温度均高 4~5 ℃,灌水增温的效应一定最大(我们此次在傍晚灌水观测的水源温度只比稻田水温度高 2~3 ℃)。

(三) 灌水对稻田气温的影响

观测结果如表 6,由表 6 知:

稻田灌水 5 寸比对照(不灌水)20 cm 高度的空气温度:7 时高 0.5 ℃,13 时低 0.7 ℃;植株表层(叶高)的空气温度,7 时高 0.1 ℃,13 时低 0.4 ℃;150 cm 高度的空气温度,7 时低 0.3 ℃,13 时反而高 0.4 ℃。

结果中灌水与对照间的气温差值很小,且没有明显的规律,表明:叶面以上受上层大气的影响,下层受灌水的影响,灌水调温的效应下层略大于上层,但总的趋势是灌水对于稻田气温的影响是微小的。

表 6　灌水与未灌水的稻田不同高度气温差别　　　　　　　　　　　　　　　　单位:℃

观测日期	观测时间	气温高度 20 cm			50 cm			叶高			150 cm		
		灌水	对照	差值	灌水	对照	差值	灌水	对照	差值	灌水	对照	差值
9 月 25 日	13⁰⁻⁵	22.7	23.4	−0.7	23.1	23.5	−0.4	23.1	23.5	−0.4	23.9	23.5	0.4
	14⁰⁻⁹	19.7	19.8	−0.1	19.8	20.0	−0.2	20.2	20.1	0.1	20.4	20.7	−0.3
9 月 26 日	7⁰⁻⁸	15.2	14.7	0.5	14.9	14.9	0.0	14.7	14.6	0.1	14.7	15.0	−0.3
	10⁰⁻⁷	19.8	20.4	−0.6	20.9	20.7	+0.2	21.0	21.2	−0.2	21.0	21.0	0.0

三、简结

(1) 关于水源温度:秋季大水源、地下水源(大河、大塘、井水等)与小水源(小河、小塘、水沟等)的水温变化有显然不同的特点:大水源温度日变化很小,日较差仅 1.5~2.0 ℃;小水源的温度日变化较大,日较差达 6~7 ℃。因此如果与稻田水温相比,大水源清晨比稻田水温高 4~5 ℃,中午只高 2 ℃ 上下,而小水源清晨只高 2~2.5 ℃,中午却高 4~5 ℃。

(2) 关于秋季稻田灌水保温效应:秋季晚稻灌浆期间如遇低温,对于谷粒充实不利,可用灌水法提高稻田土温。稻田有 3 寸水层与无水层相比,夜间温度提高 1~1.5 ℃,昼夜平均温度提高 0.5~1.0 ℃,

如果在中午利用水源的水灌溉,直接有增加稻田热量的作用,效果当然更显著。但这种增温作用维持时间不长,约 1~2 天。所以有条件地区可在秋季寒流影响下的低温期间利用川流灌溉的方法,中午灌入小水源的水,清晨排出。如果经常这样做,在整个低温期间,约可提高土温 2~3 ℃,对于灌浆结实是有利的。

灌水法对提高稻田气温效果很小。

参 考 文 献

农业部粮食生产总局编.水稻改制经验参考资料
萨鲍日尼科娃 СА著.小气候与地方气候.江广恒译.1955.北京:科学出版社
耶留琴 пС著.水稻灌溉的生理基础.崔澂等译.1956.北京:科学出版社

江苏省双季稻农业气象研究

高亮之 蔡显圣

中国农业科学院江苏分院　南京农业气象试验站

(原载:《华东农业科学通报》,1959 年 5 月号,214～220 页)

前　言

江苏是种植双季稻较北的一省。栽培双季稻与气象条件关系十分密切,其中尤为突出的是早稻早播早栽与低温阴雨和晚稻开花结实与低温。本省双季稻栽培中往往遇到不利气象条件,造成早稻烂秧与晚稻结实率减低,使产量(尤其晚稻产量)受到严重影响。研究早稻出苗和晚稻开花的基本气象要求,找出其农业气象指标*,就可通过气候资料分析确定出各地的早稻适宜播种期、适宜移栽期及晚稻安全开花期;进而便于根据气候与天气特点,合理布局双季稻,合理掌握双季稻栽培制度与栽培技术,以便有效地利用有利的气象条件,避开不利的气象条件,提高双季稻收成的稳定性与单位面积产量。

早稻早播早栽和晚稻安全开花中的农业气象问题,也同样存在于本省多数一季稻(除中稻外)栽培中,尤其在某些年份也是个比较重要的问题。因此,双季稻的农业气象研究,对于一季稻栽培也有一定的参考作用。

有关双季稻的农业气象问题,如早稻种子出苗温度、早稻烂秧原因、晚稻不实粒成因等,前人已做过一些工作,但很少紧密结合气候、天气条件进行较系统的研究。1957~1958 年,我们对双季稻农业气象问题进行了比较专门的研究,采用试验、资料整理及调查访问等三种方式,结合进行研究。本文只着重介绍试验部分的结果与研究的最后结论,供各地农业生产与科学研究参考。

一、关于早稻播种期

早稻早播(结合早栽)是促进早稻增产早熟及晚稻早栽和安全成熟的重要措施之一。但播种过早,温度太低,秧苗生长缓慢,容易烂秧,不能收到良好的增产早熟效果,所以早稻播种要有一个适期。此外,播种时的天气条件与早稻出苗及幼苗生长也有很大关系,应该"看天播种"。研究早稻出苗、幼苗生长与气象条件的关系,可以找出早稻适宜播种期的农业气候指标与适宜播种天气的气象指标,以便对照各地气候资料定出各地早稻适宜播种时期,科学地进行"看天播种"。

(一)早稻出苗与气象条件的关系

早稻出苗情况(包括出苗速度、出苗率、成苗率)的好坏,是考虑早稻适宜播种期(播种时期与播种天气)的重要根据之一。早稻出苗与气象条件尤其是温度条件关系非常密切。

1. 早稻出苗的生物学温度(恒温)鉴定

水稻出苗的生物学温度(主要是最低温度与较适温度)是研究早稻适宜播种期的重要理论基础和重要依据。1958 年 5 月 28 日~7 月 13 日在中国农业科学院华东农业科学研究所进行了早稻出苗温度的

---

*　即水稻生长发育与主要气象因素的数量关系。

实验室鉴定,选用南特号、503、有芒早粳、元子 2 号等 4 个品种,分恒温(始终保持不变的温度)10 ℃、12 ℃、14 ℃、16 ℃、18 ℃和 20 ℃及变温 10/16 ℃(即白天 16 ℃,晚上 10 ℃)等 7 个处理。种子经催芽至露白,每处理 200 粒分置于两个培养皿中,皿底放稻田土,经常保持湿润而无积水。这样连续处理,天天记载,定期检查。试验结果如表 1。

表 1 早稻出苗情况与恒定温度关系

温度(℃)	有芒早粳					元子 2 号				
	出苗天数(d)	三叶天数(d)	出芽率(%)	出苗率(%)	生长状况	出苗天数(d)	三叶天数(d)	出芽率(%)	出苗率(%)	生长状况
10	—	—	64	0	18 天开始烂芽,8 天芽变死色	—	—	96	0	19 天开始烂芽,8 天芽变死色
12	46	—	?	?	差	24	—	100	22	差
10/16	42	—	84	32	很差	23	—	60	68	很差
14	13	27	100	84	5 天芽即转绿	12	26	98	80	绿色
16	8	21	100	100	良好	7	21	100	100	较好
	南特号					503				
10	—	—	28	0	2 天芽变死色,11 天开始烂芽	—	—	14	0	2 天芽变死色,10 天开始烂芽
12	—	—	28	0	很差	49	—	38	16	差
10/16	—	—	20	0	很差	—	—	24	0	很差
14	17	37	76	38	幼苗不会转绿	14	24	92	62	幼苗黄绿色
16	8	19	96	94	较好	7	18	98	92	较好

注:①天数,指从开始处理起到进入该发育期开始期的天数。②出芽,指能萌而不死亡的芽,但不一定能出苗。③"?"为缺测;"—"为无法计数。④恒温 18 和 20 ℃情况下,生长良好,未列入此表。

由表 1 看出:

(1)恒温 10 ℃,粳稻多数种子能萌动出芽,籼稻少数种子能萌动出芽;但不论籼稻、粳稻均不能出苗;大约粳稻过 20 天,籼稻过 10 天,幼芽即开始腐烂死亡。

(2)恒温 12 ℃,粳稻绝大多数种子能萌动出芽,少数能出苗生长,但很缓慢,到出苗要 24~46 天;籼稻少数能出芽,全部不能出苗。

(3)变温 10/16 ℃,出芽、出苗情况与恒温 12 ℃无大差别,只有粳稻的出苗率比恒温 12 ℃下略高。

(4)恒温 14 ℃,粳稻基本上能出苗,到出苗期(开始期,下同)要 2 周,到三叶期要 3 周;籼稻半数能出苗,到出苗期、三叶期所需天数各比粳稻多 1~2 周。

(5)恒温 16 ℃,粳稻、籼稻均几乎全部出苗,并且小秧生长良好;到出苗期要 1 周,到三叶期要 18~21 天,籼稻所需时间略短于粳稻。

另外,根据调查:在恒温 20 ℃情况下,4 个品种均出苗迅速、整齐,植株肥壮;到出苗只要 4 天,到三叶只要 10 天。

综合以上结果,得出以下几点结论:

(1)普通早稻:12~14 ℃开始生根出苗;15 ℃以上出苗比较顺利;20 ℃以上出苗很顺利。

(2)粳稻比籼稻耐寒,出苗的最低温度,粳稻约 12 ℃,籼稻约 14 ℃;但在较高温度(16 ℃以上)下,籼稻比粳稻生长迅速。

(3)对于早稻出苗,只有高出"最低温度"(12~14 ℃)的温度才有效,在"最低温度"以内(12 ℃以下)的温度对出苗有抑制作用。

2. 影响早稻出苗的主要气象因子及其与早稻出苗的关系

影响早稻出苗的气象因子很多(有温、湿、光、风、雨等),其中有几个主要因子。这些主要因子与早稻出苗有着很密切的关系。

1958年春,我们调查了苏北各地不同播种期下早稻出苗及幼苗生长情况;1957及1959年,初步整理了各地早稻播种期试验资料,通过这些工作,获得了不少结果。

1958年中国农业科学院华东农业科学研究所进行了早稻播种期试验。用南特号、有芒早粳、元子2号3个品种,分3月15日、3月20日、3月25日和4月3日4期播种;种子经过催芽;折衷秧田灰育秧。本试验获得的结果(表2)与调查和资料整理所得的结果基本一致。

播种、出苗期间的气象条件如表3。

表2 早稻不同播种期下的出苗情况

(1958年,南京)

品种	南特号				有芒早粳				元子2号			
播种期(月/日)	3/15	3/20	3/25	4/3	3/15	3/20	3/25	4/3	3/15	3/20	3/25	4/3
出苗期(月/日)	4/2	4/11	4/17	4/16	3/30	4/3	4/13	4/15	3/26	4/2	4/12	4/14
出苗天数(d)	18	22	23	13	15	14	19	12	11	13	18	11
出苗率*(%)	17.6	28.1	39.6	88.2	68.9	79.5	78.5	93.6	67.8	76.6	78.0	93.2

* 这里指成苗率。

表3 各个播种期及播种至出苗的气象条件

(1958年,南京)

时期	播后5天					播后15天				
播种期(月/日)	平均气温(℃)	极端最低温度(℃)	日照总时数(h)	降水总时数(h)	阴雨低温天数*(d)	平均气温(℃)	极端最低温度低于5℃天数(d)	日照总时数(h)	降水总时数(h)	阴雨低温天数(d)
3/15	10.5	3.0	24.0	8.9	2	11.3	6	68.6	24.3	4
3/20	14.8	9.8	19.5	4.2	0	12.2	5	65.2	25.6	5
3/25	8.6	2.5	35.1	11.2	2	10.4	5	66.2	35.1	5
4/3	13.1	4.9	25.2	7.5	1	13.5	1	57.3	37.6	2

* 指平均温度低于10℃、最高温度低于14℃的天数。

由表2和表3结果可看出:①早稻播种育秧过程中,感受气象条件影响的关键时期,是从播种到出苗扎根的整个出苗期间(约10~15天),播后3~5天尤为重要。但是,仅仅播后3~5天气象条件良好(其后天气不好),只有助于加速出苗,而不能保证出苗整齐。3月25日播种与3月20日播种,播后5天气象条件的优劣有很大差异,播后15天气象条件差异较小;出苗速度,3月20日播种的,显著短于3月25日播种的,出苗率二者无明显差异。②影响早稻出苗的因子,主要是温度及降水、日照(晴雨)。

主要气象因素与早稻出苗的关系,通过综合研究,初步认为:

(1)温度。①最低温度:0℃以上的短时间低温,只要其出现不十分突然,一般无大影响;0~-2℃的短时间低温(严霜),有一定影响,但只要注意秧田管理,及时采取防冻措施(夜间灌深水),仍可避免受害。②平均温度、最高温度——出苗有效温度:出苗期间(播后15天为代表),平均温度10℃左右,出苗较慢(要15天以上),出苗率较低;12℃左右,出苗较快(10~15天),出苗率较高;13℃以上,出苗快(10天左右),出苗率高(85%以上)。最高温度低于14℃的日数超过5~7个,出苗不佳。真正影响早稻出苗的是有效温度(高于起点温度的温度和,可用"小时×度数"为单位计算)。为了简便,可用平均温度与最高温度结合来反映有效温度。初步认为:平均温度低于10℃和最高温度低于14℃是早稻出苗的不利气象条件;平均温度高于12℃和最高温度高于17℃为早稻出苗的有利气象条件。

(2)晴雨(降水、日照)。阴雨一方面会带来日照不足、湿度过大(以致畦面积水),不利于小秧的光合作用与呼吸作用,而有利于微生物活动;另一方面会减小温度日较差,使小秧终日得不到较高(有效)温度,生长停滞,生活力、抵抗力衰退。所以阴雨是早稻出苗的不利天气条件,尤其连续阴雨,往往会导致烂秧。晴天与阴天情况恰恰相反,晴天除了寒冷日子容易出现霜冻不利于小秧外,一般均很有利于早稻出苗。

阴雨引起温度条件的恶化往往是造成烂秧的主要原因。阴天与晴天,其温度条件的差异非常显著,兹举例如表4。

表4 晴天与阴天最高温度的差别

晴 天				阴 天			
日期(月/日)	平均温度(℃)	最高温度(℃)	差值(℃)	日期(月/日)	平均温度(℃)	最高温度(℃)	差值(℃)
3/9	9.8	18.6	8.8	3/11	13.7	15.7	2.0
3/10	12.8	20.8	8.0	3/16	10.3	12.0	1.7
3/18	8.8	15.9	7.1	3/21	13.2	17.1	3.9
3/19	12.2	21.9	9.7	3/31	13.2	15.3	2.1

注:①本表材料为1958年华东农业科学研究所记录。②差值指最高温度与平均温度之差。

表4指出:晴天最高温度比平均温度高出7~10 ℃,而阴雨天仅高2~4 ℃;晴天平均温度9~10 ℃的日子会出现18 ℃以上的最高温度,而阴天平均温度13 ℃左右也不会出现18 ℃以上最高温度。可见对于小秧生长的效果来说,平均温度10 ℃的晴天要胜过平均温度13 ℃的阴天,晴天的温度条件显著优于阴雨天。

(二)早稻适宜播种时期

决定早稻适宜播种时期的因子是多样而复杂的,在当前情况下,起主导作用的是气候条件。衡量早稻播种期是否适宜的主要标准,是能否获得苗齐、苗壮、早成秧,以便早栽,谋求增产早熟。出苗与气象条件关系,上节已述;成熟期、产量与播种期的关系,1958年我们搜集了包括其他省份的各地播种期试验结果。这里仅选择典型材料并对照气象条件列如表5。

表5 各地早稻播种期试验与温度条件

试验单位与地点	品种	年份	播种期(月/日)	移栽期(月/日)	抽穗期(月/日)	成熟期(月/日)	亩产量(斤)	播后第一候候温(℃)	播后第一旬旬温(℃)
华东农业科学研究所(南京)	无芒早粳	1956	4/2*	5/5	7/5	7/28	520	11.9	11.9
			4/9	5/9	7/6	8/1	557	14.4	17.1
			4/16	5/12	7/9	8/11	554	16.8	17.0
安徽试验总站(合肥)	南特号	1956	4/1*	5/8	7/4	7/25	422	10.3	11.1
			4/12	5/14	7/5	7/28	422	19.5	18.5
			4/22	5/27	7/3	8/7	362	17.5	18.0
宁波试验站(浙江)	503	1956	3/27*	4/27	—	—	519	9.7	10.6
			4/3	4/27	—	—	502	11.2	11.7
黄冈试验站(湖北)	北海1号	1956	3/27*	4/27	6/16	7/6	388	9.8	11.5
			4/3	4/27	6/17	7/13	391	13.2	12.8
			4/10	4/30	6/19	7/18	375	18.9	19.1

注:有"*"的为较适宜的播种期,成熟早而产量又不低。

各地试验结果一致表明:成熟较早、产量较高的是早播的一期(粳稻尤其明显),其播种的当候平均温度在10~12 ℃左右。从气候资料看出:在候温稳定升达10 ℃的时期播种,其后15天平均温度达12~13 ℃;如果是晴天,则会出现较多"平均温度高于12 ℃,最高温度高于17 ℃"的出苗有利天气;在此时期以后一般不再有严霜。综合以上情况,我们提出早稻适宜播种时期的温度指标是:粳稻,历年平均候温稳定升达10 ℃;籼稻,升达12 ℃的时期。根据这个指标,分析各地气候资料,提出本省早稻适宜播种时期大致是：苏南，粳稻 3 月下旬，籼稻清明前后；苏北，粳稻 3 月底到 4 月初，籼稻 4 月上旬。

适宜播种时期是各年大致范围，具体年份的适宜播种时期，应根据当年气候偏暖偏冷的情况，稍加提早或推迟。此外，为了保证早稻出苗整齐，在适宜时期内播种的，仍须注意大力采取措施，防止烂秧。

（三）早稻播种的适宜天气——合理进行看天播种

早稻播种季节，乍暖乍寒，时晴时雨，天气变化多端。因此，早稻具体播种期（日期）除取决于适宜播种时期（常年的）外，还取决于当年天气，"看天播种"有重要意义。从生产上往往可以看到：播种早迟只差三五天（甚至一二天），而出苗情况好坏有很大差异。

早稻播种适宜天气的指标，经研究认为是：能保证播后 3 天，平均温度在 10 ℃以上，无低温阴雨；播后半月，平均温度在 12 ℃以上，出苗不利天气（平均温度低于 10 ℃、最高温度高于 14 ℃）的日数不超过 5～7 个。本省早稻最适宜播种天气，因天气类型的不同，大约有三类：①寒潮天气（寒流来时天气变坏，风大有雨，气温急降；寒流过后天气转晴，清晨出现较强烈低温；以后天气渐渐回暖）抓"冷尾暖头"（寒流低温刚过，天气开始回暖时）播种。②晴雨交替天气（即气旋活动天气，几天晴，几天雨，温度不很低）抓雨停天气开始转好时播种。③连续阴雨天气（即静止锋控制天气，温度不很低，阴雨多）可适当推迟至天气开始转好时播种。但如阴雨期很长，应抢"雨隙"（暂时雨止）播种，以免错过适宜播种时期。

早稻具体播种日期，应根据天气预告，结合老农经验与其他情况，来最后决定。

二、关于早稻移栽期

早稻早播只有结合早栽才能获得早熟增产，试验结果与生产经验证明：早稻的早栽比早播具有更大的意义。早稻的早栽与早播一样，不能无限地早，而有一个适宜时期。采用大田露地育秧的早稻，一般只要秧苗长到一定高度，可以尽早栽插；但是采用保温育秧（尤其像暖房育秧、蒸汽育秧）的早稻，就必须根据温度条件，选择在适宜移栽时期进行移栽。本省早稻保温育秧的面积已日益增大，估计今后在高产、多收、少种及耕作园田化方针的指导下还会继续推广和扩大，所以关于早稻移栽期，也是一个重要的农业气象问题。

（一）移栽时期与早稻生长发育及气象条件与早稻返青的关系

1958 年我们在华东农业科学研究所进行了早稻移栽期试验，品种为有芒早粳，3 月 15 日播种，用尼龙保温育秧，分 4 月 5 日、15 日、25 日和 5 月 5 日 4 期移栽，记载发育期及返青、分蘖等情况，试验结果如表 6。不同时期移栽下，早稻返青期间的气象条件如表 7。

表 6　不同移栽期的早稻生长发育状况

移栽期（月/日）	返青期（月/日）	移栽到返青天数（d）	分蘖始期（月/日）	移栽到分蘖天数（d）	成熟期（月/日）	本田生育天数（d）	单株有效分蘖数	每穗粒数	空壳率（％）	千粒重（g）	亩产（斤*）
4/5	4/18	13	5/2	27	7/20	106	1.3	55.6	9.7	27.3	687.0
4/15	4/19	4	5/4	19	7/19	95	1.4	56.3	6.9	28.3	740.3
4/25	5/2	7	5/24	29	7/24	90	2.1	54.3	19.0	26.8	767.1
5/5	5/16	11	5/28	23	8/1	88	2.3	48.1	16.4	25.8	766.4

1. 早稻返青与气象条件的关系

（1）与温度条件的关系：表 6 指出，从第一期到第四期，移栽到返青的天数分别为 13、4、7 和 11 天。表 7 指出，从第一期到第四期，移栽后 10 天温度分别为 12.0、20.5、17.0 和 15.1 ℃（移栽后 5 天温度的分布亦大致如此）；所以对于早稻来说（因为早稻不像中稻、晚稻会在返青期间遇到过高温度），温度愈

---

* 1 斤＝0.5 kg，下同。

高,返青愈快。返青天数与平均温度的关系一般是:20 ℃要4～6天,15 ℃要7～10天,15 ℃以下要10天以上。这就是说,早稻移栽后返青的迟早主要是决定于移栽后温度的高低而不决定于移栽的迟早。此外,据观察,在返青期间秧苗遇到5～7 ℃的短时间低温,没有发生受冻死亡的现象,说明返青期间的一般低温,对秧苗为害不大。

(2)与日照条件的关系:从表6和表7可见,4月15日移栽返青最快,栽后10天,不仅温度最高,而且总日照时数也最多。所以移栽以后晴天多,日照足,则返青快;阴天多,日照少,则返青慢。

(3)与其他气象条件的关系:据观察,大风会加速植物体的蒸腾作用,使秧叶严重卷缩,尖端干枯,会吹披秧叶;所以大风为秧苗返青的不利气象条件,尤其是伴随空气干燥的大风。大雨会逐披秧叶,且易导致秧苗被水淹溺,亦有碍返青。

表7 返青期间的气象条件

移栽期 (月/日)	移栽后10天			移栽后5天		
	平均温度(℃)	日照总时数(h)	降水总时数(h)	平均温度(℃)	日照总时数(h)	降水总时数(h)
4/5	12.0	46.6	16.6	12.0	21.5	16.6
4/15	20.5	72.1	12.5	20.1	47.3	1.3
4/25	17.0	34.5	19.5	17.4	22.4	9.0
5/5	15.1	20.3	36.2	16.8	0.8	21.1

2. 移栽期与早稻生长发育及产量的关系

表6指出:①4月15日移栽,成熟早,产量高;但有效分蘖数较少,穗数较少。②4月5日移栽,返青慢,成熟不比4月15日移栽的早,穗重也不及4月15日移栽的高。③4月25日及5月5日移栽,有效分蘖数较高,穗数较多,产量较高;但后生分蘖多,穗子较小,成熟迟。结果说明:适当早栽,可以延长早稻本田生长期,有较充分时间进行生长发育,所以穗大粒多,粒饱,产量较高;可以早返青,早抽穗,早成熟。但是早移栽,分蘖期提早,因为当时温度较低,所以分蘖数较少。晚栽的情况正相反:分蘖期间温度高,分蘖数多,穗数多,但后生分蘖也多,产量不低,但成熟较迟。过分早栽,前期温度过低,返青缓慢,植株生长势弱,不能获得增产、早熟的效果。

在不同时期移栽的早籼稻品种的返青、生长发育等情况,估计与粳稻品种会有所差异,一般籼稻品种比粳稻品种较不耐寒。

(二)早稻适宜移栽时期

试验证明:1958年南京地区,早稻在4月15日移栽比较适宜;5月5日移栽则成熟较迟,返青及本田生长前期表现仍较良好。对照气象资料(表7):4月15日移栽,其后10天平均温度为20.5 ℃;5月5日移栽,其后10天平均温度为15.1 ℃。查气象记录:南京4月中旬历年平均温度为14.5 ℃。由此我们认为:早稻可以在旬温升达15 ℃时进行移栽。但是,选择晴天移栽,注意移栽以后的本田水肥管理,早稻移栽期还可再提早一周,时期相差一周,相当于平均温度差1～2 ℃。因而我们最后认为:早稻可以在当地历年平均旬温升达13 ℃时开始移栽,升达15 ℃时大量移栽。

根据这个指标,分析本省各地的气候资料,得出早稻适宜移栽期(即可以开始移栽—大量移栽的时期)为:苏南地区,4月中旬～4月下旬;苏北地区,4月下旬～5月初。

上述早稻适宜移栽时期要比目前实际移栽期略早,同时,本省春季温度多变,年与年间,时期与时期间差异较大。因而考虑早稻移栽期问题时,必须同时注意下列各点:①根据当年气候偏暖或偏冷的特点,适当提早或推迟移栽期;②籼稻品种可以推迟1～2周移栽;③选择在晴暖天气移栽;④按照上述时期进行移栽,移栽后,一般不再有霜冻,但可能还会遇到寒流,某些地区会遇到大风,所以要注意做好移栽后的防寒、防风工作;⑤必须增加栽植密度,以保证单位面积上有足够穗数。早栽早稻,穗大粒饱,结合密植,定能高产。

三、关于晚稻安全开花期*

晚稻开花结实与气象条件关系很大,尤其是开花期间的温度。本省双季晚稻较之中稻及一季晚稻产量低而不稳定,重要原因之一是双季晚稻抽穗迟,开花结实期间容易遇到低温。低温会影响水稻花朵发育,影响水稻开花授粉和受精,造成一些秕粒或空壳,严重低温会致使谷粒多数不实,甚至全部不实。

研究晚稻开花结实和气象条件(低温)的关系,找出安全抽穗期的温度指标,就可以对照气候资料确定出各地晚稻安全抽穗(或开花)期,有了安全抽穗期就可通过某品种的生育天数推算出晚稻安全移栽期,因而可对双季稻布局、品种搭配等提供主要意见。

(一)晚稻结实和抽穗开花期间的气象条件(温度条件)的关系

晚稻抽穗开花期间影响结实的气象条件主要是温度(低温)。低温有短时间强烈低温(以一天内的最低温度表示)与连续低温(以日平均温度与最高温度表示)两种,二者对水稻开花结实的影响是不同的。水稻谷粒从花粉形成到受精结实,不同时期对低温的反应也有不同。了解这些关系是讨论晚稻安全抽穗期的基础。

1958年,我们在华东农业科学研究所进行了晚稻开花期的温度鉴定,分为大田鉴定和实验室鉴定两部分。

大田鉴定:用老来青、浙场9号两个品种,6月1日~8月1日每10天播种一期,抽穗后进行"定穗"与"定花"检查。定穗检查每隔一两天选择刚露出叶鞘的稻穗10枚,扣纸牌,在牌上记载露穗期和开花期;黄熟后考查全穗不实率,对照气象条件分析抽穗期及开花期的温度条件与水稻结实的关系。定花检查:每天选择盛花稻穗5个,用油漆在当天开放的花朵上做记号;黄熟后考查这些花朵的不实率;对照气象条件着重分析开花受精期间的温度条件与水稻结实的关系。实验室鉴定:用老来青一个品种,在9月28日低温到来前后一天,各挖取正在开花稻株10穴,置于几个盆中,对当时发育程度不同的穗子分别做出记号,然后移入平均温度为20~22 ℃、日较差大于10 ℃的温室中(表10和表11中处理Ⅰ、Ⅱ),以及平均温度为18~20 ℃、日较差小于5 ℃的温室中(表10和表11中处理Ⅲ),进行定穗定花检查;对照气象条件(实验室的温度条件),分析水稻抽穗开花不同时期不同类型的低温对结实的影响。大田的鉴定结果如表8,相应的气象条件如表9。

表8(甲) 定花鉴定:晚稻不同时期开花的不实率 单位:%

开花日期(月/日)	9/22	9/23	9/24	9/25	9/26	9/27	9/28	9/29	9/30	10/2	10/6	10/11
老来青	11.8	10.3	7.0	4.3	5.4	—	8.4	23.8	12.2	53.7	78.1	100.0
浙场9号	5.0	2.5	5.4	6.3	6.0	13.3	14.4	25.0	31.3	60.0	80.0	96.3

表8(乙) 定穗鉴定:晚稻不同时期抽穗盛花的不实率

品种		9/13	9/15	9/16	9/17	9/18	9/20	9/22	9/23	9/24	9/25	9/26	9/28
	抽穗期(月/日)	9/13	9/15	9/16	9/17	9/18	9/20	9/22	9/23	9/24	9/25	9/26	9/28
老来青	盛花期(月/日)	9/15	9/19	9/21	9/23	9/24	9/26	(9/28)	(9/29)	(10/2)	—	—	—
	不实率(%)	10.4	14.4	25.2	17.4	17.4	15.7	25.0	32.1	81.3	81.7	77.7	98.2
浙场9号	盛花期(月/日)	9/15	9/17	9/18	9/21	9/22	9/23	9/25	9/27	(9/28)	(10/1)	—	—
	不实率(%)	16.2	16.7	16.7	24.8	19.6	18.1	22.6	27.0	32.3	61.2	73.7	72.6

注:①加"( )"的,指开花盛期不显著的大约的开花盛期;②"—"为无法确定开花盛期;③抽穗以穗顶开始露出叶鞘为准。

---

* 实际上是晚稻安全开花末限期。意思是迟过这个时期开花就没有把握正常结实;在这个时期以前开花,绝大多数年份能正常结实。安全抽穗期一般比安全开花期早3~5天。

表 9　晚稻抽穗开花期间的温度资料　　　　　　　　　　　　　　　　　　　　　　　　　　　　单位：℃

日期(月/日)	9/13	9/14	9/15	9/16	9/17	9/18	9/19	9/20	9/21	9/22	9/23	9/24	9/25	9/26	9/27	9/28	9/29	9/30	10/1	10/2	10/3	10/4
平均温度	26.6	26.6	25.9	21.6	19.3	20.2	19.6	16.6	18.1	20.6	20.1	19.2	20.6	20.3	19.0	17.4	14.2	18.8	17.4	14.0	15.2	17.1
最低温度	24.5	24.5	22.8	19.2	17.0	14.9	16.7	15.7	16.0	17.0	14.7	13.5	17.0	16.1	13.5	13.7	8.6	16.0	15.6	7.3	8.6	16.1
最高温度	31.1	31.0	30.0	24.8	24.7	26.5	21.8	18.5	21.2	25.5	25.7	26.5	26.5	25.4	28.1	22.0	19.6	22.0	20.0	21.6	21.8	19.6

表 9 所示,当年晚稻抽穗开花期的温度情况基本上是:9 月 28 日前平均温度在 20 ℃以上(9 月 19 ~21 日低于 20 ℃),最低温度在 15 ℃以上(9 月 24 和 27 日为 13.5 ℃),最高温度在 25 ℃以上(9 月 19 ~21 日为 20 ℃左右);9 月 28 日以后至 10 月 4 日平均温度稳定在 20 ℃以下(其中 9 月 29 日、10 月 2 日达 15 ℃以下),最低温度出现 3 次 10 ℃以下,最高温度都在 22 ℃以下。

由表 8 对照表 9 看出:①表 8(甲)9 月 29 日以前开花,一般不实率在 10%以内;9 月 29 日开花,不实率达 25%左右。说明 9 月 18 和 23 日接近 15 ℃的最低温度不会影响晚稻受精,9 月 29 日 8.6 ℃的最低温度则有一定影响。②表 8(乙)在 9 月 21 和 29 日前后盛花,不实率不很高,10 月 1 日以后盛花不实率很高。说明晚稻结实与盛花期间的温度条件有很大的关系:平均温度 20 ℃以下、最高温度 23 ℃以下的天气对晚稻开花结实不利。③表 8(甲)、(乙)中 10 月 2 日开花的不实率显著高于 9 月 29 日开花的不实率,而 10 月 2 日的温度条件并不比 9 月 29 日差很多;10 月 2 日以后开花,不实率稳定上升,而 10 月 4 日前后几天的温度条件显著优于 10 月 2 日前后的温度条件,说明低温不仅影响开花受精,而且还会影响花粉成熟和生活力,最低温度 13 ℃以下即会影响花粉成熟与生活力。④表 8(甲)中,老来青、浙场 9 号两品种同天开花的谷粒不实率无明显差异;表 8(乙)两个品种盛花期相同的稻穗,不实率差异很少;说明这两个品种开花结实的耐寒力无明显差别。

实验室鉴定结果如表 10,实验室的温度条件如表 11。

表 10(甲)　定花检查:不同温度处理下不同日期开花的谷粒不实率　　　　　　　　　　　单位:%

开花日期(月/日)	9/30	10/1	10/2	10/3	10月1~3日平均
Ⅰ.9 月 18 日移入温室	38.8?	33.4	35.7	37.9	35.7
Ⅱ.9 月 29 日移入温室	21.1	30.0	59.1	73.3	54.1
Ⅲ.9 月 29 日移入温室	47.4	80.5	92.0	83.7	85.4

注:①品种:老来青;②9 月 28 日晚上出现 8.6 ℃低温;③处理Ⅲ,谷粒开花不完全,护颖张开角度小,花药开裂不完全;④"?"表示记录不可靠;⑤Ⅰ、Ⅱ移入 20~22 ℃的定温室,Ⅲ移入 18~20 ℃的定温室,下同。

表 10(乙)　定穗检查:不同温度处理下不同发育程度稻穗不实率　　　　　　　　　　　　单位:%

稻穗发育程度	5:1	4:0	2:0	1:0	后三个数平均
Ⅰ.9 月 18 日移入温室	29.8	36.9	44.0	51.3	44.1
Ⅱ.9 月 29 日移入温室	18.5	44.1	54.0	57.8	52.0
Ⅲ.9 月 29 日移入温室	64.7	92.4	98.0	100.0	96.8

注:除处理Ⅰ稻穗发育程度 5:1 外,盛花期都在 10 月 3 日以后。稻穗发育程度:指开始处理时稻穗的抽出和开花程度,把全穗上下 5 等分计算,前位数表示穗抽出的程度,如 5 表示全抽出,2 表示抽出 2/5;5:1 表示全穗都抽出,已有 1/5 花朵开放。

表 11　9 月 30 日~10 月 10 日实验室温度情况

温度情况	10 天内平均温度(℃)	10 天的平均日较差(℃)	平均温度低于 20 ℃的天数(d)	最高温度低于 23 ℃的天数(d)	极端最低温度(℃)
温室(处理Ⅰ、Ⅱ)	21.5	9.9	1	1	12.5
温室(处理Ⅲ)	19.6	2.0	9	0	17.0

注:极端最低温度出现于 10 月 2 日,平均低温出现于 10 月 4~5 日。

由实验室鉴定结果得知:①表 10(甲)中处理Ⅱ,10 月 1 日以后开花的不实率高于 9 月 30 日开花的不实率。表 10(乙)中处理Ⅱ,稻穗发育程度 4:0 以下的全穗不实率,显著高于 5:0 的不实率,亦高于相同发育程度的处理Ⅰ的不实率。表10(甲)中9月30日开花的不实率与表10(乙)中的稻穗发育程度5∶1的不实率,处理Ⅱ并不比处理Ⅰ高(记录上有相反情况,大概是人为影响所致)。情况说明:9月29日8.6℃的最低温度对晚稻结实开花有一定影响,但对已经开花的谷粒则影响较小。②处理Ⅲ,不论从单花或从全穗来看,不实率均很高。说明平均温度低于20℃,最高温度低于23℃的连续低温条件,对晚稻开花结实非常不利,不仅会影响花粉发育、成熟,而且会造成开花授粉困难。如果水稻从抽穗开始,一直处于这种温度条件下,则会引起谷粒全部不结实。

1958年我们整理了1957年中国农业科学院江苏分院稻作组及当涂农业试验站的类似试验结果,并对照气象资料进行分析,获得结果与上述结果基本上一致。

通过以上研究,获得以下结论:

1. 低温影响晚稻开花结实的关键时期

低温影响晚稻开花结实的关键时期有两个:就单花言,一是开花授粉(包括受精)时期,一是花粉形成时期。就全穗言,一是盛花期(抽穗后4~6天),一是抽穗期(多数谷粒的花粉形成期)。不过因为一个稻穗,其上、中、下不同部位的谷粒,其花粉形成及开花受精的日期早迟不同,从露穗到开花完毕每天都有谷粒处于花粉形成及开花授粉的时期,所以就全穗论,从露穗到开花完毕,整个时期对低温都是比较敏感的。

2. 二类低温对晚稻开花结实的影响

短时间强烈低温会影响花粉的成熟与生活力,会影响受精,故在晚稻抽穗开花整个期间都会发生影响。连续低温(往往伴随阴雨)主要影响花颖开放与花药开裂,故主要在开花授粉时发生影响。

3. 粳稻与籼稻开花结实期间的耐寒力

过去有好多人认为:粳稻比籼稻耐寒。我们认为:如果老来青能够代表粳稻,浙场9号能够代表籼稻的话,则粳稻不比籼稻耐寒;相反,因为籼稻开花期较不齐一,较能避免低温危害,而不实率增长比粳稻略为缓慢。

4. 影响晚稻正常开花结实的低温指标

(1)露穗期(主要受短期低温的影响):日最低温度在15℃以上无明显影响;13℃以下,开始有影响;10℃以下有较严重的影响。

(2)盛花期(主要受连续低温影响):日平均温度在20℃以下、最高温度在23℃以下,为开花授粉的不利天气,这种天气连续3天以上则有影响,连续5天以上有较严重的影响。

(3)受精期间(主要受短期低温的影响):日最低温度在13℃以上,无明显影响;10℃以下,有较明显影响。

(二)晚稻安全开花期

1. 晚稻安全开花期的农业气象指标

根据前一节"晚稻开花结实与低温关系"讨论的结果,认为当年晚稻开花的安全天气是:抽穗期间不遇到15~13℃以下的最低温度,盛花期间不遇到平均温度20℃以下、最高温度23℃以下的连续3天以上低温天气。分析历年气候资料得知:开始出现最低温度13℃以下的时期,大致是平均气温降至稳定在20℃以下的时期;连续数个最高温度低于23℃的低温天气的出现,在平均温度降至近20℃时还有较多可能,只有在平均温度还未降至20~22℃以前,可能性才较小。安全开花期的涵义,是晚稻在此时期以前开花,绝大多数年份不会因遇到冷害而出现很高的不实率,能安全开花结实。所以我们认为晚稻安全开花期的温度指标是:历年平均候温均开始降达 22 ℃。晚稻的抽穗期比开花期早约 5 天,时期差 5 天相当于历年平均候温差 1～2 ℃,所以上述 20 ℃ 以前抽穗与 22 ℃ 以前开花这两个安全期的温度指标,实质上是一致的。为了简便,晚稻安全抽穗期,可以用安全开花期提前 5 天的时期来表示。

2. 晚稻安全开花期

根据历年平均候温开始降至 22 ℃ 这个指标,分析气候资料,找出本省各地晚稻安全开花期是:苏南地区,9 月 25 日以前;沿江地区,9 月 20 日以前;苏北地区,9 月 15 日以前;淮北地区,9 月 10 日以前。

以上安全开花期的安全年限为 20 年(即在该时期前开花,20 年内只有一年不安全)。如果适当降低安全年限为 10～15 年,则可将安全开花期再推迟 5 天。

关于晚稻安全开花期,我们主要是从该时期的温度条件能否使谷粒获得受精、结实的角度上来考虑的,较少从灌浆成熟期间的温度条件是否能保证谷粒充分结实的角度上来考虑,而后者又是晚稻栽培中可能产生的问题。所以要保证晚稻籽多粒饱、稳定高产,应力争晚稻早栽,使其能在安全开花期以前一段时期开花。

影响晚稻结实率的低温条件研究

高亮之　庞燕琦　蔡显圣

(原载:《天气月刊》,1959年8月号,26~30页)

晚稻(如长江流域双季晚稻、北方地区一季水稻)生育期遇到低温,将显著影响结实率与产量。低温是晚稻开花结实的主要不利气象条件。低温影响水稻结实率情况比较复杂:一方面低温本身有不同的性质,"短时间低温"与"连续性低温"对水稻开花结实有不同影响;另一方面,水稻不同生育时期(如孕穗期、抽穗期、开花期等等)对低温的反应也不同。所以深入研究低温对晚稻结实率的影响,了解其具体关系,有很大意义,它是确定晚稻安全抽穗期农业气象指标的基础;对生产栽培上如何采取措施,有效地与低温作斗争,以提高晚稻结实率,有一定指导意义。

因为低温影响晚稻结实率情况比较复杂,所以研究时,需有较丰富的资料(较多年份的资料或专门鉴定的资料)进行综合地分析。

1958年,华东农业科学研究所气象组、中国农业科学院农业气象研究室及南京农业气象试验站三个单位合作,在南京进行了专门的试验(田间基本鉴定、田间辅助鉴定及实验室鉴定,鉴定的方法在文章中分别插叙)。1956和1957年,华东农业科学研究所食作系稻作组在研究水稻品种生态特性时,也获得了"田间基本鉴定"的资料,现在我们以1956~1958年3年的田间基本鉴定资料为主要根据,结合其他鉴定资料,进行分析。

本研究是从双季晚稻方面着眼的,供试验的品种为较耐寒的晚粳"老来青",所以研究结果主要适用于生育后期遇到的温度条件比较低的晚熟水稻(对于一般水稻来说,本文中所提出的标准偏低,这一点请读者注意)。另一方面,本研究只鉴定低温对水稻结实率(谷粒能否受精结实的问题)的影响,而没有鉴定低温对水稻秕粒率及谷粒饱满程度(谷粒受精以后能否充分灌浆、正常成熟的问题)的影响。所以在使用(参考)本研究结果时,应该同时注意到灌浆成熟期的温度条件。

一、田间基本鉴定的结果

田间基本鉴定是采用"定穗考查"的方法进行的。做法是:应用分期播种的材料,从9月中旬开始,每一二天或几天选择刚刚露出叶鞘的稻穗10株挂上纸牌,在牌上记载露穗期,以后检查其出鞘(谷粒露出叶鞘)及开花情况,成熟后考查每个穗的结实率,最后把10个穗的不实率加以平均。全穗平均的开花结实情况以及对应期间的温度条件如表1。

表1　1956~1958年晚稻的不实率(定穗考查)及开花结实的温度(气温,下同)条件

日期	1956年					1957年					1958年				
	温度条件(℃)			不实率(%)		温度条件(℃)			不实率(%)		温度条件(℃)			不实率(%)	
	平均	最低	最高	以露穗期为准	以理论盛花期为准	平均	最低	最高	以露穗期为准	以理论盛花期为准	平均	最低	最高	以露穗期为准	以理论盛花期为准
9月5日	24.1	18.4	27.0			24.0	20.0	29.8			21.9	17.8	26.4		
6	23.4	17.2	27.4	16.8		24.0	14.2	28.4			22.6	19.7	28.5		
7	21.7	15.2	27.2			21.4	17.6	30.4			23.3	18.0	28.1		
8	22.0	19.0	28.3			22.9	20.1	28.5			20.5	18.2	23.8		
9	24.8	15.4	28.0		16.8	21.8	15.6	25.9		11.6	20.4	21.2	23.1		
10	22.3	17.0	30.1			21.7	11.7	28.1			21.8	21.0	22.6		

(续)

日期	1956年 温度条件(℃) 平均	最低	最高	不实率(%) 以露穗期为准	以理论盛花期为准	1957年 温度条件(℃) 平均	最低	最高	不实率(%) 以露穗期为准	以理论盛花期为准	1958年 温度条件(℃) 平均	最低	最高	不实率(%) 以露穗期为准	以理论盛花期为准
11	23.1	22.2	30.6	22.9		19.9	17.1	28.0	13.0		22.7	22.4	26.0		
12	24.6	21.0	29.3	24.8		20.5	12.0	24.8		11.6	24.9	24.5	29.6		
13	25.0	20.4	30.3			20.2	16.1	26.6	8.5		26.6	24.5	31.7	10.4	
14	21.1	18.5	25.6		22.9	21.5	19.1	27.8		13.0	26.6	22.8	31.0		
15	19.1	18.5	20.5	37.0	24.8	21.1	20.6	23.0	7.3		25.9	19.2	30.0	14.9	
16	20.8	20.6	23.9	26.5		22.3	20.3	26.3		8.5	21.6	17.0	24.8	25.6	10.4
17	22.3	21.5	25.6			21.3	18.3	23.8	9.5		19.3	14.9	24.7	17.4	
18	23.3	18.9	26.9			21.0	18.1	25.0		7.3	20.2	16.7	26.5	17.4	14.9
19	20.1	19.3	23.5		37.0	20.0	17.6	23.0	14.1		19.6	15.7	21.8		
20	20.0	20.5	21.2	26.8	26.5	21.5	18.5	27.2		9.5	16.9	16.0	18.5	15.7	25.9
21	21.5	21.0	23.6			20.7	19.8	24.3	21.6		18.1	17.0	21.2		
22	22.5	20.2	26.0			20.4	17.9	22.5			20.6	14.7	25.0	17.4	
23	21.1	20.2	23.3			21.0	17.1	25.6	32.1	14.1	20.1	13.5	25.7	32.1	17.4
24	21.4	19.4	22.8	43.3		19.0	14.9	22.0			19.2	17.0	26.5	81.3	
25	21.6	12.3	24.4		26.8	17.3	9.9	22.0	(<30.0)		20.6	16.1	26.5	81.7	15.0
26	16.9	11.1	21.9			17.0	12.5	25.0		21.6	20.3	13.5	25.6	77.7	15.7
27	16.4	13.8	24.1			18.0	16.5	23.6	(<30.0)		19.0	13.7	28.1		
28	18.9	15.4	24.2		43.3	17.7	14.8	20.1	38.8		17.4	8.6	22.0	98.2	25.0
29	20.6	18.3	25.4			18.2	15.3	23.5	40.4	32.1	14.2	16.0	19.6		32.1
30	22.2	19.1	28.4			18.3	7.7	23.0	48.7	(<30.0)	18.8	15.6	22.0		
10月1日	22.3	17.2	27.0	77.0		16.4	12.4	26.1	52.9		17.4	7.3	20.0		
2	19.2	12.6	23.0			18.0	13.1	28.0	58.1	(<30.0)	14.0	8.6	21.6		81.7
3	16.2	12.4	20.7			19.6	15.5	26.6	70.1		15.2	16.1	21.8		
4	17.1	14.4	23.0			19.9	15.5	27.0	88.0	38.8	17.1	15.6	19.6		
5	18.2	16.5	23.4			19.4	8.9	26.0		40.4	16.6	14.5	18.6		

注：①晚稻抽穗期温度低，实际上无明显的盛花期。表中盛花期，是理论上的该穗谷粒应该开花的平均日期。例如，1956年9月9日达理论盛花期的，其不实率为16.8%。②表中最低温度是以当日7时到次日7时为日界统计的，最高温度及平均温度是以24时为日界的，因为日界标准不同，所以表1中有最低温度高于平均温度的情况。

表1资料是以"穗子"为单位统计而得的。一穗中上下不同部位的"谷粒"开花受精日期有一定差异，受低温影响也有所不同；而这种差异的大小又与抽穗的早迟（温度的高低）有关。为了更好地分析试验结果，我们对晚稻开花抽穗的有关习性也作了观测（见表2）。

表2 晚稻的抽穗开花速度——所需天数（单穗观测结果）   单位：d

日平均温度	抽穗（始—止）	开花（始—止）	露穗—始花	露穗—盛花
25℃以上	2～3	3～4	1～2	4
22℃上下	4～5	5～6	2～3	5
19℃以下	>7	>10	>5	无明显盛花期

二、晚稻不同发育时期的低温对晚稻结实率的影响

有人研究认为，水稻结实对低温比较敏感的时期有这么几个：

(1)抽穗前10～15天（植株孕穗期）。

(2)花粉最后形成（成熟）期（就单一谷粒言，为开花前1～3天；就全穗言，为露穗后1～2天，即盛花前1～3天）。

(3) 开花期(就单一谷粒言,为谷粒露出叶鞘后 2～3 天;就全穗言,为露穗后 4～5 天)。

(4) 受精期(开花受精后 10～20 小时)。这些时期是从生理学观点出发来划分的,较能触及本质。我们也想从这些时期着眼来分析试验结果。

(一)短时期低温对晚稻结实率的影响

1. 短时间 12 ℃左右低温的影响

(1)在抽穗开花期的影响:表 1 中 1957 年 9 月 10 和 12 日分别出现了 11.7 和 12.0 ℃的低温(在此前后相当长的时期,温度条件较正常,即无显著低温),查考不实率的结果,9 月 9～19 日露穗的或 9 月 12～22 日盛花的不实率都不超过 15%。这个情况说明:晚稻在抽穗前 10 天(接近孕穗期)到抽穗后 3 天(盛花期)这段时间内,能忍受 12 ℃左右短时间低温,即高于 12 ℃的短时间低温对于水稻花粉成熟、开花、受精均无明显影响。

(2)在孕穗期的影响:由表 1 的资料中,我们从出现 11.7 ℃低温的 1957 年 9 月 10 日向后推 10～15 天(即 9 月 20～25 日),发现 9 月 20 和 25 日抽穗的不实率有所增长。但从资料看出,它们的盛花期间(9 月 25 和 28 日)的温度条件较低。通过其他分析(下述),看到其不实率有所增高之主要原因系受盛花期的温度条件影响。由此初步认为,高于 12 ℃的短时间低温对水稻生殖细胞形成的影响不大。

2. 短时间 10 ℃左右低温的影响

表 1 中 1957 年 9 月 25 日出现了 9.9 ℃的低温。当天抽穗的不实率没见增高,当天盛花的不实率有所增长,说明 10 ℃左右低温对抽穗期不实率的影响不大,对盛花期则有所影响(但单是短时间的低温,影响也不很大。9 月 25 日日平均温度与日最高温度都较低,不利于开花,这对当天盛花的不实率有所增长也有关系)。

3. 短时间 8.6 ℃低温的影响

1958 年 9 月 28 日出现了 8.6 ℃低温,我们抓住该次低温的机会进行了实验室鉴定。方法是:9 月 28 和 29 日分别移植正值抽穗的稻株各 12 穴于数个盆钵中,用纸牌标明各稻穗当时的发育状态,然后把植株(连同盆钵)搬入保持较优温度条件的温室中,使其继续生长,成熟后分别考查其不实率。结果如表3。

表3 1958 年短时间 8.6 ℃低温对结实率的影响   单位:%

穗发育状态	5:1	4:0	2:0	1:0
Ⅰ(感受过低温)	18.5	44.1	54.0	57.8
Ⅱ(未感受过低温)	29.8	30.9	44.9	51.3
差值		13.2	9.1	6.5

注:①本实验因实验室温度控制不佳,10 月 1 日曾出现了 9.9 ℃短时间的低温,所以处理Ⅱ的不实率也不低。②表 3 中穗发育状态是表示处理当时稻穗露出叶鞘与开花的程度,把全穗五等分来计算。例如"5:1"表示稻穗全部抽出,且有 1/5 已开花;"2:0"表示稻穗露出叶鞘有 2/5,没有开始开花。

表 3 说明:8.6 ℃低温对水稻结实率有一定影响,从处理Ⅰ及处理Ⅱ的差数来看,接近开花的稻穗比刚刚露出的稻穗受影响要大些。当天开花的谷粒受 8.6 ℃低温的影响怎样呢?我们进行了田间"定粒考查"的补充鉴定。方法是:从 1958 年 9 月下旬开始,每 1～2 天选择正值"盛花"的稻穗 5 枚,用毛笔蘸红漆在当天开花的谷粒护颖上点以记号,成熟后单独考查不实率。其结果如表 4 所示(试验在田间进行,温度条件参见表 1 中 1958 年的栏)。

表4 1958 年各日开花谷粒的不实率(定粒考查)

开花日期(月/日)	9/22	9/23	9/24	9/25	9/26	9/28	9/29	10/2	10/6
不实率(%)	11.8	10.3	7.0	4.3	5.4	8.4	23.8	53.7	78.1

从表 4 中看出,9 月 28 日晚上出现 8.6 ℃短时低温,但当天开花的不实率仍低,而 9 月 29 日及其后若干天开花的不实率显著增高,10 月 6 日开花的不实率达 78.1%,而 10 月 4～6 日的短时间低温均远在 10 ℃以上,惟 10 月 1 日出现过 7.3 ℃、2 日出现过 8.6 ℃的低温。试验结果说明:

(1) 8.6 ℃短时间低温对水稻受精作用影响不很大(也可能因为受精作用在低温到来以前已完成了)。

(2) 花粉成熟时期(如 9 月 29 日及 10 月 6 日开花的谷粒)受 8.6 ℃低温影响较大。

(3) 7.3 ℃低温对刚刚露出叶鞘的谷粒,亦有严重影响。

在鉴定中发现:晚上出现 10 ℃以下低温,次日植株开花不旺盛。说明低于 10 ℃低温已影响植株开花机能的正常进行,将给结实带来或多或少的不利。

(二) 连续性低温对晚稻结实的影响

连续性低温对晚稻结实的影响,一方面决定于连续性低温本身的情况,另一方面决定于当时晚稻所处的发育期。

1. 连续性低温对晚稻不同发育期的影响

(1) 晚稻孕穗期间:据日本学者研究,水稻孕穗期在恒温(始终固定不变的温度) 17 ℃以下连续处理 7 天,会严重影响生殖细胞形成,从而造成以后谷粒多数不实。他们认为水稻生殖细胞形成期间对低温反应极为敏感。但是上面这个连续低温指标太强烈了,且在水稻实际生长的大田中很难遇到这种条件,所以有必要考虑水稻在大田生长中可能遇到的连续低温对其结实的影响。从表 1 的结果可看出:1957 年 9 月 7～10 日各日日平均气温在 22 ℃左右,后推 10～15 天,在 9 月第五候抽穗的不实率增加不多。初步说明,晚稻孕穗期间,遇到连续 4 天 22 ℃的平均温度,对结实影响不大。

(2) 晚稻抽穗期间:连续低温会延长露穗到止穗(稻穗全部抽出)的天数(见表 2)。而抽穗的快慢直接关系到开花的迟早,开花延迟就增加了遭受低温危害的可能性,影响到结实率。在抽穗过程中露出叶鞘后 1～2 天的谷粒(值花粉成熟期间)易受连续低温的危害。例如表 4 中,1958 年 9 月 22～23 日开花的,因受 9 月 19～21 日连续低温的影响,不实率高于 9 月 24～28 日各日开花谷粒的不实率,但在数值上高出不很多,说明受 9 月 19～21 日连续低温的影响尚不很大。

(3) 晚稻开花期间:水稻开花期间(就全穗言,主要是盛花期)遇到较长时间的连续性低温,我们认为将显著影响结实率,是造成"不实率较高"的主要温度条件。鉴定中观测得知:在出现连续性低温的日子里,谷粒的花颖不能充分张开(角度小),花丝不能正常伸长,花药不能全部露出颖外,且"裂药"(花药裂开,以散出花粉)不完全,因而授粉困难;在出现强连续低温的日子里,谷粒开花授粉完全不能进行。此外据估计,低温还会影响花粉发芽与芽管促长,影响受精作用。

2. 连续性低温对晚稻开花结实的影响

连续性低温影响晚稻开花结实的程度,在低温本身方面,决定于一天中连续性低温的强度及出现连续性低温的持续天数,下面我们来分别进行讨论:

(1) 连续性低温强度:我们用日平均温度与日最高温度结合来反映连续性低温强度。平均温度关系到稻穗的发育与开花受精,但是最高温度条件更为重要。试验中发现:日平均温度较低,但中午有高温时,水稻能抢着在高温时开花授粉;相反,如果一天中始终未曾出现较高温度,即使日平均温度不很低,水稻仍是开花很少,甚至不开花。1958 年我们在实验室进行了连续低温鉴定,方法是:9 月 29 日用盆钵搬移 12 穴稻株至低温室(地下室)中连续处理(至植株停止生长为止)。低温室的温度比较稳定,一直保持在日平均温度 19～20 ℃,最高温度 21～23 ℃。用纸标明各稻穗在处理当时的生育状态,以后检查开花结实情况。以同天移入温室(温度条件较优)的试验结果为对照,结果如表 5(据观测,表 5 中处理Ⅰ开花少而不正常,花药不能露出颖外)。

表 5　长期连续性低温对结实率的影响　　　　　　　　　　　　　　　　　单位:%

穗发育状态	5:1	4:0	2:0	1:0
Ⅰ(后期生长于低温室中)	64.7	92.4	98.0	100.0
Ⅱ(后期生长于温室中)	29.8	30.9	44.9	51.3
差值	34.9	63.3	53.1	48.7

试验结果说明,尚未开花的稻穗,长期处于日平均温度小于 20 ℃、日最高温度低于 23 ℃的连续低温条件下,开花授粉极难进行,绝大部分谷粒不能受精结实。

现在再来看一下表 1。1957 年 9 月第四、五候中,日平均温度约为 20~21 ℃,最高温度多在 23~25 ℃,在该期间盛花的稻穗,不实率平均仅约 10%左右。说明这种温度条件对晚稻结实影响不大。

对照以上两方面得出:日平均温度低于 20 ℃、日最高温度低于 23 ℃的连续低温日子,为晚稻开花授粉的不利天气。

(2)低温持续天数:上述连续低温日子接连出现天数的长与短,对水稻开花结实的影响有很大差别。因为一个稻穗上的花朵不是在同一天成熟的,未成熟的花朵,受影响较轻,已成熟花朵不会因没有及时开花授粉而很快死亡。所以,低温持续天数少,危害较小,持续天数多,则危害大,低温持续天数愈多,则危害愈大。

很遗憾,我们没有对这个问题进行专门的实验室鉴定,这里只能用表 1 资料来粗略分析一下。

表 1 中,1958 年 9 月 19~21 日为连续 3 天的低温,9 月 20 日盛花的,不实率显著增加(没有受到其他不利温度影响)。从结果大致可看出:低温日子连续 2 天时就有相当影响,连续 3 天时有较大影响。

三、影响晚稻开花结实的主要低温条件及晚稻安全抽穗期温度指标(指一般地区)

哪些低温条件(包括低温的性质、出现时期等)对晚稻开花结实的影响最大呢?这决定于两方面:一方面是水稻对低温的反应;另一方面是晚稻生育后期的气候条件。

晚稻结实率受低温影响的情况如上一节分析结果,经综合简化后可归纳为:①孕穗期间,高于 12 ℃的短时间低温,或是平均温度高于 22 ℃,连续 4 天左右,无明显影响。②抽穗开花期间(包括花粉成熟、开花授粉、受精),短时间低温高于 12 ℃无明显影响,低于 10 ℃有所影响。平均温度高于 20~21 ℃,最高温度高于 23~25 ℃的日子,影响不大;平均温度低于 20 ℃,最高温度低于 23 ℃,持续 2 天有所影响,持续 3 天(或以上)有较大影响。③孕穗—抽穗的期间,高于 12 ℃的短时间低温无明显影响。

晚稻生育后期的气候条件,各地有所不同,但从各地生育后期(抽穗—开花受精)对照其气候资料看出,多数地区的气候条件仍较相似。即孕穗期间极少会遇到低于 12 ℃的短时间低温与连续 5 天以上、平均温度低于 22 ℃的长期连续低温。抽穗到开花期间,有较多的机会遇到平均温度低于 20 ℃、最高温度低于 23 ℃、连续 3 天(或以上)的连续低温,有部分的机会遇到低于 12 ℃的短时间低温。孕穗—抽穗期,遭遇有害低温的机会很少。因而影响晚稻开花结实的主要低温条件为两个:①抽穗开花期间的连续性低温;②抽穗开花期间的短时间低温。

晚稻安全开花结实,要求整个抽穗开花期间不遇到上述低温。大田栽培上的水稻,在一般情况下,由抽穗到开花基本结束,大约需 5~7 天(就单穗言),但在大田栽培中各植茎上(如主茎及分蘖茎)的稻穗发育迟早不一(相差 3~4 天很普遍),因而水稻整个抽穗开花期间(齐穗到开花基本结束)约为 7~10 天。

由此获得,晚稻安全抽穗期的温度指标*是:保证水稻最迟能在开始出现平均温度低于 20 ℃、最高温度低于 23 ℃的连续低温(连着 3 天或以上)或最低温度低于 12 ℃的短时间低温的时期以前 7~10 天抽穗(齐穗)。

---

* 所提出的温度指标是一个大致的情况,允许有 0.5~1.0 ℃的变化幅度,尤其是连续低温,并不是严格地以日平均气温低于 20 ℃、日最高气温低于 23 ℃为准的。

20世纪60年代

陈永康水稻丰产栽培技术的农业气象研究

高亮之　朱塘松　邵绪华

(原载:《陈永康水稻丰产技术研究报告汇编》,1960年,103~112页)

全国水稻劳模陈永康同志在他多年的生产实践中,摸索出一套水稻丰产栽培经验。在他的经验中深刻地掌握了水稻生长发育与外界气象与土壤条件的关系。我们着重从农业气象的角度总结了他的经验,得到了一些有意义的结果。现分三个问题来说:①关于水稻看天施肥;②光照与昼夜温差对于水稻生育的影响;③稻田光照与小气候条件的改善。

中国农业科学院农业气象研究室曾经研究过光强对于分蘖与穗的作用。日本松岛省三等曾研究过不同时期遮光对水稻性状的影响。高村泰雄研究过土壤温度对分蘖的影响。景原哲二郎等研究过夜温对千粒重的影响。我们在工作中参考了他们的研究方法与论点。

一、关于水稻看天施肥

陈永康同志创造性地提出了水稻不同发育时期看天施肥的经验。他认为:水稻在分蘖期阴天低温应当多施肥,晴天高温可以少施肥;而在长粗拔节孕穗期,阴天应当控制施肥,晴天高温应当多施肥。

1960年我们采用以下几个方法总结他这方面的经验:①虚心向他请教,了解他看天施肥的原则及其灵活掌握的各个细节。②同他一起参加丰产田的实践,学习他在具体气象条件下怎样看天施肥。③进行人工控制的盆钵辅助试验,在不同的光温条件下,观察水稻的反应以及多肥与少肥的作用。

(一)水稻不同生育期对光温综合条件的反应

根据研究,认识到陈永康同志看天施肥的经验,实际上揭露了水稻的一个重要的生态生理特性:在水稻的分蘖期与长粗拔节孕穗期这样两个互相连续的生育期,对于光温综合条件的反应有着重要的区别。水稻分蘖期,在阴天低温条件下,植株瘦弱,分蘖少而延迟,叶色黄绿;而在晴天高温条件下,植株健壮,分蘖多而早,叶色正常。水稻长粗拔节孕穗期,在阴天条件下,植株徒长,叶片阔而长,叶色深绿;而在晴天高温条件下,植株较矮,叶片短而狭,叶色容易落黄。表1是1960年的研究观察结果。

表1 水稻不同发育期对光温条件的反应(黄壳早)

	处理条件	单株分蘖数	株高(cm)	叶宽(cm)	茎粗(cm)	黄叶数(共15株)	叶色
分蘖期	晴天光强温度较高	2.6	50.5	1.0	0.8	5	绿
	阴天光弱温度较低	1.0	46.0	0.6	0.5	17	黄绿
	处理条件	单株分蘖数	株高(cm)	剑叶长	披叶数(共15株)	枯心率(%)(共15株)	叶色
长粗拔节孕穗期	晴天光强温度较高	2.4	98.0	28.6	0	3	黄绿
	阴天光弱温度较低	1.8	115.7	32.8	11	11	绿

注:①分蘖期在6月10日开始处理,6月20日检查;长粗拔节孕穗期在6月20日开始处理,抽穗后检查。②该试验用盆钵进行两个重复,每盆3穴15株。③品种为黄壳早。

从表1可以看出:分蘖期以晴天条件与阴天条件相比,单株分蘖数高,植株较高,叶片较宽,茎较粗,黄叶数较少,叶色较绿。而到长粗拔节孕穗期,以晴天条件与阴天条件相比,单株分蘖数亦较高,植株较矮,剑叶较短,叶色较黄,而披叶数与枯心率都较少。

上述试验中"晴天条件"是将盆钵置在自然日照条件下,"阴天条件"是将盆钵置在屋的遮阴下。在这两种条件下的光照与温度同时发生变化,因此还不能辨别出光强与温度分别的影响。但是在自然条件下,每遇晴天,较强的光照与较高的温度往往是联系的;每遇阴天,较弱的光照与较低的温度亦是联系的。因此研究晴阴条件下光温的综合影响,对于生产实践是有意义的。两种处理条件在典型天气下的光温测定结果是:晴天中午光强为13500 lx(散射光),阴天中午光强为3000 lx。晴天日平均温度为29.5 ℃,最高为36.2 ℃,最低22.8 ℃;阴天日平均温度25.0 ℃,最高28.0 ℃,最低22.0 ℃。从测定结果可以看出两种条件下,光的差异显然比温度的差异明显。因此,我们初步认为,在晴阴条件下水稻植株的生态表现,主要是受光照的影响。

(二)水稻的看天施肥

陈永康同志在多年的实践中,理解了水稻不同发育期对于光温条件的反应不同。因此,提出了一条看天施肥的原则:分蘖期阴天多施肥,晴天少施肥;长粗拔节孕穗期则阴天少施肥,晴天多施肥。我们在工作中初步地从科学上论证了他这条宝贵经验。

我们在上述晴阴两种处理条件下,同时进行多肥与少肥的对比试验。分蘖期多肥处理每盆施2.5 g硫铵,少肥施0.5 g。长粗拔节孕穗期,多肥处理每盆施3 g硫铵,少肥施1.0 g。得到的结果见表2(甲)与表2(乙)。

表2(甲) 水稻分蘖期看天施肥(黄壳早)

光温条件	肥料处理	单株分蘖数	株高(cm)	叶宽(cm)	茎粗(cm)	黄叶数(共15株)
晴天	多肥	3.3	70.0	1.0	0.8	5
	少肥	2.9	63.5	1.0	0.8	5
阴天	多肥	1.2	48.0	0.6	0.5	11
	少肥	1.0	44.0	0.6	0.4	17

注:6月16日施肥,6月26日检查。

表 2(乙)　水稻长粗拔节孕穗期看天施肥(黄壳早)

光温条件	肥料处理	单株分蘖数	株高(cm)	剑叶长(cm)	披叶数(共 15 株)	枯心率(%)(共 15 株)	叶色
晴天	多肥	2.8	102.0	34.4	0	8	绿
	少肥	2.4	98.0	28.6	0	3	黄绿
阴天	多肥	1.7	108.5	41.2	15	20	深绿
	少肥	1.8	103.5	32.8	11	17	绿

注：7 月 7 日施肥，7 月 15 日检查分蘖及株高，抽穗后检查其余各项。

表 2(甲)与表 2(乙)说明了有意义的事实：

(1)水稻分蘖期，陈永康在肥水技术掌握上要求出现"第一黑"，但又要防止生长过旺。这时期若在晴天条件下，追肥过多，分蘖过于旺盛，植株容易徒长披叶。因此适当控制追肥量，有利于植株正常而健壮地生长。但在阴天条件下，追肥不足，叶色不显一黑，分蘖显著减少，植株瘦弱，因此，适当增加追肥量，可以促进分蘖，保持植株比较正常地发育。

(2)水稻长粗拔节孕穗期，陈永康在肥水技术掌握上，对中稻来说要求出现第二黑第二黄，对晚稻来说要求出现"二黑二黄"与"三黑三黄"。这时期在晴天高温条件下，如果肥料供应不足，叶色很容易落黄，不能达到适期的"黑"，对于长粗长穗有很不利的影响。因此，需要适当地增加追肥量，保证正常黑黄变化。而在阴天条件下，如果肥料供应过多，很容易徒长披叶，不能适时退黄，枯心率徒增。因此，需要适当减少追肥量，控制徒长，保证正常黄黑变化。

在 1960 年中国农业科学院江苏分院的中晚稻丰产田实践中，证实了陈永康看天施肥经验有着重要意义。中稻 53 号田，土质肥沃，基肥充足，早期阴雨低温，生长慢，分蘖始期施一次分蘖肥，每亩 10 斤硫铵。到长粗开始时又施一次，每亩 6.3 斤硫铵，若长粗期天气晴暖，这样的施肥量是恰当的。但当年从 6 月 7 日到 28 日连续阴雨，22 天内雨天占 15 天，在这种天气条件下，又加上田间追肥就嫌多，植株生长过旺，提早在 6 月 28 日(幼穗分化前 10 天)即行封行，纹枯病严重，茎秆软弱，抽穗后 6 天，8 月 16 日即发生倒伏。而晚稻在长粗拔节孕穗期，天气多晴高温，8 月份 31 天内雨日只有 5 天，晴云天 24 天，雨量只及常年的 43.1%，土质及肥力中等的田，如 17 号丰产田，表现出容易落黄。陈永康根据天气特点，施足长粗肥，7 月 25 日施猪粪 30 担*/亩，8 月 1 日又补硫铵 6 斤/亩，结果秆壮穗大，达到 1153 斤/亩以上的高产，没有倒伏。

为了阐明陈永康看天施肥经验的生理基础，我们与生理专业组结合，利用盆钵试验植株，进行了生理分析，得到结果如表 3。

表 3　水稻看天施肥的生理测定(黄壳早)

处理	每盆有效茎数	重量(g)	每茎重量(g)	每茎含 N 量(mg)	含 N 百分率(%)
晴天多肥	22	105	4.77	6.1094	1.28
晴天少肥	16	60	3.75	3.2250	0.86
阴天多肥	17	62	3.65	6.1320	1.68
阴天少肥	12	65	5.41	6.8707	1.27

注：每盆都插 2 穴，共 10 苗，抽穗期测定全植株。

根据以上结果以及前人对于水稻营养生理机制的研究，我们初步是这样理解水稻看天施肥的生理本质：水稻分蘖期是以氮素代谢为主，以构成茎叶躯体为主的时期，光合作用的产物 90% 用之于合成躯体蛋白与叶绿素。这时期植株尚小，根系不够发达，在代谢作用中主要矛盾是吸收能力与躯体需要的矛盾。在晴天条件下，光照强，温度较高，光合作用旺盛，根系发达，吸收能力较强，并且吸收进来的氮素迅速与光合作用产物合成蛋白质与叶绿素。因此，要适当控制追肥量，以免叶色过深并防徒长。而在阴天条件下，光

---

* 1 担＝50 kg，下同。

弱,温度较低,光合作用弱,根系不发达,吸收土壤养分的能力弱,因此需要适宜多施追肥,保证足够氮素供应,以加强光合作用,并促进茎叶生长。水稻长粗拔节孕穗期是碳氮代谢并重,光合作用产物一方面与氮结合用之于构成躯体;一方面又以碳水化合物储积在叶鞘内,代谢作用的主要矛盾就是碳代谢与氮代谢的矛盾。这时候若为晴天,光合作用旺盛,碳水化合物合成很快,碳代谢占优势,储积作用占优势,叶片蛋白质与叶绿素的合成量与总干重的比值减小。表 3 中晴天条件下含 N 百分率显然比阴天条件下低,因此容易落黄,需要多施追肥。若为阴天,碳水化合物合成较少,但这时一般根系已较发达,又值夏季高温,所以氮素吸收仍很顺利,氮代谢占优势,株叶生长很快。由于碳素缺乏,形成可溶性氮多,总氮量占干重的比值亦高,以致茎软叶披,螟虫易于侵入,病菌易于感染,因此需要控制施肥。表 3 中阴天少肥处理,含 N 百分率较低,而每盆有效茎的总重及单茎重都较大,说明因叶片内含 N 百分率减低,有利于碳素的及时转移,可能有利于光合作用。

由此可见,陈永康的看天施肥经验,是他的"三黄三黑"肥水技术中的重要组成部分,说明他的肥水技术既有鲜明的原则性,又有巧妙的灵活性。从各地几年来水稻丰产栽培的实践来看,每年气象条件的变化不定,是获得稳定高产的一个重要困难。陈永康看天施肥经验对于克服这个困难提供了一把重要钥匙。同时,他的这方面的经验还可以帮助当前大田生产上经济用肥,将少量的肥料用在刀口上,用在水稻最需要的天气条件下。

二、光强与昼夜温差对于水稻生育的影响

水稻要获得丰产,除了要求丰产的土壤条件外,还要有丰产的小气候环境。小气候环境中的光照、温度与湿度等因子对于水稻的生长发育,都有十分重要的意义,其中尤其是稻田光照直接影响到光合作用生产量,对于壮秆大穗有决定性作用。在向陈永康同志学习过程中,我们体会到他的以"三黄三黑"为中心的栽培技术中,实质上在水稻不同生育时期,都创造了良好的小气候条件。因此,有必要科学地总结这一方面的经验,以便理解陈永康同志丰产经验的实质,以及在各种不同条件下推广与发展他改善稻田小气候的经验。

1. 光强的作用

水稻大田植株群落内的光强变化,以封行为一个转折点,封行以后稻田光强显著减弱,因此,陈永康同志认为封行时间对于水稻丰产意义很大,他认为应当在幼穗开始分化后封行。我们专门对于适宜的封行时间进行研究,实际上这就是在长粗拔节这个时期内,研究各个幼穗分化阶段对于光强的反应。实验利用盆钵(5 个处理,每个处理 4 个重复)分别在不同时期遮阴,即幼穗开始分化(7 月 7 日)后 5 天,后 10 天、后 15 天、后 20 天及对照(不遮阴),方法是将盆钵从可以接受自然阳光的旷地上移到屋檐荫蔽处,这种方法的缺点是使水稻整株遮光与大田封行情况下仅稻株中下部遮光有所不同。试验结果如表 4。

表 4 不同遮光时间对水稻发育的影响(黄壳早)

处 理	抽穗期 (月/日)	乳熟期 (月/日)	穗长 (cm)	穗长缩短 %	每穗粒数	粒数减少 %	倒伏程度 (°)
对 照	8/6	8/20	20.0	0	143	0	15
7 月 27 日(分化后 20 天)遮光	8/8	8/22	20.8	0	142	0	15
7 月 22 日(分化后 15 天)遮光	8/10	8/26	18.8	6	111	22	60
7 月 17 日(分化后 10 天)遮光	8/12	8/29	17.1	14	86	40	90
7 月 12 日(分化后 5 天)遮光	8/12	8/29	16.6	17	85	41	90

从表 4 中可以明确光照条件对于壮秆大穗有很大影响,尤其在幼穗分化后 10 天内,若光照不足,稻穗就变小,茎秆变弱,易于倒伏。因此,适宜的封行时间,初步认为是幼穗开始分化后 15 天左右。过早封行,易于倒伏。过迟封行,则穗数不足,或者稻株发育不良,亦不易高产。

2. 昼夜温差的作用

从理论上说,适当增大昼夜温差,对于水稻发育是有利的。白昼有较高的温度,光合作用旺盛,有机物质的合成多;夜间有较低的温度,呼吸作用减弱,有机物质的消耗少,这样就可以提高光合作用生产率,从而有利于增产。

陈永康同志认为,露水对水稻十分有利,"有露水好比上粪"。我们知道露水正是在昼夜温差比较大的天气条件下容易产生,所以露水的作用,很可能在一个重要的方面就是昼夜温差的作用。

我们在中稻分蘖期与长粗拔节期,利用盆钵在简易的人工控制条件下研究了温差的作用。分温差大与温差小2个处理,各2个重复。温差大的,就是将盆钵放在露天自然条件下;温差小的将盆钵白昼放在露天,晚上放在屋内。这样二者光照条件是一样的,就是夜温以及温差的条件不一样(日平均温度稍有不同,在分析结果时已注意到这一点)。得到的结果,如表5(甲)与表5(乙)。

表5(甲) 昼夜温差试验的温度观测　　　　　　　　　　　　　　　　　　单位:℃

水稻发育期	典型日子(月/日)	温差大			温差小		
		最高温度	最低温度	温差	最高温度	最低温度	温差
分蘖期	6/17	32.9	18.1	14.8	32.9	27.7	5.2
长粗拔节期	7/16	36.3	22.0	14.3	36.3	28.2	8.1

表5(乙) 昼夜温差对于水稻壮秆大穗的作用(黄壳早)

处理时期	处理	温差大			温差小		
	调查时间(月/日)	6/16	6/20	6/26	6/16	6/20	6/26
分蘖期	株高(cm)	34	41	58	38	46	62
	茎粗(cm)	0.7	0.8	0.9	0.6	0.7	0.7
	心叶长(cm)	8.0	27.0	28.0	9.0	30.0	30.0
长粗拔节期	穗长(cm)		17.7			16.5	
	每穗粒数		126			94	
	千粒重(g)		27.6			27.2	

表5(乙)可知,白昼保持高温,适当降低夜间温度,增大昼夜温差,对于壮株大穗是肯定有利的。从分蘖期处理结果来看,温差大的,茎秆较粗,株高与叶片较短壮;温差小的,茎秆细软,易形成披叶。从长粗拔节期的处理结果明显地看出:较大的温差下,穗子大,每穗粒数多,千粒重亦较高。

三、稻田光照与小气候的改善

1. 栽插行向改善稻田小气候的作用

在密度相同的条件下,陈永康认为水稻东西行栽插比南北行好。我们在中稻(黄壳早)东西向与南北向对比田内进行小气候与产量构成研究。栽插密度都是4寸×5寸,每穴6~7苗,结果如表6。光照用照度计测定散射光,以株间光强与自然光强的百分率作为相对光强。

表6 不同栽插行向的小气候(7月15日)

处理	东西向						南北向					
时间	7:00	9:00	12:00	15:00	18:00	日平均	7:00	9:00	12:00	15:00	18:00	日平均
5/6株高相对光强(%)	33.0	25.0	19.0	68.0	49.0	39	33.0	25.0	46.0	62.0	46.0	43
1/2株高相对光强(%)	3.8	23.0	18.0	11.0	4.9	12.1	3.3	23.0	40.0	12.0	4.9	19.0
1/6株高相对光强(%)	1.1	14.0	16.0	3.0	0.7	7.0	0.7	11.0	33.0	3.0	0.5	9.6
株高2/3温度(℃)	27.5	31.4	31.4	30.7	30.1	30.2	27.3	31.3	32.3	30.8	30.1	29.6
株高2/3湿度(%)		93	83	89	96			93	83	76	93	
5 cm 土温(℃)	27.6	28.6	29.8	30.3	30.4	29.2	27.7	28.2	30.4	30.5	30.2	29.3

注:该日云量有变化,9:00云量7,12:00~15:00云量3,7:00及18:00云量1。

从表6可以看出,除中午外一天的大部分时间内,东西向稻田光照条件比南北向良好。这是因为太阳高度角上午偏东,下午偏西,所以在一天的上午与下午东西行向可以得到更充分的阳光,而南北向则有较大的阻碍作用;只有在中午,太阳在天顶偏南,因此,南北行向光强较强。表6又说明,南北向上午温度比东西向略低,中午及下午比东西向高。这是因为,中午南北向接受太阳热能多,虽然下午南北向阳光入射条件不及东西行向,但是热能与光强不同,有积累的作用,中午热能的积累可以影响到下午,所以下午仍以南北向温度较高。南北向一天的平均温度比东西向稍高,但是与光强的差异相比,温度的差异要小得多。因此从表7看来,东西向的植株表现得较优越,基部茎节短而粗,穗子大。南北向不实率较低,千粒重较高,可能与温度较高有关(与穗子较小亦有关系),同时南北向相对湿度较低(亦与温度较高有关),病害亦稍轻些,所以表7中产量差异不大。但是从增产潜力来看,东西向是优于南北向的。1960年,中国农业科学院江苏分院于18号稻田进行晚稻不同行向的对比试验,栽插方式为大小行条栽(3+7)×3,产量结果是东西行向1140.6斤/亩,南北行向1081.0斤/亩。1959年天津小站公社不同行向的对比试验,同年南宁农业气象试验站、湖南农科所的试验结果都是东西向比南北向产量较高。可以认为,东西向是改善田间光强条件,争取壮秆大穗的一个有效措施。然而在当前大田生产条件下,对于早稻来说,光强不是主要矛盾,而前期温度较低,对促进分蘖影响很大,所以可能早稻以采用南北向为宜,因南北向温度较高。这个论点还得进一步研究证实。

表7　不同行向对水稻生长和产量的影响(黄壳早)

	株高(cm)	基部二节长(cm)	穗长(cm)	每穗粒数	不实率(%)	千粒重(g)	基部茎粗(cm)	亩产(斤)
东西向	130	11.2	18.9	134	18	26.1	0.43	825.1
南北向	129	11.4	16.5	107	13	27.2	0.39	823.0

2. 控制封行时间改善稻田小气候的作用

关于不同封行时间对于水稻生长发育的影响,前面已经讨论,这里着重论述控制封行时间对于改善稻田小气候的作用。

表8是在7月15日选的已封行与未封行两块田的对比观测结果。

表8　封行与未封行的小气候(7月15日)

处理			已封行						未封行					
时间		7:00	9:00	12:00	15:00	18:00	日平均	温差	7:00	9:00	12:00	15:00	18:00	日平均	温差
相对光强(%)	株高5/6	28.0	12.0	18.0	38.0	38.0	27.0	—	44.0	28.0	38.0	46.0	39.0	38.0	—
	株高1/2	1.4	1.7	1.9	3.4	1.8	2.0	—	5.3	8.0	5.2	4.5	3.1	5.2	—
	株高1/6	0.6	0.4	1.2	0.4	0.4	0.5	—	2.0	1.6	3.3	2.7	1.2	2.2	—
离地10 cm气温(℃)		28.0	32.4	31.5	29.6	29.4	29.4	3.5	28.1	32.6	32.4	30.7	29.8	29.8	4.3
离地10 cm湿度(%)		—	93	83	86	100				80	70	83	100		
土表温度(℃)		27.1	31.7	32.4	31.4	30.4	—	5.3	27.3	31.6	34.6	32.2	31.6	—	7.1

由表8可知,封行以后,稻田小气候条件显著地变化,光强减弱,温度减低,温差变小,湿度加大。此时正当幼穗分化初期以及拔节初期,水稻对于这些小气候条件的变化最为敏感。过早封行后,小气候条件的变化使得基部茎节细而软,穗子变小,病虫害加重。但是在基部茎节与幼穗已经定型以后再封行,小气候条件变化的影响就减小了。由此可知,为什么陈永康同志十分重视不要过早荫蔽封行的问题。在他的"三黄三黑"的技术中,实际上掌握着一个控制合理封行时间的原则。中稻中期追肥要施得"巧",晚稻为什么要出现一黄与二黄,都是与避免过早封行有关。

3. 烤田与干干湿湿改善小气候的作用

陈永康同志认为不论中晚稻,适时烤田是保持水稻清秀老健的重要措施。他又认为水稻孕穗期,在生长过旺的条件下,干干湿湿的灌溉方法可以控制水稻旺长,有利于防倒防病。

烤田与干干湿湿有多方面的生态与生理作用,它对于改善稻田小气候的作用亦是不容忽视的。表9是中稻进行烤田与未烤田的小气候对比观测结果。表10是在中稻灌溉试验田里,进行水层灌溉与干干湿湿小气候对比观测结果。

表9 烤田与未烤田稻田温湿比较(7月16日)

处理	烤田					未烤田				
时间	6:00	12:00	18:00	日平均	温差	6:00	12:00	18:00	日平均	温差
株高2/3温度(℃)	25.4	33.2	29.6	28.8	8.2	25.4	32.8	29.8	28.9	7.4
株高2/3湿度(%)	96	80	86	88	—	96	80	93	91	—
株高10 cm温度(℃)	24.9	32.6	29.2	28.4	7.7	25.4	32.4	29.7	28.8	7.0
株高10 cm湿度(%)	100	90	93	91	—	100	90	93	93	—
5 cm土温(℃)	25.8	30.0	29.7	28.8	4.8	26.2	28.4	29.7	28.1	4.2
15 cm土温(℃)	26.8	28.1	27.9	27.4	1.9	27.4	28.2	29.0	28.2	1.1

从表9可以看出,烤田改善稻田小气候有以下几方面的作用:①增加稻田昼夜温差,这是因为烤田后土壤含水量降低,土壤比热变小,因此中午温度高,清晨温度低(土温又影响到气温),较大的温差有利于壮秆大穗;②降低稻田湿度,对于控制病害有利,并且较低的湿度下,稻株蒸腾作用较为旺盛,有利于水分与养分的输送与储积;③提高上层土壤的日平均温度,对土壤微生物的活动以及新根的生成都是有利的;同时烤田又减低深层土壤日平均温度,对于减少深层土壤的还原性物质可能亦有利。

表10 有水层与干干湿湿稻田温湿比较(8月1日)

处理	有水层稻田(1 cm深水)					湿润稻田				
时间	6:00	12:00	18:00	日平均	温差	6:00	12:00	18:00	日平均	温差
株高2/3温度(℃)	26.8	30.4	30.2	28.6	3.6	26.4	30.4	30.2	28.4	4.0
株高2/3湿度(%)	93	80	76	84	—	92	80	73	82	—
株高10 cm温度(℃)	26.2	29.6	29.2	27.9	3.4	35.8	30.0	29.0	27.9	4.2
株高10 cm湿度(%)	96	89	86	93	—	96	83	86	91	—
10 cm土温(℃)	27.4	26.9	28.8	27.8	1.9	26.4	26.8	27.8	27.0	1.4
15 cm土温(℃)	27.8	27.2	28.9	28.1	1.7	27.2	27.0	28.6	27.7	1.6

从表10可以看出,稻田有水层与保持湿润在小气候上的主要差别是:有浅水层的稻田气温与土温都比湿润稻田高,气温温差则比较小。这主要是因为在有水层条件下,下午直至次日清晨,减少了土壤热量的散失,所以日平均温度较高而温差较小。有水层稻田,田间湿度亦比较高。由此可以理解,在一般大田水稻生长正常的条件下,水层灌溉是有利的,因为提供较高的温度可以促进生长。但在土壤肥力较高,生长表现过旺的条件下,保持干干湿湿,适当减低温度,加大温差,减小田间湿度,对于抑制生长,防止茎秆细软,减轻病害是有利的。

四、小结

(1)水稻在分蘖期,光合作用产物主要用于合成植物体蛋白质。因此在晴天高温条件下,根系吸氮快,光合作用旺盛,表现为分蘖快而多,植株高,叶片宽,叶色浓,阴天低温有相反的表现。长粗拔节孕穗期的生理特点是碳氮代谢并重,在晴天高温条件下碳代谢占优势,表现为植株较矮,叶片较短,叶色容易落黄,阴天低温有相反表现。陈永康掌握水稻这种生理生态特点,摸索出看天施肥的经验,即分蘖期晴暖天气可以适当少施肥,阴凉天气要多施肥;而长粗拔节孕穗期晴暖天气要适当多施肥,阴雨天气要控制施肥。

(2) 陈永康十分重视光的作用。据研究,分蘖期的光照强度对于单株分蘖数与单株成穗数有明显作用,幼穗分化前后的光照强度对于培育壮秆大穗有明显作用,分化15~20天以后遮光对茎秆与穗子大小的影响很小,因此初步认为适宜的封行时间是在分化后15天左右。昼夜温差较大,对促使茎秆较粗,株高较矮,穗子较大,是有利的。

(3) 陈永康同志认为水稻东西行栽插比南北行有利。据研究,东西行除中午外,一天大部分时间内光照条件比南北向为好,有效光合时间较长,因此有利于培育壮秆大穗,有增产作用。但南北向温度条件较好,对早稻可能有利。控制封行时间是在拔节孕穗期改善稻田光照与小气候条件的重要手段。稻田有水层湿润与烤田各有其小气候特征,因此陈永康根据水稻需要与土壤、天气等具体条件,分别应用这些措施。

参 考 文 献

陈永康水稻丰产技术研究协作组.1960.全国劳模陈永康水稻丰产技术主要经验研究总结报告
陈永康水稻丰产技术研究协作组.1960.陈永康单季晚(粳)稻千斤丰产技术经验研究报告
高竹泰雄.土壤温度ガ作物の生育ニ及ボス影响(第一报).日作纪,**29**(2)
广西僮族自治区南宁农业气象试验站.1959.水稻不同密度与田间气候总结
荣原哲二郎等.夜温高低ガ千粒重ニ及ボス影响.日作纪,**27**(4)
松岛省三等.稻作ニハト"の程度の日射の强サカ".农及园,**28**(12)
松岛省三等.水稻收量预察の作物学の研究Ⅷ.作物纪,**22**(2~4)
松岛省三等.水稻收量预察の作物学の研究Ⅻ.作物纪,**25**(5)
中国农业科学院江苏分院.1959.陈永康同志"三黄三黑"肥水技术的初步分析.水稻丰产技术研究
中国农业科学院农业气象研究室.1960.水稻与气象
中国农业科学院,中央气象局农业气象研究室.1959水稻获得高额丰产的几个农业气象问题(油印本)

徐淮地区干旱风的发生规律和防御

高亮之　朱塘松

(原载:《天气月刊》,1961年第5期,31～34页)

干旱风是江苏省淮北地区春末夏初(5～6月)的主要气象灾害。它的特点是温度高,湿度小,蒸发量大,并有3级以上的偏南风,使得正处在灌浆成熟期的麦粒迅速失水,提前成熟,籽粒干瘪,千粒重减轻,严重地影响到产量。一般受害轻的减产10%～20%,受害重的减产达30%以上。徐州地区1955年碧玛一号千粒重只有26.3 g,比1956年的31.9 g减低5.6 g,减产17.6%。因此在生产上迫切需要研究干旱风的发生规律及其危害,找出有效的防御方法,以确保小麦丰产丰收。

一、干旱风的发生规律及其危害

(一)干旱风发生的天气与气候条件

现在已经明确,徐淮地区干旱风的成因,是该地区季节性天气形势下的产物。干旱风出现的天气形势,主要是北方较强的高气压从偏西方向南下,经过华西以后,再逐渐东移到长江中下游,高压南下,使原在长江流域的锋面南压;此时本省天气晴好。当这一高压东移到华中地区时,往往在蒙古一带又有低压发展,其后又有一高压,再度南下。北方干燥空气连续南下,并且接受干热地面影响而增加温度,使得控制我国黄淮平原的空气变得相当热燥。这时在我国东北部,又常有低压槽伸向淮北,徐淮地区处在气压南高北低的形势下,就出现较强的偏南风。

根据10年来统计数字,江苏省干旱风主要是出现在5月下旬到6月上旬。从地区上看,淮北发生的机会显然比淮南多,淮北在5月中下旬发生干旱风10年中有3～5年,淮南有1～3年;同时亦可看出全省西部干旱风威胁比东部严重,例如东台虽然地处南京以北,但干旱风比南京轻,这是由于东台受海洋气候的影响,温度较低,湿度较高。

(二)干旱风的危害指标及影响因子

干旱风的气象指标通常是用大气的温湿度以及风速等因子来表示的。前华东农业科学研究所与江苏省气象局提出,最高温度高于30 ℃,最小相对湿度小于30%,并有3级以上西南风作为干旱风指标。目前看来,这个指标在徐淮地区仍能适用。但据东台气象站研究,这个指标对淮南地区稍偏高。该站提出以最高温度大于27 ℃,最小相对湿度小于40%,风力3级以上为指标。1961年中国农业科学院江苏分院和徐州专区农业气象试验站又研究应用蒸发力(即小型蒸发皿日蒸发量)≥12.0 mm作为干旱的指标。

蒸发力是温、湿、风等要素的综合表现,它比较全面地反映出大气状况对于作物蒸腾速率的影响。用蒸发力作指标,在农业气候分析上比较方便而客观。例如1955年5月22日从对作物影响来看,是一干旱风日,但该日最高温度28.2 ℃,最小相对湿度是15%,风力5级,只根据过去指标,就不能作为干旱风日,而从蒸发力来看(该日蒸发力15 mm)就可立即确定为干旱风日。

---

* 1956年7月,中国农业科学院江苏分院、徐州专区农业科学研究所与徐州专区气象局等单位在徐州联合召开干旱风研究工作会议。会上各单位提出多篇研究报告,本文系归纳各项研究报告的内容,并结合1960年调查研究与试验研究结果而写成。

作物遭受干旱风危害的轻重程度与干旱风的强弱和持续天数密切相关。例如徐州近年来以1954年干旱风危害为最重,首先就是由于干旱风持续久,强度大。

除干旱风持续天数与强度外,干旱风危害程度还受以下几个因子的影响:

(1)小麦发育期:小麦在抽穗后10~25天的灌浆乳熟期,是决定籽粒饱满程度的关键时期,如徐州小麦1955年在这一时期遭受干旱风的损失最大,但1953和1958年在黄熟期以后遭受干旱风,损失就要减轻。1960年的干旱风,按其程度来说并不比1955年轻,但由于当年小麦生育期比以往提早,干旱风出现时期又比1955年迟,因此,1960年淮北地区的干旱风对小麦产量的影响就不太大,但徐州专区西部的晚麦仍受到不同程度的损失。由此可见,干旱风发生的迟早与对小麦危害程度的关系是很大的。当地农谚"小满不满,麦有一险",意思就是小满时尚未灌浆乳熟的小麦,就有受干旱风危害的危险。

(2)干旱风前降水:据徐州气象台研究,干旱风对作物的危害程度和干旱风出现前10~15天内降水有关。在这10~15天内有大于20 mm降水时,即使有较强的干旱风,对小麦的影响亦要减轻。如1953年,干旱风发生较早,天数亦不短,但干旱风来临前下了22 mm雨,因此小麦受害大为减轻。而1955年干旱风危害很重,就与5月上、中旬降水很少及土壤干燥有很大关系。从这里还可看出,5月份的降水还能直接影响当年干旱风的强度与持续天数。例如,1953~1956年与1959年5月份的降水量都较多,而这几年干旱风出现天数很短(0~2天),看来与5月份降水较多是有关的。

(3)土壤条件:根据睢宁气象站调查和老农的经验,不同土质受干旱风影响的程度也有不同。一般以肥沃的两合土最好,淤土和土壤结构较好的青沙土次之,跑沙碱地最易受害,因为它的保水力最差。在适宜的土壤水分条件下(淤土18%~22%,沙土15%~18%),淤土能抗御持续7天以内的干旱风,而沙土只能抗御5天以内的干旱风。

二、干旱风的防御方法

(一)适期播种与其他栽培技术

掌握天时适期播种,从发育期上避过干旱风的危害,是防御干旱风的有效措施。生产实践证明,过早或过晚播种都会影响到作物的正常生长,但在当地播种适期范围内适当地早播,使小麦的乳熟期提前在干旱风出现以前结束,却可以减轻以至避免干旱风对小麦的危害。徐淮地区干旱风发生的时期主要在5月下旬到6月上旬,根据资料分析,当地小麦如在5月中旬进入乳熟期,10年中有3年要遭到干旱风的危害,抽穗期愈晚受害愈重;在5月下旬进入乳熟期的小麦,10年中有5年会受到干旱风危害;特殊晚播的小麦以及少数特殊晚熟的品种,6月上旬进入乳熟期,10年中就有8年要受危害。从徐州专区农业科学研究所8年来的播种期资料来看,我们可以得出如下几个结论:

(1)播种推迟,抽穗期亦要推迟。在适宜播种期范围内播种,抽穗期差异很少。根据徐州专区农业科学研究所几年来的分期播种资料并对照徐州地区的气候资料,我们认为徐淮地区的碧玛一号应在霜降前结束播种,迟过霜降者就会有少数年份(如1955年)因显著延迟抽穗而遭受干旱风危害。若延迟到10月底以后播种,在一般年份都要延迟抽穗,遭受干旱风危害。

(2)偏春性的碧玛3号,迟播有迟熟的特点,生育期较其他品种显著拖长,容易遭受干旱风危害,所以播种期控制在寒露前后为宜。

(3)徐淮地区东部与西部气候条件有显著差异,东部冬季来得早,春季来得迟,所以东部播种期应比西部早约7天。

除适时播种外,其他栽培技术对于抗御干旱风亦有重要作用。据睢宁气象站调查,耕作质量好,施足底肥,早施腊肥与返青肥,春耙与返青水提早,保证小麦胎里富,苗棵健壮,年前分蘖多,拔节早,生长一致,地下部分发育良好的能抗干旱风。反之,整地质量差,年后分蘖多,拔节晚的干旱风危害重;底肥不足,追肥过晚愈易受害。

(二)选用或选育抗干旱风品种

群众在长期的小麦生产实践中,对品种防御干旱风的体会很深。例如安徽省宿县一带群众将"睢溪二洋麦"叫成"西南成",意思就指这一品种遭遇干旱风危害时,籽粒还能相当饱满,所受影响较小,而"蚰子麦"(即蚰笨子)则不抗干旱风,受害重。各地研究机关的历年品种试验资料,也证明干旱风对不同品种的危害有轻有重。

不同品种对干旱风的反应有显著差异。徐淮地区不论地方品种和引进品种,都有不少抗干旱风能力较强的品种。地方品种中表现较好的有红秃头、红花雾、淮阴大玉花等。引进品种在1958年杆锈病与干旱风并发条件下,石家庄407、早洋麦等表现较好。碧玛一号是本地区目前的主要推广品种,播种面积一般在60%～70%,高者达80%以上,对小麦增产起了巨大作用。但是这个品种对杆锈病和干旱风的抵抗力都较弱,播期又过于集中,今后有必要将本地区的优良农家品种和引进品种,有计划地和碧玛一号搭配种植,特别是石家庄407和早洋麦,在本地区历年表现高产而稳定,应当加强扩大推广。此外,今后本地区在进行育种引种工作时,应该重视早熟、抗杆锈、叶片窄、叶色浓、细胞浓度大、茎叶老健、根系发达等性状,以期利于防御干旱风。

(三)大面积灌溉防御干旱风

灌溉是目前防御干旱风的主要方法之一。苏联关于干旱风的研究已经明确,大气干旱是和土壤干旱有联系的,在土壤水分充足的条件下,干旱风的危害作用大大减轻。从本省气候资料的分析看出,5月上中旬的降水量和干旱风的危害程度有密切联系,这也就证明土壤湿润可减轻干旱风的危害。大面积灌溉一方面可充分保证小麦的水分供应,另一方面,还可以缓和近地层空气的温湿度变化,使温度不致过分增高,湿度随水汽蒸发而增大,改善了近地层的小气候。灌溉对于降低空气及土壤温度的作用很显著,气温及土壤温度均降低2℃左右。干旱风期间中午28～30℃以上气温,对于小麦成熟有不利影响,因此中午气温降低2℃,对防御干旱风是很有利的。

为了明确灌溉防御干旱风的技术问题,1960年在徐州东贺村进行了不同灌水期的对比试验。试验地10月20日播种,4月24日抽穗,试验中不同土质上不同灌水期的千粒重变化结果如表1和表2。

表1 粉沙壤土不同灌溉期与千粒重的关系

灌溉处理(月/日)	5/5	5/15	5/18	5/21	对照
千粒重(g)	31.4	31.0	31.4	29.6	30.5

表2 粘壤土不同灌溉期与千粒重的关系

灌溉处理(月/日)	5/1	5/6	5/11	5/16	5/21	5/24	对照
千粒重(g)	30.1	29.05	29.75	29.5	27.35	28.7	27.0

从表中看出:①5月上旬作物灌浆初期进行灌溉(灌浆水),不仅能减轻干旱风的危害,并且满足小麦充实籽粒时对水分的正常要求,因此增产效果显著,一般可以增加千粒重1～3g。②在干旱风前2～5天灌水确有增产作用,可以增加千粒重0.5～2.5g。1960年干旱风在5月20日曾经出现,试验结果中以5月15～18日之间灌水,产量最高。因此,气象台必须在5天前作出干旱风预告,以便掌握灌水时期。③在干旱风出现期间(5月21日)灌溉,起不到防御作用,相反会有不利影响,千粒重与对照相近,甚至比对照更低,这与群众的经验相一致。据睢宁气象站调查群众经验,干旱风来临时,切忌土壤水分过多。群众说:大雨后就遇到干旱风,危害很大。其原因尚未弄清,可能是在干旱风期间,小麦叶片气孔收缩,减少蒸腾,亦即自身有一定的保护作用,这时突然灌水破坏了气孔细胞的正常机能,因而蒸腾更快。④为了防御干旱风的灌溉,在灌量掌握上不宜机械规定,需根据5月上旬雨量及土壤水分状况而

定,一般一亩地 30 方*左右。如果 5 月上中旬雨水较多,在干旱风来临前灌水量可以少些,一般保持田间持水量 60%～70% 为宜。沙土因渗漏快,应比淤土多些。据 1960 年试验的经验,灌水后土壤松软容易造成倒伏,因此灌水不宜在大风天气里进行。⑤灌水方法上,睢宁群众认为沙土渗透性强,沟灌好,淤土不宜沟灌。在干涸情况下沟灌后常常近沟处泥泞,远沟处仍是干涸。所以,淤土适宜于漫灌,而水量不要过大,所谓"跑马水"。

(四)防护林带防御干旱风的作用

防护林带的建立是防御干旱风的根本性措施,它不仅可以减低风速,而且由于林带的存在就大大地改善了田间小气候,对作物生长有利。但这方面的实际资料缺乏,为了明确防护林带对防御干旱风的效应,1960 年我们在干旱风发生期间在徐州郊外,选择适宜林带进行观测,并且在丰县沙河农场进行了一次访问调查。根据我们的观测和调查,初步明确了以下几个问题:

(1)防护林带在林后 20 倍(与林高相比,下同)、林前的 10 倍范围内有显著的效果,如表 3。

表 3 距林带不同距离的防风效果

林带	距离	林后 1 倍	林后 5 倍	林后 10 倍	林后 15 倍	林后对照
通风林带	风速	1.63	1.91	3.38		4.56
	增减 %	−65.2	−58.7	−26.1	−8.0	—
一行林带	风速	2.38	1.74	1.56		2.17
	增减 %	+9.1	+19.6	−27.7		—

注:通风林带林高 10 m,一行林带林高 8 m。

(2)设有 4～6 行树木组成的通风林带,防护效果好。一行林带的防风作用除在树高 5～10 倍处稍有效应外,在林带附近的地方,风速反而还有增大的趋势。这可能是与风径夹道而使风速增大的原理有关。

(3)根据这次观测的结果,我们认为防护林带的建立应配合水利河网化有计划地排列。主林带可由 5～7 行组成,林带之间的距离一般以成林林高的 30～50 倍为宜,主、副林带间隔种植组成的林网作用最大。

(4)另外,我们在丰县大沙河调查的材料,也可说明这一点。沙河公社位于徐州的西北角、丰县县城的南面。地势平坦,果木稀少,土壤沙性较重,历年多风沙,因此称为沙河。过去每年差不多有三分之一的时间有风沙,对农作物的影响很大,特别是春末夏初期间刮的干旱风,对小麦产量的威胁很大。过去农民对这一地区种植小麦信心不强,认为是靠天吃饭。但是,近两年来在党的正确领导下,营造了护田林,大量种植果树,建立果园,因此就根本改变了沙河的面貌。现在,即使西南风刮得很大,但由于有护田林带和果树的作用,风速显著地降低,对作物生长有利。

(五)防御干旱风的新途径——喷用防旱剂

防旱剂是一种白色的粉末,与水混合成乳状悬浮液,悬浮在水面像油一样,形成一层极薄的单层分子膜,紧密地覆盖水面,因此它能减少水面的蒸发。根据它的这个特性,我们把它喷洒在植物上,减少植株的蒸腾,保存植株体内的水分来防御干旱风。

用离体法把植株从茎的基部剪下插在水中,看水的耗损情况。测定的结果表明,喷用防旱剂与不喷比较,蒸腾量是有显著减弱,喷洒 0.1%,6 天蒸腾量为 16.1 mm;喷洒 0.05% 的蒸腾量为 15.1 mm,比不喷水的分别减少 6 和 7 mm。

在干旱风期间田间喷用防旱剂可以提高千粒重。根据我们在田间试验的结果证明,喷用防旱剂的

---

* 1 方 = 1 m³,下同。

比不喷的千粒重均有提高。喷用不同浓度,对千粒重都有增加效果。一般以 0.05% 为好,千粒重较高,比对照增加 0.6~1.2 g。这与前面离体法测定的结果也很一致,这就证明在干旱季节和干旱风出现时喷用 0.05% 防旱剂以减少作物的蒸腾作用,不但不会对植株产生有害影响,反而有增加千粒重的效果。

另外,睢宁气象站的试验结果,也证明喷用防旱剂对防御干旱风有显著的效果,比对照增加千粒重 1.5 g。但目前防旱剂还没有大面积使用的经验,而且成本较高,所以今后应进行大面积的试验,并要继续研究降低成本的途径。

中国稻作的气候条件

高 亮 之

(原载:丁颖主编,《中国水稻栽培学》,第五章,1961年,农业出版社,109~139页)

气候条件对水稻的生长发育、区域分布、栽培技术等方面,都有着十分密切的关系。我国稻作气候条件的特点,包括以下三个方面:

第一,我国稻作气候条件十分优越。在南岭以南,全年之内几乎都宜于水稻生长;淮河、秦岭以南,南岭以北,生长季在200天以上的地区,可种双季稻;秦岭、淮河以北直到黑龙江省的漠河地区,水稻生长季都在100天以上,可以种植单季水稻。在我国东部与南部的广大地区,都受到海洋季风的影响,在水稻生长季节内,既有较高的气温,又有充足的雨水。在稻作期间,南方日照虽较短而照度很强,北方则晴天多、日照时数长,并且大多数稻区在秋季多为秋高气爽的晴天。这些条件对水稻生长发育和成熟收获都是十分有利的。

第二,由于我国幅员辽阔,稻区分布跨越热带、副热带与温带,稻田遍及高原、盆地、丘陵、河谷和平原,因此也就形成了我国稻区具有多种多样的气候条件。从温度条件来看,当黑龙江省正处在-40 ℃严寒季节的时候,海南岛却插上稻秧。长沙、南京等地夏季极端最高气温可达43 ℃以上,对水稻已嫌过热;而昆明在此时却凉爽如秋,极端最高气温只有33 ℃。在日照方面,水稻生长季节内,东北日照始终在14小时以上,而华南最长也不超过14小时。在降水方面,水稻生长季节内,广东、台湾的年降水量可达2000 mm左右,而西北地区却不足100 mm。由于稻区气候条件的多样性,我国农民在数千年的生产实践中,不仅创造出适应于不同气候特点的多种稻作栽培技术和耕作制度,并且培育了丰富多彩的品种类型,成为发展水稻生产的宝贵财富。

第三,我国稻区主要受季风气候的影响,在不同年份,气候条件的变动性很大。同一个地区,即使在同一个季节里,有的年份高温多晴,有的年份却连绵阴雨。由于水稻对于热量、水分的要求十分严格,所以气候的变动性对于水稻生长发育和稻作生产,带来了很大的影响。

本文仅就我国稻作气候因素的概况和与稻作有关的温度、日照、降水等气象条件,以及霜冻、台风等不利气象条件的利用和改造途径,分别叙述如下。

一、我国稻作气候条件概况

(一)我国的地理环境与稻作的气候条件

1. 纬度

不同纬度地区,产生了迥然不同的气候条件。一般高纬度地区稻作期间日照时数较长,气温较低,生长季节较短,每年只能种植一季早熟稻(如东北);低纬度地区稻作期间日照较短,气温较高,生长季节长,一年可以种植两季或三季稻(如华南)。这些气候条件在同一纬度的不同地区,也有一定的差异,但不如不同纬度之间的差异明显,这就决定了我国在同一纬度地区种植水稻所采用的栽培制度与品种类型有着相对的一致性。

2. 海陆位置

我国西部、北部紧接欧亚大陆,东南面临太平洋,西南隔印度、缅甸而遥对印度洋,这种地理位置使我国成为世界上季风气候极为显著的国家。在水稻生长季节,东半部地区,一方面由于太阳高度角高,陆地迅速增热;另一方面此时从太平洋和印度洋吹来热而潮湿的海洋季风,往往造成大量降水,结果形成了温度高、湿度大、雨量多的对于稻作极为有利的气候条件。

我国各地由于距海的远近不同,气候性质亦有所不同,东南沿海各省海洋性气候的性质比较强,温度与降水的季节分布比较均匀,对稻作是有利的。离海较远的西部和北部,大陆性气候的性质比较强,对于稻作亦有它有利的一面,如云雾少、日照时间长、昼夜温差较大等等。

3. 地形

从大兴安岭向西南经太行山、秦岭、大雪山连成一线,在此线以西大多是高原、大山,东面却是一片广阔的平原,平原的东南部分错综排列着丘陵山地。这样的地形特点使得夏季太平洋的海洋季风,有可能遍布我国东部各地,而印度洋的海洋季风可以沿横断山脉的峡谷而抵达纬度较低的云贵高原。在海洋季风影响下,这些地区在稻作期间都有充沛的降水。在上述一线以西地区由于地势高,距海远,海洋季风不易抵达,因此降水较少,但有高山冰雪可以利用。此外,由于我国东部地势平坦,西伯利亚寒潮南下时,常可直达华南,所以我国南北各个稻区在水稻生长的前期与后期都需注意寒潮冷害、霜冻。四川盆地由于北部有秦岭、岷山,西部有邛崃山阻挡,寒流侵袭的机会比较少,所以,四川与长江下游同纬度各地相比,春暖较早,早稻播种期可以早些。

(二) 我国境内的气团及其与稻作生产的关系

除了上述的地理因素之外,在我国境内活动的一些气团,对我国气候的形成起着很大的作用。对于稻作有重要意义的气团有极地大陆气团、热带海洋气团、赤道海洋气团、副热带大陆气团和高空西南暖流。

极地大陆气团发源于西伯利亚,自北方进入我国境内(在冬季即为大陆季风),性质燥冷,不利于水稻生长。但是它在南下过程中逐渐改变性质,或者经过陆地而成为陆地变性极地气团,或者经过海洋而成为海洋变性极地气团。这两种变性的极地气团,性质温和,尤其是经过海洋而变性的海洋变性极地气团,水汽较多,对水稻生长是有利的。

热带海洋气团发源于太平洋的热带洋面,这种气团性质温暖而湿润,对水稻生长十分适宜。夏半年它自东南方向吹入我国华南、华中与华北广大地区,即东南季风。东南季风可影响到我国各主要稻区,对稻作生产关系最大。

赤道海洋气团发源于南半球热带洋面,经赤道到达我国,是影响我国的气团中温度最高和水汽含量丰富的一种气团。它在夏半年自南方或西南方吹入我国华南、华中与云贵高原,即西南季风,对稻作也很有利。江苏有的农民将小暑里的西南风称为"金风",因为小暑前后正是中稻分蘖拔节期,需要充分的热量与水分供应。

副热带大陆气团夏季控制青藏高原与新疆南部上空,是形成我国热带大陆气团的源地。这种气团性质干热,夏季如侵入陕西、四川一带,就会形成晴、热、燥、旱的天气。当热带海洋气团和赤道海洋气团势弱时,这一气团也可影响到华北和华中一带。

高空西南暖流是从赤道高空流出的暖燥气团。它在冬半年影响着我国,春季盛行于云南与四川西部。由于当时高空多西风,所以这种暖燥气流更加强烈,以致形成这些地区的春旱。这种西南暖流和上述副热带大陆气团对水稻来说,水汽嫌少,但具备充分的热能和光能,如有灌溉条件,就会充分发挥有利于水稻生长的作用。

当两个性质差异较大的气团互相交绥时,常常产生"锋面",锋面上若有波动,则容易产生"气旋"(低气压)。在锋面上和气旋中往往都带有大范围的天气变化与降水现象,而对水稻生产发生直接影响。

二、我国稻作的温度条件

(一) 水稻生长开始期与终止期

从气候上来说,水稻可能进行生长的开始到终止的时期,称为水稻生长季。我国水稻生长季的长短主要决定于温度条件。应用无霜期的概念来反映水稻的生长季是不很适宜的。因为在春季,即使已经断霜。如果没有具备一定的温度条件,水稻仍不能开始生长;如果水稻已经能够生长,那么虽有霜冻亦可加以防御。在秋季,我国大部分地区水稻生长终止期的迟早也不是决定于初霜期,而是受出穗开花期的低温条件所限制。一般说来,我国各地的平均无霜期比水稻生长季要长,极端无霜期又比水稻生长季要短。例如,上海平均终霜期在3月20日,平均初霜期在11月23日,平均无霜期243天;最晚终霜期在4月18日,最早初霜期在11月9日,极端无霜期204天,而上海的水稻生长季从3月25日到11月5日共220天。

1. 水稻生长开始期

气候上水稻生长开始期的意义是从没有保温设施的条件下,水稻幼苗可以比较顺利地生长时期开始的,即在常年旬平均气温升达10 ℃以上的时期内,粳稻可以开始发芽生长;常年旬平均气温升达12 ℃以上的时期,籼稻可以开始发芽生长。据中央气象局与前华东农业科学研究所在南京用实验室恒温鉴定结果说明(中国农业科学院农业气象研究室 1960),粳稻在12 ℃以上开始出苗,但苗生长很慢,15 ℃以上出苗才比较顺利。按常年气温来说,只需升达10 ℃以上就可以开始生长。这是因为在昼夜平均气温升达10~12 ℃以上的日子里,晴天中午的百叶箱最高气温可能达14~16 ℃以上,同时秧田最高气温可能升达16~20 ℃以上。由于一天中秧田温度有相当长时间在15 ℃以上,因而秧苗可以开始生长(新会良种繁殖场1959)。根据以上分析,这里决定采用常年旬平均气温稳定升达10 ℃以上的时候作为水稻生长开始期的气候指标。根据这个指标绘出图1。

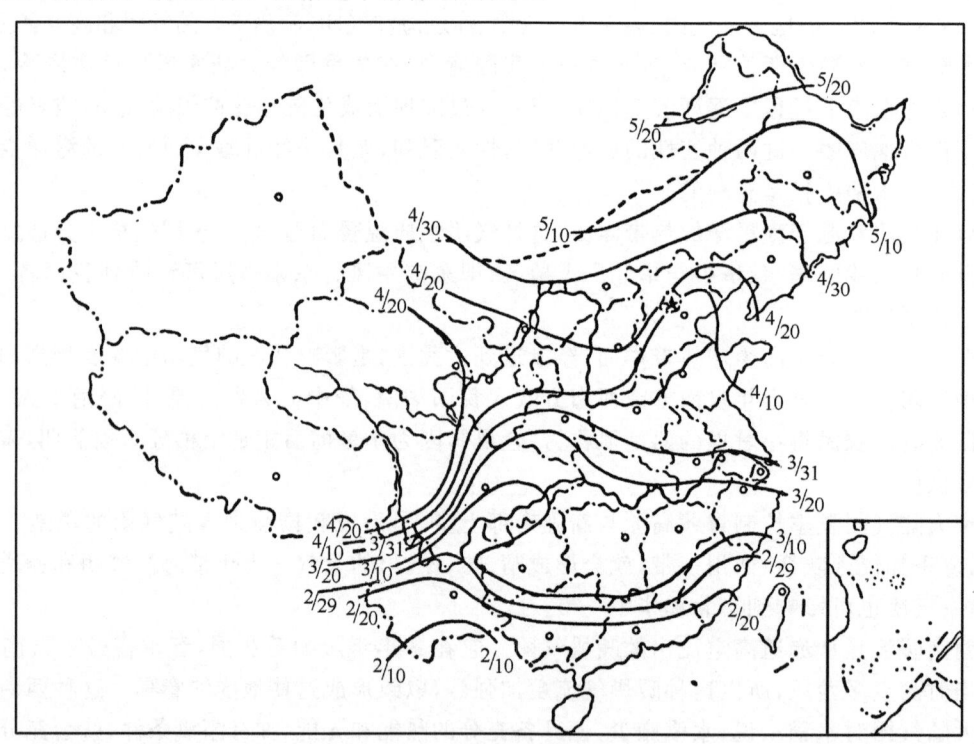

图 1 水稻生长开始期分布图(粳稻)

本图中国国界线有关中缅、中尼两段,分别根据中缅和中尼边界条约附图绘制,其余各段根据解放前申报地图绘制。(本文所有地图同)

图1说明,全国水稻生长开始期的分布有以下一些特点:(1)南北差异很显著,黑龙江北部在5月下旬,而广东、广西、台湾与云南南部水稻全年都可以生长。(2)华北广大平原上水稻生长开始期显得比较早,都在4月上旬,而同纬度的黄土高原就要迟到4月中、下旬,这是因为平原春季增热较快的缘故。(3)陕南汉中地区比同纬度的淮河流域要早,四川盆地又比同纬度的长江中下游地区要早,这是因为秦岭山脉对春季寒潮有阻挡作用;福建比江西的同纬度地方要早,这是因为武夷山脉对寒潮的阻挡作用。

(4)四川、贵州、云南与福建等省水稻生长开始期与地形的关系十分密切,即地势愈高,开始期愈晚,如四川省因地势高低不同,相差可达 2 个月以上。

水稻播种期与生长开始期不是同一个概念,因为播种期除了温度条件外,还与当地的天气变化、水稻品种、轮作制度、育秧方法等条件有关。但二者毕竟有密切关系,即各地双季早粳的播种期,大致与水稻生长开始期相当,亦即常年旬平均温度升达 10 ℃以上的时候;单季早稻,特别是早籼稻的播种期一般比水稻生长开始期要晚一旬,亦即常年旬平均温度升达 12 ℃或 14 ℃以上的时候。因而图 1 可以大致表示全国早粳稻播种期的变化趋势。但必须注意,不同年份春季温度回升的迟早是不一样的,早稻播种期亦须相应地有所变动。我国大部分地区春季天气不稳定,一次冷空气过后天气转好,气温逐渐回暖,直到下一次冷空气侵入时,又有降温和坏天气,两次冷空气一般相隔 6~9 天。而当气旋经过本地区时,温度变化虽然不很剧烈,却是时晴时雨。我国农民根据春季天气变化的规律,有"冷尾暖头"(意即冷空气刚过,天气开始转暖之时)播种与抢晴天播种的经验。这是利用有利天气减少烂秧的有效措施。

水稻在春季充分地利用生长季,是增产的重要途径。主要有这样一些经验:(1)各地改用苗期耐寒性强的品种,都可以适当提早播种。如籼稻改为粳稻可以提早 5 天左右播种。(2)改进育秧技术后亦可以提早播种。如湿润秧田,提供了秧苗生长更为良好的条件,可以比水秧田适当早播;如果采用保温育秧比湿润秧田更可以提早约一旬播种。(3)为了在春季充分地利用水稻生长季,提早播种必须与提早插秧相结合。许多试验与调查都证明,早稻移栽期的早迟,对产量与成熟期的影响比播种期更明显。

但是提早播种与移栽,必须考虑到孕穗期是否会遇到春末夏初的冷害问题。珠江、长江流域 5 月间仍然会有寒流南下,早稻孕穗期可能会遭遇冷害,而显著增加空壳率。因此,早熟的早稻品种播种期和移栽期的确定,应保证孕穗期能避过寒流为害。

2. 水稻安全齐穗期与生长终止期

所谓水稻安全齐穗期,是指水稻必须在秋季某个期限以前齐穗。这样,在开花受精期间遇到寒流的机会比较少,因之,一般的结实率也就比较高(80% 以上)。在这个期限以后齐穗,遇到寒流的机会就愈来愈多,对开花、受精、结实的威胁也愈来愈大,空壳率有显著增加的可能,因之产量不稳,高产更得不到保证。但也并不是说,在安全齐穗期出穗的就绝对安全,不会遇到寒流,在安全齐穗期以后出穗的就一定要遇到寒流减产。所谓"安全",实际上只是根据多年的经验,可能遇到寒流的机会比较少,产量比较稳定。在寒流来得特别早的不正常年份,在安全齐穗期出穗的也有可能遇到寒流。所以,对安全齐穗期以前出穗的水稻并不能完全放松对寒流的警惕,同时,对安全齐穗期以后出穗的水稻更应积极采取措施来预防寒流的侵袭为害。

水稻在出穗时的抗低温能力,品种间是有差异的。例如,一般晚稻品种的抵抗力较早稻强,粳稻比籼稻强,原产高原的品种比原产平原的品种强。由于品种抗低温能力的不同,所以它们的安全齐穗期也就不同。抗低温能力愈强的,安全齐穗期的时期就愈向后延。因之,当一个地区的品种类型有较大的变动时,则这一地区的安全齐穗期也必随之而变。

我国各地农民在长期生产实践中,对稻作安全齐穗期已经积累了许多经验。例如,江苏农谚:"秋分不出头,刈了喂老牛";湖南农谚:"寒露不勾头(乳熟垂头),割去喂老牛",都是说明水稻如果不在一定的节气以前齐穗,就要严重减产。

近年来我国在农业气象学方面关于安全齐穗期问题进行了研究总结,初步明确,水稻在孕穗到出穗期间遇到冷空气,最低气温降低到 15~17 ℃以下,发育中的小穗就要受到损害。水稻在开花期间,如果连续几日日平均气温在 20 ℃以下,日最高气温在 23 ℃以下(一般候平均气温在 20 ℃以下),受精率就要降低。安全齐穗期的实质就是在这个期限以前,一般不会遇到上述的低温。

表 1 是根据调查和试验研究而得出的一些地区的安全齐穗期。可以看出,粳稻的安全齐穗期相当于常年候平均气温降达 23~24 ℃的时期,籼稻要早一些。这个指标比上述开花的不利温度指标——平均气温 20 ℃要高,这是因为气候在不同年份内有变动的关系。据江苏省 15~20 年资料与四川省 7~

10年资料的统计,在这时期以前,候温一般不会低于20 ℃(华东农业科学研究所1957,陈世训1956),而在这时期以后就有少数秋冷早的年份(10年中有1～3年),候温会低于20 ℃。例如,华中与华南一带1957年秋冷就来得特别早,在上述安全限以后齐穗的水稻都遭受不同程度的冷害。云贵高原上,由于夏季凉爽,最热时期的候平均气温亦不易达到22 ℃以上,当地水稻实际齐穗期的温度只在20～21 ℃间,但那里水稻的空壳率一般只有10%,即高原品种比平原品种更耐寒,这个特性在品种工作中很值得引起注意。现根据23～24 ℃的气候指标(云贵高原用20～21 ℃),结合全国各地的气象记录绘出水稻安全齐穗期的分布图(图2),以供参考。籼稻的安全齐穗期比图上表示的要早约5天。

表1 各地稻作安全齐穗期与温度条件

地名	安全齐穗期	常年该候平均气温(℃)	地名	安全齐穗期	常年该候平均气温(℃)
佳木斯	8月5～10日(粳)	23.5	杭州	9月15～20日(粳)	23.0
延吉	8月5～10日(粳)	23.4	武汉	9月15～20日(籼)	24.2
沈阳	8月15～20日(粳)	23.8	成都	9月5～10日(籼)	23.4
天津	9月1～15日(粳)	23.4	长沙	9月15～20日(籼)	23.7
徐州	9月5～10日(粳)	23.0	毕节	9月1～5日(粳)	20.3
南京	9月10～15日(粳)	23.2	昆明	8月25～30日(粳)	20.0
芜湖	9月10～15日(籼)	22.2	广州	10月10～15日(籼)	24.0

北方单季稻与华中、华南部分地区的晚稻从齐穗到成熟的日数大约为45天(华南晚稻约35天)。从气候上来说,水稻安全齐穗期向后推45天(华南后推35天),可认为是水稻生长的终止期,因此,图2也可表示出我国大部分地区水稻的生长终止期。我国东北稻区秋季气温下降剧烈,霜冻出现特别早,水稻生长终止期主要受初霜期的限制。

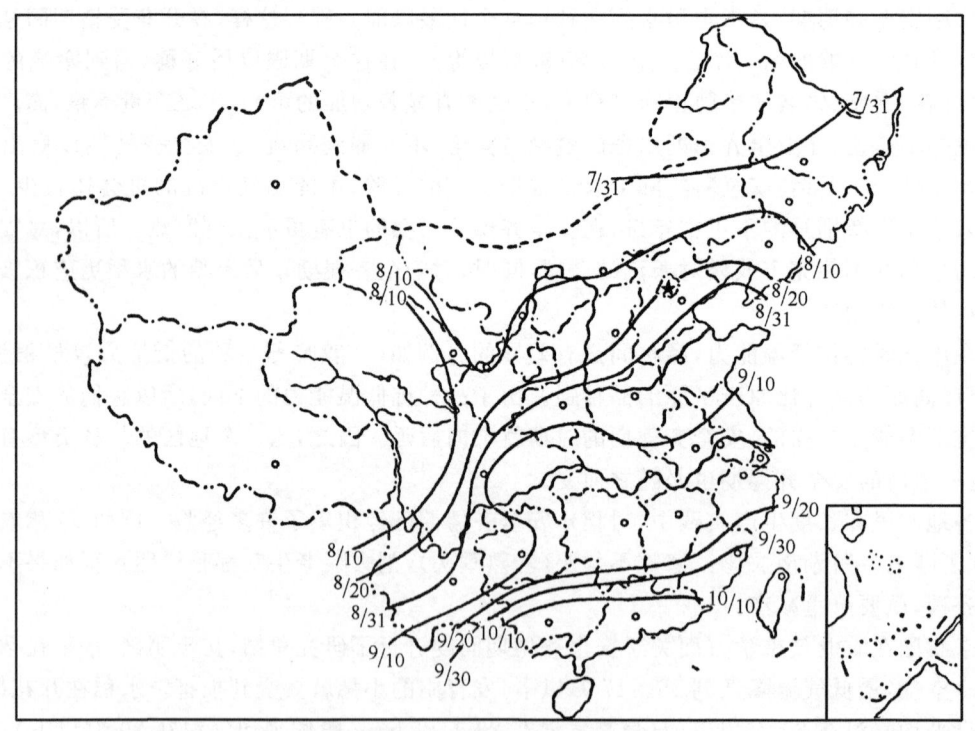

图2 水稻安全齐穗期分布图(粳稻)

图2说明了我国稻作的安全齐穗期与生长终止期的分布有以下特点:(1)自北而南,差异显著。东北地区安全齐穗期在7月下旬到8月上、中旬;华北地区在8月中旬到9月上旬;长江流域在9月上、中旬;华南在9月下旬到10月中旬。长江流域9月下旬的寒流和华南地区10月上旬(寒露)的寒流对晚

稻开花结实都有很不利的影响。(2)同纬度相比,我国东部的安全齐穗期一般比西部要晚,如天津在9月初,而太原在8月中旬。这是因为东部地势较低,又受到海洋的调剂,气温下降较慢。至于福建比江西、湖南晚,则是因为武夷山阻挡了寒潮,海洋亦有调剂作用之故。(3)西南地形复杂,安全齐穗期亦较复杂,一般随地势增高而提早。

安全齐穗期在稻作生产实践上,有重要的意义:(1)某一品种在当地适宜与否,必须考虑它能否在安全期限之前齐穗。据杨开渠(1957)研究,四川雅安安全齐穗期在9月上旬,用江浙的晚稻品种853、10509等在雅安作连作晚稻,齐穗期要到9月20日左右,结实率仅达40%~60%,而采用中稻品种如川大粳稻、跃进一号、桂花球等,可以在9月10日以前齐穗,结实率可达70%以上,所以采用中稻品种较为适宜。(2)决定某一品种在当地适宜的播种期与插秧期,亦必须考虑它能否在安全期限之前齐穗。例如,杭州安全齐穗期在9月20日。据浙江省农业科学研究所(中国农业科学院1957)研究,连作晚稻应当争取在7月底以前移栽结束,始能在9月20日以前齐穗。如果迟到8月上旬移栽,则9月下旬始能齐穗,空壳率就要达到50%以上,产量显著降低。(3)从图2可以看出,我国还有不少地区的水稻实际出穗期比安全齐穗期早。例如,长江流域的中稻出穗期一般在8月,而安全齐穗期都在9月,所以在中稻收获后,还可以有一段时间利用来种短期作物或绿肥作物提高土地利用率。

安全齐穗期对生产有直接的指导意义,但是图2只能提供全国范围的大致趋势,各省各地还需根据当地更详尽的气象资料与调查研究,而确定本地区的安全齐穗期。

(二)水稻生长季天数及温度

1. 生长季天数及平均温度

从水稻的生长开始期到生长终止期就是水稻生长季。图3是我国各地水稻生长季天数的分布图,大致有以下特点:(1)自北到南,差异很显著,东北北部100~130天;东北南部150~170天;华北160~220天;长江流域200~260天;华南260天到全年。(2)除纬度外,生长季天数受其他地理条件的影响亦很大。东北东部山地生长季比松辽平原短;华北平原比黄土高原生长季明显地较长;西南诸省,随地势增高,生长季缩短,如贵州南部260~270天,而该省西北部山地在230天以下;云南的河谷平原比山

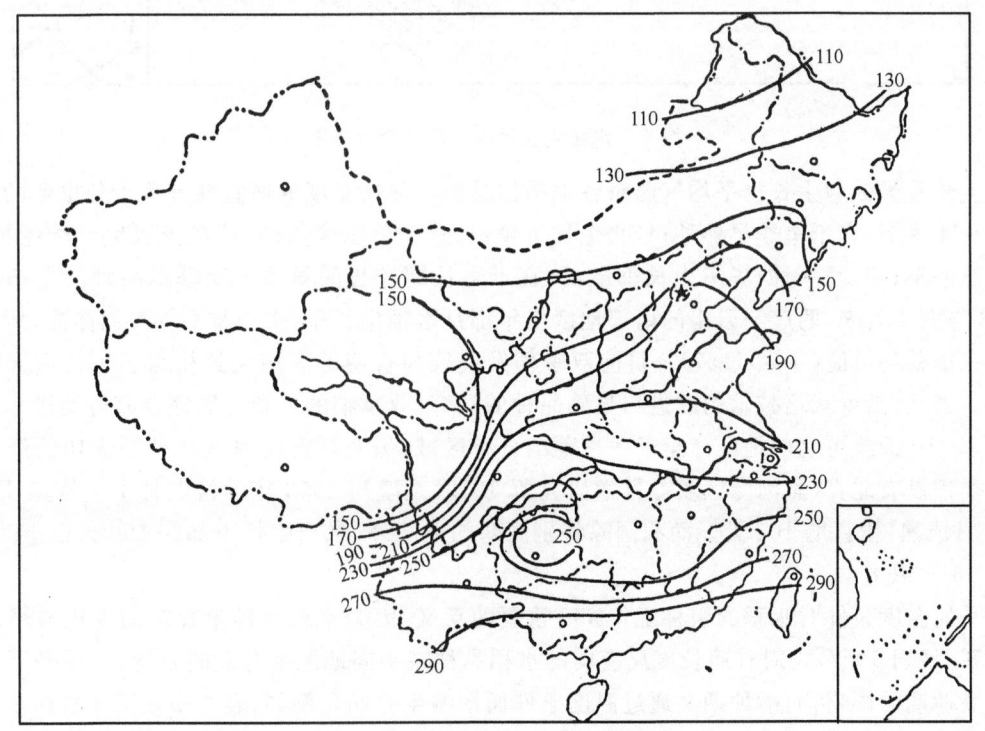

图3 水稻生长季天数分布图(粳稻)

地生长季显著较长;江苏沿海地区比同纬度的内陆地区较短。这主要是因为沿海地区春季较凉,生长开始期较晚之故。

生长季天数相同,但生长季间平均气温不同,则对稻作的意义亦是不相同的。图4是我国各地水稻生长季平均气温的分布图,图3与图4相对照,可以看出以下特点:(1)我国东北与华北,生长季天数的长短与生长季平均气温的高低有一致的趋势,生长季天数愈短,生长季平均气温亦愈低。(2)我国青海、四川、云南、贵州、广西、福建等省(区)生长季平均气温与地势的高低有很大的关系。地势愈高,生长季平均气温愈低。云贵高原生长季平均气温在20℃以下,7月平均气温在22℃以下,整个水稻生长季内都凉爽如春,这是高原稻区十分重要的气候特色。(3)江苏及山东东部生长季平均气温要比同纬度内陆地区低些,这主要是大陆夏季温度较高,海洋夏季温度较凉的影响所致。

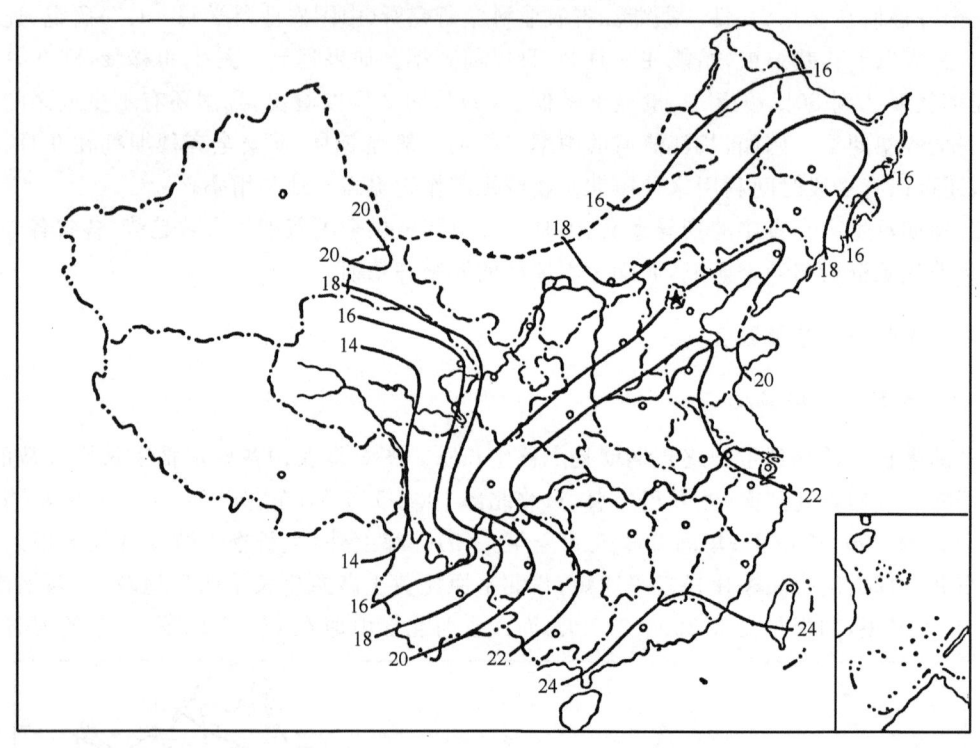

图4 水稻生长季内平均气温分布图

水稻生长季天数与生长季平均气温对各地稻作品种与栽培制度的适宜性有着十分重要的关系。我国东北生长季最短,宜于单季早熟种;华北生长季较长,宜于单季晚熟种;长江流域生长季更长,宜于不同时期成熟的早、中、晚熟种;华南生长季最长,宜于生长期较长的早季与晚季稻品种。在稻作制度方面,从图3与图4看来,两广与云南的南部地区全年都是水稻生长季,生长季平均气温亦高,所以都有种植冬禾与三季稻的可能(丁颖1957)。目前双季稻发展较为普遍的区域大致相当于生长季天数220天一线以南。当然,随着栽培技术的改进与早熟品种的选育,双季稻的分布地区完全有可能进一步向北推展到生长季210天或更北的地区。至于一季稻的分布区域,黑龙江省漠河地区种稻成功的经验已经说明我国一季稻没有北界(黑河专区农业科学研究所1959)。漠河1959年种植农林十一号,5月22日播种,9月1日成熟,生育期101天。而我国除特别高寒的地区外,水稻生长季都在100天以上,生长季平均气温在15℃以上。

生长季的温度条件对水稻的引种工作亦有重要的意义,因为水稻品种生育期的变化与温度条件有密切的关系(吕炯1957)。对日照长度反应弱的水稻品种在不同地区生育期的表现,主要是受地区温度条件以及播种期的影响,而播种期又通过温度条件而影响生育期。例如,表2中元子2号在东北公主岭由于当地生长季平均气温低,播种到出穗的天数较长(103天),引到南方生长季平均气温高的地区后,如不提早播种期,播种到出穗的天数就因温度增高而缩短(75～84 天),以致营养生长不充分,产量不高。但在适期范围内提早播种,则播种到出穗期间的平均气温减小,天数亦就相应加大。所以只要采取早播早插的措施,北粳南引是十分有希望的。例如,元子 2 号引到昆明,由于高原上生长季平均气温低,播种到出穗的天数显著增多。所以在平原与高原之间进行引种时,必须注意到气候差异。

表2　元子 2 号在不同地区的表现与温度条件的关系

地名	纬度(°N)	生长季平均气温(℃)	最长日照时数(时:分)	播种期(月/日)	出穗期(月/日)	播种到出穗天数(d)	播种到出穗间平均气温(℃)	株高(cm)	每穗粒数(主穗)	备注
公主岭	44	19.0	15:31	5/10	8/21	103	21.2	92.7	119.8	1949～1955 年,东北所
南京	32	21.7	14:16	4/28	7/12	75	23.4	—	—	1955 年,华东所
南京	32	21.7	14:16	3/20	7/11	113	20.0	96.9	59.6	1958 年,华东所
杭州	30	22.2	14:05	4/13	7/6	84	22.5	91.6	49.9	1957 年,浙江省所
杭州	30	22.2	14:05	3/22	6/29	99	21.2	94.4	52.1	1957 年,浙江省所
成都	31	21.0	14:11	4/6	7/2	87	21.7	—	—	1955 年,四川省所
昆明	25	17.6	13:41	4/6	8/12	128	19.5	—	—	1955 年,云南省站

2. 生长季内昼夜温差

昼夜温差对稻作有重要的意义。图 5 是我国各地稻作生长季内平均昼夜温差分布图,由此可以看出:(1)各地昼夜温差的差异很显著,一般说来是北方大,南方小。东北 10～14 ℃以上,华北 8～14 ℃,西北及内蒙古 10～16 ℃以上,长江流域 8～10 ℃,华南 6～8 ℃以下,西南 8～12 ℃以上。(2)自低地到高原,水稻生长季内昼夜温差加大。同纬度相比,西北比华北大,西南比长江以南一带要大,东北松辽平原的昼夜温差亦比东西两面的山地较小。高地昼夜温差大是因为白天接受的热量多,而夜间散发的热量也多之故。(3)水稻生长季内昼夜温差受海洋的影响很大。海洋的温差小,所以沿海地区温差亦比较小。(4)四川盆地与两湖盆地因多云雾,水稻生长季内的温差比周围地区要小。

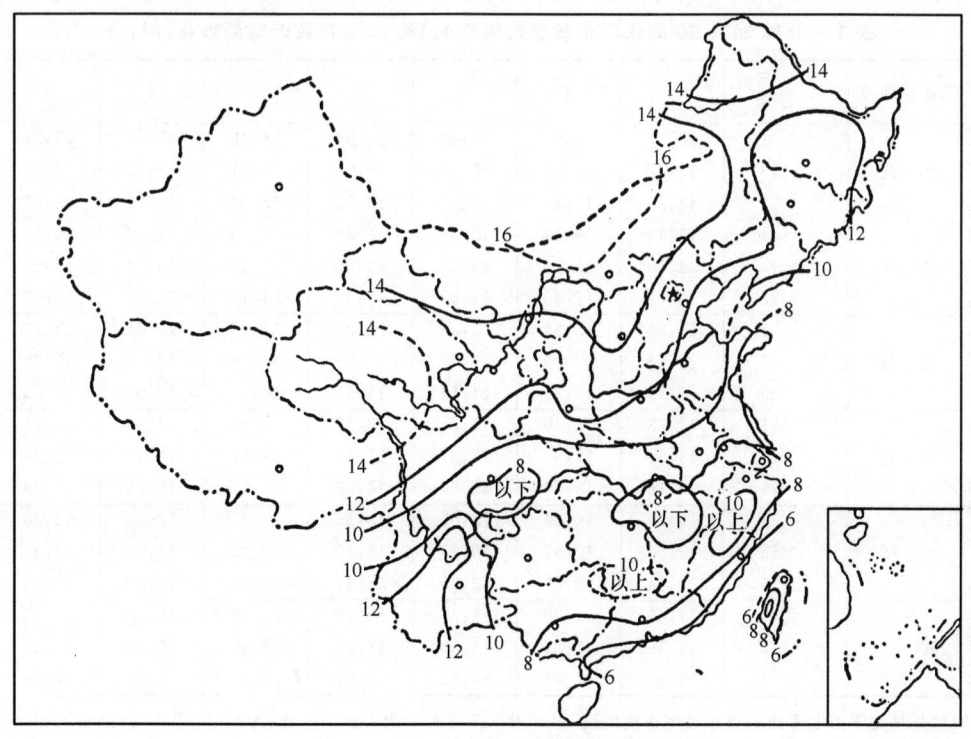

图 5　水稻生长季内平均昼夜温差分布图

只要夜间的低温不降到水稻的临界温度以下,较大的昼夜温差对水稻是有利的(吕炯 1958)。白天温度高,光合作用进行旺盛,夜间温度低,呼吸作用较弱,糖分的合成与储积都比较多,使得稻株生长健壮,籽粒充实,产量增加。农谚所说的"黑夜下,白日晴,打得粮食没处盛",意即在黑夜下雨、白天晴的天气条件下,昼夜温差大而又有水分供应,因此多收粮食。昼夜温差大,稻米的米质亦较良好,玻璃质多,乳白米、白心米减少。我国北方稻区与高原稻区,昼夜温差都较大,成为发展稻作十分有利的气候条件。但是昼夜温差很大的地区,亦要注意采取灌溉等措施防备夜间温度下降过低,使水稻受到冷害。灌溉是调节稻田温度的重要方法。水的热容量大,当空气温度迅速下降时,水的降温却较缓慢,当空气温度迅速上升时,水的升温亦较缓慢。所以,保持较深的水层,可以缓和稻田的昼夜温差,而浅水层或保持湿润,则可以加大稻田的昼夜温差。水稻在返青期及孕穗期对高温和低温的反应最敏感,所以应当保持较深的水层,而在水稻其他各发育期内保持浅水或适时晒田增加稻田昼夜温差,是有利的。据中国农业科学院江苏分院(1958)测定,湿润秧田比深水秧田夜间最低温度低 2~4 ℃,白昼最高温度高 2~4 ℃,昼夜温差要增大 4~6 ℃。北方寒地种稻,只要灌溉条件许可,采取日排夜灌的方法,白昼与夜间都能提高土温。在渗水较快的稻田,可以采用午后灌水的方法,保持稻田水层日浅夜深提高土温,对水稻生长是有利的(黑河专区农业科学研究所 1959)。

三、我国稻作的日照条件

(一)稻作与日照时数

不同成熟期的水稻品种具有不同的光照特性。例如,许多早稻品种在短日照或长日照条件下都能顺利地通过光照阶段,对光照长短的反应不敏感。但长江流域与华南的晚稻品种对短日照的要求比较严格,这些品种在长日照条件下(如 14 小时以上的日照)就要显著地延迟发育甚至不能进入生殖发育阶段。所以一个地区日照长度的变化是稻作生产上十分重要的外界环境因子之一。

各地日照时数(指的是可照时数)严格地随纬度而改变,受地形和其他地理因子的影响很小(吕炯 1958)。表 3 按照不同的纬度范围,列出我国各地水稻生长季内日照时数的变化。

表 3 北纬 20°~50°间水稻生长季内每月 1、13、25 日日照时数的变化(时:分)

纬度(°N)	代表性地点	月份日期	3	4	5	6	7	8	9	10
50	黑河	1	10:58	12:55	14:41	16:04	16:18	15:14	13:31	11:39
		13	11:42	13:38	15:19	16:20	16:01	14:37	12:47	10:56
		25	12:28	14:21	15:50	16:21	15:34	13:55	12:02	10:12
40	北京	1	11:18	12:39	13:54	14:49	14:58	14:16	13:05	11:47
		13	11:50	13:10	14:19	15:00	14:47	13:51	12:34	11:16
		25	12:21	13:40	14:40	15:01	14:29	13:22	12:03	10:46
35	开封	1	11:26	12:34	13:35	14:21	14:29	13:54	12:55	11:50
		13	11:52	13:00	13:57	14:30	14:19	13:33	12:29	11:24
		25	12:19	13:24	14:14	14:31	14:05	13:09	12:03	11:00
30	绍兴	1	11:33	12:29	13:20	13:57	14:03	13:34	12:46	11:53
		13	11:54	12:50	13:37	14:04	13:55	13:17	12:25	11:32
		25	12:16	13:10	13:50	14:05	13:43	12:58	12:03	11:11
25	昆明	1	11:39	12:24	13:05	13:35	13:40	13:18	12:38	11:55
		13	11:56	12:42	13:19	13:40	13:35	13:04	12:22	11:38
		25	12:14	12:58	13:30	13:41	13:25	12:48	12:04	11:22
20	海口	1	11:45	12:20	12:52	13:16	13:19	13:02	12:32	11:57
		13	11:59	12:34	13:03	13:20	13:15	12:51	12:18	11:44
		25	12:12	12:46	13:12	13:21	13:07	12:38	12:05	11:32

注:表中日照时数是从太阳的上部边缘自东边地平线出现,以至没入西边地平线为止的时间,如早、晚将常用"薄明"(相当于天空一等星还能看见的亮度)的时间计算在内,大约要增加 1 小时。

表3说明了以下事实：(1)春分与秋分的时候，由于太阳直射在赤道上，南北各地的日照时数几乎一律，都是12小时，昼夜的时数各半。(2)夏至的时候，太阳直射在北纬23°27′的北回归线上，北半球各地的日照亦以这一天为最长，纬度愈高，日照时数就愈长。(3)我国水稻生长期间日照时数变化的基本特点是北方稻区日照时数长，南方稻区日照时数短，并且差异非常明显。例如，东北北部稻区在水稻生长季内日照时数都在14小时以上，而华南则生长季内都在14小时以下。

各地水稻生长季内的日照长度，与生长季天数相结合，对品种的适宜性有很密切的关系。东北与华北，生长季短，生长季的日照长，适宜于对光照长度反应很弱的品种。如果品种不具备这个特性，那么在这样的长日照条件下(14小时以上)，它必然延迟出穗而不能成熟。由于东北的生长季天数比华北更短，生长季内日照时数又比华北更长，所以东北的品种又比华北的品种对光照的反应更弱。华中与华南生长季天数比较长，但春季到秋季，日照时数经历了由短到长又由长到短的变化过程，因此既适宜于对光照反应很弱的早、中稻品种，又适宜于对光照反应较强的晚稻品种。华南的生长季最长，生长季内日照最短，因此华南的晚稻又比华中的晚稻对光照的反应更强。

水稻品种对光照反应的特性与它在各地生育期的表现有很大关系。因此，当进行引种工作时，必须考虑原产地区与引入地区日照长度条件的差异。对光照长度反应很强的南方的单、双季晚稻品种，在同纬度地区之间的引种，由于日照长度条件没有什么改变，生育期及生育状况变化很少，往往能获得良好的结果。例如，表4中，原产杭州的"10509"在同纬度的武昌，表现甚好。但是这些品种在不同纬度的地区进行引种，由于日照长度条件改变较大，生育期的变化亦很大。"10509"引种到长江以北，生育期因日照加长而延迟以至不能成熟。而当引入华南，生育期缩得很短，在云南南部元江等地成为良好的早熟品种。晚稻品种在南北之间引种，同时受日照与温度两个因子的影响，但是日照的影响更为明显。例如，表4中"10509"在原产地杭州，5月15日播种，9月6日出穗，共114天，这期间平均气温26.4℃；引入广东新会后3月11日播种，6月1日出穗，共81天，这期间平均气温22.2℃，温度低而生育期反而缩短，显然是日照条件的影响超过了温度的影响。在华南迟播的条件下，温度与日照同时发生了作用，而使得生育期缩得更短。

表4 "10509"在各地的表现与当地的日照条件

地名	纬度(°N)	最长日照时数(时:分)	播种期(月/日)	出穗期(月/日)	播种到出穗天数(d)	播种到出穗间平均气温(℃)	株高(cm)	每穗粒数	备注
南京	32	14:16	5/10	9/15	128	25.7	155.5	68.7	1958年，华东所
武昌	30	14:05	5/17	9/15	121	26.8	140.0	63.9	1957年，华中所
杭州	30	14:05	5/15	9/6	114	26.4	149.6	64.1	1958年，浙江省所
南昌	28	13:56	5/14	8/29	107	27.1	129.0	62.2	1957年，江西省所
长沙	28	13:56	5/16	9/1	108	27.2	—	51.0	1957年，湖南省所
新会	22	13:29	3/11	6/1	81	22.2	100.6	41.8	1958年，新会良种场
新会	22	13:29	7/20	9/20	62	28.1	—	—	1958年，华南所

(二)稻作与日射强度*

太阳辐射是水稻进行光合作用的能量资源，所以日射强度与光合作用的强弱有密切的关系(山田登1957)。

在一定的温度范围内(15～33 ℃)，光合作用的强度随着光强的增加而加强。一般认为当温度条件适宜，水稻叶片在日射强度 0.6 cal**/(cm² · min)时达到光合作用的"光强饱和点"，日照超过这个强

---

* 气象学上用日射强度说明太阳光的强弱，用日照时数与日照百分率说明太阳光照射的时间。

** 1 cal＝4.18 J，下同。

度,光合作用的强度不再增加。

日射强度主要由太阳高度角与大气透明度两个因子所决定,太阳高度角愈大,或大气透明度愈大,日射强度就愈大。影响太阳高度角的因子有纬度、季节和一日内的时刻;影响大气透明度的有水汽、尘埃等,但是最主要的是云的遮蔽程度。

表 5 列出我国 4 个代表性地点在稻作生长的最重要月份(7月)内的日射强度,这里只用 1958 年的记录。

表5　稻作生长期内(7月份)的日射强度　　　　　单位:cal/(cm^2 · min)

地名	晴阴时:分纬度(°N)	晴天					阴天				
		上午 6:32	上午 9:33	中午 12:33	下午 3:33	下午 6:31	上午 6:32	上午 9:33	中午 12:33	下午 3:33	下午 6:31
沈阳	42	0.22	0.73	0.91	0.63	0.11	0.20	0.73	0.35	0.12	0.04
北京	40	0.29	1.05	1.30	0.85	0.02	0.22	0.20	0.19	0.21	0.22
武汉	31	0.25	1.06	1.30	0.86	0.06	0.08	0.61	0.57	0.70	0.03
广州	27	0.09	1.10	1.37	0.87	0.02	0.19	0.22	0.24	0.17	—

首先,表 5 说明:(1)同一日以内的中午日射强度主要随纬度而变,纬度愈低,日射强度愈强。但即使在沈阳,夏季晴天中午的日射强度仍有 0.91 cal/(cm^2 · min),在光合作用的饱和日射强度(0.6 cal/(cm^2 · min))以上。可见我国南北各稻区在晴天的条件下,日射强度都基本上足以供应水稻光合作用的需要,这是我国稻作生产十分有利的气候资源。并且水稻在生态特性上还有一个有意义的事实,就是可以通过叶色浓淡的变异和选择来适应不同地区的日射强度。粳稻一般生长在北方,叶色较浓,特别适于北方较弱的日射。籼稻一般生长在南方,叶色较淡,特别适于南方较强的日射。(2)晴天的日射强度有明显的日变化。日出以后日射强度随太阳的升高而增强,到上午 9 时前后,达到光合作用的饱和日射 0.6 cal/(cm^2 · min)以上,一直维持到下午 3 时或 4 时。所以在这段时间内,光合作用的进行最为旺盛。

其次,表 5 说明阴天的日射强度比晴天要弱得多,即使南方稻区夏季阴天的中午,日射强度亦不到 0.6 cal/(cm^2 · min)。为了了解各地整个稻作生长期间的平均日射强度,需要研究各地的日照百分率。所谓日照百分率就是不受云所遮蔽的实际日照时数与可照时数的百分比。它又可以反映一个地区晴天机会的多少。图 6 是我国各地水稻生长季内日照百分率的分布情况,该图说明我国北方稻区日照百分率显著比南方高,一般在 50% 以上;而西北地区在 60%～70% 以上,是我国稻作生长期间晴天机会最多、日照条件最好的地方。我国南方稻区,不同年份的日照条件,亦是不相同的,干旱年份,日照条件就特别良好。

太阳光能是水稻生产的根本的能量资源。但在目前的栽培条件下,射到一亩田上的太阳光能只有 1% 左右被水稻所利用,所以提高光能利用效率在水稻增产中具有极大的潜力。水稻的光能利用率所以很低,是因为一部分阳光在未封行时没有照射到叶面而落到了地面,照射到叶面的阳光中又一部分被反射回来,一部分通过植株、叶片透射损失,即使被叶绿素所吸收的阳光也没有最充分地利用于制造有机物质(天津稻作研究所 1959)。

适当地密植后不仅增加上层的叶片,能充分吸收阳光,并且亦增加以下各层的叶片,可以截获由叶片反射与叶片漏过的大量光能,从而提高产量。合理的栽插方式是在保证每亩苗数与穗数的前提下改善稻田光照状况的有效措施。据中国农业科学院农业气象研究室(1959)在天津小站的测定,按东西行栽插的稻田受光条件比南北行栽插的较为良好,下午 2 时稻株基部光照,东西行比南北行增加 28%。

这是因为夏季太阳一天内靠近天顶取东西向行进,东西行向的稻田阳光就容易射入行间;南北行向的稻田阳光易受稻株的阻挡而减弱。所以在完全相同的密度条件下,改变行向就可以有效地改善稻田光强,从而提高产量。但行向还与风向、水向有关,各地适宜的行向还待就各地具体情况作进一步研究。

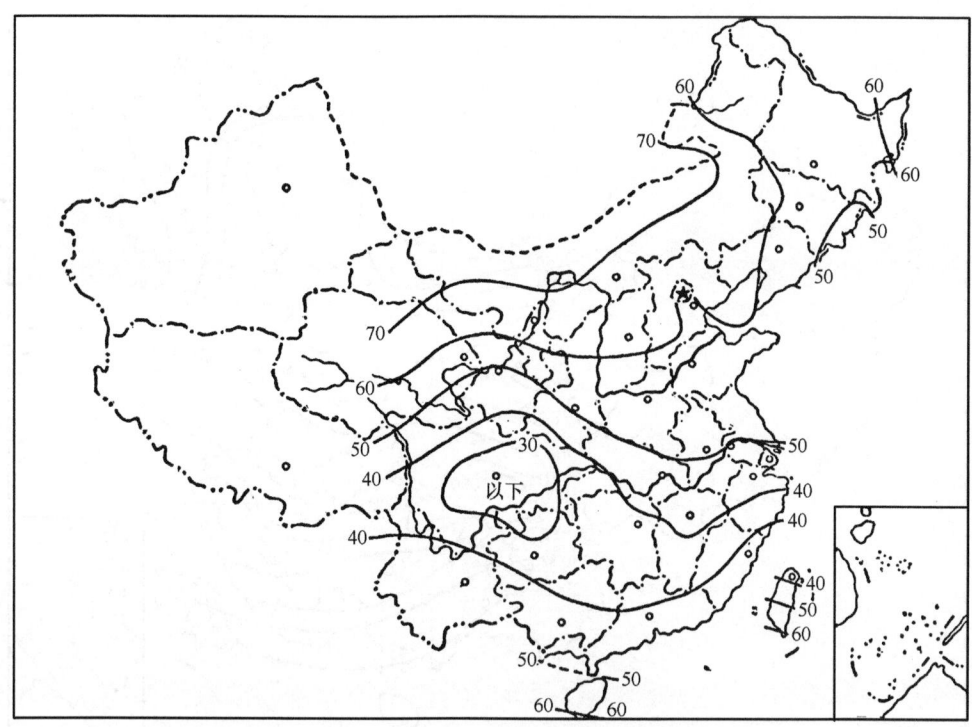

图 6 水稻生长季内日照百分率分布图（单位：%）

四、我国稻作的降水条件

(一) 我国水稻生长季的降水与腾发

稻田需水量包括渗漏量与腾发量（棵间蒸发量与植株蒸腾量的总和）两个因素。渗漏量主要由土壤条件所决定，腾发量主要由气候条件所决定。各地气候观测资料比稻田腾发量的实测资料多得多，所以根据气候资料有可能反映出全国范围内稻田腾发量的变化规律。当然，稻田实际的腾发量除受气候条件影响外，还因品种、栽培技术等等而有差异。

解放以来，各地许多灌溉站都在研究稻田总腾发量与小型蒸发皿的蒸发量之间的对比关系。根据查哈阳等 25 个地方试验结果的初步统计，稻田腾发量大约是蒸发皿蒸发量的 1.23 倍（这个比值随品种与栽培条件而有差异）。根据这个比值，可以将全国气象台站多年积累的蒸发皿蒸发量的资料换算得到我国水稻生长季稻田腾发量的近似值。其分布如图 7。

从图 7 中可以看出，全国稻田腾发量的分布有以下特点：①四川盆地与长江以南、南岭以北一带的稻田腾发量比其南部与北部地区均较低。这个地区水稻生长季并不短，腾发量所以较低，是因为云量较多，空气湿度大，风力比较小。②南岭以南，稻田腾发量增大。因为水稻生长季更加长，并且由于近海，风力亦较大。③长江以北，稻田腾发量则随着纬度的升高而加大，这是因为空气变得干燥，云量减少，风力亦加大之故。④东北地区的稻田腾发量主要是东西方向的差异，东部小，西部大。因为西部云量少，并且降水比东部少，因此西部的空气干燥。

降水量的多少与稻作生产有密切关系。从一个流域范围来说，天然降水量的多少可以反映出该地区稻田水分供应量的多寡。但天然降水在地区与时间上分配很不均匀，因此需要建设水利工程，通过灌溉与排水等措施来加以调节。

图 8 是我国水稻生长季内降水量的分布情况。由于我国不论南北，一年的降水量主要集中于夏季，所以地区间水稻生长季内降水量的差异比年降水量的差异小。图 8 说明：(1)生长季内的降水量自东南

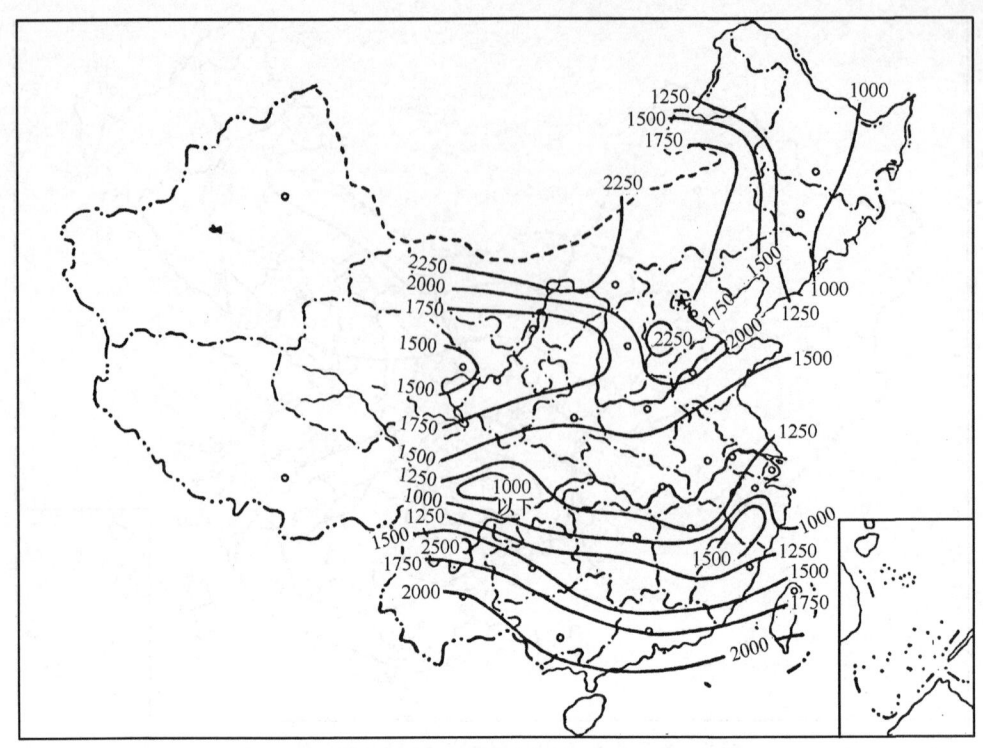

图 7　水稻生长季内腾发量分布图

向西北递减,差异仍很明显。台湾东部在 2000 mm 以上,西北地区最少,一般在 250 mm 以下。(2)我国长江流域的各地,稻作期间降水量相差很少,而华北是东部降水比西部多,这是因为西部地势较高,海洋季风的深入受到一定阻碍。(3)东北南部辽东半岛与延边地区水稻生长季内的降水条件是比较优裕的,都在 600 mm 以上,这是在该地区发展稻作的十分有利的条件。(4)云贵高原虽然地势较高,但因纬度低,在热带海洋季风的影响下,降水较为丰富,在 1000 mm 以上,一般集中在夏、秋两季。(5)由于水稻生长季内的降水量主要由海洋季风提供水汽来源,所以我国各地山脉的迎风面与背风面降水差异很显著,山的迎风面降水都较丰富。

水稻生长季内降水量少而稻田腾发量大的地区,说明在气候上这个地区稻田的水分供应条件比较困难。这里用"稻田干燥度"来反映二者的对比关系:

$$\text{稻田干燥度}^* = \frac{\text{水稻生长季内稻田腾发量}}{\text{水稻生长季内降水量}}$$

稻田干燥度如等于 1,说明该地区一定面积上水稻生长季内的降水正好可以供应同面积稻田的腾发消耗。稻田干燥度小于 1,说明该地区一定面积上水稻生长季内的降水供应同面积稻田腾发消耗后还有多余。稻田干燥度大于 1,说明该地区的降水不足以供应同面积的稻田腾发,因此必须要汇集较大面积上的降水以满足稻田需要。

图 9 是我国各地稻田干燥度的分布图。图 9 说明:(1)我国淮河以南广大地区,稻田干燥度都在 1 左右。尽管这个地区稻田面积分布极广,但是只要兴修各种水利工程,以克服天然降水分配不均的缺点,完全可以在广大的稻上,保证水分的充分供应。(2)我国东北的东部和南部,稻田干燥度亦在 1 左右,说明这个地区发展稻作的水分资源亦是很丰富的。(3)淮河以北,稻田干燥度急速增高,这显然是由

---

* 公式中没有稻田渗漏量的因子,因为渗漏量主要是受土壤条件的影响而不是受气候条件的影响,并且在水利设施良好的条件下,渗漏的水量一般可以经过防渗重新用之于稻田灌溉。当然,影响稻田水分供应的自然条件是相当复杂的,不是这个公式所能全部反映出来的。

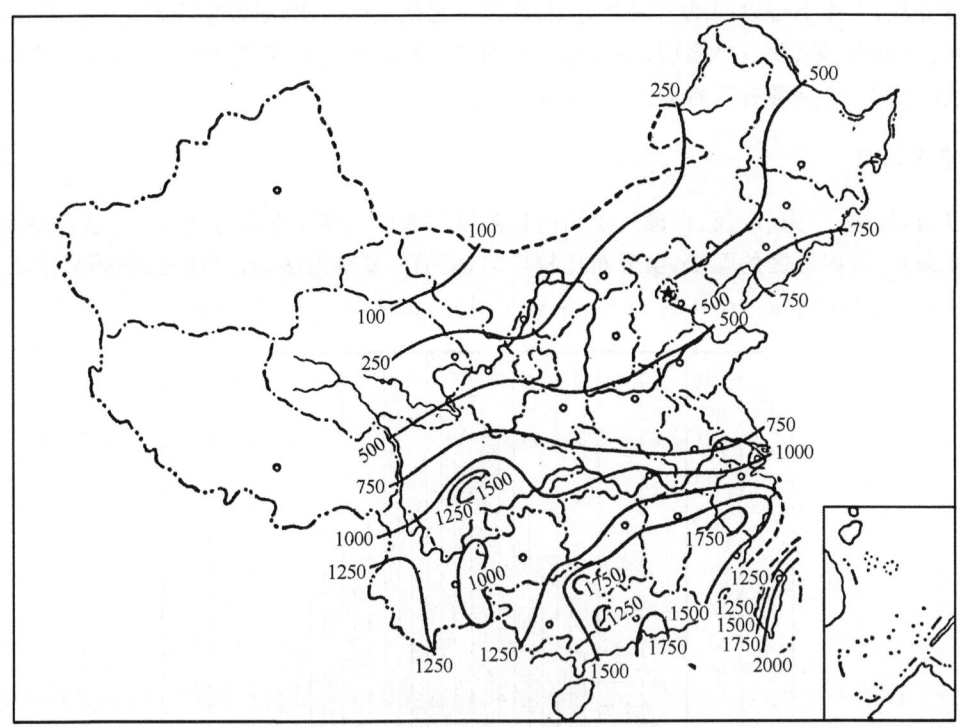

图 8　水稻生长季内降水量分布图

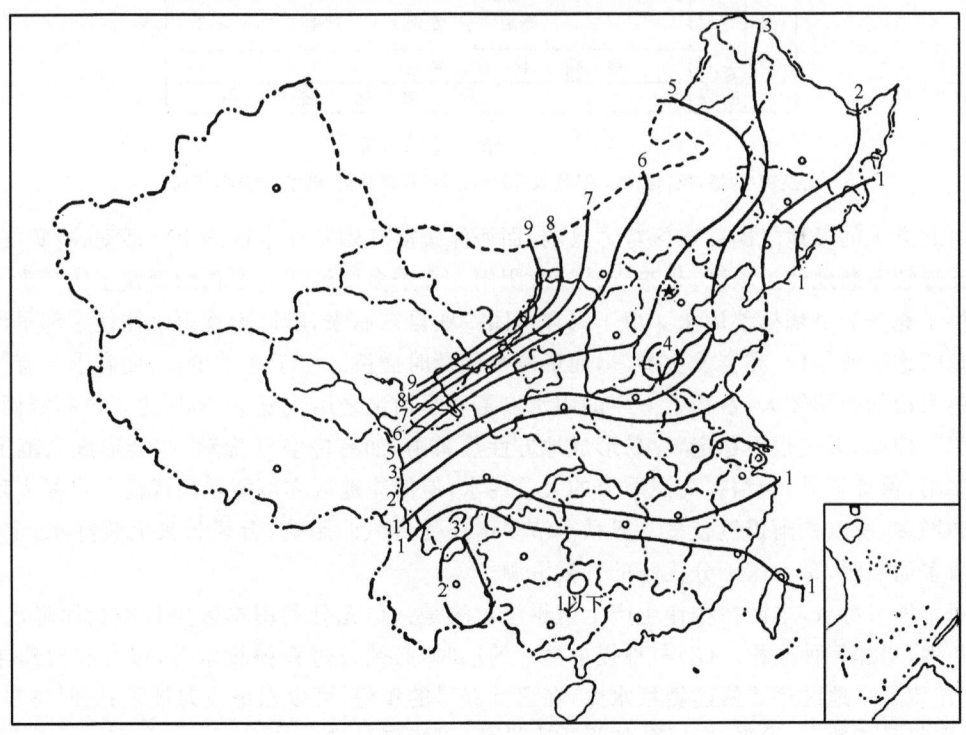

图 9　水稻生长季内稻田干燥度分布图

于降水量减少而腾发量反而加大的缘故。华北干燥度在 2～6 之间,甘肃以西干燥度在 6 以上,说明这些地区如果仅依靠落到稻田面积上的降水,不足以供应稻田的需要。

(二)我国稻作的雨旱季节

雨旱季节分配对当地稻作制度与栽培技术特点的形成,有很密切的关系。我国各地水稻生长季内的雨旱季节分配,大体上可以归纳为四个类型:淮河以北是夏季多雨;长江中下游是春夏多雨;西南地区是夏秋多雨;华南春、夏、秋三季多雨,分布也比较均匀。当然在每一个类型中,不同地方在雨旱季节的迟早与持续时间上,还是各有其特点的(山田登 1957)。

1. 三季多雨型

南岭以南,福建、广东、广西、台湾及贵州的贵阳以东地区基本上都属于此类型(台湾降水季节分布类型比较复杂)。这些地区的雨量,虽分布比较均匀,但仍以夏季最多,春季次之,秋季又次之,冬季雨量很少。例如,广州夏季雨量占全年的 46%,春季占 31%,秋季占 14%,冬季仅占 9%(图10)。

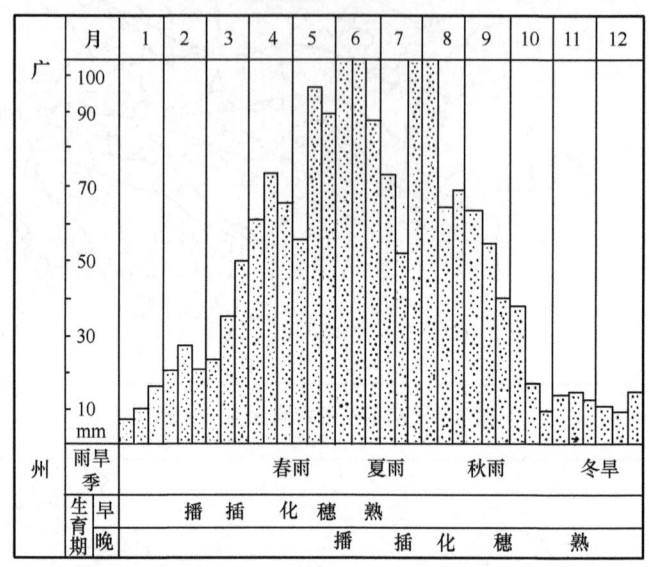

图 10　广州降水季节分配

注:图中"播,插,化,穗,熟"代表"播种,插秧,稻穗分化,出穗,成熟",下同。

春季由北方来的极地气团在本区势力已弱,而海洋暖湿气团常在本区的上空活动,冷暖气团的交绥形成的气旋连续不断地经过本区,带来春季连续阴雨。春季多雨给华南早稻的育秧工作带来一定困难,但是却提供了充分的早稻插秧用水。由于海洋气团一般自东而来,所以春季雨水往往东部早而西部晚,雨季来得晚的地区或年份,亦会发生春旱,而影响早稻及时插秧。由于冬季少雨,而春季又有可能干旱,本区以往冬水田的面积较大,蓄积上一年的雨水以备春季插秧之用。夏季,本区主要被高温而潮湿的赤道海洋气团所控制,天气很不稳定,容易形成地方性热雷雨,如有冷空气扰动,亦会形成大范围的暴雨。由于夏季多雨,保证了早、晚稻在高温季节的大量耗水,但低洼地区亦可能暴雨成涝。自夏入秋,冷暖气团的交绥亦增多,所以秋雨仍然较多。夏秋季节多雨还受台风的影响,台风带来大量降水,常造成洪涝灾害。秋雨多而温暖,是本区十分优越的气候资源。

根据雨旱季节特点,本区在稻作生产上值得注意的是:(1)充分利用本区生长季长而降水又比较均匀的有利条件,增加复种面积。(2)早稻提早播种的同时,必须改进育秧技术等,以与春雨作斗争,防止烂秧。(3)丘陵易旱地区还要修建塘坝水库,在遇到春旱的年份,可以保证及时插秧;同时逐步减少冬水田面积,提高复种指数。(4)低洼地区,加强排水设备,以抗御夏涝。

2. 春夏多雨型

南岭以北,秦岭、淮河以南长江中下游地区都属于这个类型。这些地区春、夏季多雨,而夏季常年平均雨量最多,但亦有干旱年份,秋季少雨。例如,南京春季雨量占全年的 25%,夏季占 45%,秋季只占 17%(图11)。

春季,气旋一个接一个自西向东移来,形成本区春季多雨。对早稻育秧增加了一些困难,但春雨对

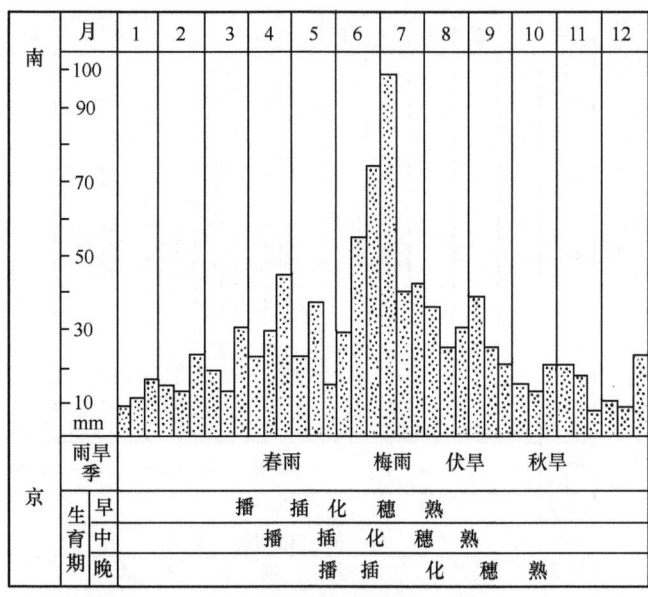

图 11 南京降水季节分配

早、中稻插秧都是十分有利的。春末夏初，海洋气团伸达本区，与极地气团性质迥异，二者交绥形成的锋面行速甚缓，致成广大地区持久的降雨，即梅雨带。梅雨带在立夏（5月上旬）到芒种（6月上旬）停留在东南丘陵与南岭山地，逐渐向北推移，在芒种到小暑（7月上旬）间停留在长江中下游。本地区成为我国重要的稻区是与梅雨分不开的，因为梅雨恰好在中、晚稻的插秧季节时提供了丰富的降水。梅雨期后，本区在海洋气团单独控制下，因局部地面受热，或受地形上抬影响，常有地方性暴雨。夏季如有冷空气南下在上空活动就会形成大范围的暴雨。夏季梅雨及暴雨，如雨量过大，就可能发生涝害。本区在梅雨期以后，常常发生"伏旱"（伏季的干旱）。各地伏旱来临的时期不一样，一般本区的南部早些（小暑、大暑），北部晚些（立秋、处暑），正是中、晚稻拔节孕穗需水最多的时候，所以伏旱对本区水稻的生产是一个威胁。夏末秋初，有些年份本区亦有秋雨，群众称为白露雨或秋分雨，秋雨一般自北向南推移，与梅雨的方向相反。但多数年份，秋季少雨多晴，对中、晚稻成熟与收获很有利，但晚稻后期亦会受旱。本区丘陵地，夏旱与秋旱的威胁都较严重。因此，以往只种一季早、中稻，或者像浙江金华地区那样实行前季水稻、后季旱作的轮栽制度。

根据本区雨旱季节特点，在稻作生产上值得注意的是：(1)本区水稻生长季较长，完全适合于种植双季稻或者生长期较长的一季晚稻。以往种植不多，后期干旱是一个重要原因。(2)本区低洼地区需加强排水系统，以防夏涝。(3)本区春夏雨多，并且多有冬作，插秧季节很紧，稻田的深翻晒垡在插秧前进行比较困难，可以充分利用秋季的多晴机会，提倡在冬作地上进行秋季的深翻晒垡以提高土壤肥力。

3. 夏秋多雨型

长江上游四川盆地与云贵高原（贵州贵阳以西地区），都属于这个类型。这些地区的特点是冬春干旱，雨量集中于夏季，但秋雨亦较多。例如，成都冬、春两季雨量只占全年的17%，夏季占64%，秋季占19%（图12）。

冬、春季本区是在高空西南暖流的控制之下，这种气团的性质温暖而干燥，相当稳定。极地气团南下时，因秦岭山脉高度较低，不易被完全阻挡，但到达四川盆地后势力减弱，因而不易到达云贵高原之上，冷暖气团交锋的机会很少，因而形成冬、春的干旱，春旱一直要延续到五六月份。云南因大部分地区四季不明显，不易按温度划分季节，就按雨量以头年11月到翌年4月为干季，5～10月为湿季。本区由于冬季干旱，以往冬作物产量不高，但是有很大面积的水塘和冬水田，蓄纳夏、秋季的雨水，以供次年春旱时期插秧的需要。春末夏初四川盆地亦进入梅雨期，梅雨大致在6月下旬到7月中旬，梅雨为广大稻

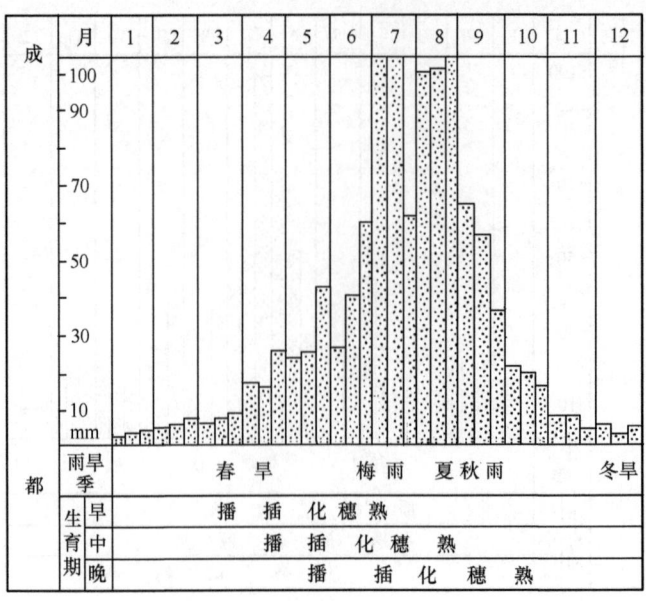

图 12　成都降水季节分配

区提供充沛的水分资源。梅雨期后,在大暑到处暑间,四川亦常常发生伏旱。伏旱正当中稻孕穗期与双季晚稻的插秧期,是对丘陵稻田的一个威胁。成都平原由于古代劳动人民修起了都江堰,减轻了伏旱影响。自夏入秋后,停滞在四川盆地的海洋气团迟迟不退,而北方极地气团已开始南下,因此秋雨较多,对中稻收获虽然带来不便,但对扩大晚稻面积是很有利的。云贵高原虽自 5 月进入湿季,但雨量主要集中在 7~9 月,这时西南季风带着赤道气团越过横断山脉而伸达高原,空气热而潮湿,且很不稳定,如有东北或东南风带来性质不同的空气,就易形成大量降水,可以供应夏季水稻的大量水分消耗。

针对本区雨旱季节特点,在稻作生产上要注意的是:(1)本区春季的干旱是稻作生产的一大障碍,冬水田是预防春旱的重要方法。但冬水田影响复种面积的增加,而本区水稻生长季长,春暖很早,只要解决灌溉问题就可以大力发展双季稻。(2)在四川丘陵地带须修筑塘坝水库,拦蓄梅雨期降水以防御伏旱。伏季稻田只要水分供应有保证,高温强日对水稻是很有利的。(3)本区稻田可以充分利用春季多晴机会进行深翻晒垡,提高土壤肥力。

4. 夏季多雨型

我国秦岭、淮河以北,华北、东北、西北的广大稻区都属于这个类型(图 13)。这些地区雨量主要集中在夏季,其他各季雨量都很少。例如,天津夏季雨量占全年的 72%,春季占 12%,秋季占 14%,冬季仅占 2%。当然,在这样辽阔的区域内,夏季雨量的多寡是大不相同的,可从图 13 中反映出来。我国西北地区雨量虽集中在夏季,但实际上夏季雨量仍然很少。

春季本地区在变性的极地气团单独控制之下,空气干燥而稳定,海洋气团势力不能伸达本区,因此形成云雨的机会很少。自春入夏,极地气团北撤,长江流域的梅雨带北移,我国东北夏季盛吹东北季风,华北、兰州以东盛吹东南季风,海洋气团带来了大量水汽,而夏季在本区的上空冷空气活动的机会仍然较多,因此本区夏季多雨。雨季一般从 6 月下旬或 7 月上旬开始,到 9 月上中旬结束。各地雨期的长短、开始与结束的早晚都有不同。本区降水以阵雨较多,阵雨时间不长,雨量很大,既供给水稻水分,又不至于过多地减弱日照,只要强度不是过大,对水稻是有利的。自夏入秋,极地气团势力迅速增强,海洋气团迅速外撤,本区雨量显著减少。秋季多晴对水稻灌浆成熟是很适宜的,只是东北东部秋雨较多,给水稻收获带来一定困难。本区稻作生长期间主要是在夏季,而夏季又多雨,这是本区发展稻作十分有利的条件。本区以往稻田面积所以发展不多,主要困难是春季缺雨,影响水稻的及时插秧。

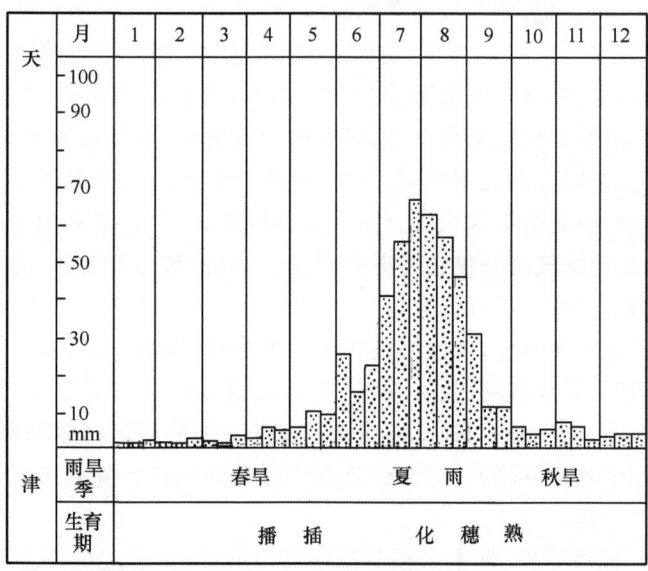

图 13　天津降水季节分配

针对本区的雨旱季节特点,群众在种稻方面积累了许多宝贵经验。值得提出的是:(1)大力修筑水库或控制湖泊,并开辟灌溉渠道,充分拦蓄夏季的雨水,供应下年春季种稻的需要。(2)东北有多年旱直播的经验,天津地区近年来亦在推广旱苗水育的方法,在春旱期间早播节约用水,而在雨季来临后保持水层。(3)本区有大面积的低洼地,以往在夏季多雨条件下旱作物往往受涝失收,近年大力推行改种水稻的经验,只要运用各种方法克服了春季一两个月内缺雨的困难后,就可以充分利用夏季的雨水,顺利地发展水稻。

五、我国稻作的不利天气条件

(一)稻作与霜冻

防御水稻抽穗开花期的冷害主要是通过适宜的品种与播栽期,保证在安全齐穗期以前抽穗开花。这在温度条件一节中已经讨论过,这里着重讨论苗期与灌浆成熟期的霜冻。

表6列出我国各地水稻苗期出现终霜的几率,时间间隔是从该地的水稻生长开始期向后推5、10、15与20天,表中数字表示10年中在各时间内发生终霜的年数(由记录总年数中折算而得)。例如,北京的水稻生长开始期是4月1~5日,后1~5天就是4月6~10日间,10年中有一年半的机会出现终霜,20年的记录中有3年。

表6　各地水稻苗期终霜几率(每10年中出现的次数)

时间 (水稻生 长开始期)	克山 5月 5~10日	公主岭 4月 25~30日	北京 4月 1~5日	兰州 4月 10~15日	徐州 4月 1~5日	昆明 2月 5~10日	上海 3月 25~30日	广州 全年
后1~5天	3.0	1.5	1.5	0.5	1.5	1.5	1.0	
后6~10天	1.0	2.0	0.5	0	1.5	1.0	1.5	
后11~15天	2.5	1.0	1.0	1.0	0	0.5	0.5	(开始后
后16~20天	0	0	1.0	0.5	1.0	0.5	0	仅1955
后21~25天	0	1.0	0	0	0	0	0.2	年有一次)
10年中有 终霜年数	6.5	5.5	4.0	2.0	4.0	3.5	3.2	
最晚终霜期	5月16日	5月25日	4月26日	5月7日	4月22日	4月14日	4月23日	—
气象记录年数	13	13	20	20	14	12	14	13

表 6 说明:(1)我国各地水稻苗期都可能遇到霜冻,但华南只有极个别年份才有。(2)东北水稻苗期遇霜冻的机会最多,10 年中有 5~7 年;北部(克山)又比南部(公主岭)机会更多。这是因为东北的纬度高,春季寒潮侵袭的机会特别多。(3)黄淮平原(北京、徐州)水稻苗期遇霜冻的机会亦较多,10 年中约有 4 年。这是因为黄淮平原春季气候不稳定,但温度回升得很快,水稻生长开始期亦很早,而在这以后寒潮侵袭的机会却仍不少,遇霜冻的几率较高。(4)我国西部长江上游地区因有青藏高原与秦岭的阻挡,春季寒潮入侵机会较少,因此苗期遇霜机会比下游地区少。(5)云贵高原上(昆明)水稻苗期遇霜冻的机会比较多,这与高原上春季气温昼夜较差很大有关。(6)在时间上说来,各地区水稻生长开始期后 20 天内遇霜冻的机会比较多,20 天后就很少了。

解放前没有气象预告为农业服务,农民采用在秧田中经常保持深水的方法,以防御霜冻。但在深水条件下不利于秧苗生长,容易形成飘秧倒秧。最近几年来,各地在水稻育秧期间根据寒流霜冻预告,而在秧田管理上推行湿润秧田,一当霜冻来临前,根据秧龄采用加灰或短期灌深水的方法保护秧苗。霜冻过去后,保持浅田水,增施少量速效肥料,对保苗防冻收到良好效果。除霜冻外,华中、华南稻区还要注意因阴雨低温而易引起的烂秧。

近两年来,四川、湖南、江西等省,发生早稻孕穗期的冷害,值得引起生产上充分的注意。例如,湖南 1959 年 5 月 21~23 日遭受寒流,最低气温降到 12 ℃,据该省湘潭、邵阳、南县等 14 县 21 个点的调查,有芒早粳,凡在 6 月 13 日以前出穗的,空壳率达到 73.1%~100%,每亩产量还不到 200 斤,甚至颗粒无收。

据各地的经验,长江流域在 5 月下旬,华南在 4 月下旬都还可能遭受寒流侵袭,使正在孕穗的早稻受到冷害。所以选择适宜的品种与适宜的播种期和插秧期,使早稻在一定的期限以后出穗,以避免孕穗期的冷害影响,就成为保证获得早稻产量高而稳定的一项重要技术措施。据成都、长沙、南京、广州等若干地方的初步经验,长江流域早稻在 6 月 15 日以后出穗,广东南部早稻在 5 月 10 日以后出穗,则孕穗期遭受冷害的机会就很少了。不同品种在孕穗期对冷害的抵抗力亦不相同,青森五号比有芒早粳、银坊等较为耐寒,所以今后在品种选育上应加以注意。

关于早稻孕穗期冷害的气候规律,目前知道得还很不够,尚待今后各地深入研究。

秋季的早霜对尚未成熟的水稻影响很大。据各地初步观察,最低气温降达 2 ℃ 以下,籼稻叶色迅速变白,植株随即死亡,籽粒不能充实。最低气温降达 0 ℃ 以下,粳稻亦要受霜害。表 7 列出我国各地在安全齐穗期以后,水稻生长终止期以前,出现秋季最低气温降达 0 ℃ 以下的几率。表中数字为 10 年中的出现次数,时间从各地水稻安全齐穗期后 20 天开始再向后推,每 5 天为一个间隔。例如,北京安全齐穗期为 8 月 25~30 日,"后 21~25 天"即到 9 月 21~25 日。

表 7 各地水稻灌浆期致死低温(0 ℃ 以下)出现几率(每 10 年中出现的次数)

时间	克山	公主岭	北京	兰州	徐州	成都	昆明	上海	广州
安全齐穗期	8月1~5日	8月5~10日	8月25~30日	8月5~10日	9月5~10日	9月15~20日	9月15~20日	9月15~20日	10月20~25日
后 21~25 天	0	0	0	0	0	0	0	0	0
后 26~30 天	0	0	0	0	0	0	0	0	0
后 31~35 天	0	0	0	0	0.5	0	0	0	0
后 36~40 天	1.0	0	0	0	0	0	1.0	0	0
后 41~45 天	3.0	0	1.0	0	0	0	0	0	0.5
后 46~50 天	1.0	2.0	1.0	0	0	0	1.0	0.5	0
10 年中有低温年数	5.0	2.0	2.0	0	1.5	0	2.0	0.5	0.5
最早 0 ℃ 日期	7月13日	9月28日	10月10日	10月2日	10月8日	12月2日	10月21日	11月9日	12月8日
水稻生长终止期	9月15~20日	9月20~25日	10月10~15日	9月20~25日	10月15~20日	10月20~25日	11月1~5日	11月1~5日	12月8日
气象记录年数	11	9	29	19	11	22	12	40	18

表 7 说明我国各地水稻灌浆成熟期遭受低温的机会与苗期霜冻的趋势很一致。东北的机会最多，而东北北部（克山）10 年中有 5 年，南部（公主岭）10 年中有 2 年，差别颇显著。黄淮平原 10 年中有 2 年；西部兰州、成都等地几乎不受低温影响；长江中下游的机会亦很少；云贵高原（昆明）又较多；南部（广州）亦有极个别年份可能受冻害。总的说来，灌浆成熟期遭受低温的机会比苗期受冻机会要少，例如，公主岭 10 年中有 5 年半在水稻播种以后出现终霜，而在水稻成熟前遭受 0 ℃以下低温的只有 2 年。

灌浆成熟期容易遭受低温侵袭的地区，种植粳稻比较有利，因粳稻后期抗低温能力较籼稻强。要注意选用或培育成熟过程比较快、出穗到成熟的天数比较短的品种。

（二）台风与稻作

台风与暴雨对水稻各个生育期都有不利的影响，尤其是出穗到灌浆前期，受风雨袭击后往往植株倒伏，结实率降低，影响产量（陈世训 1956）。掌握风雨发生的气候规律，通过水稻合理布局，以各种技术措施战胜风雨，是稻作增产的重要关键。

在我国登陆的台风主要发生在菲律宾群岛的东部海面上。表 8 是 1893～1940 年我国各地在不同月份台风登陆的次数（高由禧 1950）。我国台风一年平均登陆 5.8 次。台风发生的季节主要在 6～10 月，而以 7～9 月为最多。5 月开始，在汕头以南登陆，6 月以后在汕头与温州之间登陆；7 月，温州以北台风登陆次数大增；8 月是台风登陆高峰期；8 月后台风登陆范围南移；10 月后，温州以北无台风；11 月后，汕头以北无台风。

台风的影响虽然很大，但是只要我们掌握了台风的规律，就可以采取有效的防御措施：(1)华南台风 6 月就已开始，海南岛群众创造了种冬稻的经验，在年前播种，5 月间就收获，可以避过台风为害。(2)浙江、福建两省，早稻 7 月成熟，亦正逢当地台风季节，可以种植更早熟的品种，同时实行早播早栽，争取早稻在台风来临之前成熟。(3)江苏省 8 月份台风最多，此时正是中稻出穗开花期，所以中稻所受的影响比早、晚稻重，增加早、晚稻或双季稻的面积，就可以减轻受台风的损失。(4)沿海地区选育矮秆抗风的品种，是战胜台风的重要途径。(5)沿海普植防风林带，对防风固堤作用很大。

表 8　1893～1940 我国各地水稻生长季内台风登陆次数

月 \ 登陆地点 次数	温州以北	温州、汕头间	汕头以南	总　数
5	0	0	7	7
6	1	11	7	19
7	11	35	20	66
8	24	50	21	95
9	7	29	29	65
10	0	8	11	19
11	0	0	3	3
总次数	43	133	98	274

参 考 文 献

安徽省农业试验总站.1958.双季早稻保温育秧试验总结

陈世训.1956.广西的气候.新知识出版社

丁颖.1957.我国稻作区域的划分.华南农业科学,(1)

高亮之,蔡显圣.1959.江苏省双季稻的农业气象研究.华东农业科学通报,(5)
高亮之,庞燕琦,蔡显圣.1959.低温条件对晚稻结实率的影响.天气月刊,(8)
高由禧.1950.从台风的统计以预告台风的移动(一)、(二).气象学报,**21**:35~45,**22**:111~125
黑河专区农业科学研究所.1959.漠河试种水稻报告
湖北省农业科学研究所.1958.早稻保温育秧工作报告
湖南省农业科学研究所.1958.双季稻丰产的几个问题.湖南农业通讯,总 **32**
华东农业科学研究所.1957.长江流域的双季稻气候
江苏省气象局,华东农业科学研究所.1958.江苏省农业气候.上海科学技术出版社
吕炯.1957.作物引种与农业气象.农业学报,**8**(2)
吕炯.1958.论水稻气候生态型.天气月刊,(1)
吕炯.1958.地球各纬度一年中昼夜长度的变化(略论与植物的关系).农业学报,**9**(2):192~197
山田登.1957.关于水稻光合作用的最近研究.日本农业技术访华团专题报告
天津稻作研究所.1959.关于1959年水稻研究工作中四个问题的报告
王树廷.1960.双季早稻怎样防止烂秧.人民日报,2月
杨开渠.1957.双季稻粳稻再生稻的性状研究.四川人民出版社
浙江省农业科学研究所.1959.早稻播种移栽期试验研究资料汇编(水稻部分)
浙江省农业科学研究所.1959.连作晚稻播种移栽期试验研究资料汇编(水稻部分)
新会良种繁殖场.1959.粳稻周年播种试验总结
中国农业科学院江苏分院.1958.早稻育秧(育秧技术总结)
中国农业科学院.1957.长江流域双季稻考察报告
中国农业科学院农业气象研究室,中央气象局农业气象研究室.1959.水稻抽穗、开花、结实与温度条件的关系
中国农业科学院农业气象研究室,中央气象局农业气象研究室.1959.水稻不同密度的小气候
中国农业科学院农业气象研究室.1960.水稻与气象.农业出版社

晚稻丰产栽培的光条件与光能利用[*]

高亮之 王延颐 郑凤祥

中国农业科学院江苏分院

(原载:中国农业科学院江苏分院编,《陈永康水稻高产经验研究》,1964年,上海科学技术出版社,134~152页)

水稻产量的高低,在很大程度上决定于水稻对阳光利用率的高低。因此,丰产栽培的光条件与光能利用的研究,对于制定水稻丰产技术有重要意义。

我们研究的途径,是以劳模陈永康的经验为引导,逐步地揭示水稻群体光条件与光能利用的基本规律,为水稻的稳定丰产技术提供科学依据。

最近30余年以来,农作物光能利用的研究进展较快,Heath 和 Gregory(1938),Watson(1958),山田登(1955,1956),村田吉男(1956~1959),武田友四郎(1955~1959),殷宏章等(1959,1961)先后都有工作。他们多数是从植物生理学或生态学角度进行研究的,我们从农业气象学角度进行研究,特别着重于研究与光能利用有关的自然光照条件与群体光条件。以下为1961~1962年初步的研究结果。

一、研究方法

1961~1962年进行大田光照测定与光能利用研究的田块及其相应的栽培措施如表1,品种都是晚粳老来青。

大田光照测定应用国产53型照度计,在晚稻不同发育时期进行观测。观测时间一般为上午9时,1962年在封行前后进行光强日变化的观测。观测高度是植株以上30 cm、植株2/3高度、植株1/3高度及地面(1962年改为离地10 cm)。在植株以上30 cm处测定自然总光 Q(镜面水平向上)、自然散光 D(镜面背向太阳)、植株反光 A(镜面水平向下)。

1961年在植株中间测得各高度的散光 D_2、D_1、D_0(镜面向北),同一高度以10次读数(后期5次读数)求平均。1962年在植株中间测总光(镜面向上),同一高度20次读数。此外,在阴天测定散光。本文中光强记录以1961年的结果为主(1962年的结果将另作整理)。1961年光收支各成分及各高度相对光强计算方法如下:

$$\text{反射率}(\alpha) = \frac{\text{植株反光}(A)}{\text{自然总光}(Q)},$$

$$\text{漏射率}(\beta) = \frac{\text{地面散光}(D_0)}{\text{自然散光}(D)},$$

$$\text{各高度相对光强}(I_n) = \frac{\text{各高度散光}}{\text{自然散光}},$$

即

$$I_2 = \frac{D_2}{D}, I_1 = \frac{D_1}{D}, I_0 = \frac{D_0}{D}$$

---

[*] 本文系陈永康水稻丰产技术研究协作组农业气象专业组的部分工作报告,与水稻栽培专业组密切配合进行研究。本院朱塘松、朱永灼、谢鸿恩等同志参加部分测光工作,在工作进行过程中得到杨立炯副主任、陈永康研究员的指导,本文承杨立炯副主任、南京农学院江广恒先生审阅,特此致谢。

式中 I_2、I_1、I_0 分别为植株 2/3 株高、1/3 株高及地面的相对光强。

1961 年所以在植株间测定"散光",是因为植株间总光分布极不均一,叶片稍有摆动,变化更大,散光则要稳定得多。同一高度测定的重复次数可以较少,因此时间误差亦较少。从理论考虑,9 时测定的散光与总光的相对光强是近似的。1961~1962 年实测结果,说明二者在前期有一定出入(散光偏大一些),中后期基本接近。

表 1 各田块栽培措施

(1961~1962 年中国农业科学院江苏分院)

代号		17	19-3	19-2	52	53-1	53-8	49-1	49-9	49-11	49-13	48-A	48-B_1	48-B_2	48-C	48-D	48-F
处理			丰产田		小脚稻	施肥正常	一贯乌	施肥正常	晚栽施肥过头	晚栽施肥正常	晚栽不施肥	不施肥	施肥正常	施肥正常	小脚稻	中、后期缺肥	前、中期过肥
密度(寸×寸)		4×5	4×5	5×6				5×6							6×6		
前作			元麦			小麦			绿肥					元麦			
基肥(担)		猪44	猪28	猪28	不施	猪20	猪50		不施					不施			
追肥时期、种类及数量	前	28.0	22.5	25.0		17.0	35.0 人10	20.0	39.0	20.0			猪8.3 33.0	猪8.3 33.0	5.0	猪8.3 33.0	猪20 85.0
	中	猪21	猪25	猪26	8.0 猪10	猪14	6.5 猪20	猪20	10.0	猪20	未施	未施	猪16 10.0	猪23.5 20.0			猪23.6 20.0
	后		4.1	7.7	10.0	31.0	29.6		10.0				8.0	2.0	猪8.0 17.0		15.0

注:①播栽期:17,19,52,53 号田为 5 月 5 日~6 月 3 日;49-1 号田为 5 月 12 日~6 月 10 日;49-9、49-11、49-13 号田为 5 月 20 日~6 月 20 日。
②追肥期:"前"为 6 月 16 日~7 月 8 日;"中"为 7 月 17 日~7 月 22 日;"后"为 7 月 30 日~8 月 22 日。
③施肥种类:"猪"为干猪粪(担/亩);"人"为人粪尿(担/亩);单数字为硫酸铵(斤/亩)。
④除 48 号田为 1962 年试验田外,其他均为 1961 年试验田。
⑤"一贯乌"是使叶色一直深绿。

为了求得稻田全部叶面积上的平均光强,采用大田切片法。在大田测得自然株高后,将植株按自然株高的 1/3、2/3 高度,自下而上(从地面算起)切断,求上、中、下三部分的叶面积比率(占总叶面积的百分数),再按下式用加权平均法求得全部叶面积上的平均相对光强 I_m。

$$I_m(\%) = \left[\left(\frac{I_0+I_1}{2}\right)f_1 + \left(\frac{I_1+I_2}{2}\right)f_2 + \left(\frac{I_2+I_3}{2}\right)f_3\right] \div 100 \tag{1}$$

式中 $\frac{I_0+I_1}{2}$、$\frac{I_1+I_2}{2}$、$\frac{I_2+I_3}{2}$ 分别代表植株下、中、上三部分的平均相对光强;f_1、f_2、f_3 为下、中、上三部分的叶面积比率。田间测光只是了解相对光强。在计算水稻各发育期叶面实际光强时,我们应用了南京小教场气象站的太阳辐射观测资料。据气象学研究,在大气外界太阳常数是 1.94 cal/(cm²·min) 时,其中可见光能量占 46.8%,太阳常数的照度是 135 千米烛光(которатьев 1954)。对于干洁大气而言,地面太阳辐射中可见光能量占 44.8%(以大气质量 $m=1.5$ 作为一日内的平均状况)。因此,地面太阳辐射 1 cal/(cm²·min) 约相当于 66.6 千米烛光 $\left(\frac{135}{1.94} \times \frac{44.8}{46.8} = 66.6\right)$,所以叶面积实际光强($S_m$):

$$S_m = S \cdot I_m \tag{2}$$

式中 $S=$ 地面太阳总辐射量 × 66.6(千米烛光);I_m 为相对光强(%)。

---

*1 千米烛光=1000 lx,下同。

1961～1962年除田间光强测定外,还与水稻栽培专业组结合,测定叶面积、株高、分蘖、粒重、各器官性状等,与光强记录相结合进行分析。

二、研究结果

(一)晚稻丰产田光分布特征

1. 稻田反光、漏光与吸光

图1表示两个代表性田块19-3(丰产田)与49-13(不施肥田)的反光、漏光与吸光情况。

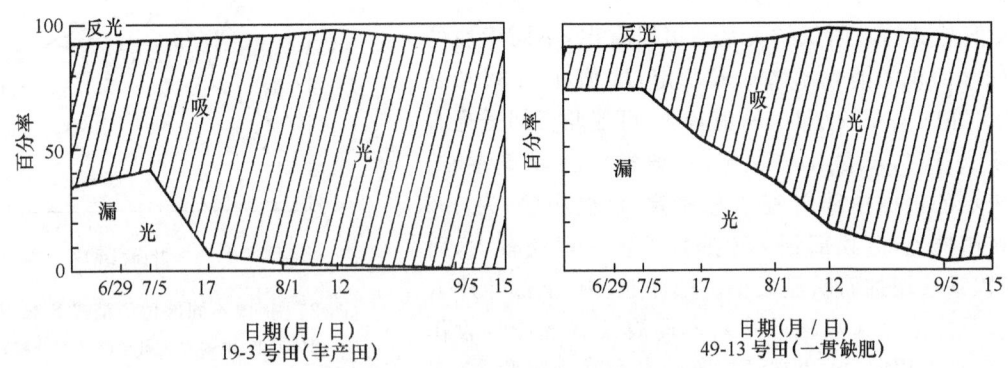

图1　稻田的反光、漏光及吸光
(1961年,中国农业科学院江苏分院)

尽管不同田块生长状况有很大差异,但反射率大致相同。同一田块不同生育期,反射率变化亦很小,其原因可能是水稻植株表面对可见光的反射能力与稻田水面相近。稻田反射率的幅度为4%～6%,与殷宏章在小麦田上测得的结果(5%～7%)相接近。但据苏联卡里晋测定,禾本科植物对于太阳总辐射的反射率为20%。由此可见,稻、麦等植株对于可见光的反射能力比对总辐射的反射能力显著为小(约小4～5倍),这是探讨水稻光能利用上的一个有意义的事实,即水稻对于光合作用所需要的可见光的吸收率远比对不可见光(红外线等)的吸收率高,后者反射要多些。

不同田块或同一田块不同时期,漏光率却有较显著差异。分蘖前期漏光率变化幅度为38%～75%,分蘖后期为10%～53%,拔节分化期为1%～18%,抽穗期为0.3%～5%。抽穗期以后,叶片逐渐枯萎,漏光又稍有增加。生长正常的稻田在封行以后漏光很少。一贯缺肥的田块(如49-13)绿色叶面积不足,一生中均不封行,漏光量很多,前期达50%～80%,后期亦在10%以上。大量光能被浪费,这是当前生产上产量不高的基本原因。

反光与漏光以外的光,是被水稻所吸收的。稻田吸光率与漏光率有相反的关系,漏光少则吸光多,所以生长差的吸光少,生长繁茂的吸光多。但水稻所吸收的光远比光合作用所利用的光为多(利用率仅1%～2%),大量的光能被吸收后用于蒸腾作用或转化为热能。关于稻田反光、漏光的一般特征,1962年测定结果趋势与1961年的一致。

2. 稻田透光规律

水稻整个植株中以叶片占有的面积最大,因此,稻田的透光规律主要决定于叶片的透光特性。门司正三在1953年用Beer Lambt公式的形式来表达叶面积与光强的关系,提出以下公式:

$$\frac{I_n}{I} = e^{-KF}, \quad 即 \quad \ln\frac{I_n}{I} = -KF \tag{3}$$

式中I_n为n高度处的光强;I为入射光强;F为叶面积系数;K为消光系数。

消光系数(K)反映单位叶面积削弱光强的能力。它与叶片的颜色、厚薄等有关,亦与叶片的排列、株型等有关,在光能利用研究中,有重要意义。晴天条件下,根据上式计算的不同时刻的 K 值应当是不同的(因太阳经过的叶片层厚度不同),但上午9时测得的 K 值大致可以代表一天的平均状况。据1961年的测定,对水稻 K 值的变化有以下几点认识:

(1)植株上、下部的 K 值变化:在图2中,线(1)是植株上部(由顶部到2/3处)的 K 值与其间叶面积的关系;线(2)是植株顶部到1/3高度的 K 值与其间叶面积的关系,代表全株叶面积的消光规律;线(4)为抽穗后植株顶部到1/3高度的 K 值与其间叶面积的关系;线(3)为植株中部(2/3~1/3处)K 值与其间叶面积的关系。可以看出:不同田块的稻田,全株叶面积的消光系数比较稳定,K 值在0.3~0.6之间变化。在叶面积较小时,K 值较小,可能与行间透光有关;叶面积大于4,K 值比较稳定,一般稳定在0.5左右。而线(3)表示的植株中部 K 值亦较稳定,但要小些,为0.3~0.5。在植株上部(顶部到2/3处),K 值一般比较大,而且随叶面积系数增加而明显减小。植株上、中、下部叶片 K 值的特点,可能是因为水稻叶片对不同波长有选择吸收作用。光在通过上层时,叶片容易吸收的光被强烈吸收,余下

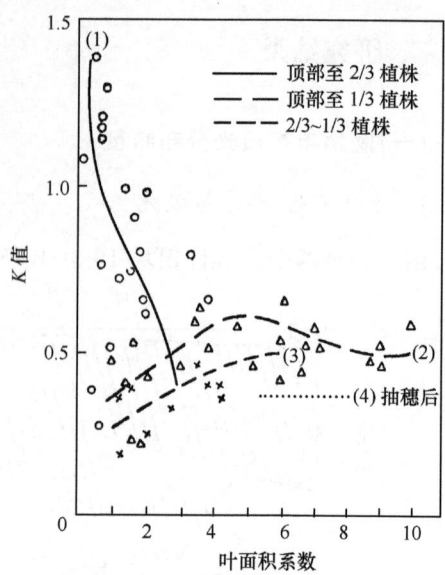

图2 稻田不同部位的消光系数(K)
(1961年,中国农业科学院江苏分院)

的光比较不易吸收。因此,上层 K 值一般比中层大,而当上层叶面积增大时 K 值就下降。抽穗后由于株型改变,群体透光较好,K 值较低。

(2)不同生育期 K 值的变化:在水稻分蘖期 K 值明显地较低,可能是因为分蘖前期叶片遮蔽地面尚少,行间漏光较多的缘故。而拔节分化期(8月1日)株型与叶片挺直,K 值亦有稍低的趋势。下文将谈到陈永康掌握这两时期株型前期稍披,后期挺直,都与稻叶受光量有关。

(3)稻田光强随生育期及高度的变化:图3表明各块代表性丰产稻田在本田生育期间下部光强变化过程。

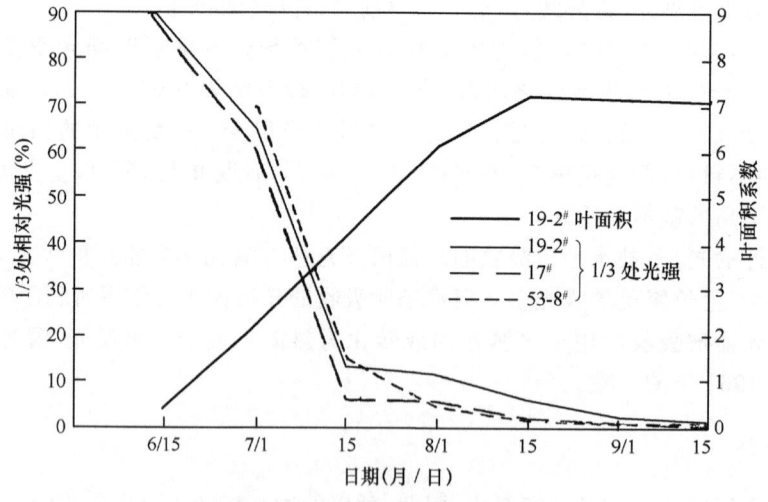

图3 稻田光强随生育期的变化
(1961年,中国农业科学院江苏分院)

从图3看出其基本特点是:前期光强的减弱很快,而中、后期很慢。长粗开始期(7月15~20日间)是一个转折点,返青到分蘖盛期(7月1日前后)为止,下部光强一直很充分(丰产田都有50%~70%),

而分蘖盛期到长粗拔节期,光强减弱很剧烈,因此,这是水稻一生中控制光强的关键时期。长粗期以后,因株型有改变,正常掌握的田块光强减弱很慢,而促进过头的田块(53-8)光强仍明显下降而提前进入封行期。从1962年的测定,一天中的直射光在封行前后有明显变化。图4中田块F已封行,A、B-1尚未封行。可以看出,封行前由于行间影响尚存在,直射光在中午前后有可能照射到植株基部,而封行后,即使中午照入基部的直射光量亦很少。以上光强随生育期的变化以及封行前后光强变化特点,与陈永康晚稻前中期管理经验有密切关系。陈永康认为水稻要获得高产,既要有足够的营养条件与叶面积水平,又要有良好的田间光照。因此,陈永康在分蘖前期主要是促进(第一黑),这时期漏光过多,所以促进叶面积增加,对利用光能是有利的;在分蘖盛期到长粗开始前进行控制(第一黄),以防止光强削弱过多,封行过早;长粗期开始后因光强减弱较慢,又进行适当地促进(第二黑),改善营养条件;紧接着进行烤田达到"二黄",以保证生长稳定、适时封行,改善该时期稻田光强。

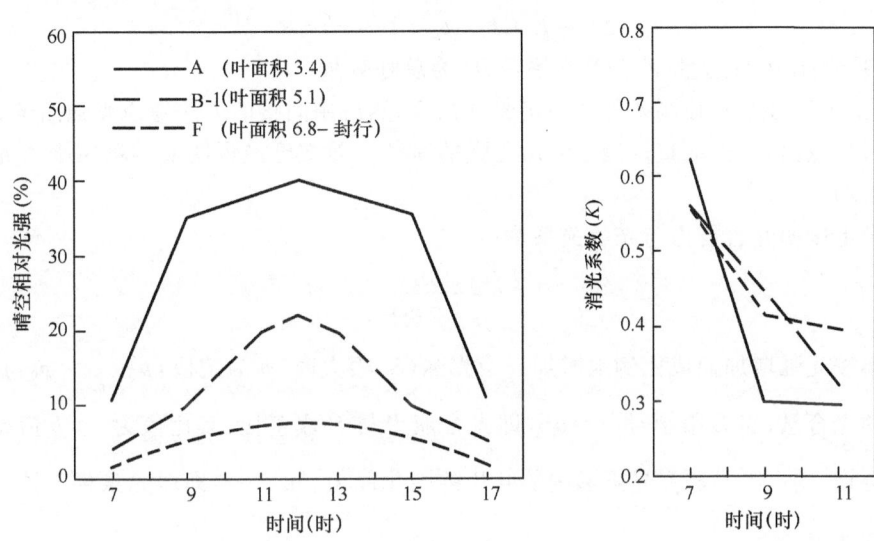

图4 已封行田块(F)与未封行田块(A、B-1)晴空光强及K值日变化
(1962年,中国农业科学院江苏分院)

稻田光强随高度变化的基本特点是(见图5):上部光强减弱很快,中、下部减弱很慢(K值较小),1962年测定结果趋势一致。因此,对全田来说,上部叶片关系最大。陈永康在晚稻各生育期都很注意上部叶型,分蘖前期由于光强良好,他掌握上部叶片稍弯,呈"水仙花"状;中期他掌握上部三叶片挺直、老健而"叶尖距"适当(枪头叶、平头叶);后期又掌握剑叶长度适当(1尺);中后期尤忌披叶。这些经验可能都与改善稻田光强有关。

(二)光照条件与水稻干物质生产

水稻前期干物质生产关系到壮株、壮秆与大穗,后期干物质生产直接关系到产量。因此,研究干物质生产的规律是有重要意义的。国内外关于大田植物干物质生产应用很久的公式是1917年Gregory所提出的:

$$\Delta D = F \cdot m \tag{4}$$

式中 ΔD 为每日积累的干物质重;F 为叶面积系数;m 为单位面积每日净同化率。

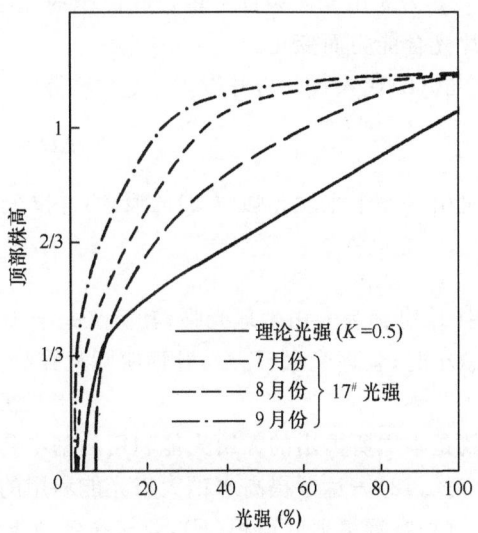

图5 不同生育期株间光强随高度的分布
(1961年,中国农业科学院江苏分院)

后来，许多人发现净同化率的变化颇不规律，并不能反映植物的同化能力。1929 年 Watson 已指出净同化率随叶面积的增长而减少，其原因是田间光照条件的削弱。最近 10 年内，日本的学者设法将光强因子考虑在内，门司正三提出群体总光合量的公式：

$$\sum P = \frac{b}{aK} \cdot \ln \frac{1+aI_0}{1+aI_0 e^{-KF}} \tag{5}$$

这个公式计算比较复杂，并且假定各高度 K 值为常数，与事实有所出入。

1956～1959 年村田吉男关于水稻光合成的研究中提出如下公式：

$$P = F \cdot p_0 \cdot f \tag{6}$$

式中 P 为大田总光合量；F 为叶面积系数；p_0 为单位面积在饱和光强下的光合能力；f 为受光率。

武田友四郎又在村田公式基础上提出干物质生产的公式：

$$\Delta D = K \cdot F \cdot p_0 \cdot L \cdot P' - R \tag{7}$$

式中 K 为一定系数；L 为日射量；P' 为受光系数；R 为总呼吸量。

村田、武田的方法都是在控制条件下测定光合强度，然后用间接的方法考虑光强因子。我们则从农业气象学的学科特点出发，采取直接测定大田光强的途径。前文已经说明实测稻田平均光强（S_m）的方法（即 $S_m = S \cdot I_m$）。

植物生理学上阐明光合能力与光的关系是：

$$p = \frac{bS}{1+aS} \tag{8}$$

即光合强度并不按光强增加而成比例地增加。当光强（S）很大时，p 为定值，$p = \frac{b}{a} = p_0$，p_0 为饱和光强下单位叶面积的光合量；当 S 很小时，$p = bS$，即光合能力与 S 成正比，其比值为 b。b 值是弱光条件下单位光强的光合量，它反映了不受光强影响的叶片的同化能力。$a = \frac{b}{p_0}$，即弱光条件下同化能力与饱和光强下同化量的比值。

我们从以下基本公式出发：

$$\Delta D = F \cdot p - F \cdot r \tag{9}$$

式中 p 为大田光照条件下单位叶面积的光合量；r 为单位叶面积的呼吸量。p 显然既随光照条件又随叶片光合能力而变化。

式（8）代入式（9），并以 S_m 代入 S 得：

$$\Delta D = F \cdot \frac{S_m}{1+aS_m} b - F \cdot r \tag{10}$$

这里引入一个生理光强（I'_m）的概念，并以公式（2），即 $S_m = SI_m$ 代入。令

$$I'_m = \frac{S_m}{1+aS_m} = \frac{SI_m}{1+aSI_m} \tag{11}$$

式中 I'_m 可称为大田生理光强，其意义是稻田单位叶面积所接受的生理上有效的光照强度。叶面实际光强愈小时，生理光强（I'_m）与叶面实际光强（S_m）愈接近，由式（10）可得：

$$\Delta D = F \cdot I'_m b - F \cdot r \tag{12}$$

这就是本文所提出的大田光能利用的基本公式。

式（12）表达了提高水稻大田光能利用的基本途径为：

（1）掌握最适叶面积（F）：要求在各种条件下灵活而正确地掌握肥、水、密、管等一系列技术措施，以保持大田叶面积的合理动态变化。

（2）提高叶片受光量（I'_m）：太阳光强目前还不是人力所能控制，所以提高叶片受光量主要途径是控制群体结构与植株株型，以提高稻叶相对光强（I_m）。因此，在各个生育期都要求控制植株一定的长势、长相。

(3) 提高叶片光合能力（b），适当减低呼吸能力（r）：在控制最适叶面积动态的前提下，保持器官协调生长，叶色变化正常，以提高同化积累。

表 2　光强条件与物质生产

田号	时期	平均每日干重增长 $d=\frac{\Delta D}{n}$ (kg)	该时期平均叶面积系数 F	该期平均相对光强 I_m(%)	每日平均日射量 S(cal)	每日叶面实际受光量 S_m（千米烛光）	生理光强 $I'_m=\frac{S_m}{1+aS_m}$（千米烛光）	日总同化量 $A=Fr+d$ (kg/(亩·d))	叶片同化能力 $b=\frac{Fr+\Delta D}{FI'_m}$ (kg/(千米烛光·亩·d))
17	7月3～31日	13.8	5.70	23.4	489	8.8	6.85	20.7	0.530
19-2	7月3～31日	13.3	4.11	44.7	489	16.8	10.88	18.3	0.409
53-1	7月13～31日	11.2	3.23	50.8	443	17.2	11.05	15.1	0.423
53-8	7月13～31日	16.6	4.98	31.3	443	10.6	7.89	22.6	0.575

表2以分蘖盛期到拔节期为例，说明根据公式(12)计算光照条件与物质生产的关系。该期一方面要求有足够的物质生产为建立壮秆大穗提供物质基础，另一方面又要求叶面积不过大，以保持良好的田间光条件，为壮秆大穗提供必要的环境条件。从表2中可知，各田块在提高物质生产方面各有不同特点。17号丰产田主要依靠叶面积大（$F=5.7$）而有较高的干重增长，53-8号田叶面积虽比17号田低，但叶片光合能力最高（$b=0.575$），因此干重增长最多。值得注意的是该年产量最高的19-2号田，叶面积与叶片光合能力并不很高，而依靠叶面受光量较强，干重增长与17号田相差甚少。所以如何更多地依靠群体受光量条件以提高干重积累，是丰产栽培中很值得注意的问题，通过此途径既能省肥，又能使群体发展稳定，个体植株健壮。

式(12)还有一个重要用途，就是应用农业气象方法求算大田条件下叶片光合能力 b，由式(12)得：

$$b=\frac{\Delta D+Fr}{F \cdot I'_m} \tag{13}$$

b 是光能利用中一个基本数据，是反映与叶面积和光强无关的叶片同化能力，它在研究栽培措施与品种特性中有重要意义。但到目前为止，b 还不能在大田中求得，而只能在容积不大的光合作用测定器中做短时间的测定，故在环境条件与测定时间上都不易代表大田状况。

公式(13)中 ΔD 与 F 可以在大田相当可靠地测得，但 a 与 r 尚需依靠实验测定。

我们应用殷宏章等1959年测得的 a 与 r 值（$a=0.032$ 千米烛光，$r=0.08$ g CO_2/(m²·h)$=0.06$ g 干物质/(cm²·d)），来试求1961年各田块的 b 值（表3）。为了更正确地求算大田 b 值，今后自然需要更确切地掌握各生育期的 r 与 a 值及其变化规律。

表 3　各田块的 b、m 值
(1961年，中国农业科学院江苏分院)

田号		移栽至分蘖盛期	分蘖盛期至拔节	拔节至孕穗	孕穗至乳熟
17	b	0.298	0.530	0.631	0.632
	m	3.81	2.41	1.58	1.09
19-2	b	0.315	0.409	0.456	0.558
	m	3.61	3.24	1.94	1.01

从表3所列各田块的 b 值与 m 值（净同化率，见式(4)）可见，b 在各生育期比较稳定，并不以光强的减弱而减少，并且与稻株长势的强弱和施肥量有密切的关系。净同化率（m）则很不稳定，明显地随光强的减弱而变小。b 值能阐明一些田块群体发展特点（图6）。17号田因土瘦秧弱，前期生长不够良好，b 值低，中期追肥量较多，基肥肥效又发挥出来，所以 b 值偏高，群体发展嫌旺，封行过早，造成倒伏。

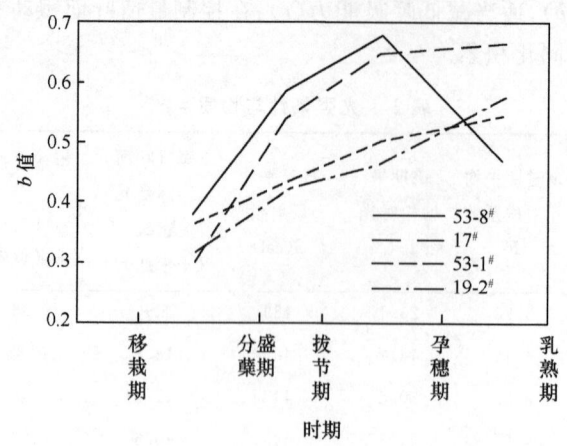

图 6 各田块的 b 值
(1961年,中国农业科学院江苏分院)

19-2 号田,在几块丰产田中表现最好,它的特点是:分蘖前期生长良好,分蘖较壮,b 值较高;中期控制较好,b 值不很高,表现为长势稳定,倒伏程度轻,产量最高。53-8 号田,前期施肥一直过多,b 值一直偏高,群体发展过旺,造成严重倒伏;后期 b 值比 53-1 号田低,可能与"三黑"过头,光合产物运转不良有关。看来,前期叶片"黑"则 b 值高,而抽穗期叶片过"黑"不退,b 值反而降低,所以,b 值的控制在水稻丰产中是有重要意义的。前、中期间,需要促进生长时,宜施肥提高 b 值;需要控制生长时,宜少施或不施肥或应用烤田等措施降低 b 值;而后期要求有尽可能高的 b 值。

(三)晚稻丰产栽培与光能利用

陈永康水稻丰产技术既有原则性又有灵活性。为了达到高产,他对水稻的一生有一定的基本要求,根据土质、密度、肥料、栽插期等条件的不同,灵活地运用肥水技术措施,巧妙地控制叶色、长势变化,我们试图从光能利用角度来加以阐明。

1. 晚稻丰产栽培技术的基本要求

(1)适宜叶面积动态:前面已经讨论过决定水稻大田光能利用的各项因子中,叶片光合能力与受光量等可以通过肥水技术加以调节。但对于同一品种来说,调节幅度并不大。最容易被人控制的是叶面积。因此,掌握适宜叶面积的动态变化是获得高产的前提。我们认为:作物一生的最适叶面积,既要满足群体积累最高经济产量的要求,又要在各个时期适应个体器官正常生长发育的要求。对水稻来说,一生中最适叶面积的关键时期一是在抽穗期,一是在拔节分化期。抽穗期主要考虑积累最多干重,拔节分化期主要考虑培育壮秆大穗。

(i)后期最适叶面积:国内外研究指出,水稻穗干重大部分(约 $2/3\sim4/5$)来自抽穗后的光合作用,特别是抽穗到黄熟这一个月内,所以这时期的适宜叶面积可以从积累最多干重来考虑。在最适叶面积条件下,其最下层叶片的光合作用与昼夜呼吸作用相抵(即 $P=2r$)。由于在这一高度,光强已很弱,可用下式(门司)表示:

$$b \cdot S \cdot e^{-KF_m} = 2r$$

所以
$$F_m = \frac{1}{K} \ln \frac{b \cdot S}{2r} \tag{14}$$

式中 F_m 为最适叶面积。

公式(14)的原理是在适宜叶面积的底层一天的光合量与呼吸量相等。作者根据此原理改用补偿光强法。据中国科学院植物生理研究所测得晚粳老来青后期补偿光强为 1 千米烛光左右,由于呼吸作用整日进行,光合作用仅白天进行,所以从全日计补偿光强为 2 千米烛光。在 9 月份正常日照条件的年份

($S=333\ \text{cal}/(\text{cm}^2\cdot\text{d})\approx 30.8$ 千米烛光),基部正好是补偿光强的相对光强,为:

$$\frac{I_n}{I_0}=\frac{2000}{30800}=6.5\%$$

如按门司公式 $\frac{I_n}{I_0}=e^{-KF}$ 计算,从 1961~1962 年江苏分院资料看,后期 K 值平均为 0.43,则常年最适叶面积为:

$$F_m=-\ln\frac{I_n}{I_0}\div K=-\frac{\ln 0.065}{0.43}=6.4$$

又从图 9 中可见到各块田后期叶面积与理论叶面积的比较,1961 年产量最高的 19-2 号田,后期叶面积与理论计算值最接近(稍大一些);19-3、17、53-8 号田偏高;53-1、49-1、49-11 号田偏低。

同一品种最适叶面积在不同日照条件下是有变化的。对同一地区来说,值得注意的是应由不同年份日照条件的变化按上述方法来计算相应的适宜叶面积。一般来说,如当年秋季日照良好,最适叶面积可以大些;如日照不良,应控制适当小些。如 1961 年 9 月 $S=280\ \text{cal}/(\text{cm}^2\cdot\text{min})\approx 25.9$(千米烛光),较常年日照条件差,最适叶面积可小些,$F_m\approx 6.0$(表 4)。根据南京的常年日照量,老来青的后期最适叶面积的幅度为 6~7,由此至成熟期正常落黄时,绿叶面积约达到 4 左右。

表 4 日照条件与最适叶面积

(中国农业科学院江苏分院)

发育期	常年		1961 年		日照良好年		日照不良年		备注
	光强(千米烛光)	F_m	光强(千米烛光)	F_m	光强(千米烛光)	F_m	光强(千米烛光)	F_m	
拔节期	46.6	4.7	40.7	4.4	较常年 >10%	4.9	较常年 <20%	4.3	8月上、中旬太阳光强
齐穗期	30.8	6.4	25.9	6.0	较常年 >10%	6.6	较常年 <20%	5.8	9月太阳光强

由于各项理论计算的数据的测定方法不够完善,不能认为最适叶面积的计算值已经是很可靠的,但这是一条从理论上来研究最适叶面积、总结劳模丰产经验的途径。

(ii)中期最适叶面积:对拔节分化期最适叶面积的要求,显然不是积累最多的干物质,而是要保证培育壮秆大穗的最适宜的营养条件与光强条件。叶面积过大,茎部光强不足,影响茎秆伸长,容易倒伏;叶面积不足,穗分化时水稻群体物质基础不足,造成每亩穗数与每穗粒数不足。因此,实际上是可以根据培育壮秆的临界光强来决定拔节期的最适叶面积。

由表 5 与图 7 可知,拔节期下部光强大于 10% 的田块一般不倒伏,而小于 10% 的田块则一般倒伏。1961~1962 年人工控制试验均说明,下部小于 10% 的光强对茎秆性状有显著影响,会使基部茎节显著伸长,抗折力显著下降。而拔节期叶面积不足,下部光强过强亦并不适宜,这一类田块,或者每穗粒数嫌少(49-11、49-13)或者每亩穗数嫌少(52-2、49-13)。

表 5 拔节期叶面积与壮秆大穗的关系

(1961 年,中国农业科学院江苏分院)

田号	17	19-2	19-3	53-1	53-8	52-2	49-1	49-9	49-11	49-13
拔节期叶面积	8.29	6.07	7.28	4.95	6.66	3.46	4.35	4.81	3.12	3.02
封行时间(月/日)	8/2	8/10	8/4	8/15	7/31	9/1	8/20	8/16	8/30	未封
13~15 节节长(cm)	29.3	28.9	29.8	25.3	27.5	19.1	22.1	22.4	19.1	17.7
倒伏与否	倒	倒	倒	倒	倒	未倒	未倒	未倒	未倒	未倒
每穗总粒数	76.8	91.3	84.4	78.2	82.4	83.4	78.0	85.0	74.0	66.0
每亩穗数(万)	24.6	21.5	23.6	22.5	21.8	18.0	20.6	21.4	19.8	17.4

所以比较适宜的是拔节期植株基部要求 10% 以上的相对光强,这是在 1961 年条件下的情况,该年

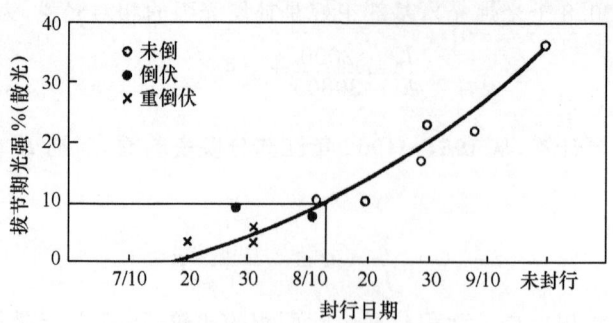

图 7 拔节期光强与封行日期的关系
(1961年,中国农业科学院江苏分院)

8月上、中旬太阳辐射光强为40.7千米烛光,所以拔节期为培育壮秆所要求的临界光强可以初步认为是 $40.7 \times 10\% = 4.1$ 千米烛光,与1962年所得数据基本相符。

现在提出拔节期最适叶面积指标公式为:

$$\ln \frac{L}{S} = -KF_m$$

或

$$F_m = -\frac{1}{K} \ln \frac{S}{L} \tag{15}$$

式中 L 为拔节期临界光强;K 为拔节期叶片消光系数;S 为拔节期太阳光强。

根据1961年各块稻田拔节期植株顶部到1/3处 K 值(每田块按10次读数计算)平均为0.52,$L = 4.1$千米烛光,该年8月上、中旬的 $S = 40.7$ 千米烛光,代入公式(15)得:

$$F_m = \frac{1}{0.52} \ln \frac{40.7}{4.1} = 4.4$$

在1962年8月上、中旬 $S = 38.1$ 千米烛光,故 $F_m = 4.3$。

根据式(15)可算得南京地区拔节期常年日照条件下最适叶面积为4.7,1961年为4.4,1962年为4.3,日照良好的年份可为4.9(见表4),即拔节到分化期一般可掌握为4.5~5.0。

陈永康同志在他的晚稻丰产技术中,特别重视封行时间的掌握。从图7可以看出,掌握封行时间实际上就是掌握拔节期下部光强,二者密切相关。拔节期如要求下部光强在10%左右,则封行时间宜在8月10~20日左右,即幼穗分化后5~15天。适宜的封行时间是晚稻稳定丰产大田动态结构中的关键,过早封行则易倒伏,过迟封行则产量不高。

(iii)前期最适叶面积:掌握了中期最适叶面积,可以进一步研究最高分蘖期的最适叶面积。前文已经说明,从最高分蘖期到拔节期是水稻一生中叶面积增长最迅速,亦是光强削弱最快时期。因此,这时期的最适叶面积应不能太高,否则会使拔节期的叶面积过高,封行过早;亦不能太低,否则不能保证足够的分蘖数与穗数。表6是各田块的最高分蘖期到拔节期的每日叶面积增长量。

表 6 最高分蘖期到拔节期的每日叶面积增长量
(1961年,中国农业科学院江苏分院)

田 号	19-3	19-2	52-2	53-1	49-1	49-11	49-13	平均
ΔF(每日叶面积增长量)	0.14	0.17	0.12	0.09	0.14	0.11	0.09	0.12

6月上中旬插秧,2万~3万穴的密度,晚稻最高分蘖期与拔节期相隔约20天。如以20天计算,生长正常的田块每日增长量约为0.12,则共增长2.4左右。如果拔节期最适叶面积要求为4.5,那么最高分蘖期最适叶面积为2左右。最高分蘖期叶面积系数与最高分蘖数有一定关系,见图8。

从图8看出,最高分蘖期叶面积系数要求为2,则最高分蘖数要求每亩约30万茎(主茎加分蘖),这与陈永康对最高分蘖数的要求相当符合,因此,初步解释了陈永康掌握最高分蘖数的经验。

(iv)晚稻一生最适叶面积动态：由上所述，从理论上得到晚稻老来青一生适宜叶面积动态：分蘖盛期2.0左右，拔节分化期4.5~5.0，齐穗期7.0左右。现以1961~1962年各田块的实际叶面积变化与理论图式作对照，详见图9(a)、图9(b)。

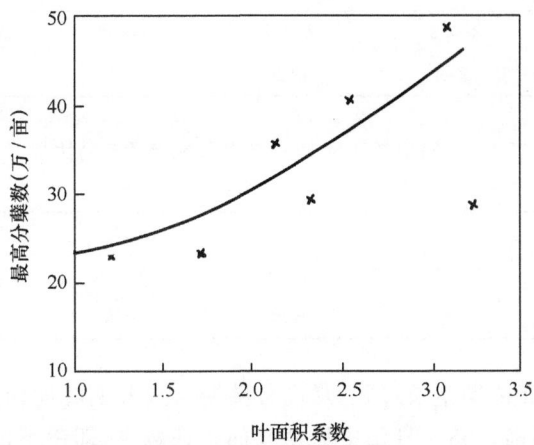

图8　最高分蘖期叶面积系数与最高分蘖数的关系
(1961年，中国农业科学院江苏分院)

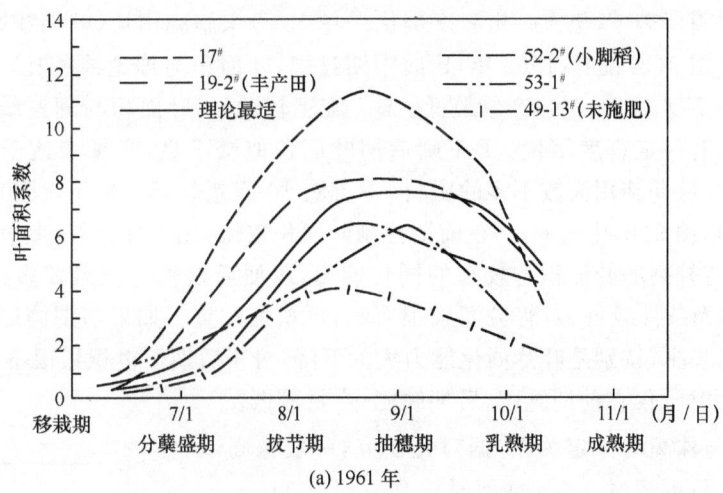

(a) 1961年

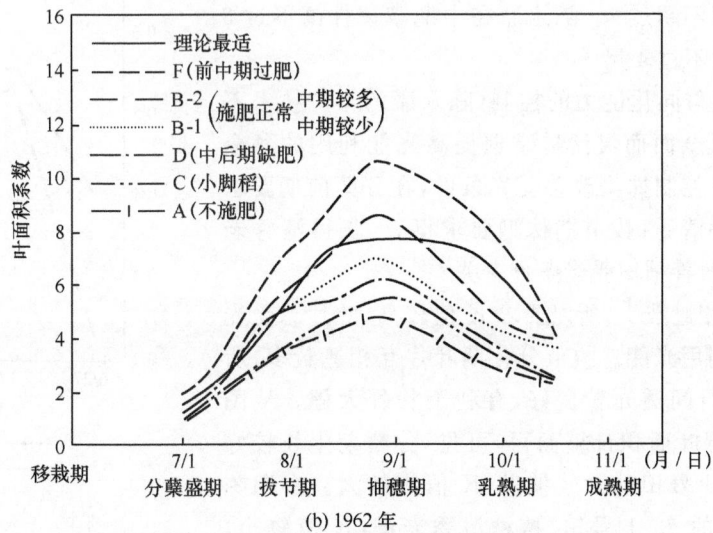

(b) 1962年

图9　晚粳老来青理论最适叶面积与各田块实测叶面积比较
(1961~1962年，中国农业科学院江苏分院，48号田)

表 7-1 及表 7-2 为 1961~1962 年晚稻老来青各田块的产量及倒伏程度。

表 7-1　晚稻老来青 1961 年各田块产量与倒伏程度

（1961 年,中国农业科学院江苏分院）

田　号	19-2	17	53-1	53-8	49-13	52-2
产量(斤/亩)	1120.2	865.8	820.7	746.0	756.0	812.0
倒伏程度	中倒	重倒	中倒	重倒	未倒	未倒

表 7-2　晚稻老来青 1962 年各田块产量与倒伏程度

（1962 年,中国农业科学院江苏分院）

田　号	F	B-2	B-1	D	C	A
产量(斤/亩)	577.6	973.7	905.6	877.1	901.0	844.6
倒伏程度	重倒	中倒	轻倒	未倒	未倒	未倒

1961 年 17 号和 53-8 号田前期生长过旺,最高分蘖期与拔节期叶面积过大,封行过早,因此严重倒伏,从而使结实率与千粒重不高。53-1 号田中后期叶面积还嫌少,即使不倒伏,产量也不够高。这块田的倒伏,据陈永康同志的看法,主要不是生长过旺,而是田脚烂、纹枯病严重的关系。19-2 号田叶面积动态比较接近理论曲线,因此后期积累物质最多,产量亦最高;但前中期生长过头一些,叶面积嫌多,封行提早,在后期暴风雨侵袭下,仍有一定程度倒伏。49-13 号未施肥田块,叶面积显然不够,穗数与粒数均不足,产量不高。图 9(b)说明,1962 年,F 前中期过肥,叶面积与理论线相比,显然增长过快,故在 7 月 26 日即已封行,9 月 4 日即倒伏,产量最低。B-2 施肥较适当,叶面积与理论线比较接近,产量最高;但前中期仍嫌稍旺,有一定程度倒伏。B-1 则后期叶面积似嫌不足,产量未达千斤。在肥料不足条件下,陈永康主张在中、后期施用为数不多的肥料(一亩施 10 担猪粪,5~8 斤化肥),所谓培育小脚稻(如图 9(a)中的 52-2 号,图 9(b)中的 C)。在前期控制叶面积较低,光条件良好,茎秆发育良好;而在中、后期施肥争取后期能有较高的叶面积与较高的同化能力,以便后期干重积累较多;后期叶面积又并不过高,约为 5~6,群体光条件较好,对籽粒灌浆很有利,可增加粒重。如果前期施肥多,叶面积大,但后期肥力不足,叶面积增长少,特别是叶片同化能力大大下降,对于后期干重积累很不利。例如 1962 年处理 D 施肥量与处理 C 相同,仅在前期施肥,后期缺肥,产量较低。

中后期叶面积与株高有一定关系,据对比研究,一般株高不超过 80 cm,叶面积不超过 5.0。抽穗时株高不超过 110~120 cm,叶面积一般不超过 7。陈永康在中期掌握株高不过 3 尺,在后期掌握株高不过 4 尺。

(2)稻叶受光量与同化能力的控制:陈永康的丰产技术不仅掌握叶面积,而且全面而灵活地掌握提高光能利用的各个因素。例如,他通过控制株型改善受光条件,在分蘖前期要求叶片软而稍披,长势清秀;拔节期株型要求挺直,长得清秀老健。这些原则都与改善稻田受光条件有关。

分蘖期叶片互相遮蔽少,所以要求 K 值较高,叶片总受光量大,有利于充分利用光能。拔节分化期叶片互相遮蔽多,所以要求 K 值较低,行间透光较良好,有利于壮秆大穗。从图 10(本图 K 值系由绿叶面积计算而得)可见,分蘖期生长较好的 53-8 号田比 53-1 号田叶片较披散,K 值亦较大。中期陈永康掌握正常施肥的 53-1 号田,植株清秀老健,K 值较小,53-8 号田中期不落黄,叶片披散,K 值显著过高。后期 53-1

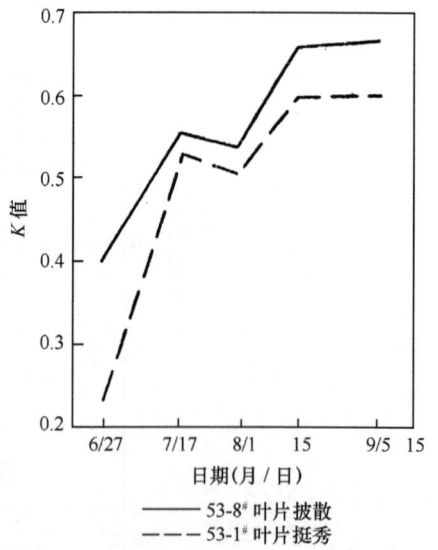

图 10　水稻株型与 K 值

（1961 年,中国农业科学院江苏分院）

号田的 K 值较平稳,而 53-8 号田一直保持较高值。

关于叶片光合能力 b 值的掌握,目前资料尚少。但从图 6 可知,丰产稻田 b 值的特点是比较稳定,前期不过低,中期不过高。叶片黑黄变化与 b 值的关系还待进一步研究。

2. 不同条件下晚稻丰产技术的灵活应用

陈永康的肥水技术与控制叶色黑黄变化的一个十分重要的准绳,就是控制叶面积与水稻群体的发展。表 8 说明各次黑黄都与叶面积增长速度有密切的关系,黑时增长快,黄时增长慢。

表 8 叶面积增长速度

(1961 年,中国农业科学院江苏分院)

田 号	处 理	栽插期 (月/日)	起讫时间 (月/日)	叶面积增长总量	叶面积每日增长速度
49-1	一黑过头	6/20	7/5～7/20	1.87	0.12
49-11	一黑正常	6/20	7/5～7/20	1.17	0.08
49-13	一黑不足	6/20	7/5～7/20	0.84	0.06
53-1	二黑二黄正常	6/8	7/31～8/15	1.37	0.09
53-2	二黑不足	6/8	7/31～8/15	0.92	0.06
53-3	二黑过头,二黄不显	6/8	7/31～8/15	2.70	0.18
19-2	2 万穴	6/2	6/15～7/31	5.75	0.13
19-3	3 万穴	6/2	6/15～7/31	6.79	0.15

陈永康同志在不同条件下掌握施肥原则不一样,这可以从掌握适宜叶面积的动态、叶片受光量与同化能力等方面来得到解释。肥田与绿肥田叶面积增长容易过头,他注意控制追肥,一般几次落黄要求黄透,以达到适宜叶面积的目的。瘦田、麦茬田叶面积增长容易不足,他注意多促进,掌握见黄即施的原则,以达到适宜叶面积。密植田因叶面积基础大,前期要多控制,但前期控制后,叶片同化能力下降,因此中期肥料又要适当促进,掌握前轻、中重、后补的原则。稀植田的情况则相反。早栽田前期因生长期长,叶面积增长容易过头,因此要多控制。晚栽田前期要多促进。掌握叶色变化是陈永康经验中的主要内容之一。从光能利用的角度来理解,叶色反映了叶片同化能力的强弱,亦反映叶面积增长快慢。因此,通过叶色来判断当时地力的肥瘦,估计叶面积增长的可能速度,以采取适当措施来调节适宜叶面积动态。同时,又能保持较适当的叶片同化能力,控制株型和改善叶片受光量,以提高光能利用率。

三、讨论

(1)作物群体光强测定在方法上目前还是有许多问题。例如,测光仪器的质量,照度计的光谱选择吸收,叶片角度与受光量的关系,晴天测定直射光的不稳定,测光时间与测光高度的选定等,这一系列问题都还没有得到很妥善的解决。因此,目前测光记录的质量还不可能很高,现代关于作物光能利用的研究中,群体光强测定是最薄弱的一个环节。同化率这个概念,实际上包含着受光量与叶片光合能力两个因子,如果能将这两个因子分别正确测定,提高光能利用的途径必将更明确。特别是受光量这个因子,可以从播种方式、播种密度、肥水技术、品种的株型结构等方面加以调节,在获取丰产中是蕴藏着很大潜力的。农业气象学根据自己的学科特点,有必要在群体光强与受光量的测定上多做工作。

(2)作物一生的合理叶面积动态,最近一二十年来已为各国学者所注意。А. А. Ничипорович 的产量形成理论中特别强调这一点,他说,为了得到高额产量,需要叶面积按适宜图形发展。但不同作物各时期适宜叶面积的确定原则研究得还很不够。武田友四郎根据干物质积累最多这个要求来确定水稻各期的适宜叶面积,指出前期应比中期高,中期又比后期高,这是不符合实际可能的。作者指出前、中期适宜叶面积主要应从器官建成角度来考虑,后期适宜叶面积则从积累干物量来考虑,也许比较符合实际。但关于中期培育壮秆的临界光强问题,目前只是经验数据,理论依据是不够的,这是今后需要进一步解决的问题。

(3)农业气象如何在作物丰产栽培中发挥作用,目前还没有明确的途径。从陈永康的经验来看,丰产栽培中的光条件是有十分重要的意义的,但温、水、风等因子亦有其意义,今后是否可以扩大研究其他农田气象因子。此外,还可以从农业气象角度研究栽培技术在不同气候与天气条件下的调节问题,即陈永康所谓"看天种庄稼"的问题。

这两年研究中初步揭示了当年的日照条件与晚稻丰产合理群体的关系。这个结果启示出农业气象研究中一个新的领域——研究丰产群体的农业气候条件,以便明确不同地区气候变化与年际气候变化条件的作物群体合理结构的问题。

四、摘要

(1)晚粳稻对可见光反射率为4%～6%,不同田块不同发育期差异很小,而漏射率差异则很大。丰产稻田光强随生育期变化的基本特点是:前期(分蘖到长粗期)光强减弱最快,自80%下降到10%～20%;长粗期以后株型有转变,同时叶面积亦增大,光强减弱变慢。因此,前期是控制稻田一生光强特性的关键时期。稻田光强随高度变化的基本特点是上部光强减弱很快,中下部光强减弱较慢,因此上部叶片性状对稻田光强关系很大。

(2)测定稻田平均光强的公式为:

$$I_m(\%) = \left[\left(\frac{I_0+I_1}{2}\right)f_1 + \left(\frac{I_1+I_2}{2}\right)f_2 + \left(\frac{I_2+I_3}{2}\right)f_3\right] \div 100$$

稻田实际接受的生理光强的公式为:

$$I'_m = \frac{SI_m}{1+aSI_m}$$

求算干物质积累量的公式为:

$$\Delta D = F \cdot I'_m \cdot b - F \cdot r$$

上列各式中符号说明均见本文。

(3)陈永康晚稻丰产技术的基本要求是最充分地提高光能利用率。他的经验中贯彻下面几个原则:(i)通过稻田群体长相与适期封行掌握晚稻一生适宜叶面积动态;(ii)通过控制株型(长势)改善稻田光强;(iii)通过叶色变化控制叶片光合能力与物质运输。

晚稻各期适宜叶面积指标随阳光条件而变化。据计算:常年日射条件下,后期(齐穗期)适宜叶面积为6.4,日照良好年份为6.6,日照不良年份为5.8。中期(拔节期)适宜叶面积可根据培育壮秆的临界光强(约3.5千米烛光)而确定,日照正常年份为4.7,日照良好年份为4.9,日照不良年份为4.3。一般说来,拔节分化期可掌握4.5～5.0,前期(分蘖盛期)为2.0左右,因此要求最高分蘖数30万左右。适宜的封行期为8月10～20日,即幼穗分化后5～15天。

采用小脚稻经济施肥方法,各期叶面积可比上述指标降低,后期以5～6为宜。

前期叶片稍披,有利于多吸收光能,中期株型挺秀,有利于改善基部光强;前中期要求适当的叶片光合能力,不宜过高;而后期则要求较高,并要求物质运转顺利。

根据晚稻丰产群体的光条件与光能利用的特征,初步解释了陈永康在不同条件下掌握肥水技术的原则性与灵活性。

参 考 文 献

陈永康水稻丰产技术研究协作组.1960.陈永康单季晚(粳)稻千斤丰产技术经验研究报告.1960年陈永康水稻丰产技术

研究报告汇编

陈永康水稻丰产技术研究协作组.1960.陈永康水稻丰产栽培技术主要经验研究总结概要.1960年陈永康水稻丰产技术研究报告汇编

村田吉男.1956~1959.水稻光合成の研究.日作纪,**25**(3,4)、**26**(2,3)、**27**(1,4)

高亮之等.1960.陈永康水稻丰产栽培技术的农业气象研究.1960年陈永康水稻丰产技术研究报告汇编

山田登.1955~1956.水稻光合成の研究.日作纪.**23**(3)、**24**(2,4)

松岛省三.1956~1959.水稻成熟机制の研究.日作纪.**24**(2)、**25**(1~4)、**26**(1)、**27**(1~2)、**28**(1)

王天铎.1961.水稻群体的光强分布与光合作用的计算模型.稻麦群体研究论文集.上海科学技术出版社

武田友四郎.1955~1959.作物气体代谢作用の研究.日作纪.**23**(3)、**24**(1,3,4)、**25**(2,4)、**27**(4)

殷宏章等.1959.水稻田的群体结构与光能利用.稻麦群体研究论文集.上海科学技术出版社

殷宏章.1961.稻田结构的初步分析.稻麦群体研究论文集.上海科学技术出版社

К. Я. Которатьев. 1954. Лучистая. энергия солнда

Heath O V S, Gregory F G. 1938. The constancy of the mean net assimilation rate and its ecological importance. *Ann Bot*, **2**:811—818

Nichiporovich A A, Strogonova L A. 1957. Photosythesis and problems of crop yield. *Agrochemica*, **2**:26—53

Watson D J. 1958. The dependence of net assimilation rate on leafarea index. *Ann Rot*, **22**:37—54

不同封行期的光强条件对晚稻生长发育的影响

——陈永康丰产晚稻适期封行的经验研究

高亮之　王延颐　郑凤祥

中国农业科学院江苏分院

(原载:《气象学报》,1966年第36卷第2期,181~188页)

摘　要　掌握适宜封行期,是陈永康晚稻丰产栽培经验的重要环节。本文根据1961~1962年控制光照试验资料分析了不同封行期的光照条件对于晚稻叶片、叶鞘、茎、根、穗与干物质积累、转移的影响。阐明了适期封行,可保证中、后期稻田良好的光强条件,有利于基部基鞘发育健壮,培育大穗,减少退化,促进根系发育,防止徒长倒伏,且有利于灌浆结实,为确定丰产栽培的封行适期提出依据。

单季晚稻在太湖地区农业生产上居重要地位,近年来大面积已经达到亩产800~1000斤的高产水平,因此高产与倒伏的矛盾愈益突出。如施肥偏多,就容易在后期台风侵袭时严重倒伏,造成减产,如施肥不足,又不易达到高产。陈永康同志掌握的稻田适期封行的经验是解决高产与倒伏矛盾的重要方法(中国农业科学院江苏分院,高亮之等 1961)。对于他的这方面经验进行科学总结,阐明其所以然,明确封行适期的掌握原则,有利于促进晚稻大面积增产,在农业科学的理论上亦有一定意义。

毛主席说:"在复杂的事物的发展过程中,有许多的矛盾存在,其中必有一种是主要的矛盾,……"我们曾经研究过封行前后农田光强、温度、湿度等因素的变化,证明温、湿度的差异很小,而光强条件变化很显著。因此,1961年以后,我们抓住主要矛盾,着重研究不同封行期的光强条件对于晚稻生长发育的影响。

光强条件对水稻的影响,日本的植田宰辅(1935)、松岛省三(1959)、佐木启智(1960)和我国的吴光南(1962)等学者曾有过研究,作者参考了他们某些方法与论点。但对于封行前后的光强变化对水稻的影响,以前尚未有人研究过。

1959年以来,作者与陈永康同志一起参加晚稻丰产田的劳动实践。通过跟班劳动、个别交谈等方式深入体会他的经验,在他的经验启示下,进行研究设计。得到初步研究结果后,又与他一起参加了江苏南部地区晚稻大面积丰产的技术指导,验证与充实了研究结果。

大田条件下不同的封行期,实际上为不同密、肥条件所造成。除了光条件的差异外,还有肥料与茎数的差异,因此很难在大田条件下研究光强条件的单因子影响。我们采用盆栽控制试验,为了模仿大田封行后,上部受光、中下部荫蔽的特点,采用在植株2/3处遮光的方法,具体设计如表1。

表1　试验设计

(1962年,南京)

处理代号	A	B	C	D	E	F
开始遮光期	7月20日	8月1日	8月15日	8月24日	—	—
开始遮光时的水稻发育期	分蘖后期	拔节期	小穗原基确定期	孕穗初期	—	—
处理方法	7月23日遮一层纱布;8月15日加一层纱布	8月1日遮一层纱布;8月20日加半层纱布	8月15日起遮一层纱布	8月24日起遮一层纱布	不遮光(对照)	不遮光不施肥

供试品种:老来青,5月2日播种,6月8日栽插,7月15日分蘖盛期,8月1日拔节(地上茎长度

2 cm 左右),8 月 10 日幼穗开始分化,9 月 10 日抽穗。

盆栽容器用陶制广口盆,每次处理 20 只,六次处理共计 120 只,盆直径 100 寸。秧苗根据没有分蘖、7 片叶片、高度与粗度正常、无病虫害等标准,严格选择,约 5 株选一株。盆中用土与施肥量均用秤称过放入。灌水时各盆水深均控制在 1 寸左右。因管理较严,未受台风、病虫等影响。由于研究的重点是阐明光强对于单茎壮秆、大穗的直接影响,所以,在 7 月 23 日各处理植株均剪除分蘖,以避免不同光强下分蘖数的差异对于壮秆大穗的间接影响。

遮光处理时盆四周用竹席围起,在植株自下而上 2/3 处用纱布遮光,随着株高增长而将纱布逐渐上移。遮光后光强与温、湿度测定结果列于表 2,表 2 说明,遮光后温、湿度差异不大,而光强差异显著。在生育过程中,系统测定单株叶、茎、鞘、穗的生长特性及定型性状。各次处理每一次测定 20~30 个单株重复;穗性状为 80 个穗的平均值。还系统测定了各器官干重的分配与转移。重点研究了植株基部茎节的抗倒伏性状。

表 2 不同遮光处理下光、温、湿度的测定结果

要素	处理 部位,时间	A (二层纱布)	C (一层纱布)	E (不遮光)	备 注
光强(%)	中 下	1.0 1.4	13.3 11.0	56.6 48.9	9 月 25 日测定
温度(℃)	6:10 14:30	15.4 23.1		15.4 24.9	
相对湿度(%)	6:10 14:30	94 58		91 61	

一、不同封行期的光强条件对叶片性状的影响

各次处理中,遮光当时的叶片与各叶位发育状况列于表 3。

表 3 各次处理中遮光当时叶片的发育状况

处 理	A	B	C	D
遮光日期	7 月 20 日	8 月 1 日	8 月 15 日	8 月 24 日
叶 位	13 14 15 16	14 15 16 17	15 16 17 18	16 17 18 19
发育期	全伸 伸出后期 胚胎盛期 胚胎初期	全伸 伸出后期 胚胎盛期 胚胎初期	全伸 伸出前期 胚胎盛期 胚胎初期	全伸 伸出前期 胚胎盛期 胚胎初期
备 注	胚胎初期:叶片长度为定型长度的 0/10 到 1/10 胚胎盛期:叶片长度为定型长度的 1/10 到刚伸出 伸出前期:刚伸出到伸出定型长度的 1/2 伸出后期:伸出定型长度的 1/2 到全伸出			

从图 1 与表 3 对照可以看到,不同光强条件对于叶片长度的影响是很明显的,并且叶片因其本身发育期的不同,而对光强有显然不同的反应。遮光时正处在伸出后期或全伸出期的叶片,其长度已经不再受光强的影响,如 A 处理的 14 叶,B 处理的 15 叶,C、D 处理的 14~16 叶。而遮光当时正处于胚胎期的叶片或在开始遮光后逐渐分化进入胚胎期的叶片,都在弱光下明显地伸长。如,A 处理的 15~18 叶均受影响,而比对照显著增长;B 处理的 16~18 叶比对照增长;C 处理与 D 处理 18 叶比对照也增长。

19 叶因为出生的节位较高,所以受中下部遮阴的影响较小。

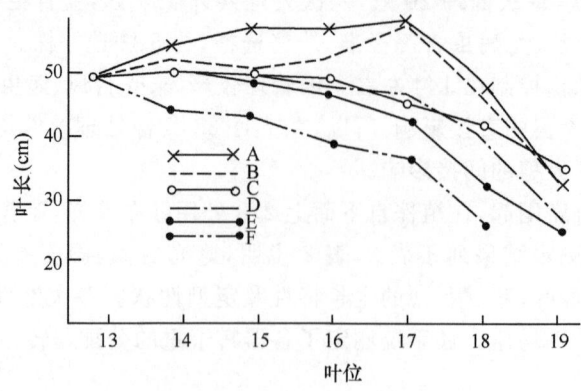

图 1 不同时期遮光对叶片长度的影响

从表 4 可知,光强条件减弱后会使叶面积显著增大,而各次处理叶宽差异均较叶面积差异要小得多。因此,可以理解,弱光条件下叶面积的增大,主要是叶片长度的增大所致。叶片过长容易导致披斜,因此又进一步恶化了农田光照条件。

从表 4 看到,A 处理的 14~15 叶组、16~17 叶组;B 处理的 16~17 叶组,其单位叶面积干重均比对照为低,这说明前期光强不足,叶片质量下降,叶片变得薄而软,容易披散;反之,光强充分可使叶片增厚,易于挺直。

总之,过早封行会形成对丰产不利的株型,不能达到陈永康同志对于中期叶片挺直、清秀、老健的要求。从光强与叶面积的关系来看,人们都知道叶面积的增大会使农田光强减弱,本试验说明了光强减弱,又能在一定时期使叶面积增长更快,进一步加重了群体的郁闭程度。

表 4 光强条件对叶宽、叶面积与单位面积干重的影响

叶位	处理 项目	A 绝对值	A 与对照比(%)	B 绝对值	B 与对照比(%)	C 绝对值	C 与对照比(%)	E 绝对值	E 与对照比(%)	F 绝对值	F 与对照比(%)
15	宽(cm)	1.20	109	1.20	109	1.15	105	1.10	100	0.90	85
15	面积(cm^2)	54.53	122	47.60	106	44.58	100	44.58	100	30.50	68
16	宽(cm)	1.24	111	1.18	107	1.13	102	1.11	100	1.07	97
16	面积(cm^2)	50.07	124	50.25	124	43.18	107	40.42	100	34.33	85
17	宽(cm)	1.27	120	1.20	113	1.06	100	1.06	100	—	—
17	面积(cm^2)	61.80	178	59.70	172	40.20	116	34.80	100	30.60	88
14~15	单位面积干重 (mg/cm^2)	4.08	90	4.54	100	—	—	4.54	100	5.35	118
16~17	单位面积干重 (mg/cm^2)	3.84	87	4.28	97	—	—	4.39	100	4.14	94

二、不同封行期的光强条件对叶鞘、茎节的性状影响

水稻丰产栽培中过早封行后最主要的不利影响就是引起倒伏。为了判明基部叶鞘与茎的性状与茎秆抗折力的关系,在 1961~1962 年分别利用大田与盆栽稻株测定各性状与单穴抗折力及单茎抗折力的相关。测定的茎数共 60 茎(6 次处理),穴数共 30 穴(6 次处理),结果如表 5。说明对于单穴来说,基部叶鞘的重量与抗折力相关最密切,其次是总粗度与茎重;对于单茎抗折力来说,14 节间的长度与抗折力相关最密切(1962~1963 年大田测定老来青倒伏节位,约有 70% 集中在 14 节——地上第一节,有 20% 在 15 节),其次是茎粗。其他相关不显著的因子,表中从略。

表 5　单穴(茎)抗折力与鞘、茎重量及长度、粗度的相关

项　目	相关系数	显著度
单穴抗折力与基部单位长度鞘重	＋0.89±0.09	极显著
单穴抗折力与基部单位长度茎重	＋0.75±0.13	极显著
单穴抗折力与单穴基部总粗度	＋0.84±0.10	极显著
单茎抗折力与14节间长度	－0.78±0.08	极显著
单茎抗折力与14节间粗度	－0.58±0.12	显　著

不同封行期的光强条件对基部叶鞘与茎节的影响怎样呢？

从表6看出，早封行的弱光处理(A)，叶鞘比较长，而干重并不相应增多，因此单位长度干重就显著较轻。相反，迟封行或不封行的强光处理(E,F)，叶鞘短，干重大，单位长度干重亦重。

表 6　不同光强条件对 14～15 节鞘长鞘重的影响

重量或长度 项目	处理 A	C	E	F
14～15节鞘长(cm)	67.86	60.89	60.89	56.28
14～15节鞘重(g)	0.519	0.513	0.626	0.586
14～15节鞘单位长度重量(g)	0.0076	0.0084	0.0102	0.0104

由图2又可知，E处理在8月1日后重量增加一直很显著，到9月18日达到高峰，在倒伏关键期(9月18日～10月9日)干重保持在相当高的水平。处理C(8月15日遮光)8月24日后重量增加就很缓慢，因此在倒伏关键期干重停留在较低水平。而处理A(7月20日遮光)8月10日后干重增加就很缓慢，在倒伏关键期干重亦停留在较低水平。由此可以理解：过早封行光强削弱，使叶鞘重量减轻，是增加倒伏威胁的十分重要的原因。

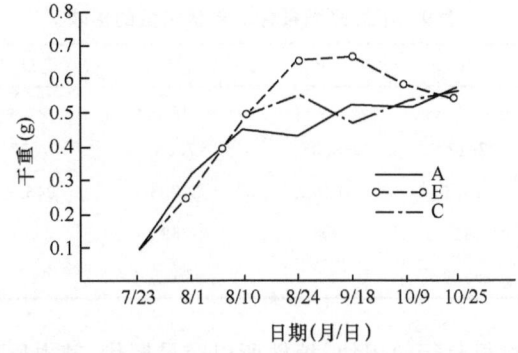

图 2　不同光强条件下基部叶鞘干重变化

不同时期遮光对节间长度的影响见表7。

表 7　不同光强条件对节间长度的影响　　单位：cm

处理	A	C	E	F
11～13节	4.31	4.71	2.96	2.41
14～15节	18.62	18.08	13.26	13.53
16～18节	47.89	63.25	54.07	31.76
全茎总长度	70.81	86.04	70.29	47.70

晚稻茎节自11节开始有节间；11、12节间均在地面以下；13节间正居地面上下；14节开始为地上

节间。A 处理遮光时 12 节间正在伸长后期*；13～15 节间正在胚胎期。处理 C 遮光时 13 节间已经定型；14 节间正在伸长前期；15～17 节间正在胚胎期。处理 E,F 未遮光。

从表 7 看到，早遮光的 A,C 处理的 11～13 节间长度均较不遮光的 E,F 处理伸长，但这几个节间基本上在地下，与倒伏关系较小。14～15 节间是倒伏的关键节位，E,F 处理该二节总长 13～14 cm，A,C 处理 18～19 cm，相差约 5 cm（相对差值 20% 以上）。E,F 处理显著地短，这对防止倒伏是有重要意义的。由此可知，过早封行引起倒伏的重要原因之一，是使基部节间徒长，抗折力降低。

不同封行期的光条件对茎秆重量及单位长度重量的影响并不规则，如表 8。

表 8　不同光强条件对 14～15 节干重的影响

处理	A	C	E	F
14～15 节长度（cm）	18.62	18.08	13.26	19.53
14～15 节重（g）	0.25	0.13	0.23	0.20
14～15 节单位长度干重（g/cm）	0.0134	0.0072	0.0173	0.0102

水稻倒伏不仅受基部抗折力影响，并且受地上部的株高与重量所支配，据日本濑古氏的意见，可用以下方法求算水稻的倒伏指数。

$$倒伏指数 = \frac{力矩}{抗折力} \times 100\%$$

（力矩＝株高×单茎重量）

从表 9 中所列各次处理的后期倒伏指数的计算结果看出，不同处理间单茎重量，除对照特高与 F 处理特低外，其他并不呈规律变化；但株高显然随着遮光的提早而增高。因此，早遮光的力矩大，而早遮光的茎部节间抗折力又低，这样就使倒伏指数显然增高，并且随封行的早迟差异甚明显。值得注意的是，适期遮光的 D 处理，其倒伏指数与未遮光的 E 处理十分接近，都很低。

表 9　不同光强条件对倒伏指数的影响

项目	A	B	C	D	E	F
株高（cm）	136	130	131	125	122	106
地上部干重（g）	7.17	8.05	7.08	7.57	8.50	6.03
株高×地上部干重	975.1	1046.5	927.5	946.3	1037.0	639.2
单茎抗折力（g）	385	680	763	1467	1550	1307
倒伏指数（%）	253.3	153.9	121.6	64.7	66.9	48.9

以上试验结果说明：大田过早封行的田块，植株所以容易倒伏，基本原因是大田光强过度削弱，一方面使基部节间与叶鞘发育不壮，伸长变细，抗折力减低；另一方面使植株增高，负载加大，因此显然增加倒伏威胁。在抗折力和力矩两个因子中，光强对于抗折力的影响尤其大，因此，从培育壮秆防倒的角度来要求，适宜封行期应当在 14 节间定型或基本定型以后。大田资料说明：14 节基本定型约在拔节后 10 天左右，完全定型约在拔节后 15 天左右。若能在拔节后 15～25 天，即当 15 节基本定型或定型时封行，对于防御倒伏就更有利。但过迟封行会使后期叶面积不足，不易达到高产。

三、不同封行期的光强条件对根性状的影响

根系的发育对于养分吸收，植株中体内代谢作用的顺利进行，以及防御倒伏等方面均有重要作用。

---

* 节间的伸长过程分为三个时期：定型长度的 1/10 以内为胚胎期；1/10～5/10 为伸长前期；5/10～10/10 为伸长后期。

从表10看出,弱光条件下根系发育受到抑制,根粗与根重均因早遮光而减低。颇有意味的是,不施肥的F处理,根系发育亦差。所以,对于根系来说,弱光条件与少肥有同样的影响。而就地上部叶片的长度与株高来说,弱光与多肥有同样的反应。因此,在弱光条件下,地下部与地上部比值特别低,这显然是不利于丰产的。

表10　不同光强条件对根系发育的影响

项　目	A	C	E	F
平均10根根粗(mm)	0.630	0.840	0.980	0.620
0~10 cm根重(g)	0.143	0.200	0.310	0.193
10~20 cm根重(g)	0.087	0.097	0.123	0.136
备　注	测定根重,用测土壤的容器取土样后,洗土测定			

四、不同封行期的光强条件对穗性状的影响

幼穗分化前全株遮光会使稻穗变小,这已经被许多人的试验所证实。但在大田封行条件下,即植株上部受光良好,中下部荫蔽,究竟对于稻穗发育有怎样的影响,尚无试验论述。1962年控制试验的水稻幼穗分化期在8月10日,A,B两处理均在幼穗分化前遮光;C处理8月15日遮光,当时穗长1 mm,正值二次枝梗分化期;D处理8月24日遮光时穗长1 cm左右,正值花粉母细胞形成期。

从表11可以看到,总颖花数A,B处理较少,每穗粒数随遮光推迟而增加,C处理仍比对照低10.2%。据有人研究,幼穗分化后10天,颖花数目已确定。从作者的研究可知,在8月15日(分化后5天,二次枝梗分化时)遮光,虽然当时颖花数原基数尚未确定,但已不再受遮光而影响总颖花数,这里似乎约有5天的落后效应。这可能是因为遮光对于穗分化的影响并不是直接的,而需经若干天时间通过植株体内代谢间接影响穗的分化。但C处理对于颖花退化数有一定影响,而D处理(分化后14天)对颖花退化影响已经很小。至于A,B处理的个体代谢特性在弱光条件下已有一定适应,但它的每穗粒数仍比C处理少。根据以上所述可以初步明确,根据培育大穗、减少颖花退化的要求,合理的封行期,最好在幼穗分化后10~20天(拔节后15~25天)。

表11　不同光强条件对穗形状的影响

处理	每穗粒数	与对照差值(%)	总颖花数	颖花退化(%)
A	123.9	13.1	132.3	6.4
B	124.6	12.6	129.2	3.4
C	127.9	10.2	145.3	12.0
D	133.6	6.2	140.0	4.6
E(对照)	142.5	0	143.9	1.0
F	109.8	23.1	110.23	2.3

五、不同封行期的光强条件对干物质积累与调运的影响

由图3所示,不同时期遮光对单株总干重积累的影响:对照比A,C处理稍高,说明田间光照条件好,光合作用旺盛有利于培育壮株。A与C处理单株总干重的差别甚小,但是干重的分配与调运却有明显的差异。中期干重分配上的差异,主要表现在叶鞘/叶片比例方面。从表12可知,这个比值随着遮光的推迟,光条件的改善而提高。中期积累的干重更多地向叶鞘运转,是有利于壮秆与大穗的,并有利于株型挺秀,通风透光。后期的干重分配主要表现在穗重百分率方面,随着光条件的改善,穗重百分率

有明显增高。这说明光条件良好有利于后期的光合产物向穗部转运,有利于增加谷粒产量。

图4说明对后期光合作用有决定意义的2片叶片与叶鞘(18~19叶位)的干重积累与调运特点,光条件差的A处理,该两叶位干重的绝对量并不少,但是输出很少,灌浆不顺利,千粒重降低。所以本试验已经证实,过早封行使光条件恶化,不仅不利于壮秆大穗,并且不利于后期的灌浆过程与籽粒饱满。

表12 不同光强条件对单株总干重在器官内分配的影响

日期	项目	A	B	C	D	E	F
8月24日	总干重(g)	2.546	2.804	2.672	3.097		3.059
	鞘/叶	0.82	0.98	1.11	1.37		1.55
9月18日	总干重(g)	4.423	4.534	4.175	4.113	5.630	5.212
	鞘/叶	0.99	1.08	1.13	1.26	1.22	1.75
10月10日	总干重(g)	7.168	8.050	7.075	7.569	7.436	6.009
	穗占总重%	32.81	36.11	43.94	42.98	45.18	43.25
10月25日	总干重(g)	7.391	8.376	7.423	7.800	8.027	6.746
	穗占总重%	31.69	30.92	41.87	42.10	47.94	44.61

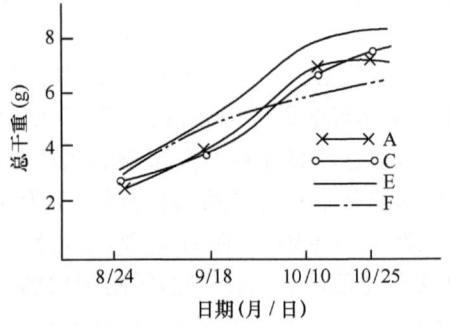

图3 不同光强条件对单株总干重的影响

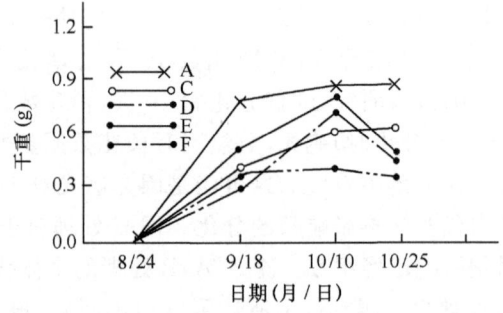

图4 不同光强条件对18~19叶位干物质(叶片、叶鞘)分配与转运的影响

致谢:本研究是在陈永康同志帮助下进行的,特此致谢。

参 考 文 献

高亮之,王延颐,郑凤祥.1961.晚稻丰产栽培的光条件与光能利用.江苏农学报,**2**(3)

松岛省三.1959.稻作の理论と技术,96~98

吴光南.1962.稻穗的发育过程与控制途径.作物学报,**1**(1)

中国农业科学院江苏分院.1960.单季晚稻高产肥水技术的研究——陈永康同志"三黄三黑"技术经验的初步分析.华东农业科学通报,(1):11~20

植田宰辅.1935.单色光线ガ水稻の生育に及ぼす影响.日作纪,**7**(2):223~238

佐木启智.1960.稻作ソと倒伏の防ぎ方法,18~21

20 世纪 70 年代

掌握气候规律 争取双三制水稻稳产高产

高亮之

南京市农业科学研究所

(原载:《江苏农业科技》,1973 年第 7 期,17~19 页)

双三制水稻生产与气象条件关系十分密切,要获得稳产高产,必须深刻地认识本地区的气候规律。

一个地区有基本的气候特征,但是每年的气象条件又是有变化的。人们往往根据前一两年的生产经验以指导当年的生产,而没有认真分析各年气象条件的特殊性,没有认真研究气候的年际变化规律,有时候就因此而遭受失败。南京地区有过这种教训。1969 年遭受涝灾后,用早籼稻"早反早"补种,得到普遍成功。8 月 5 日播种的都有好收成。但这两年 8 月初播种的却都是翘穗头。1971 年后季稻用南粳 8 号、10 号等在 6 月底播种,8 月上旬栽插的都能正常结实,不少社队作为一条经验总结下来。结果 1972 年夏季连续低温,同期播栽的都有不同程度的翘穗头。近几年来后季稻所以产量不稳,每年都有一定面积的翘穗头,重要原因之一就是人们对本地区的气候规律还缺乏认识。

本文根据南京地区 1949~1973 年共 25 年的资料,分析与双三制水稻有关的气候年际变化规律。多年的实践经验说明,影响双三制水稻稳产高产的最主要的气候要素有两个:①水稻安全齐花期的早迟,亦就是秋冷的早迟;②双三制水稻生长期间的温度,特别是夏秋的温度。现分述如下:

一、后季稻的安全齐花期

后季稻在抽穗扬花期遭受低温是造成翘穗头的直接原因。双三制水稻稳产高产的一个关键问题就是要保证后季稻在安全齐花期以前齐穗扬花。不同品种类型由于扬花期对低温抵抗力不同,安全齐花期亦有所不同。根据以往的研究以及近几年的实况调查,初步确定水稻安全齐花期的气象指标为:

(1)耐寒粳稻(如农垦58等)日平均气温稳定在20℃以上,日最高气温在23℃以上,不出现三天平均气温低于19℃的天气。

(2)一般粳稻(中粳以及较不耐寒的晚粳):日平均气温稳定在20℃以上,日最高气温稳定在23℃以上,不出现两天平均气温低于20℃的天气。

(3)籼稻:日平均气温稳定在22℃以上,日最高气温稳定在25℃以上,不出现两天平均气温低于22℃的天气。

如以穗颈露出剑叶鞘为出穗标准,则安全齐穗期应比安全齐花期早1天;如以穗顶露出剑叶鞘为标准(这是品种试验一般采用的标准),则安全齐穗期应比安全齐花期要早5天。

根据上述指标,整理南京1949~1973年25年的安全齐花期,得到的结果如表1。

表1 南京地区水稻安全齐花期

品种类型	最早日期(年份)	最晚日期(年份)	平均日期	80%保证日期
籼稻	9月7日(1958,1966)	9月24日(1949)	9月15日	9月10日
一般粳稻	9月10日(1957)	10月18日(1953)	9月25日	9月18日
耐寒粳稻	9月13日(1957)	10月18日(1953)	9月27日	9月22日

表1说明:(1)不同年份安全齐穗期的变化幅度是很大的,可相差38天,但生产上要求稳产高产,所以应该以80%保证日期为标准,以保证80%的年份能在安全期前齐花。

(2)不同品种类型的差异亦很值得注意。籼稻要求在9月10日前齐花;中粳及较不耐寒的晚粳要求在9月18日前齐花;农垦58等耐寒性强的晚粳要求在9月22日前齐花,沪选十九、武农早的耐寒力比中粳强,而比农垦58稍弱,因此在南京地区以掌握在9月20日前齐花为宜。

根据每年安全齐花期来临早迟(亦即秋冷的早迟),可以将各年度分为4个类型(以粳稻为标准,见表2)。

表2 秋冷早迟的年际变化

类 型	安全齐花期日期	年份
秋冷特早年	9月17日前	1966,1967
秋冷正常偏早年	9月18~22日	1950,1958,1963,1971,1972
秋冷正常偏迟年	9月22~26日	1949,1952,1954,1956,1957,1959,1962,1964,1970,1973
秋冷偏迟年	9月27日后	1951,1953,1960,1961,1965,1968,1969

二、夏秋温度

温度条件直接影响双三制水稻的生产季节,冬、春温度影响夏熟作物成熟期,因此关系到三熟制早稻的栽插期。春、夏温度影响前季稻的成熟期。而与双三制水稻的稳产高产关系最大的是夏秋温度,特别是8月1日~9月20日间50天的温度。这期间高温,后季稻齐穗早,就容易安全结实;如果低温,后季稻推迟齐穗,就会出现较大面积的翘穗头,1972年就是这种情况。由于不同品种感温性不同,生育期受温度的反应亦不相同。1971年与1972年比较,这期间平均温度相差1.3℃,早籼与早粳生育期相差

8～9天,中粳相差4～6天,沪选十九相差3～4天,农垦58相差1天。

现根据这50天的平均气温,将各年度分为5个类型(表3)。

表3 夏秋温度的年际变化

类　型	8月1日～9月20日平均气温(℃) (与常年平均值的较差)	年份
夏秋高温年	1.0	1953,1954,1959,1964,1967
夏秋温度偏高年	0.5～0.9	1949,1955,1969,1970
夏秋温度正常年	±0.4	1950,1951,1961,1962,1963,1966,1968,1971,1973
夏秋温度偏低年	−0.5～−0.9	1956,1960
夏秋低温年	−1.0	1952,1957,1958,1965,1972

注:常年平均值为26.2℃。

三、不同年度的气温型

根据以上两个对双三制水稻稳产高产有决定意义的气候要素,可以将各年度分为不同的气温型。为方便起见,将秋冷早迟与夏秋温度的不同类型各用以下符号表示:

秋冷特早年	− −	夏秋高温年	＋＋
秋冷正常偏早年	−	夏秋温度偏高年	＋
秋冷正常偏迟年	＋	夏秋温度正常年	0
秋冷偏迟年	＋＋	夏秋温度偏低年	−
		夏秋低温年	− −

综合这两个要素,由于考虑到二者的作用是相当的,所以符号允许相加或相抵消(例如:1956年秋冷正常偏迟(＋),而夏秋温度偏低(−),二者结合则为正常年),由此将各年度分为7个气温型。

表4 气温型分析

气温型	符号	年份
十分有利年	＋＋＋	1953,1954,1955,1959,1964,1969
有利年	＋＋	1949,1951,1961,1968,1970
正常偏好年	＋	1960,1962,1973
正常年	0	1956,1965,1967
正常偏差年	−	1950,1952,1957,1963,1971
不利年	− −	1966
十分不利年	− − −	1958,1972

南京地区大面积发展双三制主要是1969年以后,现将1969～1973年这5年的气温条件分析如下(表5)。

表5 近5年的气温型

年份	安全齐穗期	8月上旬到9月中旬平均气温(℃)	气温型
1969	9月29日	26.8	十分有利年(夏秋气温偏高,秋冷迟)
1970	9月24日	26.7	有利年(夏秋气温偏高,秋冷偏迟)
1971	9月18日	26.5	正常偏差年(夏秋气温正常,秋冷正常偏早)
1972	9月22日	25.0	十分不利年(夏秋气温低,秋冷正常偏早)
1973	9月25日	26.3	正常偏好年(夏秋气温正常,秋冷偏迟)
常年	9月18～22日	26.2	

四、掌握气候规律,夺取稳产高产

根据几年来的生产实践以及上述气候年际变化规律的分析,对于夺取双三制稳产高产可以得到以下两点认识:

(一)制定双三制各种措施,必须严格遵循多年的气候变化规律

每年的夏秋温度与安全齐花期的早迟都是不相同的,有的年份秋冷很迟,如 1953 年到 10 月 18 日以后才出现低温,显然,根据这一年的情况确定安全齐花期是不妥的。后季稻要求稳产高产,这就要求在夏秋气温偏低的年份亦能在常年的安全齐花期(即 80% 保证日期)以前齐花,这是制定双三制水稻的品种布局、播栽期与各项栽培措施时必须严格遵循的原则,这亦就是说要考虑气候的多年变化,而不能只根据一两年的经验就作出结论。例如:今年(1973 年)秋冷偏迟,连续低于 20 ℃ 的天气出现在 9 月 25 日以后,从表 5 中可知,是属于正常偏好年。今年凡是在 9 月 18 日后齐花的中粳,9 月 20 日后齐花的沪选十九,9 月 22 日后齐花的农垦 58,虽然在今年都得到正常结实,但是不能认为是稳定可靠的,必须总结教训,力争明年提早在常年安全期前齐花。这是总结今年双三制水稻经验时必须注意的问题。

(二)对气候条件的利用既要可靠又要积极

在安全齐花期及夏秋温度方面考虑 80% 的保证率是比较可靠的。例如:中粳在 9 月 18 日以前齐花,则 80% 的年份都能正常结实。但是这样做时又产生两个问题:

(1)多数年份不能充分地利用有利气象条件,如南京 25 年中就有 12 年,实际上在 9 月 25 日以后才出现低温,那么在这些年份 9 月 18 日前齐花未能充分利用温度条件。

(2)即使在 9 月 18 日齐花仍有少数年份会有风险,25 年中有 3 年在 9 月 16 日以前即出现低温。

为了解决这两个问题,在双三制水稻的技术指导上既应考虑常年气温变化,还应机动灵活,根据当年的气象实况,对有关措施作出相应的调节。今年南京地区有两个成功的经验:

(1)冬春温度偏高,在 4 月初估计夏熟作物成熟将提早 5~7 天,当时提出三熟制早稻普遍提早 5 天播种,结果尽管今年 5~6 月气温比去年低,早稻成熟期仍比去年早。

(2)今年 8 月份气温比去年高 2.2 ℃,8 月 20 日左右估计后季稻齐花期将比去年提早 5 天,提出要充分利用有利条件,应多施穗肥。结果凡适当施用穗肥的表现为穗大粒重,得到增产。这种根据当年气象实况调节栽培技术的方法,在前、后季稻的播种期,育秧技术与肥水管理技术等方面都是有可能的。在气温特殊低的年份,提早采取措施(如早播、肥水控制等)可以避免与减轻损失,保证稳产;在气温偏高年份,则可以充分利用有利条件夺取高产。

气象条件与三麦增产因素的关系

高亮之　张立中

南京市农业科学研究所

(原载:《南京农业科技》,1976 年第 4 期,30～39 页)

在农业学大寨运动的推动下,我市三麦连续三年取得增产。这三年三麦生长期间的气象条件变化很大。不论干年、湿年、高温、低温,三麦都能增产,显示了人定胜天的力量。我们几年来调查总结群众与天斗争,夺取三麦高产的丰富经验,并在所内进行三麦不同品种的分期播种试验。现从农业气象角度探讨气候对三麦增产各因素的影响,以及在气候变动下达到高产稳产应采取的促控措施。

我所 1974～1975,1975～1976 两年用早熟 3 号、立新、武麦 1 号、扬麦 1 号 4 个品种分期播种,小区面积 2 厘[**],中等肥料水平。1974～1975 年为暖冬年,越冬期 41 天;1975～1976 年为冷冬年,越冬期 61 天。

一、气象条件与保证穗数

(一)气象条件与早苗全苗

两年试验的出苗情况及当时气象条件见表 1。

表 1 说明不同播期的温度条件是影响出苗天数的主要因子,而品种之间差别不大。早播麦(10 月下旬～11 月初),日平均气温在 13～16 ℃,出苗天数 10 天左右;中播麦(11 月初～11 月 15 日前),平均气温 8～10 ℃,出苗天数要 15 天左右;而晚播麦(11 月下旬),平均气温 5 ℃左右,出苗天数长达 35 天左右,也就是越冬前不能出苗,而要到 12 月底 1 月初才出苗。不同气温条件下,出苗天数差别很大,但积温要求却较一致,4 个品种一般要求 140～150 ℃·d。根据这个指标进行气候分析(见表 2),可知南京地区 11 月 20～25 日后播种,半数年份越冬前不能出苗,12 月份播种,多数年份越冬前都不能出苗。由此可知,南京地区三麦要争取年前出苗,必须力争在 11 月 15 日前播种,最迟不过 11 月 20 日。

相同的播种期,不同年份,不同田块由于水分条件不同,出苗天数亦会有很大出入。本试验播后都进行抗旱,但雨水少的年份出苗天数仍延长(如 1974～1975 年第一期,1975～1976 年第二期)。1973～1974 年大面积秋种时 80 多天仅下 6.9 mm 雨,播后 10 天仅出苗 30%,严重影响早苗、齐苗。在这种年份,必须在播后及早灌水抗旱,力争早齐苗。

(二)气象条件与分蘖

根据近两年分期播种观察,小麦(扬麦 1 号、武麦 1 号)与元麦(立新)播种到分蘖的积温约 330 ℃·d,早熟 3 号分蘖较早,需积温约 290 ℃·d,三叶期以前就开始分蘖。播种到拔节的积温:早熟 3 号 680 ℃·d,扬麦 1 号 760 ℃·d。

用这些指标分析 1950～1976 年的气象记录(见表 2),可以看出,11 月 5 日之前播种的麦子,有

---

[*] 黄河、毕鲁年、王永顺、许启胜等知青参加

[**] 1 厘=6.6 m²,下同。

80%年份在越冬前可以带分蘖入冬，11月5～10日播种的麦子有50%年份越冬前有分蘖，而11月15日之后播种的，越冬前有80%年份是单苗入冬。

表1 气象条件与出苗情况

年份	品种	播种期（月/日）	出苗期（月/日）	播种至出苗天数(d)	播种量（斤/亩）	基本苗（万/亩）	成苗率（%）	播种—出苗气象条件					平均（偏差天数）(d)
								平均气温(℃)	雨量(mm)	雨日(d)	零上积温(℃·d)	
1974～1975	早扬熟麦3 1号号	10/25	11/5	11	—	—	—	15.8	1.2	3	173.6	早熟3号 144.6 (±2.0)
		11/13	11/28	15	—	—	—	8.7	37.8	2	131.1	
		11/27	1/4	38	—	—	—	4.8	73.3	12	169.2	
1975～1976	早熟3号	11/2	11/10	8	20	17.7	64.6	13.8	24.7	5	110.0	
		11/13	11/30	17	20	17.4	63.5	8.7	0.7	2	148.2	
		11/27	12/31	34	30	24.6	73.9	5.1	42.5	8	135.2	
	扬麦1号	11/2	11/10	8	20	17.7	67.7	13.8	24.7	5	110.0	扬麦1号 143.3 (±2.2)
		11/13	11/30	17	20	13.2	50.8	8.7	0.7	2	148.2	
		11/27	12/29	32	21	26.4	96.7	5.1	42.5	8	127.4	

表2 三麦越冬前各候出苗、分蘖与返青前拔节的几率

(1950～1976年，南京)

品种	项目	积温	播种时间(月/日)										
			10/20	10/25	10/31	11/5	11/10	11/15	11/20	11/25	11/30	12/5	12/10	12/20
早熟3号 扬麦1号	出苗年数	播种—出苗 150 ℃·d	26	26	26	26	26	23	18	12	10	4	3	1
	几率(%)		100	100	100	100	100	88.5	69.2	46.2	38.5	15.4	11.5	3.8
早熟3号	分蘖年数	播种—分蘖 290 ℃·d	26	26	26	22	14	8	5	2	1	0	0	0
	几率(%)		100	100	100	84.6	53.8	30.8	19.2	7.7	3.8	0	0	0
扬麦1号	分蘖年数	播种—分蘖 330 ℃·d	26	26	23	20	11	6	3	1	0	0	0	0
	几率(%)		100	100	88.5	76.9	42.3	23.1	11.5	3.8	0	0	0	0
早熟3号	拔节年数	播种—拔节 680 ℃·d	13	12	6	3	2	1	1	0	0	0	0	0
	几率(%)		50	46.2	23.1	11.5	7.7	3.8	3.8	0	0	0	0	0
扬麦1号	拔节年数	播种—拔节 760 ℃·d	10	4	2	1	1	1	0	0	0	0	0	0
	几率(%)		38.5	15.4	7.7	3.8	3.8	3.8	0	0	0	0	0	0

因此大面积生产以11月15日作为晚播界限，对争取有分蘖苗越冬是有意义的。要尽力做到晚茬不晚播，力争带蘖入冬。是不是播得越早越好呢？那也不是。早熟3号若在10月25日前、扬麦1号若在10月20日之前播就有30%以上的年份在返青前要拔节。

我们以日平均气温连续5天低于3 ℃的始日为越冬开始期，稳定到达3 ℃以上的始日为越冬终止期（即返青期）。南京地区越冬期常年平均为41天，但越冬期间的温度是不稳定的，其中，0 ℃以下平均14天，＞3 ℃平均11天。本地区三麦越冬期内又可以分为三种时段：①＜0 ℃的冷期；②0～3 ℃的波动期；③＞3 ℃的暖期。从表3可知：在＜0 ℃的冷期内，株高、叶龄，都看不出增长，苗数也很少增加；在0～3 ℃的波动期内，虽然株高增加很少，但苗数与叶龄都有一定增加(1月4日～2月13日一个多月株高只增加2.7 cm，而叶龄增加3.2，分蘖数每亩增加2.2万～12.6万以上)；在＞3 ℃暖期内苗数、叶龄、株高都有增加。因此生产上如冬前长势不足，一定要加强越冬期间的田间管理，抓住越冬期内波动

期和暖期,采取促进措施,增加越冬分蘖数。我所丰产田分别在 11 月中旬和 12 月中旬连续施两次苗肥,年前每亩只有 30 万苗,越冬期猛增到 60 万苗。

表 3 越冬期气象条件与苗情(1975~1976 年)

		越冬前	越冬期			返青
时 段		11月2日~ 12月8日	12月9~26日	12月27日~ 翌年1月5日	翌年1月6日~ 2月2日	翌年2月7日后
温 度		>3 ℃暖期	<0 ℃冷期	>3 ℃暖期	0~3 ℃波动期	
苗数 (万/亩)	丰产田	17.6~28.9		30.6~36.1	48.7~61.3	
	二队田	17.6~23.2	(12/22)25.0		49.0~51.2	
株高 (cm)	丰产田			(1/4)12.5		(2/13)15.2
	二队田	(12/4)9.2			(1/13)14.7	(2/13)14.9
叶龄	丰产田			(1/4)3.4		(2/13)6.5
	二队田	3.1			4.9	4.9

注:括号内数据为测定日期(月/日)。

关于分蘖成穗情况:从表 4 可知,早播麦在暖冬年可以有冬前及冬期的分蘖成穗,而在冷冬年则冬期分蘖成穗的比重增大;中播麦在暖冬年主要是冬期的分蘖成穗,而冷冬年则以春季的分蘖成穗为主;晚播麦一般情况基本没有分蘖成穗,有些年亦只有很少的冬期或春季分蘖成穗。由于春季分蘖穗的籽粒少,对高产不利,在大面积生产上,中播与晚播麦力争越冬期间的分蘖成穗是有重要意义的。晚播麦要采取种肥、盖籽肥、苗肥三肥齐下的手段促早发。越冬早的年份或冷冬年更要注重冬前促。表土干旱要泅水促根,土壤板结要通气促根,只有促进次生根的生长,分蘖才能早。

表 4 气象条件与分蘖成穗

品 种	播期 (月/日)	基本苗 (万/亩)	越冬前 苗数 (万/亩)	返青期 苗数 (万/亩)	最高苗数 (万/亩)	每亩 穗数 (万/亩)	分蘖穗组成			
							越冬前 (%)	越冬期 (%)	春季 (%)	无效分蘖 (%)
早 熟 3 号	1974 ~ 1975	10/25	38.4	62.0	112.8	118.8	66.8	31.7	6.5	—	61.8
		11/13	37.2	37.6	67.6	134.4	48.0	0.4	10.7	—	88.9
		11/27	38.4	38.4		58.8	31.6	—	—	—	100.0
	1975 ~ 1976	11/2	17.7	20.0	45.6	83.4	42.0	3.5	33.5	—	63.0
		11/13	17.4	17.4	22.4	87.6	42.6	—	7.1	14.6	78.3
		11/27	24.6	24.6	28.8	90.0	34.2	—	6.4	8.3	85.3
扬 麦 1 号	1974 ~ 1975	10/25	22.8	27.2	58.6	63.6	34.8	10.8	18.6	—	70.6
		11/13	27.6	27.6	45.0	98.4	35.4	—	11.0	—	89.0
		11/27	43.8	43.8	—	91.2	32.6	—	—	—	100.0
	1975 ~ 1976	11/2	17.6	19.7	42.9	99.6	39.0	2.7	23.3	—	74.0
		11/13	13.2	13.2	18.4	62.4	36.6	—	10.6	36.8	52.6
		11/27	26.4	26.4	27.2	63.0	27.0	—	1.6	—	98.4

二、气象条件与争取大穗

三麦大穗的形成决定于许多因素,主要有:①麦苗个体发育状况;②每亩苗数及穗数的多少;③肥水供应状况等等。气象条件究竟与穗型大小有什么关系,以往不是很明确的。

我们在本试验中,统计了以下诸要素:①播种到分化的天数;②分化到拔节的天数;③拔节到成穗的天数,同时统计这些时间内平均气温、积温、日照、雨量等气象要素,都没有发现与每穗粒数有明显的关系,关系较好的只有分化到拔节的天数(这时期实际上相当于穗原始体伸长期到雌雄蕊分化期)及其间的积温与平均气温,而前者与当年越冬期的天数又有一定关系。表 5 说明分化到拔节期间天数长,平均气温较低,积温较多的条件下,每穗粒数有较多的趋势。

表 5 分化到拔节的天数、积温与每穗粒数

品种	年份	播期（月/日）	分化期（月/日）	拔节期（月/日）	分蘖—拔节天数(d)	分蘖—拔节积温(℃·d)	平均气温(℃)	每穗粒数	越冬期天数(d)
早熟3号	1974~1975	10/25 11/13 11/27	12/5 1/4 2/8	3/5 3/22 3/26	90 77 46	348.5 403.9 317.6	3.9 5.2 7.9	20.6 23.3 17.5	(12/11~1/21) 41
	1975~1976	11/2 11/13 11/27	11/30 1/2 2/3	3/10 3/20 3/27	101(+11) 78(+1) 52(+6)	427.9 379.5 342.5	4.2 4.9 6.6	23.7 23.5 23.1	(12/8~2/7) 61
扬麦1号	1974~1975	10/25 11/13 11/27	1/4 2/18 2/24	3/10 3/26 4/2	65 36 34	288.5 276.6 311.8	4.4 77 9.2	34.1 28.9 31.6	(12/11~1/21) 41
	1975~1976	11/2 11/13 11/27	12/25 2/13 2/20	3/25 3/31 4/6	81(+16) 57(+11) 45(+11)	461.6 324.3 347.5	5.7 5.7 7.7	40.9 41.6 36.7	(12/8~2/7) 61

注:括号内数字均为 1976 年比 1975 年分化至拔节期延长的天数。

由表 5 可见:(1)本试验中 1976 年三麦每穗粒数比 1975 年高,大面积生产上亦是这样,这是 1976 年我市三麦增产的重要因素。以气象条件来看,1975~1976 年三麦分化期比 1974~1975 年提早(一般早 4~5 天),而拔节期则比 1974~1975 年推迟。1975~1976 年的越冬期比 1974~1975 年延长 20 天,特别是返青期延迟 17 天。因此分化到拔节的天数,1976 年比 1975 年要延长,分化到拔节期间的积温亦增加,这是形成 1976 年穗型较大的主要因素。(2)分化到拔节期的天数,1976 年与 1975 年相比,小麦延长的比大麦明显,而每穗粒数的增加,亦是小麦明显。(3)不论大、小麦,早播的分化到拔节的天数比迟播的长,平均气温较低,积温较多(积温有些例外情况),而每穗粒数一般亦是早播的比迟播的大。因此,在生产上为了争取大穗,应当注意:(1)适时早播,延长分化到拔节期天数,有利于培育大穗;(2)力争早发,特别是晚播麦,更要采取肥攻水促等措施,加速苗期发育,提早穗分化期,同时培育壮苗,为大穗打下基础;(3)注意当年三麦越冬开始期、返青期的早晚,同时注意检查各块麦田的穗分化期及拔节期。如果分化期延迟,则要加强肥水管理,促进三麦提早发育;如果当年返青期与拔节期提早,则要重施、普施拔节孕穗肥,以达到争取大穗多粒、防止小穗的目的。

三、气象条件与增加粒重

从表 6 中资料可看出,小麦的千粒重是 1975 年比 1976 年为高,而 1974 年明显偏低;对于大元麦来讲,1976 年千粒重比 1975 年高。那么,是什么因素影响着粒重呢?

一般地,小麦籽粒的形成在受精 10 天后,即灌浆过程的 20 天左右,是粒重增长的主要时期。根据小麦齐穗一般在 4 月下旬,大麦在 4 月上旬,我们把 5 月中、下旬作为小麦灌浆的主要时期,而大麦则以 4 月下旬至 5 月上旬为主。现将 1974~1976 年三年中此时期的气象条件与粒重的关系作一分析与探讨。

我们统计了多种气象要素(气温、日照、湿度、雨日、雨量等),发现在南京地区,与千粒重关系最密切

的是气温与日照,其次为雨量,与相对湿度等其他要素关系不大。从表 7 可知,对大麦来讲,4 月中、下旬平均气温在 16~19 ℃,气温不算高,因此日照是影响大麦千粒重的主要因子,日照百分率高的(1976年)千粒重就高,日照不足的(1975 年)千粒重下降。对小麦来讲,5 月中、下旬平均气温 20~24 ℃,有可能出现最高气温>30 ℃的日子,因此温度与日照两个因子都比较重要。平均气温>22 ℃,日照百分率<50%,千粒重低。气温偏低,日照充分,千粒重高。雨量与千粒重亦有关系。1974 年千粒重低,一是高温逼熟,5 月下旬有连续四天最高气温超过 30 ℃;二是雨水多,常年 59.7 mm,1974 年150.3 mm,超过 1.5 倍。认识气象条件与千粒重的关系,可以明确:(1)气温与日照都不是人力容易改变的,因此千粒重受气候变动,不容易完全受人力控制,在三麦增产上,应当首先立足于争取穗数与粒数,作为高产稳产的基础。(2)人对于千粒重决不是无能为力的,提高千粒重是增产的重要因素,在穗数、粒数的基础上,必须力争增加粒重,特别是在气候不利条件下更要采取各种措施提高千粒重。提高千粒重的主要措施有:(1)防止湿害,据我所观测,可以提高粒重 2 g 左右;(2)防止病害,如赤霉病防治良好的与不防治的相比,可以提高千粒重 3 g 以上;(3)喷施磷肥,可以提高千粒重 1 g 左右。

表 6　1974~1976 年三麦千粒重比较

品种	年份 项目	1974	1975	1976
早熟 3 号	播期(月/日)	—	11/1	11/5
	齐穗期(月/日)	—	3/30	4/16
	成熟期(月/日)	—	5/14	5/24
	齐穗—成熟天数(d)	—	45	38
	千粒重(g)	—	37.2	45.7
立　新	播期(月/日)	—	11/1	11/5
	齐穗期(月/日)	—	3/31	4/16
	成熟期(月/日)	—	5/14	5/19
	齐穗—成熟天数(d)	—	44	33
	千粒重(g)	—	20.3	26.0
扬麦 1 号	播期(月/日)	10/30	10/29	11/2
	齐穗期(月/日)	4/29	4/21	4/29
	成熟期(月/日)	6/5	6/5	6/6
	齐穗—成熟天数(d)	37	45	38
	千粒重(g)	32.2	35.3	34.1
安徽 11 号	播期(月/日)	11/9	10/31	11/5
	齐穗期(月/日)	4/26	4/13	4/23
	成熟期(月/日)	6/1	5/30	5/30
	齐穗—成熟天数(d)	36	47	37
	千粒重(g)	30.4	41.0	38.5

四、三麦不同播期、不同气候条件的栽培要点

早播麦(10 月下旬~11 月初)的优点是早播早发,年前分蘖多,幼穗分化时间长,为多穗大穗打下了基础。但也有不利之处,遇到暖冬,年前长势过旺,有拔节危险,即使不遇暖冬,返青早、回暖早、春发旺,中后期群体过大,密度高,容易郁闭倒伏,好看无好收,特别是一些高产田早发肥足,易犯此毛病。对这类苗,首先基本苗要控制在每亩 20 万左右,不能过多,高产田更要少些,以掌握群体发展的主动权,防止遇上暖冬或暖春,遇冷冬要促,遇暖冬要控。对这类苗力争年前分蘖成穗夺高产,控的标准是年前总苗

数达到或略超过预定穗数时就控,最高苗数控制在每亩100万左右,不施返青肥(或只捉黄塘*),争取重施拔节肥。

中播麦(11月5～15日)有50%年份不能带蘖越冬,一般情况中后期群体不过大,比较稳。这类苗要求基本苗要在每亩25万以内,遇暖冬要充分利用有利温度促早发,争取年前多分蘖,以大穗夺高产;遇冷冬年要重视早促,力求越冬期茎蘖数超过预定穗数,以争取越冬苗成穗。防止冬不促,2月下旬看苗小就狠促,结果春季后生分蘖多,穗小粒少,对高产不利。由于越冬分蘖成穗多,要施好拔节孕穗肥,保证大穗。遇冬旱采取泅水。

晚播麦(11月15～30日)年前积温少,出苗迟,基本苗要达30万/亩。要强调:(1)争取年前早出苗,为早分蘖、幼穗早分化打基础;(2)争取越冬期间增加分蘖,最高苗数一定要超过预定穗数。因此措施上不管暖冬、冷冬都要以促为主,要种籽肥、盖籽肥、苗肥三肥齐下,尤其是冷得早或冷冬年更要如此。1975年在冷得早的情况下同时晚播的,早追肥、早灌水的高产田比大田叶龄增长1～1.5张,株高增加2.6 cm,越冬分蘖苗数多13万/亩。(3)晚播麦还要增施腊肥、返青肥以促进植株个体发育,力争大穗;适当早施拔节肥,既防止小花退化,又防贪青逼熟,以提高粒重。

表7 三麦灌浆期的气象条件

大 麦

年 份	最高气温>30℃天数(d)	平均气温(℃)			日照时数(h)			雨量(mm)		
		4月下旬	5月上旬	平均	4月下旬	5月上旬	合计	4月下旬	5月上旬	合计
1975	—	16.2	17.0	16.6	25.9	39.7	65.6 24.7%[a]	45.2	9.5	54.7
1976	—	18.0	19.1	18.6	43.4	53.1	96.5 36.3%	44.2	29.9	74.1
常 年		16.5	18.3	17.4	58.8	56.3	43.3%	33.9	34.3	68.2

小 麦

年 份	最高气温>30℃天数(d)	平均气温(℃)			日照时数(h)			雨量(mm)		
		5月中旬	5月下旬	平均	5月中旬	5月下旬	合计	5月中旬	5月下旬	合计
1974	4	21.5	23.6	22.6	48.1	75.1	123.2 44.6%	115.9	34.4	150.3
1975	3	19.6	22.1	20.8	66.9	98.8	165.7 60.0%	23.2	0.3	23.5
1976	—	20.6	23.4	22.0	46.4	56.3	102.7 37.2%	19.3	48.2	67.5
常 年	3	19.9	21.7	20.8	63.2	78.9	51.5%	33.0	26.7	59.7

注:a为日照百分率。

---

* 即在叶色落黄处施肥,下同。

杂交水稻南繁制种、繁殖技术意见

高亮之 执笔

南京市南繁工作组

(1976年11月,单印本)

南京市南繁工作组在大好形势的鼓舞下,决心更好地完成今年3000多亩杂交水稻的南繁制种任务。现将陵水县的气候情况及杂交水稻制种、繁殖技术要点概述如下:

一、陵水县的气候特点

(一)优越的冬季气候

陵水县地处海南岛南部,位于北纬18°30′、东经110°02′,属于我国冬季最温暖的热带季风气候地区。其逐月平均气温、降水量情况见表1。

表1 陵水县逐月平均气温、降水量

(1956~1970年平均)

月份	1	2	3	4	5	6	7	8	9	10	11	12	全年
平均气温(℃)	19.6	20.6	23.2	25.4	27.5	27.9	28.0	24.4	26.7	25.1	23.3	20.9	24.6
降水量(mm)	9.2	17.4	22.8	70.4	134.9	224.8	165.6	278.4	314.0	264.6	97.2	18.4	1617.7

一般以平均气温10~22℃为春、秋季,大于22℃为夏季,小于10℃为冬季。陵水县自3月至11月均为夏季,长达9个月,12月至翌年2月气温也在20℃左右,相当于南京5月中、下旬的温和天气。因此,这里的气候是"长夏无冬,秋去春来"。

籼稻12℃以上就能生长,18℃以上就能正常分蘖,所以陵水县整个冬季,水稻都能正常生长。陵水、崖县等地是我国的天然大温室。

从气温的季节变化看,冬季制种期间12月~翌年2月气温变化不大。3月以后气温上升较明显,逐月平均气温上升2℃以上,对水稻抽穗、扬花、结实都是有利的。

陵水县属季风气候,一年中明显地分为雨季与旱季。一般11月中、下旬进入旱季,但有些年份雨季推迟。自12月初到翌年4月10日为稳定的旱季,各旬雨量都小于10 mm。海南岛受台风威胁很大,但台风盛行在7~10月,历史上台风最早出现在5月3日(1971年)。所以整个南繁制种期间降水少,日照强,不受台风影响,这亦是十分有利的条件。但南繁制种期间亦有一些不利的气候条件:①冬季与早春会受低温影响;②长期干旱,种稻一定要有灌溉保证;③父本播种期在11月,有些年份雨季延长,雨水较多,育秧时须加注意。制种收获期一般在4月中下旬,这时雨水增多,收获、脱粒、晒谷时需加注意。

(二)南繁制种的安全齐穗期

籼稻要求平均气温22℃以上才能正常开花授粉,低于22℃连续3天以上,会造成严重的空壳秕粒。陵水县12月至翌年2月平均气温一直在22℃以下,所以水稻抽穗不能过早。现根据陵水县气象站1956~1976年共21年资料进行分析,找出各年春季的安全齐穗期,见表2。

从表2可知,因每年气温变化不同,春季安全齐穗期每年出入颇大。1973年春季特暖,2月13日后即能安全齐穗;1971年春季特冷,直到3月27日后才能安全齐穗。为达到80%年份能安全齐穗,应在3月15、16日后齐穗,这时齐穗,大多数年份都是安全的,但仍有少数年份(如1963,1965,1971年等)会受到低温影响,如低温影响严重,可采取拔苞重发等补救措施。

表2 历年春季安全齐穗期

年份	1956	1957	1958	1959	1960	1961	1962	1963	1964	1965	1966
安全齐穗期	3月14日	3月18日	3月1日	3月4日	2月28日	3月1日	3月7日	3月18日	3月2日	3月20日	2月28日
年份	1967	1968	1969	1970	1971	1972	1973	1974	1975	1976	
安全齐穗期	3月16日	3月10日	3月15日	2月19日	3月27日	3月13日	2月13日	3月3日	3月2日	3月10日	

最早	最迟	平均	80%保证的安全齐穗期
2月13日(1973年)	3月27日(1971年)	3月7日	3月15~16日

(三)南繁制种的安全播种期及父母本播期差

怎样才能保证在安全齐穗期以后齐穗扬花,主要应通过播种期来调节。

根据多点资料,特别是海南资料,父本国际稻24(与661等相近)播种到始穗总积温需2500 ℃·d左右,比较稳定(有效积温反而不够稳定)。应用各年气候资料推算不同播期的抽穗期,则得到表3结果。

表3 国际稻24不同播期的抽穗期的年份变化

(1961~1976年共15年)

播种期	2月20日前	2月21~25日	2月26~29日	3月1~5日	3月6~10日	3月11~15日	3月16~20日	3月21~25日	3月26~30日
11月1日	4	2	6	3					
11月10日				4	4	6	1		
11月20日						4	4	6	1

注:表中数字为15年中的发生年数。

如与不同年份当年安全齐穗期相对照,看不同播种期的安全保证率,见表4。

表4 国际稻24不同播期的安全保证率

(1961~1976年资料统计)

播种期	11月1日	11月10日	11月20日	11月30日
安全保证率(%)	13	70	80	100

分析表3、表4,可以认为陵水县父本国际稻24的头期播种以11月15日左右为宜,可有75%的安全保证。第二期推迟10天,在11月25日左右,可有90%的安全保证。当然,具体播期还可根据各县区对收获期的要求等而有所调整。

关于父母本播期差,因杂交组合不同而异。如以南优二号为例,播种到抽穗,父母本积温差约为1150 ℃·d。1975~1976年为15年来冬温最低的特殊冷冬年,11月20日~翌年1月20日积温1143 ℃·d(常年1257.5 ℃·d)。据杭州市农业科学研究所在陵水的经验,1975~1976年播期差58天还嫌少,以62天为好。因此一般年份来说,可掌握在56天左右(52~62天)为好,冷冬长些,暖冬短些。具体来讲,还需根据父本叶龄来确定。

二、搞好繁殖、制种的几个关键性技术措施

根据外省在陵水县繁殖、制种的经验,参照有关资料及今冬明春陵水县的气象预报,提出我市南繁繁殖、制种的技术意见。

(一)适时播种,保证安全齐穗、花期相遇

适时播种,保证安全齐穗、花期相遇,是决定制种成败及产量高低的关键问题。

1. 播期安排

据陵水县气象站初步预报,今冬明春气候正常,前冷后暖,1月中下旬气温最低,2月中旬以后气温逐渐升高,4月底开始进入雨季。所以,今年播期安排应考虑3月中旬抽穗,在3月15～30日开花,4月中旬至下旬收割,这样能做到"三兼顾"(即安全抽穗,赶上南京播种季节,抢在雨季前收割)。

为保证父母本花期相遇,制种田和繁殖田应分别采取以下措施:

(1)制种田:南优二号、南优六号,父母本播期差56天左右。矮优二号父母本播期差40天。即国际稻24、26父本第一期安排在11月15日左右(11月13～17日),第二期比第一期迟播10天,在11月25日左右(11月23～27日)或父本分三期播(每期隔7～8天)。制种母本二九南一号A于1月10日左右播种。播母本时应观察父本叶龄,父本10叶一心时(9叶一心时浸种)播母本。二九矮四号A不育系在12月25日左右播,父本8叶时播母本。

(2)繁殖田:繁殖田不育系二九南一号A、二九矮四号A,可与制种田母本同期播种。保持系分两期播种:二九南一号A抽穗拖拉,保持系比不育系迟播两个5天,即第一期保持系比不育系迟5天,第二期保持系比第一期保持系迟5天。二九矮四号A抽穗较集中,保持系迟播两个4天。

2. 花期预测及调整措施

为掌握父母本花期相遇,除安排好播种差期外,还必须定时调查父母本发育动态,进行抽穗开花期的预测,以便及早采取调整措施,确保花期相遇。

花期预测的方法主要有二:

(1)叶龄调查:父母本从秧田开始,定10～20株苗,隔2～3天观测一次,从第一张完全叶开始记载叶龄,可按单数叶(3,5,7,…)点漆,移栽后继续观察。50%以上稻苗达到某叶龄全伸出时,记为该叶龄伸出期;或每株苗都记叶龄(如5.4表示6叶已伸出10分之4),再求10～20株的平均值。南优二号,父本共18叶左右,母本11叶左右。父本10叶一心时播母本;父本5叶时,母本约13叶;父本8叶时(倒三叶),父本约15叶(倒三叶);则母本抽穗预计可比父本早2～3天,花期基本相遇。但需注意叶龄数因播栽期、肥水管理等会有变化。

不论父本、母本,在倒三叶伸出时,叶尖有葫芦叶出现(父本倒四叶已开始有),这时幼穗在1～2次枝梗分化期,可作为花期预测的辅助方法。剑叶全部伸出,剑叶叶耳距(剑叶叶耳与倒二叶叶耳的距离)等于零时,距抽穗天数:二九南一号A约8天,国际稻24约10天。

(2)幼穗分化期调查:在抽穗前35天开始(约2月10日左右),每隔2～3天剥查父、母本幼穗分化各5～10株。

水稻幼穗分化共八期,其特征如表5。

表5 水稻幼穗分化各期名称及特征

期别	名称	特征
第一期	苞分化期	肉眼看不见幼穗,稻已圆秆,基部有节1.0～1.5 cm
第二期	一次枝梗分化期	肉眼看不见幼穗,基部有节2.0～3.0 cm
第三期	二次枝梗分化期	肉眼能看到幼穗,幼穗长0.2～0.5 cm,有毛
第四期	雌雄蕊分化期	幼穗1 cm,苞毛很长
第五期	花粉母细胞形成期	幼穗长2～6 cm,谷粒像芝麻大,剑叶露尖
第六期	花粉母细胞减数分裂期	幼穗长10 cm,白色。剑叶叶耳距为零
第七期	花粉充实期	穗长、谷粒大小已定形,浅绿色
第八期	花粉成熟期	已有少数破肚

据海南自治州科技局 1975~1976 年在崖县观测，幼穗发育各期距抽穗天数如表 6。

表 6 幼穗发育各期距离抽穗天数

父母本	品种	1	2	3	4	5	6	7	8
母本	二九南一号 A	26	23	21	15	11	8	5	2
	二九矮四号 A	29	26	24	19	15	10	7	2
父本	IR24	31	28	23	20	15	10	7	2

南优二号母本应比父本早 2~3 天抽穗。如父母本幼穗分化前、中期相近，后期母本比父本稍早，则花期可基本相遇。

花期预测，最好是叶龄与幼穗分化两个方法并用。幼穗分化前以叶龄为主，幼穗分化后以幼穗分化为主。抽穗 10 天前后，则可注意剑叶叶耳距，这样就可以比较可靠地掌握花期。

花期调整措施：

南优二号，母本早抽穗 5 天（高温情况）到 8 天（低温情况）以上时，就需要进行调整。矮优二号，母本早抽穗 4 天以上，就要调整。调整方法主要有：

(1) 对预计抽穗偏早的一方，偏施重施氮肥（最好在穗分化初期施），可延迟 3~4 天。父本抽穗偏早，可以搁田控制。

(2) 早割剑叶，可延迟 3~4 天（迟割反而促进）。

(3) 拔去主茎与大分蘖的苞，可推迟 4~7 天。

(4) 相差 20 天左右的，可以把距地 2 寸以上部分全部割掉，促使分蘖再生。但要注意割得愈低，抽穗愈迟。

(5) 始穗时喷"920"，可以提早 2~3 天抽穗。

(二) 合理栽插，精细管理，保证生长良好，提高结实率

制种田要求 100 斤/亩产量，每亩要有 20 万穗，每穗 10 粒以上；而制种田每亩母本只插 1.5 万~3 万苗。要取得高产，就要抓好一系列措施。

1. 精细播种

播种前晒种 1~2 天，恢复系可用泥水选种，不育系用清水选种，漂出空秕粒。浸种 2 天（提倡用 1‰石灰水浸种 1~1.5 天），催芽要匀。播种量：父本 30~40 斤，母本 40 斤；繁殖田 40~50 斤。每亩大田用种量，制种田父本 0.5~0.7 斤/亩，母本 1.5 斤/亩；繁殖田父本 1 斤/亩，母本 1.3 斤/亩。分厢过秤，精细播匀，厢宽 4.5 尺，厢面平、光、软（拣去稻桩）。秧田底肥要足，有机农家肥亩施 3000 斤（猪粪类、甘蔗肥等）；过磷酸钙 40~50 斤/亩作面肥。播后塌谷，用草木灰、牛粪粉、熏泥灰混合过筛后，覆盖秧田。追肥及时：断奶肥（二叶期）亩追尿素 10 斤左右；送嫁肥在栽前 4~5 天亩追施尿素 10 斤左右，达到带分蘖壮秧。在播不育系时，正遇 12 月下旬初和 1 月中旬的低温季节，秧田要背风向阳，水利要方便，寒流前灌水保温，转晴即排水增温，并准备薄膜，以防烂种、烂秧。做好防治病虫工作。

2. 适时栽插

(1) 制种田：父母本分期播，各栽各的适龄秧。一、二期父本同期栽，或二期比一期迟 3~5 天。一期父本不超过 35 天秧龄，二期父本不超过 30 天秧龄，5~6 叶栽。母本二九南一号 A 20 天栽，不超过 25 天，4~5 叶栽；二九矮四号 A 25 天栽。在栽母本时，田要重新犁耙一次，除去杂草，整绒整平。

(2) 繁殖田：提倡第一期父本与母本同期栽。如当时两期父本的秧苗也相差不大时，也以同期栽为更好，实在不行，可迟栽 3~4 天。二九南一号 A，秧龄不超过 25 天，叶龄不超过 5 叶；二九矮四号 A，秧龄不超过 25~30 天，叶龄不超过 5.5 叶时栽秧。

3. 掌握合理的行比和密度

(1) 行比

制种田：南优二号、南优六号，父母本比，瘦田1∶4；中等田及肥田2∶8或1∶5（据四川南繁队经验，在条件好的情况下，可搞1∶6或1∶7，我市酌情处理）。矮优二号父母本比为1∶3，1∶4为宜。具体行比还可根据土质肥瘦、父母本秧苗壮弱与高矮而调整，力争母本占比例高些，而又能得到父本足够的花粉。

繁殖田：父母本比1∶2或2∶3。

(2) 密度

制种田：肥田父本株距5寸，母本株行距4寸×5寸，父母本间距1尺。瘦田、中等田父本株距5寸，母本株行距3寸×5寸，父母本间距8寸至1尺。父本单行的第一、二期隔两棵栽插，双行的交错栽插。

繁殖田：父母本株行距4寸×5寸，父母本间距8寸。

总之，密度问题可根据当地土地肥瘦具体情况而定。

4. 施足底肥，及早管理

父本要求每株15～20穗，母本要求7～10穗，并且穗大粒多，花期长。

(1) 制种田：整地前要耕翻晒垡，改善通气性。整地时亩施农家肥2000斤，过磷酸钙50斤。父本追肥"少吃多餐"，促进分蘖。栽母本时亩施耙面肥（尿素）10斤，又作父本追肥。母本在活棵后到栽后半个月内早施足分蘖肥。父本在抽穗前20天左右（2月下旬）要补施穗肥，穗肥可以促使分蘖成穗，延长花期。总之，父本为中稻，要前促、中稳、后补；母本为早稻，要前轰、中控、后稳。注意父本一、二期生长要平衡，防止一期欺二期；注意父母本生长要平衡，防止父本欺母本，必要时可将化肥穴施作偏肥，沙质漏水漏肥田一次肥料可分两次施。

(2) 繁殖田：管理与一般早稻管理相同，要求前期早管早发，中期看苗控制，后期稳长不早衰。除有机农家肥、过磷酸钙在整地时作基肥外，化肥以40%作底肥，40%～50%作早追肥（栽后7～10天分蘖肥），10%作穗肥。

总之，施肥应坚持看天、看地、看苗架，做到不浪费，不过头，不脱肥。要及时除尽草稗，制种田可用化学除草，在父本栽后2～3天，每亩撒25%除草醚1.0斤，拌细土30斤，寸水撒药，保水5天。还要开好围沟、横沟，注意水浆管理和防治病虫害，以科学管理达到花期相遇，提高结实率。

5. 采取积极有效措施，提高母本结实率

(1) 割叶剥苞：不论制种田和繁殖田，在破口时都应把父母本高于稻穗的叶片全部割去，一次割不彻底，再割两三次，做到稻穗露面，阳光直射，有利于授粉。抽穗后有稻穗包颈的可用人工剥苞。割叶、剥苞可增产20%～30%左右。

(2) 人工辅助授粉：据风力大小而定，风特别大时，可不人工授粉；风小时或无风天气在每天父母本开花时，用竹竿或尼龙绳授粉，每半小时一次。促使花粉飞扬，增加母本授粉的机会，可增产10%～20%。

(3) 喷"920"：制种田见穗时，用25～30 ppm*的920，每亩用水溶液50～60斤喷母本，可使母本节间伸长，包颈度减少，抽穗整齐，有利于授粉结实，可增产10%以上。

(三) 严格防杂去杂，提高种子纯度

(1) 选地：根据外省南繁经验，选地工作非常重要，一般地说，地选好了就可少做一半以上的工作，并

---

* ppm（百万分率）为10^{-6}，下同。

更易夺得较高的产量。应选泥脚中等,土质带黏,背风向阳,隔离条件好的地块。由于今年我市南繁面积大,兄弟省份育种单位又多,估计每一个材料选一个隔离区有困难(当然能选到更好)。在选地隔离有困难时,建议:①县区与外省育种单位事先商量,安排材料,搞大区隔离。如繁殖二九南一号 A 和二九矮四号 A 不育系,可分别为一片,均搞同一不育系。②说服动员所在生产队用红苕或生育期长的水稻品种或种植田菁等高秆绿肥,作隔离带。要求不同品种间隔 40m 以上(顺风田距离应远一些)作花期隔离。

(2)彻底去杂:根据各不育系、保持系及恢复系的特征,在秧田、本田,特别是开花期中都要经常抓紧时间搞好去杂工作,严防异己花粉传粉,确保不育系及杂交种子质量,提高种子纯度。

(3)做到"六单":即单收、单运、单放、单脱、单晒、单包装,严防机械混杂和人为混杂,确保种子纯度。

后季稻品种的温光反应及安全播栽期

高亮之　张立中

南京市农业科学研究所

(原载:《植物学报》,1977年第19卷第1期,53~59页)

摘　要　后季稻由于播种栽插过晚,抽穗延迟,容易遇到秋季低温,造成空壳不实而减产;如播种栽插过早,抽穗过分提早,又会使营养生长期不足,形成穗小而减产。因每年气候变化不同,使播栽期不易掌握。本文用统计分析方法,提出了后季稻不同品种生育期的温光公式,应用此公式可以分析多年气候资料,从而得到后季稻不同品种的安全播栽期。

一、问题的提出

70年代以来,双熟、三熟制水稻面积不断扩大,对粮食增产起了显著作用。但是,后季稻的产量还不够高不够稳,存在着翘穗与小穗问题。1972年南京地区有些社队后季稻播种、栽插偏迟,遇到秋季气温偏低,出现了比较多的翘穗(空瘪粒多、稻穗不沉头)。这些社队片面接受教训,1973年以来,过分提早播种,秧龄偏长,又出现了小穗。因此,合理地掌握播栽期,是争取后季稻高产稳产的重要问题。

我们通过多年来的试验与调查,基本上摸清了后季稻的安全齐穗期,这对后季稻的稳产高产有指导意义。但只知道安全齐穗期是不够的,还要求知道不同品种的安全播栽期,以保证在安全期之前(又不是过早)齐穗。现在主要是依靠人们的经验来确定播栽期,但由于气候每年都不同,品种又常在变换,只凭少数年份的经验考虑播栽期往往并不可靠。因此迫切需要有一个方法,能够找出气候因素与不同水稻品种生育期的关系,然后再根据多年气候的变动确定当地不同品种的安全播栽期范围。在这个范围内进行播种栽插,加上其他措施得当,基本上能防止翘穗与小穗,而保证后季稻的高产、稳产。

二、水稻生育期的温光反应

(一)水稻生育期与温光条件的关系

我们调查总结了群众经验,认识到影响水稻生育期的因子是很多的,有温度、光长、秧龄、秧苗素质、栽插质量、肥水管理等,而主要是温、光与秧龄这三项。考虑到水稻不同品种需要一定的生育天数(内因),同时其生育天数又随温、光、秧龄等条件的变化(外因)而有一定的变化特性,因此,提出水稻生育期的温光公式如下:

生育天数＝标准天数＋(感温系数×温度差)＋(感光系数×播期差)＋(秧龄订正值×秧龄差)

如用相应的符号表示,则为:

$$N = N' + A\Delta t + B\Delta d + C\Delta r \tag{1}$$

(1)标准天数(N'):指在标准条件下的生育期(播种—齐穗)天数。所谓标准条件是:①生育期间平均气温30℃。采用30℃为标准,是考虑到28~30℃左右水稻生长发育最快(品种间有些差异),并且长江中下游地区高温年份7~8月的月平均气温为28~30℃。②夏至日(定为6月22日)为标准播种期。因夏至是一年中日照最长的一天,播种期距离夏至前后的天数,可反映出光长的影响。③标准秧龄定为 30 天。这是通常适宜的秧龄(早籼稻作翻秋用则以 20 天为标准)。

(2) 感温系数(A):指生育期间平均气温相差 1 ℃,生育期天数的差值。

(3) 温度差(Δt):指生育期平均气温与 30 ℃ 的差值,比 30 ℃ 低的取正值,比 30 ℃ 高的,温度差为 0。

(4) 感光系数(B):指播期相差 1 天,生育期天数的差值。

(5) 播期差(Δd):指播种期距夏至的天数,夏至前取正值,夏至后取负值。

(6) 秧龄订正值(C):指秧龄超过 30 天后每超过 1 天,生育期天数的增加值。

(7) 秧龄差(Δr):指秧龄超过 30 天的天数,≤30 天(早籼翻秋≤20 天)则不作秧龄订正。

我们根据南京地区近年来的分期播栽试验,分析相同播期、不同秧龄条件下,播种到齐穗天数的变化,求出不同品种类型的秧龄订正值(表 1)。秧龄订正值小,表示秧龄敏感度小,秧龄弹性大(表 1 不考虑超秧龄的情况)。

表 1　不同品种类型的秧龄订正值(C 值)

品种类型	晚粳	早熟晚粳	中粳	早籼
秧龄订正值	0.10	0.20	0.25	0.40

(二) 标准天数与温光系数的求算

收集当地近 2～3 年来某一品种的不同播栽期的生育期资料,一个品种有 10 个以上即可,有 20～30 个资料则更好。年度之间温度的变幅要大一些,播栽期的变幅也不要太小(资料的观测标准不同或有明显错误的不用),然后列成以下二表式:

序号	年份地点	播期	栽期	齐穗期	播种—齐穗天数 Y	秧龄	秧龄订正值 $C \cdot \Delta r$	秧龄订正后播种—齐穗天数 y	播种—齐穗总积温	播种—齐穗平均气温 $\bar{t}$	温度差 $(30℃-\bar{t})$ Δt x_1	Δt^2 x_1^2	播期差 Δd x_2
1 ⋮ N													
合计 $\sum$		—	—	—	—	—	$\sum y$		—	$\sum x_1$	$\sum x_1^2$	$\sum x_2$	
平均 $\dfrac{\sum}{N}$		—	—	—	—	—		$\bar{y}$		$\overline{\Delta t}$	—	$\overline{\Delta d}$	

序号	年份地点	Δd^2 x_2^2	$x_1 x_2$	$x_1 y$	$x_2 y$	理论天数 $N=N'+A\Delta t+B\Delta d+C \cdot \Delta r$	理论天数与实际天数之差 $N-Y$	$(N-Y)^2$
1 ⋮ N								
合计 $\sum$		$\sum x_2^2$	$\sum x_1 x_2$	$\sum x_1 y$	$\sum x_2 y$		$\sum (N-Y)$	$\sum (N-Y)^2$
平均 $\dfrac{\sum}{N}$							—	

应用复回归分析的有关公式,求算感温系数(A)、感光系数(B)与标准天数(N')各值如下:

$$A=\frac{(\sum x_2'^2)(\sum x_1' y')-(\sum x_1' x_2')(\sum x_2' y')}{\sum x_1'^2 \sum x_2'^2-(\sum x_1' x_2')^2}$$

$$B=\frac{(\sum x_1'^2)(\sum x_2'y')-(\sum x_1'x_2')(\sum x_1'y')}{\sum x_1'^2 \sum x_2'^2-(\sum x_1'x_2')^2}$$

$$N'=\bar{y}-A\cdot\overline{\Delta t}-B\cdot\overline{\Delta d}$$

(三)不同品种类型的温光特性与温光公式

我们在南京地区用以上方法分别求得几个主要代表性品种的标准天数与感温、感光系数（表2）。

表2 几个代表品种的标准天数及温、光系数

品 种	类 型	标准天数(d) N'	感温系数 A	感光系数 B	资料说明
农虎6号	晚粳	91.7	1.0	0.71	1970~1975年13个资料
沪选19	早熟晚粳	78.7	2.6	0.51	1972~1974年20个资料
南粳33	中粳	71.1	3.0	0.35	1972~1974年28个资料
农桂69	早熟中粳	60.4	5.1	0.37	1972~1974年12个资料
二九青	早籼	41.9	3.2	0.05	1972~1974年14个资料

表2反映出不同品种类型在自然条件下的温、光反应特性。感光系数的变化趋势与人工光照试验结果基本一致。感温性的大小，在自然光长条件与短光照条件下有所不同，如晚粳在10小时光照下感温性较强，而在自然光长下感温性较小。这就说明温、光两个因素的作用不是孤立的，而是互相联系的。品种的强感光性在自然条件下起着支配作用，而掩盖了感温性的作用。晚粳品种生育期较长，增产潜力大，但感温性小，抽穗期在本地区偏迟，所以产量不稳定，不宜推广。目前本地区生产上通用的后季稻品种为早熟晚粳与中粳，其特点是生育期中等、感温性中等、感光性中等，容易取得稳产高产。早中粳（如农桂69）生育天数较短，感光性中等，耐迟播，但感温性很强（比早稻感温性强，与全国水稻品种光、温试验结果相一致），年度之间生育期不够稳定。早稻生育期短，可以迟播，但感光性甚小，感温性中等偏强，后期耐寒性差，因此必须早播早栽，以争取稳产。我们认为本地区后季稻品种理想的温光特性是生育期中等，感温性小（不同年份齐穗期稳定），感光性较强（不同播期齐穗期接近），秧龄弹性较大，后期耐寒性强。

由表1及表2可以得到各品种的温光公式如下（其应用实例见表3）：

表3 温光公式应用实例

年份，地点	品种	播期(月/日)	栽期(月/日)	齐穗期(月/日)	播种—齐穗天数 Y(d)	秧龄	$C\cdot\Delta r$	$A\cdot\Delta t$	$B\cdot\Delta d$	理论天数 $N'+A\cdot\Delta t+B\cdot\Delta d+C\cdot\Delta r=N$	理论—实际 $N-Y$
1972，江宁	沪选19	5/12	6/25	9/7	118	44	0.20×14	2.6×5.2	0.51×41	115.9	-2.1
1973,省农科院	南粳33	5/19	6/20	8/23	96	32	0.25×2	3.0×4.1	0.35×34	95.8	-0.2
1974，本所	农桂69	7/7	8/8	9/21	76	32	0.25×2	5.1×4.0	0.37×(-15)	75.7	-0.3
1974，本所	二九青	7/28	8/7	9/20	54	10	—	3.2×4.6	0.05×(-36)	54.8	0.8
1974，大厂	农虎6号	6/1	7/24	9/23	114	53	0.10×23	1.0×4.8	0.71×21	113.7	-0.3

沪选19：$N=78.7+2.6\Delta t+0.51\Delta d+0.20\Delta r$

南粳33：$N=71.1+3.0\Delta t+0.35\Delta d+0.25\Delta r$

农桂 69：$N=60.4+5.1\Delta t+0.37\Delta d+0.25\Delta r$

二九青：$N=41.9+3.2\Delta t+0.05\Delta d+0.40\Delta r$

农虎 6 号：$N=91.7+1.0\Delta t+0.71\Delta d+0.10\Delta r$

按公式 $S_e=\sqrt{\dfrac{\sum(N-Y)^2}{N-3}}$ 计算由各品种的温光公式求得的理论天数与实际天数的误差，如表 4。

表 4　温光公式的误差计算

品　种	农虎6号	沪选19	南粳33	农桂69	二九青
误差(d)	±2.47	±1.94	±1.42	±0.83	±2.28

表 4 说明误差一般仅±(1~2)天，考虑到各地所观测的齐穗期都会有观测本身的误差，以及其他条件影响的误差，所以公式(1)的真正误差是很小的，理论值相当符合实际值。以沪选 19 与南粳 33 为例，再进行净回归的显著性检验（表 5）。

表 5　温光公式的方差分析

品　种	变异来源	自由度	平方和	平均方和	F	注
沪选19	回　归	2	1004.87	502.44	134.522	$n_1=2, n_2=25$,
	离回归	25	93.37	3.73		$P=0.01$,
	总变异	27	1098.24			$F=5.568$
南粳33	回　归	2	545.44	272.72	107.795	$n_1=2, n_2=17$,
	离回归	17	43.12	2.53		$P=0.01$,
	总变异	19	588.56			$F=6.112$

表 5 检验 F 值均远大于 $P=0.01$ 的 F 值，说明相关显著性很高。

一个地点求得的温光公式能否在相近地区应用呢？我们根据南京资料求得的沪选 19 与南粳 33 的温光公式的系数，用兴化、苏州等 11 个县市的播栽期及当地气象资料进行验证，结果南粳 33 在 11 个县市的 14 例应用误差为±2.19，沪选 19 在 7 个县市的 17 例应用误差为±1.77。说明温光公式在纬度相近地区是可以通用的。至于纬度相差较大的地区，由于日照长度变化，感光系数会有出入。感光系数怎样随纬度而改变，还有待进一步研究。

三、安全播栽期的确定

掌握了温光条件与水稻生育期之间的数量关系，就有可能根据多年气候变化来确定当地不同品种的安全播栽期。其步骤如下：首先根据指标找出不同品种的安全齐穗期，以 N_m 代表夏至到安全齐穗期（也可从夏至到其他所要求的齐穗期）天数；Δt_m 代表本地区后季稻基本生育期间（在南京为 6 月 20 日~9 月 20 日）几十年来 80% 保证率的平均气温与 30 ℃之差值；Δd_m 代表所求安全播种期距夏至的天数。由图 1 可得：

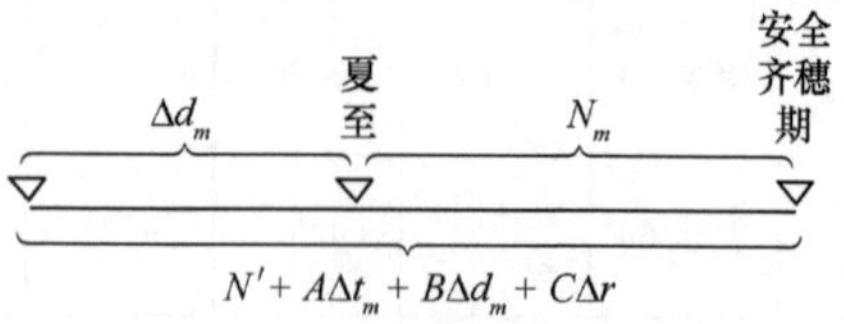

$$N_m+\Delta d_m=N'+A\Delta t_m+B\Delta d_m+C\Delta r$$

图 1　水稻安全播种期示意图

移项而得

$$\Delta d_m=\dfrac{N_m-(N'+A\Delta t_m+C\Delta r)}{B-1} \tag{2}$$

已知 $N_m, N', \Delta t_m, A, B, C, \Delta r$ 代入公式(2)即可求得该品种的安全播栽期。以沪选 19 为例，该品

种在南京的安全齐穗期为9月20日,则

N_m＝90天(夏至到安全齐穗期天数,即6月22日~9月20日);

Δt_m＝4℃(南京26年来6月20日~9月20日期间,80%保证率的平均气温为26℃,26℃与30℃之差为4℃),代入公式(2):

$$\Delta d_m = \frac{90-(78.7+2.6\times 4.0)}{0.5-1} = \frac{90-89.1}{-0.5} = \frac{0.9}{-0.5} = -2$$

式中 Δd_m 代表秧龄30天的安全播种期距夏至天数,即30天秧龄的沪选19,其安全播种期是6月22日后2天,即6月24日,也就是6月24日播,7月24日栽,9月20日齐穗。

根据公式(1)及各品种的有关系数,温度差用 Δt_m＝4℃,可以计算出不同播期、不同秧龄的齐穗期,绘成图2。从图2中26℃各斜线与该品种安全齐穗期的交点,引垂直线向下到横坐标,就能直接读到不同秧龄的安全播种期。图解法在基层站哨以及社队农技站应用比较方便。此图还可根据不同气温(如40天秧龄的三种温度),进行齐穗期预测。

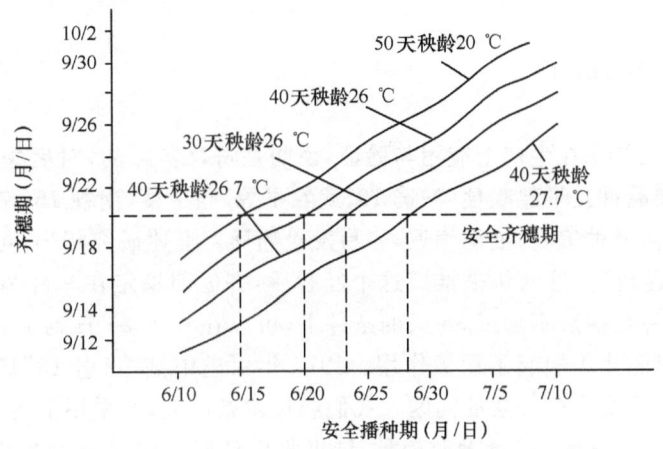

图2 播期、气温、秧龄与齐穗期的关系

(沪选19,26.7℃为南京常年6月20日~9月20日期间的平均气温)

下面列出5个品种由不同秧龄推算出的播栽期,即安全播栽期。考虑到秧苗素质、肥水条件、栽培管理等方面的影响,生产上应用时还需根据条件灵活掌握,条件差的队可以在求算出的播种期前加2天幅度,使齐穗期更安全可靠(表6)。

表6结果与几年来实践经验基本符合,由于考虑了品种对光、温、秧龄的反应及经26年气候变化的较为严格的计算,应当说这些播栽期更有科学根据了。

表6 南京地区后季稻5个代表品种的安全播栽期

品种	秧龄(d)	播期(月/日)	栽期(月/日)	安全齐穗期(月/日)
农垦58	50	6/7	7/28	9/24
	55	6/5	8/1	
沪选19	30	6/24	7/24	9/20
	40	6/20	7/30	
	50	6/18	8/5	
农桂69	30	7/4	8/3	9/18
	35	7/2	8/6	
南粳33	30	7/2	8/1	9/20
	35	6/30	8/4	
二九青(翻秋)	15	7/21	8/5	9/10
	直播	7/24		

表7以南粳33为例,说明根据多年气候变化求算常年安全播栽期的必要性。

南粳33号品种,近一两年才开始推广,1973～1974年安全齐穗期均偏迟(1973年为9月25日,1974年为9月27日),在7月10～13日播种也能安全齐穗,但是从26年气候分析计算则以6月底、7月初播种为宜。这就是科学分析比只凭一两年经验较为优越之处。

表7 南粳33的播栽期分析

年份	安全齐穗期（月/日）	6月20日～9月20日平均气温(℃)	安全播栽期	
			30天秧龄	35天秧龄
1972	9/22	25.6	7月1～31日	6月28日～8月2日
1973	9/25	26.7	7月12日～8月11日	7月10日～8月14日
1974	9/27	25.8	7月13日～8月12日	7月11日～8月15日
常年(26年)(80%保证率)	9/20	26.0	7月2日～8月1日	6月30日～8月4日

四、在生产实践中的应用

以上研究结果,经几年来在生产上应用与验证,说明是符合实际的,对后季稻夺取高产稳产是有作用的。我市后季稻主要品种是早熟晚粳(沪选19、武农早等)与中粳(南粳15、南粳33等)。早熟晚粳作晚三熟茬栽培,有些社队播种偏晚,抽穗偏迟,容易发生翘穗。上述研究指出,可用50天秧龄在6月15～20日播种,即"早播迟栽"。近两年来推广这个经验后,齐穗期稳定在9月20日左右,防止了翘穗问题。研究指出,这类品种在秧龄不超过35天的条件下,可以在6月25日到7月初播种,基本上不会翘穗。这个措施推广后对防止小穗起了积极作用。1975年引进中糯"京引15"10万多斤作后季稻品种,领导与群众迫切要求了解安全播栽期的问题。我们经过调查研究,又采用上述方法分析后指出,抓紧在7月3日前播种,可以安全齐穗。各地及时播种,结果收成良好。1976年秋季低温来得早,但大面积后季稻基本上都适时播栽,翘穗很少,普遍增了产。

Temperature-light Reaction and Safe Sowing and Transplanting Time of Late Variety of Rice

Abstract: Due to delayed sowing and transplanting and late earing, the late season rice is easily damaged by low autumn temperature, resulting in empty seeds and decreased yield. Too early sowing and earing result in small ears and decreased yield due to insufficient vegetation period. Since climatic conditions differ from year to year, it is difficult to determine the proper sowing and transplanting time of a certain year. By the use of statistical analysis, we obtained a temperature-light formula for calculating the duration of growth period for different varieties of late season rice. Using this formula, one may analyze climatic data for a period of many years, to obtain safe sowing and transplanting time for different varieties of late season rice in any particular year.

早稻超秧龄的发生与防止*

高亮之　张立中

南京市农业科学研究所

(原载：《南京农业科技》,1977 年第 2 期,15~20 页)

随着农业学大寨运动的深入开展,双三熟特别是三熟制面积不断扩大,早稻超秧龄问题愈益突出了。我市早稻目前早中熟品种比例仍占 80% 以上,早中熟品种作三熟制用,播期偏早,或栽插偏晚,都容易出现超秧龄,遇到春季高温的年份,如 1976 年,超秧龄问题更显得突出。因此,超秧龄已成为早稻夺取高产的一大威胁。我们近年来深入农村,调查超秧龄的发生情况,总结群众防止超秧龄的经验。1975 年在所内用二九南二号(特早熟)、二九青(早熟)、原丰早(中熟)、广陆矮四号(迟熟)四个代表品种,分不同播栽期、不同秧龄进行试验。1976 年在十月公社十月大队蹲点,与群众一起进行防止超秧龄的科学实验活动,现将主要研究结果概述如下。

一、早稻超秧龄的发生原因与叶龄指标

(一)早稻超秧龄的生育表现

表 1 中广陆矮四号 52 天秧龄,原丰早 43 天秧龄,二九青 38 天秧龄,二九南二号 5 月播种,20 天以上的秧龄都有超秧龄表现。其共同特征是分蘖及每亩穗数明显减少;个体营养生长受抑制,主茎株高明显变矮(约 10 cm);主茎穗显著变小,每穗粒数要比正常的秧龄少 10~20 粒,但分蘖穗却相对较大,甚至超过主茎穗。由于早稻一般说分蘖穗所占比例不高,约 20%~30%,所以超秧龄后,平均每穗粒数明显减少,约少 5~20 粒,形成小穗。超秧龄的分蘖发生迟,成熟迟,主茎穗成熟到九成时,分蘖穗仅 5~6 成,全田抽穗成熟很不整齐,同样播种期条件下,空秕率增高,青粒多。虽然千粒重变化不大,产量仍然锐减。

(二)移栽时叶龄与超秧龄的关系

正常秧龄条件下,移栽到穗分化还要生长 3~5 张叶片,秧苗在大田有充分的营养生长期,穗分化前个体发育良好,因此植株健壮、穗大粒多。而超秧龄条件下,移栽时已经接近或开始穗分化(见表 2)。移栽时叶龄与幼穗分化时叶龄差数小于 1.5 的情况下,开始有超秧龄现象;差数小于 1.0 的情况下,就有明显超秧龄的表现。也就是说,超秧龄的秧苗移栽前已经进入剑叶与幼穗分化始期。秧苗在秧田后期群体荫蔽的情况下,光照不足,碳素营养供应不足,使后期几张叶片以及幼穗发育受到严重抑制。营养生长的抑制导致生殖生长提早,主茎提早分化,株矮穗小。而移栽后在肥足条件下高节位分蘖产生一定优势。从秧龄看,移栽时进入剑叶分化期,使得剑叶退化。因此如表 2 所示,同样播期条件下,超秧龄的穗分化时的叶龄及余叶龄均分别比正常秧龄的少 0.5~1.0(严重超秧龄情况下,叶龄减少更多),总叶龄也相应减少。部分植株倒二叶变为剑叶,异常发育,因此超秧龄田块往往有顶叶特长的反常现象。分化时叶龄及余叶龄减少,又会形成反常的早抽穗现象(如表 2 中二九南二号 27 天秧龄比 20 天秧龄抽穗早 3 天)。

---

* 黄河、毕鲁年、王永盛、许启胜等知青参加。

表 1　早稻不同播栽期的生育表现

(1975 年,本所)

品种	播栽期 月/日	秧龄 (d)	株高 (cm)	每亩穗数 (万)	每穗粒数 主茎穗 总粒	主茎穗 实粒	分蘖穗 总粒	分蘖穗 实粒	平均每穗 总粒	平均每穗 实粒	空秕率 (%)	千粒重 (g)	产量 (斤/亩)
广陆矮四号	4/1~5/3	33	73.7	34.4	52.0	46.5	44.3	37.1	49.3	43.2	12.3	26.5	1135.0
	4/10~5/3	23	66.7	34.2	51.9	46.5	29.8	23.1	46.6	41.0	12.1	26.0	1180.0
	4/21~6/5	45	55.6	33.2	43.7	40.5	37.3	28.3	42.4	38.2	11.3	26.7	810.0
	4/21~6/12	52+	53.3	28.4	42.5	38.4	46.0	33.7	44.6	35.6	20.3	25.6	550.0
原丰早	4/10~5/3	23	80.1	34.4	63.5	49.0	35.3	27.6	57.2	44.5	22.6	22.8	1002.5
	4/15~5/20	35	79.3	30.4	74.6	63.9	38.6	29.1	68.0	57.5	15.4	23.6	1057.5
	4/30~6/5	36	73.8	25.2	65.4	62.1	25.8	21.8	57.8	54.3	6.0	21.5	630.0*
	4/30~6/12	43+	61.2	20.8	42.7	38.6	52.7	36.0	44.1	38.2	13.4	22.6	265.0*
二九青	4/10~5/3	23	67.4	41.6	63.3	44.8	37.1	17.2	52.2	33.3	37.1	23.4	810.0
	4/21~5/20	29	69.5	42.8	54.5	41.9	35.4	22.4	49.1	36.2	26.0	23.1	915.0
	5/5~6/5	31	67.7	35.2	62.2	54.1	40.7	27.4	51.1	40.3	21.1	22.5	835.0
	5/5~6/12	38+	54.7	23.2	38.6	29.4	55.1	32.9	45.5	30.9	32.1	23.3	511.1
二九南二号	4/10~5/3	23	67.4	44.8	44.9	28.0	31.4	17.4	40.0	24.2	39.5	24.8	712.5
	4/21~5/12	21	66.7	48.4	46.9	33.8	28.6	15.1	40.8	27.6	32.4	24.8	782.5
	5/16~6/5	20+	66.4	33.6	29.8	25.6	26.3	15.7	29.6	24.8	16.0	25.1	210.0
	5/16~6/12	27+	59.9	41.2	35.5	31.4	32.3	17.9	34.5	27.3	20.9	25.4	571.4

注:+为有超秧龄表现;*为因基本苗不足,产量偏低。本试验播种量,不同品种每亩 200~400 斤。

表 2　不同播栽期的叶龄与生长期变化

(1975 年,本所)

品种	播种期 (月/日)	移栽期 (月/日)	秧龄 (d)	移栽时叶龄	分化期 (月/日)	分化时叶龄	移栽至分化叶龄差	分化后余叶龄	总叶龄	本田营养生长期 (d)	本田生殖生长期 (d)	本田生长期 (d)	总生长期 (d)	齐穗期 (月/日)	成熟期 (月/日)
广陆矮四号	4/1	5/3	33	3.6	6/1	9.2	5.6	3.8	13	29	68	97	129	7/9	8/8
	4/10	5/3	23	3.1	6/7	9.0	5.9	3.5	12	35	64	99	121	7/10	8/9
	4/21	6/5	45	6.5	6/14	7.4	0.9	3.8	11	11	58	69	111	7/15	8/10
	4/21	6/12	52+	7.6	6/13	7.8	0.2	3.2	10~11	1	59	60	113	7/14	8/21
原丰早	4/10	5/3	23	3.0	6/1	8.7	4.3	3.3	12	29	61	90	112	7/3	8/1
	4/15	5/20	35	4.4	6/8	8.6	4.2	3.4	12	18	63	81	111	7/8	8/4
	4/30	6/5	36	6.0	6/15	7.1	1.1	3.9	11	10	55	65	101	7/14	8/9
	4/30	6/12	43+	7.5	6/17	8.1	0.6	2.9	10~11	5	55	60	103	7/15	8/11
二九青	4/10	5/3	23	3.2	5/27	7.8	4.6	3.7	12	24	61	85	108	6/30	7/28
	4/21	5/20	29	4.8	6/6	7.7	2.9	3.3	11	17	53	70	99	7/4	7/29
	5/5	6/5	31	5.6	6/14	6.7	1.1	3.3	10~11	9	53	62	93	7/12	8/6
	5/5	6/12	38+	6.7	6/14	7.3	0.6	2.7	10~11	2	56	58	96	7/13	8/9
二九南二号	4/10	5/3	23	3.3	5/23	7.3	4.0	3.7	11	20	63	83	105	6/25	7/25
	4/21	5/12	21	2.3	5/26	6.5	4.2	4.0	11~12	14	61	75	96	6/27	7/26
	5/16	6/5	20+	5.1	6/13	5.6	0.5	3.4	9~10	8	54	62	82	7/12	8/6
	5/16	6/12	27+	6.3	6/10	5.8	−0.5	3.2	9~10	0	58	58	85	7/9	8/9

因此，在一般育秧条件下，移栽到穗分化叶龄差小于1.5可作为最大适宜秧龄的叶龄指标，而移栽到分化叶龄差小于1.0可作为明显超秧龄的叶龄指标。当然，这些指标都是相对的，在稀播壮秧条件下，叶龄差允许再小些，而在密播瘦秧条件下，又要加大些。在一般育秧条件下，不管什么品种，掌握播栽适期，只要能在穗分化前提早一张半叶片以上移栽就不至于超秧龄。考虑到人们对各个品种的总叶龄较熟悉，因此，提出适宜秧龄的最大叶龄指标：

$$总叶龄-（分化余叶龄+1.5）$$

分化余叶龄一般为3.5，其指标为：

$$总叶龄-（3.5+1.5）=总叶龄-5.0$$

早稻不同品种类型的适宜秧龄的最大叶龄指标见表3。

表3 早稻不同品种类型适宜秧龄的最大叶龄指标

（总叶龄以三熟制早稻为准）

品种类型	总叶龄	适宜秧龄的最大叶龄指标	明显超秧龄的最大叶龄指标
迟熟早籼	12	7.0	7.5
中熟早籼	11~12	6.0~6.5	6.5~7.0
早熟早籼	10~11	5.5	6.0
特早熟早籼	9~10	4.5	5.0

注：总叶龄以三熟制早稻为准。

根据1973~1974年的研究，若早稻三叶期移栽则根系不利于早发，最早以四叶开始移栽为宜。因此，适宜秧龄的叶龄指标为：迟熟早籼4.0~7.0；中熟早籼4.0~6.5；早熟早籼4.0~5.5；特早熟早籼4.0~4.5。

二、防止超秧龄的播栽期与秧龄

播栽期不适当，秧龄过长，秧苗叶龄过大，这是发生超秧龄的直接原因，因此掌握好播栽期与秧龄是防止超秧龄的主要措施。几年来我们的体会，对三熟制早稻来说，要"五看定播期"：看品种、看茬口、看气候、看劳力、看育秧及管理水平。

(一) 不同品种秧龄、叶龄与气温的关系

不同品种因生育期不同，感温性不同，秧龄弹性有所不同，所要求的适宜秧龄也不相同。目前生产上往往提出某个品种的秧龄应该掌握多少天数，但由于气候每年都有变化，早播、晚播的气温条件也不一样，仅仅用天数来表示秧龄并不可靠。如上所述，用叶龄可以反映秧苗内在的发育进程，用叶龄作为指标是比较合理的。但是叶龄又与气温条件有关，气温高，叶龄进展快；气温低，叶龄进展慢。据统计，秧苗期不同叶龄要求的积温比较稳定（有效积温与正积温的稳定度没有明显差别，都为1~2天），为计算方便起见，以下均采用正积温，即每日零上平均气温的累计）。

1975（春冷）和1976年（春暖）两年不同叶龄的积温统计得到如表4结果。

表4 不同早稻品种类型最大适宜秧龄的积温指标

品种类型	迟熟早稻	中熟早稻	早熟早稻	特早熟早稻
叶龄指标	7.0	6.0~6.5	5.5	4.5
积温指标($℃·d$)	820	660~740	560	460

同一生育期类型的品种，因感温性不同，秧龄弹性不同，适宜的秧龄也会有区别。如原丰早可达6.5叶，二辐早只能6.0叶，原丰早秧龄可比二辐早长3~4天。

(二) 不同栽插期的适宜播种期与秧龄界限

由于目前长期气象预报准确率还不高，不可能完全根据气温预报确定播种期，比较合理的方法是根据多年气候资料，求算80%安全保证（不超秧龄为安全）的播种期界限。表5就是应用南京1950～1976年共27年气候资料，逐年根据积温指标求得播种期，再按80%安全保证要求，得到不同茬口、不同栽期的适宜播期及秧龄界限。在一般育秧条件下迟于这个界限播种，10年中就有8年不会超秧龄。

表5说明：同一品种在不同茬口、不同栽插期条件下其适宜的秧龄界限有很大出入，中、迟熟早稻可差8～9天，早熟早稻可差4～5天。南京地区不同早稻品种不同茬口的适宜秧龄及播期为：(1)迟熟早稻（如广陆矮四号）：栽早三熟茬在5月20日左右栽插，秧龄可达45天，可以在4月5日后播种，或在4月10～12日用尼龙秧。作为迟三熟用，5月底栽插，秧龄不要超过40天，不早于4月21日播种，但稀播育壮秧条件下，可以4月15～20日播。(2)中熟品种：感温性较弱，秧龄弹性较大的一类（如原丰早），早三熟秧龄不要超过41天，迟三熟不超过35天。感温性较强、秧龄弹性较小的一类（如二辐早），适宜秧龄应比原丰早相应缩短3～4天。(3)早熟品种（二九青）：早三熟秧龄不要超过28天，迟三熟不超过25天。据1976年观察，竹莲矮基本上属于早熟类型，秧龄不宜长。(4)特早熟品种（如二九南二号）：一般用于迟三熟或早小麦茬，秧龄不要超过19～20天。

表5 不同栽插期的适宜播种期与秧龄界限

（南京，1950～1976年共27年中80%安全保证统计）

栽插期	茬口	品种类型	迟熟早稻	中熟早稻(1)	中熟早稻(2)	早熟早稻	特早熟早稻
		积温(℃·d)	820	740	660	560	460
5月20日	早三熟	播期界限	4月5日	4月9日	4月14日	4月22日	4月28日
		秧龄界限(d)	45	41	36	28	22
5月25日	中三熟	播期界限	4月12日	4月17日	4月21日	4月28日	5月4日
		秧龄界限	43	38	34	27	21
5月31日	迟三熟	播期界限	4月21日	4月26日	4月29日	5月6日	5月11日
		秧龄界限	40	35	32	25	20

以上播种期与秧龄界限不是绝对的，稀播壮秧的秧龄可以稍有延长（2～3天），密播瘦秧则秧龄还应短些。

(三) 不同年份的播种期及秧龄调节

每年气候变化不同，早稻播种期与秧龄的掌握除了根据多年气候资料，还要根据当年气象实况与预告加以调节，做到"因天制宜"。调节的方法是：

(1)根据夏熟作物（三麦、油菜）的抽穗、开花及成熟期预测，以确定当年三熟制早稻播种期。

三麦齐穗到成熟的时间，不同年份比较一致（例如早熟三号约需40～42天），所以当年早熟三号抽穗早，三熟制早稻播种期就可以提前几天；早熟三号抽穗迟，则要相应推迟几天。具体田块讲，广陆矮四号可在早熟三号齐穗时或稍后播种，中熟品种在早熟三号齐穗后5～6天播。也可根据油菜始花、盛花期的早晚调整早稻播种期。

(2)根据当年5月份气温预告调整早稻播种期。

表5中的播种期与秧龄界限是80%的安全保证，即考虑到温度偏高的情况，所以如气温预告有把握地认为当年5月温度正常或偏低，则秧龄可以稍长，播期可以稍早；如预告5月温度特高，则播期还要稍迟。

(3)根据当年三熟制早稻播种以后气温与叶龄的实况进行超秧龄的预测，调整栽插期。早稻播后如气温高，叶龄进展快，有超秧龄可能时，就应发出超秧龄的警报，要求各队力争在适宜叶龄界限提早抢栽。对每个生产队来讲,则应调查不同品种、不同播期的各块秧田的叶龄,以便及早采取措施,安排好栽插期,防止超秧龄。除了品种、茬口与气候条件外,对各个生产队来讲,还要根据劳力多少、育秧与管理水平的不同,妥善地分期分批安排播栽期,防止一刀切。稀播、足肥、精管的壮秧可以适当早播迟栽,育秧管理水平低的要适当迟播早栽。

三、防止超秧龄的综合措施

防止早稻超秧龄除了掌握好播栽期与秧龄外,还应采取综合措施,防止或减轻超秧龄的损失。

(一)调整品种布局

在三熟制面积大的社队要扩大早三熟,压缩晚三熟。在中三熟、迟三熟茬口,要压缩早熟早稻,扩大秧龄弹性较大的品种(如原丰早)。

(二)稀播育壮秧

在考虑适宜移栽叶龄时,必须考虑秧田的播种量。因播种量过大,秧田密度高,容易荫蔽,影响个体的生长发育,造成秧苗素质差,总叶龄减少,穗型变小,产量降低等(见表6)。

表6 播种量对秧苗素质及产量的影响

(1976年,十月大队)

品种	播种量 (斤/亩)	秧苗素质				考种结果				实产 (斤/亩)
		株高 (cm)	叶龄	茎粗 (cm)	百苗干重 (mg)	株高 (cm)	总叶龄	每穗实粒	千粒重 (g)	
二九青	200	18.3	5.4	0.34	4200	63.0	10.8	35.8	23.3	753.3
	400	14.4	4.8	0.26	2882	59.5	10.6	29.8	23.5	691.7
广陆矮 四号	100	20.4	6.6	0.48	9700	64.8	12.1	41.3	20.0	870.0
	300	19.2	6.1	0.37	4600	61.7	11.9	33.6	24.8	783.3

如何处理播量与移栽叶龄的关系,实质上就是如何正确协调秧苗群体与个体之间的关系。既要有适当的群体发展,充分利用秧田与光能,同时要保证秧苗个体的健壮发育。我们用秧田封行度(2 m视线内秧苗绿叶覆盖地面的成数)与秧田叶面积两个方法,来衡量秧苗群体发展与个体发育的关系。观察结果是:秧田封行度不能超过9.5成,这时叶面积为7.0左右,即保证移栽前秧田要有目测5％的透光率,否则秧苗光合作用条件过分恶化,不仅黄叶率增加,叶龄、茎粗、干物重的增长都明显减少。因此,我们把秧田封行达9.5成、叶面积7.0左右(不同品种有所不同)作为早稻秧苗群体与个体生长协调的指标。这样,播量大的群体大,封行达9.5成所需的天数就短,叶龄就小;反之播量小的叶龄可以大。移栽叶龄与适宜播量之间存在一定的内在关系,根据近几年观察和高产社队的经验,总结出适宜移栽叶龄与播量的关系(如表7)。

表7 早稻不同类型品种的适宜播量

品种类型	特早熟	早	熟	中	熟	迟	熟
栽培制度	三熟	早三熟	迟三熟	早三熟	迟三熟	早三熟	迟三熟
移栽叶龄	4.5	5.0	5.5	5.5	6.5	6.0	7.0
适宜播量(斤/亩)	350~400	250~300	200~250	200~250	120~150	140~160	100~120

当然,决定播量的因素是多方面的,具体播量还要考虑种子质量、育秧方式、管理水平等条件。但只要播量过大,那么即使没有超过允许的移栽叶龄,亦可能会有超秧龄的表现(这可以叫做"密播超秧

龄")。所以根据叶龄确定合理播种量及稀播育壮秧是防止超秧龄的积极措施。

(三)防止超秧龄的补救措施

当年早稻播后气温高,出叶快,有超秧龄威胁时要立即采取各种补救措施,防止超秧龄,减少损失。

(1)寄秧、蹲秧:早稻在秧苗即将达到超秧龄的叶龄指标前采取寄秧、蹲秧等措施,可以缓和秧田群体与个体的矛盾,改善个体发育条件,防止或减轻超秧龄的影响。我所1976年早稻丰产田(广陆矮四号)在叶龄达到7.0时进行寄秧,4月12日播种,5月17日寄秧,5月31日移栽,秧龄共达49天,仍收到1114.8斤/亩的高产:寄秧减轻了超秧龄的影响。

(2)足肥早管促早发:超秧龄秧苗,在大田里要施足基肥、面肥,早施追肥促早发。1976年十月大队二九青及二九南二号早栽的每亩施标准肥67斤,超秧龄的每亩用标准肥80斤,早施肥早加工,结果超秧龄的每穗粒数只比早栽的少3~5粒。

(3)适当密植:超秧龄秧苗适当密植、增加穗数可以补足每穗粒数减少的损失。如1976年十月大队五队的原丰早46天秧龄,由于密度足,有效穗达每亩42万,产量仍达750斤/亩,与不超秧龄的田块相差不超过50斤。

江苏省三麦气候条件的初步研究

高亮之　李　林　张立中

江苏省农业科学院

(原载:《江苏农业科技》,1978年第5期,20~27页)

　　新中国成立以来,我省三麦(大麦、小麦、元麦)产量有显著提高,1978年全省三麦平均产量达372斤,为解放初期的3.7倍。各地都出现了亩产千斤以上的高产田块。

　　三麦生长与气候条件的关系十分密切,每年产量高低受气候条件影响很大。全省不同地区的三麦品种的利用和栽培技术也在很大程度上受气候条件的制约。为了实现我省三麦今后更大幅度的持续增产,有必要充分了解我省三麦生产的气候条件。我们在调查研究与以往试验的基础上,对我省三麦气候的若干问题作了初步分析(主要应用1950~1978年共28年的气象资料)。由于鉴定工作做得还不多,所采用的农业气候指标只是初步的。

一、我省三麦气候条件的特点

　　我省三麦生长的气候条件是比较优越的,但也存在一些不利因素。其有利方面是:①我省属于亚热带与暖温带的过渡地带,1月平均气温为-1~3℃,三麦有一个较温和的越冬期。自秋入冬,自冬到春,温度的变化比较缓和,有利于三麦的健壮发育。同时,相同纬度各省及南方各省相比,我省三麦生长期较长,这对三麦的养分积累与产量形成也是有利的。②我省三麦生长期雨水比较调匀。这期间的总降水量:徐淮地区300 mm左右、江淮400 mm左右、苏南500 mm左右。而小麦全生育期的耗水量约400~450 mm,降水量与耗水量相差不算太多。徐淮降水虽偏少些,但比华北地区要多(北京麦季降水量仅150 mm);苏南降水虽然稍多,但比闽、浙等省要少(杭州麦季降水量690 mm)。③我省三麦生长期都不在当地主要雨季内,因此日照条件比较好。抽穗灌浆期的4、5两个月,徐淮日照百分率50%~60%、江淮40%~50%、苏南35%~45%,比南方各省均高(温州25%~35%),但对高产来说,苏南日照仍嫌不足一些。

　　我省三麦气候不利因素主要有:①由于我省处在季风交替地带,西毗大陆,东邻大洋,每年季风交替的时间与强弱变化颇大,因此造成年与年间气候的不稳定性较大。对三麦来说,冬季气温与春季雨水的不稳定,往往带来三麦生产上较大的困难。②由于我省气候的过渡性,三麦气象灾害的种类很多,北方有干旱、干热风,南方有湿害、风雨害、阴害(日照不足),全省又都受冻害威胁。③我省气候适宜于稻麦两熟或三熟,而水稻生长季节又较长,收稻与种麦之间季节很紧,因此三麦生产上晚茬问题相当突出。

二、三麦秋播的雨水条件

　　我省秋季基本上由极地冷气团控制,多数年份秋高气爽,雨水较少,但也有些年份,因西南暖湿气流活跃,极地冷气团势力不强而形成秋雨连绵。因此,三麦在秋播时,既可能遭旱又可能烂耕烂种,这对秋播质量与全苗、壮苗都有不利影响。近三年中,1975年秋季烂耕烂种,1976年秋种时偏旱,而1977年秋种时墒情较适宜。

　　今以旬雨量≤10 mm为该旬偏旱的指标(干年),以旬雨量>30 mm或旬雨量>20 mm、旬雨日≥4天为该旬多雨或连阴雨的指标(湿年),分析我省几个代表性地点秋播时的雨水条件(见表1)。某一旬为干年或湿年的几率是指该旬在10年中有几年雨水偏少或偏多。本文中所谓几率均指10年中发生的年数。

表1 1950~1978年秋播期各旬干湿年几率

年型\地区 各旬	徐州 10月			高邮 10月		11月	南京 10月	11月		苏州 10月	11月	
	上旬	中旬	下旬	中旬	下旬	上旬	下旬	上旬	中旬	下旬	上旬	中旬
干年	5.4	6.1	6.1	5.7	6.1	6.1	5.0	5.0	5.4	3.5	5.3	3.5
湿年	1.6	1.1	1.1	2.1	1.4	2.1	2.1	2.9	1.4	1.6	2.5	2.1

表1说明:全省在秋播期,偏旱的几率都比较高,一般约占半数以上年份,长江以北更高一些。秋旱影响出苗、分蘖,造成缺苗断垄,对产量影响较大,因此应采取各种保墒措施,并发展灌溉设施,推广遇旱提早灌水的经验。淮北地区随季节推迟,秋旱几率有增多趋势,所以抓紧耕作播种季节也是很重要的。秋季雨水或雨日偏多的几率比秋旱少些,但淮南10年中有2~3年。这样的年份往往形成烂耕烂种,应采取提早开沟爽水、抢晴耕作播种、加施盖籽肥等措施。徐淮地区10年中有1~2年也会遇到这种年份,也需注意。

总之,由于三麦在秋播时对水分条件要求较严,加上我省气候多变,在10年中水分适宜年份只占2~3年,而有4~6年偏旱,1~3年偏湿(淮北1~2年,淮南2~3年),生产上需掌握当年气候特点,灵活地采取相应措施。

三、三麦播种期的气候分析

近几年来,在三麦播种期上有不少经验教训。1976~1977年度,秋种时播期偏迟,结果遇到特殊冷冬,晚播麦年前不能分蘖,过冬冻死不少。1977~1978年度,秋种时有些地方将早熟3号等春性品种过早播种,结果年前拔节,冬季及早春受冻又较严重。所以三麦适宜播期一定要根据品种特性与气候规律而确定。一般以暖冬年年前不拔节为早播界限,冷冬年年前至少有一个分蘖为迟播界限,以年前有2~4个分蘖为适宜。

根据我们近几年的研究,初步提出不同三麦品种类型自秋播到年前进入不同发育期的积温指标(活动积温),见表2。

表2 不同三麦品种类型自秋播到年前进入不同发育期的积温指标

品种	播种—分蘖(℃·d)	播种—三个分蘖(℃·d)	播种—拔节(℃·d)
半冬性小麦(徐州14)	390	530	—
春性小麦(扬麦1号)	330	—	760
春性大麦(早熟3号)	290	—	680

各地不同播期年前积温的保证率如表3。如要求90%左右年份年前不拔节,70%~80%年份年前能分蘖,徐淮地区半冬性小麦可在9月25日~10月20日范围内播种,但以10月1~10日为最适宜;春性小麦可在10月6~23日播种,以10月10~20日为宜。过迟播种,将有20%以上的年份年前不能分蘖;过早播种,春性小麦有可能年前拔节,半冬性小麦则将生长过旺,不利高产。

江淮地区的播种期界限,半冬性小麦为10月10~25日,春性小麦为10月15~30日,早熟3号大麦为10月25日~11月5日(南、北间有一定差异)。

沿江与苏南地区播种期界限,半冬性小麦为10月20~30日;春性小麦,沿江为10月20日~11月5日,苏南为10月26日~11月5日(不迟于11月10日);早熟3号大麦,沿江为10月25日~11月5日(不迟于11月11日),苏南为11月1~10日。

目前,沿江与苏南仍有较大比例在11月15日以后播种的晚茬麦,这是三麦高产、稳产的很不利的因子,应逐步通过调整布局等措施予以解决。

表3 1950～1978年不同播期年前不同苗情出现的保证率　　　　　　　　　　单位:%

地区	品种类型	年前苗情	积温指标(℃·d)	9/21	9/26	10/1	10/6	10/11	10/16	10/21	10/26	11/1
徐州	半冬性小麦	播种—分蘖	390	100	100	100	100	100	100	77.8	40.7	3.7
		播种—三个分蘖	530	100	100	100	100	92.6	33.3	7.4	0	0
	春性小麦	播种—分蘖	330	100	100	100	100	100	100	96.3	74.1	29.6
		播种—拔节	760	100	96.3	59.3	7.4	0	0	0	0	0
高邮	春性小麦	播种—分蘖	330	100	100	100	100	100	100	100	100	92.3
		播种—拔节	760	100	100	96.2	88.5	50.0	11.5	3.6	0.0	0
	早熟3号	播种—分蘖	290	100	100	100	100	100	100	100	100	92.3
		播种—拔节	680	100	100	100	96.2	80.8	46.2	15.4	3.8	0

地区	品种类型	年前苗情	积温指标(℃·d)	10/11	10/16	10/21	10/26	11/1	11/6	11/11	11/16	11/21
南京	春性小麦	播种—分蘖	330	100	100	100	96.3	88.9	66.7	37.0	29.6	14.8
		播种—拔节	760	51.9	29.6	11.1	3.7	0	0	0	0	0
	早熟3号	播种—分蘖	290	100	100	100	100	96.3	85.2	55.6	37.0	22.2
		播种—拔节	680	89.3	51.9	29.6	11.1	3.7	0	0	0	0
苏州	春性小麦	播种—分蘖	330	100	100	100	100	100	92.6	70.4	55.6	33.3
		播种—拔节	760	92.6	66.7	33.3	18.5	3.7	3.7	0	0	0
	早熟3号	播种—分蘖	290	100	100	100	100	100	96.3	92.6	66.7	51.9
		播种—拔节	680	100	92.6	66.7	33.3	11.1	3.7	3.7	0	0

四、三麦越冬的气候条件

几年来观察已证实,三麦在平均气温3℃以上时能比较顺利地生长、分蘖;0～3℃时,叶龄、分蘖仍能生长,但很缓慢,株高增加不明显;0℃以下则地上部生长基本停止。我们以平均气温稳定降达3℃以下为入冬期,入冬期指标:连续5天以上平均气温≤3℃,5天中允许有一天(不包括第一天)气温≤4℃。以平均气温稳定升达3℃以上为返青期,返青期指标:连续5天以上平均气温>3℃(5天中允许有一天气温>2℃),以后不再出现连续5天以上气温≤3℃(见表4)。

表4 1950～1978年各地三麦入冬期与返青期

地区	入冬期(月/日)			返青期(月/日)		
	平均	最早	最晚	平均	最早	最晚
徐州	12/9	11/22(1951)	12/29(1955)	2/24	2/4(1962)	3/14(1969)
高邮	12/22	11/30(1967)	1/21(1953)	2/17	1/24(1959)	3/16(1957)
南京	12/25	12/1(1967)	1/10(1971)	2/13	1/21(1975)	3/5(1972)
苏州	1/2	12/2(1952)	2/16(1951)	2/10	1/15(1965)	3/5(1972)

我省三麦不像华北地区有很明显的越冬期,在整个冬季,气温在0℃以下、1～3℃以上几个范围内变动不定,各地三麦越冬期天数及其温度条件如表5。

表5 1950～1978年各地三麦越冬期气候条件

地区	越冬期天数(d)			越冬期间≥3℃平均天数(d)	越冬期间<0℃平均天数(d)
	平均	最长	最短		
徐州	77.0	101(1953～1954)	53(1961～1962)	13.5	35.1
高邮	56.0	89(1971～1972)	34(1964～1965)	14.2	22.0
南京	50.4	86(1967～1968)	30(1953～1954)	15.0	14.3
苏州	40.0	61(1968～1969)	5(1964～1965)	13.7	10.8

表 4 和表 5 说明：

(1) 我省自北向南入冬期、返青期的早迟差别很大，徐淮地区入冬期常年在 12 月 10 日左右，返青期在 2 月下旬，越冬期 75~80 天；江淮地区 12 月 20~25 日入冬，2 月 15 日左右返青，越冬期 50~60 天；沿江与苏南地区 12 月 25 日~1 月初入冬，2 月 10~15 日左右返青，越冬期南京 50 天，苏州常年只有 40 天。但我省冬季气候很不稳定，各年入冬期、返青期早迟差别很大，可达 40~50 天以上，如南京常年入冬期为 12 月 25 日，最早 11 月 30 日即入冬，最迟 1 月 21 日才入冬。苏州越冬天数最短的只有 5 天。

(2) 全省来讲，三麦越冬期内气温都不稳定。全省各地平均越冬期内都有 13~15 天气温在 3 ℃ 以上，有的年份可达 30 天以上。0 ℃ 以下的天数，一般只占越冬天数的 1/4~1/2，即使 1976~1977 年冷冬也是如此。因此，越冬期内，三麦仍能较缓慢分蘖。苏南地区越冬期很短，其中 0 ℃ 以下天数只有 10 天左右。以上气象条件说明，冬季管理在三麦栽培上有很重要的意义。即使徐淮地区对晚茬麦也应加强管理，争取冬季分蘖。江淮苏南地区的晚茬麦，播种后即须抓好管理，冬季管理更须加强。冬季分蘖比春季分蘖成穗率高，穗型大，粒重高，因此，晚茬麦应争取冬季分蘖成穗。

五、冬、春季冻害的气候条件

我省纬度不高(31°~35°N)，冬春较暖，但由于地形平坦，北邻华北大平原，常受西伯利亚冷空气侵袭，形成冬、春两季冻害，对三麦生产威胁较大。

(一) 冬季冻害

冬季三麦处在越冬期，幼穗尚未分化或处在分化初期，耐寒力较强，可以耐受 −5 ℃ 以下低温。但如苗势较弱，气温骤降，处在 1~3 叶期未分蘖的弱苗，遇到 −5 ℃ 以下低温也可能局部受冻。如气温骤降到 −10 ℃ 或 −15 ℃ 以下，即使已经分蘖的麦苗，也可能遭受冻害。如秋冬暖和，三麦发育提早，幼穗达护颖分化以后，则遇 −5 ℃ 以下低温就可能局部受冻(见表 6)。表 6 说明：−5 ℃ 以下的低温，在整个冬季出现几率很高，即使在苏南 1 月份内，10 年中也有 4~5 年遇到。因此，越冬前培育带蘖壮苗是重要的，对春性的品种还要防止发育过早。至于 −10 ℃ 以下的低温，苏南已极少见，江淮地区 10 年中有 1~2 年能遇到；徐淮地区则几率明显地高，10 年中有 4~5 年，因此，徐淮地区仍以种植半冬性品种为宜。江淮地区目前多种植春性品种，少数年份仍有冬季冻害的威胁(如 1976~1977 年就受到较严重的损失)，这在生产上也需要加以注意。

表 6 1950~1978 年各地冬季冻害几率

最低气温 (℃)	地区	12月			1月			2月			极端最低气温 (℃)
		上旬	中旬	下旬	上旬	中旬	下旬	上旬	中旬	下旬	
≤−5 ℃	苏州	0.4	1.4	2.1	3.6	4.6	3.2	2.5	2.1	0	−9.8
≤−10 ℃		0	0	0	0	0	0	0	0	0	1957 年 1 月中旬
≤−5 ℃	南京	2.5	4.3	5.0	7.9	7.1	5.7	4.5	4.3	2.5	−14.0
≤−10 ℃		0	0	1.1	1.1	1.4	0.7	0.4	0	0	1954 年 1 月上旬
≤−5 ℃	高邮	2.3	4.5	5.4	7.7	7.7	7.3	5.4	5.8	3.1	−18.0
≤−10 ℃		0	0	1.5	0.8	7.9	1.2	1.2	0.4	0	1968 年 2 月上旬
≤−5 ℃	徐州	5.0	7.5	8.2	8.9	9.3	8.2	8.6	8.2	5.0	−23.3
≤−10 ℃		0.7	1.1	2.5	3.2	4.5	3.6	2.5	2.1	1.4	1968 年 2 月上旬
≤−15 ℃		0	0	0	0.7	0.7	0.7	0.7	0.4	0	

(二) 春霜冻害

拔节以后，特别是第 3、4 节间伸长期，以及在穗轴伸长期间，耐寒力明显下降，而季节已进入春季的

3~4月,如遇强冷空气气温猛降,出现明霜或暗霜,气温降达-2℃以下,就可能发生春霜冻害。1978年3月初,我省江淮、苏南的早熟3号就普遍遭到霜冻危害。

表7列出各地春霜冻害几率,并以拔节10天后有90%左右保证率不再受到春霜冻害为指标,初步提出各地安全拔节期。安全拔节期是三麦气候上一个重要指标,各地在确定品种利用、安排不同品种适宜播种期以及选育新品种时,都要求使三麦的拔节期不早于安全拔节期,这样基本上能防止春霜冻害。在生产上如因秋、冬特暖,大面积上某品种拔节过早,明显早于当地的安全拔节期,则应提早做好防御霜冻的各项准备工作。

表7 春季终霜冻发生时间

	徐州	南京	高邮	苏州
2月1~5日	0	1	0	2
2月6~10日	0	3	1	1
2月11~15日	0	1	0	2
2月16~20日	0	2	0	0
2月21~25日	0	6	2	5
2月26~28日	2	3	5	3
3月1~5日	4	5	2	5
3月6~10日	3	2	4	2
3月11~15日	6	4	5	2
3月16~20日	2	0	2	1
3月21~25日	4	0	1	1
3月26~31日	5	0	2	1
4月1~5日	2	0	0	0
4月6~10日	0	0	0	0
4月11~15日	0	0	0	0
4月16~20日	0	0	0	0
4月21~25日	0	0	0	0
4月26~30日	0	0	0	0
安全拔节期	3月20日	3月5日	3月10日	3月5日
资料年数	28	28	24	27

注:1. 表中数字为终霜冻出现在各候的实际年数。2. 终霜冻指标:最低气温<-2℃。

六、冬、春季的雨水条件

冬、春两季是三麦分蘖、叶龄增长、幼穗发育、营养物质积累的重要时期。从我省冬、春气候条件来看,除了有低温威胁外,温度条件一般适宜,但雨水条件并非很适宜。目前还缺乏严格的三麦水分收支的有关指标(如耗水量等)。我们根据近几年来三麦生产实际情况,参照各地蒸发量,大致以蒸发量的一半左右作为各月偏旱(干年)的雨量指标;而以12月~翌年2月月雨量>80 mm,3月份月雨量>90 mm为雨水偏多(湿年)的雨量指标(见表8)。

表8说明,我省与三麦有关的冬春雨量有如下几个特点:

(1)全省12月~翌年1月均以偏旱为主,各月干年几率,北部10年中有5~8年,南部有3~6年。因此三麦越冬期的抗旱在管理上应予以注意,特别是对于江淮与苏南的晚茬麦,越冬前一般分蘖很少,甚至没有分蘖,冬季灌水或泼浇(结合施肥),对促进冬季分蘖的作用十分明显。

(2)徐州比淮阴,南京比苏州干年几率增加都很明显,而盐城与高邮差别较小,这是我省冬、春雨量地区分布上值得注意的特点。各地三麦管理上也应掌握当地气候特点,如沿江丘陵就应比苏南平原更多地注意冬季抗旱。

（3）雨水偏多的情况，在12月～翌年1月不多见，而到2～3月，就开始增多。特别是在苏南，2～3月湿年几率10年中有3年；沿江、江淮以至淮阴地区，2～3月湿年几率亦有1～3年。说明我省淮阴以南，开春以后均需注意排水，以减轻湿害。

表8　1950～1978年各地冬春雨量条件

地区	12月			1月			2月			3月		
	干旱雨量指标(mm)	干年	湿年	干旱雨量指标(mm)	干年	湿年	干旱雨量指标(mm)	干年	湿年	干旱雨量指标(mm)	干年	湿年
徐州	25	7.5	0	20	7.5	0	25	6.8	0	40	6.8	0.4
淮阴	25	7.9	0	20	6.4	0	23	4.3	0.4	40	5.7	1.4
盐城	30	7.1	0	25	5.0	0	25	3.9	1.4	40	5.0	0.7
高邮	30	7.9	0.4	25	5.4	0.4	25	3.9	1.4	40	4.2	2.1
南京	30	6.4	0.4	25	3.9	0	30	2.9	1.4	40	2.5	2.9
苏州	30	5.0	1.1	25	3.6	0.7	30	1.8	3.2	40	0.4	3.2

注：干、湿年为10年中年数

七、抽穗到成熟的气候条件

三麦抽穗到成熟期是决定粒重的关键时期，每年三麦产量高低在相当程度上决定于这一时期的气候条件。了解这时期的气候条件对于确定育种目标亦是很重要的。从我省实际情况出发，以下着重分析日照条件、雨水与湿害以及干热风三方面，至于各种病虫害的气候条件亦很重要，本文暂不作讨论。

(一)日照条件

三麦籽粒中碳水化合物约有3/4来自抽穗以后的光合作用。对三麦后期的群体来说，光合作用基本上不会光饱和。日照充足，光合作用积累干物质就多，籽粒就饱满。由于太阳辐射的观测资料不足，这里以4、5两个月的日照时数反映三麦后期的日照条件。

近三年我省5月份日照时数如表9,1976和1978年全省三麦均因后期日照较充足，粒重增加而增产,1977年后期雨水多，日照少，普遍减产。当然增减产都还有其他多种因子影响，但后期日照条件对千粒重的确有重要的影响。从表9可反映出：日照时数>200小时，可认为日照充足；而<150小时可认为日照不足，以此为指标，得到表10。

表9　1976～1978年各地5月份日照时数　　　　　　　　　　　　　单位：h

年份	徐州	高邮	南京	苏州
1976	223.1	234.0	206.6	188.5
1977	135.0	104.0	117.9	107.7
1978	287.4	260.5	201.2	169.0

表10　1950～1978年各地4～5月份日照条件的几率

地区	4月			5月		
	日照不足(<150 h)	日照中等(150～200 h)	日照充足(>200 h)	日照不足(<150 h)	日照中等(150～200 h)	日照充足(>200 h)
徐州	1.1	2.9	6.1	0.7	1.4	7.9
高邮	2.1	5.4	2.5	1.0	4.3	4.8
南京	3.1	4.8	2.1	1.4	4.2	4.5
苏州	5.2	4.4	0.4	4.1	5.4	0.4

表 10 说明：

(1)南北之间日照条件差异十分明显,徐淮地区比淮南充足,这是徐淮地区三麦增产上十分有利的气候条件,也反映出徐淮地区三麦增产潜力最大。

(2)1976 和 1978 年苏州 5 月份日照条件是中等(188.5 和 169.0 小时),而三麦仍得到明显增产,说明只要其他条件适当,中等日照条件仍然可以增产。从这个角度看,我省不仅徐淮地区,而且江淮之间三麦后期日照条件基本上也是充足的,日照中等与充足的年数,10 年中占 7～8 年,说明增产潜力也是大的。

(3)苏南地区近 10 年中约有 3～4 年日照不够充足,这是三麦增产的不利因素,这对苏南小麦育种与栽培都提出了相应的要求,育种工作应当考虑到耐阴品种(即在较弱光强下仍能保持较高光合作用的品种),栽培上应研究在日照不足条件下,如何确保粒重、稳产、高产的问题。

(二)雨水与湿害的条件

三麦自开花到成熟的耗水量约为 100 mm。表 11 为我省近三年来三麦后期雨水情况。根据这几年生产实际,并考虑到三麦后期耗水可以部分利用土壤下层贮水,初步采用以下指标:4、5 两个月的月雨量＞150 mm 为雨水过多;100～150 mm 为雨水偏多;50～100 mm 为雨水适宜;而＜50 mm 为雨水偏少。以此为指标,得到表 12。

从表 12 可看出,我省三麦后期雨水特点是:(1)徐淮地区三麦后期偏旱几率相当高(10 年中有 5～6 年),说明该地区灌拔节水、灌浆水、麦黄水对三麦增产是重要的。5 月份雨水偏多、过多亦有 2 年,说明排水措施亦是需要注意的。(2)江淮地区后期雨水偏多(湿害)的几率 10 年中有 2～3 年,但亦有 2～3 年偏旱。该地区春季应以排水防湿为主,但在偏干年份也要考虑春季麦田泼浇、喷灌等。(3)苏南三麦后期以雨水偏多形成湿害为主,几率相当高(10 年中有 4～5 年)。因此,在农田基本建设与三麦栽培上都必须考虑防御三麦湿害问题。沿江地区 4～5 月初有少数年份雨水不足,1978 年就是这个情况,应引起注意。

表 11　1976～1978 年三麦生育后期雨量　　　　　　　　　　　　　单位:mm

地区	1976 年		1977 年		1978 年	
	4 月	5 月	4 月	5 月	4 月	5 月
徐州	76.6	34.7	98.4	41.8	2.0	14.4
高邮	71.6	93.4	115.9	105.0	17.3	15.9
南京	80.0	122.9	106.8	259.9	13.4	38.4
苏州	85.2	98.6	142.6	148.0	50.3	90.8

表 12　1950～1978 年各地三麦后期月雨量几率

地区	4 月				5 月			
	过多 (＞150 mm)	偏多 (100～150 mm)	适宜 (50～100 mm)	偏少 (＜50 mm)	过多 (＞150 mm)	偏多 (100～150 mm)	适宜 (50～100 mm)	偏少 (＜50 mm)
徐州	0.3	1.0	3.4	5.2	1.4	0.3	1.7	6.5
高邮	0.4	2.1	4.3	3.2	1.4	1.4	5.0	2.1
南京	1.0	3.1	4.8	1.0	2.8	1.7	3.1	2.4
苏州	1.7	2.4	4.8	1.0	2.1	2.8	5.2	0

(三)干热风与高温

干热风是我省徐淮地区三麦后期的主要气象灾害。干热风对三麦的主要危害是高温、低湿与一定的风力,造成三麦严重地失水,籽粒干瘪而减产。如以一天蒸发力≥10 mm 为干热风标准,该日最高气温为 28~36 ℃,最小相对湿度为 10%~45%,风力 3 级以上。

徐州三麦后期各旬干热风发生几率以 5 月下旬到 6 月上旬几率为最高。该地区由于三麦成熟较迟,4~5 月雨水很少,土壤水分一般较低,因此,受干热风威胁最大(见表 13)。淮南地区 4~5 月雨水充足,干热风危害较轻,但在栽培上仍须注意。

表 13　1951~1975 年徐州各旬干热风发生几率

旬别	5 月上旬	5 月中旬	5 月下旬	6 月上旬
10 年中发生年数	0.0	1.1	4.3	2.6

我省淮南春季多雨,往往在三麦灌浆期,大雨以后紧接着气温急升,造成三麦逼熟早衰,粒重下降,这对产量也有很大影响。

全省各地 5 月下旬后≥30 ℃高温天数普遍增加,6 月上旬更多(见表 14)。此时正是小麦灌浆后期,因此,小麦育种上需注意后期耐高温特性。同时,亦说明不论淮南、淮北,均以早、中熟品种为适宜,受高温危害较小,粒重比较稳定,播种季节上压缩晚茬晚播麦亦是减轻高温危害的有效措施。

表 14　各地三麦后期高温日数　　　　　　　　　　　　　　　　单位:d

地区	5 月上旬		5 月中旬		5 月下旬		6 月上旬	
	≥30 ℃	≥35 ℃	≥30 ℃	≥35 ℃	≥30 ℃	≥35 ℃	≥30 ℃	≥35 ℃
徐州	1.1	0.0	1.8	0.1	4.6	0.7	5.8	1.1
高邮	0.6	0.0	0.5	0.0	2.5	0.1	3.2	0.1
南京	0.9	0.0	0.8	0.0	2.9	0.1	4.1	0.1
苏州	0.3	0.0	0.5	0.1	1.6	0.1	2.2	0.1

注:取自 1951~1970 年江苏省气候资料。

20 世纪 80 年代

三麦气象生态及最优播期的研究

张立中　郭　鹏　高亮之

江苏省农业科学院

（原载：《江苏农业科学》，1980 年第 5 期，11~16 页）

三麦的适期播种不仅是三麦本身高产稳产的基础，并且也是我省合理的种植制度的基础。因此，农业生产上迫切要求认真地研究与确定三麦的适宜播期。

作物的适宜播期，实质上属于作物的气象生态问题。由于品种的更换，一些原有经验往往不能适用，同时由于每年气象条件的变化以及各地气候条件不同，只凭少数的几年几地的试验数据，也不易得到圆满的科学结论。在农业科学中，怎样运用数学方法更严密地探求"最优方案"，是一个值得探索的新课题。我们的工作思路是：(1) 深刻了解本地区决定三麦适宜播期的主要因子；(2) 根据作物与气象的大量并行观测资料，应用数理统计方法建立三麦生长发育的气象生态模式；(3) 应用这些生态模式，以几十年（本试验用 29 年）气象资料进行气象生态模拟试验，即在多年的气象变化条件下进行最优播期选择；(4) 根据最优播期的气象生态指标，分析较大地区范围内由于气候条件不同，最优播期在各地区间的变化情况。

试验自 1974 年秋播开始，到 1979 年共 5 个年度。前三年在南京市农业科学研究所进行，采用扬麦 1 号、武麦 1 号（春性小麦），早熟 3 号（大麦），立新、114（元麦）5 个品种，按不同茬口安排了 3 个播期：10 月 25 日、11 月 13 日、11 月 27 日。后两年在江苏省农业科学院进行，采用扬麦 1 号（春性）、7317（偏春性）、泰山 1 号（偏冬性）小麦和早熟 3 号大麦 4 个品种，分 10 月 20 日、10 月 30 日、11 月 11 日、11 月 20 日 4 个播期。施肥管理均按大面积中等偏上的生产水平进行。本文着重对早熟 3 号、扬麦 1 号两个主要品种,从播种期与气候条件的关系,分析早播与晚播的界限,由此确定最适宜播种期的范围。

一、三麦分蘖的积温模式以及迟播界限

迟播的主要不良后果是年前无分蘖或很少分蘖,营养生长量不足,主穗小,分蘖成穗率低。此外,迟播会推迟成熟期,不但影响后茬,并易受高温逼熟,使千粒重下降。因此,三麦迟播对产量的影响很大。

迟播影响分蘖的直接原因是越冬前积温不够。播期与分蘖的关系,实际上就是积温与分蘖的关系。这个问题,前北京市农业科学院农业气象研究室邓根云等(1975)曾进行过研究,我们的结果与他们有所不同,这可能是由于分析的方法与地区品种的不同。

我们分析了不同播期每出生一个分蘖所要求的积温*和在不同平均温度情况下,不同分蘖数所要求的积温。早熟 3 号(大麦)的结果,列于图 1、图 2;扬麦 1 号(小麦)的结果列于图 3、图 4。图中说明了三麦分蘖与积温关系的一些重要现象:

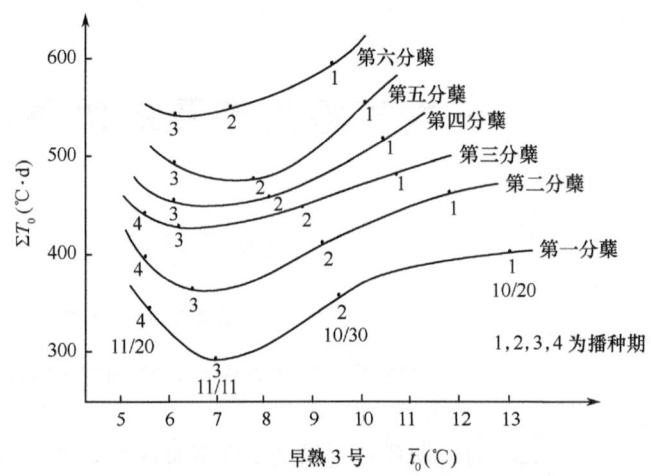

图 1　不同平均温度下等位分蘖所要求的积温

(1)在不同平均温度条件下,等位分蘖所要求的积温不同,其积温($\sum T_0$)与平均温度($\bar{t}_0$)呈曲线相关。在平均温度为 5.5~7.0 ℃时所要求的积温最少,小于 5.5 ℃时所要求的积温又有所增加。以往认为在不同的平均温度下,某一生育期要求相同的积温值或有效积温值,看来在三麦分蘖与积温的关系中并不是如此,这就说明为什么在不同播期中,甚至同一播期中,每出生一个分蘖所要求的积温是不相同的。因为早播时,平均温度高,所要求的积温多;迟播时,平均温度低,出生分蘖所要求的积温少。但是过于迟播或平均温度低到一定程度后,所要求的积温又有增多的趋势。

(2)在平均温度相同的情况下,随着分蘖数的增加,积温也呈曲线增加。对分蘖较强的品种(如早熟 3 号),由于分蘖的同伸关系,在主茎出蘖的同时,分蘖长出 3 张叶片后,也可以出生二次分蘖。因此,一般在第四分蘖后,每个分蘖所要求的积温有所减少(见图 1 中曲线之间距)。但对分蘖力较弱的品种来说(如扬麦 1 号),由于群体间相互抑制的影响,4~6 分蘖所要求的积温值并不减少,甚至反而增多(见图 3 中曲线之间距)。

根据分蘖与气象条件的平行观测数据,求得积温值与平均温度及分蘖关系的二元二次模式如下:

早熟 3 号:$\sum T_0 = 332.4 - 22.9 \bar{t}_0 + 2.0 \bar{t}_0^2 + 58.3 I - 2.1 I^2$ \hfill (1)

---

* 本文所指积温均为 0 ℃以上积温,以 $\sum T_0$ 表示;所指平均温度为 0 ℃以上平均温度,以 $\bar{t}_0$ 表示,$\bar{t}_0 = \dfrac{\sum T_0}{0\ ℃以上天数}$。

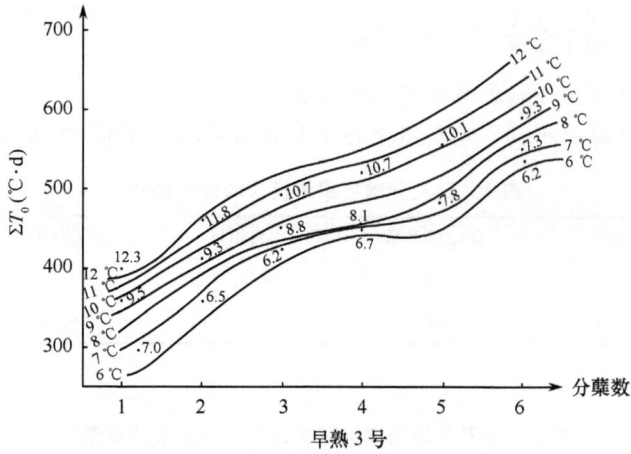

图 2 不同分蘖数因平均温度不同所要求的积温

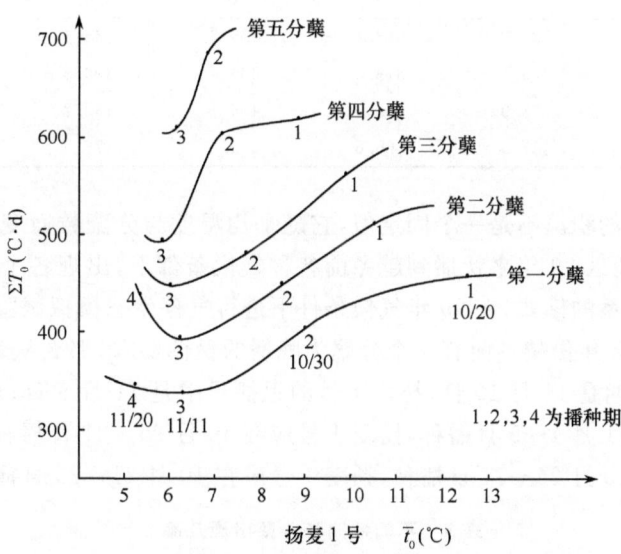

图 3 不同平均温度下等位分蘖所要求的积温

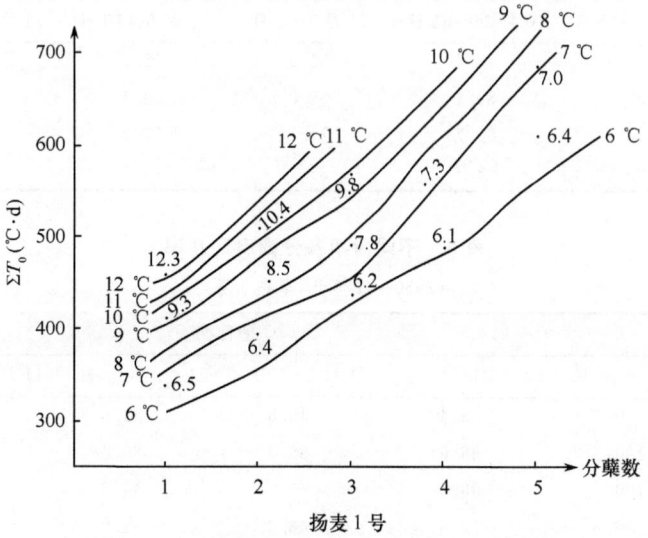

图 4 不同分蘖数因平均温度不同所要求的积温

扬麦 1 号：$\sum T_0 = 74.2 + 46.4 \bar{t}_0 - 1.46 \bar{t}_0^2 + 37.7I + 5.5I^2$ (2)

式中 $\sum T_0$ 为零上积温；$\bar{t}_0 = \dfrac{零上积温}{零上天数}$；$I$ 为分蘖数。

其复相关系数(R)均大于 0.96，F 检验均为极显著(表1)。

根据二元二次模式，计算出不同平均温度下各个分蘖所要求的积温，如表2。

表 1　三麦分蘖与积温模式的统计检验

品　种	模式类型	复相关系数	自由度	F	标准误差
早熟 3 号	二元二次	0.9701	16+4=20	63.8320**	±20.68 ℃
扬麦 1 号	二元二次	0.9645	11+4=15	36.4498**	±31.32 ℃

** 表示相关极显著，下同。

表 2　不同平均温度下不同分蘖数所要求的积温　　　　单位：℃·d

分蘖数 (I)	平均温度 $\bar{t}_0$(℃)						
	4	5	6	7	8	9	10
1	329.0	324.1	323.2	326.3	333.4	344.5	359.6
2	381.0	376.1	378.3	385.4	396.5	411.6	430.7
3	428.8	423.9	423.0	426.1	433.2	444.3	459.4
4	472.4	467.5	466.6	469.7	476.8	487.9	503.0

表 2 说明分蘖所要求的积温不是一个固定值，它随平均温度与分蘖数而变化。按表 2 所列积温数值，我们统计分析了南京地区 29 年来秋播到越冬前各种气候条件下，出现各个分蘖的几率。这个步骤相当于应用分蘖与积温关系的模式，在 29 年气候条件下进行气象生态模拟试验，其结果见表 3 和表 4。

在生产中，如果以 70% 年份越冬前有 1 个分蘖为晚播的最低要求，那么从表 3 和表 4 可看出，早熟 3 号在南京地区最迟播种期是 11 月 10 日，扬麦 1 号的迟播界限是 11 月 5 日；如果越冬前要求有 1~2 个分蘖，则早熟 3 号应在 11 月 1~5 日播种，扬麦 1 号应在 10 月 26~31 日播种；如越冬前要求有 2~3 个分蘖，则早熟 3 号应在 10 月 26~31 日播种，扬麦 1 号应在 10 月 21~25 日播种。

表 3　不同播期各分蘖出现几率

(1950~1979 年，扬麦 1 号)　　　　单位：%

分蘖数	播种期					
	10月21~25日	10月26~31日	11月1~5日	11月6~10日	11月11~15日	11月16~20日
<1	3.4	10.3	31.0	51.7	65.5	86.2
≥1	96.6	89.1	69.0	48.3	34.5	13.8
≥2	96.6	51.7	24.1	17.2	10.3	6.9
≥3	96.6	48.3	24.1	10.3	3.4	0

表 4　不同播期各分蘖出现几率

(1950~1979 年，早熟 3 号)　　　　单位：%

分蘖数	播种期					
	10月21~25日	10月26~31日	11月1~5日	11月6~10日	11月11~15日	11月16~20日
<1	0	3.4	13.8	31.0	58.6	72.4
≥1	100	96.6	86.2	69.0	41.4	27.5
≥2	100	96.6	69.0	44.8	27.5	10.3
≥3	96.6	72.4	48.3	31.0	10.3	3.4
≥4	86.2	58.6	34.5	17.2	6.9	0

二、三麦拔节期的温光模式及早播界限

要求分蘖越多,播期越要提前,是不是播得越早越好?生产实践表明,早播年前群体容易发展过旺(尤其是暖冬),年后易早衰倒伏,易罹病虫害,更重要的是早播后,拔节期过于提早,经不起冻害。因此,早播的界限就要以拔节后不遭受春霜冻害为准。我们曾统计过春霜冻害发生的几率,提出过三麦安全拔节期的概念(即拔节10天后,有90%左右保证不再受春霜冻害为指标)。按照安全拔节的要求来推算早播的界限,比较合理。据分析,南京地区三麦常年越冬期在12月25日,常年返青期在2月10日,三麦安全拔节期为3月5日。

对三麦来说,从播种到拔节要经过春化与光照两个发育时期。如早熟3号对光长反应迟钝,对温度反应敏感,在越冬期前达到一定积温即可拔节。若越冬前没有拔节,进入越冬期后再出现拔节,所要求的积温就比年前拔节要求得多,这很可能是由于冬季低温对早熟3号的拔节有一定的抑制作用。从5年分期播种中看出,凡在返青前拔节,播种到拔节所需的积温比较稳定,早熟3号约为690℃·d,至于返青后拔节,则播种到拔节所需的积温很不稳定。我们曾统计了12个因素的回归关系,发现其中以零上积温和零上平均温度与播期的回归关系最好,使用这些因素得出播种到拔节期的温光模式如下:

早熟3号:$\sum T_0 = 391.1 \pm 3.5 \Delta d + 60.6 \bar{t}_0$ (3)

扬麦1号:$\sum T_0 = 471.3 \pm 2.5 \Delta d + 57.0 \bar{t}_0$ (4)

式中 Δd 为播期差,以10月20日为准,在10月20日以前取正值,在10月20日之后取负值。

这个模式不仅考虑温度高低对拔节的影响,并考虑了播种期迟早对拔节的影响(即日照长短对生育期的影响)。以10月20日为界,早播1天对总积温的影响,早熟3号增加3.5℃·d,扬麦1号增加2.5℃·d,对拔节天数起增多作用;而在10月20日之后播种,总积温减少,拔节天数缩短。这样播种到拔节的积温值,不再是一个固定值,而是一个考虑了光长(即播期)与温度两个因子对生长发育影响的模式。过去单纯用活动积温(即零上积温)作拔节积温统计,误差很大(见表5),而现在应用温光模式,误差缩小50%,运用到生产上,比较符合实际。

表5 播种到拔节活动积温与温光模式的统计检验比较

品种	0℃以上积温值(℃·d)	误差(℃·d)	温光模式	自由度	F	复相关系数	误差
早熟3号	690	±81.8	式(3)	13+2=15	24.67**	0.8888	±41.32
扬麦1号	760	±71.7	式(4)	14+2=16	31.5**	0.9055	±30.89

运用拔节期的温光模式便可计算出任何播期在不同温度条件(冷冬、暖冬)下,播种到拔节的积温值(表6)。

表6 扬麦1号从播种到拔节在不同播期与温度条件下的不同积温值   单位:℃·d

播期 (月/日)	平均温度 $\bar{t}_0$(℃)					
	5.5	6.0	6.5	7.0	7.5	8.0
10/15	797.3	825.8	854.3	882.8	911.3	939.8
10/20	784.8	813.3	841.8	870.3	898.8	927.3
10/25	772.3	800.8	830.3	858.8	887.3	915.8
10/30	757.3	785.8	814.3	842.8	871.3	899.8

根据表6,我们统计了1950~1979年共29个年度的气象资料,分析出返青前、安全拔节期前出现拔节的几率(表7),这也相当于将播种到拔节期的温光模式,在29年不同气象条件下进行模拟试验。

三麦适宜播期应当要求80%以上年份不会在安全拔节期以前拔节。

从表7看出,扬麦1号在10月21日之前播种,10年中有3~4年可能在安全拔节期之前拔节,遭受冻害威胁比较大。要保证80%年份都安全,应在10月23日开始播种,这个日期是扬麦1号在南京地区早播的界限。早熟3号感温性强,拔节期比小麦早,很容易在安全拔节期之前拔节,因此便采用70%保证率,即在11月1日开始播种,这是早熟3号在南京地区的早播界限(如采用80%保证率,则播种期还要推迟,不利于增蘖增产)。由于早熟3号在暖冬年容易提早拔节,以致产量不够稳定,这是大麦育种工作中应当加以改进的。要争取大麦能适当早播而又不过早拔节,使安全拔节能达到80%以上的保证率,这对大麦的高产稳产很为重要。

表7 1950~1979年不同播期三麦在安全拔节期之前出现拔节的几率

早熟3号						扬麦1号		
返青前拔节几率*			安全拔节期前拔节几率			安全拔节期前拔节几率		
播期(月/日)	出现次数	几率	播期(月/日)	出现次数	几率	播期(月/日)	出现次数	几率
10/21	22	75.9	10/21	16	55.2	10/16	16	55.2
10/26	10	34.5	10/26	13	44.8	10/21	11	37.9
11/1	5	17.2	11/1	9	31.0	10/26	3	10.3

* 返青前积温指标采用690℃·d。

三、根据多年气候与当年气象条件,掌握三麦的最优播期

综合上述观点,三麦播种期的要求是在越冬前至少70%年份要有一个分蘖,而有80%年份在安全拔节期之前不能拔节。按南京的气候规律,扬麦1号早播到迟播的界限是10月23日~11月5日,早熟3号早播到迟播的界限是11月1~10日。而三麦播种的最适宜时期,应在早播与迟播之间偏早的时段内,以争取较多的年前分蘖数(有2~3个分蘖),有利于多穗大穗夺高产,即扬麦1号在10月23~31日,早熟3号在11月1~5日。

图5列出南京地区三麦播种期界限与常年平均气温的关系。由此可看出,春性小麦宜在常年日平均气温下降到16℃时开始播种,当日平均气温下降到13℃时结束播种,最适期在16~14℃。早熟3号大麦宜在常年日平均气温下降到14℃时开始播种,下降到12℃时结束播种,最适期在14~13℃。掌握这些简易的气象生态指标,根据各地常年气候资料,还必须结合实际经验,确定当地早播与迟播界限,以及最优播期的范围。

我省淮南各地与三麦适宜播期有关的各指标温度到达时期如表8。

表8 江苏淮南各地候平均气温达到各指标日期

达到日期 指标温度(℃)	武进	溧阳	高淳	扬州	泰州	兴化	宝应	无锡	苏州	南通	如东
16	10/20	10/17	10/22	10/16	10/18	10/20	10/15	10/20	10/22	10/21	10/21
14	11/1	10/30	11/5	10/30	10/30	10/30	10/25	11/2	11/7	11/1	11/2
13	11/6	11/4	11/10	11/4	11/4	11/6	10/31	11/8	11/12	11/7	11/8
12	11/12	11/9	11/14	11/8	11/8	11/12	11/5	11/14	11/16	11/14	11/14

每年的气候都有变化,冷、暖冬年的气候大不相同,在具体掌握播期时,应根据当年气候变化适当调

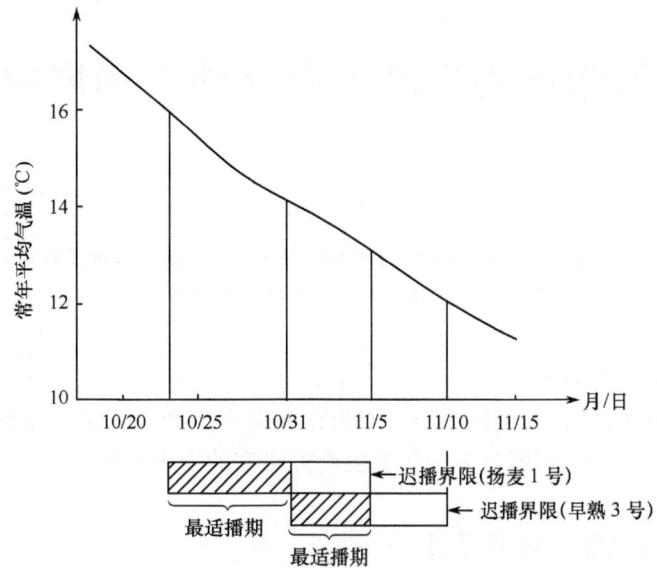

图 5 南京三麦适宜播期与常年平均气温

整。如长期预报当年为冷冬年,可在上述播期界限内,尽可能早播;如预报为暖冬年,则可在播期界限内适当迟播。这样既掌握80%保证率的气候规律,又掌握当年的气候变化来控制播期,对战胜自然灾害,夺取丰收是非常有意义的。

从本研究看来,由于气候年际变化较大,以及当前应用的三麦品种大多数春性较强等原因,三麦最适宜播期范围是比较短的。春性小麦只有7~8天,早熟3号只有5~6天。生产上不容易做到全部都在最适宜范围内播种,但应当要求生产上提早做好各种准备工作,尽可能把播期压缩在最适宜范围内,并要力争在迟播界限内结束播种,这对各地三麦稳产高产将有重要作用。影响分蘖的因子,不只是温度,水肥也很重要。若大面积生产做不到在迟播界限内结束播种,对晚播麦就要强调施好种子肥、盖籽肥,搞好苗期水肥管理,攻早苗、壮苗、晚中求早,以利高产稳产。我们的试验是在肥力中等偏上、遇旱浇水的条件下进行的,所得早播界限应用在大面积生产上,要考虑水利、肥力、茬口、劳力等综合条件的影响,故应适当提前2~3天。

本文介绍的三麦气象生态模式,主要是依据南京地区的试验和气象资料,适用于我省沿江地区,但有关分析方法及早播迟播的温度指标,可供其他各地参考。

参 考 文 献

邓根云等.1975.小麦分蘖与积温的关系及其在生产实践中的应用.植物学报,**17**(3)
高亮之等.1978.江苏省三麦气候条件的初步研究.江苏农业科技,(5)

国际作物生产力研究动态和展望

高亮之

(1980年9月20~26日参加国际水稻研究所主持召开的
"不同环境下农田作物潜在生产力学术讨论会"的介绍)

近一二十年来,作物生产力研究在国际上受到较广泛的重视。1980年9月20~26日在菲律宾马尼拉,由国际水稻研究所主持召开"不同环境下农田作物潜在生产力学术讨论会"。现根据该会所交流的各国研究成果及其有关资料,对国外关于作物生产力研究的动态与展望作一简要的综述。

一、作物生产力的概念与研究任务

作物生产力的概念是从植物(或植被)生产力引申而来。植物生产力在植物生态学中是表示一定土地面积一定时间间隔(一般是一年、一季或一日)的植物增长量(一般指干物质重量)。在农业科学研究中,农学家们往往更多地注意研究育种、栽培措施、施肥、防治病虫等对提高作物产量的作用,对作物的产量则多用穗数×粒重×粒数这一类公式来表示。从20世纪50年代以来,由于作物生理与生态学家的启发,农业科学家感到只从单项农业技术措施以及穗粒结构来研究提高作物产量是不够的,开始注意将作物产量与光合生产紧密联系起来进行研究,从而作物生产力的概念在农业研究中受到了重视。直到近一二十年,作物生产力研究已相当广泛地在各国开展起来,并且在农业科学、作物生产与科研方面作出了贡献。从各国研究近况看,作物生产力研究有以下三方面内容:①研究不同环境条件下作物的生产潜力;②研究不同环境下实现作物生产潜力的限制因子;③研究不同环境下提高作物生产力的途径。

从以上内容可知,作物生产力研究有如下特点:①综合性:它的研究涉及许多专业,如农业气象学、土壤学、作物生理学、遗传育种学、作物栽培学、农业经济学等,它是一个学科间的研究领域;②基础性:它不是研究农业技术本身,而是研究农业技术体系的科学依据;③实践性:作物生产力研究与农业生产实践有密切联系,它要为提高各地区的农业产量服务。

二、作物生产力的生理生态基础

从19世纪到20世纪初,植物生理学家与生态学家就已经广泛测定一定面积一定时间内植物体的大小及重量变化来反映植物的生产能力。20世纪20年代,英国植物生理学家Blackman和Gregory等人开创了英国生长分析学派的工作,Gregory提出了公式:

$$CGR = NAR \times LAI$$

此式的意思是,植物(作物)的生产速率决定于两个主要因子:一是进行光合作用的叶面积,用叶面积指数 LAI 表示;一是单位叶面积的净同化(总光合-呼吸)能力,即净同化率 NAR。后来,作物生产力的研究基本上沿着这个思路发展,至20世纪50年代更趋于完善。

近二三十年来,在以下几方面都有深入的研究:①叶面积动态:研究了最适叶面积及临界叶面积问题。所谓临界叶面积,即大于此叶面积,产量不上升,也不下降。此外,还研究了茎、鞘、花、穗在群体光合中的作用。②叶片同化能力:20世纪50年代发现了光呼吸现象后,对C_3、C_4作物光合作用的不同C循环途径,酶机制,对光、CO_2、O_2、温度的不同反应进行深入研究,探索了降低呼吸消耗、提高叶片光合效率的途径。③群体受光率:自20世纪60年代以来,从不同专业角度,都对这个问题进行了深入探讨,初步阐明了群体受光规律、株型、叶色、植株排列等与群体受光的关系。④光合生产的源库关系(Source-Sink Relation)：即对光合生产的源泉(太阳辐射、光合面积、光合能力等)和光合产物向经济器官的运输与储存这两方面进行研究。这种库源关系在当代仍然是一个活跃的研究领域，与育种及栽培关系甚大。

三、作物生产力的环境基础

(一)气候与作物生产力

国外许多科学家认为，作物生产潜力首先决定于太阳辐射量，因为光合生产的能量源泉就是太阳可见光辐射。但是在气候条件中，温度与降水亦有十分重要的影响，因为大面积范围内温度条件不易为人们所改变；在无灌溉的干旱地区，降水往往是限制生产力的主要因子。气候与作物生产力的关系在国外已有较多的研究，1967～1971年在英国G. E. Blackman主持下，在世界范围内组织制定了国际生物学研究计划(IBP)，对几种主要农作物生产力与地理、气候条件的关系进行了研究。村田吉男总结了日本水稻生产力与气候的关系指出：①生长前期温度与叶面积增长关系密切，抽穗前后30天温度愈高，基部叶片凋落愈早；②群体平均光强与净同化率为正相关，移栽后三周内18℃以下的平均最低气温与净同化率亦有较好的正相关；③水稻产量(Y)与灌浆期太阳辐射(S)和抽穗期植株干重(W_o)关系最密切，他提出经验公式：

$$Y = 382 - 0.627 W_o S$$

英国利兹大学的J. Elston(1980)在国际作物生产力会议上指出，作物干物质生产与作物截取的光合有效辐射成一定的比例，这个比例既与辐射本身有关，又与叶片的生长与死亡速率有关；而经济产量则决定于干物质在不同器官间的分配。他认为，分析气候对作物生产力的关系应从三方面入手：①各地气候要素的数量；②气候要素对叶面积、作物群体结构、总干重、经济产量的影响；③气候、天气条件怎样与作物遗传特性、社会与经济因子等相结合而决定种植方式。

关于热带与温带作物生产力的比较，国际水稻所的L. D. Haws等研究指出：在热带，①单季作物的单产较低；②单季作物生长期较短；③每天产量稍低。这都与生长期温度较高、作物发育较快有关。每天的相当产量，从温带到热带，不同作物都在70～90 kg/(hm²·d)范围内，因此单位面积的全年生产潜力，热带比温带高。无霜期为365、230和160天者，生产潜力相应为21.6、13.6和9.5 t/(hm²·a)。

(二)土壤与作物生产力

世界粮农组织(FAO)的R. Higgins(1980)在《生产力的土壤基础》报告中，介绍了FAO从土壤学角度对于全世界不同地区作物生产力的估算工作。他们认为，地区生产力的估算决不能只考虑土壤一个因子。他们与国际应用系统分析研究所合作制定了生产力估算模式，将气候因子与世界土壤图相结合，画出不同的气候-土壤区域。气候主要按生长期(150～180天，180～210天，…)划分，对各种土类还考虑不同坡度。各气候-土壤区域在高、中、低三种输入(主要指投资)条件下，对16种作物进行分析，决定最适作物，再估算其生产力，并计算其热量、蛋白质量，最后估算该地区可以维持的人口密度。

关于低地土壤生产力，京都大学K. Kyama指出，亚洲8200万hm²高地(Upland)与8700万hm²低地(Lowland)，分别生产8000万t谷物与17000万t水稻，说明低地产量比高地约高一倍。低地土壤一般沉积时代较短，土壤剖面发育较差，低地与高地相比，能较好地保持土壤肥力与防止水土流失，但低地土壤一般缺乏氧化铁、氮素与有效磷，容易有铁毒。酸性土、泥炭土、盐土、碱土是低地主要低产土壤。怎样提高低地土壤的生产力为亚洲农业的一个重要课题。

四、种植制度与作物生产力

不同地区条件下,不同作物的轮作复种形成一定的种植制度,合理的种植制度是提高作物生产力的重要途径。

印度国际半干旱热带作物研究所(ICRISAT)的 S. M. Virmani,研究印度半干旱热带地区的农业气候与种植制度的关系后指出:该地区的雨量变率甚大(457～1431 mm);雨季主要在 6 月初到 8 月初两个月左右时间内;10 年中有 4 年在 8 月份就出现 10～30 天干旱。由于气候变化大,他应用马尔柯夫链模式研究能满足 1/3 蒸腾需要的雨量几率,明确该地区降水的农业气候特征(例如指出 6 月底到 8 月初的雨量是可靠的)。他又应用高粱生长模式(SORGF),估算不同土类、不同灌溉量条件下,雨季以后种植生长期长与生长期短的作物的产量,得出结论:①无灌溉条件下,雨后种植生长期短的作物为好;②较少量而较大面积的灌溉比小面积大水灌溉为好。

泰国的 Krishnamoorthy 介绍东南亚国家低成本条件下种植制度的研究指出,高成本的农业经营方式对第三世界多数农民来讲,目前都不太适用;传统农业成本低,风险也小;要研究既不增加风险又能提高产量的种植制度。低成本种植制度包括:较耐低肥和耐旱耐涝的作物与品种,正确选择播期,适当增加密度,改进播种规格,及时中耕除草,适当地间混作等。这些措施的综合应用,可以提高产量 50%～100%。印度在 1971～1976 年应用一套低成本的办法,高粱产量从 770 万 t 提高到 1040 万 t。

五、作物生产力研究展望

(1)对作物生产力的生理生态基础将有更深入的研究,特别是提高叶片同化能力方面,可能有所突破。关于改进作物株型以提高群体受光率的研究将在生理学家、农业气象学家、育种家的密切合作下得到新的进展。关于作物光合生产系统,将进一步数量化,以至建立愈来愈完善的模拟模式(Simulation Model)。

(2)对作物生产力与环境条件及经济条件的联系,将在更广泛的基础上进行研究,并运用系统分析方法,求算在不同自然及经济条件下实现最佳生产力的作物种植制度、栽培体系等的模式,为各国各地区农业布局和规划提出依据。

(3)作物生产力研究将与各种作物的育种和栽培更紧密地结合起来,在确定育种目标、选配亲本、决定育种方法以及栽培措施中发挥更大的作用。

关于农业气候生态研究

高亮之　　　　韩湘玲

江苏省农业科学院　北京农业大学

(原载:《农业气象》,1980 年第 2 期,1~6 页)

当前,全国与各地为了发展农业的迫切需要,都在进行农业气候区划工作。在农业气候分析与区划中怎样运用气候生态的观点与方法,这是本文准备讨论的问题。

一、关于农业气候生态

农业与气候的密切联系,是农业生产与工业生产相区别的基本特性。气候要素中的太阳辐射、热量、水分、CO_2 是农业生产的能量与物质的源泉;同时,一定的光照、温度、降水、灾害条件又是农业生产的重要的环境因子。气候条件与农业生产间的关系相当复杂,以作物生产来讲,不同作物、不同品种、不同发育期对气候条件都有不同要求,作物的生长、发育、生殖、光合、呼吸、蒸腾、病虫危害、产量形成等各种生态生理过程,与气候条件之间都有错综复杂的内在联系;而另一方面,气候条件对于作物布局、品种配置、种植制度、耕作、栽培措施(施肥、灌溉等)、灾害防御等,又有直接的制约作用。研究与阐明农业与气候相互之间的深刻关系,就是农业气候生态研究的任务。因此,农业气候生态的研究是农业气候分析与区划工作的基础。

从国外农业气候学的发展来看,似乎存在着两种观点与方法:一是"应用气候学"的观点、方法;一是"农业生态学"的观点、方法。苏联谢梁尼诺夫等是前一种观点的代表,他们认为:"农业气候区划是根据与农业生产对象有密切关系的热量、水分和作物越冬条件等进行分区。"也就是说,他们的侧重点是"农业气候条件"的分析与区划。关于农业与气候的关系,他们当然也研究,即确定所谓"指标"。但由于"指标"主要用之于农业气候条件的阐述,因此,往往比较简单,不容易反映农业与气候间的深刻关系。意大利的阿齐、日本的大后美保、美国的纳特逊等则是生态学观点的代表,他们的侧重点是在研究作物布局、生长发育和产量与气候、土壤之间的综合关系,提出了一些有启发性的方法。当然,这两个学派在农业气候学的发展上都是有贡献的。到 70 年代,随着生理生态研究的深入与计算机技术的广泛应用,在农业气候与农业生态两方面都有较快的进展,出现了一些水平较高的工作。例如,苏联康斯坦丁诺夫的"作物-气象-土壤"模式,日本村田吉男的气候与水稻生产力关系的研究,加拿大罗伯逊的小麦生育期的光、温模式及小麦气候分区研究等。但是,他们在气候与生态的结合方面,在气候与作物栽培、育种、种植制度的结合方面还不是很紧密。我们要善于吸取国外学派的长处,克服其不足,特别要结合我国丰富的农业实践经验,探索我们自己的观点与方法。

"农业气候生态"就是要将农业气候与农业生态密切结合起来,它的研究内容是:

(1)农业与气候之间定性的与定量的深刻联系。在定性方面,它要揭示各种作物生长、发育、产量形成与气象条件之间的生理生态关系。在定量方面,它要确立能反映作物-气象-土壤-产量-措施之间关系的指标、模式或模式系统。

(2)它既要研究与农业有关的气候条件,又要着重研究气候条件怎样影响与制约作物布局、种植制度、育种目标、品种配置、耕作栽培技术等。

(3)它还要研究农业气候与其他环境因子的联系性。简而言之,它不是以气候为中心,而是以农业为主体,研究气候与农业的相互关系,研究气候怎样影响农业,同时注意到与其他因子的联系。今后,农业气候生态研究还将向系统科学的方向发展。

在农业气候工作中,明确地指出"农业气候生态"的概念可能有这样几点意义:①可以促进气候与农业相互关系的深入研究,而这正是提高农业气候工作水平的关键。②可以促使农业气候工作考虑到与其他因子,如地形、土壤、水利、品种与农业措施等的联系。由于肥、水、品种、栽培方面人的能动作用很大,人们可以通过这些因素更好地适应与利用气候条件。③可以使农业气候工作与农业生产的联系更紧密,目的性更明确,因此在农业生产上发挥更大的作用。

我们在多年的工作中运用农业气候生态的观点,进行了水稻、三麦、玉米有关播、栽、套期问题,高产稳产问题,品种利用问题,间套复种的气候生态适应性等问题的研究。国内,如前北京市农业科学院农业气象研究室等许多单位亦在这方面做过不少工作。但是,我们关于"农业气候生态"的理解,还是很不成熟的,这是需要讨论与探索的问题。本文主要联系农业气候分析与区划工作进行讨论。

二、农业气候生态的一些辩证关系

为了更好地进行农业气候分析与区划,有必要对农业气候生态的特点进行一些分析,这些特点体现了存在于农业气候生态中的辩证关系。

(一)农业气候资源的无限性与有限性

农业气候资源中,光和热直接来自太阳,水与气所以能被农作物利用,亦与太阳能量引起它们的循环分不开。由于太阳无时无刻不在供给地球能量,加之农业上的绿色植物具有将光能转化为化学能的奇妙本领,因此,这种独特的农业气候生态关系形成了农业气候资源的取之不尽、用之不竭的特点。在当今世界性的能源危机中,农业气候资源的无限性特别值得我们重视,这说明了农业作为我国经济的基础,其生命力是极强的。

但在农业生产实践中,受其他生态因子的影响,农田、林、果、草场等对农业气候资源的利用又是有限的。从目前我国对光能、热能、水分的利用率来看,都还处在很低的水平,从光能来看,理论上可能的利用率比目前的利用率可以高出 5~10 倍;多数地区热量的利用率亦不高;我国大部分地区年降水量不少,但干旱仍相当严重,说明降水的季节分配不均,其流失浪费是惊人的。这些都说明农业气候资源利用上还有很大潜力。在农业气候生态研究与区划中,阐明农业气候的巨大潜力是有意义的。

从农业气候生态关系全面分析,既有农业气候资源利用上的无限性,还有农业气候条件对作物生长与林牧业发展的严格的限制性。橡胶在我国只能在海南岛、云南、广东、福建局部地区种植。柑橘在年极端最低温度低于 -8 ℃以下的地区,冻害就很严重。农业气候生态研究与区划的重要性之一,就是要阐明这种限制性,以做到因地制宜,防止盲目种植。

(二)农业气候生态的相似性与差异性

一种作物对气候条件有一定的基本要求,使得它可在很不相同的气候条件下都能种植。例如水稻只要平均气温 >20 ℃的时期有 1~2 个月以上,加上有水源就能种植,因此,我国从黑龙江的黑河到海南岛的崖县都种水稻,这就是所谓的"农业气候相似"。但另一方面,水稻不同品种都有不同的、较为严格的温光反应特点,苏南在间隔一个纬度的范围内就有不同的品种布局,这又是农业气候的差异性。农业气候区划既要阐明农业气候生态的相似性又要分析其差异性。

与农业其他环境因子,如土壤、地貌相比,农业气候的相似性与差异性均更为突出。

(三)农业气候生态中的适应与不利的二重性

农业动植物都是有生命的有机体,虽然在长期的演化与培育中,已经形成对气候条件一定变化的适应性,但还不能适应各种极端气候的变化(这与蛋白质与酶的功能有关);并且,气候变化既有一定规律,又是变化无常的,因此,农业气候生态关系中,必然有适应与不利两个方面。农业气候分析与区划中要尽可能充分地揭示各地农业气候适应与有利的一面,以鼓舞人们发展农业的信心,并指明发展的途径。气候本身不存在有利、不利的问题,都因农业对象的要求而定,因此,只要运用气候生态观点进行分析,许多看来气候不利的地方却都具有其独特的优越性。例如,内蒙古的热量、水分条件似乎都很差,但对畜牧业来说,最适宜抓膘的温度是8～20℃,大于20℃的天数在呼伦贝尔盟和锡林郭勒盟只有10～20多天(在南京却有140天),而年降水量＞300mm即可满足牛马的要求。因此,内蒙古气候对发展牧业是很有利的。由于我国受季风影响,气象灾害确实相当频繁,新中国成立以来,农业发展不够快,灾害之多也是重要的原因之一,因此,在农业气候分析中,绝不应忽视灾害这一方面。

(四)农业气候生态的过渡性与变异性

气候条件在地区上、时间上都是连续变化的,同时农作物随着生长发育,在一年中也在不断变化其特性。在年与年之间,农业的水肥条件、种植制度、品种选用等等也不尽相同,因此农业气候生态在地区上有过渡性,在时间上有变异性。农业气候生态的这两个特性决定了农业气候区划工作的一些要求:① 要善于在过渡性的地区差异中划出界线,既要注意气候的,又要注意农业结构的(如种植制度、作物分布等)"质"的差异。为了使区划更客观化,在农业气候区划中怎样应用"聚类分析法"是值得研究的。同时,由于过渡性的本质,农业气候的任何界线所表示的只是农业气候生态的地区差异,而界线两侧的差异又是逐渐过渡的,并不是突然急变、黑白分明的,这一点在分析农业气候时相当重要。例如双季稻的分布,从农业气候看来,整个长江流域在目前的品种条件下,都是一个过渡带,其种植比例,自南向北逐渐减少,要截然分出双季稻区与单季稻区是不符合实际的。②农业气候在时间上的变异性要求在农业气候分析中注意对年际变化(年型、保证率)的分析,保证率应用80%一般是适宜的,保证率过高会导致农业上产量低而稳,保证率过低则会导致产量高而不稳,保证率适当(80%左右)基本上可以稳产高产。但对不同问题保证率不一定全都一律。农业气候分析还不能只顾目前的农业状况,而要估计到今后的发展,要能指出农业的发展前景(如为育种指出方向、条件改善后的生产潜力等)。

(五)农业气候生态的针对性与相对性

农业气候生态与一般气候研究的不同之处,主要就在于针对性。农业气候生态研究要针对特定的农业问题(如特定的作物)进行分析,针对性愈强,农业气候分析愈能发挥作用。国外农业气候自六七十年代以来均向针对性、专业性方向发展,不仅对许多种作物、动物(农作物、果树、牧草、蜜蜂、牲畜等)的气候条件有了专项研究,并且已经对农业的各种措施(灌溉方式,施肥方法,N、P、K比例,温室结构等)与气候的关系进行了专题分析,这也是值得我们重视的趋势。

针对性的加强还有另一种意义,就是农业与气候相互关系的揭示愈来愈深刻、愈确切、愈定量化,这就为农业气候分析提供了更为科学的依据。但在这方面,不能不指出农业气候涉及农业、气候以及其他有关生态因子的关系,这些都是很复杂的。

农业上以水稻开花期冷害为例,不同品种的指标为18～23℃,可有5℃以上的差异,同一品种在不同肥水条件下,也会有2～3℃的差异。

气候上目前应用的温度、光照与植物实际接受的温光条件差异也不小。

农业与气候的关系上目前应用的一些指标,如积温、干燥度等,如果与作物实际要求相联系,误差还相当大。

其他有关生态因子(如土壤、地貌、农田水利、农业技术措施等)对光、温、水效应的影响亦往往很大。

这些方面的误差使得农业气候分析目前还不可能太精确,其针对性还不可能很强,而只具有相对性的农业意义。因此,进行农业气候分析时不能将问题讲得太绝对,要留有余地,要有一定的灵活性。当然,我们应当也完全可能逐步提高工作水平,以不断提高"针对性"。在这方面各种观测与实验手段的改进,数理统计方法的广泛应用,都是值得注意的,这也许就是农业气候生态研究的发展方向。但要完全消除"相对性",由于农业气候生态所研究对象的特点,看来也许是不可能的。

三、我国农业气候生态若干特点

气候与农业两者都是有地区性的,农业气候生态当然具有明显的地区性,我国农业气候分析与区划,必须要注意我国农业与气候的特点,如果说农业现代化有"中国式"的问题,农业气候分析与区划也就存在"中国式"的问题。

我国农业气候生态初步看来有以下几个特点:

(一)地域辽阔,农业气候生态的多样化

我国自北向南跨过寒温带、暖温带、亚热带、热带,西部还有大陆性很强的干燥地区,以及海拔很高的高原地区。不同地区气候与农业的类型结构大不相同,因此,我国农业气候采用的指标与方法不宜于直接从西方或苏联等以温带为主的国家照搬。从国内来说,各地的农业气候指标及分区原则,亦不需要强求一致,而应"因地制宜",在全国性区划中对不同地区亦要注意这一点。

(二)农业要求全面发展

我国有15亿亩耕地,有38亿亩草原,43亿亩山地,还有广大的水面。以往许多年,片面抓粮食,农业全面发展受到很大影响。从农业气候生态角度看,我国农、林、牧、副、渔的发展都有极大潜力,在大兴安岭的严寒下红松生长良好,亚热带广大地区,可以生长柑橘、茶树、油菜、油桐、枇杷等以及许多经济价值高的林木,闽粤气候暖湿,杉木、毛竹生长极为适宜。我国西北、内蒙古有极为辽阔的气候适宜的牧场。我国广大的江、河、湖、海的水面气候适宜于许多种淡水鱼类、海洋鱼种。我国不少地方的独特气候还适宜于一些世界稀有的名贵药材、香料、工业用的动植物(如东北的人参、江苏的留兰香、宁夏的枸杞、云南的紫胶虫等等)。总之,我国的农业气候工作,既要重视各种主要农作物的分析,亦要足够地重视林、牧、副、渔的农业气候生态研究,以促进我国农业的全面发展。

(三)我国人多地少,农业要求高产稳产

我国每人占有耕地只有1.5亩,与美国、加拿大、苏联等国有很大不同。在这种条件下,我国必然要重视多熟种植,重视精耕细作,重视农业的高产稳产问题。因此,我国农业气候生态研究亦要更多地注意种植制度的气候分析,多熟制地区农业气候指标的选择,应当考虑多熟制的需要。在作物气候方面既要研究适宜与不适宜的地区,亦要研究在不同气候条件下怎样实现高产、稳产。

(四)我国是多山国家

就全国来说"七山二水一分田",山地是极重要的土地资源。山地农业气候有许多特点,并且要求不同的研究方法,可以在不同地区选择典型山地进行调查观测,以找出一般规律。

(五)我国是季风国家

季风带来农业气候上很多有利与不利因素,我国许多地区光、热、水的配合很好,为种植水稻、玉米等高产作物提供了十分有利的条件。但季风气候使降水的年际变率甚大,季节分配不均,旱涝严重并引起春秋气温多变,尤其是秋季降温急剧,给农业生产带来很大困难。在农业气候分析中,不能只考虑平均值而要更多地注意变率。关于水分指标,国外现有的一些指标(如彭曼、桑斯威特、布德柯的公式)大多是在平原,温度、雨量较均匀条件下,以降水与蒸发比较而求得。我国广大亚热带多山地区,雨量的季节变化和年际变化都很大,雨水集中时通过径流的流失量甚大,作物又以水稻为主,因此,尽管干燥度一般在1.0以下,但季节性干旱仍然很严重,这就要求我们根据自己的地形与农业特点,研究自己的水分指标。在没有更好的指标前,采用关键季节的雨量、旱期日数、连阴雨日数与干旱几率等亦是可行的。温度指标也要重视春、秋季的温度变化特点。此外,反映季风气候对农业影响的综合指标的研究也应予以重视。

我国本世纪内要求实现农业现代化,在农业气候研究中怎样为机械化、水利化、化学化、电气化以及专业化、区域化服务问题都需要探索经验。

四、农业气候生态研究方法问题

农业气候生态研究的方法,目前还不是很成熟的。根据国内外的现有经验与我们自己的实践体会,初步归纳大致以下一些基本方法(或步骤)。

(一)农业气候生态调查

从生态的观点看,农业气候生态是整个农业生态体系的一个组成部分,因此,研究农业气候生态及其区划,不能不对农业的全貌有一个大概的了解。农业涉及的因子很多,如土地、劳力、土壤、水利、肥料、农业结构、种植制度、品种、耕作栽培措施等等。调查中当然首先要注意气候条件与农业生产的关系,同时注意农业气候与其他因子之间的联系。在此基础上,要弄清当地农业气候生态的主要问题,问题抓得准,农业气候分析与区划的收效就大。可以认为,调查研究是农业气候生态与区划研究的必不可少的基础。

(二)农业气候生态的系统观测与试验研究

农业气候生态研究要求揭示农业与气候之间的定性关系与数量关系,只靠调查研究是不够的,应当进行系统的农业气象观测以长期积累资料。没有系统的资料,要拿出有分量的成果是不可能的。遗憾的是,10多年来,农业气象观测中断了,当前,需要迅速积极地恢复起来。除了系统观测外,为了研究得更深入更快,还需要进行特定目的的农业气候生态试验,可以用分期播种、地理播种、人工控制的气候生态试验等多种手段。在试验观测手段与观测项目上,亦需不断提高,逐步向精度与深度发展。当然,要求在短期内拿出有成果的农业气候分析与区划,主要只能依靠目前已有的观测资料与试验成果。

(三)农业(如某种作物、某种种植制度、某项措施等)与气候之间生态关系的分析研究

这是整个农业气候生态研究中的中心环节,在生态分析中,首先要注意定性的、内在的生态关系。例如,我们在后季稻安全播栽期研究中,通过多年实践,认识到它主要受安全齐穗期与水稻不同品种及播种到齐穗生育日期的影响,而后者又主要受温度、日长、秧龄的影响。在间、套、复种高产稳产的研究中,我们认识到秋熟作物要安全灌浆成熟,决定于播期下限,这和温度、旱涝、品种、长相等因素有关。定性关系抓不准,定量关系就失去了根据;定性关系有新的发现,定量关系就会有新的发展。

在定性关系的基础上,尽可能精确地确立其定量关系。要大力提倡采用各种数理统计方法,如相关分析、多元回归、逐步回归、曲线回归、积分回归、聚类分析等等,以确定指标与模式。如果问题比较单纯,当然可以确定一些简单、明确的指标(如作物受霜冻的指标等),但农业气候生态中,经常遇到一些影响因素较多的问题,如生育期、产量形成、种植制度等等,仅仅用简单的指标往往不能反映其关系。看来,研究综合指标并且建立农业气候模式及系统是必然的发展趋势。在定量关系的深入研究中,对定性关系必然亦会有新的认识。

实验方法与统计方法的结合,定性关系与定量关系的结合,这可能是农业气候生态研究的基本方法与内容。

根据已确定的指标与模式,要对一定地区的气候资料进行大量的计算、分析,并可作出地带性的分析。

(四)农业气候生态的综合分析

农业气候生态研究不能在农业气候条件的分析与区划后即告完成,还要进一步将农业气候条件与农业问题进行较为深入地综合生态分析。例如,分析农业气候条件怎样影响作物的布局、品种、产量、栽培技术等等,在这种分析中应当突出地分析气候因子的影响,同时,在必要时适当考虑到地貌、水利、肥料、劳力等其他因素。以长江流域的双季稻来说,从农业气候一个因子讲,基本都能种,但不同地区都有一些其他因子的限制,使得双季稻还不能普遍种植,甚至仍应以单季稻为主;当某种条件(如水利、机械化)改善后,仍有可能发展双季稻。这样的综合生态分析可以使人们对当地的农业气候认识得更完整、更深刻,并且在农业生产上有更大的指导意义。

至于农业气候区划,目前一般还是根据农业气候条件与一定的指标进行区划。但亦可以运用农业气候生态观点,以农业气候条件为主,并结合其他环境因子(尽可能有定量的分析)进行农业气候生态区划。我国不少地区地貌、土壤、水利条件都很复杂,将农业气候生态因子与其他影响当地农业的重要因子相联系,进行农业气候生态区划,很可能在农业生产中能发挥更好的作用。在进行农业气候生态分析与区划过程中与完成时,有时需要进行进一步地调查研究,以做到更合乎实际。

以上农业气候生态研究的几个方面,实际上贯彻实践—认识—实践的认识过程,开始时的调查研究与收集资料是通过实践获得感性认识的阶段;试验研究、数理统计、农业条件分析是感性认识提高到理性认识的阶段;最后阶段的进一步调查,并进行综合分析,是将理性认识再回到实践中去检验、完善的阶段。通过这些工作方法,可以得到比较切合实际的、有一定深度的、能在农业生产上发挥较大作用的成果。

农业生态经济系统与我省农业现代化

高亮之

江苏省农业科学院粮食作物研究所

(原载:《江苏农业科学》,1980 年第 2 期,5～8 页)

一、关于农业生态经济系统

自然界与世界上各种事物都是由性质不同的大大小小的"系统"所组成。所谓"系统"就是由许多互相联系、互相制约的组成部分结合而成的一个综合体系。农业也是一个大的系统,农业作为与自然的关系来说,是一个"生态系统";作为与社会的关系来说,是一个"经济系统";从其整体说则应是"生态经济系统"。所谓农业生态系统就是农业生物(农作物、林、牧、渔)、农业环境(气候、土壤等)、农业技术这三方面组成的综合体系。而农业各部门即农、林、牧、渔之间也存在着密切的联系,形成一定的农业结构系统。农业生态系统的基本矛盾是农业生物与农业环境的矛盾,这是农业发展的内因。人,作为外因,通过各种农业技术措施调节这个内因,从而达到在一定环境条件下,获取尽可能多的农业生物产量的目的。这种调节(即农业技术)主要是两个方面:①适应、利用、改造农业的环境条件,使其符合农业生物的需要(包括气候利用、土壤改良、兴修水利、施肥灌溉、病虫防治等);②合理地安排农业生物并加以培育改良,使其能更好地适应与利用当地的农业环境(包括农业布局、栽培、育种等)。农业技术本身怎样提高功效则是农业机械化、电气化的任务。农业生产不但是一个生态系统,同时又是人类经济的一个部门,它必须服从一定社会的经济规律与经济要求。生态与经济两个方面又是紧密联系的。一般说,只有遵循生态规律才能取得良好的经济效果,而怎样利用生态条件,又要根据社会特定的经济要求。不同国家不同地区因社会制度与经济条件不同,自然生态条件不同,农业发展的道路必然有很大不同,这是研究我省农业现代化必须要考虑的前提。

二、我省农业现代化的道路

我省农业现代化的根本任务就是要在我省的自然生态与社会经济条件下,不断提高农业劳动生产率,以获取相当高的农业生物总产量与总产值,满足人民生活与国家现代化的需要。为了达到这个目的,必须实现农业生产条件、农业操作手段、农业科学技术与农业经营管理的现代化。

我认为,在我国与我省条件下,应该肯定提高劳动生产率是农业现代化的重要任务,但同时要认真研究提高劳动生产率的正确途径与适当目标。

马克思指出,"超过劳动者个人需要的农业劳动生产率是一切社会的基础"。列宁指出,"劳动生产率,归根到底是保证新社会制度胜利的最重要、最主要的东西"。从上述马克思、列宁关于经济基本规律的论述看出,在实现农业现代化过程中,显著地大幅度地提高农业劳动生产率是极为重要的。

农业劳动生产率可以用下列公式表达:

$$农业劳动生产率 = \frac{一个地区或单位的农业总产量与总产值}{一个地区或单位的农业劳动力}$$

一个地区的农业总产量(值)也即"农业土地生产率"。

(1)由于农业生态系统中,农、林、牧、副、渔是一个完整的整体,因此,衡量农业土地生产率,应考虑农业总产量而不只是单位面积作物产量。并且根据农业发达国家的经验,随着工农商一体化的发展,农产品加工工业与农业不可分离,一般也应列入农业总产量之中。

(2)我国当前经济仍以商品交换为主,不能不考虑价值法则,就是说不但要考虑产量,还要考虑产值。

分析上述公式可知,提高农业劳动生产率,不外乎两条途径:①减少农业劳力数;②提高农业总产量及农业土地生产率。

西方资本主义国家(特别是美国、西欧)农业现代化的过程,是以减少农业劳力为主的。美国农业劳动力1940年为1097万人,1972年减到415万人,仅占总人口的2%;法国农业人口占总人口的比重,1939年为48%,1954年为22%,1978年为8%。资本主义国家依靠对殖民地的掠夺与对劳动人民的剥削,资本高度积累,工业与农业机械化迅速发展,迫使大批农民失业,流入城市,这条道路在我国与我省条件下都是目前不能走的。根据我国与我省的情况,在今后一定时期内,农民不可能大批涌向城市,由于人口增殖,农村劳动力不仅不会大幅度减少,甚至还可能继续有所上升,这是研究农业现代化必须考虑的基本事实。这种情况下,有两条路可以走:

(1)不强调提高农业劳动生产率,只强调提高单产,特别是强调提高粮食单产,这实际上就是以往多年我们在农业上的指导思想。在这个思想指导下,农业生产特别是粮食生产是有成绩的。但由于各种条件限制,粮食单产的年增长率不可能很高,而农业劳动力增长较快,因此农业劳动生产率增加甚少。这样农民(包括全体人民)的生活水平提高就很慢,农业人口平均收入很低。

(2)从提高农业土地生产率入手,千方百计提高农业劳动生产率。这里指的土地生产率是一个地区或单位农业总生产量。为此:①要继续大力提高农作物的单产与总产;②在作物生产中要积极发展农业机械化,提高劳动生产率,解放出更多的农业劳动力;③要将被解放的劳动力用于发展林、牧、副、渔与农产品加工工业,并在这些方面都大力提高劳动生产率,以提高农业总产量;④要创造条件积极发展与农村结合的社队工业与城镇工业,逐步增加亦工亦农的兼业农户或兼业农民,在不过多增加城镇人口的情况下,将农村劳动力逐步地向工业转移。根据日本的经验,农民兼营工业或其他各业,是提高农业劳动生产率与提高农民生活水平的十分重要的途径。

我认为,在我省具体条件下,只有走第二条路,才能加快实现农业现代化,使国家与农民很快富裕起来。

我省农业现代化应坚持从提高农业总产量入手,大力提高农业劳动生产率。但关于农业劳动生产率与土地生产率的具体指标,却要根据我省的生态经济条件实事求是地确定。看来,美国、加拿大那种一个农业劳力生产十几万斤粮食而单产较低的情况,对我省是不适合的,在各农业发达国家中,日本的人口密度与自然条件与我省比较接近,它们的经验更值得我们注意。日本耕地8272万亩,农业劳力601万,平均每个劳力约13.6亩耕地,1976年每个农业劳力生产粮食5600斤,肉278斤,鱼3350斤,稻谷亩产796斤。我省耕地7058万亩,农业劳力2030万,平均每个劳力约3.5亩耕地,1978年每个农业劳力生产粮食2230斤,肉50多斤,鱼30多斤,粮食亩产985斤。因此,我省的农业现代化指标与日本仍将有所不同。在今后一段时间内,我省一个农业劳力生产的农产品数量要努力赶上日本,而单位土地面积的农产品总量则应当更多地超过日本。

三、我省农业现代化的几个问题

(一)农业全面发展的问题

我省目前粮食单产已经不算低,要提高农业劳动生产率与单位土地面积上农业总产量(值),除了继续提高粮棉作物单产外,更重要的是要大力发展林、牧、副、渔与农产品加工工业。从农业生态经济系统的观点看,农业必须全面发展,因为:①农、林、牧、副、渔利用的是不同的生态空间,即使在我省以平原为主的条件下,利用水面发展渔业,利用坡地、滩地与家前屋后等农村隙地发展林业、牧业,也还有很大潜力。只有农业的全面发展才能最充分地利用我省的自然资源,在一定土地面积上获得最大的农业经济效果。②农、林、牧、副、渔之间存在着相互促进、相互依存的生态循环关系。我省高沙土地区"粮—油—酒—猪—粮"的经验,就是成功地运用生态循环的很好例证。如果我省各地都能很好地运用当地的生态循环规律,一定能大幅度地提高农业生产率与农业经济收益。③农业全面发展,还能改造自然,保持积极的生态平衡。林业是人类改造气候的主要手段,我省气候上还有干旱、干热风、台风、高温、低温、洪涝等威胁,如广泛营造防护林,能使我省的农业气候更有利于农业高产、稳产。牧业是改良土壤的基础,牧业的广泛发展,必将使我省土壤肥力始终保持在较高水平。

我省85%土地是平原,土壤一般较好;气候处在北亚热带到暖温带过渡地区,气候温和,雨量充沛,人多地少。根据这些基本特点,江苏农业今后在相当长时期内看来仍应以种植业为主。从全球范围看,较湿润的亚热带与南温带的平原地区都是种植业的主要地区,如美国种植业都在年降水量500mm的亚热带与温带湿润气候区中。从全国来看,我省是气候与土壤条件相当优越的地区,不能不在种植业上发挥更大作用。

但我省发展林、牧、副、渔、工的条件也是十分有利的,因为:①在我省过渡性气候条件下,亚热带经济林木(茶、桑、油桐、杉木、柑橘等)与暖温带经济林木(苹果、梨、槐、榆、杨);海洋暖性与凉性水产及淡水鱼类;耐寒的寒羊、淮猪,耐热的湖羊、湖猪等都能发展。②我省1.53亿亩土地上耕地仅7058万亩,还有约700万亩的林地与宜林地,2600万亩已利用与可利用的淡水水面,约500万亩沿海滩涂以及大面积的沿江、沿河、沿湖滩地,这些土地上的气候同样很优越,土质、水质都比较好,发展林、牧、副、渔潜力都很大。③我省农业劳动力充裕,今后随着农业机械化的发展,劳力还将逐步解放出来,这亦是发展林、牧、副、渔、工的十分有利的条件。因此各地都要大搞农牧、农林、农渔、农副结合,搞农、林、牧、副、渔、工的全面结合。种植业的规划布局除了考虑粮、棉、油的基本要求外,还要很好地考虑发展其他各业的需要,例如:作物布局上应重视甘薯、玉米、大豆等作物,因为这些作物不仅本身是高产粮油作物,而且还是发展畜牧业与工副业的主要饲料和原料;还要注意发展我省特有的香料、药材、花卉等工艺作物,结合加工制成高档商品以发展外贸,繁荣农村经济。总之,种植业要在保证粮、棉、油增产前提下,统筹安排,为发展林、牧、副、渔、工和提供外贸产品创造条件。

发展林、牧、副、渔,除了利用成片水面、荒山、滩地外,在农区还要善于利用村前屋后隙地和小水面,并应放手发动群众养羊、养兔,充分利用青草资源。这样分散而普遍地发展林、牧、渔业,必将对发展种植业在资金积累、改良土壤、气候等各方面起很大的促进作用。

以上论述是否与"因地制宜,适当集中"的方针有违背呢?我认为并不违背,从在我国与我省大范围来说,应有"适当集中"。如我省棉花可适当集中在沿海与徐淮,甘薯、玉米适当集中在徐淮,林业适当集中在宁镇丘陵。"适当集中"有利于充分利用当地资源,有利于机械化与技术改造,但只能"适当集中",像美国那样"高度集中",对我省并不适合。针对我省农业劳力多的特点,看来在适当集中的同时还要强调一定土地上的多种经营,提倡在较小范围(农场、公社,以至大队)内的农、林、牧、副、渔全面发展与农工商一体化,以形成一种劳动密集型的农业,即所需劳力较多、创造的总产值较高的农业。

(二)农业高产稳产与低消耗问题

我省实现农业高产稳产有不少有利条件:①农业气候资源相当优越,热量丰富,不但生长期较长(无霜期200~250天),并且夏季温度高,总热量多(0 ℃以上积温有5000~5600 ℃·d),适合发展两熟与三熟,并且全年降水量充裕(700~1200 mm),阳光充足(太阳辐射总量每年每平方厘米有110~120 kcal)。美国、西欧热量和水分条件都不及我省,日本热量也不及我省,东南亚与印度虽然热量比我省多,但干、湿季太分明,湿季雨量过多,干季过少,对农作物并不很有利。②地势平坦,土质一般较好,水系众多,灌溉条件较好。③地少人多,有利于精耕细作。因此,我省很有希望成为我国以至世界范围内一个突出的农业高产地区,这将是我省农业现代化的特色。从这个角度看,我们应在学习国外经验的基础上，创造一系列与高产稳产相结合的农业现代化经验。

我省的气候生态条件对高产稳产亦有不利的因素：(1)我省属于东亚季风气候区，由于大陆与海洋季风每年强弱不同，气候年际变化和旱、涝、低温、高温、台风的威胁较大，并且病虫害发生状况的变化也大。(2)土壤肥力还不高，农田水利不够完善，农业科学技术还没有广泛普及，农业机械化程度还较低。因此，目前各种作物产量都不够稳，不够高。实现与高产相结合的农业现代化，除了发展农业机械化外，还要十分注意农业生产条件与农业生物技术的现代化。这里要特别注意以下几项：①大力抓好土壤的改良与培肥，积极发展畜牧业，发展绿肥、绿萍与豆科作物，增加氮素来源，使土壤有机质增加到日本目前的水平(5%～10%)，同时提高化肥用量以适应高产要求。②进一步完善农田水利工程，建立一个符合作物高产稳产要求的灌、排、降相结合的现代化科学管水系统。同时健全现代化的农业气象与植保工作，建立一个现代化的情报、预报系统，并开展综合防治，以便机动灵活地对付各种天气、病虫灾害，夺取高产稳产。③继续选育能更充分地利用光能，更加高产、早熟、抗逆性强、品质好的品种。④研究与普及各种作物高产稳产的栽培经验，积极发展与高产栽培技术相结合的农业机械化。⑤根据各地生态、经济条件调整与改革种植制度，使之达到高产稳产、增产增收、地力提高、季节适宜、有利于农业全面发展、有利于农工商结合的要求。

在当前经济还比较落后的条件下，农业现代化进程中必须注意高产、稳产与低消耗相结合的问题。低消耗包括省工、省本、省能等方面。不能认为农业劳力是不要钱的，而应十分珍惜农业劳力，因为农业劳力是创造农业财富的基本源泉。操作措施过分繁多，而增产效果很小的经验，在农业经济上是不合理的。在农业上要研究既高产又省工的技术体系，这是农艺与农机相结合的共同目标。目前，农业劳动生产率和农产品价格较低，我们应力求节省成本，增加收入，以加快社队经济积累与提高社员生活水平。在肥料上以有机肥为主，在植保上加强综合防治、生物防治，以节约化肥与农药开支。能源问题在西方农业发达国家已成为严重问题，我省在四个现代化进程中，能源问题亦将是尖锐的，我们要及早预见到这一点，在农村要注意充分利用沼气、风能、日光能和畜力等，以节省能源的消耗。

建立良好的农业生态经济系统

高亮之

江苏省农学会理事,江苏省农业科学院粮食作物研究所副所长

(1980年江苏省科协第二次代表大会发言稿)

一、农业生态经济系统的特点与结构

农业是国民经济的基础,8亿农民在搞农业,许多农业科技人员在从事农业科学研究。但如果要问,究竟什么是农业呢?什么是农业科学的研究对象?却并不是很容易说清楚的。或许有人会说:"农业还不就是搞粮食,搞棉花,搞水果,……""农业就是农、林、牧、副、渔……""农业科学就是研究育种、栽培、土肥、植保……"这些回答都对,但似乎并不全面,没有说清农业生产的总体结构。就如同盖房子,要有砖瓦、水泥、窗架,但这些都只是房子的部件,还不是房子的总体结构。如果对房子没有一个总体设计,包括对房子的用途、材料、结构、交通、水土条件、经济核算等的全面掌握,就不可能盖出一座合乎要求的房子。农业生产也有一个总体结构问题。

近几十年来,随着各方面科学的深入发展及互相渗透,人们对世界上各种事物的认识越来越深刻。一方面科学在向基因、分子、原子、基本粒子等微观世界深入;另一方面对各种复杂的事物逐渐建立起"系统"的概念,进行对事物的总体结构与功能的研究。同时,随着数学与计算机的发展,对于各种复杂系统都已经有了一套研究方法与工具。值得注意的是,"系统"的研究已经开始冲破自然科学与社会科学的界限,而出现了一些沟通这两大科学领域的新兴科学。微观研究与系统研究成为当代科学发展相辅相成的两大潮流,使人类认识与改造世界的水平不断地推向新的高度。

系统科学的发展,使我们有可能对农业生产建立起一系列新的认识。近几十年来生态学家们提出的生态系统的概念,现在正在受到农业科学家们的重视。什么是生态系统呢?这里引用生态系统概念的首创人英国泰斯莱在1935年的论述:"虽则有机体能够吸引我们的主要兴趣,但当我们试图从根本上去考虑的时候,我们不能把它们和与它们一起形成一个自然系统的特定环境割裂开来。"法国生态学家对生态系统提出了一个简要而明晰的公式:生态系统 = 生物群落 + 群落生境。他们谈的都是自然生态系统。概括地说,自然生态系统是自然环境与生物群落的结合体,是在特定自然环境条件(气候、地形、土壤)的制约下,由植物(生产者)、动物(消费者)、微生物(分解者)三者共同组成的、相互依存的、相互平衡的、具有一定自我调节能力的综合体系。

农业生产的主要对象是植物(作物、林木等)与动物(家禽、家畜等),它们是在一定自然环境(气候、土壤)的制约下生长的,因此它们与自然生态系统有密切的关联和许多相似之处。

美国有些生态学家将生态系统分为五类:①自然生态系统;②半自然生态系统;③农业生态系统;④市郊工矿区生态系统;⑤城镇居民生态系统。自然生态系统是自然界本身形成的,未受人的干预或干预很轻。半自然生态系统如森林生态系统、草原生态系统等,是在自然生态系统的基础上,加上一定的人工干预,以实现人对木材与畜牧的需要。农业生态系统则基本上是根据人类的特定要求而建立的,一般说:农业生态系统是以种植业(初级生产者)为基础,并且有农、林、牧、副、渔不同程度、不同方式的结合。

如果从历史上考察,原始人类根据自身的要求,进行捕猎、豢养,并发展到刀耕火种。这种农业最原始的状态,就是人类在十分有限的程度上,对自然生态系统的利用与改造。人类发展到当代,农业生产已经改造了陆地上多数土地上的自然生态面貌,自然生态系统在很大范围内已被改造成为农业生态系

统或半自然生态系统。

因此可以说,农业生态系统是由自然生态系统脱胎而来;自然生态系统中一系列法则依然在农业生态系统中起作用。生态学家们对于自然生态系统的一系列研究成果(包括概念、方法、发现的规律等)对于从事农业工作的人们,仍然是很有启发的。但也要看到,农业生产毕竟是以人类为中心的一种生产活动,农业生态系统有它自己的特点,与自然生态系统有一些原则上的区别,主要是:

(1)农业生态系统的发展方向,就是要生产更多更好的、人类生活所需要的农畜产品;而自然生态系统向一种顶极群落发展,并不一定符合人类的需要。

(2)农业生态系统受到人类强有力的调节与控制,人类通过耕地、施肥、灌溉、防治病虫害、培育良种等一系列农业技术,对农业生态系统进行干预,以获得更多的农畜产品。原始的自然生态系统则不受人的干预,或干预的程度很轻。

(3)自然生态系统中,许多化学元素基本上可以在系统内部取得循环平衡;而农业生态系统某一些元素通过农畜产品转化为人类的躯体,由于人们的各种殡葬方式,有相当一部分人类躯体并不能回归于农业生态系统本身,因此到了近世,如氮、磷、钾等元素必须依靠化学工业大量地不断地加以补充。

(4)农业是人类社会的一种生产活动,不但受到自然生态规律的支配,也必然受到社会经济规律的支配。农业生态系统决不能与经济相割裂,经济因素成为整个农业生态系统中决不可少的、并且是十分重要的环节。因此,农业生态系统更确切的概念应该是"农业生态经济系统",但当我们强调其中的生态关系时,也可简称为"农业生态系统"。

从以上农业生态系统与自然生态系统的共同性与差异性,我们可以理解农业生态经济系统有它自己独特的(与自然生态系统不同的)总体结构,大致可以图1表示。

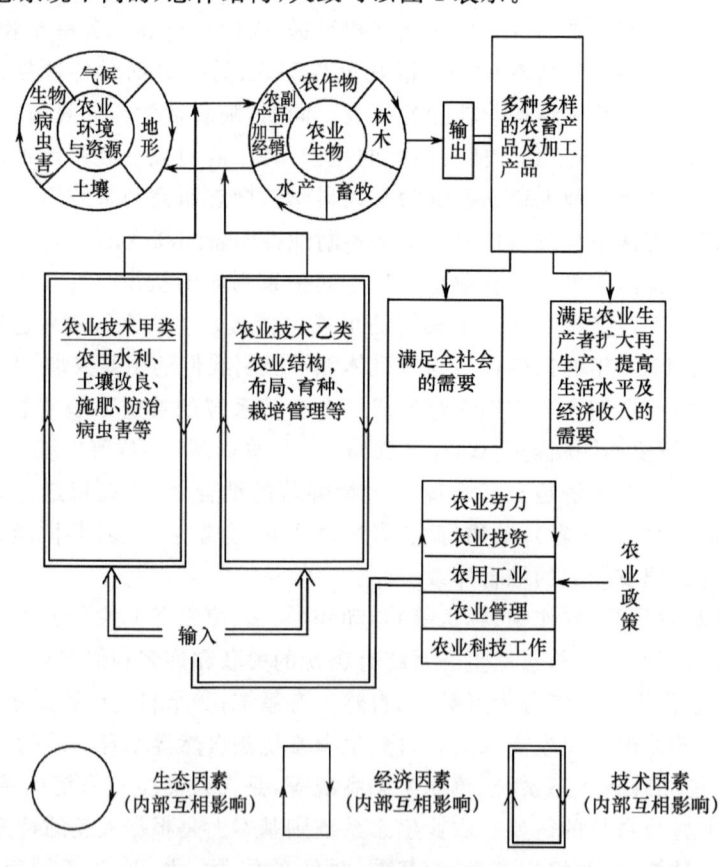

图1 农业生态经济系统总体结构
($A \rightarrow B$ 表示 A 影响 B;$A = B$ 表示 A,B 意义相同)

从图1可以说明几点:

(1)农业生态经济系统的总体结构中,最重要的组成部分共有五项:①农业环境;②农业生物;③农业技术;④农业输入;⑤农畜产品(输出)。

(2)农业环境与农业生物是"农业生态系统"的两个基本方面,而农业技术则是调节这两者间矛盾的手段。全部农业科学技术不外两个作用:一是使农业环境适应农业对象(土壤改良、施肥、灌溉、防治病虫等);二是使农业生物适合农业环境(农业结构、种植布局、品种改良等)。农业环境中气候、地形、土壤、生物(病虫、草等)是互相联系的整体,农业生物的农、林、牧、副、渔也是互相依存的整体。农业环境对农业生物固然有很大影响(供给后者能量、物质、生存条件等),而农业生物亦能反过来对农业环境产生深刻的影响(森林的作用,畜禽提供土壤中的有机质等)。

(3)为了实施农业技术,必须有一定的劳力与资金的输入。劳力多则可精耕细作,资金多则可更多地应用化肥、农药、机械等。在现代化农业中,还必须要有工业的支援、农业科学与教育的普及,以及符合生产力水平的农业经营管理与领导方法,而这一切又受到国家农业政策的深刻影响。农业输入体现了人的能动作用,是农业生态系统中最积极的因素。

(4)农业生产的最终产物(输出),是农畜产品及其加工产品。农业要求高产稳产,其实质是提高对太阳光能的利用。但不能认为农业生产的唯一任务就是吸收与转化太阳能量,人们还要求农业提供各种粮食、水果、蔬菜、油料、棉纤维、糖料、香料、蚕桑、茶叶、畜禽、水产等等多种多样的品质优良的产品。也就是说,除了光能利用外,还要求有多种多样的生化合成及加工制造。

(5)农业输出与输入的关系上,要求有较高的经济效果,即要考虑农业的劳动生产率、投资利润率、农业生产者的经济收入以及国家从农业取得的直接与间接财政收入等等。经济效果在农业生态经济系统中起着重要的支配作用。如果农民连简单再生产都不能维持,那就无法种田;相反,如果农业经济效果高,农业集体与个人收入提高较快,并使国家财政收入增加较快,农用工业、农业科教发展较快,就能促使农业生产得到更快的发展。

因此,要在农业生产中得到成功,不能不对上述农业生态经济系统有一个全面的深刻的理解,掌握其总体结构,分析其内外矛盾,从而选择最佳的系统设计(最佳的农业结构、农业技术、农业投资方向等农业决策),以取得最好的农业生产效果与经济效果,使农业生产能得到较快的持续增长。

二、农业生态经济系统的体系与功能

农业生态经济系统有它自己的体系。它的体系具有多层次、多水平、多类型的特点。

农业生态经济系统可以分为自大到小各层次:世界的、国家的、地区的与生产单位的。全世界的农业形成最大的农业生态经济系统,全球的气候、土壤带(寒带、温带、亚热带、热带、草原土、草甸土、潜育土等)形成不同的农业生态面貌。发达国家与发展中国家、资本主义国家与社会主义国家,社会经济特点不同,也形成不同的农业经济系统。研究世界农业生态经济系统有助于各国政府制定农业外贸方针,有利于各国农业科学家有分析地学习别国的农业经验。国家的、地区的、生产单位的农业生态经济系统的研究就是要全面地分析本国、本地区、本单位的生态(气候、土壤)、经济(劳力、资金、农用工业等)条件,制定适合本国、本地、本单位的最佳的农业结构与农业技术体系,以获取最好的农业生产及经济效果。这里要强调必须认真研究自己的特点,发挥优势,克服劣势,防止盲目学习外国、外地、外单位的经验。

农业生态经济系统可以分为各种类型。在一国之内,农业生态经济系统并不是按行政区划而分类,而是按生态经济条件以及由此形成的农业结构而分类。如我国可以分为10个大的农业生态经济系统类型,江苏省可分为徐淮、沿海、里下河、沿江、丘陵、太湖六大农业生态经济类型。农业区划的任务就是要对一国或一地区的农业生态经济系统进行分类,以便在制定农业计划、农业布局与技术措施时,能做到因地制宜。一个公社、大队以至一个生产队,也有必要根据地形(气候)、土质条件,将田地进行生态类型划分,以便在种植制度、品种选择以及管理措施上,做到因地制宜。

农业生态经济系统还可以分成几个水平：①农业结构系统，即农、林、牧、副、渔的总体结构；②种植制度系统，即种植业范围内的轮作、复种的总体布局；③作物生态系统，即在不同气候、土壤条件下，某一种作物的生长发育、产量形成、育种目标与栽培体系等；④农田生态系统，即农田水热平衡、养分转化、光合生产等。这些不同水平是互相联系的，其研究成果是互相充实、互相渗透的。

农业生态经济系统既然成为"系统"，就不是各部分的简单总和，而有它本身的属于系统特有的功能与内在规律，现在已经认识的有以下几个方面：

(一) 适应改造法则

由于"物竞天择，适者生存"的进化原理，生物与环境条件相适应成为生态学的基本规律，农业生态系统决不能违背这个规律。农业结构、种植制度、作物品种等都要适应当地的生态环境与经济条件。拿江苏省的种植制度来说，就明显地受到生态经济条件的制约。苏南≥0 ℃积温为 5500~5800 ℃·d，不宜于全部搞三熟制，只能是稻麦两熟与双三熟并存，双三熟的比例还要因气候、土质、水利、劳力而实事求是地确定；里下河地区≥0 ℃积温为 5200~5500 ℃·d，适宜于稻麦两熟，可搭配少部分双季稻，而三熟制并不适宜；徐淮地区≥0 ℃积温为 5000~5200 ℃·d，适宜于两年三熟与一年两熟，双季稻是不适宜的。

对农业环境与经济条件在适应的基础上还要不断改造提高，农业环境与条件的改造是农业发展的前提。农业生态环境中，目前大范围的气候条件是难以改造的，只能适应它、利用它，以及趋利避害（对小块土地的气候可以有所调节，如塑料覆盖、温室等），但对土壤、水利条件是可以逐步改造的。对大型水利防御洪涝、干旱的作用人们容易认识。兴修农田小型水利，达到灌排自如、水分适宜，也是作物高产稳产的基础。值得强调的是土壤的改良。我省低产土壤约占 30%，睢宁县花碱土改良基点在不毛之地上，经过综合治理，1980 年棉花皮棉亩产突破 100 斤，说明土壤改良的巨大潜力。不仅低产土需要改造，一般土也要增加有机质，改善土壤理化生物性状。目前化肥用量增加很多，而有机肥跟不上，土壤质量不高，使化肥肥效日益下降，据南京市郊调查，过去 1 斤化肥（硫铵）增产 3 斤粮食，现在只能增产 1 斤粮食，这样不仅使农业成本增加，并且使土壤养分的供应时起时落，不易达到高产、稳产。增加有机质，提高土壤质量，是建立高产生态系统的重要环节。

(二) 转化循环法则

全部农业生产的本质就是将太阳能源与自然物质（水、二氧化碳、矿物营养）转化为人类所需要的生物化学能，以及各种动植物性的碳水化合物、蛋白质、油脂、维生素、纤维质、木材等等。转化率的高低及转化物质的多样与优质，标志着农业生态系统的功能水平。在自然生态系统中存在着生产者→消费者→分解者→生产者的循环，或植物→草食动物→肉食动物→微生物→植物的循环。在农业生产中人们通过各种方式，程度不同地运用着这种循环规律。

农业生态经济系统内部的循环转化，存在着四个流：能量流、物质流、信息流和价值流。①能量流：是定向的，农作物通过光合作用吸收太阳能，转化到植物物质中，其中一部分直接供给人类，另一部分供给家畜、家禽及水产，然后再供给人类消耗。②物质流：既是循环的，又是定向的。农业生产中有水分、O_2、CO_2、N、P、K 等元素的循环，这些物质中一部分转化为植物性物质，直接供给人类，或通过畜牧、水产再供给人类，另一部分则通过秸秆、粪尿等归还土壤，重新转入循环。③信息流：是多变的。农业环境与农业生物都各有其特性，如特定的气候、地形、土壤、品种特性等。有些特性又因气候变化而时刻变化，这些特性及其变化就构成"信息"，某一方面特性的变化都会影响其他方面，所以这种影响是时刻变化、川流不息的。④价值流：是增值的。农业输入要有劳力与资金（包括农药、化肥、农机等），这些都蕴藏着"价值"，这些"价值"与自然资源和农业生物相结合就变成为商品（农副产品），这就是价值增值的过程。价值有所增值，农业才能维持扩大再生产，也才能提高农业生产者的生活水平。价值（使用价值与价值）增值的效率是衡量农业生产效率的主要标志之一。

研究农业生态经济系统内部的循环与转化规律,可以帮助人们更自觉而有效地运用这种规律。江苏省太兴县农民有传统的粮-油-猪-油结合的经验,作物以稻、麦、花生为主,花生榨油,花生饼及稻麦糠麸酿酒,酒糟喂猪,猪粪肥田,又增产粮油。无锡等县有桑-渔-粮结合的经验,化肥供应桑树,桑叶养蚕,蚕沙喂鱼,鱼塘肥田,增产粮食。徐淮地区睢宁县有林-牧-粮结合的经验,村前田边植树,部分树叶养猪养羊,猪羊粪肥田,增产粮食。这些经验说明农业生产一方面要尽可能地提高植物的光合生产量(作物产量),并且要善于将光合产物通过畜牧、渔业、蚕桑业、工副业等充分地循环转化,使价值较低的植物性产品(籽粒、秸秆等)转化成营养价值与经济价值都高得多的农、畜、副、工(农村工业)产品,这样做的好处是:①可以满足社会上多方面(人民生活、市场、轻工原料、外贸等)的需要;②可以提供更多优质的有机质,如畜粪、鱼塘泥等,以改良土壤,不断提高农田产量;③可以大大提高农业经济效果,提高集体与农民收入。

(三)协调平衡法则

在自然生态系统的多年研究中,发现了"食物链"的规律,即植物→草食动物→肉食动物→人类,构成"食物链"。其生产量逐级以 1/10 的比例递减。因此,在一个自然生态系统中,各种生物的数量是受到"食物链"的约束的。在农业生态系统中,一定土地上,一定时间内,阳光能源及土地资源都是有限的,因此植物生产量是有限的。动物生产(畜牧、渔业、养蚕等)又受到植物性生产的制约。在一定生态经济条件下,农、林、牧、副、渔各业之间,各种作物之间,以及每块田的辐射量、施肥量与产量之间,或者说农业生态经济系统中各个环节之间,处处都存在着一定的数量上的协调平衡关系。

从农、林、牧、副、渔来说,粮食(包括饲料)与牧草生产是一切农业的基础。一般说来,人类直接消费粮食比间接消费粮食(即通过畜牧)的消费量要少。家畜饲料与肉产量之比,一般为 3∶1。以美国为例,每人每年消费粮食 148 斤,肉 247 斤,鸡蛋 270 斤,奶制品 540 斤,肉、蛋、奶所需饲料在 1400 斤以上,合计每人每年消耗粮食 1500～1600 斤,比我国每人每年粮食消费(不到 600 斤)高出 2～3 倍。因此,在我国这样一个人多耕田少的国家,在很长时间内,看来还只能以植物性粮食为主(当然需要逐步改变食物结构)。要发展畜牧业、渔业、林果业等,必须以发展种植业为基础。牧区载畜量必须与产草量相协调,农区饲养量必须与饲料量相协调。我省有些地方一度片面追求饲养量(追求"一亩一猪,一人一猪"),而饲料跟不上,结果形成长时间的"猪重不增,猪圈不空"的消耗战。因此种植业上不去,特别是粮食与饲料生产上不去,林、牧、副、渔也都不容易上去。当然过去多年来只强调粮食生产,而不重视林、牧、副、渔的做法,也是违反生态经济规律的。林、牧、副、渔与种植业之间既相互制约又相互促进,我省沿海防护林、徐淮护田林已经对防风固堤、改善气候起了良好作用,各地养猪养羊业也都为种植业提供大量有机肥,改良了土壤。值得重视的是林(经济林木)、牧、副、渔的收益,一般高于农田。据在广东顺德县调查,一亩鱼塘一年净收入 181 元,一亩桑田(育蚕)一年净收入 217 元,比一亩双季稻田(121 元),分别高出 50％和 80％,有些地方差别更显著。因此,在当前我国粮价较低的情况下,以不影响粮食生产为前提,积极发展林、牧、副、渔与社队工业,对于活跃农村商品经济、增加农业资金、提高社员收入,将起决定性作用。

(四)自我维持法则

自然生态系统具有一定的自我维持与自我恢复能力。例如,森林遭受火灾破坏后,自然植被又能按草木→灌木→乔木的演替途径,在一定时间内重新恢复森林的原来面貌。农业生态经济系统具有比自然生态系统更强的自我维持能力,在各种自然灾害(旱、涝、风、冻等)的侵袭下,它表现出更大的稳定性。这是由于:①人类对环境有相当程度的改造(如水利、水土保持等);②农业科学技术的作用,如各种能避过或能抗御自然灾害的品种与措施;③农业经济的再生产作用。

衡量一个农业生态经济系统是否良好的重要标志之一,就要看它自我维持的能力如何。农、林、牧、副、渔的综合结构比粮食作物的单一结构好,原因之一就是综合结构的自我维持能力较强。

林业能改善气候,牧业能改良土壤(可减轻旱、渍危害),都使农业生产具有较强的抗灾能力。综合结构本身也能减轻灾害损失,如强台风侵袭下,水稻可能倒伏减产,但塘鱼受到影响却很小。1980年我省粮棉减产,但因农村多种经营及社队企业有所发展,因此农村经济仍较稳定。这些都说明了综合结构的稳定性较强。从较大范围来看,合理的农业布局亦能增加农业生产的稳定性,如1980年我国长江流域棉花减产很多,而黄河流域棉花大增产,山东省增产近一倍,结果全国棉花总产超历史水平。而有些年份往往长江流域增产,黄河流域减产,说明我国棉花均衡分布在这两大棉区是有利于全国棉产稳定的。

农业结构与布局不合理,往往会减弱这种自我维持能力,而造成农业生产的不稳定与被动局面。我省淮南各地区,70年代以来粮食生产上升较快,成绩是显著的,但10年中有3年大减产(1975,1977,1980),说明在农业布局上还有值得研究与改进的地方。我国东北近几年来调整了布局,减少了晚熟玉米品种而使冷害威胁大为减轻,农业趋向稳定增产。农业决策上严重不合理往往会破坏这种自我维持能力,而形成一种恶性循环,我国一些山区,许多年来盲目伐木,造成水土严重流失,终于形成荒山秃岭,这是长时间内不易恢复的。研究农业生态经济系统的自我维持规律,就是要防止或扭转恶性循环,使它趋向于良性循环,逐步建立起能使土地愈种愈肥,产量越种越高,收入越来越多,在各种气候变化下都能较为高产稳产增收的农业体系。我国是季风气候,具有气候多变的特点,因此,研究农业系统的稳定性更有特别重要的意义。

(五)演替发展法则

在长期生物演化过程中,不同地质阶段各有其生态系统特征,不同环境条件下的自然生态系统也各有其演替发展规律,一般是:裸地→低级群落→高级群落→顶极群落。农业生态经济系统也有它自身的演替发展规律。人类从新石器时代(1万年前)开始建立以种植与驯养为特点的原始农业,几千年中农业经历了石器、铜器各阶段。3000年前,各国先后进入铁器时代,这是农业生产的一个飞跃。以后是长期以人力、畜力与简单的铁制农具为主的古代农业。随着西方的资产阶级革命,农业向半机械、机械化发展。二次世界大战后,西方国家先后实现以高度机械化、化学化为标志的农业现代化。我国在解放以后,农业也较迅速地发展半机械化与化学化,当前正向农业现代化前进。

从以上农业发展简史看来,农业生态经济系统的演替是以生产工具与农业技术体系的改革为主要动力,而社会经济制度变革也起着很大的推动作用。今后农业发展的趋势看来是:①农业生产工具进一步向高效率、高精度、自动化方向发展,在我国则要逐步发展机械化;②农业科学技术体系向着建立更完善的农业生态系统方向发展,即要求更充分而有效地利用与改善农业环境资源,获取更多更好的农副产品;③农业经济向更高效率发展,特别是农工商的联合经济的发展。

在较短的时间内,农业生态经济系统也有其演变发展规律。如我省在建国30年来,50年代是以精耕细作(增施肥料、增加密度、加强管理)为特点;60年代是以扩大高产作物、高产品种为特点(旱改水,早改晚);70年代是以增加复种(苏南扩大三熟,徐淮扩大两熟)为特点。一项种植制度的改革或新品种的推广,往往带动各种栽培管理、病虫防治措施等的变革。目前耕地与复种再扩大的潜力已经不多,并且已经出现一些比例失调问题。80年代可能布局将有一定调整,而农业科学技术的重点将放在建立完善的生态平衡以及提高单产方面,要求在粮食继续增产的前提下,农、林、牧、副、渔得到较全面发展,农业经济得到较大的增长,使农业资源环境得到更好的保护与改善,全省农业得到较均衡的(地区间)、较稳定的(年度间)、较全面的(农业各部门间)增长。

总之,对农业生态经济系统演变趋势的研究,有利于我们总结历史经验教训,预测农业发展趋势,以制定更妥善的农业发展方针及农业科研方向。

三、农业生态经济系统工程

系统工程是第二次大战至今发展起来的一门新兴科学,它的基本研究任务是要对系统(各种系统:

军事的、工业的、行政的、财经的等等)进行全面分析与数量运算,从而制定最佳方案,达到系统的最佳效果。

农业生态经济系统工程,也就是要对农业生态经济系统进行全面的结构与功能分析及定量运算,从而制定最佳的农业结构、种植制度、育种方案、栽培体系,以达到在一定生态经济条件下农业持续的全面的增长,取得农业最佳的生产与经济效果。

系统工程中要解决几个问题:①制定目标;②建立模型;③最优设计;④动态控制。这里着重谈两个问题。

(一)农业目标

农业的目标究竟是什么?从农业生态经济系统的观点看,应当提出三个目标:①生产出足量的、多样的、优质的农畜产品,满足国家与社会的需要;②增加集体与农民的收入,使农业较快地发展,农民生活得到较快地提高;③保护与改善农业环境。这三个目标应当完整而全面地掌握。我国是社会主义国家,应当将第一项作为农业的首要目标,而同时必须兼顾第二及第三项目标,否则第一项目标也会落空。以往30年我国在农业生产上取得很大成绩,农产品得到明显增长,基本上供应了全国人民的生活需要,这是必须肯定的。但亦应看到,我们对以上三个目标的掌握上还不够全面:①第一个目标中对粮食较重视(这是完全正确的,今后也应首先重视粮食),而对林、牧、副、渔重视不够。②第二个目标中对解决人民吃粮问题较重视,但对增加社队与农民收入方面重视还不够。近两年对提高社队与社员经济收入比较强调,但部分地区又出现为了增加收入而过多地压缩粮食面积以及乱伐森林等倾向,这是必须引起充分重视的问题。③第三个目标中对兴修水利、扩大耕地比较重视,这也是正确的,但在扩大耕地中出现了一些盲目地毁林垦荒、围湖造田等现象,破坏了部分地区的生态平衡,同时对造林、水土保持、土壤改良、环境污染等方面重视不够。

因此,对农业三个目标必须全面而完整地掌握,这三者是互相联系的。没有良好的农业环境,社队经济很差,农业就不可能持续增产;当然改造环境、提高社队经济又要服从农业增产、服从国家要求这个目标。因此对农业生产的领导上需要对这三方面目标有全面的理解,完整的掌握,以作为制定农业计划的依据。

(二)最优设计

农业生态经济系统中进行最优设计,要特别强调因地制宜问题。所谓"地",包括各种生态(气候、地形、土壤、农业结构、布局、品种等)、经济(劳力、资金、机械化程度等)的全面分析。任何农业结构、种植制度、良种选择、栽培技术都不可能到处都是"最优"。不同地区、社队与田块因生态经济条件不同,都有自己的最优设计。江宁县与六合县只隔一长江,但 0 ℃以上积温相差 $100\sim 200$ ℃·d,土质、劳力条件都有较大差异。江宁县可以种植一定比例的双季稻与旱三熟,而在六合县目前条件下三熟制基本不适宜,双季稻也不宜多种。单季稻品种,江宁县可种早熟晚稻,六合县则宜多种中籼稻。即使移栽季节、肥水管理等具体技术也不能一刀切。

根据目标综合地分析当地生态经济条件,并总结历史与现实的经验教训,一般就可以在若干方案中选择出最佳方案。这种综合分析的方法一般是定性的或半定量的,不一定要应用高深的数学。例如从一个公社的气候、劳力、土质、肥源、水利、改制以来的经验教训、经济收支等方面确定当年适宜的作物布局,有经验的农业领导人与农业科技工作者都能进行这样的分析。当然,农业生态经济系统的观点,将有助于他们分析得更全面,更符合实际。这种综合分析法在农业生态经济系统工程中是一种基本方法,即使今后各地逐步应用许多新兴数学,这种综合分析方法仍是不可少的,并且是基本的。

当然为了提高农业生态经济系统工程的科学水平,今后有必要积极地采用各种适用于农业的新兴数学与运筹学。

在多因素的静态分析中,线性规划是行之有效的方法。1980年江苏省农业科学院与美国一位农业经济学家合作,在苏南选择常熟县两个大队,采用了20多个因素(各种作物的面积、产量、成本、收益、肥料与劳力需要等),应用线性规划对作物布局作出最优选择,结论是在这两个大队若以提高粮食产量为目标,双三制以35%～45%为宜;如以提高经济收益为目标,双三熟比例以17%～44%(因大队而异)为宜。

农业生产一个重要特点是"露天工厂",时刻都受到气象条件的支配,而每年的气象条件都不一样,在气象多变条件下,怎样确定最佳方案,博弈论与决策论的方法可能是很有应用价值的。其方法的实质就是要对不同气候年型下各种布局或某项措施的得失作出估值,然后进行概率统计,应用"最大最小原理"找出在气候变动情况下收益较大、损失最小的方案。

农业生产不是凝固不变的,不但气象条件在变,其他各种条件(如作物布局,品种,社队经济条件,化肥、有机肥用量等,农、林、牧、副、渔的发展等)都在变。怎样在各种条件都在变动的情况下,及时地调整对策,这就要应用到信息论与控制论。这些科学可使农业生产实现动态的最佳决策,在变化的条件下,使整个生态系统能进行自我调节(当然,人仍将是主要的调节器)。总之,运筹学在农业科学中的应用时间虽然还很短,但它有着广阔的前景。

四、农业生态经济系统与农业现代化

农业现代化是农业的发展方向。农业现代化应当有丰富的农副产品,有较多的工业支援与科学应用,有较高的土地生产率与劳动生产率,农民应有较高生活及文化水平,这些是共同要求。但各国的生态经济条件大不相同,不可能提出一个农业现代化的共同的指标,也不可能有完全相同的实现农业现代化的途径。我国一定要根据自己的生态经济条件提出自己的目标与途径,这是我国考虑农业现代化以及向外国学习时必须注意的问题。

西方先进国家农业现代化的共同历史背景是:资本主义的掠夺与剥削下建立起强大的工业,同时迫使农民破产,大批涌向工业,农业人口锐减;在这种条件下,为了满足国内对农产品的需要,又用强大的工业支持农业,实现农业现代化。因此,西方农业现代化有几个特点:①机械化程度很高,劳动生产率很高;②农业成本相当高,能源消费很大,环境污染问题严重;③农产品价格与工业品的比价较高,财政主要取自工业利润,而对农业投资较多;④从生态条件讲,它们多数是温带国家,生长季较短,农作物单位面积年产量相对来说并不很高,但它们畜牧业比重较大,饲料与牧草比重较大;⑤农业区域化、专业化相当发达。

我国的情况与西方国家差别甚大,我国农业现代化的背景是:①我国是社会主义国家,决不能迫使农民破产,不可能依靠掠夺与剥削建立工业;②我国工业基础目前还相当薄弱,可用于农业的钢铁、石油、农药都不多,化肥虽有增加,也还不能满足需要;③由于工业薄弱,国家财政收入还要依靠农业积累,因此农业发展要更多地依靠本身经济的积累;④我国人口多,绝大部分在农村,不可能也不应当大批涌进城市;⑤我国耕地面积相对来说比较少,绝大部分农区位处暖温带、亚热带,特别是南方十几个省都在亚热带,在提高产量方面潜力较大。在这样的条件下,我国农业现代化决不能盲目照搬西方经验(当然我们仍然要学习西方农业一切对我们有用的经验与技术)。以下几点是值得注意的:①我们在农业现代化目标上,应该要求比西方更高的土地生产率。在以往多年强调扩大面积与增加复种的基础上,今后主要力量应用于提高单产,继续发挥精耕细作传统,不断提高科学种田水平,同时要充分而合理地利用农业资源,综合发展农、林、牧、副、渔,提高一个地区、一个单位内农业的总产量;②我们没有必要将劳动生产率提到西方那么高,但绝不是说不需要提高劳动生产率,我们仍应十分努力地提高劳动生产率,否则农业不能发展,农民生活不能提高。但剩余劳动力不是流向城市,而是就地消化,发展林、牧、副、渔、工。我国农业机械化的发展不宜要求过急,应是有重点地(重点地区),有选择地(重要项目),人工、半机械与机械相结合地稳步发展,注意解决好机械化与精耕细作、提高单产的矛盾,解决好机械化与劳力安排的矛盾。③我国不宜像美国那样实行高度的专业化与区域化。当然在农业布局上要适当集中,发挥各地优势,但在小范围内(社队)还必须建成农、林、牧、副、渔、工的综合经济结构,以消化劳动力,改善生态环境,活跃与稳定农村经济,并缓和交通运输的矛盾。④我国没有足够的能源与农业投资,农业现代化一开始就应注意节约能源、节约成本,并注意环境污染,保护自然资源。我们在肥料上要坚持有机物与化肥相结合的方针,以不断改良土壤;在植保上要强调综合防治、生物防治,减少农药用量;在育种上要注意高产优质与多抗相结合;在栽培上要注意高产、稳产、省本、省工。总之,我国的农业现代化不可能像西方那样依靠强大工业的支援,我们要更多地发挥生态优势,改善与保护生态环境;利用生态循环,挖取生态潜力;同时要十分注意提高广大农民的生产积极性,增加农业本身的经济积累。概括地说,就是要充分地发挥各地的生态与经济潜力,当然,工业支援也是绝不可少的。所以,我国农业现代化,宜于走发挥生态经济潜力与工业支援相结合,以发挥生态经济潜力为主的道路。当然不能说西方国家不重视农业生态与经济,他们在培育良种、水土保持及农业经营管理等方面也一直很重视。但总的说,他们的农业现代化是以强大的工业支援以及消耗大量能源与钢铁为主要特征的,我国农业现代化的道路不可能也不宜于照搬他们这一套。

我国农业现代化走自己的道路,预计在本世纪末在农业劳动生产率与农业机械化强度方面仍将低于西方发达国家,但我国农业现代化的前景将是土地生产率及农业增长率较高(很可能高于西方),农业资源保护较好,环境污染较少,农业生态潜力的利用较充分,农业经济较为合理而稳定,能源与资金浪费较少,农业科学技术也将有较高的水平。总之,我国农业现代化将具有自己的特色。

五、加强农业生态经济系统的研究

农业生态经济系统研究,是农业科学中的一门新兴学科,它有几个特点:

(1)整体性:它不像育种学、栽培学、土壤学等只研究农业生产的某一个方面,而是研究农业生产的整体结构。

(2)综合性:这门学科牵涉到土壤,农业气候,农业经济,农、林、牧、副、渔等各方面,是一门综合性很强的学科。它需要多学科的综合研究,同时也需要具有各方面学科基本知识的专门人才。

(3)数量性:作为系统研究,它既要有深刻的定性分析,也要逐步建立各因素之间的数量关系。没有数量关系,不进行数量分析,就不能成为真正的系统科学。

(4)实践性:这门学科要研究解决农业结构、种植制度、农村经济、作物生产等实践性很强的问题。成千上万在农业第一线的农村干部与农业技术干部实际上都在接触与应用这门科学的内容,因此,这门科学的发展,一定要与广大农业干部的实践相结合,为他们所掌握,依靠他们的经验而充实提高。

由于这还是一门新兴学科,又有十分重要的作用,我建议领导上要重视它,扶持它的发展,要逐步建立这方面的研究机构,加强这方面的科学研究,培养专业人才,普及有关科学知识,使它成为具有我国特色的、在理论上有创新的、在实践上有贡献的一门新兴农业科学。

农业气象生态学的方向与任务

高亮之

江苏省农业科学院

(原载:《生态学杂志》,1982 年第 1 期,36～39 页)

一、农学、气象学、生态学间的边缘科学

农业气象学是农学与气象学之间的边缘科学。古典的、经验的农业气象学,在我国已有 2000 多年历史,现代农业气象学则是 19 世纪下半叶开始的。早期的农业气象工作,大多是地理学家、气候学家,如洪堡德[德](1769～1859)、沃耶柯夫[俄](1842～1916)等兼搞的。20 世纪上半叶的农业气象学家,如伯洛乌诺夫[俄]、大后美保[日]、潘门[英]、桑斯威特[美]等大多是气象学家出身。因此,形成当代农业气象学的特点是:一般以研究与农业有关的气象、气候条件,农田微气象,产量与气象的统计关系,气象预报在农业生产上的应用等为主要内容。

生态学的概念是 1866 年海克尔(Haeckel)[德]首先提出的,他把"研究生物和环境相互关系的科学"命名为生态学。因此,也可以认为生态学是生物学与气象学、土壤学、海洋学、森林学、农学等多种学科的边缘科学。

农业气象学与生态学(特别是气象生态学)有许多相似之处,它们都研究农业生物与气象之间的关系,但二者又各有特点,因此,亦各有其优点与缺点。农业气象学在与农业有关的气象、气候、微气象规律方面研究得较深入,但农业气象学发展至今对气象条件与农业生物之间的内在生理生态关系的研究仍然很不够。生态学则不论在个体水平或群体水平,对植物、动物与环境因子之间的生理生态关系都有深入的研究,揭示出许多重要规律,但它对农业气象、气候条件、农田微气象规律的研究一般并不深入。近十几年来,农业气象学与生态学之间互相结合,出现了一些新的研究成果,如 Lemon[美]的土壤-作物-气象模式(SPAM),De wit[荷]的作物生长模式(BACROS),康斯坦丁诺夫[苏]的小麦、玉米等的"作物-气象-土壤"产量模式等等。我国一些农业气象学家亦开展了多方面的农业气象生态研究。一门农业气象学与生态学相结合的新的边缘科学(边缘科学的边缘科学)——农业气象生态学事实上已经诞生。正因为农业气象生态学是农业气象与生态学相结合形成的边缘科学,它可以发挥二者的优点而克服二者的缺点;它能将农业与气象间的内在生理生态机制以及与农业有关的气象、气候与微气象规律密切结合起来,从而更有效地服务于农业生产。

农业气象生态学是农业生态学的一个分支,二者有联系而又互有区别。

农业生态学是研究农业生物与环境条件(气象、土壤、地形等)的综合关系——农业生态系统的科学,它的任务是掌握农业生态系统的内在规律,以实现农业协调而全面的发展;农业气象生态学则是研究气象条件怎样影响与制约农业生态系统,在农业生态系统中怎样合理利用气象资源,克服不利气象因素的科学。

气象生态学的研究范围,当然要比农业气象生态学广泛得多,但由于农业气象生态学着重研究与农业生产有关的气象生态问题,它有更强的生产意义与经济意义,因此,要求研究得更深入更细致。

农业气象生态学的基本学术思想有以下几点:(1)它是一门实践性较强的科学,它并不只是分析和描述与农业有关的气象、气候与小气候条件,而要求从气象生态角度提出各种农业技术的最佳方案及相

应的科学依据;(2)它将农业与气象的关系看成为"农业气象生理生态系统";(3)它将农业气候、农业天气、农田微气象规律与生理、生态规律密切结合起来,将农业与气象间的定性与定量关系密切结合起来;(4)农业气象生态学认为研究农业与气象的关系时还需要考虑农业生态系统中其他因素(土壤、地形、技术、经济等)的影响,因为农业与气象的关系决不是孤立的。

以上学术思想反映出农业气象生态学与农业气象学亦是既有联系,又有一定区别的,可以认为,它是农业气象学的一个新的分支与新的学术方向。它的特点之一是:为了解决某个特定的农业问题,往往将农业气象学其他分支(作物气象、农业气候、农田微气象等)的方法结合起来,并且又与生态生理的研究密切结合起来。

二、农业气象生态系统

农业生产按其总体结构来说是一个农业生态经济系统。农业生物-农业环境-农业技术则构成农业生态系统。气象也是一个复杂系统,在太阳辐射、地理纬度与海陆分布影响下,形成一个在时空上不断变化的大气圈,其中辐射、温度、水、空气运动等因子相互密切联系,转化循环形成各种各样的天气变化与气候差异。既然农业与气象都是"系统",那么将农业气象生态理解为气象系统与农业系统相结合而形成的一个系统,是合乎逻辑的。因此,农业气象生态学的研究对象,简单说就是农业气象生态系统。农业气象生态系统是农业生态系统的一个"亚系统",又可按农业与气象的内部组成分成若干"子系统";如按农业组成,可以分为农、林、牧、渔等气象生态系统。如按气象组成,则可以分为农田气象生理生态系统、农业天气生理生态系统、农业气候生态系统等,现按后一种分类进行讨论。

(一)农田气象生理生态系统

它是农田辐射平衡、水热平衡、动力微气象与作物生理过程之间的系统联系。太阳辐射是农业的基本能源,太阳辐射到达农田后,一部分为植物群体反射,一部分为群体吸收,一部分漏射到地面。吸收的一小部分通过光合作用转化为植物物质,参与农业生物内部复杂的生理过程。吸收与漏射的大部分转化为显热(增温)与潜热(蒸腾),改变着农田群体的温度与水分状况,同时形成一定的温度梯度,它与农田上层空气流动相结合,决定农田风速、CO_2 及 O_2 的交换,又时刻影响着植物光合作用与呼吸作用,以至最终影响产量。美国 Lemon 的 SPAM 模式就是属于这个范畴的一个系统。

(二)农业天气生理生态系统

农业天气生理生态系统是在一定的天气过程下,光、温、湿、风等气象因子的综合变化及其与作物生理过程的深刻联系。例如,干热风天气在强高气压与干热气流控制下,形成高热、低湿、强蒸腾的特殊天气,严重影响作物生长和产量。因此,不运用系统观点,就很难完全揭示干热风的危害规律。

(三)农业气候生态系统

不同的农业气候条件下形成完全不同的农业面貌(农业结构、种植制度、作物品种、栽培制度等),而在同一农业气候条件下,由于地形、土壤等因子的不同,也会形成很不同的农业气候生态环境及农业面貌。同在我国东北中温带气候下,长白山高山区是针叶林区,而三江平原地区则是一年一熟的农垦区。同在江苏南部北亚热带气候下,太湖沿岸丘陵是柑橘、枇杷、杨梅、桃子的果树区,而沿湖平原则为著名的稻麦高产区。在同一气候下,即使同为山地,因海拔、坡度不同,也有完全不同的农业面貌,如福建中亚热带气候下,山间平原为稻田,低坡种茶,而高坡则植杉、松。这些事实说明,气候条件决不是孤立地影响农业,而是与其他生态因子相结合,形成特定的气候生态环境,从而影响农业。

农业气候生态系统大致可以图1表示。

农业气象生态系统与自然界的各种生态系统一样,其内部也有能量流、物质流与信息流。"能量流"

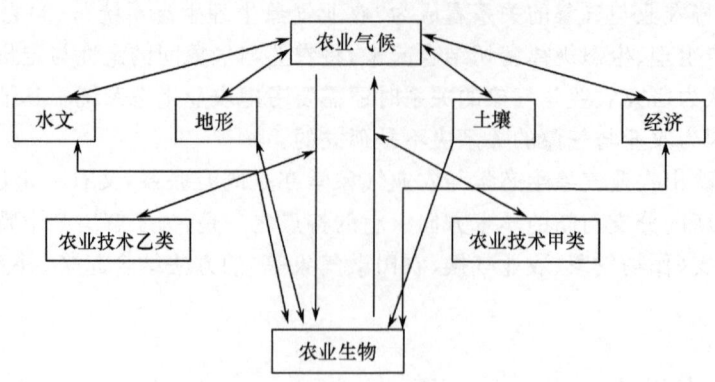

图 1 农业气候生态系统

主要是太阳能在农业生态系统中的吸收、分配与利用;"物质流"主要是水与 CO_2 在农业生态系统中的吸收、分配与利用;"信息流"主要是农业气象变化与气候差异的各种信息在农业生态系统中的影响与再影响。研究这三个流的规律,以实现在一定生态条件下提高光能利用率、水分利用率、CO_2 利用率,随时掌握气象变化的信息,对农业生态系统加以调节控制,利用各种气候特征以生产人们需要的多种多样的农畜产品,这些都是农业气象生态系统的研究内容。

三、农业气象生态学的研究任务

根据农业生产的客观需要以及农业气象生态研究的领域,可以提出农业气象生态学的两个基本任务:在实践上,它要从气象生态角度提出农业结构、农业布局、种植制度、作物育种、栽培、灾害防御等方面的最佳方案及相应的科学依据;在理论上,它要研究农业气象生态系统的结构与功能,农业与气象间的生理生态关系、数量关系及系统关系。具体讲有以下一些任务:

(一)农业结构的气象生态

合理的农业结构要求适应当地的气候生态环境,能充分地利用气候资源,防御不利气象条件的影响,做到趋利避害,实现农业稳产高产。我国东部地区大部处在暖温带与亚热带,年降水量 500～2000 mm,其平原宜于发展粮、棉、油、糖多种作物的种植业,同时可大力发展林、牧、副、渔业。广东顺德县的"桑基渔塘"——桑、渔、猪、稻的农业结构,就很适应于亚热带湿热气候,以及较为肥沃的湖、港平原地区。但我国西部相当干旱,年降水量少于 400 mm,除部分有灌溉条件的地方可以发展种植业外,一般宜以牧业与林业为主。我国南方广大山区由于亚热带气候与地形的特殊结合,宜以亚热带经济林木(茶叶、柑橘、油菜、油桐等)为主,兼营农、牧、副业。总之,一个地区的农业结构,首先要适应当地的气候条件,同时,还要兼顾土壤、地形、水利等其他条件,这种气候生态适应性的研究将是因地制宜安排农、林、牧、副、渔综合结构的科学基础。

(二)种植制度的气象生态

种植制度在很大程度上决定于气候条件,同时又受地形、土壤、水利、劳力等条件制约。因此,运用气候生态观点可以清楚地阐明种植制度的分布规律,并在不同气候生态环境下制定最佳种植制度。从我国来说可以分为三个种植带:①一年一作带:包括东北、内蒙古、西北、青藏,>0 ℃积温小于 4100 ℃·d,年降水量 300～600 mm。以一年一熟为主。无灌溉地区宜于发展生长期较短且较耐旱的春小麦、高粱、谷子、马铃薯等;有灌溉地区亦可以发展春小麦与玉米的半间半套(如河西走廊),并可发展单季稻。②一年二作带:包括黄淮海平原、江淮地区、西南丘陵地区,>0 ℃积温 4100～5600 ℃·d,年降水量 600～1000 mm。旱地有灌溉条件的多为一年二熟(间、套、复种);无灌溉条件的多为二年三熟

(春玉米—麦—山芋等)或一年一熟；水田为稻—麦二熟或肥—稻二熟。③一年三作带：包括长江中下游平原及华南地区，>0 ℃积温 5600~9000 ℃·d，年降水量 1000~2000 mm，平原多为肥—稻—稻，油—稻—稻，麦—稻—稻，但山区随海拔高度而有稻—麦二熟、一年一季稻或种植二季或一季旱作。

(三)作物合理布局的气象生态

每一种作物都要求一定的生态条件，都有它适宜的分布区。因此，经济作物生态区划与合理布局的研究，对国民经济意义很大。据福建省气象局研究，甘蔗生长与糖分积累要求 20 ℃以上日平均气温，20 ℃以上天气越长越好，>20 ℃活动积温 5000 ℃·d 以上，最有利于甘蔗高产。甘蔗为 C_4 作物，需要强光。7~9 月日照时数大于 700 小时，有利于糖分积累。根据这些条件，福建东南部、广东中南部、广西大部分、云南南部河谷以及台湾为我国甘蔗最适宜区。福建九龙江地区甘蔗亩产 1 万斤，含糖率 14%，生产 1 t 糖用地不到 2 亩；而湖南洞庭湖地区亩产仅 3000 斤，含糖率不到 11%，生产 1 t 糖用地 7~8 亩。当然，即使在上述适宜区发展甘蔗，还要考虑地势平坦、土质肥沃、劳力较足、交通方便等综合条件。

(四)作物育种的气象生态

育种目标的正确制定是育种工作成败的首要问题，而育种目标按其实质来说是一个农业生态特别是气象生态问题，因为环境因子中，只有气象条件是人力不易改变的，只能通过培育适宜的品种来适应并充分利用它。育种家们往往要求早熟、高产、稳产、优质，而每个要求实际上都涉及一系列深刻的气象生态问题。如不同气候条件对水稻生育期特性的要求就很不相同，广东的早稻(如最近推广的桂朝二号)到江苏来就变为迟熟中稻；浙江、上海一带的双季晚粳农虎 6 号，由于感光性过强，在江苏除苏南南部外，基本上不宜采用。又如"高产"就涉及到群体结构、株型、抗性、光合、呼吸等一系列与气象密切相关的生态问题。从长远看，今后作物育种都将严格建立在气象生态学基础之上，如同建筑房屋、水坝等，在设计时必须详细了解当地气候、土质、水文资料一样。

(五)作物栽培的气象生态

作物栽培的任务就是要调节农业环境与作物之间的关系，使作物在一定生态环境下达到高产稳产。因此气象生态是作物栽培的十分重要的基础。在气象生态研究中，可以提出一系列作物栽培的最优设计，如最优播期、最优群体动态、最优水肥管理、最优产量结构等(当然，最优分析是决策的基础，但不等于决策。农艺师们根据气象生态研究提出的最优设计，以更全面地综合各种因素而作出决策)。

(六)灾害防御的气象生态

秋季低温冷害(寒露风)对南方水稻威胁很大，各地根据气候规律调整双季稻布局，将不适当的偏北、偏高发展双季稻的地区改为稻麦两熟或单季稻，显著减轻了冷害损失。看来，各种灾害防御都要有一个从常年气候考虑的战略布局(包括种植制度、品种布局、播栽期等)，又要有以当年气象变化考虑的战术手段(包括灾害预报，调节播栽期、肥水管理及抗灾措施等)，同时，将战略防御与战术防御两者结合起来，形成一个灾害防御的完整技术体系，这就是气象灾害生态研究的任务。

各种病虫害的分布、发生、发展都与气象条件有十分密切的关系，而气象条件与病虫害的关系又与作物布局、季节、群体结构、品种以及作物生理等因子密切相关，而在气象条件中，气候、天气、小气候又联系起来起作用。因此，对病虫害亦必须应用气象生态的观点进行研究。

(七)果树、林业、畜牧、水产的气象生态

农业生态系统决不能局限在种植业范围，而是涉及农、林、牧、副、渔相结合的大农业。林业、牧业、渔业、果树、蔬菜等各方面的气象生态研究都具有很丰富的内容及重要意义，需要全面开展，才能够使农

业气象生态学得到完整的发展,并作出应有的贡献。

(八)农业地形气象生态的研究

山区的地形气候十分复杂,一般说来与平原相比,山地气温较低,生长期较短,云雾、降水较多,风较强,局地差异很大,加上坡度大、土层较瘠薄等特点,在农业生产的利用上亦有许多与平原不同的特点。地形农业气象生态,就是研究不同地形条件下,以气象与农业的关系为主的综合生态特征及其利用途径。

四、农业气象生态学的研究方法

农业气象生态学的研究方法,可归纳为以下几方面:

(一)调查研究方法

农业气象生态学研究的问题受到多种生态与经济因素的影响,其复杂性不可能完全为实验室、试验田或计算机所反映,因此必须以调查研究作为农业气象生态研究的基本方法。

(二)生态生理的试验研究方法

田间试验与控制试验的结合将是气象生态试验研究较好的方法,在各种试验中,都有必要逐渐朝生态生理学方面深入。

(三)农田微气象的研究方法

农业气象生态要研究不少一般气候观测站不作观测的农业气象要素,如研究光合成,必须观测太阳辐射中的可见光部分的光辐射量、光量子量、照度,研究病害需要观测农田空气湿度、结露量、结露时间等等。至于农田与作物群体的辐射平衡、热量平衡、水分收支等及其与作物生理生态的关系,更是农业气象生态研究的重要内容。

(四)农业气候、天气综合研究方法

农业气象生态研究必然涉及天气、气候及大气运动规律,例如,许多病虫害的传播都与一定的天气形势有关,气候趋势的研究对农业布局、作物育种有重要意义。因此,将气候学、天气学、动力气象学与农业生产密切结合起来进行研究,是值得重视的。

(五)数理统计及各种数学方法的应用

数理统计在农业气象生态研究中是一种基本手段。近几十年来,数理统计发展很快,有许多新方法,如积分回归、逐步回归、聚类分析、判别分析、数量化方法以及数学中的一些分支,如微分方程、图论、模糊数学等在农业气象生态研究中的应用都是有前途的。

(六)系统学方法

系统工程及运筹学各分支,特别是线性与非线性规划、动态规划、决策论以及信息论与控制论等,都已经开始或即要在农业气象生态研究中得到应用,因此,电子计算机的应用也必将越来越广泛。

农业气象生态学要善于将上述各种方法有机地结合起来。

五、展望

农业气象生态学还很年幼,它有十分广阔的发展前景,不论在理论上(农业气象生理生态、数量生态

或生态系统理论),还是实践上(农业结构、农业布局、种植制度、作物育种、作物栽培、灾害防御等),都有许多领域需要去开辟。它的发展必将揭示许多前所未知的规律,使农业科学以较快的步伐走向数量化、系统化、工程化,在更大程度上摆脱"经验科学"的限制,而提高到"精确科学"的水平。

参 考 文 献

高亮之等.1980.农业气象,(3)
吕炯.1979.农业气象,(1)
De Wit C T, *et al*. 1978. Simulation of Assimilation, Respiration and Transpiration of Crops. Pudoc, Wageningen
Shawcroft R W, Lemon E R. 1973. Plant Response to Climatic Factors. UNESCO, Paris, 449—459
Константинов А Р. 1974. Труды ИЭМ, вып, **2**, 39

中国不同类型水稻生育期的温光模式及其应用[*]

高亮之　金之庆　李　林

江苏省农业科学院

(原载:《农业气象》,1982年第3卷第2期,1~8页)

摘　要　本文运用全国有代表性的水稻品种在全国种植的生育期资料,提出不同生育期以及不同品种从播种到抽穗的温光模式,提出水稻三大类型——早籼、早粳,中籼、中粳,晚籼、晚粳的不同模式类型。指出了生育期的温光模式具有的应用价值。应用模式计算的生育期误差和有效积温法的误差相比较,对感光性弱的品种精度要提高3天左右,对感光性中等的品种要提高6~12天,对感光性强的品种则提高18~20天。

引　言

了解作物生育期的变化规律,对于作物与品种布局、种植制度的安排、适宜播栽期的选择以及各种栽培措施的制定,都有十分重要的意义。

作物生育期主要受作物的生理特性以及当地气候条件的限制,当然亦受到土壤、肥料、灌溉等其他条件的影响。但这些因素的影响,相对来说是不显著的。因此,有关作物生育期的问题,在作物生理生态学以及农业气象学领域内研究得较多。作物生理生态学侧重研究作物生育期变化的生理生态机制,而农业气象学则侧重研究作物生育期与气象条件的数量关系。

自从法国科学家Reaurmur在18世纪40年代提出"积温"的概念后,近代农业气象学家长期以来沿用"积温"方法来反映作物生育期与气象条件的数量关系。"积温"学说认为,作物自播种到成熟每日平均气温的总和是一个常数。后来发现这个学说对某些作物、某些地区比较适用,但对另一些作物、另一些地区往往很不适用。同一作物、同一品种在不同条件下,积温差异甚大。有些科学家采用"有效积温",即日平均气温减去一定低限或高限的总和。这对减少积温的偏差有一些作用,但偏差往往依然很大。对水稻来说,情况就是这样。到目前为止,国际上对水稻仍然较多地应用"积温"法,尽管存在着相当大的误差。

我国农业气象学界对水稻生育期与气象条件的关系有较多的研究。1958年,前华东农业科学研究所农业气象研究组高亮之、阳体冰提出光温系数法,考虑了光长对积温的影响。1978~1979年兰宏弟提出"暗长积量",反映水稻感光阶段长短与气象条件的关系。1978~1979年,南京气象学院,湖南、江西、江苏等省气象台站,在杂交稻花期相遇研究中,采取选择不同的低温与高温界限的方法。1979~1980年沈国权提出非线性模式及积温当量,反映非感光品种生育期与温度条件的关系。

本文作者1976年对南京地区五个水稻品种,初步提出水稻生育期的温光模式。本文进一步完善这个方法,对全国有代表性品种在全国范围内提出通用的温光模式。

一、研究思路

提出水稻生育期温光模式的主要思路为:

---

[*] 林武、陈玉泉同志参加本文部分计算工作。

(1)水稻生育期的温光模式必须反映出影响水稻生育期的各主要因子。积温法没有反映光长对生育期的影响,而对光长的不同反应恰是水稻不同品种生态型的十分重要的特征。大量资料表明,水稻对光长的反应,主要反映在播期和纬度两个方面,这是因为水稻的感光性亦表现为两方面:①不同水稻品种进入穗分化,要求一定的临界光长,而播期不同达到临界光长的天数就不同;②水稻在感光阶段(大约4～5叶到幼穗分化),不同品种对该阶段日长的反应不同,而纬度不同该阶段的日长就不相同。因此我们在本模式中,不直接采用光长,而采用播期和纬度这两个在生产实践中更为重要的因子。

(2)水稻生育期的气象模式要求清晰地反映出水稻的感温性,即温度变化对水稻生育期的影响。感温性是水稻品种的重要特征之一,它直接反映水稻生育期的稳定程度,在稻作制度、品种布局、播栽期确定上都是必须考虑的。积温法能反映水稻对总热量的要求,但不能反映"感温性"。生育期的温光模式对感温性的反映,根据水稻品种生态特性的不同,采用线性的和非线性的两种形式。

(3)水稻生育期的温光模式中,既有品种本身固有的生物学因素,又有可变动的气象因素,同时还要考虑到一些其他因素,如秧龄、肥力等。在确定某种稻作制度的温光模式时,还要考虑劳力(农耗)因素。

(4)本文提出的温光模式,不追求其复杂性,相反,而是力求模式表达方式的简明易用与精确可靠相结合。积温法虽然形式简单,但在精确可靠性方面是达不到要求的。

二、研究材料与方法

本文所取材料:主要来自1962～1963年全国水稻品种光温试验,选择自北到南不同地区有代表性的早、中、晚熟籼稻和粳稻地方品种。每个品种都采用分布在全国范围的八个地点(崖县、广州、昆明、长沙、南京、天津、米泉、公主岭),二年二期,共20～30个资料,进行统计分析。同时,亦在江苏省范围内选取当前应用的籼、粳稻良种及杂交稻。

气象生态模式的求取方法有以下考虑:

(1)在统计方法上采用多元回归法与多元曲线回归法。在模式求取过程中以 T 表示该生育期平均温度,ϕ 表示纬度,D 表示播期,T^2 表示温度的非线性效应,$\phi \cdot D$ 表示纬度与播期的交互作用,分别试用一元、二元、三元、四元、五元回归法,进行统计检验及误差比较,寻找误差较小而又较为简单(元数较小)的方法。作者等亦曾应用逐步回归法,发现此法选出的要素不一定反映水稻生育期的气象生态要求,因此该法计算结果只作参考。

(2)在气象条件的处理上采用标准条件法,即在全国范围内选定以25℃为标准气温条件(考虑到25℃为所有水稻品种的适宜温度),以30°N为标准纬度(考虑到30°N处在我国稻区的中间位置),以4月1日为标准播期(考虑到就全国来说,绝大部分稻区播种期在4月1日后)。在上述标准条件下的生育期即称为标准生育期,某一品种的标准生育期及相应的气象生态模式在全国范围内可以通用。

三、研究结果

(一)水稻不同发育期的温光模式

水稻不同发育期对温、光的反应是不一样的。为了探求水稻不同生育期和温光条件之间的数量关系,选择两个感光性较强的水稻品种——浙场九号(晚籼)与猪毛簇(晚粳),分成五个发育期:①播种—出苗;②出苗—五叶(五叶期与感光阶段开始期相接近);③五叶—分化(感光阶段);④分化—抽穗;⑤抽穗—黄熟,分别用不同方法进行统计检验,比较其误差。

1. 播种到出苗

表1中的误差值全部折算为天数单位,以便比较。例如总积温($\sum t$)的误差除以平均气温即为

$\sum t$ 的误差天数。Y 为因变量，X 为自变量。"样本"一行的数值指 Y 的各种指标值如天数、总积温等本身的误差。一元(T)一行的数值表示以平均气温(T)为自变量，而以 Y 的各种指标值为因变量的各个一元回归方程的误差，如 $D=b_0+b_1 T$（浙场九号）这一回归方程的误差为 ± 3.3455（天）。

表 1 播种—出苗发育阶段不同模式的误差天数 单位：d

品 种	X	天数(D)	总积温($\sum t$)	（籼）$\sum t_{\geqslant 12℃}$ （粳）$\sum t_{\geqslant 10℃}$	（籼）$\sum t_{12\sim 26℃}$ （粳）$\sum t_{10\sim 26℃}$
浙场九号（籼）	样本(Y)	±5.6611	±3.5591	±2.0278	±1.5604
	一元(T)	±3.3455	±2.9324	±2.0775	±1.5962
猪毛簇（粳）	样本(Y)	±6.5500	±4.0056	±2.5558	—
	一元(T)	±4.5009	±3.4423	±2.7053	—

表 1 说明 $\geqslant 12℃$（籼）、$\geqslant 10℃$（粳）的积温与 $12\sim 26℃$、$10\sim 26℃$ 的积温是两个较好的模式，误差值比天数、总积温的都少。样品的误差与一元(T)的误差很接近，说明并不需要与平均气温(T)进行回归。$12\sim 26℃$ 积温的误差更小一些，但 $\geqslant 12℃$、$\geqslant 10℃$ 积温的计算比较方便。

2. 出苗—五叶

表 2 中三元(T,ϕ,D)一行表示以平均温度(T)、纬度(ϕ)、播期(D)为三个自变量的回归方程的误差。表 2 说明 $12\sim 26℃$ 积温的误差最小，$\geqslant 12℃$、$\geqslant 10℃$ 积温本身（样本）的误差与总积温的误差相近，一元、三元回归对误差虽有些改善，但改善很小。因此根据情况的需要，可采用 $12\sim 26℃$ 积温或总积温或 $\geqslant 12℃$、$\geqslant 10℃$ 积温三种模式。

表 2 出苗—五叶生育阶段模式的误差天数 单位：d

品 种	X	天数(D)	总积温($\sum t$)	（籼）$\sum t_{\geqslant 12℃}$ （粳）$\sum t_{\geqslant 10℃}$	$\sum t_{12\sim 26℃}$
浙场九号（籼）	三元(T,ϕ,D)	±2.9667	±2.2916	±2.0790	±1.9168
	一元(T)	±2.3800	±2.0392	±1.8790	±1.8547
	样本(Y)	±4.8637	±2.2220	±2.2039	±1.8466
猪毛簇（粳）	三元(T,ϕ,D)	±4.6672	±3.6008	±3.0142	—
	一元(T)	±4.7544	±3.5425	±3.1389	—
	样本(Y)	±5.4730	±3.3525	±3.6111	—

3. 五叶—分化

五叶—分化期是水稻的感光阶段，亦是决定水稻生育期变化的关键阶段，因此作了详尽的研究，表 3 说明：

(1) 不论天数、总积温、$\geqslant 12℃$、$\geqslant 10℃$ 积温或 $12\sim 26℃$ 积温，其样本误差均极大，浙场九号为 $\pm(17.02\sim 19.68)$ 天，猪毛簇为 $\pm(25.02\sim 25.80)$ 天。而以平均气温 T 为自变量，以 Y 的各种指标数为因变量的各一元回归方程，其误差也同样极大。这说明，只采用积温、有效积温（即使减去低限与高限）对于感光水稻品种的五叶到分化期来说都不宜使用，其误差与天数本身的误差相接近，甚而超之。换言之，这个阶段的长短不能只从温度因素来反映。

(2) 两个品种 T,ϕ,D 三元模式中的误差有极显著的改善。

(3) 四元、五元模式并不能明显地改善模式的精确性。

(4) 总积温，$\geqslant 12℃$、$\geqslant 10℃$ 有效积温与 $12\sim 26℃$ 积温三种指标与天数相比，并不改善模式的精确性，然而以天数为指标在计算及应用上要简便得多。

表 3　五叶—分化生育阶段模式的误差天数　　　单位：d

品　种	X	天数(D)	总积温($\sum t$)	（籼）$\sum t_{\geq 12℃}$ （粳）$\sum t_{\geq 10℃}$	$\sum t_{12\sim 26℃}$
浙场九号 （籼）	五元($T,\phi,D,T^2,\phi\cdot D$)	±5.1549	±5.9068	±6.6490	±5.4728
	三元(T,ϕ,D)	±6.2189	±6.4773	±6.7977	±6.0422
	一元(T)	±20.6558	±19.6917	±18.9105	±17.1709
	样本(Y)	±19.5300	±19.2800	±19.6800	±17.0161
猪毛簇（粳）	五元($T,\phi,D,T^2,\phi\cdot D$)	±5.6008	±7.5453	±8.8608	—
	三元(T,ϕ,D)	±5.4512	±7.7073	±9.1849	—
	一元(T)	±26.8520	±26.4206	±29.9749	—
	样本(Y)	±25.8029	±25.0246	±25.7346	—

4. 分化—抽穗

表 4 说明浙场九号在这个阶段，采用各种模式都不能改善误差的精确性，倒是天数样本本身的误差最小，亦即可以直接采用平均天数作为模式。猪毛簇以天数为指标的三元(T,ϕ,D)模式误差最小，但与天数样本误差的差异亦不很大（比后者减少 2.74），因此可知这个阶段天数较为稳定，受光、温的影响较小，不必要用光、温因子建立的模式来表示生育期的变化。

表 4　分化—抽穗生育阶段模式的误差天数　　　单位：d

品　种	X	天数(D)	总积温($\sum t$)	（籼）$\sum t_{\geq 12℃}$ （粳）$\sum t_{\geq 10℃}$	$\sum t_{12\sim 26℃}$
浙场九号（籼）	三元(T,ϕ,D)	±7.1544	±7.3331	±7.4863	±6.4671
	一元(T)	±7.3354	±7.5693	±7.7663	±6.8757
	样本(Y)	±7.1516	±7.8672	±8.8488	±7.1546
猪毛簇（粳）	三元(T,ϕ,D)	±5.0270	±5.3702	±5.8187	—
	一元(T)	±7.1719	±7.5358	±7.8116	—
	样本(Y)	±7.7687	±7.4474	±8.7308	—

5. 抽穗—成熟

表 5 中，这个阶段以天数为指标的温度一元回归比天数样本本身的误差有一定的改善，说明这个阶段受温度影响较明显。各种模式中总积温本身不仅应用方便并且误差亦比较小，≥12℃、≥10℃ 积温及 12～26℃ 积温的温度一元回归虽然误差稍有减小，但计算不便。因此，这一阶段可采用总积温或天数的一元温度回归为模式。

表 5　抽穗—成熟生育阶段模式的误差天数　　　单位：d

品　种	X	天数(D)	总积温($\sum t$)	（籼）$\sum t_{\geq 12℃}$ （粳）$\sum t_{\geq 10℃}$	$\sum t_{12\sim 26℃}$
浙场九号（籼）	一元(T)	±4.4816	±4.7308	±4.6564	±3.8358
	样本(Y)	±6.7909	±4.7312	±8.1221	±5.4905
猪毛簇（粳）	一元(T)	±4.9221	±4.4225	±4.2297	—
	样本(Y)	±7.8908	±4.2308	±7.2958	—

6. 播种—抽穗

对多数品种来说，在实用上不要求将生育期分得过细，最主要的是探求播种—抽穗的模式。

表 6 说明：①对播种—抽穗来说，不论总积温、≥12℃、≥10℃ 有效积温，或 12～26℃ 积温，其误差都极大，为 18～26 天，不能应用；②温度一元回归的误差仍然太大，为 18～29 天，不能应用；③对这两个

晚稻品种来说,温度、纬度、播期(T,ϕ,D)三元回归的误差有较显著的改善,而五元回归$(T,\phi,D,T^2,\phi\cdot D)$误差最小。用天数为指标的多元回归比用各种积温指标的多元回归误差十分接近,而用天数为指标的要简单得多;因此,对播种—抽穗来说,我们一律采用以天数为指标的多元回归为模式类型。

表6 晚籼、晚粳稻播种—抽穗生育阶段的误差天数比较　　　　　　　　　　　　单位:d

品种	X	天数(D)	总积温($\sum t$)	(籼)$\sum t_{\geq 12℃}$ (粳)$\sum t_{\geq 10℃}$	(籼)$\sum t_{12\sim 26℃}$ (粳)$\sum t_{10\sim 26℃}$
浙场九号(籼)	五元$(T,\phi,D,T^2,\phi\cdot D)$	±3.9647	±4.2364	±4.8932	±3.9152
	四元(T,ϕ,D,T^2)	±9.4011	±8.4380	±8.0978	±6.2749
	三元(T,ϕ,D)	±9.3883	±8.1986	±8.2501	±6.8515
	一元(T)	±24.7489	±23.5403	±22.8431	±19.4035
	样本(Y)	±29.0530	±23.4994	±22.1713	±19.9129
猪毛簇(粳)	五元$(T,\phi,D,T^2,\phi\cdot D)$	±5.8176	±5.5340	±5.5737	±5.0637
	四元(T,ϕ,D,T^2)	±5.8895	±5.7788	±5.9933	±6.1976
	三元(T,ϕ,D)	±6.3824	±6.9262	±8.7174	±8.4769
	一元(T)	±23.0371	±25.2300	±26.6731	±24.0197
	样本(Y)	±33.1121	±26.1373	±25.9705	±23.6172

综上所述可知,对感光性较强的水稻品种的生育期变化规律来说,可以明确几点:①生育前期即播种—出苗、出苗—五叶以及生育后期抽穗—成熟,这几个阶段生育期的变化主要受品种特性及气温条件的影响,可以用积温法表示,并可以根据情况采用总积温,≥12 ℃、≥10 ℃积温以及12～26 ℃(籼)、10～26 ℃(粳)积温三种形式。抽穗—成熟以总积温为好,而播种—五叶期以有效积温为好。②五叶—分化期为水稻感光阶段。这一阶段生育期变化受温度影响很小,主要受日长影响,而日长影响又通过播期、纬度两个因子表现出来,可以用天数的多元回归来表示。③分化—抽穗这一时期穗发育期天数比较稳定,受温度与日长影响都比较小,可以直接用天数来表示。④播种—抽穗期采用天数的多元回归的模式类型既可靠又简便。

(二)水稻不同品种生育期的气象生态模式

对不同水稻品种类型,主要分析播种—抽穗这个阶段,为应用方便起见,运用不同模式进行比较。

(1)早籼、早粳:对同一品种类型选择比较好的通用模式,而不要求每一个品种都有不同的模式。从表7综合分析,可知对感光性弱的早稻来说,天数的T,ϕ,D,T^2回归是比较好的模式类型,T,ϕ,D'模式也可以用。

表7 早籼、早粳稻生育期模式误差天数比较　　　　　　　　　　　　单位:d

模式类型	五月黄 (中熟早籼)	南特号 (中熟早籼)	米泉黑芒 (早熟早粳)	卫国 (迟熟早粳)
T,ϕ,T^2	±5.3514	±5.8709	±5.6298	±4.9339
T,ϕ,D'	±6.3810	±6.2587	—	±4.9072
T,ϕ,D	±8.8742	±10.3251	±8.8343	±7.0953

注:D'表示播期在低纬度(广州、崖县)不订正,仅在高、中纬度进行订正。

(2)中籼、中粳稻:表8说明,中籼稻可用T,ϕ,D';T,ϕ,T^2与T,ϕ,D',T^2等模式,选择其中误差较小者。

表8 中籼、中粳稻生育期模式误差天数比较　　　　　　　　　　　　单位:d

模式类型	胜利籼 (早熟中籼)	大姚麻线 (中熟中籼)	矮子占 (中熟中籼)	水原300粒 (早熟中粳)	台中65 (中熟中粳)	黄壳早廿日 (迟熟中粳)
T,ϕ,T^2	±4.5607	±5.7706	±5.5670	—	—	±9.8944
T,ϕ,D'	±4.4013	±7.7042	—	±5.8439	±3.8359	±3.7653
T,ϕ,D	—	—	—	±7.3433	—	±10.2477
T,ϕ,D',T^2	±4.0939	±5.7899	±5.7231	—	—	±3.6258

不论早稻、中稻，在低纬上不考虑播期影响的误差显著减小，这是因为早、中稻感光性弱或中等，在高、中纬度受播期一定影响，而在低纬夏季日长较短的地方，不论什么播期其对短日的要求都能满足，因此不受播期影响，这是本研究发现的一个有较重要意义的现象。

(3) 晚籼、晚粳：已见表6所示，采用 $T, \phi, D, T^2, \phi \cdot D$ 五元模式为最好，晚粳稻用 T, ϕ, D 模式也可。即使在低纬，也必须考虑播期影响，这是因为这类品种感光性很强，即使在低纬日长较短的地方，不同播期的日长效应对生育期仍显出较明显影响。

综上所述，可将水稻不同品种类型的气象生态模式分为三大类，见表9。

表9 水稻不同品种类型的气象生态模式

品种类型	生育期模式类型
1. 感光性弱的早、中籼与早粳	T, T^2, ϕ 或 T, ϕ, D'
2. 感光性中等的中籼、中粳	T, ϕ, D' 或 T, T^2, ϕ, D'
3. 感光性强的晚籼、晚粳	$T, \phi, D, T^2, \phi \cdot D$ 或 T, ϕ, D

(4) 不同品种气象生态模式：表10列出各代表性水稻品种播种—抽穗的气象生态模式。

表10 水稻各品种生育期气象生态模式

类型		品种	播种—抽穗模式	模式误差	样本误差	R^2	F检验
全国代表性地方品种	早、中籼稻	五月黄	$N=69.32-3.50\Delta T+0.22(\Delta T)^2+0.70\Delta\phi$	±5.3514	±14.0885	0.8724	**
		南特号	$N=74.94-3.11\Delta T+0.07(\Delta T)^2+0.63\Delta\phi$	±5.8709	±13.4841	0.8105	**
		胜利籼	$N=83.25-3.92\Delta T+0.49(\Delta T)^2+0.55\Delta\phi$	±4.5607	±11.1278	0.8572	**
		大姚麻线	$N=90.90-4.73\Delta T+0.58(\Delta T)^2+0.58\Delta\phi$	±5.7706	±18.6595	0.9133	**
		矮子占	$N=97.85-4.54\Delta T+0.55(\Delta T)^2+0.75\Delta\phi$	±5.5670	±12.0629	0.8190	**
	早、中粳稻	米泉黑芒	$N=61.97-3.39\Delta T+0.31(\Delta T)^2+0.89\Delta\phi$	±5.6298	±15.9010	0.8891	**
		卫国	$N=80.32-3.93\Delta T-0.047(\Delta T)^2+0.738\Delta\phi$	±4.9339	±15.9639	0.9116	**
		水原300粒	$N=77.33-2.99\Delta T+0.74\Delta\phi-0.047\Delta D'$	±5.8439	±17.0810	0.8468	**
		台中	$N=98.84-3.63\Delta T+0.94\Delta\phi-0.032\Delta D'$	±3.8359	±12.1044	0.9154	**
		黄壳早廿日	$N=111.41-3.83\Delta T+0.98\Delta\phi-0.35\Delta D'$	±3.7653	±22.6259	0.9769	**
	晚籼、粳稻	浙场九号	$N=155.35-0.69\Delta T+5.95\Delta\phi-0.963\Delta D+0.844(\Delta T)^2-0.066\Delta\phi\cdot\Delta D$	±3.9647	±29.0530	0.9860	**
		猪毛簇	$N=159.76-2.34\Delta T+0.993\Delta\phi-0.717\Delta D$	±6.3824	±33.1121	0.9687	**
当前推广品种	早、中籼	广四	$N=71.74-3.83\Delta T-0.09\Delta D'+1.86\Delta\phi$	±3.8231	±11.1035	0.8870	**
		南京11号	$N=94.49-3.98\Delta T-0.14\Delta D'+0.49\Delta\phi$	±3.3500	±9.3038	0.8770	**
	杂交籼稻	汕优8号	$N=83.72-4.90\Delta T+0.80(\Delta T)^2-0.08\Delta D'+2.85\Delta\phi$	±2.4000	±10.5095	0.9524	**
		汕优2号	$N=101.34-3.52\Delta T+0.16(\Delta T)^2-0.16\Delta D+3.28\Delta\phi$	±2.9800	±8.6919	0.8909	**
	中粳稻	农垦57	$N=114.27-1.78\Delta T-0.39\Delta D'+1.92\Delta\phi$	±4.7429	±13.2542	0.8800	**
		南粳34	$N=122.25-3.13\Delta T-0.39\Delta D'+1.09\Delta\phi$	±2.7966	±13.1015	0.9566	**
	晚粳稻	武农早	$N=122.09-3.04\Delta T-0.46\Delta D+2.66\Delta\phi$	±3.1616	±17.2879	0.9711	**
		农虎6号	$N=139.92-2.62\Delta T-0.58\Delta D+3.48\Delta\phi$	±4.5255	±15.7379	0.9222	**

注：当前推广品种模式的建立以江苏省的资料为主，而在全国其他种植地区进行了检验核实。

表中各模式的通用公式为：

$$N = N' + b_1\Delta x_1 + b_2\Delta x_2 + b_3\Delta x_3 + \cdots$$

式中 N 为生育期;N' 为标准生育期;$\Delta x_1, \Delta x_2, \Delta x_3, \cdots$ 为距离各标准的气象、地理及栽培等其他条件差值。如 ΔT 即为与标准平均气温(25 ℃)的差值,比 25 ℃高为正值,低为负值;ΔD 即为与标准播期(4月1日)的差值,比 4 月 1 日迟为正值,反之为负值;$\Delta D'$ 表示低纬(广州以南)播期无甚影响(可把播期视为一个固定常数),但中、高纬度需考虑播期的影响;$\Delta \phi$ 即为与标准纬度(30°N)的差值,在 30°N 以北为正,以南为负;$(\Delta T)^2$ 为与标准平均气温(25 ℃)差值的平方;而 $\Delta \phi \cdot \Delta D$ 表示 $\Delta \phi$ 与 ΔD 的乘积项;在较小地区范围内还可以增加地形影响(ΔH)、秧龄影响(ΔS)与肥力影响(ΔF)等等。

表 11 所示各种模式在全国范围的误差约为±(3~6)天。如与总积温法的误差相比,对感光性弱的品种,精度提高 3~14 天;对感光性中等的品种,精度提高 6~14 天;对感光性强的品种,提高 20 天左右。与有效积温法的误差相比,则感光性弱、中、强的品种,其精度分别提高 3 天左右、6~12 天和 18~20 天。据江苏省统计检验,气象生态模式在一省范围内误差为±(2~4)天,如再考虑肥力、秧龄等因子的影响,则以上误差均还可以进一步减小,这样的误差对生产实践各方面应用来说是够小的了。

表 11 模式与积温法误差比较表 单位:℃·d

感光类型	品种类型	代表品种	样本误差	总积温误差	有效积温误差	10~26 ℃和 12~26 ℃积温误差	模式误差
弱	中熟早籼 中熟早粳	五月黄 米泉黑芒	±14.0885 ±15.9010	±8.2170 ±10.4522	±7.8922 ±8.8970	— 8.3621	±5.3514 ±5.6298
中	早熟中粳 迟熟中粳	水原 300 粒 黄壳早	±17.0810 ±22.6259	±12.6450 ±17.3824	±12.1626 ±15.6364	11.3003 —	±5.8439 ±3.7653
强	早熟晚籼 早熟晚粳	浙场九号 猪毛簇	±29.0530 ±33.1121	±23.4994 ±26.1373	±22.1713 ±25.9705	18.9129 23.6172	±3.9647 ±5.8176

四、生育期模式的应用

(一)适宜播栽期的确定

我国农业气象学家在 50 年代提出水稻安全齐穗期的概念与确定方法,在全国所有稻区得到广泛应用。但确定安全齐穗期后,还必须确定安全播栽期,以确保水稻在安全期前齐穗。怎样确定安全播栽期,多年来主要凭经验或用积温方法,但这两种方法都不够可靠,因为不同年份、不同播期、不同纬度,积温出入很大,以至如不进行各种订正就难以应用。本文提出的生育期模式,在各种条件下可以通用,误差也比较小,因此可以应用生育期模式与相应的气候生态分析来确定安全播栽期。确定安全播种期的方法为:

(1)弱感光品种:从历史气候资料求得播种到齐穗时段 80% 保证率的平均气温 T_s,用 ΔT_s(即 $25-T_s$)代入模式,即可求得该品种在当地的安全生育期。而播种到齐穗的时段选择,可以用迭代法,先假定一个时段,将气象资料代入模式,若计算值与假定值出入较大,则调整时段,到二者接近时止。安全齐穗期向春季方向推算安全生育期,即得安全播种期。

(2)中或强感光品种模式(T, ϕ, D 或 $T, \phi, D, T^2, \phi \cdot D$):取 4 月 1 日到当地安全齐穗期天数为 N_m,假设 4 月 1 日到安全播种期天数为 ΔD_s,并如前述方法取 ΔT_s,则:

$$N_m + \Delta D_s = N' + b_1 \Delta T_s + b_2 \Delta \phi + b_3 \Delta D_s$$

$$\Delta D_s = [N_m - (N' + b_1 \Delta T_s + b_2 \Delta \phi)] / (b_3 - 1)$$

求得 ΔD,即得安全播种期。南京地区及江苏省其他地区自1977年以来应用生育期模式测定各类型水稻品种的安全播栽期。多年来生产实践证明,模式所定安全播栽期是符合客观规律的,凡在安全期限播栽的一般都能安全齐穗,均能使水稻得到稳产高产,如迟于安全播栽期,就会遭受低温危害。

(二)稻作布局的气候生态分析

合理的稻作制度(单季稻、双季稻、三熟制、麦—玉—稻等)是水稻生产上的一个战略性问题。多年来在水稻地区提高复种方面(单改双、双改三)取得很大成绩,对全国粮食增产有重大作用。但在有些地区也出现了复种过高、布局不合理的问题,如双季稻、三熟制向北及向高海拔地区扩种过多,也造成了一定损失。因此,从气候生态角度对稻作合理布局进行分析,在生产上有重要意义。本文提出的生育期模式可以较可靠而简易地应用于稻作布局的分析,分析时用以下公式:

$$RVP = \frac{RDL}{RD_m} \qquad RCP = \frac{RDL}{\sum RD_m + \sum D_a}$$

式中 RVP 为水稻品种气候保证系数;RCP 为水稻种植制度气候保证系数;RD_m 为水稻模式生育期;RDL 为当地水稻安全生长季;D_a 为农耗天数。气候保证率≥100%的地区,从气候与季节条件来说适宜于发展该种植制度;气候保证率90%~100%的地区,可以局部安排该种植制度;气候保证率<90%的地区,不适宜于该种植制度。当然具体种植比例还要根据当地劳力、土壤肥力、生产水平、其他作物面积及农副业结构,因地制宜地确定,决不能一刀切。

(三)生育期预测

作物生育期预测在农情工作中及栽培管理上都是很有用的,但我国目前这项工作开展还不广泛,随着科学种田及农业领导水平不断提高,这项工作必将愈来愈受重视。应用水稻生育期模式,在每一个地方,在一定播期条件下,只要有平均气温的中长期预测值或概率预测值,就可以预告生育期来临日期,方法很简便。

参 考 文 献

高亮之,阳体冰,蔡显圣.1958.双季稻的农业气象问题.天气月刊,(3)
高亮之,张立中.1976.后季稻品种的温光反应与安全播栽期.植物学报,(1)
兰宏弟.1979.水稻品种光照阶段发育速度模式的初步研究.科学通报
李林,高亮之,沙国栋.1980.杂交稻适宜季节的气象生态研究.江苏农业科学,(2)
唐夕华等.1956.水稻茎生长点分化与光照发育阶段的关系.植物学报,5:279~296
吴光南.1957.中国水稻品种对光照长度反应特性的研究(Ⅰ).华东农业科学通报,(8):367~382

美国的农业气象学

——访美报告

高 亮 之

江苏省农业科学院

（原载：《中国农学会农业气象研究会会讯》，1983年11月第3～4期）

我于1982年2月到1983年3月作为访问学者，在美国俄勒冈州立大学从事农业气象与农业系统方面的合作研究。1982年8月去加州参观了加州大学戴维斯分校、圣约瑟大学与洛杉矶大学。同年11月去美国中部与东部参观了内布拉斯加大学、密苏里大学、伊利诺大学、普渡大学、贝茨维尔农业研究中心、美国海洋大气局（NOAA）的农业气象科、康奈尔大学与密执安大学等单位的农业气象科研教育与服务工作，结识了较多的美国当代农业气象学家。此外，阅读了较多的美国农业气象文献书刊，对美国的农业气象学的发展与现状加深了理解，现扼要介绍如下：

一、美国农业气象学的发展

美国独立战争后（1776年）欧洲气象科学成就传入美国，美国各地建立起气象台站。1854年，勃劳奇（L. Blodjet）在政府的农业报告中发表了第一篇农业气象报告——《美国与世界其他部分相比较的农业气候》。但一直到南北战争（1861～1865年）后，美国资本主义农业才得到较快发展。到20世纪初叶全国性农业教育、科研、推广系统已经初具规模，在各州农业实验站中较广泛地建立起直接与农业相结合的气象观测站。美国第一位有一定影响的农业气象学家是史密斯（J. W. Smith），他从1904—1921年发表了10多篇论述农业与气象关系的研究报告，1920年他出版了美国第一部农业气象学专著——《农业气象学——天气对作物的影响》。美国30～50年代最著名、影响最大的农业气象学家是桑斯威特（C. W. Thornswaite），他的主要成就在两方面：(1)提出他自己的农业气候分类方法，并进行了全世界与美国的农业气候区划；(2)提出潜在蒸散力的概念以及水分收支平衡计算方法。

纳特逊（M. Y. Nuttoson）是40～50年代美国一位著名的农业气候学家，他运用农业相似原理研究全世界大多数国家（包括中国）与美国各州的农业气候相似，并有小米、大米、燕麦与气候的关系方面的专著。在农业气象教育方面，50～60年代，中心是在爱荷华州立大学，R. H. Shaw 长期在该大学工作，培养出许多人才，美国当代农业气象学家如 D. E. Waggoner, R. F. Dale, N. C. Decker, Y. M. Yao 等都是在爱荷华州立大学取得硕士或博士学位的。

美国一向重视气象情报为农业服务。美国气象局在1941年前，长期以来在美国农业部领导下，负责出版主要为农业服务的气象月报与年报。1941年农业年鉴——《气候与人》总结了美国早期的农业气象工作。

近20～30年来美国农业气象学向广度与深度发展。

广度方面：农业气象学家与农学家、作物生理学家对各种主要作物生长发育生理过程与气象条件的关系作了愈益深入的研究，同时园艺气象、畜牧气象、林业气象都有较快发展。

深度方面：加强了农田微气象、土壤气象以及土壤-大气-作物模式的研究。70年代以来又加强了遥感技术、计算机以及各种新的测试手段在农业气象中的应用，使农业气象学提高到一个新水平。

二、作物气象生理生态研究

20 年代以来,美国在作物气象生理生态方面作出了几项相当重要的贡献:一是 1920 年贝茨维尔农业研究中心的 W. W. Garner 与 H. A. Allard 首次发现植物的光周期反应;二是该研究中心的研究集体在 1952 年发现植物的红光-远红光可逆反应,以及 1959 年发现光敏色素;三是 M. L. Forrestar, D. N. Moss 等在 60 年代测得玉米没有光呼吸反应,接着科学家们对许多植物的光呼吸进行了测定,导致 C_3、C_4 植物的划分,这两类植物对光、温、CO_2、O_2 的反应截然不同。

作物与气象条件间的数量关系方面,早期 N. W. Nuttoson(1948)在积温方法基础上,考虑了日长的作用,提出公式:$L \cdot \sum t = K$(L 为日长,$\sum t$ 为积温,K 为常数)。王仁煜在 50～60 年代对甜玉米、烟草、豌豆、番茄等与气象条件的关系作过较多研究,提出逐候气象因子的分析法与综合若干气象因素的综合法,例如:以>83 °F 日平均温度的天数百分率为横坐标,以总降水量为纵坐标,得出等产量线图,从而求出番茄的最适温、湿度范围。1958—1960 年,E. C. A. Runge 和 R. T. Odell 用多变量多项式回归方法研究降水、温度与玉米、大豆产量的关系。1967 年美国的 W. G. Duncun 和 R. S. Loomis 几乎与荷兰的 De Wit 同时提出作物群体光合作用模式,开辟了作物模拟研究的新领域。近 10 年来,美国的农业气象学家在作物的农业气象模式方面的研究有较大进展,例如 R. F. Dale 的玉米气象模式,他用氮肥用量(N)、ECG(作物生长能量指数)及 NECG(N 影响下的 ECG)三个因素的回归模式预测大面积玉米产量。ECG 的模式为:

$$ECG = \frac{SR}{100}[1-\exp(-0.79LAI)]\frac{ET}{PET}$$

式中 SR 为日太阳辐射;LAI 为叶面积指数;ET、PET 为实际的与潜在的蒸散量,而 ET 又是由 Dale 本人提出的土壤水分平衡模式(SIMBAL)求得。该模式能更确切地反映作物与气象之间的复杂关系。

从美国的经验看,只要有使用计算机的条件,作物气象研究的模式化是必然趋势。与模拟研究同时,美国对作物气象的实验研究亦相当重视。这些研究既是基础性的,又针对生产上的需要,如俄勒冈大学的乔里夫(G. Jollif)近年来对夜温与大豆籽粒灌浆关系的研究,就是为了解决俄勒冈州的夜温低的气候特点下怎样种植大豆的问题,实验研究与模拟研究的结合,是美国作物气象研究的特点。

三、农业气候研究

美国自早期桑斯威特与纳特逊的具有较大影响的农业气候研究以后,全国性的农业气候研究并不多。但许多州立大学的农业试验站都进行本州农业气候条件——生长季节、水分条件、灾害条件或是一种作物的气候条件的分析。如俄勒冈州立大学就有全州性的各种作物蒸散量与需水量的研究报告。这些农业气候报告发至各县农业推广站以及农场主,很受欢迎。当前农业气候研究工作中一些新的趋势是:

(1)更多地运用计算机模式方法。内布拉斯加大学尼尔特(R. E. Nield)1978 年制定了一个玉米农业气候模式,应用月平均温度和降水资料,迅速地算出玉米各叶龄期、发育期与各发育阶段的降水。由于方法简便,有利于进行大范围以至全球范围的玉米气候相似性分析。

(2)运筹学在农业气候研究中的应用。俄勒冈大学英格里希(M. J. English)1981 年利用爱达荷州中南部 72 块绿豆与甜菜田块的资料,提出以下模式:

$$Y_e = Y_a\left[1-B\left(1-\frac{ET_a}{ET_m}\right)\right]$$

式中 Y_e 是模拟产量;Y_a 是充分灌溉下实际产量;B 是作物系数;ET_a 是实际蒸散;ET_m 是最大蒸散。

然后根据气候资料算得的 ET 比的概率分布、B 与 Y_a 的概率分布以及甜菜与绿豆生产的成本与收益进行统计决策分析,求得在不同气候条件下收益最大的作物比例。

(3)将气候、土壤与技术联系起来研究。如伦奇(E. C. A. Runge)于1975年根据雨量、平均最高温度、土壤类型、土壤可供应水量以及农业技术水平,估价了美国玉米带的产量变异。

四、农业气象情报预报以及遥感技术的应用

美国农业气象情报预报工作主要是由州的农业试验站与州气象服务系统联合进行,因此各州开展的情况不一。目前开展得较好的州是加利福尼亚州、内布拉斯加州、印第安纳州、密执安州等,全国则以中西部地区开展较好。加利福尼亚州有相当完善的土壤水分与灌溉的情报网,内布拉斯加州有较全面的农业气象情报预报网。各地情报网全部利用计算机网络传递信息,并有专门的农业气象模式程序进行运算与预测。服务内容包括:作物水分状况预测、病虫预测、作物收获期预测以及畜群管理预测等,通过计算机网络或电视等,直接为县农业推广站与农民服务。

近10年来遥感技术在农业气象情报预报中应用发展颇快。目前以小麦为主的遥感农气服务中心设在堪萨斯大学,以玉米、大豆为主的遥感中心设在普渡大学。堪萨斯大学的卡尼马苏教授(E. T. Kanemaso)建立起应用遥感技术预测小麦产量的模式,他应用Landsat(资源卫星)的不同波段辐射值的各种比数进行预测。这些比数反映了麦田土壤温度、土壤湿度、蒸散量、叶面积等等。如用以下公式求得植被指数:

$$VI = \frac{TM_4 - TM_3}{TM_4 + TM_3}$$

式中 TM_4、TM_3 为不同波段的反射率。

遥感技术能迅速而全面地反映出大面积农田的各种情况,这是其他取样观测手段所不能比拟的。密苏里州的环境评价服务中心现在试验将资源卫星与气象卫星的图像结合起来,这样能使情报预报更迅速而及时。

五、农田小气候与作物水分的研究

美国在50年代有几位土壤物理学家,如维斯康辛大学的泰纳(C. B. Tanner)、康奈尔大学的莱蒙(E. R. Lemon)对农业气象发生兴趣,开展了农田微气象与作物生理的关系研究。莱蒙在1969年提出土壤-作物-天气模式(SPAM)。在他们的影响下,农田小气候成为美国农业气象研究中一个十分重要的领域,至今仍居世界领先地位,成绩较突出的是内布拉斯加大学和加州大学。内布拉斯加大学农业气象与气候中心的 N. J. Rosenberg 与 S. B. Verma 等,近10年来,在大豆、高粱、牧草田上,系统地开展农田小气候研究,他们重点研究农田的 CO_2 交换以及 CO_2-水汽比(CWFR)。CO_2 交换直接与光合作用、呼吸作用有关,CWFR则与水分利用率有关,在干旱地区特别有意义。他们的某些成果对作物高产是有启发的,例如,大豆在晴热天气下,CO_2 交换因强烈的热对流而减弱,而热对流弱的温和晴天,CO_2 交换增加,对光合作用最有利,水分利用率亦高。他们研制及使用各种当代先进的农田小气候仪器,如阻力风速计(Drag Anemometer)、微热敏电阻(Microbead Thermistor)、赖曼 α 湿度计(Lyman-alpha hygrometer);在试验站安装16m高的气象塔,分层将 CO_2 吸入实验室内进行测定,全部测定记录都用计算机储存与运算。

加州大学戴维斯分校的 R. H. Shaw 在农田小气候理论方面有独到性研究。他认为常用的涡动速度或混合长等假设并不适于植物冠层的环境,并且亦没有指出冠层中乱流形成的原因。他提出一个冠层气流的高阶模式,由动量、雷诺张力与纵、横、垂直三个方面的涡流动能共五个公式组成模式。这个模式考虑了植物面积密度分布与植物的阻力系数,因此能更确切地反映作物冠层内的气流动态。

作物水分条件的研究,自早期 Thornswaite 的工作以来在美国一直受到充分地重视。J. T. Ritchie,W. O. Pruit,C. H. M. Van Bavel 等人对作物需水与气象条件的关系都有长期研究。加州大学的

大型蒸散器直径为 6m,深 3m,底层安置可称 10 万磅*的称重器,灵敏度为±2 磅,以蒸散器所测值为对照,详细地研究了各种蒸散量的理论计算方法。

六、农业气象灾害研究

美国西半部最主要的气象灾害是干旱。100 多年以来,美国政府、科学家与农民同干旱进行了长期斗争,特别是在 30 年代的黑风暴灾害之后,从根本措施上对干旱的防御更成为美国全国关心的事。目前大面积上的行之有效的措施主要是:①农牧结构:干旱与半干旱地区以牧为主;②种植制度:西部旱地小麦大面积采用带状轮休制,第一年休闲蓄水,第二年种麦;③耕作制度:推广免耕法、少耕法;④无灌溉地区种植耐旱作物(小麦、高粱等)与耐旱品种;⑤积极地进行区域性的水利工程建设并推广大型旋转式喷灌机,扩大灌溉面积,实行科学灌溉,节约用水,讲究经济效益。

农业气候学家,如 Van Bavd,Newman,Rosenberg 等都对干旱作过不少研究,Rosenberg 主编过《北美干旱》、《大平原干旱》等著作。

在美国加州与佛罗里达州柑橘、柠檬等果树的冻害是很突出的问题,喜热蔬菜如番茄等的冻害则在全国各州都会发生,行之有效的防冻技术主要是:①喷水;②加热器加热;③吹风机吹风;④化学诱导休眠,喷马来胼肼(maleic hydrazide,MH)等生长抑制剂;⑤培育防冻品种等。

七、林业气象、畜牧气象等

美国林业气象几乎与农业气象同等地受到重视,林业气象研究的重点是:①森林火灾与气象的关系;②森林的水分平衡;③森林小气候;④造林技术中的气象问题,如采用挡风板保护幼树等。当代的森林气象学家有 W. E. Reifsnyder, L. J. Fritschen, G. S. Campbell, H. R. Holbo 等。森林气象研究采用 40 m 高的铁塔观测森林上空与森林内部的辐射、温度、湿度、风速等。华盛顿州立大学还有种植树木的巨型森林蒸散器。

畜牧气象在美国有长久的历史,50~60 年代以来,W. D. Wilson, H. H. Kibler 等人对气象条件与鸡、火鸡、牛、猪等生理反应的关系有深入研究,这些研究成果对牲畜的科学饲养有重要的指导意义。W. P. Ponja 与 D. M. Gates 提出猪的气候空间图,从气温、辐射、风速与代谢速率的关系方面阐明猪的最适气象环境。

八、小结

美国现代农业气象学的历史比我国长,几十年来,在农业气象学的广度与深度方面都有较大发展,出现过一些国际著名的农业气象学家。近一二十年来,农业气象研究广泛地采用新技术、新方法,如遥感、计算机模拟、先进的测试仪器以及以计算机网络为基础的情报网等。在农田微气象与作物气象生态等方面都有较重要的理论进展,在灾害防御、灌溉管理、情报预报、畜牧、林业生产等方面都发挥了一定作用。这些都是值得我们学习的。与我国农业气象学发展水平相比,应当承认是存在差距的。但我们有自己的特点:我国在农业气象科研、教育、服务三大方面机构健全,队伍较强;我国农业气象工作与农业生产的联系一直较紧密;在全国与各省(区、市)的农业气候研究、主要作物气象生态、主要气象灾害防御等方面我国是有较大成就的。只要我们继续发挥自己的优势,同时认真吸取国外对我们有用的先进经验,特别在运用新技术、新方法及改进测试手段方面多下功夫,我国农业气象学必将能得到更快发展,并经过一定时期的努力后,凌驾于世界先进之列。

---

* 1 磅=0.4536 kg,下同。

中国水稻生长季与稻作制度的气候生态研究[*]

高亮之 李 林 郭 鹏

江苏省农业科学院农业气象研究室

(原载:《农业气象》,1983年第4卷第1期,50～55页)

前 言

我国水稻栽培面积大,分布广阔,自南而北跨越了热带、亚热带、温带、寒温带各种不同气候生态环境。栽培制度复杂,有单季稻、双季稻以及麦(油)—稻—稻的三熟制等。

建国以来,水稻栽培面积不断扩大,复种指数逐渐提高,对增加水稻总产起了积极作用。但有的地方在改制过程中未能因地制宜,不适当地扩大晚熟种或双季稻三熟制,加剧了水稻低温冷害与用养地的矛盾。实践证明,栽培季节与稻作制度是否适宜、品种布局是否合理,是影响水稻产量的关键因素。

根据我国各地气候生态特点,确定适宜的栽培季节与稻作布局,对夺取水稻稳产高产和引种、育种都具有十分重要的意义。

一、我国水稻的栽培季节

由于我国南北气候生态环境存在着显著的差异,因而水稻栽培品种各不相同,秦岭、淮河以北稻区与云贵高原以粳稻为主;长江流域为籼、粳稻交错区;华南和云南南部以栽培籼稻为主。因此各地水稻栽培季节因品种类型而异。

(一)水稻安全播种期

多年试验证明,在恒温下,水稻发芽出苗的最低温度,粳稻为12 ℃,籼稻为14 ℃。这几年的播期试验与各地调查认为:日平均气温稳定通过10和12 ℃的80%保证日期,可作为粳、籼(包括杂交籼、粳)稻的安全播种期。如用塑料薄膜育秧可提早播种(长江流域约提早10天,东北达20天)。南方双季早稻为了争取季节,实际播期往往比安全播期提早5天左右。

图1为我国水稻安全播期的分布,其特点:(1)播期随纬度升高逐渐推迟。华南地区和云南南部的籼稻为3月上旬至中旬,海南岛的南部可提早到年前11～12月播种。长江流域粳、籼稻分别在3月下旬至4月上旬与3月底至4月中旬。华北平原春温回升较快,粳稻安全播期在4月中旬。东北地区最晚,在4月底至5月中旬。南北相差约2～3个月。(2)播期受地形的影响比较明显。西北地区粳稻在4月中、下旬,比同纬度华北平原要迟。云贵高原在3月中旬至4月初,比同纬度东部地区晚,低山平坝地区比高原早,因海拔高度不同而异。四川盆地由于秦岭阻挡冷气流,春温回升早,播期比同纬度长江下游早10天左右,粳、籼稻分别为3月中、下旬和3月底至4月上旬。

(二)水稻安全齐穗期

根据近年来对水稻低温冷害研究的结果,以秋季日平均气温稳定在20 ℃(粳)和22 ℃(籼)以上,不

---

[*] 本研究利用全国各省主要代表台站的气象资料进行统计分析,未考虑地形对气候生态的影响,因此,在水稻栽培季节的分析中,如云贵高原和四川盆地,仅表示昆明、贵阳、成都、重庆等所在海拔高度的气候生态特征。

连续出现3天以上日平均气温低于20和22℃的天气,并结合各地水稻生产实践,确定其安全齐穗期。其结果如图2所示。

图2说明:(1)我国水稻安全齐穗期由南而北逐渐提早。东北地区在7月下旬至8月下旬初。华北平原(包括苏、皖淮北地区)在8月下旬至9月上旬,南部的籼稻在8月底以前。长江流域粳稻在9月中、下旬;籼稻为9月上旬至中旬。华南地区的籼稻在9月底至10月中旬。(2)东部沿海地区安全齐穗期比内陆晚。(3)随着地势的增高而提早。西北地区粳稻在8月上、中旬,比同纬度华北平原早10~20天。四川盆地秋季降温快,成都平原的籼、粳稻安全齐穗期分别为9月初与9月中旬初,比同纬度长江中下游早7~10天。云贵高原粳稻在8月中旬至9月上旬,南部的籼稻在9月上、中旬,比同纬度东部地区早10~20天。

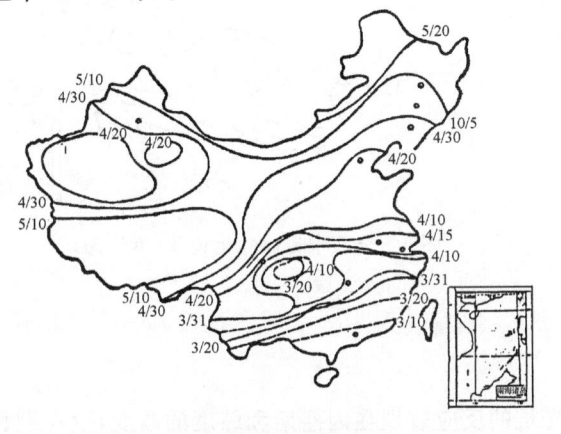
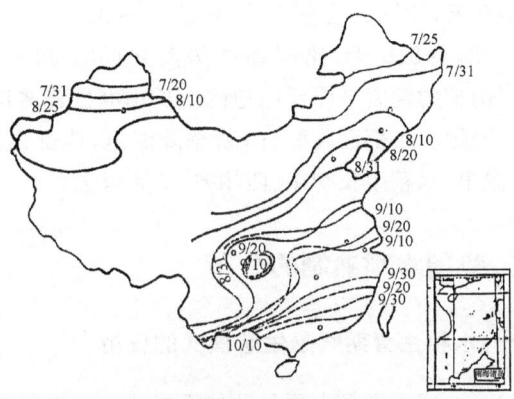

图1 全国水稻安全播种期(月/日)　　　　　图2 全国水稻安全齐穗期(月/日)
(——粳稻;----籼稻)　　　　　　　　　　(——粳稻;----籼稻)

(三)水稻安全成熟期

多年生产实践证明,水稻齐穗至成熟粳稻约需40天,籼稻为30天左右。因此,从气候上说,安全齐穗期向后推40或30天即为安全成熟期。

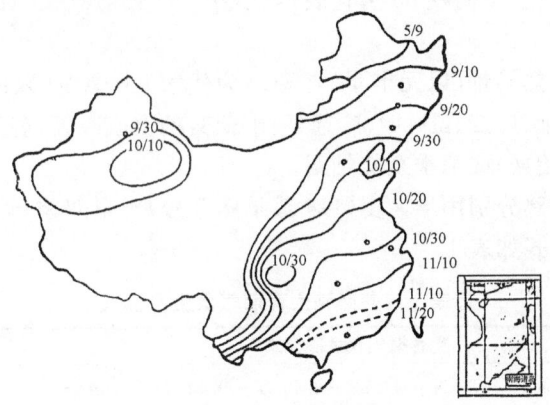

图3 全国水稻安全成熟期(月/日)
(——粳稻;----籼稻)

由图3可知,各地水稻安全成熟期的分布与安全齐穗期大致相同。就粳稻而言,东北地区最早,在9月上旬到下旬。华北平原在10月上、中旬,比同纬度黄土高原(9月中、下旬)晚20~30天。新疆的北疆在9月中旬以前,南疆则在10月上旬,与同纬度华北北部相近。长江流域在10月底至11月上旬,比同纬度四川盆地10月中、下旬要迟10天左右。云贵高原亦比同纬度的华南早20~30天,在9月下旬至10月上旬。华南和云南南部的籼稻在10月中旬至11月中、下旬。

(四)水稻生长季

水稻生长季是指从安全播期至安全成熟期的总天数。我国水稻生长季长短主要决定于温度条件,即春季升温的快慢与秋季降温的迟早。

图 4 表明我国水稻(粳)生长季分布:(1)南北差异大。东北北部在 110~120 天,南部为 150~160 天;华北平原及汉中盆地为 180~200 天;长江流域为 200~250 天;华南在 260 天以上(籼稻约短 15~20 天)。(2)随地势的升高明显缩短。西北地区只有 140~180 天,比同纬度华北平原短 20~30 天;云贵高原为 180~210 天,比同纬度华南北部短 30~60 天;高原南部的河谷平原比山地的生长季也显著增长。(3)东长西短。东部面临海洋,秋季降温迟,西部内陆秋季降温早,水稻生长季东、西相差 10 天以上。

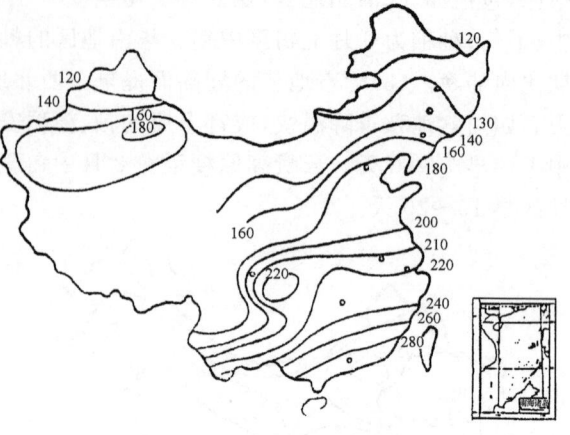

图 4 全国水稻(粳)生长季(单位:d)

二、我国水稻熟制的分布

(一)水稻生育期气象生态模式的应用

感温性、感光性是水稻品种的重要特性。水稻对光长的反应表现在因播期和纬度的改变,生育期长短也随之变化。而对温度的反应则表现为线性和非线性两种形式。传统的积温法不能很好地反映水稻生长发育与温光条件之间的关系,因而采用水稻生育期气象生态模式的方法,其精度比积温法显著提高。

1. 各熟制代表品种与模式

(1)一熟单季稻:早粳,如黑粳一号、长白 6 号、吉粳 60 和卫国等;中粳,如京引 47、京越一号和南粳 33 等;杂交籼稻,如汕优 2 号。

(2)麦稻二熟:小麦+中粳(以南粳 33 为代表)与小麦+杂交籼稻(以汕优 2 号为代表)或晚粳(以农虎 6 号为代表)。

(3)双季稻:早双季用中熟早籼(以元丰早、湘矮早为代表)+中粳(以南粳 33 为代表)或早熟晚粳(武农早);中双季用迟熟早籼(广四、红 410、广选早)+杂交籼稻或晚粳;晚双季用早熟中籼(南京 11、桂朝)+晚籼(竹矮选四号、包胎矮)或两季杂交籼稻。

(4)三熟制:早、中、晚三熟分别用早大麦(114 或早熟 3 号)+早双季;迟大麦或早油菜+中双季;小麦(油)+晚双季。各品种模式如表 1。

表 1 各品种生育期气象生态模式

品种类型	品 种	生育期气象生态模式
中熟早籼	元丰早	$N = 71.82 - 2.42\Delta T - 0.14\Delta D + 1.49\Delta\phi$
迟熟早籼	广四	$N = 71.74 - 3.826\Delta T - 0.088\Delta D + 1.856\Delta\phi$
迟熟早粳	卫国	$N = 80.32 - 1.58\Delta T - 0.047(\Delta T)^2 + 0.758\Delta\phi$
早熟中籼	南京 11	$N = 94.49 - 3.98\Delta T - 0.14\Delta D + 0.49\Delta\phi$
中 粳	南粳 33	$N = 109.63 - 3.13\Delta T - 0.32\Delta D + 1.15\Delta\phi$
杂交籼稻	汕优 2 号	$N = 101.56 - 3.52\Delta T + 0.16(\Delta T)^2 - 0.16\Delta D + 3.28\Delta\phi$
早熟晚粳	武农早	$N = 122.09 - 3.04\Delta T + 2.057\Delta\phi - 0.465\Delta D$
迟熟晚粳	农虎 6 号	$N = 139.92 - 2.62\Delta T - 0.577\Delta D + 3.48\Delta\phi$

模式中,N 为播种至齐穗天数;ΔT 为播种至齐穗平均温度减去 25 ℃ 的差值;ΔD 为与 4 月 1 日之

播期差,4月1日之前取负值,之后取正值;$\Delta\phi$为与30°N纬度差,30°以北取正值,以南取负值。

2. 农耗标准

以水稻生产为主的南方,就大范围平均而言,按每劳力负担1.5亩耕地计算,每亩耕地收、种约耗工6~7个,因此,1.5亩耕地每次收、种农耗按10天计算,具体地区应视实际情况而定。

3. 计算模式生长期

(1) 不同品种的模式生长期:以各地纬度、播期、播种至齐穗时段(该时段求算用迭代法代入方程若干次,求得预定值与计算值相近的时段)的80%保证平均气温,代入模式,计算播种至齐穗的天数,再加40或30天灌浆期,即为模式生长期。

(2) 麦稻二熟:复种条件下的品种模式生长期。

(3) 双季稻与三熟制:早稻模式生长期+后季稻模式生长期-(后季稻秧龄-双抢农耗10天)。

4. 计算水稻复种生长季

水稻复种生长季是指麦(油)茬复种水稻的实际播期(按当地小麦或油菜成熟期*与适宜秧龄求算)至安全成熟期的天数。如水稻安全成熟期至三麦适宜播期**不足10天(农耗所需),则将安全成熟期相应提前(见图5)。

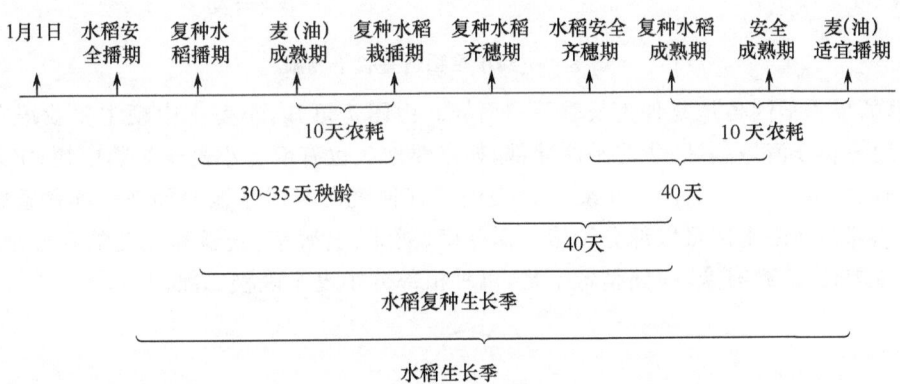

图5 麦(油)稻二熟的水稻复种生长季示意图

5. 计算稻作制度的气候保证率(RCP)

$$RCP = \frac{当地水稻生长季或水稻复种生长季}{水稻模式生长期} \times 100\%$$

当$RCP \geq 100\%$为该熟制适宜种植区,可以此稻作制为主;$90\% \leq RCP < 100\%$为部分种植区;$RCP < 90\%$为不宜种植区。

(二) 我国水稻布局与气候的关系

1. 单季稻布局的气候生态

我国单季稻主要栽培在淮河以北与长江流域北部稻区。

图6说明东北的北部与东部热量条件最差,水稻生长季为110~130天,旬平均气温≥20℃的天数

---

* 用小麦生育期气象生态模式:$N = a + b\Delta D + cT_{j \sim y}$求算($a, b, c$为回归系数;$\Delta D$为播期差;$T$为$j \sim y$月平均气温)。

** 据小麦适宜播期温度指标(日平均气温稳定通过15℃)求算。

不足6旬,主要栽培特早熟与早熟早粳,如黑粳1号、合交36和东农4号;东北中部和宁夏银川灌区以及北疆稻区,以中、晚熟早粳为主,如吉粳60、宁粳4号和京引39等;辽南、南疆与黄土高原稻区为早熟中粳适宜栽培区,如丰锦、京引35;华北平原与江淮、江汉、汉中等地,热量条件较好,生长季亦较长,适宜于栽培中、迟熟中粳,如京越一号、越富和南粳系统;江淮、江汉、汉中、四川盆地和云贵高原东部与南部亦为杂交籼稻适宜栽培区。云贵高原西北部,夏季高温不足,7~8月旬平均气温<22 ℃,不宜种植杂交籼稻。

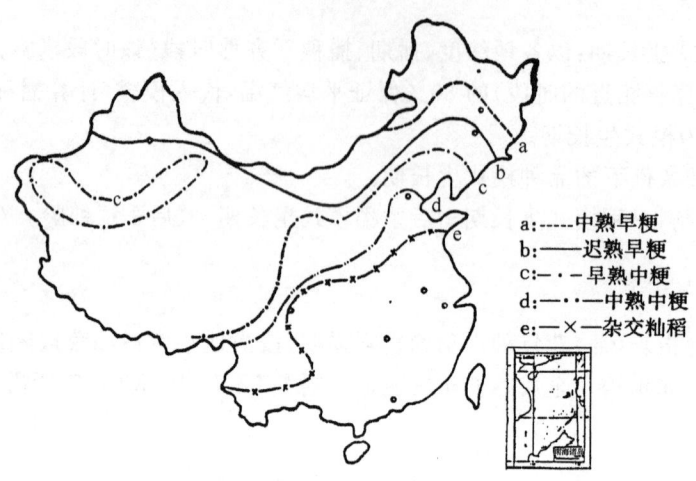

图6 一熟单季稻适宜栽培界限

麦稻二熟的单季稻因各地复种生长季不同而异。由图7可知,小麦＋中粳主要栽培在华北平原的南部、汉中盆地与长江流域稻区;华北平原北部,如京津地区也有部分小麦＋早熟中粳;宁夏的吴忠县有小麦＋早粳(合交5602)的二熟制。小麦＋杂交籼稻宜种植在四川盆地与鄂、皖、苏各省中南部以南的稻区;此三省北部与河南南部可以部分种植。而苏南、浙北、上海市、安徽和湖北的部分地区,肥水条件比较好,生长季较长,二熟有余,三熟稍嫌不足,可种植部分小麦＋晚粳二熟。

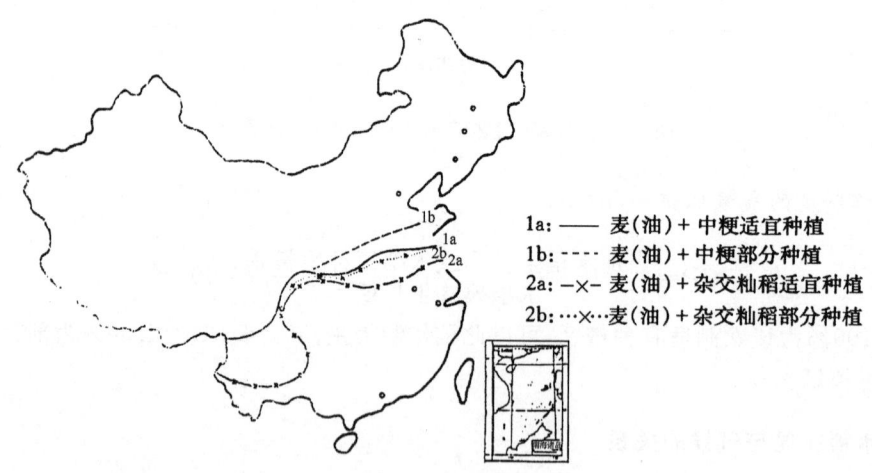

图7 二熟制单季稻适宜栽培界限

2. 双季稻布局的气候生态

由于我国双季稻主栽区生长季南北相差70~80天,因而形成了不同品种搭配的早双季、中双季和晚双季。

图8表明:(1)早双季稻宜种植在长江沿岸各省中南部以南与四川盆地东南部,江淮、信阳和汉中两

盆地、四川盆地西北部可部分种植。(2)浙江中南部与湘、赣、闽各省适宜栽培中双季稻,苏南、鄂南、四川盆地东南部与贵州山间谷地可部分种植。(3)晚双季稻主要栽培在华南稻区,即广东省和广西东南部及闽赣南部。

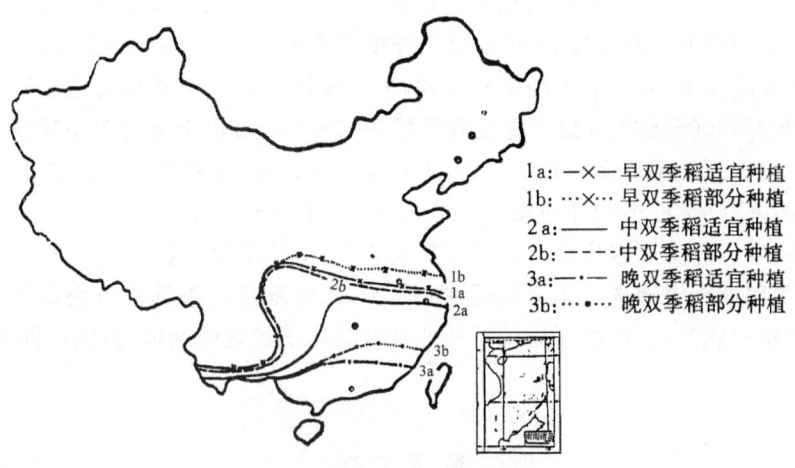

图 8　双季稻适宜栽培界限

3. 三熟制布局的气候生态

三熟制的双季稻要求热量多,生长季长。因此:(1)早三熟只宜在浙江省,鄂、皖南部一线以南地区种植;苏南、鄂皖中部、四川盆地与云贵高原东南低海拔地区宜部分种植。(2)中三熟宜于浙南与湘赣中南部;鄂皖南部、浙北和湘赣北部可部分种植。(3)晚三熟宜栽培在南岭以南的广东中南部、广西东南部与福建最南部,其中海南岛的南部冬季气温较高,1月份平均气温>20 ℃,可以种植冬水稻,是我国水稻品种南繁的重要基地(见图 9)。

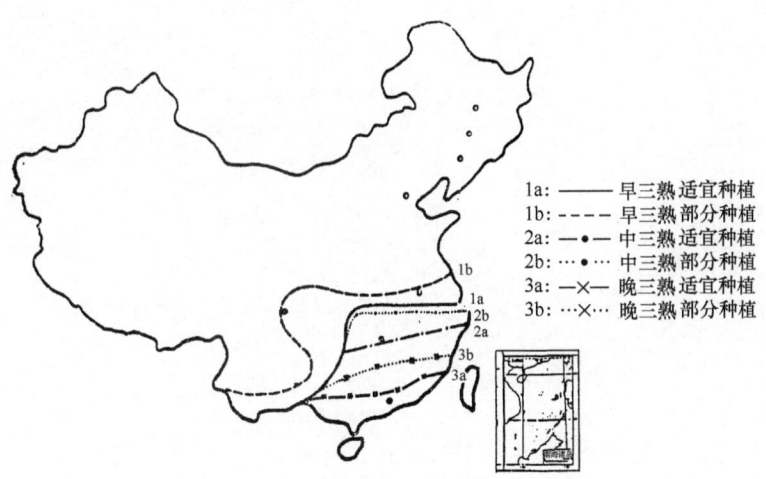

图 9　三熟制适宜栽培界限

4. 丘陵山区水稻布局的气候生态

由于我国地形复杂,丘陵山区水稻生长季明显地受地形的影响。据鄂、浙、闽等省山区气候调查,海拔每升高 100 m,生长季缩短 4～7 天,因而水稻布局必发生相应的变化,南方稻区更突出。

(1)西南稻区:水稻气候生态呈明显的立体分布,海拔 2300～2500 m 以上高寒层,只宜种植部分一熟单季早粳稻;1300～1500 m 以上中暖层为单季中粳稻;1300～1500 m 以下低热层可种植单季中籼稻和部分双季稻。而贵州山地丘陵双季稻三熟制主要集中在 800～1000 m 以下;滇南的元江河谷、陇川江上游、怒江与澜沧江下游河谷可种植双季稻。同时,川贵丘陵也有热量条件较好,为解决春季栽秧水有种一季稻的冬水田经验。

(2)华中稻区:指淮河以南、南岭以北稻区。这些地方丘陵山区稻田多分布在山间盆地和台地,形成梯田和坑田。大别山与鄂西山地丘陵,200 m 以下种植双季稻;200 m 以上为单季稻。皖南、浙北、湘赣北部与鄂西南山地丘陵,300 m 以下可种植双季稻,300 m 以上应以单季稻为主。浙南、闽北及湘赣南部丘陵,水热条件较好,400～500 m 以下种植双季稻,400～600 m 以上宜种单季稻。

(3)华南稻区:山地丘陵稻田多分布于河谷、山间盆地与台地,这些地区高海拔的稻田布局仍然受水热条件所制约,海拔 600～700 m 以下可栽培双季稻,600～800 m 以上宜栽培单季稻。

综合上述分析,我国北方稻区应以一熟单季粳稻为主,华北平原少数水肥充裕的地方可种植部分麦稻二熟,品种布局要因地制宜地选用生育期适宜的品种;南方稻区应根据季节松紧和劳力情况,合理搭配麦稻二熟和双季稻三熟制;山区的杂交籼稻种植高度应低于常规中籼稻,否则后期易遭低温危害而减产。

参 考 文 献

丁颖主编.1961.中国水稻栽培学.北京:农业出版社.109～189
高亮之等.1982.中国不同类型水稻品种生育期模式及其应用.农业气象,**3**(2)
高亮之,张立中.1977.后季稻品种的温光反应与安全播栽期.植物学报,**19**(1)
李林,高亮之,沙国栋.1980.杂交稻适宜栽培季节的气象生态研究.江苏农业科学,(4)
王书裕.1981.东北地区水稻的气候生态.农业气象,(2)
云南农业地理编写组.1981.云南农业地理.昆明:云南人民出版社

中国水稻的光温资源与生产力

高亮之 郭 鹏 张立中 林 武

江苏省农业科学院

(原载:《中国农业科学》,1984年第1期,17～23页)

水稻是中国最重要的农作物之一,水稻的增产对全国粮食增产有重大作用。水稻增产从本质上说是提高光能利用率的问题,水稻的光能利用既与水稻的生理生态特性有关,亦与气候条件有关。本文运用气候生态系统的观点研究水稻光能利用与气候条件的生态关系,试图阐明我国水稻在气候条件制约下的光能利用潜力,阐明我国各地水稻近期的增产潜力与途径,以及今后进一步增产的潜力与途径。

一、中国水稻的光温资源

(一)水稻生长季

水稻的光能利用首先要受到温度与季节条件的限制。在自然条件下,只有在水稻可能进行生长发育的季节内,水稻才能进行光合作用。我们以日平均气温升达 10 ℃与 12 ℃的平均日期分别作为粳稻与籼稻的生长开始期(高亮之 1960),以日平均气温稳定降达 20 ℃与 22 ℃以上,具有 80% 年份保证率的时期作为粳稻与籼稻的安全齐穗期,由于北方一季稻与南方的后季稻从齐穗到成熟一般天数为 40 天左右,因此,从安全齐穗期后推 40 天作为水稻生长的终止期。从水稻生长始期到水稻安全成熟期间的天数即为水稻生长季,籼稻生长季比粳稻生长季约短 20 天左右。

由表1知,我国水稻生长季,东北北部地区少于 140 天,淮河以北、华北与东北南部地区为 140～200 天,淮河以南到浙江、江西、湖南的北部为 200～230 天,华南地区均在 230 天以上。

表1 中国各稻区的光温资源

稻 区	东北	西北	华北	华中	西南	华南
水稻生长季(d)	120～160	120～180	180～200	200～240	200～240	240～360
水稻光合辐射总量(kcal/cm²)	30～35	30～35	35～40	35～40	25～35	40～50
水稻光合辐射强度(cal/(cm²·d))	200～240	200～240	180～210	160～190	140～160	140～170
生长季平均温度(℃)	19～21	20～22	21～23	22～24	20～22	22～24
生长季温度日较差(℃)	12～13	11～12	11～14	7～11	8～10	7～8

(二)生长季光合辐射总量及强度

太阳辐射是水稻产量形成的能量源泉。根据黄秉维(1978)的研究,

$$Q_p = 0.47 \cdot Q$$

式中 Q_p 为光合有效辐射;Q 为总辐射。

根据23个站的资料计算全国水稻生长季中光合有效辐射总量(水稻光合辐射),见表1。水稻光合辐射总量是南部比北部多,我国华北、华南沿海和黄河河套以西地区为相对的高值区,我国东北、浙江东部和云贵地区为相对的低值区。

水稻生长季内光合辐射强度的计算公式为:

$$L_p = \frac{Q_p}{D}$$

式中 L_p 为水稻光合辐射强度;D 为水稻生长季天数;Q_p 含义同上。

光合辐射强度对水稻群体光合作用的影响是:①辐射强度大,有可能容纳较高叶面积,因而群体密度可以较大;②在同样叶面积及消光系数的条件下,自然光强大,群体受光较好,因而群体光合作用加强,水稻生长特别是干重积累较快。总之,光合辐射强,CGR(作物生长率)与净同化率均高,提高单产的潜力较大。

我国北方虽因生长季短,水稻光合辐射总量较少,但云量少,光照足,水稻光合辐射强度比南方显著要高;南方生长季长,水稻光合辐射总量多,但水稻光合辐射强度低,因此,我国南北稻区在水稻的光温资源方面各有优缺点。北方水稻在光能利用上要更多地以光合强度取胜,以增加单产;南方则以光合时间取胜,增加复种以增加全年总产(当然亦要研究在光强较弱条件下怎样提高单产)。

(三)生长季温度条件

水稻的光合生产率不仅与光强有关,还与温度有关。光合作用只在白天进行,呼吸作用则全天进行,因此与白天及夜间温度都有关,亦即与一天平均温度有关。

白天温度可由平均温度与温度日较差求得近似值。公式为:

$$t_d = \bar{t} + \frac{t_v}{4}$$

式中 $\bar{t}$ 为平均温度;t_d 为白天温度;t_v 为温度日较差。水稻生长季内日平均气温,东北地区为19～21 ℃;华北为21～23 ℃;江淮之间为23～24 ℃;自安徽南部经江西到华南为23～24 ℃;昆明以西小于20 ℃。温度日较差,东北最大,为12～13 ℃;华中为7～11 ℃;华南最小,为7～8 ℃。全国范围内差异十分明显(见表1)。

二、水稻光能利用的气候生态模式

水稻光能利用的气候生态模式的基本表达式为:

$$Y = \sum_{i=1}^{m} C \cdot Q_i \cdot T_i \cdot H_1 + \sum_{i=m+1}^{n} C \cdot Q_i \cdot T_i \cdot H_2 \qquad (1)$$

$$T_i = 0.47 \times 0.94 \times 0.90 \times q \times a \times TE \times LE \times (1-r_t) \qquad (2)$$

式中 Y:水稻理论产量或水稻生产力;

$i = 1 \to m$:前中期(抽穗前)各旬,$i = m+1 \to n$:后期(抽穗后)各旬;

$C = 3.175$:能量(cal/cm²)转变为产量(斤/亩)的转换系数;

Q_i:播种—成熟各旬的太阳总辐射量;

H_1:前中期的干物质向穗部的转移率;

H_2:后期(抽穗到成熟)干物质向穗部的转移率;

T_i:各旬的光能转化率;

0.47:光合有效辐射占总辐射的47%;

0.94:水稻群体对光合辐射的反射约为6%;

0.90:非光合器官约吸收10%的光合辐射;

q:量子效率,$q_1 = 0.280$,$q_2 = 0.149$;

a:叶片对光合辐射的吸收率,$a = 1 - I/I_0 = 1 - e^{-kF}$;

F:各时期适宜叶面积指数,k(消光系数) $= 0.40$(高亮之1965);

TE：受白昼温度影响的相对光合效率；

r_t：受温度影响的呼吸消耗率；

LE：光饱和影响下的相对光合效率。

需要说明几点：

(一) 适宜叶面积及叶片吸光率(a)

根据公式：$a=1-e^{-kF}$，叶片吸光率由叶面积指数 F 与消光系数 k 而定。水稻高产的适宜叶面积动态，既要考虑后期有利于光合积累的最适叶面积，亦要考虑中期的适期封行以有利于壮秆大穗，又要在末期保持叶面积的适当水平，不贪青不早衰。根据上述要求的理论研究（高亮之 1965）及各水稻丰产田的经验总结，提出 0—1—4—(6~8)—4 的适宜叶面积动态指标，即播种期 0，分蘖初期 1，拔节期 4，抽穗期 6~8，成熟期 4。抽穗期稻田基部适宜光强指标为 2000 lx（水稻补偿光强的 2 倍）。考虑到叶面积指标因当地辐射量而有差异，因此用上述光强指标计算各地抽穗期适宜叶面积。全国水稻后期适宜叶面积指数多数地区为 7.0~7.5；西北稻区最高，为 7.5~8.0；川贵稻区最低，为 6.0~7.0，这与各地实际经验是符合的。

(二) 量子效率(q)

量子效率即还原一个分子 CO_2 需要多少个爱因斯坦光量子。理论上来说要 8~10 个光量子，按 8 个计算，光能的转化效率为 112/400=0.280。但 De Wit 等（1978）指出，据实验测定，则需要 15 个光量子，转化率为 112/750=0.149。从目前我国各地已经达到的水稻高产记录来看，相当接近于 15 个光量子转化效率（即 0.149），而与 8 个光量子计算的还有一定差距。我们以 15 个光量子计算形成的生产力称为"现实生产力"，而以 8 个光量子计算形成的生产力称为"潜在生产力"。形成这个差距的原因主要是：①现有品种的株型与受光条件不够理想；②穗型、粒型不够大，库容不足，影响光合效率的提高；③叶片早衰，后期光合效率下降过快；④目前品种抗逆性不够，遇不良条件则光合效率明显下降。

(三) 光饱和影响的相对光合率(LE)

科学家们对光饱和影响的处理有不同方法，有的将一定值以上的光强除去不算（黄秉维 1978），有的乘上一定的损失率（松岛，龙斯玉），但实际上损失率因叶面积与光强而变。我们参考了武田在 1959 年对水稻群体光合研究所得的经验函数，求算在不同叶面积与不同光强下的 LE，即光饱和影响下的相对光合率。

武田的公式为：

$$\frac{P}{P_0}=\frac{aI}{1+aI}$$

式中 $a=0.00187+\frac{31.3}{S-500}$，$S=F\times 555 (cm^2)$；$F$ 为叶面积指数；I 为光强；P/P_0 为相对光合率。

我们的计算公式为：

$$LE = P/P_0 \div bI$$

式中 b 为弱光下（10 klx 以下）P/P_0 与光强 I 的比率；弱光条件下没有光饱和影响。

光照强或叶面积小时，LE 值低，说明受光饱和影响大；光照弱或叶面积大时，LE 值大，说明受光饱和影响小。

(四) 温度影响下的相对光合率(TE)

在一般光强、一般 CO_2 浓度下，光合作用与温度关系呈现单峰型曲线关系，即有最低、最适、最高三基点。根据山田等（1955）的研究以及国内关于水稻生长与温度关系的多年研究（考虑到光合作用对温度要求比生长温度稍低),初步归纳一些指标值(见表2)。

根据表2指标可得 TE 随 T_d 而变的插值公式为:

籼稻: $TE = -2.33 + 0.25T_d - 4.63 \times 10^{-3} T_d^2$;

粳稻: $TE = -1.85 + 0.23T_d - 4.63 \times 10^{-3} T_d^2$;

由此可以推算不同白天温度(T_d)下的 TE。

(五) 温度影响下的呼吸消耗率(r_t)

净光合量等于光合量减去呼吸消耗,因此温度与净光合生产的关系还必须考虑温度对呼吸的影响。根据山田(1955)、铃木(1955)、殷宏章(1961)等的研究,采用表3指标作为温度对呼吸消耗率的影响($Q_{10} = 2.0$),不同温度的影响采用插值法求得。

表2 不同温度(T_d)下的相对光合率(TE)

粳稻		籼稻	
T_d(℃)	TE	T_d(℃)	TE
10	0	12	0
28	1	30	1
40	0	42	0

表3 不同温度(t)下的呼吸消耗率(r_t)

t(℃)	10	20	30
r_t(%)	10	20	40

(六) 转移率问题

计算水稻光合量向穗器官的转移率,至今国内外采用两种方法:① 将全生育期的光合产量乘上一个系数(即经济系数)而得估算产量(Evans 1973,黄秉维 1978)。② 只计算抽穗前后30或40天内光合生产(村田吉男 1959)。第一种方法没有区别生前、中期与后期光合生产对产量的不同贡献;第二种方法则完全不考虑前、中期的贡献,因此否定了生育期长短对产量的作用。

本文用的模式(1)将前、中期与后期分开,分别乘上不同的转移率 H_1,H_2。关于 H_1,H_2 的求得,采取以下方法:设 Y 为产量,W_1 为前、中期光合量,W_2 为后期光合量,$W_2/W_1 = r$,H 为经济系数,M 为前、中期对产量的贡献。

$$Y = (W_1 + W_2) \cdot H = W_1(1+r) \cdot H \tag{3}$$

$$H = \frac{W_1 H_1 + W_2 H_2}{W_1 + W_2} = \frac{H_1 + r H_2}{1+r} \tag{4}$$

$$M = \frac{W_1 H_1}{(W_1 + W_2) \cdot H} = \frac{H_1}{(1+r) \cdot H} \tag{5}$$

得公式:

$$H_1 = (1+r) \cdot H \cdot M \tag{6}$$

$$H_2 = (1+r) \cdot (1-M) \cdot \frac{H}{r} \tag{7}$$

根据全国各地计算资料,取平均状况 $r = 0.7$;水稻经济系数采用作者等在1979~1980年对中、晚稻研究所得数据的平均值,$H = 0.45$;M 值取自于松岛(1955)研究的20个品种平均值,$M = 0.23$。则根据公式(6)、(7)可得 $H_1 = 0.17$,$H_2 = 0.85$。

三、各稻区水稻光能利用率与生产力

水稻光能利用率计算公式为：

$$E_p = \frac{Y}{\sum CQ_p}$$

式中 Q_p 为水稻生长季光合辐射；Y 为水稻潜在生产力或现实生产力。

中国各稻区水稻"潜在"与"现实"的生产力及其相应的光能利用率的计算结果见表4（输入模式的是全国23个气象站1951～1970年20年的光温资料）。

表4 中国各稻区水稻光能利用率与生产力

稻区		东北	西北	华北	华中	西南	华南
单季稻潜在光能利用率(%)		2.9～3.5	3.5～4.3	2.9～3.9	2.7～3.3	2.9～3.7	2.7～3.3
双季稻潜在光能利用率(%)		—	—	—	4.1～4.5	4.1～4.5	3.7～4.1
双季早稻	现实生产力(斤/亩)	—	—	—	1150～1250	1100～1200	1200～1300
	潜在生产力(斤/亩)	—	—	—	2150～2350	2050～2250	2250～2450
后季稻	现实生产力(斤/亩)	—	—	—	1100～1200	1050～1150	1200～1300
	潜在生产力(斤/亩)	—	—	—	2050～2250	2000～2150	2250～2450
单季稻	现实生产力(斤/亩)	1350～1600	1400～1900	1350～1700	1400～1500	1150～1500	1400～1500
	潜在生产力(斤/亩)	2500～3000	2600～3200	2500～3200	2600～2800	2150～2800	2600～2800

我国南方双季稻地区水稻全生育期潜在光能利用率为3.7%～4.5%，长江流域比华南为好，成都平原亦较高。这些地区光能利用率高的原因主要是：(1)华中与华南相比，水稻全生育期较短而温差较大，光合积累较多；(2)成都平原等地太阳辐射强度偏低，光饱和影响较小。全国单季稻光能利用率在2.7%～4.3%，北方稻区及西南云贵稻区比较高，其原因主要是平均温度较低，温差较大，呼吸消耗较少，光合积累较多；四川盆地比长江中下游较高，是由于辐射强度较低；东部山东、河南、安徽、江苏大部分地区较低，其原因主要是太阳辐射强度较强，光饱和影响较大。

早稻潜在生产力可达2150～2450斤/亩，现实生产力可达1100～1300斤/亩，长江中下游及华南较高，原因分别是太阳辐射较强及生育期较长；成都地区及浙江东部偏低，原因是太阳辐射较弱。后季稻潜在生产力为2000～2450斤/亩，现实生产力为1100～1300斤/亩，华中及华南较高，原因是生长季较长，辐射也较强；成都平原偏低，因太阳辐射偏低。

单季稻潜在生产力全国为2150～3550斤/亩，现实生产力为1150～1900斤/亩，差别明显，北部最高，长江中下游及华南其次。北方稻区高的原因主要是太阳辐射强，平均温度偏低，光能利用率高；长江中下游及华南高的原因则是生长季较长，辐射也较强；川贵稻区偏低，其原因主要是太阳辐射偏低；云南高原稻区较高，主要是由于温度偏低，光能利用率高。

四、提高水稻产量的潜力与途径

(一)水稻产量的潜力

我国目前已经达到的高产记录(见表5)相当接近于现实生产力，这样的产量在一定时期内在较大面积上也是能实现的。

表5 各地一季水稻高产水平

地点	沈阳	北京	江苏赣榆	南京	广州
产量(斤/亩)	1200～1500	1200	1700	1400	1200

因此，从目前大面积实际产量与现实生产力的差距来看，全国水稻生产通过改善生产条件、推广优良品种、提高栽培技术等方面以提高单产还有很大的潜力，约可提高1倍产量。而从现实生产力与潜在生产力的差距来看，潜在生产力目前大面积还不能达到，但局部地区小面积产量不断有所突破，只要在水稻育种及栽培技术上进行不断地努力，今后是有可能达到的。

(二)提高水稻产量的途径

1. 从大面积产量提高到现实生产力的水平

从目前大面积产量提高到现实生产力的水平，主要有以下途径：

(1)实现适宜的叶面积动态。大面积产量不高首先还是叶面积的不足，没有足够叶面积以吸收充分的光能。而叶面积不足的主要原因是土壤肥料问题，因此改良低产土壤、增辟肥源、合理施肥是大面积增产的重要途径。

(2)防御气象灾害与病虫灾害。水稻高产田的获得都是在季节适宜、灌排条件良好以及有效的病虫防治基础上取得的。而大面积水稻受冷害、旱涝、风害、病虫害威胁甚大，积极防御灾害也是水稻高产的重要途径。

(3)改进栽培技术。目前高产水稻都是在先进的栽培技术下取得的，培育壮苗、合理密植、科学地进行肥水管理，以争取合理的穗数，培育壮秆大穗，减少空瘪率，提高粒重。这一系列栽培措施，保证了适宜的叶面积动态，也创造了良好的"库源"关系。因此大力普及各种科学的栽培技术是十分重要的。

(4)调整播栽期，使水稻抽穗灌浆期处在气候上最有利的时期。

(5)调整水稻种植制度，以适应当地气候生态条件。在条件不适合地区压缩复种，而在条件具备地区，增加水稻的复种。

2. 从现实生产力提高到潜在生产力的水平

要从现实生产力提高到潜在生产力的更高水平，主要依靠培育更高产的水稻品种。从光能利用角度分析，水稻高产育种的途径应强调以下几点：

(1)源的方面：我国北方生育期短，气温较低，往往叶面积生长不足，所以需培育在较低温度下同化率高、叶面积增长快、分蘖多、干重积累多的品种，同时对北方高产水稻品种也要改善株型，增加光合效率。南方生育期长，气温较高，叶面积一般说不是限制因素，并且往往生长过快，叶面积过高，不利于光合积累，因此应特别注意株型的改善，使叶面积保持在适宜水平，要降低消光系数(k值)，提高受光率及单位叶面积同化率，增加叶子厚度及叶色以提高光能利用率。不论南、北方，都要克服后期绿色叶面积迅速下降以及早衰的问题，这就需要增强根系活力，延长后期叶片寿命，保持后期较强的转移率等。

(2)库的方面：增加库容也是提高叶片光合效率的十分重要的途径。主要是增加每穗粒数及每粒重量，这是南、北方增产的共同途径。近年来杂交籼稻的增产，重要原因之一就是穗型大，看来常规籼、粳稻的高产育种，在增加穗型、粒型上仍然是大有潜力的。

从库、源关系来说，南方水稻"库"是主要矛盾，大穗大粒的作用可能更大一些。北方水稻"源"是主要矛盾，育种工作中需要更多地注意增加叶面积并改善株型，在此基础上，改善"库"的条件。

(3)多抗特性方面：水稻生活在气象条件多变与病虫害频繁条件下，目前高产品种在抗性方面都不甚理想，杂交稻的抗性也不够强，影响高产稳产。因此高产育种还需要注意多抗性问题，从全国来说，特别要注意抗低温、高温、风雨倒伏、日照不足以及主要病虫害等问题。

参 考 文 献

高亮之.1960.中国稻作的气候条件.中国水稻栽培学.农业出版社.109～189

高亮之等.1965.水稻对不同封行期光强条件的反应.气象学报,**36**(2):181~188

高亮之,王延颐,郑凤祥.1965.晚稻高产适期封行经验分析.中国农业科学,(1):1~4

黄秉维.1978.自然条件与作物生产.农业现代化概论.35~61

马场赳.1962.水稻的生理.上海人民出版社.39~45

殷宏章等.1961.水稻田的群体结构与光能利用.稻麦群体研究论文集.上海科学技术出版社,33~50

村田吉男.1959.水稻光合成の研究.日作纪,**27**(1,4)

De Wit C T, *et al*. 1978. Simulation of Assimilation, Respiration and Transpiration of Crops. Pudoc, Wageningen

Evans L T. 1973. Plant Response to Climatic Factors. UNESCO, Paris. 21—35

Kumura A, *et al*. 1959. Analysis of rice yield formation(3). *Proc. Crop Sci. Soc.* Japan, **28**(2):175—178

中国水稻生长季气象灾害的研究

高亮之　高庆芳　陆景淮

江苏省农业科学院

(原载:1984年,高亮之等著,《中国水稻的气候资源与气候生态》,43~48页)

前　言

中国地处欧亚大陆东部,气候具有大陆性和季风性特点。冬夏气温差异悬殊,春秋季节转换明显,冬半年西伯利亚冷气流十分活跃,可以直驱华南,夏半年主要受西太平洋副热带高压影响,同时台风又经常侵袭东南沿海。我国气候条件对水稻生产虽具其优越的一面,但东亚季风强弱的年际变化造成了降水量的年变率很大,因而旱涝威胁严重。此外,我国广大稻区除几个平原外,大多散布在丘陵山地,这更加剧了水稻的旱涝和高低温危害,以致造成有些地区水稻产量不高不稳。

研究水稻气象灾害,对各地充分利用气候资源,趋利避害,确立适宜的稻作制度、品种布局、栽培技术和水利设施等都具有重要意义。

一、水稻的旱涝灾害

(一)旱害

我国南方平原稻区一般都有良好的灌溉条件,遇旱即引导江、河、湖水灌溉。新中国成立30多年来更改善了水利条件。因此,南方平原稻区并不存在严重的干旱灾害。但南方广大丘陵稻区地形复杂,灌溉条件比较困难。特别是远离水源的实心丘陵或者地形起伏大的中山丘陵、高山丘陵(如四川盆地、贵州高原等)稻区仅有部分地方依靠水库、塘坝灌溉。不少地方基本上是依靠自然降水种水稻,因此干旱威胁严重,连续几日无雨即露旱象,持续无雨则形成旱害,群众有"三日无雨一小旱,五日无雨一中旱,七日无雨一大旱"之说。表1、表2为我国若干地方(广州、南京、天津、银川等)无雨天数与连续无雨(>3天至>5天)天数的相关分析,说明相关关系相当好。因此,可以用无雨天数的几率联系地形条件反映稻田旱害发生的地区差别。图1至图4是春、夏、秋三个季度全国无雨(雨量<0.1 mm)天数占该季度总天数的几率。这些图说明各季干旱特点为:

表1　无雨日数与连续无雨日数的相关分析

(资料地点:广州、南京、天津、银川)

X	Y_i	季节	直线回归方程	相关系数	相关显著性
无雨日数	连续3天无雨天数	春 3~5月	$Y_1=1.285X-8.835$	0.9898	＊＊
		夏 6~8月	$Y_1=1.172X-6.968$	0.9772	＊＊
		秋 8~10月	$Y_1=1.314X-10.04$	0.9662	＊＊
无雨日数	连续5天无雨天数	春 3~5月	$Y_2=1.491X-16.935$	0.9753	＊＊
		夏 6~8月	$Y_2=1.125X-10.320$	0.8657	＊＊
		秋 8~10月	$Y_2=1.443X-16.22$	0.9307	＊＊

注:回归方程中 X,Y_1,Y_2 均为逐月数值。

表 2 无雨日数与连续无雨日数的相应天数
(资料地点:广州、南京、天津、银川)

季 节	无雨总日数(d)	连续3天无雨总日数(d)	连续5天无雨总日数(d)
春 3~5月	40	25	9
	50	33	24
	60	51	39
	70	68	54
夏 6~8月	40	26	14
	50	38	25
	60	49	37
	70	61	48
秋 8~10月	50	36	23
	60	49	38
	70	62	52
	80	75	67

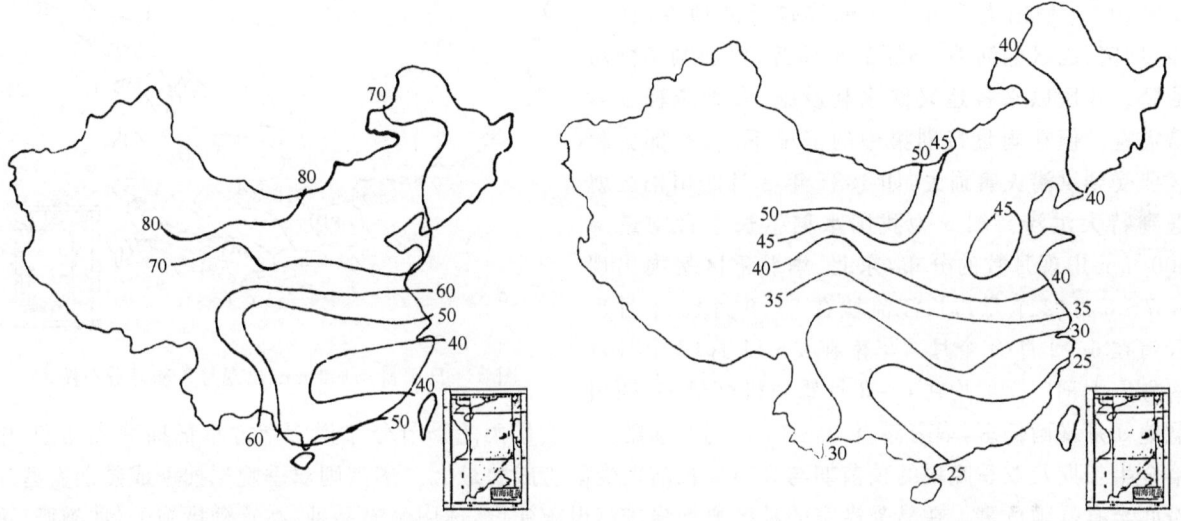

图 1 3~5月无雨日数分布图(>40天易旱)　　图 2 5~6月无雨日数分布图

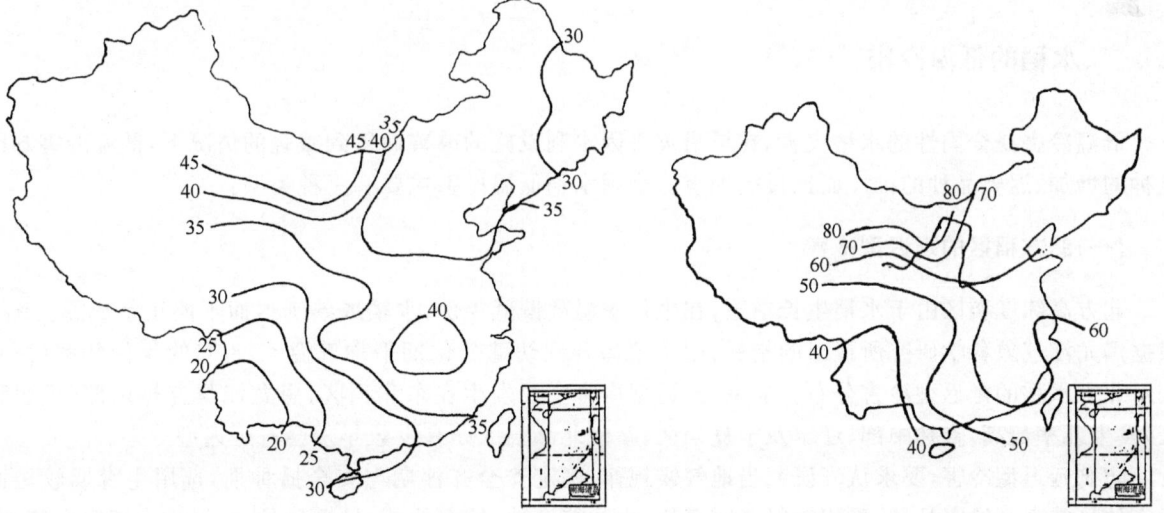

图 3 7~8月无雨日数分布图　　图 4 8~10月无雨日数分布图(>40天易旱)

春旱:最严重地区是北方稻区。南方稻区中西部与南部较重,如四川盆地、云贵高原、广西山地、鄂西、湘西山地、广东、福建南部丘陵包括海南岛春旱均较重。四川盆地历史上盛行冬水田,就是群众抗御春旱的传统经验。

初夏旱：由图2可知，我国初夏旱最严重的是西北和华北平原稻区（包括苏、皖的淮北稻区）。特别是5、6月份的连旱天气，直接影响华北和苏、皖淮北稻区的水稻适时栽插。因此，在这些稻区水源条件差的地方，种植水稻可实行旱育水长的节水栽培方法，或者发展部分旱稻。

伏旱：图3表明我国伏旱分布的特征，以华中与西北稻区无雨日数为最多。特别是鄂、湘东部，赣西与苏皖丘陵，以及福建丘陵稻区伏旱最为严重。往往给这一带稻区高产、稳产造成威胁。在水源无保证地区，群众多采用麦—玉米—稻或麦—玉米—薯或麦—玉米，麦—薯，甚至一季旱稻的办法来减轻伏旱的威胁。

秋旱：由图4可知，我国南方稻区明显地分为东、西两部分，东部江苏、安徽、江西、福建、广东等省秋旱几率较高，而四川、云南、贵州、湖南等省秋旱较轻，但秋季水稻进入灌浆成熟阶段偏旱往往是有利的。当然干旱时间过长亦不利于灌浆结实。

（二）涝害

我国暴雨涝害主要发生在夏半年亦即水稻生长季节，加上稻田大多分布在地势较低的地方，如平原、圩区、山区的河谷，高原的平坝等，更加剧了雨涝威胁。建国以来各地兴修水利设施，大大减轻了洪涝灾害。但在雨量特别集中的情况下，仍有部分稻区要受到洪涝灾害损失，如1981年8月四川稻区就遇到特大洪涝。图5为我国水稻生长季日雨量≥100 mm出现月数的分布，东北、华北稻区暴雨出现在7~8月（2个月），长江流域在5~9月（5个月），云南在6~9月（4个月），华南在4~11月（7个月），南方广大稻区一般均在6~8月暴雨机会最多，四川

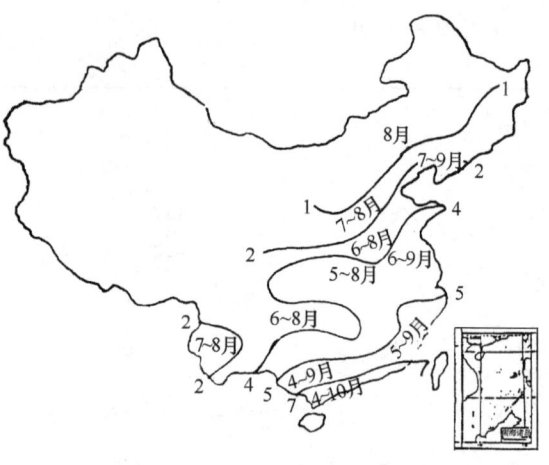

图5　日雨量＞100 mm出现月数和月分布图

盆地9月暴雨仍多，华南甚至10~11月仍有暴雨。以上暴雨的季节分布说明南方早稻抽穗成熟期、中稻全生长期及双季晚稻的秧苗期与大田生长前期受雨涝威胁最大。华南则双季晚稻抽穗成熟期有些年份亦会有暴雨危害。在易受涝害的稻区要加强排涝设施建设，选用耐涝品种，在管理措施上（如施肥、灌排、防治病虫等）亦要注意防御暴雨的问题。

二、水稻的低温冷害

低温冷害是全国性的水稻灾害，在旱涝灾害因水利设施的改善而得到减轻的情况下，低温冷害却因复种的增加、迟熟品种的推广而比过去加重。全国水稻低温冷害主要有三种类型：

（一）北方稻区的延迟型冷害

北方高纬度稻区由于水稻生长季短，在生长季温度偏低年份，水稻成熟延迟而不能正常成熟。图6根据黑龙江气象科学研究所提出的指标，用水稻播种到幼穗分化期平均气温＜18 ℃的年份几率（％），表示北方水稻的延迟型冷害分布。显见，延迟型冷害主要发生在东北稻区，黑龙江与吉林东部（延边稻区）发生几率最高，吉林中部、辽宁及宁夏稻区、新疆北部稻区亦有少数年份会有延迟型冷害。

防御延迟型冷害，要求认真研究当地气候规律，确定安全齐穗期与安全播种期，选用生育期较短而适宜的早熟高产抗寒品种，采用塑料薄膜育秧、生物能育秧，培育壮秧，早播早栽，抓好前中期肥水管理，促早发早熟高产。

（二）早稻孕穗期冷害

早稻如果播种栽插过早，在花粉母细胞减数分裂期与孕穗期遇到日最低气温低于15 ℃（粳）或低于

17 ℃(籼)的寒流侵袭就会因受冻而使花粉不能正常成熟,导致很高的空壳率,使早稻产量锐减。这在南方双季稻区(特别是山区)是早稻增产的严重威胁。

防御早稻孕穗期冷害的根本措施,是要合理安排水稻布局,选用生育期适宜的早稻品种(生育期不宜过短),确定适宜的播栽期以确保早稻在安全齐穗期以后齐穗。早稻安全齐穗期根据80%年份不会在齐穗前15天以内遭受以上危害温度的要求确定。图7为全国早稻安全齐穗期分布图,可见长江流域双季早稻应在6月20日后齐穗;华南应自南向北分别在5月20~30日或6月10日以后齐穗;云贵高原则应在6月30日或7月10日以后齐穗。

(三)水稻开花期低温冷害

开花期冷害是我国自南到北最主要的水稻低温冷害类型,这与我国广大稻区夏季高温、秋季降温快的气候特点有关。由于夏季温度高,一般单季早稻、中稻、晚稻或双季稻在穗分化到孕穗期,都不易遭受低温危害。但由于秋季降温快,抽穗开花期的低温危害就成为全国水稻最普遍的威胁。这是我国水稻生产上一个重要特点。

多年来试验与调查结果已经证实,日平均气温低于20℃连续3天以上对粳稻开花受精有害(云南高原低于18℃才受害);日平均气温低于22℃连续2~3天对籼稻开花受精有害;不耐寒的杂交稻,如南优二号、三号低于23℃即受害。

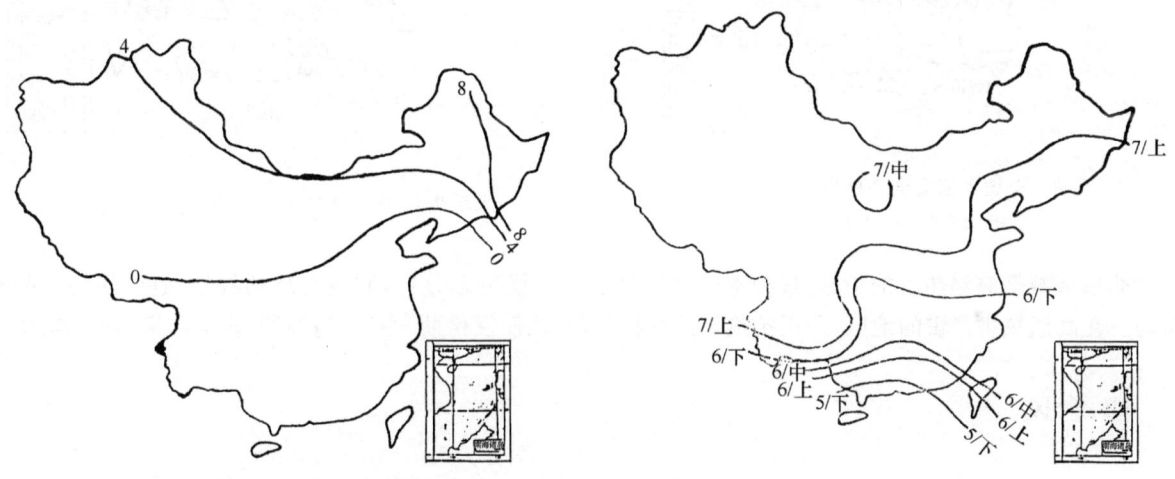

图6 北方水稻延迟型冷害分布图(%)　　图7 早稻安全齐穗期分布图(月/旬)

防御晚稻开花期低温冷害的根本途径是根据农业气候分析,明确各地水稻安全齐穗期(80%年份不遭遇上述低温),并根据安全齐穗期确定安全播栽期,确定适宜的水稻布局并选择适宜的水稻品种,并且在育秧、肥水管理等措施上均要认真掌握,防止水稻迟发迟熟,以确保水稻在安全齐穗期前齐穗。图8为全国粳稻与籼稻的安全齐穗期分布:东北粳稻分别应在7月30日到8月30日前齐穗,华北粳稻在8月30日至9月15日前齐穗,长江中下游晚粳稻应在9月15~30日齐穗,云贵高原粳稻在8月15~30日齐穗;长江中下游籼稻应在9月10日前齐穗,四川盆地籼稻在8月底到9月10日前齐穗,华南双季晚籼在9月30日到10月15日前齐穗。

三、水稻的高温热害

水稻在不同生长阶段对高温反应不一。在营养生长阶段,遇有35℃以上的持续高温,会造成稻叶枯萎、缺绿或白色斑带等有害症状。在抽穗开花阶段,水稻对高温反应最为敏感,授粉时遇有一两小时或更长时间大于35℃的高温即能造成花粉干枯,引起大量颖花退化和不孕,因此结实率减少,空粒增多。在谷粒形成阶段,高温促使呼吸作用加强,同化物的分解、转移和积累都进行得很快,因而转移的时间短,积累不充分,"高温逼熟"最终导致减产。图9是我国水稻生长季日最高气温≥35℃日数分布图。由图可见,北方稻区的东北、西北一带不存在水稻高温热害。华北区仅部分地区有热害,但不严重。水稻的高温热害主要发生在南方稻区,较严重的有江西省大部、福建省的西部、浙江省的西南部、湖南省的东南部和广东省的东北部以及川东、桂西和新疆吐鲁番、若羌一带,每年出现日最高气温≥35℃的日数都在一个月以上(不包括高海拔的山区稻田)。东南沿海和华南沿海由于海洋气团(包括台风)的气候调节,水稻高温热害相对来说并不明显。

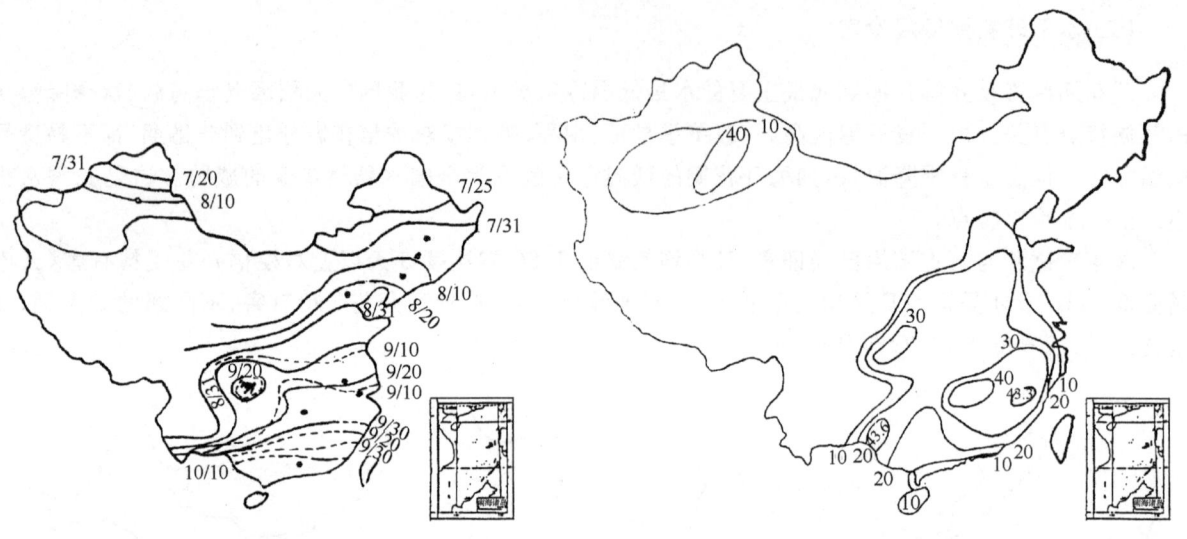

图8 全国水稻安全齐穗期(月/日)
(—粳稻 ……籼稻)

图9 水稻生长季日最高气温≥35℃日数分布图

防御或减轻高温热害的措施,最根本的办法是进行气候生态分析,制定合理的种植制度、作物和品种布局。在高温热害严重的地区,采用抗热害的水稻品种,或使授粉期"避"开高温期,确保水稻高产、稳产。

四、台风

我国台风及其带来的暴雨狂风,造成中稻、晚稻的倒伏、落粒等损失。图10为我国台风影响频率分布图,表明台风威胁主要发生在我国沿海各省。受害几率最多的是福建、广东、台湾三省,其次为浙江,再次在江苏、江西、辽宁、河北、山东、安徽等省亦有少数年份会受台风危害。

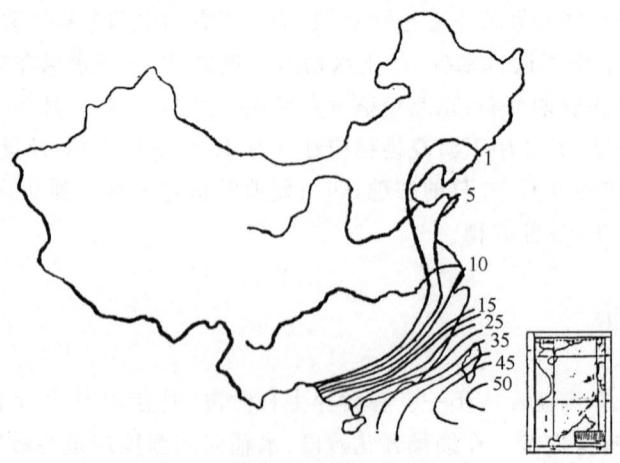

图10 全年台风影响频数分布(%)(1949~1969年)

防御台风主要靠水利设施,营造防风林,选用矮秆抗倒品种,以及加强台风预测和预防工作。

参 考 文 献

潘铁夫. 吉林省低温冷害发生规律及其防御措施

祖世亨. 寒地水稻冷害研究

中国水稻气候生态区划

高亮之 李 林 金之庆

江苏省农业科学院

(原载:1984年,高亮之等著,《中国水稻的气候资源与气候生态研究》,49~68页)

摘 要 本文根据气候生态学观点,讨论了中国水稻作物特点和气候环境因子之间的生态关系,重点是放在水稻气候适应性和光能利用上。根据温度、水分和季节三项指标,并参照地形,对中国水稻气候区域进行了划分。最后在分区评述部分,对各地的气候、土壤、水利条件,特别是光能利用进行了评价。

温度、水分和日长并结合地形条件是决定我国水稻气候适应性和水稻作物时空分布最重要的因子。太阳辐射则是水稻产量形成的能量源泉。考虑到热量条件的满足与否关系到水稻作物的能否种植,因此首先确定了区划的热量指标,据此将中国划分为水稻的可能种植区和不可能种植区。当热量条件满足时,又进一步考虑水分条件(降水量和稻田蒸散量)。稻田蒸散量是采用修正后的彭曼公式编制程序计算的,同时还计算了稻田干燥度指数,并以此作为区划的水分指标,将中国水稻的可能种植区进一步划分为三个不同湿润状况的水稻气候带,即湿润、半湿润半干旱和干旱水稻气候种植带。考虑到不同耕作制度下水稻生育期的长短是能否适应栽培地点温光环境最重要的因素,又选择了温度、播期、纬度等因子,采用多元回归技术,建立了我国不同类型水稻生育期的温光模式以及季节指标,并参照大的地形,将我国划分为6个水稻气候生态区以及22个副区。

在分区评述部分,除讨论土壤、水利、气象灾害外,还根据气候生态生理系统模式计算的结果,讨论了各地水稻的潜在生产力、现实生产力与光能利用率,指出了我国各地水稻增产的潜力以及在近期及将来提高水稻产量的途径。

本研究对我国水稻的品种布局、良种推广、稻作制度的改革、稻田灌溉、土地利用以及光能利用等发展战略具有指导意义。

前 言

我国是世界上最大的水稻生产国。水稻栽培在我国已有约7000年的悠久历史。

在我国的粮食生产中,水稻生产居于首位。据国家统计局(1982)公布的数字,我国水稻的种植面积为3300万hm^2(近5亿亩),占谷类种植总面积的29%,而产量达1.44亿t,占谷类总产量的44%,大力发展水稻生产,争取大面积的高产稳产,优质低耗,对我国国民经济具有重大意义。

我国水稻气候兼具大陆性和季风性特点,辽阔的幅员和复杂的地形更使我国水稻气候千姿百态,具有多样性和地域性。我国既拥有丰富的水稻气候资源,又有许多水稻生产上的限制因素和气象灾害。大陆性气候造成了我国在水稻生长季平均温度较世界上大多数同纬度地区要显著偏高,太阳辐射也相当丰富,同时,季风挟带着海洋暖湿气流带来了沛充的雨量。这种光、温、水同季的自然条件使我国水稻气候条件得天独厚。但另一方面,大陆性气候也造成了我国广大西北地区气候极端干燥,雨量奇缺。另外,还使冬半年北方的强冷空气可以长驱直入,波及华南。因此,特别在春、秋两季,低温冷害是限制我国水稻生产最主要的不利因素。此外,东亚季风强弱的年际变化造成了我国生长季雨量不调匀,年变率很大,因而我国广大稻区旱涝频仍,台风也经常袭击我国东南沿海。这都是我国水稻生产不稳定的重要因素。我国水稻生产还面临着地少人多的困难。上述情况就决定了我国以水稻为主的耕作制度、种植类型以及品种布局的复杂性和多样性。阐明全国气候生态条件和水稻生产之间的关系,对我国水稻的品种布局、良种推广、稻作制度的改革、栽培技术的改进、土地规划、稻田灌溉以及光能利用等提出客观的科学依据和合理可行的意见,使各地水稻生产适应当地的气候生态条件,以利充分利用气候资源,克服自然灾害,扬长避短,趋利避害,乃是本区划的目的。

本区划完全是为我国水稻生产而设计的。它既考虑了水稻本身的生理特点(喜温、短日性等),又考虑了我国水稻生长季内各种气候生态因子,以及这两者之间的关系。从农业生产实际情况来看,气候与水稻的生长发育、品种布局以及稻作制度的关系是相当复杂的,涉及到水稻对光(日长、播期、纬度、光强、光质)、温(播期、开花期、成熟期对温度不同的要求,生育期对温度反应的敏感度等)、水(不同季节的降水、蒸散、径流,不同生育期对水分不同的需要量等)等多方面的要求和对各种灾害和逆境的不同反应。因此仅用少数几个指标(如积温、降水等)很难较确切地阐明作物与气候的关系。我们在水稻光能利用分析(高亮之等 1984)、水稻生长季水分条件分析以及水稻季节与布局的气候生态研究(高亮之等 1982,1983)中均采用了气象生态模式的方法,就是企图在模式中考虑到更多的因子,以加强区划的科学性,使气候生态分析与区划更符合农业生产,更好地发挥生产指导作用。

按生态学概念(黄秉维 1978),气候并非孤立地,而是与其他多种因子(地形、土壤、水利、劳力、经济等)互相联系而影响农业。将气候因子孤立起来,分析它和农业的关系,往往与实际情况出入很大。但在像本区划这样的全国性区划中,各个因子不可能都一一加以考虑。主要考虑了大的地形对水稻气候的影响,对土壤、水利等因子则在分区评述部分讨论。

本区划的研究内容涉及到以下几个方面:

(1)在调查研究的基础上,确定我国水稻生长的热量指标,据此将我国划分为水稻的可能种植区和不可能种植区。

(2)研究中国水稻生长季的水分条件,用稻田干燥度指数建立水分指标或判据,进一步将我国水稻的可能种植区划分为不同湿润状况的水稻气候带。

(3)研究我国水稻生长季温光条件和不同水稻品种类型的生育期规律,建立季节指标,据此将我国水稻的可能种植区划分为适合不同耕作制度和品种类型的水稻气候生态区和副区。

(4)研究我国水稻光资源及光能利用,研究我国水稻气象灾害,对我国水稻气候生态区和副区进行分区评述。

一、中国水稻气候概述

我国水稻气候和我国的地理环境、地形和大气环流关系甚密,现简述如下:

(一)地理环境和地形

我国位于 73°~135°E,4°~53°N 之间,跨热带、亚热带和温带三大气候带。北、西、南三面为欧亚大陆包围,东面和西太平洋相连,大陆海岸线长达 18000 km,和印度洋的最短距离只有 600 km。这种地理位置使我国气候处于东亚季风系统控制之下。在水稻生长季,地面增热很快,同时来自海洋的暖湿气流带来了丰富的雨量,形成对稻作极为有利的气候条件。西北部由于深入大陆腹地,加上西藏高原的屏障作用,因此气候极端干燥,对水稻生长极为不利,但光照条件好,昼夜温差大,是其有利的一面,在水源好的地方,水稻气候资源潜力仍然很大。

我国有 960 万 km² 土地,地形复杂,参差不齐,但大致是自西向东倾斜。山脉与河流亦大多东西走向。我国山脉占国土总面积的 33%,高原占 26%,盆地占 19%,平原和丘陵分别占 12% 和 10%。高原和山脉多集中在西部,平原和丘陵多分布在东部。这使得在水稻生长季东亚夏季风能够深入我国腹地,印度洋方面的暖湿气流亦能到达云贵高原,可深入四川一带。冬半年,西伯利亚的强冷空气可以长驱直入,直达华南,寒流益见凛冽。

我国西南稻区随地形呈垂直气候分布,对水稻的品种布局、稻作制度均有明显影响。

我国约有 100 万 km² 的沉积平原和冲积平原,土壤肥沃,大约有 1500 条河流和 300 多个大型湖泊以及各种水利设施,形成了发达的灌溉网。加上农民世代精耕细作,富有栽培经验。因此,我国特别是南方,一直是世界上最大的水稻生产中心。但另一方面,我国虽然幅员辽阔,可耕地面积却仅有国土面积的15%左右。与美国相比,我国人口是美国的4倍,而耕地面积尚不足其1/2,这又限制了我国粮食生产包括水稻生产的发展。

(二)大气环流

大气环流表现着不同来源的气团运输,这是各地气候形成的一个重要原因。我国是典型的季风气候,冬季盛行来自大陆的极地气团或冰洋气团,夏季盛行来自海洋的热带气团和赤道气团,春、秋两季则处于这两股环流的交替转化之中。冬半年,蒙古高压产生的寒冷气流影响我国绝大部分地区,因此水稻生长季始末的低温冷害是限制我国水稻生产的主要因子。夏半年,来自印度洋的赤道气团和来自太平洋的热带气团是我国水稻生长季雨量的主要供应者。但太平洋热带气团只有在锋面和山坡前才能产生大的降水,在平原区域,这种气团倘若过盛,反会造成干旱。在水稻生长季,来自西藏高原的极端干热的热带大陆气团也常会给我国稻区造成干旱。如果这种气团和太平洋热带气团融为一体,形成"高压坝",则我国稻区会有持续的严重干旱发生。

台风对我国水稻气候,特别是在夏、秋两季,对东南沿海稻区影响较大。台风伴随着狂风暴雨,危害尤烈。但在台风影响地区,有时凉爽的天气可以减轻水稻的高温热害。

(三)水稻生长季的热量条件

我国稻区水稻生长季热量资源丰富,我国拥有世界稻区的北界(53°N,黑龙江省漠河)和上界(2600 m,云南高原),在南方稻区适宜于发展多熟稻作制度。

热量是水稻生产最基本的气象生态因子,它对水稻的生长发育和产量形成均起着重要作用。我国稻区生长季平均气温为18～25 ℃(高亮之等1984),东北和西南高原稻区较低,在18～22 ℃,华南稻区最高,在23～25 ℃。全国稻区最热月平均气温一般都在20℃以上,与水稻需温较高的生殖生长期大体相一致。我国水稻生长季平均气温南北差异不大,而昼夜温差的差异较大,稻区可以延伸到极北的漠河地区和云南的高山地区。我国稻区生长季的长短受到温度的制约,表现为随纬度和高度的不同而差异很大。其中东北生长季最短,仅有110天左右,而华南稻区可长达250天以上;西南稻区生长季的长短随地形的起伏,层次性最为明显,云贵高原为170～220天,而河谷盆地可长达240～365天。

由于我国稻区生长季长短的南北差异大,因此稻作制度亦迥然不一。总的说来,东北和西北稻区为一年一熟的单季稻作制,华北和云贵高原稻区为一年一熟和稻麦两熟制的过渡带;长江流域稻区北部以稻麦两熟制为主,南部则多为一年两熟双季稻或双季稻三熟制;华南同长江流域南部稻区以双季稻三熟制为主;海南岛的南部因冬季气温较高,1月平均气温大于20℃,可以种植三季连作稻。

(四)水稻生长季的光能资源

太阳辐射是水稻产量形成唯一的能量源泉。在可见光辐射中,只有波长为0.4～0.7 μm这部分辐射对植物的光合作用有效,称为光合有效辐射。它是纬度、太阳赤纬和季节的函数,同时还受到天气状况的影响(么枕生1959)。我国南方由于水稻生长季长,太阳高度角大,光合有效辐射总量因而较多,但南方天气多云雨,光合有效辐射被吸收的较多,因此光合有效辐射之强度并不大。北方稻区的情况恰为相反,水稻生长季短,太阳高度角小,光合有效辐射总量较少,但北方水稻生长季云雨较少,太阳可照时间长,因此光合有效辐射的强度比南方明显偏高。华北、华南沿海和黄河河套以西地区水稻光合辐射总量为相对高值区,而东北和西南高原、浙江东部为相对低值区。水稻光合辐射强度低值出现在西南区,在华南和华东地区,随着地势增高以及距海洋的距离增大,水稻光合辐射强度亦明显增大。

综上所述,我国南北稻区在光能资源上各有优劣。北方稻区以光合强度取胜,而南方稻区以光合时间取胜。就光能利用而论,北方稻区的优势表现在有可能通过提高光能利用率以提高单产上,而南方稻区的优势表现在可以通过提高水稻复种指数,以充分利用光能资源提高总产上。

(五)水稻生长季的水分条件

由于东亚季风强弱进退的年际变化,我国水稻生长季的雨量不仅表现为年际变化很大,而且地域性很强。但总的说来,全年降水量多集中在水稻生长季内,这对水稻的生长发育极为有利。水稻生长季的雨量从东、南两个方向向西北内陆逐渐减少,等雨量线的走向大致为自东北向西南,因此,整个南方稻区雨量差异不大,而南、北稻区雨量差异明显。华南水稻生长季降雨量在 1000 mm 以上,长江流域为 800~1000 mm,西南为 800~1250 mm,东北为 300~700 mm,淮河、秦岭以北在 700 mm 以下,而西北锐减到 350 mm 以下。

我国水稻生长季稻田蒸散量的南北差异比降雨量的南北差异要小。华南由于水稻生长季最长,太阳高度角大,辐射强,加上气温高,风力较疾,稻田蒸散量较大,峰值(大于 1000 mm)出现在雷州半岛和海南岛一带。新疆南部,由于沙漠地区极端干燥天气的影响,水汽压饱和差极大,云量又殊为鲜见,辐射强,稻田蒸散量亦出现高值中心(大于 900 mm)。华北平原是另一个稻田蒸散量的高值区(大于 800 mm),主要是因为那里生长季气温较高,风速较大,云量和相对湿度较小造成的。我国稻田蒸散量的最低值出现在东北的北部,因为那里生长季短,气温偏低,太阳高度角小,而相对湿度较大。贵州高原、四川盆地和太湖盆地或因多云雾、寡日照,或因水网稠密,渠道纵横,加上盆地和坝子的地形作用,常出现逆温层,使相对湿度增大,日照时数和风速变小,因此稻田蒸散量亦出现低值中心。

水稻生长季稻田蒸散量和需水量在不考虑径流和渗漏时,其值极为接近。按水分平衡概念,通常把降雨量和灌溉量作为收入项,稻田蒸散量作为支出项,而降雨量和蒸散量的差值($P-ET$)实际上反映出稻田水分供求的矛盾。当差值为正时,表明雨量丰富,能够或基本上能够满足水稻生长的水分需要;当差值为负时,说明必须依靠灌溉方能满足种植水稻的水分需要,负值绝对值的大小,说明了依赖灌溉的程度。我国稻区生长季的水分条件在秦岭、淮河以南较好,$P-ET$ 为正值;在秦岭、淮河以北 $P-ET$ 为负值。

(六)水稻的气象灾害

由于我国气候受东亚季风系统控制,季风年际之间的变化强弱、进退迟早都可能给我国水稻生产带来各种气象灾害。

(1)旱害:春旱发生的主要原因是来自海洋的暖湿气流迟到所致。我国北方稻区春季由于地面增热,温度回升较快,但雨季开始比较迟,因此春旱严重。南方稻区中西部与南部春旱亦时有发生,惟发生原因不尽相同。四川盆地、云贵高原、广西、鄂西和湘西山区稻田,夏季风迟到是造成春旱的原因之一;另一方面,由于地形复杂,提灌条件较差,加上径流严重,因此基本上是依靠自然降水种植水稻。连续几天无雨即露旱象,持续无雨则形成旱害。广东、福建南部丘陵包括海南岛春旱的发生原因主要是处于单一气团控制之下,不可能形成较大的雨量。夏伏旱和秋旱在西北稻区最为严重,这是由于西北地处大陆腹地,受夏季风影响甚微的缘故。长江中下游丘陵稻区(特别是湘东、赣西和苏皖丘陵)和福建丘陵稻区夏、伏旱都较严重。夏、伏旱及其伴随的高温热害对这一带稻区水稻高产、稳产造成严重威胁,其发生原因主要是太平洋副热带气团过盛,在稳定、炎热的单一气团控制之下,极易造成旱灾。秋旱在南方稻区的东部如苏、皖、赣、闽、粤诸省发生几率较高,而西部如川、滇、黔、湘诸省发生几率较低。这是由于太平洋副热带气团已撤退到东部的缘故。秋旱时多晴日,对水稻的灌浆成熟往往是有利的,当然干旱时间过长亦会造成危害。

(2)涝害:雨涝多发生在水稻生长旺盛的夏季,往往给水稻生产带来较大的威胁,特别是在雨量非常集中的情况下,有些稻区受洪涝灾害,损失严重。雨涝发生的原因主要是在两种性质不同气团的界面即锋面附近,有低压或低涡产生,造成较大的降水。南方稻区一般均在 6~8 月暴雨机会最多;四川盆地 9 月暴雨仍多;华南甚至在 10~11 月仍有暴雨;东北和华北暴雨多出现在 7~8 月;云贵高原在 6~9 月。

(3)低温冷害:低温冷害是我国稻区带普遍性的气象灾害。冬半年北方冷空气的迟撤和早进都会造成低温冷害。另一方面,稻区的北伸、上延以及晚熟品种的扩大、复种指数的增加,在不同程度上都加剧了水稻的低温冷害。全国水稻低温冷害主要有三种类型:延迟型冷害、早稻孕穗期冷害和水稻开花期冷害。延迟型冷害主要发生在东北稻区,因为东北地区生长季短,温度如较常年偏低,就会造成水稻成熟延迟或不能正常成熟。新疆北部稻区亦有少数年份会有延迟型冷害。早稻孕穗期冷害是指早稻如播种、栽插过早,在孕穗期遇有低于15 ℃(粳)或17 ℃(籼)的低温而使花粉不能正常成熟,产量锐减,它主要出现在南方双季稻区,特别是在山区。水稻开花期冷害是指秋季因降温快而造成的低温危害,为我国自南到北最主要的水稻低温冷害类型。

(4)高温热害:在水稻生育期如遇有35 ℃以上的持续高温,或会造成稻叶枯萎、缺绿,或会使花药干枯,引起大量颖花退化和不孕,导致结实率低。高温还会使水稻在灌浆阶段呼吸加快,消耗增多,"高温逼熟"使生育期缩短,营养积累不充分,最后导致减产。水稻高温热害主要发生在南方稻区,其中以赣、闽西、浙西南、湘东、粤东北、川东和桂西最为严重。东南沿海由于受海洋气团的调节,高温热害并不很明显,山区稻田由于高海拔,气温凉爽,亦不存在高温热害问题。

(5)台风:台风对我国水稻生产的影响已在另文提到,此不赘述。

二、区划的指标和方法

(一)热量指标

水稻是喜温作物。决定一个区域能否种植水稻的先决条件是该区域能否满足水稻生长发育对热量最基本的要求。指标的确立既要考虑那些影响水稻生产的基本气象条件,同时也要考虑到稻区的实际分布情况。根据试验与我国高寒稻区多年生产实践证明:(1) 10 ℃是粳稻生长的下限温度,而我国高寒山区现有粳稻特早熟品种生育期所要求的最少天数为110天。(2)一般说来,20 ℃是水稻(粳)抽穗扬花的下限温度,而耐寒性较强的粳稻从幼穗分化—抽穗扬花所要求的高温期(日平均气温大于20 ℃)应不少于30天。但考虑到云贵高原的具体情况:那里夏季高温不足,但由于有较大的温度日较差可资利用,水稻通常在20 ℃以下、18 ℃以上仍能抽穗扬花,安全齐穗。如云南丽江海拔在2300 m以上,夏季最热三旬平均气温在18～19 ℃,仍能种植水稻(云南省综合农业区划编写组 1982)。因此,从稻区实际分布出发,我们把水稻抽穗扬花的下限温度调整到18 ℃,而不采用20 ℃,这样,划分我国水稻的可能种植区和不可能种植区的热量指标应为:

(1)日平均气温稳定通过10 ℃的天数≥110天;

(2)日平均气温在水稻抽穗扬花期稳定通过18 ℃的天数≥30天。

对一给定地区,如果同时满足上述两个指标,该地区即为水稻的可能种植区;否则,为水稻的不可能种植区。我们普查了我国多年的各地气温资料,我国大部分地区可同时满足上述两项热量指标,因此这些地区属于水稻的可能种植区。水稻的不可能种植区共有三个副区,它们是:Ⅶ$_1$青藏高原区(但在高原南部的河谷低地亦有零星的水稻种植);Ⅶ$_2$兴安岭高山区;Ⅶ$_3$阿尔泰高山区。显然,我国不存在稻区的北界;由于一些地区地势高亢峻拔,气温终年很低,因而存在稻区垂直高度的上界(海拔高度约2600 m)。

(二)水分指标

在我国水稻的可能种植区内,基本上是"以水定稻",即凡有充足水源的地方均能种植水稻。一般说来,水稻生长季的雨量常被用来描述某个地区的水分条件,因为这个办法比较简便。但降雨量在时空分布上很不均匀,不仅年变率很大,而且地域性也强,特别是它只能反映对水稻供水的另一面,而不能反映水稻需水的另一面,因此不够可靠,对农业生产的意义亦不够明确。从农业气象的角度来看,用水稻生长季的稻田蒸散量(棵间蒸发与水稻叶面蒸腾之和)和同期降雨量之比,即"干燥度指数"来表示水稻生长季的水分条件,要比单纯地用降雨量要优越得多,至少那些降雨量相同或相近地区之间的气候差异可以得到比较。本文拟采用稻田干燥度指数(RDI)来确定水分指标。

参照 Stenz(1947)的定义,稻田干燥度指数可用下列公式来描述:

$$RDI = K_c \cdot \frac{ET_0}{P} \tag{1}$$

式中 ET_0 为水稻生长季参照作物蒸散总量(mm);P 为同期降雨量(mm);K_c 为水稻作物系数,南方稻区取 $K_c=1.05$,北方稻区取 $K_c=1.25$。ET_0 可按修正后的彭曼公式来求取:

$$ET_0 = C \cdot [W \cdot R_n + (1-W) \cdot f(u) \cdot (e_a - e_d)] \tag{2}$$

式中 W 为权重因子,是温度和气压的函数;R_n 为太阳净辐射,单位:$cal/(mm^2 \cdot d)$,按蒸发潜热可换算为 mm/d;$f(u)$ 为风的函数;$(e_a - e_d)$ 为平均气温下的饱和差,单位:hPa;C 为校正因子,补偿因昼夜天气条件差异对水稻蒸散量的影响。

按方程(1)计算的全国水稻生长季稻田干燥度指数分布如下:

秦岭、江淮一线以南稻田干燥度指数(RDI)$\leqslant 1.0$(川西滇北高原是个例外);华北、东北地区 $1.0<RDI\leqslant 2.0$(嫩江平原是个例外);西北稻田干燥度指数较大(乌鲁木齐地区是个例外),$RDI>2.0$,多数地区>4.0,其中以吐鲁番盆地最大,达 82.66。根据气候学概念,通常把干燥度指数为 1.0 的等值线作为干、湿气候的分界,其间存在着一个过渡带。一般又以干燥度指数为 2.0 的等值线作为干旱地区和半干旱、半湿润地区的分界线。据此按稻田干燥度指数可将全国稻区明确地划分为三个不同湿润状况的地带,即湿润带:$RDI\leqslant 1.0$;半湿润、半干旱带:$1.0<RDI\leqslant 2.0$;干旱带:$RDI>2.0$。

按照上述指标,长江中下游以南和云贵高原以东地区为湿润带,年降水量一般为 1000 mm 以上,基本上能满足水稻生长对水分的要求,水稻种植面积很广。松辽平原、黄淮海平原的大部分地区为半干旱、半湿润带,年降水量一般在 500～800 mm,只能满足水稻生长发育的部分需要,在一定程度上需要依靠灌溉,水稻种植在本区只是局部性的。东北和华北的西部,陕甘宁的大部分地区以及新疆、内蒙古为干旱带,年降水量在 400 mm 以下,水稻的种植完全受到水分条件的限制,稻田只能散布在有良好灌溉条件的地方,如宁夏的黄河灌溉区等。

(三)水稻的季节与布局指标

不同耕作制度下水稻生育期的长短是能否适应栽培地点温、光环境最重要的因子。生育期过长会因温、光条件不能满足造成歉收或减产,过短则不能充分利用现有的温光资源。因此,季节指标的确定包括下述三项步骤:(1)对各地水稻生长季温光环境予以估算。对我国来说,温、光环境最重要的标志是水稻生长季的长短,它是以温度为基础的。(2)建立不同稻作制度下不同品种类型的生育期温光模式。根据模式,可以计算实际的水稻生育期长短。(3)取水稻生长季和水稻模式生育期之比,我们定义它为"水稻气候保证系数"(RCP)。当 $RCP<1$ 时,说明某稻作制度下的水稻生育期天数超出了给定地区客观上水稻生长季长度,特别当 $RCP<0.9$ 时,说明该稻作制度在该地区是不适宜的。相反,$RCP>1$ 时,说明某稻作制度下的水稻生育期天数短于该地的水稻生长季长度,如果 RCP 过大,则说明该稻作制度不能充分利用该地现有的温、光资源。

1. 各地水稻生长季的长短

水稻生长季是指从安全播种期至安全成熟期的总天数。由于水稻的灌浆期(抽穗—成熟)相对比较稳定,因此我们定义水稻生长季的长度为从水稻的安全播种期到安全齐穗期的天数再加一个常数(籼稻 30 天,粳稻 40 天)。水稻安全播种期对粳稻来说,是指日平均气温稳定通过 10 ℃具有 80%保证率的初日,对籼稻来说,是指日平均气温稳定通过 12 ℃具有 80%保证率的初日。水稻安全齐穗期对粳、籼稻来说,分别是指日平均气温稳定在 20 和 22 ℃ 以上,不连续出现 3 天以上低于上述临界温度的终日。

2. 水稻生育期温光模式

感温性、感光性是水稻品种的重要特征,水稻不同品种对温度和日长的反应殊不相同。水稻对日长的反应,表现在由于播期和纬度的改变,其生育期长短也随之变化;而对温度的反应则表现为线性和非线性两种形式(高亮之等 1982)。传统的积温法并不能很好地反映水稻生长发育和温光之间的关系。因而本文采用水稻生育期温光模式的方法,选用温度差——ΔT、温度差的平方项——$(\Delta T)^2$、纬度差——$\Delta \phi$、播期差——ΔD 以及纬度差与播期差的乘积项——$\Delta \phi \cdot \Delta D$ 作为因子,采用多元回归技术,建立全国水稻品种的温光模式。标准条件取 $T=25$ ℃,$\phi=30°N$,$D=4$ 月 1 日。

水稻生育期温光模式对不同品种类型有以下一般形式:

感光性弱的品种:

$$N = N' + b_1 \Delta T + b_2 (\Delta T)^2 + b_3 \Delta \phi$$

或

$$N = N' + b_1 \Delta T + b_2 \Delta \phi + b_3 \Delta D'$$

感光性中等的品种:

$$\left. \begin{array}{l} N = N' + b_1 \Delta T + b_2 \Delta \phi + b_3 \Delta D \\ N = N' + b_1 \Delta T + b_2 (\Delta T)^2 + b_3 \Delta \phi + b_4 \Delta D \end{array} \right\} \text{(对于低纬度地区,}\Delta D \text{ 为常数)}$$

感光性强的品种:

$$N = N' + b_1 \Delta T + b_2 (\Delta T)^2 + b_3 \Delta \phi + b_4 \Delta D + b_5 \Delta \phi \cdot \Delta D$$

上述方程中:

N 为生育期天数(播种—齐穗);N' 为标准生育期;$b_i (i=1,2,3,4,5,\cdots)$ 为系数。

利用上述模式分别求算不同品种类型与不同熟制的水稻模式生长期(高亮之等 1982)。

(1) 不同品种类型模式生长期的求算

以杂交稻为例,其温光模式为:

$$N = 101.56 - 3.52 \Delta T + 0.16 (\Delta T)^2 + 0.16 \Delta D + 3.28 \Delta \phi$$

用各地资料代入方程,则得模式生长期如表 1。

表 1 各地资料及模式生长期

地点	纬度(°N)	纬度差 $\Delta\Phi$(°)	播期(月/日)	播期差 ΔD(d)	温度(℃)	温差 ΔT(℃)	模式生长期(d)
郑州	34.7	+4.7	4/17	−16	23.9	−1.1	159
徐州	34.3	+4.3	4/18	−17	23.3	−1.7	160
成都	30.7	+0.7	5/1	−30	23.8	−1.2	143
南京	32.0	+2.0	5/11	−40	25.1	+0.1	141

注:温度是指水稻播种—齐穗的 80% 保证率的平均气温,该时段的求算用迭代法,把当地气象资料代入方程若干次,求得预定值与计算值相接近的时段。模式生长期是由模式计算的播种—齐穗的天数再加 40 天安全灌浆期。

(2) 不同熟制的水稻模式生长期的求算

稻—麦(油)二熟:复种条件下水稻播种至成熟的模式天数。

双季稻:早稻播种至成熟的模式天数 + 后季稻播种至成熟的模式天数 −(后季稻秧龄 − 双抢农耗天数)。

麦(油)—稻—稻三熟:复种条件下早稻播种至成熟的模式天数 + 后季稻播种至成熟的模式天数 −(后季稻秧龄 − 双抢农耗天数)。

(3) 复种水稻生长季

为了反映水稻熟制,还要考虑到前作所占用的天数,计算"复种水稻生长季"。所谓复种水稻生长季是指在麦茬或油菜茬的复种条件下,水稻适宜播期(称为复种水稻播期,可按当地小麦、油菜成熟期与水稻适宜秧龄求算)到复种条件下的水稻适宜成熟期(称为复种水稻成熟期)之间的总天数(见图2)。

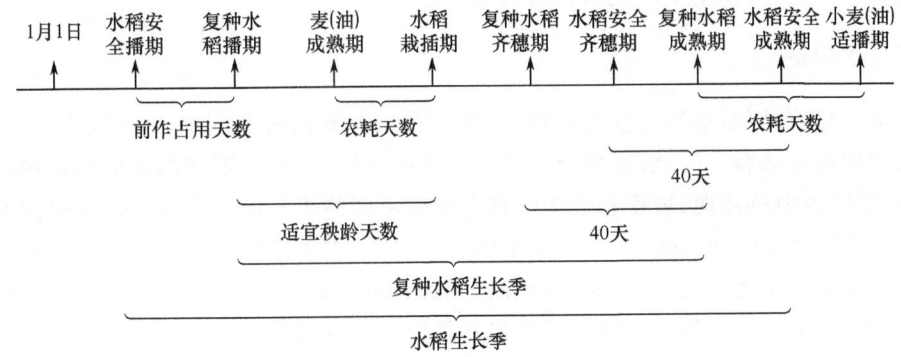

图 2 稻—麦两熟复种水稻生长季示意图

3. 稻作制度的气候保证系数

稻作制度的气候保证系数(RCP)的求算公式是：

$$RCP = \frac{当地水稻生长季或复种水稻生长季}{该稻作制度的模式生育期}$$

当 $RCP \geqslant 1.0$，为该熟制的适宜种植区(可以此种种植制度为主)；$0.9 \leqslant RCP < 1.0$ 为部分种植区(在此区域内采用相应的栽培措施可以部分种植)；$RCP < 0.9$ 为不宜种植区。

水稻不同熟制需要一定的水稻生长季，这个生长季除模式生长期外，还要加上籼—粳订正天数(一般粳稻比籼稻安全播期与成熟期分别约早10天和迟10天)、前作所占用的非共生天数和农耗天数，即得水稻各品种类型与各稻作制度相应的水稻(粳)生长季(见表2)。

表 2 全国水稻各品种类型与各稻作制度的相应生长季(粳)

品种类型或稻作制度		模式生长期(d)	籼—粳订正天数(d)	前作占用天数(d)	农耗天数(d)	稻作制度的相应水稻(粳)生长季(d)
一季早粳	特早熟早粳	110~120	—	—	—	110~120
	早熟早粳	120~130	—	—	—	120~130
	中熟早粳	130~140	—	—	—	130~140
	晚熟早粳	140~160	—	—	—	140~160
一季中粳或二年三熟	早熟中粳	160~170	—	—	0~10	160~180
	中晚熟中粳	170~180	—	—	0~10	180~190
	杂交籼稻	160~170	20	—	0~10	>190
麦稻二熟	小麦+中粳	140~150	—	30	10	180~190
	小麦+杂交籼稻	140~150	10	30	10	>190
双季稻	早双季：早籼+中粳	190~200	10	—	10	210~220
	中双季：早籼+杂籼	190~210	20	—	10	220~240
	晚双季：杂籼+晚籼	>220	20	—	10	>250
三熟制	早三熟：早大麦+早籼+中粳	190左右	—	20	10	220~230
	中三熟：油菜+早籼+杂籼	190~210	10	20	10	230~260
	晚三熟：油菜+早中籼+晚籼	>220	10	20	10	>260

根据表2可把水稻各品种类型与各稻作制度的模式生长期的保证系数＝1.0的等值线作为季节划区的主导指标，而相应的水稻生长季天数作为辅助指标。

(四)地形与水利条件

由于我国地形错综复杂，地形气候差异很大，即使在一个不大的范围内，水稻品种布局与稻作制度均有明显的层次性和区域性。因此，在划分水稻气候生态区域时，不能不考虑地形的影响。但地形问题除海拔高度外，不同的山脉走向、坡度和坡向等都会形成不同的小气候。在本区划中只能考虑对全国稻作生产影响较大的高原与山地。例如：川鄂盆地山区交界处，以大巴山、武当山和巫山为分界，贵州高原区北面以大娄山和武陵山为分界，滇北川西高原以海拔2000 m为分界，将西南二熟三熟单双季稻作带划分为四个区。西北干旱稻作带则参照地形与水利条件进行分区。

三、区划的结果

综合上述指标分析，首先以温度指标将全国划分为水稻的可能和不可能种植带，然后以水分条件、季节与地形三个指标将可能种植水稻的地区划分为6个水稻气候生态带，22个气候生态区；不可能种植带分为3个气候生态区(见图1与表3)。

图1为中国水稻气候生态区划示意图。

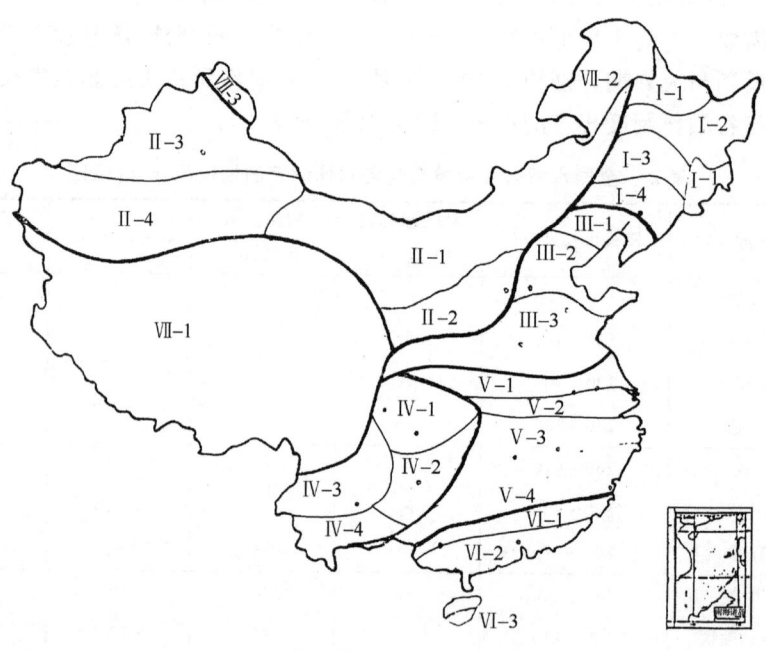

图1 中国水稻气候生态区划示意图

四、各水稻气候生态带评述

Ⅰ．东北半湿润一熟单季早粳带

本带包括黑龙江、吉林两省及辽宁省的北部。稻田分布在河流两岸的平原、洼地和山区的山边河谷。水稻面积不多，仅占全国稻作面积的2%左右，土壤为冲积土、草甸土、沼泽土、盐碱土等。

表 3 全国水稻气候生态区划表

水稻气候生态带	指标	气候生态区	指标
Ⅰ. 东北半湿润一熟单季早粳带	$1.0<RDI\leq2.0$；早熟中粳$RCP<1.0$；水稻生长季<160 天	Ⅰ-1 东北最北部特早熟早粳区 Ⅰ-2 东北北部早熟早粳区 Ⅰ-3 东北中部中熟早粳区 Ⅰ-4 东北中南部迟熟早粳区	早熟早粳的 $RCP<1.0$；水稻生长季不足120天 中熟早粳的 $RCP<1.0$；水稻生长季120～130天 迟熟早粳的 $RCP<1.0$；水稻生长季130～140天 早熟早粳的 $RCP<1.0$；水稻生长季140～160天
Ⅱ. 西北干旱一熟单季早粳中粳带	$RDI>2.0$；中熟中粳$RCP<1.0$；水稻生长季120～180天	Ⅱ-1 宁蒙黄河灌区早粳区 Ⅱ-2 黄土高原河谷早粳中粳区 Ⅱ-3 北疆河川灌区早粳区 Ⅱ-4 南疆河川灌区早粳中粳区	早熟中粳的 $RCP<1.0$；水稻生长季120～170天 中熟中粳的 $RCP<1.0$；水稻生长季130～180天 早熟中粳的 $RCP<1.0$；水稻生长季120～160天 中熟中粳的 $RCP<1.0$；水稻生长季160～180天
Ⅲ. 华北半湿润一熟二熟单季中稻带	$1.0<RDI<2.0$；小麦+杂交籼稻的 $RCP<1.0$；水稻生长季160～200天	Ⅲ-1 辽南早熟中粳区 Ⅲ-2 海河京津中熟中粳区 Ⅲ-3 黄淮中粳中籼区	中熟中粳的 $RCP<1.0$；水稻生长季160～180天 迟熟中粳的 $RCP<1.0$；水稻生长季180～190天 小麦+杂交水稻的 $RCP<1.0$；水稻生长季190～200天
Ⅳ. 西南湿润二熟三熟单双季稻带	$RDI\leq1.0$；早三熟的 $RCP<1.0$；水稻生长季170～240天；大山脉走向与海拔高度	Ⅳ-1 四川盆地与湘鄂山地二熟早三熟单双季稻区 Ⅳ-2 贵州高原二熟三熟单双季稻区 Ⅳ-3 滇北川西二熟一熟中粳稻区 Ⅳ-4 滇南二熟中三熟单双季稻区	早三熟的 $RCP<1.0$；水稻生长季200～240天；大山脉的走向 早三熟的 $RCP<1.0$；水稻生长季200～220天；大山脉的走向 早三熟的 $RCP<1.0$；水稻生长季170～200天；海拔高度>2000 m 中三熟的 $RCP<1.0$；水稻生长季200～240天以上；海拔高度<2000 m
Ⅴ. 华中湿润二熟三熟单双季稻带	$RDI\leq1.0$；晚三熟$RCP<1.0$；水稻生长季200～260天	Ⅴ-1 江淮二熟中籼中粳区 Ⅴ-2 沿江江南二熟早三熟单双季稻区 Ⅴ-3 江南早三熟双季稻区 Ⅴ-4 江南中三熟双季稻区	早三熟的 $RCP<1.0$；水稻生长季200～210天 早三熟的 $RCP<1.0$；水稻生长季210～220天 早三熟的 $RCP\geq1.0$；水稻生长季220～230天 中三熟的 $RCP\geq1.0$；水稻生长季230～260天
Ⅵ. 华南湿润二熟三熟双季稻带	$RDI\leq1.0$；晚三熟的 $RCP\geq1.0$；水稻生长季260～265天	Ⅵ-1 华南晚三熟双季稻区 Ⅵ-2 华南薯—稻—稻双季稻区 Ⅵ-3 华南双季稻冬稻区	晚三熟的 $RCP\geq1.0$；水稻生长季260～280天 1月平均气温≥14 ℃；水稻生长季280～290天 水稻生长季365天
Ⅶ. 水稻不可能种植带	≥10 ℃的天数<110天； ≥18 ℃的天数<30天	Ⅶ-1 青藏高原区 Ⅶ-2 兴安岭高山区 Ⅶ-3 阿尔泰高山区	海拔高度>2600 m 地势高亢地区 地势高亢地区

本带自北向南根据水稻生长季长短与品种类型分为四个区：

Ⅰ-1. 东北最北部特早熟早粳区：包括黑龙江北部黑河地区和吉林省延吉一带稻区。

Ⅰ-2. 东北北部早熟早粳区：包括黑龙江南部松花江稻区、牡丹江流域半山区稻区。

Ⅰ-3. 东北中部中熟早粳区：包括吉林、松花江平原稻区。

Ⅰ-4. 东北中南部迟熟早粳区：包括辽宁省的北部和吉林省南部稻区。

本带属季风寒温带与中温带半湿润气候，水稻气候生态特点是：

(1)水稻生长季（粳稻，下同）为全国最短，自北向南110～160天，特早熟区110～120天，早熟区120～130天，中熟区130～140天，迟熟区140～160天。水稻安全播期自北向南为5月25日～4月25日；水稻安全齐穗期为7月20日～8月15日，安全成熟期为9月10～25日，生长季积温2200～3300 ℃·d。由于较严寒，水稻生长季短，稻作制度为一年一季早粳稻。

(2)水稻生长季光合辐射总量较少，为24～35 kcal/cm²，自北向南递增；光合辐射强度较高，东部为

210 cal/(cm²·d)，西部为 210～240 cal/(cm²·d)。水稻生长季平均温度较低，在 18～21 ℃ 之间；气温日较差较大，为 11～13 ℃。7月份平均气温为 20～24 ℃，白昼温度较高，为 23～27 ℃，有利于粳稻的光合作用；夜间温度较低，为 17～21 ℃，呼吸消耗较少。因此，尽管本带水稻生长季短，但水稻生产力并不低，单季稻潜在生产力(理论上还原一个分子 CO_2，需要 8～10 个光量子，按 8 个光量子计算光能的转化效率，而后计算形成的生产力)可达 2000～2900 斤/亩，现实生产力(根据 de Wit 实验测定，还原一个分子 CO_2，需要 15 个光量子，以 15 个光量子计算光能的转化效率，而后计算形成的生产力)为 1100～1500 斤/亩。小面积高额产量已达 1000～1200 斤/亩。由于生长季短，水稻生长往往"源"不足。为提高水稻光能利用率，需加强前期生长壮苗，早栽早施追肥，促使前中期叶面积较快增长，以充分利用 6～7 月有利的光温条件。

(3)本带西部水稻生产上主要限制因子为水分不足，在有水源保证的地区可改善水利条件，适当发展水稻面积，生产潜力是大的。本带东部水稻主要受低温冷害影响，延迟型冷害几率在全国最高，但障碍型冷害减产严重(王书裕 1981)。本区夏季水稻适温期(20 ℃ 以上)很短，仅 30～70 天。抽穗过早，则减数分裂期会遇冷害；抽穗延迟，则开花期与灌浆期又易受秋季低温危害。因此，要严格根据本带各区水稻气候生态特点，正确选用适宜品种，采取保温育秧，提前播种，抓好前期水肥管理，力争提高水温、土温。直播田则要提高整地质量，保持播后浅水，提早施肥以促进早熟。

Ⅱ. 西北干旱一熟单季早粳中粳带

本带包括内蒙古、宁夏、山西、陕西北部、甘肃、新疆等地散布的零星稻区，水稻面积在全国最少，仅占全国水稻总面积的 0.3% 左右。地形多为低洼地、河滩地、山间河川谷地。稻田土壤多为草甸土、沼泽土、盐碱土等。

本带根据水稻季节与地形可分为四个水稻气候生态区：

Ⅱ-1. 宁蒙黄河灌区早粳区：主要包括宁夏北部、内蒙古、甘肃黄河河套灌区，著名的银川平原稻区亦在这里。平原稻区面积 400 万亩左右，为西北重要的商品粮基地。

Ⅱ-2. 黄土高原河谷早熟中粳区：包括陕西渭河谷地，山西汾河谷地或盐碱洼地，有局部水稻种植。

Ⅱ-3. 北疆河川灌区早粳区：包括天山以北，泉水溢出地区，如米泉、玛纳斯河湾，大拐、小拐、阿勒泰等地均有水稻种植。

Ⅱ-4. 南疆河川灌区早熟中粳区：焉耆、库尔勒、阿克苏沿河、泽普等地泉水溢出区均有水稻种植。

本带水稻气候生态特点：

(1)水稻生长季相当短，为 130～180 天，介于东北与华北之间，黄河灌区 130～140 天，黄土高原 140～160 天，北疆灌区 120～160 天，南疆灌区 160～180 天。水稻生长季 ≥10 ℃ 积温为 2200～4000 ℃·d。春季回暖比东北早，水稻安全播期在 4 月 15 日～5 月 5 日，比东北稻区约早 10～15 天。水稻安全齐穗期地区差别很大，北疆在 7 月 15 日～8 月 10 日，与东北相近；黄河灌区在 8 月 5 日以前；南疆在 8 月上中旬。由于水稻生长季差别大，因此，本带虽然都是一熟单季稻区，但品种类型差别颇大。黄河灌区以中熟早粳稻为宜，如银粳 4 号(生育期 140 天)，若利用迟熟早粳，如京引 39(生育期 150 天)，就一定要采用尼龙育秧，才能保证正常成熟。北疆以早粳为主，如吉粳与公交系统。南疆与黄土高原河谷稻区则可用早熟中粳，如国庆 10 号。

(2)本带水稻光合辐射总量为 29～40 kcal/cm²，光合辐射强度在全国最高，为 220～280 cal/(cm²·d)，北部又比南部强。昼夜温差以黄河灌区为全国最大，在 13 ℃ 以上。这样的温光条件对粳稻光合作用是有利的。由于日射强，水稻抽穗期最适叶面积可达 7.5～8.0，在全国为最高，因此，单季稻光合生产力比东北、华北都高，潜在生产力可达 2400～3600 斤/亩，现实生产力可达 1300～1900 斤/亩。近年来，银川稻区水稻大面积产量已达 1100～1200 斤/亩。本地区为了提高水稻光能利用率，可采取保温育秧等措施，延长水稻生长期。同时，培育壮秧、早栽、早管，促进前期生长，使叶面积较早地达到适宜水平(7～8)，也可充分利用当地优越的光能资源。

(3)本带水稻限制因子主要是水分与温度。水稻生长季降水量为全国最少,为 30~350 mm,而南疆又是本带最少区,仅有 30~50 mm,东南高原地区雨量略多,为 200~350 mm,因此,水稻主要靠高山雪水与溢出的泉水,通过河流(如黄河)、渠道灌溉。但是在该稻作带的低洼地,改善灌排条件,节约用水,更充分地利用河水与山水,适当发展水稻面积,对改土治碱、增加粮食产量仍然是有利的。同时,要掌握气候规律,严格控制栽培季节,选用生育期适宜的品种,以防御开花灌浆期低温冷害。

Ⅲ. 华北半湿润一熟二熟单季中稻带

本带北自辽宁南部,南至秦岭淮河、陕西汉中平原,稻田主要分布在平原的低洼地区,土壤为栗铁土、草甸土、盐碱土。本带主要根据水稻生长季长短与品种布局,分为 3 个稻作气候生态区:

Ⅲ-1. 辽南早熟中粳区:包括辽宁省南部辽河中下游与秦皇岛稻区。

Ⅲ-2. 海河京津中熟中粳区:主要包括渤海湾沿岸地区,北京、河北的低洼地区。

Ⅲ-3. 黄淮中粳中籼区:包括河北、山东两省的南部,江苏、安徽淮河以北的滨湖低地与平原地区,河南省的沙、汝、颖河流域和黄河沿岸稻区,以及陕西汉中盆地稻区。

本带水稻气候生态特点:

(1)水稻生长季 160~200 天,辽南稻区 160~180 天,海河京津区 180~190 天,黄淮稻区 190~200 天。水稻生长季≥10 ℃积温为 3300~4600 ℃·d。春季升温较早,水稻安全播种期为 4 月 5~25 日。安全齐穗期,粳稻在 8 月 15 日~9 月 15 日之间,籼稻为 8 月 5 日~9 月 5 日,地区间差异明显,南北相差 1 个月左右。由于水稻生长季不同,形成了不同的稻作制度。辽南区以一季早熟中粳稻为主,如丰锦、京引 13 号等(王书裕 1981)。海河京津区为一年一熟的春稻与麦茬稻的合理搭配,北京麦茬稻约占 30%,春稻采用中熟中粳,如京越 1 号、越春等;麦茬稻用早熟中粳,如丰锦、京引 134 等。黄淮稻区水稻生长季虽较长,但还是春稻与麦茬稻的合理搭配。苏、皖北部稻区,春稻可以采用杂交籼稻;麦茬稻用杂交籼稻季节嫌紧,必须有相应的栽培措施,如稀播长秧龄或三苗配三茬等,才能保证高产。然而麦茬稻以栽培中熟中粳或早中熟中籼稻较为适宜。

(2)本带光合辐射总量为 35~42 kcal/cm^2,比东北、西北均多,海河天津为全国的高值区之一。光合辐射强度为 180~250 cal/(cm^2·d),比南方各省都高。水稻生长季平均气温在 20~23 ℃,7 月平均气温为 24~28 ℃,对水稻生长发育是适宜的。温度的日较差为 8~13 ℃,比南方各省大。因此,本带水稻光合生产的温光条件比较好。单季稻潜在生产力为 2200~3000 斤/亩,现实生产力为 1200~1600 斤/亩,比南方各省单季稻的增产潜力大。辽宁南部小面积高产已达 1500 斤/亩,徐州地区小面积高产已达到 1800 多斤/亩。因本带水稻生育期长度属于中等,因此,栽培上既要促进中期生长,确保足够的穗粒数与叶面积,又要培育壮秆大穗,以利用后期良好的光能条件。

(3)本带水稻生产上最突出的矛盾是春旱。春季育秧,特别是栽插用水往往严重不足。本带一般依靠水库、湖泊拦蓄降水而供应稻田需要。本带雨量年际变率很大,因此每年水稻栽插面积很不稳定,往往因等雨迟插而减产。水稻生产上要科学地掌握前一年雨量与当年蓄水量的情况,合理地调整水稻面积与春夏稻比例。偏北地区可推广旱育水长等措施,以节约用水。苏北和皖北的麦茬稻面积较大,要防止盲目扩大迟熟种,应选用早中熟中籼和中粳品种,既有利于避过后期低温危害,又可保证小麦适时播种,促进麦稻平衡增产。

Ⅳ. 西南湿润二熟三熟单双季稻带

本带主要包括四川盆地、云贵高原稻区,以及广西的西部,鄂西、湘西山区。本带地形复杂,山峦重叠,地势较高,一般海拔在 500~2000 m。稻田主要集中在海拔较低的盆地与山间平坝。土壤有红壤、黄壤、紫色土、冲积土等。

根据本带地形特点可分为 4 个区:

Ⅳ-1. 四川盆地与湘鄂山地二熟早三熟单双季稻区:包括四川盆地和鄂西山地及武陵山地等。

Ⅳ-2. 贵州高原二熟三熟单双季稻区：包括贵州省大部分和广西西边一部分，以及湘西雪峰山地。

Ⅳ-3. 滇北川西二熟一熟中粳稻区：包括四川雅安、宜宾一线以西，海拔 2000 m 以上的高原以东部分，云南省北部以及贵州省西部。

Ⅳ-4. 滇南二熟中三熟单双季稻区：主要是云南省南部。本带属热带、亚热带和温带湿润季风气候，水稻气候生态的主要特点是呈明显的立体分布。

(1) 水稻生长季在 170～240 天以上。四川盆地较长，为 200～220 天，与同纬度长江中下游相近。春温回升早，水稻安全播期，籼稻为 3 月 25 日～4 月上旬，粳稻为 3 月中下旬。秋季降温亦早，成都平原的籼、粳稻安全齐穗期分别为 9 月初与 9 月 10～15 日，比同纬度的长江中下游地区要早 10 天左右。热量较丰富，水稻生长季≥10 ℃积温为 4200～4600 ℃·d，热量条件三熟不足，二熟有余。贵州东部山地丘陵的季节与温度条件和四川盆地差异不大。因此，它们目前均以麦（油）—稻二熟为主，杂交稻也有较大的种植面积，贵州山地丘陵主要集中在 800～1000 m 以下，水热条件好的地方，种植部分双季稻三熟制，多以肥（油）—稻—稻为主。川贵丘陵山区为解决插秧水，有冬水田的经验，种植一季稻。云南南部水稻生长季在 200～240 天，元江河谷可长达全年。水稻安全播期，籼稻为 3 月中旬至 4 月初，粳稻为 3 月上旬至下旬。籼、粳稻的安全齐穗期分别在 9 月上旬和 9 月中旬。河谷平坝地区热量较充裕，元江河谷及西双版纳水稻生长季≥10 ℃积温达 5000 ℃·d 以上。因此，陇川江上游河谷及元江、怒江、澜沧江等下游河谷与平坝地区为双季稻种植区，海拔较高的地区以单季稻为主。但由于目前水利条件较差，有的地方人少地多，实际上双季稻面积较小，仍以一季籼稻为主。山区、半山区为籼、粳稻交错种植区。滇北高原及川西南山地，气候垂直变化显著，四季不明显，夏季高温不足，秋季降温快，水稻生长季短，只有 170～200 天；水稻安全齐穗期早，粳稻在 8 月上、中旬，随海拔高度的升高而提早。农业的垂直差异大，海拔 2300 m（东部）～2500 m（西部）以上的高寒层，有部分一熟单季早粳稻；1300 m（东部）～1500 m（西部）以上的中暖层，多为一年一熟或一年二熟的单季中粳稻；1300 m（东部）～1500 m（西部）以下的低热层为一年二熟的单季中籼稻，种植部分双季稻。

(2) 本带水稻生长季光合辐射总量为 25～30 kcal/cm²，光合辐射强度为 100～170 cal/(cm²·d)，贵州北部山地为全国低值区。本带水稻生长季平均气温也比同纬度东部地区低，四川、贵州为 20～22 ℃；云南中、北部为 18～21 ℃。7 月份平均气温四川盆地较高，为 28～30 ℃；云南高原较低，只有 20～22 ℃，但高原气温日较差大，平均在 10 ℃以上。总之，云贵高原稻区水稻生长季内具有光强较弱、气温较低、日较差较大的气候特点，而四川盆地具有光强较弱、夏季气温较高的气候特点。光强较弱虽然对光合生产有一定限制，但光能转换效率高，光能利用达到 3.0%～3.8%。因此，本带单季稻的潜在生产力仍达 2100～2800 斤/亩，现实生产力为 1100～1500 斤/亩，与目前大面积实际亩产 500～800 斤/亩相比，水稻增产潜力还是很大的。当然，在本带水稻品种选育上须注意耐阴、耐冷和耐高温的特性，亦要从稻作制度与栽培技术上，避过低温和高温的危害。

(3) 本带水稻生长降水量 550～1100 mm，但雨量季节分配不均匀，西部多春旱夏涝。春旱往往使水稻等水栽插，容易形成长秧龄，影响水稻产量，夏涝对水稻生产影响亦较大。东部多伏旱，对中稻的产量影响最大。同时，川东的高温伏旱对杂交稻抽穗开花有一定影响，生产上为了避过高温伏旱，采用早播长秧龄提早抽穗开花。因此，本带需要进一步加强农田水利基本建设，提高蓄水灌溉的能力，才能达到水稻高产稳产。

Ⅴ. 华中湿润二熟三熟单双季稻带

本带包括大巴山淮河以南、南岭以北的广大长江中下游稻区，有著名的太湖、洞庭湖、鄱阳湖平原，亦有星罗棋布的山地丘陵。稻田多分布在江河湖泊沿岸的冲积平原上和丘陵山区的盆地、坡田、坑田、梯田等。如太湖平原、里下河平原、皖中平原、鄱阳湖平原、洞庭湖平原和江汉平原等，都是我国著名的稻米产区。稻田的土壤，平原为冲积土、淀积土，丘陵山区多为红壤、黄壤和棕壤。

根据本带稻作制度的过渡性特点，由北而南可分为 4 个稻作气候生态区：

Ⅴ-1. 江淮二熟中籼中粳区：包括南通、南京、合肥至湖北省安陆一线以北,淮河以南地区。

Ⅴ-2. 沿江江南二熟早三熟单双季稻区：包括宜昌、汉口、安庆至杭州一线以北的苏南、皖中、浙北、上海、鄂中等稻区。

Ⅴ-3. 江南早三熟双季稻区：包括湖南、江西两省的北部,浙江中部和皖南南部山地,以及湖北省南部的江汉平原等。

Ⅴ-4. 江南中三熟双季稻区：包括浙江南部、福建大部、江西和湖南两省的南部,以及广西壮族自治区的西北部。

本带属亚热带中北部湿润季风气候,水稻气候生态的主要特点是：

(1)水稻生长季长,粳稻为 200～260 天,籼稻略短 20 天左右,由南而北逐渐递减,同纬度的丘陵山地比平原区短。由于本带东临海洋,春温回升比同纬度内陆迟,水稻安全播期,粳稻为 3 月中旬～4 月上旬,籼稻为 3 月下旬至 4 月中旬由北而南逐渐提早,南北相差 20 天左右,丘陵山地随海拔增高而推迟。秋温下降缓慢,水稻安全齐穗期：粳稻在 9 月中旬至 10 月初；籼稻为 9 月初至 9 月中下旬,北早南迟,南北相差 15～20 天,山地丘陵比平原早。水稻生长季≥10 ℃积温为 4300～6500 ℃·d,南部比北部多 2000 ℃·d 以上。由于本带北部温度条件较差,生长季节稍短,因此,适宜种植麦稻二熟；苏南、皖中平原及鄂中丘陵平原以种植麦稻二熟或双季稻二熟,搭配部分双季稻早三熟较为适宜；鄂南、湘北、赣北和浙江北部,可种植中熟早稻＋中粳的早三熟,杂交稻采用稀播长秧龄或二段育秧也可作后季稻栽培,但浙北多采用晚粳作后季稻。皖南、浙北丘陵山地海拔较高的地方温度较低,积温较少,只适宜于二熟的单季稻。湘、赣两省南部和浙江省南部,以及福建省大部,广西西北部山区,温度和季节都优于其他地区,适宜于种植中迟熟早籼(如湘矮早 9 号、广四、红 410 等)＋杂交稻的中三熟制双季稻。本带中部丘陵山区(如浙北、皖南)大约 300 m 以下可种双季稻,300 m 以上种单季稻；本带南部(如福建山区)500～600 m 以下可种双季稻,此高度以上种植单季稻。

(2)水稻生长季的光合辐射总量较多,仅次于华南,为 30～48 kcal/cm²,光合辐射强度 140～190 cal/(cm²·d),比华南、西南稻区高。沿海与丘陵山地稻区云雨较多,总辐射量偏少,强度偏弱。水稻生长季平均气温为 21～25 ℃。温度日较差北部稍大,为 8～10 ℃,南部 6～9 ℃。7 月份平均气温较高,均在 28～30 ℃。北部夜温稍低,呼吸消耗少,有利于水稻光合产物的积累；而南部昼夜温度均较小,对于物质的积累有一定影响。单季稻潜在生产力为 2000～2200 斤/亩,现实生产力 1100～1200 斤/亩；双季稻分别为 3400～3700 和 1800～2000 斤/亩；沿海较低,鄱阳湖平原较高。1979 年江苏宜兴小面积单季杂交稻高额产量已达 1600 多斤/亩,双季稻小面积高额产量已达 2200 斤/亩(南京)。

(3)本带水稻生长季降水量为 750～1300 mm,北少南多。长江流域春雨充沛,对解决水稻育秧与栽插用水是有利的。但阴雨往往伴随低温,影响秧苗生长,容易造成烂秧。初夏的梅雨,是解决长江流域、丘陵山地水稻用水的关键,但有的年份,梅雨低温对早稻孕穗和中稻的分蘖都会产生不同程度的影响。同时,此时多雷暴雨,又容易形成涝灾。夏秋季节往往出现高温天气,西部的伏旱高温对早稻灌浆与中稻抽穗开花及后季稻移栽返青均不利；东部多秋旱,对丘陵山区的后季稻孕穗有一定威胁。沿海地区,夏秋季节多台风暴雨,对水稻生产危害较大,但对解除伏秋干旱又是有利的。秋季的低温对本带后季稻的抽穗开花也会有不同程度的危害,生产上需要从品种布局和季节安排上考虑避过低温冷害。

Ⅵ. 华南湿润三熟二熟双季稻带

本带位于南岭以南,包括广东省、广西壮族自治区南部、福建省南部、江西省最南部和台湾省。地势高差大,山峦重叠,河谷纵深。北部为南岭诸山地及戴云山、博平山、玳瑁山等,一般海拔在 800～1500m,南面为低山丘陵平原,海拔在 800m 以下。稻田多分布在江河沿岸的冲积平原,谷底冲积盆地,以及丘陵山区的坡田、梯田。稻田土壤多由冲积壤、红壤、黄壤等组成。在珠江三角洲和沿海地区有盐渍化的土壤。

根据本带各地季节与气温的特点分为三个稻作气候生态区：

Ⅵ-1. 华南晚三熟双季稻区：包括广西壮族自治区中部、广东北部、福建南部和江西省的最南部。

Ⅵ-2. 华南薯—稻—稻双季稻区：包括广西壮族自治区南部、广东省大陆南部、海南岛大部、福建最南部与台湾省等。

Ⅵ-3. 华南双季稻冬稻区：主要是海南岛的南部（崖县、陵水、乐东三县）及沿海诸岛屿。

本带属热带—亚热带湿润季风气候。夏季长而炎热，冬季偶有严寒，雨多风强，干、湿季分明为主要气候特征。本带水稻气候生态的主要特点是：

(1) 温度为全国最高，积温最多，水稻生长季最长。本带水稻生长季为 260～365 天，海南岛南部达 365 天，大陆的最南部亦有 290 天左右，南岭山地、闽南山地与台湾山地水稻生长季比同纬度平原地区要短 10 天以上。水稻生长季积温 6000～8000 ℃·d 以上。水稻安全播期，粳稻为 2 月上旬至 3 月上旬，籼稻为 3 月初至 3 月中旬；丘陵山地随海拔升高而比平原区推迟，海拔每增高 100 m，一般约推迟 3～7 天。海南岛南部可提早到前一年 12 月播种，春节前后插秧。水稻的安全齐穗期，粳稻为 10 月初至 10 月中下旬，籼稻为 9 月下旬至 10 月上中旬，北早南迟；山地丘陵随海拔的增高而提早，一般海拔每增高 100 m，约提早 3～5 天（谭伟瑞 1980）。水稻生长季雨量丰沛，总降水量 1100～1600 mm。这种多热丰雨相配合的气候条件为本带发展晚三熟双季稻提供了有利的资源。本带大陆南部冬季温度较高，最冷月平均气温在 14 ℃ 以上，可以生长喜温作物，为甘薯—稻—稻的适宜种植区。海南岛的南部 1 月份平均气温 >18 ℃，冬季可种水稻，为我国的冬稻区，也是我国水稻品种冬繁的重要基地。

(2) 水稻生长季光合辐射总量为全国最多的地区，达 40～50 kcal/cm²，海南岛高于 50 kcal/cm²。光合辐射强度较弱，为 150～170 cal/(cm²·d)，南岭山地最少，只有 150 cal/(cm²·d)。由于本带水稻生长季长，光合辐射强度虽较弱，但光合生产潜力仍较高，双季稻为 3500～3900 斤/亩，现实生产力为 1900～2100 斤/亩，小面积一季水稻高频产量已达 1000～1200 斤/亩。

(3) 限制本带稻作生产的主要气象因子是：海南岛的早稻整个生长期处在干旱季节，水分供应不足，影响水稻高产（云南省综合农业区划编写组 1982）；台湾省的早稻生育后期，主要是台风和洪涝的影响；华南大陆早稻抽穗开花期的"龙舟水"，阴雨寡照，洪涝灾害对产量的影响最大。双季晚稻生育后期，有的年份也会碰到低温冷害（寒露风）。因此，本带稻作生产上应根据气候规律，趋利避害，适当调整早、晚稻的品种布局与季节，使早稻抽穗开花期避过"龙舟水"，晚稻抽穗开花期避过寒露风，处于台风暴雨出现几率较小的时段，以避免或减轻危害。目前应用包胎矮类型品种作晚稻，抽穗期一般要迟至 10 月 10 日以后，易受寒露风危害，需要选育抽穗期较早而又高产稳产的晚稻品种。此外，本带西部的广西，春夏旱也是影响水稻生产的重要灾害。

五、对全国水稻生产的几点建议

(一) 充分发挥我国的水稻优势

我国长江流域、西南和华南广大地区属于世界上独特的面积最大的湿润亚热带季风气候区，水稻生长季 200～365 天，雨量 1000～2000 mm，辐射总量亦较多。光、温、水同季，多数地方可以种双季稻，水稻生产条件十分有利，是全世界面积最大的水稻产区。东南亚、南亚各国虽然亦以水稻为主，但雨季和旱季分明，水稻一般只在雨季种植一季，而雨季里的暴雨、病虫害严重，太阳辐射尤少，因此，水稻单产不高，一般只有 200～400 斤/亩。当前世界粮食市场上稻米价格比小麦贵一倍多，出口稻米，进口小麦，在经济上十分有利。因此，我国在粮食生产上要发挥水稻优势，在水电建设、化肥与农药供应、科研投资及领导等方面都要重点加强与支持水稻生产，以优质和提高单产为主要途径，大力提高水稻总产，这对全国粮食增产必将起重大作用。

(二) 北方稻区适当扩大与稳定水稻面积

我国东北、西北目前水稻面积还很小，只占全国水稻总面积的 2% 左右，这两个地区还有不少河岸、山边、平原的低洼地区,或盐碱土区,旱作产量低而不稳。当地雨量虽然不充裕,但局部地区水源还是丰富的,如新疆的泉水溢出区,内蒙古、宁夏的黄河灌区,东北各河流的沿岸,目前水的浪费相当大,只要适当地平整土地,兴修水利,扩大稻田面积是完全可能的,这些地区光照充足,温差大,只要肥料有保证,水稻大面积收 600~1000 斤/亩是不难的。

华北稻区则要根据水源条件,合理安排与稳定水稻面积,克服靠雨种稻、水稻布局很不稳定的局面,并大力提高单产。

(三)南方稻区合理调整作物布局与品种,趋利避害,争取稳产高产

我国南方广大稻区,建国以来扩大稻田面积,提高复种指数,对增强水稻总产起到了积极的作用。但近 10 多年来,有些地方没有遵循自然与经济规律,不适当地扩大水稻种植面积,挤掉旱作与经济作物种植面积,不适当地扩大晚熟品种与扩大复种面积,在品种应用上甚至出现多、乱、杂的现象,使水稻生产受到一定的影响。为此要认真分析各地区水稻的气候生态条件,合理调整作物布局,正确选用季节适宜的高产良种;因气候的年际变化大应留有余地,在稳产的基础上力求高产。

(四)全国水稻都要大力提高单产

我国水稻的光温条件相当好,从现有小面积高产与光能利用的"现实生产力"的理论分析来看,全国水稻单产在目前产量水平的基础上提高一倍是有可能的,这无疑是我国粮食生产的巨大潜力。当然,为了提高水稻单产,需要在农村管理、水稻科研、生产领导、水利及工业支援上做出巨大努力。

(五)根据区划,正确进行地区间交流

我国水稻气候生态条件丰富多样,同时亦有明显的地域划分。气候生态条件的多样性,使我国拥有几万个具有多种多样优良特性的水稻品种资源,这些品种资源的充分征集、交流与应用,对全国水稻育种是有巨大作用的。气候生态的地区性,使我国在同一地区间可以充分交流品种与栽培经验,但在不同地区内则不宜盲目引种、搬用技术。因此,水稻气候生态区划(包括水稻区划)可以帮助全国各地较为正确地在区域间进行引种与交流经验,这将在今后水稻长远的研究与生产中,起到应有的作用,防止盲目引种与引进外来技术。

参 考 文 献

高亮之等.1982.中国不同类型水稻生育期的气象生态模式及其应用.农业气象,**3**(2)
高亮之等.1983.中国水稻季节与稻作制度的气候生态研究.农业气象,**4**(1)
高亮之等.1984.中国水稻光能利用的气候生态研究.中国农业科学,(1)
高亮之等.1985.中国水稻生长季水分条件的研究.江苏农业学报,**1**(3)
国家统计局.中国统计年鉴(1982)
黄秉维.1978.自然条件与作物生长.农业现代化概念(铅印本)
谭伟瑞.1980.海南岛的稻作气候.农业气象,**1**(4)
王书裕.1981.东北地区水稻的农业气候生态学.农业气象,**2**(2)
么枕生.1959.气候学原理.科学出版社
云南省综合农业区划编写组.1982.云南省综合农业区划(1980).农业气象,**3**(2)
朱炳海.1962.中国的气候.科学出版社

加快发展微型计算机在农业上的应用

高亮之

江苏省农业科学院

(1984年1月给江苏省政府的建议)

一、微型计算机在农业上应用的重要意义

农业生产涉及农业作物、农业环境、农业技术、农业经济等四个方面,是一个多因素、多层次、多变化的复杂系统。拿作物生长来说,既有气象、土壤、病虫危害等环境因素的影响,又有作物生长发育(各品种也有较大差异)中一系列生理过程之间的相互影响。拿农业经济来说,就包括劳力、物力、资金、能源、加工、运输、经销、价格、信息等许多因素。这许多自然规律与经济因素之间不仅有定性的关系,还存在一定的数量关系。除此之外,农业生产还与许多数据库有关,包括环境资源数据库、品种资源数据库、经济信息数据库等等。因此,现代化农业生产面临着大量的复杂的数据处理与数量运算问题。

党的十一届三中全会以来,我国农业面临新的形势。到2000年实现工农业总产值翻两番,农业要从自给半自给性生产向商品化生产转化,传统农业向现代化农业转化,这对农业科学技术在广度与深度方面都提出了更高的要求。农业科学技术至今为止,基本上停留在定性的水平,各个专业(农、林、牧、渔、栽培、品种、植保等等)之间联系少,未能形成综合性的农业科技体系。微型计算机在农业上扩大应用,将使农业科学从定性走向定量,从单项走向综合,使农业领导与决策从经验走向依靠科学的新水平,将有力地帮助我国、我省农业生产实现翻番的任务,实现两个战略性的转化。

二、微型计算机在农业上应用的主要方面

(一)栽培技术工作中的应用

农作物生长是在各地气候与土壤条件下,接受太阳光能进行光合作用,并吸收肥、水,不断地制造有机物。运用电子计算机,可以把作物生长的过程模拟出来,例如通过苗期生长、茎蘖动态、干物增重、叶龄发育、灌浆过程等作物生长模式,在计算机上进行计算,可以确定各地光温条件下应选用的最适宜品种以及最适宜的群体结构,并且制定各项生产技术(例如小麦灌溉、水稻施肥等)的最优决策。运用栽培模式,可以在田间试验的基础上,在计算机上进行各种外界条件与技术方案的模拟试验,以制定出高效益、低消耗的栽培技术措施,这样不仅可以大量节省试验时间、人力与费用,并且可以寻求各种不同气候、土壤、品种条件下的最优栽培措施,这是依靠传统方法很难做到的。

(二)土壤肥料工作中的应用

在全省或某一地区范围内,组织力量,统一试验设计和分析规范,通过对不同地区、不同土壤、不同作物进行试验研究,取得土壤-肥料-作物-气候这一生态体系的各因子对产量效应的参数,建立施肥模式,由此提出最佳施肥方法、施肥量以及适宜的施肥时期,从而达到对农田施肥工程进行预测和控制的目的。有了施肥模式,还可以为全省的化肥合理分配和经济施肥提供科学依据。在一个县内可以使用微型电脑,由土壤养分速测和植株营养速测来进行施肥咨询。在土壤培肥与改良方面,对土壤养分变

化、盐分的积累和淋洗、土壤水分平衡、氮素的矿化与固定、土壤离子的代换与扩散等,在田间试验与控制试验的基础上,确定参数,建立数据库,概括出有关问题实际遵循的数量规律,从而可以建立各种特定条件下的土壤改良与培肥优化决策。

(三)灌溉技术中的应用

结合田间试验,运用微型计算机,确定各种作物在不同时期、不同灌溉量的增产效果;并且根据历年气象、水文资料建立起数据库,进而进行统计决策分析,对各种作物适宜的种植面积和最经济有效的灌溉次数、灌溉量等作出决断。

(四)病虫防治技术中的应用

引起各类作物病虫害发生、发展的因素很多,例如:气候、土壤、遗传及病菌本身的致病性等。利用微型计算机可以处理有关各种因素的大量数据,从而明确病虫害发生发展规律,为流行性病虫害的预测预报提供依据。南京农学院电算组已利用计算机对稻纵卷叶螟等虫害的预测预报进行了研究,太湖地区农科所多年来对赤霉病发生的气象条件作了大量分析,建立了预报模式。此外,运用电子计算机可以建立主要农作物(稻、麦、棉等)病虫害的综合防治的数学模型。在基层可以县或公社测报站为单位,运用微型计算机建立该县该公社的病虫测报与防治决策的信息处理系统。

(五)农作物育种方面的应用

运用电子计算机可以对大量育种试验的数据进行整理、计算与分析,可以估测各类性状的遗传参数,进行亲本配合力的测试,建立最优配合组合,提高后代的选择效果,加快育种进程。江苏省农业科学院现代化所已编出用于新品种区域试验资料分析的计算机程序。此外,在种质资源研究和杂交组合的技术资料处理方面,均可借助于电子计算机建立各种数据库和检索表,便于研究与分析杂交组合的系谱史,了解不同亲本之间的配合能力和一些经济性状的遗传变异规律,提高育种工作效率。

(六)畜牧生产方面的应用

在畜牧业育种方面,可以利用电子计算机进行畜禽动物各种性状的遗传力的估测,选择最优杂交组合,进而根据不同动物品种的生长规律,建立育种配套体系,设计生长模式。在饲料配方方面,可以根据各种畜禽的营养需要、各种饲料的营养成分及饲料的单价等,编制数据存贮、检索经济合理的最佳配方。江苏省农业科学院、南京市农科所在以上两个方面都已做了一些工作,如运用电子计算机对种猪资料数据的存贮和检索软件的研制、蛋鸡最佳饲料配方的选择等,南京农学院电算组还为上海市畜牧研究所算出瘦肉率多元线性预测式,并做了瘦肉率的通径分析,为培育瘦肉型猪提供了参考数据。

(七)农业经济方面的应用

对于农业生产中搜集到的大量数据,如各农作物产量、成本、劳力、能源、资金,农副产品的产供销、价格及运输等输入计算机,通过相应的数学处理,建立各种数学模型,例如化肥施用量的经济适合点模型、农业生产发展的动态规划模型等,为领导部门进行决策分析提供依据。江苏省农科院农经室、电算组和美国农经学家合作,利用数理统计和线性规划方法,在计算机上进行苏南种植制度的研究,研究结果表明:三熟制比二熟制每亩增加粮食162.9斤,费用高30.25元,纯收入低18.63元,人工多29.8个。以双三熟比例最高不得超过45%左右为宜,基本符合苏南现实情况。南京农学院农经系也利用计算机对南京市蔬菜周年均衡供应建立了线性规划模型。

综上所述,微型电子计算机在农业生产上的应用前景是极其广阔的。加速发展微型机在农业上的应用,对农业科学研究、农业生产技术指导、农业信息处理等方面都将产生革命性的影响。

三、我省在农业上普及微型计算机的措施建议

(1)建议成立"江苏省农业应用微型计算机领导小组",负责这方面的工作,如人员培训、技术交流等。领导小组可由江苏省农业科学院、江苏省农林厅、南京农学院、江苏农学院、江苏省气象局、江苏省水产局、江苏省水利厅、南京农业机械化研究所等单位组成。领导小组成员可以定期开碰头会,具体工作可以落实到各有关单位去做。

(2)搞好技术培训。由江苏省农业科学院、南京农学院负责,举办培训班,一年办3~4批,每批培训时间1个月左右,人数为30~40人。培训对象为有一定数学基础的青年或中年科技人员,以短期培训和自学提高相结合的形式,从熟悉性能、掌握要领、读懂程序、学会操作使用等要求入手,加速培养这方面的人才。根据江苏省农业科学院办班的经验,经一个月学习,一般即可掌握基本应用技术。江苏省农业科学院主要抓农业科学研究与技术推广系统人员的培训,南京农学院负责农业教育、技术推广、农业经济系统电算人员的培训。

(3)在培训的基础上,全省统一机型,初步看来,可以采用南京有线电厂(七三四厂)生产的苹果Ⅱ(APPLE-Ⅱ)型"紫金02"牌微型计算机,该机性能可靠,应用范围较广,功能性较强,使用起来也很方便,目前约2万元一台。待进一步调查了解后再报请省微机领导小组确定。为了加速普及微型机,近几年可以推广SHARP PC-1500,这一型号虽功能较小,但价格较低(2000多元),使用方便。

(4)在普及使用的基础上,拟在1985年成立微型机农业软件协会,广泛进行计算机软件技术交流,开发和研讨多功能程序,打破技术封锁的情况,建立微机应用的协作,减少或避免重复劳动,以提高计算机运用效率。

(5)具体应用步骤上,准备从试验资料的数据处理开始,进而建立稻麦栽培模式、施肥模式及稻麦主要病虫的预测模型,同时在农业科技管理、人才管理、农业情报资料方面应用微型机,要求在今明两年内建立相应的软件系统。

(6)初步设想微机在农业上应用至1985年普及到县(包括日本SHARP PC—1500型),争取1990年普及到公社一级。为此,建议省科技领导小组、省计划经济委员会、省科技委员会在我省用于新技术开发的总经费中拨出一笔农业应用微机的费用,1984和1985年两年各拨50万~100万元。并与厂方签订合同,保证微机的供应、维修和使用,加速微机普及的步伐。

注:我院有关专业所黄东迈、承弘良、陆昌华等与南京农学院电子计算机教研组为本文提供了有关资料。

农业系统论及其方法

高亮之

江苏省农业科学院

(原载：《江苏农业科学》，1985年第1期，38～39页；第2期，37～38页；
第3期，36～38页；第5期，39～41页；第6期，33～35页；第7期，36～37页)

一、农业系统论的由来

农业系统论是农业科学发展到当代，吸收了自然科学、工程科学、社会科学的一系列新成就，逐步形成的关于农业整体的结构与功能的一种学说。它的产生主要有以下几个方面的科学背景：

(一) 农业生产与农业科学研究的广泛实践

在现代科学诞生之前，人们对自然界包括对于农业的认识，尽管是纯经验的，不精密的，却往往具有更多的宏观的与整体的观点。例如我国春秋时已有"论三才之分，天地人之治"(《释名·释典艺》)、"水处者渔，山处者木，谷处者牧，陆处者农"(《淮南子·齐俗训》)等辩证地考虑农业多种因素的精辟论述。现代农业科学如果从植物能进行光合作用的发现算起，已有200多年的历史了。气象学、土壤学、遗传学、育种学、昆虫学和植物病理学等等与农业有关的专业科学相继得到迅速发展，对于农业科学与农业技术改造作出了巨大的贡献，但也使人们对农业的认识趋向局部化与片面化，农业科学家几乎全部只是某一专门学科的专家。虽然许多农业专家在自己的科学实践以及农业生产实践中都程度不等地认识到自己的专业并不是孤立的，而是与许多其他专业相联系的，但是对农业这个整体却始终没有建立起完整的科学体系。直到近10年来情况才开始有了变化。这是由于计算机在农业科学中得到了愈益广泛的应用，同时农业科学也受到了系统学、生态学、经济学等学科的渗透与影响，农业各学科之间的联系愈来愈密切。对农业整体进行全面与系统研究的时代已经来临。

(二) 生态系统的研究

生态学自赫格尔[德]1869年创立以来，积累了大量的植物生态、动物生态、微生物生态、环境生态等方面的研究资料。1935年泰斯勒[英]提出并创立了生态系统的理论，很快得到各国生态学家以至生物学家的承认。生态系统理论将生物有机体与环境条件作为一个整体——自然生态系统来认识。这个系统由植物、动物、微生物以及环境条件共同组成。生态系统的学说，在草原、渔业、林业生产中较早地得到应用。

近10年来，国外与我国的农业科学界开始认识到：生态系统学说的许多观点，在农业生产中也是适用的。当然，农业系统与自然生态系统既有共同的方面，也有许多不同的方面。因此，农业系统学说，它既吸收了生态系统学说的一些观点与方法，同时又有自己独特的内容。

(三) 系统科学与系统工程的研究

在19世纪以至20世纪前半纪自然科学的各个领域取得巨大成就的基础上，有一些具有哲学思考头脑的科学家，试图寻求对自然整体的科学解释。"系统论"首先是在1930年由理论生物学家贝塔朗菲提出，他对系统的定义是："相互作用诸要素的综合体。"

20 世纪 40 年代维纳发表了"控制论"(1948),香农发表了"信息论"(1949)。其后在工程科学中出现了系统分析、系统工程等概念,用于概括在工程设计中进行总体运筹的一些新观点、新方法。20 世纪 50 年代以后,控制论、信息论、系统分析与系统工程的理论与方法,在军事、通讯、电子、自动控制、工业管理、航天等方面得到广泛应用。

系统论、控制论、信息论、系统分析与系统工程的研究都为农业系统学说提供了理论与方法上的基础。

(四)农业系统的研究

与工程科学相比,农业科学中应用系统的观点与方法要晚得多。一个重要的原因是农业的对象是生物有机体——动物与植物。农业所包括的因素以及所涉及的因素比工业要复杂得多,变化大得多。但是越来越多的农业科学家认识到:正因为农业的复杂性与多变性,更需要运用系统的观点与方法。

在农业科学中,运用系统方法首先是由系统模拟开始的。1965 年荷兰的 de Wit,1967 年美国的 W. G. Duncan 相继发表对玉米群体光合作用的系统模拟的文章。20 年来已经对棉花、甜菜、苜蓿、小麦和水稻等多种作物开展了系统模拟研究。

20 世纪 60 年代以来系统分析与系统工程的一些方法在农业经营管理中逐步得到应用。1971 年新西兰 J. B. Dent 主编的《农业经营中的系统分析》一书,综合了这方面的经验。将"农业系统"作为一个明确的概念正式提出来是近 10 年的事。1975 年英国的 C. R. W. Spedding 发表了《农业系统的生物学》,1979 年又发表《农业系统概论》,为农业系统研究建立了初步的基础。Spedding 对农业系统的认识着眼于农业经营单位,他的论述是:"农业经营单位,包括大小与复杂性方面都很不相同的全国性与区域性的农业、农业企业、农场、农田等等,都可称农业系统。"

本文所提出的农业系统论,不仅是研究农业经营单位,而且是关于农业整体的结构与功能的学说,是在以上各方面的科学研究基础上形成与发展的。

二、农业系统论的原则

(一)农业系统的有序性原则(农业系统的结构)

农业系统论的基本观点是:农业是一个完整的有秩序的整体,是由农业生物、农业环境、农业技术与农业经济四个子系统(通俗地说是四个方面),共同构成的具有一定内在关系的复杂系统。各种不同规模的农业经营单位是农业系统,任何一项农业活动或农业工作,如某一种作物或畜禽的生产、某一项农业技术(施肥、灌溉等)、某一项农业研究(育种、栽培研究等),既是农业系统的一个部分,本身又是一个农业系统。

1. 农业生物

农业生物是农业生产的主体,农业生产的实质是将农业生物的自然生产力转化为人们可以受益的经济生产力。农业生物主要是四大类:农作物类(包括各种粮食作物、经济作物、饲料作物等,亦可包括菌类);林木类(包括果树、茶叶、桑树、各种用材林、经济林等);畜禽动物类;水产类。随着农业科学研究的进展,一些目前尚未被利用的野生动植物将被人们在农业中应用,并且人们还能利用生物资源创造出各种新的生物种群。由于农业生物的范围如此广阔,因此将农业生产仅仅局限于少数几种作物(如粮、棉、油)是很不明智的政策。农业系统论的观点认为,农业生产必须充分地利用上述四大类的农业生物,并且不断扩大农业生物的范围。

每一种农业生物的个体或群体都是一个复杂的农业生物系统。这个系统包括一系列生理、生态过程(植物的光合、呼吸,动物的吸收、消化等),以实现农业生物的生长与繁殖。对一个地区或一个农场来说,农业生物的四大类又共同地构成复杂的农业生物系统。农业植物(作物、林木)为农业动物提供饲料,而农业动物的排泄物又通过农业微生物的活动为农业植物提供养料。

2. 农业环境

农业环境主要包括五个方面,即气候、土壤、地形、水文以及生物因素。它们与农业生物的关系是:①提供能源(太阳能)与物质(水、二氧化碳、氧气与各种营养物质);②提供居住环境,环境中不可避免地包含有利与不利两方面;③农业生物与农业环境共同构成农业生态系统,其内部存在复杂的能量转化、物质循环、生物竞争与互利等等关系。

农业环境五个方面之间,在能量收支、物质循环、形成演变方面互相密切地联系在一起。例如,土壤的形成就与气候、地形、水文、生物都有关系。因此,这五方面共同构成复杂的农业环境系统。

3. 农业技术

全部农业技术的目的是在农业生产中提高自然生产力(土地生产力、畜禽生产力)与经济生产力(劳动生产率与经济效益)。农业技术可以归纳为四个类别:第一类是使农业环境适应于农业生物要求的技术,如灌溉、施肥、土壤耕作、防治病虫、环境保护等;第二类是使农业生物适应于农业环境的技术,如农业布局、作物育种、适时播种、栽培管理等;第三类是使农业生物产品更好地满足人们经济需要的技术,如收割、贮藏、保鲜、加工等;第四类是使以上各项技术在实施中提高劳动生产率以及经济效益的技术,如农业机械化、电气化、农业经营管理等。

农业技术围绕着不同的农业生物对象而有不同的要求。种植业与畜牧业所要求的技术完全不同;同为种植业,水稻与棉花所要求的技术亦很不相同。因此,各种农业技术(播种、施肥、灌溉、病虫防治等)实际上围绕着不同作物(甚至不同品种)而形成一个农业技术系统。

4. 农业经济

农业经济主要包括四个方面:①农业的输入,即劳力、土地、资金、工具和其他农用物资(农药、化肥等);②农业管理与政策,包括农业科研、教育、推广的体制,农业生产与管理体制,各种农业经济政策等;③农产品经营,包括农产品的贮藏、加工、经销;④农业的输出,指农业提供的农产品、加工产品以及经济收益。

农业经济的各个方面、各个要素围绕着提高经济效益这个中心形成复杂的农业经济系统。

农业系统的四个子系统又共同构成更为复杂的农业系统。四个子系统间的内在关系是:(1)农业生物与农业环境二者构成农业生态系统,农业生物与农业环境互相适应就能形成农业的自然生产力,这是农业生产的基础。(2)农业的任务是要提高农业的自然生产力,并且将自然生产力转化为经济生产力,以满足人们的经济要求。提高自然生产力与经济生产力,都要依靠农业技术,而农业技术的实现,又要依靠一定的经济条件。因此,农业经济既是农业系统的出发点(经济条件),又是农业系统的归宿(经济要求)。(3)农业科学技术、农业经营管理与政策是农业系统中最活跃的因素,在农业发展中起着决定作用。但农业技术、管理与政策都必须遵循农业生态规律与农业经济规律。

由此可知,农业系统中四个子系统的关系是如此密切,它们之间交互制约,互相促进,共同构成结构严密的农业系统整体。农业系统的总体结构,可以由图1表示。

农业系统的有序性还表现于它的层次结构。从农业系统的范围来说,最高层次是世界农业系统,依次是国家的、地区的、农场(或农民)的、农田的农业系统。从农业系统内容来说,有农业结构、种植制度、作物生产、单项技术等层次。

(二)农业系统的目的性原则(农业系统的目标)

人们建立农业系统,从事农业生产的目的究竟是什么?从古代人类开始进行商品交换以来,以至当

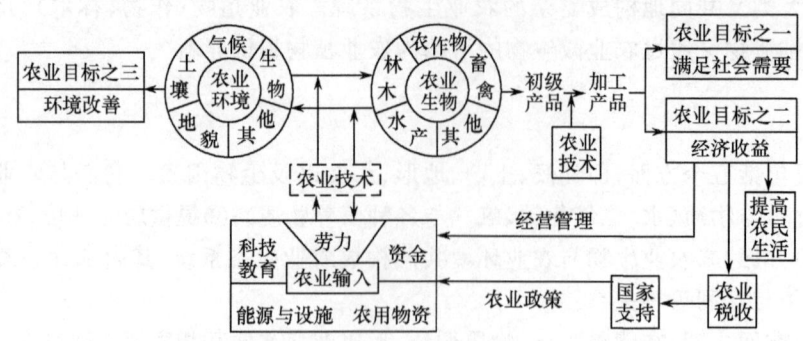

图 1 农业系统总体结构框图

代与未来的农业,不管人们是否明确地意识或完整地认识到,农业的目标都是三个:(1)提供人们所需要的农产品与加工产品,即取得农业的社会效益;(2)取得农业的经济效益;(3)保护与改善农业环境,即取得农业的生态效益,其目的又是为了取得长远的经济效益。这三个目标综合起来,就是人们对农业的经济要求。

农业可为人类提供多种多样的粮食、油料、糖料、水果、蔬菜、肉类、渔类、茶叶、木材、花卉和药材等产品,以及食品、纺织、卷烟、纸张等农产品的加工产品。对社会来说,这是农业的首要目标,也是农业区别于其他产业的主要特征。

对农业的社会需要,有许多问题值得我们思考:

(1)农业的首要任务是满足人们的食品需要,包括对各种食品的数量比例、营养、加工、色香味的要求等。遗憾的是,我国农业科学界对食品工业发展的要求研究很少,农业科学中的一个重要领域——食品科学始终不被重视。

(2)农业是轻工业的基本原料来源,但长期以来,我国农业只重视产量而忽视轻工业对农业提出的品质要求。

(3)社会对农业的需要不断随时间而变化。当前随着我国人民生活水平的提高,这种需要变化颇大。农业部门对农业市场变化问题需要认真地研究。

(4)社会对农业的需要内容极其广泛多样,许多领域(多种多样的花卉、药物、香料、菌类和工业原料,科研与教育需要的动植物,旅游、娱乐、渔猎需要的动植物等)都还有待农业科学家、农业领导部门协助农民加以开辟。

(5)农业的社会需要决不能只从局部地区来考虑,而需要着眼于国内与国际市场。

提高经济收益是农业的第二项目标。农户与农场都不可能生产全部他们所需要的农产品与加工产品,因此,就需要有商品交换。农户与农场将部分或全部的农产品收入转换成货币,扣除成本后,就是他们的经济收益。提高经济收益成为他们从事农业的重要目标。在商品交换高度发展的社会中,对农户与农场本身来说,提高经济收益往往是他们的第一位目标。

农业经济收益一般在三个方面发挥着作用:

(1)提高农民的生活水平,因此也就扩大了国内各种农副产品与工业产品的市场。

(2)用于农业再生产,即农业投资。这就为农业进一步发展提供了重要的条件。

(3)增加从农业取得的直接税收与间接利润(特别是轻工业品市场扩大后国家增加的收入),因此就增加了国家支持农业的实力。

以上三个方面明显地说明提高农业的经济效益对农业发展会产生巨大的反作用。我国农业在1978年前一直不强调提高经济效益,只讲产量,不讲成本(特别是不计劳力消耗),不讲收益,不仅使农民很难富裕起来,并且农业经济积累很低,严重影响了我国农业的发展速度。

保护与改善农业环境资源是农业的第三目标。矿物资源是消耗性的,愈开发愈少;农业环境资源是再生性的,只要注意保护,完全有可能愈利用愈改善。因此环境资源问题亦就是农业的长远的经济效益。农业环境保护与改善主要包括以下几个方面:气候的改善;土壤的改良;环境污染的防止;有害生物的控制,有益生物的保护;农村环境的美化。

上述农业三大目标,即农业的社会效益、经济效益、生态效益既是统一的,又是有矛盾的。它们统一于人民的经济利益这个总目标。社会效益是全体人民的经济利益,经济效益是农民所取得的经济利益,生态效益则是人民长远的经济利益。它们之间的矛盾亦就是全体与局部的矛盾,当前与长远的矛盾。在私有制的社会制度下,地主、农民、农场主往往为了一时的经济收益而忽视环境资源的保护。美国19世纪到20世纪初叶在其西部盲目开荒,终致酿成了20世纪30年代严重的黑风暴,毁坏了大面积的土壤。我国是社会主义国家,按理完全有可能兼顾农业的三大目标、三大效益,但由于政策上的失误,片面强调农业的社会需要中的一个部分(即增加粮食),而忽视多方面的社会需要,忽视农业的经济效益与生态效益,以致影响农业不能得到全面地更快地发展。从农业系统论的观点看,我们今后的农业发展不能再有片面性的农业政策,必须完整地、统筹兼顾地掌握三大目标,提高三大效益,使全体人民得到丰富、优质、价廉的农副产品,使人民更快地富裕起来,并不断改善农业环境,以保证子孙后代愈来愈富裕。

(三)农业系统的普遍性原则

农业系统论的基本观点之一是在所有的农业领域中,农业系统是普遍地存在的。不论农业处在哪个历史时期,农业的规模有多大,农业处于世界上哪一个地区,农业的哪一个部门,不论农业的哪一项活动,哪一项农业工作,农业都以农业系统的结构形式而存在。

从农业的历史时期来说,新石器时代那种极其粗放与简单的种植与养殖,已经包含了农业系统的四个方面:农业生物、环境、技术与经济。当代的现代农业,农业生产水平得到很大的提高,但农业仍然由这四个方面组成。未来农业,即使是全部工厂化的自动化农业,仍然将由这四个方面组成。尽管那时在农业环境方面将在更大程度上被人们所控制,农业生物、技术、经济方面亦都将有更大的发展。

从农业规模来说,大至世界农业,小至一块农田,无不是由这四方面组成。当然,世界农业包含了世界的农业环境与农业生物,农业技术在不同国家具有不同水平,而农业经济则是世界性的经济网络。每一块农田都离不开作物、气候、土壤、劳力、工具与农业技术的投入及农产品的收获与利用等。

农业的各个生产部门(如作物、林业、畜牧、水产等)、农业产前的各个服务部门(如农机、化肥、农药生产与供应等)、农业生产过程中的各项活动(如农田灌溉、植保、耕作、施肥等)、农业产后的各个部门(如储藏、保鲜、加工、经销等),以及农业科学研究、技术推广等各项工作,它们既是农业系统的一部分,同时它们本身亦是一个农业系统,并以农业系统四个方面的结构形式而存在。例如化肥生产与供应,它既是农业系统中农业输入的一部分,它本身亦一定要考虑到农业生物(作物对肥料种类的需要)、农业环境(当地土壤需肥特性)、农业技术(施肥数量、方法)与农业经济(化肥的成本、施用化肥的经济效益)。因此,一个地区合理的化肥生产与供应,本身就是一个农业系统。再以水稻育种研究为例,它是农业系统中农业科学研究的一个内容,但一项成功的水稻育种工作,它的设计计划必然要将农业生物(水稻的种质资源、各种性状的遗传特性等)、农业环境(当地气候、土壤、病虫)、农业技术(当地水稻的施肥水平、栽种方法等)与农业经济(当地的经济条件对水稻产量与品质提出的要求等)四个方面的因素都概括在内,因此,水稻育种本身就是一个农业系统。

从系统论的观点来看,某种系统的一部分本身亦是一种系统,这样的情况是不少见的。例如一棵玉米是一个植物生命系统,而玉米的一部分(某个器官、某个组织以至每个细胞)本身亦是植物生命系统。它与整株植物一样,同样具有能量与营养物质的吸收与消耗,同样具有全套的基因组成。因此,在一定条件下,植物的一部分都可能发展为整株植物。再以人类社会为例,学校、工厂、商店都是社会的一部分,但它们本身亦是一个较小的社会,具有社会所共有的领导与被领导关系、社会秩序、社会道德等一些特性。

(四)农业系统的整体性原则

农业系统论认为,在农业生产中,任何领域、任何部门、任何工作都必须掌握农业系统的整体性,亦就是说必须全面地考虑农业生物、环境、技术、经济这四个方面及其互相结合所构成的整体。这样所制定的农业政策才可能是正确的,才能促进农业较顺利和较迅速地发展。

农业系统的整体性的第一法则是"缺一不可"。亦就是说,忽略农业系统中四个方面的任何一个方面,所制定的农业决策或工作计划必然是片面的,必然会使农业生产或农业工作遭受损失。例如,领导一个县的农业生产,如果忽视了农、林、牧、副、渔的正确结合,或者忽视了当地的气候、土壤、地形特点,或者忽视了加强科学技术的普及推广工作,或者忽视了通盘考虑农业经济全局,那就不可能成功地发展本县的农业生产,甚至造成严重失策。

农业系统的整体性的第二个法则是"整体大于局部之和"。亦就是说,农业系统并不是农业生物、环境、技术、经济这四方面简单的凑合。农业系统发展的动力就在于这四方面的有机联系、密切结合、互相促进。农业科学技术可以按人类的需要改变农业生物的特性,可以合理利用与积极改善农业环境资源,亦可以不断提高农业经济收益,增强经济积累。而农业经济实力的增强又可以大大加速农业科学技术的进步。善于抓住技术与经济这两个环节,就能使农业生物与农业环境更协调,就能使整个农业系统活跃起来,迅速地向前发展。农业四个方面相结合的效果比四个方面本身要大得多。

(五)农业系统的适应改造原则

在农业系统中,对于农业技术的选择与改进必须遵循适应与改造的原则。这包含两个方面:

(1)农业技术对于农业生态条件(农业生物与农业环境)的适应与改造。不同作物、不同土壤、不同气候环境都需要有不同的农业技术。例如拿施肥技术来说,必须适应作物需肥的生理生态特性,同时又必须适应当地土壤与气候特性。否则,必然导致减产。但为了农业的发展,农业技术又不能停留在"适应"的水平上,还需要对作物与环境加以改造。例如选育更耐肥抗倒伏的品种,对土壤进行改良等。对于农业生态条件的适应与改造两方面必须完整地掌握,不能偏废。我国自20世纪60~70年代的农业生产,提倡"农业学大寨",强调对环境条件的改造,而忽视了对环境的适应。如华北、西北不少干旱地区,扩大种植需水多的小麦与玉米,耗费过多的水资源,成本高,收益低。近几年来改种耐旱的粟子、高粱,并采用旱作农业技术,既省成本,产量又能稳中求高。但另一方面,近几年来又比较忽视对农业环境的改造。长江流域与南方不少地区尽管雨量充足,但旱涝灾害仍相当严重,这些地区如果不在大型水利与农田水利方面做艰巨的工作,就很难真正获得稳产高产。

(2)农业技术对于农业经济的适应与改造。农业技术对于经济条件,亦存在着严格的依赖性。我国农业经济的特点是劳力多,土地少,资金少;而美国是劳力少,土地多,资金多;日本是劳力较少,土地少,资金多。它们的经济条件与我们不同,因此,它们的农业技术在我国并不一定都能适用。我国农业科学技术既要学习外国的先进经验,又一定要走自己的道路,当然,对农业经济条件亦需要改造。我国今后农业生产将要不断减少劳力,逐步地增加投资,这是实现我国农业技术现代化的必要条件。

(六)农业系统的协调平衡原则

农业系统中的四个方面(生物、环境、技术、经济)之间以及这些方面的各个部门之间都存在着严格的协调与平衡关系。这种关系还具体地表现为数量上的比例关系。例如,太阳辐射量与农作物产量潜力之间,土壤供肥量、供水量与作物产量之间,农业生物中各种作物在布局中的面积之间,农业技术中氮、磷、钾适宜供应量之间,肥料与水分供应之间等等,都存在一定的数量关系。尽管这些数量关系,并不像数学函数关系那么严格,允许有一定的变化幅度,但超过一定的幅度,都将造成比例失调而使农业遭受损失。

为什么农业系统中存在这种数量上的协调平衡关系?这是由于以下一些客观原因:①农作物与畜禽动物本身是一个协调的整体,它们的各种器官之间,各种生理功能之间(光合和呼吸,吸收与排泄等),都存在一定的数量上的平衡关系。②某一个地区,一定土地面积上太阳能量是有限量的,作物对太阳能的吸收与利用亦是有限量的,作物对土壤肥力、土壤水分的利用能力都是有限量的。因此,在一定光能、肥水条件下,对某一个品种来说,产量亦是有限量的。③农业由于受当地气候与季节的限制,一年的熟制是有限制的。为了安全成熟,作物适宜播收季节都是一定的;为了调节劳力与季节,各种作物的面积亦就要求有适宜的比例。④农业技术严格地受经济条件制约,农业施肥量、灌溉量、劳力与机械使用量等都由当地劳力、资金等条件所制约。

正确掌握农业系统中各个方面的协调平衡关系是农业成败的重要因素,忽视这种关系的任何盲目性都会导致农业的失败。由于这种协调平衡中存在有数量关系,这就要求农业系统的研究必须应用数学方法,特别是应用电子计算机作为重要的研究手段。

(七)农业系统的流通循环原则

农业系统内部各部门之间虽然存在一定的协调关系,但是农业系统绝不是静止不变的。相反,它就像一个有生命的有机体,时刻变化,充满生机。正如人体内部存在呼吸、消化、循环、神经等川流不息的系统一样,农业系统内部亦存在着四种川流不息的"流"(或称流通),即能量流、物质流、信息流和价值流。

这四种"流"各有其不同的特性,但亦有几个共同特性。如对农业系统的目标来说,"流"的范围大比小好,"流"的速度快比慢好,"流"的效率(流通中能为人所利用的有效部分的比率)高比低好。

1. 能量流

农业系统中能量流共有三种:①太阳能;②劳动能;③工业能与其他自然能。

农作物通过光合作用将太阳能转化为化学能是农业系统中最基本的过程。对一个地区或一个农场来说,太阳能均匀地照射到全部土地表面上(包括农田、水面、房舍、道路、山坡等),良好的农业系统要善于利用各种土地上的太阳能。太阳能照射到农田以后的流向可由图2表示。

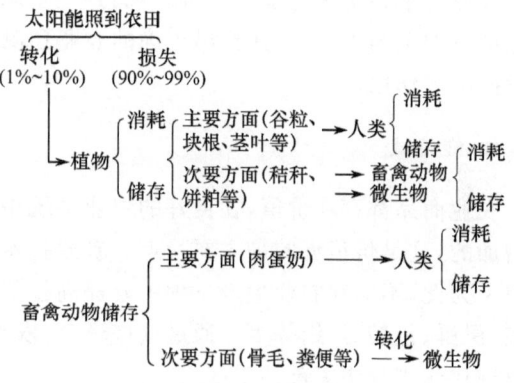

图2 太阳能照射到农田以后流向图

从流向图可知:①太阳能的流向是单向流,不存在循环。但由于太阳能源在极长的时间内不会枯竭,因此太阳能是农业系统取之不竭、用之不尽的能源;②太阳能流以多环节的流向(即通过植物、动物、人类,直至微生物的多个环节)比单环节的流向(即仅限于植物性生产)为好,经济与生态效益均高;③农业技术的重要任务在于提高太阳能的转化率与利用率。

劳力流:劳动力不但是农业操作的动力,更重要的是输入农业技术的动力。单位劳动力创造的农业产值——劳动生产率是农业系统中最主要的经济指标之一。农业系统中劳力过多地集中于某一局部行业是很不利于提高劳动生产率的。因此,劳力流的多向流通(流向多种行业)比单向流通(流向某一行业)为好。我国当前正处于劳力由单向流通向多向流通转变的重要历史时期,这是农业现代化极重要的标志。

工业能与其他自然能流:工业能包括石油、煤、电等;其他自然能包括风能、沼气能、水力能等。在整个能源输入中,工业能所占比重势必随着农业系统的发展而提高。

在农业系统中,输入的能量(太阳能、劳力能、工业能的总和)总是大于输出的能量(农产品中的化学能),亦就是说能量流通过农业系统是减少的。农业技术与农业经营管理的任务是尽可能减少能量的无效消耗,提高能量的利用率,包括光能利用率、劳动生产率、能源利用率等等。

2. 物质流

农业系统中的物质流有三大类:①各种物质元素以及基本化合物,如水、二氧化碳、氧、氮、磷和钾等;②农用物质,如农药、化肥、农机等;③农产品及加工产品。化学元素与水等基本化合物在自然界的大范围内循环流转,但是不断地改变其物理与化学形态。在农业系统中,工农业技术的作用是适量地、有效地将这些物质输入农业系统。但在农业系统中，输入的物质（包括自然物质，如水、二氧化碳、土壤养分等，与农用物质，如灌溉水、化肥等）一般总是多于输出的物质（农产品中的水分、养分等）。亦就是说，通过农业系统，物质在数量上是减少的，但在物质种类上却增加了，生产出在用途、品质、营养成分与加工性能等方面丰富多样的农产品与加工产品。这一点与能量流是不一样的。农业技术与农业经济的作用，既要提高各种农用物质（灌溉水、化肥、农药、农机等等）的利用效率，又要根据人们的要求，使农业能提供人们所需要的尽可能多样化的农产品与加工产品。

农业商品的流通在农业系统的发展中起着十分重要的作用。流通愈快，农业发展就愈快。我国当代农业发展的重要方向就是要加速农业系统中的物质流，大力发展农业商品流通。

3. 信息流

农业系统中的信息亦即农业生物、环境、技术、经济四个方面不断变化的消息，即使原始农业亦存在简单的信息流，如农民都注意天时变化、河水进退等。而农业愈向现代化发展，要求信息愈多、愈及时。现代农业要求在更大范围内（不仅一国并且全球）尽可能完善与迅速的信息流通，并且还要求尽快地将信息进行加工与处理，以便作出正确的农业预测与决策。为此，遥感、光导通信、电子计算机等新技术都将发挥巨大作用。

4. 价值流

农业商品都存在价值，在良好的农业系统中，输出的价值必然高于输入的价值，亦就是说价值是不断增加的，这是价值流的最主要特点。农业技术与农业经济的重要任务都是为了不断提高价值增长的速率。为此，不但在农业生产过程中要提高投资的利用率，又一定要为农产品进行浅加工、深加工，以及储藏、保鲜、包装、经销等等。通过这些环节，农产品的价值将得到几倍、几十倍的增长。这是我国当代农业现代化进程中关键性措施之一。

以上四个"流"在农业系统中川流不息、互相促进，这是使农业系统保持旺盛生命力的基本的内在动力。但是这四个"流"的主要特性及其运动规律，却至今还没有被人们充分地认识。例如，我国农业生产中就是长期地不重视商品流通问题。近几年来，商品流通的重要性已逐渐为人们所认识，但信息流与价值流，仍还没有得到足够的强调。应该看到，价值流（价值的不断增值）实际上是商品化农业生产中的最主要的内在规律，其他三个"流"都是围绕着加快价值流而服务的。我国当前要使农民尽快地富裕起来，在本世纪内实现工农业总产值翻两番的伟大任务，在全部农业战线都要突出地强调加快价值增加的速度。为了达到这个目的，不仅要加快农业的商品流通，还要健全与加快农业的信息流通。信息流通不畅，不及时，不准确，商品生产必然会受到严重阻碍。当然，为了实现农业现代化，能量流的问题，如劳力的多向流通，改善能源的供应与流通，以及提高光能利用率等问题亦都不能忽视。

不同的农业经营方式，由于四个"流"的特性不同，农业系统本身的循环状态也不同，可以分出三种农业经营方式：①掠夺式经营，为了追求近期经济利益，不惜滥用以致破坏农业环境资源。例如，在山坡地或干旱区盲目开荒，造成严重的水土流失或沙漠化。资源愈破坏，为了获取经济利益，就不得不更严重地破坏资源，这样就形成了整个农业系统的恶性循环状态。②维持式经营，是维持环境资源的较低水平的平衡。由于农业成本过高（例如在西方国家）或经济收入过低（例如在我国20世纪50~70年代的农业），农业的经济积累不多，这样就使农业系统处于一种维持性的、上下起伏的、增产率较低的中性循环状态。③开发性经营，十分注意农业环境资源的保护、开发与合理利用，同时又十分注意提高农业经济效率。由于经济积累多，就能对环境资源更有效地保护与利用，从而使农业经济积累更多，这样就形成农业系统的良性循环状态。例如，我国当代农民创造的将作物、畜禽、养鱼、菌类、蚯蚓、沼气等组成农业生物链的经验，资源利用充分，经济与生态效益都高，有利于形成农业的良性循环。

农业系统的研究任务之一，就是要促使农业系统形成良性循环状态，使农业资源愈来愈改善，农业经济愈来愈发达。

(八)农业系统的自我稳定原则

农业系统具有两个变化很大,并且是特别难以预测的因素,一是气象变化,二是市场变化。正是由于这两个因素,农业系统是不稳定的,不同年度间往往有很大的变动,给农民与国家带来很大困难。

对付这两个变化因素,主要应依靠农业系统的自我稳定能力。为了达到自我稳定,首先要有战略措施,即建立合理的农业结构、作物布局、品种布局与经济政策,使农业系统能够基本适应当地的气候条件与市场条件;其次要有战术措施,即要运用信息反馈的原理,尽可能早、快、详尽、正确地掌握气象与市场变化的信息,以及由于气象与市场变化所影响的其他信息(如作物生长动态、病虫发生动态、物价动态、贸易动态等)。根据这些信息及时地作出农业预测与正确的农业决策,对农业系统中各种技术措施与经济措施等进行合理地调节,以达到使农业系统趋向稳定的目的。

各发达国家的政府与农业科研以及服务机构在这方面无不作出很大努力。我国在 20 世纪 50～70 年代,农业的最主要威胁就是气象变化,旱、涝、冷、风等自然灾害,以及由气象变化引起的病虫灾害,是造成我国农业不稳定的主要原因。20 世纪 80 年代我国发展商品性生产以来,市场变化成为农业不稳定的重要因素,近年来,油菜面积与产量的大起大落就是一例。我国各级农业行政与科研机构都需要对气象与市场这两个因素加强研究,加强信息流通,加强预测,以改善农业决策工作,这对我国农业稳定发展必将起重要作用。

(九)农业系统的相对最优原则

为了推动农业系统的发展,必须年年、时时作出较为正确的农业技术与经济决策。即使是原始农业,农民亦要懂得在适当季节播种,播种适宜的作物种子。现代化农业中,农业决策更需要依靠丰富的农业科学知识,正确而及时的农业信息等等。但建立在农业系统论基础上的农业决策方法,至今在世界范围内还没有形成自己的科学体系,这将是农业系统论与农业系统科学今后的重要研究任务。

从农业系统论出发,关于农业决策问题可以形成这样几个观点:①农业系统中存在着局部最优决策,即对农业系统中某一个局部的方面来说是最优的决策,例如生态最优或经济最优。生态最优中又可分为生物最优、气候最优、土壤最优等。如要确定某一地区种植何种作物为最适宜,可以拿产量最高为标准,认为水稻为最优作物;但从气候条件说可能以玉米为最适宜;从土壤条件说,又可能以花生为最适宜;而从经济收益看又以烟草收益最高。这些都只是局部最优。②农业系统中存在着综合最优决策,即综合考虑生态(生物、气候、土壤)与经济多种条件,运用系统分析与系统工程方法,确定对当地生态条件较适应、经济收益较高的最优决策。③农业系统中一切综合最优决策都是相对的。这是由于农业系统的因素十分复杂,即使同一地区内部由于某些因素的差异(如局地土壤肥瘦、局地小气候、交通条件与市场远近等差异),最优决策的选择就会不同。而农业系统又随着时间不断变化,今年水稻可能是最优作物,明年因水源缺乏,又可能是玉米最优。在农业系统中不存在绝对最优决策,只存在相对最优决策。这就是农业生产中一切技术与经济措施都要因地制宜、因时制宜的科学根据。

从大的讲,一国或一地的农业发展途径,只能学习外国与外地的有用经验,而不能机械地搬用人家的经验。从小的讲,各种农业技术措施,如病虫防治策略、肥水管理技术,都要随着气象、土壤、经济等条件的变化而变化。

农业系统方法的任务之一,就是在错综复杂、变化多端的农业系统中,运用系统方法以及电子计算机进行相对最优的决策。

(十)农业系统的演替发展原则

纵观人类的农业历史,大致可以分成四个阶段,经历了四次革命:①以石器、铜器为标志的原始农业时代;②以人力、铁制农具与自给性农业为标志的维持性农业时代;③以机械化、化学化、商品化为标志的现代化农业时代;④以企业化、信息化、国际化为标志的高度现代化农业时代。

原始农业从1万年以前开始,人类从采集与渔业为生的野蛮生活走向以种植与养殖为主的定居生活,当时是一次巨大的社会变革。我国从2000多年前进入铁器时代,农民应用铁制锄头与犁,农业生产力又是一次很大的提高。但是只靠人力与简单农具,农业生产所得毕竟还相当有限,只能用于维持农民的生计并供养地主,很难发展较大规模的商品生产。18世纪中叶,欧洲产业革命后,畜力农具与化肥开始在农业上得到应用,农业加快发展。到本世纪前叶与中叶,欧美、日本相继在农业机械化、化学化、商品化方面迅速发展而先后跨入农业现代化时代。当前西方农业经历着第四次革命,即向着企业化、信息化与国际化的方向迅速发展。所谓企业化指的是农业不单是种植业与养殖业,而与种子、化肥、农药、农机等农业的产前企业,与储藏、保鲜、加工、包装、运输、销售等农业的产后企业联合在一起,形成一个完整的农业企业。这种联合企业的方式是多种多样的,有统一在一个大公司之中的,也有公司与许多专业化农场签订产销合同的,也有许多农场主联营的。但不管什么方式,这种企业化的农业经营的经济效率比个体的农场主大得多,产品的竞争力强得多。

所谓农业的信息化主要有两方面含义:①农业科学技术愈来愈先进,以致知识逐渐代替了劳力、资金等,成为农业发展的主要动力。由于新的科技成果日新月异,知识更加表现为信息的形态。②农业信息——市场经济信息、环境信息、生物信息、技术信息,对农业发展的关系愈来愈密切。加上电子计算机在农业上的应用日益广泛,农业掌握信息、运用信息的能力愈来愈强。信息处理正在成为农业生产各个领域中支配性的因素。

所谓农业的国际化指的是:第二次大战后世界各国经济交往不断增多,各国农业都不可能只以本国为市场而必须面向国际市场。由于国际市场的竞争力特别强,市场变化特别大,因此给各国农业生产都带来一系列的新问题,迫使农业科学家、农业生产部门与农民加以研究与回答。此外,农业国际化还表现在以下一些方面,如农业科学在国际间的合作与交流、国际性农业科学研究中心的建立、品种资源的国际交流、世界性农业信息网络的建立及遥感技术的应用等。

我国当前农业基本上是处于第二阶段向第三阶段的过渡时期,发展商品化以及推进农业技术改造,是我国当前农业发展的主要方向。但面向农业的新潮流,值得研究的是,我国是否可以不经历西方国家的老路,而从我国农业实际出发,直接应用农业第四阶段的一些新经验,即农业企业化、信息化与国际化的经验,以缩短我国农业与西方国家的差距,加速我国农业发展的步伐。

以上就是农业系统论的十项原则。这十项原则,可以用符号与关系式加以简明表达。

符号(取自相应的英文字):

A (Agriculture) 农业

AS (Agricultural System) 农业系统

H (Habitat) 农业环境

B (Biological Organism) 农业生物

T (Technique) 农业技术

E (Economics) 农业经济

O (Objective) 农业目标

OD (Optimum Decision) 最优决策

E (Energy) 能量

S (Substance) 物质

I (Information) 信息

V (Value) 价值

关系式:

1. 农业系统有序性

$$AS = f(H \cdot B \cdot T \cdot E)$$

式中 f 表示函数。此式表示农业系统由四个子系统根据一定的结构形式与数量关系而组成。

2. 农业系统目的性

$O = O_1 \cdot O_2 \cdot O_3$

表示农业系统三项目标互相密切联系，缺一不可。

3. 农业系统的普遍性

$A \leqslant AS$

表示任何农业单位或农业活动既是农业系统的一部分，本身又是农业系统。

4. 农业系统的整体性

(1) $AS = H \cdot B \cdot T \cdot E$

表示农业系统四个方面缺一不可。

(2) $AS > H + B + T + E$

表示农业系统的整体大于局部之和。

5. 农业系统的适应改造

$$\begin{matrix} H \\ \updownarrow \\ B \end{matrix} \leftrightarrow T \leftrightarrow E$$

$\longleftrightarrow$ 表示适应与改造。

6. 农业系统的协调平衡

$\dfrac{H_1}{H_2} = \dfrac{B_1}{B_2} = \dfrac{T_1}{T_2} = \dfrac{E_1}{E_2} = K$

式中 K 表示常数。此式表示农业系统四个子系统中各部分之间互相有一定数量上的比例关系。

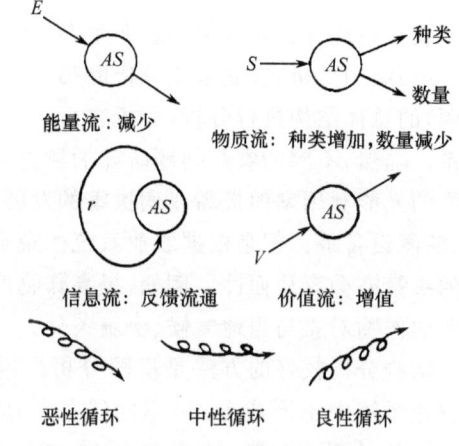

图3　农业系统的流通循环

7. 农业系统的流通循环（如图3所示）

8. 农业系统的自我稳定

$\Delta h < 0$

式中 h 表示农业系统的熵（熵是无秩序性的度量），合理的农业系统的熵是减少的，表示趋向稳定。

9. 农业系统相对最优

$OD_1 \neq OD_2$

表示不同条件下最优决策不同。

10. 农业系统的演替发展

$AS_1 \longrightarrow AS_2 \longrightarrow AS_3 \cdots\cdots$

表示农业系统不断向高级形态发展。

三、农业系统方法

农业各个专业学科的研究，最通用的传统方法是试验研究加上生物统计。即选定有代表性的试验田，进行不同处理的对比试验，然后用生物统计方法，作出不同处理间的差异显著性分析。这一套方法在农业科学发展中，获得很大成功，今后仍将继续使用。但必须看到，这种方法亦有很大的局限性：它不能反映农业整体内部大量因子间的错综复杂的关系；一般不能反映许多因子间的动态的数量关系；由于传统方法考虑因子很少，因此，根据传统方法，不能真正作出农业上的最优决策。例如，品种试验中传统方法，可以告诉你哪个品种产量最高，但是产量最高的品种并不一定是当地最适宜的品种。因此，就有必要从农业系统的理论出发，探索一套全新的方法——农业系统方法。农业系统方法是根据农业系统本身的运动规律，对农业系统内在各因子间的复杂关系，进行数量的与动态的分析，并运用一定方法作出决策、进行控制以达到农业最优目标的方法。

"农业系统方法"的概念比"农业系统工程"更为广阔些。据钱学森先生的论述，系统工程是对于各种系统的组织管理技术。而农业系统方法首先是对农业系统的分析研究的方法，其次才是管理实施方法。

农业系统方法包括四个方面：①农业系统分析；②农业系统模拟；③农业系统运筹；④农业系统控制。

（一）农业系统分析

农业系统分析亦可称为农业生态经济系统分析，它有以下几方面的内容。

（1）结构分析：农业系统分析的第一步是要对所研究的农业系统（一个农业经营单位或者一个农业问题）的总体结构进行分析，分析它所涉及的农业生物、环境、技术与经济四个方面以及它们之间的内在关系。当然，不同的农业问题研究的侧重点是不一样的，有的问题可以侧重于生物与环境方面，例如农作物的光能利用率的提高或病虫害的发展与防治；有的问题可以侧重技术与经济方面，例如研究农机使用、灌溉设备等。但是根据农业系统的观点，四个方面都应有所考虑，否则结构分析就不够全面，由此作出的决策亦会有片面性。例如，提高作物产量的措施或病虫防治策略等都应考虑经济效益，农机使用亦应考虑作物对象与当地气候、土壤条件。

结构分析较好的方法是框图分析。用不同符号代表农业系统中不同成分，用不同线条与箭头代表各种成分间的关系，形成一个反映系统内在关系的框图。农业系统中不同因素可用下列符号表示（图4）。

以大豆生产为例，可以绘出下列的系统结构框图（图5）。

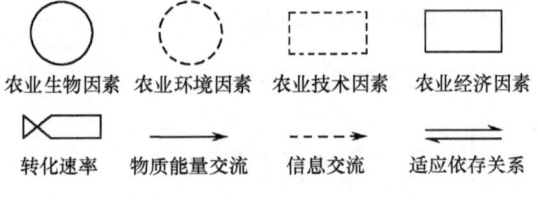

图4 农业系统框图符号

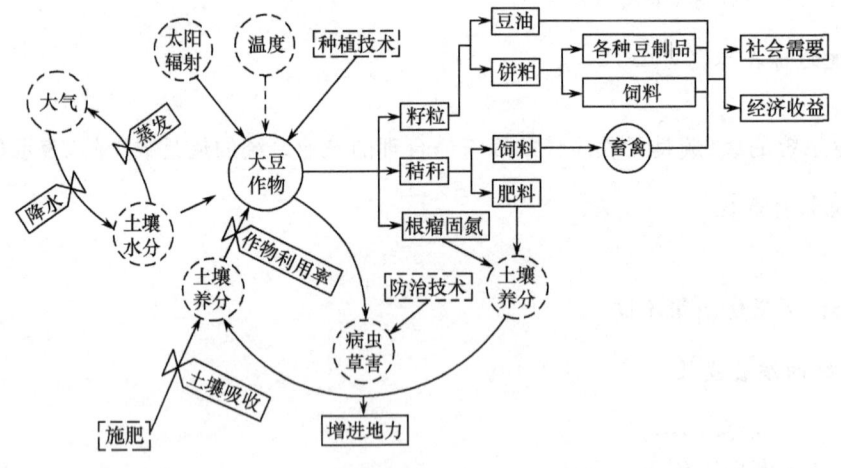

图5 大豆生产系统框图分析

系统结构可以根据不同需要，绘得比较简单或相当复杂，亦可以在某一方面相当详尽，而其余方面相当简约。

（2）关系分析：即使是较为详尽的框图亦很难反映出农业系统因子之间错综复杂、深刻细微的内在关系，而弄清这些关系正是系统模拟所不能少的前提。

例如大豆框图中太阳辐射,怎样为大豆作物群体所吸收,这与季节、气候、天气状况、大豆作物叶面积、株型、叶角等许多因子有关;大豆籽粒的加工与大豆品种、品质、加工工艺、市场需要等许多因子有关。对这些复杂关系的分析,需要充分利用已有的研究成果,并对这些成果给以归纳分析。其中一些主要的环节如果缺少研究成果,那还要求进行必要的专门研究。当然一般说来,对各个农业问题的研究只需要对系统的某一局部进行较详尽的分析,而不需要亦不可能对系统全部进行详尽分析。

(3)数量分析:关系分析一般是定性分析,主要弄清有哪一些因子在起作用,怎样起作用等。数量分析则是要在关系分析的基础之上,探明各因子之间的数量关系或函数关系。在这方面可以有选择地利用现有研究成果,但由于到目前为止,农业科学研究一般不重视数量关系的研究,在农业系统研究中往往需要将工作重点放在农业内部数量关系的研究上。在农业系统研究广泛开展后,不同的专业学科中的数量关系的研究将是一个十分重要的科学研究领域。

(4)系统分类:可以分为地区性与类型性两种系统分类。

农业系统的特点之一是有地区性,所研究的农业问题,往往针对一定的地区范围。例如大豆生产,所研究的可能是江苏地区,也可能是东北三江平原地区。不论是什么地区,地区内部各种自然与经济条件又是不一样的,例如江苏省内苏北、苏南的各种条件差别甚大,即使在苏北徐淮地区,东、西之间的气候也有差异;又有丘陵、岗地、沙土、淤土等土壤差异。因此为了深入阐明大豆生产的规律性,就要进行地区间的系统分类。

此外,农业系统的各个层次(农业结构、种植制度、作物生产等)都可以在类型上进行系统分类。

系统分类方法可以用综合分析法、综合指标法、因子重叠法、聚类分析法、模糊聚类分析法等。

(二)农业系统模拟

农业科学各个领域中的系统模拟,近10年来在西方国家发展很快,但是在我国基本上还是空白。这是值得我国农业科学界充分重视的一种具有强大生命力的新方法。

农业系统模拟是在农业系统分析的基础上进行的,没有全面的细致的农业系统分析,就不可能进行农业系统的模拟(有的科学家将农业系统分析纳入农业系统模拟的范畴中)。什么是农业系统模拟?就是用电子计算机的算法语言编制出能够反映农业系统内部复杂的结构与功能的计算机程序系统,并且将这个程序系统以及农业系统的各种环境、生物、技术、经济的参数输入计算机进行运算,运算结果就是人们所要了解的农业系统在各种条件下的可能状态。简单地说,农业系统模拟就是以电子计算机为手段,模拟农业系统的结构、功能与运动状态。

农业系统一般都比较复杂,为了进行系统模拟,有必要将该系统剖析成不同层次的关系网络。例如大豆生产系统中可以分成大豆环境、大豆生长发育、大豆种植技术与大豆产品处理四个一级子系统。每个一级子系统还可以分成若干二级子系统,如大豆环境子系统中可以分成大豆气候、大豆土壤、大豆病虫等多个二级子系统。每个二级子系统中还可以分成若干三级子系统,如大豆气候子系统中可以分为太阳辐射、温度、降水等多个三级子系统。这样剖析下去直到足够的精密程度为止。

低级子系统一般说来是比较简单的,有可能进行数量分析,建立该子系统中各因子之间的数量关系或函数关系。例如,太阳辐射与大豆光合成的函数关系,温度与大豆生育期变化的函数关系等。

在计算机程序中,完全有可能通过程序系统与计算机的内在功能将低级子系统构成高级子系统,再将高级子系统构成总体系统的模式。

农业系统模拟方法,具有一系列独特的优点:

(1)它是到目前为止反映农业系统内部各因子之间错综复杂的数量关系的最好方法。

由于在各子系统中,同一个农业要素都采用相同的文字参数。例如,光合作用可用 PHOTO 或 PS 或 P。因此,凡是各种环境或生理因素对光合作用的影响都可以通过各个子系统模式,在 P 的数量上综合地反映出来;而光合作用对作物叶片生长、干重积累、产量形成等的影响,又可以通过各有关的子系统模式中 P 与上述要素间的数量关系而反映出来。

(2)它是到目前为止反映农业系统动态变化的最好方法。农业系统决不是静止不变的,而是随着时间的推移瞬息变化着。这是因为农业动植物都是活的有机体,它们的生理活动时刻都在变化。农业环境中,如气象条件也是时刻变化,农业经济中如市场信息也是变化无常。对于这样变化多端的农业系统,系统模拟却能相当精密地加以反映。系统模拟中,可以采用各种大小的时间尺度,例如,作物生产系统,一般可以"旬"或"日"为单位,不一定精细到小时。但是研究作物的光合作用日变化,则要求将时间尺度缩到"时"或"分"。农业系统模式以及各种参数输入计算机后,计算机就能按特定的时间尺度进行运转,动态地反映出农业系统的各种变化。除了时间动态外,农业系统模拟还能反映空间动态,例如作物群体光合作用,怎样自群体顶层垂直向下,按不同群体的层次而变化。

(3)农业系统模拟对农业问题的研究,可以超越时间与空间的限制。采用其他农业试验方法,都有时间与空间的局限性,例如一般是做3~5年的试验。但是农业系统模拟,只要有充分长的气象资料,或者气象长期变化规律的资料,则可以很容易地模拟几十年的以至几百年的试验。这对于某些农业问题的研究往往很有益处,例如,林业、果园的经营,农田水利实施的制定,良种的选择,农业布局的安排,农业长远规划等等。农业试验也受到空间限制,例如,试验点不可能太多,试验田不可能太大,而农业条件却又如此复杂多变,试验条件很难代表各种各样的农业条件。农业系统模拟,则可以对农业条件进行任意组合,而通过计算机求得试验结果。

(4)农业系统模拟可以交流与综合农业科学各专业学科的研究成果,同时又能指出研究工作的薄弱环节与突破口。农业系统总体模式,一般都涉及到农业气象、土壤、水文、植物、病理、昆虫、作物生理、作物栽培、农产品加工和农业经济等许多专业。任何科学家都不容易精通这许多专业。各个子系统模式,往往是不同学科的专家分别研究的成果,这些子系统只要有科学依据,在其他农业系统中都可以借用。这样各个专业学科就在农业系统模拟中,得到了共同的语言,得到了相互交流与综合的渠道。这对农业科学的发展是有重要意义的。

农业系统模拟过程中,必然会发现某些环节,已有的研究资料特别不足,以至模拟的可靠性不大。这些不完善的子系统,往往影响整个系统模拟的可靠性,使模拟结果与实际结果出现差距。而这些环节,又正是该农业系统中今后应该着力进行研究的突破口。这样就能指明农业科研工作的方向。

(三)农业系统运筹

所谓农业系统运筹就是在农业系统研究中应用运筹学方法。运筹学包括一系列以寻求最优决策为目的的数学方面:线性规划、非线性规划、整数规划、动态规划、网络方法、排队论、存贮论、决策论和对策论等。

运筹学的各种方法,在工程管理、经营管理等领域已经得到广泛应用,但在农业科学中的应用还不普遍。重要原因之一是农业系统的复杂性与变动性特别大,只依靠运筹学方法,往往难以真正有效地解决农业问题。例如线性规划,虽然可以处理几十个甚至几百个因子,但它只能处理静态过程以及线性关系;而农业系统却充满着非线性关系,又是瞬息变化的动态过程。且非线性规划一般所能处理的因子又比较少。农业系统方法可以将系统分析、系统模拟与系统运筹几种方法有机地结合起来,农业科学领域中这方面的工作,目前即使在国外也属少见,但却很可能是研究农业系统的十分有前途的途径。

这里先举系统模拟与线性规划相结合研究种植制度为例。用线性规划研究某一地区最优的作物种植布局,一般要列出若干个约束条件,如土地、劳力、季节、肥料的限制,又要列出一个目标函数,如产量或经济收入等。但这些约束条件并非是固定不变的,在同一地区、不同地点会有很大变化,不同年份也会因为气候、经济、技术条件的变化而变化。这就需要首先进行系统分析,在此基础上进行系统模拟,寻求不同自然、经济与技术条件下这种约束条件的变化规律。关于目标函数,根据农业系统论的观点,任何农业系统都有三个目标,即社会效益、经济效益、生态效益。因此,只根据一个目标函数就很难求得真正最优的决策。而上述三种效益本身亦相当复杂。例如社会效益,人们的社会需要是多方面的,很难只根据某一项(如粮食产量)来衡量,又需要运用系统模拟方法,寻求各个效益本身的内在关系,将当地农业社会效益的主要内容(社会对粮食、油料、饲料、加工原料、木材的需要等等)综合考虑,取得综合的社会效益指标;并且又应将三大效益综合起来,求得农业系统的总效益指标。由于这些综合指标,不是采用简单的相加或加权办法,而是采用系统模拟方法,因此更具有灵活性,更能符合实际情况。在以上工作基础上,再运用线性规划方法求得最优决策。这样求得的最优决策必然是相对最优,即是随着各种自然、经济、技术条件而变的最优决策。

再以系统模拟与决策论的结合举例。应用决策论必须有不同状态的几率以及不同状态下各种对策的得益值或损失值。但不同状态(如高温年、中温年、低温年,或价格高、中、低等)的几率也不是固定不变的。气象条件的不同状态的几率会因不同地点、不同年份而不同。不同年份由于大气环流型等不同,可能发生的气象状态的几率就不一样(美国的中长期天气预报,基本上是几率预报)。

在农业系统研究中最好不直接采用气象状态,而采用气象-土壤-作物-病虫状态,即以气象变化及其相联系的土壤-作物-病虫变化作为状态分类。例如气象上的高温年,不一定对作物产量有明显影响,而要考虑哪个时段的高温,高温到什么程度,对作物是否有害等等。不论是大气环流对气象的影响或气象-土壤-作物-病虫的综合影响,都需要应用系统模拟方法来分析,然后求得不同条件下的状态几率。至于不同状态下的受益值与损失值,那就更需要应用系统模拟方法来求算,取得随着自然经济、技术条件不同而变化的受益值与损失值。在以上工作基础上再应用决策论方法,得到不同条件下的相对最优决策。

农业系统模拟与运筹学的结合,在农业科学各个领域中都将开拓出一个全新的、很有希望的研究前景。例如,在作物育种研究方面,品种资源数据库、系统模拟、运筹学与数量遗传学的结合,将能在计算机上进行作物育种模拟,选择最优杂交组合,确定最优的育种方法与程序,从而可以加速育种的速度,并帮助选育出性状更优良、更全面的新品种。

(四)农业系统控制

农业系统方法不仅是一种研究方法,它还是对农业系统的运行与控制的方法,它可以应用于许多实际的农业工作中。

农业系统控制有以下一些内容:农业系统信息网络;农业系统信息处理;农业系统动态决策;农业系统信息反馈。现以作物病虫防治为例加以说明。

(1)信息网络:在病虫防治工作中必须建立一个较大范围的信息网络,观测气象变化、作物动态以及病虫害的发生发展。将观测点上的这些信息,迅速地集中到测报与防治中心,并输入计算机。

(2)信息处理:在计算机中,已经贮存有多种病虫的发生模式,一旦病虫信息输入计算机,就能得到在当时特定条件下病虫的发生发展预测。

(3)动态决策:计算机中还贮存有病虫防治的决策模式,一旦将病虫信息与发生预测输入,就能得到当时特定条件下的最优防治决策。但气象与病虫情况是不断变化的,因此,最优防治决策亦会随着时间的推移而变化。

(4)信息反馈:最优决策在实际工作中得到贯彻(例如已经在适当时间施用农药),又可以通过信息网络将决策所引起的影响(虫口密度的下降、天敌的死亡等),反馈到防治中心的计算机,由此及时地调整发生预测与防治决策。

由以上事例可知,所谓农业系统控制,实际上是将农业系统分析、系统模拟与系统工程的成果综合地运用于农业的实际工作中去。在设施农业、大型温室以及工厂化的畜禽生产中,运用农业系统控制方法,就可以实现农业生产的自动化;而在大田作物生产中,如播种、施肥、灌溉、耕作和病虫防治等方面,应用农业系统控制方法,则将大大提高农业生产效率。

四、农业系统论与农业、农业科学的发展

农业系统论及其方法,对农业生产的发展,将会产生怎样的影响呢?这是要由长期的科学实践来说明的问题,但现在可以预期到:

(1) 农业系统论将使农业得到更为健全的发展。由于农业系统论对农业的四个方面、农业的三个目标都有完整的阐述,这将使人们避免农业生产的片面性,力求取得农业生产的社会效益、经济效益、生态效益的统筹兼顾。

(2) 农业系统论对四个"流"与演变发展原则的阐述,将有利于人们正确地掌握农业生产的发展动力与发展方向。例如,我国当前的农业,如果抓好商品流通、信息流通、价值增值等环节,就一定能大大加快农业现代化的进程。

(3) 农业系统论中,关于适应与改造原则及相对最优原则的阐述,将有利于人们更好地贯彻农业生产的因地制宜,既使人们学会掌握农业的共同经验,又能避免盲目搬用外地经验。这对我国当前农业发展亦是十分重要的,只有中国式的社会主义的并且是因地制宜的农业道路,才是正确的道路。

(4) 农业系统方法,特别是农业系统控制方法,将在我国农业技术现代化的发展中起到重要作用。

农业系统论与农业系统方法,对农业科学的发展将会发生的影响,可能更容易被人们所理解:

(1) 农业科学将跳出狭窄的专业研究圈子,走向综合的整体的研究。

(2) 农业科学将不再停留在定性的静态的描述,而将走向数量化的动态的研究。数学将在农业科学中得到广泛应用。

(3) 农业科学将实现自然科学与社会科学的大融合,而这正是农业科学本身的性质与任务所迫切要求的。

(4) 农业系统方法将在农业科学研究工作中带来革命性的影响,将大大加快农业科学的发展进程。

参 考 文 献

高亮之. 1980. 农业生态经济系统与我省农业现代化. 江苏农业学术讨论会资料选编
高亮之. 1981. 建立良好的农业生态经济系统. 农业区划,(2)
高亮之. 1982. 农业气象生态学的方向与任务. 生态学杂志,(1)
高亮之. 1984. 方兴未艾的农业系统研究. 世界农业,(2)
高亮之,韩湘玲. 1980. 关于农业气候生态研究. 农业气象,(2)
马世骏. 1981. 现代生态学的发展趋势及我们的任务. 全国农业生态学讨论会报告
钱学森等著. 1982. 论系统工程. 湖南科技出版社
曲仲湘. 1981. 有关植物生态学发展及生态系统问题. 全国农业生态学讨论会报告
汪应洛主编. 1982. 系统工程导论. 机械工业出版社
熊毅. 1984. 我国农业生态系统研究进展. 中科院土壤所农业生态研究讨论会论文集
薛德榕. 1981. 农业生态学——研究进展与发展趋势. 全国农业生态学讨论会报告
杨挺秀. 1982. 开拓农业科学的崭新领域. 农业现代化探讨,(63)
Cox G W, et al. 1979. Agricultural Ecology
Dent J B. 1971. System Analysis in Agricultural Management
Dent J B, et al. System Simulation in Agriculture
Grig D B. 1974. The Agriculture System for the World
Jones G. 1979. Vegetation Productivity
McMannamy J A. 1980. Dynamic Simulation of Irrigated Rice Growth and Field Agrometeorology of the Rice Crop IRRI
Moder J J, et al. 1978. Handbook of Operations Research
Odum E P. 1970. The Strategy of Ecosystem Development. Science, 164: 264—270
Penman H L. 1970. The Mater Cycle. The Bioshere
Spedding C R M. 1975. The Biology of Agricultural System
Spedding C R M. 1979. An Introduction to Agricultural System
Thornley J H M. 1975. Mathematical Models in Plant Physiology

方兴未艾的农业系统研究

高亮之

江苏省农业科学院

(原载:《世界农业》,1984年第2期,19~21页)

一、什么是农业系统研究

近10年内,农业科学领域中一门新的学科正在兴起,并受到人们的瞩目与重视,这就是农业系统研究。

什么是农业系统? 英国农业系统研究的权威学者C. R. W. Spedding的论述是:"所有农业经营单位,包括在大小与复杂性方面都很不相同的全国性与区域性的农业、农业企业、农场、农田等都可以称为农业系统。"

什么是农业系统研究? Spedding的论述是:"农业系统研究既包含大量细节性的知识,又包含系统本身的结构与功能,而更强调整体观点。"

综览国外近年来农业系统的研究论文,可以认为:农业系统研究是用系统的观点与方法对农业整体的研究,而所谓农业整体就是农业生物、农业环境、农业技术与农业经济四个方面的因素互相有机结合而成的一个复杂系统。

农业系统研究从研究内容来看可以分为四个方面:①农业结构:即农、林、牧、副、渔相结合的大农业结构,以及农、工、商相结合的农业企业结构;②种植制度:在种植业内部不同作物的比例、布局与轮作方式等;③作物生产或畜群生产:某一种作物或家畜的生产体系,即物质能量与经济的投入,生产过程,产品的数量、质量、加工、销售等;④农业技术体系:即作物或畜群生产中某一项技术的合理选择、管理制度及其在不同条件下的掌握方法,例如综合防治病虫害的整体策略,以及在不同病虫害发生条件下的具体对策。

农业系统研究从研究对象来看,可以分为四种规模:世界的、全国的、区域的(自然区域或行政区域)、生产组织的(农场、大队或农户)。

农业系统研究与其他农业学科、专业相比较,具有以下几个特点:①综合性与整体性:农业系统研究不论是对一个区域、一个农场或一个农户,也不论是对大农业结构还是某一项农业技术,都要求从农业的整体性上进行研究,即从农业生物、环境、技术与经济四个方面的相互关系及其整体功能来研究,这四个方面是每个农业系统(不论什么层次,也不论系统大小)都必不可少的基本要素。②数量性:由于农业生物、环境、技术与经济四个方面各涉及不同专业,因此只从定性方面考虑就很难反映四者的相互关系,而只有数量关系才有可能沟通不同专业。同时,近10年来国外在农业科研中已广泛应用计算机系统模拟方法(System Simulation),为模拟与反映农业系统中各因素之间的复杂的数量关系提供了有效手段。③实践性与最优化:农业系统研究具有明显的实践目的,因为农业系统一般都十分复杂,没有明确的目的就不可能抓住所要掌握的主要矛盾——各因素之间的主要关系。农业系统研究由于重视多因素之间的数量关系,因此就有可能应用各种数学方法寻求最优方案,这是农业系统研究比其他一些农业学科、专业优越之处。

农业系统研究在哪些方面可以在农业生产中发挥作用呢? 主要是:①制定农业最优决策。如在一定的农业自然资源与社会经济条件下制定最优的农、林、牧、副、渔结构或最优的种植制度、作物布局等。

②改进农业管理。在一个农场、畜牧场或农工商联合企业中,制定改进管理、减低消耗、增加收益的办法。③进行农业发展预测与规划。即对全国或一个区域的农业发展趋势作出预测,并应用计算机进行模拟性的实施试验,以便制定正确的农业规划。④为制定农业政策提供依据。

农业系统研究与国内近几年介绍较多的农业系统工程有什么关系?据笔者理解,农业系统工程着重于系统工程方法(运筹学等)在农业中的应用;而农业系统研究作为农业整体的研究,有其本身的理论体系,着重于农业系统的结构与功能的研究,当然在寻找最优方案时,也要应用系统工程方法。因此,农业系统研究比农业系统工程的内容更广泛。

二、国外农业系统研究进展

将农业系统作为一个明确的概念正式提出,并进行较为系统的研究是近 10 年来的事。1974 年英国 D. B. Grigy 发表著作《世界的农业系统》;1975 年英国的 C. R. W. Spedding 发表了《农业系统的生物学》,同年英国的 G. E. Dalton 主编出版《农业系统的研究》;1979 年 C. R. W. Spedding 发表《农业系统概论》。70 年代以来其他各国又有一些系统分析与系统模拟在农业应用方面的著作问世。1971 年新西兰的 J. B. Dent 主编出版《农业经营中的系统分析》,1979 年 J. B. Dent 与西萨摩亚的 M. J. Blackie 和澳大利亚的 S. R. Hanison 共同主编出版《农业中的系统模拟》。

1976 年英国出版了国际性的"农业系统"季刊,由 C. R. W. Spedding 任主编,编委会中有英国、美国、加拿大、新西兰、澳大利亚、荷兰等国的专家参加。该杂志出版至今,已发表 100 余篇论文。这些论文涉及的方面甚广,有关于农业系统基本理论与方法的;有关于某个国家农业发展政策的;有关于草原经营、畜牧生产、林业生产、作物生产、果园生产的;也有关于灌溉、施肥、饲养,以至某一种动物的消化系统等专业方面的。

下面简要介绍若干农业系统的具体研究项目及其结果。

美国 1975 年完成了全国范围的农业资源与农业结构的系统研究。全部研究由爱荷华大学的"农业与农村发展研究中心"(CARDRANN)主任 E. O. Heady 指导,共经历了 15 年。这项研究全面分析了美国各州的土地与水分资源、作物、土壤、肥料、畜牧,国内与国际市场需要、交通运输等条件,并建立了大型模式,主要应用线性规划方法求得美国各州最适宜的旱地与灌溉农田面积,不同作物在不同类型土壤上的产量,土地、水分、劳力、肥料、机械等农业资源的合理利用,不同畜群对各种饲料、牧草、水分资源的合理利用,各种土壤耕作方法(普通耕作、少耕、等高耕作、带状耕作等)的合理安排等等。此项研究得到美国农业部、内务部、农垦局等部门的重视与支持。

在肯尼亚农业研究所工作的美国学者 J. I. Stewa 等,于 1981 年完成了肯尼亚干旱地区的农业生产与种植决策的研究。该地区年降水量 500~800 mm,但集中在两个雨季——短雨季与长雨季,雨量年际变化极大。在对当地雨量、蒸发、土壤深度、土壤持水力、作物特性等进行了系统分析后,提出了种植决策为:根据两个雨季的开始期以及雨季开始后 50 天内雨量的多少,分别决定种植玉米的密度以及氮、磷肥施用量,以期获到最大的经济利益。

新西兰的 J. Danis 与 G. F. Thiele 对一个典型的澳洲梨园进行研究,提出梨园生产的模拟模式。模式考虑了冰雹与干旱的几率,果品价格、产量、成本等因素,运用模式进行 100 年的模拟试验,以计算几种不同生产系统的最适宜的更新年龄。结果是:①标准生产系统(每公顷 250~350 株,高株),以 53~56 年自然更新为宜;②半密集系统(每公顷 550~750 株,半矮株),以 46~47 年自然更新为宜;③从标准系统更换为半密集系统,以 28~38 年更换为宜。

以上这些结论如不应用系统模拟与系统分析方法,则需进行 100 年才能得到,由此也可看出农业系统研究方法的优越性。

美国里丁大学的 T. Rehman 在巴基斯坦旁遮普省对水分资源分配问题进行系统研究,提出农业生产中应弄清技术最优指标与经济最优指标的区别,并且指出在农业系统研究中怎样协调这两种指标的关系。

澳大利亚的 J. C. Flinn 对作物灌溉问题进行了详尽的系统模拟研究,模式中考虑了作物、气候、土壤之间复杂的相互关系。以玉米为例,用积温将玉米的生育期分为 7 个阶段,估算不同阶段由于水分亏缺的产量损失率、不同土壤水分状况下的蒸散力以及根层土壤水分降到预定水准后的灌溉需水等。通过模式可以求算不同气候条件、不同水分供应以及不同市场价格条件下的玉米产量预计值,以及最优的灌溉方案。

三、农业系统学的展望

由上可知,农业系统学是一个十分年轻的学科,但 10 年来进展迅速,显示了它的生命力。

正因为这门学科还很年轻,它在理论体系与方法论等方面还是不很成熟的。从理论上说,什么是农业系统本身特有的运动规律,什么是农业生物-环境-技术-经济这样一个复杂系统本身的总体结构与功能;从方法论来说,除系统模拟、系统分析方法外,是否还有必要吸取农业生态、农业气象、农业经济等学科的一些方法并加以综合应用,这些都是尚待探索的问题。但完全可以预期,这样一门综合的、定量的、系统的农业学科定将对农业科学的各个领域产生深刻影响,并在农业生产实践中发挥越来越大的作用。在我国,近代与当代农业科学一直是强调专业性研究(如育种、栽培、土肥、植保等),以定性研究为主,对农业缺乏宏观的、整体的、定量的研究。这个状况在相当程度上限制了农业科学在农业生产中的作用,因此农业系统研究今后将为更多的人所认识与重视,并在我国农业科学与农业现代化的进程中作出应有的贡献。

苜蓿生产的农业气候计算机模拟模式——ALFAMOD*

高亮之　　D. B. Hannaway

江苏省农业科学院　　美国俄勒冈州立大学

（原载：《江苏农业学报》，1985年5月第1卷第2期，1~11页）

摘要　ALFAMOD模式是用来模拟苜蓿生产及其与气象、土壤环境之间关系的。本文用ALFAMOD对美国俄勒冈州不同地区苜蓿的潜在产量和苜蓿生产对肥水的需求量进行了估价，对不同年份和不同收割期的产量预测取得了令人满意的结果。根据ALFAMOD的模拟结果，将俄勒冈州划分成10个苜蓿农业生态区。还讨论了不同地区苜蓿生产的最优策略。

关键词　苜蓿生产　农业气候　计算机模拟　ALFAMOD模式

引　言

俄勒冈州苜蓿的种植面积在43万英亩**以上，年收入多达1.55亿美元。由于该州地形、气候和土壤等环境因子迥然不一，造成了苜蓿生产在地理上的显著差异。

近10年来，一些苜蓿计算机模式已先后问世。Holt等（1975）发表了SIMED模式，它是用来模拟苜蓿的光合、呼吸和代谢产物的运输作用以及根、茎、叶生长的。Fick（1975，1977）也接连研制了一些苜蓿生长模式，即ALSIM和REGROW 1-3模式。后者着重模拟苜蓿再生长过程。

本文所报导的模式，重点是研究气候和生态因子同苜蓿生产之间的关系。这种关系能应用到一个较大的苜蓿生产区域（整个俄勒冈州）中去。本模式也模拟了较长时间内（指的是十几年而不是上述其他模式中所采用的几天或几个月这样较短的时段）苜蓿的生长情况。

本研究的目标是：(1)研制一个模拟苜蓿生长过程的模式，特别是模拟它依赖于气候和土壤条件的生长；(2)在不同苜蓿产区预测生长季和收割日期；(3)估算苜蓿的气候生产潜力；(4)评价俄勒冈州苜蓿对水、肥的需求状况；(5)便于制定苜蓿生产上的最佳管理决策。

作者希望通过模拟技术、农业气候分析和运筹学相结合，导致对农业实践的改进。

ALFAMOD是一个适应农业生产需要的应用模式，为使专家们和农民们能在微机上使用，模式的程序是用BASIC语言编写的。

一、ALFAMOD的描述

ALFAMOD是由四个一级子模式组成的，每个子模式又包含若干个二级子模式（表1）。

ALFAMOD的系统动态图（图1）描述了苜蓿在气候与土壤因子的作用下通过光合作用将CO_2与H_2O等自然资源转变为碳水化合物以至产量的物质流。

---

*　本文由金之庆、李秉柏从英文翻译成中文。
**　1英亩=4047 m^2，下同。

表 1 ALFAMOD 结构成分

主模式	一级子模式(N)	二级子模式(N-n)
ALFAMOD	子模式 1:ALLEAF 收割期和叶面积动态	子模式 1-1:TEMP 温度
		子模式 1-2:CUT 收割期
		子模式 1-3:LEAF 叶面积动态
	子模式 2:ALFAPRD 苜蓿生产力和产量	子模式 2-1:SOLAR 太阳辐射
		子模式 2-2:SOLFA 太阳辐射函数
		子模式 2-3:LEAFFA 叶面积函数
		子模式 2-4:DTMFA 昼温函数
		子模式 2-5:NTMFA 夜温函数
		子模式 2-6:ALPRO 苜蓿生产力和产量
	子模式 3:ALWAT 苜蓿需水量	子模式 3-1:CLIM 降水、湿度、风速
		子模式 3-2:EVAP 苜蓿蒸散量
		子模式 3-3:EFRAIN 有效降水量
		子模式 3-4:WATER 苜蓿的水分亏缺和灌溉需要量
	子模式 4:ALSOIL 土壤和肥料	子模式 4-1:SOIL 土壤肥力
		子模式 4-2:FERT 需肥量

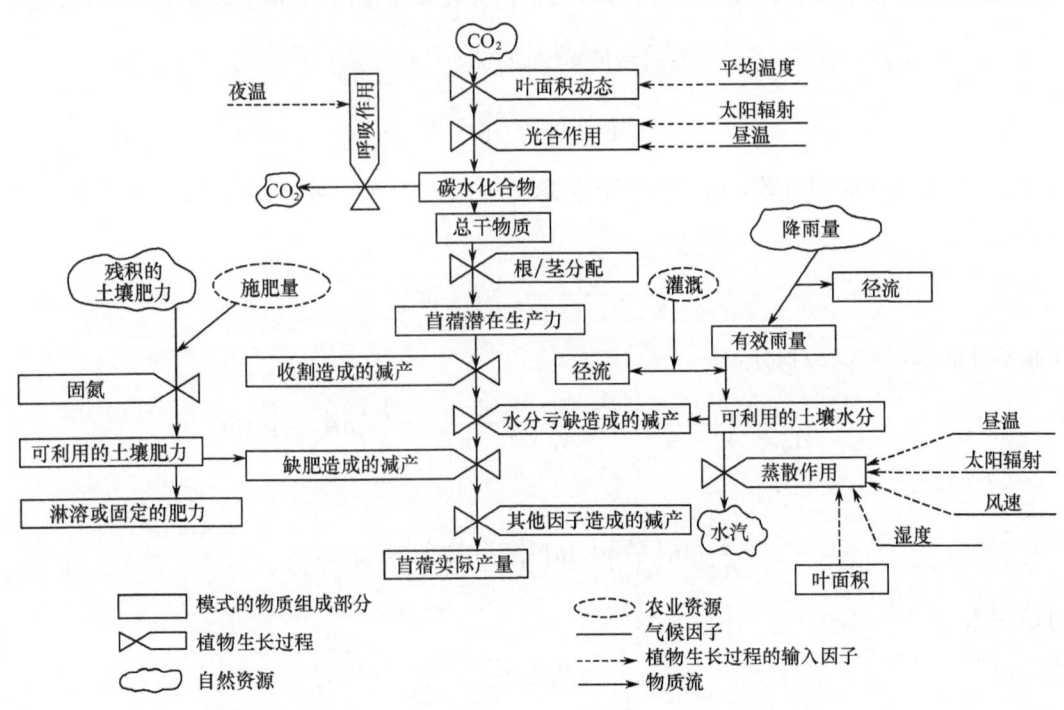

图 1 苜蓿生产模拟模式——ALFAMOD 的系统动态

(一)时间尺度

对农业气候分析来说,太阳辐射、温度和降水的逐月资料可用来作为输入项(Bates 1980,Rao 1982)。但 ALFAMOD 的目标是预测当年的苜蓿产量和需水状况,采用逐月资料就失之过粗,因此把旬作为主要的时间尺度。较小的时间尺度如天和小时将会大量增加输入输出,造成微型计算机溢出,并且在精度上也是不必要的。

因每年有 36 旬,因此用 1～36 作为逐旬序列的下标。

(二) 生长季节和收割日期

依据 Holt 等(1975)的资料,41 ℉ *可用来作为苜蓿生长的临界起始温度。当旬平均气温低于 41 ℉,苜蓿就停止生长。

在俄勒冈州,苜蓿通常每年收割 3~4 次。许多研究资料已表明,当苜蓿处于始花期(10%开花)或叶面积指数达到 5 时(此时作物群体可吸收 90%的太阳辐射),可作为苜蓿的适宜收割期。

分析俄勒冈州 4 个地方(Corvallis,Malheur,Medford 和 Klamath Falls)不同年份(1963~1980 年)苜蓿的收割日期资料,获得了苜蓿收割的积温指标(大于 41 ℉ 的日温之和)如下：

第一次收割　　1120 ℉
第二次收割　　2040 ℉(1120+920)
第三次收割　　3210 ℉(2040+1170)
第四次收割　　4240 ℉(3210+1030)

由于温度水平或光周期对苜蓿生长的影响,不同的收割期所需的积温有一定的差异。

(三) 叶面积动态

叶面积是决定作物群体总光合作用速率的最重要的因子。在 ALFAMOD 中叶面积动态用来作为整个模式的基础。

叶面积动态是用 Gomportz(Thornley 1976)的生长方程来模拟的,并由生长系数(K)来修正。

$$\frac{dA}{dt} = K \cdot (A_m - A) \cdot A \tag{1}$$

$$K = k \cdot f(T) \tag{2}$$

式(1)和式(2)中 A 为叶面积指数；A_m 为叶面积指数的极大值；t 为时间；T 是温度；k 是常数。将式(1)变换为：

$$\frac{dA}{(A_m - A) \cdot A} = k \cdot dt \tag{3}$$

令 A_i 为起始叶面积,对式(3)积分,有

$$\int_{A_i}^{A} \frac{dA}{(A_m - A) \cdot A} = \int_{A_i}^{A} \frac{1}{A_m} \left(\frac{1}{A_m - A} + \frac{1}{A} \right) dA = \int_{0}^{t} k \, dt$$

即

$$\frac{1}{A_m} \left[\ln\left(\frac{A}{A_i}\right) + \ln\left(\frac{A_m - A_i}{A_m - A}\right) \right] = kt \tag{4}$$

(4)式可改写为：

$$A = \frac{A_i A_m e^{kA_m t}}{A_m - A_i + A_i e^{kA_m t}} \tag{5}$$

式(5)是一个 S 形曲线。

据 Brown 等(1972)、Smith(1970)及 Hunt 等(1972)的研究,叶面积指数为 5 可看做是最适叶面积指数。在本模式中,假设最大叶面积指数(A_m)为 6.0,起始叶面积指数为 0.1。并从 SIMED(Holt 等 1975)模式关于叶细胞生长的温度函数中获得 $f(T)$ 与 $k=0.055$。

---

* 1 ℉ $=\frac{5}{9}$ ℃,下同。

图 2 是根据式(5)计算的 Corvallis 的苜蓿叶面积动态曲线图,气象资料取自 1970～1980 年。

(四)光合和呼吸作用

在 ALFAMOD 中假定苜蓿的净光合积累受四个因子的影响:(1)太阳辐射函数;(2)叶面积函数;(3)昼温函数;(4)夜温函数,即呼吸消耗。

1. 因子 1:太阳辐射函数(U)

太阳辐射的单位 100 kJ/($m^2 \cdot d$),可按下式换算为英尺烛光。

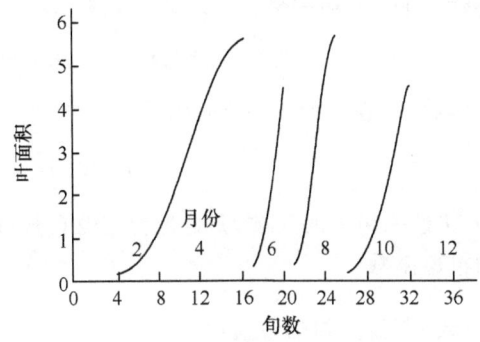

图 2 Corvallis 的苜蓿叶面积动态模拟

$$I = \frac{Q \cdot 2.39 \cdot 70 \cdot 92.9}{h \cdot 60} \tag{6}$$

式中 100 kJ/($m^2 \cdot d$)=2.39 cal/cm^2,1 cal/cm^2=70 klx,1 klx=92.9 英尺烛光*;h 为光合有效日长(h);I 为光强。

光反应方程是根据 Wilfong 等(1967)实测数据推导出来的:

$$U = 1.18 \cdot e^{-\frac{1942}{I}} \tag{7}$$

2. 因子 2:叶面积函数(V)

$$V = 1 - e^{-0.85A} \tag{8}$$

式中 A 为叶面积系数。

此方程是根据 Monsi 和 Sacki(1953)的公式推导的。苜蓿群体的平均消光系数(0.85)是取自 Wilfong 等(1967)的研究结果。

3. 因子 3:昼温函数(W)

昼温由下式计算:

$$D = E + \frac{R}{4} \tag{9}$$

式中 D 为昼温值;E 是旬平均温度;R 是温度日较差。

按照 Wilfong(1967)的资料,昼温函数(W)由下式计算:

$$W = -1.415 + 0.55 \cdot \lg D \tag{10}$$

4. 因子 4:夜温函数(或呼吸消耗)(Z)

夜温用下式计算:

$$N = E - \frac{R}{4} \tag{11}$$

式中 N 为夜温值,夜温函数或呼吸消耗(Z)则是由 Wolt 的资料推导出来的:

$$Z = 1 - 0.5 \cdot (0.05 \cdot e^{0.168N}) \tag{12}$$

(五)苜蓿潜在生产力(P)

Wilfong 等(1967)确定了苜蓿净光合中 CO_2 的最大摄取量约为 7.0 g/($m^2 \cdot h$),此值可转换为碳水

---

* 1 英尺烛光=10.7640 lx,下同。

化合物(CH_2O)和产量：

$$7.0 \cdot 30/44 = 4.76 \; CH_2O \; g/(m^2 \cdot h) = 0.0173 \; t/(英亩 \cdot h)$$

因此，潜在生产力(P)可用下式计算：

$$P = 0.0173 \cdot M \cdot J \cdot U \cdot V \cdot W \cdot Z \tag{13}$$

式中 M 是一旬中的天数；J 是光合有效日长(h)；U 是太阳辐射函数；V 是叶面积函数；W 和 Z 分别是昼温和夜温函数。

(六) 苜蓿的旬蒸散量(B)

苜蓿的旬潜在蒸散量(K)按修正后的彭门(Penman)方程(Doorenbos 1977)计算：

$$K = W \cdot N + (1-W) \cdot V \cdot S \tag{14}$$

式中 N 为旬净辐射量；S 为彭门公式中的水汽压函数；V 为风速函数；W 为彭门公式中的权数。

净辐射按公式(15)(Rosenberg 1974)计算：

$$N = 0.69 \cdot O \cdot 2.239 - 81 \tag{15}$$

式中 O 为旬太阳辐射总量(单位：$100 \; kJ/(m^2 \cdot d)$)。

饱和水汽压随温度的变化速率(D)按式(16)(Rosenberg 1974)计算：

$$D = 0.06 \cdot 10^{0.026 \cdot (E-32) \cdot 0.55 + 0.82} \tag{16}$$

式中 E 为平均气温(°F)。

权数按式(17)(Rosenberg 1974)计算：

$$W = \frac{D}{D + 0.64} \tag{17}$$

水汽压函数按式(18)(Rosenberg 1974)计算：

$$S = 10^{0.026 \cdot (E-32) \cdot 0.55 + 0.82} \cdot (1 - 0.01 \cdot R) \tag{18}$$

风速函数按式(19)(Doorenbos 1977)计算：

$$V = 0.27 \cdot (1 + 0.01 \cdot U \cdot 1.609 \cdot 24) \tag{19}$$

对不同的叶面积值(A)，苜蓿的蒸散量(B)可按不同的 K_c(作物系数)值来估计(Doorenbos 1977)：

当 $A = 4.0$， $K_c = 1.00$；
当 $A = 1.0 \sim 4.0$， $K_c = 0.85$；
当 $A = 1.0$， $K_c = 0.60$。

这样，苜蓿的蒸散量(B)可由式(20)计算：

$$B = K_c \cdot K \tag{20}$$

(七) 有效降水量(F, 月的；H, 旬的)

月有效降水量(F)是根据美国农业部的月降水量(L)资料导出的方程来确定的：

当 $L \cdot 25.4 < 50$ mm 时，

$$F = -5.18 + 0.75 \cdot L \cdot 25.4 + 0.049 \cdot [B(I') + B(I'+1) + B(I'+2)] \cdot 10 \tag{21}$$

当 $100 \; mm > L \cdot 25.4 \geqslant 50 \; mm$ 时，

$$F=-10.35+0.66 \cdot L \cdot 25.4+0.24 \cdot [B(I')+B(I'+1)+B(I'+2)] \cdot 10 \quad (22)$$

式中 I' 是月份的计数变量,每月按步长为 3 递增,如 1 月,I' 值为 1;2 月 I' 值即为 4,余类推。

每旬的有效降水量(H)是按月有效降水量(F)值内插而得。

(八) 水分亏缺和灌溉需要量

苜蓿的水分亏缺或余量(M)由式(23)计算:

$$M = H - B \cdot 10 \quad (23)$$

灌溉需要率($IR\%$)由式(24)估计:

$$IR\% = -\frac{DE}{TE} \quad (24)$$

式中 DE 是总的水分亏缺;TE 是苜蓿的总蒸散量。

(九) 土壤肥力及肥料需求量

土壤 pH 值可用式(25)估算:

$$pH = 4.8 \cdot S(1) + 5.2 \cdot S(2) + 5.6 \cdot S(3) + 5.9 \cdot S(4) + 6.3 \cdot S(5) + 6.7 \cdot S(6) \quad (25)$$

式中 4.8,5.2,5.6 等是不同的 pH 水平;$S(1),S(2),S(3)$ 等是在不同 pH 水平下测定土壤时抽样的百分比。土壤磷、钾、硼等含量是按俄勒冈州立大学(OSU)土壤科学系提供的资料用同样的方法来估算的。

肥料的需要量直接与土壤肥力相关,苜蓿需肥值和土壤测试值之间的关系参照俄勒冈州立大学的肥料手册(OSU,Ext Ser 1976,1981)。

(十) 苜蓿产量

苜蓿植株总干物质生产中仅有一部分是作为牧草来收获的,根占相当一部分,植株的某些部分作为留茬未曾收获。据 Smith(1970)报导,苜蓿的根约占 38%,而留茬的接近 10%(0.7 t/英亩),因此苜蓿的收获指数(HI)按整个干物质重的 52%(即 100-(38+10))来估计。

苜蓿的产量可用式(26)来估算:

$$PAY = P \cdot HI \quad (26)$$

$$RAY = P \cdot HI \cdot (1-L_h) \cdot (1-L_o) \quad (27)$$

式中 PAY 是苜蓿的潜在产量;RAY 是苜蓿的现实产量;L_h 为收割时的产量损失;L_o 是其他因素造成的产量损失。如果产量指数(YI)取现实产量和潜在产量的比值,则有:

$$YI = RAY/PAY \quad (28)$$

二、ALFAMOD 的有效性

图 3 是三个常见苜蓿品种(Dupuits, Appelaehee 和 Serance)在 Corvallis 的 Hyslop 试验农场多年的估测产量和实际平均产量之间的比较。相关系数(r)为 0.9735,在 0.01 概率水平上显著。实际产量和估测产量在产量高的年份(1973,1975)与产量低的年份(1974,1976,1977)其趋势都表

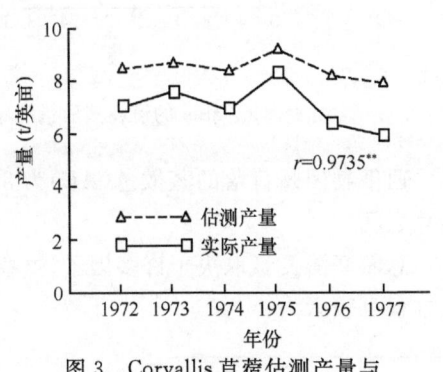

图 3 Corvallis 苜蓿估测产量与实际产量的比较(1972~1977)

现为完全一致,说明 ALFAMOD 对苜蓿产量的模拟功能是良好的。二者在产量水平上有一定出入,说明实际产量受到栽培水平的限制。

三、模式输出的主要结果

(一)苜蓿的生长期和收割日期

俄勒冈州各地苜蓿的生长期(从生长开始到终止的日数)不一。按生长期为 300 天来划线,俄勒冈州可分为东、西两个部分。州的西南部地区苜蓿生长期最长(365 天),东南地区最短(180 天)。

在苜蓿生长的适宜阶段进行收割,对获取较高的产量与质量是重要的措施。以积温为基础模拟收割日期有助于建立一个最佳的收割管理系统。经计算得知,东俄勒冈州的大部分地区每年仅能收割 3 次苜蓿,而西俄勒冈州的大部地区,根据不同年份的气候条件可以收割 3~4 次。

(二)苜蓿的潜在生产力和产量

俄勒冈州的苜蓿潜在生产力变化幅度很大,从最高的 Roseburg 的 20.35 t/英亩,直至最低的 Enterprise 的 12.42 t/英亩。俄勒冈州西部地区的苜蓿潜在生产力要比东部地区高。但第一次和第二次收割的产量东俄勒冈州和西俄勒冈州几乎一样高。俄勒冈州有几个高产地区:Willamette 谷地、俄勒冈州西南部以及 Columbia 河流域。

产量指数可以反映农业生产的实际水平。尽管西俄勒冈州苜蓿的潜在产量(9~11 t/英亩)比东俄勒冈州的大部地区(7~10 t/英亩)要高,但产量指数却相差无几。这说明东俄勒冈州苜蓿低产的原因主要是环境因子造成的,而不是缺少好的生产管理措施。产量指数的低值出现在俄勒冈州的西南部,看来这个地区苜蓿增产的潜力还很大。在北俄勒冈州中心地区,产量指数最高,这反映该地区苜蓿生产的管理水平较高,并可为其他地区提高产量指数提供示范。

(三)苜蓿的水分要求

Corvallis 地区的潜在蒸散量(PE)和苜蓿蒸散量(AE)如图 4 和图 5 所示。由于 AE 随 PE 和叶面积而变化,所以就可对苜蓿的水分需求进行模拟,绘出俄勒冈州各地苜蓿的需水量分布图(略)。

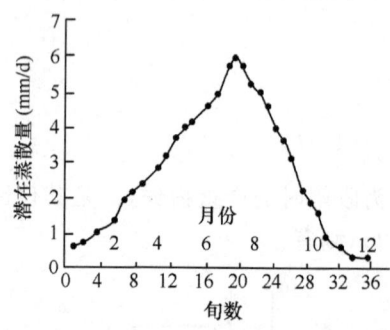
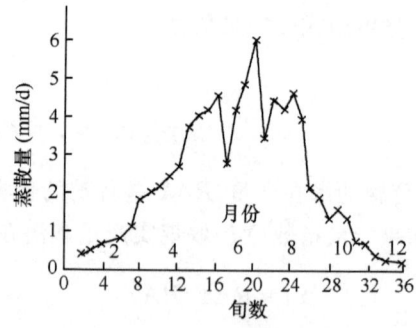

图 4 Corvallis 的潜在蒸散量的年变化　　图 5 Corvallis 的苜蓿蒸散量的年变化

西俄勒冈州苜蓿的蒸散量(AE)为 32~36 英寸*,东俄勒冈州为 34~59 英寸(大多数是在 40~50 英寸之间)。

总灌溉需要量取决于许多因子,这些因子中有些在大面积范围内是难以模拟的。灌溉需要量(IR)的方程可表示为:

---

* 1 英寸=25.4 mm,下同。

$$IR = \frac{AE - ER - W_g - W_s}{IE \cdot (1 - LR)} \tag{29}$$

式中 ER 是有效降水量；W_g 为地面水状况；W_s 为土壤含水量；IE 是灌溉效率；LR 为淋溶量。

为简便起见，W_s 和 LR 可忽略不计。如果沙壤土中的地下水位为 4 英尺*深的话，W_g 近似为 1 mm/d。这样苜蓿的净灌溉需要量 IR_n 的方程可简化为：

$$IR_n = AE - ER - \frac{1 \cdot N}{25.4} \tag{30}$$

式中 N 是天数；在 4～10 月这段时间（214 天）内 W_g 为 8.4 英寸。这样，在西俄勒冈州灌溉需要量为 10～23 英寸，而东俄勒冈州为 18～44 英寸。实际灌溉需要量的确定还应考虑许多局地因子，包括灌溉效率、特定的土壤类型以及天气状况等。

(四) 土壤肥力和苜蓿需肥量

绘出不同要素包括 pH 值、磷、钾和硼的土壤肥力分布图（略）。在俄勒冈州大部分地区，土壤 pH 值低于 6.2，即低于苜蓿生长的 pH 临界值。在这些地区施用石灰相当重要。然而在东俄勒冈州的许多地方，土壤 pH 值为 6.5～8.0，极有利于苜蓿的生长。在一些地区 pH 值超过 8.0，如不采取措施，则对苜蓿的生长不利。

在西俄勒冈州的许多地区，土壤含磷量低于该区的苜蓿生长所需土壤含磷量的临界值 15 ppm。在东俄勒冈州，其北部土壤的含磷量常低于该地苜蓿生长所需土壤含磷量的临界值 15 ppm，而中部和南部，土壤含磷量常高于 15 ppm。

在俄勒冈州的大部分地区，土壤的含钾量都高于苜蓿生长的钾的临界值 200 ppm，然而在西俄勒冈州的某些地区土壤含钾量常低于 200 ppm。在该地区补施钾肥，对增产苜蓿大有裨益。

在整个西俄勒冈州，土壤含硼量都低于 1.0 ppm，而硼的临界水平为 2.0 ppm。北俄勒冈州的几个县，土壤含硼水平低于 0.5 ppm。土壤含硼的水平如此之低，说明施硼增加苜蓿产量是有潜力的。

(五) 苜蓿生产的农业生态区划和最优化问题

参照不同地区苜蓿生产在农业气候及土壤条件上的差异，并依据地形和县界，俄勒冈州可以划分为 10 个农业生态区（图略）。

一个理想生产策略的制定需要大量的研究信息和实践经验，然而从本研究中可以得出某些一般性的结论。

苜蓿生产的最优策略对于不同的农业生态区域应有所差别。由于环境因子的显著差异，在俄勒冈州不可能有一种通用的苜蓿生产策略以产生最大的经济效益。

在西俄勒冈州，苜蓿的生长季较长，冬、春降水较丰富，潜在生产力是高的，然而土壤问题较大。因此，苜蓿生产的重点应放在土壤改良上。在这个地区增施石灰、硫、磷和硼都很重要。由于冬季温度较高，降水较多，控制杂草和选用高抗病品种看来也是十分重要的。

在东俄勒冈州，气候条件不如西俄勒冈州有利，生长季较短，降水量也欠丰沛。然而，太阳辐射总量较多，土壤条件也比西部有利得多。特别是酸性土壤和高浓度的钾含量有利于苜蓿的高产。该地区苜蓿生产管理的重点应放在有效灌溉和适时收割上。东俄勒冈州的苜蓿品种必须具有耐寒性强、在夏季生长较快以及在灌溉条件下高抗病的特性。

一个最优的生产策略必须能适应可变的环境因子，特别是天气。在栽培实践上应具有一定的灵活性。这里介绍一个根据决策论和 ALFAMOD 模拟的结果所作的对苜蓿收割次数决策的例子。

---

* 1 英尺＝12 英寸＝0.3048 m，下同。

收割次数有 3 种可供选择的方案：①每年收割 3 次；②每年收割 4 次；③根据天气条件，一年收割 3 次或 4 次。将模拟结果与决策论相结合的计算表明，每年收割 3 次所获得的期望产量要比 4 次为高；一年收割 4 次在高温年能获得高产，而在低温年则会减产；最佳的收割方案是根据天气条件来确定，一年收割 3 次或 4 次。

ALFAMOD 与决策论以及其他运筹学方法相结合，可以帮助在苜蓿生产中制定至关重要的灌溉、施肥和其他管理决策。

参 考 文 献

Brown R H, Pearce R B, Wof D D, Blaser R E. 1972. In Hanson C H. (ed). Alfalfa Science and Technology. ASA. pp. 143—164

Bates E M. 1980. Climatological data for Oregon agricultural regions. Sta. Spec. Rep. 591. OSU Agric. Exp. Stn.

Dale J J G, Holt D A, Peart R M. 1978. A model of alfalfa harvest and loss. ASAE Technical Paper No. 78-5030

Doorenbos T, Pruitt W O. 1977. Crop water requirement. FAO irrigation and drainage paper 24

Fick G W. 1975. ALSIMS (Level 2) User's manual. Agron. Mimeo. 75—20

Fick G W. 1977. The mechanism of alfalfa regrowth: A computer simulation approach. *Search Agric*. **73**:1—28. Cornell Univ. Ithaca, New York

Guitjens J C. 1982. Models of alfalfa yield and evapotranspiration. ASCE Vol. 108. No. IR. 3

Holt D A, Bula R I, Miles G E, Schreiber M M, Peart R M. 1975. Environmental physiology. Modeling and simulation of alfalfa growth. I. Conceptual development of SIMED. Purdue Agric. Exp. Stn. Res. Bul. 907

Oregon Agric. Exp. Stn. USDA. Oregon forage and seed report 1970—1975

OSU Ext. Ser. 1976, 1981. OSU fertilizer guide for alfalfa

Rao C R N, *et al*. 1982. Insolation measurement in Oregon. Solar Energy Meteorological Research and Training S. G.-Reprint Technical Rep. No. 3. Department of Atmospheric Sciences, OSU

Rosenberg N J. 1974. Microclimate: The biological environment. John Wiley & Sons

Smith D. 1970. Influence of temperature on the yield and chemical composition of five forage legume species. *Agron. J*, **62**:520—523

Thornley J H M. 1976. Mathematical Models in Plant Physiology. Academic Press. pp. 8—11

Wilfong R T, Brown R H, Blazer R E. 1967. Relationships between leaf area index and apparent photosynthesis in alfalfa (*Medieago Sativa* L.) and ladino clover (*Trifolium repens* L.). Crop Sci, **7**:27—30

ALFAMOD: An Agroclimatological Computer Model of Alfalfa Production

Gao Liangzhi

(*Jiangsu Academy of Agricultural Sciences, China*)

David B. Hannaway

(*Crop Science Department, Oregon University, USA*)

Abstract: ALFAMOD was designed to simulate alfalfa production in Oregon, emphasized on the relationship with climatic and soil environments. ALFAMOD is composed of four first level submodels and several second level submodels. A brief sketch of computations used by ALFAMOD is as follows:

$$P = 0.0173 \cdot M \cdot J \cdot U \cdot V \cdot W \cdot Z$$

where, P is the potential productivity of alfalfa in ten-day periods;

0.0173 is the potential productivity of alfalfa in tons per acre per hour under optimum light and temperature environments;

M is the number of days in ten-day periods;

J is the photosynthetic effective day length in hours;

U is the factor of solar radiation;

V is the factor of leaf area;

W is the factor of day temperature;

Z is the factor of night temperature.

The goals of ALFAMOD were: 1) to predict growing season and cutting dates in various alfalfa-producing areas; 2) to estimate potential productivity of alfalfa based on climate; 3) to evaluate water and fertilizer requirements for alfalfa growth, and 4) to facilitate optimal management decisions in alfalfa production.

The agreement between predicted alfalfa yields and real yields in different years and for different cuttings was found to be satisfactory. The water and fertilizer requirements of alfalfa at different locations in Oregon were evaluated. Oregon was divided into ten alfalfa agro-ecological regions according to the simulated results of ALFAMOD. The optimum strategies of alfalfa production in different regions in Oregon were also discussed.

Key words: Alfalfa production; Agroclimate; Computer simulation; ALFAMOD model

Photo-Thermal Models of Rice Growth Duration for Various Varietal Types in China

Gao Liangzhi   Jin Zhiqing   Li Lin

Jiangsu Academy of Agricultural Sciences, Nanjing, China

Abstract: Using multiple regression technique, the photo-thermal models of rice growth duration from sowing to heading for 3 major varietal types (i.e., early, medium and late rice) were established, based on the crop data of 12 representative varieties grown at different locations throughout China and the meteorological data, taken from the same locations with the same periods. Making a comparison between the modeling method and the traditional temperature summation method, the former reduced the errors by about 3 days for early rice, 6—9 days for medium rice and 18—20 days for late rice varieties respectively.

1 Introduction

Rice growth duration is primarily dependent upon the varietal characteristics and the environmental conditions. Assessing the influence of climatic conditions on rice growth duration is of significance for adjusting crop and varietal disposition, choosing optimum cropping systems, selecting suitable sowing date, forecasting seasonal operations and making management decisions.

It is well known that rice growth and development are influenced by temperature. However, efforts to develop a "temperature summation function" for rice growth duration have not been successful. One of the major reasons is that only temperature, as a single factor, is considered in the traditional temperature summation method. In fact, light in addition to furnishing energy, also serves an important function in regulating flowering and maturing date of rice plants.

In China, Gao *et al*. (1958) analyzed the influence of daytime length on temperature summation and developed a "photothermal coefficient" method. Nan and Xue (1978) extended the concept of "sum of dark period" to describe the relationship between the length of rice photo-sensitive stage and the environmental conditions. Also, Gao and Zhang (1977) developed the photo-thermal models for rice growth duration of five local varieties in the Nanjing area. The current models presented in this paper, which can be applied to all of China's rice-producing areas, were based on Gao's work mentioned above.

2 Methodology

Basic considerations

(i) Regression analyses describes the effect of one or more predictor variables on a single response variable by expressing the latter as a function of the former. In this paper, the assumption was made that rice growth duration from sowing to heading is a function of environmental conditions and their interactions.

(ii) The success of modeling depends upon a good choice of the predictor variables which should explain significantly the physical and/or physiological factors influencing the response variable.

(iii) For rice plants, the ripening phase from heading to maturity is relatively constant in duration. On the other hand, the sowing to heading period varies greatly and therefore it is the dominant factor in determining the overall length of the growing period (Vergara, Chang 1976; Gao, Zhang 1977; de Datta 1981). Referring to the rice growing practices in China, it was assumed for the purpose of this paper that the overall length of the growing period is equal to the number of days from sowing to heading plus 40 days for japonica and 30 days for indica.

(iv) Since 25 ℃ is the optimum or most suitable temperature for most rice varieties (Nishiyama 1976), and the line of 30°N across central China is also at the middle of the rice growing regions of the country, the local sowing dates are chiefly after the first of April. Thus, it is reasonable to set 25 ℃ as the standard temperature, 30°N, the standard latitude and, April 1st, the standard sowing date. In other words, the standard duration is defined as the duration under the standard conditions (i.e., $T=25$ ℃, $\phi=30°N$ and $S=$April 1st).

(v) Because these models are application orientated, the authors did not seek to build complex ones, but emphasized the convenience in combination with exactness.

Choice of factors

Day-time length has a strong influence on rice growth duration (Wu 1957; Chang, Oka 1976; Tanake 1976; Yoshida 1981). The degree of the influence of day-time length is different for various varieties due to their different sensitivities to the photoperiod. The temperature summation method, however, does not reflect the effect of day-time length on rice growth duration. For this reason, the factor of day-time length should be considered in the models. According to Gao and Zhang (1977); Gao et al. (1982) and Holmes and Robertson (1959), the average day-time length experienced by a rice crop is determined by both the local sowing date and the latitudinal position. These two factors and their interaction, therefore, due to their simplicity and significance to rice practice, were selected instead of the average day-time length itself in the models.

The temperature regime greatly affects the duration of rice growth (Vergara 1976; de Datta 1981; Gao, Zhang 1977; Yoshida 1981) and thermo-sensitivity is one of the most important varietal characteristics which determines the stability of the duration of rice growth (Coordinating Group of Rice Ecological Researches 1978). Although the temperature summation method may be effective in describing the total heat requirement of a rice crop, it often fails to indicate rice thermo-sensitivity. In the models presented, both the linear and quadratic terms of the temperature from sowing to heading were included. In this way, the response of the rice growth curve to temperature, including 3 cardinal temperature characteristics (i.e., minimum, optimum and maximum) can be easily expressed (Robertson 1973).

Regression approach

After choosing factors mentioned above, the rice growth duration models for different varietal types were established, following the general form:

$$\hat{D} = D' + b_1 \Delta T + b_2 \Delta\phi + b_3 \Delta S + b_4 (\Delta T)^2 + b_5 \Delta\phi \cdot \Delta S \quad (1)$$

where: $\hat{D}$ is the duration of rice growth (in days) from sowing to heading according to the models; D' is the standard duration of growth, or the duration under the standard conditions (i.e., $T=25$ ℃, $\phi=30°N$ and $S=$April 1st); ΔT is the temperature difference (in ℃) between the local mean temperature from sowing to heading and the standard temperature of 25 ℃; $\Delta\phi$ is the latitude difference (in degree) between the local latitude and the standard latitude of 30°N, $\Delta\phi$ is considered negative when latitude is <30°N and positive when ≥30°N; ΔS is the difference in days between the local sowing date and the standard sowing date of April 1st, ΔS is considered negative when the sowing date is before April 1st and positive when it is after April 1st; $\Delta\phi \cdot \Delta S$ is the interaction term between $\Delta\phi$ and ΔS; $b_i(i=1, 2,\cdots)$ is the partial regression coefficients.

Selection of the best regression models

In order to select the best regression models for different varietal types from sowing to heading, representative rice varieties differing in varietal types and duration were chosen, and also the different regression equations including various combinations of factors for each variety were obtained. Then, their estimated standard errors (S_D) and coefficients of determination, R^2, were computed for comparison with each other. Also, the significances of multiple regression models were tested. For each variety, the regression equation which was significant at 1% level and had the smallest error and the largest R^2 was selected as the best rice growth duration model.

For making a comparison with the temperature summation method, the errors (converted into days) of the effective temperature summation during the period studied were also computed. In this paper, the threshold temperatures for counting effective temperature summation were assumed to be 10 ℃ for japonica and 12 ℃ for indica, respectively (Gao, Zhang 1977; Gao et al. 1982).

3 Data Used

Crop data (sowing date, heading date and the number of days between these two dates) were collected partially from the national rice ecological experiments conducted at 8 locations in China (i. e., Yan County, 18°21'N; Quanzhou, 23°08'N; Kunming, 25°12'N; Changsha, 28°13'N; Nanjing, 32°00'N; Tianjin, 39°02'N; Gongzhuling, 43°31'N and Miquan, 44°07'N), over 2 years (1962—1963), under Ding (Coordinating Group of Rice Ecological Researches, 1978), and partially from Jiangsu Academy of Agricultural Sciences, based on the experiments conducted in different counties of Jiangsu Province, from 1979—1980.

In order to establish the environment-crop relationship, the working data also included latitude, mean daily temperature, etc., which were taken from the meteorological stations at the locations mentioned above, during the same period of the crop data.

4 Results

Establishing different kinds of growth duration models for three major rice varietal types

For early rice or medium rice with weak photoperiod-sensitivity

Table 1 summarizes the comparisons of the different combinations of factors chosen. The estimated standard error (S_D) indicates the precision (in days) of fitting through the regression equations and R^2 indicates what portion of the variability of rice growth duration can be explained by the factors chosen. The errors (converted into days) of the effective temperatures summation are also given for comparison.

Table 1 shows that for this varietal type, the regression model involving the 3 factors $\Delta T, \Delta\phi$ and

ΔT^2, which has the smallest S_D and the largest R^2, is the best. The regression model is significant at the 1% level. S_D, estimated standard error, shows error of the model. Thus, the growth duration model for this varietal type was determined as follows

$$\hat{D}=D'+b_1\Delta T+b_2\Delta\phi+b_3(\Delta T)^2 \qquad (2)$$

Using eq. (2), two other rice varieties were chosen and a comparison was made based on the two methods, as shown in Table 2.

Table 1 Comparison of errors (in days) for determining the early or medium rice growth duration model

Variety	Factor chosen	S_D	R^2	Error of temp. sum.	Sample size
R 150 (early japonica)	$\Delta T,\Delta\phi,\Delta T^2$	±4.93	0.91	±8.03	30
	$\Delta T,\Delta\phi,\Delta S,\Delta T^2$	±5.02	0.91		
	$\Delta T,\Delta S,\Delta T^2$	±7.23	0.81		
	$\Delta T,\Delta\phi,\Delta S$	±7.10	0.82		
R 79 (early indica)	$\Delta T,\Delta\phi,\Delta T^2$	±5.87	0.81	±8.87	30
	$\Delta T,\Delta\phi,\Delta S,\Delta T^2$	±6.39	0.78		
	$\Delta T,\Delta\phi,\Delta S$	±10.33	0.41		
	$\Delta T,\Delta S,\Delta T^2$	±7.70	0.67		
R 60 (medium indica)	$\Delta T,\Delta\phi,\Delta T^2$	±5.77	0.91	±8.65	30
	$\Delta T,\Delta\phi,\Delta S,\Delta T^2$	±5.79	0.92		
	$\Delta T,\Delta\phi,\Delta S$	±7.70	0.85		

Table 2 Comparison of errors (in days) between the two methods, i.e., using both the rice growth duration model and the temperature summation method

Variety	Error of models (S_D)	R^2	Error of temp. sum.	Sample size
R 59 (early indica)	±5.35	0.87	±7.89	30
R 156 (early japonica)	±5.63	0.89	±8.90	30

Tables 1 and 2 show that the models reduce the error by about three days for this varietal type in comparison with the temperature summation method.

For medium rice with medium photoperiod-sensitivity

Table 3 shows the results of using various combinations of factors for medium rice varietal type, represented by R 105.

Table 3 also shows that for this varietal type, using the combinations of either $(\Delta T,\Delta\phi,\Delta T^2)$ and $(\Delta T,\Delta\phi,\Delta S)$ or $(\Delta T,\Delta\phi,\Delta S,\Delta T^2)$, errors cannot be reduced effectively. However, both the combinations $(\Delta T,\Delta\phi,\Delta S')$ and $(\Delta T,\Delta\phi,\Delta S',\Delta T^2)$ greatly improve the precision. $\Delta S'$ means that the effect of the sowing date on rice growth duration was not a consideration in the low latitude regions ($\phi \leqslant 25°N$) but was considered in the middle and/or high latitude regions. This is because in the low latitude regions, the day-time length is always short enough so that the requirements of short day-time length for this varietal type can be satisfied. Considering that the combination of $(\Delta T,\Delta\phi,\Delta S',\Delta T^2)$ is more complex to compute than that of $(\Delta T,\Delta\phi,\Delta S')$, and their errors (in days) are almost the same, therefore the current model for this varietal type was established as follows:

$$\hat{D}=D'+b_1\Delta T+b_2\Delta\phi+b_3\Delta S' \qquad (3)$$

A comparison between the temperature summation and modeling methods shows that the latter reduced the errors by about 12 days.

For late rice with strong photoperiod-sensitivity

Table 4 provides a summary comparing different combinations of factors for late rice varietal type, represented by R 98 and R 114.

Table 3 Comparison of errors (in days) for determining
the rice growth duration model of medium varietal type, represented by R 105

Variety	Factor chosen	S_D	R^2	Error of temp. sum.	Sample size
R 105 (medium japonica)	$\Delta T, \Delta \phi, \Delta T^2$	±9.89	0.84	±15.64	26
	$\Delta T, \Delta \phi, \Delta S$	±10.25	0.83		
	$\Delta T, \Delta \phi, \Delta S, \Delta T^2$	±11.01	0.82		
	$\Delta T, \Delta \phi, \Delta S'$	±3.77	0.98		
	$\Delta T, \Delta \phi, \Delta S', \Delta T^2$	±3.63	0.98		

Table 4 Comparison of errors (in days) for determining the late rice growth duration model

Variety	Factor chosen	S_D	R^2	Error of temp. sum.	Sample size
R 98 (late indica)	$\Delta T, \Delta \phi, \Delta S, \Delta T^2, \Delta S \Delta \phi$	±3.96	0.97	±22.17	26
	$\Delta T, \Delta \phi, \Delta S, \Delta T^2$	±9.40	0.91		
	$\Delta T, \Delta \phi, \Delta S$	±9.39	0.92		
	ΔT	±24.75	0.35		
R 114 (late japonica)	$\Delta T, \Delta \phi, \Delta S, \Delta T^2, \Delta S \Delta \phi$	±5.82	0.97	±25.97	24
	$\Delta T, \Delta \phi, \Delta S, \Delta T^2$	±5.90	0.97		
	$\Delta T, \Delta \phi, \Delta S$	±6.38	0.96		
	ΔT	±23.04	0.40		

Table 4 indicates that (1) for these two varieties, using the temperature summation method to estimate the late rice growth duration from sowing to heading results in a large error of 22—26 days, (2) the single linear regression model with the single factor of temperature cannot obviously reduce the error and, (3) using the 3 factors of ΔT, $\Delta \phi$, and ΔS can greatly improve the precision, but since the multiple regression with 5 factors is the most precise, it has been chosen as the best one, with which the errors can be reduced effectively by about 18—20 days compared with the temperature summation method. Consequently, for late rice varietal type, the growth duration model was established as follows:

for both indica and japonica

$$\hat{D} = D' + b_1 \Delta T + b_2 \Delta \phi + b_3 \Delta S + b_4 (\Delta T)^2 + b_5 \Delta S \cdot \Delta \phi \tag{4}$$

or for japonica only

$$\hat{D} = D' + b_1 \Delta T + b_2 \Delta \phi + b_3 \Delta S \tag{5}$$

To summarize, the rice growth duration models can be grouped under 3 headings according to the varietal types (Table 5) and, in comparison with the temperature summation method, the modeling method effectively reduces the errors by about 3 days for the early or medium rice varietal type with weak photoperiod-sensitivity, 6—12 days for the medium rice varietal type with medium photoperiod-sensitivity and 18—20 days for the late rice varietal type with strong photoperiod-sensitivity. The results of the statistical test show that the errors can be reduced to ± 3—6 days in all of China's rice-producing regions and to ± 2—4 days within the area in a single province, by using the rice growth duration models.

Table 5 Three major forms of rice growth duration models depending upon the varietal types

Varietal types	Factors chosen in the models
Early or medium rice with weak photoperiod-sensitivity	$\Delta T, \Delta\phi, \Delta T^2$
Medium rice with medium photoperiod-sensitivity	$\Delta T, \Delta\phi, \Delta S'$
Late rice with strong photoperiod-sensitivity	$\Delta T, \Delta\phi, \Delta S, \Delta T^2, \Delta\phi\Delta S$ or $\Delta T, \Delta\phi, \Delta S$

Computational results

The rice growth duration models for 12 representative rice varieties differing in varietal types and maturity in China are given in Table 6.

Table 6 The rice growth duration models (RD_M) for different rice varieties differing in varietal types and maturity in China (source: Ding's experiment)

Variety	Varietal type	Maturity	Rice growth duration model	Sample size	Error of model	F-Test	R^2
R 156	Early japonica	Medium	$\hat{D}=61.97-3.39\Delta T+0.31(\Delta T)^2+0.89\Delta\phi$	30	± 5.63	**	0.89
R 150	Early japonica	Late	$\hat{D}=80.32-3.93\Delta T-0.05(\Delta T)^2+0.74\Delta\phi$	30	± 4.93	**	0.91
R 59	Early indica	Medium	$\hat{D}=69.32-3.50\Delta T+0.22(\Delta T)^2+0.70\Delta\phi$	30	± 5.35	**	0.87
R 79	Early indica	Medium	$\hat{D}=74.94-3.11\Delta T+0.07(\Delta T)^2+0.63\Delta\phi$	30	± 5.87	**	0.81
R 81	Medium indica	Early	$\hat{D}=83.25-3.92\Delta T+0.49(\Delta T)^2+0.55\Delta\phi$	30	± 4.56	**	0.86
R 60	Medium indica	Early	$\hat{D}=90.90-4.73\Delta T+0.58(\Delta T)^2+0.58\Delta\phi$	30	± 5.77	**	0.91
R 18	Medium indica	Medium	$\hat{D}=97.85-4.54\Delta T+0.55(\Delta T)^2+0.75\Delta\phi$	30	± 5.57	**	0.82
R 126	Medium japonica	Early	$\hat{D}=77.33-2.99\Delta T+0.74\Delta\phi-0.05\Delta S'$	30	± 5.84	**	0.85
R 51	Medium japonica	Medium	$\hat{D}=98.84-3.63\Delta T+0.94\Delta\phi-0.03\Delta S'$	30	± 3.84	**	0.92
R 105	Medium japonica	Late	$\hat{D}=111.41-3.83\Delta T+0.98\Delta\phi-0.35\Delta S'$	26	± 3.77	**	0.98
R 114	Late japonica	Late	$\hat{D}=159.76-2.34\Delta T+0.99\Delta\phi-0.72\Delta S$	24	± 6.38	**	0.97
R 98	Late indica	Medium	$\hat{D}=155.35-0.69\Delta T+5.95\Delta\phi-0.96\Delta S+0.84(\Delta T^2)-0.07\Delta\phi\Delta S$	26	± 3.96	**	0.99

** significant at 1% level.

References

Chang T T, Oka H I. 1976. Genetic variousness in the climatic adaptation of rice cultivars. In: Climate and Rice. IRRI, Los Banos, PP. 87—96

Coordinating Group of Rice Ecological Researches (under Ding, Y) 1978. The Photo-thermal Ecology of Chinese Rice Varieties (in Chinese). Academic Press, Beijing, pp. 20—23

De Datta S K. 1981. Principles and Practices of Rice Production. John Wiley, New York, pp. 25—31

Gao L Z, Yang T B, Cai X S. 1958. Agricultural meteorological problems in double rice system (in Chinese). *Weather Monthly Magazine.*, **3**: 7—12

Gao L Z, Zhang L Z. 1977. The temperature-light response and safe sowing date for late rice varieties (in Chinese). *Bot-*

any. J., **19** (1) : 53—59

Gao L Z, Jin Z Q, L Li, 1982. Meteor-ecological models for the growth and development duration of various rice varietal types and their applications in China (in Chinese). *Agric. Meteorol.*, **3**(2):1—8

Holmes R M, Robertson G W. 1959. Heat Unit and Crop Growth. Canada Department of Agriculture, Publication No. 1042

Nan H D, Xue Y D. 1978. Study on agrometeorological sunlight index for the typical Chinese rice variety (in Chinese). *Sci. Bull.*, **23** (5) :305—312

Nishiyama I. 1976. Effects of temperature on the vegetative growth of rice plane. In: Climate and Rice. IRRI, Los Banos, pp. 159—164

Robertson W G. 1973. Development of simplified agroclimatic procedures for assessing temperature effects on crop development. In: R. O. Slatyer (Ed.), Plant Response to Climatic Factors. Unesco, Paris, pp. 327—343

Tanake A. 1976. Comparison of rice growth in different environments. In: Climate and Rice. IRRI, Los Banos, pp. 429—446

Vergara B S. 1976. Physiological and morphological adaptability of rice varieties to climate. In: Climate and Rice. IRRI, Los Banos, pp. 67—75

Vergara B S, Chang T T. 1976. The flowering response of rice plants to photoperiod. A review of the literature. *IRRI Tech. Bull*, **8**:75

Wu Q N. 1957. Studies on the photo-periodic response of rice varieties in China(in Chinese), *Agric. Sci. Bull*, **8**:367—382

Yoshida S. 1981. Phasic development from vegetative to reproductive growth stage. In: Fundamentals of Rice Crop Science. IRRI, Los Banos, pp. 40—48

中国农业的综合对策

高亮之

江苏省农业科学院

(科学工作者的建议*,1988年5月)

一、农业的形势与任务

近年来,农业问题引起了全社会的关注。一度被誉为中国改革首战告捷的农村改革,其形势究竟怎样? 成为国际、国内人们议论的热点。

从1978年以来9年多时间的全过程来看,应当说中国农村改革确实取得了举世瞩目的成绩。1979年大幅度提高农副产品收购价格;1980~1981年全国农村广泛推行家庭承包责任制;1982年后,逐步搞活农产品的购销体制。这一系列改革措施给农业生产带来巨大活力,各种农产品产量都获得显著提高。1984年中国农业生产达到一个高峰:粮食产量提高到4070亿kg;棉花产量提高到626万t;猪牛羊肉产量提高到1541万t。农民生活长期贫困的状况有了明显的改变;乡镇企业每年以28%的速度迅速递增;农村商品经济的发展已经起步。这一切无可置疑地都是农村改革带来的成绩。

但是,同样无可否认的是,1985年后中国农业出现了一个低潮。1985~1987年粮食连续三年没有完成计划,亦没有恢复到1984年的水平。棉花供需差额相当大,在纺织工业较发达的省份,棉花缺额对纺织生产以及出口创汇有很不利的影响。猪肉产量下降,许多大城市都恢复了猪肉凭票供应。蔬菜价格放开后,价格成倍上涨,"菜篮子"问题成为社会潜在的不安定因素。这些事实说明中国农业确实面临着严峻的困境。

再从农业的任务来看,国家要求1990年粮食总产达到4500亿kg,2000年达到5000亿kg,平均每年增产50亿kg;棉花达到供需平衡,并有一定数量的出口。以上指标并不算高,但如果不能从当前农业面临的困境中解脱出来,那么要实现国家既定的农业任务,不仅是极困难的,甚至可以认为是不可能的。

九年来中国农业的起落,究竟说明了什么呢? 是农村改革的失败吗? 否! 农业的成绩固然说明农村改革的成绩,农业的停滞徘徊恰恰说明农村改革的不全面和不彻底。农业本身是一个十分复杂的系统,农业又关系着国民经济的全局,任何一个单项改革,即使是家庭承包责任制,都不可能使中国的农业得到长期稳定的顺利发展。9年来农业的起落迫使人们要对中国的农业问题进行更全面深入的再认识,从中找出中国农业的出路。

二、当前农业问题分析

当前社会关注的农业问题,究竟症结何在? 在领导层、经济界、理论界、农业界,以及社会各界人士中,存在着各种不同见解:

——一种见解认为是领导对农业为基础的思想不明确,重视不够;

——一种见解认为在于国家对农业投入不足;

---

* 此份建议当时向农业部领导寄出,在《光明日报》以摘要形式公开发表。

一种见解认为农产品价格没有理顺；

一种见解认为是农业技术装备落后，农业经营规模过小，等等。

这些见解都反映了农业问题的一个重要方面，但解决了其中的某一个症结，甚至几个症结，农业状况能否得到根本改善？这是一个值得深思的问题。试想，1949～1978年30年里，国家最高领导到地方领导对农业均相当重视，农业基建投入占国家财政的比重不能算低（一般占10%左右），而农业也只是实现了粮食自给。这对10亿人口的大国确实是一个不小的成绩，但须知这是付出了十分巨大的代价的。首先是农民的长期的极度贫困，1950～1979年农民年人均收入长期停留在250元以下；其次，粮食、棉花、油料、生猪、禽蛋、水产等各种农产品，长期供应短缺，大部分凭票限量供应，事实上是全国性的节衣缩食，人均国民收入处于世界最低层次。由此可知，只依靠领导重视与较高投入，并不能根本改变农业面貌。

农产品的价格没有理顺，这可能是当前击中要害的一个见解。但仅靠提高农产品价格是否能根本改变农业状况呢？1979年国家曾经大幅度地提高农产品价格，但1984年以后农业就出现低潮。当前如依然只采取这一措施，一定时间内可能对农业会有一定的刺激作用。但由于提价幅度不可能大，又加上农用物资与其他工业品的价格势必相应提高，农产品提价的效果与时效均很难达到1979年的那一次，而且掌握不慎，甚至很可能出现农、工产品轮番涨价的局面。

农业问题十分复杂，并且关系到国民经济的全局，对当前中国农业问题需要以更广阔的视野，从更深入的层次上来探讨。笔者认为当前中国农业问题的症结亦就是整个中国经济的症结，从本质上来说就是怎样从高度集中统一的僵化经济体制，更自觉、顺利过渡到充满活力而又协调发展的新经济体制——有计划商品经济体制的问题。

当前国家处在新旧体制交替的过渡时期，各种矛盾很多，为什么农业的矛盾显得特别突出？这是因为在中国农村第一步改革后，农业的经营者已经是以家庭为经营单位的亿万小生产者。这种以广大小生产者为基础的产业，特别需要、亦只能运用商品经济的价值规律来加以引导（关于这个道理，列宁在《论粮食税》一文中曾有深刻的阐述）。也就是说，中国农业特别需要新体制，而现实状况却是中国国民经济各部门中农业受到旧体制的控制特别严。我国主要农产品如粮、棉、油、猪、丝、糖等，虽说是采用合同定购制，其实质还是统购统销制，低价计划收购，低价计划销售。而且与这种高度集中的购销体制相配套的领导体制和物价、商业、金融、生产等体制，乃至于干部、农民的思想观点、工作方法、工作作风，都基本沿袭着1978年前的旧体制，农村中真正有计划的商品经济体制远远没有建立起来。至于农业技术装备的落后与经营规模过小的问题，如果农村商品经济不发展起来，农业本身经济效益低，没有资金积累，就不可能改变技术装备落后的状况，也即不可能扩大经营规模。总之，农业要实现现代化，首先要实现商品化。

中国农业的当务之急与根本出路是真正地实现农业的商品化，或者说真正建立起有计划的商品经济，并在这个基础上实现农业的现代化。

三、农业的综合对策

真正地实现有计划的商品经济，实现农业的商品化，牵涉到许多方面，牵涉到国民经济的全局。农业的进一步改革必须有一个全面配套的规划，并且必须与整个经济、政治、科技与教育体制改革同步协调地进行。只有这样才能取得真正的成功。

解决当前中国农业问题，并为农业稳定、顺利地发展铺平道路，需要采取以下10个方面组成的综合对策：

（一）改革农产品购销体制

根据国家既定的农业要实现商品化、现代化的方针，农产品购销体制必须改革，农产品价格必须在宏观指导下放开,以符合市场机制与价值规律。但是农产品价格因放开而上升后,谁来负担这笔费用？要政府高价购、低价销,可以不增加城镇居民的生活负担,但是政府无力承担巨额的财政补贴;要相应地增加城镇居民的工资,国家与企业亦无力承担巨额的工资支出;不增加居民工资,那么居民生活水平必然明显下降,造成社会严重的不安定因素。这是当前中国农业改革中一个极大的"二难"问题。正是由于这个"二难"问题无法解决,中央和地方政府都不敢轻易地改革旧的购销与价格体制,而旧的购销与价格体制不改革,又是当前农业问题愈来愈尖锐化的首要原因。这里可以清楚地看到,农业改革决不是仅在农业本身范围内所能奏效的,而要涉及到国民经济的全局。

这里将财政、企业与居民负担问题放在下文讨论,先谈谈农产品与购销体制改革的必要性及可能途径。

自1978年以来,国家对重要农产品购销政策逐步放开。1985年开始将统购派购改变为合同定购,粮食按"倒三七"比例价收购,定购粮食与平价化肥、柴油等挂钩。当然,合同定购制对于城市居民口粮、军粮、工业用粮等是起了一定的保证作用,但从1985～1987年实践情况来看,其不合理性及弊端亦很明显:

(1)合同定购数量相当大。以江苏省为例,1984～1986年的商品粮中,统购价与比例价约占80%,亦就是说商品粮的绝大部分都属于合同定购。

(2)合同定购粮价格明显比议价低。1987年江苏各地粮食的市场价比定购价高一倍。按百斤粮食定购价20元计,农民每出售100斤合同粮将吃亏20元。尽管有化肥、柴油及预购定金"三挂钩",但农民从中实得好处每百斤仅2.3元,根本不能改变农民出售定购粮吃亏的情况。因此凡是产粮愈多的省、地(市)、县、乡以至农户,定购粮也愈多,吃亏就愈大。这样的政策当然不可能促进粮食生产。

(3)合同定购名不副实。粮食的合同定购,按其名称及含义应与统购征购有原则区分,在1985年最初是作为农村第二步改革的重要内容提出的。但由于定购价格上没有遵循价值规律,各地执行的合同定购,实际上变成强制性的派购,所谓"合同"完全丢失了"经济合同"的性质。据江苏宝应县农民反映:"事先不同群众商量,一年一份表,数字一填,连甲方公章也不盖,送到农家了事。"有的"乡规民约"中规定,如完不成合同定购任务,须扣乡村干部工资,职工不准上班,教师不准上课,学生不准上学,要结婚不发结婚证,……即使采取这些手段,有的农民仍然不肯出售定购粮。

粮食是农业的最主要产品,合同定购粮占商品粮的绝大部分,农民出售定购粮明显吃亏,各基层政府不得不采取各种强制手段。这些事实清楚地说明中国农业当前依然受到旧体制的严重束缚,同时也说明了近几年来粮、棉、油、猪产量上不去的根本原因。因此,从根本上改革农产品购销体制是解决中国当前农业问题的首要对策。

笔者建议,新的购销体制的原则为:双轨经营,横向合同,平等议价,政府协调,法律保证。

继续实行双轨制经营:对粮食、棉花等关系国计民生的极少数农产品继续实行合同制,其他农产品全部放开,由市场调节。粮食、棉花在合同以外的部分也完全由市场调节。

建立横向的真正经济合同:目前的粮食定购合同,实际是全国自上而下垂直下达的定购任务,不改变这种高度集中的购销体制就无法建立有计划的商品经济。新的体制是将纵向合同变为横向合同。从粮食生产与需求情况来看,比较适当的经营单位是地区或市(包括市管县),因为每个地区或市都有城市有农村,都有一定的粮食生产以及一定的城镇粮食需求。在一个省内,有的地区或市是粮食有余,有的粮食不足。各省政府可以先在省内各地区(或市)间进行协调,让他们之间建立稳定的粮食购销经济合同关系,价格可在省规定幅度范围内由双方议定,合同中的化肥、柴油、预付金等款项,亦由双方议定。各省平衡后再由中央政府的有关部门(农业部或商业部)在各省之间协调平衡。省与省之间订立粮食购销经济合同,粮食购销差价部分(这种差价必然要逐步缩小,见下文),分别由地(市)及省政府负担(当然中央财政要相应增加地方财政的留成比例)。地(市)以下可以建立县、乡二级的粮食公司,粮食公司之间亦订立购销合同,乡粮食公司与农户或者与村的粮食合作社订立购销合同,村的粮食合作社应以法人地位真正代表农民利益与粮食公司签订合同,价格与其条款均由合同双方共同议定。如果一方违约,除了上级政府可以协调外,还应由同级或上级法院进行裁决。这样的一种粮食购销合同,将是中国农村有计划商品经济的法律基础,它不但可以大大调动农民种粮的积极性,保证各方面对粮食的需求,并且从根本上克服农村存在的命令主义与政治强制手段,对巩固工农联盟十分有利。

(二)改革农产品的价格体制

赵紫阳总书记提出:"农村正在走上商品经济的道路,价格是指导农业生产的最有效的信息。"的确,理顺农产品的价格,使价格符合价值规律是发展农村商品经济的核心问题,亦是解决当前中国农业问题的关键措施。

改革农产品价格体制,需要处理好以下几方面关系:

首先,粮食价格要合理。商品经济中价格既受价值支配,亦受供需关系支配,而供需关系又通过市场调节作用,使价格大致稳定在其价值的水平上,这就是价值规律。合理的粮食价格,要求大致等于成本加上合理利润,这就大致与其价值相当。当前各国,特别是发展中国家,计算农产品合理价格一般要求利润占总收入的20%~30%,以用于生产投资、储蓄及家庭建设。成本中当然应包含劳动工资。我国目前农村以家庭为经营单位,劳动工资较难计算,但是决不能不计算。比较合理的计算是相当于当地二、三产业工人以及社会上临时工的平均工资。如果农民在农业上的投入,一天的工值明显低于当地社会平均工资,农民当然就不愿意在农业上多投工。要么是粗放经营,不求高产(如粮食);要么是不肯种费工多、收益低的作物(如棉花)。以江苏情况为例,稻麦二熟田按亩产1200斤计,需用40个工,全省平均每工3元左右,共120元,农本:水稻80元、小麦60元(指平价),则每亩成本共260元,每斤成本为0.22元,按利润20%计算,每斤粮食约需0.26~0.27元,比目前合同定购价高7~8分。当然这是举例计算,各地的合理价格有相当出入,但大致可以看出目前的定购价格是明显偏低的。在商品经济中要真正按价值规律办事,价格还应符合供需关系,因此不宜于将价格固定在一个水平上(即使是合理的水平),而应允许价格随着市场供需情况有所升降。因此,合同定购的农产品的合理价格政策,是根据各地情况规定最低价(保护价)与最高价。最低价可以按成本费(工资+农本)计算,即至少要使农民收入相当于支出(上例计算即每斤0.22元,约相当于目前的定购价)。而最高价可以相当于市场价格(在江苏省约为0.40元),由当地政府(在一个市或地区范围内)根据当年的市场价格而制定,一年一定。规定最高价可以防止少数投机商或外地粮食公司在粮食紧缺时抬价抢购。这样的价格政策,在粮食紧缺时价格可以较高,促进农民多产粮,而粮食多余时又给农民以保护。这样,会不会使粮食价格猛涨呢?不会。因为浮动的粮食价格首先对粮食需求会有约束作用,使需求保持基本稳定。同时,这种价格政策必然有力地促使农民多增产粮食,粮食供给多了,价格不可能上涨很多。所以,只要能通过最高价控制非正常的商业活动,加上相应的工资政策,城镇居民并不会增加很多负担。

农产品价格体制中一个十分重要的问题,是一定要保持合理的农产品与农用物资的比价。这两年的情况是农产品价格的调整,远赶不上农用物资价格的提高。江苏农村抽样调查:1985与1982年相比,粮食收购价上升5.3%,棉花下降5.7%,而化肥价格上涨40.9%;1987年粮食上涨8.6%,生猪上涨2.4%,而化肥上涨51.8%,农药上涨85.2%。如果不能保持农产品与农用物资的合理比价,甚至比价下降,那么仅仅调整农产品价格可以说是毫无效果。根据江苏的情况,1斤粮食的价格至少应相当于1.5斤硫铵或2斤碳铵的价格(指的是实际市场上的价格),才比较合理。

粮食价格体制中又一个重要问题是实行合理的地区差价与质量差价。中国幅员广阔,各地生产经济条件差别悬殊,各地粮食生产的成本费,特别是劳动工资差别极大。江苏一省之内,苏南农忙时临时工一天工资已达5~10元,甚至10元以上,而苏北仅2~3元。因此,粮食的合理价格(成本+利润)就有很大差别。目前在全国规定基本统一的粮食价格,必然使经济较发达的产粮地区不仅毫无利润,并且明显贴本生产,这就是目前经济愈发达地区种粮积极性愈低的原因。允许粮食有合理的地区差价,经济发达地区粮价可以较高,这样农民种粮有积极性,城镇居民亦能负担得起。这个政策亦能鼓励经济发达地区与经济较不发达地区建立横向联系,前者可以用资金、技术、物资等帮助后者发展粮食生产与发展经济。在全国建立粮食经济区，制定不同的价格浮动幅度，这在苏联是一项实行多年而奏效的政策，当前中国也迫切需要实行这种政策。

农产品的合理比价是农产品价格体制的重要问题。当前突出不合理的是粮棉比价。棉花用工多，一亩约需50个工，按一季统计，需工资150元，农本70元，每亩成本为220元；按20%利润计算每亩合理收益应为264元。目前皮棉平均亩产100斤，每担皮棉合理价格应为264元。而近两年来虽然省政府在国家规定价格以外又增加了扶持费，但每担皮棉收入仍低于200元，种棉效益明显地比粮食及其他经济作物低，这是近年来，棉花生产下降并且恢复缓慢的基本原因。调整棉花价格已是恢复与发展棉花生产的关键性政策。棉粮比价至少应在1:10以上，劳动单价高和种棉风险较大的地区应在1:12以上。

合理的农产品价格体制必须要有质量差价。中国长期不实行质量差价是中国农产品质量不高和不适应外贸与内贸市场需要的根本原因，这亦是长期以来统购统销的产品经济的必然表现。为了发展商品经济，特别是今后沿海地区要大力发展外向型经济，实行质量差价已是刻不容缓的事。

(三)改革财政体制，实行分散决策

这里回到中国农业最大的"二难"问题：农产品价格有幅度地放开后，所增加的费用由谁来负担？笔者总的建议是，财政与全社会在增收中分散负担。

先谈财政体制的改革。目前中国财政体制的特点是高度集中。中央财政收得多，包得亦多。经济较发达的省与大城市，财政都有相当大的比例要上交中央，亦就是中央与地方财政捆绑在一起。这种体制也许有保证中央财政收入稳定的优点，但存在着很大缺点。一是挫伤地方财政增收的积极性，特别是上交比例高的省、市，多增收1元钱就要多向中央上交5角、6角以至7角以上；更重要的是导致财政经济决策权高度集中。全国主要农业与工业产品的物价与职工工资都由中央统一规定，就同这种捆绑式的财政体制有关。因为地方上物价与工资稍有变动，不但影响地方本身财政收入，亦会影响中央的财政收入。但是，中国各地经济发展极不平衡，各地生产成本、市场情况、劳动生产率相差极大，物价与工资是商品经济两个最重要的杠杆，硬性统一势必严重挫伤企业、农民的生产积极性，最终抑制经济发展。在这种捆绑式的财政体制下，地方政府实际上是没有或只有极有限的财政经济决策权。棉花与纺织业是江苏财政收入与外向型经济的重要支柱。近年来江苏棉花生产严重下降，供需差额达400万担之多。为了促进棉花生产必须调整棉花与棉布价格。按1斤棉花生产10尺棉布计算，每尺棉布只需增加3分钱（这对城市居民来说，增加的负担很小），就能为每百斤棉花增加30元收入。但因棉布价格是中央统一规定的，要调价必须请示中央，而要中央同意江苏省棉布调价3分钱却是极困难的事，因此江苏省棉花与纺织业的困境就极难克服。这个例子可以清楚地说明，高度集中的财政与决策体制，严重束缚生产力的发展。

如果中央适当增加地方财政留成，并对省实行财政包干，省对地(市)与县分级实行财政包干，并且允许地方政府对农产品的购价、销价，农用物资的销价，农产品加工制品的销价，以及企事业职工工资等方面，在一定幅度内有自行调节的决策权，可以预计这项改革必将有力地促进农业持续而稳定地发展。

(四)改革工资体制，实行分散负担

农产品价格有幅度放开后，购销差价的总额（即使由中央与地方分担）不仅不宜超过目前的总额，而且要争取能有相当幅度的减少。减少下来的金额一部分用于增加行政事业单位的职工工资（或补贴），一部分用于投资水利建设、农用工业与其他农业投入。

农产品收购有幅度放开后，要求不增加甚至减少购销差价补贴，只能提高市场销价，城市居民能否承受负担？这就是农产品的物价问题，也是中国当前农业问题最难对付的难题。这个问题的确必须谨慎对待，因为它是一个关系到社会安定，关系到城乡人民是否支持改革的重大问题。

最近国家领导人对食品价格问题明确指出："解决食品问题，不能再走统购统销的老路，必须探索新路子，关键是要按照价值规律办事。"采取的对策是：①逐步调高农产品收购价格，让农民有利可图；②对

城市居民定量供应部分,价格上涨时给职工相应补贴;③制定食品涨价与补贴挂钩的具体办法,将"暗补"改成"明补"。

笔者赞同上述总的思路,但对具体对策提出一些建议:

(1)实行有控制的定量不定价供应。合同定购部分的粮食,继续实行定量供应,但各地可以根据居民粮食消费量的变化调整供应数量。目前城市居民粮票普遍过剩,完全可以适当降低定量标准。如果每个城镇人口每月减少供应10斤粮食,全国2亿城镇人口定销量就可减少240亿斤。当然,在减少平价粮定量供应的同时,粮站应保证供应一部分议价粮,例如每人每月不超过5～10斤。这样既可减少全国合同定购粮总额,减少财政与企事业单位的补贴数,又可以保证居民必要的粮食需要。对于平价部分粮食的销价,省、市政府可以规定最低价与最高价,一年一定。最低价可以是合同收购价加上加工成本与合理利润;最高价可以比市场价低10%,这样就能发挥平抑市场价的作用。以上述江苏的例子计算,商品粮平价为0.33～0.40元/斤,约为目前销价的一倍。如果按前文分析,购价为0.27～0.28元/斤左右,再按上述的销价,购销差价就将大为减少,可以大幅度地减少"暗补",而将这部分支出用于"明补"。

粮食销价提高一倍,居民每月支出大约增加4～5元,加上粮食提价的连锁影响,每月大约多支出8～10元;每斤棉花收购价提高1元,每尺棉布价格大约要提高1角。只要有相应的工资调整或物价补贴,粮棉销价这样幅度的变动,居民应当是可以承受的。

(2)企业职工的物价补贴不完全采取平均补贴,打入成本,而只能部分打入成本,部分靠放宽奖金税或从增收中允许浮动工资来解决。全部打入成本的做法势必增加成本,而企业为保持利润必然千方百计提高产品销价,形成农工产品轮番涨价。放宽奖金税或从增收中增发浮动工资或补助工资,则是着眼于鼓励企业提高劳动生产率与经济效益,在此基础上增加职工收入,就不会导致不合理的通货膨胀。

(3)各种科研、教育、医疗、公用事业等事业单位都要鼓励改革,增加收入,实行单位补助工资制度。医院可以实行优质优价的有偿服务;科研单位可以广泛开展科技开发活动;学校可适当增加学费,鼓励教师、职工开展各种教学、科技等有偿服务;在大中学生中大力提倡勤工俭学、半工半读;鼓励各事业单位兴办经济实体;增加的收入中拿出相当一部分,向职工与教师增发补助工资(不作为奖金)。

(4)党政群机关都要精简机构,可以安排一部分干部脱离机关,兴办经济实体,在财务上与机关脱钩,但可以在政府规定的范围内给机关干部一定的经济补偿(亦可以用补助工资办法)。这样做的好处:一是真正地实行了精简机构;二是有利于培养出一批经营人才;三是减轻财政的物价补贴负担。相信只要制定相应条例并有监督制度,可以防止可能出现的机关以权谋私的不正之风。

(5)部队可以训练、执勤与生产创收相结合,减少国家财政负担。

总之,采取这样一种全社会在创收基础上分散负担的综合措施,既可以使价格改革顺利地进行,又可以减轻各级政府为了补贴物价上涨而增加的财政负担。同时,这些改革措施对国家的经济发展与人才培养,以及各行各业的深化改革都有好处。

(五)增加农业投入,高度重视农用工业

目前国家进入全面建设时期,百废待兴。从国民经济的全局出发,国家对交通、能源、教育、科技,都需要增加投入,要求国家恢复1978年以前农业投入比例(即占财政支出的10%以上)恐怕一时难以达到。但是目前对农业投入比例确实过低,1986年全国农业基建投资仅占基建投资总额的3.3%,跌到历史最低点,省一级财政对农业投资也是大幅度下降。这种大量削减农业投入的做法对全国农业发展十分不利,亦在一定程度上反映了有关领导认识的片面性——以为农业发展主要靠政策、靠科技,已经不再需要很多投入了。

为了使中国农业得到稳定而顺利地发展,真正实现2000年达到1万亿斤粮食的目标,中央、地方政府,乡镇集体与农民自身,都需要增加对农业的投入。从国家与各级政府来说,既要增加农业投入,又要研究投入的最佳方向。笔者认为随着改革的深入,可以逐渐减少农产品购销差价的补贴性支出,而将对农业投入的主要部分用之于农用工业、大中型水利建设与农业科技教育三个方面。

近几年,中国粮棉产量徘徊不前,除了农民积极性的原因外,另一个重要原因就是农用物资供应不足,由此又造成农用物资价格上涨很猛。化肥、农药短缺价昂已成为全国农民对政府最不满意的问题。1987年各地都发生农民哄抢化肥事件,反映农用物资供应问题的严重性。农用工业(包括化肥、农药、农机、塑料等工业)是国民经济基础(农业)的基础,但长期以来国家并没有将农用工业放到足够重要的位置。笔者认为,国家与省、市、县级政府都应将农用工业放在相当于能源、交通那样的战略高度,在领导、投资、信贷、物资、科技等方面均给予高度重视。增加农用物资的供应与理顺农产品价格体系,是解决当前中国农业问题的两项最重要而又相辅相成的措施。只调整农产品价格而不同时增加农用物资供应,势必使农用物资市场价格猛涨,从而使提高农产品价格的政策趋于无效。

近几年蔬菜价格上涨很猛,引起城镇居民的普遍不满。目前多数城市蔬菜市价是放开的,为什么市场放开后菜价不能由涨到落?除了蔬菜面积的大量减少外,另一个重要原因是农用物资价格的猛涨,菜农不得不用高价购买化肥、农药与薄膜。大力发展农用工业是解决"菜篮子"问题,亦是解决当前人们普遍关注的物价问题的关键性措施。

(六)保护开发资源,建立合理的产业与食品结构

中国人均耕地只有1.5亩,耕地是中国整个国民经济中最珍贵最短缺的资源,但长期以来耕地的控制与保护并没有受到各级领导的足够重视。全国每年减少2000万亩耕地。江苏耕地面积自1955年以来30年中,人均耕地自2.23亩下降到1.10亩。按"人均耕地"这个中国农业最重要的资源指标来说,控制耕地与控制人口具有完全等同的意义,亟须列为国家基本国策。

中国耕地以外的资源是丰富的,但破坏情况一直很严重。水土流失量每年50亿~100亿t,草原退化已达7.8亿亩,沙漠面积每年增加500多万亩。近年来,江、海水产业(如蟹苗、鳗苗)由于盲目过度捕捞,资源趋于枯竭。广大林区由于过量采伐,蓄积量每年下降约3%~8%。总之,农业自然资源的保护与合理开发利用,是中国农业长期内的重要对策。

建立合理的农业产业结构与食品结构,是中国农业发展实现总供给与总需求相互平衡的战略性措施。中国即使到2000年亦只能勉强维持年人均800斤粮食的水平,与目前人均粮食占有量相同。研究中国今后相当长时期内的食品结构,必须从这个基本事实出发。中国不可能亦不应该要求采用以肉食为主的西方化食品结构,而仍然要坚持以碳水化合物与植物性蛋白质(粮食、大豆、蔬菜)为主,逐步增加动物蛋白(肉、蛋、水产、奶类)的中国式的食品结构。应当尽可能提高精粮(稻米、面粉)的品质及营养成分,增加蔬菜的质量档次及多样化程度。在肉类方面要大力发展草食性(羊、牛、兔)与省粮性动物(水产与家禽),控制费粮性动物(猪)的发展;在城乡广大居民中亦要大力宣传改变以猪肉为主的食物习惯,提倡多吃鱼、鸡、鸭、鹅与羊、牛、兔肉。果树业基本上不与粮食争地,应予大力发展。

(七)大力加强服务性规模经营

中国人均耕地1.5亩,每个农村家庭经营耕地约6亩,这在世界上属于最小经营规模。经营规模过小,使得中国农民的劳动生产率极低。只依靠耕地的收入很难真正调动农民务农的积极性,因此,近年来"规模农业"愈来愈受到人们的重视。

从近年来江苏等地农村的实践经验看,实际上存在两种形式的规模农业:一是经营性规模农业;另一是服务性规模农业。

经营性规模农业,即一个农民家庭经营30~40亩耕地。这种规模农业尽管经营耕地面积并不很大,但却相当不易。涉及的主要问题是:(1)土地转移很困难。即使像苏南那样乡镇工业高度发达的地区,农民"不肯多种田,不肯不种田",不肯承包责任田,又不肯轻易放弃口粮田。口粮田实际变成农民的一种社会保险,在任何情况下(年老、患病、伤亡),至少可以保留口粮及一些家庭副业。(2)经营30~40亩耕地就需要小型播种、插秧、收割机械,还需要道路、桥梁等设施。据估计,1亩稻麦二熟田实施规模农业的投资费用约为1000元,30~40亩就要3万~4万元,一个乡以1万亩计要投资1000万元。目前除了乡镇企业高度发达的县、乡外,一般地区的农民或乡镇都难以承担。(3)一定要有稳定的劳动力出路。在苏南目前部分县、乡已经具备这个条件,但从江苏全省来说多数还不具备这个条件。现在看来发展种植业的规模经营肯定是正确的方向,但在中国可能需要一个较长的、较缓慢的发展过程,不宜操之过急。

服务性规模农业却相当适合于当前中国农村的条件,并且受到广大农民的欢迎。所谓服务性规模农业,就是以现存的家庭承包制为基础,不需要进行土地使用权的转移,而以乡、村的农技服务站为骨干,为几十家农户开展耕作、育秧、植保、灌水、收割等各项服务,收取一定的技术服务费用。十几家以至几十家农户的总耕地面积可达几百亩到1000多亩(相当于行政村)。在这样一个较大范围内的农活,实际上主要由5~10个有经验的农业技术人员(亦是农民)在进行。各个家庭的农民只需从事一些分散操作的田间管理,从而大大减轻农业劳动投入量,使大量剩余劳力可以转向发展家庭养殖、蔬菜、果树及其他行业,或去承包资源开发及二、三产业。因此可以起到与经营性规模农业相类似的作用,即提高劳动生产率与经济效益,转移劳动力等等。看来,在今后10~20年内,大力发展服务体系与服务性规模农业,将是符合当前中国国情的一项重要的农村改革途径。

(八)促进流动,发展二、三产业与庭院经济

商品经济的一个重要特点是商品与生产要素的高度流动。正是由于这种流动性,商品经济可以在价值与市场机制调节下实现商品的最佳利用与要素的最佳组合,由此而推动整个经济的迅速发展。有计划的商品经济,既能发挥商品经济高度流动性的优点,又能防止商品经济通常会有的盲目性的缺点。

建国30年来的中国农业,是自给经济与统管经济的结合。农产品的大部分为自给性消费,其余部分纳入统购统销,真正进入市场成为商品的比例极小。主要农业生产要素,如土地、劳力、资金、技术、信息等,或是完全不能流动,或者是流动比率极低,这就导致中国农业发展的缓慢。以上状况在1978年以后有一定变化,但是必须承认至今农村商品与要素的流动程度还相当低。

乡镇企业与私人企业(农村第二产业)近年来有较快发展,这是农村中生产要素合理流动的重要标志。乡镇与私人企业是中国农村工业化的希望所在,可以吸引大批农村剩余劳动力;可以为农业现代化积累资金;可以加快农村与村镇的建设及农民教育,一切有条件的农村应当积极加以发展。但全国经济状况极不平衡,从近年实践情况看,并不是任何地区都能顺利地发展乡镇工业。乡镇工业需要有工业所必须的资金、原料、能源、技术、管理、交通、市场与商品竞争力,中国目前大多数农村都还不充分具备这些条件。在江苏,至今亦只是苏州、无锡、常州三市乡镇工业较为发达,苏北近年来虽然作出很大努力,但亏损的多,进展不快。

近年来各地农村涌现出来的庭院经济是一项值得高度重视的新事物。不少地区农村人均约有0.1亩的自留地,一个农民家庭可有0.5亩左右,另外,屋前屋后还有庭院宅地。农民将这些土地与空间充分利用起来,地面种蔬菜,挖塘放鱼虾,搭棚长葡萄,围栏养鸡鸭,架笼喂兔子,……笔者在江苏淮阴县小营乡调查,该乡庭院经济有29个经营项目,1987年工农业总产值4000万元,庭院经济占49.5%;据77户调查,庭院经济收入年人均达到690元。庭院经营项目基本上是种植业、养殖业与家庭手工业(农村第一产业)。它所需资金少,技术原料与市场等都比较容易解决,同样可以消化农村大量剩余劳力,还由于是家庭经营,经营者积极性极高,可以节省管理费,清除浪费现象。淮阴县是江苏最穷的县之一,从小营乡发展庭院经济的经验看,"务农"、"务副"都可以致富,而并非"无工不富"。庭院经济很可能是中国广大经济落后地区农村与农民的一条普遍适用的致富之道。

农村发展二、三产业与庭院经济,必然促进农村商品与生产要素的大流动。为了促进更多的农村劳动力离开土地,应当提倡有计划地适当发展集镇以至小城市,允许农民定居集镇与小城市,当然,这要与放开粮油等市场供应(非计划供应)相配合。长期地维持80%人口居住农村,中国是很难实现四个现代化的。土地流动在中国是一个难题,一方面要严格控制土地从农用向非农用转移,另一方面又要促进农田土地逐步向种田能手、种田大户或各种种植专业户(如果树、茶叶、森林等)转移。看来土地使用权的商品化应予提倡。土地使用权可以作为农民的一种财产,可以有偿转让,可以出租,可以继承。只有这样,才能促使那些已经有稳定非农职业和非农收入的农民愿意转让土地,也才能促使种植专业户愿意接收更多的土地。

(九)完善农村合作经济,改革上层机构

目前中国农村的生产组织与上层机构,对发展有计划的商品经济是很不适应的。这是当前中国农业一个必须充分重视的问题。

先说生产组织。1978年以前,是高度集中的人民公社三级所有体制。1980～1982年全国推行了家庭承包责任制,一举冲破了人民公社体制,大大调动了农民的积极性,这无疑是相当成功的一项农村改革。但应看到,中国的农民家庭是极小的经营单位,一般每户平均5～10亩耕地,全国农村有1亿多农户,尽管所有权不归私人而归集体,实际上仍是小农经济的汪洋大海。由于农民只有承包使用权,而没有主要财产的所有权,所以在法律上并没有法人地位。中国4亿～5亿成年农民中,至少一半以上还不具备小学毕业文化程度,农民每人拥有的资金、技术与生产资料都有限。要求这样一种极小的经营单位、经营能力极低而又没有法人地位的生产者,来进行自给性生产是可能的,而要求他们担负起农业商品化与现代化的重任,事实上是极困难的。

既然是商品经济,市场就要求农业生产单位能提供数量充足、供应均衡(而不是忽多忽少)、质量较优和价格合理的农产品。这就要求农业生产单位要有一定的技术、管理、储存、保鲜、加工、运输、销售、信贷以及信息能力,这些目前一家一户农民(即使是专业户)都不具备。因此,商品经济对农村来说,要求有合作经济的基础(在西方各发达国家都是如此)。当然,当前与今后农村所需要的合作经济决不是高度集权的人民公社式的,而是以服务为主要任务,通过合作经济中的服务体系向广大农户提供以上各项服务。中国的合作经济大体上是两大类:社区性合作社与专业化合作社。社区性合作社可以按目前的行政村(大队)为范围,以当地主要农作物的产、供、销服务为主要经营内容(相当于日本的农协);专业性合作社(或协会)则以某一种作物、某一个行业的产、供、销为经营内容,例如粮食合作社、棉花合作社、食用菌协会等等。从各地实践经验看,专业性合作社具有更大的生命力。合作社是集体企业,具有法人地位。今后可以由社区合作社或粮食合作社与县、乡粮食公司(或粮站)签订粮食购销合同;由棉农合作社与县、乡棉花公司(或棉麻公司)或直接与纺织厂签订购销合同。这样的粮棉合同定购才能真正成为保证各方利益、调动各方积极性的经济合同。除了发展合作经济外,还应大力发展农业的企业经营,扩大农业企业化的范围。农业企业包括:①农牧企业,如农场、养殖场、园艺场、林场等;②农工企业(即以农产品为原料的加工企业),如食品厂、纺织厂、皮革厂、造纸厂等;③农用工业,如化肥厂、农机厂、农药厂等;④农业第三产业,如农业商业、金融业、科技服务业,包括粮食公司、饲料公司、棉麻公司、农业外贸公司、农业银行等。要促进农业企业与农业专业合作社及社区合作社的联系,签订各种经济合同,合作社按数量、质量、时间向企业提供初级农产品,企业给予合作社合理价格或利润分成。以家庭承包制为基础的农业合作社与农业企业将构成中国农业的经济基础。

目前中国农业的上层行政管理机构,基本仍沿袭着1978年前统管经济形成的体制,生产、供给、收购、销售严重脱节。这样的体制与有计划的商品经济极不相称。往往各部门发生利益冲突,严重妨碍生产发展,农业发展中许多矛盾都无法统筹解决。在中国的机构体制改革中怎样扩大农业部门的职能,将各种农产品,包括粮、棉、油、猪等主要农产品的产、供、销真正结合起来,这是中国农业发展中又一个不可忽视的重要问题。

(十)加强与改革农业科技和教育事业

30年来中国农业科技教育事业作出了很大成绩。但必须看到,建国以来所形成的农业科研教育体制,与正在蓬勃发展的有计划的商品经济很不适应。

当前,正在进行农业科技与教育体制改革,其总方针应当是更好地面向中国农业的商品化与现代

化，为此，有两个方面问题需要引起重视：

(1) 应当注意农业的特点。中国的农业与其他产业不同，它的基本生产者目前仍是相当贫穷的亿万农民，农业科研单位的多数科研成果如大田作物的良种，目前很难直接向农民收取较多的转让费。中国在相当长时期内，农业科研单位还有相当的公益性质。为了加强农业，国家对农业科研教育的事业费与科技项目费用投资，不但不应削减，而且仍需有所增加。应把对农业科技、教育的投入列为国家对农业投入的重要方面。

(2) 农业科研教育单位本身需要积极开展科技开发与社会性的科技人才培训工作，自己兴办或与各企业、农场联合兴办经济实体，大力发展科技型的新型农业企业，开创优质名牌的农产品及其加工产品，丰富国内市场，增强出口创汇能力。这样可使科研成果与培训工作更直接地转化为生产力，可以增加农业科研与教育单位的收入，用以自身建设以及科技人员、教师职工的自我改善。要鼓励科技人员直接到重要的农业产区去进行科技承包或科技开发，为发展农业直接作出贡献。农业科研与教育单位都要根据中国有计划的商品经济的需要，调整专业结构、课题结构与课程结构，要特别加强基层单位的农业科技与教育工作，大力培养农村技术员与提高农民素质。对农业科学中的基础性学科与新兴技术（生物技术等）的研究与教育要有足够重视，以提高中国农业科学与教育水平，增强发展后劲。

中国的农业，只要采取全面而正确的综合对策，坚持进行深入改革，不但当前的困难可以克服，而且未来的发展也充满生机。中国农业是大有希望的！

Climatic Variation and Food Production in Jiangsu, China

Gao Liangzhi　Juan Fang　Li Bingbai

(in "Climate and Food Security", P. 557—562, Proceedings of
International Symposium on Climate Variability and Food Security in Developing Countries
Sponsored by American Association for the Advancement of Science,
Indian National Science Academy, International Rice Research Institute
5—9 February 1987, New Delhi, India)

Abstract: Jiangsu, located in the transition zone between subtropical and warm temperate climates, is one of the main food-producing provinces in China. The region has substantial climatic variability, with strong influences of cold current from Siberia and high pressure from the Pacific Ocean. In the 30 years of 1951—1980, the coefficients of variation were 28%—31% for annual rainfall, 2.5%—4% for temperature, and 9%—12% for sunshine. Food crop yields have been increasing. In 1980—1984, rice yields averaged 5.7 t/ha, wheat yields 3.6 t/ha, and maize yields 4 t/ha. Crop yield variabilities were much smaller in 1971—1980 than they were in 1951—1970. Some important measures for maintaining high and stable food production are building irrigation networks, developing new cropping systems, improving varieties, applying agrometeorology research results to grain production, and undertaking a policy of family responsibility.

Jiangsu, with a population of 70 million, is the most economically developed province and one of the largest food-producing areas in China. Since 1980, annual grain production has been more than 30 million tons, which meets the food, feed, and industry raw material requirements of the province and provides 1—1.5 million t/a for export to other provinces.

The province is located between 30°57' and 35°07' N, in the transitional zone between warm temperate and subtropical climates. Its landscape is 69% of alluvial plains, 17% of water surface, and 14% of hills and mountains. Primary food crops produced are rice, wheat, maize, and sweet potato (Li, Gao 1986)

1 The agroclimate

The agroclimate in Jiangsu differs from north to south. Total sunshine hours during the growing season (mean daily temperature ≥ 0 °C) ranges from 1876 to 2237 h/a. Annual total solar radiation ranges from 4522 to 5275 MJ/m^2. Both these factors decrease with decreasing latitude because of greater cloud cover in the south. Mean annual temperature is 13—16 °C, with 210—245 days of frost-free period. Annual accumulated temperatures are 4900—5000 degree days in the north, 5100—5500 in the central zone, and 5500—5850 in the south. This means different cropping patterns and crop varieties are needed for different regions.

Annual precipitation is 800—1500 mm, increasing gradually from the north to the south and from inland to the eastern coast. Spring rainfall is plentiful in the south, averaging more than 300 mm, 35% of rainfall during the growing season. Rainfall patterns in the north are different: spring rainfall is usually less than 180 mm, summer rainfall is as high as 400—500 mm, with almost half concentrated during the growing season.

The climates of Jiangsu Province are, to a large extent, controlled by the East Asia monsoon. Cold currents from Siberia in the winter and high pressure from the Pacific Ocean in the summer also substantially affect the climate. The high variability in occurrences and in their strength results in frequent cold waves, droughts, and typhoons. Because no big mountain range bars the winter and summer monsoons, temperature and rainfall vary widely from year to year. There can be 20—30 times more river water from the upper region in one year than that in another.

The result is that meteorological stresses, such as drought, waterlogging, typhoons, low and high temperatures, dry hot wind, and hailstorms, occur frequently and affect agricultural production considerably. Meteorological data for the 30 years of 1951—1980 show a coefficient of variation (CV) as high as 28%—31% for annual rainfall, 2.5%—4.0% for annual temperature, and 9%—12% for total sunshine duration. The compound CV index (mean of 3 CVs) was 13.2%—15.0%. During this period, the probability of drought and waterlogging reached 33%. Typhoons swept the province an average of 3.3 times/a.

2 Increased grain production

Since 1949, the rate of increase in grain production has exceeded the rate of population increase. From 1949 to 1984, grain production increased from 7.5 million tons to 31.3 million tons a year, a 4.1% annual growth rate. The population growth rate during the same period was only 1.7%. Per capita grain stores grew from 270 to 503 kg, ensuring food requirements.

Land-use capacity and labor productivity also have increased. Grain yield has grown from 1.2 t/ha in 1952 to 4.9 t/ha in 1984 (rice, 5.7 t/ha; wheat, 3.6 t/ha; maize, 4.0 t/ha), a 304% increase (Fig. 1). At the same time, food production per labor year increased from 614.5 to 1 293.5 kg.

More and more grain has been sold on the market. On the average, 2.9 million tons of grain were sold per year in the 1950s, 3.2 million tons in the 1960s, and 5.7 million tons in the 1970s. Jiangsu ranks eighth in the country in area of cultivated land and second in grain output (Jiangsu Agricultural Regional Division Committee 1985).

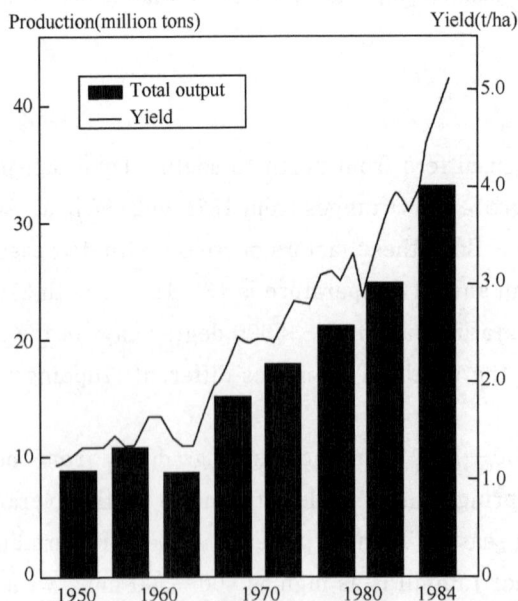

Fig.1 Grain production and yield per unit area in Jiangsu Province, China

3 Stability of grain yield under variable climate

Because of climate variability and many adverse weather events, grain production in the 1950s and 1960s was highly variable. Since 1970, food production has tended to be more stable. The 30-year meteorological yields (yield deviation caused by meteorological factors) of rice and wheat were analyzed statistically at Nanjing and Xuzhou, using perpendicular polynomial regression to reduce the time tendency (Table 1). The variabilities of rice yields in the whole province and of wheat yield in the north were considerably smaller in 1971—1980 than that in 1951—1970.

The relationship between the meteorological yields of rice and wheat and climatic factors from 1951 to 1980 was analyzed by stepwise regression. The results at Nanjing and Xuzhou are shown in Table 2. The limiting climatic factor for rice in the north is primarily temperature. In the south, constraints are primarily sunshine and precipitation during the middle and late parts of the year.

Table 1 Rice grain yield and coefficient of variation (CV) in different regions

Region	Rice						Wheat					
	1951—1960		1961—1970		1971—1980		1951—1960		1961—1970		1971—1980	
	Yield (t/ha)	CV (%)	Yield (t/ha)	CV (%)	Yield (t/ha)	CV (%)	Yield (t/ha)	CV (%)	Yield (t/ha)	CV (%)	Yield (t/ha)	CV (%)
Nanjing (South Jiangsu)	2.4	13.1	3.5	17.6	4.4	8.3	0.8	19.4	1.4	12.6	2.3	15.9
Suzhou (South Jiangsu)	3.7	9.1	4.8	17.1	4.5	8.6	1.0	18.1	1.6	12.6	3.0	22.7
Xuzhou (North Jiangsu)	0.9	19.6	2.2	21.6	3.5	10.0	0.8	13.2	0.8	17.7	2.1	12.4
Huaiyin (North Jiangsu)	1.5	13.0	2.0	14.4	3.6	9.2	0.7	22.5	0.8	19.2	1.8	14.7

Table 2 The statistical models for stepwise regression of meteorological yields of rice and wheat at Xuzhou and Nanjing

Site		Rice
Nanjing (South Jiangsu)	$Y = -64.7 + 15.1X_1 - 0.4X_2$ ($F=8.2^{**}$, $n=30$, $SD=47.7$)	Y = meteorological yield X_1 = mean sunshine duration in Jul—Aug X_2 = rainfall in Sep—Oct
Xuzhou (North Jiangsu)	$Y = -597.7 + 25.4X_1 + 0.93X_2$ ($F=4.8^{**}$, $n=30$, $SD=39.8$)	X_1 = mean temperature in May—Jun X_2 = mean temperature in Aug—Sep

Site		Wheat
Nanjing	$Y = 6.98 + 21.6X_1 - 0.4X_2 - 0.3X_3$ ($F=6.98^{**}$, $n=30$, $SD=34.8$)	X_1 = mean temperature during winter X_2 = rainfall during winter X_3 = rainfall during filling period
Xuzhou	$Y = -25.1 + 13.5X_1 + 0.4X_2 - 5.2X_3 + 1.6X_4$ ($F=4.4^{**}$, $n=30$, $SD=19.7$)	X_1 = mean temperature during winter X_2 = rainfall during winter X_3 = mean temperature during filling period X_4 = mean sunshine duration during filling period

In north Jiangsu, temperature and rainfall in winter and sunshine during grain filling period have a positive effect on wheat yields, while temperature during grain filling has a negative effect. In the south, temperature during winter has a positive effect on wheat yields, while rainfall during winter and grain filling period has a negative effect.

4 Measures to achieve high and stable grain production

Despite considerable climatic variability, remarkably high and stable grain yields have been achieved through the following measures:
- Irrigation networks. Since the founding of the People's Republic of China, the people of Jiangsu have constructed 3500 km of dikes and dams, dredged and cleaned 420 main rivers, and built 1100 reservoirs. The ability to combat disasters has been greatly strengthened. Adverse weather events such as flood, drought, and waterlogging are almost under control. In the north, the rice area has been expanded from 133000 to 667000 ha as a result of installations for transferring water from the Yangtze River. Since 1949, Jiangsu residents have conquered 4 serious floods, 6 droughts, and 11 waterloggings. The area affected by natural disaster apparently has decreased, which ensured rapid development in agriculture.
- New cropping systems with increased multiple cropping index (MCI). With an increase in land use for alternate purposes, the area for agriculture decreased 7%/a. To compensate, farmers developed intensive cultivation and improved cropping systems. They raised the MCI to 185% in 1985. In the 1960s and 1970s, a triple-cropping system of wheat-rice-rice established in the south played an important role in increased grain production (1.1—1.5 t/ha higher than the rice-wheat system).

  In Central Jiangsu, the original cropping pattern was single-crop rice. Between 1965 and 1970, farmers changed to double cropping "rice—wheat" in 270000 ha and grain production increased rapidly. Since 1980, the central area has become the second biggest grain production region in Jiangsu Province, marketing more than 1.5 million tons of grain in a year.

  In the north, maize, soybean, and sweet potato had been the main food crops, with either one crop in a year or three crops in 2 years. Yield per hectare was 30%—40% lower than the provincial average. Since the 1960s, irrigation has been expanded and irrigated fields now are total 0.45 million ha. Double cropping: rice + wheat and maize + wheat is practiced and the MCI has been raised from 130% to 170%. In the 20 years of 1955—1975, grain production doubled; by 1985, it had reached 11.4 million t/a. North Jiangsu is now the largest grain-producing region in the province.
- Improved crop varieties. Traditional varieties with lower productivity are being continually replaced by improved varieties. Rice varieties have been changed six times and wheat varieties five times. Each time a variety was changed, average yield increased 10%. In the early and mid-1960s, high-yielding rice variety Nongken 58 was widely adopted, and total rice yields increased from 3.8 to 5.2 t/ha. In the mid-and late 1970s, hybrid rice was introduced. In 1985, the area planted to hybrid rice was 780000 ha, with a yield of 7.8 t/ha. In the 1980s, several new rice varieties with high yield potential, high resistance to diseases, and better grain quality were introduced. Yields averaged 6.8—7.5 t/ha, with a maximum of 9.8 t/ha.

  For wheat, several highly disease-resistant and early-maturing varieties have been developed. Wheat yields have increased from 1.2 to 3.8 t/ha. Short-duration maize varieties with black spot resistance are widely grown. They can be sown in both spring and summer, with yields of more than 6 t/ha.
- Agrometeorology research applied to grain production. The Department of Agrometeorology in

the Jiangsu Academy of Agricultural Sciences (JAAS), established in 1953, conducted researches on the agrometeorological problems affecting grain production that played an important role in ensuring high and stable grain production. It has investigated that excess-soil-moisture injuried wheat production in south Jiangsu and preventive measures were proposed. Wheat should produce one or two tillers before winter as well as escape spring frost injury; based on these two goals, the agrometeorological team established optimum wheat sowing dates (Zhang et al. 1980). Single- and double-crop late rice have late heading and can be injured by low temperatures; JAAS agrometeorology scientists established safe heading dates for rice (Gao et al. 1983). Using a newly developed photo-thermal model for rice growth duration (Gao et al. 1982), they analyzed the safe growing seasons for different rice varieties.

- New agricultural policies. Since 1978, the family responsibility system has been practiced in Jiangsu. Profit from increased grain production now belongs to the farmer and his family. During the same period, the government raised grain prices. These policies stimulated grain production. In 1983, total grain production reached 30 million tons, with per capita grain production exceeding 500 kg for the first time. Many technical service systems—crop protection, seed supply, irrigation, agricultural mechanization—have increased the application of science and technology to grain production. In recent years, surplus labor has been transferred from farm production to rural industry and commerce. Farmlands are gradually being worked by fewer farmers. With the development of mechanized farming and the improvement of economic efficiency, grain production should increase still more.

References

Gao L Z, Jin Z Q, Li L. 1982. Meteor-ecological models for the growth and development duration of various rice varietal types and their application in China (in Chinese). *Agric Meteorol*, 3(2):1—8

Gao L Z, Li L, Guo P. 1983. An investigation of the growth season and climatic ecology of cultivated system of rice in China (in Chinese). *Agric Meteorol*, 4(1):50—55

Jiangsu Agricultural Regional Division Committee. 1985. A comprehensive regional division for Crop farming (in Chinese). Nanjing, China. p. 95

Li L, Gao L Z. 1986. A climatic-ecological regionalization for cropping systems in Jiangsu Province (in Chinese). Farming Cultivation 1—2:19—24

Zhang L Z, Guo P, Gao L Z. 1980. Studies on the climatic ecology models and the optimum sowing dates for wheat and barley (in Chinese). *Agric Meteorol*, 1(3):15—21

水稻钟模型——水稻发育动态的计算机模型

高亮之　金之庆　黄　耀　张立中

江苏省农业科学院

（原载:《中国农业气象》,1989年第10卷第3期,3～10页）

摘　要　本文提出的"水稻钟"模型是一种适合于计算机应用的动态模拟模型,它由水稻生育期模型和叶龄模型组成。生育期模型用来模拟逐日温度和日长对水稻发育的影响,具有较高的精度和良好的解释能力,其参数可反映不同类型水稻品种的基本营养性、感温性和感光性。叶龄模型则用来模拟逐日温度对叶龄发育的影响,它可以预测不同叶位的出现日。由于叶龄和分蘖、茎、根、穗等形态学器官的发育之间存在着较好的同伸关系,因此,叶龄模型亦可用来预测各器官形成的时间。生育期模型和叶龄模型还可以相衔接,用来估计任意地点和年份的总叶龄。最后作者利用长江流域14个点(1985年)和8个点(1986年)的试验资料对上述模型进行了检验与评价。

关键词　模拟模型　水稻发育　叶龄　生理日

前　言

在作物发育动态的诸因子中,生育期的变化最为重要。但作物生育期与环境因子之间数量关系的研究进展得并不很快。

Reaumur(1740)创立了积温说,Boussingaut(1837)称之为"度日法"。后来引入了"临界温度"的概念,因此又有"有效积温"说。这一方法至今仍在世界上广为流行。它的优点是简单易算,但往往误差很大。造成误差大的根本原因是:①它假定发育速度($1/N$,N为生长天数)与平均气温呈直线正相关,这与事实不相符合。②积温法只考虑温度对发育速度的影响,而没有考虑其他因子,特别是日长的影响。20世纪以来,Nuttonson(1948)提出的"光热常数"虽考虑了温度、日长对发育速度的影响,但误差仍相当大。Brown(1960)提出的"发育单位"虽考虑了发育速度对温度的曲线反应,却未考虑日长。Robertson(1973)提出的一个包含白昼、夜间温度与日长效应的"生物气象时间尺度(BMTS)"模型,是当代比较先进的方法,但它包括8个待定的回归系数,计算与应用都相当复杂,并且各系数的生物学意义不够清晰。20世纪80年代以来,中国在作物生育期模型方面有所进展:沈国权(1981)提出了非线性温度模式,高亮之等(1982,1987)则采用生产上易于掌握的播期、纬度和温度三个因子建立了水稻生育期的温光模型,其精度比积温法有较大提高。

近10年来,计算机在农业上的应用日益广泛,各种作物的计算机模拟模型相继问世。但在这类模型中,有关生育期的模拟大多仍采用误差较大的积温法。本文提出了一个更为合理的、适合于计算机应用的水稻生育期、叶龄与器官形成的动态模拟模型。它可以根据所输入的逐日气温和日长资料,模拟出水稻的发育、叶龄、分蘖、茎伸长、穗分化和根系发育等日进程,犹如时钟可以逐分逐秒地模拟时间进程一样,因此,我们称之为"水稻钟"模型。

一、材料与方法

在中国长江流域分别选择14个(1985年)与8个(1986年)试点,进行了不同类型水稻品种(共20个)的气候生态鉴定试验。每年设两个播期,第一播期为当地正常播期,第二播期晚20天左右。观察记载了主要生育期、各叶出生时间、叶面积、干物重、穗粒结构和产量。本文主要分析生育期与叶龄资料。

二、模型的建立

"水稻钟"模型主要由两个子模型组成,即生育期模型和叶龄模型。这两个模型还衍生出总叶龄模型和器官形成模型。现分述如下:

(一)生育期模型

1. 基本模型

水稻生育期的基本模型采用以下形式:

$$\frac{dM}{dt} = \frac{1}{N} = e^K \cdot \left(\frac{\overline{T} - T_L}{T_O - T_L}\right)^P \cdot \left(\frac{T_H - \overline{T}}{T_H - T_O}\right)^Q \cdot e^{G \cdot (\overline{D} - D')} \tag{1}$$

(当 $\overline{D} \leqslant D'$ 时,令 $\overline{D} = D'$)

2. 简化的基本模型

$$\frac{dM}{dt} = \frac{1}{N} = e^K \cdot \left(\frac{\overline{T}}{T_O}\right)^P \cdot e^{G \cdot (\overline{D} - D')} \tag{2}$$

当 $\overline{T} < T_L$ 时,$\overline{T} = T_L$;
当 $\overline{T} \geqslant T_O$ 时,$\overline{T} = T_O$;
当 $\overline{D} \leqslant D'$ 时,$\overline{D} = D'$

式中,N 为特定生育期的天数;

M 为该生育期内的发育进程,完成该生育期时,$M = 1$;

$\frac{dM}{dt}$ 为该生育期内的发育速度,用完成该生育期所需天数的倒数($1/N$)表示;

$\overline{T}$ 为该生育期内的平均气温(℃);

T_H 为水稻发育的上限温度,取 $T_H = 40$ ℃;

T_L 为水稻发育的下限温度,对粳稻取 $T_L = 10$ ℃,对籼稻和杂交籼稻,分别取 12 和 13 ℃;

T_O 为水稻发育的最适温度,对粳稻和籼稻,分别取 28 和 30 ℃;

$\overline{D}$ 为该生育期内的平均日长(小时);

D' 为临界日长,取 $D' = 13$ 小时;

K, P, Q, G 为模型参数的初值。

在确定参数初值时,可先将方程两侧取对数,使其线性化,然后再用最小二乘法求算。之所以称为参数的初值,是因为将基本模型转换为模拟模型时,尚需对参数值做一定的调整。

式(1)描述的水稻生育期模型有如下优点:

(1)同时考虑了决定水稻生育期长短的遗传特性与环境因子两个方面。

(2)在遗传特性方面,又同时考虑了基本营养生长性(K值)、感温性(P,Q值)和感光性(G值)三个方面。上述各参数都有明确的生物学意义,在适宜及临界条件下($\overline{T} \geqslant T_O, D \leqslant D'$),式(1)、(2)均可简化为

$$\frac{1}{N_o} = e^K \quad \text{或} \quad N_o = e^{-K} \tag{3}$$

因此，K 称为基本营养性系数；N_o 是某品种的基本营养生长期（或称发育生理日数）。P 称为增温促进系数，P 值大，反映在下限到最适温度范围内，增温对发育速度的促进作用大；反之则小。Q 称为高温抑制系数，Q 值大，说明在最适到最高温度范围内，增温对发育速度的抑制作用大；反之则小。G 称为感光系数，G 值大，说明该品种对日长反应敏感；反之则是钝感的。

(3) 在环境因子方面，兼顾了温度（T）与日长（D）两个因子的影响。式（1）表示发育速度对温度的反应呈单峰型曲线，这符合生物学规律。式（1）还表示发育速度对超过临界值的日长呈指数曲线反应，这亦与实际情况相吻合。

(4) 式（1）有很大的灵活性，随着 P,Q,G 三个参数的变化，可以形成各种类型的反应曲线。因此，式（1）可以模拟各种农作物（甚至昆虫）的发育速度对温度、日长两个因子的反应类型。当 $P=1, Q=0, G=0$ 时，式（1）就类似于积温法。因此，积温法是式（1）的一个特例。

(5) 式（1）、（2）中的温、光两个因子以乘积形式表示，比线性回归模型的迭加形式更具有圆满的解释能力。

在自然条件下，高温对水稻发育速度的抑制作用一般很少见，并且最适温度往往有一个幅度（例如 30～33 ℃）。在这个幅度范围内，发育速度均达到最大值。因此可以用简化的基本模型式（2）来代替式（1），两者相差很小。

本模型将水稻的全生育期分为三个阶段，即 a. 播种—出苗；b. 出苗—抽穗；c. 抽穗—成熟。在阶段 a 与 c，由于发育速度基本上不受日长的影响，故取 $G=0$。

3. 模拟模型

对基本模型式（1）或式（2）积分，且用逐日平均温度 $T_i (i=1,2,\cdots,N)$ 代替该生育期的平均气温 $\overline{T}$，用逐日日长 D_i 代替其平均日长 $\overline{D}$，即可得到水稻逐日发育的模拟模型。例如，式（2）可以写成

$$dM = \frac{dt}{N} = e^K \cdot \left(\frac{\overline{T}}{T_O}\right)^P \cdot e^{G \cdot (\overline{D} - D')} \cdot dt$$

对其积分，或有限求和，有

$$\int_{S_1}^{S_2} dM = M = \int_{t=1}^{N} \frac{dt}{N} = \sum_{i=1}^{N} e^K \cdot \left(\frac{T_i}{T_O}\right)^{P'} \cdot e^{G'(D_i - D')} = 1 \quad (4)$$

式中 S_1 和 S_2 表示该生育期的开始和结束。在计算机上按式（4）进行逐日模拟时，当累加值 $M=1$ 时，表示该生育期已完成。这时可打印 N，N 即为模拟求得的该生育期天数。

将式（2）转换成式（4）时，须对参数 P,G 进行一定调整。本文采用非线性规划的步长加速法（李维铮等 1982）在计算机上实现。当模拟值与实测值的差值达最小时，即得到参数的终值 P', G'（对式（1）亦可做同样的处理）。

4. 发育生理日（DPD）

如果某日的温、光条件处于最适状态，即 $T_i \geqslant T_O, D_i \leqslant D'$，则称该日为一个发育生理日（$DPD_i = 1$）。实际上，由于任何一日的温、光条件都并非一定是最适的，因此实际发育日一般都小于 1。计算发育生理日的公式为

$$\begin{cases} DPD_i = e^K \cdot \left(\dfrac{T_i}{T_O}\right)^{P'} \cdot e^{G'(D_i - D')} \cdot N_o \\ \sum_{i=1}^{N} DPD_i = N_o \end{cases} \quad (5)$$

式中 N_o 为发育生理日数。

由式(5)可知,在任何温、光条件下,完成某一发育期的发育生理日数基本上是恒定的,尽管其他因子(如土壤水分、土壤肥力、病虫危害等)可能对其有较小的影响。发育生理日数恒定的原理是本模型的理论基础,它较之积温恒定原理更符合作物的发育实际。

为了便于理解,特列表(表1)说明发育生理日与发育生理日数的概念,以及它们同实际发育日与实际发育日数之间的关系。由表1可见,南京1985年从5月4日至8月21日共109个实际发育日,仅相当于69个发育生理日。

表1 最适条件与自然条件下的发育生理日(DPD)和发育生理日数($\sum DPD_i$)

条件	项目	时间(月/日)										
		5/4	5/5	5/6	5/7	5/8	...	7/11	...	8/18	8/19	8/20	8/21
最适	温度(℃)	≥30	≥30	≥30	≥30	≥30	...	≥30					
	日长(h)	≤13	≤13	≤13	≤13	≤13	...	≤13					
	DPD_i(d)	1	1	1	1	1	...	1					
	$\sum DPD_i$(d)	1	2	3	4	5	...	69					
自然	温度(℃)	23.7	23.7	16.6	18.0	18.1	...	30.1	...	26.4	27.3	28.2	28.0
	日长(h)	13.5	13.5	13.5	13.5	13.5	...	14.1	...	13.2	13.1	13.1	13.1
	DPD_i(d)	0.71	0.71	0.29	0.38	0.38	...	0.67	...	0.90	0.95	0.97	0.99
	$\sum DPD_i$(d)	0.71	1.42	1.71	2.09	2.47	...	36.71	...	66.52	67.47	68.44	69.41

(二) 叶龄模型

叶龄动态在作物发育进程中有相当重要的意义,各种器官的形成都与一定的叶龄数相对应。

1. 基本模型

基本模型为:

$$L_j = e^{-K} \cdot \left(\frac{\overline{T}}{T_O}\right)^a \cdot N_j^b \quad \begin{cases} \text{当 } \overline{T} \leq T_L \text{ 时}, \overline{T} = 0; \\ \text{当 } \overline{T} > T_O \text{ 时}, \overline{T} = T_O \end{cases} \tag{6a}$$

上式也可写成:

$$N_j = \left[L_j \cdot e^K \cdot \left(\frac{T_O}{\overline{T}}\right)^a\right]^{1/b} \tag{6b}$$

当 $\overline{T} = T_O$ 时,有

$$L_j = e^{-K} \cdot N_{jo}^b \tag{7a}$$

亦即

$$N_{jo} = (e^K \cdot L_j)^{1/b} \tag{7b}$$

以上各式中,L_j 为第 j 叶位的叶龄;

$\overline{T}$ 为出苗到第 j 叶龄(L_j)的平均温度;

T_O 为叶龄发育的最适温度,籼稻取 $T_O = 30$ ℃,粳稻取 $T_O = 28$ ℃;

T_L 为叶龄发育的下限温度,籼稻与杂交籼稻分别取 12 与 13 ℃,粳稻取 10 ℃;

N_j 为出苗到第 j 叶龄所需要的实际天数;

N_{jo} 为最适温度条件下,由出苗到第 j 叶龄所需的天数,亦称"叶龄生理日数";

K, a, b 为模型的参数。

上述方程的生物学意义是：在最适温度条件下，某品种完成一定叶龄发育所需的天数即"叶龄生理日数"是基本恒定的，而完成不同叶龄发育的生理日数与叶龄呈指数关系（式(7b)）。叶龄生理日数的变化反映了品种自身叶龄发育的生物学节律，是一种遗传特性。当温度低于最适温度（T_O）、高于下限温度（T_L）时，完成各叶龄的实际天数比生理日数长，与温度呈一定曲线关系（式(6b)）。

2. 模拟模型

为了能在计算机上逐日模拟叶龄发育，可根据叶龄基本模型导出叶龄的动态模拟模型。式(6b)经过适当变换，可以写成：

$$N_j = (L_j \cdot e^K)^{1/b} \cdot \left(\frac{T_O}{\overline{T}}\right)^{a/b} \tag{8}$$

将式(8)与式(7b)合并，可得

$$N_j = N_{jo} \cdot \left(\frac{T_O}{\overline{T}}\right)^{a/b} \tag{9}$$

以逐日平均气温（T_j）代替上式的$\overline{T}$，可得

$$\frac{N_{jo}}{N_j} = \left(\frac{T_j}{T_O}\right)^{a/b} \quad \begin{cases} \text{当 } T_j < T_L \text{ 时}, T_j = 0; \\ \text{当 } T_j > T_O \text{ 时}, T_j = T_O \end{cases} \tag{10}$$

式(10)两侧的比值一般小于1（因为$T_j \leq T_O, N_o \leq N_j$）。它的意义是叶龄在温度$T_j$条件下发育一日（第$j$天），只相当于一个叶龄生理日的某个百分值。

对式(10)逐日求和，得

$$\sum_{j=1}^{N} \frac{N_{jo}}{N_j} = \sum_{j=1}^{N} \left(\frac{T_j}{T_O}\right)^{a/b} = N_{jo} \tag{11}$$

在计算机上运算时，可以输入逐日的平均气温T_j，求出由出苗到第N天的叶龄生理日数N_{jo}，然后再根据式(7a)求出第N天的叶龄。

（三）生育期模型与叶龄模型的衔接

由于生育期模型与叶龄模型基于同一原理（生理日数恒定原理），采用相似形式，因此彼此可以衔接。

由生育期模拟模型（式(4)）可根据任意地点和播期的常年或某一年的温度、日长资料，计算某品种从出苗到抽穗的实际天数N。假定抽出的穗相当于长出一片"叶子"，我们称出穗为达到"全叶龄"（L_W），它等于总叶龄（L_T）加上m，这里m是待定常数，表示从旗叶到出穗的间隔相当于多少叶龄。将上述N代入式(6a)中的N_j，即可求得该品种在该地点和该播期条件下，常年或某一年的"全叶龄"。而该品种的总叶龄为

$$L_T = L_W - m \tag{12}$$

由此可以解释某一品种在不同纬度和播期条件下总叶龄产生差异的原因。例如，感光性强的品种在高纬种植或播期较早，由于出苗到抽穗所需要的天数（N）长，因此总叶龄就较多。

（四）器官形成模型

有关水稻叶龄与各器官（包括分蘖、茎、根、穗）发育的关系，日本与我国的水稻专家（松岛省三、丁颖和凌启鸿等）做过系统的研究，得到了一些明确的结论，例如：

(1) n叶（心叶）抽出，即叶龄为n，与$n-1$叶片的伸长同步；

(2) n叶片（心叶）与n叶鞘的伸长同步；

(3) n 叶与 $n-3$ 叶腋分蘖的伸长同步；

(4) 倒 n 叶与倒 $n+2$ 节间有同伸关系，即 n 叶与 $n-2$ 节间有同伸关系，$n-2$ 节间位于 $n-2$ 叶着生节的上方；

(5) n 叶与 $n-3$ 叶位的根系为同伸关系；

(6) 叶龄与穗发育的关系：

   倒 3.5 叶龄 —— 幼穗开始分化(第一苞叶分化)；

   倒 3.0 叶龄 —— 一次枝梗分化；

   倒 2.0 叶龄 —— 颖花原基分化；

   倒 1.0 叶龄 —— 颖花数增加终止；

   倒 0.5 叶龄 —— 花粉母细胞减数分裂开始(顶叶抽出 1/2)；

   倒 0.0 叶龄 —— 花粉母细胞减数分裂盛期。

根据以上各器官与叶龄之间的同伸关系，只要确定了叶龄，就可以诊断各器官的发育时期，因此，器官形成模型可根据这种同伸关系建立。

三、模型参数的确定及其检验

(一) 生育期模型的参数与检验

将生育期模型(式(1)、(4))拟合于若干有代表性品种的出苗至抽穗的资料，所得结果如表 2 所示。

表 2 不同水稻品种生育期模型的参数及模型的检验

品种类型	品 种	模型类型	模型参数					统计量			
			K	P	Q	G	N_0	R	n	SE	SE'
中 籼	洞庭晚籼	1) B	−4.366	1.12	0.37	0	78.4	0.932**	41	3.74	
		2) S	−4.372	1.12	0.42	0	79.2	—	41	3.23	4.44
中 籼	南京 3714	B	−4.54	1.27	1.00	0.03	93.5	0.933**	38	5.92	
		S	−4.54	1.27	1.05	0.03	93.5	—	38	5.32	9.42
中 粳	7038	B	−4.13	2.76	1.63	−0.29	62.2	0.961**	16	4.55	
		S	−4.08	2.76	1.63	−0.29	59.1	—	16	3.24	6.41
早熟晚粳	10175	B	−4.28	1.71	1.00	−0.36	72.1	0.977**	39	5.33	
		S	−4.24	1.71	1.00	−0.36	69.1	—	38	3.39	7.32

** 表示在 1% 概率水平上显著；1)B 基本模型(Basic model)；2)S 模拟模型(Simulation model)。

表 2 中 K,P,Q,G 为模型的参数；N_0 为发育生理日数；R 为复相关系数；n 为资料样本数；SE 为模型的误差(天)；SE' 为积温法的误差(天)。

根据表 2 不同品种的参数值，可以识别它们的基本营养性(N_0)、感温性(P,Q)与感光性(G)。例如，就感光性而言，早熟晚粳最强($G=-0.36$)，中粳次之($G=-0.29$)，中籼对日长几乎不敏感($G=0\sim0.03$)。至于感温性(由 P,Q 表示)，粳稻(特别是中粳)比籼稻要强。从复相关系数(R)及显著性检验来看，模型的模拟性能良好。生育期模型的误差(SE)比积温法的误差(SE')明显减少，籼稻少 1~4 天，粳稻少 3~4 天。

(二) 叶龄模型的参数与检验

根据叶龄模型(式(6a))对两个有代表性品种的资料进行拟合的结果如表 3 所示(基本模型与模拟模型的参数是一致的)。表 3 中的 R 值说明叶龄模型的模拟性能良好，误差小于 1 个叶龄，10175 品种(粳稻)叶龄发育的感温性(a 值)比洞庭晚籼的要大。

表 3 叶龄模型的参数及检验

品种	模型参数			统计量		
	K	a	b	R	n	SE
洞庭晚籼	−0.20	0.25	0.68	0.98**	90	0.63
10175	0.05	0.48	0.67	0.95**	90	0.72

根据叶龄模型可求得从出苗到 j 叶龄(L_j)的生理日数($N_{o,j}$),以及从 $j-1$ 叶龄(L_{j-1})到 j 叶龄(L_j)的生理日数($N_{j-1,j}$)。前者称为"j 叶龄期的生理日数",后者称为"第 j 叶龄的生理日数",显然,

$$N_{j-1,j} = N_{o,j} - N_{o,j-1} \tag{13}$$

表 4 是根据叶龄模型计算的两个品种的 j 叶龄期和第 j 叶龄的生理日数($j=1,2,\cdots,18$)。图 1 以 10175 品种为例绘出了各叶龄期和各叶龄的生理日数。

表 4 两个品种的 j 叶龄期生理日数($N_{o,j}$)和第 j 叶龄生理日数($N_{j-1,j}$)

品种	生理日数 (d)	叶龄																	
		1	2	3	4	5	6	7	8	9	10	11	12	13	14	15	16	17	18
洞庭晚籼	$N_{o,j}$	1.3	3.7	6.6	10.1	14.0	18.3	22.9	27.8	33.1	38.6	44.3	50.3	56.6	63.0	69.7	76.6	83.7	91.0
	$N_{j-1,j}$	1.3	2.4	2.9	3.5	3.9	4.3	4.6	4.9	5.3	5.5	5.7	6.0	6.3	6.4	6.7	6.9	7.1	7.3
10175	$N_{o,j}$	1.2	3.3	6.0	9.2	12.9	16.9	21.3	26.1	31.1	36.4	42.0	47.8	53.9	60.3	66.9	73.6	80.7	87.9
	$N_{j-1,j}$	1.2	2.1	2.7	3.2	3.7	4.0	4.4	4.8	5.0	5.3	5.6	5.8	6.1	6.4	6.6	6.7	7.1	7.2

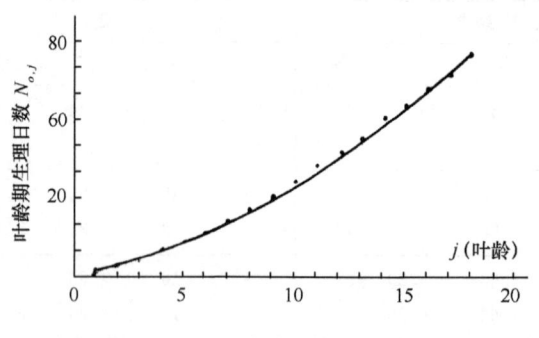
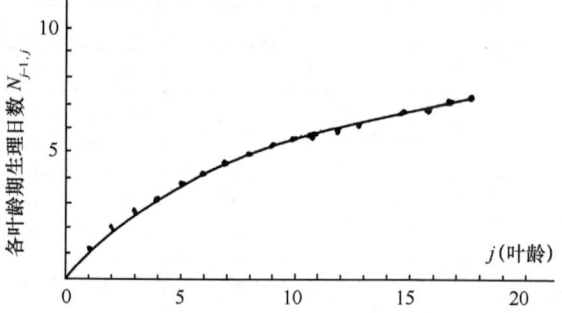

图 1 各叶龄期及各叶龄的生理日数(品种 10175)

(三) 生育期模型与叶龄模型相衔接的检验

表 5 以洞庭晚籼品种为例,说明两个模型的衔接关系。发育阶段为出苗至抽穗。

表 5 中的模拟生育期天数 N 是根据生育期模型计算的,而模拟全叶龄是在模拟生育期的天数之内输入逐日气温资料由叶龄模型计算出的。模拟全叶龄与实际总叶龄的拟合情况良好(R 值较高),两者之间的差值 m 为 1.4,表示该品种从旗叶到出穗的时间间隔约相当于 1.4 个叶龄。

表 5 生育期模型与叶龄模型衔接及其统计检验(品种:洞庭晚籼)

发育生理日数 (d)	模拟生育期日数平均值 (d)	模拟全叶龄平均值	实际总叶龄平均值	R	平均差值 m	模拟误差 (叶龄)	样本数
79.2	94.7	17.7	16.3	0.638***	1.4	1.00	34

*** 表示在 0.1% 水平上显著。

四、生理年龄和水稻历

为了在计算机模拟中采用统一的标准来描述水稻的发育进程，现提出水稻生理年龄 PA 的概念。生理年龄可定义为：

$$PA_j = \frac{N_{o,j}}{N_W} \times 100 \tag{14}$$

式中 PA_j 为某品种完成出苗至 j 叶龄时的生理年龄；$N_{o,j}$ 为 j 叶龄期的生理日数；N_W 为全叶龄（L_W）期的生理日数。

由式(7b)可知，对于给定的叶龄（L_j），$N_{o,j}$ 在任何条件下是恒定不变的。而在不同的地点、年份和播期条件下，该品种的全叶龄是变化的。因此，同一叶龄在不同条件下其生理年龄可能不一。N_W 长，其生理年龄偏小；反之则偏大。在求 N_W 时，应首先确定在给定条件下的全叶龄。其计算步骤是先按生育期模拟模型（式(4)）求出给定条件（地点、年份、播期、日长和温度）下该品种完成出苗至抽穗的总天数，然后将其代入式(8)中的 N_j，求出给定条件下的全叶龄 L_W，最后再将 L_W 代入式(7b)中的 L_j，即可求出完成 L_W 的 N_W。由于各个品种在某一地点、相近播期条件下，各叶龄期及各器官（叶片、叶鞘、茎、分蘖、根、穗等）的形成与发育都有一基本恒定的生理年龄，年际变化不大，因此，在计算机上随着逐日气温和日长的输入，就能显示出逐日生理年龄的增长。当生理年龄达到一定指标，各叶龄及各器官就相继出现或形成。这犹如钟表随着一分一秒的积累而自动显示出时间进程一样。

如果有当地气象台站的长期气温预报，则可以应用"水稻钟"模型对当年的水稻发育进程进行预测，这无疑对制定相应的栽培决策有很大帮助。

如果我们用常年气温资料来代替某一年的资料，还可以建立水稻历。以下以洞庭晚籼品种在南京4月30日播种举例说明。按该品种的生育期模型（式(4)）算出由出苗至抽穗的总天数为98天。代入式(8)，求得的全叶龄为18.4（总叶龄为 $18.4-1.4=17$），以18.4再代入式(7b)中，求得的完成全叶龄所需的生理日数（N_W）为94天。根据该品种的叶龄模型式(7b)，可计算出各叶龄期的生理日数（$N_{o,j}$）（表4），因此根据式(14)可求得洞庭晚籼在南京4月30日播种的各叶龄、各器官形成的生理年龄并建立起水稻历（表6）。

表6　水稻历图例
(洞庭晚籼，南京4月30日播种)

生理年龄	1.4	3.9	7.0	10.7	14.9	19.5	24.4	29.6	35.2	41.1	47.1	53.5	60.2	67.0	74.1	81.5	89.0	96.8	100
生理日数	1.3	3.7	6.6	10.1	14.0	18.3	22.9	27.8	33.1	38.6	44.3	50.3	56.6	63.0	69.7	76.6	83.7	91.0	94.0
叶　龄	1	2	3	4	5	6	7	8	9	10	11	12	13	14	15	16	17[a]	18	18.4[b]
叶鞘伸长	1	2	3	4	5	6	7	8	9	10	11	12	13	14	15	16	17		
叶片伸长	0	1	2	3	4	5	6	7	8	9	10	11	12	13	14	15	16		
主茎分蘖伸出	—	—	0	1	2	3	4	5	6	7	8	9							
根系生长	—	—	0	1	2	3	4	5	6	7	8	9							
茎节间伸长													1	2	3	4	5	穗轴	
穗发育													幼穗进入分化	一次枝梗分化	颖花原基分化	颖花数增加终止	减数分裂盛期	花粉形成	抽穗

注：a，总叶龄；b，全叶龄。

参 考 文 献

丁颖主编.1961.中国水稻栽培学.农业出版社
高亮之,金之庆,李林.1982.中国不同类型水稻生育期的农业气象生态模式及其应用.农业气象,3(2):1~8
李维铮等.1982.运筹学.清华大学出版社.185~186
凌启鸿等.1983.水稻品种不同生育类型的叶龄模式.中国农业科学,(1)
沈国权.1981.作物发育速度的两类温度模式.气象,(1)
松岛省三,藤井义典.1962.作物大系第一编:稻Ⅱ水稻の生育.养贤堂
Brown D M, Chapman LJ. 1960. Soybean ecology Ⅱ: Development-temperature-moisture relationship from field studies. *Agron. J.*, **52**: 496—499
Gao Liangzhi, Jin Zhiqing, Li Lin. 1987. Photo-thermal models of rice growth duration for various varietal types in China. *Agric. and Forest Meteorology*, **39**: 205—213
Robertson W G. 1973. Development of simplified agroclimatic procedures for assessing temperature effects on crop development. In: R. O. Slatyer (Ed.). Plant Response to Climatic Factors. UNESCO, Paris. pp. 327—343
Nuttonson M Y. 1948. Some preliminary observations of phenological data as a tool in the study of photoperiodic and thermal requirements of various plant material. Vernalization and Photoperiodism. A Symposium, Waltham, Mass, Chronica Botanica, pp. 129—143

Rice Clock Model—A Computer Simulation Model of Rice Development

Gao Liangzhi　Jin Zhiqing　Huang Yao　Zhang Lizhong

(Jiangsu Academy of Agricultural Sciences)

Abstract: The "rice clock" model presented in this paper is a dynamic application-oriented simulation model of rice development. It consists of two submodels, i. e., growth duration model and leaf age model. The former is used to simulate the effect of daily temperature and day-length on rice development, with a higher precision and a better explanatory capacity, compared with the degree-day model. The parameters of the growth model reflect the basic vegetative phase, thermo- and photoperiod sensitivities for different varietal types. The latter is used to simulate the effect of daily temperature on leaf development. It can estimate the appearance of each leaf blade with different age, and also describe the development and formation of various morphological organs (such as tiller, stem, root and panicle) due to their good synchronizations of growth with leaf development. These two models could be connected well to estimate the number of fully developed leaves in any region and year. Finally, these two model were also tested and evaluated, based on the experiment data collected from 14 locations (1985), and 8 locations (1986) in the Yangtze River Valley, China.

Key words: Simulation model; Rice development; Leaf age; Physiological day

水稻最适群体动态的决策模型

高亮之　黄　耀　金之庆

江苏省农业科学院

(原载:《中国农业气象》,1989年第10卷第4期,1~6页)

摘　要　作者根据多年从事水稻研究的结果以及中国各地水稻高产栽培的经验,试图提出一套有关水稻最适群体动态的理论。重点是如何确定水稻栽插期、分蘖盛期、拔节期、抽穗期和成熟期的最适叶面积。对最适基本苗和最适穗数的确定也进行了讨论。据此建立了一个可在水稻栽培管理中进行优化决策的计算机模拟模型。

关键词　决策模型　群体动态

前　言

长时期来,农民对各种作物的栽培管理积累了十分丰富的经验,但只是在近几十年内才逐步建立起作物栽培管理的理论。即使到目前,这些理论还很不成熟。

20世纪20年代英国植物学家布莱克门(Blackman 1919)等提出了生长分析法,60年代初苏联的尼奇波罗维奇(Nichiporovich 1961)提出了作物最适叶面积动态的设想,同期日本的武田友四郎(1960)研究了辐射量与叶面积的关系,60~80年代中国在水稻、小麦高产栽培的研究中提出了实现作物高产的各项诊断指标。

本文试图提出一种有关水稻最适群体动态的理论,并建立一个可以在水稻栽培管理中进行优化决策的计算机模型。

一、最适叶面积的理论探讨

(一)现有理论及其评价

关于作物最适叶面积动态,尼奇波罗维奇的理论是:作物在播种后应尽快达到可实现最大光合积累的最适叶面积,然后维持尽可能长的时间直至成熟。图1引自尼奇波罗维奇的著作。

武田友四郎的理论是作物最适叶面积是太阳辐射量的函数。在同样的太阳辐射条件下,生长前期的最适叶面积应大于生长中期,中期又大于后期(图2)。其原因是植株幼小时,叶片含氮量高,同化能力强,茎鞘等非同化部分小,呼吸消耗少;而生长后期,叶片的同化能力减弱,而植株呼吸量加大。

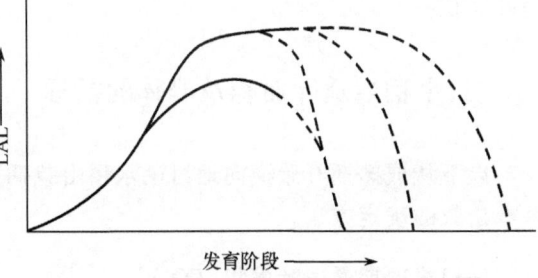

图1　尼奇波罗维奇的作物最适叶面积模型

根据中国30多年来水稻与小麦高产栽培的经验,以上两种理论都不适用。其原因是:①尼氏理论中提出叶面积要以尽快的时间达到最适,这往往形成作物前中期生长过旺,田间郁闭过早,群体内部光强不足,对于培育壮秆大穗和健壮的根系都很不利,容易导致倒伏与病虫害,因此不能实现稳产高产。况且在生长早期如达到适宜叶面积,此后叶片仍不断伸出,叶面积很难保持稳定,除非有部分叶片早衰死亡,而这又不利于高产。②武田氏的理论要求前期叶面积高于中期,中期高于后期,这与叶面积在前、中期随生育期增加的自然趋势是矛盾的。

作物存在最适叶面积的理论根据是,当叶面积增加到最适值以后,光合作用不再明显增强而呼吸作用继续呈直线增加,因此净光合在叶面积最适时达到最高。但吉田等(1981)认为作物并不存在最适叶面积,其理由是随着叶面积增加,呼吸作用并非直线增加,而

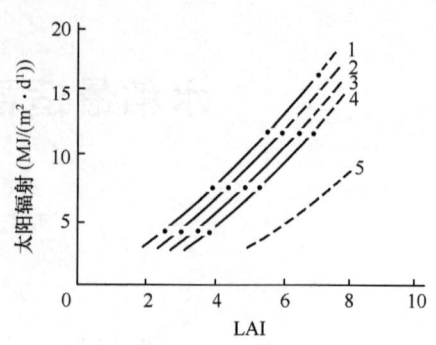

图2　太阳辐射量与最适叶面积
1. 成熟期　2. 抽穗期　3. 孕穗期
4. 幼穗形成期　5. 最高分蘖期

是呈双曲线型变化,因此,当叶面积达到临界值后干重积累将保持稳定,并不存在最高值。作者认为,从生态与经济相结合的观点来看,临界叶面积就是最适叶面积,因为在临界值时投入较少而产出较多;当叶面积大于临界值时,投入增加,产出不再增加,因此纯产出减少。

(二)确定水稻最适叶面积动态的原则

根据中国水稻、小麦等作物高产栽培的丰富实践经验以及作者等在20世纪60~80年代的研究,在确定水稻(小麦等其他谷类作物也基本适用)最适叶面积动态时需要综合地考虑以下几个原则:

(1)最适叶面积需与最适季节相结合,"在最适季节中实现最适叶面积"是作物高产栽培的一个重要原则。

(2)水稻一生中最适叶面积动态,不同品种是各不相同的,影响适宜叶面积的主要品种特性是:叶片光合能力、群体消光系数、单株叶面积、单穗叶面积等。同一品种在不同地区、不同,播期种植,其最适叶面积也不相同。影响它的主要环境因子有太阳辐射量、白昼与夜间的气温、湿度和风雨等。

(3)水稻一生适宜叶面积的关键指标是抽穗期叶面积,这是因为抽穗前后40天是决定水稻产量的关键时期,抽穗期最适叶面积应根据最大光合积累的原则来确定。

(4)水稻抽穗到成熟期叶面积指数应缓慢地减小,如果叶面积下降过快,表明作物后期早衰,必然灌浆不足,粒重减轻;如果叶面积保持稳定不变,则说明作物后期恋青,也不利于光合产物向籽粒运转。

(5)水稻拔节期叶面积应以不封行为原则,以保证生长中期群体内有较良好的透光条件,这对于培育壮秆大穗、促进根系发育、减轻病虫害都很有益处。

(6)水稻分蘖盛期叶面积应以达到适宜穗数为原则,这亦是确定水稻栽插期适宜叶面积的原则。

因此,抽穗期最适叶面积决定最适穗数,而最适穗数决定最适分蘖数,最适分蘖数又决定分蘖期最适叶面积。

二、水稻最适叶面积及群体的指标

以下从成熟期开始逆向地讨论水稻由栽插到成熟的最适叶面积,以及最适穗数、最适分蘖数和最适基本苗数的确定方法。

(一)成熟期最适叶面积(FO_5)

成熟期适宜叶面积指数的要求是既保证后期有适当的光合积累,又保证光合产物向穗部可顺利转移。根据中国各地水稻高产经验,籼稻在成熟期应保留2张绿叶,粳稻3张绿叶。

成熟期适宜叶面积的求算模型为:

$$SLA_i = LE_i \cdot BR_i \quad (i=1,2,3) \tag{1}$$

$$TLA_i = SLA_i \cdot HN \quad (i=1,2,3) \tag{2}$$

$$LAI_i = TLA_i/666.7 \quad (i=1,2,3) \tag{3}$$

$$FO_5(籼稻): LAI_{1+2} = \sum_{i=1}^{2} TLA_i/666.7 \tag{4}$$

$$FO_5(粳稻): LAI_{1+2+3} = \sum_{i=1}^{3} TLA_i/666.7 \tag{5}$$

式中 SLA_i 为倒 i 叶的单叶面积(cm^2);LE_i 和 BR_i 为倒 i 叶的长度和平均宽度(cm);TLA_i 为倒 i 叶的总面积(m^2/亩);HN 为适宜穗数(万穗/亩)(在优化栽培中,无效分蘖应尽可能少,到抽穗期已基本上不存在了,因此不计算无效蘖的叶面积);LAI_{1+2} 及 LAI_{1+2+3} 分别为倒(1+2)叶及倒(1+2+3)叶的叶面积指数。

表1 籼、粳稻单叶面积 SLA

叶 位	品种类型					
	籼 稻			粳 稻		
	长(cm)	宽(cm)	单叶面积(cm^2)	长(cm)	宽(cm)	单叶面积(cm^2)
倒1叶	35	1.3	46	30	1.0	30
倒2叶	50	1.3	65	40	1.0	40
倒3叶	50	1.3	65	40	1.0	40

根据有代表性的籼、粳稻品种的叶片长宽实测结果和栽培试验,举例计算如下[式(1)]:

籼稻每亩适宜穗数一般为20万/亩左右,粳稻一般为25万/亩左右。在成熟期,由于籼稻要求保留2片绿叶,粳稻3片,则籼、粳稻在成熟期的适宜叶面积指数一般为3.3和4.1左右(表2)。

表2 籼、粳稻成熟期适宜叶面积指数

叶 位	总叶面积(m^2/亩)		累计叶面积指数		
	籼稻	粳稻	累计叶数	籼稻	粳稻
倒1叶	950	750	倒1叶	1.4	1.1
倒2叶	1300	1000	倒(1+2)叶	3.3	2.6
倒3叶	1300	1000	倒(1+2+3)叶	5.2	4.1

不同品种由于叶片长、宽及适宜穗数不同,成熟期适宜叶面积指数(FO_5)会有一定差异。

(二) 抽穗期最适叶面积(FO_4)

抽穗期最适叶面积的基本要求是在抽穗期前后共40天内实现最大的净光合积累。为了达到这个要求,抽穗期水稻群体的基部光强应等于"全日补偿光强"(Whole day compensative light intensity)。所谓"全日补偿光强"是指在这样的光强条件下,全日总光合量(DGP)正好等于全日光呼吸量(DLR)与全日暗呼吸量(DDR)之和;或全日真光合量(DRP)(即总光合量减光呼吸量)与全日暗呼吸量相等,即:

$$DGP = DLR + DDR \tag{6}$$

$$DRP = DGP - DLR = DDR \tag{7}$$

这时候的叶面积指数是最适的。如果叶面积指数大于这个值,群体基部必然有一部分叶面积不仅是多余的,并且是有害的,因为这部分叶面积截获的光强过弱,其光合积累低于其呼吸消耗;如果叶面积指数小于这个最适值,则群体基部必然有一部分光没有被充分利用,因此亦不能实现最大的净光合量。

式(7)左端表示全日(白昼)真光合量,定义为

$$DRP = N \cdot b \cdot I_c \cdot B \tag{8}$$

式中 I_c 为水稻叶片瞬时测定的补偿光强；N 为日长（小时）；B 为待求系数。

光合量与光强的关系可表示为：

$$P = \frac{b \cdot I}{1 + a \cdot I} \tag{9}$$

当光强很强时，$P \to b/a$，即光合量趋于常数；当光强很弱时，$P \to b \cdot I$，即光合量与 I 呈直线关系，其转换系数为 b。因此式（8）中 $b \cdot I_c$ 是按小时计算的在补偿光强（当然很弱）条件下的真光合量。

式（7）右端表示全日暗呼吸量：

$$DDR = N \cdot b \cdot I_c + (24 - N) \cdot m \cdot b \cdot I_c \tag{10}$$

式中右端第一项为白昼暗呼吸量，第二项为夜间暗呼吸量。$(24-N)$ 为暗长（小时）；m 为由于夜间与白昼温度差异而导致的夜间呼吸量与白昼呼吸量的比值。根据式（8）与式（10），得

$$N \cdot b \cdot I_c \cdot B = N \cdot b \cdot I_c + (24 - N) \cdot m \cdot b \cdot I_c \tag{11}$$

因此有：

$$B = \frac{(24 - N) \cdot m + N}{N} \tag{12}$$

$B \cdot I_c$ 便为待求的全日群体补偿光强。为求 m，需知道呼吸量与温度的关系。呼吸作用的温度系数 Q_{10} 由下式表示：

$$Q_{10} = \left(\frac{k_2}{k_1}\right)^{\frac{10}{T_2 - T_1}} \tag{13}$$

或

$$\frac{k_2}{k_1} = Q_{10}^{\frac{T_2 - T_1}{10}} \tag{14}$$

式中 k_2, k_1 分别为夜间与白昼的呼吸量；T_2, T_1 分别为夜间与白昼的平均温度。

$$T_2 = \overline{T} - \frac{TR}{4} \tag{15}$$

$$T_1 = \overline{T} + \frac{TR}{4} \tag{16}$$

式中 $\overline{T}$ 为日平均温度；TR 为温度日较差。因而

$$T_2 - T_1 = -\frac{TR}{2} \tag{17}$$

水稻的 Q_{10} 一般取 2.0，将 $Q_{10} = 2.0$ 代入式（14），得

$$m = \frac{k_2}{k_1} = Q_{10}^{\frac{T_2 - T_1}{10}} = 2.0^{-\frac{TR}{20}} \tag{18}$$

例如，取 $TR = 8, N = 13$，则

$$m = 2.0^{-0.4} = 0.76$$

$$B = \frac{(24 - 13) \cdot 0.76 + 13}{13} = 1.64$$

于是，全日群体补偿光强就是 $1.64 \cdot I_c$。由于水稻叶片瞬时补偿光强 I_c 约为 1 klx，因此，全日补偿光强便为 1.64 klx。

门司公式为:

$$\ln\left(\frac{I}{I_0}\right) = -K \cdot F \tag{19}$$

式中 I_0 与 I 分别为自然光强和群体基部光强;K 为群体消光系数。因此,得到抽穗期最适叶面积的公式为:

$$FO_4 = -\frac{1}{K_4}\ln\left(\frac{B \cdot I_c}{I_0}\right) \tag{20}$$

以汕优 63 在南京种植为例,取群体消光系数 $K_4 = 0.39$,$I_0 = 43.4$ klx,则:

$$FO_4 = -\frac{1}{0.39} \cdot \ln\left(\frac{1.64 \cdot 1}{43.4}\right) = 8.4$$

由式(20)与(12)可知,决定抽穗期适宜叶面积的因素为:① 当地抽穗期间(抽穗前后 40 天)的太阳辐射量;② 品种的株型及消光系数;③ 抽穗期间的昼长;④ 抽穗期间的温度日较差;⑤ 品种的瞬时补偿光强。

(三) 拔节期最适叶面积(FO_3)

水稻拔节期最适叶面积的要求是:既保证抽穗期能达到最适叶面积,又保证拔节期水稻群体中下部有一定的透光性,以利于培育壮秆大穗与发达的根系,并可减轻病虫害。

中国农民有丰富的水稻高产栽培经验,其中包含"适时封行"的原则。封行是作物一生中群体动态的重要转折点,适时封行实质上就是掌握适宜的群体动态。

高亮之等(1964)在 20 世纪 60 年代参与总结中国著名劳模陈永康的水稻高产经验时,对适时封行问题进行了较深入的研究,其主要结果是:封行前后水稻群体的下部光强有很明显的变化,如图 3 所示。图中 F 田块表示群体已经封行,在晴天其下部相对光强始终都低于 10%,日平均(与上午 9:00 的光强接近)约为 6%。B 田块表示群体临近封行但尚未封行,早、晚的相对光强虽在 10% 以下,但中午达到 20%,日平均约在 15%。水稻高产经验表明:拔节期下部光强大于 10% 的群体一般不会倒伏,而小于 10% 的群体则容易倒伏(图 4)。高产而不倒伏的田块,一般都掌握在拔节后 10～15 天进入封行。据多点测定,适时封行的田块,拔节期群体基部光强为 4 klx 左右,这可作为水稻拔节期适宜群体的光强指标。因此,拔节期最适叶面积的求算模型为:

$$FO_3 = -\frac{1}{K_3} \cdot \ln\left(\frac{4}{I_0}\right) \tag{21}$$

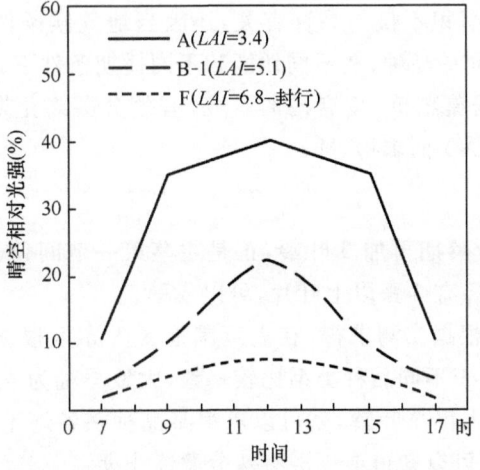

图 3 已封行田块(F)与未封行田块(A,B-1)晴空光强的变化

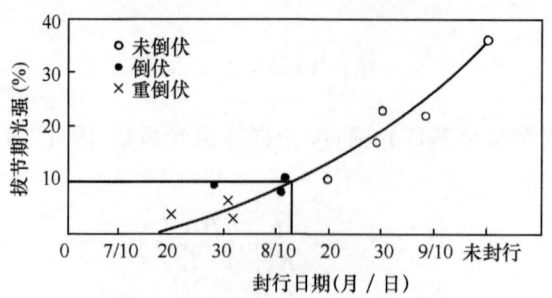

图 4　拔节期光强与封行日期的关系

式中 I_0 为自然光强(klx)；K_3 为拔节期群体消光系数。仍以汕优 63 在南京种植为例，设 $K_3 = 0.39$，$I_0 = 38.5$ klx，则 $FO_3 = 5.8$。

式(21)表明，决定拔节期最适叶面积的主要因子是：①拔节期的太阳辐射量 I_0；②拔节期的消光系数 K_3。而影响 K_3 的因素为：品种的株型特性、栽插密度、株行距等。

（四）最适穗数(HO)与分蘖盛期最适叶面积(FO_2)

分蘖盛期最适叶面积的基本要求是保证实现最适穗数。据凌启鸿等(1983)的研究，应要求在有效分蘖终止期时达到与最适穗数相等的总分蘖数。

(1) 最适穗数 HO(万／亩)的确定可根据下式：

$$HO = \frac{FO_4 \cdot 666.7}{FH \cdot 10^{-4}} \tag{22}$$

式中 FH 为抽穗期平均单穗叶面积(cm^2／穗)。它虽受环境因素的影响，但基本上由品种特性决定。

表 3 列出了若干品种的单穗叶面积、抽穗期最适叶面积与最适穗数。

表 3　若干品种的最适穗数(南京)

品　　种	单穗叶面积(cm^2)	抽穗期最适 LAI	最适穗数(万／亩)
汕优 63	315	8.4	17.8
南京 3714	245	7.8	21.2
洞庭晚籼	210	7.4	23.5
7038	200	7.4	24.7
10175	188	6.9	24.5
寒丰	192	7.0	24.3

如前所述，抽穗期最适叶面积不仅与品种有关，还因当地气候条件（太阳辐射量、昼长、昼夜温差等）不同而有差异。因此，即使同一品种，在不同地区和不同播期条件下，最适穗数也是有差别的。

(2) 有效分蘖终止期：根据莫惠栋、凌启鸿的研究，有效分蘖终止期的叶龄(LAT)可以由总叶龄(TLA)减主茎伸长节间数(ESN)而求得。即：

$$LAT = TLA - ESN \tag{23}$$

其根据是，($TLA - ESN$)的叶龄期再加 2 叶龄，正是主茎第一节间伸长期（即拔节期），这时($TLA - ESN$)叶龄之前出现的分蘖已经有 3 张以上叶片，可以成穗。

某品种的主茎总叶龄可以根据实测求得，在大范围地区内亦可根据水稻发育期模型（即"水稻钟"模型）求得。主茎伸长节间数对于不同品种类型比较一致，大致早籼为 4，中稻为 5，晚稻为 6。

因此，根据"水稻钟"模型求得总叶龄，就可以求得某品种在各地不同播期条件下的有效分蘖终止期叶龄数，再由"水稻钟"模型，可以知道或预测有效分蘖终止期。

分蘖盛期最适叶面积指数的求算公式为：

$$FO_2 = \frac{HO \cdot FS_2}{666.7} \tag{24}$$

式中 HO 为最适穗数(万/亩),亦即最适有效分蘖数;FS_2 为分蘖盛期单株叶面积(cm^2/株)。后者虽然亦受肥水条件的一定影响,但在适宜的肥水条件下,基本上由品种特性决定。表 4 列出若干品种分蘖盛期最适叶面积指数。

表 4 若干品种分蘖盛期的最适 LAI(南京)

品 种	分蘖期单株叶面积(cm^2)	最佳有效分蘖数(万/亩)	分蘖盛期最适 LAI
汕优 63	120	17.8	3.2
南京 3714	78	21.2	2.4
洞庭晚籼	84	23.5	3.0
7038	83	21.4	2.7
10175	92	22.2	3.1
寒丰	66	21.9	3.2

(五) 最适基本苗数与栽插期最适叶面积(FO_1)

栽插期最适叶面积决定于栽插期最适基本苗数(OSN)及当时的单苗叶面积(FS_1)。本文所指基本苗包括主茎与三叶以上的大分蘖。

$$FO_1 = \frac{OSN \cdot FS_1}{666.7} \tag{25}$$

栽插期最适基本苗数 OSN(万/亩),根据凌启鸿提出的形式适当简化为:

$$OSN = \frac{HO}{1 + (LAT - SA - 1) \cdot R} \tag{26}$$

式中 HO 为最适穗数;LAT 为有效分蘖终止期叶龄;SA 为秧龄;R 为平均分蘖率,分蘖力强的品种 R 为 0.85,分蘖力中等和弱的品种 R 分别为 0.75 与 0.65。

对某品种来说,HO, LAT, R 都较为恒定,差别大的是秧龄(SA),不同秧龄就要求不同的基本苗数。设某品种的 $HO = 18, LAT = 11, R = 0.85$,则有不同秧龄下的基本苗(表5)。表5 说明秧龄较小时(如 7、8 叶)只需要 5 万~7 万基本苗,而当秧龄较大时(如 10 叶)就要按所要求穗数插足基本苗。

表 6 列出若干品种在南京地区的最佳苗数与栽插期最适叶面积指数。

表 5 不同秧龄下的基本苗数

秧 龄	7	8	9	10
基本苗数(万/亩)	5.07	6.66	9.72	18.0

表 6 不同品种栽插期最适叶面积指数(南京)

品 种	单苗叶面积(cm^2)	最佳基本苗(万/亩)	栽插期最适 LAI
汕优 63	22	5.48	0.18
南京 3714	20	12.11	0.36
洞庭晚籼	19	7.77	0.22
7038	20	6.44	0.19
10175	18	6.53	0.18
寒丰	18	7.24	0.20

三、结论

本研究的主要结论为:

(1) 确定水稻最适叶面积动态的原则是:① 后期保证最大的光合积累并使之向穗部转移;② 中期保证壮秆大穗,防止倒伏;③ 前期保证足够的有效分蘖数及适宜的每亩穗数。

(2) 水稻的最适季节、最适叶面积与最适群体都是相互联系的。水稻稳产、高产的基本原则是在适宜的季节中实现适宜的叶面积,而抽穗期的适宜叶面积决定了最适穗数,最适穗数又决定了前期的适宜叶面积。

(3) 水稻一生的适宜叶面积动态呈正偏斜的单峰曲线型,一般形式如图 5 所示。

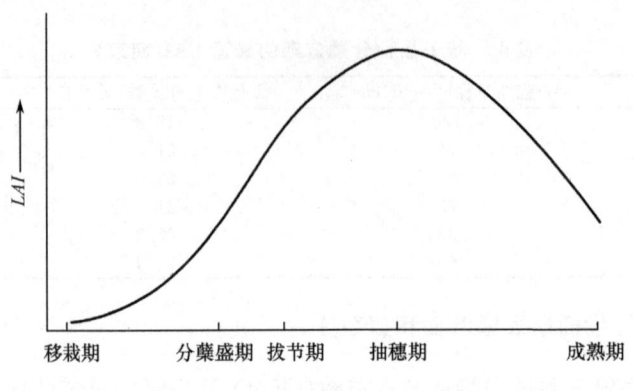

图 5 水稻适宜叶面积动态

(4) 水稻各生育期的适宜叶面积与群体指标主要受品种特性与气候因素支配。品种特性包括:叶片在弱光下的光合效率,株型与消光系数,单叶面积与单株叶面积,抽穗期的平均气温、昼夜温差、昼长(小时数)等。因此,适宜叶面积与群体指标因品种、因地区、因播期而异。

参 考 文 献

高亮之等. 1964. 晚稻丰产栽培的光条件与光能利用. 见:陈永康水稻高产经验研究. 上海科学技术出版社. 134~152

凌启鸿等. 1983. 水稻品种不同生育类型的叶龄模式. 中国农业科学,(1)

Blackman V H. 1919. The compound interest law and plant growth. *Ann. Bot.*, **33**:353—360

Nichiporovich A A. 1961. Properties of plant crops as an optical system. *Soviet Plant Physiol.*, **8**:428—511

Yoshida S. 1981. Fundamentals of Rice Crop Science. IRRI, 203—205

武田友四郎. 1960. 光合成と子実生产. 见:松尾孝岭编. 稻の形态と机能. 131~178. 农业技术协会,东京

A Decision Model for Optimum Canopy Dynamics of Rice

Gao Liangzhi   Huang Yao   Jin Zhiqing

(Jiangsu Academy of Agricultural Sciences)

Abstract: In this paper, the authors attempted to provide a theory in relation to the optimum canopy dynamics for rice crop, based on their own work for a long period and the abundant experience on rice high-yield cultivation in China. Attention was focused on how to determine the optimum *LAI* during the following stages: transplanting, maximum tillering, elongation, heading and maturity. And also, the determinations of the optimum number of basic seedlings and panicles were discussed. According to the above principles, a computer simulation model used for making optimum decision in rice cultivated management was developed.

Key words: Decision model; Canopy dynamics

20 世纪 90 年代

Rice Clock Model—A Computer Model to Simulate Rice Development

Gao Liangzhi   Jin Zhiqing   Huang Yao   Zhang Lizhong

Jiangsu Academy of Agricultural Sciences, Nanjing, 210014, China

(原载：*Agricultural and Forest Meteorology*, 1992 年第 60 卷, P. 1~16)

Abstract: This paper describes a simulation model of rice development. It consists of four submodels dealing with: (1) phenology; (2) leaf age; (3) total leaf number; (4) organ development. After combining the first two submodels, the submodel of (3) was obtained, which could be used to predict the total number of leaves on the main culm. With the synchronous relationship between development of leaves and organs, the morphological appearance and organ development for a given rice variety can be predicted. Model parameters were determined using rice data from 15 locations in the Yangtze River Valley, China for 1985—1986. The model was validated with a separate data set collected from Jiangsu Province during 1988—1989. The average error in heading date for that test was 3.5 days with a correlation coefficient of 0.88.

1 Introduction

The concept of crop development mainly involves the processes of crop phenology, leaf age increment and appearances of various morphological organs such as leaf blades, leaf sheaths, tillers, roots, stem internodes and panicles. It is of great importance to simulate and predict the processes of crop development in crop management. A computer simulation model of rice development presented in this paper is called the Rice Clock Model, since it can indicate the processes of rice development day by day, as if a clock indicates the time processes exactly.

Many scientists (Nuttonson 1943; Brown, Chapman 1960; Robertson 1973; Gao *et al.* 1987; Ritchie *et al.* 1987; Penning de Vries *et al.* 1989) have been making efforts to establish and improve crop phenology models. The Rice Clock Model is a new advance with regards to the same purpose. Its characteristic is to combine submodels of rice phenology, leaf age increment and morphogenetic processes. It has been found to be suitable for computer simulation of rice development.

2 Description of the model

The Rice Clock Model has four submodels. The first one was developed to simulate the effects of mean daily temperature and day length day by day on rice phenological development. The second was developed to describe the day-by-day dependence of rice leaf age upon time and mean daily temperature. The third submodel is obtained by combining the above two submodels to predict the total leaf number on the main culm for a given rice variety. And the last submodel can predict the appearance of various morphological organs, based on the synchronous relationship between development of leaves and development of organs. A general diagram showing the structures, processes, and fluxes of the Rice Clock Model with its major variables is presented in Fig. 1.

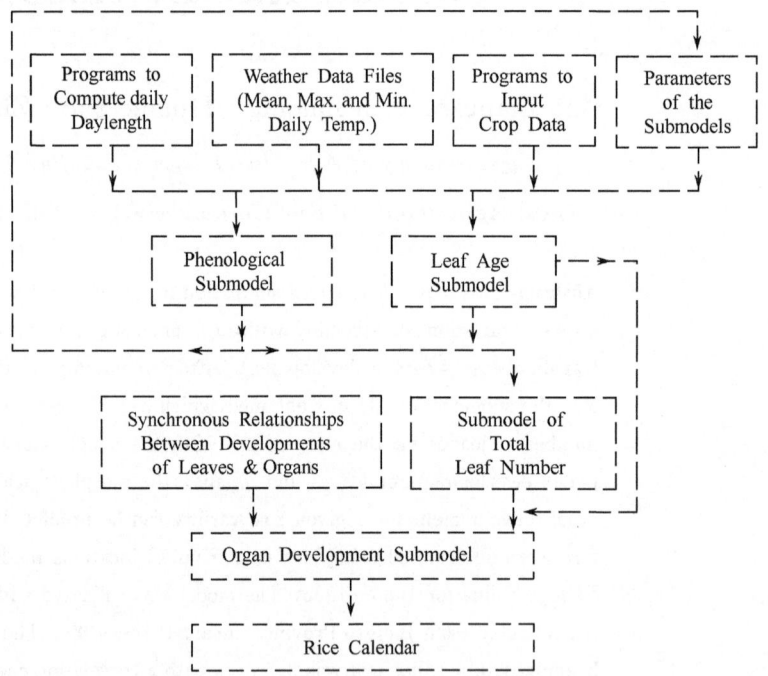

Fig. 1 Diagram of the Rice Clock Model components

2.1 Phenological submodel

1) *Basic form*

The basic form of rice phenological submodel is given by

$$\frac{dM}{dt} = \frac{1}{N} = e^k \left(\frac{\overline{T}-T_L}{T_O-T_L}\right)^P \left(\frac{T_U-\overline{T}}{T_U-T_O}\right)^Q e^{G(\overline{D}-D')} \tag{1}$$

It was assumed that in eqn. (1)

$$\overline{T} = T_L \quad \text{for} \quad \overline{T} < T_L;$$
$$\overline{T} = T_U \quad \text{for} \quad \overline{T} > T_U;$$
$$\overline{D} = D' \quad \text{for} \quad \overline{D} < D';$$

and

$$\left(\frac{\overline{T}-T_L}{T_O-T_L}\right)^P \left(\frac{T_U-\overline{T}}{T_U-T_O}\right)^Q = 1 \quad \text{for} \quad \left(\frac{\overline{T}-T_L}{T_O-T_L}\right)^P \left(\frac{T_U-\overline{T}}{T_U-T_O}\right)^Q > 1,$$

where M is the development process for a given phase, $0 \leqslant M \leqslant 1$; N is the number of days covering the phase; dM/dt is the development rate within the phase; $\overline{T}$ is the mean temperature during the phase; T_U is the upper temperature limit for rice development, taking $T_U = 40$ ℃; T_L is the lower temperature limit for rice development, taking the value of 10 ℃ for Japonica, 12 ℃ and 13 ℃ for indica and hybrid (Gao et al. 1987), respectively; T_O is the optimum temperature for rice development, with the values of 28℃ and 30℃ for japonica and indica (Gao et al. 1987), respectively; $\overline{D}$ is the average day length in hours within the development phase; D' is the critical day length in hours, taking $D' = 13$ h; k, P, Q, and G are initial values of the submodel's parameters.

To determine the values of the initial parameters which might be necessary when the range of the values for a varietal type are not known, eqn. (1) should be converted into a linear form, by taking logarithms to the base, then solving by using the least squares method. Note that k, P, Q and G should be modified when the submodel is converted from its basic form (eqn. (1)) to the simulation form (eqn. (4)).

Equation (1) has the following advantages in comparison with the rice phenological models and model components from the literature:

(1) Both the genetic characteristics and environmental factors which determine the length of growth duration (or development rate) are considered.

(2) On the genetic characteristics, the submodel of eqn. (1) reflects the basic duration (k value), thermal sensitivity (P and Q values) and photoperiod sensitivity (G value) for a given rice variety. Under the optimum condition ($\overline{T} = T_O$ and $\overline{D} \leqslant D'$), eqn. (1) becomes

$$\frac{1}{N_O} = e^k \quad \text{or} \quad N_O = e^{-k} \qquad (2)$$

Therefore, N_O represents the minimum duration and k is its coefficient.

(3) With respect to the environment, the effects of both temperature and day length on development rate can be considered.

(4) Equation (1) has the flexibility to produce various kinds of response curve by changing the values of parameters P, Q and G. When $P=1$, $Q=0$ and $G=0$, eqn. (1) is similar to the representation of degree-day method. Therefore, the latter is a special case of eqn. (1).

(5) Temperature and day length factors in eqn. (1) are expressed in a product form which has a better explanatory ability than that of the sum form as in a multiple regression model.

Phasic development in the Rice Clock Model was divided into three growth stages, i.e. (1) sowing—emergence; (2) emergence—heading; (3) heading—maturity. During stages (1) and (3), $G = 0$ was assumed, because day length has almost no effect on development rate (Chang, Oka 1976; Gao et al. 1987).

2) *Simulation form*

Equation (1) can be rewritten as

$$dM = \frac{dt}{N} = e^k \left(\frac{\overline{T}-T_L}{T_O-T_L}\right)^P \left(\frac{T_U-\overline{T}}{T_U-T_O}\right)^Q e^{G(\overline{D}-D')} dt \tag{3}$$

It can be easily integrated or expressed approximately in summation form to generate a simulation submodel on a daily basis, but with $\overline{T}$ replaced by the mean daily temperature $T_i (i=1,2,\cdots,N)$ and $\overline{D}$ replaced by the daily day length D_i. This is

$$\int_{S_1}^{S_2} dM = M = \sum_{i=1}^{N} e^{k'} \left(\frac{T_i-T_L}{T_O-T_L}\right)^{P'} \left(\frac{T_U-T_i}{T_U-T_O}\right)^{Q'} e^{G'(D_i-D')} = 1 \tag{4}$$

where S_1 and S_2 represent the beginning and end of the given phase; and k', P', Q' and G' are, respectively, the final values of parameters k, P, Q and G.

When the development rate in a given phase is simulated day by day on a computer according to eqn. (4), the accumulated total of M is used as a criterion for the developmental phase; if M reaches 1, then print N which is the simulated number of days required to complete the phasic development.

The procedure to determine k', P', Q' and G' was executed on a computer by using the step search method (Li et al. 1982), in which the submodel was run with the initial values of the parameters for the variety in question, and then N was with the actual number of days required to cover the phase, adjusting the parameters' values and repeating until acceptable fits were obtained.

3) *Physiological day of development*

If the thermal-day-length condition in a given day was optimum ($T_i = T_O$, $D_i \leqslant D'$), we defined it as a physiological day of development ($DPD_i = 1$). In fact, the thermal-day-length condition cannot always be optimal, so DPD_i of an actual day is often less than unity. The calculation of the ith physiological day ($i=1,2,\cdots,N$) and the sum from the first day up to Nth day ($\sum DPD_i$) are then taken in the following form:

$$\begin{cases} DPD_i = \left(\frac{T_i-T_L}{T_O-T_L}\right)^{P'} \left(\frac{T_U-T_i}{T_U-T_O}\right)^{Q'} e^{G'(D_i-D')} \\ \sum_{i=1}^{N} DPD_i = N_o \end{cases} \tag{5}$$

where N_o is the number of physiological days required to complete a given phase. From eqns. (2) and (5), we can see that the number of physiological days which a crop requires to complete a given phasic development is constant, although other factors such as soil-moisture content, soil fertility, diseases and pests might have minor influences on it, which could be ignored. This principle is the theoretical foundation of the Rice Clock Model, which is more reasonable than the concept used in the degree-day method where the summation of degree-days that a crop requires to complete a given phase is assumed to be constant. In fact, the effect of day length on crop development is not considered, and only a simple linear relationship between development rate and temperature is assumed in the degree-day method, which does not accord with the biological laws.

Table 1 gives an example for comparison of the physiological days (DPD'_i) and their sum ($\sum DPD_i$) from emergence to heading, under different conditions. It shows that 109 days from 4 May to 21 August is equivaleat to 69 physiological days for development in Nanjing, 1985.

Table 1 Physiological days of development (DPD_i) and their sums ($\sum DPD_i$) from emergence to heading under optimum and natural conditions, Nanjing, 1985

Condition	Item	Day/month										
		4/5	5/5	6/5	7/5	8/5	...	11/7	...	8/8	19/8	20/8	21/8
Optimum	Temperature(℃)	30	30	30	30	30	...	30	...	30	30	30	30
	Day length (h)	<13	<13	<13	<13	<13	...	<13	...	<13	<13	<13	<13
	DPD_i(d)	1	1	1	1	1	...	1	...	1	1	1	1
	$\sum DPD_i$(d)	1	2	3	4	5	...	69	...				
Natural	Temperature(℃)	23.7	23.7	16.6	18.1	18.1	...	30.1	...	26.4	27.3	28.2	28.0
	Day length (h)	13.5	13.5	13.5	13.5	13.6	...	14.1	...	13.2	13.1	13.1	13.1
	DPD_i(d)	0.71	0.71	0.29	0.38	0.38	...	0.67	...	0.90	0.95	0.97	0.99
	$\sum DPD_i$(d)	0.71	1.42	1.71	2.09	2.47	...	36.71	...	66.52	67.47	68.44	69.41

2.2 Leaf age submodel

Dynamics of plant age, expressed as number of leaves, is of importance in rice development, because the morphogenetic process can be determined by the number of leaves on the main culm (De Datta 1981, Yoshida 1981). In this paper we defined the number of leaves on the main culm as plant age in leaves, abbreviated to leaf age. For example, the leaf age was j when the jth leaf was fully developed on the main culm.

1) *Basic form*

$$L_j = e^{-c} \left(\frac{\overline{T}}{T_O}\right)^a N_j^b \quad \begin{cases} \overline{T}=0 & \text{for } \overline{T} \leqslant T_L \\ \overline{T}=T_O & \text{for } \overline{T} \geqslant T_O \end{cases} \tag{6}$$

when $\overline{T} = T_O$, and after arrangement, we have

$$N_{jO} = [e^c L_j]^{1/b} \tag{7}$$

In eqns. (6) and (7): L_j is the jth leaf, or jth leaf age; $\overline{T}$ is the mean temperature from emergence to jth leaf; T_O is the optimum temperature for leaf development, taking $T_O = 30$℃ for indica, and $T_O = 28$℃ for japonica; T_L is the lower limit of temperature for leaf development, taking $T_L = 10$℃ for japonica, and 12℃ and 13℃ for indica and hybrid, respectively; N_j is the number of days actually required from emergence to jth leaf; N_{jO} is the number of days required from emergence to jth leaf under optimum temperature conditions, defined as the number of physiological days of jth leaf age; c, a and b are initial values of the parameters.

To evaluate the values of c, a and b, a simple linear regression procedure can be directly applied, after linearization by taking logarithms to the bases on the two sides of eqn. (6).

Equation (7) illustrates that the number of physiological days required to reach a certain leaf age for a given rice variety is constant, and its variation with different leaf ages reflects the biological rhythm of leaf development.

2) *Simulation form*

In order to simulate the dynamics of leaf age on a computer, a simulation sub model on a daily base can be derived by making the mean daily temperature $T_i = \overline{T}$ of eqn. (6) and replacing the initial values of the parameters c, a and b with their final values, c', a' and b', which can be obtained using the same method mentioned in the section on the Phenological submodel. After rearrangement, eqns. (6) and (7) can be combined to give

$$\frac{N_{jO}}{N_j} = \left(\frac{T_i}{T_O}\right)^{a'/b'} \quad \begin{cases} T_i = 0 & \text{for } T_i < T_L \\ T_i = T_O & \text{for } T_i > T_O \end{cases} \quad (8)$$

The ratios of the two sides of eqn. (8) are usually less than or equal to 1 (since $T_i \leqslant T_O$), which exhibits a fraction of 1 physiological day of leaf age under temperature T_i for 1 day.

In order to obtain the sum of the daily value in eqn. (8), we have

$$\sum_{i=1}^{N_j} \frac{N_{jO}}{N_j} = \sum_{i=1}^{N_j} \left(\frac{T_i}{T_O}\right)^{a'/b'} = N_{jO} \quad (9)$$

Up to now, we can calculate N_{jO}, the number of physiological days required from emergence to the jth leaf according to eqn. (7), then input the mean daily temperature, T_i, day-by-day into eqn. (9), and count the sum on a computer. When the accumulated total reaches N_{jO}, print N_j and finally obtain the jth leaf age on the Nth day, L_j, by substituting N_j into eqn. (6).

2.3 Total leaf number submodel

The phenological and leaf age submodels can be combined because they follow a common principle, i.e. the number of physiological days (both for phenological development and leaf age) is constant, and both have similar expressions. The combined submodel could be used to estimate the total number of leaves. The procedures linking these two submodels are as follows:

Step 1: Calculating the actual number of days required from emergence to heading, N, according to eqn. (4). For a given rice variety, N differs in year, latitude and sowing date.

Step 2: Replacing N_j in eqn. (6) by N, in principle, we can calculate the total number of leaves under the given condition (year, location and sowing date etc.), if rice leaves could develop continuously until heading. In fact, rice plants cannot bear any more leaf after flag leaf appearance.

Step 3: It is, therefore, assumed that the elongation of panicle is equivalent to an additional leaf of the plant, so we define the heading date as when the plant reaches its whole leaf age (L_w). On the other hand, we also define the actual total number of leaves on the main culm, L_t, as the total leaf age being equal to the L_w minus an empirical constant m, which indicates how many leaf ages the time interval would be equal to, from flag leaf appearance to heading,

$$L_t = L_w - m \quad (10)$$

The procedure mentioned above illustrates why a given rice variety has a different total number of leaves on the main culm when grown at various latitudes, or at different sowing dates. For example, when a rice variety which has a strong sensitivity to photoperiod is grown at higher latitude or its sowing date is earlier, more total leaves will result from the delayed growth duration.

2.4 Submodel for organ development

The synchronous relationships between emerged leaves and development of rice organs (such as tillers, culms, sheath, roots and panicles etc.) have been widely studied by many scientists (Ding 1969, De Datta 1981, Yoshida 1981, Lin *et al.* 1983, Matsushima 1984). The main points related to this field are stated as follows:

(1) Simultaneous with the emergence of the nth leaf, the $(n-1)$th leaf elongates;

(2) In parallel with the emergence of the nth leaf, the nth leaf sheath elongates;

(3) When the nth leaf emerges, a tiller starts emerging from the $(n-3)$th node;

(4) The number of nodes on the main culm corresponds to the number of leaves developed on the culm minus two;

(5) There exists a synchronous growth between the nth leaf and the $(n-3)$th roots;

(6) Synchronization between leaf age (counted from the top of plant) and panicle development:

> 3.5th leaf—initial stage of panicle differentiation;
>
> 3rd leaf—primary branch differentiation stage;
>
> 2nd leaf—panicle primordia differentiation;
>
> 1st leaf—end of spikelet number increase;
>
> 0.5th leaf—initial stage of reduction division;
>
> 0th leaf—ripe pollen stage.

Based on the synchronization mentioned above, the submodel of organ development was constructed by using the leaf age and the total leaf number submodels.

3 Data used

Crop data were taken from the Climatic-Ecological Joint Experiments for different rice varieties in the Yangtze River Valley, China. The experiments were conducted at 15 locations (Fig. 2) over ten provinces/municipalities (Sichuan, Shaanxi, Hubei, Hunan, Jiangxi, Anhui, Jiangsu, Zhejiang, Fujian and Shanghai), during 1985—1986. A separate crop data set for validating the model was collected from six locations in Jiangsu Province during 1988—1989.

The mean daily temperature data for the same period were supplied by the local meteorological stations. The daily day-length data were generated by a harmonic function (Jones 1983).

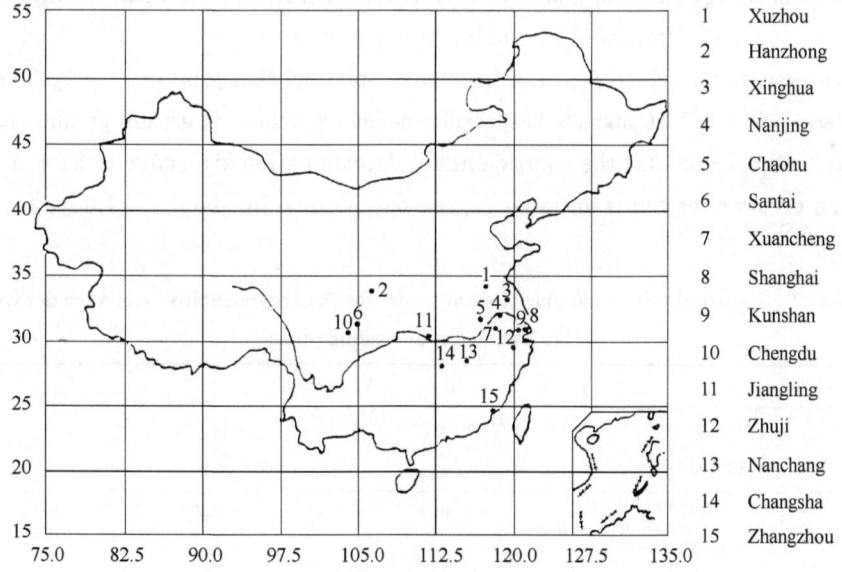

Fig. 2 The locations for the climatic-ecological joint experiments in the Yangtze Valley, China (1985—1986)

4 Parameters in the submodels

4.1 Phenological submodel

Following the procedures described in the section on Description of the model, the phenological submodel was fitted to both the crop data and environmental data, then the relevant parameters were obtained which are shown in Table 2.

Table 2 Parameters of the phenological submodel for four representative rice varieties

Development phase	Parameter	Varieties			
		S. U. 63 Hybrid	D. T. W. X. Medium i.	7038 Medium j.	10175 Late j.
Sowing—emergence	k'	−0.60	−0.83	−0.70	−0.65
	P'	0.40	0.45	0.56	0.80
Emergence—heading	k'	−4.387	−4.372	−4.080	−4.235
	P'	1.265	1.117	2.761	1.711
	Q'	0.777	0.421	1.628	1.000
	G'	0.0	0.0	−0.291	−0.359
Heading—maturity	k'	−3.560	−3.498	−3.327	−3.575
	P'	0.226	0.269	0.875	0.335

i., *Oryza indica*; j., *Oryza japonica*.

Taking into account that the developmental phase from emergence to heading varies greatly and largely determines the overall growth duration (Gao *et al*. 1987), Table 3 gives some statistical tests for the phase from emergence to heading only.

According to the parameters listed in Table 2, it is easy to distinguish the basic duration (i.e. $1/e^{k'}$), thermal and photoperiod sensitivities for different rice varieties. For example, during the phase from emergence to heading, the late japonica with early maturity is the most strongly sensitive to the photoperiod ($G' = -0.359$), followed by the medium japonica ($G' = -0.291$), and the medium indica and hybrid are essentially referred to the insensitive-photoperiod type ($G'=0$). The thermal sensitivity (represented by P', Q') of japonica (especially medium japonica) is usually greater than that of indica.

From Table 3 we can see that the coefficients of determination are above 0.84 and the phenological submodel reduced errors over the traditional degree-day method by about 1—4 days for indica and 3—4 days for japonica.

Table 3 Statistical test of the phenological model for four representative rice varieties from the emergence to heading phase

Statistics	Varieties			
	S. U. 63 Hybrid i.	D. T. W. X Medium i.	7038 Medium j.	10175 Late j.
R^a	0.841**	0.869**	0.924**	0.955**
SE^b	4.01	3.23	3.24	3.39
SE'^c	5.41	4.44	6.41	7.32
n^d	16	41	16	38

[a] Coefficient of determination of the submodel;
[b] Standard error in days of the submodel;
[c] Standard error in days of the degree-day method;
[d] Sample size.
i., *Oryza indica*; j., *Oryza japonica*.
** Significant at 1% statistical level.

4.2 Leaf age submodel

In Table 4, the statistical test shows that the coefficients of determination (R) for the two representative varieties are greater than 0.90. The standard errors (SE) in leaf age are less than 1.

Table 4 Parameters of the leaf age submodel and its statistics tests for two rice varieties

Varieties	Parameter			Statistics		
	c'	a'	b'	R	n	SE
D.T.W.X.	−0.20	0.25	0.68	0.960**	90	0.63
N.J.10175	0.05	0.48	0.67	0.903**	90	0.72

** Significant at 1% statistical level.

4.3 Submodel of total leaf number

Table 5 illustrates how the phenological and leaf age submodels can be combined, with an example of the D.T.W.X. variety. The development phase concerned is from emergence to heading.

According to the phenological submodel (eqn. (4)), we first calculated N, the number of actual days covering the phase, then used N and the mean daily temperature data within the phase with the leaf age submodel (eqn. (6)) to calculate the whole leaf age (L_w). Finally, we compared L_w with the actual total leaf age (L_t). There exists a significant correlation coefficient between L_w and L_t, with a SE of 1.0 leaf. Their difference m is equal to 1.4 (in leaf age), showing that the time interval from the fully developed flag leaf to heading is equivalent to 1.4 leaf age.

Table 5 Combination of the phenological and leaf age submodels and their statistical test (variety: D.T.W.X.)

Number of physiological days of development N_o	Mean growth duration simulated (in days) N	Mean whole leaf age simulated L_w	Mean actual total leaf age L_t	R	Mean difference between actual and simulated leaf ages m	Standard error in leaf age	Sample size n
79.2	94.7	17.7	16.3	0.638***	1.4	1.0	34

*** Significant at 0.1% statistical level.

5 Physiological age and rice calendar

In this paper, the concept of development index (DVI) was used to identify quantitatively the development processes between emergence and heading for rice crop. The DVI is defined as

$$DVI_j = \left(\frac{N_{jO}}{N_O}\right) \qquad (11)$$

where DVI_j is the plant's physiological age corresponding to jth leaf age; N_{jO} and N_O are, respectively, the numbers of physiological days of jth leaf and the whole duration in days from emergence to heading under optimum conditions. For a given variety grown at a certain location with a certain sowing date, constant DVI values are often required for bearing a certain leaf number and for the appearance of various organs. Therefore, DVI serves as a good criterion for simulation of the development processes.

Using the local climatic data, a rice calendar for a given variety at a certain location could be constructed, which is of considerable importance in rice cultural management. Table 6 shows an example.

6 Validation of the model

Model predictions of heading date were tested with the Rice Clock Model. Table 7 and Fig. 3 make comparisons between the measured and simulated dates for the S. U. 63 variety, obtained from an independent study conducted at six locations in Jiangsu Province, during 1988—1989. An average error in heading date with a SD of about 3.5 days and a correlation coefficient as high as 0.88 indicate that the model behaves satisfactorily.

Table 6 Schematic of rice calendar

(variety: D. T. W. X. ; sowing date: 30 April, Nanjing)

	Development index(DVI)																		
	0.01	0.04	0.07	0.11	0.15	0.20	0.24	0.30	0.35	0.41	0.47	0.54	0.60	0.67	0.74	0.82	0.89	0.97	1.00
Number of physiological days	1.3	3.7	6.6	10.1	14.0	18.3	22.9	27.8	33.1	38.6	44.3	50.3	56.6	63.0	69.7	76.6	83.7	91.0	94.0
Leaf age	1	2	3	4	5	6	7	8	9	10	11	12	13	14	15	16	17[a]	18	18.4[b]
Elongation of leaf sheaths	1	2	3	4	5	6	7	8	9	10	11	12	13	14	15	16	17		
Elongation of leaf blade	0	1	2	3	4	5	6	7	8	9	10	11	12	13	14	15	16		
Emergence of primary tillers	—	—	0	1	2	3	4	5	6										
Root's growth	—	—	0	1	2	3	4	5	6	7	8	9							
Elongation of internodes													1	2	3	4	5		c
Panicle development														d	e	f	g	h	i	j

[a] Total leaf age; [b] Whole leaf age; [c] Panicle axis; [d] Initial stage of panicle; [e] Primary branch differentiation; [f] Panicle primordia differentiation; [g] End of spikelet number increase; [h] Active stage of reduction division; [i] Pollen formation stage; [j] Heading.

Table 7 Comparison between predicted and measured duration in days from emergence to heading for the model validation, using a hybrid indica rice of S. U. 63, at six locations in Jiangsu Province, 1988—1989

Location		Year	Growth duration in days		
			Predicted	Measured	Difference
Nanjing	32°00′N	1988a	99	102	−3
	118°48′E	b	90	90	0
		1989a	98	98	0
		b	93	95	−2
Baoying	33°14′N	1988a	100	107	−7
	119°18′E	b	91	94	−3
Wujin	31°46′N	1988a	90	87	−3
	119°56′E	1989a	92	90	2
Dongtai	32°51′N	1988a	106	109	−3
	120°18′E	b	95	93	2
		1989a	107	102	5
		b	97	93	4

(continued)

Location		Year	Growth duration in days		
			Predicted	Measured	Difference
Huaiyin	33°36′N 119°02′E	1988a	96	93	3
		b	91	89	−2
Suqian	33°57′N 118°14′E	1988a	93	98	−5
		b	90	90	0
		1989a	105	105	0
		b	97	97	0
Mean			95.7	95.7	0
Standard deviation			—	—	3.5

a, the first sowing date; b, the second sowing date.

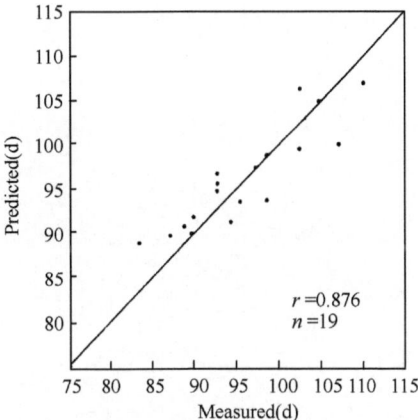

Fig. 3 Relationship between predicted and measured duration in days from emergence to heading for the S. U. 63 variety at six locations in Jiangsu Province, China

References

Brown D M, Chapman L. 1960. Soybean ecology: Development-temperature-moisture relationship from field studies. *Agron J*, **52**: 496—499

Chang T T, Oka I. 1976. Genetic information in the climatic adaptability of rice cultivars. In: Proceedings of the Symposium on Climate and Rice, International Rice Research Institute, Los Banos, Philippines. pp. 87—111

De Datta K. 1981. Principles and Practices of Rice Production. John Wiley, New York, pp. 25—40

Ding Y. (Ed.). 1961. Cultivation of Chinese Paddy Rice. Agric. Publishing House, Beijing, pp. 101—113 (in Chinese)

Gao L Z, Jin Z Q, Li L. 1987. Photo-thermal models of rice growth duration for various varietal types in China. *Agric Meteorol*, **39**: 205—213

Jones H G. 1983. Plant and Microclimate. Cambridge University Press, London. pp. 281—283

Li W Z, et al. 1982. Operation Analysis. Qinghua University, Beijing, pp. 185—186 (in Chinese)

Lin Q H. (Ed.). 1991. Leaf Age Pattern for Rice and Its Applications. Jiangsu Science and Technical Publishing House. Nanjing, pp. 4—17 (in Chinese)

Matsushima S. 1984. Crop Science in Rice. Nippon Koei, Tokyo, pp. 89—109

Nuttonson M Y. 1948. Some preliminary observations of phenological data as a tool in the study of photoperiod and thermal requirements of various plant material. Vernalization and photoperiodism. A symposium, Waltham, Mass,

Chronica Botanica, pp. 129—143

Penning de Vries F W T, Jasen D M, Ten Berge H F M, Bakema A. 1989. Simulation of Ecophysiological Processes of Growth in Several Annual Crops. IRRI-PUDOC, Wageningen Netherlands. pp. 73—81.

Ritchie J T, Alocilja E C, Singh U, Uehera G. 1987. IBSNAT and the CERES-Rice mode. In: Weather and Rice—Proceeding of the international workshop on the Impact of Weather Parameters on Growth and Yield of Rice. IRRI, Los Banos, Philippines, pp. 271—281

Yoshida s. 1981. Fundamentals of Rice Crop Science. International Rice Research Institute, Los Banos, Philippines, pp. 17—61

农业系统学基础(专著)

(前言与目录)

高亮之

(江苏科学技术出版社,1993年)

前 言

近代农业科学如果从植物光合作用的发现算起,已经有200年的历史。农业科学发展到今天,一直是在农业各个专业学科的范围内取得进展,关于农业的整体性问题,没有得到足够的重视。自从英国泰斯来提出生态系统的概念以来,西方一些有见识的农业科学家开始探索农业系统问题。1969年英国斯佩亭写出一本《农业系统绪论》的著作,简要地介绍了作者对农业系统的认识。此后,欧洲出版了《农业系统》的国际性杂志,推动了各国关于农业系统的研究。但至今为止,还没有一本系统地论述农业系统的原理、方法及其应用的著作,农业系统研究还没有形成一门独立的学科。

笔者开始是在自己的农业科学实践中逐步地加深对农业整体性与农业系统的理解的。笔者1946年进入浙江大学农学院学习,当时感到农学院虽然设有农学专业课程,但并没有哪一门是关于农业整体性的内容的,毕业生一般对农业仍缺乏一种整体的认识。20世纪50年代起,从事农业气象研究,并参加了中国著名水稻劳模陈永康的水稻高产经验的研究工作。陈永康通过几十年的实践提出水稻高产栽培必须"看天、看田、看庄稼"的经验,将农业气象、农业土壤、作物生理与作物栽培密切地联系在一起,给予笔者以深刻的启发:作物栽培是一项多学科组成的综合技术。20世纪60~70年代,本人又多次在农村从事农业研究,直接考察了农业生产过程,初步建立这样的认识:农业是由农业环境、农业生物、农业技术与农业经济四个基本要素组成的整体。1982~1983年,笔者在美国俄勒冈州立大学作物系从事首蓿计算机系统模拟的合作研究,广泛阅读了近10年来欧美各国关于农业系统研究以及各种系统方法在农业中应用的论文与著作。此后在国际交往中,还有幸结识了欧洲与美国多位从事农业系统研究的著名专家,与他们交换了关于农业系统研究的观点与方法,并于1984年编写了《系统论及其方法》一书。1985年由笔者主持举办了全国性的"农业系统模拟与系统工程"讲习班。1987年在南京农业大学正式为研究生与留学生开设"农业系统学基础"课程,在此基础上,经对讲稿作了较大幅度修改后写出了本书。本书是国内外第一本系统地阐述农业系统的原理、方法与应用的"农业系统学"的学术著作。

农业系统学是关于农业整体性的科学,其原理与方法适用于种植业、畜牧业、林业、渔业与农村工业。农业系统学对于农业的领导与管理工作,对于农业的研究、教育、推广工作,对于与农业有联系的工业、商业、金融业等工作都有指导作用。农业系统学并不能代替农业各专业学科,然而它的原理与方法对于各种农业专业学科,如作物育种学、栽培学、植物保护学、土壤肥料学、农业气象学、耕作学、农业机械学、农业经济学等都具有一定的指导性。农业系统学是农业信息化理论与方法的基础。农业系统学的一个重要应用领域,就是在宏观农业与农业各专业领域内,广泛应用信息技术与电子计算机,广泛建立农业信息与控制系统,促使在农业与农业科学领域内发生一场信息革命,这将是21世纪农业与农业科学的一个激动人心的发展前景。

本书在阐述农业系统原理的同时,总结了人类自古至今世界范围内的农业发展经验,特别重视对当代中国农业发展中的某些经验教训的总结,对当代中国农业提出了一系列建议,以求为中国农业的持续而稳定地发展,为中国的社会主义现代化建设有所贡献。

本书绪论部分着重论述农业整体性研究的必要性,并从东、西方农业科学的发展特点论述农业系统学的形成基础。第一篇系统地阐述农业系统的八个基本原理,这是全书的理论基础。第二篇系统论述了农业系统的方法体系,对一些重要的农业系统方法进行较具体地介绍,并根据农业系统原理与方法提出了"系统农业"的体系,要求在宏观农业与各农业专业中广泛建立具有适应性的、有综合功效与综合结构的高效率的农业系统;并且提出了农业信息革命的问题。

由于农业系统学目前还正处在诞生的初期,因此本书在理论与方法体系方面的探讨肯定还有不够成熟之处,有待今后多方面的农业系统研究成果来加以充实与完善。

本书在写作过程中得到笔者妻子张立中,笔者在江苏省农业科学院农业系统与信息研究中心的同事金焱鑫、金之庆、黄耀等的大力协助,在此深表感谢。

目 录

绪 论
 一、农业系统学的任务
 二、农业系统学的形成与发展
  (一)东、西方的古代文化
  (二)中国传统农业科学的发展
  (三)西方近代农业科学的发展
  (四)东、西方农学的结合
 三、农业系统学与当代新兴学科
  (一)生态系统理论
  (二)系统科学
  (三)运筹学
  (四)农业系统的研究
  (五)计算机技术

第一篇 农业系统原理

第一章 农业系统的结构原理
 一、什么是农业
 二、农业的部门结构
  (一)农业概念的三个层次
  (二)农业的八个部门
  (三)农业部门结构的整体性
 三、农业的要素结构
  (一)不同学科对农业基本要素的认识
  (二)农业的四个基本要素
 四、农业的网络结构
  (一)农业生物要素的网络结构
  (二)农业环境要素的网络结构
  (三)农业技术要素的网络结构
  (四)农业经济社会要素的网络结构
  (五)农业整体的网络结构

五、农业系统的地理结构
  (一)两大类型国家农业的差别
  (二)两大类型国家农业之间的相互联系
  (三)两大类型国家农业内部的联系
本章小结

第二章 农业系统的依存原理

一、自然、社会大系统是农业的主系统或大环境
二、农业与自然大系统的相互依存
三、农业与经济相互依存
  (一)经济对农业的依存——农业对经济的贡献
  (二)农业对经济的依存
四、农业与政治制度的相互依存
五、农业与思想文化的相互依存
本章小结

第三章 农业系统的目标原理

一、农业目标问题的重要性
  (一)农业目标在理论上的重要性
  (二)农业目标在实践上的重要性
二、农业目标问题的讨论
  (一)单目标或多目标
  (二)相同目标或共同目标
  (三)最优目标或满意目标
三、农业的综合性多目标
  (一)农业的全社会效益
  (二)农业经营者效益
  (三)农业的生态效益
本章小结

第四章 农业系统的平衡原理

一、农业系统的动态平衡与对立统一
二、农业系统的五个平衡过程
  (一)农业供需平衡
  (二)农业生态平衡
  (三)农业投入产出平衡
  (四)农业效益平衡
  (五)农业环境资源平衡
三、农业系统的综合平衡
四、农业的有限增长规律
  (一)农业增长并不是无限的
  (二)农业投入报酬从递增趋向递减
  (三)农业潜力的逐步开发与农业的阶梯式增长
本章小结

第五章 农业系统的流通原理

一、农业系统的能量流通

二、农业系统的物质流通
  （一）农业系统与自然、经济系统的物质流通
  （二）农业系统中水的流通
  （三）农业系统中的矿质养分流通
三、农业系统的财富流通
  （一）财富及其形成
  （二）农业系统的投入财富
  （三）农业系统的输出财富
  （四）地区之间的农业财富流通
四、农业系统的信息流通
  （一）什么是信息
  （二）信息的衡量
  （三）农业系统的信息与决策
  （四）农业信息流通的网络结构
本章小结

第六章　农业系统的适应原理

一、自然适应性与农业系统适应性
  （一）自然适应性与多样性
  （二）农业系统适应性与多样性
二、农业系统对自然、社会大系统的适应性
  （一）农业系统必须适应社会经济大系统
  （二）农业系统必须适应自然大系统
三、农业生物的综合适应性
四、农业环境的综合适应性
五、农业技术的综合适应性
六、农业经济的综合适应性
本章小结

第七章　农业系统的控制原理

一、系统的无序与有序
  （一）系统的平衡性与稳定性
  （二）孤立系统与封闭系统的无序与有序
  （三）开放系统的无序与有序
二、农业系统的有序性与稳定性
  （一）农业系统有序性的发展
  （二）农业系统的负熵流
  （三）农业系统的超熵产生
  （四）农业系统的约束条件与稳定性
三、农业系统的不稳定性
  （一）周期性的农业不稳定
  （二）突发性的农业不稳定
  （三）趋势性的农业不稳定
四、控制论与农业控制论
  （一）控制论与控制系统
  （二）农业控制论
本章小结

第八章　农业系统的发展原理

一、农业系统的历史发展
  (一)原始农业(1 万年前到公元前 4000 年左右)
  (二)古代农业(公元前 4000 年开始)
  (三)近代农业(公元 16 世纪开始)
  (四)现代农业(公元 20 世纪中叶开始)

二、当代中国农业的发展
  (一)当代中国农业发展简史
  (二)中国农业的基本特点
  (三)当代中国农业的历史阶段
  (四)当代中国农业的伟大转型
  (五)中国当代农业的若干对策

本章与本篇小结

第二篇　农业系统方法

第九章　农业系统方法论

一、农业科学传统方法的评价
二、农业系统方法体系
三、关于农业系统方法的若干问题
  (一)农业系统方法与农业系统工程
  (二)农业系统方法中定性与定量的关系
  (三)农业系统方法与试验、统计方法的关系

第十章　农业系统分析

一、农业系统分析的特点
二、农业系统分析的内容
  (一)结构分析
  (二)依存分析
  (三)目标分析
  (四)功能分析
三、农业系统分析的方法
  (一)调查研究
  (二)图像分析
  (三)相关分析
  (四)通径分析
  (五)主成分分析
  (六)层次分析(AHP)
  (七)聚类分析
  (八)关联分析

第十一章　农业系统的数学模型

一、概述
  (一)农业系统数量化与数学模型
  (二)农业系统数学模型的重要意义

(三)农业系统数学模型的科学基础
(四)农业系统数学模型的研究进展
二、农业系统数学模型的方法论
(一)农业系统数学模型的基本原理
(二)农业系统数学模型建立的基本方法
三、农业生物因素的数学模型
(一)生产过程的数学模型
(二)光合作用的数学模型
(三)呼吸作用的数学模型
(四)干物质分配与产量形成的数学模型
四、农业环境因素的数学模型
(一)农业气候因素的数学模型
(二)农业土壤因素的数学模型
(三)农业生物环境因素的数学模型
五、农业技术因素的数学模型
(一)作物播种期
(二)作物密度
(三)作物施肥量
(四)作物需水量与灌溉量
六、农业经济因素的数学模型
(一)农业经济指标
(二)农业经济的边际分析
(三)农业生产函数分析

本章小结

第十二章 农业系统模拟

一、概述
(一)系统模拟与模拟模型
(二)系统模拟的分类
(三)计算机模拟对农业科研与生产的意义
二、农业系统计算机模拟的准备与步骤
(一)农业系统计算机程序框图
(二)农业系统计算机流程图
三、计算机程序的编制
(一)程序语言的选择
(二)时间表示
(三)文字符号的确定
(四)数学模型的运算公式的确定
(五)程序设计
(六)模型中的随机因素
四、模型的验证与检验
(一)模型的验证
(二)模型的检验

第十三章 农业系统预测

一、概述
(一)农业系统预测的内容

(二)农业系统预测的时效

(三)农业系统预测的特点

二、农业系统预测的基本方法

(一)专家咨询法(特尔菲法)

(二)趋势预测法

(三)因子回归预测法

(四)正交组合因子预测法

(五)分解预测法

(六)实况逼近预测法

(七)模拟模型预测法

第十四章 农业系统的最优化

一、数学最优化及其农业应用

(一)线性规划

(二)参数规划

(三)非线性规划

(四)动态规划

(五)目标规划

(六)决策论

(七)多指标决策

二、农业生态最优化

(一)自然生态最优与农业生态最优

(二)单因子最优与多因子最优

(三)单过程最优与多过程最优

(四)个体与群体最优

三、农业经济最优化

四、农业决策最优化

(一)农业多指标判别分析

(二)农业计算机模拟布局分析

(三)农业计算机模拟、优化、决策系统

第十五章 农业系统工程的实施

一、概述

(一)农业系统工程的结构

(二)农业系统工程的特点

(三)农业系统工程的要求

二、农业信息系统

(一)农业信息系统的内容

(二)农业信息系统的要求

三、农业调控系统

(一)农业调控系统的形式及其软件

(二)开环与闭环农业调控系统

(三)农业层次与部门之间的控制系统

(四)农业长期发展的调控系统

四、农业决策系统

(一)农业系统工程的咨询者与决策者

(二)农业决策系统的要求

五、农业执行系统
    (一)农业系统工程的执行者
    (二)对农业执行系统的要求

第十六章　农业系统学的综合应用——系统农业

一、什么是系统农业
二、建立适应性的农业体系
    (一)农业适应性的含义
    (二)农业发展方针的适应性
    (三)农业技术的适应性
    (四)农业系统方法与农业适应性
三、建立综合性的农业体系
    (一)农业综合性的含义
    (二)农业要求具有综合功效
    (三)农业要求具有综合结构
四、建立信息化的农业体系
    (一)信息技术与农业
    (二)宏观农业的信息革命
    (三)农业各专业技术的信息革命

参考文献

水稻气象生态(专著)

(前言与目录)

高亮之　李　林

(农业出版社,1992年)

前　言

我国水稻总产居世界首位。1984年水稻面积49767.6万亩,总产达17809万t,分别占世界水稻总面积的22.5%和总产量的38.0%。水稻亦是我国最重要的粮食作物,它的总产占全国粮食总产的43.8%左右。

我国水稻单产,1984年达358kg/亩。根据严密的科学测算,以及目前高产地区、高产田块的实践经验,水稻单产再提高一倍是有现实可能的。这就意味着水稻总产有可能再增长17000多万t。实现这样一个宏大目标不仅对我国农业发展具有极重要的战略意义,并且在较长时间内亦是有可能实现的。

当然,在全国范围内实现水稻持续地较快地增长,需要付出巨大努力。水稻增产牵涉的方面很多,有经济政策、水利、品种、肥料、病虫、栽培等等。但是还有一个非常重要,而较易被忽视的方面,就是水稻气象问题,从学术上来说就是水稻气象生态。

水稻气象生态在水稻增产中的重要性在于:

1. 水稻增产必须充分而有效地利用气候资源。从水稻增产的本质来说,是提高光能利用率的问题。目前我国水稻对光合有效辐射的利用率仅为0.7%～1.0%。要使水稻单产能提高一倍,就要通过各种措施,将光能利用率提高到1.4%～2.0%。我国具有光、热、水同季的十分优越的水稻气候资源,深入调查研究并开发有利的气候资源,将对我国水稻增产发挥巨大作用。

2. 水稻不但要求高产,还必须要求稳产。而水稻产量不稳定的最主要因素,就是气象变化与气象灾害。每年旱、涝、风、冷、热、阴雨以及由于气象变化引起的病虫猖獗,都给水稻生产带来相当严重的损失。因此,研究了解这些气象灾害的发生规律,通过多种途径防御灾害,减轻损失,无疑是水稻增产的重要保证。

3. 气候条件是水稻生产最重要的环境因素。要在各地区合理地确定水稻种植制度、品种选育和应用、栽培技术、病虫防治技术等,都必须深入地认识并掌握气候与水稻之间的关系。

水稻气象生态不仅在水稻生产实践方面有重要意义,从学术来说,它是稻作科学的必不可少的一门基础学科。水稻气象生态学,全面而系统地阐明气候、气象条件与水稻起源和演化、生长发育、生理过程、栽培技术、灾害发生、稻田微气象等方面的关系。它将作物生理学、农艺学、农业气候学、农业气象学、农田微气象学等多种学科融合在一起,形成一门独立的学科。20世纪50年代以来,世界范围内,特别是中国、日本、印度、菲律宾等国的科学家对水稻气象生态的各个侧面进行了一系列相当深入细致地研究,可以认为,其研究的深度和广度超过任何其他作物。但迄今为止,国际与国内都还缺少一本系统地阐述水稻气象生态的专著。本书作者从事水稻气象生态研究已30余年,在这本著作中,一方面系统地总结作者自己的科研成果,同时又充分地、客观地吸收国内外同行们的科研成果。

作者希望本书能对我国在生产第一线的广大稻作科技工作者有所帮助;同时,亦对作物育种、作物栽培、耕作制度、农业气象、农业气候、农田微气象、种植生理、农田生态等领域的科研或教学工作者有所裨益,从而对我国与国际的稻作生产有所贡献。

本书力求将基础研究与生产应用两方面结合起来。在全书结构上,第一到第七章偏重于基础研究,系统地阐述气候、气象条件与水稻起源和演化、水稻生长发育、水稻生理、水稻光能利用、水稻生育期与稻田微气象的关系；第八、第九两章偏重于应用，阐述气候、气象条件与水稻栽培技术、稻作制度、气象灾害等的关系。

本书第一到第七章为高亮之撰写，第八、第九章为李林撰写。全书写作过程中，张立中和金之庆对前几章的成稿做了大量的工作；林武、陈华、葛道阔、嵇福建参加了部分抄写与绘图等工作。本书有关章节曾得到俞履圻、杨立炯、崔继林等我国稻作科学界前辈的指正，在此一并致谢。

高亮之
1987 年 12 月 12 日

目　录

第一章　绪论

第二章　气候与水稻起源与演化

一、水稻的起源

二、水稻品种的演化

第三章　水稻生长发育的气象生态

一、水稻萌发与秧苗生长的气象生态

二、水稻返青与分蘖的气象生态

三、水稻穗形成与开花的气象生态

四、水稻灌浆成熟的气象生态

第四章　水稻光合、呼吸作用的气象生态

一、水稻光合作用的气象生态

二、水稻呼吸作用的气象生态

第五章　水稻群体的光分布与光能利用

一、水稻群体的几何结构

二、水稻群体的光分布

三、水稻群体的光合生产

四、水稻群体的适宜叶面积

五、水稻的光能利用与生产潜力

第六章　水稻生育期的气象生态

一、水稻生育期的重要性

二、水稻生育期的"三性"

三、我国水稻品种的光温特性

四、水稻生育期对日长反应的生态生理

五、水稻生育期的农业气象模式

第七章　水稻田微气象

　　一、稻田辐射的透入与反射
　　二、稻田辐射平衡
　　三、稻田热量平衡
　　四、稻田湍流交换
　　五、稻田温度变化及其调节
　　六、稻田风速分布
　　七、稻田 CO_2 分布与交换

第八章　水稻栽培的气象生态

　　一、水稻栽培季节的气象生态
　　二、水稻培育壮秧的气象生态
　　三、水稻合理密植的气象生态
　　四、水稻施肥技术的气象生态
　　五、水稻灌溉技术的气象生态
　　六、稻作制度的气候生态

第九章　水稻气象灾害

　　一、水稻的低温冷害
　　二、水稻的高温热害
　　三、水稻的旱害
　　四、水稻的风雨害

附表　本书主要符号说明

水稻栽培计算机模拟优化决策系统(专著)

(绪论与目录)

高亮之等

(中国农业科技出版社,1992年)

绪　论

　　近10年来,国际上两个方面的新技术都得到迅速发展:一个方面是计算机技术,另一个方面是作物模拟技术。

　　微型计算机的发展势头很猛。1981年美国IBM公司推出IBM PC,采用Intel公司的8088微处理器,外部8位,内部16位,内存640 KB;1983年推出IBM PC/XT,增加了硬盘;1985年推出IBM PC/AT,增加了配置协处理器的能力。1988年Intel公司推出80286微处理器,内外部均为16位,内存容量可以扩充到4 MB;1989年推出80386微处理器,内存容量可以达到4 GB(1 GB=1000 MB);1990年又推出80486,将协处理器固化,内存容量可达64 GB。可以预见,80586、80686微处理器将不久问世。在微机技术不断提高的同时,其价格不断地下跌,这为在农业生产与作物栽培中广泛应用计算机技术创造了极为有利的条件。

　　70年代后期以来,计算机网络技术得到迅速发展,其主要标志是局域网的商品化与标准化。1977年国际标准化组织(ISO)制定出开放式系统互连(Open System Interconnection),简称OSI,现已成为国际公认的网络互连协议。1980年美国电气和电子工程师学会(IEEE)又提出了一系列局域网的技术标准。计算机的局域网与远程网正在迅速地向农业部门普及,使农业进入了信息化的新时代。

　　在硬件发展的同时,计算机软件技术亦发展很快。1983年美国国家标准局(ANSI)制定了C语言新标准,C语言由于具有丰富的运算符与数据结构,又能对硬件进行操作,已成为广泛应用的计算机语言。80年代以来地理信息系统(GIS)在许多与农业有关的领域得到应用与发展。以Prolog为代表的人工智能语言推动了各种农业专家系统的建立。

　　在与农业有关的计算机软件方面,最值得注意的就是作物计算机模拟模型的发展。

　　作物模拟技术于1965年由美国W. G. Duncan与荷兰C. T. de Wit二人首创。早期的模型主要是对作物的光合作用、呼吸作用以及物质分配等生理过程进行模拟,其目的是解释作物与环境的数量关系,与实际应用尚距离较远。因此在六七十年代,模拟技术的重要性还远没有为广大农业科技工作者所认识。

　　80年代以来,美国J. T. Ritchie等(1986)研制成CERES(作物-环境资源综合系统)模型。该模型不仅将作物生长发育与天气等不可控因子相结合,而且还与水分、土壤养分等可控因子相结合,可以预测特定地点特定品种的产量,对指导栽培具有一定的咨询价值。美国近年来发展的EPIC(侵蚀—生产力影响计算者)模型(Williams等1989),可对土壤侵蚀等因子进行模拟,并提供水土保护策略方面的咨询。荷兰Penning de Vries等(1989)研制的MACROS模型,将作物产量分为4个层次,即最佳环境、水分受限制、N素受限制与P肥受限制。总之,国外的作物模拟模型发展到目前为止,已经涉及到10多种作物,内容上不断扩充,方法上亦不断改进,但是与生产实际的结合还不够紧密,一般都难以直接应用于农业生产。

　　作物模拟技术是以计算机为手段,对作物生长发育与产量形成过程进行模拟的一项新兴技术。其主要学科基础是作物生理学与作物生态学。而作物栽培技术的制定,是以作物栽培学为主要学科基础的。作物栽培学不仅与作物生理、生态学有关,还与农业气象学、土壤肥料学、耕作学、农业机械学、植物保护学与农业经济学等有关。因此，作物栽培学是一门综合性与应用性更强的农业科学。尤为重要的是，作物栽培学不仅要了解或解释作物是怎样生长发育的，还要在不断变化的自然环境与经济条件下，针对不同的品种进行一系列栽培措施（如播期、播量、施肥期与施肥量、灌溉期与灌溉量、病虫防治方法等）的抉择。这实质上蕴含着作物栽培的优化与决策原理。没有优化与决策，就不存在作物栽培学。

我们自 80 年代初期以来，长期探索在作物计算机模型中怎样将作物模拟技术与作物栽培的优化决策相结合。经过八年的努力，终于完成了本系统，即水稻栽培计算机模拟优化决策系统，英文名为 Rice Cultivational Simulation-Optimization-Decision Making System），简称 RCSODS，或称 CCSODS-RICE。

CCSODS 是作物栽培计算机模拟优化决策系统的系列总称，其他作物的 CCSODS 将陆续研制产生。

RCSODS 基本上实现了将作物模拟技术与作物栽培的优化决策原理相结合的目标。该系统同时具有以下四个特性：

（1）机理性：RCSODS 以水稻模拟为基础，即根据作物生理生态学的基本原理，应用计算机技术，模拟水稻的生长发育、光合生产、器官建成与产量形成等过程。因此，RCSODS 具有较强的机理性，这是它有别于农业专家系统以及旋转回归设计等其他方法之处。正由于机理性强，本系统才可能具有广泛的通用性。

（2）应用性：RCSODS 根据作物栽培的优化、决策原理，可在计算机上直接输出一系列适宜的栽培指标与栽培措施，如适宜播期、适宜播量、适宜栽期、适宜栽插密度、适宜肥水管理、适宜病虫防治等等。因此，本系统可以直接应用于农业生产，这是它与单纯的作物模拟模型相比所具有的基本优点。

（3）通用性：由于本系统兼备机理性和应用性，并且还可以将基本的作物模拟、优化原理与不同的遗传参数、环境参数相结合，因此具有相当广泛的通用性。亦就是说，它可以在很大的范围内（例如全国），针对不同品种、不同地点、不同气候、不同土壤、不同前茬、不同育秧方式、不同经济条件而普遍应用。当然，在不同地区应用时，尚需要当地科技工作者对本系统作一些工作量不大的调试，并输入必要的环境数据。

（4）综合性：本系统的研制目标在于能应用于生产，因此它涉及到与水稻栽培有关的众多因素，包括生物因子（水稻的生长发育、光合生产、产量形成）、环境因子（气候、地形、土壤、病害、虫害）、技术因子（品种选择与各种栽培技术措施）与经济因子（在优化决策中都考虑到经济效益）。综合性强亦是 RCSODS 的一个重要特点。

本研究得到国家自然科学基金委员会与农业部的重点资助，即：

• 水稻生态系统的计算机模拟与系统工程研究，1984～1988，国家自然科学基金委员会资助；
• 电子计算机在农业上的应用——水稻高产栽培计算机模拟决策系统的研究，1986～1990，农业部资助；
• 水稻生理生态系统及其决策最优化的计算机模拟研究，1990～1992，国家自然科学基金委员会资助。

1984 年完成了概念性模型的总体设计，1985、1986 两年在中国长江流域及其毗邻地区川、陕、鄂、湘、赣、皖、苏、浙、闽、沪等 10 个省（市）设 8～15 个试点进行了水稻气候生态联合试验，供试品种共 20 个。其中杂交籼稻品种 2 个，杂交粳稻品种 2 个，中籼品种 6 个，中、晚粳品种 7 个，糯稻品种 3 个。图 1 为各试点在长江流域及毗邻地区的分布情况。

1987～1988 年相继完成"水稻计算机模拟模型 RICEMOD"（Rice Computer Simulation Model）的研制和系统的组装。RICEMOD 包括了水稻发育期动态模型、叶龄动态模型、光合生产模型、最适叶面积动态模型以及穗粒结构模型等。同时还包括了对长江流域常年气候条件下不同水稻品种类型的最适季节、最适基本苗、最适群体动态与最适穗粒结构的宏观分析以及"库"、"源"协调性分析等。RICEMOD 为以后 RCSODS 的研制成功奠定了基础。

为了分析肥料条件对水稻生长发育与产量形成的影响，1988、1989 两年在江苏省南京、武进、淮阴、宿迁、宝应、东台 6 个市（县）进行了不同施肥水平的田间试验，供试品种为杂交籼稻汕优 63 及籼粳亚种

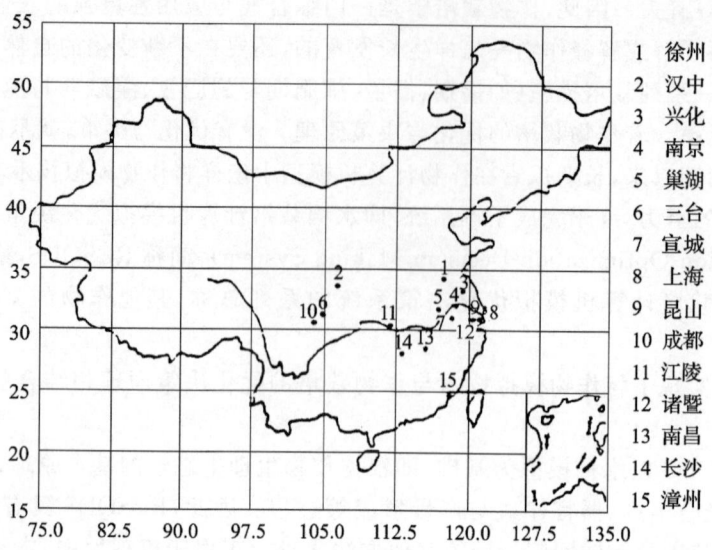

图1　长江流域水稻气候生态联合试验试点分布示意图(1985~1986)

间杂交稻亚优2号(南京点)。1989~1991年全面完成了 RCSODS 的研制、验证和系统的总装,并于1992年起陆续在全国13个省(市)示范推广。

本系统在推广应用的过程中,还有待于根据实践经验不断地加以修改与完善。今后将会陆续有新的版本提供给广大用户。

本书采用中、英两种文字撰写(英文本将随后出版),目的在于加强国际间的学术交流。

目　录

序

第一章　绪　论

第二章　系统的原理

一、水稻栽培计算机模拟优化决策系统(RCSODS)的一般原理

二、水稻模拟原理

三、水稻栽培的优化原理

四、水稻栽培模型中模拟与优化的结合

五、水稻栽培的决策原理

六、方法论——栽培机理与栽培经验相结合

第三章　系统的功能与结构

一、系统的功能

二、系统的结构

三、系统的运行环境

第四章　水稻模拟的数学模型

一、生育期动态模型

二、叶龄动态模型

三、器官形成模型

四、叶面积与光合生产动态模型

五、茎蘖动态模型

六、氮素动态模型

七、产量形成模型

第五章 水稻栽培优化的数学模型

一、最佳季节模型

二、最佳叶面积动态模型

三、最佳茎蘖动态模型

四、最佳产量模型

五、最佳施肥决策模型

第六章 各子系统的设计与功能

一、水稻栽培的常年决策

二、水稻增产增收关键分析

三、水稻高产栽培模式图

四、水稻栽培计算机试验

五、水稻苗情预测与当年栽培决策

六、水稻病虫害预测与防治决策

七、水稻品种适应性与地区性决策

八、水稻品种参数调整

第七章 系统的检验

一、检验模型的统计判据

二、发育期模型的检验

三、叶龄模型的检验

四、光合生产模型的检验

第八章 系统的应用与推广前景

参考文献

附录

一、水稻钟模型——水稻发育动态的计算机模型

二、水稻最适群体动态的决策模型

三、水稻群体光合生产的动态模拟模型

四、长江流域水稻生产的最适季节与光合产量

五、估算水稻产量成分和库产量的模拟模型

六、长江流域水稻穗粒结构的地理分布及库源关系协调性分析

农业系统学与系统农业

高 亮 之

(中国科协三届二次全委会学术论文,1993年)

一、什么是农业系统学

农业是由农业生物、农业环境、农业技术、农业经济四大要素组成的复杂系统,这就是农业的整体性。

近代与现代的农业科学都是由农业的各专业学科所组成。如土壤肥料学、农业气象学、遗传育种学、作物栽培学、植物病理学、农业昆虫学、农业经济学等,它们都是研究农业的某一个侧面,而并不研究农业的整体。

由于对农业的整体缺少研究,往往影响农业宏观决策的正确性,这对农业的全面发展十分不利。这不仅是我国的问题,也是世界各国的共同问题。因此,完全有必要建立一门新学科——农业系统学。农业系统学就是研究农业整体性的科学,是将农业作为一个完整的系统来研究的科学。

农业系统学的任务,是要系统而全面地揭示农业系统的结构、功能与运行原则,提出一整套农业系统的研究方法,并为一个国家、地区或农业经营单位的宏观农业发展,以及各农业部门(种植业、畜牧业、林业、水产业等等)发展的最优决策,提供科学依据。

二、农业系统学和我国农业发展

农业系统学对我国的农业发展具有特别重要的意义,这是因为:

(1)迄今为止,我国仍有80%人口生活在农村,农业发展状况与整个国民经济的发展关系极大。农业系统学将农业与整个国民经济密切联系起来进行研究。这是正确制定我国农业宏观决策的重要前提。

(2)我国的农业资源总量是丰富的,但我国有10亿人口,人均的农业资源很少(人均只有1.6亩耕地)。除耕地外,其他草原、山地、水面等面积虽大,但资源开发与利用程度相当低,经济资源亦不足。怎样最合理地利用有限的资源,获取最好的社会效益、经济效益与生态效益,单靠一些专业学科是不够的,必须要将农业作为一个大系统来研究,充分运用系统工程的方法。

(3)我国是社会主义国家,十一届三中全会后,执行计划经济与商品经济相结合的方针。农业的发展固然要依靠市场机制的调节,而各级政府的农业方针、政策、计划投资等宏观决策对农业的发展关系亦极大;而要有正确的农业宏观决策,必须依靠以宏观农业为对象的科学理论与方法。可以认为,农业系统科学对社会主义国家比对资本主义国家更为重要,农业系统科学在社会主义国家亦比在资本主义国家更能发挥作用。

三、发展我国的系统农业

系统农业具有以下内容:
(1)将一个地区的农业与全国的农业密切地联系起来,将中国农业与世界农业密切地联系起来。

(2)将农业与整个国民经济和社会发展密切联系起来。

(3)农业总体系统应包括农业生产业、农村工业(包括支农工业、农后工业、农村工业)、农业商业、农业科技、农业教育、农村建设、农业管理与决策七个方面。

(4)各种农产品,都要将产前、产中、产后三个环节密切结合在一起,建立各种以农产品及其加工产品为中心的生产、供应、储藏、保鲜、加工、包装、运输、经销(包括外贸)农业企业体系或农业食品工业及其销售体系。

(5)调整农业的上层机构,改变部门分立、多头管理、互相牵制的不合理状态,建立农业供应、生产、销售、技术一体化的领导与服务机构。

(6)建立与健全全国性与地方性的农业信息系统。

(7)建立与健全全国性与地区性的农业管理子系统,既保证农业宏观决策的正确性,又能充分地调动广大农业经营者的主动性与积极性。

作物模拟与栽培优化原理的结合——RCSODS

高亮之　金之庆　黄　耀　陈　华

江苏省农业科学院

(原载:《作物杂志》,1994年第3期,4~7页)

一、作物模拟研究的国际进展

作物生长过程的计算机模拟(以下简称作物模拟)是国际上近30年来迅速崛起的一项新技术,它的发展与应用已引起了农学家、作物生理学家、作物生态学家和农业气象学家与日俱增的重视。

作物模拟起源于荷兰和美国。1965年,de Wit研制成玉米光合生产的计算机模拟模型;1967年,Duncan等人发表了有关玉米叶面积与叶片角度对群体光合作用影响的模拟模型。至70~80年代,作物模拟在深度与广度上都得到快速发展,并且日趋综合化与应用化。在美、荷、英、澳、日和前苏联等国家,已研制成10多种作物的模拟模型。其中较著名的有:CERES模型(Crop-Environmental Resource Synthesis),已覆盖了水稻、小麦、玉米、大麦、高粱、木薯、花生、干豆、马铃薯、粟等多种作物;SIMCOT(Simulation of Cotton);EPIC (Erosion-Productivity Impact Calculator);SOYGRO (Soybean Growth Model),以及MACROS (Modules for Annual Crop Simulation)。

传统的农业研究方法大多以田间试验设计与生物统计为基础,在改良作物品种和改进作物栽培方法等方面虽发挥过良好作用,但仍无法摆脱一些固有缺陷的羁绊,如经验性强,解释性差,考虑的因素较少,需要的样本数较大,试验周期过长,费工费时等。作物模拟则将作物生产看成是由作物、环境、技术、经济四要素构成的完整系统,通过揭示作物生长发育、光合生产、器官构建、产量形成等生理过程的内在规律,而建立相应的数学模型。与传统研究方法相比,它具有以下优点:①可以包容数十个乃至几百个重要因子,而传统方法一般只能处理为数很少的因子(如单因子试验、双因子试验等);②可以反映作物生长发育、产量形成、效益构成等内在过程,而传统方法一般只能进行"处理—结果"这类简单的因果分析;③有可能在不同环境与气候条件下模拟作物生产过程,而采用传统方法所得结论常受试验地点与年份的限制;④可以动态(逐日乃至逐时)地模拟作物生长发育和其他生理过程,这是传统方法难以做到的。

但作物模拟毕竟是一门年轻学科,发展时间不长,因此不可避免地还存在一些尚待解决的重要问题。主要表现在:现有各种作物模型多用于科研或教学,直接指导生产的能力还不强。

这一方面固然与某些模型的研制目标有关;但另一方面,一个很重要的原因乃是未能将作物模拟技术与作物栽培的优化原理相联系。作物栽培学作为一项综合性学科,有其自身的理论,通常不是靠模拟技术本身就能完善的。

二、RCSODS的原理——作物模拟技术与栽培优化理论的结合

作物优化理论对于作物生理生态学家和农业气象学家而言,似乎是较陌生的领域,但对作物栽培学家则是一种易被接受的概念。因为栽培学家所研究的正是如何为不同品种在不同环境条件下,制定最适宜的(即最优的)栽培措施。

早在20世纪60~70年代,作者等曾长期参与总结农业劳模陈永康的水稻高产栽培经验,受益良

多。陈永康提出"看天、看地、看庄稼",就是说一切栽培措施的制定都应依据气象变化、土壤性质与肥力,以及作物的长势、长相和叶色等,灵活地加以运用。而在他的灵活性中又蕴含着原则性,即水稻个体的健壮发育与群体的合理发展相统一。这种原则性与灵活性的结合,就是一种作物栽培的优化原理。

作者在美国俄勒冈州立大学从事苜蓿计算机模拟研究时曾尝试将作物模拟与决策理论相结合,并据此阐明在俄勒冈州不同地区和气候条件下,苜蓿的最佳收割次数。当时已意识到:将作物模拟与栽培优化原理相结合,可能是解决用模型指导生产的关键。自1984年开始,作者等在国家自然科学基金委员会与农业部的连续资助下,在长江流域及其毗邻的10个省市,选择了15个有代表性的试点,开展了为期两年的"水稻气候生态联合实验"(1985~1986年),供试品种20余个。此后还在江苏省6个市(县)进行了不同施肥水平和栽插密度的水稻生态试验(1988~1989年)。前后耗时近9年,终于研制成"水稻栽培计算机模拟优化决策系统——RCSODS"(Rice Cultivational Simulation, Optimization and Decision-Making System)。

RCSODS的基本原理就是将水稻模拟技术与水稻栽培的优化原理相结合。RCSODS的各子系统,均以水稻模拟模型与水稻栽培的优化模型相结合为基础,并由此建立各种栽培措施的决策模型。

当今的大多数农业决策模型,其技术路线一般都采用专家系统方法,所建的知识库、推理机等亦都建立在领域专家的经验之上。因农业专家的经验一般都受地区条件的限制,若以某一地区农业专家经验为基础的决策系统,一般难以在条件相差较大的其他地区应用。而RCSODS则不同,它是在作物模拟与优化原理的基础上作出的决策,而不受某一地区专家经验的限制。因此,就有可能广泛地适用于不同品种、不同气候、不同土壤、不同前茬作物、不同播期和地形条件、不同栽培方法等。其优越性要明显高于以专家系统为基础的其他农业决策系统。

三、RCSODS的主要数学模型

RCSODS包含了100多组数学模型,分为两大类:一类是模拟模型,如水稻钟模型、光合生产模型、茎蘖动态模型、氮素动态模型、产量形成模型等,每个模型又含若干个子模型;另一类是优化模型,如最佳季节模型、最佳叶面积动态模型、最佳茎蘖动态模型、最佳产量模型、最佳施肥决策模型等。上述模型均以日为模拟时间单元,其要点如下:

(一)水稻模拟模型

1. 水稻钟模型

在RCSODS中,水稻钟模型主要包括与水稻形态发育有关的3个子模型,即:①发育期模型;②叶龄模型;③器官形成模型。

发育期模型起着时标(time scale)作用,控制着RCSODS在模拟过程中何时应调用哪些子模型与相应的参数值;同时各种优化栽培决策的制定,亦是针对特定生育期的。因此,发育期模型是RCSODS的核心部分。

在研制发育期模型时,遗传特性和环境因素对水稻发育速率的影响都得到充分考虑。对于前者,力图将日本科学家最早提出的"三性",即基本营养生长性、感温性和感光性用数学方程表达出来,并通过变换4个参数(K, P, Q, G)值对不同品种的"三性"进行定量描述。对于环境因素,不仅考虑了"三基点"温度,即上限、最适和下限温度在影响水稻发育方面所起的不同作用,还考虑了日长对发育的影响。

水稻钟模型中提出了发育生理日的概念。一个发育生理日被定义为在最适温光条件下的一个昼夜循环。模型还假定:对于给定的水稻品种,其完成特定生育期所需要的发育生理日数是恒定的。生理日数恒定原理与传统积温法所依据的热量恒定原理(即完成特定生育期所需要的积温为常数)相比较,其机理性与客观性较强是显而易见的。

叶龄模型所依据的理论同样是生理日恒定原理,即对特定的水稻品种来说,由出苗至第 n 叶片出现日所需要的叶龄生理日数是恒定的。一个叶龄生理日被定义为在最适温度条件下的一个昼夜循环。在计算实际叶龄生理日时,除考虑叶龄随着时间推移而渐增外,还考虑温度对叶龄发育的非线性影响。叶龄模型不仅具有模拟各叶片出现日的功能,还可用来预测其他物候期(如有效分蘖终止期、减数分裂期等,这些过细的生育期一般在生育期模型中反映不出来)的指标。

器官形成模型的建立,在 RCSODS 中,主要依据水稻叶龄或余叶龄与蘖、茎、根、穗等器官发育之间的同伸关系。例如,①n 叶与 $n-3$ 叶腋分蘖的伸长同步;②n 叶与 $n-2$ 节间有同伸关系,或倒 n 叶与倒 $n+2$ 节间有同伸关系;③n 叶与 $n-3$ 叶位的根系有同伸关系;④倒 3.5 叶龄与幼穗分化同步出现,等等。

2. 群体光合生产模型

水稻群体光合生产模型可表达为:

$$群体光合生产 = 光合时间 \times 光合面积 \times 光合强度 - 呼吸消耗$$

式中 光合时间的计算在一日之内是指从日出至日没的时间间隔,是所在纬度和日期的函数,可由天文公式求得;在整个生长季是指由出苗至成熟的生育期长度,可按水稻钟模型求算。光合面积是指绿叶面积,在 RCSODS 中,抽穗前叶面积的增长服从 Logistic 生长方程,并受到温度的制约;抽穗后叶面积的衰减服从箕舌线分布。群体光合强度采用 Monsi-Saeki 积分公式进行计算,并考虑了温度对光合作用的影响。所涉及到的有关变量主要有冠层上方的水平自然光强和叶面积;参数主要有群体消光系数(K)和光合作用参数 A,B,不同的生育期取值不同,可分别由大田和实验室测定获得。

将逐日的光合生产量,在全生育期内累加,即可得到光合产量。

3. 产量形成模型

产量形成来源于抽穗前的结构物质和储存物质(约 1/3),以及抽穗后的光合作用同化物(约 2/3)。在 RCSODS 中,根据抽穗前、后的光合积累量,分别确定前、后期群体光合生产对产量的贡献。同时考虑温光条件对光合产物向籽粒运转,以及对粒重和结实率的影响。而国内外许多学者在考虑这一问题时,经常是将全生育期的光合产量乘上经济系数,或只注重后期光合作用对产量形成的影响。

(二)水稻优化模型

1. 最佳季节模型

在 RCSODS 中,最佳季节的确定服从以下原则:①产量最高或较高;②茬口适宜;③灾害较轻,稳产性好。对于南方单季稻或双季晚稻,可利用水稻钟模型和光合生产模型模拟并确定在当地适宜茬口下,对应于产量最高或较高、受灾较小的齐穗期温度指标,进而确定最佳齐穗期;然后用钟模型逆向或正向确定相应的最佳播种期和最佳成熟期。对于稻麦两熟和三熟制早稻,可以前作成熟期与适宜秧龄作为确定最佳播栽期的依据;对南方双季早稻和北方单季稻,可根据当地温光条件确定最佳播种期,之后再调用水稻钟模型推算相应的最佳齐穗期和最佳成熟期。

2. 最佳叶面积和茎蘖动态模型

RCSODS 在确定最佳叶面积动态时,首先抓住了几个关键生育期,分别建立适宜的叶面积指标;然后将其代入前述抽穗前、后的叶面积生长方程,即可得到最佳叶面积动态。在诸关键生育期中,以抽穗期的最佳叶面积最为重要。抽穗期最佳叶面积的确定遵循作者提出的"全日补偿光强原理",即群体基部全日真光合量正好等于全日暗呼吸量,这时群体可以实现最大的光合积累。在计算中,还综合考虑了太阳辐射、温度、温度日较差、叶片光合速率、群体消光系数等因子对抽穗期最佳叶面积的影响。拔节期最佳叶面积以水稻群体在拔节后 10~15 天封行为原则,其光强指标是群体基部光强为 4 klx 左右,将其代入 Monsi 公式即可求之。RCSODS 假设当肥水条件不是限制因素时,对于特定的品种来说,各生育阶段的单株叶面积是较为稳定的品种参数,因此只要知道齐穗或拔节期的适宜叶面积,就能推知同期适宜的穗数或茎蘖数。分蘖期最佳茎蘖数应以保证实现最佳穗数为前提,即要求在有效分蘖终止期(可由叶龄动态模型加以确定)达到与最佳穗数相等的总茎蘖数。再根据分蘖期单茎叶面积,求得分蘖期最佳叶面积。栽插期最适基本苗按凌启鸿(1983)的公式求算,再根据单苗叶面积求得栽插期最佳叶面积。成熟期最佳叶面积的确定主要依据高产栽培经验,即籼稻成熟期应保留 2 片绿叶,粳稻 3 片。

3. 最佳产量模型

在 RCSODS 中,最佳产量定义为在适宜季节与适宜土壤肥料条件下,通过实现最佳叶面积动态和最佳光合积累而形成的产量。它亦是在大面积上有可能实现的既高又稳,并且其经济效益较高的产量。最佳产量的计算,可依据水稻钟模型、最佳叶面积和光合生产模型实现。

4. 最佳施肥决策模型

以 Stanford 的养分平衡模型为基础,分别建立由土壤有机质、全氮、pH 值及环境温度所决定的土壤供氮量模型;由土壤速效磷含量、pH 值与环境温度所决定的供磷量模型;以及土壤速效钾含量为基础的土壤供钾量模型。并以土壤供肥量、作物需肥量、边际报酬原理为基础,确定最佳施肥量与经济施肥量。

四、RCSODS 子系统的功能

RCSODS 共有 8 个可供用户选择的功能模块或子系统,其中功能 8,即水稻品种参数调整子系统是为全系统服务的。在用户使用 RCSODS 进行决策之前,除先建立当地天气、气候数据文件外,还应执行功能 8,即利用当地水稻试验资料或栽培经验,即对有关品种参数进行必要的调试,以获得符合实际情况的品种参数。以下分别介绍其他 7 个子系统:

(一)常年优化栽培决策

本子系统所依据的原则是"在最佳季节下实现最佳的叶面积动态",因此按如下次序进行常年决策:①根据当地常年气象资料和温度指标,确定有关品种的最佳季节;②读入最佳齐穗期前后 40 天的平均、最高、最低气温和太阳辐射量资料,并调用齐穗期最佳叶面积模型,确定该品种在最佳齐穗期的适宜叶面积和最佳穗数,再采用相应方法模拟水稻一生最佳的叶面积动态;③利用各生育期的最佳叶面积和单茎(苗)叶面积,推算最佳茎蘖动态,以及最适播种量,最适大田基本苗,最适秧龄和最适秧、大田比等;④根据当地土壤类型,有机质、全氮、速效磷和速效钾含量,pH 值,施肥比例以及目标产量等,模拟确定最佳施肥量;⑤调用群体光合生产模型,模拟最佳光合生产动态,进而模拟干物重的积累与分配;⑥从抽穗期开始,调用灌浆模型,模拟光合产物向籽粒的运转;⑦根据模拟籽粒总干重、适宜穗数以及结实率与千粒重参数,求算适宜的每穗总粒数与实粒数,最终模拟出该品种在该地可能达到的适宜产量及相应的产量构成。

(二)水稻增产关键分析

本子系统要求用户输入当地主要水稻品种在大面积生产上的早、中、晚三种茬口(亦可是其中两种或一种)的栽培措施(播种期、播种量、秧龄、栽插密度、施肥量等),然后分别模拟其生育期动态和光合生产动态,并与相同播期条件下的最佳栽培措施相比较。据此分析造成当地低产、高耗(如施肥过量等)的原因,找出增产增收的关键措施与途径。这些措施能直接指导当地的水稻生产。

(三)制作水稻高产栽培模式图

本子系统可针对不同地区、稻作制度、播栽季节、育秧方式、品种、气候、土壤等,快速编制和打印各种组合的水稻高产栽培模式图,具有省工、节本、灵活、机理性强、准确性高等多种优点,可以有效地指导各地的水稻生产。

(四)计算机模拟试验

本子系统是按照多因子试验设计的,其中水稻栽培多因子试验包含6个因子(播种期、秧龄或移栽期、秧田播量、本田基本苗、施肥水平、水浆管理水平);水稻施肥多因子试验包含4个因子(基肥种类与数量、追肥种类与数量、追肥不同的施用时间、追肥不同的施用量)。最终的模拟结果,均可以试验报告形式在计算机上打印。

(五)当年优化栽培决策

本子系统根据实际播栽日期、实际肥水条件以及当年的气象条件对苗情动态和产量形成进行模拟。在模拟和决策过程中,对已出现的天气采用实况值;对未来20天的天气,采用当地气象部门发布的预报值;而对预报时段之后的天气,则调用同期的常年气候资料。因此,随着时间的推移,天气实况部分将愈来愈多,不确定的预报部分将愈来愈少。为了实现这一点,本子系统设计了追加数据的功能。

对当年叶面积动态、茎蘖动态和干物动态的模拟,主要依据用户输入的田间实测值并调用光合生产模型而加以实现。然后与当年条件下最适的群体动态值相比较:如果模拟值低于当年适宜值,就告知用户应采取肥、水促进措施;反之,如果高于当年适宜值,就告知用户应采取肥、水控制措施。因此,当年适宜的群体动态值就成为衡量当年实际群体动态是否适宜的指标。简言之,本系统的设计思想是要求随时监测当年实际群体动态轨迹与当年实际适宜群体动态轨迹之间的偏差,并采取适当措施调整之。这亦是控制论原理在作物栽培中的应用。

(六)主要病虫害的预测与防治

本子系统的基本思路是首先建立水稻三大虫害(二、三化螟,纵卷叶螟,褐飞虱)与三大病害(稻瘟病、白叶枯病和纹枯病)的预测模型,然后根据当年气象条件(温度、降水)与病虫发生(发生期与发生量)实况进行预测,并提出防治适期与防治措施。

在设计上,要求用户尽量收集当地逐年分旬的气象资料和同期的病虫发生资料,并将其输入有病虫的建模程序中。这些程序可以自动生成当地病虫发生期与发生量的预测模型,并接受必要的统计检验。因此,本子系统原则上可适用于不同的气候、品种和地区。

(七)新品种气候适应性分析与地区性决策

本子系统的特点是在我国六大稻作生态区内,分别评价某个新品种在各有代表性地点的气候适应性,即判明在各地不同稻作制度和育秧方式下能否种植;若能够种植,再进而模拟该品种在不同地区水平(亚区,省、市)上的生育期和产量表现。

在基本原理和程序设计上,先针对我国主要6种稻作制度,即单季稻、麦后稻、早熟早稻的后季稻、中熟早稻的后季稻、迟熟早稻的后季稻以及双季早稻,分别确定新品种在各地的安全播种期,然后调用水稻钟模型,从安全播种期开始,正向计算不同稻作制度下相应的齐穗期,并以之与当地的安全齐穗期(根据温度指标确定)相比较。如果该品种在某种稻作制度下的模拟齐穗期迟于当地的安全齐穗期,则表明该品种在当地该稻作制度下不能种植,反之则可以种植。在分析过程中,还考虑了常规育秧与薄膜育秧两种方式。至于地区性决策,其原理基本上同常年决策,所不同的是强调多点同时运算,因此可以将多点的模拟结果同时列出,以便比较该品种的生育期、总叶龄、产量和产量构成等在各地的差异,并区分各地在栽培方法上的异同。本子系统在帮助新品种和新技术推广方面,可以发挥积极作用。

作物气象研究走向 21 世纪

高亮之

江苏省农业科学院

(原载:《世界农业》,1996 年第 9 期,38~40 页)

20 世纪 80 年代以来,由于植物生理学研究的深入,微气象测试方法与仪器的改进,以及作物模拟研究的发展,国际作物气象研究有较快的进展。本文以国外的研究为主作一简要的介绍。

一、作物气象研究新进展

(一)作物生育期模型

作物生育期与气象条件的关系始终是作物气象研究的一个基础领域。尽管积温法仍然在被应用,但科学家们提出了一些新方法或模型。

英国 A. H. Weir 等(1984)在小麦模型 ARCWHEAT 中提出以下小麦发育期模型:

$$日发育速率 = f(P) \cdot g(V) \cdot h(T) \tag{1}$$

式中 $h(T)$ 即起点温度(T_b)以上的有效温度;$f(P)$ 为日长因子,在起点日长(P_b)时为 0,日长 20 小时时为 1,其间随日长线性增加;$g(V)$ 为春化因子,由 0 到 1,它与累计的春化日(根据每日温度对于春化适宜程度而求算)线性相关。英国 K. Z. Travis 等(1988)对上述模型加以改进,主要是对 T_b,P_b 与 V_b(起点春化日,即未春化小麦的发育延迟天数)进行优化选择,进而提高了模拟精度。

加拿大 H. W. Cutforth 等(1990)指出,不论积温(GDD)或 Brown 的玉米热量单位(CHU)都与玉米生育期长短相关,因此不够理想,他提出以下模式:

$$R = A(T - T_L)(T_U - T)^B \tag{2}$$

而

$$A = \frac{R_{max}}{(T_O - T_L)(T_U - T_O)^B}$$

$$B = \frac{T_U - T_O}{T_O - T_L}$$

式中 R_{max} 为在 T_O 时的发育速率;T_L,T_O,T_U 分别为最低、最适、最高温度,用迭代法在计算机上求得,此法称为 IT(Iterative Temperature)法。IT 法比 CHU 与 GDD 的模拟误差明显减小。

(二)作物群体光合成

作物群体光合量的测定一般是用干重法。20 世纪 70 年代以来,农业气象学采用微气象方法在农田测定 CO_2 交换量,这些都是间接的,因此亦是不够精确的方法。美国 G. W. Wall 等(1990)用透明箱在同一处理小区中移动式地覆盖小麦群体,并用红外气体分析仪直接测定 CO_2 交换量,研究小麦不同密度、不同行向对群体光合的影响。

群体光分布一直是作物气象学家关心的问题,20 世纪 50 年代门司正三[日],60 年代 J. W. Wilson

和 M. C. Anderson[澳]，70 年代 J. Goudriaan[荷]不断有所发展。一般还是针对封闭群体（即作物封行之后）的研究较多。80 年代以来对行栽作物（Row canopy）的稀疏群体的光分布研究有所进展。D. M. Whitfield[澳]（1986）用圆锥体几何坐标来描述行栽作物的空间结构。

（三）作物光抑制

20 世纪 80 年代以来，作物生理学的一个重要发现，是光抑制作用。光照过强，超过植物光合作用对光量子的需求时就会导致超氧离子的增加，因而产生光氧化与光抑制现象。光抑制作用在低温或高温条件下危害更大，可使叶片产生黄斑，甚至白斑，降低光合速率并使作物减产。

光抑制作用对于农业气象学有很重要的意义。根据光抑制原理可以理解，光并不是愈强愈好，高温、强日的结合对于作物会有危害作用。许多气象灾害，如热害、干热风、旱害、冷害等的危害机理都与光抑制有关。

（四）气孔阻抗

20 世纪 70～80 年代，气孔计（Porometer）不断改进与普及，推动了作物叶片阻抗研究的广泛展开。一直到当代，叶片阻抗依然是国际植物生理学家与农业气象学家研究的热点。气孔阻力的调节是作物适应环境条件的重要机制。科学家认为，作物通过调节气孔阻力可以在减少水分损失的前提下保持最佳的光合速率。

气孔传导度高（阻抗小），净光合量就高。湿度下降时，传导度亦会降低，因而导致净光合量下降。CO_2 浓度增加时，传导度会提高，因而净光合量亦会提高。当然，气孔传导度还与日辐射量、大气温度、叶片水势与土壤湿度等环境因子有关。值得注意的是：土壤湿度可以改变植物根部植物激素，而直接改变传导度。

（五）叶温

近 10 多年来作物气象学一个重要的发现，就是可以通过测量叶温来诊断作物的受害情况，以至产量。

D. C. Reicosky[美]与 R. C. G. Smith[澳]在 1985 年提出用叶温来诊断棉花水分亏缺与地下水位的方法。他们指出，中午时叶温、气温差（$\Delta t = t_e - t_a$）与大气水汽压差（$AVPD$）呈现良好的负相关，叶温升高比植株表现出受害症状早 4 天，因此叶温是良好的诊断作物受害的手段。R. C. G. Smith 等还发现，叶温、气温差与小麦籽粒数与产量都有较好的负相关。许多不利气象因子（干燥、过湿等）都会导致叶片传导度下降，所以有可能从叶温、气温差来诊断。

（六）CO_2 增加对作物的影响

大气 CO_2 增加除了形成地球温室效应，因而增加气温外，对作物还有些什么直接影响？

U. N. Chaudhuri 等[美]（1986）研究指出，CO_2 增加，增加根部与地上部的生物量，根深与根的数量都有增加。水分消耗率（单位干重消耗水分）下降 13%～31%，增加叶片阻抗与叶温。但由于叶面积增加，群体阻抗下降。CO_2 增加，延迟高粱开花期与成熟期。

但 J. T. Baker[美]（1990）等的研究指出，CO_2 浓度为 940 ppm 与 330 ppm 相比，晚季稻出苗到稻穗分化缩短 6 天，总叶龄减少 1 片。

以上两项研究表明，CO_2 浓度增加对作物生育期的影响并没有一致的趋势。

（七）稻田释放 CH_4

作物气象学一般是研究气象条件对作物生理生态的影响，而水稻田释放 CH_4 是作物影响地球大气环境的一种独特现象。CH_4 是继 CO_2 之后第二种导致气候变化的重要的痕迹气体，CH_4 在全球气候变暖过程中占15%的作用。R. L. Sass(1990)等在美国 Texas 州的研究指出,水稻本田生育期75天内释放 CH_4 4.5~15.9 g/m^2,CH_4 释放量与水稻地上部生物量呈正相关。由于 CH_4 在稻田中可以被氧化,稻田 CH_4 产生量与释放量可以有很大差别。稻田间隙灌溉可以减少 CH_4 释放。

(八)作物气象模拟与模型研究

近15年来,随着微型计算机的硬件与软件的进步,作物模拟在欧、美、澳等地区的许多国家得到迅速发展。在作物气象、农田微气象、气候变化等研究领域中,应用模拟方法愈来愈多。国际作物气象研究论文中,目前约有25%~30%的比例都应用模拟方法,已经建立模拟模型的生物气象过程有:作物群落的光分布、热平衡、水分平衡、蒸发与蒸腾、土壤水分变化、作物水分亏缺、作物生育期进程、叶龄进程、叶面积扩展、叶片阻抗、光合作用、呼吸作用、干物重积累、天气与措施对产量的联合影响、气候变化对作物产量的影响、作物间套作对产量的影响等。

二、作物气象研究展望

根据近15年来作物气象研究的进展情况以及当代科技发展的趋势,可以预测,在进入21世纪的前后,作物气象研究主要有以下几个发展趋势:

(一)作物气象与作物生理、作物微气象研究的渗透

作物气象学将进一步摆脱作物与气象关系的描述及"指标"研究的传统范畴,而将愈益深入地研究作物气象生理的机理与模型。在作物-大气-土壤系统中,各个生理过程(光合、呼吸、蒸腾、营养、发育等)与各种环境因子(光、温、CO_2、H_2O、O_2、湍流等)的整体性内在联系及其数学模型,将得到深刻地阐明。

(二)作物气象的机理性研究将深入到分子水平

当前植物生理学全面地向分子水平发展,作物对光、温、水的效应机理与作物对各种气象灾害的受害与防御机理,无疑都会在基因与酶的水平上得到阐明。超氧基团、SOD(超氧歧化酶)与强光、冷害及旱害的关系已经预示了这个方向。

(三)作物气象模拟的发展

随着计算机与模拟技术的进一步普及,作物气象研究必将更广泛地应用模拟方法。作物模拟将沿着两个方向发展,一是生理过程的模拟,一是作物系统的模拟。

(四)作物气象研究与作物生产实际的结合

作物气象研究既是基础性又有应用性,随着各种作物模拟模型的建成,作物栽培、作物育种与作物病虫防治的决策系统都将得到发展,并且对作物生产的高产、优质、高效将发挥更积极的作用。

(五)作物气象测试仪器的改进

随着作物气象研究的深入及普及,叶温、叶片阻抗、叶片光合速率、叶片呼吸速率、叶水势、根系、群落光分布、叶角等作物气象要素的测定要求有更精确的测定仪器,同时亦要求有更轻便而廉价的仪器,以有利于其应用的广泛普及。进入21世纪,基层农业技术工作者以至农民都有可能直接测定叶温或叶片阻抗而决定灌溉、施肥或病虫防治措施。

(六)作物气象信息化的普及

21世纪,农业气象与作物气象不但要求适应信息化的步伐,并且由于农业气象、作物气象本身就是

一种信息科学,还要求能推动与促进社会信息化,特别是农业信息化的发展。

(七)气候变化及其农业对策研究的深入

进入 21 世纪,气候学与农业气象学的一项重要任务就是逐步地缩小对全球气候变化预测的不确定性,以至于能提出一个为绝大多数人同意的较为确切的预测前景。

参 考 文 献

Bachelet D et al. 1993. Methane emission from wetland rice area of Asia. *Chemosphere*, **26**(1—4):219—237

Choudhuri B J, *et al*. 1986. An analysis of infrared temperature observations over wheat and calculation of latent heat flux. *Agri Meteo*, **37**:75—88

Cutforth H W, *et al*. 1990. A temperature response function for corn development. *Agri Meteo*, **50**:159—171

Reicosky D C, *et al*. 1985. Foliage temperature as a means of detecting stress of cotton subjected to a short term water table gradient. *Agri Meteo*, **38**:193—203

Sass R L, *et al*. 1992. Methane emission from rice field: The effect of flood water management. *Global Biogeochemical Cycles*, **6**(3):249—262

Thornley J H. 1990. Plant and crop modelling, Clarendon Press, Oxford, 197—212

Travis K Z, *et al*. 1988. Modelling the timing of the early development of winter wheat. *Agri Meteo*, **40**

Wall G W, *et al*. 1990. CO_2 exchange rate in wheat canopies. *Agri Meteo*, **49**:81—102

Whitfield D M. 1986. A simple model of light peretration into row crops. *Agri Meteo*, **36**:297—315

全球气候变化和中国的农业[*]

高亮之　金之庆

江苏省农业科学院

(原载:《江苏农业学报》,1994年第10卷第1期,1~10页)

摘　要　本文综述了全球气候变化的成因、基本趋势、由此可能造成的潜在影响,以及近来国内外在这一研究领域所取得的成果和最新进展。作者特别注意提取其中较为一致的观点和结论,进而阐明对这一重大地球环境问题的认识和看法,并且结合我国的情况,论述了全球气候变化对农业生产可能造成的有利与不利影响。最后还提出了为防范和适应气候变化而应采取的若干农业对策。

关键词　全球气候变化　中国　农业

一、背景:全球气候变化及其影响评价已成为当代热门的研究领域,但在我国农业界尚未引起足够重视

自20世纪70年代以来,全球气候变化问题日益引起人们重视,现在已经成为举世关注的重大地球环境问题。

1979年,第一届世界气候大会在瑞士日内瓦召开,为监测和评估全球范围内的气候变化,制定了世界气候研究计划(WCRP)。1985年,联合国环境署(UNEP)、世界气象组织(WMO)和国际科联(ICSU)召集29个国家的专家在奥地利举行会议,再次确认了大气温室气体的不断增加将导致全球气候变暖。1987年,UNEP和WMO应其成员国要求,决定成立政府间气候变化委员会(IPCC),旨在开展气候变化本身及其影响评价两方面的研究。1988年,在加拿大召开题为"变化中的大气层——对全球安全影响"的世界大会,有48个国家的政府首脑、外交官员和科学家出席了会议,在一项联合声明中他们警告说:"人类正在进行一次失去控制的、影响全球的试验,其严重后果将仅次于一次世界大战。"1990年,在日内瓦又召开第二届世界气候大会,与会专家一致认为,"全球气候变暖将是比以往任何自然灾害都更为深重的灾难"。1992年在巴西召开的由各国首脑参加的"世界环境与发展"大会,亦将气候变化问题列入最重要的议程之一。

一些其他国际组织也都在积极支持或参与全球气候变化的研究项目,如:国际应用系统分析研究所(IIASA)与UNEP正携手研究全球气候变化对各国农业和陆地、海洋生态系统的影响;由ICSU主持的国际地球生物圈计划(IGBP)还在这一领域与中国等国家通力合作。

不少国家的政府对全球气候变化问题正给予高度的重视,并从财力上对有关研究计划给予充分的支持和保证。如:美国环境保护署(US EPA)正协调27个国家的科学家就全球气候变化影响农林牧渔、水资源、海平面上升、能源和人类健康等进行多方面的综合评价研究,仅对紫外光和气候变化影响水稻生长发育研究一项,就投资了500万美元以上。

我国政府近年来对全球气候变化问题亦极为关注,1987年成立了国家气候委员会;1990年国家科学技术委员会发表了《气候》蓝皮书[**],全面总结了我国在这一领域的研究成果;1991年国家科委还将气

---

[*] 本研究为国家自然科学基金资助项目"全球气候变化对我国粮食生产的影响"的部分内容。
[**] 国家科学技术委员会出版,1990。

候变化问题列为重大科技攻关项目。但迄今为止,全球气候变化问题在我国农业界尚未引起足够重视。原因不外有两个:①有关未来气候的预测意见不一,有的甚至相互矛盾,使农业界无所适从;②我国农业界对全球气候变化问题的宣传和普及工作还做得不够。本文根据国内外近20年来在这一领域的研究动态和最新成果,并提取其中较为一致的若干观点或结论,阐明全球气候变化的基本趋势及其对中国农业的影响,以及我国在农业生产与农业科研中应该考虑的对策,以求加强我国农业界对气候变化问题的重视。

二、全球气候变化趋势

纵观国际上已进行的地球物理观测,以及大气环流模型(GCMs)最新的研究成果,有关未来全球气候变化的趋势,有以下若干意见是基本一致的:

(一)大气 CO_2 和其他痕量气体的浓度在不断增加,温室效应正日益增强

温室气体主要包括水汽和痕量气体。空气受热后,容纳水汽的能力将增强,增多的水汽反过来又会进一步加强温室效应。痕量气体(在大气中含量很低,故有此名)主要是指 CO_2、CH_4(甲烷)、N_2O(氧化亚氮)和 CFCs(氟氯烃)等。前几种气体可以自然形成,也可以人为释放;CFCs 则是人类工业活动的产物。

应当指出:波长为 $7\sim13\ \mu m$ 的地面长波辐射,绝大部分不会被水汽、CO_2 和 O_3 等温室气体所吸收,这段光谱因此又称为"大气窗口",是热量逸出地球的主要通道。但某些人类释放的痕量气体,尽管浓度很低,却可以强烈地吸收和反射"大气窗口"附近的长波辐射(称为"大气窗口"污染),在增强温室效应方面所起的作用比 CO_2 更明显,因此亦受到人们重视。

在诸多的痕量气体中,最受重视的首推 CO_2。据估计,它的持续增长对近 200 年来全球气候变暖负有 49%~66%的责任(Smith,Tirpank 1989)。对极冰气泡进行 CO_2 含量分析的结果已证实,在工业化以前,大气 CO_2 浓度为 (275 ± 10) ppmv[*];1870—1880 年为 270~285 ppmv;1900 年为 300 ppmv。美国从 1958 年开始,在夏威夷正式测定大气 CO_2 浓度,目前世界上已有 27 个 CO_2 观测站。根据这些资料,1990 年大气 CO_2 浓度为 353 ppmv。换言之,近两个世纪以来 CO_2 浓度已增加 28%。令人担忧的是,随着化石燃料的大量燃烧和森林被过度毁坏、采伐,加之人口膨胀、植物在高温条件下呼吸作用加强等原因,CO_2 浓度不断增长的势头在短期内将无法遏制。

甲烷(CH_4)的残留期为 10 年左右,对以往全球气候变暖负有 15%~18%的责任(Smith,Tirpank 1989),主要释放源为沼泽地、水稻田、反刍动物(消化过程)与天然气燃烧等。由于甲烷的积累效应大,加上世界水稻总面积增加、反刍动物增殖以及工业化发展等因素,大气中甲烷含量亦明显增加。据极冰气泡含量分析结果,200 年前 CH_4 的含量为 0.75~0.80 ppmv;1950 年达到 1.25 ppmv;1990 年为 1.72 ppmv;年增长率为 0.9%。不容忽视的是,CH_4 的增温效应要比 CO_2 强 20~30 倍,而且随着温度的增高,释放强度将增加。

氧化亚氮(N_2O)的释放源包括自然(海洋)和人为(化石燃料和生物质燃烧、农用肥料等)两个方面,它对近 200 年来的全球气候变暖负有 3%~6%的责任(Smith,Tirpank 1989)。工业化以前的浓度为 0.29 ppmv;1990 年达 0.31 ppmv。尽管浓度很低,但残留期却长达 150 年,以每年 1 ppbv($=0.001$ ppmv)的速度递增着。

氟氯烃(CFCs)又称氟里昂,是好几种有害、"长寿"(残留期可长达 65~130 年左右)气体的总称。据估计,它对近 200 年来全球气候变暖负有 15%~18%的责任(Smith,Tirpank 1989)。CFCs 浓度尽管很低(280~484 pptv,1 pptv$=10^{-6}$ ppmv),但年增长率却是 CO_2 的 8 倍,在增温方面起着相当大的作用。有人计算过,一个 CFCs 分子的作用相当于一个 CO_2 分子的 1 万多倍。CFCs 还是破坏大气臭氧层

---

[*] 表示某成分的容积浓度,单位为 10^{-6},下同。

的元凶。

估计未来大气温室气体的增长,是件相当困难的事,因为有很多机制现在尚未弄清。例如,海洋作为 CO_2 最大的"汇",目前可以吸收将近一半由人类排放的 CO_2,当气候变暖时,这种情况会不会发生变化？人们亦无法预料今后科学与技术会发展到什么程度,能不能有效地控制森林减少和温室气体排放？由于不确定因素太多,科学家们只能借助于各种各样的"情景"(Scenario)进行分析。

1988 年,美国哥达德空间研究所(GISS)采用以下 3 种情景来估计未来大气温室气体的增长(Hillel,Rosenzweig 1989):A 情景,温室气体的释放速度呈指数增长;B 情景,温室气体的年增长率维持在当前水平;C 情景,到 2000 年以后,温室气体将不再增加。

考虑以下两方面因素:①世界经济将不断发展,森林资源将日益萎缩,大气 CO_2 浓度无疑将进一步增加;②一些国家目前已经开始,并将继续对 CO_2 和其他痕量气体无限度的释放采取控制措施,因此有理由认为 B 情景比较现实。按这种情景估计,到 2025 年大气 CO_2 含量将达到 425 ppmv(为工业化前的 1.55 倍);2050 年为 500 ppmv,即接近有效"倍增"水平。

(二)近 200 年来全球平均温度已明显增高,今后仍呈变暖趋势,全球降水量亦随之增加

在过去的 130 年里(图 1),全球平均气温上升了 0.6 ℃,其中 5 个最高年份都出现在本世纪 80 年代,而 1990 和 1991 年又是有记录以来最炎热的两个年份。应该指出,这是一个非常重要的变化！因为全球平均温度自 70 年代末已稳定上升到 1951~1980 年的平均值之上。大多数科学家将这种全球增温现象归咎于大气温室效应的不断增强。加上其他一些证据(例如,全球气候变暖已造成海平面上升),有关温室效应导致全球变暖的理论,已为越来越多的政府和人们所接受。

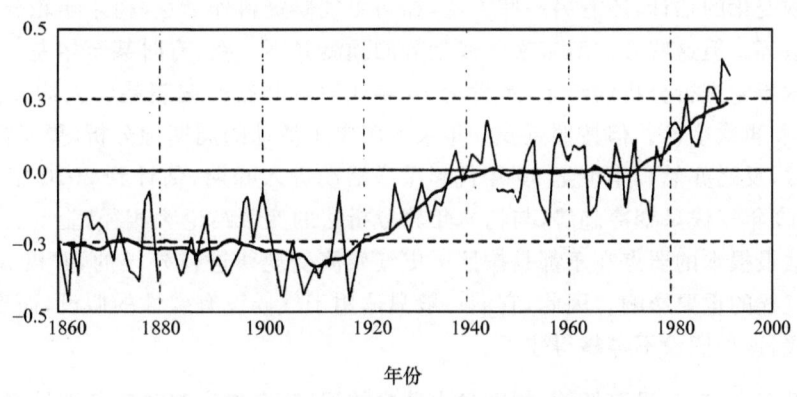

图 1 1861~1989 年全球平均气温距平值
(平均值取 1951~1980 年,平滑线为 10 年滑动平均值)

在评价未来全球气候变化上,当今最先进的手段是建立大气环流模型(GCMs,又称全球气候模型)。因为气候问题毕竟不同于可在实验室里求得答案的其他学科的某些问题,人们不可能将气候"装入"一间房子,通过释放温室气体或融化海冰对它进行实验,因此科学家只能借助于 GCMs 进行分析。GCMs 是大气科学家为了评估全球气候变化而设计的大型三维数值模型。研制者根据能量守恒、物质守恒和气体定律等物理学理论及其对气候反馈机制的理解,采用复杂的联立方程组来描述决定气候的诸因子(太阳辐射,海洋,海冰,冰川,云量、云高及其光学特性,大地形,地面水文状况,下垫面反射率,不同高空层上的温、压、湿、风、CO_2,以及地面降水的时空分布等)之间的相互关系,最终可以模拟全球各区域当前以及未来在不同大气 CO_2 浓度水平时的气候。尽管 GCMs 还有一些局限性,如分辨力较低;对海洋环流过程、海洋内部以及海洋—大气之间热量和 CO_2 交换的机制还了解不够;对云的形成及反馈机制还认识肤浅等,但相信这些都可以在今后的研究中不断地加以克服。由于 GCMs 的研制是建立在物理学机制之上,兼顾了自然和人类两方面因素对全球气候的影响,因此更具有科学性和可靠性。

目前,世界上已经建成了 10 个以上的 GCMs,其中较为通用的是以下 6 个:①GISS,由美国(纽约)戈达德空间研究所于 1982 年完成研制;②GFDL,由美国(普林斯顿)地球物理流体动力学实验室于 1985 年完成研制;③UKMO,由英国气象局于 1988 年完成研制;④NCAR,由美国国家大气研究中心于 1987 年完成研制;⑤OSU,由美国俄勒冈州立大学于 1985 年完成研制;⑥CCC,由加拿大气候中心于 1987 年完成研制。

表 1 给出上述 6 种 GCMs 模拟当 CO_2 倍增时全球平均气温增加和降水总量变化的结果。从趋势上看,各种 GCMs 的结果相当一致,即全球气候将变暖,降水总量亦随之增加,但在变化幅度上各种 GCMs 的结果并不一致。这与美国科学院早先估计的"当大气 CO_2 浓度倍增时,全球平均气温将上升 (3.0 ± 1.5) ℃"大致相符。1990 年 IPCC 第二工作组的一些科学家曾认为,如果考虑到海洋对气候变化的延迟作用,全球增温幅度应适当下调,并提出到 2025 年将增加 1 ℃,到下世纪末将增加 3 ℃。尽管上述推测并没有计算依据,但我国不少学者都比较倾向于接受这种"温和"的结论。

表 1 六种大气环流模型(GCMs)对 CO_2 倍增时全球气候变化的预测

GCM	全球平均气温的增幅(℃)	全球降水总量的增幅(%)
GISS	4.2	11.0
GFDL	4.0	8.7
UKMO	5.2	15.8
NCAR	4.0	7.1
OSU	2.8	7.8
CCC	3.5	3.8

对于未来气候变化的估计,还有另一些方法,如历史气候资料外延法、树木年轮分析法、太阳黑子分析法和相似分析法等。但这些方法对未来气候趋势的预测并不一致,有时甚至相左。例如,根据对祁连山 700 年以上树木年轮进行分析的结果,本世纪 70 年代后期开始的偏暖趋势大约要持续到本世纪末,到 2010~2030 年将再次变冷。但按照近 500 年来太阳黑子活动的周期性分析(黑子活动增强期一般与气候增暖期相一致,反之亦然),本世纪 50 年代起黑子活动进入峰期,估计到 2010 年将跌入谷值,由此得出的 1950~2010 年气候呈变冷趋势,与树木年轮分析法的变暖结论大相径庭。

上述其他方法最根本的弱点在于都是按照历史气候演变规律进行外推的,并没有充分考虑工业化以来人类活动对气候的重要影响。因此,它们一般只适用于气候没有变性的假设,而现在面临着如此剧烈的全球气候变暖,这种假设不再靠得住了。

(三)海平面升高,将淹没沿海低地,加剧洪水肆虐的程度,造成海湾和三角洲地区盐渍化,并对沿海城市构成巨大威胁

全球气候变暖将导致海水膨胀、一部分冰川和两极海冰消融,这些因子都会造成全球海平面上升。在远古时期,随着地球温度的变化,全球海平面曾有过巨大起伏:在冰期时代,地球平均气温比现在低 5 ℃左右,有相当一部分海水被封冻,那时海平面比现在低 100 m(Hillel,Rosenzweig 1989);在上个间冰期(距今约 10 万年),地球比现在暖 1 ℃左右,当时海平面高出目前 6 m(Hillel,Rosenzweig 1989)。

新公布的潮汐观测资料表明:在过去的 100 年里,由于全球气候变暖,全球海平面上升了 10~15 cm。

据大多数科学家早先的估计,到 2100 年全球海平面将上升 50~200 cm。但 IPCC 的第一工作组最近指出,全球气候变暖势必会增加全球的降雨(雪)总量,而增加后的降雪量将会覆盖整个南极洲和格陵兰,这在一定程度上将减缓海冰融化的速度。基于上述假设,IPCC 的第二工作组估计:到 2100 年,全球海平面将上升 30~110 cm。目前,大多数评估项目(包括 IPCC 在内)都采用到 2100 年全球海平面将上升 1 m 这样的一种情景。

海平面上升将为狂风巨浪提供较高的水面基础。据估计,海平面提高 1 m 就足以使 15 年一遇的风暴造成的损失相当于正常情况下百年一遇的风暴所带来的危害。上升后的海平面还将使沿海地区排洪抗涝的能力大为下降,因为不仅地下水位抬升,而且海水还会沿着内河倒灌。沿海城市将遭受威胁,农作物将面临灭顶之灾,海湾和三角洲地区的大片良田将可能被淹没或盐渍化(Smith,Tirpak 1989)。

为了防止海水侵袭,人们必须兴建海堤、海闸和大型的排水系统,这意味着将耗费巨额资金。据估计,如果海平面上升 1 m,荷兰将需要耗资 50 亿美元修建工程,才能避免损失;日本为此将需要投资 280 亿美元;而美国由于海岸线长,将需要投资 2000 亿~4750 亿美元。显然,如此庞大的资金对于发展中国家来说,是难以承受的。

(四)紫外光(UV-B)不断增强,对人类和动植物构成威胁,肇因是氟氯烃(CFCs)等痕量气体正在破坏大气臭氧(O_3)层

在大气平流层(离地面 10~50 km),含量较高的臭氧层对紫外光有很强的吸收作用(可以吸收 99% 的紫外光),是使人类和生物免受大剂量紫外光辐射伤害的"保护伞"。紫外光有 3 个光谱带:① UV-A,波长为 0.32~0.4 μm;② UV-B,波长为 0.29~0.32 μm;③ UV-C,波长 < 0.29 μm。其中以 UV-B 对农作物与微生物的影响最大,因为蛋白质与核酸分子都可以直接吸收 UV-B。

许多人类释放的痕量气体对臭氧层都有破坏作用,如 N_2O、CH_4、CO 等,而破坏性最大的莫过于氟氯烃化合物中的氟里昂-11(CFC-11)与氟里昂-12(CFC-12)。自本世纪 30 年代以来,CFCs 被工业国家广泛用来制作制冷剂、推进剂、洗净剂、发泡剂和溶剂等,它漂浮上升进入平流层,可吞噬臭氧层。据美国科学家观测,在过去 20 年里,CFCs 已使大气臭氧层损耗了 4%,预计今后臭氧层的年损耗率将为 0.4%。臭氧层变薄还表现出明显的地域性,最严重的是南极,其次是热带地区。目前南极的臭氧层已减少了 40%,并且空洞面积还在不断扩大(国家科学技术委员会社会发展司 1990)。

臭氧含量每减少 10%,到达地面的 UV-B 就会增加 2%。美国环境保护署(US EPA)正与国际水稻研究所(IRRI)合作,组织大规模的试验研究 UV-B 对水稻生长和发育的影响。初步结果表明:UV-B 的增强会明显降低水稻的光合速率,使水稻干物重减少,植株变矮,叶片变小,产量下降。大剂量紫外线还将杀死海洋浮游生物,使渔业减产,并且还将严重影响人类与牲畜的健康(损坏免疫系统和诱发皮肤癌)。

三、全球气候变化对中国农业的影响

对于我国未来区域性气候变化的预测,不同 GCMs 的结果在温度方面比较一致,但在降水量方面相当紊乱。作者等采用 GISS、GFDL 和 UKMO 三种 GCMs 的输出结果与中国各地有代表性的气象台站 20~30 年的逐日气候资料相耦合,生成了当 CO_2 倍增时我国的气候情景(金文庆等 1992),大致趋势如下。

温度方面:①我国各地的年平均气温将明显上升;②增温幅度将明显高于全球的平均增温值(1.5~4.5 ℃);③冬季的增温幅度一般要高于夏季;④低纬地区的增温幅度一般要小于高纬地区;⑤沿海地区的增温幅度一般小于内陆地区。

有些学者对此表示怀疑,他们认为,我国长江流域,尤其是四川盆地,近 10 多年来的年平均气温,特别是夏季平均气温明显偏低,这与上述趋势不甚相符。我们则认为,气候变暖是个大的趋势,但并不排斥其中气候本身的自然波动会在某个时段起作用。我们已注意到国内一些学者的某些研究结论:西藏高原的气温变化对四川盆地有预示作用,拉萨 70 年代的低温曾是成都 80 年代低温的先兆,而现在拉萨又有了变暖的趋势(国家科学技术委员会 1990)。如果这个结论能够成立的话,那么长江流域气温偏低只不过是一种短期的波动。总之,气候变化将是温室效应的增温趋势和气候自然波动的综合结果。

降水量方面:①年降水量,我国北方将普遍增加 1~2 成。由于增温会强化蒸发作用,因此降水量增加并不一定意味着气候变湿。有两种情景(GISS 和 UKMO)还表明,中南地区的年降水量将减少 1~2 成。②降水量的季节分布,不同 GCMs 的预测结果很不一样,根据 GISS 情景,中南和西南地区夏季的降水量将锐减;东北地区春、秋旱发生频率将会增大;华北和西北地区的降水量虽在各个季节都将增加,但蒸发量也同时加剧。根据 GFDL 情景，北方和闽粤地区夏季的降水量将减少 1～4 成；而长江中下游及其毗邻地区的降水量都将增加，其中以河南等省的降水量增加为最，说明长江中下游和中原地区夏季暴雨的频率将可能增大（UKMO 情景与 GISS 类似，从略）。

(一) 大气 CO_2 浓度的直接影响——增加作物的光合作用，提高水分的利用效率

如果大气 CO_2 浓度的增加并不造成温度和降水条件的改变，则有利于作物的增产。CO_2 是光合作用的基本原料，地球上一切生命活动都依赖于光合作用。人们早已知道，在最适条件下，CO_2 浓度的增加会促进作物生长，因为叶片内外浓度梯度加大，有利于更多的 CO_2 进入叶片，因而有利于光合作用。

当 CO_2 浓度增加时，另一个引人注目的生理效应是气孔开度的变化。在高 CO_2 浓度条件下，气孔开度变小，但它并不妨碍 CO_2 的摄取，却可以阻碍一部分水汽释放，因而蒸腾作用减弱，水分利用效率提高。

在光合作用机制上，不同类型的作物存在着差异：C_3 作物在进行光合作用的同时，不可避免地要进行光呼吸；而 C_4 作物一般没有光呼吸现象，因此在当前 CO_2 浓度下，其光合效率一般要比 C_3 作物高。在 C_3 作物的光呼吸中，外界空气中 CO_2 和 O_2 的浓度比例决定着 CO_2 固定与被还原的关系。当 CO_2 浓度增加时，由于 CO_2/O_2 变大，光呼吸受到抑制，因此，C_3 作物的净光合增加。C_4 作物在进行光合作用时，首先是从叶片内捕获 CO_2，然后再将其集中到叶肉细胞中。因此，C_4 作物对 CO_2 浓度增加的反应不如 C_3 作物明显。在高 CO_2 浓度下，C_4 作物在与 C_3 杂草的竞争中，将显得特别脆弱（Hillel, Rosenzweig 1989）。

在分析全球气候变化对中国南方水稻以及北方冬小麦生产的影响时，作者等曾分别考虑气候变化本身的影响（简称 CC），以及气候变化与生理效应两者综合的影响（简称 CC+PE）。结果表明：当 CO_2 倍增时，较高的 CO_2 浓度可以在一定程度上补偿或减缓因高温和干旱带来的减产效应（金之庆等 1991, 1994）。

(二) 热量条件变化的影响——将延长我国作物生长季，增加有效积温，提高复种指数，并造成主要作物产区的地理位移和品种布局的改变；还将缩短生育期，加剧呼吸消耗和各种高温危害

全球气候变暖对我国农业生产的有利影响之一是将延长各地的生长季。生长季一般是指春季终霜日到秋季初霜日的时间间隔，但不同的作物有不同的定义，如我国水稻生长季通常是指由安全播种到安全成熟的相隔天数。较长的生长季将会使作物的品种布局、各地的复种指数、耕作制度和农事安排等发生变化。对 GISS、GFDL、UKMO 三种 GCMs 派生的气候情景的检索结果表明，当 CO_2 倍增时，我国各地水稻生长季将平均延长一个半至两个月。

气候变暖的另一个后果是可以提高生长季的有效积温。作者等利用各种积温指标分析了气候变暖造成的我国种植制度的变化，并得出这样的结论：积温提高将造成我国作物种植区的地理位移，例如冬小麦的安全种植北界将由目前的长城一线，北上到沈阳→张家口→包头→乌鲁木齐一线。作物和林木种植区的北移将使我国农用土地面积扩大，但新开垦的土地因土壤贫瘠或水源不足，除东北部分地区外，大多不易获得高产（金之庆等 1994）。

气候变暖后，我国主要作物的品种布局亦将发生变化。华北目前推广的冬小麦品种（强冬性）因冬季无法经历足够的寒冷期以满足春化作用对低温的要求，将不得不被其他类型的冬小麦品种（半冬性）取代。在南方，比较耐高温的水稻品种将占主导地位，而且还将逐渐向北方稻区发展。高温将加快作物的生育进程，使生育期，特别是灌浆期明显缩短，光合产物向穗部的转移效率也将下降。将 GCMs 与作物模型耦合后进行研究的结果表明：当 CO_2 倍增时，我国南方水稻的成熟期将平均提前 3 个星期。由于生育期，特别是灌浆期的缩短，将造成水稻、小麦、大豆和玉米等作物的单产下降。

高温在加速作物生长过程的同时，也会增加作物的呼吸消耗。这种不利影响将会部分抵消由于 CO_2 浓度增加对光合作用的增产效益。

高温本身也会直接危害作物，日平均气温≥25 ℃的天数与小麦产量有明显的负相关关系；日极端最高温度过高也同样对玉米产量有负作用。高温危害的程度与发育阶段有关,例如小麦灌浆期的高温特别有害。

(三)水分条件的影响——将造成某些地区严重的干旱,亦可能增加一些地区洪涝灾害发生的频率

气候变暖将造成降水与蒸发量的改变(包括季节分布、强度和年际变化等的改变),这必将对我国的农业生产带来重大影响。

一般说来,暖空气可以容纳更多的水汽,因此增温将造成蒸发量加大。在水循环中,蒸发的水分最终将形成降水,因此蒸发量加大意味着降水量增多。但对具体地区来说,蒸发量与降水量通常不会以同样的速度增强。当降水增量超过蒸发增量时,当地的气候就会变湿;反之,就会变旱。

作者等采用蒸散比(实际蒸散量/最大可能蒸散量)估算了在 GISS、GFDL 和 UKMO 三种气候情景下,各地气候和土壤的干湿状况。不同的情景结果不一。但总的说来,当 CO_2 倍增时,我国西北气候干燥、华北平原北部水源匮乏的现状将不会改变,有些甚至呈不断恶化的趋势;华北平原南部的气候和土壤将变得相对湿润;长江下游仍将继续保持湿润状态(这意味着洪涝出现的几率增大);而四川有变旱的趋势(金之庆等 1994)。

作物灌溉需要量也会发生变化:将 CERES 作物模型与上述各气候情景相耦合,进行计算机模拟试验的结果表明:①西南和中南地区,由于水稻生长季的降雨量将明显减少,水稻灌溉需要量将比目前增加 2~6 倍;②在华北平原北部的水浇地,冬小麦的灌溉需要量将增加 22%~34%。由于华北地区水资源紧张和土壤沙化程度将进一步加剧,因此水浇地面积势必会有所减少。

当气候变得干燥时,由于气孔在高 CO_2 浓度下开度将减小,这在一定程度上可以减缓干旱对作物的不利影响。但如果干旱和洪涝出现在作物的关键发育期,将会造成严重减产,甚至绝收。例如,在扬花授粉和灌浆阶段,水分逆境对水稻、玉米、大豆、小麦和高粱等作物的危害尤其严重。

(四)海平面升高的影响——将可能淹没我国沿海城镇和大片低地,华东和华南受洪水肆虐的程度和频率将可能提高,加上三角洲地区海水倒灌,大片良田将盐渍化

有人曾作过估计,如果海平面上升 1 m,又不加任何防范措施,则我国沿海地区将有 60 个左右的县、市受淹,受淹地区将集中在人口密度最高、工农业比较发达的辽河三角洲、华北、华东沿海平原以及珠江三角洲平原。这意味着有 125000 km^2 的良田将要废弃,受灾人口将高达 7200 万;一些重要的工业和港口城市,例如上海将要完全受淹,一旦遇有洪水、涨潮,特别是当台风侵袭时,造成的危害尤其严重。鉴于上述地区是我国最重要的经济地带,因此全面地向内陆撤退是不可取的。从长远计,应认真考虑如何采取有效措施来防范这种后果的发生,在政策上须审慎地论证今后修筑海堤、海闸、防洪坝以及大力强化排洪、泄洪手段的可行性。

(五)对我国土壤的影响——将加速土壤的养分循环,长此会造成地力下降

在较暖的气候条件下,土壤有机质的微生物分解将加快,长此下去将造成地力下降。在高 CO_2 浓度条件下,虽然光合作用的增益效应能够促进根生物量的增长——这在一定程度上可以补偿土壤有机质的减少。但土壤一旦受旱后,根生物量的积累和分解都将受到限制。这意味着需要施用更多的肥料以满足作物的需要。干旱加剧后,植被将减少,表土易沙化,使得耕地易于风蚀,遇到暴风袭击时,在某些地区将产生"尘暴"效应;而一旦受到暴雨冲刷后,又会造成严重的水蚀。

(六)对病虫草害的影响——高温可能造成病虫害的流行和杂草蔓延,这意味着我们将不得不施用大量农药和除草剂,这又可能加剧环境污染的程度

随着气候的变暖,各种虫害将可能激增,因为高温为它们的生长和繁殖提供了更优越的温床;另一方面各类昆虫的天敌也可能增加,新的平衡将取决于哪一方面增殖得更快。作物生长季的延长将增加昆虫在春、夏、秋三季繁衍的代数,而冬温较高则有利于幼虫安全越冬。各种病虫出现的范围将可能扩大,即向高纬地区延伸。大气环流的改变也会影响风播病原的扩散。在高温条件下,由于作物的生育期缩短,有可能改变病害感染的方式。因为作物、杂草和病害之间的互作关系会以不同的方式对气候变化作出反应。

气候变暖还会改变作物和畜禽病原体的地理分布,目前局限在热带的病原和寄生组织将会蔓延到亚热带甚至温带地区。

病、虫、草害的泛滥、蔓延,意味着我们将不得不施用大量的农药和除草剂,这不仅要耗费大量资金,而且还造成环境进一步恶化。

四、防范和适应气候变化的若干农业对策

综上分析,全球气候变化将对我国未来的气候和农业产生深远影响。我国各级农业领导部门、农业科技界和广大农民将面临着严峻的挑战。为了防范和适应气候变化,从现在起,我们就必须认真考虑有可能采取的农业对策。应该看到,气候变化对我国的农业既存在着有利的一面,也存在着不利的一面。我们的任务乃是充分合理地利用其有利方面,控制并减少其不利方面,以求我国农业持续稳定地发展。

(一)提高复种指数,调整耕作制度,充分利用自然资源,避开不利条件

我国种植制度以多熟制为主体(一年两熟或三熟),多熟制在我国农业增产中一直发挥着重要作用。气候变暖总的说来将有利于多熟制的发展,各地的复种指数将有所提高;稻→麦两熟、麦→棉两熟、稻→油两熟、麦(油)→稻→稻三熟、麦→玉米→稻三熟等主要多熟制的面积将有所扩大,为了提高农业经济效益,套种各种经济作物(蔬菜、西瓜、蚕豆、草莓等)的多熟制将会得到较大的发展。但值得强调的是:气候变暖是一个缓慢、不稳定的过程,其间势必还会出现低温年,因此对种植制度的调整必须采取十分慎重的态度。一般来说,至少在本世纪内,还只适宜在历史气候的安全保证范围内,适当地增加复种指数,这方面的潜力在我国多数地区还是较大的。

(二)育种目标要考虑气候变化——培育抗旱、耐高温的新品种将成为育种学家的主要目标

育种工作(包括作物、林木、畜禽和水生生物的育种)是一项面向未来的科学研究。一个作物新品种的育成一般需要8~10年时间,并且理想遗传性状的形成在世代相传的育种过程中需要长期的积累(例如产量由低到高;抗性由弱到强),因此育种工作者必须把握住农业环境的长期变化趋势。根据我国农业现状与未来的气候变化趋势,各类作物与畜禽的育种工作都应加强对高温、干旱、病虫害以及紫外光(UV-B)的抗性育种研究,重视对这些不利因素的抗性生理、生化机理、抗性亲本的征集与鉴定,抗性基因的定位与克隆化以及抗性基因转移技术等多方面的研究。力求选育出对未来气候变化具有更强适应性的新品种。

(三)监测作物病、虫、草害与畜禽疾病的变化趋势,并加强综合防治

气候变暖、大气CO_2增加与紫外光的增强必然会对各种作物病、虫、草害的发生规律、危害程度、病原、害虫与杂草的种群结构以及天敌种类等产生连锁影响,畜禽动物疫病状况亦会有所变化。但至今为止,对这方面的研究还没有引起农业科技界的充分重视,需要建立多点、长期性的监测网络,以便正确地分析病、虫、草害与疫病的变化趋势,并相应地采取综合性防治对策。

(四)重视土壤保护和综合治理工作,强调有机肥与无机肥并举,改良红黄壤和盐渍土,控制现有耕地的非农业侵占

气候变化也必然会对我国土壤资源产生深刻影响。我国广大农区土壤有机质含量并不高(一般在

1%~3%),土温增高后,土壤有机质分解将会加快,积累将会减少;降水增加后会加剧径流和土壤可溶性养分的流失,我国南方红黄壤土的面积将会有所扩大;沿海地区由于海平面升高,盐渍土面积亦将增加。从总体看,气候变暖对我国土壤资源不利的影响是主要的,因此要充分重视我国土壤资源的保护工作,继续强调施用有机肥与有机、无机肥相结合的施肥技术方针,并加强红黄壤、盐渍土以及其他各种低产土壤的综合治理工作,严格控制现有耕地的非农业侵占。

(五)拯救森林、植树造林、绿化环境和制止乱砍滥伐是维护良性生态循环的根本措施之一

森林素有"绿色金子"之称,它曾覆盖地球陆地面积的 2/3,在植被中占有最重要的地位。森林的光合作用构成了吸收大气 CO_2 的主要生态基础,人类对原始森林的破坏是造成全球气候变暖的第二位原因(仅次于化石燃料的大量燃烧)。此外,森林在净化空气、防止土地沙漠化、防风、抗洪、水土保持、增加土壤有机质和改良气候等方面起着积极的作用。目前全世界森林覆盖率平均为22%,而我国只有12.7%,全世界人均林地为 0.8 hm^2,而我国不足 0.13 hm^2。因此拯救森林、植树造林、绿化环境、制止乱砍滥伐和封山育林是当务之急。

(六)高度重视大型水利工程和农田水利建设

全球气候变暖将改变各地的温度场,进而改变大气环流的运行规律。因此,我国降水的季节与地区分布都会随之变化;降水的年际变率和旱涝出现的几率也会增加。所有这些都势必会给我国的农业生产构成很大威胁。因此,必须高度重视大型水利与农田基本建设,增强各地抗旱、排洪与防淹、防渍的能力,以保证农业的持续发展。

(七)改造能源结构和农业生产方式,减少和控制痕量气体的排放

我国目前电力主要依赖于以煤为原料的火力发电,燃烧后的油烟、废气严重地污染大气环境。一些乡镇企业和工厂由于设备陈旧,缺乏环保意识,客观上形成了各种痕量气体和其他污染物新的释放源。今后应逐步以核能、水电、风能、太阳能、地热、生物能来取代传统的烧煤方式,尽量减少和控制痕量气体排放,保护大气层,拯救臭氧层。在农业方面,应提倡水旱轮作、节水种植、推广沼气池和节柴灶等,这些措施对减少和控制温室气体的排放都是行之有效的。

(八)重视气候变化对农业影响的研究,加强国际学术交流

鉴于全球气候变暖可能对我国农业生产带来严重的不利影响(持续高温、干旱、洪涝和海平面上升等),国家有关部委和各省(市)都应要求并支持农业科研单位和高等院校对与之有关的各个领域进行深入广泛研究。应组织各方面专家全面评估全球气候变化对我国农业的影响,特别要加强对异常气象条件(灾害)的研究,因为气候平均要素的变化与极端事件(灾害)的概率变化之间存在着非线性关系,即使温度、降水等平均要素的微小变化也可能造成灾害出现频率的重大变化,给人民生命财产带来重大损失。所涉及专业应包括气象、林业、水利、海洋、作物生理、土壤、作物育种、植保、畜牧、水产等。此外,还应大力加强有关的国际合作与学术交流,吸收、借鉴国际上的先进技术和经验。

参 考 文 献

国家科学技术委员会.1990.中国科学技术蓝皮书第5号——气候.北京:科学技术文献出版社.367
国家科学技术委员会社会发展司.1990.全球气候变化及其对策——全球气候变化对策专家组研究报告(内部资料).227
金之庆,陈华等.1992.应用 GCMs 和历史气候资料生成我国在 CO_2 倍增时的气候情景.中国农业气象,(5):13~20
金之庆,葛道阔等.1991.全球气候变化对我国南方水稻生产的影响及其适应性对策.南京林业大学学报(生态专辑),
　　(10):17~28

金之庆,方娟等. 1994. 全球气候变化影响我国冬小麦生产之前瞻. 作物学报, **20**(2):186～197

张家诚. 1988. 气候与人类. 郑州:河南省科技出版社. 371

Hillel D, Rosenzweig C. 1989. The Greenhouse Effect and Its Implications Regarding Global Agriculture. University of Massachusetts at Amberst. 36

Intergovernmental Panel on Climate Change (IPCC). 1990. Policymakers' Summary of the Potential Impacts of Climate Change, Report from Working Group II to IPCC, Geneva. Switzerland. 38

Intergovernmental Panel on Climate Change (IPCC). 1990. IPCC First Assessment Report Overview. Published by WMO and UNEP. 19

Smith J B, Tirpak D. 1989. The Potential Effects of Global Climate Change on the United States—Report to Congress. Published by US EPA. 413

Global Climate Change and China's Agriculture

Gao Liangzhi　Jin Zhiqing

(Jiangsu Academy of Agricultural Sciences)

Abstract: The contributing factors and essential tendency of global climate change and its potential implication as well as the achievements and recent progress obtained in the studied field both at home and abroad are reviewed. The authors pay special attention to extracting the common viewpoints and conclusions and expounding their own views and understanding on this important earth environmental problem. The positive and negative impacts of global climate change on agricultural production, combining with Chinese situation, are discussed. Finally, several agricultural strategies for preventing and suiting climate change are advanced.

Key words: Global climate change; China; Agriculture

农业发展的新趋势——农业信息化

高亮之

江苏省农业科学院

(原载:《世界农业》,1998年第4期,51～52页)

一、国际农业发展的新趋势——农业信息化

国际农业信息化的发展相当迅速,各发达国家与部分发展中国家,农业的各方面信息都已经进入本国的信息网络,以及国际互联网络(INTERNET)。其中有各种农产品的生产、流通、市场与价格信息;农业的各种环境、资源信息(气候、土壤、水、生物与品种资源等);农业的各种灾害信息(水旱灾害、气象灾害、病虫灾害等),农业的各种科技信息等。人们可以极为方便地进行查询,各种决策者——从农业部长到农民,都可以根据正确而及时的信息作出自己的决策。

如果说,农业机械化与农业化学化是20世纪农业的重要标志。那么,农业信息化就将是21世纪农业的重要标志,也应是农业现代化的重要组成部分。

农业现代化的目标是随着经济、科技的发展而发展的。在七八十年代,人们对农业现代化的理解是:农业水利化、农业机械化、农业化学化与农业电器化,可称为"农业四化"。八九十年代,人们对农业现代化的认识有所发展,提出:农业现代化是现代化的农业设施、现代化的农业科技、现代化的农业管理。现在,时代已经进入世纪之交,农业现代化必须要包含农业信息化的内容。其理由是:

(1)80年代以来,全世界(除极少数国家外)都在实行市场经济。市场经济不可能离开市场信息,不实现信息化,就不可能在市场经济中取得成功。如果说"农业四化"对计划经济基本上还是适应的,那么,没有农业信息化的"农业四化",在市场经济中是完全不能适应的。

(2)要实现农业科技与农业管理的现代化,都离不开农业信息化。

(3)"农业四化"本身也都离不开农业信息化,例如,农业水利化的科学灌溉就要依靠以计算机为基础的信息技术;当代先进的农业机械作业,已经需要应用GPS(全球定位系统);化肥的科学使用需要应用计算机的模拟决策系统。

二、农业信息化的内涵

农业信息化的内涵十分丰富,主要有以下几个方面:

(一)农业资源、环境的信息化

土地、土壤、气候、水、农业生物的品种等,都是农业的资源与环境。我国地域辽阔,农业资源与环境从南到北,自西到东,类型很多,差别很大。并且如土地与耕地面积、水资源以及农业环境的污染情况等随时间的变化很快,都需要依靠农业信息化,加以及时而正确地掌握。遥感、航测、地理信息系统(GIS)、全球定位系统(GPS)、各种监测农业资源的设施与仪器等,都是农业资源、环境信息化的重要手段,都需要建立农业资源、环境信息网络,正确而及时地掌握农业资源、环境的变化,以便制定政策与对策。

(二)农村社会、经济的信息化

农村的社会、经济情况直接关系农业的发展,而农业发展的目的之一,也就是要促进农村的富裕与进步。农村的人口变化,教育、科技的普及程度,农民的收入水平,农村的道路、能源、卫生情况,农村居民的房屋建筑,小集镇的发展等等,都是农村社会、经济信息化的内容。目前对农村社会、经济情况的了解,主要依靠各级统计部门,以及农业、农村工作部门的调查。所谓农村社会、经济信息化就是要求这些部门的信息工作都能实现全国性与地区性的计算机联网,以及使用先进的信息处理与传输技术,以便让中央与各级领导更快而正确地掌握农村的社会、经济变化,从而制定正确的政策。

(三)农业生产的信息化

农作物的品种与栽培技术每年都有变化,特别是气象与病虫情况,每时每刻都在变化,形成农业生产的不稳定性。这是农业与工业相比,一个重要的特点。农业生产中常常由于对气象与病虫情况掌握不准,或者面对气象与病虫情况的变化而不能采取正确的对策,因此造成重大的损失。

(四)农业科技的信息化

当前国际上农业科技的发展相当迅速。我国各地的农业科技的成果也很多,但是由于信息交流不通畅,严重影响了科技的进步。因此,当前需要加快建立全国与各地的以计算机为基础的农业科技信息网络,以便使我国的农业科技工作者能迅速地掌握国际上农业科技的最新动态,同时也加快国内农业科技成果的交流。

(五)农业教育的信息化

进入世纪之交与21世纪的农业教育,将要出现一个新的面貌,就是农业教育的信息化。农业大学的学生有一部分是在校的,还有一大部分是生活在农村的农民与农技员。他们可以在家中、在当地的农技站或农业学校,通过计算机、多媒体学习各种农业知识。农业教育的信息化必将大大加快农业科学技术的普及,加快提高农民科技、文化素质的进程。

国际与国内的农业教育的联网,可以让国际与国内农业大学的优秀教授的优秀课程,在任何一个农业大学中得到传播。这将从根本上改变农业教育的面貌。

(六)农业生产资料市场的信息化

目前我国在种子、化肥、农药、农业机械、农用薄膜等方面的市场存在较多的矛盾。主要是农业生产资料的品种、质量、价格上,不能符合农业生产与农民的要求。农民需要的,不知道到哪里去买,工厂生产的,不知道哪里的农民需要。工厂对各地农民的需要很难及时掌握。这一切矛盾的解决,都要依靠农业生产资料市场的信息化。

(七)农产品市场的信息化

这是农业信息化的一项极重要的内容。农产品的市场问题直接关系到农民的收入,关系到一个地区的经济发展。为了使各地的农产品销路畅通,发展以计算机联网为基础的农产品市场的信息化是一项关键性的基本建设。

(八)农业管理的信息化

农业管理的信息化必将使农业行政管理、农业生产管理、农业科技管理、农业企业管理提高到一个新水平,从而加速我国农业的全面发展。

农业与生物气象学的回顾与展望

高亮之

江苏省农业科学院

(1999 年 8 月 12 日在南戴河全国农业小气候、作物气象学术研讨会上的发言稿)

我有幸参加这次在南戴河举行的全国性农业气象学术会议,很高兴与全国同行们见面。

我 1953 年开始从事农业气象研究。长期工作中,使我对农业气象这门科学深有感情。当前已经是世纪之交,我借这个机会,对农业与生物气象学的发展,作一些简要回顾,并粗浅地谈谈 21 世纪的展望。

一、简要回顾

农业与生物气象学可以说是一门既古老又年轻的科学。

在 3000 年以前的古代,不论是在中国,或在其他人类文明起源地,都有农业与生物气象学的记载,如中国诗经中的"七月食瓜"、"八月剥枣"、"十月获稻"等。

长期以来,农业与生物气象学知识都是纯经验性的。16～18 世纪,气象仪器陆续发明并应用。法国的德列奥米尔 1735 年提出植物的热量常量的概念,可以说是近代农业与生物气象学的开始。

18～19 世纪,近代农业气象学的研究与服务在各国展开。1855～1875 年,欧美一些国家先后设立气象局,开展农业气象服务。德国的林瑟(1867)、柯本(1884)、德鲁德(1890)等,先后研究了气候与植物分布的关系;俄国的沃耶伊科夫(1884)等应用生物气象学观点划分了地球热量带。

20 世纪前半叶,农业与生物气象学较重要的发展是:美国的加纳与阿拉德(1919)发现了植物的光周期现象;俄国谢良尼诺夫(1930)的农业气候研究;意大利阿齐(1939)的作物生态研究;美国桑斯韦特(1931,1948)的农业水分研究;纳顿森(1947)的农业气候相似研究等。

20 世纪下半叶,农业气象研究与服务在 WMO 的推动下,得到迅速发展。WMO 专设了农业气象委员会,在农业气象服务方面,起了积极的促进作用。

从 50 年代开始,我国经竺可桢、涂长望先生的倡导,在中央气象局与农业部的共同领导下,农业气象的科研、教学与服务三方面都有很大的进展。

从国际范围来看,这时期农业与生物气象学研究方面主要的进步是:

(1) 农业气候研究的广泛而深入,我国普及到各省,以至于一些市、县。

(2) 农业气象灾害的研究取得一些重要成果,在生产中得到重视。

(3) 作物气象研究从单纯指标的研究发展到作物生理、生态与气象关系的机理性研究,发展到作物计算机模型的研究。

(4) 农田小气候与微气象的研究达到相当的深度。观测仪器的水平有很大的提高,温室气象调控技术在生产中发挥了作用。

(5) 农业气象预报的方法有不断的改进,特别是遥感技术的应用,已经较为普及。

(6) 从 80 年代开始,展开了全球气候变化对农业的影响的研究。

(7) 农业与生物气象研究的领域有很大的扩展,特别是林业气象与医疗气象等方面。

(8) 国际间农业与生物气象的交流已经经常化。

在我国农业气象的研究、教学与服务中,我国农业气象工作者,包括在座的各位,都作出了积极的贡献。

二、21世纪农业与生物气象学的展望

20世纪的最后20年,世界范围内的科学形势、经济形势与农业形势发生了一些影响深远的变化:
(1)电子信息技术(包括计算机技术、通信技术、遥感技术、传感器技术等)达到空前的发展。
(2)分子生物学与基因调控技术得到迅速进步。
(3)环境问题得到广泛的关注,持续发展的思想得到世界范围内的公认。
(4)经济的全球化影响到世界各国,市场经济原则为各种国家所接受。
(5)农业的现代化、信息化与市场化在世界范围内广泛发展。
这些基本形势不能不对21世纪的农业与生物气象学产生深刻的影响。
21世纪的农业与生物气象学,很可能有以下几方面的变化与发展:

(一)农业与生物气象学领域的进一步拓宽

20世纪,特别是在中国,与生物气象学的其他领域相比,农业气象学得到更多的重视。农业气象学研究尤其集中在水稻、小麦、棉花等少数几种主要农作物上。这当然与我国在建国最初几十年内不得不特别重视温饱问题有关。

随着世界范围内温饱问题的逐步解决;随着人们对食品多样性需求的增加;随着人们对环境问题、健康问题、居住问题关注的增加,农业与生物气象学的研究领域必然会不断拓宽。

林业气象、园艺气象、水产气象、畜牧气象、菌藻气象、医疗气象、旅游气象、建筑气象、居室气象等领域必然会有更大的发展。

这也是我的文章题目采用"农业与生物气象"的原因。

(二)农业与生物气象学与其他多种学科的相互渗透将要加强

让我们回顾以下科学的发展史,自牛顿(1642～1782)以来,物理学与数学的相互渗透,使二者在19～20世纪都得到了惊人的发展。

20世纪,数学与物理学向化学的渗透,使化学得到了革命性的提高,产生了物理化学、量子化学、高分子化学等新学科。

20世纪50年代,DNA分子结构的阐明,标志着物理学与化学向生物学的渗透,使生物学提高到了一个新的时代——分子生物学的时代。

由此可见,学科间的相互渗透可以说是科学发展的催化剂与原动力。

20世纪及以前,农业气象学一般来说,是孤立地发展,与其他学科的渗透不是很多,这很可能就是农业气象学到目前为止,发展还不够快的一个原因。

21世纪,农业与生物气象学,必然要与其他许多学科相互渗透。农业的各门学科:农艺学、园艺学、土壤学、肥料学、育种学、植物保护学、畜牧学、水产学等等都需要农业与生物气象学的渗透。在这种渗透中,农业与生物气象学也会得到更快的发展。同时,许多其他基础学科也会向农业与生物气象学渗透。

(三)数学与电子学将给农业与生物气象学插上腾飞的翅膀

21世纪的农业与生物气象学的最大变化,将是数学模型与电子信息技术在农业与生物气象学中的广泛应用,这种学科渗透将给农业与生物气象学带来突破性的发展。

近代与现代科学的显著特征是其数学化,而其根源是自然本身的数学化。自哥白尼、伽利略、牛顿

到爱因斯坦这些杰出的科学家，无不坚信自然本身的数学化。物理学、天文学、宇宙学、空间科学的巨大成就，全都得益于它们的数学化。

但是，在生物学、医学、农学的领域内，一直到20世纪之末，数学的重要性还没有为人们普遍认识。

事实上，物理学与化学的发展历史已经说明，生物学、医学、农学与数学的全面结合，将是这个重要的科学领域在21世纪取得巨大发展的催化剂。

由于生物学与农学研究对象的高度复杂性，数学应用于生物与农学，不像应用于物理学，可以只用几个简单的数学公式来表达。

现在已经看清，计算机的系统模型就是将数学应用于农业与生物学的最好方法。

系统模型又是在农业与生物学中应用电子信息技术的理论基础。

在农业与生物学的各学科中，农业与生物气象学是应用数学与电子信息技术较多的一个分支。

因此，在农业与生物气象学中广泛地应用系统模型与信息技术，其意义还不局限于其自身，它必将推动整个农业与生物科学和数学结合，从而使它们得到巨大发展。

(四)作物气象等专业气象将向生理、生态的深度与系统模型的水平发展

作物气象与各种专业气象是整个农业与生物气象学的理论基础。

当前植物生理学的发展重点方向是分子生物学。随着分子生物学研究的深入，人们对植物与动物对气象反应的生理机制越来越清楚。

另一方面，分子生物学本身也将更多地应用数学模型与电子信息技术。

因此，21世纪，作物与其他专业气象学将有可能建立更深入而全面的系统模型。

笔者等经15年的努力，研制成RCSODS(水稻栽培模拟优化决策系统)与WCSODS(小麦栽培模拟优化决策系统)，当前正在全国各省推广应用。作物的系统模型可以在全国范围内(原则上说来，可以在全世界范围内)应用，这个事实给与人们两方面启发：一是作物气象研究怎样才能在大面积生产上发挥较大的作用；二是农业模型使农业科学从经验科学提高到理论科学，将使它在生产实践中发挥巨大威力。

(五)农田微气象学发展的方向

农田微气象学是各种农业气象学的必不可少的基础性学科。笔者最近在水稻光合、蒸腾耦合模型的研究中，进一步认识到农田微气象的研究对于理解作物生理、生态机理与建立模型的重要性。

农田光照、热量、风速、消光系数、边际层厚度、边际层阻抗、作物群体的动力阻抗、叶片气孔阻抗、叶片光合等都有可能应用系统模型加以研究与阐明。

在今后的作物系统模型中，作物生理过程与农田微气象过程将密切地结合为一个整体，这对于人们的认识水平是一个本质性的提高。

农田微气象学研究的另一个方向是温室气象以及各种人工控制农业(如薄膜覆盖、畜舍、试管培养室等)中的气象控制问题。这一方面是农业现代化的重要方向，同时又是农业气象学为当前人们十分重视的生物技术服务的一个途径。

(六)新一代的农业气候研究

传统的农业气候研究在农业区划与认识农业环境中发挥了作用。但是，它也存在着明显的不足，一是方法的落后，工作效率低；二是难以与其他农业环境要素与农业规划相结合。

21世纪的农业区划研究将全部建立在电子信息技术与数学模型的基础之上。

最近，美国Oregon州立大学研制出PRISM模型，它可以在美国的任何地区，在电脑上显示并分析任一地形(高度、坡度等)的气候分布情况，如果只应用传统方法，这是不可能的。

在农业气候研究中，遥感、GIS、GPS等电子信息技术都能发挥作用。

由于应用 GIS,农业气候要素很容易与其他要素如土壤、地形、经济等相结合,因此,就可以直接用于指导各种农业规划。

新一代的农业气候研究,预期将会在全国规划、地区规划、农场规划等不同级别得到广泛应用。

(七)更受欢迎的农业气象预测

传统的农业气象预测方法,实际上在农业生产中的作用不很大。

21 世纪,中长期气象预测的水平必将会有较大的提高,为农业气象预测提供十分有利的条件。

在农业气象预测本身,信息网络、遥感技术与农业模型的结合,将成为主要技术手段。

从目前的水平看,遥感对作物面积的估测比较可信。至于作物单产的预测,作物模型的效果更好。作物模型考虑了当年的气象实况、苗情实况、土壤条件、病虫与灾害情况等多种因素,进行作物生长动态与产量的预测,既比较全面,又有很高的效率。

21 世纪,多种农业预测,如灾害预测、病虫预测、作物预测、环境预测、经济预测都将得到全面的开展,并且将相互结合起来。

电子信息网络将得到广泛的普及,各种农业预测都将通过信息网络向广大农民与众多农场传送。

农业与农业气象预测将要成为农民与农场管理人员每天必读的信息。

(八)更成功的农业气象灾害防御

农业气象灾害始终是农业的一大威胁。到目前为止,农业气象灾害的防御并不是很成功。

21 世纪,各种农业基础设施(特别是水利设施)的投入将有很大的增加,白色农业(薄膜的应用)将有更大的发展,人们防御自然灾害的能力将有很大的增强。

另一方面,通过作物生理、生态的深入研究,对各种农作物的抵御灾害的内在机制有更深入的理解。通过生物技术,可以培养出更多更好的抗灾能力强的新品种。

农业气象灾害的研究是要将以上各种研究综合起来,在不同地区、不同条件下,更有效地应用。特别是要将电子信息技术与农业模型充分地应用于农业气象灾害的防御,通过信息网络传送灾害信息,指导农民与农场的防御工作。

因此,农业气象灾害研究将不再是一门描述性的科学,而是一门能在农业生产中发挥重大作用的科学。

(九)全球气候变化与农业气象环境的研究

到目前为止,人们对全球气候变化的认识还是很不清楚的,有很多的未知数与不确定性。

21 世纪,随着全球气候模型的不断改进,人们对全球气候变化将有更有把握的共识,因此,对气候变化对农业的影响也会有更明确的认识。各国与各级政府将不得不采取认真的对策。

农业气象学在这方面的研究将得到人们更多的重视。

随着环境问题的日益突出,农业环境问题必将成为农业气象学的一个新的研究领域。一方面要研究各种农业的污染源对大气环境的影响,例如,农田与畜牧业对温室气体(甲烷、氧化亚氮等)的释放、酸雨的形成等,并研究其控制方法。同时,也要研究大气污染对各种农业对象(农作物、果树、蚕桑、茶树等)的影响,并研究其防御方法。

当然,从生物气象来说,大气污染对人类健康影响的研究,更将受到人们的关注。

(十)因特网与农业和生物气象工作

因特网的出现是 20 世纪末科技发展的最大成果之一。

因特网将全世界联在一起,将全球变成一个小村庄,这是以前所难以想象的。

因特网将在以下方面对农业与生物气象工作发挥巨大影响:

(1) 全世界的农业与生物气象工作者,可以通过因特网,经常地、迅速地进行交流与合作,这无疑将要大大加快推进这门学科的发展。

(2) 因特网是全世界公用的信息网络,在任何国家、任何地区都可以应用因特网进行农业与生物气象的信息传送。因此,因特网实际上是农业与生物气象的极好的通信手段。

(3) 因特网可以在世界范围内,使农业与生物气象的信息进行共享,可以在网上查阅其他国家或地区的各种气候信息、农业信息、生物信息等。

(4) 因特网可以加快各国与各单位农业与生物气象研究成果的推广、普及,并转化为生产力。

以上几点,只是根据目前的认识。

科学的发展有些是难以预料的。我相信,21世纪的农业与生物气象学的发展,必将超过以上的分析。

21 世纪初

RCSODS—A System to Combine Rice Simulation with Cultivational Optimization

Gao Liangzhi Jin Zhiqing Huang Yao Chen Hua

in Proceedings of MCCSP(Modeling for Crop-Climate-Soil-Pest System and its Applications in Sustainable Crop Production),1998,Nanjing,China

Jiangsu Academy of Agricultural Sciences, Nanjing, China

Abstract: The Research background of RCSODS developed by the authors was systemically introduced in the presented paper. The basic considerations and major principles in building both rice simulation models and optimization models which RCSODS consists of were described. The nine subsystems of RCSODS and their designs for modeling, as well as applications in rice practice were clarified.

Key words: Rice simulation; Optimization; Decision-Making system

1 Introduction

RCSODS is the abbreviation of Rice Cultivational Simulation, Optimization and Decision-Making System, which was accomplished through the authors' effort from 1984 to 1997.

The principle of RCSODS is: conjoining crop simulation with cultivational optimization.

Since the pioneer work of de Wit (1965) and Duncan (1967), the methodology and technology of crop simulation have been made rapid progress within the recent decades. Simulation models of a wide range of crops, such as wheat, maize, rice, barley, sorghum, peanut, cassava, dry bean, sunflower and millet etc. have been built up. Among which, CERES, SIMCOT, EPIC (USA) and MACROS (IRRI and the Netherlands) have a broader influence. In RCSODS, authors learned much from those pioneer models, especially CERES.

Crop simulation is still a rather young technology, inevitably existing some problems needed to be solved. An important problem is how to enhance its ability in application in real agricultural production. Up to date, most of the crop simulation models are being used in research and education, but not yet mastered by numerous agricultural extension workers in directing crop production.

One of the ways to solve this problem is to link crop simulation with expert system. Since most experiences of agricultural experts are usually limited to special sites, environmental conditions and varieties, the application of simulation model in conjunction with expert system is thereby limited.

A new methodology to enhance the application ability of crop simulation models has been explored in RCSODS, which made a close connection of crop simulation with crop cultivational optimization.

The concept of cultivational optimization, perhaps, is not quite familiar to plant physiologists, but crop management scientists know it well. In crop management, agronomists have to use some optimization principles of crop cultivation to determine the optimum sowing date, planting density, fertilizer rate, irrigation schedule etc. for specific areas and certain crop varieties.

For the purpose of helping agronomists make optimum decision in a broad area and for different varieties, it is therefore required for researchers to establish the optimization models of those managemental factors in close combination with simulation models. This combination builds up the foundations for making various crop managemental decisions. It is also the basic methodology in RCSODS.

2 Experiments and Data Used

Crop data were taken from the Climatic-Ecological Joint Experiments for different rice varieties in Yangtze River Valley, China, which were organized by the authors.

The experiments were conducted at fifteen locations (Figure 1) over ten provinces/municipalities (Sichuan, Shanxi, Hubei, Hunan, Jiangxi, Anhui, Jiangsu, Zhejiang, Fujian and Shanghai) during 1988—1989.

The meteorological data for the same period were supplied by the local meteorological stations.

In application of RCSODS, climate data in normal year, meteorological data in different years, soil and crop data at different locations in China were used.

3 Main Mathematical Models in RCSODS

RCSODS consists of more than 100 mathematical models, which can be divided into two categories. One is simulation model, such as Rice Clock Model, models of photosynthetic production, tillering development, nitrogen dynamics, and grain yield formation etc.. The other is optimization model for rice cultivation, such as the optimum growing season, optimum leaf area, optimum tillering development, optimum yield formation, and optimum decision-making for fertilizer application etc.. Each model in RCSODS includes several submodels, and all of them are on daily base.

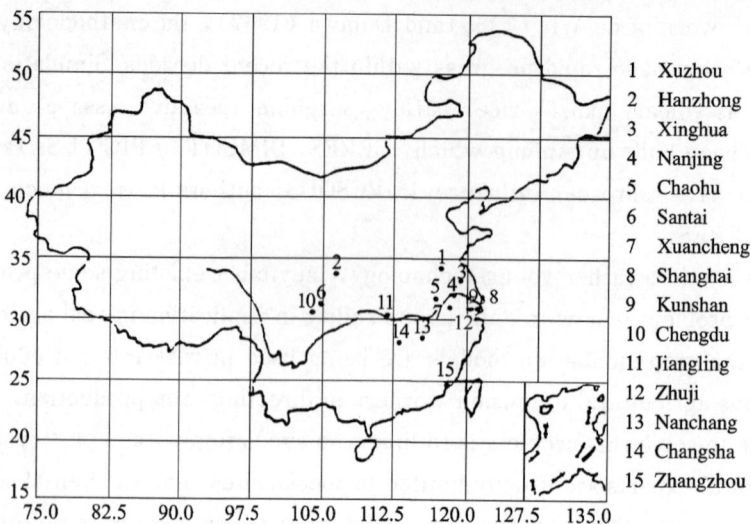

Figure 1　Locations of climatic-ecological joint experiment in Yangtze valley, China
(1985—1986)

3.1　Rice simulation model

3.1.1　Rice clock model

Rice clock model (Gao et al. 1992) is mainly consisted of three submodels dealing with: (1) phenology; (2) plant age in leaf; and (3) organ morphogenesis.

3.1.1.1　Phenological submodel

Phenological submodel is the kernel component of RCSODS, it serves as a time scale in the system controlling when to call the relevant submodels and parameters, and how to make the managemental decisions, depending on growth stage.

In phenological submodel, both the genetic characteristics and environmental factors are considered, which determine the length of growth duration (or development rate). On the genetic characteristics, the basic duration, thermal sensitivity, and photoperiod sensitivity are described by a mathematical equation in which, these three characteristics for a given rice variety are quantitatively expressed by changing the values of parameters K, P, Q and G. With respect to the environment, both the effects of temperature and daylength on development rate are also considered.

The concept of a physiological day concerning rice development has been adopted in the submodel. A physiological day for rice development is defined as a day under the optimum thermal and daylength conditions. The submodel assumed that the number of physiological days required to complete a given phase for a given variety is constant. This principle constitutes the theoretical foundation of the submodel and is more reasonable than the concept used in temperature summation method in which the accumulated temperature needed to cover a given phase is assumed to be constant.

3.1.1.2　Leaf age submodel

Dynamics of plant age, expressed as number of leaves, is of importance in rice development, because the morphogenetic process can be determined by the number of leaves on the main culm. In the submodel, we defined the number of leaves on the main culm as plant age in leaves, abbreviated as leaf age.

The leaf age submodel is also based on the principle of physiological day. In which, a physiological day for leaf development is defined as a day under optimum temperature condition. For a given rice variety, it is also assumed that the number of physiological days for leaf development required to reach a certain leaf age is constant. The submodel considers not only the nonlinear effect of temperature on leaf development, but also the biological rhythm of leaf development.

3.1.1.3 Organ morphogenesis submodel

The synchronous relationships between emerged leaves and development of rice organs (such as tillers, culms, sheath, roots and panicles etc.) have been widely studied by many scientists (Ding 1969, De Datta 1981, Yoshida 1981). The main points to this field are expressed as follows: (1) a tiller starts emerging from the $(n-3)$th node, when the nth leaf emerges; (2) the number of nodes on the main culm corresponds to the number of leaves developed on the culm minus two; (3) there exists a synchronous growth between the nth leaf and the $(n-3)$th roots; and (4) synchronization between leaf age (counted from the top of plant) and panicle development, such as 3.5th leaf and initial stage of panicle differentiation, 3rd leaf and primary branch differentiation stage, and so on.

Based on the synchronization mentioned above, the submodel for organ development is constructed by using the leaf age model.

3.1.2 Photosynthetic production model

Photosynthetic production model for rice canopies is mainly composed of four components involving: (1) dynamics of leaf area; (2) photosynthesis; (3) respiration and (4) dry matter accumulation, each component possesses a set of functions. This model can simulate the process of photosynthetic production for rice canopies, and constitutes the base of grain yield formation model.

Leaf area increment submodel before heading is expressed in a product form of a partitioning factor of photosynthate, daily net photosynthesis and specific leaf area. Both the partitioning factor and the specific leaf area are phenological phase dependent. Leaf area decrease submodel after heading is simulated using a quadric function of a physiological day for rice development. The submodel of photosynthesis is concerned with solar radiation, temperature, soil nutrient supply, fertilizer rate, leaf area, extinction coefficient, as well as the photosynthesis parameters A and B, which are determined both from field and laboratory experimental data and have different values before and after heading. The respiration submodel adopts the summation form of growth respiration and maintenance respiration (McCree 1974). Growth respiration is a fixed fraction of photosynthesis while maintenance respiration is temperature dependent and a fraction of total dry matter accumulation.

3.1.3 Grain yield formation model

About one third of rice grain weight transfers from the leaves, leaf sheaths and stems before heading, and the other from the photosynthetic product after heading (Ying 1956). In this model, the contributions of canopy photosynthetic production to rice grain yield are quantitatively determined by photosynthetic accumulations before and after heading. The effects of temperature and solar radiation on translocation of photosynthate to grain, as well as grain weight and percentage of filled-spikelets are also simulated.

3.2 Optimization models for rice cultivation

3.2.1 Model of the optimum rice growing season

Determination of the optimum rice growing season follows the three principles: (1) the highest or higher grain yields could be obtained; (2) matching crop season with the local cropping rotation; and (3) minimizing endangerments with a stable grain yield. In China, there are various rice-based cropping systems. In order to determine the optimum season for single rice or the second rice under double cropping system in the South China, the optimum temperature index at heading is first found out by combining the phenological submodel with the photosynthetic production model, with which the optimum heading date can be determined, then the optimum sowing and maturity dates can be obtained by calling the phenological submodel to simulate respectively backwards and towards from heading date. For rice after wheat or early rice in triple cropping systems, the optimum rice season can be simulated by determining first the optimum sowing date, based on the maturity date of fore-crop and the optimum rice seedling age in days, then calling the phenological submodel to determine the optimum heading and maturity date. For early rice in double cropping system in southern China and single rice in northern China, the optimum sowing date is first fixed in accordance with the local temperature and solar radiation condition, then the optimum heading and maturity dates can be determined using the same method mentioned above.

3.2.2 Optimum leaf area and tillering dynamics models

In order to simulate dynamics of the optimum leaf area, the optimum leaf area in certain key phenological phases need first to be established, then model of the optimum leaf area can be derived by substituting these indices into the leaf area growth equations before and after heading.

In RCSODS, it is assumed that water and fertilizer condition are not limiting for rice growth and development. Thus leaf areas of a single plant at different phenological stages could be assumed as constant and reasonably considered as the varietical parameters for a given rice variety. By means of the relationships among tiller number, leaf area of a single plant and that of a rice canopy, it is easy to calculate the optimum tiller number and also the optimum panicle number according to the optimum leaf areas at different stages, and vice versa.

During rice growth period, the optimum leaf area at heading is the most important, which can be determined according to a method called "whole day compensative light intensity". Its theoretical foundation is that a maximum photosynthate accumulation for a rice canopy can be realized only when the gross photosynthesis at the bottom of canopy is just equal to the dark respiration during a whole day. When simulating the optimum leaf area at heading, many environmental factors and crop performance, such as solar radiation, temperature, temperature difference between day and night, leaf photosynthetic rate, and extinction coefficient of rice canopy are involved. Determination of the optimum leaf area at elongation is based on a principle advanced by the authors (Gao et al. 1964), in which the suitable time for complete closure of rice canopy is controlled about 10 to 15 days after elongation, while the light intensity index at rice canopy bottom is about 4 klx. Substituting the value into Monsi equation (Monsi, Seaki 1953), the optimum leaf area at elongation can be determined. Employing the above mentioned relationships, it is easy to determine the optimum panicle number at heading and tiller number at elongation. For determination of the optimum leaf areas at tillering and transplanting stages, it is necessary to define the optimum tiller number at the end of effective tillering period and the optimum seedling number at transplanting stage, based on the high-yielding cultivation principles. On the former, it is expected that the optimum tiller number at the end of the effective tillering period is equal to the optimum panicle number at heading (Lin 1983). With respect to the latter, the optimum seedling number at transplanting is calculated using an equation developed by Lin (1983). According to the relationships mentioned above, the optimum leaf areas at tillering and transplanting stages are thereby obtained. Referring to the experience of high-yielding cultivation, two green leaves for Indica and three for Japonica should be maintained at maturity stage. With which, the optimum leaf area during maturity period can be obtained.

3.2.3 Optimum yield model

The optimum grain yield in RCSODS is defined as the yield obtained by realizing the optimum leaf area dynamics and optimum photosynthate accumulation under the optimum local season and then the fertilizer application is also optimum. In other words, it must be a high and stable yield obtained in a large rice area with a quite well economic benefit. The optimum yield can be simulated by calling the Rice Clock Model, models of the optimum leaf area and photosynthetic production.

3.2.4 Optimum fertilizing model

Based on the nutrient balance equation suggested by Stanford (1982), the submodels for soil nutrient supply are first built up. The submodel for soil nitrogen supply is dependent on soil organic matter, total nitrogen content, pH value, and environmental temperature. That of soil phosphorous supply is concerned with soil rapidly available phosphorous content, pH value and environmental temperature. And the submodel for soil potassium supply is determined by soil rapidly available potassium content. The determination of optimum and economic fertilizing rate is based on the soil nutrient supply submodels mentioned above, the requirement of crop fertilizer, and the principle of marginal reward ratio.

4 Functions of RCSODS

RCSODS involves nine functions or subsystems, which could be selected by users. Among them, the function 9 (Adjusting parameter for a given rice variety at specific site) was designed to serve the whole system. Before RCSODS is applied to a new location or a rice variety, besides to build the local weather and climate files, users should run the function of 9 to adjust the varietal parameters for a new rice variety, based on the local experimental data or the experiences in rice cultivation for that variety. The nine functions are introduced as follows with the names of subsystems.

4.1 NORMAL: a subsystem to make decisions for rice cultivation in a normal year

Principle of this function is to realize the optimum leaf area index (LAI) under the local optimum season. With help of which, users can make various decisions for rice cultivation in a normal year in the following order: (1) to determine the optimum season for a given rice variety, based on the local averaged thermal-light condition and certain temperature indices; (2) to read the local 30 years averaged data in 40 days around rice heading period, including mean-, maximum-and minimum-temperature and solar radiation, and then to call the optimum LAI model at heading stage, so as to determine the optimum LAI at heading and optimum number of panicles for the given rice variety. In this way, the dynamics of LAI differing in stages could be obtained using the relevant models mentioned above; (3) to calculate the optimum tillering dynamics, the optimum sowing rate, the optimum number of initial seedlings in the fields at transplanting, the optimum seedling age in days and the optimum ratio of seedling number in seedling bed to that in the field etc.; (4) to simulate the optimum application rate of fertilizer, using the local data of soil type, organic matter content, pH value, N, P, K contents of soil and target yield; (5) to simulate the optimum dynamics of photosynthetic production, the accumulation and partitioning of dry matter, by calling the photosynthetic model for rice canopy; (6) starting from heading stage, to simulate the process of dry matter transferring from leaves and stems to panicles; (7) to simulate the optimum grain number per panicle, filled grain number, filled grain percentage and 1000-grain weight, according to simulated total dry matter and local climatical conditions. Thus, the optimum yield of the variety in the given location and the optimum yield components can be simulated.

In NORMAL subsystem, users can quickly print a table scheme for high yielding rice cultivation differing in region, rice-based system, season, seedling nurse pattern, variety, climate and soil. Almost all important optimum cultivational suggestions are shown in the scheme. The copies of the table schemes are then distributed to the basic-level agricultural technicians and farmers, and in this way to give effective assistance and guidance in their rice production.

4.2 KEY: a subsystem to analize the key for increasing rice yield

Users are required to input the actual managemental data (such as sowing date, sowing rate, seedling age in days, row spacing, fertilizer application rate etc.) of the main local rice varieties with 3 sowing dates, i.e, earlier, medium and later. This subsystem is run to simulate dynamics of rice development and yield formation. Then the actual performance of rice production under actual managemental conditions can be compared with that under the optimum conditions, which has been simulated when running the subsystem described in preceding section. Based on the analysis, the reasons leading to low yield or inefficiency (for example, use too much fertilizer) could be found, and the way to increase rice yield and income will be given, which could be used to guide local rice production directly.

4.3 RTEST: a subsystem to run computer experiments for rice cultivation

The subsystem was designed to conduct two kinds of multi-factor experiment on a microcomputer. Six factors (sowing date, seedling age in days or transplanting date, sowing rate, initial seedling number in rice fields, fertilizer application and water management) are involved in the simulation experiment of rice cultivation, and four factors (type and rate of basal fertilizer, type and rate of additional fertilizer, date of additional fertilizer application, ratio of additional fertilizer application) in the fertilizer experiment. The final results could be printed in a form of experimental report, which tell users how to make decisions for selections of the optimum sowing and transplanting dates, optimum sowing and transplanting densities and optimum fertilizer application (including type, date and amount) etc..

It should be pointed out that the simulation experiment can not entirely replace the field experiment, because the determination of model's parameters for a given rice variety and its verification often depends on the field experimental data. The simulation experiment, however, possesses several advances, such as time, cost and man-power saving, which are incomparable by using the field experimental method. When experimental data is available, the simulation experiment is still a good supplementary tool.

4.4 C-RCSODS: a subsystem to make decisions for rice management in current year

With this subsystem, users could simulate rice growth, development and yield formation, based on the actual sowing and transplanting dates, the actual fertilizer and water managements and meteorological condition in current year. In the process of simulation, the subsystem was run with actual weather up to the present moment of time, and then with the forecasting weather in 20 or 30 days made by the local meteorological stations, and finally with the assumption that the weather will be in a 30-year average condition for the rest of the season. In this way, the subsystem can be used to make decision on managements to give optimum results over the rest of the season.

Dynamics of leaf area index, tillering and dry matter in current year are determined by a few real examined data given by the users, in combination with various simulation models and then comparisons will be made between the simulated dynamics and the optimum one in the same year. If the simulated leaf area is below/above the optimum value, users are asked to apply enhancing/controlling measures with irrigation and fertilizers or vice versa. Therefore, the optimum dynamics of *LAI* becomes an optimization locus distinguishing if the practical dynamics are suitable. In short, the essential method for optimization management in current year is at all time to monitor the deviation between the practical and optimum leaf area locus and to adjust it by relevant measures, which is practically the optimization-control principles in industry automation or missile flight.

4.5 RPEST: a subsystem to make decision for pest prediction and control

This subsystem is primarily to establish prediction models for three major rice insects (striped and yellow stemborer, leaf folder and brown planthopper) and three major rice diseases (rice blast, bacterial blight and sheath blight), and then to predict pest occurrence and give suggestions of control, based on the real situation of current weather (temperature and precipitation) and pest conditions (time and amount of occurrence).

On programming design, RCSODS asks users to collect the local average meteorological records and data of diseases and insects occurrence in the same periods, and then input them into the related modeling programs, which help users automatically and very rapidly to set up the forecast models about the time and amount of disease/insect occurrence, and receive necessary statistical examination. This subsystem, therefore, can be generally applied to various climate, varieties and regions.

4.6 REGION: a subsystem to assess rice climatic suitability for different varieties

The major characteristics of this subsystem is to analyze the climatic suitability for a given rice variety at various representative locations within the 6 rice ecological regions (Gao *et al.* 1987) throughout whole China. This means that it answers the users if this rice variety can be grown or not in a certain region, under a certain cropping system and with a certain seedling nurse pattern. If so, it then simulates the performance of both growth duration and yield for this variety in different regional levels (subregion, province or prefecture). It is convenient to compare the difference in performance between different sites. So the users can adopt different cultural methods differing in regions.

Therefore, this subsystem plays an active role in extension of new rice varieties.

4.7 RICESIM: a subsystem to simulate rice growth and yield formation

RICESIM is a pure simulation model with no optimization content. It simulates rice phenology, leaf age, leaf area and tillering dynamics, phtosynthetic production and yield formation under real weather and soil conditions.

Water balance dynamics consists of rice evapotranspiration and effective rainfall in rice field. The former is based on Penman's equation and rice coefficient and the later on consideration of runoff, percolation and maximum water layer (100 mm, in China) in rice field. WF—Water Factor is then simulated to have effection on rice growth and yield formation.

Nitrogen balance is simulated based on nitrogen supply by soil, organic and chemical fertilizers and nitrogen demand by rice, which differs with different varieties.

NF—Nitrogen Factor is then simulated to effect rice growth and yield formation. RICESIM may be used to evaluate real productivity, soil and climate productivity in different regions. It also can be used in validation of RCSODS model.

4.8 RICECCE: a subsystem to evaluate effect of global climate change on rice production

RICECCE is built based on RICESIM. Five factors of climate change are involved:

1. Global temperature change;
2. Global rainfall change;
3. Global solar radiation change;
4. Global CO_2 content change;
5. Mixed factor change.

It simulate rice growth and yield formation under two different conditions:

1. No climate change;
2. Under climate change.

Different results are obtained and comparison are made to show the effect of global climate change on rice production.

4.9 PARAM: a subsystem to establish or regulate parameters for different rice varieties

On the whole, there are 30 parameters of a certain variety in RCSODS. Eight are for rice phenology; three for leaf age, five for photosynthetic production; six for tiller, panicle and grain characters; five for leaf area and three for rice season.

All the parameters are to be and can be established or regulated based on experimental or observed data, even only experiences of agronomists.

Owing to the function of this subsystem, RCSODS can be applied to any rice varieties.

5 Validation of RCSODS

5.1 Validation of phenology model in RCSODS

The comparisons between simulation and real data of rice phenology for variety S.U. 63 at different 18 locations/years/sowing dates are shown in Table 1 and Figure 2. The result shows a good agreement between simulated and real data with correlative coefficient of 0.876 and standard error of 3.5 days.

Table 1 Comparisons between simulated and real data for rice phenology

Location		Year	Emergence to heading (d)		
			Simulated	Actual	Error
Nanjing	32.0°N	1988a	99	102	−3
	118.8°E	b	90	90	0
		1989a	98	98	0
		b	93	95	−2
Baoying	33.2°N	1988a	100	107	−7
	119.3°E	b	91	94	−3
Wujin	31.8°N	1988a	90	97	3
	119.9°E	1989b	92	90	2
Dongtai	32.9°N	1988a	106	109	−3
	120.3°E	b	95	93	2
		1989a	107	102	5
		b	97	93	4
Huaiyin	33.6°N	1988a	96	93	3
	119.0°E	b	91	89	2
Suqian	34.0°N	1988a	93	98	−5
	118.2°E	b	90	90	0
		1989a	105	105	0
		b	97	97	0
Mean			96.1	96.2	−0.1
Sb			—	—	3.5

a, the first sowing date; b, the second sowing date.

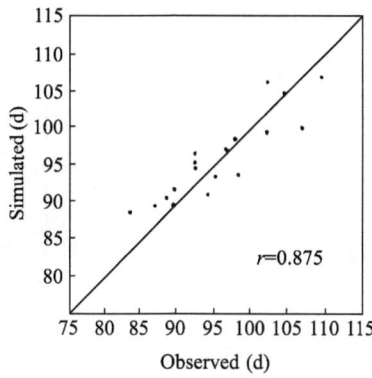

Figure 2 Comparisons between simulated and real data for rice phenology

5.2 Validation of leaf age model in RCSODS

Comparisons between simulated and real data of rice leaf age at 14 locations/years/sowing dates in 1988 and 1989 are shown in Table 2 and Figure 3. The result shows that a fairly good agreement exits in leaf age simulation with real data with correlative coefficient of 0.835 and standard error of 0.6 leaves.

Table 2 Comparisons between simulated and real data of rice leaf age

Location		Year	Total leaf age		
			Simulated	Actual	Error
Nanjing	32.0°N	1989a	17.3	16.8	0.5
	118.8°E	b	16.4	16.5	−0.1
Baoying	33.2°N	1988a	18.0	18.0	0.0
	119.3°E	b	15.8	15.7	0.1
Wujing	31.8°N	1989a	15.8	16.0	−0.2
	119.9°E	b	14.8	15.5	−0.7
Dongtai	32.9°N	1989a	18.2	17.2	1.0
	120.3°E	b	16.6	15.9	0.7
Huaiyin	33.6°N	1988a	16.2	17.1	−0.9
	119.0°E	b	15.6	16.3	−0.7
		1989a	17.3	17.0	0.3
		b	15.6	16.0	−0.4
Suqian	34.0°N	1988a	17.1	17.0	0.1
	118.2°E	b	16.0	16.5	−0.5
Mean			16.5	16.5	−0.1
Sd			—	—	0.6

a, the first sowing date; b, the second sowing date.

5.3 Validation of rice photosynthesis and yield model in RCSODS

Figure 4 shows the comparisons between simulated and real data of rice yield for 3 varieties (S.U. 63, Nanjing 3714 and 10175) at different locations/years/sowing dates. A satisfactory agreement exits in the result with correlative coefficient of 0.799 and standard error of 56.5 kg/mu (0.85 t/ha).

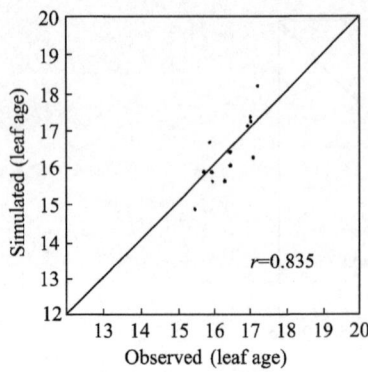
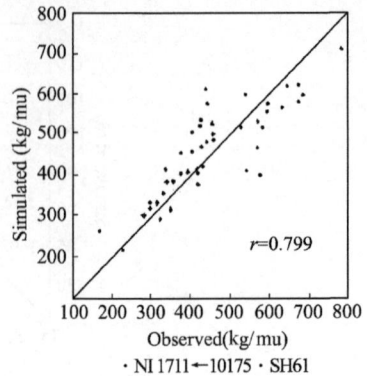

Figure 3　Comparisons between simulated and real data of rice leaf age

Figure 4　Comparisons between simulated and real data of rice yield

6　Application of RCSODS

By the year 1993, RCSODS has been extended in a large area covering 12 provinces or municipalities and over 3 million hectares around the Yangtze River.

Begin from 1997, RCSODS are being applied in computer networks in Jiangsu Province. "RCSODS Network Newsletter" was published timely and distributed to all counties in this province to help agricultural extension stations make rice cultivational suggestions for farmers.

Obvious increases in both yield and profit have been reported at many regions. The increasing range averaged is from 8% to 10% and the overall increased in rice grain yield has reached as much as 5 MT. It is of great significance to obtain so large social and economic benefit by using crop simulation models.

Reference

De Wit C T. 1965. Photosynthesis of leaf canopies. Agricultural Research Reports, Wageningen, (663):1—57

Ding Ying, et al. 1961. Cultivation of Chinese Paddy Rice (In Chinese). Agricultural Publishing House, Beijing

Duncan W G, et al. 1967. A model for simulating photosynthesis in plant communities. Hilgardia, (38):181—205

Gao Liangzhi, Jin Zhiqing, Li Lin. 1987. A Climatic Classification for Rice Production in China. Agri Meteo, (39):55—65

Gao Liangzhi, Jin Zhiqing, Huang Yao, Zhang Lizhong. 1992. Rice Clock Model—a computer model to simulate rice development. Agri Meteo, (60):1—16

Gao Liangzhi, Jin Zhiqing, Huang Yao, Chen Hua, Li Bingbai. 1992. Rice Cultivational Simulation, Optimization and Decision-making System. Agr. Sci. Pub. Hou., Beijing

John H, Ritchie J T. 1991. Modeling Plant and Soil Systems, Agronomy No. 31, Madison, Wisconsin, USA. pp. 535

Jones J W, et al. 1989. SOYGRO V5.42—Soybean Crop Growth Simulation Model User's Guide, University of Florida. pp. 75

Ling Chihong, et al. 1983. The leaf age model of development process in different varieties of rice. Scientific Agriculture Sinica, (1):9—17

Matsushima S. 1984. Crop Science in Rice. Nippon Koei Co., Ltd., Tokyo, pp. 89—109

Penning de Vries F W T, et al. 1989. Simulation of Ecophysiological Processes of Growth in Several Annual Crops. IRRI-PUDOC. Wageningen, The Netherlands. pp. 271

Ritchie J T, et al. 1987. IBSNAT and the CERES—Rice model. In: Weather and Rice, IRRI, Los Banos, Philippines. 271—281

Yoshida S. 1981. Fundamentals of Rice Crop Science. IRRI, Los Banos, Philippines. 17—61

WCSODS—A Wheat Cultivational Model to Combine Simulation with Optimization and Expert Knowledge

Gao Liangzhi[a] Jin Zhiqing[a] Zheng Guoqing[b] Feng Liping[c]
Cao Hongxin[d] Ma Xinming[e] Shi Chunlin[a] Ge Daokuo[a]

in Proceedings of UCET (International on Engineering Technology), 2000, 9, Beijing, China

[a] *Institute of Agri. Modernization, Jiangsu Academy of Agricultural Sciences, Nanjing 210014, China*
[b] *Institute of Agri. Information, Henan Academy of Agricultural Sciences, Zhengzhou 450002, China*
[c] *Department of Meteorology, China Agricultural University, Beijing 100094, China*
[d] *Institute of Crop Science, Shandong Academy of Agricultural Sciences, Jinan 250100, China*
[e] *Department of Agronomy, Henan Agricultural University, Zhengzhou 450002, China*

Abstract: WCSODS is the abbreviation of Wheat Cultivational Simulation, Optimization and Decision-Making System. The principal methodology WCSODS adopted is to combine wheat simulation with cultivational optimization and expert knowledge. In this paper, the main structure of WCSODS was illustrated and various simulation and optimization models in WCSODS were described. The functions of WCSODS include making decisions for wheat cultivation both in normal and in a current year, simulating wheat development and yield formation under different environments, assessing the impacts of climate change on wheat production and regulating and then determining the genetic parameters for a given wheat variety. Validation of WCSODS shows that there is a good agreement between the simulated and observed data. Now, WCSODS has been extended successfully in Jiangsu, Henan, Shandong, Shanxi, Hubei, Yunnan provinces etc. in China.

Key words: Wheat cultivation; Simulation; Optimization; Decision-Making; Expert knowledge

1 Introduction

From 1980's a great progress has been made in wheat simulation in the world and many successful wheat models such as CERES—Wheat (Ritchie 1984, 1985), WINTER WHEAT (Baker *et al.* 1981), TAMW (Mass, Arkin 1980), ARCWHEAT (Weir *et al.* 1984) have been published and some others (Baber *et al.* 1983; Day *et al.* 1985; Godwin, Vick 1985; Keulen, Penning de Vries 1982; Oleary *et al.* 1985; Porter 1984; Vanlen, Seligman 1989) were in regard to some wheat physiological processes. In China, some researches or literature reviews (Cao 1995, 1996; Cao 1997; Feng *et al.* 1997; Shi 1987; Wang 1991, Wang 1998; Yan 1990; Zhang *et al.* 1991) have also done in this field. But, it has not yet been solved well to use simulation technology in wheat production practice. A new methodology is needed to enhance the functions of crop simulation in crop production.

Some scientists proposed a technological line to combine crop simulation models with expert system, but it is not very successful because the experiences of agricultural experts are often limited to regions and crop varieties. During the period in developing RCSODS (Rice Cultivational Simulation, Optimization and Decision-Making System), the authors (Gao *et al.* 1992) adopted a new technological line to combine rice simulation with the principle of rice cultivational optimization. It has been proved that this technological line is useful and now RCSODS has been extend in many provinces in China and led to higher yield and income for the farmers who plant rice. In WCSODS, this technological line has been further improved and adopted.

2 Methodology of WCSODS

In WCSODS, the following three components were combined together: 1) wheat simulation models; 2) optimization models of wheat cultivation; and 3) knowledge of local wheat experts. The flow chart of WCSODS is given in Figure 1.

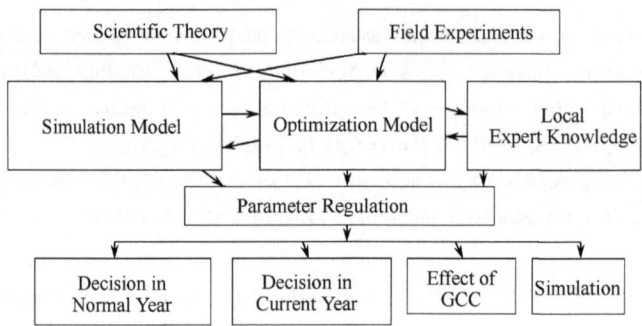

Figure 1   Flow chart of WCSODS

2.1 Wheat Simulation Models

In WCSODS, the most important crop processes related with wheat cultivation were chosen to build the simulation models, i.e., models of phenology, leaf age dynamics (i.e. leaf number increment on main stem, which shows the age of wheat development), leaf area dynamics, tiller number dynamics, stem nodes development, panicle differentiation stages, soil water and wheat nutrient dynamics, photosynthesis, respiration, dry matter accumulation and yield formation, etc.

2.2 Wheat Optimization Models

Building wheat optimization models is the key methodology of WCSODS, which distinguishes with that of other wheat models. In crop cultivation, one of the major questions farmers want to know is not how the crop grows or develops, but what the optimum decision should be made. This is the important problem needed to be solved for a decision-supporting system of crop cultivation. There are many methods in optimization, such as different kinds of programming or searching, etc. In crop modeling, to create crop optimization models is another but a wise choice.

Scientists in agronomy have discovered or developed many quantitative principles for determining the optimum measures in crop cultivation to obtain a high and stable yield with a low cost and without destroying environment. All those quantitative principles are possible to be expressed in mathematical formulas that are also called crop optimization models.

In WCSODS, a series of wheat optimization models were created involving wheat optimum sowing date, optimum basic number of wheat seedlings, optimum wheat leaf area and tiller number dynamics, optimum soil water and fertilizer management in wheat field and optimum wheat yield formation, etc. Those optimization models combining with wheat simulation models constructed the base of WCSODS.

2.3 Local expert knowledge

The goal of WCSODS is to help agricultural extension scientists and farmers in different regions of

China to make optimum decisions in wheat cultivation.

Owing to a large difference in climate, soil, topography, cropping system, wheat varietal types, even farmers' habit, etc, WCSODS was designed to allow the users to regulate slightly the modeling results in cultivational decisions by the experience of local experts or their own knowledge. This step makes the running results of WCSODS conformable well with local situations and therefore makes itself welcome by local scientists and farmers.

The main processes developing WCSODS were: constructing the whole framework based on the scientific theory of wheat growth and yield formation; conducting wheat field experiments; establishing wheat simulation models and wheat optimum models. While running WCSODS, the first step is to input local climatic, weather, crop and soil data and second step, to regulate and then to determine the genetic parameters for a given wheat variety. The third step is to run the simulation and optimization models and then to make a slight regulation based on the local experts' experience. Finally, to make decisions for wheat cultivation both in normal year and a current year. The users can also evaluate the effects of global climate change on wheat production and simulate wheat growth and development under different environments without considering optimization by WCSODS.

The methodology of WCSODS to combine simulation models, optimization models and local expert knowledge together makes its own several characters:

a) Mechanism: The foundation of WCSODS is crop simulation. All the wheat simulation models are built based on scientific theory of wheat growth and development processes.

b) Applicability: Application is the final goal of WCSODS, which makes it a useful tool for improving wheat cultivation and promoting production.

c) Generalization: WCSODS can be used for any wheat varieties in any regions of China and in other regions outside China as well.

d) Openness: WCSODS allows the users to take part in the process of decision—making in wheat cultivation.

e) Predictability: WCSODS has the ability to predict wheat growth, development and yield formation in any year when the weather data are available.

3 Experiments

A long period wheat field experiment was conducted on the farm of Jiangsu Academy of Agricultural Sciences, Nanjing. Among which, a split design was used in 1992—1993, with three sowing dates (Oct. 21, Oct. 31 and Nov. 10) as main plots and, four levels of nitrogen (0, 75, 150 and 225 kg/ha) and five wheat varieties (Maiyou#4, 895004, Ningmai 35, Yangmai 158 and Yangmai#5) as subplots. Then a random complete block design was adopted within each main plot, replicated 3 times. The plot size was 3 m×4 m. The main observations included phenological events, leaf area, dry matter weight, number of tillers, leaf age, distribution of sunlight within a canopy, yield and yield components. The same experimental design was adopted in 1995—1996, excepting some varieties and observations. The varieties added were Ningfen, Jiannan 13 and 87—158 and the soil moisture content in different depth layers was measured. Moreover, the experimental data conducted at the same site in 1978—1988 were used for model validation.

The experimental data for building phenological model in WCSODS were taken from the National Project of Wheat-Ecology in China, directed by Prof. S. B. Jin. in 1982—1985. This project covered a very large area in China, from 38°56′N to 26°05′N.

4 Simulation Models of WCSODS

WCSODS is composed of hundreds of simulation models and submodels. Only several main models are introduced here due to paper limit.

4.1 Wheat phenological model-Wheat Clock Model

Wheat clock model is a mixed model combining the principle of Rice Clock Model (Gao 1992, Gao 1992) and phenology model of CERES-Wheat (Ritchie 1985; Ritchie, Otter 1985). This is

$$\int_{S_1}^{S_2} dm = m = \int_{t=1}^{N} \frac{dt}{N} = \sum_{t=1}^{N} e^K \cdot \left(\frac{T_i - T_L}{T_O - T_L}\right)^P \cdot \left(\frac{T_U - T_i}{T_U - T_O}\right)^Q \cdot \left(\frac{D_i - D'}{D_O - D'}\right)^G = 1 \qquad (1)$$

It is assumed that in equation(1)

$$\begin{cases} T_i = T_L \\ T_i = T_U \end{cases} \text{when} \begin{cases} T_i < T_L \\ T_i > T_U \end{cases} \text{and} \begin{cases} D_i = D' \\ D_i = D_O \end{cases} \text{when} \begin{cases} D_i < D' \\ D_i > D_O \end{cases}$$

where S_1 and S_2 represent the beginning and the end of a given phase; m is the development process and dm is the rate of development, expressed by the reciprocal of day number of completing a special phase $(1/N)$; T_i is the mean daily temperature (℃) of the ith day; T_U, T_L and T_O represent respectively the upper, lower and optimum temperatures and their values at different phases are shown in Table 1; D_i is day-length of the ith day (in h); D_O and D' are the optimum and critical day-lengths of wheat development; K, P, Q, G are models' parameters, varying with phenological stage and variety.

Table 1 Indices of temperature (in ℃) and day-length (in h) in different development stages for wheat

Phenological stage	T_L	T_O	T_U	D_O	D'
1. Sowing—Emergence	1	20	30	—	—
2. Emergence—Elongation	3	20	30	8	18
3. Elongation—Heading	3	20	30	—	—
4. Heading—Maturity	9	20	30	—	—

The wheat life cycle is divided into four phenological stages (Table 1) in the clock model. Therein, the second stage (emergence—elongation) is the vernalization /photosensitivity phase. While simulating, the vernalization model [equations (2) and (3)] is run first until the vernalization phase is finished, then the phenological model is called, which considers both the effects of temperature and photoperiod. In other stages, photosensitivity is not very evident, so G is set to be zero.

Wheat vernalization model is as follows:

$$\frac{dM}{dt} = e^{K_2} \cdot VE^C \qquad (2)$$

where K_2 and C are vernalization parameters; VE is the factor of wheat vernalization. The value of VE varies with varietal type and temperature. For winter wheat or half winter wheat, VE can be calculated according to the following equation:

$$VE = \begin{cases} 0 \\ (T_i + 4)/7 \\ 1 \\ (18 - T_i)/11 \\ 0 \end{cases} \text{when} \begin{cases} T_i \leqslant -4\ ℃ \\ -4\ ℃ < T_i \leqslant 3\ ℃ \\ 3\ ℃ < T_i \leqslant 7\ ℃ \\ 7\ ℃ < T_i < 18\ ℃ \\ T_i \geqslant 18\ ℃ \end{cases} \qquad (3)$$

For spring wheat, VE can be calculated using the equation below

$$VE = \begin{cases} T_i/5 \\ 1 \\ (30-T_i)/12 \\ 0 \end{cases} \text{when} \begin{cases} 0\ ℃ < T_i \leqslant 5\ ℃ \\ 5\ ℃ < T_i \leqslant 18\ ℃ \\ 18\ ℃ < T_i < 30\ ℃ \\ T_i \geqslant 30\ ℃ \end{cases} \quad (4)$$

When VE is summed to a given quantity (AVD), the vernalization phase will be completed. The value of AVD is 30—40 for winter wheat and, 15—30 for half winter wheat. For spring wheat, the value of AVD is 0—15. The indices mentioned above have been strictly validated using a large number data of wheat experiments.

4.2 Wheat leaf age model

Wheat leaf age model is taken the following form:

$$LA = e^{LK} \cdot \left(\frac{T_i}{T_O}\right)^a \cdot NN^b \quad (5)$$

$$T_i = 0 \quad \text{for} \quad T_i < T_L;$$
$$T_i = T_O \quad \text{for} \quad T_i > T_O$$

where LA is leaf age; NN is number of days after emergence; LK, a and b are parameters varying with variety; T_i and T_O are the same as that mentioned above.

4.3 Wheat organ formation model

Organ development model is based on the synchronous relationships between wheat leaf age development and organ formation, described in details in Table 2.

Table 2 Synchronous relations between leaf age and organ formation for wheat

Leaf age	Panicle development	Stem development
* 4th leaf	Spikelet primordial differentiation	the 1st node
* 3.5th leaf	Floscule differentiation	the 2nd node
* 3rd leaf	Stament-pistil differentiation	the 3rd node
* 0.5th leaf	Reduction division	the 4th node
flag leaf	Ripe pollen	the 5th node

* Counted from the top of plant.

4.4 Wheat canopy photosynthesis simulation model

Monsi-Saek's integral formula for photosynthesis and Beer-Lambert's formula for canopy extinction were adopted in the wheat canopy photosynthesis model. The effect of temperature on photosynthesis was also taken into account:

$$PHD_i = \int_0^{LAI} TF \cdot \frac{B \cdot PAR}{1 + A \cdot PAR} \cdot d(LAI) \cdot D_i$$

$$= TF \cdot \frac{B}{K \cdot A} \cdot \ln\left(\frac{1 + A \cdot 0.47 \cdot (1-\alpha) \cdot S_i}{1 + A \cdot 0.47 \cdot (1-\alpha) \cdot S_i \cdot e^{-K \cdot LAI}}\right) \cdot D_i \quad (6)$$

where PHD_i is the canopy photosynthetic yield of ith day; TF is the temperature correcting coefficient as a function of mean daily temperature T_i, taking a value between 0 and 1; S_i is the mean daily intensity of solar radiation of ith day; α is the canopy reflectivity; 0.47 is the coefficient converting solar radiation into photosynthetic active radiation (PAR); LAI is the leaf area index of ith day; D_i is the day length of ith day; A, B are the leaf photosynthesis parameters; K is the extinction coefficient of canopy. Values of A, B, K vary with variety and phenological phase. The S_i of ith day can be calculated as follows:

$$S_i = TQ_i/D_i \tag{7}$$

where TQ_i is total radiation amount of ith day.

In WCSODS, the daily net photosynthetic yield (NPD_i) of canopy is assumed to be equal to the difference between the daily photosynthetic yield (PHD_i) and the daily respiration consumption yield (RED_i), i.e.

$$NPD_i = PHD_i - RED_i \tag{8}$$

RED_i includes two parts, i.e., growth respiration (RE_i) and maintenance respiration (RE_i). They can be computed by the following formulas, respectively:

$$RE_i = 0.03 \cdot PHD_i \tag{9}$$

$$RE_i = 0.02 \cdot 2^{(T_i-20)/10} \cdot \Sigma NPD_{i-1} \tag{10}$$

To accumulate the daily net photosynthetic yield over a given phase, the total net photosynthetic product of the phase can be obtained.

4.5 Yield formation simulation model

The simulation model of wheat yield formation includes two submodels: 1) source yield model and 2) sink yield model. Here source yield is defined as the photosynthetic yield transferred from leaves to panicles, including the photosynthetic yields before and after heading. The transferring rate is also affected by temperature. Sink yield represents the product of yield components, involving the panicle number per unit land area, the grain number per panicle and 1000-grain weight. In WCSODS, harmonizing the above two processes finally forms wheat yield.

4.6 Dynamic simulation model of soil water in wheat field

The Penman's formula is employed as a soil water dynamic simulation model in WCSODS. The input data include not only the solar radiation and temperature data, but also the relative humidity (RH) and wind speed (WS). The average values of RH and WS in the major wheat regions in China are shown in Table 3.

Table 3 Mean values of relative humidity (RH) and wind speed (WS) in the main wheat-producing regions of China

Wheat region	Varietal type	RH (%)	WS (m/s)
North-west	Spring wheat	45	3
North-east	Spring wheat	75	3
North China	Winter wheat	55	2
South China	Winter wheat	75	2

The evapotranspiration in wheat field can be calculated as below:

$$EVT_i = \frac{K_c \cdot (\phi \cdot RN_i + \gamma \cdot EA_i)}{\phi + \gamma} \quad (11)$$

$$EA_i = \frac{0.35 + 0.0034 \cdot WS}{ES - EE_i} \quad (12)$$

where EVT_i is the evapotranspiration of ith day in wheat field; RN_i is the net radiation of ith day; ϕ is the slope that vapor pressure varies with temperature; γ is the humidity constant; ES is the saturated vapor pressure under a certain temperature condition; EE_i, vapor pressure, is a function of RH; EA_i is a middle variable; K_c is the crop coefficient for wheat, taking a value of 1.1 (Cao 1997, Wang 1998).

5 Optimization models of WCSODS

5.1 Wheat optimum sowing date model

Selecting the optimum sowing date in wheat practice is one of the key techniques that result in a high and stable yield. If the sowing date is too early, severe freezing might cause a damage for spring wheat, and a higher temperature might lead to premature and senility in the late stages for winter or half-winter wheat. If the sowing date were too late, lack in tiller number before winter would decrease panicle number and small panicle size after heading. All these would reduce wheat yield.

The optimum number of leaf age before winter is an important index that is often used to scale whether the sowing date is the optimum or not. Table 4 lists the leaf age indices for different wheat types.

Table 4 Leaf age indices before winter for the optimum sowing date of wheat

Sowing date	Spring wheat	Half-winter/Winter wheat
Earliest	5—6 leaves	7—8 leaves
Optimum	4—5 leaves	5—7 leaves
Safe	3—4 leaves (beginning to tiller)	

To determine the earliest sowing date for spring wheat, it is needed to meet the principle (Zhang 1980) that wheat should not elongate before the safe elongation date which is defined as the time when the mean daily temperature in spring is constantly above 10℃.

Based on above principles, the optimum sowing date for wheat can be determined by phenological model and leaf age model.

5.2 Wheat optimum leaf area dynamic model

Leaf area is the basis of wheat canopy photosynthesis. With the guarantee of optimum sowing date, achieving an optimum leaf area dynamics is the most important rule in high and stable yielding cultivation of wheat. In wheat life cycle, the leaf areas in heading and elongating stages are the key factors.

In WCSODS, the principle confirming an optimum leaf area index at heading date is that the light intensity at bottom of canopy should be equal to the daily photosynthetic compensation point. If the leaf area is too small, the light intensity at the lowest part of canopy will be too high and some parts of solar radiation will be wasted so that high yield cannot be achieved. On the contrary, if the leaf area is too large, the light intensity at bottom of canopy will be too weak, i.e., less than the compensation light intensity. It will cause a lower yield because the respiration consumption will be greater than photosynthetic production.

So, only when leaf area is the optimum at heading date, the net photosynthetic yield equals the dark respiration consumption and the whole photosynthetic yield of wheat canopy will get the most. In this case, the following relationship exists:

$$DRP = DDR \tag{13}$$

where DRP is the daily real photosynthetic production, which equals the daily total photosynthesis minus the daily light respiration; DDR is the daily dark respiration. DRP can be computed as follows:

$$DRP = D_i \cdot b \cdot I_c \cdot B \tag{14}$$

where D_i is the day length of ith day; b is the converting coefficient of light to photosynthetic production under weak light condition; I_c is instantaneous compensation light intensity for wheat; B is an uncertain coefficient awaited to be determined. The daily dark respiration yield (DDR) is given by the following formula:

$$DDR = D_i \cdot b \cdot I_c + (24 - D_i) \cdot m \cdot b \cdot I_c \tag{15}$$

The first item at the right side of formula (15) is diurnal dark respiration, the second item is night dark respiration, m is the ratio of diurnal and night respiration owing to temperature difference. Therefore, B can be obtained by:

$$B = \frac{(24 - D_i) \cdot m + D_i}{D_i} \tag{16}$$

Based on Monsi's formula, we can get the optimum leaf area during heading period (FHO):

$$FHO = -\frac{1}{K_H} \cdot \ln \frac{B \cdot I_c}{I_o} \tag{17}$$

where, I_o is the mean natural light intensity 20 days before and after heading; K_H is light extinction coefficient of canopy during heading period.

According the practice of high yielding cultivation in China, wheat canopy with a complete cover should be controlled to appear in 10—15 days after elongation, and it has been confirmed by many observations that the light intensity at bottom of canopy in a clear day is often closed to 10% of natural light intensity during this period. So, the optimum light intensity at bottom of canopy should be equal to 10% of natural light intensity. More or less than the critical value will result in yield reduction. Therefore, the optimum leaf area during elongation stage can be computed by substituting the 10% index into the Monsi's formula.

5.3 Dynamic model of the optimum tiller number

In agricultural practice, it is very important to know wheat tiller number, through which farmers and agriculture technicians could control wheat canopy development. For a given wheat variety, the leaf area of a single plant in a certain phenological stage is rather stable while soil water and fertilizer are kept at an optimum level. Therefore, the leaf area of a single plant is considered as a varietal parameter in WCSODS. In other words, the optimum number of tillers in each phenological phase equals the ratio of the optimum leaf area to single plant leaf area in the same phase. The optimum panicle number equals the ratio of the optimum leaf area to the single plant leaf area at heading stage. The peak number of tillers equals the ratio of the optimum leaf area to single plant leaf area in elongation stage.

About the optimum number of basic seedlings, a formula developed by Lin (1991) based on the synchronous relationship between leaves emerged from main stem and tiller number was employed in WCSODS. Table 5 gives the theoretical tiller numbers at each leaf age using Lin's formula.

Table 5 Theoretical number of tillers at different leaf age of wheat

Leaf age	1	2	3	4	5	6	7
Number of tillers	1	1	1	2	3	5	8

Table 5 also can be expressed as: $R(1)=1; R(2)=1; R(3)=1; R(4)=2; R(5)=3; R(6)=5; R(7)=8$. The values in the parentheses is the leaf age, the right items are theoretical tiller number.

According to the synchronous relationship between the nth leaf age and $(n+3)$th tiller, if the total leaf age for a given variety is TL, the number of nodes is NN, and the optimum leaf age in elongation stage is TN, then the leaf age in the effective tillering stage should be: $EL = TL - NN - TN + 3$. The theoretical tiller number of a single plant (ES) at this stage is, therefore, given by:

$$ES = R(EL) \cdot TIR \tag{18}$$

where TIR is tillering rate. The formula for the optimum number of basic seedlings is:

$$TBO = \frac{HNO}{ES} \tag{19}$$

where TBO is the optimum number of basic seedlings; HNO is the optimum panicle number per hectare.

5.4 Model of the optimum fertilizer rate

The optimum rates of N、P、K fertilizers for wheat can be calculated by

$$FF = \frac{FC - FS}{EC} \tag{20}$$

where FC is the fertilizer requirements; FS is the nutrient supplied by soil; EC is the fertilizer utility efficiency. It has been reported (Cao 1997) that the fertilizer requirements for each 100 kg-yield of wheat are: 2.89 kg N, 1.0 kg P_2O_5, 2.8 kg K_2O at the yield level of 6.5—7.5 tons/ha. Soil nutrient can be computed according to the data offered by the users, including organic matter content, total N, quick solvable P and K, In order to use fertilizer economically, the relationship between fertilizer and wheat prices is also considered in the model.

6 Databases of WCSODS

In WCSODS, the following databases are required:

6.1 Climatic database for normal year

WCSODS can generate automatically the daily climatic data based on the average (>30 years) monthly data offered by the users, including the mean, maximum and minimum temperatures, sunshine duration in hours, solar radiation, rainfall and daylength, etc.

6.2 Meteorological database for a current year

The local daily meteorological data in a current year is consisted of three parts: 1) real weather data in past period; 2) the weather forecasts made by the local meteorological stations in a future period (20—40 days) and 3) the normal climate data afterwards. Based on these data, WCSODS can make prediction involving wheat growth and yield formation at any stage of wheat growth period.

6.3 Soil database

It includes the basic characteristics of a certain soil, such as organic matter content, total N, available P and K and pH etc.

6.4 Varietal genetic parameter database

The database includes the genetic parameters and characteristics for any wheat varieties in the main wheat producing regions in China. For the new wheat varieties, their genetic parameters can be regulated and determined based on users' observation data or experimental data.

6.5 Wheat pest database

It includes the data of the major pests and diseases in the main wheat producing regions in China as well as the local experts' experiences for prevention and control purpose.

7 Subsystems and subprograms of WCSODS

7.1 Subsystems of WCSODS

WCSODS has three subsystems, each of them could be used in a special wheat producing region in China.

7.1.1 WCSODS-WW: WCSODS for winter wheat, which could be used in all regions where winter wheat grows, mainly including North China and Central China.

7.1.2 WCSODS-SS: WCSODS for spring wheat in South China where wheat is sown in late autumn and harvested in April or May of the next year.

7.1.3 WCSODS-NS: WCSODS for spring wheat in Northeast China, Northwest China and Inner Mongolia where wheat is sown in spring and harvested in autumn.

7.2 Subprograms of WCSODS and their functions

7.2.1 WNORMAL—Wheat cultivational decision-making in a normal year

This subprogram can make decisions for wheat optimum cultivation to ensure a high and stable yield with a lower input and less environmental damages for any variety and location in a normal year. It can also printout a scheme called "Scheme for Wheat Optimum Cultivation". In which, all the related information and optimum decisions for a special wheat variety at a special location are listed in detail. The content includes the varietal characters, the optimum sowing date, indices of the optimum leaf area, tiller number and dry matter differing in growing stages, the optimum rate of fertilizer, the best soil water and pest management, the optimum yield and its components, etc. The scheme would be distributed widely to the farmers who grow wheat.

7.2.2 WCURRENT—decision-making for wheat cultivation in current year

With this subprogram, the users could simulate wheat growth, development and yield formation, based on the real and predicted weather and past crop performance. Comparison will be then made between the current (real and simulated) dynamics of leaf area, tiller number, dry matter accumulation and there optimum dynamics simulated by optimization models. If the current values are below/above the optimum ones, the users will be asked to adopt enhancing/controlling measures with fertilizer or irrigation management. Thus, the optimum dynamics of canopy becomes an optimization locus to distinguish if the current dynamics is suitable. It is similar to the optimization—control principle in industry automation or missile flight.

Combining with remote sensing technology and GIS, this subprogram could be used to predict total wheat output in a large area.

7.2.3 WHEATSIM—simulation model of wheat development and yield

This subprogram can simulate wheat development and yield for any region under different climate and soil conditions. Therefore, It can also be used to evaluate agriculture resources and make planning for those regions.

7.2.4 WHEATCCE—evaluating the effects of global climate change on wheat production

This subprogram can analyze the effect of change of a single climatic element (such as temperature, radiation, CO_2 and rainfall) on wheat development and yield. It can also evaluate the compound effects of change of several climatic elements at the same time.

7.2.5 WPARAM—Regulating and then determining the wheat varietal parameters

It can adjust and then ascertain the genetic parameters for all varietal kinds of wheat. Using this subsystem, it is possible for WCSODS to be available for any wheat varieties.

8 Validation of WCSODS

8.1 Wheat Clock Model

Using the wheat ecological experimental data, the Wheat Clock Model was verified and then a comparison was made between its simulated results and that both of the accumulated temperature method and CERES−Wheat, shown in Table 6. From the table we can see that there is no significant difference in simulation errors for the period from sowing to emergence and from heading to maturing. But the simulation error of Wheat Clock Model is 7.8—40.7 days less than that of the accumulated temperature method and 4.2 days less than that of CERES-Wheat for the period from emergence to heading.

Table 6 Comparison between the observed and simulated lengths of phenological phase in days from emergence to heading for wheat

Location	Latitude	Year	Sowing date	Observed	Simulated*		
					I	II	III
Zhangye	38°56′N	1983—1984	09/19/1983	244	249	247	241
		1984—1985	09/19/1984	245	252	238	244
Shijiazhuang	38°04′N	1982—1983	09/23/1982	214	215	230	212
		1983—1984	09/23/1983	223	226	246	228
		1984—1985	09/23/1984	220	222	232	222
Taigu	37°04′N	1982—1983	09/23/1982	223	219	217	214
		1983—1984	09/23/1983	224	217	214	213
		1984—1985	09/23/1984	220	216	211	211
Tengzhou	35°07′N	1983—1984	10/08/1983	197	189	191	187
		1984—1985	10/10/1984	195	190	196	187
Xuzhou	34°17′N	1982—1983	10/07/1982	196	192	209	192
		1983—1984	10/08/1983	199	195	213	192

* I. Wheat Clock Model; II. Accumulated temperature method; III. CERES-Wheat

8.2 Wheat leaf age model

The simulation results of leaf age are quite well with an error of 0.5 leaf age (see Table 7).

Table 7 Validation for the leaf age model of wheat

Variety	Varietal type	Sampling Number	SD	R
Jinan 13#	Winter	28	0.58	0.979
Maiyou 4#	Half winter	20	0.40	0.987
Yangmai 3#	Half winter	20	0.40	0.987

8.3 Wheat dry matter model

A correlation analysis of the dry matter simulated by WCSODS and the observations for the variety of Yangmai 158# is shown in Figure 2. It indicates that the performance of WCSODS to simulate dry matter weight behaves well with a correlation coefficient of 0.90 and a standard error of 91.6 kg。

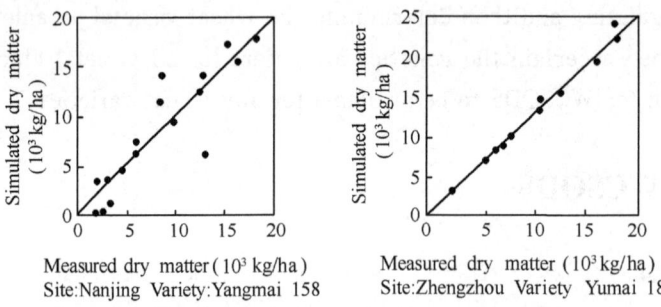

Figure 2 Comparison between the dry matter weight simulated by WCSODS and the observations

8.4 Wheat yield model

WCSODS was designed for the main wheat producing regions in China. So, it is better to be tested using the wheat yield data at the national level. The relationship between the average wheat yields in China during 1995—1997 and the yields simulated by WCSODS is shown in Figure 3.

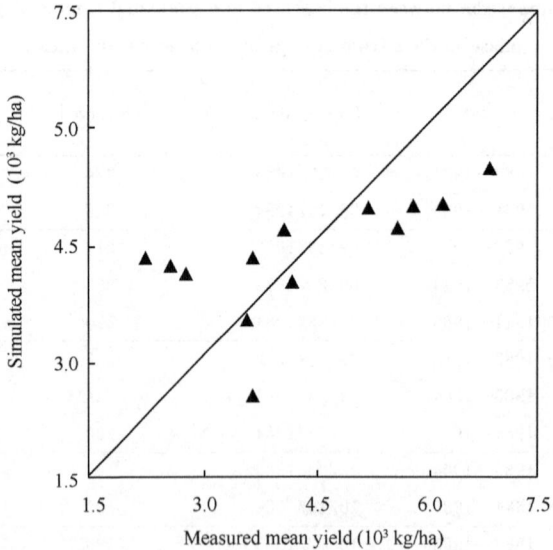

Figure 3 The simulated mean wheat yields for China national

Figure 3 shows that the correlation coefficient between the simulated yields and observations is 0.738, the standard error is 33.6 kg. This result could be considered satisfactory, because there are many complex factors affecting the wheat yield at national level.

9 Application of WCSODS

From 1997 to 2001, WCSODS has been successfully extended in many provinces in different regions of China. They are: Jiangsu, Hubei (in Central China), Shandong, Henan, Shanxi, Gansu (in North China) and Yunnan (in Southwest China) etc. The total area of extension is over one million hectares. WCSODS has helped the farmers to get higher and more stable wheat yields with less fertilizer and pesticide and to have protection of the rural environments.

10 Discussion

How to enhance the ability of crop simulation technology for promoting real crop production in a large area is a question worthy of consideration and discussion.

In a decision supporting system of crop cultivation, the main question that scientists and farmers want to ask is not how crop grows but what optimum cultivational decisions should be made.

Methodology of crop optimization is a scientific field of agronomy, which should be paid more attention.

The method to combine crop simulation with expert system has been adopted. In which, the decisions are made mainly by experiences of experts. But it is not very successful due to the limitation of expert's experience to regions and varieties.

As to optimization, various traditional methods such as programming and searching might be useful for planning disposition of crops or cropping systems. But, due to the complexity of crop cultivation, they might not be very effective in making various optimum crop cultivational decisions.

Since there exits many quantitative optimum principles developed by agricultural scientists or experienced farmers in crop cultivation, it is not only possible but also wise to establish computer crop optimization models.

A new methodology has been developed in WCSODS, which combines crop simulation, optimization and local expert knowledge together. With this method, the optimum decisions for crop cultivation are mainly made by conjunction both of the crop simulation and optimization models and regulated slightly by the local expert knowledge. This methodology has made WCSODS success in application.

Of course, the methodology applying crop simulation technique in real crop production needs to be further improved in future research and extension.

Acknowledgement: Mrs. Zhang Lizhong, Mr. Chen Yuquan, Ms. Wang Guilin and Ms. Cao Yandong, who took part in the research of WCSODS and preparation of this paper.

Reference

Baber C K, *et al*. 1983. The development of winter wheat in the field II. The control of primordium initiation rate by temperature and photoperiod. *J Agri Sci Camb*, **101**:337

Baker D N, Smike D E, Black A L, Willis W O, Bauer A. 1981. Winter wheat: A model for the simulation of growth and yield in winter wheat. AGRISTARS. A Joint Program for Agriculture and Resources Inventory Surveys through Aerospace Remote Sensing, Publ. No. YM−U2−04281, JSC−18229. Lyndon B. Johnson Space Center, Houston.

Cao Hongxin. 1997. Dynamic simulation and optimization decision study for wheat group, water and N fertilizer. A dissertation for Doctor degree, Nanjing Agri. Univ (In Chinese)

Cao Weixing. 1995. The advancement of wheat growth simulation abroad. *J Nanjing Agri Uni*, **18**(1):10—14(In Chinese)

Cao W X. 1996. The response of wheat on temperature and photoperiod and simulation on wheat development. *J Nanjing Agri Uni*, **19**(1):9—16 (In Chinese)

Day W. 1985. Modeling the timing of the early development of winter wheat. *Agri Forest Meteor*, **44**:67

Day W, et al. 1985. Wheat Growth and Modeling. Plenum Press, New York

Feng Liping, Gao Liangzhi, Jin Zhiqing, et al. 1997. A study on dynamic simulation model of wheat development. *J Crop Sci*, **23** (4):418—424(In Chinese)

Gao L Z, Jin Z Q, Huang Y, et al. 1992. Rice Clock Model—A computer model to simulate rice development. *Agri Forest Meteor*, **60**:1—16

Gao Liangzhi, Jin Zhiqing, Huang Yao, et al. 1992. Rice Cultivational Simulation Optimization Decision-Making System (RCSODS), China Agricultural Technology Press, Beijing (In Chinese)

Godwin D C, Vlek P L G. 1985. Simulation of nitrogen dynamics in wheat cropping system. In: Wheat Growth and Modeling. Ser. A. Vol 86, Day W and Stkin R K (eds.), Plenum Press, New York, 311

Keulen H, Van Penning de Vries F W T. 1982. A summary model for crop growth. In: Penning de Vries, Van Laar (eds.), Simulation of Plant Growth and Crop Production. Wageningen

Lin Qihong. 1991. The New Development of Rice and Wheat Research. Southeast Uni. Publish House, Nanjing (In Chinese)

Mass S J, Arkin G F. 1980. TAMW: A wheat growth and development simulation model. Program and Model Doc. No. 80— 3. Texas Agricultural Experiment Station, Blackland Research Center, Temple

O'leary G J, et al. 1985. A simulation model of the development, growth and yield of the wheat crop. *Agri Sys*, **17**:1—26

Penning de Vries F W T, et al. 1989. Simulation of Ecophysiological Process of Growth in Several Annual Crops. Simulation Monographs, PUDOC, Wageningen, Netherlands

Porter J R. 1984. A model group development in winter wheat. *J Agri Sci Camb*, **102**:303—392

Ritchie J T. 1985. A user oriented model of the soil water balance in wheat. In: Fry E and Atkin T K (eds.). Wheat Growth and Modeling. Plenum Publishing Corporation. NATO-ASI Series, 293—305

Ritchie J T, Otter S. 1985. Description and performance of CERES-Wheat: A User-oriented wheat yield model. In: ARS wheat project. ARS— 38. Natl. Tech. Info. Serv., Springfield, VA. 159—175

Shi Dingsan, Guan Wenya, et al. 1987. A simulation model for winter wheat yield dynamic. *Science Report*, **1**:64—68 (In Chinese)

Vanlen H, Seligman N G. 1989. Simulation of Water Use, Nitrogen Nutrition and Growth of Spring Wheat Crop. PUDOC, Wageningen, 20—29

Wang Y Q, Wang X L, et al. 1991. The relationship between growth and yield engendering and meteorological conditions for winter wheat and their dynamic simulation. *J Meteo Sci*, **49**(2):205—214(In Chinese)

Wang Guiling, Gao Liangzhi. 1998. Dynamic simulation model of soil water balance for winter wheat. *J Jiangsu Agri*, **14**(1): 36—41(In Chinese)

Weir A H, Bragg P L, Porter J R, Rayner J H. 1984. A winter wheat crop simulation model without water or nutrient limitations. *J Agri Sci Camb*, **102**:371—382.

Yang C H. 1990. Simulation and analysis on photosynthetic productivity for wheat. Edited in "Experiment and research on field crop environment". Meteorology Publish House, Beijing. 193—205(In Chinese)

Zhang Y, Tao B Y, et al. 1991. A simulation model on winter wheat development. *J Nanjing Ins of Meteor*, **14**(1): 113—121(In Chinese)

Zhang Lizhong, Gao Liangzhi, et al. 1980. Wheat meteorology ecology and research on optimum sowing data. *J Jiangsu Agri Sci*, **5**(In Chinese)

水稻最佳株型群体受光量与光合量的数值模拟[*]

高亮之 金之庆 张更生 石春林 葛道阔

江苏省农业科学院农业现代化研究所

(原载:《江苏农业学报》,2000 年第 16 卷第 1 期,1~9 页)

摘 要 选择 4 种典型的水稻株型(上挺下挺、上挺下披、上披下挺和上披下披)进行群体光合量的数值模拟。在模拟过程中,提出了一种可利用日照百分率资料推算直射光与散射光的方法,进而计算一日中每小时直射光与散射光的消光系数、水平受光量、叶面受光量和群体光合量。对各小时的群体光合量求和,即可得到日光合量。在群体封行之前,依据太阳高度角的变化,将白昼分为 5 个照光时段,然后分别计算逐时与逐日的光合量。模拟结果表明:群体光合量在水稻生长前期以披散型最高,中期以挺立型最高,后期则以上披下披型最高;株型效应在纬度较高的地区比纬度较低的地区明显,籼稻比粳稻明显。从理论上发展了中国著名水稻劳模陈永康的经验,为水稻育种与栽培研究提供了科学根据。

关键词 水稻 理想株型 最佳株型 数值模拟 群体受光量 光合量

20 世纪中叶以来,许多学者都致力于作物株型的研究,并认识到它对高产、稳产的重要性。在水稻上,角田重三郎(1959a,1959b,1960,1962)提出:适合于在高肥、高密度条件下获得高产的水稻品种应具有矮壮挺立的茎秆和颜色深绿、短且直立的叶片;松岛省三(1968)认为:高产水稻对株型的要求是多穗、矮秆、短穗,顶部 2、3 片叶子短且挺直;最近,国际水稻研究所(IRRI)正在培育一种新的水稻株型,可望增产 20%~30%(Khush 1996)。在小麦方面,Donald(1963,1968)提出的理想株型(ideotype)概念在国际上产生了较大影响,他认为:理想小麦株型要求有矮壮的茎、挺立的叶、大而直的穗、多芒、单秆等。Crosbie(1983)和 Duvick(1984)在综述美国单交种玉米和杂交玉米的研究进展时,都指出了株型的重要性;Mock(1975)和 Lawn等(1991)还提出过玉米的理想株型设计。中国学者杨守仁等(1984)对水稻株型也有长期研究。

上述有关株型的研究虽然对育种工作提出了有益的见解,但基本上还是经验性和描述性的,存在如下问题:①未能对株型的优化作严格认证,欠说服力,所设计的理想株型有些并不能实现高产;②多偏重于形态学研究,没有将株型问题与作物生理学、作物生态学等相关学科相联系,因此获得的株型概念是不完整的;③没有指出株型与环境之间的关系。

国际上有关作物株型的模拟研究开展得较少。Kasanage 等(1954)、Wilson 等(1960)经过计算后指出:披散叶片有利于作物受光与生长。Penning de Vries(1991)采用作物模拟技术,分析了"超高产水稻"对株型的要求。但这些研究同样局限于株型的形态学特征,而没有与作物生理、生态学相联系。

本研究拟在前人研究的基础上,通过水稻田间试验和建立有关的模拟模型(或子模型),对作物株型作进一步的探讨。

一、材料与方法

(一)田间试验

1994~1995 年,在江苏省农业科学院试验农场进行。采用裂区设计,主区为播期(分 2 期播种,分别为 5 月中旬与 6 月初),裂区为品种和施 N 量。裂区内采用完全随机区组设计,供试品种 5 个:"香

---

[*] 本研究系国家攀登计划"稻麦理想株型的计算机模拟研究"部分内容。

籼"、"南京 14 号"、"汕优 63 号"、"筑紫晴"和"武育粳 3 号";施 N 量(纯 N)设 2 个水平:600 和 300 kg/hm²。每个处理设 3 次重复。观测项目包括生育期、叶面积动态、干物重动态、群体内光分布、叶倾角、穗粒结构和产量等。其中,叶面积、干物重、直射光、散射光等按关键生育期和株高,分上、中、下 3 层分别测定;叶倾角主要测定倒 1~3 叶的叶片角度,包括各叶片基部与茎秆的夹角、叶尖至叶片基部的连线与茎秆的夹角;叶片长度和叶间距等;穗粒结构与产量按常规方法测定。

(二)模型的描述

本研究以作物生理学与微气象学为基础,建立一系列与株型有关的模拟模型,旨在揭示水稻优良株型的高产机理。在模拟过程中,为区分各生育期不同的株型表现,以拔节期代表前、中期,以抽穗期代表后期;为分析各要素的日变化,选择小时为模拟时间单元;为比较株型的地区性差异,选择南京和徐州分别代表长江中下游地区与黄淮海地区。

1. 直射光与散射光

研究不同株型的群体受光量与光合量,必须将太阳辐射的直射光与散射光区分开来,因为这两种光在群体内的消光系数是截然不同的。目前,绝大多数气象台站不设日射观测项目,本研究通过公式分别计算全晴、全阴和有云条件下的直射光与散射光。

(1)晴时与阴时太阳辐射量的计算

一日中若部分为晴天、部分为阴天,则定义该日为 1 个有云日。根据 de Wit 等(1978)研究显示,在同一时间和同一地点,有云日的阴时辐射强度约为晴时辐射强度的 1/5。其计算公式为:

$$QDO(m) = 0.2QDC(m) \tag{1}$$

式中 $QDC(m)$ 和 $QDO(m)$ 分别为某地某个有云日的晴时与阴时平均辐射强度。

对于日序为 d 的某个有云日来说,其总辐射 $QD(d)$ 可以写成:

$$QD(d) = SD(d) \cdot QDC(m) + [DD(d) - SD(d)] \cdot 0.2QDC(m) \tag{2}$$

将上式展开且合并同类项,有:

$$QDC(m) = \frac{QD(d)}{0.8SD(d) + 0.2DD(d)} \tag{3}$$

根据上述有云日的定义,可得到

$$QDC(d) = SD(d) \cdot QDC(m) \tag{4}$$

$$QDO(d) = QD(d) - QDC(d) \tag{5}$$

式(2)、(3)、(4)、(5)中,$DD(d)$ 为第 d 日日长;$SD(d)$ 是该日日照时数;$QDC(d)$ 和 $QDO(d)$ 分别为该日的晴时总辐射和阴时总辐射,两者之和为 $QD(d)$。$QD(d)$ 可按当地日照百分率资料推算(Khush,1996)。

晴时与阴时各小时的辐射强度可按以下公式计算:

$$QHC(h) = [QDC(d)/GN(d)] \cdot \{1 + \cos[TD(h) - 0.5] \cdot 360/GN(d)\} \tag{6}$$

$$QHO(h) = [QDO(d)/GN(d)] \cdot \{1 + \cos[TD(h) - 0.5] \cdot 360/GN(d)\} \tag{7}$$

以上两式中,h 是第 d 日中的时序;$TD(h)$ 是用分数表示的时间,1 小时=1/24=0.0417;$GN(d)$ 是以分数表示的第 d 日日长,如 12 小时为 12/24=0.5;$QHC(h)$ 和 $QHO(h)$ 分别为第 h 小时的晴时与阴时辐射强度;其余符号的意义同前。

(2)直射光与散射光的计算

根据 de Wit(1978)发表的资料,在全晴条件下,可拟合出以下公式:

$$DQP = -0.148 + 0.285\ln(SA) \tag{8}$$

式中 SA 为太阳高度角;DQP 为直射光占总辐射的百分率(%)。显然,晴天直射光(%)与 SA 有关。太阳高度角(SA)随地点(纬度)、季节、时间而变,可按以下公式进行计算:

$$\cos(SA) = \sin(LT) \cdot \sin(ST) + \cos(LT) \cdot \cos(ST) \cdot \cos(HA) \tag{9}$$

上式亦可写成:

$$HA = \cos^{-1}[\cos(SA) - \sin(LT) \cdot \sin(ST)]/[\cos(LT) \cdot \cos(ST)] \tag{10}$$

因为

$$HA = (TD - TN) \cdot 360 \tag{11}$$

故

$$TD = TN + HA/360 \tag{12}$$

式(9)至式(12)中,HA 为时角;TD 为时分;TN 为正午时分;LT 为纬度;ST 为太阳赤纬。

晴天散射光 SQP(%)可按下式求算:

$$SQP = 1 - DQP \tag{13}$$

因此,对第 d 个有云日来说,第 h 小时的直射光与散射光分别为:

$$DQ(h) = QHC(h) \cdot DQP \tag{14}$$

$$SQ(h) = QHC(h) \cdot SQP + QHO(h) \tag{15}$$

式中 $DQ(h)$ 和 $SQ(h)$ 分别为第 h 小时的直射光与散射光($J/(m^2 \cdot h)$);其余符号同前。

2. 水稻的实际株型与典型株型

根据田间测定的叶倾角数据,可绘制水稻不同品种的实际株型示意图(略)。归纳起来,大致有以下特点:凡改良品种,不论是籼稻类型(如南京 14 号)或粳稻类型(如武育粳 3 号),其叶片都较传统品种(如香籼、筑紫晴等)挺立;杂交稻(如汕优 63)的叶片与改良品种相似。由此可见,叶片挺立是与水稻高产相联系的特性之一。

为了便于理论上的探讨,本研究将 4 种具有典型意义的株型加以理想化(表 1、图 1)。

表 1 4 种典型的水稻株型及其分层叶片角度

编 号	株 型	叶 层		
		上层	中层	下层
		叶片角度		
A	上挺下挺 UE/LE	20°	20°	20°
B	上挺下披 UE/LF	20°	45°	70°
C	上披下挺 UF/LE	70°	45°	20°
D	上披下披 UF/LF	70°	70°	70°

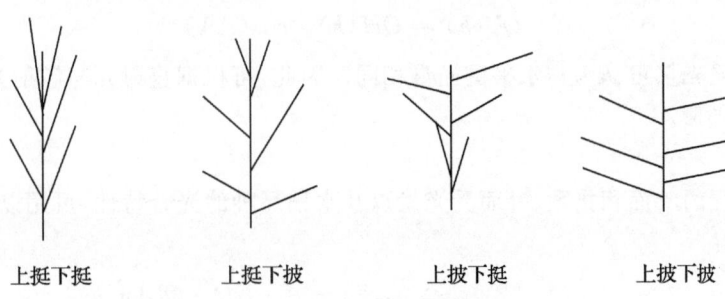

上挺下挺　　上挺下披　　上披下挺　　上披下披

图 1 4 种典型的水稻株型

3. 不同水稻株型的群体消光系数

群体消光系数采用 Wilson(1960)的计算公式,以 AA 表示叶角(叶片与水平面的夹角),SA 表示太

阳高度角,当 $AA>SA$ 时,有:

$$KD = R \cdot \cos(AA) \cdot \{1 + 2[\text{tg}(M) - M]/3.1416\} \tag{16}$$

$$M = \cos^{-1}[\text{ctg}(AA) \cdot \text{tg}(SA)] \tag{17}$$

式中 KD 为直射光的消光系数;M 为中间变量;R 是叶片自身的消光系数(只与叶片透光率有关)。当 $AA<SA$ 时或在全阴条件下,有:

$$KD = R \cdot \cos(AA) \tag{18}$$

对于有云日,可先计算全晴、全阴天的 KD,再根据日照百分率加权平均计算。

4. 抽穗期群体水平受光量与光合量

(1) 群体水平受光量

群体水平受光量的计算公式为:

$$QH(n,h) = QH(n-1,h) \cdot e^{-KD(n,h) \cdot FF(n)} \tag{19}$$

式中 $QH(n,h)$ 为第 n 叶层在第 h 小时的水平受光量;$QH(n-1,h)$ 为第 $n-1$ 叶层在第 h 小时的水平受光量;$KD(n,h)$ 为第 n 叶层在第 h 小时的消光系数;$FF(n)$ 为第 n 叶层的叶面积。

水稻上、中、下3层叶面积的分配比例取自田间实测结果(表2),其大致比例为:上层40%、中层50%、下层10%。根据不同品种在不同生育阶段的总叶面积,可按以上比例求算各叶层的叶面积。本研究对群体水平受光量的计算,是采用直射光与散射光分别计算,再按两者比例加权平均。

表2 不同水稻品种各层叶面积的分配比例

品种	叶层		
	上层	中层	下层
	叶面积分配比例		
汕优63	38.5	56.3	5.2
武育粳3号	29.4	53.3	17.3
筑紫晴	34.1	55.6	10.3
南京14	25.6	53.5	20.9
香籼	37.0	48.0	15.0

(2) 叶面受光量

水平受光量并不能说明叶片受光的真实情况。直射光的叶面受光量与叶片角度有关,本研究采用以下公式计算:

$$QL(h) = QH(h) \cdot \cos(AA) \tag{20}$$

散射光的叶面受光量可认为与水平受光量相同。因此,可根据直射光与散射光的比例加权平均,计算各叶层的叶面受光量。

(3) 群体光合量

根据水稻各叶层的叶面积指数、叶面受光量以及水稻品种的光合特性,可用以下公式计算群体光合量(高亮之等 1992):

$$P(n,h) = \frac{B}{A} \cdot KD \cdot \ln\left\{\frac{1 + A \cdot KD \cdot QL(n,h)}{1 + A \cdot KD \cdot e^{-KD \cdot FF(n)}}\right\} \tag{21}$$

式中 $P(n,h)$ 是第 n 叶层在第 h 小时的光合量;A,B 是水稻品种的光合参数,其中 B 是在弱光条件下光合作用随光强变化的斜率;B/A 是最大光合速率;$QL(n,h),KD,FF(n)$ 的意义同上。

5. 拔节期的群体照光与光合量

水稻在分蘖拔节期，一般都还未封行。图2给出了水稻早、中期光分布的示意图，表明水稻生长到一定时期，会形成一定的株高与株宽，因此太阳直射光在一定的时间内会照进行间，并于一定时间离开。本研究依据太阳高度角(SA)的日变化[式(9)至式(12)]，将封行前群体内的直射光分布分为 5 个照光时段(图2)进行处理，时段 A：上午，SA 由 OX 至 OS'；时段 B：上午，SA 由 OS' 至 OS；时段 C：正午前后，SA 由 OS 至 OS；时段 D：下午，SA 自 OS 到 OS'；时段 E：下午，SA 自 OS' 到 OX。不同株型的水稻群体，封行前在 5 个时段的分配差异很大(表3)。直射光在挺立型行间的照光时间明显要比披散型长，特别是在时段 C，照光时间明显偏长。在此基础上，再对拔节期的照光时间和群体光合量进行计算。

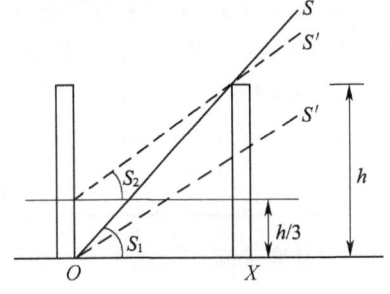

图 2 太阳直射光在水稻行间的照射

表 3 封行前不同水稻群体中直射光的 5 个照光时段(起止时间)

株型	株高 (cm)	照光时段 A	B	C	D	E
UE/LE	50	5.2～9.7	9.7～10.5	10.5～13.5	13.5～14.3	14.3～18.8
	60	5.2～10.1	10.1～10.9	10.9～13.1	13.1～13.9	13.9～18.8
	70	5.2～10.5	10.5～11.4	11.4～12.6	12.6～13.5	13.5～18.8
UE/LF	50	5.2～10.7	10.7～11.7	11.7～12.3	12.3～13.3	13.3～18.8
	60	5.2～11.5	11.5～12.5	11.5～12.5	12.0～12.5	12.5～18.8
	70	5.2～12.0	12.0～12.0	12.0～12.0	12.0～12.0	12.0～18.8
UF/LF	50	5.2～12.0	12.0～12.0	12.0～12.0	12.0～12.0	12.0～18.8
	60	5.2～12.0	12.0～12.0	12.0～12.0	12.0～12.0	12.0～18.8
	70	5.2～12.0	12.0～12.0	12.0～12.0	12.0～12.0	12.0～18.8

地点：南京；品种：汕优 63；时间：拔节期。

二、结果与分析

(一)不同水稻株型的群体消光系数

表 4 给出上挺下挺(UE/LE)株型的消光系数日变化的模拟值，其他株型略。

表 4 水稻群体消光系数的日变化

时间	叶层 上层	中层	下层	平均
	消光系数			
7:00	0.848	0.669	0.416	0.644
8:00	0.432	0.375	0.370	0.392
9:00	0.285	0.295	0.370	0.317
10:00	0.207	0.292	0.370	0.290
11:00	0.169	0.292	0.370	0.277
12:00	0.169	0.292	0.370	0.277
13:00	0.169	0.292	0.370	0.277
14:00	0.182	0.292	0.370	0.281
15:00	0.240	0.292	0.370	0.301
16:00	0.345	0.322	0.370	0.346
17:00	0.573	0.470	0.370	0.471
18:00	0.915	0.915	0.674	0.835
平均	0.377	0.399	0.398	0.392

地点：南京；品种：汕优 63；株型：上挺下披；时间：抽穗期。

由表 4 可见,消光系数有非常显著的日变化,不指明具体时间的消光系数通常是没有意义的。但如果是以日为时间单元模拟群体受光量与光合量,则可以取一日内消光系数的平均值(表 5)。由表 5 可见,不同株型的消光系数有明显差异:叶片挺立的,其消光系数明显比叶片披散的小。如按株型编号(表 1)来表示,则有:A<B 或 C<D。

表 5　水稻 4 种典型株型的平均消光系数

株型	叶层			平均
	上层	中层	下层	
	消光系数			
UE/LE	0.377	0.377	0.377	0.377
UE/LF	0.377	0.399	0.398	0.392
UF/LE	0.398	0.399	0.377	0.391
UF/LF	0.398	0.398	0.398	0.398

地点:南京;品种:汕优 63;时间:抽穗期。

(二)群体水平受光量

表 6 以汕优 63 为例,给出 4 种典型株型的上、中、下 3 个叶层的日平均水平受光量。对照表 5 和表 6 容易看出:水平受光量与群体消光系数呈反相关趋势:叶片挺立的消光系数小;水平的受光量就大。

表 6　不同水稻株型的日平均水平受光量

株型	照光类型	叶层			地面
		上层	中层	下层	
		日平均水平受光量(MJ/(m²·d))			
UE/LE	直射	1.42	0.77	0.39	0.34
	散射	0.23	0.06	0.01	0.01
UE/LF	直射	1.42	0.77	0.24	0.18
	散射	0.23	0.06	0.01	0.01
UF/LE	直射	1.42	0.41	0.12	0.11
	散射	0.23	0.06	0.01	0.01

地点:南京;品种:汕优 63;时间:抽穗期。

(三)叶面受光量

表 7 以汕优 63 品种为例,给出了抽穗期各叶层的叶面受光量。比较表 7 和表 6 可知,叶面受光量的情况与水平受光量很不一样,如上挺下挺的株型,虽然水平受光量最高,但叶面受光量最低。在 4 种典型株型中,以上挺下披株型的叶面受光量为最高。这是一个在水稻育种与栽培上都值得注意的问题。

(四)不同株型的光合量

对水稻生长前、中期不同株型的群体光合量进行模拟,结果见表 8。显然,从光合量来分析,水稻前、中期以上披下披株型为好。因为这时株高、叶面积和群体均未完全发育,上下披散的株型有利于截获更多的直射光。

表7 不同水稻株型各叶层的叶面受光量

株型	照光类型	叶层			平均
		上层	中层	下层	
		受光量(MJ/(m²·d))			
UE/LE	直射光	1.010	0.523	0.254	0.589
	散射光	0.229	0.061	0.011	0.100
	可见光	1.240	0.584	0.265	0.690
UE/LF	直射光	1.101	0.701	0.231	0.641
	散射光	0.229	0.061	0.011	0.100
	可见光	1.240	0.763	0.243	0.741
UF/LE	直射光	1.347	0.377	0.086	0.597
	散射光	0.229	0.061	0.011	0.100
	可见光	1.577	1.438	0.098	0.697
UF/LF	直射光	1.347	0.390	0.083	0.601
	散射光	0.229	0.061	0.011	0.100
	可见光	1.577	0.452	0.094	0.701

地点:南京;品种:汕优63;时间:抽穗期。

表8 水稻生长前、中期不同株型的群体光合量

株高	株型	叶层			合计	平均
		上层	中层	下层		
		水稻群体光合量(g/(m²·d))				
50	UE/LE	3.65	3.10	2.19	8.94	0.99
	UE/LF	3.71	3.22	2.22	9.06	1.00
	UF/LF	5.86	4.13	2.72	12.71	1.40
60	UE/LE	3.92	3.28	1.65	8.84	0.98
	UE/LF	3.50	3.11	2.45	9.06	1.00
	UF/LF	6.20	4.48	3.04	13.71	1.51
70	UE/LE	3.44	2.84	1.84	8.12	0.90
	UE/LF	3.28	3.03	2.74	9.05	1.00
	UF/LF	6.20	4.48	3.04	13.71	1.52

地点:南京;品种:汕优63;时间:抽穗期。

高亮之等(1964)的研究亦曾指出,水稻群体封行时间的迟早对水稻高产、稳产关系很大。封行过早,由于拔节期行间直射光不足,穗型变小,基部节间伸长,根系发育不良,造成倒伏减产。因此,水稻生育中期,行间直射光的形态建成效应很重要,株型以挺立型为好。

表9是根据式(21)计算的汕优63品种的4种典型株型在抽穗期的日光合量。其中,以上挺下披株型的光合量为最高;上披下披或上披下挺的次之;上挺下挺的最低。由此认为:汕优63品种在南京地区以抽穗期上挺下披的株型为最好,而上下完全挺立的并非适宜,除非提高其叶面积指数(或有效穗数)。

表 9　不同株型的日平均光合量

株型	叶层			合计	比率
	上层	中层	下层		
	日平均光合量($g/(m^2 \cdot d)$)				
UE/LE	3.33	−1.04	−0.74	1.55	0.32
UE/LF	3.33	1.73	−0.22	4.85	1.00
UF/LE	5.62	−1.15	−1.22	3.25	0.67
UF/LF	5.62	−0.67	−0.98	4.01	0.83

地点：南京；品种：汕优 63；时间：抽穗期。

综上所述，水稻理想株型在一生中是变化的，前期以披散型为好，中期以挺立型为好，后期则以上挺下披型为好。这个结论与陈永康的经验是一致的。这不仅为他的宝贵经验提供了理论依据，还作了某些发展。例如，在他的经验中，没有指出后期上挺下披的株型为最好。

(五) 不同株型的密度效应

叶片挺立的群体，基部水平受光量较高（表6），可容纳的叶面积亦较高。对此，理论上的解释是：适宜叶面积的确定，主要依据群体"补偿光强"原理（高亮之等 1992），即群体基部的水平受光量等于作物叶片的补偿光强，仅在这时群体净光合才可能达到最大。表 10 给出了按此原理计算的适宜叶面积指数。

由表 10 可见，上下挺立的株型，可以容纳较多的叶面积。如果单穗叶面积相同，就可以有较高的穗数，这就是当前水稻生产中，上下挺立的品种可以增产的原因。但从日光合量来看，上下挺立的株型还不如上挺下披的株型高。

表 10　不同水稻株型的密度效应

株型	叶面积指数	单穗叶面积(cm^2)	每公顷穗数(万)	日光合量(kg/hm^2)
UE/LE	11.5	315	366.0	238.5
UE/LF	11.0	315	349.5	343.5
UF/LE	11.0	315	349.5	282.0
UF/LF	10.9	315	346.5	294.0

地点：南京；品种：汕优 63；时间：抽穗期。

(六) 水稻株型与品种特性及环境条件的关系

为了探讨水稻不同株型、品种类型与环境之间的关系，本研究选用汕优 63 和武育粳 3 号分别代表籼稻和粳稻类型，选择南京和徐州分别代表长江中下游和黄淮海平原，利用当地气象资料，对 4 种假想株型的群体消光系数和光合量进行模拟，结果见表 11、表 12。

表 11　南京、徐州两地水稻不同株型的群体消光系数的模拟值

地点	纬度	品种	株型			
			UE/LE	UE/LF	UF/LE	UF/LF
			群体消光系数			
南京	32.00°N	汕优 63	0.377	0.391	0.391	0.398
		武育粳 3 号	0.408	0.427	0.427	0.439
徐州	34.17°N	汕优 63	0.425	0.435	0.435	0.440
		武育粳 3 号	0.453	0.468	0.468	0.478

表 12 南京、徐州两地水稻不同株型群体日光合量的比较

地点	纬度	品种	株型			
			UE/LE	UE/LF	UF/LE	UF/LF
			日光合量($g/(m^2 \cdot d)$)			
南京	32.00°N	汕优 63	0.32	1.00	0.67	0.83
		武育粳 3 号	0.65	1.00	0.50	0.60
徐州	34.17°N	汕优 63	0.33	1.00	0.50	0.60
		武育粳 3 号	0.75	1.00	0.81	0.86

由表 12 可见:在纬度较高的徐州,水稻的株型效应要比在纬度较低的南京更为明显;另一方面,上挺下披型(UE/LF)也比其他典型株型有更明显的增产效应。对此,一种合理性解释是:纬度愈高,阳光入射角愈小,株型对改善群体受光量的作用就愈明显。这个规律是有普遍意义的。由表 12 还可见,不论纬度高低,籼稻的株型效应都比粳稻明显,这可能与籼稻的群体叶面积较大有关。

参 考 文 献

高亮之,金之庆,黄耀等.1992.水稻栽培计算机模拟优化决策系统.北京:中国农业科技出版社.105～114

高亮之,王延颐,郑凤祥.1964.晚稻丰产栽培的光条件与光能利用.见:陈永康水稻高产经验研究.上海:上海科学技术出版社.134～152

杨守仁,张龙步,王进民等.1984 水稻理想株型育种的理论和方法初论.中国农业科学,(3):6～13

Crcobie T M. 1983. Changes in physiological traits associated with longterm breeding to improve grain yield of maize. Report of 37th Annual Corn and Sorghum. Washington American Seed Association

De Wit C T, Goudriaan J. 1978. Simulation of Ecological Processes. Wageningen Centre for Agricultural Publishing and Documentation

Donald C M. 1963. Competition among crop and pasture. *Adv Agro*, **15**:1

Donald C M. 1968. The breeding of crop ideotypes. *Euphyica*, **17**:385—403

Duvick D N. 1984. Genetic contribution to yield gains of US hybrid Maize. In:Fehr W R,ed. Genetic Contribution to Yield Gains of Five Major Crop Plants. Wisconsin USA

Kasanage H, Morisi M. 1954. On the light-transmission of leaves and it's meaning for the production of matter in plant communities. *Japan Bot*, **14**:304—324

Khush G S. 1996. Prospect and approaches to increasing the genetic yield potential of rice. In:Evenson R E,et al,ed. Rice Research in Asia, Progress and Prriorties, CAB International and IRRI, 59—71

Lawn R J, Imrie B C. 1991. Crop improvement for tropical and subtropical Australia:Designing plants for different climates. *Field Crops Research*, **26**:113—139

Matsushima S, Tanaka T, Hoshino H. 1968. Analysis of yield determining process and its application to field prediction and culture improvement of lowland rice. *Crop Sci Japan*, **33**:44—48

Mock J J. 1975. An ideotype, of maize. Euphytuca, **24**:613—632

Penning de Vries F W. 1991. Improving Yield:Designing and Testing VHYVs. In:IRRI. ed. System Simulation at IRRI. 13—16

Tsunoda S. 1959a. A development analysis of yielding ability in varieties of field crops. Ⅰ. Leaf area per plant and leaf area ratio. *Japan J Breed*, **9**:161—168

Tsunoda S. 1959b. A development analysis of yielding ability in varieties of field crops. Ⅱ. The assimilation-system of plant as affected by the form, direction and arrangement of single leaves. *Japan J Breed*, **9**:237—244

Tsunoda S. 1960. A development analysis of yielding ability in varieties of field crops. Ⅲ. The depth of green colour and the nitrogen content of leaves. *Japan J Breed*, **9**:237—244

Tsunoda S. 1962. A development analysis of yielding ability in varieties of field crops. Ⅳ. Quantitative and spatial development of stemsystem. *Japan J Breed*, **12**:49—55

Wilson J W 1960. Influence of spatial arrangement of foliage area on light interception and pasture growth. Proc. 8th Intern. Grassland Congr. Reading, England, 275—279

A Numerical Model to Simulate the Incident Radiation and Photosynthate for Rice Canopies with Optimum Plant Type

Gao Liangzhi Jin Zhiqing Zhang Gengsheng Shi Chunlin Ge Daokuo

(*Institute of Agricultural Modernization, Jiangsu Academy of Agricultural Sciences, Nanjing 210014*)

Abstract: The photosynthate of rice canopies with 4 typical plant types (erect both upper and lower; upper erect and lower flat; upper flat and lower erect; flat both upper and lower) were simulated. In the process of simulation, an approach was advanced to compute both the direct and diffuse radiation, in terms of the local meteorological data of sunshine duration(%). Then, the following variables of rice canopies were calculated on an hourly base: extinction coefficients for both direct and diffuse solar beam, incident sun light received both on a level surface and on the leaf surface and canopy photosynthate. Finally, the canopy photosynthate on a daily base could be obtained by adding that on an hourly base. In early and middle stages of rice growth (before the complete cover), the photosynthate at the hourly and daily levels were computed in 5 successive stages in the day time, which were divided according to elevation angle of the sun. The simulation result shows that: in the early stage of a rice canopy, a peak of photosynthate could be obtained from the plant type with flat leaves both upper and lower; in the middle stage, the best plant type is that with erect leaves both upper and lower; in the late stage, the best one is that with erect leaves above and flat leaves at the bottom. The effect of plant type is more significant at high latitude than that at low latitude and more obvious for *indica* than that for *japonica*. The above theoretical analysis is a new development of the experiences of Chen Yongkang who was a famous labor model in Chinese rice cultivation and it provides scientific basis for rice breeding and cultivation research

Key words: Rice; Ideotype; Optimum plant type; Numerical simulation; Canopy incident radiation; Photosynthate

水稻光合-蒸散耦合模型与不同株型的水分利用效率*

高亮之 金之庆 葛道阔 张更生 石春林

江苏省农业科学院农业现代化研究所

（原载：《江苏农业学报》，2001年第17卷第3期，135～142页）

摘要 在前人研究的基础上，建立了水稻光合-蒸散耦合模型（PE模型），其主要特点是：①改进了Monteith的蒸散模型，使之由"大叶"模型成为群体分层结构模型；②通过提出阻风系数概念，建立了一系列可模拟群体中各叶层风速、边界层厚度、边界层阻抗、湍流交换系数、群体动力阻抗等要素的子模型；③应用群体光合作用模型和改进的Ball公式，将以上各要素联系起来，实现了光合模型与蒸散模型的耦合。利用PE模型，分别模拟了水稻前、中期与后期不同株型的群体光合量、蒸散量以及水分利用效率。结果表明：不论在前、中期或后期，都以"上挺下披"株型的水分利用效率为最高，因为这种株型不仅光合量最高，而且蒸散量较小。PE模型模拟出的水稻蒸散的作物系数与实测值之间有良好的一致性。

关键词 水稻 光合作用 蒸散作用 株型 水分利用效率

中国稻作以灌溉稻为主，大部分稻田都有较好的灌溉条件。但水分问题在中国水稻生产中依然有着重要意义。原因是：①南方丘陵稻区的面积相当大，提灌一般都较困难，缺雨的年份或季节，受旱面积往往很大；②广大北方属干旱、半干旱、半湿润地区，水稻在生长前期与后期都易受到干旱威胁，节水问题十分突出；③即使灌溉较发达的地区，也存在稻田的合理灌溉问题。稻田的合理灌溉不仅可以节约有限的水资源、减少能源消耗，还可以改善土壤理化性状，减少甲烷释放，保护大气环境。

在维持较高产量的前提下，怎样减少稻田的水分消耗一直是人们关注的问题。尽管国内外已有不少稻田合理灌溉的研究，但将水稻光合作用与蒸散作用相联系的综合性、机理性的模拟研究还未见报道。本研究拟在前人研制光合模型与蒸散模型的基础上，建立水稻光合-蒸散耦合模型（RICE PE Model，以下简称PE模型），以期为改良水稻株型和改进各种节水灌溉技术，特别是为提高水稻的水分利用效率提供科学依据。

一、水稻PE模型的研究背景

水稻PE模型由光合模型和蒸散模型耦合而成，故在描述PE模型之前，有必要对这两种模型的研究背景作一简要回顾。早期的光合模型多为叶片光响应模型，Acock等（1971）和Thornley（1975）在文献综述的基础上，将叶片光响应模型归为6类，指出其基本形式都是直角双曲线方程，而其他模型则是这一模型的变型。水稻的光合作用不仅与光强有关，还与CO_2浓度和气孔导度等有关。内岛善兵卫（1962）在Gasstra（1959）研究的基础上，提出了包括光强、CO_2与气孔导度等多因子在内的水稻综合模型。此后，Evans（1987，1991）、Farqharr等（1979）提出并发展了光合作用的生化机理模型，考虑了电子传递速率与光强、大气CO_2浓度、气孔CO_2分压、水汽压等之间的关系；Norman（1991）提出了Cupid叶片模型，考虑了叶片光合与光强、叶温、水汽压、植物水势的关系。近20年来，有关气孔导度与外界因子关系的数学模型研究得较多。其中，以美国Ball（1982，1987）等提出的涉及气孔导度与净光合量、大气湿度、CO_2浓度等关系的综合模型最具影响力。中国学者杨树栋和王天铎（1988）、傅伟（1993）、傅伟和

---

* 基金项目：国家自然科学基金重点课题（批准号：30030090）和国家攀登计划子专题的部分内容。

王天铎(1994)在 Ball 模型的基础上,还考虑到了边界层的阻抗效应。

作物蒸散模型的研究可追溯至 1800 年 Dalton 的工作,在他提出的模型中,蒸发速率与水汽压差成正比。此后 Thornthwaite 和 Holzman(1942)等对 Dalton 模型作了不断改进,考虑到了影响作物蒸散的诸多因子,如蒸发潜热、空气密度、比湿、风速、作物高度等。至 20 世纪中叶,Penman(1948)提出的蒸散量综合模型是一个重要的里程碑。该模型虽未跳出经验范畴,但由于与实测值吻合度较高,在国际上影响很大,亦被广泛应用于农、林、水利等各个方面。20 年后,Monteith(1965,1973)又对 Penman 方程做了重大改进,一般称为 Peman-Monteith 方程,或简称 Monteith 方程。Monteith 方程是迄今国际上公认的机理性最强的蒸散量模型,但由于方程中某些变量在实际中难以测定,故限制了它的广泛应用。此外,Ritchie(1988)、卢振民等(1992)在本领域也做过不少工作。

二、水稻 PE 模型的构建

建立 PE 模型拟解决的关键问题是:①对 Monteith 方程实行改造,使之由"大叶"模型变为群体分层模型,并以小时为时间步长;②引入阻风系数、边界层厚度、湍流交换系数等一系列中间变量并建立相应的子模型,以便对 Monteith 方程中难以直接测定的变量进行计算,最终实现 Monteith 方程在计算机上的模拟。因此,本研究拟建的 PE 模型不是单一的公式,而是由一系列方程组成的系统模拟模型。

Monteith 方程的原型如下:

$$\lambda \cdot E = \frac{m \cdot R_n + [\rho_a \cdot C_p \cdot (E_{sa} - E_a)]/R_A}{m + \gamma \cdot (R_A + R_s)/R_A} \tag{1}$$

式中 E 是蒸散量;λ 是水的汽化潜热;m 是饱和水汽压在气温 T_a 时随温度的变化率;R_n 是净辐射;ρ_a 是空气密度;C_p 是空气的定压比热容量;E_{sa} 是气温为 T_a 时的饱和水汽压;E_a 是空气水汽压;γ 是湿度常数;R_A 是群体动力阻抗;R_s 是群体气孔阻抗。其中,R_A 和 R_s 是两项在实际中很难测定的因子。因此,要在计算机上应用 Monteith 方程,首先应建立 R_A 和 R_s 的模拟模型。

(一)阻风系数模型

建立 R_A 模拟模型的关键是解决群体内风速分布的计算问题。为此,武田京一(1964)曾提出"繁茂度"的概念,并将其定义为一定体积中叶面积及其边界层所占的比例。我们认为,只用"繁茂度"来表征群体对风的阻抗是不够的。因为群体对风的阻抗主要受两个因子的制约:一是叶片的体积;二是叶片的排列结构。前者可用叶面积及其边界层来表示,而后者宜用群体消光系数来表示。因此,提出了"阻风系数"概念,并将其定义为:一定体积中叶面积及其边界层与消光系数的乘积。水稻阻风系数(RW)可用下式描述:

$$RW(n) = \frac{0.002 \cdot FF(n) \cdot KD(n)}{LH(n)} \tag{2}$$

式中 $KD(n)$ 为第 n 层直射光的消光系数;$FF(n)$ 为第 n 层叶面积;0.002 是水稻单张叶片及其边界层的厚度(m);$LH(n)$ 为第 n 层的厚度(m)。

(二)群体内各叶层的风速模型

有了阻风系数(RW),就可以改造武田京一(1964)提出的群体内风速模型:

$$UU(n) = (vv/0.4) \cdot \ln[(RH-D)/Z_o] \cdot e^{[-EE(n)]^5 \cdot [RH-H(n)]} \tag{3}$$

$$EE(n) = \frac{C \cdot RW(n)}{2 \cdot HA \cdot [1-RW(n)]} \tag{4}$$

式中 $UU(n)$ 是第 n 层的风速;$EE(n)$ 是中间变量;C, HA 是系数;vv 是摩擦速度;RH 是植株高度;D 是零平面位移;Z_o 是粗糙度;$H(n)$ 是第 n 层的平均高度,其余符号同前。

(三)群体中边界层厚度与阻抗

计算气孔导度需首先计算边界层厚度。矢吹万寿(1985)对风速与边界层厚度的关系作过深入研究并得出以下公式：

$$TB(n) = 3.33 \cdot (0.159 \cdot L)/UU(n)^5 \tag{5}$$

式中 $TB(n)$ 是第 n 层叶片的边界层厚度；L 是与边缘的距离，对水稻来说，令 $L=1.0$ cm。

矢吹万寿(1985)还归纳出计算群体内各叶层边界层阻抗 $RB(n)$ 的公式：

$$RB(n) = TB(n)/0.151 \tag{6}$$

(四)群体内各叶层的湍流交换系数

根据武田(1964)的研究，群体内各叶层的湍流交换系数 KK，可由该层的风速来计算：

$$KK(n) = HA \cdot UU(n) \cdot [1-RW(n)] \tag{7}$$

$$KK(b) = 0.4 \cdot w \cdot (RH/6)/100 \tag{8}$$

式中 $KK(n)$ 为群体上、中层的湍流交换系数；$KK(b)$ 为群体下层的湍流交换系数，其余符号的意义同前。

(五)群体内各叶层的动力阻抗

群体内各叶层的动力阻抗 $RA(n)$ 可根据群体内各叶层的风速，用下式计算：

$$RA(n) = [H(n+1) - H(n)]/KK(n) \tag{9}$$

(六)群体内各叶层的气孔阻抗

应用 Ball-傅伟公式，计算群体内各叶层的气孔阻抗 $RS(n)$：

$$RS(n) = 1/GS(n) \tag{10}$$

其中，

$$GS(n) = AN/[(1-AA) \cdot CC - RB \cdot AN] \tag{11}$$

$$AA = 0.95 - (1-HS)$$

式中 AN 是群体光合量；HS 为相对湿度；C 是 CO_2 浓度，其余符号同前。

(七)群体内各叶层的蒸散量

有了群体内各叶层的动力阻抗 $RA(n)$ 与气孔阻抗 $RS(n)$，就可以应用 Monteith 方程[式(1)]计算群体内各叶层的蒸散量。

(八)群体蒸散总量(ET)与稻田蒸散量(EP)

群体蒸散总量(ET)就是群体内各叶层蒸散量之和。由上述 PE 模型求出的 ET 与 Monteith 原方程求出的 ET 有两点差别：①PE 模型所求得的 ET 是分层的，而 Monteith 原方程基本上是一种"大叶"模型；②PE 模型求得的 ET 是受群体光合作用制约的，而 Monteith 原方程基本上未与光合作用相联系。换言之，PE 模型是光合作用与蒸散作用相结合的模型。

水稻封行以后，稻田全部被群体覆盖，这时稻田蒸散量(ET)等于群体蒸腾量(EP)：

$$ET = EP \tag{12}$$

但在封行之前，即水稻生长前、中期，稻田由群体覆盖与未覆盖两部分组成，故稻田蒸散量应据下式计算：

$$ET = E_p \times WRP + E_s \times WSP \tag{13}$$

式中 ET 为稻田蒸散量；E_p 为群体蒸腾量；E_s 为水面蒸发量；WRP 和 WSP 分别为群体覆盖与未覆盖

的比例。

(九)稻田水分利用效率(WUE)

WUE 的计算公式为：
$$WUE = AN/ET \tag{14}$$

式中 AN 是群体光合量；ET 是群体蒸散总量。

根据以上 PE 模型[式(12)～(14)]，可以计算逐日的、某一生长阶段或水稻全生育期的稻田蒸散量与稻田水分利用效率。

三、水稻 PE 模型的模拟结果

采用本项目组 1994～1995 年在江苏省农业科学院试验农场进行的水稻试验资料，利用 PE 模型，计算了不同株型水稻生育后期(封行以后)的群体消光系数、各叶层的阻风系数、风速、边界层厚度、边界层阻抗、湍流交换系数、气孔阻抗、日蒸散量、日光合量和水分利用效率等(表 1～13)。不同水稻株型的划分，主要依据 5 个供试品种，即"香籼"(传统籼稻)、"南京 14 号"(改良籼稻)、"汕优 63 号"(杂交籼稻)、"筑紫晴"(传统粳稻)和"武育粳 3 号"(改良粳稻)的实际株型并加以数量化、典型化，归纳为 4 种典型株型(高亮之等 2000)：①上挺下挺(UE/LE)，即上部叶角 20°，中部叶角 20°，下部叶角 20°；②上挺下披(UE/LF)，即上部叶角 20°，中部叶角 45°，下部叶角 70°；③上披下挺(UF/LE)，即上部叶角 70°，中部叶角 45°，下部叶角 20°；④上披下披(UF/LF)，即上部叶角 70°，中部叶角 70°，下部叶角 70°。这里的叶角是指叶片与植株的夹角。气象资料取南京的常年资料，冠层上方风速 200 cm/s；相对湿度 70%；大气 CO_2 浓度 330 μmol/mol。

(一)不同株型群体内各叶层的消光系数

由表 1 可见，株型挺立的水稻群体，消光系数较小。这与实际测定的结果相一致。

表 1　水稻不同株型的消光系数

株型	叶层			平均
	上层	中层	下层	
	消光系数			
上挺下挺 UE/LE	0.377	0.377	0.377	0.377
上挺下披 UE/LF	0.377	0.399	0.398	0.392
上披下挺 UF/LE	0.398	0.399	0.377	0.392
上披下披 UE/LF	0.398	0.398	0.398	0.398

地点：南京；品种：汕优 63；时期：抽穗期，下同。

(二)不同株型群体内各叶层的阻风系数

由表 2 可见，株型挺立的群体，因消光系数较小，其阻风系数也小。

表 2　水稻不同株型的阻风系数

株型	叶层			平均
	上层	中层	下层	
	阻风系数			
上挺下挺 UE/LE	0.23	0.19	0.16	0.19
上挺下披 UE/LF	0.23	0.47	0.66	0.45
上披下挺 UF/LE	0.66	0.49	0.22	0.46
上披下披 UF/LF	0.66	0.66	0.66	0.66

(三)不同株型群体内各叶层的风速

由表3可见,上下挺立的群体由于阻风系数较小,群体内各叶层中的风速较大;上挺下披、上披下挺或上披下披的株型则风速较小。

表3 水稻不同株型群体中的风速

株型	叶层			平均
	上层	中层	下层	
	风速(cm/s)			
上挺下挺 UE/LE	150.56	120.29	99.69	123.51
上挺下披 UE/LF	150.56	89.80	48.46	96.27
上披下挺 UF/LE	123.51	88.29	88.38	100.06
上披下披 UE/LF	123.51	77.36	48.46	83.11

注:水稻群体上方风速为 200 cm/s。

(四)不同株型群体内各叶层的边界层厚度

由表4可见,上下挺立的水稻株型,因群体内风速较大,其边界层厚度相对较薄;上挺下披株型的水稻边界层厚度则相对较厚。

表4 水稻不同株型的边界层厚度

株型	叶层			平均
	上层	中层	下层	
	边界层厚度(mm)			
上挺下挺 UE/LE	0.108	0.133	0.121	0.121
上挺下披 UE/LF	0.108	0.191	0.141	0.146
上披下挺 UF/LE	0.119	0.141	0.141	0.134
上披下披 UF/LF	0.119	0.191	0.151	0.154

(五)水稻不同株型群体内各叶层的边界层阻抗

由表5可见,株型上下挺立的群体,由于边界层厚度较薄,其边界层阻抗也较小;而上挺下披株型的边界层阻抗较大。

表5 水稻不同株型的边界层阻抗

株型	叶层			平均
	上层	中层	下层	
	边界层阻抗(s/cm)			
上挺下挺 UE/LE	0.715	0.801	0.881	0.799
上挺下披 UE/LF	0.715	0.927	1.265	0.969
上披下挺 UF/LE	0.788	0.934	0.934	0.885
上披下披 UF/LF	0.788	1.000	1.265	1.018

(六)水稻不同株型群体内各叶层的湍流交换系数

由表6可见,上下挺立的群体,由于群体中风速较大,其湍流交换系数也较大;其他3种株型则相对较小。

表6　水稻不同株型群体的湍流交换系数

株型	叶层			平均
	上层	中层	下层	
	湍流交换系数(cm²/s)			
上挺下挺 UE/LE	300.43	240.12	331.38	290.64
上挺下披 UE/LF	300.43	178.76	331.38	270.19
上披下挺 UF/LE	245.39	175.72	331.38	250.83
上披下披 UF/LF	245.39	153.70	331.38	243.49

(七)水稻不同株型群体内各叶层的动力阻抗

由表7可见,株型挺立的群体,因湍流交换系数较大,动力阻抗就较小。

表7　水稻不同株型群体的动力阻抗

株型	叶层			平均
	上层	中层	下层	
	动力阻抗(s/cm)			
上挺下挺 UE/LE	0.113	0.137	0.100	0.117
上挺下披 UE/LF	0.113	0.188	0.100	0.133
上披下挺 UF/LE	0.139	0.188	0.100	0.142
上披下披 UF/LF	0.139	0.215	0.100	0.151

(八)水稻不同株型群体内各叶层的气孔阻抗

影响群体气孔阻抗的因子较多,如群体光合量、温度、辐射、大气 CO_2 浓度、大气相对湿度等。在环境条件相近的情况下,气孔阻抗主要受群体光合量的影响。由表8可见,气孔阻抗有显著的日变化,中午前后明显增大,反映水稻有"午睡"现象,这是水稻自身的一种保护机制。

由表9可见,上下挺立株型的群体气孔阻抗最大;上挺下披株型的群体气孔阻抗最小。

(九)水稻不同株型群体内各叶层的蒸散量

表10显示,水稻群体蒸散量亦存在明显的日变化,中午气孔阻抗较高,水稻群体蒸散量出现相对的低谷,这也是作物的一种自我保护机制。由表11还可见,水稻群体蒸散量以上下挺立的株型为最小,披散型则相对较大。

表8　水稻群体气孔阻抗的日变化

时间	叶层			平均
	上层	中层	下层	
	气孔阻抗(s/cm)			
7:00	0.743	1.715	1.714	1.391
8:00	0.096	1.476	1.714	1.095
9:00	0.069	0.194	0.503	0.239
10:00	0.065	0.149	0.503	0.239
11:00	0.086	0.221	1.184	0.497
12:00	0.170	1.715	1.714	1.200
13:00	0.120	0.429	1.714	0.754
14:00	0.071	0.164	0.551	0.262
15:00	0.064	0.156	0.741	0.320
16:00	0.080	0.326	1.714	0.707
17:00	0.152	1.715	1.714	1.194
18:00	1.716	1.715	1.714	1.715

注:取自上挺下挺株型。

表 9 水稻不同株型群体的气孔阻抗

株型	叶层			平均
	上层	中层	下层	
	气孔阻抗(s/cm)			
上挺下挺 UE/LE	0.286	0.831	4.856	1.991
上挺下披 UE/LF	0.286	0.624	0.984	0.631
上披下挺 UF/LE	0.382	0.585	1.713	0.893
上披下披 UE/LF	0.382	0.702	1.227	0.770

表 10 水稻群体蒸散量的日变化

时间	叶层			平均
	上层	中层	下层	
	蒸散量(mm)			
7:00	0.03	0	0	0.03
8:00	0.25	0.01	0	0.26
9:00	0.46	0.07	0	0.53
10:00	0.56	0.17	0.03	0.76
11:00	0.47	0.18	0.03	0.68
12:00	0.26	0.03	0.02	0.31
13:00	0.36	0.12	0.02	0.50
14:00	0.54	0.19	0.05	0.78
15:00	0.54	0.12	0.02	0.68
16:00	0.36	0.03	0	0.39
17:00	0.14	0	0	0.14
18:00	0.01	0	0	0.01

注：取自上挺下挺株型。

表 11 水稻不同株型群体的日蒸散量

株型	叶层			平均
	上层	中层	下层	
	日蒸散量(mm)			
上挺下挺 UE/LE	3.98	0.92	0.17	5.07
上挺下披 UE/LF	3.98	2.15	0.20	6.33
上披下挺 UF/LE	7.50	1.03	0.05	8.58
上披下披 UF/LF	7.50	0.74	0.04	8.28

(十) 水稻不同株型的水分利用效率

由表 12 可见，在水稻封行后的 4 种株型中，以上挺下披株型的水分利用率最高。原因是这种株型日光合量高，而日蒸散量较低。上挺下挺的株型，虽然日蒸散量最低，但日光合量也低，因此水分利用效率并不高。上披下挺的株型水分利用效率最低。

表 12　水稻不同株型群体在封行后的水分利用效率

株型	日光合量 (g/(m²·d))	日蒸散量 (mm/d)	水分利用效率 (g/(m²·mm))	比率
上挺下挺 UE/LE	8.35	5.07	1.65	0.65
上挺下披 UE/LF	15.96	6.33	2.52	1.00
上披下挺 UF/LE	12.75	8.58	1.48	0.59
上披下披 UF/LF	14.30	8.28	1.73	0.69

不论植株高矮，水稻封行前后都以上挺下披株型的水分利用效率最高（表13）。原因是这种株型的水稻日光合量最高，日蒸散量又较小。上挺下挺的株型，虽然日蒸散量最小，但日光合量也最低，故水分利用效率并不高。相反，上披下披的株型，虽然日光合量最高，但日蒸散量也最高，因此水分利用效率最低。株高对蒸散量和水分利用效率的影响并不明显（表13）。

表 13　不同株型、株高水稻在封行前的日蒸散量与水分利用效率

株型	株高 (cm)	日光合量 (g/(m²·d))	日蒸散量 (mm/d)	水分利用效率 (g/(m²·mm))	比率
上挺下挺 UE/LE	50.00	16.25	7.60	2.14	0.95
上挺下披 UE/LF	60.00	16.25	7.24	2.24	1.00
上披下披 UF/LF	70.00	16.25	7.02	2.31	1.03
上挺下挺 UE/LE	50.00	23.10	7.82	2.95	1.00
上挺下披 UE/LF	60.00	23.10	7.82	2.95	1.00
上披下披 UF/LF	70.00	23.10	7.82	2.95	1.00
上挺下挺 UE/LE	50.00	27.33	12.95	2.11	1.00
上挺下披 UE/LF	60.00	27.33	12.95	2.11	1.00
上披下披 UF/LF	70.00	27.33	12.95	2.11	1.00

四、水稻 PE 模型的检验

PE 模型是以探讨水稻光合作用与蒸腾作用的内在联系为目的的理论性模型，因此不可能对其所有模拟结果都进行可靠性检验。事实上，PE 模型的许多模拟结果，如群体内各叶层的风速、边界层厚度、边界层阻抗、湍流交换系数、群体动力阻抗等都很难进行实际观测。因此，只能通过一些宏观要素，如产量、稻田蒸散量与水分利用效率等进行验证。

（一）水稻产量

图 1 给出水稻 3 个品种（汕优 63、"南京 3714"、"10175"）在不同地点、年份和播期条件下模拟产量与实际产量的比较，相关系数为 0.799，标准差为 790 kg/hm²。说明 PE 模型具有良好的模拟产量的性能。

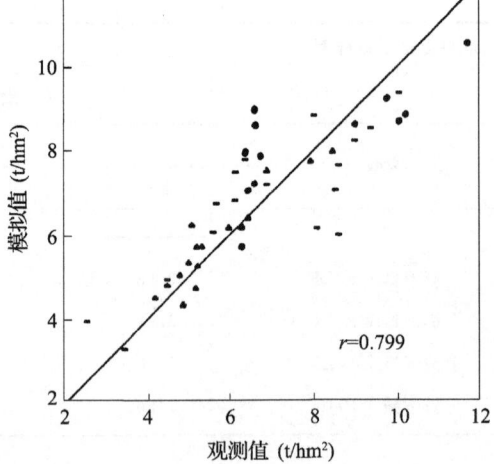

图 1　PE 模型模拟的水稻产量与实测值之比较

（二）水稻蒸散量

表 14 中水稻蒸散量的实测值取自中国主要农作物需水量等值线图协作组（1993），模拟值是取常年气候资料根据 PE 模型计算而得。15 个地点及 4 种水稻类型的模拟值与实测值之间的相关系数为

0.696,标准差为 76.4 mm。由于考虑到了实测水稻蒸散量本身可能有误差,因此认为这一结果是较好的。

(三)水分利用效率

由表 14 还可见,江苏省 7 个地点水稻蒸散量的平均实测值与模拟值分别为 680.3 和 623.3 mm,而江苏省 1997 年水稻平均产量为 8002 kg/hm² 或 800.2 g/m²。因此,江苏省水稻生长季水分利用效率的平均实测值和模拟值分别为 1.18 g 和 1.28 g/(m²·mm)。

表 12 中,南京地区水稻 4 种株型在封行后光合作用高峰期的平均水分利用效率为 1.84 g/(m²·mm)。以上几个数值相比较,可以认为是合理的。

表 14 水稻蒸散量的验证结果

地点	水稻类型	实测蒸散量(mm)	模拟蒸散量(mm)	差值(mm)	地点	水稻类型	实测蒸散量(mm)	模拟蒸散量(mm)	差值(mm)
江宁[1]	中籼	685	619	−66	霍山	中籼	567	619	52
苏州[1]	晚粳	703	615	−88	长沙	早籼	469	565	96
徐州[1]	中籼	614	622	8	合肥	中籼	567	556	−11
淮安[1]	中籼	683	627	−56	合肥	中粳	536	623	8
扬州[1]	中籼	686	620	−66	合肥	早籼	473	556	83
无锡[1]	晚粳	703	641	−62	六安	中籼	584	535	−49
安庆	早籼	396	554	158	南京[1]	中粳	688	626	−62
安庆	中籼	584	558	−26					

[1] 位于江苏省。

根据上述验证结果,水稻 PE 模型对几个宏观量,即水稻产量、蒸散量和水分利用效率的模拟结果与实际值基本吻合,说明水稻 PE 模型的结构与机理是基本合理的。

参 考 文 献

傅伟.1993.气孔行为的模拟和实验研究.上海:中国科学院植物生理研究所,47~62
傅伟,王天铎.1994.一个气孔对环境因子响应的机理性数学模型.植物生理学报,20(3):277~284
高亮之.1992.水稻气象生态.北京:中国农业出版社.386~402
高亮之,金之庆,黄耀等.1992.水稻栽培计算机模拟优化决策系统.北京:中国农业出版社.29~33
高亮之,金之庆,张更生等.2000.水稻不同株型群体受光量与光合量的模拟研究.江苏农业学报,16(1):1~9
金之庆,高亮之,陆景淮.1985.中国水稻生长季水分条件的研究.江苏农业学报,1(3):1~9
卢振民.1992.土壤-作物-大气系统(SPAC)水流动态模拟与实验研究.见:谢贤群,于沪宁主编.作物与水分关系研究.北京:中国科学技术出版社,283~385
内岛善兵卫.1996.群体光合成半经验评价法改良(I).农业气象[日],22(1):15~22
矢吹万寿.1985.大气叶 CO_2 交换.东京:京都大学出版社,10~37
武田京一.1964.植物群体内部风(I).农业气象[日],20(1):1~6
杨树栋,王天铎.1988.气孔表面上边界层阻力的进一步计算.植物生理学报,14(1):9~15
中国主要农作物需水量等值线图协作组.1993.中国主要农作物需水量等值线图研究.北京:中国科学技术出版社,10~18
Acock B,Thornley J H M,Wilson J W.1971.Photosynthesis and energy conversation.In:Wareing P F,Cooper J P(eds).Potential Crop Production.London:Heinemann.43—75
Ball C J.1982.Calculation related to gas exchange.In:Zeigler E G D(ed).Stomatal Function.California:Stanford Univ

Press

Ball C J, Woodrow I E, Berry J A. 1987. A model predicting stomatal conductance and its contribution to the control of photosynthesis under different environmental condition. In: Biggins J (ed). Progress in Photosynthesis Research. Dondrecht: Martinus Nighoff, 221—224

Evans J R. 1987. The dependence of quantum yields on wavelength and growth irradiance. *Aust J Plant Physiol*, **14**: 69—79

Evans J R, Farquhar G D. 1991. Modeling canopy photosynthesis from the biochemistry of the C_3 chloroplast. *CSSA Special Publication*, **19**: 1—168

Farpuhar G D. 1979. Model describing the kinetics of ribulose bisphosphate carboxylase dxygenase. *Arch Biochem Biophys*, **193**: 456—468

Gasstra P. 1959. Photosynthesis of crop plants as influenced by light, carbon dioxide, temperature and stomata resistance. Modeling en van de Landbouwhoge School, (13): 1—69

Monteith H L. 1965. Evaporation and environment. *Symposium of the Society for Experimental Biology*, **29**: 205—234

Monteith H L. 1973. Principles of Environmental Physics. London: Oxford University Press

Norman J M, Arkcbauer T J. 1991. Predicting canopy photosynthesis and light-use efficiency from leaf characteristics. *CSSA Special Publication*, **19**: 75—94

Penman H L. 1948. Natural evaporation from open water, bare soil and grass. In: Proceedings of the Royal Society A193. London: Royal Society Press, 120—145

Ritchie. J T. 1988. A user-oriented model of the soil water balance in wheat. In: Fry E, Atkin T K(eds). Wheat Growth and Modeling. NA-TO-ASI Series, 293—305

Thornley J H M. 1975. Mathematical models in plant physiology. London: Academic Press. 108—110

Thornthwaite L F, Holzman B. 1942. Measurement of evaporations from land and water surfaces. *USDA Tech Bull*. 817

Rice Photosynthesis-Evapotranspiration Model and the Effect of Crop Type on Water Use Efficiency

Gao Liangzhi Jin Zhiqing Ge Daokuo Zhang Gengsheng Shi Chunlin

(*Institute of Agricultural Modernization, Jiangsu Academy of Agricultural Sciences, Nanjing* 210014, *China*)

Abstract: A coupling model of rice Photosynthesis-evapotranspiration Model (PE Model) was established on the basis of former studies. The main characters of the model are: ①improving Monteith's equation by converting it from a "large leaf" model into a multiple-layer model; ②establishing a series of submodels which are able to simulate the wind speed within the canopy, boundary layer thickness, boundary resistance, turbulent exchange coefficient and canopy dynamic resistance, etc. by introducing a new concept of Wind Resistant Coefficient (WRC); ③realizing the connection of rice photosynthesis with evapotranspiration (PE) by using the improved Ball's equation and the rice photosynthesis model, involving the elements mentioned above. Using the PE Model, the canopy photosynthesis, evapotranspiration and water use efficiency (WUE) for different rice plant types were simulated. The results indicate that both at the early and late stages in rice growing period, the plant type of UE/LF(upper erect lower flat) has the highest WUE, due to a higher photosynthetic product and lower evapotranspiration. There exists a good relationship between the simulated values and the observations for yield, evapotranspiration and the crop WUE for rice.

Key words: Rice; Photosynthesis; Evapotranspiration; Plant type; Water use efficiency

数字农业与我国农业发展*

高亮之

江苏省农业科学院

(原载:《计算机与农业》,2002年第9期,1~3页;第10期,1~3页)

当代信息技术迅速发展,并在农业上得到广泛应用。到20世纪末(1999年),国际上终于形成了"数字农业"的概念。它预示着21世纪的农业将呈现出一个以数字化为特征的崭新面貌。

我国2000年发布的《农业科技发展纲要》中,将"数字农业"放在农业信息技术的首要位置,使"数字农业"引起人们的兴趣与关注。

但是,对"数字农业"这个新概念,人们还比较陌生。

本文试图对"数字农业"的含义,它与各种农业高新技术的关系,及其对我国农业发展的影响等问题,进行简要地阐述与探讨。

一、数字农业的含义

数字农业的英语是:"Digital Agriculture",更确切的翻译是"数字化农业","数字农业"是其简称。

由于数字农业的概念出现的时间很短,目前还没有一个公认的定义。

有的专家将数字农业局限于较狭的范围,认为数字农业主要是将信息技术应用于农业的流通领域。国外有一些企业开展数字农业的经营,如美国加州的Farmbid公司、伊利诺州的Agpage咨询公司等。它们所谓的数字农业,主要指的是农业的电子商务、电子拍卖或互联网服务。

但从国际学术界来说,数字农业的含义,比上述看法要广泛得多。

1999年在美国阿拉巴马州州立大学召开的美国遥感应用大会上,Ronald Birk教授指出:"数字农业的概念要使各种农业决策支持系统能立即地取得所需的数字数据,得到迅速的分析,并实现可视化。"

美国伊利诺州州立大学是开展数字农业最早的学术机构之一。它有一个数字农业图书馆,为本校与外界开展数字化的农业信息服务。

根据上述国际上对数字农业的一些初步理解与阐述,"数字农业"或"数字化农业"有很广泛的含义。

参照"数字地球"、"数字部队"等相应的含义,并考虑到农业的特点,笔者认为,从长远的发展看,"数字农业"应该包含以下几个内容:

(1)"数字农业"要求对农业各个方面(包括种植业、畜牧业、水产业、林业)的各种过程(生物的、环境的、经济的)全面实现数字化,也就是说各种农业过程都要应用二进制的数字(0,1)以及数学模型加以表达。

(2)"数字农业"要求各种农业信息技术最广泛地应用于农业。

(3)"数字农业"要求在农业的各个部门(生产、科研、教育、行政、流通、服务等)全面地实现数字化与网络化管理。

以上三个内容当然是密切联系的,没有农业过程的数字化,就不可能有信息技术的全面应用;没有信息技术的全面应用,也就不可能实现农业管理的全面数字化。

---

* 本文经金之庆博士校阅,特此致谢。

可以预期,数字农业的发展必将使农业实现更高的效率,农产品达到更高的质量,使农业更好地满足人们不断增长的需求,同时又使农业环境得到更有效的保护,实现农业符合现代化要求的可持续发展。

二、农业过程的全面数字化

"数字农业"首先要求农业各种过程的全面数字化。这里包含两个步骤:

(一)各种因素的数字化

任何农业系统都由四大要素组成,即:农业生物要素、农业环境要素、农业技术要素、农业社会经济要素。每个要素中,都包含有许多因素。如农业环境要素中的气象方面,就有气温、日照、降水、湿度、风等因素;农业生物要素中的作物方面,有水稻、小麦、玉米、棉花等因素,而同一种作物的生长发育,又包含许多因素,如光合、呼吸、蒸腾、营养等因素。所有这些因素,根据"数字农业"的要求,都需要用二进制的数字(电子数字),即 0、1 两个数字来表达。

(二)各种过程的数字化:农业数学模型(简称:农业模型)

农业因素的数字化本身并不能说明农业的过程。将各种农业过程的内在规律与外在关系用数学模型表达出来,这就是农业模型的任务。

农业模型是国际上 20 世纪农业科学发展的一项十分重要的成就。它起始于 20 世纪 60 年代,近 20 年来,得到迅速发展。

虽然农业模型刚出现时,有一些农业科学家还将信将疑,但到今天,至少在西方发达国家的农业科学界,农业模型已经被公认为农业科学研究的一个重要的新方法。

当前,农业的所有领域,如农艺学、园艺学、土壤学、植物病理学、农业昆虫学、作物生理学、农业生态学、农业气象学、畜牧学、兽医学、水产学、林学、农业经济学、农产品加工学、农产品储藏学等等,几乎没有例外,全都在应用农业模型这个新方法,以提高它们的研究质量与效率。

农业模型由于将农业过程数字化,它使农业科学从经验的水平提高到理论的水平。它可以进行许多传统的农业试验无法进行的研究;它可以大大节省农业研究的经费与时间;它可以使农业研究的成果在更大的地理范围、更长的时间范围内推广应用。

如果说 19 世纪与 20 世纪之交,生物统计是农业科学在方法论上的一个突破。那么,20 世纪与 21 世纪之交,农业模型就是农业科学在方法论上的又一个突破。

要实现农业数字化,如果不以农业模型为基础,就只能停留在农业问题的表面,而不能深入各种农业的过程,就不可能对农业作出各种优化与决策。因此,农业模型可以认为是"数字农业"的科学基础与核心技术。

事实上,各种农业信息技术都需要以农业模型为基础。

三、农业信息技术的全面应用

数字农业要求各种农业信息技术在农业上的全面应用。

经过 30 多年的发展,已经形成了许多种农业信息技术,构成数字农业的技术支撑。各种农业信息技术大致可以归纳分类如下:

(一)农业信息系统

它指的是专门应用于农业的计算机数据库与软件系统。

(1)农业数据库系统(DBS):计算机农业数据库有农业生物数据库、农业环境资源数据库和农业经济数据库等。

农业生物数据库方面,农业科研单位与院校对各种农作物、园艺作物、畜禽水产生物、食用菌藻生物,都需要建立其品种、品系、近缘生物的数据库。各种农业病菌、农业昆虫、农业微生物都需要建立其分类体系、特性特征、生态类型、生理小种的数据库。

农业环境资源方面,各地都需要建立尽可能完备的气候、气象数据库,详尽的土壤资源数据库、水资源数据库、农业环境数据库。

农业经济数据库方面,各地都需要建立完备的人口、土地、耕地、各种作物面积与产量、各种畜禽生物的数量、农民收入、农民消费、农民就业、乡镇财政等数据库。

计算机农业数据库的广泛建立,是数字农业的最基础的工作。

(2)农业多媒体技术:许多数据库都可以应用多媒体技术。例如农业生物数据库都可以有各种生物与品种的照片的配合。

农业多媒体技术是农业科技交流、科技教育与科技普及的极好的手段。

(3)农业生物信息学(Agro-Bioinformatics)与基因组学(Genomics)

生物信息学(Bioinformatics)是近10年来国际上发展极为迅速的热门学科。它的基本任务是两个:

A. 研制与应用分子生物学范围的数据库:包含DNA系列、RNA系列、基因组、蛋白质系列、蛋白质结构与分类、基因表达、代谢途径与细胞调控的数据库。

B. 研制与应用分子生物学所需的各种软件:包括DNA测序程序、DNA系列分析程序、蛋白质结构与功能预测程序、基因算法程序等。

生物信息学将生物技术与信息技术两门当代最活跃的高新技术密切结合起来。由于DNA与基因数量都十分巨大,当前及今后,可以认为,没有信息技术的支持,分子生物学的研究与生物技术的运行都不可能。

农业生物信息学就是研制与应用与农林业有关的分子生物学数据库与软件。在西方国家,农业生物信息学已经有相当的发展。

AgDB是美国建立的与农业有关的数据库与信息资源的总清单。美国康奈尔大学有多种农业植物基因工程组的数据库(ARS-Genome)。法国国家农业研究所有多种畜禽动物的基因图谱数据库(INRA)。日本已经建立了水稻基因组数据库(INE)与小麦及其相近属(燕麦草属,山羊草属)的基因图谱数据库(KOMUGI)。美国还建立了大豆、玉米、棉花的基因组数据库。

基因组学(Genomics)是国际上近10年来发展起来的一门很有前途的新学科。它的主要任务是研究生物的基因组整体结构以及与各种生命功能的相互关系。由于基因组的结构与生命功能都十分复杂,必须依靠计算机与信息技术的帮助,因此,基因组学也是一门分子生物学与计算机科学相结合的科学。

从21世纪的较长时间来看,基因组学将对农业动植物品种的改良产生极深远的影响。农业模型的研究必将与遗传工程与育种学密切地结合起来,使农业动植物的育种工作有更强的针对性与预见性,有更高的效率。

(二)农业决策系统

农业计算机决策系统是各种专门的软件,用以帮助对各种农业问题进行决策。

(1)农业规划系统(PS):应用各种运筹学中的数学规划方法(如线性规划、非线性规划、动态规划、整数规划、决策论等)对农业问题进行决策。

数学规划对农业的宏观问题(如一个地区的农业布局、作物布局等)是很有用的。

(2)农业专家系统(ES):ES是一种直接应用专家经验的计算机软件。对一些主要依靠专家经验进行决策的农业问题,ES是一种有效的技术。

(3)农业模拟决策系统(SDS):SDS将农业模拟与决策相联系,一般采用两种方法:一是通过计算机的模拟性试验;二是将模拟与专家系统相结合,这种方法与单纯的专家系统相比,其机理性较强,但在决策中还是要受到专家经验的局限,在应用于新品种、新技术或新地区时,有一些困难。

(4)农业模拟优化决策系统(SODS):SODS是将农业过程的模拟与农业的优化原理相结合,在此基础上,作出各种农业决策的完整软件系统。实践证明,SODS在农业生产指导上十分有效。它既有较强的机理性,又有很强的应用性。特别是它们具有通用性,可以在很大的地区范围内,针对任何品种应用。同时,它还有预测的功能,可以提高农业生产的预见性。

SODS方法在20世纪80年代由我国首创。经过近20年的努力,我国已建立起水稻、小麦、玉米、棉花四种主要农作物的SODS系统,初步形成我国的作物模型系列。这几个系统在全国许多省份推广应用,在各地的粮棉生产上发挥了积极作用。

(三)农业监测系统

地理信息系统(GIS)与遥感技术(RS)是信息技术应用于农业环境资源监测的主要手段。

地理信息系统是近20年来国际地理科学的一项突破性的技术。它将系统科学,信息科学,计算机的数据采集、处理与分析模型,数据库技术与计算机图像技术,密切结合起来,成为一种综合性技术。地理信息系统在农业上已经得到广泛的用途。

遥感技术是将空间技术、传感器技术、通讯技术与计算机技术相结合的综合性技术。20多年来,农业遥感已经有很大的发展。

地理信息系统与遥感技术的结合应用,使农业资源环境的研究与监测方法得到根本性的改观。其应用领域十分广泛,主要有:

(1)农业土地、耕地、土壤、森林、草原、水面等各种农业资源的探测、评价与动态监测。

(2)各种农业灾害(洪涝、干旱、风暴、病害、虫害等)的实时预测与监测。

(3)各种农作物面积与产量的预测与监测。

(4)农业环境(大气、水域、土壤等)污染的预测与监测。

(5)各种农业与园艺作物、畜禽水产生物、经济林木的地区适应性分布的研究,可以为农业产业结构调整提供依据。

完成以上任务,往往需要与各种相应的农业模型相结合。

(四)农业控制系统

当代信息技术使农事操作实现了自动化、信息化与精确化。

1. 农业自动化

对于可以在一定程度上进行控制的农业环境条件,应用电子信息技术完全有可能实现农业的自动化或半自动化。

农业自动化的监控系统,是将环境监测、数据采集、数据分析、数据传送与环境控制的软件与设施相结合的整套系统。目前在温室与大棚的自动化控制方面已经相当成功,可以对温室与大棚内的温度、湿度、光强、CO_2含量、营养、水分等环境因子进行全天候的监测与智能化的自动调控,也就是根据天气与环境的变化,根据作物的需要的变化而进行调控。因此,不管天气与环境怎么变化,都可以培育出高质量的、无污染的、规格化的农产品。

在田间作物的灌溉方面,根据天气、土壤水分与作物需求的变化,控制灌溉量、灌溉时间的自动灌溉系统,有限水域(如池塘)的水产环境的自动监控系统,畜禽饲养的自动监控系统,国内外都已经有成功经验。

其他在粮食、果品、蔬菜、花卉、畜禽产品的保鲜、储藏的设施中,自动化的技术也都很成功。

至于微生物的发酵工程、农业菌藻生物的培育工程与农产品加工工程等方面,完全可以应用信息技术实现全面的自动化。

2. 精确农业

精确农业发展至今只有10多年的历史,已经受到国际农业科学界的重视与关注。

农事操作,如施肥、灌溉、喷洒农药、收割等,在同一块农田内,以往都是平均分配地进行,不考虑田块内部的差异。这样存在着很大的浪费,根据美国伊利诺州州立大学的研究,在化学除草的作业中,真正有草的面积往往只占整个田块的30%~50%,如果全面地使用除草剂,就有50%~70%的除草剂是浪费使用的,并且对环境会造成严重的污染。

精确农业应用全球定位系统(GPS)确定田块内的各小区的精确农业位置,形成田块内的网格分布,以此作为田间测定与农业作业的基础。

目前,精确农业有两种方法:一是应用GIS技术绘制出田块内要素(如土壤养分,土壤水分,病虫草的数量、严重度等)的分布图,农业机械根据图中要素值的大小而调整操作;二是农业机械在田间操作时,应用传感器直接测定要素值,同时自动地通过农业模型确定施肥量、用药量等,再由农业机械调整操作。应当说后者的自动化程度更高,但难度也更大些。

精确农业由于施肥、灌溉、用药等操作在用量上更为正确,因此可以同时达到高产、优质与高效,并且将对环境的污染减到最低的程度。

精确农业的原理与技术都很先进,但费用较高。目前在西方国家,许多大型农场已经在应用,但还没有普遍地为中小农场主所接受。在我国农民占地很少的条件下,怎样应用精确农业,是一个值得认真研究的问题。

(五)农业网络系统

近10年来,计算机网络取得极大的进步。不论是局域网或广域网,在农业上都有广泛的应用。

1. 局域网的农业应用

局域网将一个单位内的计算机联成一个整体。在各农场、农业企业、农业科研单位、农业大学、农业行政部门、以至于农民家庭,局域网都已经或即将成为必不可少的设施。局域网的应用使农业从一种分散性的产业转变为集中经营的产业,可以显著地提高农业经营与管理的工作效率与工作质量。

2. 因特网的农业应用

科学界公认:因特网(INTERNET)的发明是20世纪人类科技进步的最大事件之一,是20世纪国际信息技术的最大成就。

虽然美国国防部门早在20世纪70年代就将3700多台计算机联成网络,但随着超文本技术、WWW技术与光缆技术等的成熟,因特网在全世界得到普及还是近10年之内的事。其发展速度之快,对全世界各方面事业影响之大,超过了人们的想象。

目前全世界因特网的用户达到2亿以上,我国也已达到2500万以上。因特网正在迅速地改变着世界各国的国防、行政、工业、商业、金融业、通讯业、教育、科研、传媒业、娱乐业等等,几乎涉及人类生活的各个方面。

农业当然不可能例外。事实上,因特网在农业上的应用已经深入到农业生产、农业科研、农业教育、农业推广、农业行政管理各个领域。

四、农业运行机制的全面数字化

农业过程的全面数字化与信息技术在农业上的全面应用,这二者为农业运行机制的全面数字化奠定了基础。

农业的运行机制包含了农业的全领域与全过程。具体说,它包含了农业生产,农民与农场经营,农业企业经营,农业生产资料的局域网供给,农产品的加工、储藏、保鲜、销售,农业科研,农业教育,农业推广,农业合作,农业金融,农业保险,农业行政管理等等。

在数字农业的思想指导下,以上农业的所有环节,都将全面地实现数字化。这里重点阐述几个方面:

(一)农业生产与经营

农民、农场与农业企业的领导人首先会通过因特网了解国内外的各种农产品的市场动向,以便作出其农业生产与经营的决策。

农村、农场、农业企业都会在内部建立计算机局域网,作为对农业生产与经营的指挥系统。

在农业生产与经营中,会尽可能地应用各种农业信息技术,如农业专家系统或农业模拟优化决策系统,随时掌握气象变化,作出预测,从而采取相应的最优对策。农业企业会应用自动化生产与计算机辅助经营系统,以达到最大的效益。

在一些大型农场,精确农业会是一个发展方向。

在农产品的销售中,可充分地应用因特网进行电子商务,与国内外市场迅速地达成交易。

(二)农业科研

农业科研人员在申报与制定科研项目之前,都会通过因特网了解国内外与本学科有关的科研动向与最新进展。

在科研项目的进行中,各种仪器都会是由电子信息技术所操纵。各种试验结果都会应用计算机的统计软件进行分析、处理。研究报告的写作将全部应用电脑,并且通过电子邮件向电子化的学术刊物寄送。

在农业生物技术的研究中将充分地应用农业生物信息数据库与有关软件。

在因特网上召开的农业学术会议会愈来愈多,在因特网上与世界各国同行专家的交流会愈来愈经常。

(三)农业教育

多媒体技术将广泛地应用于农业大学的教室之中。通过因特网,各农业大学之间完全可以交换课程与教授,以至于与国外大学进行交流。

农业大学的大门将向广大农民开放,有一定基础的农民都可以成为农业大学的校外学生,他们可以通过因特网参加考试,取得学分与学位。

(四)农业推广

农业推广工作将充分地利用电子信息技术。

农业结构的调整、作物布局、品种选择、栽培技术、病虫草害的综合治理、施肥、灌溉、畜禽饲养、水产养殖、林木管理等等,都将研制出专用软件,特别是各种农业模拟优化决策软件。因此大大提高农业技术推广工作的科学水平。

农业技术推广站可以通过局域网或因特网与多媒体,向广大农民传授各种先进技术。农业技术推广站将成为各农业大学的分校,对农民进行各种农业新技术的培训。

(五)农业市场

在电子信息技术的帮助下,农业市场得到极大的扩展。农民对市场了解的闭塞情况得到根本的改变,依靠因特网,可以直接面向全世界的市场。

在因特网上,世界各国的各种种子、化肥、农药、农业机械、农业信息的软件与硬件等农业生产资料,各种农产品及其加工产品,都有网上市场;电子商务得到普及。因此,农民不出家门,就可以方便地购得所需生产资料,方便地销售他的产品。

由于信息技术的帮助,商业中间环节大大减少。因此,各种农业生产资料的价格得到降低,农民得到更高的效益。优质农产品的价格也会下降,使全社会得益。

总之,数字农业必然会使全世界的农业面貌得到极大地改观,农业会从一种低水平的、依靠经验为主的产业,转变为一种高水平的依靠高新技术的产业。

发展中国家与发达国家的农业差异会逐步缩小。世界经济新秩序的建立加上信息技术与生物技术的发展,最终将解决困扰人类几十个世纪的农村与农民的贫困问题。

五、数字农业对我国农业的影响

数字农业的概念与思想发端于 20 世纪之末。在 21 世纪刚开始,中国政府就将数字农业列为发展中国农业信息技术的首位任务。可以预期,在整个 21 世纪,数字农业必将对我国农业产生极为深远的影响,数字农业完全可以成为我国 21 世纪农业发展的指导性思想之一。

数字农业将对我国农业产生哪些影响呢?可以预见的以下一些方面:

(一)数字农业与我国农业生产技术水平

由于我国农民人均占有耕地极少,农民财力有限,因此,我国农业的生产技术水平与发达国家相比,是比较低的。这个情况制约着我国整个农业的发展,制约着我农产品的质量与我国农民的致富。

随着因特网与局域网的发展,农业科学知识将在我国农村得到快速普及,适用于我国条件的各种农业优化决策系统与专家系统将陆续研制成功,从而使各种农业科学的优化原理与专家经验都将通过网络系统,直接传播到农村的千家万户;各种智能化的温室、自动化的灌溉与施肥系统将在我国逐步普及,从而加快提高我国的农业生产技术水平。

(二)数字农业与我国农业科研

当前我国农业科研水平与发达国家相比,还是比较低的。随着因特网在我国农业科研单位的广泛应用,国际先进的农业科技将更快地传播到我国,我国农业科学界与国际的交流将愈来愈多,因此我国农业科学与国际的差距也会愈来愈小。

在我国各农业科研单位,农业信息技术的研究将加强,各农业学科都会更加重视农业模型的研制,从而显著地提高我国农业科研与农业科学水平。

数字化与电子信息技术的发展将加快提高我国农业科研工作的水平。在我国各农业科研单位,各种农业科研仪器都将更多地利用电子信息技术以提高自动化水平。农业科研的各种测定将会更正确,效率更高。农业科研的数据处理、统计分析以及报告写作,全都将充分利用计算机。

我国的农业生物技术研究将与信息技术密切地结合起来。农业生物信息学与基因组学将在我国得到重大发展,从而大大加快我国农业生物技术的进展。

(三)数字农业与我国农业教育

制约我国农业发展的突出问题是我国农民的科学文化素质较低。

在数字农业发展过程中,我国各农业大学都将打开大门,通过因特网与全社会,特别是广大农村建立联系。农业教育将不局限于教室,而在广大农村中进行,农民将终身地接受最先进的农业教育。因此,数字农业将加快提高我国广大农民的科学文化素质。

同时，数字农业的发展必将显著地加快提高我国高等农业教育的水平。

各种农业课程中都将加强数学模型与信息技术的内容，从而提高各农业学科的水准。我国各农业大学的课堂教学将更多地应用多媒体技术与可视化技术，使学生得到更生动更形象化的教育。

我国各农业大学与国际的联系与合作将极大地增强。中国的学生将通过因特网更多地接受国际上先进的农业科学。培养研究生将更多地采用国际合作的方式。

(四) 数字农业与我国农业的优质、高效、高产

我国各种农产品虽然单产不低，但农产品的品质普遍不高，农业的效益普遍较低。农产品的劣质低效，直接影响农产品的国内外市场竞争力与农民的致富。

由于农业生物信息学的发展，我国的生物技术会得到加强，再加上各种作物的育种模型的研制成功，我国必然会在作物的优质高产育种方面取得更大成绩，会以更快的速度培育出受到市场欢迎的、在国际上有竞争力的优良品种。

各种适应于我国条件的作物栽培模型、施肥模型、灌溉模型、植保模型的研制成功，精确农业在更大面积上的普及，都会使我国的农业生产达到更高的产量、更高的效率与效益，会使农民减低成本，增加收益，从而更快地致富。

(五) 数字农业与我国农业加工业与销售服务业

我国农业在二、三产业方面的落后情况非常突出，严重制约了我国农业的整体效益。

数字农业发展过程中，各种农产品加工、保鲜、储藏业都将得到电子信息技术的武装，自动化的程度有很大的加强。因此，各种农业加工产品的质量会更高、规格更统一、出口竞争力更强。在我国加入WTO后，农产品的出口竞争力尤为重要。

数字农业与电子商务的发展必将大大扩大我国农产品的国内外市场，将使中国农民从根本上改变故步自封的闭塞状态，广大农民将有可能直接与国内外市场建立联系，了解国内外的市场动向，以决定农业的生产与销售策略。

面向农业的第三产业中，农业信息产业将成为我国农业服务业的支柱性产业。我国的农业金融业、农业保险业、农业运输业、农业供销业等都将得到电子信息技术的支持，从而提高农业服务的整体效益。

(六) 数字农业与我国农业的持续发展

近几十年以至于当前，我国农业环境资源的污染与破坏情况一直很严重，这个情况对我国农业发展有长远性的不利影响。

数字农业的发展，必将十分有利于我国农业环境资源的治理与保护。

各地都将依靠宏观农业模型与宏观决策系统的支持，使当地的农业发展与农业环境资源治理得到更合理的协调。

农业遥感与GIS技术与农业模型的结合，将使我国对农业环境资源的动态监测工作更为完善。各种环境污染与破坏的情况将能得到更及时地发现与制止。

依靠因特网、局域网与数据库技术，我国农业行政部门对全国与各省农业环境资源的数据，会有更及时与正确的掌握，从而可以及时地制定或调整政策与对策，使我国农业沿着最合理的方向得到持续的发展。

数字化农业气象学

高亮之

江苏省农业科学院

(原载:《中国农业气象》,2003年第24卷第2期,1~4页)

摘要 随着电子信息技术的迅速发展,数字农业必然是21世纪农业的重要发展方向。数字化方法学将要渗透到农业气象学的所有领域,如作物气象、农业气候、农业气象预报、农田小气候与微气象、畜牧气象、园林气象等,使农业气象学从传统水平向现代化、数字化水平发展。数字化农业气象学将在我国的数字农业与农业现代化的进程中发挥重要作用。

关键词 农业气象学 数字化 数字农业 农业模型 农业遥感 GIS

一、数字农业与农业气象

在信息技术迅速发展的背景下,经过20多年信息技术在农业上的广泛应用,到20世纪末(1999年),国际上终于形成了"数字农业"的概念。它预示着21世纪的农业将呈现出一个以数字化为特征的崭新的面貌。我国2000年发布的《农业科技发展纲要》中,将"数字农业"放在农业信息技术的首要位置,使"数字农业"受到人们的关注。

数字农业的英语是"Digital Agriculture",确切的翻译是"数字化农业",由于数字农业的概念出现的时间很短,目前并没有一个公认的定义。根据国际上对"数字农业"的一些阐述,考虑到农业的特点,笔者认为,从长远的发展看,"数字农业"应该包含以下几个内容:

(1)"数字农业"要求对农业各个方面(包括种植业、畜牧业、水产业、林业)的各种因素与各种过程(生物的、环境的、经济的)全面实现数字化,也就是说各种农业因素与过程都要求应用二进制的数字(0,1)以及数学模型加以表达。

(2)"数字农业"要求使各种信息技术最广泛地应用于农业。

(3)"数字农业"要求在农业的各个部门(生产、科研、教育、行政、流通、服务等)全面地实现数字化与网络化管理。

以上三个内容当然是密切联系的,可以预期,数字农业的发展必将使农业实现更高的效率,农产品达到更高的质量,使农业更好地满足人们不断增长的需求,同时又使农业环境得到更有效的保护,实现农业符合现代化要求的可持续发展。进入21世纪以后,不论国际或国内的农业,实际上已经进入或正在进入数字农业的时代,农业气象学无疑地必须向数字化农业气象学方向发展,尽快实现数字化,数字化农业气象学将在数字农业的发展中发挥十分重要的作用。这是因为:

(1)气象、气候与天气因素是农业最重要的环境因素,农业各要素的数字化首先要求农业气象因素的数字化。

(2)任何农业过程都离不开气象因素,任何农业计算机模型都需要反映气象因素与农业过程的内在关系。农业过程的数字化需要数字化农业气象学的支持。

(3)对农业进行数字化与网络化的管理,必须有农业气象信息的通讯、处理与预测的数字化与网络化。

(4)在农业各专业学科中,农业气象学是在数字化与信息化方面基础较好、走在前面的学科。在数字农业中,数字化农业气象学理应作出较多的贡献。

二、作物气象向作物模型的发展

自18世纪,法国的雷蒙提出"积温"学说以来,作物气象研究已经有200多年的历史。传统的作物气象学主要是研究各种作物对气象条件需要什么、不需要什么,即研究各种作物的适宜气象指标与受害气象指标。这方面的研究在农业气象学的发展历史中起了重要作用。

气象要素,如太阳辐射、温度、日照、降水等,有的是作物生命的能量源泉(辐射),有的是作物生命的必要物质(水分),有的是作物维持生命的必要环境(温度等)。气象要素与作物的生理生态过程完全不能分离。将气象要素作为作物生理生态过程中必不可少的能量、物质、环境因子来进行研究,这就是作物计算机模型的任务。作物模型研究与传统的作物气象研究有以下本质性区别:

(1)作物模型研究将气象因子渗透进作物生长发育与生理生态过程中。而传统的作物气象研究仅仅研究作物与气象的外在关系(要什么,不要什么)。

(2)作物模型研究将气象因子与其他环境因子(土壤因子、病虫因子等)结合起来研究。传统的作物气象研究一般是孤立地研究气象因子。

(3)作物模型一般都是机理性而不是经验性的,因此它具有一定的通用性,可以在不同地区、不同环境条件下,针对不同品种而应用。传统的作物气象研究多数是采用经验性的统计方法,其应用有较大局限性。

(4)作物模型有可能直接提出决策建议,因此有很强的应用性。传统的作物气象研究结果一般较难直接应用于生产。

农业模型研究(包括作物模型、果树模型、畜牧模型、水产模型、林木模型等)是数字化农业气象学的基础性、核心性的研究。建立各种农业模型是数字化农业气象学的首要工作。

三、以作物模型为基础的农业气象预报

尽管并不是每个作物模型都有预测的功能,但是作物模型经过一定的处理后,就能具备预测功能。我与金之庆、黄耀、陈华等自1984~1991年,以8年时间研制成"水稻栽培模拟优化决策系统"(RCSODS);又与金之庆、冯利平、马新明、曹宏鑫、郑国清等,在1992~2000年间,以8年时间研制成"小麦栽培模拟优化决策系统"(WCSODS)。这两个系统都有较强的预测功能。根据这两个系统的经验来看,以作物模型为基础的预测(简称"模型预测")与传统的农业气象预报(简称"传统预报")有一些本质性的区别:

(1)预测的基础不同。传统预报的基础主要是农业与气象关系的统计模型;而模型预测的基础是机理性的作物模型,它可以摆脱地区与品种的局限性,而应用于任何地区与品种。

(2)预测的内容不同。传统预报一般只能预报2~3个内容(如生育期、产量等),并且都是静态的;而模型预测有可能预测许多内容,除生育期、产量外,还可以预测穗发育、根发育、叶面积、茎蘖数、水分、养分、病虫害等的动态变化。

(3)预测的时效不同。传统预报根据预报公式的不同,只能预报某个时段;模型预测可以做到在任何时候对任何时段,以至最终产量的预测。

(4)预测的效果不同。传统农业气象预报一般是预报生育期与产量,在生产上可以起参考作用,但难以直接提出栽培决策建议;模型预测可以预测当年作物生育动态与最佳动态的比较,由此可以直接提出作物栽培与水肥管理的各种建议。

由于模型预测有上述种种优点,它在问世以后,很快受到农业生产部门的广泛欢迎。

四、数字化的农业气候与资源研究

传统的农业气候研究,在农业生产的合理布局、农业资源的合理利用等方面都发挥了积极作用;但是也存在较大的局限性,主要在于:

(1)传统农业气候区划与农业生产的联系,往往比较粗略与笼统,对于作物生产中一些具体、细致的问题(例如对不同作物品种或栽培技术的气候适应性等)较难进行分析。

(2)传统农业气候区划往往孤立地研究气候资源,与农业其他资源(土壤、地形、水文等)的联系不多。而在客观上,各种农业资源都是互相紧密地联系在一起,综合地发挥作用的。

(3)传统农业气候研究在地形复杂的地区,往往是利用县气象站的资料。由于县站的气候与不同地形条件下的实际气候有很大的出入,因此,研究结果对实际情况有较严重的歪曲。

数字化的农业气候研究与传统方法相比,有以下几个特点:

(1)传统农业气候研究主要是建立在农业气候指标的基础之上,而数字化农业气候研究是建立在反映内在机理、动态过程的农业或作物模型的基础之上。因此它有可能对农业与作物生产中各种问题进行深入的分析。

(2)数字化农业气候要求与农业其他资源(土壤、地形、水文等)联系起来进行研究。

(3)数字化农业气候研究,在复杂的地形地区,要求建立或应用专门的地形气候模型,以全面而细致地反映地形对气候的影响,以及地形气候对农业的影响。因此有可能作出相当详尽的农业资源利用的分析,并提出建议。

美国 Oregon 州立大学的 Daly 等(1994)研制的 PRISM 模型,就是一个反映地形对气候影响的模型。它不但绘出了全美国的十分详尽的气候图,也已经绘出了全中国的温度、雨量的十分详尽的分布图。当然这些分布图很难说就一定很正确。我国农业气候学家应当有自己的更好的工作结果。

五、以数字模拟为基础的农业微气象学

近 10~20 年以来,数字模拟的方法广泛地应用于农田小气候研究,使得农田小气候学与农业微气象学得到迅速地发展。以数字模拟为基础的农田微气象学(简称"数字微气象")与传统的农田小气候学相比,重要的区别是:

(1)传统的小气候研究将小气候作为作物的外部环境,它的研究对象是农田中的小气候因子,如温度、湿度、风速的变化。而数字微气象研究则是将微气象因子与作物(包括病虫害)的生理生态系统完全融合为一个整体。它的研究对象实际上已经不是微气象因子,而是作物群落的生理生态全过程,例如作物的光合作用、呼吸作用、蒸腾作用等,以及它们之间的内在联系。

(2)数字微气象的研究要素已经不限于温度、湿度、风速等,而是涉及到许多作物本身的生理生态功能。我们课题组在国家攀登计划的支持下,于 2000 年完成"水稻光合蒸散综合模型与不同株型水分利用率研究"(高亮之等 2001)。此项研究中,采用了数字模拟的方法模拟了以下要素:水稻群体各层的风速、边界层厚度、边界层阻抗、湍流交换系数、群体动力阻抗、群体气孔阻抗、群体光合量与水稻蒸散量等。这些要素,采用实测的方法是极困难的,采用模拟方法却有可能取得。

(3)传统的农田小气候研究,可以揭示一些客观规律,但要解决实际生产问题还比较困难。数字模拟方法,由于其模拟的功能强,并且将微气象与作物生理生态密切结合,往往能解决一些农业生产中的重要问题。例如株型问题,这是作物育种中的一个极重要的问题。我们课题组在 2000 年完成的另一项成果是"水稻最佳株型群体受光量与光合量的数值模拟"(高亮之等 2000)。此项研究设计了水稻的四种株型:①上挺下挺;②上挺下披;③上披下挺;④上披下披。模拟结果是,从较高产量与较低蒸散量两方面来考虑,上挺下披的株型是最佳的。这个结果与一些有经验的水稻育种专家的观点是一致的,并且

使他们的观点有了机理性,指标更具体化。

六、农业气象与 RS、GIS 及网络的结合

数字化农业气象学的发展中,将农业气象与遥感、GIS 及互联网、局域网的结合是一个重要的技术革新。在全国、省或市的范围内,都可以将遥感技术与农业模型相结合,应用于农业灾害的预报。关于大面积作物产量的预测,较好的方法是用遥感估测作物面积,用作物模型预测作物产量。这个技术途径在国外应用已较普遍,但在国内还不多。我认为是值得提倡的。在农业气候研究中,GIS 是极好的手段。它的最大优点是可以将农业气候资源与其他农业资源(土壤、地形等)密切结合起来,进行综合的资源分析。

互联网已经成为当代社会信息交流的主要渠道。遗憾的是,我国农业气象界似乎并没有充分地利用互联网这个工具。希望在互联网上能有一个全国性的农业气象网,让全国的农业气象工作者有一个交流信息、交流经验的园地。

电子化的农业气象数据库是数字农业的一项基础性建设。目前,全国各地农业气象数据的交流非常困难,不利于我国农业气象工作的发展。应当要求各地将电子化的农业气象数据库在网上进行交流,有些数据库可以免费供应,有些需要收费也是可以的,至少便于大家的交流使用。

在农业气象情报预报工作中,通过互联网或局域网,建立电子化的农业气象网络,不但是农业气象工作的必然方向,也是数字农业建设的重要内容。

七、数字化农业气象学为畜牧、果林、园艺业服务

当前,我国农业正在进行着深刻的转变:计划性与自给性的农业正在向市场化与产业化农业转变;以粮、棉、油为主体的狭义农业正在向农、林、牧、渔全面发展的大农业转变。数字化农业气象学有可能更好地为畜牧业、园艺业、林业与水产业服务。

我国有广袤的草原与巨大规模的草原畜牧业。草原畜牧经常性地遭受旱灾、雪灾、风灾等多种灾害,草原牧草的产量很不稳定。应用遥感、GIS 并结合草原畜牧模型等数字化农业气象技术,对草原灾害与牧草产量进行预测,并及时提出防御对策,对稳定草原畜牧有重要意义。

在农区,随着现代化畜牧业的发展,各种畜舍、禽舍都需要对温度、湿度、光照进行数字化与自动化管理。也需要有各种家畜、家禽生长发育与繁殖的计算机模型。

在市场经济的竞争中,各种蔬菜、花卉、果树等园艺作物在品质与上市时间上必然会有更高的要求,单依靠经验进行生产已经不能适应需要。数字化农业气象学可以建立各种特定的园艺作物模型,并与数字化自动管理相结合,以达到生产出完全根据市场所需要的品质与上市时间的产品。美国 Michigan State University 在 1997 年完成"复活节百合花"的温室调控研究(Fisher 等 1997),通过温室微气象模拟与作物模型的结合,控制百合花的开花时间与高度,以供应市场需要。

总之,数字化农业气象学必将是农业气象学在 21 世纪的发展趋势。我国农业气象界在 20 世纪为中国的农业发展作出过重要的贡献。目前,各省农业气象工作者学历都较高,数学与计算机的基础也较好,对我国数字化农业气象学的发展十分有利,并有可能在我国数字农业与农业现代化的进展中发挥较大的作用。

参 考 文 献

高亮之,金之庆,黄耀等.1992.水稻栽培计算机模拟优化决策系统.北京:中国农业科技出版社
高亮之,金之庆,郑国清等.2000.小麦栽培模拟优化决策系统(WCSODS).江苏农业学报,16(2):65~72

高亮之,金之庆,张更生等. 2000. 水稻最佳株型群体受光量与光合量的数值模拟. 江苏农业学报,**16**(1):1~9

高亮之,金之庆,葛道阔等. 2001. 水稻光合-蒸散耦合模型与不同株型的水分利用率. 江苏农业学报,**17**(3):135~142

Daly C, Neilson R P, Phillips D L. 1994. A satistiscal-topographic model for mapping climatological precipitation over mountainous terrain. *Journal of Applied Meteorology*,**33**(2):142—158

Fisher P R, Heins R D, Ehler N, Leith J H. 1997. A decision-support systems for real-time management of Easter Lily (*Lilium lingiflorum* Thunb.) scheduling and height_I system description. *Agricultural Systems*, **54**(1):23—37

Digital Agrometeorology

Gao Liangzhi

(Jiangsu Academy of Agricultural Sciences)

Abstract: While electronic information technology making progress rapidly, development of Digital Agriculture will show brilliant prospects in 21 century's agriculture. In the age of information, digital technology should be applicated more often in agrometeorology. The digital methods will be utilized in all fields of agrometeorology, such as crop meteorology, agroclimatology, agrometeorological forecasting, micrometeorology, animal meteorology, horticulture meteorology etc. Agrometeorology will raise from its traditional level to modernized and digital level. Digital Agrometeorology will certainly make great contributions in developments of digital agriculture and agricultural modernization in China.

Key words: Agrometeorology; Digital; Digital agriculture; Agricultural modeling; Agricultural RS, GIS

小麦栽培模拟优化决策系统(WCSODS)*

[1]高亮之　[1]金之庆　[2]郑国清　[3]冯利平　[1]张立中　[1]石春林　[1]葛道阔

([1] 江苏省农业科学院农业现代化研究所;
[2] 河南省农业科学院农业科技情报研究所;[3] 中国农业大学资源与环境学院)

(原载:《江苏农业学报》,2000年第16卷第2期,65～72页)

摘 要 本文介绍了WCSODS的研制过程,阐明了其技术路线和模型结构,描述了WCSODS中主要的模拟模型与优化模型。WCSODS具有以下功能:制定常年决策和当年决策,进行小麦模拟试验,评价气候变化对小麦生长的影响,调试小麦品种参数等。检验结果表明,WCSODS的模拟值与实际观测值相当符合。目前WCSODS已在江苏、河南、山东等省大面积推广应用。

关键词 小麦栽培　模拟　优化决策系统

20世纪80年代以来,国际上小麦模拟模型的研究进展较快。国外已建立的小麦模型有CERES-Wheat(Ritchie 1985;Ritchie,Otter 1985)、WINTER WHEAT(Baker等1981)、TAMW(Mass,Arkin 1980)、ARCWHEAT(Weir等1984)等,还有许多涉及小麦生理生态过程的其他模拟模型;国内也有不少学者在这一领域做过研究或进行综述。但是,小麦模拟技术如何在生产实践中发挥作用,这个问题始终未得到真正解决。有的学者(汪永钦、王信礼 1991;曹卫星 1995)主张将小麦模拟模型与专家系统结合起来,但由于农业专家的经验常受到地域和品种的限制,效果并不很好。

高亮之等(1992)研制的水稻栽培模拟优化决策系统(RCSODS)已在中国许多省(市)大面积推广应用,并取得增产、增收效果。这说明在RCSODS研制过程中首次提出的将作物模拟与作物栽培优化原理相结合的技术路线是成功的。为进一步完善上述技术路线,现将这方面取得的最新进展——小麦模拟优化决策系统(WCSODS)详述如下。

一、研究方法与试验过程

研制WCSODS的主要方法是:①在大量查阅国内外文献的基础上,根据已有的对小麦生产全过程的理解,完成总体构思;②开展小麦田间试验,并广泛收集气象、作物、土壤和病虫测报资料;③建立小麦生长发育和产量形成的模拟模型与栽培措施上的优化模型;④调试、确定小麦品种参数并对模型进行可靠性检验;⑤根据小麦生产需要,建立小麦栽培的常年与当年模拟优化决策系统。

田间试验在江苏省农业科学院试验农场分两段进行。1992～1993年的试验采取裂区设计,主区为播种期,分10月21日、10月31日和11月10日3个播期;裂区为施氮量和品种,其中氮肥处理设4个水平,即每公顷施纯N 0、75、150和225 kg;供试小麦品种有5个,即"麦优4号"、"895004"、"宁麦35"、"扬麦158"和"扬麦5号"。裂区内采用完全随机区组设计,3次重复,小区面积为3 m×4 m。观测项目主要有:物候期、叶面积动态、干物重动态、茎蘖动态、叶龄动态、群体内光分布、穗粒结构和产量。1995～1996年的田间设计基本同上,不同的是:①小麦品种保留宁麦35、扬麦5号,其余更换为"宁丰"、"济南13"和"87-158";②生长后期对施氮量为150 kg/hm²的扬麦5号小区分别用土钻取不同深度(10、20、

---

* 本研究是国家自然科学基金资助项目"长江下游小麦生理生态的计算机模拟与优化决策原理"的部分内容(批准号:393370416)。

30、40、55、70、85 和 100 cm)的样土,用烘干法连续测定土壤水分,每次重复 3 次。此外,在建模和检验模型的过程中,还使用了本课题组 1978~1988 年在相同地点进行的小麦分期播种试验资料以及河南省农业科学院提供的 1993~1994 年在郑州进行的小麦分期播种试验资料。

二、WCSODS 的基本原理

(一)作物模拟与栽培优化相结合

WCSODS 采用的技术路线是将小麦模拟技术与小麦栽培优化原理相结合。这主要是考虑到研究对象不限于小麦生长发育等生理过程,还涉及到小麦栽培技术。小麦生长发育固然有其数量规律,小麦栽培技术也同样有其数量规律,只有将两者结合起来,才能揭示小麦栽培的完整规律,在此基础上建立的小麦模拟优化模型才可能有普遍的指导性。

(二)模型模拟与专家经验相结合

影响小麦生产的因素十分复杂,涉及到气候、土壤、种植制度、品种、栽培方法和社会经济条件等诸多方面因素,因此,WCSODS 不可能完全脱离当地专家的经验。但 WCSODS 采用的不是专家系统方法,后者通常是直接依赖专家经验建立知识库并进行推理,而专家经验由于受地区和品种等限制,普适性差。WCSODS 依靠的是模拟模型与优化模型,并要求当地专家对某个(些)品种与栽培参数进行调试,这就使得 WCSODS 具有较好的地区适应性与品种兼容性。

(三)开放性

在设计 WCSODS 时,特别建立相关的数据库对用户开放。其目的是允许用户根据当地小麦生产实践对其中某些参数,尤其是对栽培参数作必要的调整和修改。鉴于农业生产的复杂性,作为一种能在大范围通用的软件,这种局部开放性是需要的。

三、WCSODS 的模拟模型

WCSODS 有数以百计的模拟模型或子模型。限于篇幅,本文仅扼要地介绍其中最基本的几个模型。

(一)小麦钟模型

小麦钟模型(冯利平等 1997)是一种混合型小麦生育期模型,它建立在水稻钟模型(高亮之等 1992,Gao 等 1992)与 CERES-Wheat(Ritchie 1985;Ritchie,Otter 1985)有关小麦春化模型的基础之上,即:

$$\int_{S_2}^{S_1} dM = M = \int_{t=1}^{N} \frac{dt}{N} = \sum_{t=1}^{N} e^{K} \cdot \left(\frac{T_i - T_L}{T_O - T_L}\right)^P \cdot \left(\frac{T_U - T_i}{T_U - T_O}\right)^Q \cdot \left(\frac{D_i - D'}{D_O - D'}\right)^G = 1 \quad (1)$$

当 $\begin{cases} T_i < T_L \\ T_i > T_U \\ D_i < D \end{cases}$ 时,令 $\begin{cases} T_i = T_L \\ T_i = T_U \\ D_i = D \end{cases}$,且当 $\begin{cases} D_i < D' \\ D_i > D_O \end{cases}$ 时,令 $\begin{cases} D_i = D' \\ D_i = D_O \end{cases}$

式中 S_1 和 S_2 表示某个生育期的开始与结束;M 代表发育过程;dM 为发育速度,用完成特定生育期所需要天数的倒数($1/N$)表示;T_i 为第 i 日的平均气温(℃);T_U、T_L 和 T_O 分别为小麦发育的上限、下限和最适温度[不同生育期的温度指标见表 1,春化阶段的指标另见式(3)、(4)];D_i 为第 i 日日长(h);D_O 和 D' 分别为小麦发育的最适日长和临界日长;K,P,Q,G 为模型参数,因生育阶段和品种而异。

该模型将小麦一生划分为4个生育阶段(表1)。其中,阶段2(出苗—拔节)为春化阶段和感光阶段,在模拟时需首先调用春化模型[式(2)、(3)],到春化阶段结束后再调用发育期模型,并同时考虑温、光的影响;其余诸阶段均为非感光阶段,可令 $G=0$。而小麦越冬期则定义为日平均气温≤3.0 ℃的阶段。

小麦春化模型的建立主要参照 CERES-Wheat(Ritchie 1985;Ritchie,Otter 1985),即

$$\frac{dM}{dt} = \frac{1}{N} = e^{K_2} \cdot (VE)^C \tag{2}$$

式中 K_2,C 为春化参数;VE 代表小麦春化因子,其计算方法或取值随品种和温度条件而变化[详见式(3)、(4)],当 VE 累积到一定春化量(AVD)时,小麦即完成春化阶段;其余符号同前。

表1 小麦不同生育期的温光指标

(冯利平等 1997)

生育期	温光指标				
	T_L(℃)	T_O(℃)	T_U(℃)	D_O(h)	D'(h)
播种—出苗	1	20	35	—	—
出苗—拔节	3	25	35	8	18
拔节—抽穗	3	25	35	—	—
抽穗—成熟	9	25	35	—	—

注:春化阶段的温光指标另见式(3)、(4)。

对于冬性与半冬性品种,VE 可按下式求算(Ritchie 1985;Ritchie,Otter 1985;冯利平等 1997):

$$当 \begin{cases} T_i \leqslant -4\ ℃ \\ -4\ ℃ < T_i \leqslant 3\ ℃ \\ 3\ ℃ < T_i \leqslant 7\ ℃ \\ 7\ ℃ < T_i < 18\ ℃ \\ T_i \geqslant 18\ ℃ \end{cases} 时,VE = \begin{cases} 0 \\ (T_i+4)/7 \\ 1 \\ (18-T_i)/11 \\ 0 \end{cases} \tag{3}$$

冬性品种的 AVD 为30~40,半冬性品种的 AVD 为15~30。对于春性品种,则有(Ritchie 1985;Ritchie,Otter 1985;冯利平等 1997):

$$当 \begin{cases} 0\ ℃ < T_i \leqslant 5\ ℃ \\ 5\ ℃ < T_i \leqslant 18\ ℃ \\ 18\ ℃ < T_i < 30\ ℃ \\ T_i \geqslant 30\ ℃ \end{cases} 时,VE = \begin{cases} T_i/5 \\ 1 \\ (30-T_i)/12 \\ 0 \end{cases} \tag{4}$$

春性品种的 AVD 为0~15。以上指标都是根据大量小麦试验资料,经严格验证而取得的。

(二)小麦叶龄模型

小麦叶龄模型采用水稻叶龄模型(高亮之等 1992,Gao 等 1992)的形式:

$$LA = e^{LK} \cdot \left(\frac{T_i}{T_O}\right)^{LA} \cdot NN^{LB}$$

$$且当 \begin{cases} T_i < T_L 时,T_i = 0 \\ T_i > T_O 时,T_i = T_O \end{cases} \tag{5}$$

式中 LA 为叶龄;T_i 和 T_O 的意义同前;NN 为出苗后天数;LK、LA、LB 为叶龄参数,其值因品种而异。

(三)小麦器官建成模型

器官建成模型主要建立在小麦叶龄发育与器官建成的同伸关系上(表2)。

表2 小麦叶龄与器官建成的同伸关系

叶 龄	穗发育	茎发育
倒4叶	护颖分化	第1节间
倒3.5叶	小花分化	第2节间
倒3叶	雌雄蕊分化	第3节间
倒0.5叶	减数分裂	第4节间
剑叶出现	花粉形成	第5节间

(四)群体光合模拟模型

小麦群体光合模型采用 Monsi-Saeki 的光合积分公式以及 Beer-Lambert 的群体消光公式,并考虑温度对光合作用的影响(高亮之等 1992):

$$\begin{aligned} PHD_i &= \int_0^{LAI} T_F \cdot \frac{B \cdot PAR}{1 + A \cdot PAR} \cdot dLAI \cdot D_i \\ &= T_F \int_0^{LAI} \frac{B \cdot 0.47(1-\alpha) \cdot MQ_i \cdot e^{-E \cdot LAI}}{1 + A \cdot 0.47(1-\alpha) \cdot MQ_i \cdot e^{-E \cdot LAI}} \cdot dLAI \cdot D_i \\ &= T_F \cdot \frac{B}{E \cdot A} \cdot \ln\left[\frac{1 + A \cdot 0.47(1-\alpha) \cdot MQ_i}{1 + A \cdot 0.47(1-\alpha) \cdot MQ_i \cdot e^{-E \cdot LAI}}\right] \cdot D_i \end{aligned} \quad (6)$$

式中 PHD_i 为第 i 日的群体光合量;T_F 为温度订正系数,是平均温度 T_i 的函数,且 $0 \leqslant T_F \leqslant 1$;$MQ_i$ 为第 i 日的平均太阳辐射;α 是群体反射率;0.47 是太阳辐射折算成光合有效辐射的系数;LAI 为叶面积指数;D_i 为第 i 日的日长;A,B 为叶片光合参数;E 为群体消光系数;A,B,E 均因品种和生育期而异。第 i 日的平均太阳辐射(MQ_i)可按下式求取:

$$MQ_i = Q_i / D_i \quad (7)$$

式中 Q_i 为第 i 日的日辐射总量;D_i 意义同上。

在 WCSODS 中,群体逐日净光合量(NPD_i)等于群体逐日光合量(PHD_i)减去逐日呼吸消耗量(RED_i),即

$$NPD_i = PHD_i - RED_i \quad (8)$$

RED_i 又包括生长性呼吸(RE_1)与维持性呼吸(RE_2)两部分,其计算公式(冯利平等 1997)如下:

$$RE_1 = 0.03 PHD_i \quad (9)$$

$$RE_2 = 0.02 \cdot 2^{(T_i - 20)/10} \cdot \sum NPD_{i-1} \quad (10)$$

将逐日净光合量在一定生育期内累加,即可得到不同生育期的净光合产量。

(五)产量形成的模拟模型

小麦产量形成模型包括源产量与库产量两个子模型。源产量系光合产物向穗部转移形成的产量,包括小麦抽穗前与抽穗后光合累积量向穗部转移的部分,其转移率受温度的支配。库产量系产量构成诸要素(每公顷穗数、每穗粒数、结实率和千粒重)的乘积。在 WCSODS 中,小麦产量由以上两个过程协调(即源库协调)而形成。

(六)小麦田的水分动态模拟模型

WCSODS 中,水分动态模型采用 Penman 公式,除使用常规气象资料外,还需输入相对湿度(RH)与风速(WS)资料。表3给出中国主要4类麦区 RH 和 WS 的平均值。

表3 中国主要麦区相对湿度(RH)与风速(WS)的平均值

麦区	品种类型	RH(%)	WS(m/s)
西北	春小麦	45	3
东北	春小麦	75	3
华北	冬小麦	55	2
淮南	冬小麦	75	2

计算麦田蒸腾量的公式(Ritchie 1985;Ritchie,Otter 1985;曹宏鑫 1997;王桂玲,高亮之 1998)为:

$$EVT_i = K_c \cdot \frac{\phi \cdot RN_i + \gamma \cdot EA_i}{\phi + \gamma} \tag{11}$$

$$EA_i = \frac{0.35 + 0.0034 \cdot WS}{ES - EE_i} \tag{12}$$

式中 EVT_i 为逐日麦田蒸腾量;RN_i 为逐日净辐射;ϕ 为水汽压随温度变化的斜率;γ 为湿度常数;ES 为一定温度下饱和水汽压;EE_i 为实际水汽压,是 RH 的函数;EA_i 为中间变量;WS 为风速;K_c 为小麦作物系数,取 $K_c=1.1$(曹宏鑫 1997;王桂玲,高亮之 1998)。

四、WCSODS 的优化模型

(一)小麦适宜播种期模型

小麦适时播种是获得高产稳产的关键技术之一。播种过早,春性小麦会遭受严重冻害,普通小麦亦因越冬前生长过旺而造成后期早衰;播种过迟,因麦苗冬前分蘖不足,导致穗数少、穗型小。所有这些都会造成减产。

越冬前适宜叶龄数是衡量小麦播种期是否适宜的重要指标。表4给出了不同类型的小麦越冬前适宜叶龄指标。

表4 小麦适宜播种期的越冬前叶龄指标

播种期	春性	半冬性/冬性
	叶龄	
最早	5~6	7~8
最佳	4~5	5~7
最迟	3~4	—

春性小麦最早播种期的确定,还应掌握"不在安全拔节期以前拔节"的原则(张立中等 1980)。安全拔节期可根据春季日平均气温稳定通过10℃的指标计算。有了以上原则,就可以应用发育期与叶龄模型来确定各地小麦的适宜播种期范围。

(二)小麦最佳叶面积动态模型

叶面积是小麦群体光合作用的基础。在适宜播期条件下,实现最佳叶面积动态是小麦获得高产稳产最重要的栽培原则。

小麦一生中的叶面积动态,以抽穗期与拔节期的叶面积最为重要。在 WCSODS 中,小麦抽穗期适宜叶面积的确定服从"群体基部光强应等于全日群体光合补偿光强"的原则(高亮之等 1992)。其生理生态意义是:如果叶面积过小,基部光强过大,就会造成光能浪费,因而不能实现高产;如果基部光强过弱,即低于补偿光强,呼吸消耗就会大于光合积累,最终导致减产。因此,只有在适宜叶面积条件下,基部净光合量等于基部暗呼吸量,小麦群体的总光合量才能达到最大。换言之,当小麦抽穗期叶面积最适时,以下关系成立:

$$DRP = DDR \tag{13}$$

式中 DRP 为全日真光合量,即全日总光合量减全日光呼吸量;DDR 为全日暗呼吸量。DRP 可按下式(高亮之等 1992)求算:

$$DRP = D_i \cdot b \cdot I_c \cdot B \tag{14}$$

式中 D_i 为第 i 日日长;b 为弱光条件下光与光合量的转换系数;I_c 为小麦瞬时补偿光强;B 为待定系数。全日暗呼吸量(DDR)的计算公式(Gao 1992)如下:

$$DDR = D_i \cdot b \cdot I_c + (24 - D_i) \cdot m \cdot b \cdot I_c \tag{15}$$

式中 $D_i \cdot b \cdot I_c$ 为白昼暗呼吸量;$(24-D_i) \cdot m \cdot b \cdot I_c$ 为夜间暗呼吸量;m 为昼夜温差造成的昼夜呼吸量比值;D_i, b, I_c 意义同前。因此,待定系数 B 可按下式计算:

$$B = \frac{(24 - D_i) \cdot m \cdot D_i}{D_i} \tag{16}$$

根据 Monsi 公式,可以得到以下抽穗期适宜叶面积(FHO)的公式:

$$FHO = -\frac{1}{KH} \cdot \ln \frac{B \cdot I_c}{I_o} \tag{17}$$

式中 KH 是抽穗期消光系数;I_o 为小麦抽穗期前后 20 天内的平均自然光强。

拔节期适宜叶面积模型,是根据作物高产研究获得的指标(高亮之等 1992),即"基部适宜光强约为自然光强的 10%"推导出来的。拔节期适宜叶面积可以保证小麦群体在拔节后 10～15 天封行,这也是小麦高产稳产的一个关键性指标。

(三) 小麦适宜茎蘖动态模型

实际生产中,农民或基层农业技术员对小麦群体的掌握,主要依据小麦茎蘖数的变化。对于特定的小麦品种来说,在肥水适宜的条件下,各生育期的单株(即单穗)叶面积是稳定的。因此,在 WCSODS 中将它作为品种参数来处理。换言之,小麦各生育期的适宜茎蘖数等于同期适宜叶面积除以单株叶面积;小麦每公顷适宜穗数等于抽穗期每公顷适宜叶面积除以同期单株叶面积;小麦一生的最高苗数等于拔节期适宜叶面积除以同期单株叶面积。关于小麦适宜的基本苗,采用凌启鸿(1991)的小麦基本苗公式。

根据小麦主茎出叶与分蘖的同伸规则,主茎各叶龄期的理论茎蘖数由表 5 给出。

表 5　小麦不同叶龄期的理论茎蘖数

项目	叶龄						
	1	2	3	4	5	6	7
理论茎蘖数	1	1	1	2	3	5	8

表 5 亦可表示为:$R(1)=1, R(2)=1, R(3)=1, R(4)=2, R(5)=3, R(6)=5, R(7)=8$。等式左侧括号内数字表示叶龄数;等式右侧为理论茎蘖数。

设某品种的总叶龄数为 TL,节间伸长数为 NN,主茎拔节时有效分蘖应有的叶片数为 TN,再考虑叶龄 n 与分蘖 $n+3$ 的同伸关系,则主茎可以生出有效分蘖的叶龄期(有效分蘖叶龄期)为:$EL = TL - NN - TN + 3$。

在有效分蘖叶龄期,理论上可有的单株茎蘖数(ES)为:

$$ES = R(EL) \cdot TIR \tag{18}$$

式中 TIR 为分蘖率。

小麦适宜基本苗的公式为：

$$TB_O = \frac{HN_O}{ES} \tag{19}$$

式中 TB_O 为适宜基本苗；HN_O 为每公顷适宜穗数。

(四)小麦最佳施肥量模型

据曹宏鑫(1997)、Gao 等(1992)，小麦 N、P、K 最佳施用量的计算公式为：

$$FF = \frac{FC - FS}{EC} \tag{20}$$

式中 FC 为小麦需肥量；FS 为土壤中可以提供的养分；EC 为养分利用率。据 Keulen、Penning de Vries (1982)研究，当小麦产量为(6000~7500 kg/hm²)时，小麦每 100 kg 产量的需肥量：N 为 2.89 kg；P_2O_5 为 1.0 kg；K_2O 为 2.8 kg。土壤养分根据用户输入的当地土壤有机质、全 N、速效 P、速效 K 计算。为达到经济施肥的目的，还要考虑当地肥料价格与小麦价格的关系。

五、WCSODS 的数据库与子系统

(一)数据库

WCSODS 有以下内含的数据库：①常年气候数据库，包含全国若干地点的常年气候数据，并可根据需要随时增加(WCSODS 可以根据用户输入的各地常年月平均气象资料，自动生成当地常年逐日气候数据，包括平均气温，最高、最低气温，日照时数，日长和雨量，还可以将逐日日照时数转换为逐日太阳辐射)；②当年气象数据库，包含各地历年逐日的气象数据，并可以随时增加；③土壤数据库，包括根据各地任一种土壤随时建立的土壤基本特性；④品种遗传参数数据库，包括各地代表性小麦品种的遗传参数与品种特性，且新品种的遗传参数可随时建立并加以调整；⑤小麦病虫数据库，包含小麦 10 多种主要病虫害及其防治方法等。

(二)子系统及其功能

1. 小麦常年栽培决策子系统

本子系统可针对不同地区、不同品种提出小麦在常年条件下实现高产、稳产的最佳群体指标与措施，并可快速地打印出"小麦良种良法计算机模式图"。

2. 小麦当年栽培决策子系统

本子系统可在不同地区的任何年份，根据当年的气象与苗情变化，提出最佳栽培对策。可预测小麦生长发育与产量，并可与遥感技术相结合，预测小麦的总产量。

3. 小麦生长发育与产量模拟子系统

本子系统可模拟任何地区、气候与土壤条件下，各种类型小麦的生长发育与产量。因此，它也可以应用于农业资源调查与农业区域规划等。

4. 全球气候变化对小麦生产的影响评价子系统

本子系统可以分析单一要素(如温度、辐射、CO_2 浓度、雨量)的变化对小麦生长发育与产量的影响，也可以进行多要素综合影响的评价。

5. 品种参数调试子系统

它可以针对任何小麦品种，对各遗传参数进行调整和确定。由于有了该子系统，WCSODS 就可以应用于不同的小麦品种。

六、WCSODS 的检验

（一）小麦钟模型

利用全国小麦生态试验资料对小麦钟模型进行检验，并与积温法和 CERES-Wheat 的模拟误差相比较。结果表明：在播种—出苗期，3 种方法，即小麦钟模型、积温法和 CERES-Wheat 的模拟误差并无明显差异；在出苗—抽穗期，小麦钟模型的模拟误差比积温法减少了 7.8~40.7 天，比 CERES-Wheat 减少了 4.2 天（冯利平等 1997）。

（二）小麦叶龄模型

表 6 说明，叶龄模型对冬性、半冬性和春性小麦的模拟性能良好，叶龄平均误差仅为 0.5。

表 6　小麦叶龄模型的验证

品种	品种类型	样本数	标准差	相关系数
济南 13	冬性	28	0.58	0.979**
麦优 4 号	半冬性	20	0.40	0.987**
扬麦 3 号	春性	20	0.51	0.981**

** $P<0.01$。

（三）小麦干物质生产模型

图 1 是扬麦 158 在南京、豫麦 18 在郑州的实测干重与模拟干重的相关分析。它表明 WCSODS 模拟小麦干物重的性能良好，相关系数为 0.90，达 0.01 显著水平，平均方差南京为 1374 kg/hm²，郑州为 949.5 kg/hm²。

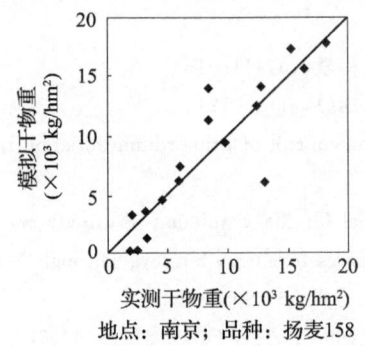
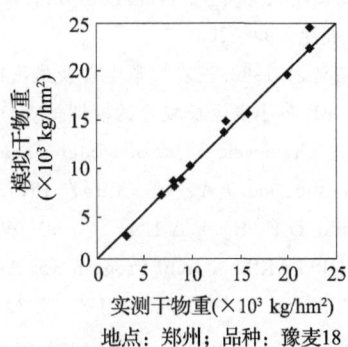

图 1　WCSODS 对小麦干物重的模拟值与实测值的比较

（四）小麦产量模型

由于 WCSODS 是为中国小麦生产设计的，因此，采用北京、天津、石家庄、济南、南京、杭州、长沙、福州、贵阳、南昌、广州、成都和武汉等地的小麦产量资料对 WCSODS 进行了检验。图 2 给出 1995~1997 年上述各地小麦平均单产与 WCSODS 单产模拟值的相关比较。

图 2 说明：中国各地小麦平均单产的模拟值与大面积单产的实测值相关系数为 0.738，达 0.01 显

著水平,平均方差为 504 kg/hm²。考虑到影响大面积小麦单产的因子很多,因此可以认为,模拟结果是比较理想的。

七、讨论

作物模拟技术怎样在大面积生产中发挥作用,是一个值得深入讨论的问题。作物模拟与专家系统相结合的方法,思路是好的,也可以采用。但是,要求这个方法在很大范围内应用,至少目前还没有成功的先例。WCSODS 采用作物模拟技术与小麦栽培的优化原理相结合,已使 WCSODS 在中国大范围应用取得了成功,该方法的优越性值得进行深入研究和探讨。目前,WCSODS 在处理小麦生理过程与土壤养分过程等方面似嫌粗糙,需要不断改进和完善。

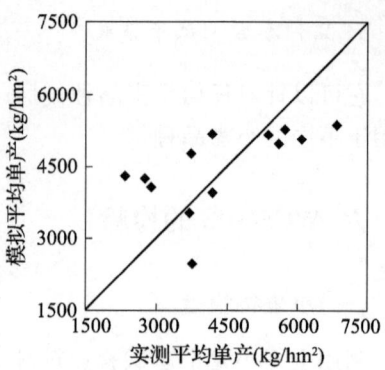

图 2 WCSODS 对中国各地小麦平均单产的模拟值与实际单产的比较

参加 WCSODS 的研制与推广工作的还有陈玉泉、曹宏鑫、王桂玲、曹燕东等,特致谢忱。

参 考 文 献

曹宏鑫.1997.小麦群体与水分及氮素动态的模拟优化决策研究[博士论文].南京:南京农业大学
曹卫星.1995.国外小麦生长模拟的研究进展.南京农业大学学报,**18**(1):10~14
曹卫星,江海东.1996.小麦温光反应及小麦发育进程的模拟.南京农业大学学报,**19**(1):9~16
冯利平,高亮之,金之庆等.1997.小麦发育期动态模拟模型的研究.作物学报,**23**(4):418~424
高亮之,金之庆,黄耀等.1992.水稻栽培计算机模拟优化决策系统(RCSODS).北京:中国农业科技出版社
凌启鸿.1991.稻麦研究新进展.南京:东南大学出版社
史定册,关文雅,毛留喜.1987.冬小麦产量动态模拟模式研究.科学通报,**1**:64~68
王桂玲,高亮之.1998.冬小麦田间土壤水分平衡动态模拟模型的研究.江苏农业学报,**14**(1):36~41
汪永钦,王信礼.1991.冬小麦生长和产量形成与气象条件关系及其动态模拟研究.气象学报,**49**(2):205~214
杨春虹.1990.农田小麦光合生产力模拟与分析.见:中国科学院北京农业生态系统试验站编.农田作物环境实验研究.北京:气象出版社,193~203
张立中,郭鹏,高亮之.1980.三麦气象生态及最优播期研究.江苏农业科学,(5):11~16
张宇,陶炳炎.1991.冬小麦生长发育的模拟模式.南京气象学院学报,**14**(1):113~121
Baber O K. 1983. The development of winter wheat in the field Ⅱ. The control of primordium initiation rate by temperature and photoperiod. *J Agri Sci Camb*, **101**:337
Baker D N, Smike D E, Black A L, *et al* 1981. Winter wheat: a model for the simulation of growth and yield in winter wheat. AGRISTARS, A Joint Program for Agriculture and Resources Inventory Surveys Through Aerospace Remote Sensing, Publ. No. YM-U2-04281, JSC-18229. Lyndon B Houston: Johnson Space Center
Day W. 1985. Modeling the timing of the early development of winter wheat. *Agri Forest Meteo*, **44**:67
Day W. 1985. Wheat Growth and Modeling. New York: Plenum Press
Gao L Z, Jin Z Q, Huang Y, *et al*. 1992. Rice Clock Model—A computer model to simulate rice development. *Agri Forest Meteo*, **60**:1—16
Godwin D C, Vlek P L G. 1985. Simulation of nitrogen dynamics in wheat cropping system. In: Day W, Stkin R K(eds). Wheat Growth and Modeling Ser A Vol 86. New York: Plenum Press, 311
Keulen H Van, Penning de Vries F W T. 1982. A summary model for crop growth. In: Penning de Vries, Van Laar(eds). Simulation of Plant Growth and Crop Production. Wageningen: PUDOC
Mass S J, Arkin G F. 1980. TAMW: A wheat growth and development simulation model. Program and Model Doc. Tem-

ple; Blackland Research Center

Oleary G J. 1985. A simulation model of the development, growth and yield of the wheat crop. *Agri Sys*, **17**:126

Porter J R. 1984. A model canopy development in winter wheat. *J Agri Sci*, **102**:303—392

Ritchie J T. 1985. A user oriented model of the soil water balance in wheat. In: Fry E, Atkin T K(eds). Wheat Growth and Modeling. Plenum Publishing Corporation. NATO-ASI Series, 293—305

Ritchie J T, Otter S. 1985. Description and performance of CERES-Wheat: A User-oriented wheat yield model. In: ARS wheat project. ARS-38. Natl Tech Info Serv, Springfield, VA. 159—175

Vanlen H, Seligman N G. 1989. Simulation of Water Use, Nitrogen Nutrition and Growth of Spring Wheat Crop. Wageningen: PUDOC. 20—29

Weir A H, Bragg P L, Porter J R, et al. 1984. A winter wheat crop simulation model without water or nutrient limitations. *J Agric Sci*, **102**:371—382

Wheat Cultivational Simulation-Optimization-Decision Making System (WCSODS)

[1] Gao Liangzhi [1] Jin Zhiqing [2] Zheng Guoqing [3] Feng Liping
[1] Zhang Lizhong [1] Shi Chunlin [1] Ge Daokuo

(*[1] Institute of Agricultural Modernization, Jiangsu Academy of Agricultural Sciences;*
[2] Institute of Information for Agricultural Science and Technology, Henan Academy of Agricultural Sciences;
[3] College of Resource and Environment Science, China Agricultural University)

Abstract: In this paper, developing processes of WCSODS was introduced, the technical line adopted and modeling structure of WCSODS were illustrated, various simulation models and optimization models in WCSODS were described. The functions of WCSODS include to make wheat cultivational decisions both in normal year and in a current year; to conduct wheat simulation experiment; to assess the impacts of climate change on wheat growth and development; to regulate and determine the genetic parameters for a given wheat variety. Validation of the WCSODS shows that there is a good agreement between WCSODS simulated and observed values. And now, the WCSODS has been extended in Jiangsu, Henan and Shandong provinces etc. in China.

Key words: Wheat cultivation; Simulation; Optimization and decision making system

农业模型学基础(专著)

(自序与目录)

高亮之著

(香港·天马图书有限公司,2004年)

自 序

自 20 世纪 60 年代荷兰的 C. T. De Wit 与美国的 W. G. Duncun 创建玉米光合作用的计算机模型以来,农业模型的研究至今已有 30 多年的历史。

30 多年,在科学发展的历程中,是非常短暂的时刻。但是在这 30 多年,农业模型研究的发展速度是惊人的。

它从一种作物的研究,发展到几乎所有主要作物的研究。

它从一种生理过程(光合作用)的研究发展到农作物几乎所有生长发育过程的研究。

它从作物模型研究发展到农业几乎所有领域的模型研究,包括:农业气候、土壤、水文,农业环境资源,农艺,园艺,农业虫害、病害、草害,畜牧业,水产业,林业,农产品加工、储藏、保鲜,市场,农业区划,农业政策,农业管理等。

它从很少数国家的研究,发展到几乎所有发达国家与重要发展中国家的研究。

农业模型研究发展如此之快,说明它确实是农业科学研究的一种非常好的先进的研究方法。

与农业研究的传统方法(经验方法与统计方法)相比,农业模型研究的主要优点是:

1)机理性:传统方法只知其然,而不能知其所以然;或者只知事物之间的定性关系,而不知其定量关系。农业模型研究要求揭示各种农业过程的内在机理与数量规律,包括农业动植物的生长发育机理及其与各种环境因素(气候、土壤、病虫害等)和经济因素之间的数量关系。在此基础上,选择或决定对策。

2)系统性:农业,上自一个国家的农业,下至一块农田的生产,都是由农业环境、农业生物、农业技术、农业经济四大要素综合而成的十分复杂的系统。对于这样复杂的系统,传统方法只能研究农业的一个局部,而无法研究农业系统的整体。模型方法可以将农业作为整体来进行研究。

3)开放性:对于一些规模很大的,或者时间很长的农业问题。例如全球气候变化对农业的影响这类问题,传统方法是很难入手的,模型方法是至今为止唯一可行的方法。

4)效益性:不论过去或未来,农业实验方法都是农业研究的基础方法。农业模型研究仍然需要以农业实验为基础。但是农业实验往往是很费时与很费钱的。如果需要在较大的地区范围内说明问题,就需要许多实验点,费用必然更高。有些农业问题(如环境资源或林业问题)需要许多年的实验,是决策部门无法等待的。农业模型方法与实验方法的结合,可以非常有效地缩短时间、减低费用。

5)先进性:农业模型研究本身就是一种涌现于信息时代的高新技术。它完全有可能与各种先进科学技术相结合,进一步推动农业科学走上当代科学技术发展的前沿,例如推动数字农业的发展,促进农业生物信息学与基因组学的发展。

6)普及性:由于农业模型是属于农业信息技术的领域,它的研究成果完全有可能利用当代各种信息技术与信息网络传播到全世界,传播到农业的最基层。

我本人是在 1982～1983 年在美国 Oregon 州立大学任客座教授时开始农业模型研究的。当时 IBM 公司的 PC 机刚诞生,美国大学的师生们也正开始学习使用电脑,国际上已经有一些作物模型问世。我阅览了大量文献,意识到作物与农业模型这种新的研究方法的突出优点,预见到它的宽广与深远的研究与应用前景。在 Oregon 州立大学,我与 D. Hannaway 博士合作,完成了苜蓿农业气候模拟模型(ALFAMOD),于 1984 年在国内发表,这是我国最早一篇关于农业模型的论文。

我回国后,20 世纪 80 年代,在中国自然科学基金会与农业部的重点支持下,与金之庆、黄耀等,用了 8 年时间,完成了水稻模拟优化决策系统(RCSODS)。这是我国第一个大型的、综合性的、可以直接应用于农业生产的作物模型,它采用的作物模拟与优化栽培原理相结合的技术路线在国际上是创新的。RCSODS 的论文在国际与国内发表后,得到科学界的广泛关注。

20 世纪 90 年代,我与金之庆、冯利平、郑国清、马新明、曹宏鑫等一起,又用了 8 年时间,完成了小麦模拟优化决策系统(WCSODS)。该系统有北方冬小麦、南方冬小麦与春小麦三种小麦的子系统,实际上覆盖了中国小麦的全部类型。

近 10 多年内,为了 RCSODS 与 WCSODS 的扩大推广,我们不间断地办了几十次全国或江苏省的培训班。目前这两个系统已经在全国许多省市得到推广应用,为我国的粮食生产发挥了积极作用。

在研制水稻与小麦模型的同时,我研读了国内外与农业模型有关的几百篇文献,特别是近 10 年来的最新文献,掌握了国际上农业模型研究的最新动向。

在这 10 多年来,我有幸结识了许多国际上著名的从事农业模型研究的科学家,有美国的 S. Loomis, J. Ritchie, D. A. Holt, J. W. Norman, D. Hannaway, G. Uehara, G. Hoogenboom, T. Carlson 等,荷兰的 C. T. de Wit, F. W. T. Penning de Vries, J. Goudrian 等,加拿大的 T. Hunt,日本的崛江武等。我与他们就农业模型问题进行了深入探讨。

本书的完成就是依靠以上三方面的知识来源:①众多的文献;②自己在建立 RCSODS/WCSODS 中的亲身体验;③与国内外科学家的探讨。

写作本书的目的是:帮助我国农业教学与科研人员更好地掌握农业模型研究的理论与方法,更好地推进我国农业模型研究,以促进我国农业现代化与数字农业的发展。

国际上已经有一些作物模型或农业模型的专著问世(见第一篇参考文献)。它们有的是介绍某个国家(如美国、荷兰或英国)的农业模型科研成就;有的限于某个领域(如作物模型或光合模型)。与这些著作相比,本书的特点是:

1)本书介绍世界各国的最新科研成就。本书所介绍的农业模型来自中国、美国、荷兰、澳大利亚、英国、法国、加拿大、新西兰、日本、菲律宾、印度等 10 多个国家。

2)本书涵盖了农业主要领域及其相关领域的模型研究成就,包括:气候,土壤,水文,微气象,主要农作物,作物栽培,作物育种,果树,蔬菜,花卉,农业病害,虫害,草害,草业,畜牧业,农业环境资源,林业,农业 3S 技术,全球气候变化等。其覆盖面之广,超过其他同类专著。

本书是我另一本著作《农业系统学基础》(江苏科技出版社 1992 年出版)的姐妹作。本书也以"基础"为名,其意义是:本书所介绍的只是"农业模型学"这门科学的基础,农业模型学的更丰富的内容还有待于今后几代人的探求。

本书共分两篇,共 21 章:

第一篇是总论,共 6 章,主要介绍农业模型学的学科基础、发展历史、基本原理、基本方法以及农业模型学与农业发展的关系。

第二篇是各论,共 15 章,分别介绍农业各个领域的模型研究的最新成果。

本书的章节系统如下:

章

 一

  1.

   1)

    A.

     (A)

枚举的内容用(1)、(2)、(3)、…或①、②、③、…表示。

本书内容采自大量的文献。不同文献中所用符号不一定相同,为尊重原文献,本书仍采用原来的符号。因此,同一符号在不同模型中可能会有不同的含义。

关于单位问题,本书基本上采用国际通用单位。但由于本书在中国发行,也采用一些中国所特有的单位,如"亩"等。

在运算符号方面,由于是用计算机写作,为方便与醒目起见,用 * 或 · 而不用 × 表示相乘。

关于参考文献,在第一篇末,列出该篇总的主要参考文献。第二篇的每一章末,都分别列出该章的主要参考文献。中文文献以第一作者姓名的笔划,外文文献以第一作者姓名的字母而排列次序。

本书中,外国科学家的名字以及国外的地名,一般都用英文。有不少专门科学名词,都有中、英文两种文字表达。

本书第二篇第八章中,玉米模型部分由郑国清写作,棉花模型部分由马新明写作;第十五章《农业模型与全球气候变化研究》经金之庆的修改与补充。其余各章全部由我本人写作完成。

本书的写作过程中,得到我的同事与学生金之庆、李秉柏、黄耀、徐培文、冯利平、马新明、曹宏鑫、郑国清、郑有飞、陈玉泉、石春林、葛道阔、刘洪、曹燕东、单素贞等的许多帮助,并经他们认真校对,在此一并致谢。

本书在写作与出版过程中,得到我的妻子张立中、女儿高晓莹一家、儿子高晓东一家的鼓励与支持,使我深感慰藉。

本书写作完成后,得到我在农业科学界的朋友卢良恕教授、汪懋华教授与美国 D. A. Holt 教授的审阅、指教与推荐。在此深表谢意。

本书写作过程中,得到国外一些著名科学家赠予他们自己的许多研究论文,为本书充实了重要内容,我在"Acknowledgements"中表示感谢。

目　录

序

第一篇　农业模型学总论

第一章　农业模型与农业模型学

一、模型与模型化

二、数学模型

三、农业模型

四、农业模型学

第二章　哲学——科学发展与农业模型

一、古代的智慧——数的哲学

二、近代哲学——科学的发展与数学——数学模型

三、当代科学发展与数学——数学模型

四、农业科学的发展与数学——数学模型

第三章　农业模型研究的发展过程

一、准备阶段

二、创始阶段:20世纪60年代

三、奠基阶段:20世纪70～80年代

四、发展阶段:20世纪90年代到当代

第四章 农业模型的基本原理

一、系统性原理

二、客观性原理

三、机理性原理

四、优化性原理

五、应用性原理(或目的性原理)

六、通用性原理

七、预测性原理

八、综合性原理

第五章 农业模型的基本方法

一、农业模型目的性的确定

二、农业模型技术路线的确定

三、农业模型的总体结构

四、农业模型的计算机语言选择

五、农业模型的数学模型

六、农业模型中的核心模块

七、农业模型的数据库

八、农业模型的输入与输出

九、农业模型与专家经验

十、农业模型的核实(Verification)

十一、农业模型的校准(Calibration)

十二、农业模型的检验(Validation)

第六章 农业模型与农业科学发展

一、农业模型是农业科学在方法论上的新突破

二、数字农业与农业模型

三、农业模型是农业信息技术的基础

四、农业模型与未来农业科学的发展

第二篇 农业模型学各论

第一章 农业时间模型

一、时间单元

二、日历转换模型

第二章 农业气候模型

一、日长模型

二、太阳辐射模型

三、大气与土壤温度模型

四、降水模型

第三章　农业微气象模型

一、作物群体结构特征模型

二、作物群体辐射平衡模型

三、作物群体的湍流交换与风速模型

四、作物群体的热量平衡模型

第四章　农业水文模型

一、农田水文平衡模型

二、蒸发模型

三、CERES 系统中的土壤水分平衡模型

四、水分因子与土壤干湿两种情况

第五章　农业土壤模型

一、土壤氮模型

二、土壤磷模型

三、土壤钾模型

第六章　作物模型通论

一、作物模型的基本原理与方法

二、作物模拟模型

三、作物优化模型

四、作物模拟模型与优化模型的结合

五、作物栽培决策模型

第七章　作物模型各论——水稻、小麦模型

一、水稻模型

　　1. 荷兰 ORYZA 水稻模型系列

　　2. 美国 CERES-Rice 模型

　　3. 日本崛江武(T. Horie)水稻模型

　　4. 中国黄策、王天铎水稻模型

　　5. 中国 RSM 水稻模型

　　6. 中国 RICAM 模型：水稻生长日历模拟模型

　　7. 中国 RCSODS 模型：水稻模拟优化决策系统

二、小麦模型

　　1. 加拿大 Robertson 小麦生物气象模型

　　2. 英国 ARCWHEAT 小麦模型

　　3. 澳大利亚 O'Lerry 小麦模型

　　4. 美国 CERES-Wheat 模型

　　5. 中国史定珊等小麦模型

　　6. 中国张宇等小麦模型

　　7. 中国曹卫星等小麦发育期模型

8. 中国 WCSODS 小麦模拟优化决策系统

第八章　作物模型各论——玉米、棉花、大豆模型

一、玉米模型（作者：郑国清）
  1. 荷兰的玉米模型 MACROS
  2. 美国的 CERES-Maize 模型
  3. 国外其他玉米模型
  4. 中国的玉米模型
  5. 玉米模型研究存在的问题及今后发展趋势

二、棉花模型（作者：马新明）
  1. 美国的 GOSSYM/COMAX 棉花管理系统
  2. 澳大利亚的棉花及其害虫模型（SIRATAC）
  3. 我国棉花生产管理系统

三、大豆发育期模型

第九章　园艺模型

一、果树模型（以猕猴桃为例）

二、花卉模型（以百合花为例）

三、蔬菜模型
  1. 香瓜（Muskmelon）模型
  2. 马铃薯模型
  3. 温室番茄模型
  4. 脱毒大蒜模型（GMSODS）

第十章　作物模型与作物育种

一、品种-环境相互关系的分析

二、作物模型与理想品种的优化设计

三、作物模型与品种适应性的分析

第十一章　农业植保模型

一、农业虫害模型
  1. 水稻二化螟（Chilo suppressalis Walker）统计模型
  2. 棉花棉铃虫（Helicover armigera Hubner）统计模型
  3. 虫害的幂指模型
  4. 水稻白背飞虱（Sogatela Furcifera）动态规划模型
  5. 非洲蝗虫（Oedaleus Senegalensis）模型
  6. 玉米棉铃虫（Sweet Corn Earworm, Lepidoptera：Noctuidae）模型

二、农业病害模型
  1. 水稻纹枯病（Rhizoctonia soloni kuhn）统计模型（RSPM）
  2. 葡萄灰霉病（Botrytis cinerea）的专家系统模型
  3. 水稻纹枯病（Rhizoctonia soloni kuhn）流行的模拟模型
  4. 大麦黄矮病（Barler Yellow Dwarf Virus，BYDV）最近邻居法（Nearest Neighbour Approach）的模拟

三、农田杂草模型

第十二章　草业与畜牧业模型

一、牧草模型

1. 苜蓿(Alfalfa, Medicago sativa L.)生长模拟模型 SIMED
2. 苜蓿(Alfalfa, Medicago sativa L.)农业气候模拟模型 ALFAMOD
3. 梯牧草(Timothy, Phleum pratense L.)生长与营养模型

二、多年生草牧场模型(MMPGP)

三、草地放牧与动物模型(GRAZPLAN)

第十三章 农业环境资源模型

一、紫外辐射模型

二、土壤有机质模型

三、水土流失模型

四、土壤盐渍化模型

五、地下水补充模型

六、根层水质模型:RZWQM

第十四章 农业模型与农业三S技术

一、农业模拟模型与GIS的结合:AEGIS系统

二、农业规划模型与RS、GIS的结合

三、自然综合资源清查模型:GIS、GPS与RDBMS的结合

第十五章 农业模型与全球气候变化研究

一、研究背景

二、研究方法

三、气候变化对世界农业的影响

四、气候变化对中国农业的影响

人生追念

上下而求索
——我的一生

高亮之

(写作此文,是希望对我的后辈与学生有一些人生的启迪)

一、福建长乐高家

长乐市位于福建东北部的沿海地区,汽车从福州出发一个多小时就可到达。长乐县城往南10多km,可以见到一个相当大的集镇,那里就是龙门村,现在属于长乐市航城镇。龙门村的景色是有山有水,绿树缭绕,田地富饶。

龙门是一个很大的家族——长乐高家的发源地。

20世纪90年代初,龙门村委会组织了《长乐龙门志》编纂委员会,对长乐高家的家史进行了认真的调查与整理。

从家史中知悉高家的历史源远流长,超出了后辈人的想象。

高氏的祖先要从炎帝神农氏说起。神农氏生于姜水,以姜为姓。传到52代,就是姜望(即姜太公)。姜望80岁时,被周文王封为太师,后来帮助周武王打败商纣王,建立了周朝。周武王将姜望封在齐(山东的中部)。又经过8代,有一个公子,叫姜高。姜高的儿子叫姜奚,他为齐桓公完成霸业立了大功,因此,齐桓公授他以父亲的名:"高"为姓。这样,就开始有了"高"这个姓。

此后的许多代,高氏都在齐国当大夫(朝廷的高级官员)。汉文帝、成帝、灵帝时高氏都有人在朝廷做官,但职位不是很高。

到东晋时,高悝做到参军与光禄大夫;他的儿子高嵩任侍中(相当于宰相);高嵩的儿子高耆任散骑常侍(相当于皇帝左右的大将军)。1998年,在南京仙鹤门发现了高悝、高嵩的墓。

唐代,高士廉在唐太宗讨伐高丽时,协助太子治国有功,由唐太宗封为申国公。高氏有一支叫高柴,住在卫(现在的河南卫辉),经过了许多代,传到高良器。良器在唐宪宗时,任福建长乐的县尉。他对风水相当精通,就选择在长乐城南的翁山之西龙门村建了家宅,这就是长乐龙门高家的开始。因此高良器就是长乐高家的第一世。

到南宋时,传到了20世,高伯狱移居到福州东街。我们这一支就是从东街衍生而来的。

这一支传到清代中叶,是35世的高国诚与36世的高体安。体安生了3个儿子:文骐、文骏、文驱。有人说,这也叫:福、禄、寿三房。高体安在福州东门外的上杭路(现为65号)建立了一个祠堂,叫"景祺堂"。

体安的后代,后来出了许多高级官员与知识分子,包括我们这一家。

文骐有4个儿子:高彬、高腾、高璧、高铣。

高彬是我祖父的祖父。

高彬生了2个儿子:绍曾与毓珍。高彬有4个孙子。他们在堂兄弟中统一排行(大排行)。我的祖父是高毓珍所生,排行第九。排行第四、六、十一的三子是高绍曾所生。

高绍曾的儿子是高凤歧、高而谦与高梦旦。

高凤歧(我们称他为四公公),当过梧州太守、御史钦差大臣。由于他对清朝的贡献,皇帝封他父亲(高绍曾)与祖父(高彬)为诰赠与累赠光禄大夫。但他没有子女。

高而谦(我们称他为六公公)是清末我国早期的留学生,法国巴黎大学毕业。清朝时当过外务部左宰,驻意大利公使,云南、四川布政使;民国时当过外交部次长,可以说是我国早期的外交家。

高梦旦(我们称他为十一公公)是近代我国一位著名的出版家与教育家。他与张元济一起,是上海商务印书馆的主要创办人,任过该馆的编译所所长、出版部部长等职。他担任过浙江大学总教习、日本留学生督学。他在商务印书馆期间,曾经以日本的教材为蓝本,编过我国第一套适应时代需要的小学教科书,后来在全国采用,这件事对我国教育的革新影响很大。

景祺堂的后代中,还有一个重要人物,是高鲁。他的父亲是高师廉。他自己是我们父亲这一辈的,与我们家来往比较多。他早年留学比利时,获工科博士学位。他在巴黎参加了同盟会,辛亥革命后担任过孙中山先生的秘书与疆理局局长。他是我国现代天文学与气象学的创始人。他创建了我国第一个现代化的天文台——中央观象台,并任台长。民国之初,由他倡导,在全国推行了公历制。1928年,任中央研究院天文研究所首任所长。他创建了我国天文学会,曾代表我国气象学界,出席在东京召开的东亚气象台台长联席会议。他在外交方面也很有贡献,曾任国际联盟大会的代表,代表中国在《中希通商条约》上签字。他为官清廉,1947年在福州逝世时,身后萧条。

景祺堂的后代(福房)中,有一位海军舰长,叫高宪申,他是我们这一辈的。他在与日本海军作战中,英勇抗敌,在敌人的炮火下严重受伤。

最后谈谈我们自己这一家。

我的祖父是高子勋。他在福建船政学堂求过学。在清朝时,担任过浙江新城、定海、象山、石门等地的知县与福建南路观察使。他追随过李鸿章,可能在1896年随李鸿章到莫斯科去参加过《中俄密约》的签订。

他在民国初期,还担任了一些职务,如高邮县亩厘局局长、上海税务局局长等。

他有4个儿子,是高翰、高冈、高麓、高泽;4个女儿:莲芳、桂馥、淡文、艾其;8个孙子:沛之、望之、亮之、翼之、齐之、全之(高麓之子),百之(高冈之子),德祖(高泽之子);5个孙女:慧明(高冈之女),鉴之、澄之(高麓之女),德邻、德明(高泽之女)。

祖父对儿子与孙子的教育十分重视,4个儿子都是大学毕业,3个到国外留学。

高翰清华大学毕业,去美国斯坦福大学攻读心理学,曾任武汉大学文学院院长,晚年在台湾任清华大学校友会会长。高冈清华大学毕业,留学德国专攻化学,曾任河北大学教授、纺织与化学工程师等。

我的父亲高麓(峙青)毕业于上海圣约翰大学,1927年获美国哥伦比亚大学经济学硕士学位,曾在实业部国际贸易局任职。1949年后,在香港经管企业,1955年病逝于台湾。

祖父是清末的官员。清朝在甲午战争后,又加康梁变法的影响,朝野都感到需要向西方学习。祖父又跟随了大洋务派李鸿章。在这样的大背景下,他积极地将儿子送到国外留学。

高而谦、高梦旦的子女也有许多到国外留学的,如君哲、君纯(而谦之女),君珊、君韦、君箴(梦旦之女)等,都是有成就的学者。君箴是现代文化名人郑振铎的妻子。

景祺堂这一支,有成就的后代较多。在龙门高家祠堂中,专门挂了风歧、而谦、子勋、梦旦4人以及高鲁的像。

二、我的童年(1929年5月~1940年9月,0~11岁)

我出生于1929年,旧历是己巳年。关于我出生的月、日,我在各种履历表上,都是写的5月20日。因为我们幼时,自己都是记的阴历生日。1949年前,我第一次写自传时,人在解放区,当时无法问到或查到我的阳历生日,因此,就填了5月20日,以后,就不便于更正了。我对自己的生日一直不重视,也就感到没有必要更正。严格按阳历算,应是6月29日。当然以后,我仍只能以5月20日作为自己的生日。

现在可以来分析一下1929年当时的历史背景。1925~1929年是国民革命军的北伐战争时期。1927年,蒋介石发动"4·12"政变,将共产党打入了地下,赶到了山区,以至于红军不得不长征。1929年张学良易帜,也就是将张作霖的五色旗改为国民党的青天白日旗,标志着国民党在统一中国上取得了暂时的成功。实际上,从1927年开始,国民党在全国大部分地区已经实现了统治。尽管日本人从1931年开始就侵占我国东北,但是在1937年全面抗战以前,国内政局还是有一个较为稳定的时期。

我的童年就是在这样一个较为稳定的时期度过的。

我的出生地与童年都是在上海闸北区开封路正修里51号。

祖父与他的第四个妻子竺氏——即我们的祖母所生的子辈、孙辈都住在一起。

正修里是一个不大的里弄,里面大约只有3~4户人家,但每家都是一座二层楼的洋楼。

祖父当了多年清朝与民国的官员,积累了一些家产。因此,当年我们家的家境比较好,有男、女佣人多人。

这里要说一下我童年时两个最亲的人:母亲与姑母。

母亲是吴锦(缦)华,她比父亲大两岁。她的父亲当年是一个中国丝绸出口业的外商经纪人,做得很成功,因此,也赚了不少钱。父母亲结婚时,吴家与高家住得很近。后来他们搬到上海亚尔培路(今陕西南路),有一座相当大的花园房子。我们幼时,常到外公家去玩。花园中的草坪、花卉、亭阁等至今仍有印象。

母亲同母有三姐妹:二姨月华、三姨蕴华。据三姨说,母亲小时非常聪明,能背诵许多首唐诗,手工女红都十分出色,因此,家中特别钟爱。我们弟兄以及我们的下代智力都不低,很可能与母亲的遗传有关。

从父亲与母亲的来往信件来看,父母亲之间的感情是很好的。母亲嫁到高家后,连续生了4个男孩。我们祖父特别地高兴,认为母亲为高家立了大功,因此对母亲非常器重。我童年期最悲伤的事就是母亲的早逝。在我7岁时,母亲因肺结核去世。当时对肺结核还没有特效药,而肺结核又能传染,因此,母亲患病时,就不准许我们去看望她。只记得母亲病危时,有一次我去看母亲,当时见母亲脸色雪白,很慈祥地、声音很轻地与我说了一些话,就让我出去了。当时,我意识到这可能是永别,因此感到非常悲伤。到中学时,我写了一篇很短的小说,将这一段回忆记了下来。

母亲的丧事非常隆重,我们4弟兄穿着丧衣,跪在母亲的灵堂旁。当时,大哥10岁,二哥9岁,我7岁,四弟5岁。全家人与亲友们都为母亲的早逝而痛哭,也为我们弟兄幼年丧母而悲痛。

母亲去世后(实际上在去世前),由姑母淡文承担了抚育我们弟兄的责任,一直到我们中学毕业。姑母当时20多岁,她到30多岁才结婚。10多年的时间,她除了料理家务、照料祖父外,主要精力就用在抚育我们弟兄上面。

我在少年时期,体弱多病。10多岁时得过一次副伤寒,卧床一个多月,都是由姑母全心地照料我。平时有一些较小的病(如牙病等),都是她带我去看医生。二哥得了肺病,也都靠她的照料。她对我们弟兄的恩情使我们终生难忘,我们弟兄一直将姑母当母亲看待。

姑母的为人非常善良,对任何人都很宽厚,热心帮助人。因此,她的人缘特别好。她在1998年3月以91岁高龄去世。去世当时,她儿子在香港,未能赶到,我代表我的表弟、表妹,也代表我们4弟兄,在她额前亲吻,以示送别。

1937年抗日战争爆发。因闸北区不安全,我家搬迁到霞飞路(现淮海中路)613弄(乐安坊)34号,一座三层楼的楼房。

祖母在1939年去世。祖母是很能干的妇女,她在世时,是我们家的当家人。她对我们幼年的生活,照料很多。

祖母是子宫癌去世。去世后,祖父在家中谈到"姨太"(指祖母),父亲生气了,说:"人死了,还要唤姨太!"这是我第一次听到父亲生祖父的气。其实祖父是唤惯了,也没有什么错。父亲是留学生,听不入耳。这个小冲突反映了两代人的矛盾。

祖母去世时是旧式丧礼,要做"七七",和尚念经,伴奏的音乐令人伤感。我童年时,最怕听这种声音。

童年时对我一生影响较大的是以下一些方面:

(一)喜爱学习

祖父对我们四弟兄的学习抓得很紧。那时候,他已经退休在家,就用很大的精力抓我们的学习。我现在回想,祖父一定对我们四弟兄抱着很大的希望,这从他给我们起的名字也能看出。

我们四弟兄的名字的含义如下(根据长乐高家的排行,我们是宪字辈的):

  沛之,名宪沄,沛是指沛公刘邦。
  望之,名宪汎,望是指姜太公,即姜望。
  亮之,名宪泷,亮是指诸葛亮。
  翼之,名宪滹,翼是指张飞,即张翼德。

祖父的书法相当好,他是学欧阳(欧阳询)体的。他将自己写的"九成宫"印出来,送到龙门家乡去,给家族中的年轻人学习。

每天晚上,他要我们四人坐在一张小方桌的四边,督促着我们练毛笔字。主要学颜(颜真卿)体、柳(柳公权)体、欧阳体等。祖父多次称赞我的颜体写得好,祖父的称赞对我以后的学习(包括其他文化学习)有很大的鼓励作用。

当然,祖父对我们在学校中的学习也抓得很紧。四弟兄中,以大哥沛之的智商最高,他在学校的成绩一直很好。有他这个榜样,我们也就不得不努力学习。实际上,我们四人的学习成绩都很好。家人与亲戚对我们学习好,经常地夸奖,当然也为我们高兴。这样的气氛又督促我们要好好学习。

除了学校的学习外,我们都很喜欢看其他书刊。祖父与父亲的藏书都很多,那个时代,儿童其他的游戏也不多,我们主要的爱好就是看书了。大约在小学时期,我就将《三国演义》《水浒传》《七侠五义》等都看过了。父亲订了许多当时上海流行的杂志,如《礼拜六》等鸳鸯蝴蝶派的,实际上对儿童并不合适。我们趁他不在家时,到他房里去翻来瞎看。祖父的《唐诗三百首》《古文观止》等,我也似懂非懂地看。

我童年时养成的对读书的爱好,一直没有改变过,直到今天。

(二)对劳动人民的同情

我并不是出生在劳动人民家中,但是我自童年开始,就一直生活在劳动人民之中,这主要是指家中的男女佣人,他们或者是农村的贫苦农民,或者是来自城市的贫民阶层。

当时在上海,家境较好的家庭,母亲很少自己喂奶,又加我们母亲体弱多病,因此,我们弟兄幼时都是奶妈喂奶。我现在不记得我奶妈是谁,但在我的头脑中,最早的朦胧回忆就是对自己奶妈的一种亲切感。

佣人中,印象最深的是冯妈。

冯妈的主要任务就是照料我们四弟兄。她当时已经有40多岁,我们的全部衣服都是她洗的,她要洗好,叠好,送到我们床头。小时候,还要她帮我们洗澡。冯妈对我们非常疼爱,照料我们非常细心与负责,并且脾气很好,从来不跟我们发火。我们内心深处都非常感激她。她与姑母是真正把我们带大的两位平凡而伟大的女性。她们都不是我们的生母,却始终将我们像自己的子女一样抚育成人。

我们父亲这一辈,对佣人大多能平等对待。特别是我们父亲,他从美国回来,每次佣人为他做事,他都要说:"谢谢!"这一点对我的印象极深。我从父亲那里,学到了对人的尊重。姑母对佣人们一直很宽厚,这些都加强了我对佣人们,也就是对劳动人民的同情与平等感。

后来,我看了不少进步文艺作品,深感应当自觉地为劳动人民服务。这种与劳动人民的感情,最早可能是在童年形成的。

(三)对动植物的喜爱

我在18岁前,一直生活在大城市,但我从小对动植物有特殊的爱好。这可能有两个原因。

一是好奇心。大城市中整天见到的马路、楼房、汽车等一些灰色的东西,一旦见到绿色的小草、美丽的小花、有趣的小虫,就觉得非常可爱。家中每年冬天,在福建的姑夫都要送来漳州的水仙花。我喜欢看着它的叶子慢慢伸出长大,特别是当它开出了白瓣黄心的小花,我感到它真是美极了。

另一方面,是受到父亲的影响。

这里简要地说一下父亲。父亲受到中、西两种文化的影响。他的中文根底很好,写的一手非常漂亮的蝇头小字。同时,英文非常好。他可以不假思索地在打字机上用英文写文章,速度之快,令人惊异。

父亲是一个很会生活的人。他最大的爱好是两个:一是京剧,一是动植物。

在他的住房中,摆满了热带鱼缸。各种色彩、各种形状的热带鱼在水草中间游来游去。观看他的热带鱼是我们童年很大的乐趣。

他还喜欢养昆虫。特别到秋天,他购买来的金铃子、金龟子等各种会叫的昆虫,齐声奏鸣,此起彼落,简直像是开音乐会。

他对动植物的爱好对我们弟兄都有影响,大哥、我与四弟三人后来学的专业都与生物有关。

我的童年也就是我的学前与小学期间。

我是5岁上的小学,共6年,即1934~1940年。小学三年级前在南洋女子中学附属小学,三姨当过我的老师;四年级以后在青年中学附小。这两个小学的质量都比较高。但小学学习的情况记忆很少了,只知道学习成绩很好,亲友们经常夸奖。

三、中学时期(1940~1946年,11~17岁)

中学时期,我是11~17岁,这是对人的一生非常重要的时期。

历史背景上,这几年是抗战最艰难的时期,一直到抗战胜利。太平洋战争在1941年12月7日爆发。上海英、法租界全部沦陷。日本坦克在上海街上开驶,日本士兵在上海街上巡逻。1945年抗战胜利,上海市民一片欢腾,却迎来了内战。

在这几年,家庭中发生了几个事件:

(1) 祖父的去世。祖父晚年,由高血压而得中风,长期卧床,非常痛苦。祖父在1944年去世。

(2) 父亲的再婚。1943年,父亲与继母邱信和结婚。他早年丧妻,他的再婚,我内心是赞成的。我后来与继母的关系一直较好。1943年暑假,我与二哥、四弟一起去过一次南京,在父亲、继母的家中住。我那时对南京就有一个较好的印象:马路很宽,树很多。我感到南京比上海好,因此,1949年,要我留在南京,我是很愿意的。

1944年,鉴之妹在南京出生,我们第一次有了一个小妹妹。1946年,澄之妹在上海出生。我们非常喜爱她们。我们四弟兄与两个幼妹有一张合影,她们俩坐在我们的膝盖上。后来,到1982年,我去美国时才与她们重逢。一别36年,我们都有了子女,但是手足之情还分外浓。

(3) 小姑母艾其回上海。小姑母1916年生。据说她出生时,祖父事业做得很顺利,因此,对她很宠爱,一直培养她到大学毕业。她是北京燕京大学家政系毕业,对营养学特别熟悉。烧一个菜,要加几克糖、几克盐,都能讲得很清楚。她与我们的年龄比较接近,因此,我们与她相处十分随便与亲切。一到礼拜天,就吵着要她请我们看电影。

看好莱坞的电影是我们中学时期的主要爱好。离乐安坊很近有一个巴黎电影院。我们几乎每个礼拜都要去看一场美国电影。20世纪40年代,正是好莱坞全盛时期,有些片子是相当好的,如《魂断蓝桥》等。

小姑母在抗战胜利后,与美国人Robert Mathes结婚,远去美国。她是我们这一家最早去美国定居的人。文革结束后,与她恢复了联系。1982年11月,我从Oregon(美国西海岸)到New Jersey(美国东海岸)去看望她,她非常高兴。我们共同回忆,往事历历在目。她有两个女儿,在美国生活得很幸福。

(4) 叔叔雨霖的结婚。叔叔雨霖是上海大同大学政治系毕业。他与婶婶杨定珍是同学,并且都是戏剧爱好者。他们结婚后,一直与我们一起生活,相处得很好。婶婶是一个性格开朗、头脑清楚、处事得当的女性。我自幼至今,对她一直十分尊重。在乐安坊时,他们生了第一个女儿:德邻(她是四月四日生,所以小名叫四四)。我们都很疼爱她。他们后来又有一子:德祖;一女:德明。

下面谈谈我的中学生活。

我的中学是上海沪江大学附属中学(简称"沪江附中")。从初一到高三,都在这个中学。我们四弟兄都在这个中学上学与毕业,并且成绩都比较突出。在我们上学的那些年,许多沪江附中的学生都知道高家这四个"之"。

沪江大学是美国基督教浸礼会(Baptist)辛亥革命前在上海创办的,是上海两个最著名的教会大学之一(另一是圣约翰大学)。大学原校址在上海杨树浦。

抗战时期,也就是我上中学的时期,为避免战乱,将校址迁到上海靠近外滩的圆明园路。大学与附中都挤在一幢高层的二层楼里,我的中学六年就在这个狭小的楼层中度过。

但是,这个狭小的空间却给予了我十分宽阔的知识世界与人生视野。

沪江附中的教育方法基本上是美国化的,它有以下一些特点,这些特点对我的一生都有影响。

(1) 除了中文等极少数课程外,极大多数课程都是用英语教材讲授,包括数学、物理、化学、历史、地理等,这对我掌握较多的英语词汇无疑是有好处的。

(2) 经常性的Quiz(小测验)。各门功课每周都有2~3次Quiz。这种方法使学生不得不认真听课,不得不经常复习。

(3) Normal Curve(正态分布)法。后来我知道,这是英美学校普遍采用的方法,也就是对全体学生的成绩掌握一种正态分布。沪江附中的学生成绩分1,2,3,4,5五等。1是最好,5是最差。得1与5的都是很少数($<5\%$);而得3的是大多数($>50\%$)。这是一种鼓励上进、激励拔尖的教育方法。

沪江附中的这种教育方法培养了我认真学习的习惯,这种习惯一直贯穿于我的一生。我从初一到高三,每门功课全都是1,平时Quiz也全是1,成绩是全班之冠。这样的成绩在学校中是很少的。

中学的优异成绩大约是三个原因:一是聪明;二是用功;三是兴趣。

(一)聪明

同班同学都说我聪明。1998年,在离别50年后,我们中学的同班同学在上海首次聚会,我遇到同学吴维聪。我的印象,他的学习成绩是很好的。他却说:"我当时学习一直想赶上你,就是赶不上。"我因为开始上学较早,5岁进小学,初一到高三是11~17岁,年龄是全班最小的。当时我的身材还没有长足,比较矮小,全班都将我看为小弟弟,但成绩却始终领先,因此,老师与同学对我的聪明的印象可能都比较深。

我自己感到在学习中,理解力与记忆力都比较强。在所有的功课中,我最感兴趣的是数学。我现在仍然认为:中学的数学教学对我一生的逻辑思维有极大的帮助。特别是几何学,它的一步一步的严格证明的方法对我有很大的吸引力。面对很难的几何题,我在脑海中,快速地推导出它的证明步骤,然后一步步写下来,就解题了。我对数学、物理、化学中各种定律、公式,都力求理解深刻。一旦弄懂了,一些习题就不难了。

我自己知道,我只能说是比较聪明,我的聪明程度不及大哥沛之。聪明是一种天赋,并不值得骄傲,它只加重一个人的人生责任。

(二)用功

大哥沛之在中学时各门功课也全是1,他也是全班第一。他与我的区别是:他似乎不需要多少努力,而我要相当用功。我要得到与他同样的好成绩,必须比他更用功。

当时沪江附中是半天(下午)上课。我除了看电影与看闲书外,没有什么其他爱好,天天清早与上午都是做作业或复习功课。

以英文为例。我的英文基础完全是在中学时打下的。

初中时,我们的英文都是外籍女老师教的。初一时是一位跛脚的美国女老师,她不讲一句中文,完全用一口纯正的美国英语与我们对话。当时我11岁,还真有些胆怯,但渐渐地就适应了。当然,回家后还要反复地多读课文,使自己的发音正确。

英文最难的是词汇。我经常利用清晨头脑最清醒时记词汇。我一直比较注意学习方法,我将词汇分类,如人称、颜色、月份、星期、形容词、动词等;又利用淘汰法,已经记住的就淘汰,留下的再记;难记的词是反复地记,最后也能记住。

在高中时,英文老师是邵鸿馨。他是一个英语水平相当高的学者,有他自己编的英语语法专著。他重点是教授我们英语语法,语法方面的习题非常多。我每次都是认真地做,特别注意掌握其语法规律。我后来体会到,掌握语法是英语写作的极重要的基础。

由于在中学时有较好的英语基础,1953年后,我从事农业科研工作,就能较容易地阅读英语文献。1980年,农业部举办全国性的英语培训班,招生前,要对报名者进行水平测试,我居然在所有报名者中,得分第一,连自己都没想到。1982年去美国,许多美国人都说我英语讲得好,问我在哪里学的,我说是中学学的。当时我已50多岁,离开中学已经30多年,所以他们都感到惊奇。

我对其他所有的功课都是认真地学习,至今我对自己在中学时的各种作业本的整洁与有条理,仍记忆犹新。

(三)兴趣

我自幼兴趣就比较广泛。在中学时,除了物理学,因为老师教得比较枯燥,兴趣不是很浓外,我对其他每门功课都有兴趣。

数学之外,我兴趣最大的是生物学。对动植物的爱好是我童年就有的兴趣。初中时,我在书摊上用自己的零用钱买到一本蝴蝶画册和一本花卉画册,都是彩色的,照片非常漂亮。对这两本画册,我是爱不释手,每当功课做累了,就将这两本画册拿出来翻翻,欣赏欣赏那色泽艳丽的蝴蝶与光彩夺目的花卉,疲劳就解除了不少。可以说,这两本画册将我带进了大自然。

高一时,一位很年轻的女老师——王梅卿教我们生物学。她口齿清楚,讲授有条理,态度又和蔼,她的讲课对我有极大的吸引力。我可以说是全神贯注地听她讲课,一字一句都听进去了。她第一堂课讲草履虫的结构,可能有的同学感到很乏味,我却感到趣味无穷。我后来考大学,学的农学,在很大程度上,是受她的影响。

在中学时,我们班上有一个爱好农学的小组,成员有:吴振千、陈逦用、陆廷琦、陈德全、丁宗鎏与我。他们在当时以及后来的长时间,都是我中学同学中最好的朋友。有一位同学聂宗禹的哥哥办了一个农场,我们用零用钱自己买了钉耙、锄头等,去那里开垦了一块地,种上卷心菜,每个礼拜天去浇水、施肥。菜终于长大了,当我们将自己种出的菜带回家时,真有说不尽的高兴。

吴振千后来任上海市园林局局长,陈逦用任中国科学院微生物研究所研究员,陆廷琦任浙江大学农学院教授。

我对语文也很感兴趣。沪江的高中,以学文言文为主。一些好文章,老师都要求学生能背诵。欧阳修的《醉翁亭记》:"日出而林霏开,云归而岩穴暝,晦明变化者,山间之朝暮也。"这样美好的文句,朗诵起来令人心旷神怡。中学的语文教学使我对中国的文学一直具有浓厚的兴趣。

在我一生中,学习一直是我最大的乐趣。这种乐趣,应当说是中学时养成的。

在中学时,功课以外的书,我看了很多。有些书是学校图书馆借的,有些书是旧书店或旧书摊买的,有些书是家中翻出来的。

我自己最喜欢、印象较深的有:丰子恺的漫画,俞平伯的诗集,鲁迅、巴金、茅盾、高尔基的小说,曹禺、李健吾的剧本,《红楼梦》、《镜花缘》等古典小说,李白、杜甫、陶渊明、苏东坡等的古典诗词。

在各种书籍中,对我一生影响最大的是一些科学家的传记,如达尔文、居里夫人、哥白尼、伽利略、牛顿、林奈等。好几本传记,我是站在学校图书馆的书架旁看完的。这些科学家一生孜孜不倦地奉献于科学,有的甚至献出了自己的生命。他们在科学上的成就为人类发现了自然界的真理,给人类带来巨大的精神财富。我站在那里,默默地下决心:自己这一生也要做他们那样的人。这个思想,支配了我的一生。

中学时期对我政治思想也有很大的影响。

抗战开始,我是在小学。日军的残暴、我军的英勇抗敌的事迹都听说过,在我这个孩童的心灵中留下很深的印象。太平洋战争爆发后,矮个子日本士兵拿着刺刀在上海耀武扬威,中国人经过时都要小心翼翼,头都不敢抬高,我心中就有莫大的气愤。

我们在中学,有五年都在"鸡笼"中度过,也完全是日本人的缘故。

1945年,抗战胜利,我们学生与上海市民一样,都是兴高采烈,全班同学都参加了胜利大游行。胜利给了我们无限的希望。

但是,国内的政治现实不断地冲击我们这些年轻学生的心。昆明闻一多、李公朴两位名教授的被杀害,重庆接收大员们在上海的所作所为,物价的飞涨,百姓生活水平的下降,美国士兵在上海街头搂着舞女的形象,这一切都使学生们越来越失望。

我到高三,仍然在圆明园路,但是沪江附中已经发生了重要变化。来了一位新的中学主任:林天铎博士。林先生思想开明,作风民主,态度和蔼。他担任我们班的班主任,对工作尽心尽责。他还为我们讲授"公民课"。他采用邹韬奋写的一本书(书名可能是《民主管理》)作为教材。邹韬奋是著名民主人士与爱国新闻工作者。他在他创办的生活书店中采用"民主集中"的管理方法,充分吸收职工意见,调动大家的积极性,同时进行集中的高效率的领导。这本书肯定不是国民党的法定教材,林先生采用这本书为教材,无疑是冒着风险的。林先生本人与他的公民课,在我的思想中孕育了"崇尚民主"的观点,对我后来走的道路有很大的影响。

同时,我看了不少进步的文艺书刊。鲁迅的短篇小说,如《阿Q正传》、《祝福》、《故乡》等给我很大的震撼。我在童年时有一种很朦胧的对劳动人民的同情感,但除了几个女佣外,我对劳动人民根本不了解。鲁迅笔下的阿Q、祥林嫂、闰土等让我至少通过文字了解了中国农村与农民,将我的视野从家庭扩大到广大农村,从兄弟、同学的小圈子扩大到广大农民。中国农民的贫穷、落后与愚昧从此常常系念在我脑际。在我心中,树起了一个人生目标:为中国的农民服务。当然,这种思想的形成,不止是受鲁迅的影响,丰子恺、巴金、茅盾、高尔基、托尔斯泰、杰克伦敦等的作品对我都有影响。

1946年,我去参加了陶行知的追悼会。陶行知是我国近代著名的人民教育家。他是美国著名哲学家杜威的学生。他回国后,一直致力于人民教育,特别是农民教育。他穿上草鞋,深入农村,将农民的孩子培养起来,再来教农村孩子,他称之为"小先生"方法。这样一个留洋回来的大知识分子,诚心诚意地为中国的农民服务,我心中感到他是我要学习的人。

高中快毕业时,毕业班要出一本记念刊,要求每个同学填个表,回答几个问题。我是这样填的:

我最喜欢看的:大自然的景致

我最喜欢听的:大自然的音乐

我最喜欢吃的:饭

我的希望:做农民的爱人

这些答案反映了我当时的思想。50多年过去了,回过头来看看,我的这些爱好与理想,并没有什么变化。

有了为中国农民服务的思想基础,我就比较容易接受当时的进步思潮。

在政治思想上,对我影响较大的同学是项淳一。他是我们班上最早与中共地下党接触的人。在他的带动下,班上10多位同学组织起读书会。在我家与丁宗鎏家开了几次会,共同阅读各种进步书刊,如:《大众哲学》、《文萃》、《世界知识》等。

1946年,内战的威胁加大。上海派出了马叙伦为首的人民代表团去南京请愿,要求停止内战,实现和平。班上项淳一与我等几个同学都到上海北站去送行,这是我第一次参加爱国民主运动。

项淳一后来一直担任彭真的秘书,20世纪80年代后,担任全国人大法制委员会副主任。

初中时,孕育了我"当科学家"的思想。

高中时,孕育了我"为中国农民服务"的思想。

二者结合起来,就确定了我报考大学时的志愿。

1946年暑假,我报考大学时,自己有两个决定:

(1)报考国立大学。因为当时家庭经济已经走下坡路,父亲带了继母与两个妹妹去了香港,家中主要依靠一些公司的股息与存款生活,我决定要不依靠家庭而自立。当时国立大学是有助学金的,学费与伙食费可免。

(2)报考农学院。我参加了两场考试:一是中央大学与浙江大学联合招考;一是复旦大学的考试;选择的专业都是农学。我与陆廷琦两人一起到南京参加中央大学与浙江大学的联考。住在一个小旅馆里,考场设在钟英中学。考试那两天,南京的气温达到38 ℃,我第一次体验到南京酷暑的可怕。当时考大学很难,一个考场40多人,只能考取1~2个,竞争十分激烈。这两场考试我都被录取了。那时,浙江大学在全国的名气已经很大,浙江大学的农学院也很有名,在三所大学中,我选中了浙江大学。1946年9月底,我与陆廷琦一同去了杭州浙江大学。

四、在浙江大学(1946~1948年,17~19岁)

浙江大学(简称"浙大")的前身是求是学院,在1897年戊戌维新前一年成立。它以讲求"实学"(即"西学")为宗旨,是清末极少数最早实行近代教育的高等学府之一。后改称为浙江大学堂与浙江高等学堂,民国后曾改名为第三中山大学,1927年正式改名为浙江大学。

浙大素有民主传统。1931年"9·18"事件后,浙大学生首先去南京,要求国民党政府抗日。1935年"一二·九"运动爆发,校长郭任远对学生进行镇压,学生发动了驱郭斗争,蒋介石亲自到校训话。1936年任命著名科学家竺可桢为校长。

竺可桢学识渊博,作风民主,在师生中有很高的威信。他接任校长后第二年,抗战开始。他带领全校师生,西迁浙江建德,江西吉安、泰和,广西宜山,最后迁到贵州遵义与湄潭。他使浙大在颠沛流离中得到发展。由于他的威望与对人才的重视,浙大聘请到许多国内外有名的教授,如数学家苏步青、陈建功,生物学家贝时璋、谈家桢,物理学家王淦昌、束星北,农学家蔡邦华、吴耕民,气象学家涂长望、么枕生等,真可以说是群英荟萃。抗战时,英国的李约瑟博士参观了浙大,对浙大的学术风气与成就十分敬佩,赞誉其为"东方的剑桥"。

抗战胜利后,浙大自贵州迁回杭州。1946年秋季,实际上是浙大迁回杭州后第一年开学,所以一切还带有战争的痕迹。

当时我与廷琦两人带了简单的行李坐火车到了杭州。杭州并不像我们想象的那么美丽安静。相反,杭州车站很杂乱,街道很狭小,店房也多半破旧。我们雇了两辆人力车到了大学路浙大校本部。

浙大虽然房屋简朴,校园却相当宽大,与沪江附中的"鸡笼"简直不能相比。

我们报过名后,就去宿舍。大出我们意料之外,宿舍居然是一个高大的图书馆。进门一看,啊!密密麻麻地挤着几百张双层床。床与床之间走道十分狭小,几乎要侧着身走路。

我们在一个墙角总算找到了指定的床位。廷琦照顾我,他睡上,我睡下。吃饭时间到了,我们一人拿一个大刷口缸去了食堂。大家都站着吃,米带黄色,一口霉味,夹着许多沙子。一桌一盆菜,青菜、冬瓜之类的,两分钟就抢光了。

在浙大,吃的、住的都是公费,我们没有什么好说的。

这种生活,可能也使我养成一生的习惯:在生活上从不讲究,吃饱、穿暖就行。

1946~1948年,是中国国内形势急剧变化的时期。由于国民党发动内战,又加官僚、政客的贪污、搜刮,财政严重亏空,不得不发行金元券,改革币制。然而币值却天天下跌,以至于到了教授不能养家、学生不能果腹的程度,可以说是民不聊生。同时,部分美军以占领者自居,在大街上胡作非为,引起中国人的不满。

青年学生对时局一直最敏感。这两年,学生运动风起云涌。追求一个民主的、独立的、富强的新中国,是许多进步青年的共同理想。当然,这种思想与行动在当时都是非法的,是有被捕与杀头危险的。

我由于在中学时,接受了进步思潮,到了浙大,就义不容辞地参加了学运。

但是,中学时期又培养了我热爱科学、热爱学习的思想。我进浙大是想认真、系统地掌握农业科学,以便为国家、为农民服务的。

这两种思想,本质上不矛盾,但在时间安排上,却有很大矛盾。参加学运,要占时间,就不能安心学习;要安心学习,就不能参加学运。

这样一种矛盾,后来发展为科研工作与政治工作的矛盾。到我60岁,从院长的职务退下来以前,这一对矛盾都没有离开我,常常使我感到苦恼。

浙大那两年,正是决定国家命运的黑暗与光明的生死搏斗时期。我不得不以较多的时间参加学运,因此也不得不牺牲一些学业。当然,只要有空,我就立刻钻进图书馆去学习。

我在大学一年级时,选了几门农学院的必修课:植物学、动物学、有机化学、英语、德语(第二外语)、政治等。植物学是王凯基讲课,动物学是江希明讲课,他们都是有名的教授。植物学用的是一本英语课本,是黄色的草纸印刷的,还是抗战时期用的,时间看长了,眼睛发痛,但是,我还是看得很认真。

1946年12月,北京发生了美军士兵强奸女大学生的事件,激起全国学生的愤慨,掀起了全国性的抗暴运动。

进步学生自发地组织了宣传队,我与廷琦都参加了。抗暴运动结束后,这个宣传队成立了一个社团:"拓荒社"。"拓荒社"在浙大以后的学运中,一直是一个骨干性组织。

1947年,内战的烽火在全国燃起,国民党统治区的经济形势进一步恶化。时常有各地农民闹饥荒的报道,学生的生活更加困苦,更多的学生无法维持最低生计。5月,南京学生发起了"反内战,反饥饿"运动。在5月20日学生游行时,遭到国民党的残酷镇压。消息传出后,各地学生奋起抗议,掀起了全国性的"五月运动"。

浙大学生自治会立即组织了4个宣传队，上街参加宣传活动。总共有100多人。我与廷琦都参加了第四队。抗暴运动结束后，各宣传队都成立一个社团，第四队成立了"驼铃社"。

浙大在"五月运动"的前夕，进行了学生自治会的改选。在地下党与进步社团的推动下，农学院学生于子三被推举为自治会主席。

于子三，山东牟平县人。我一进浙大就与他相识。我们都住在图书馆大宿舍。他出身于贫困的农民家庭，为人诚恳，热情，一心学习农学，希望今后为建设中国的农业服务，这与我的志向相同，因此我们很谈得来。他思想倾向进步，关心学运，常常向我了解上海学运的情况。他品学兼优，农学院的教授们很喜欢他，他在同学中的威信也高。他担任自治会主席，得到全校极大多数同学的拥护。

5月24日，在他与学生自治会的组织下，浙大与杭州其他学校学生举行了声势浩大的游行示威。运动怎样继续下去？子三主持了全校学生大会。大会上争论十分激烈，有三青团分子坚决反对罢课的，有部分学生主张无限期罢课的，多数同学主张有限期的罢课。进步学生内部思想也不一致。全国学联号召在6月初举行全国性示威游行，国民党准备全面镇压。在这种形势下，浙大学生怎样行动？又引起了激烈的意见分歧。

这时候，我体会到学运十分需要有坚强的、正确的领导。

中学时，项淳一曾经与我谈起过参加中共地下党的问题，当时我没有同意。我的主要志向是献身科学，并不想投身革命。

但是，在浙大学运中，我体会到国统区的民主运动十分需要党的统一领导。我从浙大学运的意见分歧中，觉察到浙大共产党的力量还很弱。我想，既然自己有项淳一这个党的关系，应当通过他，让地下党与浙大进步力量取得联系。

1947年6月，我给项淳一写了一封信，表示愿意考虑他向我提过的问题。很快收到他的回信，要我去上海一次。我在7月去上海，在淳一家中，在地下党派来的同志的指导下，宣誓入党。

1947年我18岁，是入党的最低年限。我的入党，与其说是出于很高的政治觉悟，不如说是出于一种责任感，我的献身科学的志向并没有改变。

在上海，组织向我交代了回杭州后的联系暗号。不久，在校外一个约定的地方，刘茂森来与我接上关系。第二次，许良英在郊外一条农村小路上与我见面，他详细地向我介绍了当时的形势与浙大的学运情况。后来知道，刘与许都是浙大地下党的主要负责人。当时党的负责人是不与一般党员接触的，由此看来，浙大地下党当时的力量确实很弱，人数极少。

1947年暑期，我与廷琦都搬到华家池。华家池是浙大农学院所在地。当时，一年级新生也住在华家池。许良英要求我在农学院负责党的工作，我先后发展了楼宇光、赵雄英、谭仕刚、张申入党。他们后来都是农学院学运的骨干。

我在浙大农学院，选的是植物病虫害系。我选学植物病虫害，与我在童年时期对昆虫的兴趣有关。此外，我也知道病虫灾害是农业的一大祸患，能治理病虫害是为农民服务的切实工作。

病虫害系的教授阵容是相当强的。系主任陈鸿逵先生是国内著名的植物病理学家，教授有：蔡邦华（农学院院长）、柳支英、祝汝佐，都是国内著名的昆虫学家。我那一级，病虫害系只有我一个学生。我在1947年暑期，就帮助祝汝佐教授做一些桑树害虫寄生蜂方面的实验工作。天天将桑叶上的桑尺蠖的卵块采回来，将被寄生与未被寄生的卵分开，然后数其寄生率。这样的工作相当枯燥，我却很乐意去做。它使我懂得科研工作的特点：工作过程往往很单调，但却能发现一些重要的自然秘密。

大学二年级，我选读了几门专业必修课："农业概论"、"普通昆虫学"、"植物生理学"、"无机化学"、"外语"等。

抗战胜利后，浙大农学院盖了三座很朴实的二层新楼：神农馆、嫘祖馆、后稷馆。病虫害系在神农馆二楼。系里的小图书馆有不少昆虫学与植物病理学方面的西文原版图书。我一有空，就喜欢进去翻翻。那些精美的彩色照片对我有很大的吸引力，似乎将我带进了学术的宫殿。

但是，严酷的时局不允许我静下心来专心学习。

当时,地下党由吴大信与我联系。地下党决定建立一个党的秘密外围组织:"青年朋友社"(简称"YF")。在组织的授意下,我与子三进行了一次长谈后,发展他参加"YF"。后来,华家池的"YF"由于子三、陈尔玉与我三人负责。我们三人找隐蔽的场所多次商议,决定发展对象。我发展了陆廷琦、郦伯瑾、王茉娟等人。YF在浙大后来的学运中,发挥了很大作用,同时也为建国后各方面的建设培养了大批人才。

1947年10月,一件不幸的震惊全校的事件就在我身边发生了:于子三被捕。

子三担任学生自治会主席后,积极领导学运。国民党特务机构早将他视为眼中钉。他们对地下党的真正组织一无所知,只能对这些公开的学运领袖下手。

子三是在新潮社的聚会时被捕的。新潮社是进步学生在湄潭成立的一个社团,有校外与校内两部分。他们以社员汪敬羞结婚的名义在杭州聚会。晚上,子三与另三位同学郦伯瑾、陈建新、黄世民,因时间太迟,住在旅馆,就在当夜被捕。

子三等4人被捕后,学生会积极与校方配合,组织营救。突然,在10月30日清晨,天色朦胧时,华家池上空响起阵阵钟声。消息传来,于子三在浙江保安司令部被害身亡。

在华家池,子三在教授们的心目中,是品学兼优的好学生;在同学们的心目中,是令人敬重的好兄长。子三的被害,在华家池平静的水面上,激起了汹涌的巨浪。华家池沉浸在一片悲愤之中。

子三是在1947年10月29日下午被害。竺校长当夜就去了监狱。司令部的人说,于子三用玻璃片自杀,要求竺校长签字。竺校长立即驳斥:"监狱中,不应有玻璃片!"他凛然拒绝在伪证上签字。

华家池的师生都知道子三是一个性格坚毅、有崇高理想的人,没有人相信他是自杀的。1986年查到法医的验尸报告,说:坐骨上有紫红色暗块,疑是电刑所致。一个当年的特务组长也说是电刑致死的。

子三的死擦亮了华家池师生的眼睛。农学院的老师与同学绝大多数在政治上倾向中立,对学运是同情的,但不愿积极参加。子三的死使相当多的师生自觉地支持学运。华家池新盖了4座学生宿舍:华1、华2、华3和华4。我与廷琦住在华3斋,同室有:陆秋农、华毅、孙显、周祖仁等。他们平时对功课抓得很紧,对政治不感兴趣。子三的死却使他们都很愤慨,用不同方式(出墙报、参加游行等)表达他们的抗议。

1947年10月30日下午,1000多名学生不顾政府的禁令,举着"冤沉何处"的横幅上街游行,去保安司令部瞻仰子三的遗容。农学院不少中间立场的师生都参加了。我那天在游行队伍中,担任纠察,保卫队伍的安全。

子三的死,掀起了全国性的学运高潮,北京、南京、上海、武汉、广州等各大城市全都举行了示威游行。"于子三运动"成为解放战争时期继抗暴运动、反内战运动后,第三次全国性的影响巨大的学生运动,被载入了史册。

1947年的下半年,我担任农学院地下党的小组长,通过党员与YF成员,推动农学院与华家池的进步运动。

当时,进步社团的活动很活跃。我在拓荒社的一位朋友田万钟来华家池帮助建立了"喜鹊歌咏队"。最多时有40～50人参加,学唱进步歌曲。"山那边好地方"、"茶馆小调"、"你是灯塔"等都是大家喜爱的歌曲。

华家池又建立了华家"读书社",有30多人参加。学习了《大众哲学》、《方生未死之间》、《社会发展史》等进步书籍。

歌咏队与读书社的活动教育了大批青年。一年级的女同学:王凤阁、冯世深、郭珠英、王茉娟、林莲欣、王志洁等后来都参加了YF或入了党,有的在1948年去了解放区,在建国后各条战线上都作出了贡献。

于子三事件后,浙大进行第一届学生自治会的普选。这时地下党的领导已经比较健全,进步社团提出的候选人基本上都被选上。自治会主席由我的好友李浩生担任。

与此同时,农学院也改选了自治会。农学院的政治情况比较复杂:党员与YF成员的人数还是极少数；进步社团力量较弱；有三青团分子、复员青年军为主的组织，也有极少数军统、中统的特务学生，中间力量居多数。

作为党小组长，要独立面对这样复杂的情况开展工作，对我来说确是一种锻炼。在农学院自治会的选举中，我当选为五人理事会的理事之一。我当时年纪很轻，看上去很书生气，但进步倾向已经比较明显，几个军统、中统的特务学生见到我，常常是侧目怒视。

1948年开始，全校学生自治会进行第二届普选。在地下党统一安排与活动下，我被选为副常务理事。常务理事是杨振宇。他与另一副常务理事李德容都是我在拓荒社的好友，由我介绍入党。自治会有一党小组，组长是李景先。他是拓荒社创始人之一，是地下党支委委员。

1948年，国民党政府在战场上失利，因此加强了对统治区内学运的镇压。但，浙大的民主运动继续高涨。

1月4日，学生会与校方多次交涉后，准备为于子三举行出殡安葬的游行。国民党军警、特务、便衣1000多人包围了浙大校园。浙江保安副司令竺鸣涛亲临指挥。10时多，流氓打手冲进校门，他们拿了铁条、尖刀、木棍，对手无寸铁的学生大打出手。暴行使29人受伤，其中3人受重伤。我的几个朋友，如刘季会（女）、陈雅琴（女）、王志洁（女）等都受了伤。这场暴行我亲眼目睹，它让更多同学彻底放弃了对国民党当局的幻想。

3月14日，在竺校长的建议下，校方派汽车载学生将子三的灵柩安葬在杭州城南凤凰山。"于子三烈士墓"至今仍是青年学子们清明节扫墓与凭吊之地。

1948年上半年，学生自治会很重要的一项活动就是组织了沪、杭学生春假大联欢。杭州原来就是青年们春游的地方，这次，在地下党的统一安排下，利用春假发动上海大批师生到杭州春游。这项活动上海大约有5000多人参加。浙大学生会做了认真、周密的准备与接待工作。我的任务主要是对外联络。我只身一人去了钱塘江边的之江大学以及一些中学，通过一些进步同学的关系，发动更多同学参加大联欢。

这次春假大联欢非常成功。上海同学分三批来杭，都登上了凤凰山，凭吊了子三墓。4月1日晚上，大约有7000多名学生在浙大体育场聚会，演出了"白毛女"、"张开希竞选"等精彩节目。歌声，欢笑声，口号声，拉拉队声，此起彼落，整个广场像一个青春的海洋，充满了友谊与团结的气氛。

1948年春季（大约是5月），发生了一件墙报事件。一位一年级的进步学生写了一张墙报，批评了校内的青年军。青年军学生十分不满，向校方施加压力，要求学生会公布作者名字，并扬言要殴打作者。校方又向学生会施压。经地下党支部研究，由杨振宇与我两人代表学生会去见竺校长，请竺校长保护作者。竺校长将作者接到自己家中住，加以保护。这件事让我深深体会到竺校长对青年学生的慈父般的关怀。

竺可桢校长是国内外著名的气象学家，在全国享有很高威信。我后来从事农业气象研究，这个专业与竺校长的气象专业直接有关。我能成为他的学生，一直感到很荣幸。

上面这样一件完全由地下党组织安排的事，没有想到后来在文革期间，竟然成为审查我的重点，真让人哭笑不得。

1947年暑期后，大哥沛之来浙大生物系读研究生。我当然非常高兴。大哥聪明过人，对科学有很高的悟性，很快得到生物系教授们的赏识。他对学运是同情的，但并不积极参加。我有空时就到他宿舍去坐坐，与他谈谈生物学与学运的情况。

1948年，可以说是国民党政府由胜转败的关键性的一年。东北辽沈战争败局已定，刘邓大军直插国民党的心脏地区——大别山。国民党政府为了挽救其覆灭的命运，在其统治区内的白色恐怖越演越烈。上海、南京、武汉等地不时传来逮捕进步学生的消息。地下党也传达了"将有大逮捕"的信息。

1948年，美国积极扶植日本军国主义势力，引起中国人的警惕。6月份，地下党酝酿了一场大规模的"抗美扶日"运动，决定组织一次全国性的学生罢课。我当时对这场斗争并不很赞成，因为与学生的切身关系并不密切，很难争取中间力量的支持。

风声传来,国民党准备在罢课时进行大逮捕。

如果真的大逮捕,我被捕的可能性很大。我那时事实上已经相当暴露:(1)特务们不可能知道地下党的真实情况,他们只能盯住像我这样的学生会的负责人;(2)我与于子三的交往很密切;(3)华家池的几个军统、中统特务已经相当注意我的行动。

我考虑再三,在罢课前,去找了大哥。由他陪同,去上海家中躲避了一阵。

我在未让组织知悉的情况下,离开学校。这件事,在我去解放区后,组织上由叶玉琪带一口信,给了我"严肃的批评"。我完全接受这个批评。确实,我在当时没有那么高的政治觉悟:愿意为了革命而牺牲自己的一切,我的主要志向仍然是献身科学。

没过多久,我回校继续工作。那时农学院地下党负责人朱元明工作调动,决定由我接替他的工作,负责农学院的地下党。

1948年7~8月,根据党的要求,我带领几个进步同学,在华家池农村开展农民夜校的工作。我们在农民家中,点着油灯,向农民讲授文化,讲授农业科学知识,当然也讲授革命道理。这是我第一次真正地接触农民,为农民服务。当时就体会到农民的生活非常艰苦,与农民在一起感到十分亲切。

1948年8月,一群特务在夜晚进入浙大,逮捕了吴大信。大信当时是地下党支书,是我的党内直接联系人。他在党内联系的人较多,在这种情况下,地下党决定将有可能被捕的人,立即向解放区撤退。

我的大学生涯不得不终止了。

五、西去大别山(1948年8月~1949年5月,19~20岁)

决定让我撤退后,我就回到上海家中等待。那时我们住在林森中路(今淮海中路)重庆路口的康绥公寓。这个地址,除家里外,没有人知道,因此是很安全的。

浙大学生会主席,我的好友李浩生由于领导学运,是国民党当局的公开通缉对象,组织上决定他与我一起撤退。他在我们家住了半个多月。

撤退的路线是从上海到南京,再到芜湖,过江到裕溪口,再步行到达大别山解放区。

1948年8月,一个炎热的晴日,清早,交通员叶玉琪(我在拓荒社的朋友)带着浩生与我,一起在上海北站乘火车。四弟翼之同去送行。

这次出走,家中只告诉了四弟一人。他的思想与我接近,对我的行动完全理解。我要他告诉家里人,我去北京上学了。那时估计2~3年可以回来,后来是不到一年就回来了。

从上海乘火车到南京,因为车上人多,不感到多危险。中午,到了南京。

下午要乘船去芜湖。芜湖是去大别山的必经之地。船上人又较少,不得不有所化妆。那天天气奇热,我穿了衬衫、短裤,外面加一件府绸长衫,手上拿一面扇子,想装一个商人。其实,我这个年纪那么轻的白面书生,很难装成商人。

船上我与浩生小心谨慎,少说话,少行动。总算顺利到达芜湖。当夜在芜湖找一旅馆睡一晚。在旅馆中,也是提心吊胆(于子三就是在旅馆被捕的)。第二天乘一小火轮,过江到裕溪口。裕溪口还是国民党的统治区。在裕溪口,乘一小木船向北行驶,到了黄洛河这个小地方下岸,有人来接我们,然后就沿着乡村小路步行。

大约走了一个多小时,见到有穿黑色衣服、拿了步枪的民兵。

见到解放区民兵的那一霎间,我与浩生都异常兴奋。那时真有一种"解放了"的感觉,因为我们已经到了另一个天地,一个没有迫害、没有白色恐怖的天地。

一切都变了。阳光变得格外明媚,空气变得格外清新。

一位民兵带着我们继续步行。终于到了一间很简陋的农村民房。那里就是皖西军区四分区机关的所在地。皖西军区是大别山解放区在安徽部分的称号。四分区位于它的东南部,即无为、巢县一带。

我被分配在四分区司令部机要处工作,任见习机要员。具体工作是翻译司令部与上级通讯的密电码。同时分配在司令部工作的还有陆习之、甘平等。陆与我年龄相近,我们接近更多些,谈得也很多。

那时正是淮海战役期间,几乎每天都要收到军区来的电报,还经常有刘(伯承)邓(小平)来的电报,四分区也是每天要向军区汇报情况。处长记得是姓张,河南人,瘦瘦高高的。他给我一本密电码本,要我一定要保管好。翻译密电码对我来说,是不难的事。但,这毕竟是我走上社会后的第一项工作,我是非常小心而认真,不敢有一点差错。

建国以后许多年,我才认识到战争时期的机要工作极为重要,可以说是党的核心机密工作,必须由最可靠的人担任。而我当时入党时间很短,出身又并不好,让我担任这项工作,是对我极大的信任。我由此体会到当时党的知识分子政策的英明。

建国以来,党的政策越来越"左",对党员还要看家庭出身。1957年反右,将大批优秀知识分子打成右派。文革期间,不论党内外,知识分子都成了"臭老九",有成就的就被打成"反动学术权威"。

两个时期党的知识分子政策,形成鲜明的对照。我的体会是:任何时候,只要在党内与党外怀疑并排斥知识分子,整个事业必然要倒退以至失败。

12月,军区领导决定将白区撤退来的学生全部集中到晓天镇学习。100多位青年人集中后,由一个武装的中队护送向西行进。每天黑夜行军,不走大路,只走小路。中间有几处敌占区。第三天深夜,要穿过舒城到桐城的公路。漆黑的夜空中,国民党哨兵岗楼的灯火闪闪发光。我们屏住了呼吸,无声无息地一个接着一个穿越过公路。

晓天镇位于安徽岳西县。那是真正的大别山的山区,山高林茂,走半天才见到一户人家。那里的农民生活非常艰苦。住的房子,四周是残缺的土墙,房顶是破损的茅草。寒天,冷风穿屋;下雨天,满地是水。一日只能吃两餐,天天是稀薄如水的山芋稀糊。由于交通不便与贫穷,常年吃不到盐,老老少少都是粗脖子。

由于人民政府已经在当地开展了土改与反霸斗争,农民对解放军是有感情的。农民对待我们非常好,他们自己喝山芋稀糊,却让我们吃山芋干;让出最好的门板给我们睡;时常地关心我们的温寒饥饱。与他们在一起,我感到非常亲切。

我在中学时,立志一生要为农民服务。但是,我真正地与农民一起生活,并且对农民有所了解、建立感情,是我到达大别山以后。

大别山农民生活的赤贫在我心底引起极大的震撼。我由此想到,中国可能还有几亿农民也生活在这种悲惨的境地之中。在我一生中,中国农民的贫困常常是我心中的悬念。

晓天镇是皖西军区区党委的常驻地。区党委为了对这批宁、沪、杭来的大学生进行集中培训,在晓天镇办起了皖西干部学校。校长是区党委正副书记:彭涛、于一川、桂林栖。

晓天镇当时只有一条街,街的一边是一些商店与住宅用房,另一边是一条小溪。男女同学都住在临街的两座二层楼房中,全部都睡地铺。12月,山上天气很冷,被子又薄,同学们为了取暖,睡觉时一个个挨得很紧。

每天清早,天还朦朦亮,同学们听到哨声,立即起来。大家都到小溪边上去洗脸、刷牙。然后,在连排长带领下操练。吃过早饭,就集中学习。

干校学习的课程是"思想方法论"、"社会发展史"、"城市政策"、"农村政策"等。我是第一次系统地接触马克思主义,感到很新鲜。

但是,我在中学与大学,已系统地接受过科学知识,我这个人又特别地爱思考,因此很自然地会将科学知识与马克思主义二者结合起来思考。有时,晚上睡觉时,也是翻来覆去地在想问题。

有一次,在全班的学习会上,我大胆地向教师提了一个问题:"怎样证明马克思的哲学是正确的?能不能用数学方法来加以证明?"

教师与同学们都笑了起来。他们可能作为一个笑料,我自己却并不觉得可笑。我一直到现在,对各种问题,都喜欢问一个究竟。自然科学的一些基本定理,由于有大量实验的证明,我当然是相信的。社会科学的一些命题,无法用实验证明,也很难用数学证明,至少要有大量实践的证明,否则,我就不很心服。

1949年元旦,在晓天镇度过。新华社发表了《将革命进行到底》的社论,大家进行了学习,对新中国即将诞生,感到非常兴奋。

在学习的最后阶段,每个人要做一个思想小结。在思想小结中,我第一次对自己的阶级出身、家庭影响等进行了一次分析。我认识到,官僚家庭在自己思想中的烙印是比较深的,因此有自我改造的必要。这个认识使我在一生中,对各种艰苦生活,比较地能承受,与农民群众在感情上的结合,也比较自觉。

干校的思想小结还是和风细雨的,我并没有感觉受到什么压力。

皖西干校学习结束后,除极少数人外,学员们全都向北转移。从晓天镇开始,大约用了一周的时间,向淮北进发。有时是白天休息,夜晚走路,有时是白天黑夜连续走路。有一次是连续三天三夜走路,大家极度地疲乏与困倦,以至于一边走路,一边睡觉,一边还要做梦。由于夜晚天色漆黑,伸手不见五指。只能是一个人拉着另一个人的手向前走。遇到夜晚下雨,泥路奇滑,路上经常跌跤。一个人跌跤,前后人就将他搀起来再走。行军时,不能出一点声音,因此是在一片的无光与无声之中,来自大城市的100多个男女青年,默默而迅速地向前行进。

这个经历,使我终生难忘。

春节前几天,队伍终于到达目的地——淮北阜阳市。阜阳是第二野战军第三兵团的驻地,第三兵团组织了盛大的欢迎仪式。我们与正规部队一起,坐在大操场的地上,听第三兵团司令陈锡联的讲话。那时淮海战役已经胜利,接下来要进行渡江战役,大家的情绪非常振奋。

那天中午"打牙祭"(即加餐),吃肉包子。大家喜出望外,放开了肚子吃,将几天来的艰苦全都忘掉了。

下午,有文艺表演。表演结束,陈锡联司令员与我们大学生一起打排球。我也参加了。在阜阳,大学生再一次分配工作。我被分配在三野三兵团11军政治部敌工科任见习敌工干事。敌工科科长是姚大非。与我一起分到敌工科的还有一位上海来的女大学生:徐明(徐月香)。

在阜阳休整了几天,大部队向南出发。

部队一路解放了六安、桐城等城市。敌工科的工作主要是做好对国民党军队的宣传瓦解工作。要编印各种宣传品,在前线向国民党士兵喊话、广播。我们的驻地一般靠前线很近。

一路上,姚大非与徐明对我十分照顾与关心。我们天天行走与生活在一起,像一个家庭一样。我自幼没有姐妹,因此很愿意将徐明看成自己的大姐。他们二人后来结为夫妻。过江后,我们分手,他们去了大西南。到20世纪80年代中期,我才与徐明姐重新取得联系,她仍亲切地叫我"小高"。这个称呼已经30多年没有人叫我了。使人哀痛的是大非已经去世。他在几次运动中都受到不公正的对待,经徐明姐与其他朋友的努力,得以落实政策。大非性格豪爽热情,是一个很优秀的领导干部。

我虽然人在解放区,又处在紧张的战争环境之中,但并没有丢掉我的科学之梦。有一次行军途中,我们住在一个地主的家宅中,主人是早就走光了。我无意中发现了一本德文文法书,真是喜出望外,以后一有空,就拿出来学习。中学养成的爱好学习的习惯,我这一生中,从来没有改变过。

解放军进桐城时,桐城古城内都是石板铺的路面,其整洁与雅致给我的印象很深。

安庆是沿江的重要城市,国民党的防守很严。解放安庆是一场激烈的战斗。我第一次分到了一支手枪,大非教我怎样使用手枪。我们到了最前线,四周炮声隆隆,子弹到处飞驰,在身边穿来过去。那时确实不考虑有什么生命危险。

安庆解放后,接着就是渡江战役。渡江战役中,11军处在第一线的位置。部队做了充分的各方面的准备工作,特别是船只的准备。4月22日夜晚,我们到了江边,只见靠江有无数坚固的大木船。我们所乘的木船到了江中心时,江南岸已经枪声、炮声不绝,红色信号弹多处升起。

11军是在安徽贵池渡江。后来得知,在同一夜晚,三野大军在江苏江阴渡江,二野大军的大部分在贵池渡江。仅仅一个夜晚,解放军越过了天险长江。

渡江以后,部队步行到达芜湖,然后有军车开赴南京。

六、在农业学校(1949年5月~1953年3月,20~24岁)

1949年4月,第二野战军解放了南京,刘伯承担任南京市军管会主任。不久,中央决定,第二野战军进军大西南。在我们这批大学生中,当时只留一小部分人在南京,我就是其中之一。把我留下的原因不清楚,现在回想,可能因为我是学农业的,南京有一些农业单位需要有人来接管。

我很快就被分配到南京市军管会教育局。教育局有一个中等教育科,科长是郑康,副科长中,一位姓张的女同志,是张太雷(中共早期领导人)的女儿,另一位姓朱。我的工作由中等教育科安排。

安排给我的第一项工作是参加第二中学的接管。当时去了一个组,有大别山的战友彭鑫等人。我们都是军事联络员的身份。

在二中不到一周,我又接受了新任务,要我单身一人去接管南京农业学校。

南京农业学校的前身是南京农业职业学校,1948年才创建,校长是王文湛。解放前,校址在南京城南莲子营。1949年初,迁到城北燕子矶,校长换为郭子通。

1949年5月我去学校时,郭已离开学校。我以军事联络员的身份去,实际上,就是学校的全面负责人。

当时我的待遇是供给制。每个月发30斤大米及牙刷、牙膏、毛巾等。每年冬、夏季各发一套衣服。最头痛的是发大米。我每个月在南京鸡鸣寺军管会领到大米后,要背着走到燕子矶。那时到燕子矶没有公共汽车,只有马车。而马车很少,我又没有钱坐,因此只能靠自己背。大约有10多km的路。我身体又弱,背30斤大米走那么远的路,真有些吃不消,但还是熬过来了。

要我去农业学校,我是高兴的。总算又回到农业这个系统。但是,这个学校实在很小,教师总共30多人,学生当时只有100多人。分设农业、园艺、森林3个专业。从高一到高三有3个班级。

学校的情况实际上相当复杂。在教师中,混进了好几个罪恶深重的反革命分子,他们看中这个学校在燕子矶,位置偏僻,单位又小,比较容易隐藏。

南京解放后不久,军管会立即清查罪大恶极的反革命分子。

我那时满身痂疮(解放区带来的)。有一个出纳,名叫杜雨生,他对我特别关心与殷勤,天天帮我用药水洗背上的痂疮,我倒很感激他。哪知道没有几天,他被公安部门抓走了。后来知道他从安徽潜逃来南京,是一个有许多血债的地方恶霸。他采用了假名,表明他是"劫后余生"。

当然,大部分教师还是好的。其中有的是20~30岁的年轻知识分子,从金陵大学或中央大学农学院毕业,素质比较高,如张宜春、张满(土壤)、汪荫德(农机)等,后来都在农林学院或农科院当教授或研究员,在不同专业方面作出了贡献。有几位教师,如谈光裕(数学)、徐宁生(数学)、亓耀文(语文)、薛晓乡(语文)等都是很受学生欢迎的好教师。

我在学校的工作主要是:(1)团结好教职员,维持学校的正常教学秩序;(2)在年轻教师与学生中发展团员(新民主主义青年团),以扩大进步力量;(3)我自己给学生上政治课。

学校虽小,五脏齐全。我那时20岁,肩挑这副担子,也是一种锻炼。

燕子矶地方过小,学校无法发展,决定搬迁到长江边上的笆斗山。那里原来是一个军营,有一些现成的平房。

1949年暑期后,教育局派来刁乃禧当校长。刁已接近50岁,对办教育有经验。他入过党,又脱了党,因此,是一个民主人士。他有精神性的疾病,发病时,不能来工作。

杨家姻任教导主任,我被任命为教导副主任。杨是金陵大学园艺系毕业,对专业与教育都比较有经验。我们的合作一直很好。后来他也去了华东农科所。文革后,去吴县任果树研究所所长,在柑橘方面作出不少贡献。我们的友谊一直维持到1997年他去世。

1949年暑期,学校开始解放后第一次招生。一起招了40多人,有田睿、李联珠、张庸、李平治等人。

同时,南京农业学校的第一期学生毕业,有李尚书、戴学森等人。

笆斗山的生活相当艰苦,但是也充满朝气。每天早晨,教师、学生都到长江边上去洗脸、刷口。学生只有少量的助学金,天天是青菜淡饭。

在笆斗山,开始只有3名党员,除我外,还有戴方杰与郝书宝。戴是中央大学农经系毕业,地下党员;郝是教育局局长齐健秋的警卫员,他学习心切,因此齐让他来农校学习。

我们三人在学校配合得很好。我任党小组长,那时,党还没有公开。我们配合校长,作好各项工作。

在笆斗山,一件令人难忘的事是:全校师生参加八卦洲批斗恶霸地主萧月波的大会。那天,天气晴朗,全校几百人,坐了10多条大木船,驶过江去。大约有几万人参加大会。萧在八卦洲称霸几十年,作恶多端,残害多条人命,农民们对他深恶痛绝。那天,许多农民上台愤怒控诉萧的种种罪行,老人们与妇女们痛哭流涕。最后,政府当场宣布枪决。

解放初期,这样的斗争,确实使农民有了翻身作主人的感觉。

接着,教育局又派来康国兴。康是南京的地下党员,比我大约10多岁,政治经验比我丰富。他来以后,我就感到轻松许多。

学校成立了党支部,由康担任支部书记,我为副书记。这时,党组织正式公开。

1950年暑期,学校扩大招生,同时招初中班与高中班。学生增加到200多人。

1950年的下半年,华东农林部决定接收南京农业学校,创办华东农林干部学校(简称"农干校")。学校迁到紫金山北麓(称为后山)原中央林业实验所的所在地。该所由华东农林部接管,合并到华东农科所,由此该所所址空下来了。

在学校迁到后山前,由于后山校址要整修,笆斗山校址又另有他用,学校需要有一个过渡性的校址。全体师生就都搬到中央门外的晓庄师范。

晓庄师范是人民教育家陶行知先生创办的。陶先生是我中学时就景仰的人,因此,到这个地方,我感到很亲切。晓庄师范的校舍比笆斗山好得多,完全按学校的要求而设计。

在晓庄的时间只有2~3个月。

1950年10月,抗美援朝战争开始。

当时,学校的主要工作是动员一部分学生去参军。学生们的爱国热情高涨,报名参军非常踊跃。但只能选拔10多人去,有徐永珠等。徐与我爱人一家很熟悉。

1950年冬,学校正式迁移到后山。

后山是一个风景秀丽的地方。房舍就在紫金山的山脚,山上绿树成荫,郁郁葱葱,而房舍也是红砖绿瓦,整个学校笼罩在绿色之中。特别是早晨,空气清新,鸟声喜人,令人心情舒畅。

师生们迁到这样好的新校址,大家非常高兴。

华东农林干部学校由华东农林部直接领导,而由华东农科所代管。校长由华东农科所的副所长周立平兼任,副校长由周承钥担任。周承钥是生物统计学的专家,曾在中央大学担任过教授。教导主任由杨绳武担任。杨长期在美国人办的教会学校工作,是一位有丰富中学教育经验的老教育家。

华东农干校学生最多时,有700多人,共分三部:一部是一批工农出身的领导干部;二部是正式从社会招生的高中毕业生,分4个科,有:农艺、园艺、植保、畜牧,学员多数来自江苏与安徽两省,我曾经代表学校到无锡去为二部招生;三部有高中与初中,也向社会公开招生。

农干校学生都有助学金,因此,来报名的学生很多,大部分是家境比较困难的。

一部主任是东辰,二部主任是康国兴,三部正、副主任是杨绳武与我。

我在学校的其他职务是党支部副书记、辅导课课长等,主要负责全校的青年团与学生工作,并担任政治课教员。辅导课内有李玉华(女)等人。李是上海人,会跳舞唱歌,在她的带领下,学生的文娱活动很活跃。

1950年冬,农干校受华东农林部委托,决定举办华东土壤调查培训班。国家准备开展全国性的土壤普查。学校决定将土壤班与初中部都办在城内大石桥,由我总负责。从1951~1953年初,约两年多,我大部分时间在大石桥。有田睿等协助工作。在初中部任教的有李广舜(吴光南的夫人)、徐云(吴纪华的夫人)等。

我是个喜欢动脑筋的人,原来的志向是献身科学,现在要我搞教育,我总感到教育工作没有多少好钻研的;而我又不甘心不钻研,因此在大石桥,我根据自己有限的教育工作经历,总结了许多条经验。当然,这些经验既没有写成文章,更谈不上有什么影响,只是满足我自己喜爱钻研的愿望。不过,对当时自己的工作也多少有些用处。

在1951年底,中央决定在全国开展"三反运动"(反贪污、反浪费、反官僚主义)。贪污分子被称为"老虎",反贪污就称为"打老虎"。农干校也开展了"打老虎"运动,成立了"打虎"工作队。周立平校长调了华东农科所的小麦专家卢良恕来当"打虎"队长,我是副队长。卢后来任中国农业科学院院长,他从解放初期开始,直至今天,一直是我的好友。

农干校的"打虎"运动同其他地方一样,虽说揭露了一些问题,但也错打了一些人。

用这种群众运动的方法解决贪污问题,事实上有很多弊端。受冤枉的人不少。建国以来,以毛泽东为首的党中央,当然在内政、外交上作出许多成绩,但是在1976年之前,开展过许多次运动。总的说是弊多利少,为许多人及他们的家庭带来难以挽回的挫伤。有的运动造成了极为严重的后果,如反右与文革。

在农业学校与农干校的几年,学生总数有1000多人。由于我是做学生工作的,因此熟悉的学生相当多。这些学生后来走上了不同的工作岗位,分布在全国各地,有的在科研工作中作出了突出的成绩;有的成为大学教授;有的在各级政府担任领导工作;有的成了名医;最多的是在全国各地的农业、畜牧业、园艺业与林业岗位上作出各自的贡献。

许多学生与我保持着联系。他们回忆起当年在学校的情景,都非常怀念。许多人都说,那几年学生与老师在十分艰苦的环境中,天天相处,互相关心,互相帮助,人际关系非常好,是他们一生中最难忘的岁月。

尽管1949~1953年初,我在学校工作,与我后来的农业科研工作关系不是很大。但是,这1000多名学生的成长与成才,却是我很大的安慰。

在学校的那几年,我唯一遗憾的事就是教育工作不太符合我的兴趣,我献身科学的志向并没有改变。我曾经向领导要求回浙江大学继续学习,但是没有得到同意。我念念不忘我对昆虫学的爱好,自己买了一本厚厚的邹钟琳的《昆虫学》,一有空,就拿起来如饥似渴地学习。

1953年初,中央发出了"向科学进军"的号召,我立即向周校长写了申请报告,坚决要求调到华东农科所从事农业科研工作,终于得到了他的批准。

七、在华东农科所与中国农科院江苏分院(1953年3月~1966年12月,24~37岁)

(一)初进华东农科所

坐落在紫金山南麓的华东农科所,是国内一个实力相当强的农业科研单位。其前身是中央农业实验所(简称"中农所"),是原国民政府的实业部在1932年创建的。前任所长沈宗瀚、钱天鹤等都是我国农业科学界的著名科学家与领导人。

建国后,中农所与中央林业实验所、中央畜牧实验所、中央棉产改进所合并,成立华东农科所。

华东农科所与华东农干校是兄弟单位,都归属于华东农林部。实际上,两个单位是同一个领导班子。所以,我从农干校调到农科所比较方便。当时与我同时调动的还有周承钥、杨家姻、许济川等。

当时,华东农科所的所长是刘春安。他是党内一位有经验的农业专家,是一个忠厚长者。副所长周立平是一位很优秀的政工干部,他曾任海军司令部青岛办事处主任等职。他对党的知识分子政策理解得很深,执行得很坚决,作风平易近人。所内的知识分子都很喜欢他。另一位副所长是周拾禄,他是我国著名的水稻专家。

华东农科所的专家队伍相当强。当时,全国技正级(相当于研究员或教授级)的高级农业专家,华东农科所占了四分之一。第三届全国人大,华东农科所有 7 位代表(都是专家)参加,就一个单位来讲,是十分突出的。

这些高级专家大多是国外留学回来的,在学术上很有造诣,学风也很严谨。有几位专家对我一生的科研工作有较大影响,如植物病理专家朱凤美先生,他是全国四大植物病理学家之一,英文、德文、日文俱精,天天早、晚学习国内外书刊,在我国稻瘟病、白叶枯病的研究与防治方面作出了突出贡献;小麦专家梅藉芳,他对中青年人的循循善诱的精神给我印象至深,他培育出的华东 6 号等小麦品种,对小麦生产贡献很大;植物生理学家崔继林,他阅读十分敏捷,对国外文献掌握极多,在科研中,他经常有一些创新的思路,对中国小麦春化阶段的研究在国内外都有影响。

此外,还有周泰初(水稻育种)、杨立炯(水稻栽培)、蒋德祺、沈梓培(土壤)、傅胜发、林郁(昆虫)、华兴鼐(棉花育种)、奚元龄(遗传)、姜承贯、吴光远(蔬菜)、曾勉(柑橘)、郑庆端、何正礼(兽医)等等,都是全国有名的农业科学家。

20 世纪 50 年代初期,华东农科所的学术空气很浓。刘春安所长经常亲自主持课题讨论会,我都争取去听。有一次,植物病理学家王法明介绍他对稻瘟病的研究,从研究目的、方法、实验结果,到结论,讲得很有条理,得到刘所长的称赞。王的报告让我懂得了农业科研的一般方法。

到农科所之初,由于我在浙江大学学的植保专业。而浙大的植保系全国有名,何况植保系主任陈鸿逵先生是朱凤美先生的好友,因此,朱、傅二位主任都积极争取我去植保系。但我在土壤训练班工作过,对土壤学也产生了兴趣(我这一生,对农业科学的各领域都有兴趣)。正在对专业选择拿不定主意时,刘所长找我谈话,要求我搞农业气象。

后来知道,那时在竺可桢先生与涂长望先生的积极建议下,农业部与军委气象局联合下文,要求在全国范围内开展农业气象研究。竺校长又一次对我的一生,产生重大影响。

当时,华东农科所没有农业气象这个专业,只是在所内中心地(现粮食所前)有一个最简单的气象站。当时给了我两个助手,一个男青年,姓刘;一个女青年:俞桂珍。我们三人轮流观测。气象站归农场管理科管。

(二) 丹阳农气训练班

没有多久,所领导就通知我去丹阳学习。同去的还有刚从广西农学院毕业的大学生阳体冰。农业部与中央气象局委托华东军区气象处在丹阳举办全国第一次农业气象训练班,时间是从 1953 年 10 月~1954 年 3 月。

建国初期全国的气象工作都归属于军队系统。丹阳训练班在一个大的兵营中,过的是军事生活。每天都要听吹哨起床,集中操练。学员有 50 多人,编为一个中队。中队长周玉传是一个很朴实的人,与学员的关系很好。中队共分 6 个组。学员每人自我介绍后,选举一个班委会,我被选为学习委员。

训练班的课程有"普通气象学"、"天气学"、"气候学"、"气象观测学"与"农业气象学"等。每门课都选举一个课代表,我被选为"农业气象"学这门课程的课代表。

由我国气候学界的老前辈吕炯先生担任"农业气象学"的教师。吕曾任国民党政府的中央气象局局长。他是我国老一辈气象学家,建国后改行搞农业气象研究。

我国在建国前,并没有现代的农业气象研究工作。因此,吕在教学中,主要讲授苏联与日本的一些农业气象研究成果。

几个月的训练班生活十分紧凑与活跃,学员们建立了很好的友谊。

学习期间,我们曾经去了一次北京,参观了中央气象台、华北农科所、北京农业大学等单位。这是我第一次去北京。北京冬天室外的寒冷出乎我的意料。

训练班的 50 多位学员,全都是大学毕业生,后来不少都在全国各地从事农业气象的教学或科研工作,成为我国第一代农业气象专家。

丹阳同学中后来与我保持长期或较多联系的有:韩湘玲、刘汉中、郑剑非(北京农业大学),李倬、贺龄萱(安徽农业大学),谭令娴(河南省气象局),崔读昌(华北农科所),易家苓(广西农学院)等。他们在我国农业气象学的发展中,都作出了重要贡献。

(三)早期的农气研究

1954年春,丹阳学习结束后,我与体冰回到农科所。所领导决定,农业气象研究归到粮食作物系,成立农业气象研究组,由我任组长。

由于1953年淮北地区发生了严重的小麦春霜冻害,1954年4月,华东所组织了淮北小麦工作组,去安徽北部宿县开展小麦生产的调查研究,组长是卢良恕。春霜冻害是一个农业气象问题,因此在梅藉芳主任的要求下,我积极地参加了。

工作组根据我的建议,决定采取熏烟防霜的方法。在一个气象台预告将要出现霜冻的夜晚,我与工作组的同志一起,在约10亩面积的小麦地里,按一定距离安置草堆。那天我们是通宵未睡,在半夜3时左右,所有草堆全部点燃。在试验区内与试验区外都设置了小气候观测点,以测定麦田温度与熏烟的效果。试验结果证明,大面积熏烟可以提高小麦田间气温1.5~2.0℃。

1954~1955年,我在淮北地区对与小麦有关的气象问题,进行了调查研究,并且还查阅了不少与小麦气象有关的文献,包括《齐民要术》等古农书。最后写成《淮北小麦生产期间的气象条件》一文,登载在《华东农业科学通报》(1954年第6期)上。20世纪80年代,据我国著名的农业气象学家冯秀藻教授告诉我,这篇文章是他当年查阅到的建国以来第一篇我国自己的农业气象研究论文。我想,也许是较早的论文之一吧。

与此同时,我与体冰共同在水稻气象方面也开展了一些研究。主要是:水稻出苗的温度条件、水稻开花期的温度条件。这些都是利用人工控制的温度条件进行研究的,有较严格的试验设计与统计方法,因此结果较为可信。

经过那几年的工作,我对农业气象这门科学进行了反复的思考。农业气象实际上是一门很不成熟的科学。苏联与日本二国的农业气象研究较多一些。苏联的农业气象研究的目的主要是使气象部门更好地为农业服务,它的研究重点是各种农作物的农业气象指标。日本的农业气象研究重点是农田小气候。

我投身于农业科学,一心是想能为我国的农业与农民作出实际贡献。但是,按苏联与日本的农业气象研究路子,我想不出怎样才能为农业作出真正有效的实际贡献。华东农科所是农业科研部门,不是气象部门,只研究农业气象指标,很难直接服务于农业;至于农田小气候,对20世纪50年代的中国农业来说,又为时尚早。

为了思考我国农业气象研究的途径,我一时思想很苦闷,似乎找不到出路。

(四)北大进修

正好这时,二哥望之来南京。他那时在北京大学任校长马寅初的主任秘书。他认为我没有在大学中系统地学习过气象学,需要有一个进修的机会,所领导同意他的意见,决定让我去北京大学物理系的气象专业进修一年。

我在1956年8月去北大,1957年7月回来。共一年时间。

在北大这一年,对我一生的科学研究有较大的影响。

北大是全国首屈一指的一流大学。20世纪50年代,由著名经济学家马寅初任校长。全国在文科、理科方面的许多一流教授聚集北大,如哲学系的冯友兰;历史系的汤用彤、季羡林;物理系的周培源、王竹溪;生物系的汤佩松等等。50年代,学校的学术风气很浓。

我虽然在1946~1948年在浙大学习过,但那时学运的干扰太多,不可能专心致志地学习。丹阳那半年,学习的都是气象学的入门知识,谈不上系统理论。我对自然科学的系统理论的掌握,还是在北大。

当时,我是在气象专业进修。北大的气象专业有李宪之、谢义炳等著名教授,中青年教师有仇永炎、赵柏林、尹宏、沈钟等。

在北大一年,有以下一些收获:

(1) 学会了自学的方法。我在北大是进修,没有考试任务,因此学习相当自由。我开始也是选了几门课程去听,后来发现这不是学习的好方法,效率并不高,就决定采用自学方法,自己订了一个学习计划,每学一门课程就到图书馆借有关的教科书。第一次很快地通读一遍,看懂的就 PASS 过去;没有看懂的就认真地看第二次。第二次,极大部分能看懂。真不懂就找有关的老师请教,直至完全弄懂为止。

我发现,自学的方法比听课的效率要提高 2~3 倍,甚至更高。

在我后来的几十年中,全都是采用自学的方法。我的体会是:自学是最好的大学,是在校舍、教师、课程方面完全不受限制的大学,这个大学能学到世界上任何知识。

(2) 掌握了数学、物理学、气象学的一些理论知识。依靠自学的方法,我在北大这一年,基本上掌握了微分学、积分学、微分方程学、偏微分方程学、力学、热力学、流体力学、分子物理学、气象学、气候学、大气物理学、天气学等系统知识。

(3) 认识到科学要走自己的路。在学习这些自然科学时,我十分注意科学家的贡献。我体会到:所有科学的发展,都离不开一些杰出科学家的创造性的思路与工作。例如:莱布尼茨的微积分,开尔文的热力学第二定律,麦克斯韦的电磁方程,普朗克的量子假设,爱因斯坦的相对论等等。科学家既要善于继承前人的研究成就,又要敢于有自己的创见与思路,走自己的路。

在北大我与二哥住在同一个宿舍。仇永炎先生的宿舍与我们靠近。在周末我经常去他房里坐坐谈谈。他向我介绍许多国内外气象学的发展历史,给我很多启发。他还有很好的糖果招待我。他成为我在北大时最好的朋友。

北大一年中,我也进一步思考农业气象学的研究途径问题,开始有了走自己的路的认识。我决心摆脱苏联与日本农业气象的框框,力争要走出一条适合中国国情的农业气象研究的路。其基本出发点与目标就是要解决中国农业生产中的突出的农业气象问题。至于研究方法,要根据问题的需要而定。

1957 年 7 月,北大一年的学习很快结束,我就回到南京。

(五) 农气研究的开展

这时,江苏省气象局与华东农科所决定合作建立南京农业气象试验站,设在华东农科所东南角上。粮食作物系的农业气象组也扩大为农业气象研究室。两个单位实际上是一个单位,一切工作都在一起做。人员共有 10 多人。在人力、设备等方面都为开展科研工作提供了较好的条件。

当时,农业气象研究室的人员有:阳体冰、陈婉贞、谢鸿恩、蔡显圣、朱永灼、朱塘松、沈凤英、彭巧秀等。1961 年调进大学生王延颐、郑凤祥。1963 年调进大学生叶蓁、李林。

1957~1967 年是我在科研工作中开始取得成就的 10 年,主要进行并完成了以下几方面的研究:

1. 双季稻的研究

我国在建国初期,双季稻只分布在华南地区。福建、浙江、江西等省有一些间作稻(前季未收时,后季插秧),产量较低。1955 年,在江苏苏南的吴江县发现了 3 亩双季稻,产量比一季稻明显提高。双季稻能否向北扩展,当时成为各省领导与农业界十分关心的问题。

华东农科所以粮作系主任周承钥先生为首,成立了双季稻研究组,周请我参加。

双季稻北扩问题是一个农业气候问题。苏联的农业气候研究有较成熟的经验,他们一直是用 ≥10 ℃积温表示温度条件,用干燥度表示水分条件。用这套指标是无法回答双季稻北扩问题的。

我决定抛弃这套指标,根据我们自己关于水稻抽穗开花期对低温反应的研究,提出了水稻安全齐穗期的概念,又根据我们自己关于水稻出苗的温度条件的研究,提出了水稻安全播种期的概念。然后又提出了水稻安全生长季的概念,并且根据全国的气候数据划分了水稻安全生长季的分区图。

水稻安全生长季的长短直接关系双季稻的生长可能性。根据吴江等地双季稻的成功经验,提出:水稻安全生长季大于 210 天的地区,都可以大胆地发展双季稻;在水稻安全生长季 200~210 天的地区,选用耐寒品种或采取一定措施后,也可以发展双季稻。

以上结论,我在华东地区双季稻会议上介绍后,专家们十分满意。周承钰先生在报刊上公开发表文章,介绍了我的观点,认为双季稻可以在长江一线以南大力推广。

我国的双季稻于 20 世纪 50~70 年代在长江以南得到全面发展,对全国的粮食增产发挥了重要作用。

通过双季稻的研究,我对农业气象这门科学增加了信心,认识到只要紧密围绕中国的农业实际问题进行研究,在方法上不受国外框框的限制,是可以作出成效的。

1958 年,中央气象局召开全国农业气象工作会议。会前农业气象处处长张鲁山派人来南京,了解了我们的工作,决定会议在南京召开。会上要我介绍了我们的工作,会议代表都到南京农业气象试验站来参观。

2. 江苏省农业区划研究

1959 年,国家决定在全国开展农业区划工作。中央气象局也决定在全国开展农业气候区划工作。江苏省气象局与华东农科所合作,开展江苏省的农业气候区划。技术上由我负责。

当时各省都采用苏联的农业区划指标(≥10 ℃积温与干燥度)进行区划。我考虑,这样的区划对江苏没有什么实际意义,但究竟在江苏怎样进行区划,自己心中也没有数。我就决定到全省去进行实地调查。那一年中,我几乎去了全省所有的县。

通过调查,我发现:江苏全省各地的农业,有一个共同的问题受到气候条件的支配。那就是种植制度。稻麦二熟制是江苏省的基本种植制度,但江苏从南到北,稻麦二熟制在品种组成上,呈现出很有规律的变化:小麦从春性到冬性,水稻从晚熟到早熟。

根据我自己的研究,小麦在气温 3 ℃以上,地上部就能生长。因此,3 ℃以上的积温也许能反映稻麦二熟制的变化规律。

我就应用"3 ℃以上的积温"这个指标进行区划,其结果与江苏省的种植制度变化相当符合。这个结果使我非常高兴,体会到科学研究的一种"发现"的喜悦。

后来就以≥3 ℃积温为主,结合其他一些指标进行了区划。农业界的专家非常满意,他们认为这样的农业气候区划为全省的农业区划提供了很好的基础,同时也解释了江苏省种植制度分布的原因,对当时的农业改制(如单改双、旱改水等)也很有帮助。

中央气象局总工程师程纯枢先生知道了江苏省农业区划的情况,非常高兴。他向领导汇报后,中央气象局立即召开全国性的农业气候区划会议,请江苏省气象局与我去介绍经验,并且还发了专门的文件,要求各省学习江苏从实际出发,从调查入手的农业气候区划经验。

通过以上一些活动,我与中央气象局建立了密切的联系。以后相当长时期,都有很好的合作关系。

3. 中国稻作气候研究

1959 年,中国农科院决定组织全国专家,编写几部大型的农业专著。第一本就是《中国稻作学》,由中国农科院院长、著名水稻专家丁颖担任主编。他邀请全国著名水稻专家组成编委会。华东农科所被邀请的有:朱凤美、周泰初、俞履圻、杨立炯、崔继林与我。大部分编委都是五六十岁以上,我是最年轻的(30 岁)。编委集中住在北京香山饭店。

我被分工负责写作全书的第六章——《中国稻作的气候条件》。我利用写作的机会,对我国的稻作与气候条件的关系进行了全面的研究。该章包含中国稻作的温度条件、光照条件、水分条件、气象灾害条件等内容。

在将近完成阶段,丁颖先生在一次会议上讲,全书写得最好的有两章,其中有我写的这一章。

我自己感到,写的深度并不够。丁老之所以称赞,大约是因为我写得比较有条理,思路较清晰,图文配合较好而已。

没过几年,在日本出版的《亚洲水稻》一书(英文),全文转载了我写的那一章。

4. 陈永康水稻高产经验的研究

1958年,华东农科所改名为中国农业科学院江苏分院(简称"江苏分院"),顾复生担任院长,刘正发为副院长。

陈永康是全国著名的水稻劳模。20世纪50年代初期,他在松江县自己的稻田上,创造了亩产500 kg以上的全国水稻最高单产。

经江苏省委与中国农科院的同意,顾院长决定将他邀请来江苏分院,任特邀研究员。

陈永康有一整套极为丰富的水稻高产经验,如:"落谷稀"、"小株密植"、"三黄三黑"、"看天,看地,看苗"等。分院成立了陈永康经验总结研究组,有杨立炯、崔继林、朱风美、王法明、万传斌与我等人参加。从栽培、生理、植保、农业气象、土肥等多专业对他的经验进行全面总结。这项工作当时在全国影响很大,时间是1961~1963年。

陈永康的经验有很大的灵活性。不同土壤、不同天气、不同苗情,他的肥水措施都不一样。正因为其灵活性,别人就难以学习。我在与陈永康多次交谈中,体会到在他的灵活性之中,存在一种原则性。也就是,他掌握着水稻高产栽培的某种基本规律,具体讲,就是他掌握着水稻高产的最佳群体动态,一切灵活性都是要使水稻实现这个动态。而合理群体动态的核心又是"适期封行"。封行过早,就表示水稻前、中、后期的群体都偏高。相反,封行过迟,表示水稻前、中、后期的群体都偏低。这两种情况,都不能得到高产。

因此,只要掌握"适期封行",就基本上能达到高产。后来,我就集中对水稻封行问题进行了深入研究。当时发表的论文,很快被《气象学报》所采用,并且被推荐到我国最高学术刊物《中国科学》上用英文发表(后来因文革的原因,被耽误了)。

"适期封行"的经验,后来在全国的水稻高产栽培中,被广泛采用。

5. 望亭样板小麦湿害研究

1964年,江苏分院决定在苏南吴县望亭公社建立基地,做出样板,全面推广陈永康的经验。分院派出30多位科研干部参加样板工作。杨立炯担任工作队队长。我是样板中主要基点奚家大队的工作组组长。

在望亭期间,我的主要工作是推广双季稻的高产栽培技术。同时我与助手叶蓁一起,开展了小麦湿害的研究。

我国长江以南,小麦产量一直不高。其主要原因是春季多雨,形成严重湿害。我决定要寻找小麦湿害的形成规律。通常认为危害小麦的是过高的地下水。究竟是不是这样?我与叶蓁两人,拿了土钻,选择不同类型田块,打了几百个土洞。每个土洞以10 cm为间隔,取出10多个深度处的土样。根据对大量数据的分析,我们发现:在小麦耕作层内,春季多雨季节,存在着一个水层,我们取名为"浅水层"。这个水层的深浅厚薄随着雨量的变化而变化。小麦根系浸在这个水层内,很快就窒息而死亡。就是这个浅层水是形成小麦湿害的根本原因。当然,地表水与地下水对小麦产量也有一定影响。

在以上研究基础上,我们提出了"开好三沟(田间沟、田边沟、田外沟),排出三水(浅层水、地下水、地表水)"的防治小麦湿害的基本方法。

小麦湿害的研究成果引起了江苏省委领导的重视。在南京人民大会堂召开的全省农业科技会议上,要我在大会上发言,并在《新华日报》上介绍了我的事迹。

小麦湿害问题后来又经许多小麦与农田水利工作者的努力,在湿害治理方面得到进一步的发展。

此项成果在全国得到推广,对我国南方的小麦增产发挥了重要作用。20世纪80年代,该成果得到农业部科技进步一等奖。

由于我在华东农科所与江苏分院10年来,科研工作成绩较突出,1965年,通过评审,被聘任为副研究员。当年我36岁,是全院副研究员中年龄最小的。

(六)政治运动中

在华东农科所期间,除了科研工作外,我还经历了几次政治运动。

首先是1957年的反右运动。1957年上半年,我还在北大学习。在毛泽东的整风运动号召下,北大学生纷纷写出大字报。1957年暑期,毛泽东认为资产阶级在向党进攻了,就开始组织反击,在全国发动了反右斗争。我回到农科所时,反右运动已经展开。

华东农科所的批判重点是周拾禄。他是民盟江苏省主委。在整风时,在中央号召下,提了一些意见,结果就成为反右对象。由于要凑足人数,将周承钥也列为批判对象。在批判会上,我也发了言,将他在农干校时,上班常常看报、喝茶的事批评一通(确实没有别的好批判的)。周后来也被定为右派。在他自己要求下,调去浙江农业大学(简称"浙农大"),后来较早摘帽。我与他同事多年,对他的为人与学问,还是很钦佩的。我后来每次去浙农大时,都去看他,他也很高兴。

1958年,全国掀起了大跃进运动,在农业上就是创高产。江苏省省委书记江渭清到江苏分院来亲自种试验田。水稻专家陈永康、吴阆直、尹道川和我等都参加了。早稻亩产是960多斤,在当时是比较高的。夏天以后,报纸上宣传的各地产量越来越高,有的说亩产达到10000斤以上,听说是采用并秧的办法,我们虽然都不赞成这种办法,但也不得不试一试,最后亩产只有400多斤,我们如实向江渭清书记汇报了。事实上,那时,我们都已看出各地的高产都是虚假的。回忆起来,我们当时倒是没有参与搞虚假产量。江渭清书记也许也从自己的试验田中,较早地认识了虚假产量的问题。

当时水稻栽培老专家吴阆直有些技术意见与陈永康不一样,后来证明陈的意见是对的。这本来是很正常的事,但报社记者来采访时,将它提高为"土洋之争"。我们几个年轻人都赞同这个分析,说明当时我们的思想都是比较"左"的。

1964年全国开展了社教运动。我当时在望亭,就被派到苏州农科所参加社教。工作组发动群众揭发批判所长孙德贤的缺点和错误。虽然社教与文革相比,方式上是缓和得多,但是采用群众运动的方法解决干部工作中的缺点和错误问题,是弊多利少的,有很多后遗症。

自建国以来,我参加了许多次运动。但实际上,每次运动都要伤害一些人。我逐渐地对运动产生了一种厌恶感,一直到文革,我自己被整为止。

(七)家庭情况

这里谈谈我的恋爱、婚姻与家庭。

爱人张立中是我在农干校时的学生。家境困难,衣着很朴素。她容貌俊秀,聪明,活泼。书读得很好,对同学友好,对学校的活动都很积极,对贫苦农民富有同情心,在一些忆苦活动中,常常因感动而流泪。在许多女同学中我对她特别喜欢。她在1953年初中毕业后,去淮阴农校学习。我在1956年北大学习时,写信向她表示了爱慕之心。她1956年在淮阴农校毕业,被分配在江苏省农林厅工作。

我们于1957年11月7日(十月革命节)在南京结婚。结婚后,我们同去上海,见了姑母一家与大哥。我是四弟兄中第一个结婚,姑母特别高兴,二哥为我们结婚送了一台小收音机,我们用了10多年。

立中有一个很好的家。妈妈是一位慈祥而坚强的女性。她在建国初期,依靠自己微薄的力量,挑起了养育4个女儿、1个儿子的家庭重担。她所经历的艰辛与困苦,是后辈人决不应忘怀的。立中家住在南京城佐营10号。那是一个车房,低矮而陈旧。但,一家人团结互爱,生活和睦。我与立中结婚后,就成为这个家庭的一员。我从1948年离家以后,时隔9年,才重新又有了家庭。我在幼年失去母亲,立中的妈妈就是我自己的妈妈。

我们结婚时，妈妈为我们做了一桌饭菜，请了几个农科所的好友：卢良恕、许济川、郭绍铮、田睿等，在家中举办了一个极简单的婚礼。

我们的新房极小，大约只有 3 m²，但毕竟算有一个"窝"了。

结婚以后不久，传来我们在海外的父母已经在台湾先后去世的不幸消息。我们弟兄最担心的是 4 个年幼的弟妹。那时，妹妹是 11 与 13 岁，两个孪生弟弟是 8 岁，都没有成年。我们 4 人中，只有我一人成家。我与哥哥、弟弟商量，感到唯一的办法就是设法将她们接来南京，与我和立中同住。我就与立中、妈妈商议，她们都同意我的想法。我们将这个意见托人转告弟妹。后来因为各种困难，这个安排未能实现。幸好她们后来在台湾，依靠外公、大伯与于右任先生的帮助，经历了艰难的岁月，终于成人，成才，成家。现在她们在美国都生活得很好。

1958 年，我们的女儿晓莹出生。晓莹幼时就长得很美，圆圆的脸，大大的眼睛，十分令人喜爱。张家、高家都把她当成宝贝。

由于立中那时在江宁县气象站工作，产假以后，就很难带养孩子。晓莹幼时基本上是她阿婆带大。阿婆为了带她，腿上长了脓疮，我们不得不将晓莹送去上海，请姑母代养。姑母、姑夫都非常喜欢她。

我们的儿子晓东于 1962 年 12 月 10 日出生，正是国家困难时期。由于大人、婴儿营养都不足，晓东幼年时长得很瘦小，但在阿婆与立中的尽心照顾下，也逐渐地健康起来。

晓东自幼就很聪明、调皮，对打弹弓、打子弹、捉虫子这类游戏都很在行。读书虽然不太用功，但成绩却比较好。

立中在气象站天天想念两个孩子，但路实在太远，只能到星期天，急急忙忙赶回家来，为孩子们洗衣服、洗被单、做衣服，从早忙到晚，星期一早晨天不亮时，又赶回去上班。

我自己为孩子们做的事很少。当然对这两个孩子，我非常喜爱。我从来没有打过他们，没有骂过他们，甚至很少批评他们。即使批评他们时，我都十分慎重，用尽可能缓和的语气。我在南京的时间不多，即使在南京，也没有做到每个星期天回家。有机会回家时，就与他们在一起讲讲故事或笑话，有时，使得他们哈哈大笑，这就是我最高兴的时候。

婚后，立中与妈妈对我都非常关心。我的衣服、被子等都由她们料理。1962 年困难时期，我患了浮肿病（当时非常普遍），她们带了晓莹到医院来看我。1965 年，我在望亭得了肠炎，住在医院，立中到苏州来看我，她带了一束鲜花，使我非常感动。

结婚后，一直没有可能与立中与孩子生活在一起。这是我心中最大的遗憾。在文革中，我坚决要求下放农村，主要就是想与他们团聚。

八、文革与南京农科所期间(1966 年 5 月～1978 年 3 月,37～49 岁)

(一)文革中的遭遇

1966 年，一场人们意想不到的大风暴在全中国袭来，这就是"文化大革命"。

1966 年上半年，北京传来一个接一个的使人震撼，又使人疑惑不解的消息，如：批判"三家村"，批判吴晗的"海瑞罢官"，批判"彭，陆，罗，杨"等等。我那时还在望亭与苏州农科所。1966 年中央"5·16"通知发布后，文革正式开始。望亭样板的人员基本上都调回南京。

江苏分院是知识分子成堆的地方，省委较早地派出了以农工部长余克为首的工作组。院内出现了许多大字报，矛头直指院长顾复生与办公室主任卢良恕等人。

当时院内就有两种力量：一是以党团员为主，主张对这些领导人应是批评帮助；而另一种人却要求打倒这些领导人。这后一种人，以党外部分群众为主，后来就是"造反派"。

在粮食系，当时党的核心力量是刘泽、林永强与我三人。我们当然不主张打倒这些领导人。

我当时对那些"造反派"的群众并不很反感，因为他们都是平时朝夕相处的年轻人。他们对党的领导有些意见也是正常的,加上毛泽东也在号召"造反"。

1966年8月,北京开始反对工作组,报上提出"反对资产阶级反动路线"的口号。毛泽东发表了针对刘少奇的《我的一张大字报》,形势发生急剧变化。

院内造反派在毛泽东与中央文革的支持下,声势更大,工作组只能退出。从院到所,完全是造反派掌权,所有党的骨干都成为批判资产阶级反动路线的对象,当然,我也不能例外。

在8月的炎热的一天,造反派将我们这些党员骨干与一些老专家都作为"牛鬼蛇神",给我们戴上纸做的高帽子,让我们在院内游街。

看别人戴高帽子,似乎是一件很可怕的事。那天,我自己戴了高帽子,才发现戴高帽子既不重,也不痛。因为戴的人很多,并且我是与一些我很尊敬的老专家与领导人一起戴的高帽子,所以并不觉得有什么可耻,只是将它看成一场闹剧。

从那一天开始,我就成了被批判的对象。所里群众开过我三次批斗会,无非是要我检查执行资产阶级反动路线(简称"资反路线")的错误。我根本不认为自己有什么错,我利用检查的机会,将自己保护顾复生与卢良恕等人的理由说了一通,表面上是检查,实际上是辩护。所里群众有不少是同意我的观点的,因此,三次批判后,就过了关。

1966年底有一天,苏州农科所的造反派来了几个人,将我揪到了望亭苏州农科所,要批判工作组的资反路线。在那里,所里干部、工人对我都有些感情,因此都比较客气。伙食是不差的,天天有一块肥肉吃。群众主要要我说一说工作组与苏州市委的关系,我只知道是一般工作关系,说不出别的什么。在那里,大约一个月,就要我回来了。

当时造反派将刘泽与我等几个人的党籍开除了。我没放在心上,因为群众根本没有权力开除党员的党籍。

1967年,与社会上一样,院内也形成了两派。一些老工人组成"赤卫队",反对造反派的做法,但整个社会上是造反派占优势,赤卫队后来解散。院内的造反派属于江苏省的"好派"(鼓吹文革夺权"好得很"),一些老工人与部分干部又组成院内的"屁派"(说文革夺权"好个屁")。这两派的斗争成为当时文革的主要内容。我们这些人倒轻松了,成为"逍遥派"。

全国各地都发生两派的严重武斗,中央决定向各个大单位派出军宣队。

军宣队进驻农科院。队长是一个文化不高、思想很"左"的军人。军宣队主要做了三件事:大联合、清队与整党。

所谓"大联合"就是将三派(后来又增加一个"促派":主张促进联合)群众组织联合起来,在院、所两级建立"文革领导小组"。

所谓"清队"就是清理阶级队伍,将"地,富,反,坏,右,资产阶级反动权威"等人,清理出"人民"的行列,作为阶级敌人。

所谓"整党"就是重新恢复党组织。

清队的时间最长,1968~1969年基本上都在清队。所谓"清队"必然要扩大打击面。军宣队长曾经在一次300多人的会议上宣布:农科院要清理出100多个阶级敌人。造成人人自危。清队中,我受到过两次冲击。

1968年秋,系的文革小组审查我的历史问题,要我在全所大会上交待解放前在浙大时的大字报事件。我估计就是前文所述进步青年批评青年军的事。这件事中,我毫无问题。因此,尽管面对会议上的质问声、训斥声、口号声,我自己倒很泰然。有人提出:"为什么要去看竺可桢?"我说:"竺校长是进步民主人士,我与杨振宇(他是学生自治会常务理事,我是副常务理事)同去看他,完全是地下党决定的行动。"为这件事,将我批斗了三次。大约我讲的与他们外调的相符,结果就不了了之。我算暂时被"解放"。

1969年5月,院内贴出大字报,上面写着:"高亮之有严重政治历史问题,必须向人民老实交待!"立即将我关押进土肥所的地下室,那里已经关押了十几个知识分子。我知道自己没什么问题,心中很泰然,带了一个碗,一双筷子,一本英文版的《毛主席语录》,在那里被关了半个月,天天学习英文。终于有一天,系文革小组的两位负责人叫我去谈话,问我:"认识刁乃禧吗?"(刁曾任南京农业学校校长,见前文)。我说:"当然认识。"他们说:"他揭发在你头脑中,装了一台电台,向台湾发报。"我听了觉得好笑,我说:"你们去查一查,这个人有精神病。"他们说:"我们也觉得不可信。"就这样,将我放了出来。到了"整党"阶段,有一次院革委会派人来,要我在大会上发个言,谈谈认识,我断然拒绝了。我当时对文革不单是迷惑不解,并且已经相当厌恶,我决不愿意在文革中做那种自欺欺人的事。

(二)在五七干校

1969年秋,我参加了"毛泽东思想宣传队",去吴县越溪公社一大队。在那里一个月,与群众朝夕相处,建立了很深的感情。我们离开时,群众男女老少,哭着送我们。

1969年的冬天,农科院的文革进入"斗,批,改"阶段,实际上就是去"五七干校"。那天,敲锣打鼓,给每人带了红花,将农科院大约300多人,送到句容县石山头的江苏省五七干校。农科院的老专家与科研干部大部分都去了。

石山头原来是一个劳改农场,是一个荒山坡,只有几排很简陋的平房。在那里就是两件事:学习与劳动。粮食系的30多人住在一个大房间内,都是双层床。年轻人照顾我们,让我们这些中老年人睡下铺。学习时要"斗私批修",每人都要谈谈对文革的认识。我在检查中说:"文革以来,科研工作不能做了,政治工作又不需要我做了,我是感到一身轻松。我有时间陪了我爱人到南京莫愁湖去游湖,我们租了一条船,在湖中游荡,得到了从来没有过的享受。"这一番检查,得到大家的好评,说我检查得很深刻,我自己却不知道有什么深刻的。

大家都要参加盖房子,我们要学习砌石墙,砌砖头。我对动手的事一向不内行,只能小心谨慎地学,居然也学的有些会了。年轻人对我很照顾,不要我爬上爬下。

文革中,有一些年轻人对我一直很好,我非常感谢他们。

(三)下放农村

在干校半年,就开始干部下放。按当时的政策,我是副研究员,是可以不下放的。但是两个原因使我坚决要求下放:一是我结婚以来,一直未能与立中与孩子们生活在一起,我十分希望能过上家庭团聚的生活;二是我对运动感到厌恶,我想到农村去,希望在农村摆脱这种人斗人的政治环境。

因为立中在江宁县农业局工作,我要求下放的地点是江宁县,领导同意了我的要求。

当时上面要求是全家下放,我就要带了两个孩子一起下放。妈妈当然很舍不得两个孩子,但她是很顾大局的人,也不得不接受这个事实。

1970年的春季,干校派朱塘松(我的助手)来帮助我们搬家。来了一部旧卡车,将我和两个孩子及一些家具运到我的下放地点——江宁县殷巷公社,这是立中驻点工作的地方。公社决定将我们安排在下栖大队第四生产队。下栖大队是一个低洼圩区,从殷巷镇到下栖要走半小时的农田小路。公社派人将我们的行李送到下栖四队。我们暂时住在一个老贫农老张的家中,这样就开始了我们的农村生活。

老张是一个善良而朴实的老人,对我们全家非常照顾。为我们安排好床铺,吃饭就与他们家在一起。

当时的政策是前两年带薪,以后就可能要真正当农民,靠挣工分生活,所以我必须要学会干农活。

在学农活过程中,遇到我意料之外的艰辛。不论是割麦子,还是插秧,农民完成10 m,我只能完成1 m。经过不断的努力,进步甚微。

公社曾经要我去小学帮助代课,小学生不但不好好听课,还经常哄堂大笑。可能他们笑的是我的很不标准的上海官话。对那些调皮的小学生,我简直没有办法。

公社又要我帮助搞"920"农药的生产。"920"就是赤霉素,可以促进植物生长,当时报上大肆宣传。赤霉素是一种微生物的产物,培养过程中,必须严格灭菌。在农村条件下做到完全灭菌非常困难,第一次虽然成功,以后都不成功。

这几方面的挫折对我的打击都很大。

我一时对自己失去了信心,思想非常苦恼。我感到自己在农村可能是难以适应,我考虑到今后怎样谋生,特别是怎样将孩子带大的问题。

这时候,我才真正体会到文革对自己带来的可怕影响。

在我思想消沉时,公社的几位领导对我还是很关心的。他们决定让我去其林大队参加工作队。工作队的工作是群众工作,我还是能胜任的。这样我才逐渐地恢复了对自己的信心。

我与其林大队的男女老幼关系都处得很好,我对其林大队的干部作风与农业生产等方面进行帮助,在工作中取得了较好成绩。在江宁县召开全县先进下放干部大会时,我被推荐为先进下放干部。

在这以后的一年多时间内,我们在农村的生活比较平静。我有时在工作队工作;有时就在生产队劳动;有时帮助立中做一些农业科技工作。

我虽然是学习农业科学的,但是一直并没有真正地参加过农业生产。在农村那两年,使我有机会直接地参加农业生产的全过程,了解与农业生产有关的各个因素,各个环节。我第一次领会到农业生产的整体性,为我后来形成"农业系统"的概念打下了基础。这对我在农业科学上的学术思想有很大的影响。

我在工作队时,白天都不在家。立中比我更忙,天天在各个生产队跑,指导生产。因此,有些家务事不得不由晓莹担当起来,如挑水、烧饭等。晓莹那时才十二三岁,挑水比我还要像样。但我看见她小小年纪,做这种重活,感到很心疼。晓莹非常懂事,老少农民都喜欢她。

晓东在农村过得倒还快活。他那时八九岁,与农村小朋友玩在一起,他很快就能骑到水牛的背上。农村的一段生活,也许在他们一生中,留下了印象。

1971年9月,发生了林彪事件。1972年以后,政治空气稍宽松一些。

(四)在南京市农科所

1972年春,由曹景纯推荐,我被调到南京市农科所(简称"农科所")担任副所长。曹是我在江苏分院的一位相处很好的朋友,他那时在南京市农林局工作。

我是江苏分院下放干部中,上调较早的一个。我上调时,当然要求孩子一起上调。我到派出所,很容易就将孩子户口迁回南京。那时,我感到松了一口气,总算又让孩子回到了城市。妈妈、立中她们也都非常高兴。

南京农科所当时是初创,市农林局指定由周景钢、胡月清与我三人负责。周是书记,胡是所长。

一开始,地点在浦口石佛寺,这里原来是劳改农场,处在沿江圩区,地势低洼,土质黏重。最初只有十几个干部,大部分是南京市原来的农业科技干部,有农学、植保、土肥、蔬菜等专业的。

石佛寺条件实在太差,因此,没过几个月,就决定将农科所搬到南京东郊仙鹤门。那里原来是南京师范学院的实习农场,总面积约50多亩,试验田有10多亩,有山坡、池塘、树木,环境比较优美。有几排现成的平房,可以做办公室与宿舍用。

周是全面领导,胡管行政后勤,我分管科研。科研方面分为若干专业组:农学、植保、土肥、畜牧,后来增加农业气象组。

我上调后,当然也要求立中调进农科所。到1974年,立中才正式调来。

1974年,南京市决定要有60个知识青年插队到农科所,这对农科所来说是一件大事。

知青来农科所之前,所里派出两个组,一家一户去家访,一方面介绍农科所的情况;另一方面也对知青进行一下考察。我带的一组,跑了20多户人家。这样做,使家长对农科所很放心。

60个知青,一半是男的,一半是女的,极大多数都是高中毕业生,素质比较好。

知青的到来,为农科所增加了实力,同时,也增强了青春的活力。农科所马上显得朝气蓬勃,各个科研组与行政后勤方面都增强了力量。

农业气象组分配了4个知青,在立中与我的带领下,就可以开展一些研究。

我自1966年后,无法进行科研工作,这时,我才能继续开展农业科研工作。

南京农科所的农业气象科研是有成绩的,这些成绩都有立中的功劳,也有几个知青的贡献。20世纪70年代是双季稻与三熟制大发展的时期,我们的科研几乎都围绕双季稻与三熟制,主要的成果是:

1. 双季早稻的死苗问题

生产上经常发生早稻幼苗的死亡。当时,南京气象学院与南京师范学院都有老师来与我们合作。针对死苗问题,我们从气象、土壤、植物生理、植物病理等方面开展了综合研究,明确了死苗的成因是在早春低温条件下,稻苗抵抗力减弱,使立枯病病菌侵害而死。因此提出防止死苗的措施主要是:适当调整播期,进行薄膜覆盖,喷施农药等。措施推广后,很大程度上解决了死苗问题。

2. 三熟制早稻小穗问题

当时三熟制早稻大量出现小穗,严重影响产量,农业科技人员为之而困惑。我们经过试验与调查研究,很快明确,小穗的主要原因是移栽时水稻已经进入穗分化期。我们研究后提出,只要掌握适宜秧龄的指标:移栽时叶龄<(总叶龄－5),就不会发生小穗。这个结论在一次全省的农业科技会议上介绍时,得到农业科技人员的普遍赞赏,并且在生产上很快解决了小穗问题。

3. 水稻生育期的温光反应与后季稻的适宜播期

我与立中在大量数据的基础上,应用数理统计方法,探索出一个独创性的水稻温光反应公式。根据这个公式,就可以求算出后季稻的安全播种期。这项成果后来在《植物学报》上发表了论文,在我国影响较大。许多水稻书刊以及教科书中,都引用了我们的成果。

掌握了后季稻的安全播种期,就可以防止后季稻在安全齐穗期以前抽穗,因而是防止低温翘穗的关键性措施。因此,这个成果对减轻与防止水稻冷害发挥了重要作用。

1978年,这项成果得到江苏省科学大会奖。

1974年后,在周总理与邓小平的努力下,国内各方面工作得到部分的恢复。中央气象局召开了一次农业气象座谈会,邀请我与韩湘玲等人以专家身份参加。会上,我们积极呼吁在全国恢复农业气象工作,并根据自己的工作经验,说明农业气象工作在农业生产上的确能发挥重要作用。

1974年冬季,在我的积极争取下,参加了海南岛杂交繁种的工作。这是我第一次坐船渡过海洋。那天风浪很大,我感到非常新鲜。

在海南岛陵水县,我与农科所的几个年轻人同住在十分低矮的草房中。一天夜晚,一条大蛇从床底下爬出来,将大家吓了一大跳。

在那里,我应用农业气象方法,对海南岛的气候与杂交稻制种的花期相遇问题进行了分析,提出了一些建议,写了一份材料。后来被参加制种的农技人员广泛采用。

1976年是我国现代历史上有重要意义的一年。

1976年1月,周总理去世。周总理是中国人民所敬爱的,也是我内心所深深敬爱的领导人。他为中国人民做到了"鞠躬尽瘁,死而后已"。

我们在农科所,不管上面的各种限制,带领着大家举行了沉痛的追悼会。

同年9月,毛主席去世。毛主席在当时中国人心中,威信极高,我对他在中国革命中的贡献也十分钦佩。但是,文革的巨大灾难使我在他去世时,有这么一个念头:"文革的混乱局面可能将要结束了。"

1976年10月,我自海南岛返回南京,途经上海。10月7日晨,听到敲锣打鼓声,走出旅社,有人说,"四人帮"被打倒了。后来消息得到证实,我感到非常兴奋。这是中国人翻身的消息,广大群众在"四人帮"倒台时的喜悦,只有日本人投降时可以与此相比。

"四人帮"倒台,文革实际上已经结束,10年的灾难终于过去了。

"四人帮"倒台与两年后的十一届三中全会,是中国新生的开始。

"四人帮"倒台对南京农科所最大的影响是知青的参加高考与陆续地调走。

1977年邓小平提出要恢复高考。这个消息对知青是天大的喜讯,我也十分为他们高兴。与这几十个知青朝夕相处约3年,自然产生了较深的感情。我当然希望他们得到他们应该得到的前途。

我组织了高考辅导班,亲自为他们进行数学辅导。知青们学习十分认真。他们中后来有10多人考上了大学或大专,我与立中都为他们感到高兴。60个知青的极大多数后来陆续离开了南京农科所,走上不同的工作岗位。

文革期间,江苏分院改名为江苏省农科所,1978年,正式改名为江苏省农业科学院(简称"省农科院"),直接由江苏省省委领导,分院时的科研人员陆续调回。经院领导的关心与自己的争取,我与立中在1978年3月被调回省农科院。

九、在江苏省农科院(1978年3月~1990年10月,49~61岁)

1978后的2~3年,省农科院各方面的工作都在恢复中。

我与立中刚调回时,被安排住在西村工人住宿区。给了我们一间半平房,晓莹与晓东与我们又生活在一起,晓莹住那半间,晓东与我们合住一间。条件虽然是差些,但是,一家人又能住在一起,就很满意了。那时,孩子已经长大。晓莹高中毕业后,在无线电厂工作,晓东在读高中。1981年后,我们搬到干部住宿区(68楼302),有两大间,一小间,孩子们都有了自己的房间。

我在生活上要求一直不高,对于住房等方面,从来没有什么怨言。

1978年回院后,院领导决定由我担任粮食作物研究所(简称"粮作所")副所长。所长仍是梅藉芳先生,副所长还有周泰初、杨立炯等。梅对我很器重,有一些困难的问题,都希望我帮他处理,如:南京11号选育人之争等。当时刘大钧先生也在所内。南京农业大学搬到扬州时,他留在南京小麦室工作。小麦室后来都并入省农科院粮作所。刘与我一直有很好的友谊。

(一)恢复农业气象工作

我当时的主要工作还是恢复农业气象研究工作,重新建立了农业气象研究室。人员有了变动,原来的人员只留下了李林,增加了高庆芳、张立中、郭鹏、林武等人,1980年,调进了金之庆。

这期间,农业气象科研方面,主要完成了以下几方面的工作:

1.中国水稻气候资源与水稻气候区划的研究以及中国南方种植制度区划研究

这两项研究都是中国农业气候区划的一部分。

为了完成这两项研究,我与李林到全国各个稻区进行调查研究。我第一次去了湖南、湖北、四川、云南、贵州、宁夏、内蒙古等地,对祖国的大好河山,有了较全面的实地领会。

同时,我与金之庆一起,在以往我们自己研制的温光模型基础上,开展了全国水稻品种的温光模型的研究。

这方面的研究成果,写出了6篇论文,编出一本论文集。其中有两篇论文以英文在国际刊物《农业与林业气象学》上发表。后来金之庆参加了在菲律宾召开的"水稻与气象国际学术讨论会",我们的论文被编入《水稻与气象》论文集(英文)。

中国农业气候研究得到国家科技进步一等奖,我是主要完成人之一。

2.协助立中完成小麦气象的几项研究

立中调来省农科院后,专门从事小麦气象研究。她与助手陈华、方娟等,进行了小麦最佳播期的研究,提出小麦安全拔节期的概念,根据安全拔节期确定春性小麦的最佳播期。这项研究对江苏省的小麦生产发挥了较大作用,一直到现在,仍有指导意义。另外她还完成了小麦分蘖规律的气象条件研究、小麦最佳群体动态与光能利用研究等。这些研究,我起了协助的作用。

在进行科研工作的同时,我还与其他同志一起,积极推动全国农业气象工作的恢复、发展与组织工作。

1978~1980年间,我被中央气象局邀请,参加了在哈尔滨与青岛召开的全国农业气象会议。我在会上都作了专题发言。这两次会议对全国农业气象工作的恢复与发展有重要意义。

1980年,我与韩湘玲、刘明孝、陶懿芬、信乃铨、于沪宁等同志一起,积极创议并发起成立"中国农学会农业气象研究会"(简称"研究会"),将全国农业气象工作者组织了起来。研究会对推动全国农业气象工作,发挥了重要作用。该研究会的第一届与第二届理事会,我都被推举为副理事长,第三届理事会,我被推举为理事长。研究会在1987年8月与1993年5月,先后两次举办国际农业气象学术研讨会,促进了我国与国外农业气象工作者的合作与交流。

(二)去美国任访问学者

1980年初,农业部举办第二次英语培训班。我报名参加入学考试,全国考生中,我的成绩为第一。英语班从1~5月,时间虽然不长,在英语口语方面,对我的帮助非常大。我原来基本上不能讲口语,培训班以后,我在英语的说、听、看、写四方面都可以应付了。这对我后来出国与参加外事活动带来许多方便。

培训班的学习紧张而有效,重点是学"听"与"说"。天天要听 TOFEL 磁带,当场测验。在课余,特别是在晚饭后,同学们在田间小路上散步,练习英语对话。我们甲班是同一届中程度最高的,进步也比较快。短短5个月,同学之间互相关心,互相帮助,建立了很好的友谊。

1980年10月,由崔继林先生推荐,我参加了在菲律宾国际水稻研究所召开的"作物生产力国际学术研讨会"。我提交了学术论文——《中国水稻的生产力研究》,并在会上做了介绍。这是我第一次到国外参加国际学术会议。在会议上我了解到,国外的研究水平确实比我国要高,但我国也有自己的特色。我在国际会议上从没有自卑感。

国际水稻研究所的建筑优美,绿草成茵,设备先进,管理有方,给我很深的印象,使我第一次对多年封闭后的中国与国际的巨大差距有所了解。

1980年后,国家开始向国外派出访问学者。在院领导与我本人的争取下,我作为农业部派出的访问学者,在1982年2月与南京农业大学章熙谷教授等同机到达美国。我从旧金山转机,到达 Oregon 州立大学(OSU),该大学聘我为作物系客座教授。

美国是西方最发达的国家。在美国一年多,许多方面给我印象都很深,如全国四通八达的高速公路,优美的小城镇环境,农民生活的富裕,大学图书馆的优越服务等。我在美国的大部分时间都是在图书馆度过的。

OSU 位于 Portland 南面的 Corvallis。这是4万多人口的一个小城镇,OSU 的师生占了城镇人口的将近一半。整个 Corvallis 像个大公园,每座房屋都有不同的格调与色彩,房屋四周都种有草坪与花卉,一年四季空气凉爽而清新。一到暑期,街上非常安静,我骑了自行车,可以独来独往,街上不见一人。

我来美国前,从文献中知道美国与荷兰发展了一种与农业有关的新技术——作物的计算机模拟。它能揭示作物的生理及生长过程与环境因子间的数量关系,然后在计算机上模拟出来。我意识到这项技术对农业科学的未来发展将会发挥十分重要的作用。

作物模拟与农业气象在研究对象上有些近似,都是研究作物与环境的数量关系,而作物模拟的方法比农业气象的传统方法要深入得多。当时在国内,还没有人做过作物模拟研究。我决定去美国后,学习并从事作物模拟研究。

OSU 作物系的 Dr. David Hannaway 是一位牧草专家,他对计算机与作物模拟也有兴趣。我能去美国,就是他提出要求,而由作物系主任 Dr. Dale Moss(著名的植物生理学家)邀请的。

我到了 OSU,很快投入了科研工作。我的科研题目是"苜蓿(Alfalfa)的农业气候计算机模拟研究"。我查阅了 OSU 图书馆中有关的所有文献,制定了整个模拟的框架结构,同时学习了计算机的知识与操作。

1982 年,美国的个人计算机(PC—8088)刚出现。大学生与一些教授都在学习使用 PC—8088。虽然其内存只有 64 K,硬盘只有 1 M,但是大家已经觉得它的功能很强。

因为我在美国只有一年时间,要完成这项研究,就只能日以继夜地在计算机房中工作,有时工作到半夜或黎明。计算机操作经常会出错,必须不厌其烦地反复修改程序,反复地操作;有时令人绝望,但终于又出现转机。由于工作需要,我最后是 1983 年 3 月回国。在回国前,我不但完成了研究论文,并且在 Oregon 州的牧草会议上,宣讲了我的研究成果。那时即使美国,作物模拟研究也还很少,因此,大家对我的研究成果表现出很大的兴趣,给予了好评。

我回国后,将这篇论文在《江苏农业学报》上发表,它是国内最早的一篇关于作物模拟的论文。我后来得知,这篇论文引起国内许多农业科学家的兴趣。

在 OSU,我除了从事科研工作外,还在图书馆中阅读了大量农业各方面的文献。我在出国前,已经形成了"农业系统"的概念,也就是将农业看成是一个完整的整体。因此,我利用在美国的机会,将国外与"农业系统"有关的书刊都看了。我英语阅读的能力较强,又加在北大时掌握的自学方法,几乎三天就看完一本书。

在 OSU 这一年,我对国际上"农业系统"、"农业模型"、"农业生态"、"生态系统"、"系统科学"等领域的最新进展都有了了解。这个知识背景对我回国后的科研与著作,有很大帮助。

美国是一个很大的国家,我不能只局限在 Corvallis 这个小地方。从 1982 年 10~11 月,我一个人坐 Greyhound(灰狗公共汽车)从美国西海岸一直到美国东海岸,经过了 California,Nebraska,Missouri,Illinois,Minnesota,New Jersey,New York,Washington 等州,到每个州我都参观、访问那里的大学或农业科研单位,先后拜访了十几位著名的美国农业气象学家与农业模拟专家、教授,与他们交流了学术观点。这次旅行,使我结识了许多朋友,有些朋友与我长期保持着友谊。

一路上,我对美国的农业也增加了认识。加利福尼亚州的蔬菜业、Nebraska 的大草原、Illinois 的肥沃土地与高产玉米都给我留下了很深的印象。

(三)国外探亲

我们家在美国有许多亲戚,我的两个妹妹鉴之、澄之和两个弟弟齐之、全之在 20 世纪 60~70 年代,陆续地都全家去了美国,或在美国成了家。我去美国,所以选择 OSU,一个重要原因是鉴之妹的家就在 Oregon 州的 Portland 市,距 Corvallis 只有 100 多 km。我到 OSU 的第一个周末,就去了鉴之家。我与她第一次见面是 1946 年在上海,那时她只有 2 岁。1982 年我们第二次见面时,她是 38 岁,已经是两个孩子的妈妈了。她的丈夫是一个很朴实的美国人,是水处理方面的专业工程人员。我们见面,大家都非常高兴。我对她的两个孩子特别喜欢。他们那时是八九岁,活泼可爱。

鉴之对我照顾很多。她借了一辆自行车给我。我在 OSU 一直离不了它。她还替我买了毯子等床上用品。我在一年中,去她们家多次,并与其全家一起游览了 Portland 附近的一些名胜之地。

1982 年 7 月,鉴之一家与我一起去了 Los Angeles。澄之、齐之、全之三家全住在那里。三家我都去拜访了。四家大人、小孩,加上我一起去了 San Diago 去游玩"海世界"。中国的政治与历史将我们兄弟姐妹长期地分离了 36 年。齐之、全之二弟我甚至从未见过。国内的改革开放政策及与中美关系的改善,终于使我们相聚在一起,真令人感慨万千。

1982 年 11 月,我还到美国东部看望了艾其姑母、百之堂弟与远房姑母高君纯女士。艾其姑母在我幼年时与我们朝夕相处。相隔 36 年,在美国重逢,当然非常高兴。

我在美国,生活上过得很简单。每月国家给 400 美金,我吃与住只用 150 美金,省下的钱,回来时买了一些家用电器,还省下 2000 美金,是为晓莹、晓东今后出国用的。这 2000 美金后来在晓东出国时发挥了一定作用。我平时为孩子们做得很少,这也算是为他们做了一件事。

1983年,我回到中国。美国这一年对我们后来的科研工作及与国际间交往关系很大。

(四)担任江苏省农科院院长

改革开放以来,国内大力提拔知识分子担任各级领导工作。江苏省农科院在1981年,由卢良恕接替黄以干担任院长。1982年,卢被调去北京任中国农业科学院院长。省委决定由孙颌担任省农科院院长。孙颌是我在华东农科所的好友,他的年龄与经历都与我相似。

我回国那一天,乘火车从上海到南京,孙颌亲自到火车站接我。

不久,孙颌被调任为省委副书记;省委副书记周泽找我谈话,要求我出来担任院长。我的思想斗争颇为激烈。我在美国学习了不少知识,原想在科研上好好地作出些成果,以报效国家。农科院院长的担子,我知道是不轻的,一挑上这副担子,科研上的理想就难以实现了。我自少年时开始,人生志向只是献身科学,对行政工作,我的兴趣一直很小。

周泽第二次又找我,说经过了院内民意调查,许多科研干部与老专家都推荐我出来,又经省委领导研究决定,要我出来担任院长。在这种情况下,一个我一生中常常遇到的老问题又摆在我前面:革命需要与个人意愿的矛盾。我作为一个党与国家培养多年的干部,只能服从革命需要。

当时我向周书记提了两个要求:①只当3年院长;②允许我继续搞科研。

周说第二个要求没有什么问题,第一个要求到时候再看情况。我没有话好说了。省委的正式任命是在1983年8月一次接待非洲国家元首时下达的,大概是因为必须由院长来接待吧。任命下达是要我任院的党委书记兼院长,也就是"双肩挑"。其任务比单当院长是双倍之重。

1984年,中共江苏省第七届委员会成立时,我被选为省委委员。

我担任省农科院院长的时间是从1983~1990年(54~61岁),共7年。

担任院长期间,我同时进行了三件事:①院的领导工作;②科研;③写书。

7年内,在院的领导工作方面,自己比较满意的是以下一些事:

1. 院的科技体制改革

1984年开始,国家全面展开科技体制改革。在我的争取下,省农科院被省委确定为省的科技体制改革试点单位。

后来认识到科技体制改革是一项难度很大、时间很长的工作。我们当时做的仅仅是一个开始。现在看来,在两个方面直到现在还有较好的效果:

(1)集中管理改为分级管理。改革以前,全院实行集中管理,课题组用钱都要到院里来报批,束缚了大家的积极性。改革中将财权下放到所与课题组。充分地调动了所与课题组发展事业的积极性。这项改革对省农科院后来10多年各方面的发展关系很大。

(2)开展了科技开发工作。改革以前,院、所的任务只是搞科研,改革中,提出要以科技成果为基础,开展科技开发工作。专业所与农区所从那时开始,积极开展科技开发。科技开发是要将科技成果转化为生产力,首先可以产生巨大的社会效益,同时,也增加了研究所的收入。后来的10多年,科技开发收入占研究所总收入的50%以上,对于各所的发展发挥了积极作用。

2. 农区所双重领导体制的建立

江苏省农科院在院本部有12个研究所,在全省各地还有9个农区所,6个蔬菜所。在我当院长期间,在省委、省政府的支持下,建立了农区所与蔬菜所由省政府与地方政府双重领导的体制。这套体制使这十几个地方性的研究所,在经费与课题等方面得到了很好的保证,对全省农业科研事业的发展有举足轻重的作用。

3. 高素质人才的培养

省农科院自1981年开始培养研究生。我任院长后,意识到人才培养是关系到农科院今后发展的大事。我在美国了解到,美国在农业上,教育、科研、推广三方面结合得很好。因此,我积极推动农科院与农业院校的合作。当时刘大钧教授担任南京农业大学的校长,我与他有良好的友谊,因此与南京农业大学顺利地签订了合作培养研究生的协议。先后培养了60多位硕士研究生。这些研究生,现在都是院、所两级的领导或科研骨干。

4.《江苏农业学报》的创办

1985年,我与其他领导研究后,决定创办《江苏农业学报》。学报的出版有利于提高我院的学术水平与知名度。该学报是在世界各国大学图书馆能见到的少数中国的农业学报之一。

5. 完成了图书馆与其他建筑的建设

省农科院以前的图书馆条件较差,而美国大学的图书馆给我印象极深,因此,我十分关心农科院图书馆的建设。在与其他领导同志的共同努力下,一座外观较美、条件较好的图书馆在1990年终于落成。其他如行政楼、科技会堂等重要建筑,都在那几年完成。

6. 华东农业科研协调会的创始

为了加强华东地区各省农科院之间的互相交流与协作,1984年,我与上海农科院储欣副院长(我在浙大的老同学)共同发起,建立华东农业科研协调会;一年开一次会,轮流做东。协调会一直维持到现在,对推动华东地区的农业科研事业发挥了良好作用。在我与张郅政等的创议下,以协调会的名义,办起了《华东农业发展研究》,这本刊物推动了华东地区的农业宏观研究。

我任院长期间,也有一些改革没有成功,如人事改革,曾经想让所长有更多的人事自主权,后来事实上行不通。

在我任院长期间,还安排了100多位老专家与老工人退休,这是一项艰巨的工作。经过院、所两级领导耐心而细致的工作,老同志们都心情愉快地退了下来。老专家中大部分继续得到返聘。我与各所退休的老专家、老工人都合影留念。

我一直感到,共产党的领导一定要更多地发扬民主。在我任院长期间,建立了农科院的职工代表大会,让大家有一个反映意见的渠道,还建立了院务会议制,有民主党派的代表、老专家代表、工会代表等参加,院的重大决策都在院务会议上征求意见。

一直到现在,我任院长期间给群众留下印象较深的是"廉政"二字。

我自己认为,"廉政"既不是我的优点,更不是我的成绩,"廉政"是作为一个领导人起码应当做到的事。

在我当院长时,对别人来送礼一直有一种厌恶感,一概拒收。下面单位来送的,有的要他们拿回去,有的就要办公室转送给老专家。各所所长来送礼,往往被我批评一通。人事方面,凡农科院不需要的人,不管谁介绍的,我都不同意。为此事,得罪了一些老领导。

当时我常想,像我这种"书生气"太重的人,实在不适合当领导。

院的领导工作千头万绪,两副担子,我一个人挑,尽管有其他领导共同工作,还是使我精疲力竭,肠炎、口腔炎等各种毛病都经常地发。我一过60岁,立即坚决地向省委领导写报告,要求辞去院长职务。又经一年,到1990年,终于得到批准。

批准那天,正好晓莹与黄健(女婿)在家。我买了一瓶啤酒,一家人为我不再当院长而高兴,大家干了一杯。

在我的院长任期内,与我一起承担江苏省农科院的领导工作的同志有:谢麒麟、曲树芳、江枫、阮德成、魏振华、刘金钛等。他们都为院的建设与发展作出了重要贡献。

(五)科研与著作

在我任院长期间,始终没有放松自己的科研工作。

我与金之庆、黄耀、陈华等一起，进行了"水稻栽培计算机模拟优化决策系统（RCSODS）"的研制。

我在美国搞牧草模拟研究时，就已经在考虑回国后的工作。从牧草模拟的研究中，我相信，以陈永康经验为代表的我国水稻高产栽培技术，完全有可能应用计算机模拟的方法将它提高到理论的高度。

我1983年回国后，立即向国家自然科学基金与农业部申请了关于水稻模拟的科研项目。从这两个渠道都得到了批准，并且作为重点支持项目。

RCSODS的基本构思还是我在20世纪60年代，总结陈永康经验时，一个夜晚得到的灵感。就是水稻栽培中，原则性与灵活性的辩证统一。原则性就是水稻高产栽培中群体发展的最佳模式。灵活性就是在不同的气候、气象、土壤与苗情条件下，怎样采取措施，使水稻群体遵循最佳的模式而发展。RCSODS就是要应用计算机模型将这样的思路体现出来。这样的模型必须将"模拟"、"优化"与"决策"三者结合起来，形成一种"作物栽培的模拟优化决策系统"。国际上的作物模型大部分是单纯的模拟模型，有的是所谓"专家系统"。前者很难应用于生产；后者的机理性较差，当品种与条件改变时，就很难应用。而"作物的模拟优化决策模型"，同时具有机理性、应用性与通用性等优点，在国际作物模型研究中，是一个创新。

我与金之庆、黄耀等助手们紧紧抓住以上思路，自1984~1990年，坚持了7年的连续性的科研工作。

1984~1985年，我们在长江流域选择了16个地点，安排了两年的联合试验。1985~1986年，又在江苏省安排了8个点的联合试验，取得了大量的第一手资料。

1987~1989年的主要工作是建模。在水稻生育期模型方面，我们在20世纪70年代水稻温光模型的基础上，创造性地研制出水稻"钟模型"，可以同时反映高温、低温与日长对水稻生育期的非线性关系。有关这个模型的论文在国际权威性刊物发表后，有10多个国家的100多位科学家来信，纷纷要求索取论文。水稻"钟模型"被国内外许多科学家在他们自己的工作中学习与引用。

1989年，我们完成了6篇论文，在《中国农业气象》等刊物上发表，并且出了一本论文集。当时将我们的模型称为：RICEMOD。

我自1978年调回省农科院后，除了科研工作外，还很关心我国与江苏省农业的宏观发展问题，写出了几篇论文，主要有：

《农业生态经济系统与我省农业现代化》　　1980
《建立良好的农业生态经济系统》　　1981
《中国农业的综合对策》　　1988

我在国内较早提出农业生态经济系统的概念，在农业界产生了较大影响。《中国农业的综合对策》一文为《光明日报》等全国性报纸所转载，得到农业部宏观农业研究三等奖。

在我任院长期间，进行了两本书的写作：一是《水稻气象生态》，以我为主，与李林共同完成；另一是《农业系统学基础》，全部由我一人写作，有金焱鑫等协助誊写。

《水稻气象生态》一书将国际上在水稻气象方面的研究，以及我自己在这方面的研究系统地总结起来。我在写作之前，在各种刊物上收集了500多篇文献，用小卡片将其内容摘录下来。经过消化、选择、整理、归纳，在我卸任之前，全书初稿已经完成。

《农业系统学基础》一书，我倾注的精力更多一些。

农业系统的思想，是我在从事农业科研工作后多年形成的，重要的有以下几个背景：

(1)1946~1948年，我在浙江大学农学院学习时，产生一种疑问。农学院的课程是很多，但都是各种专业课，如植物学、植物生理学、土壤学、昆虫学、植物病理学、农业经济学等等，各专业课之间的关系很小，似乎农业科学就是一个大杂烩。农学院并没有给学生一个农业整体的认识。

(2)20世纪60年代，我参加总结陈永康经验研究，陈永康的"看天、看田、看苗种庄稼"的经验使我深切地体会到作物栽培的整体性。作物栽培需要同时考虑气象、土壤、植物生理生态、病虫害,以至农业经济等多种因素。

(3)1970～1972年,我下放农村。在农村,我直接参加了农业生产,更加深刻地体会到农业问题决不是某一个单一的学科可以解决的。它需要综合与农业有关的许多专业,来进行研究与处理。即使像早稻死苗这样一个具体问题,也需要综合气象、土壤、水稻生理、水稻病理、经济等多方面因素进行分析与解决。

(4)1980年,我去宁夏调查,当地农民告诉我,他们种的马铃薯,由于交通不便,都腐烂在地头,我就想到与农业有关的因子中,必须包含市场与交通。

(5)1982年我在美国,到一个农场去参观,农场主告诉我他天天要了解苏联与中国的小麦收成,以便决定小麦的出售价格。我想,世界农业实际上是一个大整体。

(6)在美国,我对"生态系统"的学说进行了深入了解。

以上这些背景,在我思想中逐渐地形成了"农业系统"的概念。我的观点是:"农业系统"是由农业环境、农业生物、农业技术与农业经济4个要素组成的一个整体。

美国回来后不久,我就写出了《农业系统论及其方法》一个小册子。这个小册子寄送各单位后,引起农业界许多朋友的兴趣。

为了写好《农业系统学基础》这本书,我阅读了许多有关的书刊,包括中国与世界历史、中国与世界的农史、经济学、生态学、土壤学、气候学、昆虫学、植物病理学、畜牧学、林学、农业经济学等等。经过了多年的思考,终于归纳出"农业系统"作为整体而运行的八个基本原理,以及农业系统研究的基本方法。

在我卸任之前,已基本完成了《农业系统学基础》一书的初稿。

(六)外事活动

在这时期,我还有许多外事活动,多次接待国外元首,也多次出国。

1986年,由省科协组织,以我为团长,去日本鹿儿岛参观学习。同去的还有徐鹤林、葛云山与土壤所的两位专家。鹿儿岛的优美景色给我们的印象很深。日本在设施园艺、大棚蔬菜以及产后加工方面有很多值得我们学习的技术。我在鹿儿岛市作了一番电视讲话。

1987年,我被设于墨西哥的CIMMYT(国际玉米小麦改良中心)邀请,去参加一个成果演示会。CIMMYT是世界上最大的国际农业研究中心。它的条件、设施与管理比国际水稻研究所还要先进。后来,CIMMYT的主任Dr. Winkleman来江苏省农科院参观,由我接待。CIMMYT的最高管理机构是理事会,由10多位国际上著名的专家组成。他们经中国农业部的同意,邀请我担任CIMMYT的理事。理事会一年开一次,一般在3～4月份召开。理事都是两届连任。我担任CIMMYT的理事,是1989～1994年。1990年参加的一次理事会是在非洲的Ethiopia召开的。到非洲要经过巴基斯坦与也门等地的机场转机。在这些国家,我领略了一番异国的风光。在Ethiopia,是在国际畜牧研究中心开的会,条件比较好。但是,非洲的农村很穷,农村妇女背了烧火用的木材要走几十里路才到家。我是搞农业的,即使在国外,也很注意各国农民的生活情况。

1988年,由联合国粮农组织邀请,我去意大利罗马参加"国际持续农业研讨会"。这是国际上第一次召开的持续农业会议。会议上,对"持续农业"的含义进行了深入探讨,最后提出了一个大家都能接受的"持续农业"的定义。在这个会议上,我见到了作物模拟研究的创始人之一、荷兰的著名科学家Dr. De Wit,与英国皇家气象学会主席、著名的农业微气象学家Dr. Monteith。我又被邀,去了意大利有名的城市佛罗伦萨。

(七)社会兼职与人才培养

担任院长的同时,我还有不少兼职,如:江苏省科协三、四两届的副主席,江苏省农学会理事长,江苏省对外友好协会副会长等。在任科协副主席期间,曾组织了 100 多人,进行了一次全省农副产品加工的调研。还与张郅政等共同创议,成立了华东地区农学会联合会。这个组织一直活动到现在,对促进华东地区的农业经验交流发挥了作用。

1984 年,我得到农业部的支持,组织了一次全国性的"农业系统与农业模型培训班",是我国第一次以农业模型为内容的培训班。

1986 年,我邀请美国著名的作物模型专家——Michigan 大学教授 Dr. J. Ritchie 来我国,在江苏省农科院举办了全国性的"CERES 模型培训班"。他系统地介绍了美国以他为主创建的作物模型——CERES。这次培训班对我国作物模型研究的开展,发挥了重要作用。

1987 年在我与刘明孝、韩湘玲等人的共同努力下,召开了我国第一次"国际农业气象学术讨论会"。

从 1982 年开始,我担任硕士研究生导师。培养的硕士研究生有:李秉柏、黄耀、方娟、张更生、董维春、郑有飞、殷立新、王桂林等。到现在,他们都是研究员或教授,都是国家或省的重点培养的人才;有的负责国家的重大科研项目;有的担任院、所、系的领导工作;有的在国外得到发展。

(八)家庭情况

在我任院长期间,家庭中发生的几件重要事件是:

1987 年 7 月,晓东与家倩结婚,他们是中学同学。家倩 1987 年 8 月去美国留学。家倩出国前,我写信给鉴之妹,请她做经济担保,鉴之一口承诺。因此,家倩出国较为顺利。对鉴之的帮助,我始终很感谢。

晓东在 1988 年 4 月去美国探亲。他的出国,我请 OSU 的好朋友 Dr. Hannaway 做的担保。他不但同意,并且非常负责,还主动与美国使馆联系。因此,晓东出国也较顺利。晓东出国时,我正在美国东部艾其姑母家。晓东在美国给我打了电话,我就放心了。

当然,晓东与家倩两人到美国后的初期,还是相当困难的。特别是晓东,他手上钱很少(开始只有我给他的 1000 美金,其余 1000 美金是我给他去美的旅费)。他替饭店送过饭,在店里端过盘子,一天下来,累得要死。后来,情况才慢慢好转。

晓莹 1975 年高中毕业时,文革尚未结束。她被安排在南京无线电元件七厂当工人。文革结束后,她报考了南京市机械职工大学。报考前的复习与在校学习期间,我做了一些帮助。记得在我当院长时,她有时在晚上与我一起去我办公室学习。

晓莹的婚事,是我与她妈妈一直关心的事。后来,我的研究生黄耀向晓莹介绍了他的哥哥黄健。黄健是中国人民大学新闻系毕业,在国务院研究室工作。

1989 年底,晓莹与黄健结婚,这是我们家的大喜事。她阿婆一家,她上海好婆,她伯伯、叔叔们都非常高兴。

十、卸任以后(1990 年 6 月～1999 年 5 月,61～70 岁)

1990 年 6 月,省委关于我卸任的文件下达后,我召开了党委会,交代了一下工作。第二天,我在两个秘书唐长玲与李红的协助下,抓紧整理我办公室的文件资料,准备办移交。唐、李二人与我多年相处,有了较深的感情。她们俩一边整理文件,一边哭,使我颇为感动。但我自己倒没有什么难过的感觉,反而有一种轻松感。虽然做了 7 年院长,我认为自己还是一个科研人员,科研是我的本行。

从那时开始,我就搬到农科院的信息楼三楼我的新办公室工作。唐、李二人帮助我将那里的办公室布置好后,才离开。

(一)科研工作

我既然卸任,当然是集中力量搞我的科研。首先要抓紧完成水稻模拟模型的研究。这项研究,在当院长期间,我不可能有很多时间亲自编程序。但我一直认为,搞科研必须亲自动手。原来完成的"RICEMOD"是很不完整的,院长卸任后,我把有可能完成的水稻系统的内容认真地考虑了一番,决定建立一个包含8～9个子系统的大型模型。

1990～1992年,我与金之庆、黄耀、陈华等几位助手突击性地进行工作。计算机编程工作需要全力以赴,我可以说是日以继夜,最紧张的时期,我一天上四个班,即:清早、上午、下午、晚上。

终于在1992年底建成了"水稻模拟优化决策系统——RCSODS",并进行了专家鉴定。

在RCSODS中,我们共建立了100多个反映水稻生长发育的数理模型。到最后建成时,它包含9个子系统,100多个模型文件。系统全部打印出来,比《辞海》还要厚。

RCSODS是中国第一个大型的作物模拟模型。专家鉴定时认为:"RCSODS的建成表明中国已经是继美国、荷兰以后,第三个能独立进行研制大型作物模型的国家。"这个评价使我感到安慰,多年的心血终于为中国赢得了荣誉。

美国出版的在国际上有较大影响的《国际水稻生物技术季刊》,先后两次主动地向全世界介绍RCSODS,RCSODS被列为国际水稻科学史中创新性的高新技术。

1989～1990年,我们在全国与全省范围,共办了10次以上培训班。在江苏、浙江、福建、湖南、贵州、陕西等省大面积地推广,得到明显的水稻增产效益。

1993年,该成果获1992年度江苏省科技进步一等奖。

1993～2003年,我一直没有中断对作物模型的研制工作,先后完成的工作有:

(1)将水稻模型(RCSODS)从GWBASIC(GB)程序(RICE)改写为Quick Basic(QB)程序(RICEQ);

(2)将RCSODS模型(RICEQ)全部改写成英文版(RICE-E);

(3)完成了小麦模拟优化决策系统(WCSODS),这项工作前后共用了8年时间;

(4)将WCSODS模型(WHEAT)全部改写成英文版(WHEAT-E);

(5)1998年用了大半年时间,将RCSODS与WCSODS的中文与英文两个版本全部从Quick Basic(QB)移植到Visual Basic(VB)。

为什么要建小麦计算机模型?有三个原因:①小麦是我国第二大作物,要将我们模型研究的成果影响到全国(特别是北方),必须有小麦模型;②立中与我从事小麦气象的研究许多年,积累了许多资料,完全可以用于建立小麦模型;③在"八五"期间,我申请到国家自然科学基金关于小麦模型的课题。

为什么要从GB转移到QB,又进一步转移到VB?因为QB的功能比GWBASIC强,VB的功能又比QB强。VB是当代最先进的编程软件,可以与各种数据库链接;可以与多媒体链接;可以与INTERNET链接。我这一生搞科研,始终要求达到国际先进水平。

为什么要有英文版?因为我要求这两个系统都能与国际交流。事实上,它们已经通向了国际。RCSODS在美国几所大学(Rice,Taxas A & M,OSU)都用英文版作了介绍。1997年,在WMO(世界气象组织)在南京举办的培训班上,我将RCSODS与WCSODS的英文版向10多个发展中国家的学员作了介绍。

以上这些模型的建模工作的大部分基本上是由我自己完成的。计算机编程的工作是一种个人劳动,一个人做,有时比几个人做,效率反而高。

长期工作中,我养成了习惯,清早4:30～5:00起床,编程2～3小时。白天有空时就编程。晚上看完电视再编程1～3小时。如果白天没有其他事干扰,一天最多可以工作14小时。

计算机编程工作是一项需要时间、需要细致、需要耐心、需要毅力的艰苦的脑力劳动。有时出现一个错误,2～3天都解决不了,只有不厌其烦地反复地试验,坚持不懈,才能得到最后的通过。这样,有时就不免搞到深夜一二点钟。

那时晓莹在家做饭,我下午常常忙到晚上七八点钟才回家,晓莹做的饭菜都凉了。有一次晓莹责怪了我两句,我感到非常抱歉,以后每天注意早些回家。

是什么动力推动我起早带晚地这样做呢？我倒不是想再得什么奖，各种名与利的东西对我都已经没有什么意义。我是了解到，国际上作物模型真正能在生产上发挥作用的非常少，我希望中国能够完成几个真正能在生产上起作用的作物计算机模型；它们既能推动中国的农业发展，对中国的农民有所帮助，又能使中国的农业科学在国际上有一个较高的地位，并且还能推动国际农业信息科学的发展。

除了稻麦模型外，我在"八五"期间（1993～1997年），还被邀请参加了国家攀登计划——"农作物高产、高效生理基础研究"（娄成后先生主持）。我与金之庆共同参加，我们负责的课题是：水稻理想株型与合理群体的计算机模拟研究。最后，我们完成了5篇论文，在总结汇报时，得到较好的评价。

1998年开始，在我的促进下，与土肥所白素娟等一起建立了与美国Oregon州立大学及该州种子协会的合作关系。由美方提供经费先后进行了种草养鱼、种草养奶牛与种草养羊三个项目的研究。我对这些研究较为重视，因为发展种草养畜与种草养鱼是我国在21世纪调整农业产业结构的一个重要方向。

（二）人才培养与著书

1992年，经国家教委评定通过，我被南京农业大学聘为博士生导师。我培养的博士研究生有金之庆、陈淼、冯利平、马新明、曹宏鑫、郑国清等6人。

在著作方面，我的几本主要著作都是在我院长卸任以后出版的。

《水稻栽培计算机模拟优化决策系统》（高亮之、金之庆、黄耀、陈华、李林合著）一书，在1992年11月，由中国农业科技出版社出版，共20万字。这本书在全国传播很广，为全国从事作物模拟研究的科技人员所欢迎。

《水稻气象生态》，由中国农业出版社于1992年12月出版。全书共9章，37万多字。这本书由我与李林共同完成。我院长卸任后，在1990年秋，因长期患肠炎，住了一次人民医院。在医院的两个月，我天天忙于这本书的校对。

《农业系统学基础》，由江苏科技出版社于1993年8月出版，共50多万字。这本书由我独立写作完成；金焱鑫为这本书的誊写做了大量工作。这本书的责任编辑是张湘君，她的工作非常认真，反复地交给我校阅修改。由于该书学术水平与出版质量较高，后来获江苏省图书二等奖。国内许多农业专家都看了这本书，反映都比较好。国家气象局总工程师程纯枢先生要求气象局搞农业气象工作的同志都去买一本看看，南京农业大学的章熙谷教授要求他的研究生都要看看。南京农业大学还把这本书作为研究生教材，一次买去100多本。我后来向全国每个农科院、农学院图书馆各送了2本。

由气象出版社出版的《中国气候与农业》（56万字）一书，由程纯枢先生主编，我担任副主编之一，并负责《气候与水稻》与《气候与农业区域开发》这两部分的写作。该书在1991年出版，有英文版，国家气象局将此书与国外进行了广泛的交流。

（三）国际交流

国际活动方面，在我院长卸任以后，依旧很多。

1992年，我被美国环保总局（EPA）邀请，参加在菲律宾召开的一项重大科研项目的评估会。该项目是"全球气候变化对水稻生产的影响"。同时被邀请的只有三人，除我外，还有美国的著名科学家Dr. Holt与Dr. Sass二位。我与他们二位后来一直保持着良好的友谊与经常的联系。

我的CIMMYT理事一职一直担任到1994年。1992年，理事会在印度召开。我在一个深夜到了新德里的机场，人非常多，我不知道向哪里走，倒有些着急，幸好会议上来接的人赶到了。会议在新德里中心的一座很高级的旅馆召开，后来又去旁遮布省农学院参观。那时是5月，天气已经极热，印度人说，7～8月，气温天天要在40℃以上，我简直难以想象那样热的日子怎么过。

1993年，理事会在墨西哥召开。我与立中一起去了。按理事会的规定，每三年可以带一次夫人，立中因身体关系，我只带她去了一次。我参加会议，立中由CIMMYT几位主任的夫人陪同，去游玩一些地方,去商店买东西。立中第一次出国,感到很高兴。

我们从墨西哥转到美国,与晓东、家倩一起去了 Portland, San Francisco, Los Angeles 等城市,见了鉴之一家,望之二哥,澄之、齐之、全之三家。兄弟姐妹又一次相逢,大家都很高兴。立中与澄之对缝纫都有兴趣,谈得很投机。

1994 年,是我任 CIMMYT 理事的最后一年。在理事会上,我积极建议,CIMMYT 理事会中应有一位中国的理事继任,理事们都支持我的意见。从墨西哥回美国后,我去了位于 Texas 州南部休斯敦的 Rice University。该校 Dr. Sass 教授邀请我去参加为期一个月的关于水稻田甲烷(CH_4)排放的科研合作。当时黄耀由我介绍,在那里读博士研究生。我在那里,对稻田 CH_4 的排放问题进行了详细的了解,并且,做了一场关于 RCSODS 的 Seminar。

经过 1~2 年的筹备,1993 年 5 月在北京,由中国农学会、北京农业大学、中国气象学会、中国农业科学院等单位联合发起,召开了"气候变化、自然灾害与农业对策"的国际学术研讨会。这个会议,实际上是以中国农学会农业气象研究会为主筹办的,我、韩湘玲、吴连海、郑大玮、金之庆等是主要的组织者;共有 17 位国外专家、40 多位中国专家在会上交流了论文。

经过 2~3 年的筹备,1998 年 6 月,由江苏省农科院、上海植物生理研究所、中国农业大学,南京农业大学 4 个单位共同发起,在江苏省农科院召开了"作物-大气-土壤-病虫系统的模拟及其在作物持续生产中的应用"国际学术研讨会(MCCSP)。为了开好这个会,金之庆与我两人作了很大的努力。会前与会议期间,农业气象室的全体同志都参与了。

由于准备充分,会议开得很成功。有 10 多位国外第一流的作物模拟专家参加会议。国内有 50 多位代表参加。这个会议是该主题领域的国际上的第一次学术会议,对今后国际作物模拟研究将有较深远的影响。

(四)推动互联网交流

作物模拟属于农业信息技术,关于信息化与信息技术,我 1982~1983 年在美国时,就十分注意。1980 年法国著名记者与作家施赖贝尔(Jean-Jacques Servan-Schreiber)出版了《世界面临挑战》一书,提出"正像农业社会让位于工业社会一样,工业社会必将为信息社会所替代"的观点。我由于自己的科研工作与计算机和模拟技术有关,因此,对信息化的问题特别感兴趣。

晓东与家倩都是学习计算机的,工作又属于计算机与信息技术领域。我每次去晓东那里,都向他学习计算机的知识。1992 年,我在 CIMMYT 开会时听说有"INTERNET"(互联网),后来在晓东家中见到一本介绍 INTERNET 的书。INTERNET 将全世界的计算机用网络联系起来。我立即意识到 INTERNET 在当代与未来的信息社会中,将有无比重要的意义。我在晓东家中,将那本书全部看完了。

1993 年夏,齐之弟曾经来信谈到想来大陆投资之事。当时正处于国外来华投资的热潮。我与四弟都表示愿意配合。我想到的是齐之可以与江苏省农科院合作,创办一个信息服务公司,晓东对信息服务行业也很有兴趣。

改革开放以来,国家提倡科研单位创办公司,发挥科技人员之所长,为社会服务,而在服务中得到创收。这样既可以促进科研成果转化为生产力,充实研究所的经济实力,又可以改善科技人员的待遇,这是一举几得的事。特别是在我国当前经济较为落后的发展阶段,这是科技体制改革的一个方向。我任院长期间,对科技开发一直持积极态度。

1994 年初,在齐之、晓东的共同支持下,由齐之的公司与江苏省农科院的富民公司共同创办了江苏腾龙国际信息咨询公司。

1994~1995 年,两年时间内,即公司创办之初,遇到了没有预想到的困难,基本上没有做成什么业务。其原因是:①国内各企业、各单位普遍缺乏信息意识,厂长、经理宁可请你吃一顿饭,而不愿要你的信息服务,他们认为扩大业务主要依靠拉关系、送回扣,而不是依靠信息;②国内出现了许多所谓的信息公司,其中不少是欺骗性的,破坏了信息服务的名声;③我们自己还缺乏先进的服务手段。

公司一时陷入困境,我也一时十分苦恼。当时国内改革逐步深入,许多企业都陷入困境,有的破产,有的倒闭,有的受骗。我对市场经济的方针一直很支持,但市场经济既有活力,也有风险。当时的情况,可以算是市场经济对我们的一次冲击。

1996年晓东送女儿多多回国时,积极建议采用WWW(World Wide Web)技术进行公司的信息服务。事实上,WWW在1995年,只是刚开始被人重视。

1996~1998年,公司主要采取两个措施:①精简人员,压缩开支;②积极学习并建立WWW服务。

在晓东建议下,公司创建了"中国信息环球网(CIW)",域名为:chinainfowww。1997年与东南大学的高信公司开展合作,业务有较大展开。1998年,在农科院领导的支持下,组织了10多个年轻科技人员,共同建成"中国农业科技环球网(CAW)"。共有12个农业专业网。公司至此已经有了稳定的业务与收入。

CAW是世界上极少的全国性的综合性的农业科技信息网。是YAHOO搜索中"中国农业"的首位网页。CAW为江苏省农科院各所、各公司,也为许多其他单位的国际农业科技交流与贸易作了不少服务,推动了科研进步,取得了经济效益。

与我共同为CAW作出贡献的朋友有:尹道川、孙英男、袁从褘、张更生、曹庆穗等。

我在公司中没有担任职务,也不取公司的任何报酬,主要是将它作为一项事业(也可以说是一种业余爱好)来看待。后来公司逐步走上轨道,特别是它能为我国的农业信息化作出贡献,我也感到了安慰。

(五)老科协工作与晚年爱好

在这期间,我的另一项工作是参加江苏省老科技工作者协会(简称"老科协")的工作。老科协是一个全国性的群众组织,其任务是团结全国老科技工作者,继续为国家、为社会作出贡献。同时,做好老有所乐、老有所学等工作。

1994年,经省委领导的推荐,要我出任江苏省老科协副理事长。

我这一生,虽然主要的愿望是献身科学,但为社会服务、为群众服务的事,我一般不推辞,因此,就接受了这个任务。这种群众工作,我是从青年做到了老年。

江苏省老科协理事长石坚同志是一个作风正,能力强,工作有魄力,能团结人的老同志。在她领导下工作,大家心情都比较愉快。

我在老科协工作中,主要做了以下几件事:

(1)创立了江苏省老科协农业分会。我们将江苏省农林厅、水产局、农垦总公司、南京农业大学、各地农科所的老科技人员都组织了起来,一年开一次会,交流工作经验。

(2)以院退协为基础,建立了院老科协。院老科协在院领导的支持下,在南京市郊、县开展科技兴农活动,建立了板桥乡(稻、麦)与横溪乡(蔬菜)两个基点,推广了许多项科技成果;几年来,在南京市有较大的影响。同时,在院内建立了7~8个兴趣小组,如:诗、画、园艺、音乐欣赏、京剧、歌咏、交谊舞等,吸引了许多老科技人员参加,丰富了大家的业余生活。

(3)为全省已退休的老科技人员评定职称。许多老科技人员由于种种原因,没有得到应得的职称,使他们终生遗憾。老科协的职称评定工作使他们极为感动,不仅使他们本人,还有他们的子女都感到安慰。

(4)开展了全省农业产业化的调研与服务。

1995年,我被评为全国先进老科技工作者。

在省老科协农业分会与院老科协,与我一起工作并作出较大贡献的朋友有:尹道川、曹文杰、汤邦根、孙英男、王曼静、章迪、张慈芳、洪瑞生、仲传新、查元渊等。

以前几十年,我一直忙于工作,除了看看闲书,看看电视外,几乎没有什么业余爱好。65岁以后,我

开始搞一些业余爱好,我主要选了两项爱好:

(1)书法:我幼年时,在祖父的督促下,学过书法,对书法有一些爱好。院长卸任后,较为空闲,就重新来学书法。我学过欧阳询、颜真卿、柳宗元、王羲之的书法与魏碑、隶书、草书等,买了许多字帖及其他书法方面的书,经常地利用晚饭前后的时间,写半个小时。我感到在学书法时,得到很好的精神休息与享受。

2)写诗:好的诗,不论是新诗,还是旧诗,我从少年时,就很喜欢。有一些好的唐诗、宋词往往使我得到一种深层次的"美"的享受。我的体会是:诗是一种集音乐、绘画、文学于一身的最精练的艺术。但,我在68岁以前,从来没有写过一首诗。

现在时间有了,就想试试写诗。1997年5月的一个早晨,我去农科院西山头活动,见到老人们在打拳、舞剑,我头脑中酝酿了几句诗:

东方缓缓吐白,林鸟声声清脆。

老翁太极身柔,老妪剑舞姿美。

这就算是第一首我自己写的诗了。写成以后,有一种创作的喜悦。

1997年9月,在我的创议下,省老科协农业分会成立了绿野诗社。有10多位老同志参加。一年召开2～3次会,交流各自的最新诗作。

我写了人物诗、科学诗与即兴诗多首。

我的书法与诗作都不能登大雅之堂,但它们可以给我自己一些艺术的享受。

(六)家庭情况

在这期间,家庭中的要事是晓莹与晓东都有了孩子。

1992年11月28日晓莹的儿子黄用出生。那时,黄健正好去了美国。我与立中,还带了在我们家帮忙的魏阿姨一起去了北京。天天送些汤菜去医院,为晓莹补充营养。用用是早产生下,出生时只有2000多g,瘦小得可怜。分娩过程中缺氧,大人们非常担心他智力发育会受影响。他在医院保温器中喂养了1个月,才抱回家。

他三四个月大时,在他大伯沛之的建议下,晓莹给他床头挂了些有颜色的图案,帮他发育头脑。

他半岁时,晓莹曾经带他来南京。他在大床上学翻身,一股劲地翻,连续能翻二三十下。我看到了这个孩子的生命的毅力。我想,孩子会有出息的。

他一岁多时,他爸、妈就教他学认字,他学得很快。他两岁多时,对认字特别有兴趣。在马路上,会看着那些招牌认字,叫"华北大酒家"、"888"等。到1995年(3岁),他已经认识了1000多个字。大人带他去超市,那些女营业员都喜欢要他认字,很少能难倒他。她们说:"这孩子真没治了!"(意思是拿他没办法)。到4岁,他大约已认识3000多字,晓莹替他买来儿童地理辞典,他一页页仔细地看。他能告诉你:南京长江大桥有几个桥礅,一共有多长。他爸爸妈妈闲谈到生男生女问题时,他插上一句:"生男生女是爸爸的关系。"晓莹惊异地问他:"你怎么知道的?"他说:"书上讲的。"他1998年(6岁),就喜欢玩电脑了。

他身体一直不太健壮,很容易感冒,有时会转成肺炎。他爸爸妈妈为他的健康,付出了许多心血。到五六岁,病才渐渐地少了。

晓东、家倩1994年5月29日生下第一个女儿:Raynell,钻钻;1995年10月20日,生下第二个女儿:Claire,多多。

1995年5月,我66岁生日时,晓东、家倩带了钻钻回国,晓莹、黄健带了用用回南京。一家人好不容易聚在一起,大家去照相馆照了一张全家福照片。

1996年6月,多多在美国不好带养。晓东带了她回南京,请家倩妈妈带。多多来过我们家几次,我与立中也多次去看她,她非常讨人喜欢。

我1998年初去美国OSU开会,在晓东家住了半个月。当时钻钻4岁,多多3岁。两个孩子穿着一样的衣服,很像双胞胎,走在外面,别人见到都要称赞几句。

两个孩子性格不同。钻钻好静,做事很专心,在电脑上,可以玩1~2个小时。多多好动,老要姐姐陪她玩。

我在那里,与她们两个一起玩,玩得她们大笑不止。

十一、未来与思考(1999年离休以后)

(一)晚年工作与生活

离休之后的岁月也就是我一生的最后岁月。这个时间究竟有多长? 是很难预测的。目前我身体没有什么大病,争取还有10年左右或更多一些的时间。

1999年后,我已经或正在完成的是这样几件事:

1. 将进行了15年之久的水稻、小麦两个计算机模型推向全国

这两个模型推向全国的意义是:①有利于稻、麦新品种的推广,有利于全国粮食的增产;因此,就有利于我国经济的稳定发展;有利于我国农业产业化与现代化的实现;有利于使我国农民较快地富裕起来。②可以使国内更多的农业科技人员与农业院校的师生接受农业模型与农业信息技术;因此,可以推动我国农业信息化的发展。③这两个模型的大范围普及,加上国际交流,将使我国农业模型研究在国际上有较高的地位。

这两个模型在全国的推广,将是晚年我在科研方面最重要的愿望。

2. 写出《农业模型学基础》一书

该书将国际上农业各领域的主要计算机模型全面系统地总结起来,并且归纳出农业模型的理论与方法体系。

这本书是《农业系统学基础》的姐妹作。

《农业模型学基础》一书,2001年开始写作。我收集了国内外大量的文献资料。在美国时,得到许多位美国友人的帮助,得到许多不易得到的书刊、文献。初稿写成后,又经过无数次的修改与校对,终于在2004年9月正式出版。这本书出版后,立即受到许多农业大学与农科院的欢迎,它们都是成批地购买。我也向北京与各省的主要图书馆,以及我所熟悉的农业界、农业气象界与数字农业界的朋友们,赠送了一批。

3. 继续做好老科协的工作

2005年,院老科协将要换届,我也将要卸下老科协的领导职务。在此之前,我仍尽心做好老科协的工作,包括一年一次的省老科协农业分会的年会,与苏浙沪农业老专家的经验交流会。

4. 晚年生活与爱好

除工作外,在晚年要更多地关心立中的身体,使她晚年过得较为愉快。晓莹、晓东两个家庭都比较美满,他们也不需要爸爸妈妈再为他们做什么事。我们自己能生活得健康、愉快,就使他们放心。

我自己会坚持早晨的身体锻炼,注意生活的规律化。争取保持健康,减少生病。

浙大与大别山的老战友,到了老年,大家联系倒多了。浙大战友有一个《丁冬友讯》,在我这里付印。我们成立了一个编委会,我愿意与其他编委一起,将它办好。

最近几年,我对哲学产生了一些兴趣,在读了许多中外哲学原著后,自己作了较深入的思考,写了一本《综合哲学随笔》的小书,分送给许多老战友与新朋友,居然得到他们的欢迎与赞赏。当然,我并没有

打算在哲学上深入研究下去,这本小书只是作为战友、朋友之间的思想交流。

最近几年,因为有一年两期的《绿野诗刊》,我也陆续地写了一些诗与诗论。我的诗主要是两个方向:一是科学诗,将一些重要的科学知识,用诗歌的形式表达出来,以便普及科学,同时也普及诗歌。我的科学诗得到许多诗友的称赞,倒是我没有预料到的。二是提倡"新体古诗",这是一种介于古诗与新诗之间的新的诗歌体裁。这是一条尝试性的诗歌道路,是否能成功,还不好说。但是,现在喜爱写作"新体古诗"的朋友已经愈来愈多了。

我在晚年的生活兴趣相当广泛,除书法外,还有:古典音乐欣赏,中外文学著作、历史、传记的阅读,天天的上网浏览,有机会时看看昆曲、外出旅游等。我还订了几种报纸、杂志,有《读书》、《万象》、《炎黄春秋》、《同舟共进》、《中华诗词》、《文汇读书报》等,似乎时间是不够用的。

一次我给大哥沛之写信说:"世界上有许多美好的事物,做人一生,不去享受,未免太可惜了。"大哥赞成我的想法。

(二) 一些思考

我一生都喜欢思考,各种大小问题都喜欢想个明白。这里将我对各方面问题的初浅的思考归纳如下:

1. 对宇宙的思考

宇宙的起源与未来对人类来说,始终是一个最大的谜。与宇宙相比,人类简直是汪洋大海中的一个小水滴,太微不足道了。

根据当代宇宙学家与物理学家的最新研究,宇宙是无界而有限的。宇宙从原始物质的大爆炸开始,最终又将回归到原始物质。因此,太阳、地球等星球都是暂时的,最后都将消亡。

但是,我认为这种预测也还是未知数。从人类近200年,特别是近50年的科学发展来看,人类的科学认识与科技力量突飞猛进地向前发展,并且,呈现一种加速发展的趋势。那么,在遥远的未来,谁也很难预测,人类是否有可能改变宇宙局部的变化进程,使它向着有利于人类的方向发展。我认为这是很有可能的。

因此,我对宇宙与人类的未来是乐观的,未来世界对人类来说,是无限美好的。

2. 对世界的思考

人类的历史已经有200多万年之长。中国有文字记载的历史,从殷商的甲骨文算起,也已经有3500多年。到20世纪为止,人类在政治、经济、文化、科技等方面不断取得进步,同时人类历史中又是充满了极为残酷的人对人的压迫与战争,即使到当代,局部战争仍然不断发生。

16世纪以来,欧洲出现了产业革命与资本主义制度。资本主义的社会经济制度有很大活力,对世界经济发展起了巨大作用。到19世纪,资本主义各种矛盾集中地表现出来,经济危机不断发生,广大工人与农民生活极端贫困。因此,产生了马克思主义与社会主义的思潮,产生了苏联与中国的革命。

20世纪90年代之初,苏联解体以来,人们似乎对社会主义失去了信心,资本主义似乎又成为救世的唯一法宝。

当然,即使在当代,资本主义仍然有很大活力。我国改革开放以来,在坚持社会主义制度的前提下,向资本主义学习了许多好的经验,大大地推动了我国的经济发展。

现在的问题是:资本主义真的是救世的唯一法宝吗?这是值得人们深思的问题。

我是从世界的现状来看问题。

20世纪以来,发达国家与发展中国家之间的差距不仅没有减小,反而正在加大。全世界范围内的贫富差距越来越大。据联合国的报告显示:世界上最富的1/5人口消费了世界全部商品与服务的86%,最贫困的1/5人口仅消费1%。

这种世界经济的状况不能认为是合理的。

我在CIMMYT任多年的理事,对IRRI也较了解。这两个机构都是西方发达国家出钱,帮助发展中国家而建立的。它们做了很多工作。但是,几十年来,发展中国家的经济状况改善甚微,其根本原因还是在全球经济的大环境中,资本主义本身的利益驱动与激烈竞争,使得西方发达国家不可能与发展中国家保持真正合理的经济关系,也就是说,不可能建立真正平等而合理的国际经济新秩序。

出路究竟在哪里?谁也难以回答这个问题。

从理论本身来说,社会主义比较重视经济的平等与合理。但,以往将社会主义理解为就是计划经济,而计划经济已经证明是不能促进经济发展的。

那么,我自己认为,社会主义与资本主义二者取长补短,融合二家的优点,克服二家的缺点,在此基础上,形成一种更合理的经济制度,似乎是可能的。

这也许是人类的福音。

3. 对中国的思考

我的中国情结是相当深的。从我是初中生时在日本人的刺刀下面走过的感觉开始,就一直有一种要使中国富强起来的决心。

使中国富强起来,这是自鸦片战争以来,几代中国有志之士的共同理想与奋斗目标。林则徐、康有为、梁启超、严复、孙中山、秋瑾、陈独秀、鲁迅、毛泽东、周恩来、邓小平、李四光、竺可桢……无数中国的思想家、政治家、军事家、科学家……为了中国的振兴,不折不挠,前仆后继。这是一部最激动人心的史诗。我能追随他们的脚步,继续他们的事业,感到非常光荣。这是一条不容自己不走的路。

我一生发奋学习;我年青时即参加学运以至入党;我出走大别山;我在担任所长与院长工作中,尽心尽职;我在科研工作中,全力以赴,有时是日以继夜。这一切,都与我的中国情结有关。中国的富强是我心目中的最高目标。

中国在建国以来的成就,我是亲自参与的。我为此而感到高兴。但是对党的一些极"左"的政策,特别是反右与文革,我是感到忧虑、困惑与悲愤。

改革开放以来的各种方针政策,我是积极支持的。在院长工作与科研工作中,我积极参与了改革开放事业。国家20年的变化使我心情非常舒畅。

但是,各级官员腐败现象的滋长,也使我十分担忧。

建国50年来,国家的经验教训非常多。改革开放的政策当然应当坚持,经济体制的改革只能深入,不能后退。20年来,政治体制改革与经济体制改革相比,相对滞后,目前的政治体制中存在的问题较多,如:对各级领导缺乏有效而有力的监督;各级政府与各单位都还没有真正建立起民主议政的渠道;政治体制应当有更大的改革步伐。教育与科研事业还要得到更好的加强。

尽管还有许多不尽如人意的地方,但我对中国的未来仍是充满了希望。我相信,中国终将会对人类作出较大的贡献。

4. 对科学的思考

我从初中开始,就对科学产生了一种解不开的情结。

人类的各种事业,如:政治、经济、文化、教育、艺术、体育等等都很美好。但是其中意义最为重大而深远、最为激动人心的是科学事业。

基础性自然科学是人类通向宇宙、通向外界大千世界的眼睛,其任务是探索大自然的奥秘。当人类对外界世界的认识逐渐深入,人类改变世界的本领也越来越强,这就是应用科学的功能。在自然科学与应用科学的共同基础之上,人类发明了许多奇妙的科学技术,这些科学技术为人类带来了日益增长的财富。

人类社会的前进,当然要靠经济发展和政治改革,但最根本的动力还是科学技术的进步。没有物理学、力学，就没有蒸汽机，而没有蒸汽机，就没有英国的产业革命，就没有资本主义。

科学技术从来就是人类共同的事业，是没有国界的。

笛卡尔、伽利略、牛顿、法拉第、达尔文、孟德尔、爱因斯坦、爱迪生……这些大名鼎鼎的科学家是科学家队伍的主将。而科学事业决不只是依靠他们。2000多年来，有无数的科学工作者为科学这座大厦添砖加瓦，在科学这条大河中，发挥了一滴水的作用。他们的功绩是不能抹杀的，我也可以算是他们中的一分子。

20世纪以来，由于人类经济的高速发展，已经将地球资源利用到了极限，环境的破坏与污染已经到了极为严重的程度。同时，世界上还有10亿多人口生活在贫困线以下，连温饱问题都没有解决。在这种情况下，科学的任务比历史上任何时期都要艰巨。各种科学技术都要求考虑到环境资源的节约利用与保护。科学技术还要能帮助广大发展中国家实现经济的发展与人民的富裕。

在基础性自然科学方面，由于自然的奥秘已经知道不少，需要有更深入一步的探索，难度就越来越大；需要自然科学家有更高深的知识，有超人的智慧与想象力。我相信，自然界必然还会有许多惊人的秘密等待着当代与未来的科学家们去发现。

5. 对农业与农业科学的思考

我从高中时填写"人生的志愿"时，写下"做农民的爱人"，虽然浪漫了一些，但却表达了我从那时开始的对农业与农民的情结。

我这一生从来没有离开过农业单位，我一生的大部分时间是从事农业科学。虽然我并不出身于农民家庭，但我对农民深有感情。在大别山时，在越溪农村和殷巷农村时，我有机会直接生活在农村之中，使我对中国农民的贫困与苦难有了切身的体会，也使我加强了一生为农民服务的决心。

农业在中国有特殊重要的意义。中国到目前为止，还有70%~80%的人口生活在农村。农业的稳定发展是整个国民经济稳定发展的基础。中国农民收入的提高所开发的市场是中国与全世界最大的市场。但，中国农业要实现现代化与产业化还有很长的路要走，因此，农业科学的任务是相当艰巨的。从长远来看，人类必然会对农业与农业科学提出更高的要求，如：农业要提供丰富的，色、香、味俱佳的，有利于人类健康的农产品与食品；农业发展要更快地提高农民的生活水平，使全体农民都能富裕起来；农业发展不但要更多地注意环境与农业资源的保护，并且要求农业使人类的环境更加美丽；要求农民有更高的受教育程度，有更高的文化修养。面对这样的要求，农业科学就要不断地提高水平，传统的农业科学将要逐渐地让位于新一代的农业科学。

21世纪的农业发展中，我所提倡与发展的"农业系统学"与"农业模型学"将是两门重要的基础学科。这两门学科的重要性目前还没有为许多农业科学家所认识，但我相信，21世纪的农业科学家将从这两门科学中得到教益。

6. 对人生的思考

对每个人来说，人生都只有一次，人生实际上十分短暂。这一生究竟怎样度过？每个人都有不同的想法，我也有自己的认识。

(1) 为己与为人

每个人都会考虑自己的利益，如：生活、前途、家庭、子女等等，这是很正常的。只要不损害他人的利益，"为己"应当说是人的一种天性，是完全合理的。但是，如果一个人的一生只是为了自己，这样的人生意义似乎是太渺小了。一个只为自己而生活的人，如果遇到不如意的事，往往会觉得人生没有什么意义。

人是生物的一种。地球上有很多种群，如：蚊子、蝴蝶等，他们个体的生命时间往往很短，有时只有几小时，但其种群的生命极长。

因此，如果人的一生更多地"为人"，也就是为社会、为国家、为世界、为人类而生，那么人生的意义就是无限的。这就是我的信念。

我个人的生活要求一直很低。我不抽烟,不喝酒,不喜欢穿名贵衣服,对住房要求也不高。20世纪80年代,我们一家住在低矮破旧的工人区平房内,我也毫无怨言。除了买几本书以外,我平时基本上不用什么钱。因此,我对钱一直看得很淡。

但,国家的进步,世界的局势,我天天都关心。没有电视时,我天天听收音机,有了电视,我就天天看"新闻联播",报纸我是天天看。

我在16岁时,不顾个人安危,参加学运;18岁时参加地下党;19岁时,离开家,去了大别山。白色恐怖和枪林弹雨,我都经历过了。在我这一生中,只要国家或群众的利益确有需要,我是义不容辞地服从大局。科研工作再忙,我还是会同意承担一些社会工作。从在中学时参加班委会开始,到大学时发展"中共"与"YF"地下组织;在省农科院,从20世纪50年代做青年团总支书记,一直到20世纪90年代担任省老科协的副理事长,可以说,我从来没有离开过社会工作与群众工作,常常会有社会工作与科研工作在时间上的矛盾,但我只是妥善安排,并没有什么怨言。

我心中经常想的是中国的发展、世界的局势、人类的进步等问题,因此,我一直觉得生活得很充实,很有意义。

(2)生与死

生死问题是困扰古今中外许多人的大问题。

中国有一些皇帝为了长生不老,有的求仙,有的吃药,做了许多蠢事。

基督教有"天堂"之说,佛教有"西天"之说,其实质都是解决人的"永生"问题;但,那些都是一些幻想而已。

其实,有科学知识的人都知道,生物个体的生命都是短暂的,但种群的生命是极长的,至于地球与宇宙的生命,就更长了。

如果只考虑自己这一个人,那就不可能有"永生",如果将自己与人类、地球、宇宙融为一体,那么,就已经得到了"永生"。

一个人的生命确实是短暂的,但是,只要想一想人类的历史——政治史、经济史、思想史、科学史、文学史、艺术史、建筑史……,想一想中国100多年来的救国史、建国史,那是何等的伟大,何等的壮丽!只要将自己的一生融合在人类与中国的历史之中,个人的生命意义也就变为无限。

我这一生,回过头来看看,大体上做了这样几件事:

①为中国现代农业气象学的开创作出了一定贡献。

②在中国开创并推动了作物与农业模型的研究,创建并推广了水稻与小麦两个大型的计算机模拟优化决策系统;建构了农业系统学的理论框架。

③获得9项科研成果,在中国的农业生产中发挥了一定作用。

④写出了80多篇论文,自己写作6本学术著作,参与主编或写作多本学术著作。

⑤参与创建华东农林干部学校,参与培养了1000多名农林科技干部;培养了300多名农业气象与农业信息技术的骨干人员;培养了14名硕士、博士研究生。

⑥为江苏省农业科学院的发展作出了一定贡献;创建江苏省老科协农业分会与江苏省农科院老科协。

⑦主持了3次国际学术会议,参加10余次国际学术会议,参与了CIMMYT(国际玉米小麦改良中心)理事会的各项活动,为国际农业科学的合作交流出了一些力。

⑧在互联网上创建了"中国农业环球网";在全国发行《数字农业与农业模型通讯》。

⑨与我的爱妻立中,共同组建了一个温馨的家庭,养育了一女一子。

我对自己这一生,已经满意了。即使生命到此为止,也没有什么遗憾。如果还能给我10年或更多的岁月,让我再做成一些事,那就是上天的恩赐。

回顾我的一生,青年和中年的在职期间,我主要是探索农业科学;离休之后的晚年,我的兴趣是探索哲学与诗歌；此外，我一生都在思索中国的民主和富强之路,因此,我引用屈原的半句诗,作为这篇回忆的题目:"上下而求索"。

2001年2月7日初稿
2004年11月12日补充

沪 江 情

高 亮 之

一、沪江情

泪泪苏州河
绵绵沪江情
六十余年岁月久
依稀忆旧景

二、八一三

八一三
日寇逞凶残
秀丽校园遭侵占
商楼狭室书声潺

三、国难

国遭难
城破残
年幼难酬救民志
奋学为挑建国担

四、读书

课余钻进图书馆
站读迷书丛
科学史里尽洋人
誓争中华荣

五、英语课

美籍老妇英语授
跛脚颠颠人和蔼
稚子洋音启嘴难
根基扎深永受惠

六、语文课

语文老师陈幼璞
鬓发斑白慈爱情
醉翁亭记讲解深
中华文化铭我心

七、生物课

新来老师女郎倩
秀丽文雅口齿清
草履虫体分辨细
一年师生终身情

八、公民课

班级导师林天铎
赤诚爱国蔑强暴
公民课上讲民主
黑夜将尽晨曦照

九、爱农小组

拿起锄头垦菜园
爱农小友志趣同
施肥治虫乐事多
心中藏有三亿农

十、读书会

战胜日寇内战起
国家前途在何方
学子结社谋真理
切磋钻研觅希望

十一、返母校

草木青葱母校美
杨树浦畔歌声醉
甲乙两班齐合影
友情深结志心怀

十二、重聚

昔时少儿郎
今日白发苍
六十年前同窗情
沪江友谊心中藏

大 别 山

大别山!
在那风雨如晦的年代,
您张开母亲般的温暖胸膛,
拥抱了您的儿女——
我们这批从黑暗奔向光明的
男儿和女郎。

大别山!
1948年的秋季,北风呼啸,
您的满山林木披上了金黄色的盛装,
高耸入云的山毛榉,挂着一串串钟铃般的果实。
我们别离了污浊的城市,
尽情地呼吸着您的空气——香甜而凉爽!

大别山!
您世世代代辛勤劳作的农民,
是谁让你们在彻底的贫穷中煎熬?
破损的茅草屋顶,遮不住连绵的秋雨,
残缺的四周土墙,挡不住刺骨的寒风,
老老少少因缺盐而导致的粗脖子让人心伤!

大别山!
瘦骨嶙峋的老大娘,
忍着自己的饥饿为我们捧出了山芋干。
饭是山芋干,
菜是山芋干,
山芋干淡而无味,我们却闻到了香气芬芳!

大别山!
我们脱下了西装旗袍,
一律穿上褪了色的旧军装。
老刘扛起了枪,
小高翻译着密电码,
王健在几天内办起了战区小报。

大别山!
我们昨天素不相识,
今天是兄弟姐妹,欢聚一堂。
听!李坚那高亢的歌声,

看!李萌那优美的舞姿,
在晓天镇的破庙中,到处是我们青春的欢笑!

大别山!
在那风雨交加的黑夜,
在那泥泞而崎岖的山路上,
部队连续行军三天三夜,
我们学会了边走路、边睡觉、边做梦!
苦吗? 不!因为光明就在前方!

大别山!
在那烽火连天的安庆战役中,
纷飞的子弹穿梭在我们身旁!
火红色的信号弹在远方升起,
千万条木船一夜之间渡过了天险长江!

大别山!
我们离开了您五十年,
您今天是什么模样?
我们五十年的奋斗,
我们五十年的磨难,
全都为着您与祖国的发达与兴旺!

大别山!
五十年前的男儿与女郎,
五十年后已经是白发苍苍!
五十年的风风雨雨,
五十年的酸甜苦辣,
五十年中,您的壮伟的形象,永远在我们心上!

大别山!
您的松柏树郁郁葱葱,
激励着我们老当益壮。
看,祖国正突飞猛进,
让我们携手向前,
迎接21世纪更美好的明朝!

1999年10月

忆农干校

高亮之

1. 赴校

瘦削肩上口粮重
布鞋破帽旧军包
公路崎岖路难行
单身少年赴农校*

* 当年正 20 岁

2. 燕子矶

长江滚滚夏日烈
燕子矶头学校小
设施简陋人员杂
年轻师生紧依靠

3. 八卦洲

横渡长江木船行
满载师生语声哗
四面八方农民聚
群情激愤斗恶霸

4. 笆斗山

冬风萧瑟长江寒
晨曦江边洗脸凉
青年学子勤攻读
粗饭白菜充饥肠

5. 晓庄

搬迁途中住晓庄
抗美援朝炮声响
热血沸腾少年心
离家别校赴战场

6. 后山

巍巍紫金绿满山
校园秀美人人爱
名师群集教学严
英俊男女俱成才

7. 无悔

西北荒漠林木葱
江淮大地稻花香
一生坎坷无怨悔
干校子弟美名扬

8. 重聚

别时年少痛离分
见时苍老难辨认
五十年后重相逢
又哭又笑诉人生

重温母校旧山水
一草一木都亲近
白发老师身犹健
共庆祖国好年景

院庆七十 缅怀先师

高亮之

(2002年9月10日)

1946~1948年我在浙江大学植物病虫害系学习,1948年由地下党组织撤退至大别山根据地。1949年我随刘邓大军过江,进驻南京,以军事联络员身份接管南京农业学校。该校在1951年由华东农林部接收,建立华东农林干部学校(简称"华东农干校")。华东农干校在紫金山北,华东农科所在紫金山南,两个单位属于同一个党委领导。我在1953年调入华东农科所。此后近50年,除文革期间曾下放两年及在南京农科所工作过几年外,始终在华东农科所—中国农科院江苏分院—江苏省农科院工作。很自然地对这个单位有着深厚的感情。

今年是江苏省农科院成立70周年。回忆省农科院的往事,首先使我想起的是几位敬爱的老领导与老专家。他们的高尚品德、出众才华、突出贡献令我景仰与钦佩;他们的音容笑貌,时时涌现在我心间。他们都是我终生不忘的师长。

现就给我影响最深的几位已故师长,作一些点滴的回忆。

刘春安

刘老是华东农科所(简称"华东所")的第一任所长。他是我们党内极少有的农业科技专家。来华东所之前,就在山东解放区领导过农业试验场。

刘老当时已50多岁,是一位慈祥而又博学的长者。建国后到1958年之前,华东农科所可以说是国内科技力量最强的农业科研机构。它领导着华东五省一市(山东、江苏、安徽、浙江、福建、上海)的农业科研工作,集中了国内约四分之一的高级农业科技专家。刘老坚决贯彻党的知识分子政策,充分发挥老专家的作用。各个研究所的正副所长,都是全国著名的老专家。著名水稻专家周拾禄先生是华东所副所长,刘老与他相处很好。

周先生的社会工作很忙,华东所的科研工作实际上由刘老负责。在短短几年中,华东所在许多方面都作了突出的成绩,如梅藉芳先生主持的小麦育种研究,朱凤美先生主持的小麦病害研究,冷福田先生主持的滨海盐土改良,沈梓培先生主持的华东地区土壤调查,陆培文先生主持的黄岩地区柑橘研究等等,在华东以至全国都有很大影响。华东所的成绩与刘老的卓越的政治与业务领导是分不开的。

刘老的知识十分全面。他懂得农业气象在农业中的重要性,鉴于华东所缺乏这个专业,我调到华东所后,刘老亲自找我谈话,要求我从植保专业转行,将华东所的农业气象研究开展起来。不久,农业部与中央气象局委托华东军区气象处在江苏丹阳举办首次全国农业气象训练班,刘老又找我谈话,说这个班是根据中国科学院副院长、著名学者竺可桢先生的建议而举办的。竺先生是我浙大的老校长,我当然是要服从并去参加了。1956年,刘老又决定送我去北大物理系气象专业进修。刘老对我的安排决定了我的一生。丹阳的学员后来一部分就成为我国第一代农业气象学家。

刘老在1957年后就离开华东所,调往中国农科院任秘书长。他协助丁颖老院长,为推动全国的农业科研事业作出了新的贡献。

周立平

周老当时是华东农科所副所长,兼华东农干校校长。他是一位很有特色的领导人。解放初期,他在领导人中算是年轻的,不过30多岁。但是他的经历可不简单,来华东所之前,他是张爱萍将军的老部下,当过华东海军舰队的军代表。

他的最大特点就是对知识分子干部的爱护与支持。这可能与他自己是知识分子出身有关;但更重要的是他对党的知识分子政策的深刻理解与认真贯彻。

不论在华东农干校或华东农科所,他都喜欢在知识分子中交朋友。我们那时都非常愿意与他接近,与他谈话毫无拘束。在华东农干校,他与我们这些年轻教师和学生一起参加筑路劳动。他的以身作则的精神,使师生们至今仍记忆犹新。

在华东农干校,他很重视锻炼与培养知识分子干部。1952年,他领导农干校与农科所的三反运动,调卢良恕与我担任农干校的工作组正副组长,指导我们怎样发动群众与正确掌握政策。

在华东农科所,他分管政工与行政工作,我记得他在会议上对行政人员严肃地讲:你们的任务就是要全心全意地为科研服务,为科研干部的需要服务。解放初期的科研干部基本上都是旧社会来的知识分子,他这种明确的观点,在当时是难能可贵的。

他的另一个特点是完全不考虑名利地位。他从省农工部副部长的位置上离休后,直至1999年去世,10多年来,一直在溧阳他自己的家乡养猪,并帮助当地农民致富。他从自己有限的工资中拿出不少钱,用于家乡发展。他有时到省农科院来,只是找他熟悉的专家朋友(如李瑞敏、徐润芳等),要求为他家乡引进品种或技术。他与我熟悉,来找过我几次,都不是为他自己的事,而是为溧阳农民。

他的形象与当前一些贪图私利,甚至贪污腐败的干部,形成极明显的对照。

华东农干校1953年结束后,将转为南京林业学校。我在大学学的是农业专业。当时党中央提出要向科学进军,我向周校长要求技术归队。可能是出于对知识分子干部的爱护,他立即决定将我调入华东农科所。他的决定影响了我的一生,如果说我在农业科研上多少有些成绩,还是要感激周老。

2001年华东农干校举行50周年纪念活动,我们准备邀请周老来参加,不幸的是,他在校庆活动前去世。校庆时,农干校全体师生为周校长默哀悼念,大家为失去这位可敬的老校长感到十分悲痛。

顾复生

1958年,由于大区撤消,华东农科所归江苏省体制,改名为中国农业科学院江苏分院,省委调顾复生同志担任党组书记兼院长。

顾老是大革命时期由陈云介绍入党的老同志,是松江、青浦地区的游击队司令员与根据地的创建人;抗日战争时期又是该地区抗日部队领导人;建国初期担任松江行署专员与江苏省农林厅厅长。他在江苏省有很高的威信。

顾老担任江苏分院院长时,正是反右运动后期。在这种政治大背景下,怎样正确执行知识分子政策成为能否搞好农科分院的关键问题。顾老当时提出了"老母鸡政策",就是要求充分尊重与保护老专家,让他们培养出年轻一代的科技骨干。后来的实践证明,这个政策取得很大的成功。

自1958年到1966年文革开始这一段时间内,江苏分院的老中青三代专家,都能一心一意地投入科研。顾老抓住关系全省大局的几个重大科研项目,组织力量协同作战,取得了突出成绩,例如:陈永康经验的总结、太湖望亭样板的建立、江苏淮北低产土的改良、江苏省农业区划等等。这些成绩对全省农业发展都发挥了重要作用,同时也扩大了江苏分院在全国的影响。

在他的"老母鸡政策"的指导下,一批中青年科技骨干也很快成长起来。文革以后,老专家陆续退休,各所的所长与主要科研骨干就由一批中青年科技骨干承担起来,如:汪租华、吴光南、杜正文、袁从祎、黄东迈、徐鹤林等。因此可以说,顾老对江苏省农科院的影响是深远的。

在顾老领导的几项重点工作中,我参加了三项(陈永康经验的总结、太湖望亭样板的建立、江苏省农业区划),因此与顾老的接触机会比较多。我的一些工作得到过他的赞赏。一次,他亲自听取陈永康经验的研究汇报,听了我的介绍后,他对我说:"你的研究很深入,虽然我不是都听懂。"顾老作为老革命家,这种谦虚好学的精神使我非常感动与钦佩。我在文革前30多岁时,就提升为副研,当然与他及其他老专家的培养分不开。

顾老在文革中遭到不公正与粗暴的批判。我与其他许多同志在文革中的所谓"错误"都与"保顾"有关。我在任院长时与卸任后,多次去顾老家看望他,他已经双目失明,但对农科院的工作仍很关心。他在晚年,以极大的毅力,坚持写出了一本回忆录。他以自己一生的事迹,为晚辈们留下了珍贵的史料与学习榜样。

梅籍芳

文革之前,农业气象研究室是在粮食作物所。梅先生一直是我的领导。他在1957年担任副所长,此后又升为正所长。

我来华东农科所后,结识到多位国内第一流的农业专家,梅先生就是其中之一。

梅先生在外表、气质、风度与学识等各方面,都是一个真正的学者。他是我国著名的小麦遗传与育种专家,在小麦育种的理论与实践方面都有很深的造诣。同时,他作为所长,对其他专业的工作也很关心。我着手农业气象研究后,开始是从事水稻气象的研究,在梅先生的鼓励下,也开展了小麦气象的研究。1953年他指定由卢良恕先生领队,到安徽宿县地区进行小麦生产的调查,梅先生要求我同去参加。1954年梅先生又要求我去参加了淮北地区小麦春霜冻害调查。在这两次调查的基础上,我写出了《淮北小麦生长期间的气象条件》这篇论文,在《华东农业科学通报》上发表。后来听南京气象学院冯秀藻教授告诉我,这是他查到的国内最早的农业气象研究论文之一。我后来一直坚持小麦气象与小麦模型的研究,并取得一些成绩,饮水思源,都与梅先生当年的鼓励分不开。

梅先生在作风上最大的特点是稳重沉着,遇事不慌。什么事到他手上,他都能处理得有条有理。他有一句口头禅是"慢慢来"。在文革中大家对梅先生确实没有什么好批判的,就批判他的"慢慢来";说这是与总路线"多快好省"唱反调。但是,后来我在工作中有时遇到紧迫或复杂的事,往往想起梅先生的"慢慢来",受益匪浅。

梅先生善于团结各方面的力量,他与各方面的关系都处理得很好。在院内,他不但能妥善处理各研究室的关系,还处理好与其他研究所(遗传生理、土壤肥料、植物保护等)的关系;他还很注意处理好与院外单位的关系。在文革后期,他主动邀请南京农业大学的刘大钧先生来我院工作,刘先生对梅先生一直十分敬佩。

梅先生令我最感动的是他对科研事业的高度负责精神。在他去世前没有几天,我与吴纪华先生同去看望他时,他握着我的手,详细地交代他对小麦育种室的工作今后发展的意见,对该室每一个人的优缺点,他都作了分析,并提出了对他们的希望。谈话大约有一个多小时。

梅先生的学者风度及其对农业科研事业的高度负责的精神,永远铭刻在我心中。

杨立炯

杨先生是我国著名的水稻栽培专家。我来华东农科所后,在科研工作中与他的接触最多,在政治生活中,也与他关系密切。他思想进步,可能是华东农科所入党最早的老专家。我与他长期在同一个党小组中。

作物栽培与农业气象是紧密联系的两个专业,因此我开始农业气象研究时,杨先生就伸出了欢迎之手。1954年4月,他带着我,还有扬州所的李燮平夫妇一起去里下河地区考察水稻烂秧情况。那时要坐船才能进入里下河的腹地——沤田地区。我们都赤脚踩在田里,冰冷的烂泥没过膝盖。当时的照片,保留至今。

1959年开始总结陈永康水稻高产经验。江苏分院与中科院南京土壤所与上海植生所合作,共同组成一个很大的协作研究组。杨先生就是整个研究组的负责人。院内参加协作组的有:崔继林(植物生理)、朱凤美(植物病理)、万传斌(土壤肥料)、高亮之(农业气象);院外参加的有:陈家坊(土壤化学)、程云生(土壤物理)、刘芷宇(植物营养)、王洪春(水分生理)等。集中这样多的专家,协作研究一个全国劳模的作物栽培经验,这可以说是国内外农业科学史上的一个创举。杨先生以他卓越的组织才能与学术涵养,将协作组的工作领导得很好,取得了圆满成功。1964年在北京举行国际性的科学讨论会,杨先生与陈永康本人代表协作组参加了会议,并作了大会报告,得到国内外科学家的赞誉。

1963~1965年间,杨先生接受顾复生院长的任命,担负起太湖望亭样板的领导工作。杨先生要求我去参加。参加望亭样板工作的科技人员与各地学员大约有100多人,分住在奚家、团结、四旺等多个大队。我与杨先生同住在奚家四队,这里也是整个样板工作的指挥所。苏南水稻地区,夏天的蚊子非常多,晚上简直难以入睡。当时伙食十分简单,房间又小,只能坐在床上吃饭,而样板工作的担子很重。全国来参观的络绎不绝。杨先生当时已50多岁,任劳任怨,既要组织科研与示范工作,又要照应大家的生活,还要参加公社的各种会议,协调与公社的关系。他出色地完成了各种任务。望亭样板的稻麦高产经验及其样板工作经验,不仅在苏南,并且在全国都产生了很大影响。

文革结束之后,杨先生又接受新任务——建设苏南农业现代化基地,同时筹建农业现代化研究所(简称"现代化所")。他要求我与袁从祎等参加现代化所的筹建。他在现代化所的学科设置、实验室的配备、人员结构等方面动了不少脑筋,解决了不少矛盾。现代化所后来取得的各种成绩,以及在国内外的影响,都凝聚着杨先生的心智与努力。

20世纪80年代以来,杨先生与许多老专家一样,待遇都不高,又加他的夫人没有工作,所以他的生活相当清苦。晚年,我到他家中去拜访,他的生活非常简朴,家具与家电都很破旧。他将一生献给了中国的农业科研事业,但他向国家索取的极少。这就是令人尊敬的我国老一代农业科学家的精神。

崔继林

从华东农科所到江苏省农科院,崔先生都是一位在聪明才智与科研成就方面很突出的优秀科学家。

他在20世纪40年代去日本帝大读研究生,回国后又在金陵大学农学院读研究生毕业。因此,他的学术基础比较雄厚。

他自己的专业是植物生理,特别是光合生理。但是他不是孤立地研究生理,而是将植物生理研究与作物栽培、作物遗传育种、作物病虫害抗性等密切结合起来进行研究。

在遗传生理研究室成立之前,我们都在粮食作物系。后来虽然生理室分出去了,但由于植物生理与农业气象关系密切,因此我们在学术上的切磋交流一直相当多;当然是我向他请教得多。

他在学术研究上有许多特点,给我印象至深,同时也给我自己的科学研究许多启发与教益:

一是他在自己的专业领域与相关领域内,博览群书,广泛地阅读国外文献,掌握有关科学的国际最新动向。他的英语、日语基础原来就好。建国后又很快地学会了俄语。华东所的图书馆中,借阅书刊最多的两个人,一个是朱凤美先生,一个就是崔先生。他这种热爱学习的精神一直坚持到他去世的前一天。他突然得心脏病去世后,我去他家,他书桌上还摊着他在阅读的国外文献。

二是他在科研工作中始终能抓住农业科学的热点与前沿问题。在20世纪50年代,他在国内第一个研究我国几百个小麦品种的春化特性,并且提出了我国小麦冬性、半冬性与春性的详细分类。他是总结陈永康经验的主要科学家之一。陈永康的"三黄三黑"经验,就是由他揭示出其内在的生理机制的。当国内开始研究两系法杂交水稻时,他在无数国内外水稻品系中,敏锐地寻找出具有广亲和性特性的

"02428"。该品系后来成为我国两系杂交稻育种的重要的亲本材料。国外刚发现光氧化现象不久,他就独创性地研制出一种非常简便的测定品种光氧化特性的方法。从他的研究经历中可以看出,他始终走在国际农业科学研究的前列。

三是他很善于在大自然中,在农田中,捕捉新现象,发现新问题。他虽然读书很多,但并不是一直坐在书斋中。他经常到试验田中去观测作物的表现,而他的观测又是与他掌握的理论相联系的。例如,水稻的光氧化问题,我自己一直没有什么体会,他却告诉我水稻田中到处能看到光氧化现象。我跟随他去看过,确实,水稻叶片上有许多很小的白斑点,他说这就是光氧化的表现。根据目测,他就能判断水稻品种对光氧化抗性的强弱。

四是他可以说是"诲人不倦"。当然他不是教训人,而是给人以各种知识。华东农科所或江苏省农科院,不论是老年、中年、青年科技人员,只要有问题问到他,他肯定是非常详尽地给你解释。我自己就是经常去请教他的一个学生。我参加的国家攀登计划课题,涉及光合作用、光呼吸、光氧化、蒸腾作用等生理问题,他不但向我提供大量最新的科研资料,还向我介绍了许多国外的最新研究进展。

崔先生也非常虚心,对各种科学新进展他都很注意。晚年,他对我的作物模型研究相当支持,还经常与我讨论在植物生理研究中应用模型的问题。因特网问世后,他不是很熟悉,就来与我讨论。他在去世之前,正在研究淹水生理与抗性生理问题(并没有课题,而是他的兴趣),我帮助他通过因特网与国外好几位有关专家取得联系,他们都很愿意地寄来崔先生所需要的文献。

崔先生的去世太突然了,在他去世前 1~2 天,我还在松林坡上与他相遇,讨论着科学问题。他的突然去世,我与农科院许多同志一样,感到非常悲痛。

一位十分优秀的农业科学家离我们而去了,但是他热爱农业科学,对农业科学孜孜不倦的精神将永远留在我们的心中。